산업위생관리기술사

서영민, 양홍석, 임대성 지음

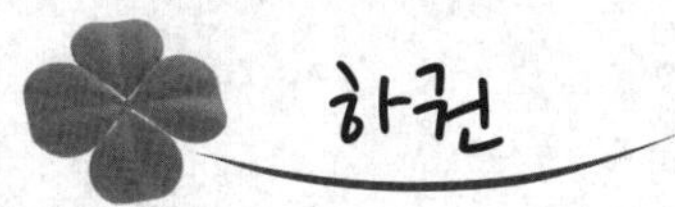

하권

BM (주)도서출판 성안당

머리말

  본서는 한국산업인력공단 산업위생관리기술사 출제기준 및 산업위생에 관한 시사성 문제를 포함하여 구성하였으며, 산업위생관리기술사 시험을 준비하는 수험생 여러분들이 효율적으로 학습할 수 있도록 최근 출제경향을 기본으로 필수 내용만 정성껏 담았습니다.

본 교재의 특징

1. 최근 출제경향의 특성 분석에 의한 이론 및 문제풀이 수록
2. 산업위생 관련 기본적 이론 및 사회적 이슈 문제에 관한 내용 수록
3. 각 이론마다 해당되는 기출문제 및 필수예상문제를 구성
4. 최근 출제되었던 기출문제를 포함하여 수록

  차후 실시되는 산업위생관리기술사 문제를 반영할 예정이며, 미흡하고 부족한 점을 계속 수정·보완해 나가도록 하겠습니다.

  끝으로 이 책을 출간하기까지 끊임없는 성원과 배려를 해주신 성안당 이종춘 회장님, 편집부 최옥현 전무님, 아들 서지운에게 깊은 감사를 전합니다.

저자 서영민

시험안내

1 기본정보

(1) 자격명 : 산업위생관리기술사
(2) 영문명 : Professional Engineer Industrial Hygiene Management
(3) 관련부처 : 고용노동부
(4) 시행기관 : 한국산업인력공단

2 개요

산업장에서 쾌적한 작업환경의 조성과 근로자의 건강보호 및 증진을 위하여 작업과정이나 작업장에서 발생되는 화학적, 물리적, 인체공학적 혹은 생물학적 유해요인을 측정·평가하여 관리, 감소 및 제거할 수 있는 고도의 전문인력 양성이 시급하게 되었다.

3 수행직무

산업위생 분야에 관한 고도의 전문지식과 실무경험에 입각한 계획, 연구, 설계, 분석, 시험, 운영, 시공, 평가 또는 이에 관한 지도, 감리 등의 기술업무를 수행한다.

4 진로 및 전망

(1) 환경 및 보건 관련 공무원, 각 산업체의 보건관리자, 작업환경 측정업체, 연구소, 학계 등으로 진출할 수 있다.
(2) 종래 직업병 발생 등 사회문제가 야기된 후에야 수습대책을 모색하는 사후관리 차원에서 벗어나 사전의 근본적 관리제도를 도입, 산업안전보건사항에 대한 국제적 규제 움직임에 대응하기 위해 안전인증제도의 정착, 질병발생의 원인을 찾아내기 위하여 역학조사를 실시할 수 있는 근거(「산업안전보건법」 제6차 개정)를 신설, 산업인구의 중·고령화와 과중한 업무 및 스트레스 증가 등 작업조건의 변화에 의하여 신체부담작업 관련 뇌·심혈관계 질환 등 작업관련성 질병이 점차 증가, 물론 유기용제 등 유해 화학물질 사용 증가에 따른 신종직업병 발생에 대한 예방대책이 필요하는 등 증가 요인으로 인하여 산업위생관리기술사 자격취득자의 고용은 증가할 예정이나 사업주에 대한 안전·보건 관련 행정규제를 폐지하거나 완화를 인하여 공공부문보다 민간부문에서 인력수요가 증가할 것이다.

5 시험정보

(1) 시험수수료 : 필기(67,800원)/실기(87,100원)
(2) 취득방법
　① 시행처 : 한국산업인력공단
　② 관련학과 : 대학 및 전문대학의 보건관리학, 보건위생학 관련학과
　③ 시험과목 : 산업위생학, 산업환기, 작업환경측정 및 평가방법, 작업환경 관리에
　　관한 사항
　④ 검정방법
　　－ 필기 : 단답형 및 주관식 논술형(매교시당 100분 총 400분)
　　－ 면접 : 구술형 면접시험(30분 정도)
　⑤ 합격기준 : 100점 만점에 60점 이상

6 검정현황

연 도	필 기			실 기		
	응시(명)	합격(명)	합격률(%)	응시(명)	합격(명)	합격률(%)
2024	160	22	13.8	54	13	24.1
2023	155	19	12.3	49	9	18.4
2022	168	22	13.1	49	9	18.4
2021	188	19	10.1	40	13	32.5
2020	135	12	8.9	47	17	36.2
2019	163	13	8	46	10	21.7
2018	159	40	25.2	59	24	40.7
2017	154	6	3.9	26	12	46.2
2016	132	16	12.1	23	8	34.8
2015	121	10	8.3	17	7	41.2
2014	139	18	12.9	27	15	55.6
2013	143	6	4.2	21	12	57.1

★ 좀더 자세한 내용에 대해서는 Q-Net 홈페이지(www.q-net.or.kr)를 참고해 주시기 바랍니다. ★

출제기준

산업위생관리기술사

■ 필기시험

직무 분야	안전관리	중직무 분야	안전관리	자격 종목	산업위생관리기술사	적용 기간	2023.1.1.~2026.12.31.

• **직무 내용**: 산업현장에서 쾌적한 작업환경의 조성과 근로자의 건강보호 및 증진을 위하여 화학적, 물리적, 인간공학적, 생물학적 유해요인과 작업으로 인한 스트레스에 기인하는 유해요인을 측정·평가하여 관리를 통한 산업위생 분야에 관한 고도의 전문지식과 실무경험에 입각한 계획, 연구, 설계, 분석, 시험, 운영, 시공, 평가 또는 이에 관한 지도, 감리 등의 기술업무 수행

검정 방법	단답형/주관식 논문형	시험 시간	4교시, 400분(1교시당 100분)

시험 과목	주요 항목	세부 항목
산업위생학, 산업환기, 작업환경측정 및 평가방법, 작업환경관리에 관한 사항	1. 산업위생	(1) 산업보건관리 ① 보건관리의 목표 ② 안전보건관리체제 ③ 사업장 건강증진 (2) 산업심리 ① 직무스트레스 원인 및 평가관리 ② 조직과 집단 ③ 직업과 적성 (3) 산업피로 및 작업능률 ① 산업피로의 본질, 종류, 대책 ② 작업생리와 작업조건 등 (4) 산업재해 ① 산업재해관리 ② 재해조사, 재해통계, 예방대책 (5) 산업독성 – 산업위생 유해인자 (6) 직업성 질환 – 직업성 질환 원인과 예방대책
	2. 산업환기	(1) 환기의 기본원리 (2) 전체환기 (3) 국소배기 (4) 국소배기시설의 설계 및 시공 – 산업환기평가 설계 (5) 국소배기시설의 점검 및 유지관리 – 성능측정 및 방법 (6) HVAC 설계원리 및 관리원칙
	3. 작업환경측정 및 평가	(1) 산업보건 노출 및 허용기준 (2) 작업환경측정 (3) 작업환경 시료분석 (4) 평가 및 해석
	4. 작업환경관리	(1) 산업위생 유해인자관리 (2) 인간공학적 작업환경관리 (3) 실내환경 및 사무실 공기질관리 (4) 산업보건 위험성평가

■ 면접시험

직무 분야	안전관리	종직무 분야	안전관리	자격 종목	산업위생관리기술사	적용 기간	2023.1.1.~2026.12.31.

• **직무 내용**: 산업현장에서 쾌적한 작업환경의 조성과 근로자의 건강보호 및 증진을 위하여 화학적, 물리적, 인간공학적, 생물학적 유해요인과 작업으로 인한 스트레스에 기인하는 유해요인을 측정·평가하여 관리를 통한 산업위생 분야에 관한 고도의 전문지식과 실무경험에 입각한 계획, 연구, 설계, 분석, 시험, 운영, 시공, 평가 또는 이에 관한 지도, 감리 등의 기술업무 수행

검정 방법	구술형 면접시험	시험 시간	15~30분 내외

시험 과목	주요 항목	세부 항목
산업위생학, 산업환기, 작업환경측정 및 평가방법, 작업환경관리에 관한 전문지식 및 기술	1. 산업위생	(1) 산업보건관리 　① 보건관리의 목표 　② 안전보건관리체제 　③ 사업장 건강증진 (2) 산업심리 　① 직무 스트레스 원인 및 평가관리 　② 조직과 집단 　③ 직업과 적성 (3) 산업피로 및 작업능률 　① 산업피로의 본질, 종류, 대책 　② 작업생리와 작업조건 등 (4) 산업재해 　① 산업재해관리 　② 재해조사, 재해통계, 예방대책 (5) 산업독성 – 산업위생 유해인자 (6) 직업성 질환 – 직업성 질환 원인과 예방대책
	2. 산업환기	(1) 환기의 기본원리 (2) 전체환기 (3) 국소배기 (4) 국소배기시설의 설계 및 시공 – 산업환기평가 설계 (5) 국소배기시설의 점검 및 유지관리 – 성능측정 및 방법 (6) HVAC 설계원리 및 관리원칙
	3. 작업환경측정 및 평가	(1) 산업보건 노출 및 허용기준 (2) 작업환경측정 (3) 작업환경 시료분석 (4) 평가 및 해석
	4. 작업환경관리	(1) 산업위생 유해인자관리 (2) 인간공학적 작업환경관리 (3) 실내환경 및 사무실 공기질관리 (4) 산업보건 위험성평가
품위 및 자질	5. 기술사로서의 품위 및 자질	(1) 기술사가 갖추어야 할 주된 자질, 사명감, 인성 (2) 기술사 자기개발 과세

기출문제 출제경향분석

| 구분 | | 출제회차 | | | | | | | | 출제 |
부 문	핵심 키워드	131~137	120~129	119~110	109~100	99~90	89~80	79~70	69~63	빈도
	노출기준(ACGIH)		1	2		2	1			★
	감시기준(AL)					1			1	
	허용농도 상한치(EL)				1	1	1	1		★
	산업위생 전문분야 종사자 윤리강령			1	1				1	
	작업강도, 노동생리		1	1		1				
	피로현상(전신·국소) 및 예방			2	2	1	2	1		★
	노동생리(혐기성·호기성대사)	1		1		1	1			
	휴식시간비에 의한 계산		1			1	1		1	
	GHS				1					
	허용농도설정 이론적 배경	1		1			2	1	2	★
	TWA·STEL·C		4	3				1		
	실내공기(빌딩증후군)		1			1				
	실내오염물질 단위					1				
	중량물 취급기준(AL·MPL·RWL)			1		1	2	1	1	★
	인체특성 및 인체측정치수		1		1	3				★
Part I.	인체측정자료					2	1			
산업	작업분석 평가방법(평가도구)		3			1	1	1		★
위생	예방관리프로그램				2					
개론	근골격계부담 작업의 범위		1	1		1	1	1	1	★
	산업재해통계			1	1	2	1			★
	하인리히재해 관련법칙					1	1			
	산업재해정도(ILO)					1				
	사고예방대책						1			
	매슬로우 관련 이론						1			
	직업병				1					
	농도단위			1						
	헤파필터		1		1					
	MPL·RWL·LI 계산	1	1			1		1		
	테크노불안증						2		1	
	누적외상성 장애(질환)	1			1			1	2	★
	사무실 공기오염원 및 관리방법						1		1	
	사무실 공기오염물질		1				1			
	근골격계 질환 발생요인·위험요인						1	2		

구분		출제회차								출제빈도
부문	핵심 키워드	131~137	120~129	119~110	109~100	99~90	89~80	79~70	69~63	
Part Ⅰ. 산업위생개론	들기작업지침, 위험요소	1		1		1	1			
	산업위생통계				3		1	1		★
	SHD(안전흡수량)			1				1	1	
	기체법칙				1					
	방독마스크(흡수제)				1	2		2		★
	귀마개(청력보호구)	1	1		1			1		
	보호구 구비조건		1				1			
	개인보호구 관리				1					
	밀착도 검사(호흡용보호구)	1	1	1	2			1		★
	방진마스크			1			1			
	교대작업						1			
	직무스트레스(요인)		2		2	1				★
	허용농도 보정	1	2				1	1		
	야간작업 검진대상	1	1		1					
	폐기능 검사				1					
	Bake-out		1	1						
	인간공학 개념					1			1	
	인간공학(발병3단계)					1				
	인간공학(유해요인조사)					1				
	인간공학(건강증진운동)							1		
	인간공학(수공구 사용원칙)					1				
	기관장애(Hatch)					1			1	
	산업피로(스트레인 척도)		1			1				
	직업병발생경보(제4군감염병)				1					
	산업재해(4M), 악성사망사고			1		1				
	직업성 만성 폐쇄성 폐질환			1						
	PEL, skin			1					1	
	유해물질(물리적 성상분류)								1	
	허용농도 보정(비정상작업)								2	
	중량물취급 작업기준-영향·요인								1	
	노출기준 사용상 유의사항								1	
	산업보건 관리기능(ILO/WHO)								1	
	실내공기질(중요성)							1		
	유해물질 체내 침입경로							1		

기출문제 출제경향분석

부문	핵심 키워드	131~137	120~129	119~110	109~100	99~90	89~80	79~70	69~63	출제빈도
Part Ⅱ. 산업 환기	전체환기량 이론 및 계산	1	2	1	1	2	2	3	3	★
	폭발 · 화재방지 환기량	1					1	2	1	★
	발열관련 필요환기량					1				
	열상승기류 필요환기량				1					
	레이놀드 수							1		
	연속방정식 가정조건				1					
	압력(정압 변화 및 측정)	1		2	1		1			★
	전체환기 적용조건, 안전계수	1	2	1			2	1		★
	자연환기		1				1			
	후드압력손실 계산(후두정압)			1					1	
	배기구 설치조건(15-3-15)	2	1	1	1	1	1	1		★
	K(안전계수) 결정인자					1				
	전체환기(강제환기X)설치(설계)기본원칙	1	1		1	1		2		★
	국소배기 설계순서	2	2	1	1	2	1		1	★
	ACH(공기조화시스템)					2	1	2		★
	제어속도(ACGIH, 고용노동부)	1	3	2	2	3	1	2		★
	후드 개구면 속도(균일방법)	1				3		1	1	★
	후드 재료 및 종류, 유량계산	1	1	1		1		1		
	충만실(Plenum)		1	1	1				1	
	제어속도 측정, 유량계산, null point	1	4	2		2	1			★
	후드정압(SPh), 음압특징			1				2	1	
	베나수축(유입손실, 유입계수)	1			2				1	
	후드 플랜지 효과	1		1		1	1	1		★
	후드 선택시 고려사항, 후드유동특성			1		1		1		
	후드불량 원인 · 대책				1	1			1	
	Push-Pull Hood	1	2	1		1				★
	Slot Hood	1	1	1		1				
	챔버형 Hood						1			
	캐노피형 Hood, 레시버식 Hood	1	1	1	1					
	후드설계 오류 및 송풍량 감소방법	1	1	1	1					
	덕트 설치시 고려사항	4	3	1	2					★
	반송속도	1	1			2				
	덕트재질, 덕트계산	1	1	2						

부 문	핵심 키워드	131~137	120~129	119~110	109~100	99~90	89~80	79~70	69~63	출제빈도
	총압력손실 계산방법	2	1	1	1	1		1		★
	직관 · 확대관 · 축소관 압력손실	1		1	1			1	3	★
	송풍기 상사법칙(계산 · 이론)			2			2		3	★
	송풍기 풍량조절방법		1		1	1			1	
	I · D Fan 문제점				1					
	송풍기 서징현상		1		1					
	원심력 송풍기	1		1		1	1			
	송풍기 정압			2				2		
	송풍기 특성(성능)곡선, 동작점	1	1	1	5	1	2			★
	송풍기 시스템 손실	1				2				
	Turbo Fan				1			1		
	축류식 송풍기						2	1		
	송풍기 형식 선정시 주의사항		1		1					
	송풍기 성능 저하 원인				1					
	HVAC	1		3						
Part Ⅱ.	송풍기 점검사항, Six In And Three Out	1	1	1	1	1				
산업	**공기공급시스템**	1	2		1	1		2	1	★
환기	**국소배기장치 선정 · 고장 · 검사**	2	3	2	1	2	1		1	★
	후드 · 덕트 성능검사 및 점검사항		1		2	1	1			★
	국소배기장치 사용전, 신규설치, 보수시점검사항		1	1			1			
	송풍기 축수상태, 벨트 검사 및 판정					1		2		
	집진장치 선정시 고려사항, 공기정화장치형식	1			1		1	1	1	★
	집진장치(일반설계 · 선정)					3	1		1	★
	집진효율					1				
	여과집진장치	1	1	1	2		1		1	★
	전기집진장치	1	1	1		2		1		★
	유해가스 처리설비(처리방법)			1	1					
	충진탑 · 분무탑 · 단탑	1	1	1	1					
	흡착장치							1	1	
	VOC 제어기술		1			1	1	1	2	★
	저온응축법							1		
	상부캐노피 후드			1						
	송풍기 선정순서			1						

기출문제 출제경향분석

출제회차 columns: 131~137 / 120~129 / 119~110 / 109~100 / 99~90 / 89~80 / 79~70 / 69~63

부문	핵심 키워드	131~137	120~129	119~110	109~100	99~90	89~80	79~70	69~63	출제빈도
Part Ⅱ. 산업환기	송풍기모터 검사·판정			1						
	국소배기장치(압력손실계산목적)								1	
	정압측정구(설치시주의사항)								1	
	Sirocco Fan, Axial Fan								1	
	송풍기 소음								1	
	국소배기장치 특례		1						1	
	장방형 덕트(설계)								1	
	원형 덕트(수력직경)								1	
	송풍기(전동기 동력), 설치위치		3	1					1	★
	최소덕트속도가 높아야 하는 이유			1				1		
	국소배기 선정 기준, 안전검사	1	1	1				1		
	제어속도 결정인자							1		
	배기시스템의 최적설계, 송풍기 입·출구 시스템 손실	1		1				1		
	Fan 설치 위치		1					1		
	충전탑(Flooding 현상)		1					1		
Part Ⅲ. 작업환경측정 및 평가	원자흡광광도법		1	1		1	1			
	가스크로마토그래피, HPLC		2	3	2					★
	유도결합플라즈마			1	1			1		
	가스크로마토그래피-질량분석기				1					
	오차(계통적·분석)					1	1			
	검량선 작성, 표준용액제조	1	2	1	1	1				
	시료채취방법(순간), 검지관 측정	2		1		1	1	2	2	★
	시료채취시간(점검·확인사항)				1		1	2		★
	유해인자 채취방법(가스)				1			1	1	
	입자상물질 채취방법		1	1			2	1	1	★
	표준기구(1,2차)	1					1	1	1	
	고체 포집법(고체 흡착관)		1	1	2	2	1	1		★
	액체 포집법(흡수액)	2		1			1		1	
	여과 포집법 및 여과지	1	3		1	2		1	2	★
	여과 채취원리(입자상물질)		1			2	1	2		★
	수동식 채취(결핍현상)				1	2	1	2		★
	직경분립 충돌기			2	2	1		1		★
	카타온도계						1			

| 구 분 | | 출제회차 | | | | | | | | 출제 |
부 문	핵심 키워드	131~137	120~129	119~110	109~100	99~90	89~80	79~70	69~63	빈도
	개인시료, 지역시료		1	1	1	1	1			
	공시료, 용매선택	1	1	2	1					
	작업환경 측정목적 및 측정물질			1		1				
	예비측정 계획서	2	3		1	1				
	SEG(유사노출그룹)	2	2	1		1		1	1	★
	정량한계 · 검출한계	1	1	1	1		2	1		★
	농도계산				1		1	2	3	★
	호흡성 먼지 측정(cyclone)				1			2		
	측정 · 분석 및 용어	3	1	4	5	1	2			★
	회수율/탈착효율 시료제조방법	2	1	1		2	1	1		★
	시료채취시 고려사항	1	1	1						
	회화용액 · 분석과정		1		1	2				
	정밀도, 정확도, 단위작업장소, 정도관리	1		1		1				
	검출기			1			1			
Part Ⅲ. 작업 환경 측정 및 평가	램버트-비어 법칙							1		
	작업장 유해물질 농도측정 및 평가 4단계							1		
	측정오차(시료채취 · 분석과정)	1						1		
	가스크로마토그래피(검출기), 내부표준물질			1				1		
	원자흡광광도법(정량법)		1					1		
	물리적 직경					1				
	Fume, 수은	1				1				
	IPM · TPM · RPM		1			1	1	1	1	★
	가스 · 증기				1					
	분배계수						1			
	분석능력(영향요인)					1				
	증기위험성지수(VHI)					2				
	WBGT, 고열측정	2		1		1			1	★
	사이클론의 채취원리 및 유량보정방법	1		1				1		
	여과지 선택시 고려사항			1					1	
	공기채취량 결정시 고려사항			2					1	
	유해화합물 분석과정시 오차			1						
	채취 최소시간, LOD · LOQ	1		1					2	
	회수율 실험(검증기능부문)		1						1	

기출문제 출제경향분석

부문	핵심 키워드	131~137	120~129	119~110	109~100	99~90	89~80	79~70	69~63	출제빈도
Part Ⅲ. 작업 환경 측정 및 평가	석면섬유 측정방법			1					2	
	톨루엔 분석 및 분석과정, 포스핀 분석규정, 비소 분석	2	1						1	
	Pilot Tube(속도)		1						1	
	입자상물질(호흡성 침착기전)								2	
	회수율, 표준물 첨가법			1					1	
	공기채취량(계산)								1	
	시료채취목적(미국산업위생학회), 매체								1	
	포집시료 취급 · 관리 원칙								1	
	농도환산(mg/m^3, ppm), 농도계산	1		1					1	
	ACGIH, OSHA, NIOSH(fulll name)	1							1	
	변이계수(CV)								1	
	물리적 입경								1	
	G · C 검량선 계산								1	
	먼지측정(중량법, 직독식) 및 광물성 분진 구분	1							1	
	불꽃원자흡광 분석기								1	
	실리카겔 장 · 단점							1		
	고체흡착제(시료채취영향인자)			1				2		
	고체흡착(파과)		3					1		
	입자상물질 측정방법(고시상5가지)	1						1		
	기하평균 · 기하표준편차			1				1		
	총누적오차							1		
	석면 종류				1			1		
	분석방법(고형시료)				1		1			
	석면조사(보고서), 농도기준				1	2				
	석면대체섬유						2			
	석면측정방법(공기중)		1		1	1	1			
	석면감리인				1					
	석면정도관리					1				
	석면계수방법, 농도계산	1		2	1					
	석면 위상차 현미경 분석		1		2					
	석면 NIOSH 분석방법					1				
	석면시료채취		1			1				
	석면작업수칙						2			
	석면작업조치내용					1				

| 구 분 | | 출제회차 | | | | | | | | 출제 |
부 문	핵심 키워드	131~137	120~129	119~110	109~100	99~90	89~80	79~70	69~63	빈도
Part Ⅳ. 소음 · 진동	청감보정회로(A · B · C특성)			2	1			2	1	★
	누적소음노출량 측정기(Noise Dosemeter)		1	1	2			1		★
	소음성 난청(판정 · 인정 · 보상기준)		1	1	3	2	1		3	★
	소음기, 소음측정	1				1	1			
	차음효과(NRR) · 노출수준				1	1	1	1		★
	등청감곡선		1				2	1	1	★
	C5-dip현상						1			
	SPL과 PWL 관계 · 계산(거리감쇠)			2			1		1	
	소음 · 진동 영향						2			
	청력역치 및 기타용어, 청력평가	1		1		1	1			
	주파수 특성						1			
	청력검사, 청력보존 프로그램	1		1		1				
	흡음 및 흡음량 계산	1				1	1	2	1	★
	보상시 판정기준, 업무상 질병 인정기준	1			1					
	소음 대책	1	1			1				
	소음 평가, Leq 계산	2	1	1				1		★
	공명주파수(진동장해)						1			
	강렬한 소음작업	2	3				1			★
	소음계, 노출기준	1	1	1			1		1	
	소음성 난청(영향요소), 조치사항	1	1	2						
	진동에 대한 생체반응								1	
	TWA(소음), Noise Dose(%)		1	2					1	
	소음허용기준 초과 유무		2						2	
	흡음평가 방법, 소음계산			1					1	
	주파수 범위 및 분석			1					1	
	실내 잔향 시간		1						1	
	국소진동 대책, 건강영향	1						1		

기출문제 출제경향분석

부문	핵심 키워드	131~137	120~129	119~110	109~100	99~90	89~80	79~70	69~63	출제빈도
Part V. 작업환경관리	밀폐공간 가스·농도, 적정공기	2	2	2			1			★
	산소결핍 측정·증상				2					
	밀폐공간작업 프로그램	4	3	2		1				★
	송기마스크(안전확인), 방진마스크			1			1			
	적정공기(관리자직무)	2			2		1	1		★
	밀폐공간 작업절차, 조치사항	2	1	1		1				★
	밀폐공간 예방대책, 측정시기·지점·측정	2	1			1				
	밀폐공간 출입 전·작업 전 확인사항	1		1	1					
	밀폐공간–위해요인				1		1			
	밀폐공간–질식제, 공기호흡기 점검사항	1		1		1				
	용접작업	1	1	1				2	1	★
	고열질환(고열장애)					1	2	1		★
	고열관리대책		1			1				
	고열–강도구분	2					1			
	고열측정, 고열 예방조치	2	1	1				1		★
	온열지수, 폭염	1						1	1	
	고열 위해성 평가		1		1					
	주물작업						1	1		
Part VI. 물리적 유해인자	전리·비전리 방사선(경계), 비이온화 전자기장(EMF)	3	1	1		1				★
	자외선, 방사선, 방사성 물질	1		1			1	3		★
	전리방사선(붕괴)				1	1				
	전리방사선 대책	1	1			1				
	화학물질	1	3	1			1	1		★
	레이저, 극저주파			2						
	조도, 단위(조명)			1		1				
	나노물질	1			2					
	수은중독				1					
	라돈(특성, 영향, 측정)		2	1	1					
	TDI(이소시아 네이트)						2	1	1	
	스티븐즈 존슨 증후군		1					1		
	절삭유(냄새원인)							1		
	안전보건 경영시스템						1	1		
	D.M.F		1		1		2			

구 분		출제회차								출제
부 문	핵심 키워드	131~137	120~129	119~110	109~100	99~90	89~80	79~70	69~63	빈도
Part Ⅴ. 작업 환경 관리 / Part Ⅵ. 물리적 유해 인자	화학물질 누출, 조치, 예방대책				3					
	건설업							1		
	산업장 유해인자					1				
	한랭작업, 예방조치	1	2	1	1					★
	분진청소, 분진작업		1	2				1		
	고령화 대책						1			
	건강증진전략(뇌·심혈관 질환)							1		
	소방관 작업 보호방안				1					
	감정노동	2	1		1					
	고온작업환경(적성배치)								1	
	공기중 산소소비 원인								1	
	방독 마스크								1	
	작업장 채광								1	
	악취(Weber-Fechner)		1						1	
	무산소호흡 에너지원								1	
	작업환경관리(공학적 대책)							1	1	
	직업적 노출확인(주요특성조사)							1		
	온열환경 작업장(개선방법)							1		
	고압환경(2차적 건강피해)							1		
Part Ⅶ. 산업 독성학	산업현장 4대 필수안전수칙			1						
	산업역학조사 및 계산			1	1	1				
	위험도 계산(RR, OR)			1		1		1		
	생물학적 모니터링	3	2	2	2	10	6	3	2	★
	질식제(CO, HCN)	1			1			2	1	★
	노출기준(SKIN)	2		1		1				
	돌연변이(기전)				1					
	호흡기 축적기전							1	1	
	직업성 피부질환			1	1	1	1			
	독성종류(신장 독성)						2			
	공기중 혼합작용 이론 및 계산				1	2	1		1	★

기출문제 출제경향분석

부 문	핵심 키워드	131~137	120~129	119~110	109~100	99~90	89~80	79~70	69~63	출제빈도
	양–반응 관계	1					1			
	용어(NEL, NOEL, NOAEL)	1	3	1	1				1	★
	독성 결정인자 및 독성평가					1	1	1		
	인체 방어기전(침입기전)	1			1		1			
	자극제 · 마취제					1	1			
	독성물질(제1상 반응)			1				1		
	금속독성, 만성질환	1		1		1		1		
	호흡기 감작물질					1				
	노출인년							1		
	발암성 물질 구분, 암 발생기전	3		2		4	1	2		★
	발암성 물질 정보제공기관			2						
	금속열, TMAH	1	1		1				1	
Part Ⅶ. 산업 독성학	가습기 살균제			1						
	망간, 크롬(3가, 6가), 수은	2		1			1			
	생식독성 정보물질 표기(IA)			1						
	일산화탄소 중독			1						
	메탄올 · 에탄올 흡수 차이점, 인체영향	1	1	1						
	화학물질 발암단계			1						
	BEI		2						3	★
	벤젠(백혈병 3단계), TWA, STEL	2		1					1	
	규폐증 · 석면폐증								1	
	납중독								1	
	직업성 천식			1				1	1	
	LD50, LC50							1		
	첩보시험							1		
	진폐증(발생요인), 진폐증 종류			1				1		
	급성독성 및 물질	2	2							

| 구 분 | | 출제회차 | | | | | | | | 출제 |
부 문	핵심 키워드	131~137	120~129	119~110	109~100	99~90	89~80	79~70	69~63	빈도
Part Ⅷ. 산업 안전 보건 기준에 관한 규칙 및 고용 노동부 고시	실내 공기질 관리법	1				1				
	관리 대상 유해물질	1	1	1	3	1				★
	신규화학물질 유해 · 위험성 조사						1	1		
	물질안전보건자료(MSDS)	2	6	4	3	2	1		1	★
	잠수작업 · 잠수기구 점검						1			
	가압 · 감압시 조치사항				1	1				
	단시간 · 임시작업 설비특례	3	1			1	1	1		★
	금지유해물질, 화학물질 분류기준	1		2	1					
	위험성평가 · 절차 · 실시계획서	2	2	2	5	1	1	1		★
	청력보존프로그램	2	2	1		1		1		
	사무실 공기 관리기준	2	3	1	1	2		2		★
	허용기준 대상 유해인자		1	2		1				
	석면해체 · 제거 작업시 조치사항			1	1					
	산업위생교육, 안전보건진단			1	2					
	유해 · 위험방지계획서 및 평가		2	2	2					★
	건강장해예방 보건조치 및 대상	1		2	1					
	건강증진활동		1		1					
	GHS, 그림문자	1				1				
	사무실 오염 건강장해예방							1		
	직업적 노출기준, 안전보건관리체계	1				1				
	농약 관련 조치사항					1				
	특별관리물질	1	4	4	2					★
	호흡기 보호 프로그램			1	1	1				
	직무스트레스 예방조치	1	4	1		1	1	1		★
	곤충 및 동물 매개 감염병		2	2		1	1			★
	야간작업	2		1	2					★
	혈액 매개감염		1		1					
	공기 매개감염				1					
	직업병-직업성 질환 · 작업관련성 질병			1		1	2			
	근골격계 관리예방프로그램		1	5			1			★
	보건관리자 직무, 보건관리위탁	2		2		1				
	진동작업					1				
	발암성 물질		1			1				
	역학조사(직업성 질환)		2							

기출문제 출제경향분석

| 구 분 | | 출제회차 | | | | | | | | 출제 |
부 문	핵심 키워드	131~137	120~129	119~110	109~100	99~90	89~80	79~70	69~63	빈도
Part Ⅷ. 산업 안전 보건 기준에 관한 규칙 및 고용 노동부 고시	**신뢰성 평가**		1	2		2	1			★
	허용농도대상 유해인자						1			
	업무상 질병 인정기준	1			1					
	석면안전관리법				1					
	병원체 노출시 주지사항				1					
	건강위해성 평가			1				1		
	용어(Risk/Hazard)		1			1				
	위험성 평가, 유해성 평가	2	3	5	1					★
	중대재해	1	1			1				
	근로시간 연장제한 질병자					1				
	금지유해작업(도금)		1	1						
	산·알카리 종류				1					
	독성물질종류							1		
	직업병 발생경보						1			
	특수건강진단(시기·주기·물질)	1	3	4						★
	밀폐공간작업(건강장해)			4						
	건강진단결과(서류보존)			1						
	건강관리수첩(업무, 대상물질, 목적)		1	1						
	건강유해성	1		1						
	화학물질 노출시간, 유해인자		1	2						
	근로자 건강관리(구분, 물질)			2					1	
	사업주·근로자 안전보건 기본수칙								1	
	작업면 조도기준								1	
	화학설비 누출방지 작업수칙								1	
	국소배기설치시 따라야 할 요건								1	
	근로자에 대한 교육시기(MSDS)								1	

구 분		출제회차								출제
부 문	핵심 키워드	131~137	120~129	119~110	109~100	99~90	89~80	79~70	69~63	빈도
Part IX. KOSHA GUIDE	사무실 공기오염 방지조치(미생물)							1		
	건설업체 산업재해발생률			1						
	근골격계 부담작업		5	1			1	1		★
	교대 작업자, 대상 근로자	1			1					
	호흡기 감작물질, 호흡보호구 지침	1			1					
	직업성 암의 업무				2					
	잠수작업자						1			
	순음청력검사					1				
	직무스트레인 요인 측정		1		2					
	자외선 소독기 자외선 노출						1			
	고열작업 환경관리		1		1					
	한랭작업 환경관리		3			1				
	농약 방제작업 근로자						1			
	나노물질 제조 · 취급 근로자, 라돈 지침	1	1	1	1					
	비파괴 작업근로자						1			
	실험실 안전보건, 신규화학물질	1				1				
	공기매개 경계			1						
	석면해체 · 제거작업	1	1	1	1	1				
	업무적합성 평가	1				1				
	VDT 취급근로자 관리		1		1		1	1	1	★
	뇌 · 심혈관질환 예방 · 요인 · 인정기준	1	1	2	2				1	★
	밀폐공간 출입			1						
	사무실 공기관리 지침	1	3	3			1			★
	단순작업근로자 작업관리지침								1	
	근로자 폐활량검사 및 판정에 관한 지침			1						
	단체급식시설 환기에 관한 기술 지침	6	1							★

차 례

PART 05 작업환경관리

PART 06 물리적 유해인자

PART 07 산업독성학

PART 08 산업안전보건기준에 관한 규칙 및 고용노동부 고시

차 례

PART 09 KOSHA GUIDE

차 례

부록 과년도 기출문제

차 례

제   회
국가기술자격검정 기술사 필기시험 답안지(제1교시)

제1교시	종 목 명	

수험자 확인사항 ☑ 체크바랍니다.	1. 문제지 인쇄상태(문제 및 페이지 수 등) 및 수험자 응시 종목 일치 여부를 확인하였습니다. 확인 ☐ 2. 답안지 인적 사항 기재란 외에 수험번호 및 성명 등 특정인임을 암시하는 표시가 없음을 확인하였습니다. 확인 ☐ 3. 지워지는 펜, 연필류, 유색 필기구 등을 사용하지 않았습니다. 확인 ☐ 4. 답안지 작성 시 유의사항을 읽고 확인하였습니다. 확인 ☐

답안지 작성 시 유의사항

1. 답안지는 표지 및 연습지를 제외하고 총 7매(14면)이며, 교부받는 즉시 매수, 페이지 순서 등 정상여부를 반드시 확인하고 1매라도 분리되거나 훼손하여서는 안됩니다.
2. 시험문제지가 본인의 응시종목과 일치하는지 확인하고, 시행 회, 종목명, 수험번호, 성명을 정확하게 기재하여야 합니다.
3. 수험자 인적사항 및 답안작성(계산식 포함)은 **지워지지 않는 검은색 필기구만을 계속 사용**하여야 합니다.
4. 답안 정정시에는 **두줄(=)을 긋고 다시 기재 가능**하며 **수정테이프 사용 또한 가능**합니다.
5. 답안작성 시 자(직선자, 곡선자, 템플릿 등)를 사용할 수 있습니다.
6. 문제의 순서에 관계없이 답안을 작성하여도 되나 주어진 **문제번호와 문제를 기재**한 후 답안을 작성하고 전문용어는 원어로 기재하여도 무방합니다.
7. 요구한 문제수 보다 많은 문제를 답하는 경우 기재 순으로 요구한 문제수까지 채점하고 나머지 문제는 채점대상에서 제외됩니다.
8. 답안작성 시 답안지 양면의 페이지 순으로 작성하시기 바랍니다.
9. 기 작성한 문항 전체를 삭제하고자 할 경우 반드시 해당 문항의 답안 전체에 대하여 명확하게 X표시 (X표시한 답안은 채점대상에서 제외) 하시기 바랍니다.
10. 수험자는 시험시간이 종료되면 즉시 답안작성을 멈춰야 하며, 종료시간 이후 계속 답안을 작성하거나 감독위원의 **답안지 제출 지시에 불응할 때에는 당해 시험이 무효 처리**되고 이후 모든 교시에 응시할 수 없습니다.(해당 회차 모든 교시 무효)
11. 각 문제의 답안작성이 끝나면 바로 옆에 **"끝"**이라고 쓰고, 최종 답안작성이 끝나면 줄을 바꾸어 중앙에 **"이하여백"**이라고 써야합니다.
12. **다음 각호에 1개라도 해당되는 경우 답안지 전체 혹은 해당 문항이 0점 처리됩니다.**

> 〈답안지 전체〉
>   1) 인적사항 기재란 이외의 곳에 성명 또는 수험번호를 기재한 경우
>   2) 답안지(연습지 포함)에 답안과 관련 없는 특수한 표시를 하거나 특정인임을 암시하는 경우
> 〈해당 문항〉
>   1) 지워지는 펜, 연필류, 유색 필기류, 2가지 이상 색 혼합사용 등으로 작성한 경우

※ 부정행위처리규정은 뒷면 참조

HRDK 한국산업인력공단
Human Resources Development Service of Korea

부정행위 처리규정

국가기술자격법 제10조 제6항, 같은 법 시행규칙 제15조에 따라 국가기술자격검정에서 부정행위를 한 응시자에 대하여는 당해 검정을 정지 또는 무효로 하고 3년간 이법에 따른 검정에 응시할 수 있는 자격이 정지됩니다.

1. 시험 중 다른 수험자와 시험과 관련된 대화를 하는 행위
2. 답안지를 교환하는 행위
3. 시험 중에 다른 수험자의 답안지 또는 문제지를 엿보고, 자신의 답안지를 작성하는 행위
4. 다른 수험자를 위하여 답안을 알려주거나 엿보게 하는 행위
5. 시험 중 시험문제 내용과 관련된 물건을 휴대하여 사용하거나 이를 주고 받는 행위
6. 시험장 내외의 자로부터 도움을 받고 답안지를 작성하는 행위
7. 미리 시험문제를 알고 시험을 치른 행위
8. 다른 수험자와 성명 또는 수험번호를 바꾸어 제출하는 행위
9. 대리시험을 치르거나 치르게 하는 행위
10. 수험자가 시험시간에 통신기기 및 전자기기[휴대용 전화기, 휴대용 개인정보 단말기(PDA), 휴대용 멀티미디어 재생장치(PMP), 휴대용 컴퓨터, 휴대용 카세트, 디지털 카메라, 음성파일 변환기(MP3), 휴대용 게임기, 전자사전, 카메라 부착 펜, <u>시각표시 외의 기능이 부착된 시계</u>]를 사용하여 답안지를 작성하거나 다른 수험자를 위하여 답안을 송신하는 행위
   ※ 시각표시 외의 기능이 부착된 시계는 **통신 · 결제기능(블루투스 등) 및 전자식 화면표시기 (Lcd, Led 등)가 모두 없는** 시침, 분침(초침)으로만 구성된 **아날로그 시계 이외의 모든 시계를 의미함**
11. 그 밖에 부정 또는 불공정한 방법으로 시험을 치르는 행위

[연 습 지]

※ 연습지에 성명 및 수험번호를 기재하지 마십시오.
※ 연습지에 기재한 사항은 채점하지 않으나 분리 훼손하면 안됩니다.

[연 습 지]

번호

번호

PART 5

작업환경관리

SECTION 1 작업환경관리(일반)

01 작업환경관리 목적

(1) 산업재해 예방 및 방지

(2) 근로자 의욕고취

(3) 작업능률 향상

(4) 작업환경의 개선

> 다른 의미의 목적 : 사업장에서 발생할 수 있는 잠재적인 건강장애에 대하여 인식하고 작업의 위험과 유해성을 평가하여 이에 대한 대책을 수립하고, 실천하는 것을 목적으로 함

02 작업환경관리의 과정

(1) 유해요인 확인

(2) 유해요인 인식

(3) 작업환경 측정

(4) 작업환경 평가

(5) 개선대책 실시

03 작업환경관리 우선순위(근로자 건강보호 목적)

(1) 유해요인 제거

(2) 대체(공정, 시설, 유해물질 변경)

(3) 환기(국소배기, 전체환기)

(4) 교육

(5) 보호구 착용

04 개선대책 수립 시 기본적인 가정

(1) 모든 유해인자는 어떤 종류의 방법을 이용하더라도 어느 정도는 낮출 수 있다.

(2) 대책은 한 가지만 있는 것이 아니라 여러 다양한 대책이 있다.

(3) 한 가지 이상 대책이 필요하거나 적용하여야 효과를 볼 수 있다.

(4) 정해진 대책은 비용 대비 효과적이어야 한다.

(5) 수립한 대책으로도 완벽하게 유해인자를 관리할 수 없는 경우도 있다.

05 기존 시설에 대한 작업환경관리 대책

(1) 행정적(관리적) 대책

① 근로자의 노출을 저감하는 방법

㉠ 작업시간 변경

㉡ 작업량 조절

㉢ 복수로 작업인원 배치

② 교육 및 훈련
③ 경영진의 참여
④ 순환배치
⑤ 의학적 검진
⑥ 정리 · 정돈 및 청소

(2) 공학적 대책

① 유해물질의 대치
② 공정의 변경
③ 작업방법의 변경
④ 격리
⑤ 밀폐
⑥ 국소배기장치 설치

(3) 개인보호구

① 호흡 보호구
② 청력 보호구
③ 손 보호구
④ 보호의복
⑤ 보안경

06 작업환경 개선의 공학적 대책 ●출제율 30%

공학적 대책 시 어떠한 대책방법이 목표에 도달하는데 가장 좋은지와 어느 방법이 목표
에 도달하는데 가장 경제적인가 하는 문제가 중요하다.

(1) 대치(대체 : Substitution)

유해성이 적은 물질로 대치하는 방법은 근본적인 개선방법이며, 효과도 크지만 경제성
작업의 특성, 생산조건의 제약에 의해서 적용할 수 없거나 공정기술의 전문적 지식이 뒷받

침되어야 성공확률이 높은 방법으로 가동 중인 시설에 대한 작업환경관리를 위하여 공정을 대치하는 경우 대용할 시설과 안전관계 시설에 대한 지식이 필요하다.

① 공정의 변경
  ㉠ 금속을 두들겨 자르던 공정을 톱으로 절단
  ㉡ 페인트 분사하는 방식으로 담그는 형태(함침, dipping)로 변경 또는 전기흡착식 페인트 분무방식 사용
  ㉢ 고속회전식 그라인더작업을 저속연마작업으로 변경
  ㉣ 송풍기의 작은 날개로 고속회전시키는 것을 큰 날개로 저속회전시킴
  ㉤ 도자기 제조공장에서 건조 후 실시하던 점토 배합을 건조 전에 실시하는 것
  ㉥ 유기용제 세척공정을 스팀세척이나 비눗물 사용 공정으로 대치
  ㉦ 압축공기식 임팩트 렌치작업을 저소음 유압식 렌치로 대치

② 시설의 변경
  ㉠ 고소음 송풍기를 저소음 송풍기로 교체
  ㉡ 가연성 물질 저장 시 유리병보다 철제통이 안전
  ㉢ 흄 배출 후드의 창을 안전유로 교체
  ㉣ 염화탄화수소 취급장에서 네오프렌 장갑 대신 폴리비닐알코올 장갑을 사용

③ 유해물질의 변경
  ㉠ 아조염료의 합성 원료인 벤지딘을 디클로로벤지딘으로 전환
  ㉡ 금속제품의 탈지(세척)에서 사용되는 트리클로로에틸렌(TCE)을 계면활성제로 전환
  ㉢ 성냥제조 시 황린(백린) 대신 적린 사용 및 단열재(석면)를 유리섬유로 전환
  ㉣ 세탁 시 세정제로 사용하는 벤젠을 1.1.1-트리클로로에틸렌으로 전환
  ㉤ 금속제품 도장용으로 유기용제를 수용성 도료로 전환
  ㉥ 야광시계 자판을 리듐 대신 인 사용
  ㉦ 세척작업에 사용되는 사염화탄소를 트리클로로에틸렌으로 전환
  ㉧ 금속표면을 블라스팅(샌드블라스트)할 때 사용 재료로서 모래 대신 철구슬(철가루)로 전환

(2) 격리(Isolation) 및 밀폐(Enclosure)

물리적, 거리적, 시간적인 격리를 의미하며, 쉽게 적용할 수 있고 효과도 비교적 좋다.

① 저장물질의 격리

인화성이 강한 물질 저장 시 저장탱크 사이에 도랑을 파고 제방을 만든다.

② 시설의 격리

    ㉠ 방사능 물질은 원격조정이나 자동화 감시 체제

    ㉡ 시끄러운 기기류에 방음 커버를 씌운 경우

③ 공정의 격리

    ㉠ 일반적으로 비용이 많이 듦

    ㉡ 자동차의 도장 공정, 전기도금에 일반화되어 있음

④ 작업자의 격리

위생보호구 사용

(3) 환기(Ventilation)

유해물질을 취급하는 공정에서 가장 널리 이용되며 효과도 좋아 대체 격리와 함께 사용되지만 한번 시공에 많은 비용이 들고 설계에 따라 그 효과도 크게 차이가 나므로 반드시 전문가의 설계가 필요하며, 국소배기와 전체환기가 있다.

(4) 교육(Education)

같은 작업을 하더라도 작업자에 따라 개인의 노출 정도가 크게 차이나는 것을 흔히 볼 수 있으며, 이는 올바른 작업방법에 대한 교육과 습관화가 중요함을 의미한다. 또한 교육은 작업자에게만 필요한 것이 아니라 경영자, 엔지니어, 관리자 등 모두에게 필요한 사항이다.

07 공학적 대책이 필요한 이유

(1) 법적 요구사항

(2) 근로자에 대한 윤리적 책임

(3) 유해인자에 노출 시 위험성

(4) 생산성 향상

08 공학적 대책을 하지 않을 경우 직·간접 비용

(1) 근로자 질병·부상 발생 시 보상비용 및 소송비용

(2) 산업재해보상보험료 인상

(3) 노사간 신뢰관계 악화

(4) 기업 이미지 손상

(5) 작업환경의 악화로 인한 생산성 감소

(6) 이직률·결근율 증가 및 대체인력 비용

(7) 숙련공 손실 시 가동중지

(8) 생산성 저하로 인한 비용

(9) 신규 근로자 채용 비용

(10) 교육·훈련 비용 및 숙련되기까지 생산성 저하로 인한 손실

09 공학적 대책 시행 시 소요비용

(1) 장비나 기자재 구입비용

(2) 운반·설치 비용

(3) 설치한 작업장 수정 시 비용

(4) 현장 설치까지 생산 중단으로 인한 비용

(5) 설치로 인한 생산성 감소 시 생기는 비용

(6) 동력(전력) 사용에 드는 비용

(7) 기계 유지·보수에 드는 비용

(8) 근로자 교육·훈련에 드는 비용

(9) 설비 수명 시 교체에 드는 비용

참고 **작업장과 공정특성** ● 출제율 20%

1. 작업장 특성파악을 위한 정보수집
   ㉠ 평면도와 공정설명서(공정도, 흐름도)가 작업장 정보수집에 중요 자료로 활용된다.
   - 특히 화학공장이나 장치산업의 작업장 특성 파악에 매우 유용하다.
   - 공정도는 잠재적 노출원(환경인자와 근로자가 접촉하게 되는 장비와 직무 포함) 규명의 핵심 요소이다.
   - 공정흐름도는 연속작업, 반 연속작업, 일괄작업의 특성 규명에 도움을 준다.
   ㉡ 규칙적이지 않거나, 고정된 장소가 아닌 작업환경의 특성을 파악하기 위해서는 기록된 각종 문서를 검토하는 것도 하나의 기법이다.
   ㉢ 작업장 특성 규명에 노출의 잠재성 영향인자를 포함하여야 한다.
   - 환기장치
   - 개방된 탱크
   - 도랑
   - 개인보호구 사용 여부
   ㉣ 부산물의 저장은 노출가능 발생원으로 판단하여야 한다.
   - 대표적 환기가 필요한 증기 부산물은 환기가 필요한 증기이다.
   - 경화공정은 경화될 때까지 위험 존재 가능성을 고려해야 한다.
   ㉤ 작업장 특성 규명에 공정의 유지 · 보수 활동도 포함되어야 한다.
   생산현장과 정비소에서 장비수선 및 업무를 수행할 때 노출 가능성이 크다.
   ㉥ 작업장 특성 규명에 피부 접촉 가능성에 대한 정보도 포함되어야 한다.
   - 환경인자의 직접 취급 여부
   - 직접 오염되기 쉬운 물질의 취급 여부
   - 2차 피부 접촉 가능성이 큰 오염원 : 오염된 작업표면, 도구, 작업복, 개인보호의 청결상태
   ㉦ 작업장 특성 규명에 기타 오염 가능성과 2차 노출원도 포함되어야 한다.
   - 연필, 문손잡이, 음료수통, 전화 등의 오염 가능성
   - 휴게실, 점심식당, 사무실 등의 오염 가능성
   - 신발 및 장갑의 오염
   - 실험실 장비는 생산 작업장에서 시료채취 중 오염 가능성

2. 공정도면을 파악하는 목적
   ㉠ 개요
   작업장에 존재하는 근로자, 기계나 시설, 화학물질, 건물 등을 근로자의 건강과 관련하여 그 특성을 파악하는 것이다. 작업장과 공정특성을 파악하는 것이다.
   ㉡ 공정도면 파악 목적
   - 유해인자의 잠재적인 노출원을 규명하기 위해서이다. 어떤 유해인자가 발생되는 근원(노출원)을 파악하기 위한 것이다.
   - 공정의 흐름에 따른 화학물질의 이동과 첨가 그리고 근로자 작업의 위치를 알기 위해서이다. 어떤 공정과 어떤 위치에서 화학물질이 어떻게 사용되고 취급되는지를 알 수 있다.
   - 환기 등 공학적인 시설의 위치와 배기 시스템의 운영 등 작업환경관리와 공학적인 대책에 대한 시스템을 규명하기 위해서이다.

SECTION 2 폴리우레탄 수지 제조작업

01 개요 및 특징

(1) 폴리우레탄은 분자 내에 우레탄 결합(RNH–COOR′)을 지니는 고분자화합물로 디이소시아네이트화합물과 히드록시화합물의 반응으로 만들어진다.

(2) 폴리우레탄은 기본적으로 디이소시아네이트와 폴리올과의 반응으로부터 만들어진다.

$$\text{diisocyanate} + \text{polyol} \rightarrow \text{polyurethane} + \text{heat}$$

그러나 이 합성과정 중에는 원하는 용도의 제품을 생산하기 위해 반응을 촉진시키는데 필요한 많은 종류의 화학물질들을 사용되게 한다. 즉, 반응을 촉진시키기 위한 촉매제(catalysts), 발포제(blowing agents), 가교반응(cross-linkage)을 위한 가교제(cross- linker), 비균질성 물질과의 반응을 조절하기 위한 실리콘 계면활성제, 충진제(filler), 도료 등이 있다.

02 폴리우레탄 특성

(1) 질기고 강인하다.

(2) 인장파괴강도가 크다.

(3) 거품구조를 가지기 때문에 탄성이 우수하다.

(4) 내마모성과 내유성 및 내용제성이 뛰어나다.

03 용도

(1) 발포제, 탄성체, 접착제

(2) 도료(페인트)

(3) 합성섬유, 합성피혁

(4) 실링제

(5) 응용 분야(신발, 건자재, 자동차 용품, 주형품, 각종 페인트 및 가구)

04 폴리우레탄 수지 제조공정의 유해인자

(1) **계량 및 투입공정**

디이소시아네이트류(MDI, TDI, HDI, IPDI)

(2) **포장공정(희석제로 사용되는 용제류)**(DMF, MEK, Toluene)

(3) 체인연장제(각종 글리콜류) 및 반응 억제제(메탄올 등)가 사용되지만 라인을 통해 반응기 내부로 직접 투입되어 수지제조 시 완전반응이 이루어지므로 공기 중으로 노출될 가능성은 낮으며, 기타 첨가제(UV 안정제, 무황변제 등) 역시 사용량이 1% 미만의 소량으로 공기 중으로 발생가능성이 거의 없다.

05 TDI와 MDI의 특성 ●출제율 20%

(1) TDI(Toluene Diisocyanate)

톨루엔디이소시아네이트(TDI)는 톨루엔 2-4 디이소시아네이트(2.4-TDI)와 톨루엔 2-6 디이소시아네이트(2.6-TDI)가 있다. 2.4-TDI는 CAS No.584-84-9이며 분자식 $CH_3C_6H_6(NCO)_2$을 갖고 흰색의 액체로서 코를 쏘는 자극성 냄새가 있다. 2.6-TDI는 CAS NO.91-08-7이며,

2,4-TDI와 동일한 분자식으로 동일한 자극성 냄새가 있다.

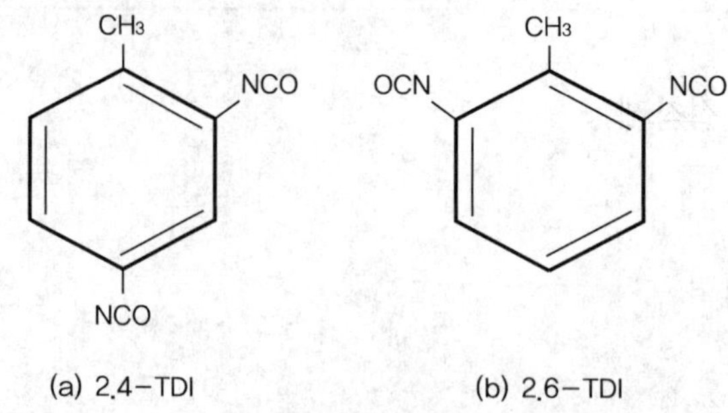

❙ 2,4-TDI 그리고 2,6-TDI의 분자구조 ❙

(2) MDI

메틸렌비스페닐디이소시아네이트(MDI)는 CAS No.101-68-8이며, 분자식 $C_{15}H_{10}N_2O_3$을 갖는 백색 내지 담황색의 박편으로 냄새가 없다.

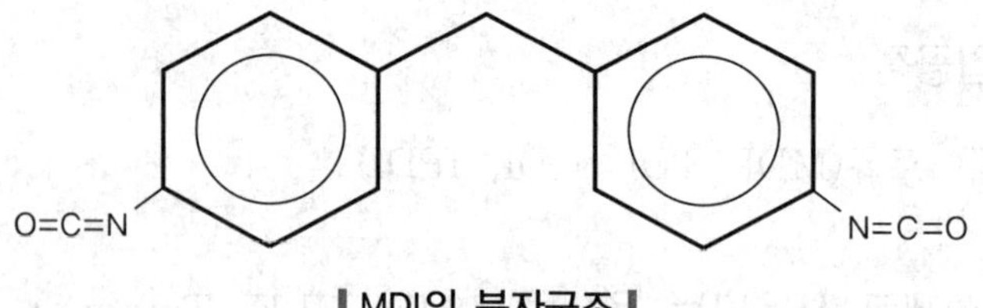

❙ MDI의 분자구조 ❙

06 건강장애 ●출제율 20%

(1) 디이소시아네이트류

① 자극성

② 폐손상

③ 호흡기 감작

④ 동물에게 발암성(인간의 발암성 증거는 불충분한 상태)

(2) 아민류(촉매제)

① 눈, 피부, 점막에 자극 증상 유발
② 호흡기계에 자극 증상 유발

(3) 글리콜류(폴리올의 주요 원료물질)

호흡기계 및 안구에 자극 증상 유발

(4) 메틸렌클로라이드(세척제)

① 중추신경계 억제작용
② 동물에게 발암성 확인물질

07 작업환경관리 ●출제율 20%

(1) 설비 및 공정의 변경

몰드를 이용한 우레탄 폼 제조공정의 경우 대부분 우레탄 폼이 발포된 후, 우레탄 폼 외부에 시트커버를 씌우는 방식으로 최종 제품이 생산되는 방식을 취한다. 따라서 이러한 방식의 경우 발포된 우레탄 폼의 탈형을 용이하게 하기 위해 이형제를 도포하게 되는데 이때 많은 양의 솔벤트가 공기 중으로 발생된다. 그러나 시트커버 내부로 직접 우레탄 폼을 주입하는 경우 이형제 도포가 필요 없게 되는데, 이를 위해서는 제품의 종류에 따라 그에 적합한 금형, 주입방식 등을 변경한다.

(2) 환기설비

① 디이소시아네이트가 가장 많이 발생되는 작업공정은 세척제를 사용하여 우레탄 주입 헤드기 내부를 세척하는 공정이므로 발생원 전체를 포위하여 효과적으로 디이소시아네이트 등을 배기할 수 있는 환기장치의 설치가 필수적인 사항이다.
② 우레탄 수지제조 사업자의 경우 포장공정에 대한 환기설비가 특히 필요한 것으로 나타났다. 대부분 사업장이 포장공정에 국소배기장치가 설치되어 있으나 그 형태 및 설치위치의 부적합으로 인해 수지 포장 시 발생하는 유기용제류를 효과적으로 제거하지 못하고 있었다. 따라서 반응기의 수지 토출구와 포장 용기와의 간격으로

가능한 가까이 하고, 그리고 포장 용기의 주입구 부분을 포위할 수 있는 국소배기장치를 설치한다.

(3) 작업관리 방안

① 폴리우레탄 폼이나 수지 제조공정의 경우 원료물질의 저장, 취급, 그리고 사용 후의 원료 저장통에 대한 관리가 무엇보다 중요하다.

② 원료 드럼은 작업장에 열어놓은 채로 방치하지 않도록 해야 하며, 물질 보관용기의 재사용 및 폐기 시에는 용기의 벽에 있는 디이소시아네이트를 제거하여 사용 또는 폐기해야 한다. 특히 단량체 MDI 경우 상온에서 고체상이기 때문에 원료 계량 및 투입과정의 경우 분진에 노출되지 않도록 반드시 방진마스크를 착용하고 작업하도록 해야 한다.

③ 폴리우레탄 수지 제조작업자의 경우 포장작업 시에는 방독마스크, 보호장갑을 반드시 착용하고, 국소배기장치를 가동시킨 다음, 가동상태를 확인한 후 작업에 임해야 한다.

④ 액체연료의 경우 라인을 통한 투입작업의 경우에는 배관계의 누설 여부를 점검하는 것이 필요하다.

⑤ 작업장 내에서는 흡연과 취식을 금해야 하며, 작업자에게는 자신이 취급하고 있는 유해물질의 유해성에 대한 교육실시가 중요하다.

(4) 피부흡수 억제방안

① 발포된 우레탄 표면에서의 잔류 디이소시아네이트 평가 결과는 발포 직후부터 일정한 시간이 경과되어 완전경화가 이루어지기 전까지는 표면에 디이소시아네이트가 존재하는 것으로 나타나므로 발포된 우레탄 폼을 바로 후처리 공정으로 넘기지 말고 일정시간 두어 완전경화시켜 후처리 공정작업을 진행하여야 한다.

② 피부노출을 억제하기 위해서는 긴소매의 작업복을 착용토록 하여야 하고 보호장갑의 경우 디이소시아네이트의 투과에 강한 재질인 니트릴재질의 보호장갑을 착용하던지 아니면 면장갑이라고 하더라도 최소한 손바닥 면이 고무재질로 코팅된 장갑을 착용하고 작업을 해야 한다.

참고 폴리우레탄 폼 공법

1. 폴리우레탄 폼은 우레탄 용액과 발포제를 액상으로 교반하여 노즐로 벽체, 천장에 분사하여 일정한 두께의 단열층을 구성하는 공법으로 분자 중에 두 개 또는 그 이상의 활성화 수소기를 갖는 알코올(디올 또는 폴리올)과 분자 중에 한 개 이상 활성화 이소시아네이트기를 갖는 이소시아네이트(디이소시아네이트 또는 폴리이소시아네이트)와의 부가반응에 의해 생성된다.

2. 반응식

$$CON - R - NOC + HO - R' - OH \rightarrow R - \underset{\underset{H}{|}}{N} - \underset{\underset{O}{\|}}{C} - O - R' - O - \underset{\underset{O}{\|}}{C} - \underset{\underset{H}{|}}{N} - R$$

POLYISOCYANATE   POLYOL   POLYURETHAIVE

SECTION 3 금속가공유(절삭유)

01 개요

(1) 금속가공유(metalworking fluids ; MWFs)는 절삭유나 연삭유 또는 쿨런트(coolant)라고도 한다.

(2) 금속가공유는 그라인딩, 커팅, 밀링, 드릴링 작업 시 금속부품과 작업공구와의 윤활과 쿨링의 역할, 절삭된 금속파편을 제거하는 역할 등을 위해 사용되는 유제를 말한다. 이러한 과정 중에 공기 중으로 금속가공유 미스트가 발생하게 되는데 이를 금속가공유 에어로졸이라 한다.

(3) 금속가공유는 금속제품 수명 연장, 부스러기 제거, 제품표면 보호를 목적으로 가공 및 연마공정에서 사용하며 에어로졸(미스트) 형태로 흡입하거나 피부에 접촉될 경우 여러 가지 건강장해를 일으킬 수 있다.

02 금속가공유 구분(NIOSH) : 근로자의 건강관리 목적으로 구분

```
┌ 비수용성 금속가공유
│                    ┌ 수용성 금속가공유
└ 수용성 금속가공유 ┼ 준합성(반합성) 금속가공유
                     └ 합성 금속가공유
```

(1) 비수용성 금속가공유(straight MWFs)

정제된 석유계 기유(base oil)나 동 · 식물성 오일, 또는 합성 오일로서 단독 또는 첨가제와 같이 사용되어지며 물에 용해되지 않는 특성이 있다.

(2) 수용성 금속가공유(water soluble oils 또는 soluble MWFs)

① 30~85% 정도의 석유계 기유, 각종 첨가제 그리고 기유와 첨가제를 유화시킬 수 있는 유화제가 5~20% 정도 들어있으며 물로 희석해서 사용한다.
② 다양한 박테리아와 곰팡이가 번식할 수 있는 배지가 되며, 박테리아로 인한 내독소도 발생시킨다.

(3) 준합성 금속가공유(semisynthetic MWFs)

5~30% 정도의 석유계 기유, 각종 첨가제, 그리고 기유와 첨가제를 유화시킬 수 있는 유화제가 5~10% 정도 들어있다.

(4) 합성 금속가공유(synthetic MWFs)

석유계 기유를 함유하지 않는 수용성 또는 준합성 금속가공유를 말한다.

위 분류에서 수용성, 준합성 그리고 합성 금속가공유는 금속가공유 자체에 물이 함유되어 있거나 또는 사용 시 물에 희석하여 사용하는 수용성 금속가공유이다.

03 금속가공별 특징

(1) 일반 사항

① 금속가공유(metalworking fluids, MWFs)는 금속가공 공정에서 가공을 돕기 위해 사용되는 유체를 말하는 것으로 원유(crude oil)를 정제한 기유(base oil)에다 공정특성에 맞는 첨가제를 혼합하여 만들어진다.
② 금속가공유에 들어가는 첨가제는 기능에 따라 20여 가지로 나뉘는데, 주요 첨가제로는 극압첨가제(extreme pressure additive), 유화제(emulsifier), 방부제(biocides) 등을 들 수 있다.

③ 여러 종류의 화학물질이 혼합된 물질인 금속가공유는 노출에 따른 건강영향에 있어서도 단일물질 노출로 인한 건강영향보다 매우 복잡하다.

(2) 비수용성 금속가공유

① 물을 섞어서 쓰지 않기 때문에 쉽게 알 수 있다.

② 큰 드럼통에 보관하는 것이 일반적이다.

③ 성분의 대부분이 원유에서 정제한 윤활기류(base oil)로 되어 있어서 기름 냄새가 발생한다.

④ 건강상의 유해특성은 기류 중에 함유된 발암성 물질과 첨가제가 주된 관심이 된다.

(3) 수용성(수용성, 합성, 반합성) 금속가공유

① 물로 희석해서 사용하며 다양한 첨가제가 들어간다.

② 물에 섞어서 사용하기 때문에 섞지 않도록 방부제(biocides)가 첨가되고 사용 중 기계에 녹이 슬지 않도록 방청제가 첨가된다.

③ 수용성 금속가공유는 기유와 첨가제에 물을 일정 비율로 첨가하기 때문에 미생물이 성장할 수 있는 좋은 조건이 되어 미생물의 번식이 많으므로 비수용성 금속가공유와는 다른 유해인자들이 발생하게 된다.

④ 적절히 관리되지 못한 수용성 금속가공유의 경우 미생물이 번식되고 이들 미생물로부터 분비되는 엔도톡신과 같은 바이오에어로졸의 흡입과 접촉에 의해 각종 알레르기 질환과 접촉성 피부질환 등의 건강장해를 가져올 수 있다.

(4) 비수용성·수용성 금속가공유

① 금속가공유를 사용하는 공정에서 공기 중으로 금속가공유가 mist 형태로 발생하게 되고 이는 각종 호흡기계 질환이나 접촉피부염과 같은 건강장해를 일으킨다.

② 정제가 덜 된 기유를 사용하는 금속가공유나 그리고 정제가 잘 된 기유를 사용하는 금속가공유라 할지라도 금속가공유가 사용되는 공정에서의 고열에 의해 여러 종류의 다핵방향족 탄화수소가 생성될 수 있다.

③ 금속가공유 중에 함유된 질산염과 이차 아민이 금속 가공과정에서 발생되는 고열에 의해 니트로소아민을 생성시킬 수 있는데 이들 중 상당 부분은 발암물질이다.

04 　인체유입경로

(1) 절삭작업 시 형성된 미스트(Mist), 증기 및 연무(Aerosol) 등의 흡입을 통해 인체에 유입된다.

(2) 적절한 예방조치(⑩ 장갑, 작업복 또는 얼굴 보호대 등의 사용)를 취하지 않은 경우, 손과 팔 등 피부와의 접촉을 통해서 인체에 흡입된다.

(3) 찰과상 등 피부상처

(4) 작업공간에서 먹거나, 마시거나, 흡연 또는 손을 씻지 않고 먹거나 담배를 피울 경우 의 입을 통해 인체에 유입된다.

05 　금속절삭유가 건강에 미치는 영향

(1) 피부병

① 모든 종류의 금속절삭유가 염증 또는 피부병을 일으킬 수 있다.
② 절삭유와 정기적 또는 장기간 접촉하면 모근에 염증이 발생할 수 있다.
③ 가공작업 동안 발생한 미세한 금속입자가 피부에 손상을 입히고 기존의 염증을 악화시킬 수 있다.

(2) 피부병의 발생원인

① 절삭 유통에 있는 박테리아 및 독성 부산물
② 크롬, 니켈 및 코발트 등과 같은 물질과의 접촉
　(이들은 공작물, 절단공구 및 연삭휠에서 깨져 나와 금속절삭유에 용해됨)
③ 특히 박테리아 살균 및 부식 방지를 위해 금속가공유에 추가되는 화학물질

(3) 호흡기질환

① 금속절삭유 미스트에 노출되는 작업지들은 천식, 기관지염, 기도 염증 및 호흡곤란 등과 같은 질환이 발생할 위험이 높다.

② 반복적으로 노출될 경우 알레르기가 발생할 위험이 있으며 이는 심각한 호흡곤란을 야기할 수 있다.

③ 그 외 눈, 코, 목 등에 염증이 야기될 수 있다.

④ 박테리아 또는 독성이 있는 부산물을 흡입하면 기도에 염증이 생기거나 독감과 같은 증상이 나타날 수 있으며, 기존의 천식증상이 악화될 수 있다.

(4) 암

① 과거에 사용되었던 비정제 석유는 노출된 피부, 특히 손 및 팔에 영향을 미쳐 피부암을 발생시킨다.

② 석유가 묻은 옷을 입거나 작업복 주머니에 석유가 묻은 헝겊을 그냥 두었을 때 음낭암을 발생시킨다.

③ 오늘날에는 정제된 석유를 사용하고, 금속절삭유에 발암화학물 대신 대체물을 사용하며, 작업관행 및 개인위생을 개선함으로써 암 발생 위험이 감소되고 있다.

06 유해인자에 따른 인체 영향 ●출제율 20%

유해인자명	인체에 대한 영향	주의사항
니트로소아민 (Nitrosamine)	발암	에탄올아민과 아질산염이 동시에 있으면 사용 중 발생함
다핵방향족 탄화수소 (Polyaromatic hydrocarbon)	발암	원유를 고도로 정제하지 않으면 함유될 가능성 있음, 사용 중 농도 증가
염화파라핀 (Chiorinated paraffins)	발암	탄소수가 낮은 염화파라핀이 발암성 있음
포름알데히드 (Formaldehyde)	발암, 호흡기 자극, 천식, 피부, 눈 자극	방부제로 첨가되므로 사용 중 첨가 시 주의할 것
에탄올아민 (Ethanolamine)	호흡기 자극, 천식, 피부 자극	수용성, 합성유에 많이 함유되어 있음, 피부 흡수가 잘 되므로 주의
기유 (Base oil)	피부에 대한 자극	피부에 접촉하지 않도록 주의
코발트 (Cobalt)	호흡기 질환	주로 텅스텐 카바이드 공구(tool)에서 나오므로 공구 재질을 확인할 것
오일미스트 (Oil mist)	위의 영향을 매개	이 모든 물질이 공기 중으로 발생될 때 오일미스트의 성분으로 나오므로 관리 필요

07 인체 영향 구분

(1) 호흡기계

① 직업성 천식
② 과민성 폐렴
③ 비특이적 기관지 반응 증가
④ 비노출군에 비해 호흡기계 증상 증가

(2) 암(상당한 근거)

① 후두암
② 방광암
③ 피부(음낭)
④ 췌장
⑤ 직장

(3) 피부

① 오일 모낭염/오일 여드름
② 오일 각화증
③ 색소이상
④ 자극성 및 알러지성 접촉피부염
⑤ 피부암(음낭암 포함)

08 예방조치

(1) 금속절삭유를 사용할 때 안전한 작업에 대해 제공된 지침 및 교육 또는 훈련을 따른다.

(2) 비산 및 미스트에 대한 보호를 위해 비산보호구를 사용한다.

(3) 공구에 절삭유를 투입하는 양 및 비율을 조절하여 미스트 발생을 최소화한다.

(4) 발생한 미스트를 제거 또는 제어하기 위해 외함 또는 환기설비를 사용한다.

(5) 미스트가 환기에 의해 완전히 제거되었는지 확인한 다음 기기 외함의 문을 연다.

(6) 비산보호구, 환기 후드 또는 기타 제어장비의 파손 또는 결함을 보고한다.

(7) 자연환기를 개선하기 위해 작업실 문 및 창을 개방한다.

(8) 가공된 부품 또는 장비, 작업실로부터 남은 금속절삭유를 제거하기 위해 압축 공기를 사용하지 않는다.

SECTION 4 주물작업

01 개요

(1) 주물작업이란 용융된 금속을 미리 준비한 주형에 부어 원하는 형태의 주물을 만드는 금속 성형작업이다.

(2) 철이나 강을 이용하여 주물을 만드는데(주철주물, 주강주물)는 고온이 필요하기 때문에 모래를 이용하므로 sand casting이라는 용어를 사용한다.

(3) 주물업은 완제품 또는 반제품 상태의 각종 금속주조물을 제조하는 산업활동으로 주물업 종사 근로자는 유리규산, 석면, 다핵방향족 탄화수소, 크롬, 카드뮴 등의 발암성 물질에 노출될 수 있고 대표적인 표적장기는 폐이다.

02 주물공정에 따른 발생 유해인자 ●출제율 20%

(1) 주형(조형 : molding) 공정

① 실리카 먼지

② 소음

(2) 심지제조(중자 : core-making) 공정

① 고열

② 먼지, 흄

③ 소음

④ 화학물질(유기용제, 페놀, 포름알데히드, MDI)

(3) 용해(melting) 공정

① CO, SO_2

② 산화철, 산화망간

③ 휘발성 물질

(4) 주입(Pouring) 공정

① 고열   ② 금속 흄, 먼지

③ 적외선   ④ CO

⑤ 다핵방향족 탄화수소

(5) 세척(Cleaning) 및 마무리(settling)

① 분진   ② 소음

③ CO

03 인체 영향 ●출제율 20%

(1) 간암, 폐암, 위암

(2) 호흡기 장애

(3) 심혈관계 장애

(4) 비뇨생식기 장애

> **참고** **금속주조업(주물업) 주요 유해인자**
>
> 금속주조업(주물업)의 경우 주물사에 포함된 결정형 유리규산, 크롬·니켈·카드뮴 등의 금속 흄과 주물사 결합체로 사용되는 유기화합물질의 열분해 시 생성되는 다핵방향족 탄화수소, 포름알데히드 등이 있으며, 고열, 소음, 유해광선에 의한 노출의 우려가 크다.

SECTION 5 도금작업

01 개요

(1) 금속의 표면처리는 부식을 방지하고, 마모에 잘 견디게 하고, 열에 강하게 하거나 색채 및 광택을 좋게 할 목적 등 다양하며 이러한 표면처리 중에서 대표적인 것이 도금이다.

(2) 도금작업은 여러 가지 종류가 있으며 가장 문제가 되는 물질은 크롬과 시안화합물이다.

02 도금공정별 유해·위험요인

(1) 전처리공정

① 탈지공정
유기용제(트리클로로에틸렌, 1,1,2-트리클로로에탄), 소음, 부적절한 자세, 중량물 취급, 반복작업의 유해·위험요인이 있다.

② 산세공정
산류(염산, 황산, 초산), 소음, 부적절한 자세, 중량물 취급, 반복작업의 유해·위험요인이 있다.

③ 중화공정
시안화합물(시안화나트륨, 시안화칼륨), 알칼리류(수산화나트륨, 수산화칼륨), 소음, 부적절한 자세, 중량물 취급, 반복작업의 유해·위험요인이 있다.

(2) 도금공정

중금속류(크롬, 니켈, 카드뮴), 소음, 부적절한 자세, 중량물 취급, 반복작업의 유해·위험요인이 있다.

(3) 가공 및 사상공정

분진, 소음, 부적절한 자세, 중량물 취급, 반복작업의 유해·위험요인이 있다.

(4) 검사 및 포장공정

부적절한 자세, 중량물 취급, 반복작업의 유해·위험요인이 있다.

03 유해·위험요인별 건강장해

(1) 트리클로로에틸렌, 1,1,2-트리클로로에탄

① 중추신경계 : 피로, 현기증, 두통, 기억력 저하, 집중력 장해
② 심혈관계 질환 : 부정맥, 심장마비, 사망
③ 피부 : 홍반, 탈지작업자의 홍조
④ 기타 : 시력장해, 정신적 혼미, 피로, 오심, 구토

(2) 염산

① 눈 및 점막 : 안구 통증, 눈물, 결막 부종과 각막의 손상, 실명, 비중격 궤양
② 호흡기계 : 기도의 작열감, 기침, 질식감, 흉부압박감, 만성 기관지염
③ 피부 : 화상, 피부염, 갈색 또는 황색의 피부 변색
④ 치아 : 치아 침식 및 괴사

(3) 황산

① 눈 및 점막 : 만성결막염, 실명
② 호흡기계 : 폐수종, 폐섬유화, 기관지염, 폐기종
③ 피부 : 화상 및 심한 반흔, 피부염
④ 치아 : 치아 침식 및 괴사

(4) 초산

① 눈 및 점막 : 눈물, 각막과 결막에 부종 결막염, 실명, 코점막에 궤양
② 호흡기계 : 심한 기침, 호흡곤란, 기관지 경련
③ 피부 : 발적, 주름, 화상, 수포

(5) 시안화합물(시안화나트륨, 시안화칼륨)

① 신경계 : 무력증, 구역, 구토, 현기증, 두통, 아몬드 맛, 통증, 혼수 및 경련발작
② 심혈관계 : 빈맥, 서맥, 부정맥, 저혈압, 청색증, 허혈성 심질환, 사망

(6) 크롬

① 피부 및 점막 : 피부 괴사, 접촉성 피부염, 인후, 상기도, 목의 부종, 코점막 궤양
② 호흡기계 : 급성 기관지 수축, 천식, 만성 기관지염, 간질성 폐렴, 폐섬유화, 폐암

(7) 니켈

① 피부 및 점막 : 접촉성 피부염, 알러지성 피부염, 니켈 소양증(소양증후, 발진(팔의 굴절부, 안검, 목과 얼굴의 측면)), 색소침착, 탈색소 반점, 만성비염, 부비동염, 비중격 천공 및 후각소실
② 호흡기계 : 천식, 비인강암, 폐암

(8) 카드뮴

① 일반적 증상 : 발열, 오한, 금속의 맛과 금속열, 무력감, 호흡곤란, 메스꺼움, 구토, 복부 경련, 설사, 빈혈, 간기능 장해
② 점막자극 : 후각장해, 비점막 궤양
③ 호흡기계 : 화학적 폐렴과 폐수종, 폐기종, 폐쇄성 폐질환, 폐암
④ 신장 : 요단백
⑤ 치아 : 황색 착색

(9) 소음

① 일시적 및 영구적 청력손실
② 이명

③ 대화방해

④ 작업방해

⑤ 일반생리반응 : 경악, 혈압, 발한, 맥박 증가, 호흡 변화, 전신근육 긴장

⑥ 기타 : 성가심, 작업 스트레스, 작업장 사고 위험 증가

(10) 부적절한 자세, 중량물 취급, 반복작업

① 요통 및 추간판 탈출증 등의 요추 및 경추의 근골격계 질환

② 회전근개 파열, 수근관 증후군 등의 상지 부위 근골격계 질환

04 크롬 도금이 문제인 이유 ●출제율 20%

(1) 크롬은 3가 크롬과 6가 크롬이 있으며, 인체에 더욱더 해로운 것은 6가 크롬이며, 발암성 물질이다.

(2) 크롬 도금은 6가 크롬이 공기 중으로 발생된다. 즉 도금조에서 발생된 6가 크롬이 환원되거나 금속 크롬 발생원이 있어 공기 중에서 다양한 산화상태의 크롬이 존재한다.

(3) 크롬 도금은 다른 도금에 비해 효율성이 낮기 때문에 도금조에서 공기방울이 많이 발생하여 다량의 mist가 공기 중으로 방출된다.

05 시안화합물의 도금의 독성

(1) 크롬이 산성 도금, 시안화합물은 알칼리 도금에 해당한다.

(2) 시안화합물은 독성이 매우 강하다. 특히 수소와 결합하여 공기 중으로 발생하는 시안화수소의 경우 사고에 의해 다량 발생할 수 있다.

SECTION 6 용접작업

01 용접의 정의

용접이란 2개 또는 그 이상의 물체나 재료를 접합하는 것을 말한다. 즉 접합하고자 하는 2개 이상의 물체(주로 금속)의 접합 부분에 존재하는 방해물질을 제거하여 결합시키는 과정을 의미한다. 작업방법을 보면 용융 또는 반용융 상태로 접합하는 방법과 상온상태의 부재를 접촉시킨 다음 압력을 작용시켜 접촉면을 밀착하면서 접합하는 금속적 이음, 두 물체 사이에 용가재를 첨가하여 간접적으로 접합하는 방법이 있다. 용접으로 이음된 것은 분해할 수 없다.

02 용접작업의 구성요소

(1) 용접대상이 되는 재료(모재)

(2) 열원

가열열원으로 가스열이나 전기에너지가 주로 사용되고 화학반응열, 기계에너지, 전자파 에너지 등이 사용된다.

(2) 용가재

융합에 필요한 용접봉, 용접 와이어나 납 등이 사용된다.

(4) 용접기와 용접기구

용접용 케이블, 홀더, 토치, 기타 공구를 말한다.

03 용접법의 분류

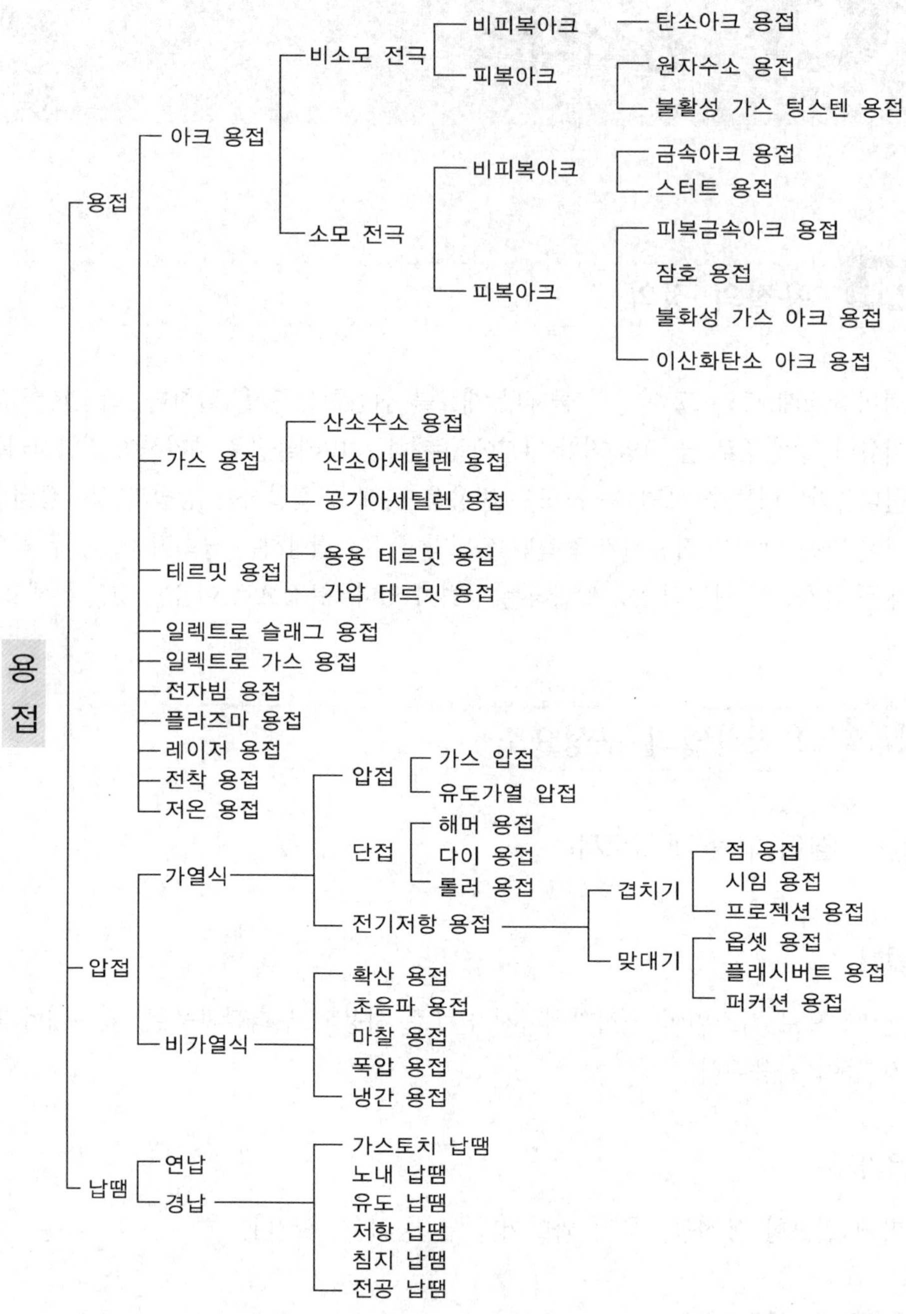

용접
용접
아크 용접
비소모 전극
비피복아크 — 탄소아크 용접
피복아크
원자수소 용접
불활성 가스 텅스텐 용접
소모 전극
비피복아크
금속아크 용접
스터트 용접
피복아크
피복금속아크 용접
잠호 용접
불화성 가스 아크 용접
이산화탄소 아크 용접
가스 용접
산소수소 용접
산소아세틸렌 용접
공기아세틸렌 용접
테르밋 용접
용융 테르밋 용접
가압 테르밋 용접
일렉트로 슬래그 용접
일렉트로 가스 용접
전자빔 용접
플라즈마 용접
레이저 용접
전착 용접
저온 용접
압접
가열식
압접
가스 압접
유도가열 압접
단접
해머 용접
다이 용접
롤러 용접
전기저항 용접
겹치기
점 용접
시임 용접
프로젝션 용접
맞대기
옵셋 용접
플래시버트 용접
퍼커션 용접
비가열식
확산 용접
초음파 용접
마찰 용접
폭압 용접
냉간 용접
납땜
연납
경납
가스토치 납땜
노내 납땜
유도 납땜
저항 납땜
침지 납땜
전공 납땜

04 용접의 일반적 유해인자 ◖출제율 40%◗

(1) 용접 흄

① 개요 및 특징

㉠ 용접 흄이란 용접 시 열에 의해 증발된 물질이 냉각되어 생기는 미세한 소립자를 말한다. 즉 용접작업 시 발생하는 금속의 증기가 응축되거나, 산화되는 등의 화학반응에 의해 형성된 고체상 미립자를 말한다.

㉡ 용접 흄은 고온의 아크 발생열에 의해 용융금속 증기가 주위에 확산됨으로서 발생된다.

㉢ 피복아크 용접에 있어서의 흄 발생량과 용접전류의 관계는 전류나 전압, 용접봉 지름이 클수록 발생량이 증가한다.

㉣ 피복재 종류에 따라서 라임티타니야계에서는 낮고, 라임알루미나이트계에서는 높다.

㉤ 그 외 발생량에 관해서는 용접토치의 경사각도가 크고, 아크 길이가 길수록 흄 발생량도 증가된다.

㉥ 용접 흄은 모재에서 발생되기보다는 용가재(와이어)에서 주로 발생, 즉 약 85%의 흄이 용가재에서 발생하고 약 15% 정도가 모재에서 발생한다.

㉦ 용접 흄은 입자 크기가 매우 작아 폐포에 영향을 미치기 쉽다.

② 아크 용접에서 용접 흄 발생량에 미치는 조건인자

조건인자	흄 증가의 원인조건
아크전압	전압이 높다
토치각도	경사각도가 크다
봉극성	(−) 극성
아크 길이	길다
용융지의 깊이	얕다

③ 용접종류에 따른 흄 발생량

공 정	흄 발생량(g/min)
플럭스코어드 아크 용접	0.2~1.2
피복금속 아크 용접	1.0~3.5
가스금속 아크 용접(강철)	0.1~0.5
가스금속 아크 용접(알루미늄)	0.1~1.5

(2) 유해가스

① 개요

　㉠ 용접작업에서 발생가능한 유해가스상 물질은 일산화탄소, 질소산화물, 오존, 다양한 광화학물질(포스겐, 포스핀), 할로겐화 탄수화물의 열분해산물 등이 있다.

　㉡ 용접으로 인해 발생되는 유해가스는 그 유해성에 대한 인식은 용접 흄보다는 낮다.

② 유해가스 주요발생원

　㉠ 보호가스(CO_2, CO)

　㉡ 피복제나 플럭스의 분해산물

　㉢ 아크와 공기구성 성분(오염물질 포함)의 반응

　㉣ 자외선의 방출로 인한 생성가스

③ 유해가스의 특징

　㉠ 불소

　　ⓐ 불소는 플럭스와 피복재에서 발견된다.

　　ⓑ 노출되면 눈, 코, 목의 자극 증상이 나타나고 고농도로 장기간 노출되면 폐부종과 뼈에 손상을 줄 수 있고 또한 피부발진이 나타나기도 한다. 불화수소(HF) 형태로 노출되며 측정할 때는 불소로서 한다.

　　ⓒ 다른 가스상 물질은 용가재 성분이 아니다. 불소는 용가재 성분이다.

　㉡ 오존

　　ⓐ 용접아크광에서 발생하는 175~210nm의 자외선에 의해 산소분자가 두 개의 산소원자로 유리되어 다른 산소분자와 결합하여 3개의 원자를 가진 오존으로 된다.

　　ⓑ 가스 금속아크 및 가스 텅스텐 용접에서, 특히 알루미늄을 모재금속으로 사용할 때 고농도의 오존이 발생한다.

　　ⓒ 오존은 220~290nm의 자외선 조사에 의해 다시 두 분자의 산소로 환원될 수 있으나 용접 흄과 공존할 때에는 흄에 의해서 산소로 환원되는 것이 방해받기도 한다.

　　ⓓ 오존은 폐수축, 부종, 빈혈 등의 급성장해를 일으킨다.

　　ⓔ 1ppm 낮은 농도에서는 두통, 안구 점막의 건조를 유발한다. 만성장해로는 폐기능의 유의한 변화를 수반한다.

ⓒ 질소산화물

  ⓐ 오존과 마찬가지로 공기 중 산소와 자외선의 반응에 의하여 일산화질소가 생성되고 이것이 다시 이산화질소로 된다.

  ⓑ 이산화질소가 대부분이고, 일산화질소도 일부 있다. 이산화질소는 낮은 농도(10~20ppm)에서 눈, 코, 호흡기에 자극을 준다.

  ⓒ 고농도에서는 폐부종 등의 폐장해를 유발한다.

  ⓓ 만성장해로 폐기능의 유익한 변화가 있다.

  ⓔ 이산화질소는 피복아크 용접, 산소아세틸렌 용접, 아크 가우징, 가스 금속아크 용접, 잠호 용접, 산소아세틸렌과 산소프로판 절단작업에서 발생한다.

  ⓕ 용접작업으로 발생되는 양은 대부분 1.0ppm 이하의 저농도이지만 가스절단, 플라스마용단, 가스버너를 구부리는 작업 등을 하는 경우는 고농도로 되므로 주의해야 한다.

ⓔ 일산화탄소

  ⓐ 일산화탄소는 가스 금속아크 용접에서 이산화탄소가 환원되어 발생함으로 CO_2 용접이나 보호가스 중 이산화탄소의 함량이 증가하면 많이 발생한다.

  ⓑ De Kretser 등은 가스 금속아크 용접에서 이산화탄소의 농도가 1,400ppm일 때 일산화탄소의 농도는 300ppm이었다고 보고하였고 Ulfvarson은 스웨덴의 용접작업장에서의 일산화탄소 농도는 가스 금속아크 용접을 제외한 작업에서는 낮은 수준이라고 보고하였다.

  ⓒ 환기가 나쁜 탱크 내부작업이나 제한된 공간에서는 고농도가 되므로 주의하여야 한다.

  ⓓ 일산화탄소는 질식제이며, 두통, 어지러움, 정신 혼란 등의 급성증상을 일으킨다.

  ⓔ 일산화탄소는 헤모글로빈과 친화력이 산소보다 약 200배 이상 높기 때문에 산소보다 먼저 헤모글로빈과 결합하여 혈액의 산소운반 능력을 저해한다.

  ⓕ ACGIH에서는 일산화탄소의 TWA-TLV를 25ppm으로 규정하고 있다.

ⓜ 포스겐

  ⓐ 트리클로로에틸렌 등 염소계 유기용제로 세정된 철강재의 용접에서는 화학반응으로 dichloroacetyl chloride 및 포스겐이 생성된다.

  ⓑ Ferry, Dahlberg 등은 0.1ppm 이상의 농도를 측정하였으며 트리클로로에틸렌이 20ppm인 장소에서 가스 금속 용접을 할 때 아크에서부터 30cm 되는 측정점에서는 dichloroacetyl chloride가 10.4ppm, 포스겐이 3ppm이었다고 보고하였다.

ⓒ 만성중독보다는 급성중독으로 호흡부전과 순환부전증을 유발한다.

ⓓ 호흡기나 피부로 흡수가 되며, 초기 증상은 목이 타며, 가슴이 답답하다.

ⓔ 호흡곤란, 청색증, 극심한 폐부종이 발생하여 심한 경우 사망을 초래한다.

ⓗ 포스핀

    ⓐ 인산염 녹방지 피막처리를 한 철강재의 용접으로 포스핀이 발생한다. 특히 도장부에서 전처리공정으로 인산염 피막처리를 했는지를 주의하여야 한다.

    ⓑ 유해성은 포스겐과 비슷하다.

(3) 유해광선

① 용접 시 발생하는 아크광은 눈에 '전광성 안염'이라 불리우는 급성 각막표층염을 일으키며, 이 안염은 대부분 폭로된지 수 시간이 경과한 후에 발생한다.

② 폭로가 심한 경우 각막 표층박리, 궤양, 백색혼탁, 출혈, 수포형성을 일으킬 수 있는데 특히 백내장, 망막황반변성이라는 눈에 치명적인 질환을 가져올 수도 있다.

③ 강한 가시광선은 눈의 피로를 가져오며, 자외선에 의해서 생기는 각막과 결막에 대한 급성염증 증상은 용접 근로자 자신이 느끼는 증상에 의해 쉽게 발견될 수 있다.

④ 적외선에 의해서는 열성 백내장이 발생할 수 있는데 이는 증상이 늦게 나타나기 때문에 제때 발견하기가 어렵다.

⑤ 자외선과 방사선은 피부를 붉게 하고 살갗을 태우며 피부의 화상을 유발할 수 있다.

(4) 소음

① 용접작업은 특성에 따라 소음이 발생하며, 특히 플라즈마 아크 용접 및 아크 가우징 작업 시 강한 소음이 발생한다.

② 플라즈마 아크작업에서는 가열된 가스가 노즐의 좁은 부분을 통해 초음속으로 나올 때 큰 소음이 발생한다. 이때의 소음수준은 2,400에서 4,800Hz의 범위이고 보통 100dB(A)을 초과한다.

③ 노즐에서의 가스속도를 낮추면 소음수준을 감소시킬 수 있다. 또한 유도결합 플라즈마 제트(induction-coupled plasma jet)를 사용하여도 소음수준은 크게 감소한다.

④ 불꽃 납땜(torch brazing) 작업에서의 소음수준은 90dB(A)를 초과한다.

⑤ 아르곤-수소 혼합가스를 사용할 경우에는 소음수준이 70에서 80dB(A)로 증가하고, 질소와 질소-수소 혼합가스를 사용할 때에는 소음수준이 100에서 120dB(A)로 증가한다.

⑥ 절단재의 두께가 50mm까지는 소음이 크게 발생하지 않지만, 그 이상의 두께에서는 강한 소음이 발생하므로 청력 보호프로그램이 필요하다.

(5) 고열

탱크제작 등 밀폐공간에서의 작업 시 또는 선박건조 등 강판 위에서 강렬한 적외선을 받는 경우, 용광로 등의 열원 주위에서 함께 폭로될 경우 고열작업으로 인한 열성발진, 열경련 등이 발생할 수 있다.

05 용접의 종류에 따른 주요 관리 유해인자 ●출제율 20%

유해인자	용접의 종류						
	피복금속아크 용접		티그 용접	매그 및 미그 용접	잠호 용접	플라즈마 용접	가스 용접
	일반	저수소계 용접봉					
금속 흄	M-H	M-H	L-M	M-H	L	H	L-M
불화물	L	H	L	L	M	L	L
오존	LL	L	M	H	L	H	L
이산화질소	L	L	M	M	L	H	H
일산화탄소	L	L	L	L, H if CO_2	L	L	M-H
염소계 탄화수소 분해산물	L	L	M	M-H	L	H	L
방사선 에너지	M	M	M-H	M-H	L	H	L
소음	L	L	L	L	L	H	M

※ L : 낮은 위험도, M : 중간 정도 위험도, H : 고 위험도

06 용접방법에 따른 유해인자의 종류

(1) 구분(Ⅰ)

용접의 종류	유해인자
브레이징/카드뮴(용가재)	용접 흄, 카드뮴
산소절단 및 용접	용접 흄, CO, NO, NO_2
가스 용접(매그 및 미그 MIG)/Al or Al-Mg	용접 흄, UV, Ozone
가스 용접(매그 및 미그)/스테인리스	용접 흄, Cr(VI), Ni, Ozone
CO_2 용접	용접 흄, CO
티크/Al or Al-Mg	용접 흄, UV
피복금속아크 용접/저수소 용접봉	용접 흄, Fluorides, UV
피복금속아크 용접/철강	용접 흄, iron oxide, UV
피복금속아크 용접/스테인리스	용접 흄, Cr(VI), Ni, UV
플라즈마 커팅/Al	용접 흄, Noise, Ozone

(1) 구분(Ⅱ)

용접방법			X선	자외선	가시광선	적외선	마이크로파	전격감전	슬러그	소음	산화철흄	합금흄	쇼프라이머	플러스흄	오존	이산화질소	이산화탄소	일산화탄소	불활성가스	포스겐	포스핀	불화수소	산소결핍
아크용접	가스실드	MIG		◎	◎	○	△	○	○	○	○	◎	○		◎	○		△	○	△	△		△
		TIG		○	○	○		○			△	○	○		○			○					△
	MAG	CO_2		○	◎	○		○	○	○	◎	◎	○	△	○	○	○	○				△	○
		Ar+CO_2		◎	◎	○	△	○	○	○	◎	◎	○	△	◎	○		○	△	△	△	△	○
		서브머지드				○		○						△		△							
		피복아크		◎	◎	○			◎	○	◎	◎	○	○	○	○		△		△	△	◎	
기타		전자빔	○	○	◎	○	△	○				△			○								
		레이저		◎	◎	○				○	○	△			◎				△	△			
		플라즈마		○	○	○	△		○	○	○	○	△		○	△		△	○	△	△		△
		스포트				○	◎	○															

※ ◎ : 유해성, 독성이 강한 것, ○ : 중등도인 것, △ : 의심스러우나 경미한 것

07 용접작업 중의 건강보호대책 ●출제율 30%

(1) 용접 흄, 유해가스 제거를 위한 환기대책

① 개요

흄, 유해가스의 발생량은 용접방법에 따라 차이가 있으며, 용접조건에(전류, 전압, 숙련도, 소재의 종류) 따라서 양과 성분에 많은 변수가 작용되므로 환기설비를 설치하여야 한다.

② 대책

㉠ 국소배기장치

ⓐ 후드는 작업방법, 분진의 발산상황 등을 고려하여 분진을 흡입하기에 적당한 형식과 크기를 선택하여야 한다.

ⓑ 덕트는 가능한 길이가 짧고 굴곡의 수가 적으며, 적당한 부위에 청소구를 설치하여 청소하기 쉬운 구조로 하여야 한다.

ⓒ 배풍기는 공기정화장치를 거쳐서 공기가 통과하는 위치에 설치하며, 흡입된 분진에 의한 폭발 혹은 배풍기의 부식, 마모의 우려가 적을 때에는 공기정화장치 앞에 설치할 수 있다.

ⓓ 배기구는 옥외에 설치하여야 하나 이동식 국소배기장치를 설치했거나 공기정화장치를 부설할 경우에는 옥외에 설치하지 않을 수 있다.

㉡ 전체환기장치

[작업특성상 국소배기장치의 설치가 곤란하여 전체환기장치를 설치하여야 할 경우에는 다음 사항으로 고려]

ⓐ 필요환기량(작업장 환기횟수 : 15~20회/시간)을 충족시킬 것

ⓑ 후드는 오염원에 근접시킬 것

ⓒ 유입공기가 오염장소를 통과하도록 위치를 선정할 것

ⓓ 급기는 청정공기를 공급할 것

ⓔ 기류가 편심하지 않도록 급기할 것

ⓕ 오염원 주위에 다른 공정이 있으면 공기배출량을 공급량보다 크게 하고, 주위 공정이 없을 시에는 청정공기의 급기량을 배출량보다 크게 할 것

ⓖ 배출된 공기가 재유입되지 않도록 배출구 위치를 선정할 것

ⓗ 난방 및 냉방, 창문 등의 영향을 충분히 고려해아 설치할 것

㉢ 흄용 방진마스크, 송기마스크 활용

(2) 유해광선 차단을 위한 대책

① 차광안경을 착용하고 작업한다.
② 용접보안면을 착용하고 작업한다.
③ 인접 작업장에 영향을 미칠 우려가 있을 때에는 차광막을 설치하여 다른 근로자에게 유해광선이 영향을 미치지 않도록 한다.

(3) 소음에 대한 대책

① 소음이 85dB(A) 이상 시 귀마개 등 개인보호구를 착용한다.
② 필요시 귀덮개를 착용하고 작업한다.

(4) 고열에 대한 대책

① 탱크제작 등 밀폐된 공간에서의 작업으로 인한 고열장소에는 신선한 공기를 불어넣어 열성발진, 열경련 등을 예방한다.
② 선박 건조 등 강판 위에서 강렬한 적외선 받는 경우에는 수시로 휴식을 취하고 냉수를 마신다.

〈출처 : 산업위생 핸드북, 안전보건공단 용접작업안전, 안전보건공단〉

SECTION

7

호흡용 보호구

01 방진마스크

(1) 개요

① 공기 중의 유해한 분진, 미스트, 흄 등을 여과재를 통해 제거하여 유해물질이 근로자의 호흡기를 통하여 체내에 유입되는 것을 방지하기 위해 사용되는 보호구를 말하며, 분진제거용 필터는 일반적으로 압축된 섬유상 물질을 사용한다.

② 산소농도가 정상적(산소농도 18% 이상)이고 유해물의 농도가 규정 이하 농도의 먼지만 존재하는 작업장에서는 방진마스크를 사용한다.

③ 방진마스크는 비휘발성 입자에 대한 보호가 가능하다.

(2) 구비조건 ● 출제율 20%

① 흡기저항이 낮을 것(일반적으로 흡기저항 범위 : 6~8mmH$_2$O)

② 배기저항이 낮을 것(일반적 배기저항 기준 : 6mmH$_2$O 이하)

③ 여과재 포집효율이 높을 것

④ 착용 시 시야 확보가 용이할 것(하방 시야가 60° 이상 되어야 함)

⑤ 중량은 가벼울 것

⑥ 안면에서의 밀착성이 클 것

⑦ 침입률 1% 이하까지 정확히 평가 가능할 것

⑧ 피부 접촉 부위가 부드러울 것

⑨ 사용 후 손질이 간단할 것

⑩ 흡기저항 상승률이 낮을 것

⑪ 무게중심은 안면에 강한 압박감을 주지 않는 위치에 있을 것

(3) 종류 ●출제율 30%

① 방진마스크의 종류

종 류	분리식		안면부 여과식	사용조건
	격리식	직결식		
형 태	전면형	전면형	반면형	산소농도 18% 이상인 장소에서 사용하여야 한다.
	반면형	반면형		

② 등급 및 사용장소

등 급	특 급	1급	2급
사용 장소	• 베릴륨 등과 같이 독성이 강한 물질들을 함유한 분진 등 발생장소 • 석면 취급장소	• 특급 마스크 착용장소를 제외한 분진 등 발생장소 • 금속 흄 등과 같이 열적으로 생기는 분진 등 발생장소 • 기계적으로 생기는 분진 등 발생장소(규소 등과 같이 2급 마스크를 착용하여도 무방한 경우는 제외한다)	특급 및 1급 마스크 착용장소를 제외한 분진 등 발생장소

③ 여과재의 분진포집능력에 따른 구분(분리식, 성능기준치)

방진마스크의 여과효율을 결정 시 국제적으로 사용하는 먼지의 크기는 채취효율이 가장 낮은 입경인 0.3μm이다.

㉠ 특급 : 분진포집효율 99.95% 이상(안면부 여과식 : 99.0% 이상)

㉡ 1급 : 분진포집효율 94.0% 이상(안면부 여과식 동일)

㉢ 2급 : 분진포집효율 80.0% 이상(안면부 여과식 동일)

④ 방진마스크의 적용 발생장소

종 류	입자상 오염물질 발생장소
특급	베릴륨 등과 같이 독성이 강한 물질을 함유한 분진 등 발생하는 장소, 석면 취급장소
1급	금속 흄 등과 같이 열적 · 기계적으로 생기는 미립자상 오염물이 발생하는 장소
2급	특급 및 1급 호흡용 보호구 착용장소를 제외한 분진 등이 발생하는 장소

⑤ 포집효율시험 계산방법

㉠ 염화나트륨 에어로졸(NaCl aerosol)에 의한 방법

$$P(\%) = \frac{C_1 - C_2}{C_1} \times 100$$

여기서, P : 분진 등 포집효율

C_1 : 여과재 통과 전의 염화나트륨 농도

C_2 : 여과재 통과 후의 염화나트륨 농도

ⓛ 파라핀 오일(paraffin oil)에 의한 방법

$$P(\%) = \frac{C_1 - C_2}{C_1} \times 100$$

여기서, P : 분진 등 포집효율

C_1 : 여과재 통과 전의 파라핀 오일 미스트 농도

C_2 : 여과재 통과 후의 파라핀 오일 미스트 농도

ⓒ 안면부의 누설률시험(염화나트륨 에어로졸에 의한 방법)

$$P(\%) = \frac{C_2}{C_1} \times \frac{T_{흡기} + T_{배기}}{T_{흡기}} \times 100$$

여기서, P : 누설률

C_1 : 체임버 내 농도

C_2 : 측정된 평균 농도

$T_{흡기}$: 흡기 전체시간

$T_{배기}$: 배기 전체시간

02 방독마스크

(1) 개요

공기 중에 유해가스, 증기 등을 흡수관을 통해 제거하여 근로자의 호흡기 내로 침입하는 것을 가능한 적게 하기 위해 착용하는 호흡보호구이다.

(2) 방독마스크 일반구조

① 쉽게 깨어지지 않을 것
② 착용이 쉽고 착용하였을 때 공기가 새지 않고, 압박감이나 고통을 주지 않을 것
③ 착용자의 얼굴과 방독마스크의 내면 사이의 공간이 너무 크지 않을 것
④ 착용자의 시야가 충분할 것
⑤ 전면형 방독마스크는 호기에 의해 눈 주위에 안개가 끼지 않을 것
⑥ 정화통, 흡기밸브, 배기밸브 또는 머리끈을 쉽게 바꿀 수 있는 구조일 것

(3) 방독마스크의 종류　●출제율 20%

종 류	형상 및 사용범위
격리식	정화통, 연결관, 흡기밸브, 안면부, 배기밸브 및 머리끈으로 구성되고, 정화통에 의해 가스 또는 증기를 여과한 청정공기를 연결관을 통하여 흡입하고 배기는 배기밸브를 통하여 외기 중으로 배출하는 것으로 가스 또는 증기의 농도가 2%(암모니아에 있어서는 3%) 이하의 대기 중에서 사용하는 것
직결식	정화통, 흡기밸브, 안면부, 배기밸브 및 머리끈으로 구성되고, 정화통에 의해 가스 또는 증기를 여과한 청정공기를 연결관을 통하여 흡입하고 배기는 배기밸브를 통하여 외기 중으로 배출하는 것으로 가스 또는 증기의 농도가 1%(암모니아에 있어서는 1.5%) 이하의 대기 중에서 사용하는 것
직결식 소형	정화통, 흡기밸브, 안면부, 배기밸브 및 머리끈으로 구성되고, 정화통에 의해 가스 또는 증기를 여과한 청정공기를 흡기밸브를 통하여 흡입하고 배기는 배기밸브를 통하여 외기 중으로 배출하는 것으로 가스 또는 증기의 농도가 0.1% 이하의 대기 중에서 사용하는 것으로서 긴급용이 아닌 것

◆ 방독마스크의 안면부에 따른 종류

종 류	형 상
전면형	안면 전체를 덮는 것
반면형	코 및 입 부분을 덮는 것

(4) 방독마스크 정화통(카트리지 : cartridge) 수명에 영향을 주는 인자　●출제율 20%

① 작업장 습도(상대습도)
② 착용자의 호흡률(노출조건)
③ 작업장 오염물질의 농도
④ 흡착제의 질과 양
⑤ 포장의 균일성과 밀도
⑥ 온도
⑦ 다른 가스, 증기와 혼합 유무

(5) 흡착관(흡수관)의 유효 사용시간　●출제율 30%

① 흡수관의 수명은 시험가스가 파과되기 전까지의 시간을 의미한다.
② 검정 시 사용하는 물질은 사염화탄소(CCl_4)이다.
③ 방독마스크의 사용가능 여부를 가장 정확히 확인할 수 있는 것은 파과곡선이다.
④ 파과시간(유효시간)

$$유효시간 = \frac{표준유효시간 \times 시험가스\ 농도}{작업장의\ 공기\ 중\ 유해가스\ 농도}$$

03 송기마스크 ●출제율 20%

(1) 개요

산소가 결핍된 환경 또는 유해물질의 농도가 높거나 독성이 강한 작업장에서 사용해야 하며, 대표적인 보호구로는 에어라인(air-line) 마스크와 자가공기공급장치(SCBA)가 있다.

(2) 종류 및 등급

종 류	등 급		구 분
호스 마스크	폐력흡인형		안면부
	송풍기형	전동	안면부, 페이스실드, 후드
		수동	안면부
에어라인 마스크	일정유량형		안면부, 페이스실드, 후드
	디맨드형		안면부
	압력 디맨드형		안면부
복합식 에어라인 마스크	디맨드형		안면부
	압력 디맨드형		안면부

(3) 종류별 형상 및 사용범위

종 류	등 급	형상 및 사용범위
호스 마스크	폐력흡인형	호스의 끝을 신선한 공기 중에 고정시키고 호스, 안면부를 통하여 착용자가 자신의 폐력으로 공기를 흡입하는 구조로서, 호스는 원칙적으로 안지름 19mm 이상, 길이 10m 이하일 것
	송풍기형	전동 또는 수동의 송풍기를 신선한 공기 중에 고정시키고 호스, 안면부 등을 통하여 송기하는 구조로서, 송기풍량의 조절을 위한 유량조절장치(수동 송풍기를 사용하는 경우 공기조절 주머니도 가능) 및 송풍기에는 교환이 가능한 필터를 구비하여야 하며, 안면부를 통해 송기하는 것은 송풍기가 사고로 정지된 경우에도 착용자가 자기 폐력으로 호흡할 수 있는 것

종 류	등 급	구 분
에어라인 마스크	일정유량형	압축 공기관, 고압공기용기 및 공기압축기 등으로부터 중압호스, 안면부 등을 통하여 압축공기를 착용자에게 송기하는 구조로서, 중간에 송기풍량을 조절하기 위한 유량조절장치를 갖추고 압축공기 중의 분진, 기름 미스트 등을 여과하기 위한 여과장치를 구비할 것
	디맨드형 및 압력 디맨드형	일정유량형과 같은 구조로서 공급밸브를 갖추고 착용자의 호흡량에 따라 안면부 내로 송기하는 것
복합식 에어라인 마스크	디맨드형 및 압력 디맨드형	보통의 상태에서는 디맨드형 또는 압력 디맨드형으로 사용할 수 있으며, 급기의 중단 등 긴급 시 또는 작업상 필요시에는 보유한 고압공기용기에서 급기를 받아 공기호흡기로서 사용할 수 있는 구조로서, 고압공기용기 및 폐지밸브는 KS P 8155(공기호흡기)의 규정에 의할 것

(4) 송기마스크를 착용하여야 할 작업(산업안전보건기준에 관한 규칙)

① 환기를 할 수 없는 밀폐공간에서의 작업
② 밀폐공간에서 비상시에 근로자를 피난시키거나 구출작업
③ 탱크, 보일러 또는 반응탑의 내부 등 통풍이 불충분한 장소에서의 용접작업
④ 지하실 또는 맨홀의 내부 기타 통풍이 불충분한 장소에서 가스배관의 해체 또는 부착작업을 할 때 환기가 불충분한 경우
⑤ 국소배기장치를 설치하지 아니한 유기화합물 취급 특별장소에서 관리대상물질의 단시간 취급업무
⑥ 유기화합물을 넣었던 탱크 내부에서 세정 및 도장업무

04 호흡용 보호구 조치기준 ●출제율 30%

(1) 근로자가 안경이나 기타 다른 보호장구의 착용을 필요로 하는 경우, 해당 물건이 호흡용 보호구의 밀착이나 사용에 지장을 초래하지 아니하도록 조치한다.

(2) 밀착시험을 요하는 호흡용 보호구를 착용하는 때에는 사용자 누출검사를 실시한다.

① 배기밸브를 손바닥 등으로 차단한 상태에서 숨을 내쉬어 누출이 없음을 점검하는 양압 검사방법

② 흡기밸브 등을 차단한 상태에서 숨을 들이쉬어 누입이 없음을 점검하는 음압 검사
방법

③ 기타 호흡용 보호구의 제조자가 권고하는 양압 또는 음압 검사로 상기기준과 동일
한 효력이 있는 방법

(3) 근로자의 호흡용 보호구 또는 여과재의 교환 요청 시 즉시 교환한다.

(4) 공기공급식 호흡용 보호구를 사용토록 하는 경우 신선한 공기의 공급조치가 필요하다.

05 호흡기보호 프로그램 ●출제율 50%

(1) 호흡기보호 프로그램의 내용

① 분진노출평가
② 분진 노출기준 초과에 따른 공학적 대책
③ 호흡용 보호구의 선택, 지급 및 착용 관리
④ 분진의 유해성 및 건강영향과 건강장해 예방에 관한 교육
⑤ 정기적 건강진단 및 사후관리
⑥ 호흡기보호 프로그램 관련 문서 작성 및 기록 관리 등

(2) 호흡기보호 프로그램 시행대상

① 분진의 작업환경 측정결과 노출기준을 초과하는 사업장
② 분진작업으로 인하여 근로자에게 건강장해가 발생한 사업장

(3) 호흡기보호 프로그램의 목표

① 적극적인 호흡기질환 발생 예방을 위한 계획 수립 및 추진
② 작업장의 분진 노출 관리
③ 근로자 건강보호 및 삶의 질 향상
④ 의료보상 비용 절감 및 근로손실 일수 감소
⑤ 사업장의 생산성 향상 및 필요한 인적자원 확보

(4) 공학적 개선대책

① 프로그램을 수립·시행하는 경우 분진 발생원의 격리 또는 국소배기장치의 설치 등 공학적 대책을 가장 우선적으로 적용하여야 하며, 근로자 노출시간의 단축 또는 교대근무의 실시 등 작업관리 대책을 시행하여야 한다.

② 상기 대책수립과 그 시행이 심히 곤란한 경우나 다음에 해당하는 경우, 해당 근로자에게 호흡용 보호구를 지급·착용하여야 한다.

　㉠ 공학적 대책수립이 계획 중인 단계에서 해당 공정의 근로자에 대한 노출 저감이 필요한 경우

　㉡ 시설이나 설비가 설치 중인 단계에서 해당 공정의 근로자에 대한 노출 저감이 필요한 경우

　㉢ 기타 근로자의 노출 저감이 임시로 필요한 경우

(5) 호흡용 보호구의 지급 및 사용

① 호흡용 보호구를 선정·지급하고자 하는 경우에는 다음의 사항을 고려하여야 한다.

　㉠ 노출되고 있는 분진의 종류와 작업조건에 따라 적절한 호흡용 보호구의 선정

　㉡ 가스용 방독마스크의 분진용·호흡용 보호구로의 사용(단, 분진용 여과재를 장착한 가스용 호흡용 보호구는 제외)

　㉢ 호흡용 보호구는 산업안전보건공단의 검정을 필한 제품으로 사용

　㉣ 호흡용 보호구는 근로자의 신체적 조건에 맞는 모양과 크기를 고려

② 호흡용 보호구를 사용하고자 하는 경우에는 다음의 기준에 적합하여야 한다.

　㉠ 호흡용 보호구의 안면부와 안면 사이에 이물질 등이 존재하는 경우에는 완전 밀착형 호흡용 보호구 착용 금지

　㉡ 근로자가 안경이나 기타 다른 보호장구의 착용을 필요로 하는 경우, 해당 물건이 호흡용 보호구의 밀착이나 사용에 지장을 초래하지 아니하도록 조치

　㉢ 밀착시험을 요하는 호흡용 보호구를 착용하는 때에는 다음의 따른 사용자 누출검사를 실시

　　ⓐ 배기밸브를 손바닥 등으로 차단한 상태에서 숨을 내쉬어 누출이 없음을 점검하는 양압 검사방법

　　ⓑ 흡기밸브 등을 차단한 상태에서 숨을 들이쉬어 누입이 없음을 점검하는 음압 검사방법

    ⓒ 기타 호흡용 보호구의 제조자가 권고하는 양압 또는 음압 검사로 상기기준과
      동일
    ⓔ 호흡용 보호구의 사용에 따른 근로자의 부담에 대한 평가 및 적절한 조치
    ⓜ 근로자의 호흡용 보호구 또는 여과재의 교환을 요청 시 즉시 교환
    ⓗ 공기공급식 호흡용 보호구를 사용토록 하는 경우 신선한 공기의 공급

(6) 프로그램의 수립·시행 시 근로자에게 분진의 유해성에 관한 교육·훈련 내용

① 분진의 물리·화학적 특성
② 분진의 유해성과 인체에 미치는 영향
③ 노출기준 초과 정도와 과거의 측정결과와 비교
④ 현재 시행되고 있는 분진 감소대책
⑤ 직업병 예방을 위하여 근로자가 취하여야 할 조치 등

(7) 프로그램을 수립·시행 시 반드시 포함되어야 할 내용

① 분진과 관련된 작업환경 평가
② 분진 개선대책과 향후 개선사항
③ 분진의 유해성 등에 대한 근로자 교육
④ 근로자에 대한 건강진단
⑤ 작업장에서 사용될 호흡용 보호구의 선정 절차
⑥ 근로자에 대한 의학적 평가
⑦ 완전밀착형 호흡용 보호구에 대한 밀착시험의 절차
⑧ 호흡용 보호구의 청소, 살균, 보관, 점검, 수선, 폐기 및 유지관리의 절차
⑨ 공기공급식 호흡용 보호구에 공급할 적절한 질과 양의 공기 확보방법

(8) 호흡기보호 프로그램의 진행 흐름도(추진절차)

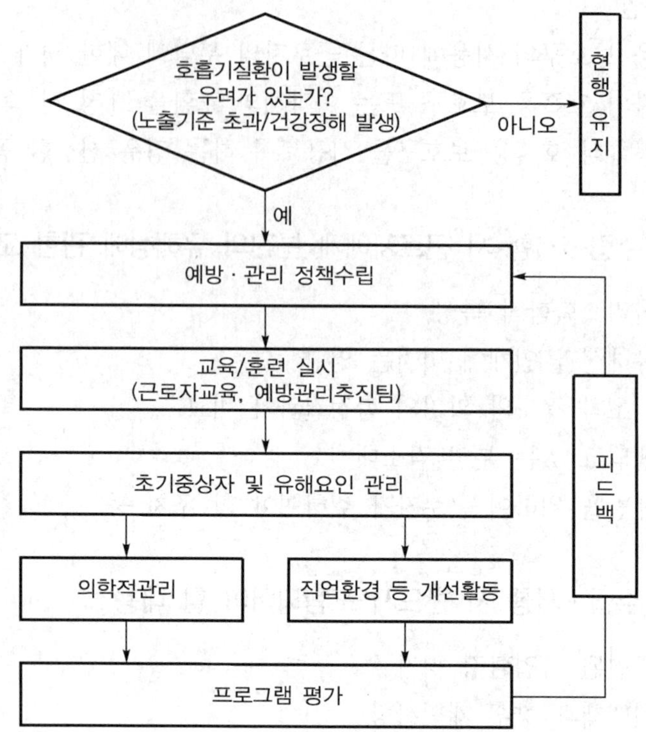

(9) 호흡기보호 프로그램에 의한 특수건강진단 및 건강이상 근로자 사후관리

① 분진노출작업 종사근로자에 대한 배치 전 건강진단 실시
② 분진 종류별 특수건간진단 실시
③ 건강진단결과 분석 및 관리
④ 건강 이상자(유소견자 및 요관찰자) 사후관리 실시
  ㉠ 정밀검사(2차검사 실시) : 흉부방사선(후전면, 측면), 작업 중 최대호기유속 측정, 비특이 기도과민검사, 눈/피부/비강/인두 검사, 신경계검사 등
  ㉡ 작업전환 또는 근무 중 치료 등 건강진단 의사의 조치 의견에 따른 사후관리 실시

(10) 호흡기보호 프로그램에 의한 분진발생공정 대책

① 분진발생 공정의 시설 및 설비에 대한 격리, 밀폐, 국소배기 또는 전체환기장치 설치 등 개선대책 추진

② 공학적 개선대책 적용이 불가능한 경우 관리적 대책 등 추진
　㉠ 근무시간 단축 또는 순화(교대)근무를 통한 분진노출 감소 조치
　㉡ 방진마스크 등 호흡용 보호구 지급 및 착용 관리

참고 **보호구 안전인증 고시(화학물질용 보호복의 구분)**

형 식		형식구분 기준
1형식	1a형식	보호복 내부에 개방형 공기호흡기와 같은 대기와 독립적인 호흡용 공기공급이 있는 가스 차단 보호복
	1a형식 (긴급용)	긴급용 1a형식 보호복
	1b형식	보호복 외부에 개방형 공기호흡기와 같은 호흡용 공기공급이 있는 가스 차단 보호복
	1b형식 (긴급용)	긴급용 1b형식 보호복
	1c형식	공기라인과 같은 양압의 호흡용 공기가 공급되는 가스 차단 보호복
2형식		공기라인과 같은 양압의 호흡용 공기가 공급되는 가스 비차단 보호복
3형식		액체 차단 성능을 갖는 보호복, 만일 후드, 장갑, 부츠, 안면창(visor) 및 호흡용 보호구가 연결되는 경우에도 액체 차단 성능을 가져야 한다.
4형식		분무 차단 성능을 갖는 보호복, 만일 후드, 장갑, 부츠, 안면창(visor) 및 호흡용 보호구가 연결되는 경우에도 분무 차단 성능을 가져야 한다.
5형식		분진 등과 같은 에어로졸에 대한 차단 성능을 갖는 보호복
6형식		미스트에 대한 차단 성능을 갖는 보호복

(비고) 3, 4, 6형식은 부분 보호복을 인정한다.

필수 예상문제　　　　　　　　　　　　　　✔ 출제확률 40%

공기 중의 사염화탄소 농도가 0.2%이며, 사용하는 정화통의 정화능력이 사염화탄소 0.5%에서 60분간 사용가능하다면 방독면의 사용 가능시간(분)은?

풀이 사용 가능시간 = $\dfrac{표준유효시간 \times 시험가스\ 농도}{공기\ 중\ 유해가스\ 농도}$

$$= \dfrac{0.5 \times 60}{0.2} = 150\ 분$$

참고 **올바른 위생보호구의 선택과 착용을 위한 관리단계** ●출제율 30%

1. 개요

작업자가 착용하는 보호구는 유해물질로부터 건강장애를 예방하기 위한 최후의 보호수단이기 때문에 작업특성에 맞고 가장 성능이 좋은 양질의 보호구를 착용해야 한다. 따라서 잘못 선택된 보호구에 의해서 예산낭비는 물론 작업자의 건강을 해칠 수 있어 보호구 선택단계에 맞게 검토되어야 한다.

2. 보호구의 선택과 착용 5단계

(1) 제1단계 : 작업의 내용과 특성파악

① 개요

아무리 성능이 좋은 양질의 보호구라도 작업특성에 맞지 않아 작업방해 및 착용감을 떨어뜨려 보호구 착용을 기피하므로 작업특성 파악이 고려되어야 한다.

② 작업특성 파악 고려작업장

㉠ 동시에 복합적인 유해물질이 발생되는 작업장

㉡ 작업이 중작업이어서 많은 호흡량을 필요로 하는 작업장

㉢ 사고의 위험요소가 많아 충분한 시계와 청력이 확보되어야 하는 작업장

㉣ 지하 맨홀과 같은 산소결핍의 위험이 있는 작업장

㉤ 특정물질에 부식성이 있는 유해물질이 발생되는 작업장

㉥ 유해물질이 비산하는 작업장

㉦ 장시간 작업을 해야 하는 작업장

㉧ 작업장 내 수분이 많이 존재하는 작업장

㉨ 고온작업장

㉩ 유해물질의 발생농도가 고농도인 작업장

(2) 제2단계 : 유해물질의 형태와 특성을 파악

① 개요

보호구를 선택할 때는 작업과정에서 발생되는 유해물질의 종류는 물론 그 발생형태가 분진과 같은 입자상의 물질인가 아니면 눈에 보이지 않는 가스상의 물질인가에 대한 정확한 조사를 통해 적절한 보호구를 선택해야 한다.

② 호흡기에 건강장해를 주는 유해물질의 형태

㉠ 분진(Dust)

분진 작업장에서는 [분진용 호흡보호구]를 착용해야 하며, 보통 [분진용/미스트용 보호구]가 겸용으로 사용

㉡ 흄(Fume)

흄이 발생되는 작업장에서는 [흄용 호흡보호구]를 착용

㉢ 미스트(Mist)

미스트가 발생되는 작업장에서는 [미스트용 호흡보호구]를 착용하는데 보통 분진용 호흡보호구와 겸용으로 사용

㉣ 증기(Vapors)

증기상의 물질이 발생되는 작업장에서는 가스상의 물질과 마찬가지로 정화통이 부착된 호흡보호구를 착용해야 하는데 보통 [가스/증기용]을 겸용으로 많이 사용

　　　ⓜ 가스(Gas)

　　　　가스의 종류에 따라 정화통도 여러 가지로 구분되고 있으며, 만약 부적합한 정화통이 부착된 보호구를 착용하게 되면 아무런 보호효과가 없으므로 보호구 선택 시에 반드시 해당되는 가스의 종류를 확인해야 함

　③ 기타 물리적인 유해인자

　　　㉠ 소리나 빛과 같이 물리적인 특성에 의해 건강장해를 주는 유해인자로서 그 물리적인 특성 때문에 작업자가 쉽게 감지할 수 있다.

　　　㉡ 작업장에서 문제되는 물리적인 유해인자로는 소음, 진동, 유해광선, 고열 등이 있으며 보통 귀마개, 방진장갑, 차광안경, 방열복 등의 보호구를 착용하면 된다.

(3) 제3단계 : 유해물질의 작업자 폭로 농도를 파악

　① 개요

　　작업환경측정을 통해 작업자 폭로 농도를 파악하는 단계로 작업내용, 일기상태, 주야간 교대에 따른 농도변화와 간헐적인 특수작업에서의 폭로 농도를 정확하게 평가해야 한다.

　② 농도의 개념 및 종류

　　　㉠ 입자상의 물질인 분진이나 각종 중금속들은 단위부피(m^3)당 존재하는 오염물질의 무게를 나타내는 [mg/m^3]으로 표시

　　　㉡ 가스나 증기상의 물질은 1/100만 단위인 [ppm]으로 표시

　　　㉢ 석면은 단위부피(cc)당 존재하는 섬유의 수를 나타내는 [Fibers/cc]로 표시

　③ 농도에 따른 보호구의 선택

　　　㉠ 유해가스의 농도가 비교적 저농도인 작업장

　　　　비교적 농도가 높지 않은 유해가스 발생 작업장에서는 정화통이 부착된 반면형 방독마스크를 착용해야 하는데 농도에 따라 정화통이 한 개인 것(Single type)과 두 개인 것(Dual type)을 구분하여 비교적 농도가 높고 작업 시 소비되는 호흡량이 많을 때는 후자의 것을 사용한다.

　　　㉡ 유해가스의 농도가 비교적 고농도일 때

　　　　유해가스의 농도가 비교적 고농도인 작업장에서 정화통이 부착된 방독마스크만을 사용할 경우 가스가 완벽하게 정화되지 않은 채 작업자 호흡기로 흡입되거나 아니면 정화통을 수시로 교체해 주어야 하는 번거로움이 있으므로 유해물질의 농도가 아주 높은 작업장에서는 깨끗한 공기를 공급해 주는 에어마스크를 착용해야 한다.

(4) 제4단계 : 최종적으로 보호구를 선택하기 위한 확인단계

　① 보호목적에 맞게 선택되었는지를 확인

　② 작업특성에 맞게 선택되었는지를 확인

　③ 유해물질의 특성에 맞게 선택되었는지를 확인

　④ 유해물질의 농도에 맞게 선택되었는지를 확인

　⑤ 유해물질의 종류에 맞게 선택되었는지를 확인

(5) 제5단계 : 사용 및 보관 방법 등에 대한 관리교육을 실시(사후관리 단계)

　① 유해물질의 유해성에 대한 교육

　　작업자에게 보호구를 지급하기 전에 물질의 유해성, 침입경로 등에 대한 자세한 교육을 실시하여 작업자가 자발적으로 보호구를 착용하도록 해야 한다.

② 착용방법에 대한 교육(보호구 착용 순서)

 ㉠ 목끈을 먼저 채운 후 마스크를 턱밑에서 위쪽으로 끼우듯이 착용한다.

 ㉡ 머리끈을 채운다.

 ㉢ 목끈과 머리끈을 각자의 사이즈에 맞게 조절한다.

 ㉣ 마스크의 전체 모형이 얼굴형태에 잘 맞도록 조절한다.

 ㉤ 목끈과 머리끈을 고정시킨다.

 ㉥ 착용검사를 실시한다.

③ 착용검사에 대한 교육(검사방법의 요령)

 ㉠ 음압 착용검사
- 손바닥으로 정화통의 전면부를 완전히 막는다.
- 약 10초 동안 숨을 들이킨다.
- 공기가 새어 들어오는 부분이 없이 마스크 표면이 얼굴에 달라붙어야 한다.

 ㉡ 양압 착용검사
- 손바닥으로 배기변을 막는다.
- 숨을 내쉰다.
- 공기가 새는 부분이 없이 일정한 압력이 작용되어야 한다.

④ 보호구의 사용한도시간(파괴시간)에 대한 교육

 ㉠ 사용한도시간에 영향을 주는 요인
- 작업장의 유해물질 농도가 높을수록 사용한도시간은 감소
- 보호구 착용자의 호흡률이 클수록 사용한도시간은 감소
  보통 작업의 경우 평균 호흡량은 30L/분 정도인데 작업의 경중에 따라 경(輕)작업은 20~25L/분, 중(重)작업은 50~60L/분 정도로 큰 차이를 나타내어 중작업의 경우 경작업에 비해 사용한도시간이 줄어들 수 있으므로 보호구 교체 시기를 자주 해야 함
- 공기 중의 상대습도가 높을수록 사용한도시간은 감소
  특히 가스나 증기상의 물질은 일정한 흡수물질을 이용하여 공기를 정화하기 때문에 만약 작업장 내에 수분이 많을 경우에는 흡수물질의 성능이 떨어지게 됨
- 유해물질의 휘발성이 높을수록 사용한도시간은 감소

 ㉡ 보호구의 교체시기 결정방법
- 냄새나 맛을 느낄 수 있는 유해물질의 경우 보호구를 착용한 상태에서 냄새나 맛을 감지할 수 있으면 보호구를 교체
- 보호구를 착용한 상태에서 처음 착용 시보다 많은 호흡저항이 느껴질 때는 보호구를 교체해야 한다. 이때 면체 여과식 보호구는 폐기처리하고 분리식은 필터나 정화통만을 교체
- 작업장 내의 상대습도가 높고 온도가 고온일 때 그리고 많은 호흡량을 필요로 하는 작업일 때는 다른 작업에 비해 교체시기를 빨리 해 주어야 함
- 냄새나 맛을 감지할 수 없는 유해물질의 경우에는 제품에 표시되어 있는 사용한도시간과 작업장 내 유해물질의 농도를 참고로 일정한 교체시기를 정해놓고 주기적으로 교체

⑤ 관리 및 보수에 대한 교육

 ㉠ 보호구의 수시점검은 작업자 개인이 수시로 할 수 있도록 하고 정기점검은 해당 부서 및 공정별로 책임자를 선정하여 주기적으로 실시하도록 한다.

 ㉡ 보호구는 항상 서늘하고 건조한 독립된 장소에 보관하도록 한다.

ⓒ 보호구의 보관장소는 직사광선이 비치지 않아야 한다.

ⓔ 보호구는 주위의 유해물질에 의해 더 이상 오염되지 않도록 비닐팩 등을 이용하여 밀봉된 상태에서 보관되도록 한다.

ⓜ 보호구를 부분적으로 세척하고자 할 때는 중성세제 혹은 시판되는 보호구 전용세제를 이용하여 면체가 변형되지 않도록 주의해야 하고 반드시 그늘에서 건조시켜야 한다.

〈출처 : 산업위생핸드북, 산업안전보건연구원〉

SECTION 8 밀폐공간작업으로 인한 건강장해의 예방

01 용어 정의

(1) "밀폐공간"

산소결핍, 유해가스로 인한 질식, 화재·폭발 등의 위험이 있는 장소를 말한다.

> **참고 밀폐공간 ●출제율 20%**
>
> 1. 다음의 지층에 접하거나 통하는 우물·수직갱·터널·잠함·피트 또는 그 밖에 이와 유사한 것의 내부
>   ㉠ 상층에 물이 통과하지 않는 지층이 있는 역암층 중 함수 또는 용수가 없거나 적은 부분
>   ㉡ 제1철 염류 또는 제1망간 염류를 함유하는 지층
>   ㉢ 메탄·에탄 또는 부탄을 함유하는 지층
>   ㉣ 탄산수를 용출하고 있거나 용출할 우려가 있는 지층
> 2. 장기간 사용하지 않은 우물 등의 내부
> 3. 케이블·가스관 또는 지하에 부설되어 있는 매설물을 수용하기 위하여 지하에 부설한 암거·맨홀 또는 피트의 내부
> 4. 빗물·하천의 유수 또는 용수가 있거나 있었던 통·암거·맨홀 또는 피트의 내부
> 5. 바닷물이 있거나 있었던 열교환기·관·암거·맨홀·둑 또는 피트의 내부
> 6. 장기간 밀폐된 강재(鋼材)의 보일러·탱크·반응탑이나 그 밖에 그 내벽이 산화하기 쉬운 시설(그 내벽이 스테인리스강으로 된 것 또는 그 내벽의 산화를 방지하기 위하여 필요한 조치가 되어 있는 것은 제외한다)의 내부
> 7. 석탄·아탄·황화광·강재·원목·건성유(乾性油)·어유(魚油) 또는 그 밖의 공기 중의 산소를 흡수하는 물질이 들어 있는 탱크 또는 호퍼(hopper) 등의 저장시설이나 선창의 내부
> 8. 천장·바닥 또는 벽이 건성유를 함유하는 페인트로 도장되어 그 페인트가 건조되기 전에 밀폐된 지하실·창고 또는 탱크 등 통풍이 불충분한 시설의 내부
> 9. 곡물 또는 사료의 저장용 창고 또는 피트의 내부, 과일의 숙성용 창고 또는 피트의 내부, 종자의 발아용 창고 또는 피트의 내부, 버섯류의 재배를 위하여 사용하고 있는 사일로(silo), 그 밖에 곡물 또는 사료 종자를 적재한 선창의 내부

10. 간장 · 주류 · 효모 그 밖에 발효하는 물품이 들어 있거나 들어 있었던 탱크 · 창고 또는 양조주의 내부
11. 분뇨, 오염된 흙, 썩은 물, 폐수, 오수, 그 밖에 부패하거나 분해되기 쉬운 물질이 들어있는 정화조 · 침전조 · 집수조 · 탱크 · 암거 · 맨홀 · 관 또는 피트의 내부
12. 드라이아이스를 사용하는 냉장고 · 냉동고 · 냉동화물자동차 또는 냉동 컨테이너의 내부
13. 헬륨 · 아르곤 · 질소 · 프레온 · 탄산가스 또는 그 밖의 불활성 기체가 들어있거나 있었던 보일러 · 탱크 또는 반응탑 등 시설의 내부
14. 산소농도가 18퍼센트 미만 또는 23.5퍼센트 이상, 탄산가스 농도가 1.5퍼센트 이상, 황화수소 농도가 10ppm 이상, 일산화탄소 농도가 30ppm 이상인 장소의 내부
15. 갈탄 · 목탄 · 연탄 난로를 사용하는 콘크리트 양생장소(養生場所) 및 가설숙소 내부
16. 화학물질이 들어있던 반응기 및 탱크의 내부
17. 유해가스가 들어있던 배관이나 집진기의 내부
18. 근로자가 상주하지 않는 공간으로서 출입이 제한되어 있는 장소의 내부

(2) "유해가스"

밀폐공간에서 탄산가스 · 일산화탄소 · 황화수소 등의 기체로서 인체에 유해한 영향을 미치는 물질을 말한다.

(3) "적정공기" ● 출제율 30%

산소농도의 범위가 18% 이상 23.5% 미만, 탄산가스의 농도가 1.5% 미만, 황화수소의 농도가 10ppm 미만, 일산화탄소의 농도가 30ppm 미만인 수준의 공기를 말한다.

(4) "산소결핍"

공기 중의 산소농도가 18% 미만인 상태를 말한다.

(5) "산소결핍증"

산소가 결핍된 공기를 들이마심으로써 생기는 증상을 말한다.

02 밀폐공간작업 프로그램 수립 · 시행 시 포함내용 ● 출제율 30%

사업주는 밀폐공간작업 프로그램을 최소 2년에 1회 이상 평가한 후 필요 내용을 수정하여 보관하고 해당 프로그램을 기록하여 보존해야 한다.

(1) 사업장 내 밀폐공간의 위치파악 및 관리방안

(2) 밀폐공간 내 질식·중독 등을 일으킬 수 있는 유해·위험요인의 파악 및 관리방안

(3) 밀폐공간작업 시 사전 확인이 필요한 사항에 대한 확인 절차

(4) 안전보건교육 및 훈련

(5) 그 밖에 작업근로자의 건강장해 예방에 관한 사항

03 밀폐공간작업 프로그램 평가 시 포함내용

사업주는 밀폐공간작업 프로그램의 적정성을 최소 2년에 1회 이상 주기적으로 평가하고, 필요한 경우에는 적절한 조치를 하여야 한다.

(1) 밀폐공간 허가절차의 적정성

(2) 유해가스 측정방법 및 결과의 적정성

(3) 환기대책수립의 적합성

(4) 공기호흡기 등 보호구의 선정, 사용 및 유지관리의 적정성

(5) 응급처치체계 적정성

(6) 근로자에 대한 교육·훈련의 적정성 등

04 밀폐공간작업 프로그램 진행절차

(1) 밀폐공간작업 대상선정

외부에서 작업하는 방법이 불가능한 밀폐공간작업 선정(잠재적 유해·위험요인 발생가능성 있는 장소 포함)

(2) 질식재해예방 대책 수립

① 산소 및 유해가스 농도 측정, 환기대책 수립
② 보호구 선정 및 사용, 유지관리 내용
③ 응급처지 및 비상연락체계 구축

(3) 교육, 훈련(근로자, 프로그램 추진팀)

① 산소 및 유해가스 농도 측정방법
② 안전한 작업의 절차
③ 위급 시 대처 요령, 보호구 사용방법 등

(4) 밀폐공간작업 모니터링

① 밀폐공간작업 허가
② 작업지시 및 작업에 대한 관리감독 등

(5) 프로그램 평가

① 재해발생 현황 분석
② 교육 등 연간 업무수행 결과 및 개선내용
③ 프로그램의 효율성 및 보완이 필요한 사항

05 작업시작 전 주지사항 ●출제율 20%

(1) 산소 및 유해가스 농도 측정에 관한 사항

(2) 사고 시의 응급조치 요령

(3) 환기설비의 가동 등 안전한 작업방법에 관한 사항

(4) 보호구의 착용과 사용 방법에 관한 사항

(5) 구조요청을 할 수 있는 비상연락처, 구조용 장비의 사용 등 비상시 구출에 관한 사항

06 밀폐공간에서의 유해공기 농도 측정 ●출제율 30%

(1) 유해공기 판정기준

판정기준은 각각의 측정위치에서 측정된 최고농도 적용

(2) 유해공기를 반드시 측정해야 하는 경우

① 당일의 작업을 개시하기 전
② 교대제로 작업을 행할 경우
③ 작업 당일 최초 교대를 한 후 작업이 시작되기 전
④ 근로자의 신체, 환기장치 등에 이상이 있을 때

(3) 유해공기 측정 시 유의사항

① 측정자는 측정방법을 충분히 숙지한다.
② 긴급사태에 대비하여 측정자의 보조자 배치(또는 감시인) 및 전락방지를 위해 보조자도 구명밧줄을 준비한다.
③ 측정 시 측정자 및 보조자는 공기호흡기와 송기마스크를 착용한다.
④ 측정에 필요한 장비 등은 방폭형 구조로 된 것을 사용한다.

(4) 측정장소

밀폐공간 내에서는 비교적 공기의 흐름이 일어나지 않아 같은 장소에서도 위치에 따라 현저한 차이가 나므로 다음 사항을 유의하여 측정한다.
① 작업장소에 수직방향으로 각각 3개소 이상
② 작업에 따라 근로자가 출입하는 장소로서 작업 시 근로자의 호흡위치 지정

(5) 측정방법

① 휴대용 유해공기 농도 측정기(또는 산소농도 측정기) 또는 검지관을 이용하여 측정한다.
② 탱크 등 깊은 장소의 농도를 측정 시에는 고무호스나 PVC로 된 채기관을 사용한다.
③ 유해공기 측정 시에는 면적 및 깊이를 고려하여 밀폐공간 내부를 골고루 측정한다.
④ 공기채취 시에는 채기관의 내부용적 이상의 피검공기를 완전히 치환 후 측정한다.
⑤ 부분적인 산소결핍공기의 존재를 발견하기 위해서는 가능한 많은 장소에서 측정한다.

(6) 산소 및 유해가스 농도의 측정

① 측정자

사업주는 밀폐공간에서 근로자에게 작업을 하도록 하는 경우 작업시작 전에 산소 및 유해가스 농도의 측정·평가에 관한 실무경험이 있는 자를 지정하여 적정 공기 유지 여부를 평가하여야 한다.

② 밀폐공간의 산소 및 유해가스 농도를 측정·평가하는 자에게 숙지 여부를 확인하고 교육하여야 하는 사항

㉠ 밀폐공간의 위험성

㉡ 측정장비의 이상유무 확인 및 조작방법

㉢ 밀폐공간 내 산소 및 유해가스 농도 측정방법

㉣ 적정공기의 기준과 평가방법

참고 **밀폐공간작업 전 사전 확인이 필요한 사항**

사업주는 밀폐공간작업이 종료될 때 까지 아래의 내용을 작업장 출입구에 게시해야 한다.
1. 작업 일시, 기간, 장소 및 내용 등 작업 정보
2. 관리감독자, 근로자, 감시인 등 작업자 정보
3. 산소 및 유해가스 농도의 측정결과 및 후속조치사항
4. 작업 중 불활성 가스 또는 유해가스의 누출·유입·발생 가능성 검토 및 후속조치사항
5. 작업 시 착용하여야 할 보호구의 종류
6. 비상연락체계

---

(7) 밀폐공간에서의 환기

산소결핍 또는 유해가스가 존재 가능한 밀폐공간에서 작업하는 경우 적정공기 상태가 유지되도록 하기 위해서 환기가 필수적이며 환기를 위한 방법은 다음과 같다.

① 환기기준 및 절차

㉠ 밀폐공간작업 시작 전에는 밀폐공간 체적의 10배 이상 외부의 신선한 공기로 환기하고, 적정공기 상태를 확인한 후 출입하며, 작업하는 동안에는 적정한 공기가 유지되도록 계속하여 환기(시간당 공기교환횟수 20회 이상)해야 하며, 송풍기 용량을 갖춘 환기팬을 구비한다.

㉡ 밀폐공간을 보유한 사업주 또는 협력업체 사업주는 환기팬을 보유하고, 밀폐공간작업 시 적정공기 상태 유지를 위한 환기를 다음과 같이 조치한다.

ⓐ 밀폐공간 내 유해공기가 완전히 제거될 때까지 출입 금지 조치한다.

ⓑ 환기팬에 송풍관(덕트)을 연결하여 작업자 위치 주변에 위치한다.

ⓒ 작업 전에는 구비된 환기팬으로 15분 이상 급기한다.

ⓓ 작업을 시작하기 전에 산소 및 유해가스 농도를 측정하고 이상이 있는 경우 추가로 환기하거나 송기마스크 착용 등 작업자 보호조치를 한다.

ⓔ 작업 중에는 구비된 환기팬을 작업 종료 시까지 계속 가동한다.

ⓕ 밀폐공간 내 유해성 확인을 위해 주기적으로 산소 및 유해가스 농도를 측정한다.

ⓖ 산소 및 유해가스 농도 측정 시 이상이 있는 경우 즉시 대피한다.

ⓗ 밀폐공간작업 재개 시 밀폐공간작업 프로그램에 의한 재평가를 실시한다.

ⓘ 환기에 의한 적정공기 상태 유지가 어려운 경우 송기마스크 착용 등 별도의 작업자 보호조치를 시행한다.

ⓙ 사업주는 상기 내용을 문서화해야 한다.

② 환기장치 선정기준

㉠ 환기팬의 정압은 40mmAq 이상, 송풍관(덕트) 길이는 환기팬 제조사에서 제시한 길이를 초과하지 않는다.

㉡ 환기팬 제조사에서 제시한 송풍관(덕트) 길이가 없는 경우 덕트의 길이는 15미터를 넘기지 않도록 한다.

③ 환기장치의 점검사항

㉠ 이동식 송풍기

ⓐ 전원코드의 단선, 접속부의 접촉불량 유무

ⓑ 코드와 단자상과 접속상태 불량 유무

ⓒ 코드의 끝에 "환기중 / 정지" 등의 표시판 부착 유무

㉡ 송풍관

ⓐ 연소에 의한 구멍이나 파열 유무

ⓑ 링, 나선의 손상 유무

ⓒ 접속부의 확실한 고정 여부

④ 환기장치에 의한 환기량 계산

㉠ 밀폐공간작업 공간의 체적을 계산하여, 분(min)당 체적의 40%에 해당하는 용량의 환기팬을 구비한다(체적의 40% 기준은 작업 중 시간당 공기교환횟수 20회 기준에 환기팬 효율 약 80%를 적용하여 산정).

㉡ 작업 전에는 ㉠에 의거하여 구비된 환기팬을 30분간 급기하고, 작업 종료 시까지 환기팬을 계속 가동한다.

⑤ 환기장치에 의한 환기 시 주의사항

    ㉠ 사업주는 근로자가 밀폐공간에서 작업을 하는 경우에 작업을 시작하기 전과 작업 중에 해당 작업장을 적정공기 상태가 유지되도록 환기하여야 한다.

    ㉡ 불활성기체의 누출 유입 및 황화수소 발생 등 밀폐공간 내부의 산소농도 및 유해가스 농도가 급격하게 변할 수 있는 장소에는 환기절차와 함께 공기호흡기 또는 송기마스크 착용 등 추가로 작업자 보호조치를 해야 한다.

    ㉢ 폭발위험지역 내에서 방폭형 구조를 사용하되, 폭발이나 산화 등의 위험으로 인하여 환기를 실시할 수 없거나 작업의 성질상 환기가 매우 곤란하여 근로자에게 공기호흡기 또는 송기마스크를 지급하고 착용하도록 하는 경우 환기를 실시하지 아니할 수 있다.

    ㉣ 작업 전 및 작업 중에는 유해가스의 농도가 기준농도를 넘어가지 않도록 외부의 공기를 밀폐공간 내로 불어넣는 급기방식으로 충분한 환기를 실시하되, 지하로 · 배관 내부 등 급기로 인해 오염된 공기가 주변으로 확산될 우려가 있거나 선박 건조 시 블록(BLOCK) 내부작업 등 밀폐공간 체적이 넓거나 구조가 복잡한 경우에는 배기 또는 급 · 배기 방식을 적용할 수 있다.

    ㉤ 정전 등에 의하여 환기가 중단되는 등 응급상황 발생 시 작업 근로자는 즉시 밀폐공간 외부로 대피할 수 있어야 한다.

    ㉥ 밀폐공간의 환기 시에는 급기구와 배기구를 적절하게 배치하여 작업장 내 환기가 효과적으로 이루어지도록 한다.

    ㉦ 급기구는 작업 근로자 가까이에서 작업 근로자를 등지고 설치한다.

    ㉧ 송풍관(덕트)은 가급적 구부리는 부위가 적게하고, 용접불꽃 등에 의한 구멍이 나지 않도록 난연재질을 사용한다.

참고 **밀폐공간 재해예방을 위한 규칙 준수사항 (4가지)**

사업주는 밀폐공간작업이 종료될 때 까지 아래의 내용을 작업장 출입구에 게시해야 한다.

1. 사업주는 밀폐공간 출입 금지 표지를 입구 근처에 게시하고, 관계근로자가 아닌 사람의 출입을 금지한다. 출입 금지 표지는 전체바탕은 흰색, 글씨는 검정색, 위험글씨는 노란색, 전체 테두리 및 위험글자 영역의 바탕은 빨간색의 색상을 사용한 최소 가로 21cm, 세로 29.7cm 규격의 표지를 게시해야 한다.

2. 사업주는 밀폐공간작업을 계획하는 경우 해당 공간에 근로자가 출입하지 않고 외부에서 작업할 방법이 가능한지를 검토한 후, 기술적으로 적절한 외부작업 방법이 없다고 판단되는 경우에만 밀폐공간 출입을 허가하여야 한다.

3. 사업주는 근로자에게 밀폐공간작업을 하도록 하는 경우 밀폐공간작업 프로그램을 수립·시행하여야 한다.

4. 사업주는 자사 사업장 내 밀폐공간작업을 협력업체나 사외 근로자로 하여금 수행토록하는 경우 밀폐공간의 위치와 유해·위험요인을 사전에 파악한 후 필요한 정보를 협력업체에 제공하고 해당 작업과 관련된 제반 감독업무를 수행하도록 해야 한다.

기출문제

"밀폐공간작업 프로그램 수립 및 시행에 관한 기술 지침"상 폐수가 담겨있던 집수조(가로 10m, 세로 10m, 높이 3m) 내부를 청소하고자 한다. 작업 중 최소 필요환기량에 적합한 환기팬의 유량을 계산하시오.(환기팬 효율은 80%로 가정)

풀이 밀폐공간작업 공간의 체적을 계산, 분당 체적의 40% 적용

$$유량(\text{m}^3/\text{min}) = \frac{작업공간체적 \times 0.4}{환기팬 효율} = \frac{(10 \times 10 \times 3) \times 0.4}{0.8} = 150\text{m}^3/\text{min}$$

SECTION 9 병원체에 의한 건강장해의 예방

01 용어 정의 ●출제율 20%

(1) "혈액매개 감염병"

후천성면역결핍증(AIDS), B형 간염 및 C형 간염, 매독 등 혈액 및 체액을 매개로 타인에게 전염되어 질병을 유발하는 감염병을 말한다.

(2) "공기매개 감염병"

결핵·수두·홍역 등 공기 또는 비말핵 등을 매개로 호흡기를 통하여 전염되는 감염병을 말한다.

(3) "곤충 및 동물매개 감염병"

쯔쯔가무시증, 렙토스피라증, 신증후군출혈열 등 동물의 배설물 등에 의하여 전염되는 감염병과 탄저병, 브루셀라증 등 가축이나 야생동물로부터 사람에게 감염되는 인수공통(人獸共通) 감염병을 말한다.

(4) "곤충 및 동물매개 감염병 고위험작업"

① 습지 등에서의 실외 작업
② 야생 설치류와의 직접 접촉 및 배설물을 통한 간접 접촉이 많은 작업
③ 가축 사육이나 도살 등의 작업

(5) "혈액노출"

눈, 구강, 점막, 손상된 피부 또는 주사침 등에 의한 침습적 손상을 통하여 혈액 또는 병원체가 들어 있는 것으로 의심이 되는 혈액 등에 노출되는 것을 말한다.

02 세균, 바이러스, 곰팡이 등에 의한 병원체에 노출될 위험이 있는 작업 ●출제율 20%

(1) 「의료법」상 의료행위를 하는 작업

(2) 혈액의 검사작업

(3) 환자의 가검물(可檢物)을 처리하는 작업

(4) 연구 등의 목적으로 병원체를 다루는 작업

(5) 보육시설 등 집단수용시설에서의 작업

(6) 곤충 및 동물매개 감염 고위험작업

03 감염병 예방조치 ●출제율 30%

(1) 감염병 예방을 위한 계획의 수립

(2) 보호구 지급, 예방접종 등 감염병 예방을 위한 조치

(3) 감염병 발생 시 원인조사와 대책수립

(4) 감염병 발생 근로자에 대한 적절한 처치

04 근로자가 병원체에 노출될 수 있는 작업 시 유해성 등의 주지사항

(1) 감염병의 종류와 원인

(2) 전파 및 감염 경로

(3) 감염병의 증상과 잠복기

(4) 감염되기 쉬운 작업의 종류와 예방방법

(5) 노출 시 보고 등 노출과 감염 후 조치

05 혈액노출의 위험작업 시 근로자에게 조치사항 ●출제율 40%

(1) 혈액노출의 가능성이 있는 장소에서는 음식물을 먹거나 담배를 피우는 행위, 화장 및 콘택트렌즈의 교환 등을 금지할 것

(2) 혈액 또는 환자의 혈액으로 오염된 가검물, 주사침, 각종 의료기구, 솜 등의 혈액오염물 (이하 "혈액오염물"이라 한다)이 보관되어 있는 냉장고 등에 음식물 보관을 금지할 것

(3) 혈액 등으로 오염된 장소나 혈액오염물은 적절한 방법으로 소독할 것

(4) 혈액오염물은 별도로 표기된 용기에 담아서 운반할 것

(5) 혈액노출 근로자는 즉시 소독약품이 포함된 세척제로 접촉 부위를 씻도록 할 것

06 주사 및 채혈 작업 시 근로자에게 조치사항 ●출제율 30%

(1) 안정되고 편안한 자세로 주사 및 채혈을 할 수 있는 장소를 제공할 것

(2) 채취한 혈액을 검사 용기에 옮기는 경우에는 주사침 사용을 금지하도록 할 것

(3) 사용한 주사침은 바늘을 구부리거나, 자르거나, 뚜껑을 다시 씌우는 등의 행위를 금지할 것(부득이하게 뚜껑을 다시 씌워야 하는 경우에는 한 손으로 씌우도록 한다)

(4) 사용한 주사침은 안전한 전용 수거용기에 모아 튼튼한 용기를 사용하여 폐기할 것

07 혈액노출 우려작업 시 지급하는 개인보호구 ●출제율 20%

(1) 혈액이 분출되거나 분무될 가능성이 있는 작업

보안경과 보호마스크

(2) 혈액 또는 혈액오염물을 취급하는 작업

보호장갑

(3) 다량의 혈액이 의복을 적시고 피부에 노출될 우려가 있는 작업

보호앞치마

08 공기매개 감염병 환자 접촉 경우 감염방지 예방조치 ● 출제율 30%

(1) 근로자에게 결핵균 등을 방지할 수 있는 보호마스크를 지급하고 착용하도록 할 것

(2) 면역이 저하되는 등 감염의 위험이 높은 근로자는 전염성이 있는 환자와의 접촉을 제한할 것

(3) 가래를 배출할 수 있는 결핵환자에게 시술을 하는 경우에는 적절한 환기가 이루어지는 격리실에서 하도록 할 것

(4) 임신한 근로자는 풍진·수두 등 선천성 기형을 유발할 수 있는 감염병 환자와의 접촉을 제한할 것

09 공기매개 감염병 환자에 노출된 근로자에 대한 조치사항 ● 출제율 30%

(1) 공기매개 감염병의 증상 발생 즉시 감염 확인을 위한 검사를 받도록 할 것

(2) 감염이 확인되면 적절한 치료를 받도록 조치할 것

(3) 풍진, 수두 등에 감염된 근로자가 임신부인 경우에는 태아에 대하여 기형 여부를 검사 받도록 할 것

(4) 감염된 근로자가 동료 근로자 등에게 전염되지 않도록 적절한 기간 동안 접촉을 제한하도록 할 것

10 곤충 및 동물매개 감염병 고위험작업 시 조치사항 ●출제율 30%

(1) 긴 소매의 옷과 긴 바지의 작업복을 착용하도록 할 것

(2) 곤충 및 동물매개 감염병 발생 우려가 있는 장소에서는 음식물 섭취 등을 제한할 것

(3) 작업장소와 인접한 곳에 오염원과 격리된 식사 및 휴식 장소를 제공할 것

(4) 작업 후 목욕을 하도록 지도할 것

(5) 곤충이나 동물에 물렸는지를 확인하고 이상증상 발생 시 의사의 진료를 받도록 할 것

참고 **감염병 위기경보 수준(4단계)**

1. 관심(Blue)
   ㉠ 위기유형
   - 해외에서의 신종감염병의 발생 및 유행
   - 국내 원인불명 · 재출현 감염병의 발생
   ㉡ 주요 대응 활동
   - 필요시 감염병별 대책반 운영(질병관리청)
   - 위기징후 모니터링 및 감시 강화
   - 대응 역량 정비
   - 필요시 현장 방역 조치 및 방역 인프라 가동
2. 주의(Yellow)
   ㉠ 위기유형
   - 해외 신종감염병의 국내 유입
   - 국내 원인불명 · 재출현 감염병의 제한적 전파
   ㉡ 주요 대응 활동
   - 중앙사고수습본부(중앙방역대책본부, 질병관리청)설치 · 운영
   - 유관기관 협조체계 가동
   - 현장 방역 조치 및 방역 인프라 가동
   - 모니터링 및 감시 강화
3. 경계(Orange)
   ㉠ 위기유형
   - 국내 유입된 해외 신종감염병의 제한적 전파
   - 국내 원인불명 · 재출현 감염병의 지역사회 전파
   ㉡ 주요 대응 활동
   - 중앙사고수습본부(중앙방역대책본부, 질병관리청)운영 지속
   - 중앙사고수습본부(복지부) 설치 · 운영
   - (행안부)범정부 지원본부 운영 검토

- 필요시 총리주재 범정부 회의 개최
- 유관기관 협조체계 강화
- 방역 및 감시 강화 등

4. 심각(Red)

  ㉠ 위기유형
- 국내 유입된 해외 신종감염병의 지역사회 전파 또는 전국적 확산
- 국내 원인불명·재출현 감염병의 전국적 확산

  ㉡ 주요 대응 활동
- 범정부적 총력 대응
- 필요시 중앙재난안전대책본부 운영

SECTION 10 분진에 의한 건강장해의 예방

01 용어 정의

(1) "분진"

근로자가 작업하는 장소에서 발생하거나 흩날리는 미세한 분말상태의 물질(황사, PM-10, PM-2.5를 포함)을 말한다.

(2) "호흡기보호 프로그램"

분진노출에 대한 평가, 분진노출기준 초과에 따른 공학적 대책, 호흡용 보호구의 지급 및 착용, 분진의 유해성과 예방에 관한 교육, 정기적 건강진단, 기록·관리 사항 등이 포함된 호흡기질환 예방·관리를 위한 종합적인 계획을 말한다.

02 적용 제외작업 ●출제율 20%

(1) 살수(撒水)설비나 주유설비를 갖추고 물을 뿌리거나 주유를 하면서 분진이 흩날리지 않도록 작업하는 경우이다.

(2) 작업시간이 월 24시간 미만인 임시 분진작업에 대하여 사업주가 근로자에게 적절한 호흡용 보호구를 지급하여 착용하도록 하는 경우. 다만, 월 10시간 이상 24시간 미만의 임시 분진작업을 매월 하는 경우에는 그러하지 아니하다.

(3) 사무실에서 작업하는 경우에는 이 장의 규정을 적용하지 아니한다.

03 사용 전 점검사항 ●출제율 20%

국소배기장치를 처음으로 사용하는 경우나 국소배기장치를 분해하여 개조하거나 수리를 한 후 처음으로 사용하는 경우에 다음에서 정하는 바에 따라 사용 전에 점검하여야 한다.

(1) 국소배기장치

① 덕트와 배풍기의 분진상태
② 덕트 접속부가 헐거워졌는지 여부
③ 흡기 및 배기 능력
④ 그 밖에 국소배기장치의 성능을 유지하기 위하여 필요한 사항

(2) 공기정화장치

① 공기정화장치 내부의 분진상태
② 여과제진장치(濾過除塵裝置)의 여과재 파손 여부
③ 공기정화장치의 분진 처리능력
④ 그 밖에 공기정화장치의 성능 유지를 위하여 필요한 사항

04 청소의 실시

(1) 사업주는 분진작업을 하는 실내작업장에 대해서는 매일 작업을 시작하기 전에 청소를 하여야 한다.

(2) 분진작업을 하는 실내작업장의 바닥·벽 및 설비와 휴게시설이 설치되어 있는 장소의 마루 등(실내만 해당한다)에 대해서는 쌓인 분진을 제거하기 위하여 매월 1회 이상 정기적으로 진공청소기나 물을 이용하여 분진이 흩날리지 않는 방법으로 청소하여야 한다. 다만, 분진이 흩날리지 않는 방법으로 청소하는 것이 곤란한 경우로서 그 청소작업에 종사하는 근로자에게 적절한 호흡용 보호구를 지급하여 착용하도록 한 경우에는 그러하지 아니하다.

05 상시 분진작업에 관련된 업무를 하는 경우 유해성 주지사항 ●출제율 20%

(1) 분진의 유해성과 노출경로

(2) 분진의 발산방지와 작업장의 환기방법

(3) 작업장 및 개인위생 관리

(4) 호흡용 보호구의 사용 방법

(5) 분진에 관련된 질병 예방방법

06 호흡기보호 프로그램 수립·시행하여야 하는 경우 ●출제율 20%

(1) 분진의 작업환경 측정결과 노출기준을 초과하는 사업장

(2) 분진작업으로 인하여 근로자에게 건강장해가 발생한 사업장

SECTION 11 산업보건 정보

01 개요

산업보건정보란 산업보건 분야에서 발생하는 정보를 체계적으로 집적하고, 관리하여 근로자에게 직·간접으로 산업보건 서비스를 제공함과 아울러 산업보건사업 및 조직에 대한 정책결과 기획, 조직화, 통계 및 평가를 하기 위한 정보를 말한다.

02 정보의 질적요건

(1) 적합성

정보가 의사결정이 직·간접으로 관련될 때 이를 적합성이라고 한다.

(2) 적시성

정보는 시간적 가치를 가지고 있는데 이를 적시성이라고 한다.

(3) 정확성

오류가 없는 정보를 정보의 정확성이라고 한다.

(4) 증거성

정보의 증거성이란 정보의 정확성을 확인할 수 있어야 함을 의미한다.

(5) 형태성

정보의 형태성이란 정보가 정보사용자의 요구에 맞는 형태로 제공되어야 함을 의미한다.

03 산업장정보 시스템의 목적 ●출제율 20%

(1) 산업장에서 생산되는 각종 보건, 환경, 재해에 관한 자료를 종합하여 근로자 개인의 건강관리를 위한 정보를 산출한다.

(2) 단위작업장별 작업환경 측정결과 및 안전관리 현황을 체계적으로 수집, 정리하여 작업환경 및 안전관리를 위한 정보를 산출한다.

(3) 건강관리 정보 시스템과 작업환경 및 안전관리 정보 시스템을 종합관리함으로써 대상자의 파악과 산재보험 업무관리의 자동화를 기한다.

(4) 이러한 정보 시스템을 이용하여 필요한 산업보건지표를 자동적으로 산출한다.

04 산업보건정보 시스템의 입력 및 출력 정보 ●출제율 20%

(1) 작업장 관리(기초자료)
① 입력정보
㉠ 표준 공정
㉡ 사용물질명 및 사용량
㉢ 인사기록
② 출력정보
㉠ 공정별 발생 유해인자
㉡ 공정별 유해인자 노출군의 자료

(2) 작업환경 관리

① 입력정보
　　㉠ 작업환경측정 결과표
　　㉡ 작업환경관리 점검
　　㉢ 안전관리 현황
② 출력정보
　　㉠ 소음, 분진, 유기용제, 중금속, 유해가스 등의 측정치
　　㉡ 노출기준 초과 공정의 위치
　　㉢ 재해발생자 목록
　　㉣ 각종지표, 보고서식

(3) 작업장 건강관리

① 입력정보
　　㉠ 정기 채용 시, 부서 전환 시 신체검사자료
　　㉡ 의무기록자료
　　㉢ 산업재해발생현황
② 출력정보
　　㉠ 개인별 건강상태
　　㉡ 유소견자 일람표
　　㉢ 작업장 건강관리자료
　　㉣ 각종 지표(발생률, 유병률, 재해율)

PART 6

물리적 유해인자

SECTION 1

고온(고열)작업

01 개요

(1) 고열은 열에 의하여 근로자에게 열경련, 열탈진 또는 열사병 등의 건강장해를 유발할 수 있는 더운 온도를 말한다.

(2) 사람과 환경과의 사이에 일어나는 열교환에 영향을 미치는 것은 기온, 기류, 습도 및 복사열 4가지이다.

(3) 기후인자 가운데서 기온, 기류, 습도(기습) 및 복사열 등 온열요소가 동시에 인체에 작용하여 관여할 때 인체는 온열감각을 느끼게 되며, 온열요소를 단일척도로 표현하는 것을 온열지수라 한다.

02 온열요소

(1) 기온(air temperature) : 온도

① 지적온도(적정온도, optimum temperature) ●출제율 20%

㉠ 정의

인간이 활동하기에 가장 좋은 상태인 이상적인 온열조건으로 환경온도를 감각온도로 표시한 것을 지적온도라 하고 주관적, 생리적, 생산적 지적온도의 3가지 관점에서 볼 수 있다.

㉡ 종류

ⓐ 쾌적감각온도

ⓑ 최고생산온도

ⓒ 기능지적온도

ⓒ 특징

ⓐ 작업량이 클수록 체열방산이 많아 지적온도는 낮아진다.

ⓑ 여름철이 겨울철보다 지적온도가 높다.

ⓒ 더운 음식물, 알코올, 기름진 음식 등을 섭취하면 지적온도는 낮아진다.

ⓓ 노인들보다 젊은 사람의 지적온도가 낮다.

② 각 조건온도

㉠ 안전보건활동 적당온도(18~21℃)

㉡ 안락 한계온도(17~24℃)

㉢ 불쾌 한계온도(17℃ 미만 24℃ 이상)

㉣ 손재주 저하온도(13~13.5℃ 이하)

㉤ 옥외작업 제한온도(10℃ 이하)

③ 단위

> • 섭씨(℃)와 Kelvin(K) 관계 : $K=(℃)+273$
> • 섭씨(℃)와 화씨(℉) 관계 : $℉=[9/5×(℃)]+32$

④ 기온 측정기기 종류

㉠ 아스만(assmann) 통풍온습도계

㉡ 액체봉상온도계

㉢ 연속 측정 시는 자기저온계

⑤ 감각온도(실효온도＝유효온도) ●출제율 20%

㉠ 기온, 습도, 기류(감각온도 3요소)의 조건에 따라 결정되는 체감온도이다.

㉡ 감각온도는 상대습도가 100%일 때 건구온도에서 느끼는 것과 동일한 온도감
각을 의미한다.

(2) 기습(Humidity) : 습도

① 개요

기습(습도)은 보통 상대습도로 공기 중 실제로 함유되어 있는 수증기량과 공기가
그 온도에서 함유할 수 있는 최대한도의 수증량과의 비를 말하며, 증발과 관계가
있다.

② 종류 ●출제율 20%

　㉠ 상대습도(비교습도)

　　ⓐ 정의

　　　단위부피의 공기 속에 현재 함유되어 있는 수증기의 양과 그 온도에서 단위부피의 공기 속에 함유할 수 있는 최대의 수증기량(포화수증기량)과의 비를 백분율(%)로 나타낸 것, 즉 기체 중의 수증기압과 그것과 같은 온도의 포화수증기압을 백분율로 나타낸 값이다.

　　ⓑ 관련식

$$상대습도(U) = \frac{e}{e\,W} \times 100 = \frac{절대습도}{포화습도} \times 100$$

　　　여기서, e : 공기의 수증기압
　　　　　　$e\,W$: 공기와 같은 압력과 기온일 때의 포화수증기압

　　　e는 일정하나 $e\,W$는 기온에 따라 변하므로, 같은 수증기를 함유해도 온도가 변하면 상대습도는 변한다. 또한 온도변화에 따라 포화수증기량도 변한다.

　　ⓒ 특징

　　　• 상대습도는 기온과는 반대로 새벽에 가장 높아지고, 오후에 가장 낮아진다.
　　　• 연간 변화는 여름철에 높고, 겨울철에 낮다.
　　　• 공기 중 상대습도가 높으면 불쾌감을 느낀다.
　　　• 인체에 바람직한 상대습도는 30~60(70)%이다.

　　ⓓ 측정

　　　• 건구와 습구 2개의 온도계로 측정하고, 이 수치에서 상대습도를 읽는 표에 의하여 간접적으로 산출한다.
　　　• 모발습도계 등에서 직접 측정한다.

　㉡ 절대습도

　　ⓐ 정의

　　　절대적인 수증기의 양으로 나타내는 것으로 단위부피의 공기 속에 함유된 수증기량의 값, 즉 주어진 온도에서 공기 1m^3 중에 함유된 수증기량(g)을 의미한다.

　　ⓑ 특징

　　　• 수증기량이 일정하면 절대습도는 온도가 변하더라도 절대 변하지 않는다.
　　　• 기온에 따라 수증기가 공기에 포함될 수 있는 최대값이 정해져 있어, 그 값은 기온에 따라 커지거나 작아진다.

ⓒ 포화습도

 ⓐ 정의

 공기 $1m^3$가 포화상태에서 함유할 수 있는 수증기량의 의미이다.

 ⓑ 특징

 일정 공기 중의 수증기량이 한계를 넘을 때 공기 중의 수증기량(g)으로 나타낸다.

ⓓ 습도 측정기기 종류

 ⓐ 아스만(assmann) 통풍온습도계

 ⓑ 회전습도계

 ⓒ 자기모발습도계

 ⓓ 전기저항습도계

(3) 기류(Air movement) : 풍속

① 개요 및 특징

 ㉠ 기류는 대기 중에 일어나는 공기의 흐름을 말한다.

 ㉡ 기류 자체의 압력과 냉각력으로 인체 피부에 자극을 가하여 체온조절 및 신진대사에 영향을 주며, 강한 기류는 피로를 유발한다.

 ㉢ 기류를 느끼고 측정할 수 있는 최저한계는 0.5m/sec이고, 기류는 대류 및 증발과 관계가 있다.

 ㉣ 인체에 적당한 기류속도 범위는 6~7m/min이다.

 ㉤ 작업장 관리기준(산업보건기준에 관한 규칙)에는 기온 10℃ 이하일 때는 1m/sec 이상의 기류에 직접 접촉을 금지한다.

② 불감기류

 ㉠ 0.5m/sec 미만의 기류

 ㉡ 실내에 항상 존재

 ㉢ 신진대사 촉진(생식선 발육 촉진)

 ㉣ 한랭에 대한 저항을 강화시킴

(4) 복사열(Radiant heat)

① 개요 및 특징

 ㉠ 인체는 실외에서는 항상 직접적으로 태양에서 방출되는 복사열에 노출, 산업현

장에서는 전기로, 가열로, 용해로, 건조로 등에서 발생되는 복사열에 노출되어
있다.
  ⓛ 인간의 피부는 흑체에 가까우며, 흑체는 복사열을 모두 흡수하는 물체를 말한다.
  ⓒ 복사열이 영향을 미치는 범위는 거리의 제곱에 반비례한다.
  ⓔ 작업자 주위에 있는 물체의 온도와 기온과의 차이가 크지 않고 어느 정도 떨어
져 있다면 복사열의 영향을 무시한다.
② 복사열 측정기기 종류
  ㉠ 습구흑구온도지수(WBGT) 측정기
  ⓛ 열전기쌍복사계
  ⓒ 복사고온계
  ⓔ 볼로미터

03 열평형 방정식 ●출제율 30%

(1) 개요

① 생체(인체)와 작업환경 사이의 열교환(체열생산 및 체열방산) 관계를 나타내는 식이다.
② 인체와 작업환경 사이의 열교환은 주로 체내 열생산량(작업대사량), 전도, 대류, 복
사, 증발 등에 의해 이루어진다.

(2) 열역학적 관계식

열평형 방정식은 열역학적 관계식에 따라 이루어진다.

$$\Delta S = M \pm C \pm R - E$$

여기서, ΔS : 생체열용량의 변화(인체의 열축적 또는 열손실)
    M : 작업대사량(체내 열생산량)
     $(M - W)\,W$: 작업수행으로 인한 손실열량
    C : 대류에 의한 열교환
    R : 복사에 의한 열교환
    E : 증발(발한)에 의한 열손실(피부를 통한 증발)

(3) 특징

① 열평형은 물리적 현상이며 인체의 기관 중 관계 주요기관은 피부이며 단위는 피부면적당 Watt로 표현된다.

② 작업환경에서 인체가 가장 쾌적한 상태가 되기 위해서는 $\Delta S = O$, 즉 $O = M \pm C \pm R - E$의 상태가 되는 것이다.

③ $\Delta S = O$의 의미는 생체 내에서 대사로 말미암아 생성된 열은 모두 방산되는 것이다.

④ 열교환(전도, 대류, 복사, 증발)에 영향을 미치는 환경요소(온열조건)는 기온, 기습(습도), 복사열, 기류(공기유동)이다.

⑤ 작업대사량에 가장 큰 영향을 미치는 요소는 작업강도이다.

⑥ 기본적인 열평형 방정식에 있어 신체 열용량의 변화가 0보다 크면 생산된 열이 축적하게 되고 체온조절중추인 시상 하부에서 혈액온도를 감지하거나 신경망을 통하여 정보를 받아들여 체온방산작용이 활발히 시작되는데, 이것을 물리적 조절작용(physical thermo regulation)이라 한다.

04 고열환경이 인체에 미치는 영향

(1) 개요

① 무더운 하절기에 건설현장, 조선 항만 등 옥외작업장에는 고온환경에 노출 및 심한 육체적 노동으로 인하여 고열장해가 유발될 수 있으므로 각별한 주의가 필요하다.

② 외부환경변화에 대하여 일정하게 체온을 유지하려는 항상성이 있어 고열환경에서 작업이나 활동을 계속할 경우 혈류량이 증가하고 땀을 흘림으로 열의 발산을 촉진시키는 체온조절이 일어나게 한다.

③ 피부의 온도보다 주위기온이 더 높으면 열 발산이 효과적으로 안 되어 체온조절기능의 변조 및 장해를 초래하게 되고 열중증 등 고열장해를 초래하게 된다. 이러한 고열장해에 영향을 미치는 것에는 기온, 기류, 기습, 복사열이 있다.

(2) 인체에 미치는 영향

① 1차 생리적 영향
　　㉠ 교감신경에 의한 피부혈관의 확장

   ⓛ 발한

   ⓒ 근육이완

   ⓔ 호흡 증가

   ⓜ 체표면적 증가

 ② 2차 생리적 영향

   ㉠ 심혈관장해

   ⓛ 혈중 염분량 현저히 감소 및 수분 부족

   ⓒ 요량 감소로 인한 신장장해

   ⓔ 위장장해

   ⓜ 신경계장해

(3) 고열작업장의 노출기준(고용노동부, ACGIH)

(단위 : WBGT(℃))

시간당 작업-휴식 비율	작업강도		
	경작업	중등작업	중(힘든)작업
연속작업	30.0	26.7	25.0
75% 작업, 25% 휴식(45분 작업, 15분 휴식)	30.6	28.0	25.9
50% 작업, 50% 휴식(30분 작업, 30분 휴식)	31.4	29.4	27.9
25% 작업, 75% 휴식(15분 작업, 45분 휴식)	32.2	31.1	30.0

[주] 작업대사량에 따른 작업강도
1. 경작업 : 시간당 200kcal까지의 열량이 소요되는 작업을 말하며, 앉아서 또는 서서 기계의 조정을 하기 위하여 손 또는 팔을 가볍게 쓰는 일 등이 해당됨
2. 중등작업 : 시간당 200~350kcal의 열량이 소요되는 작업을 말하며, 물체를 들거나 밀면서 걸어다니는 일 등이 해당됨
3. 중(격심)작업 : 시간당 350~500kcal의 열량이 소요되는 작업을 뜻하며, 곡괭이질 또는 삽질하는 일과 같이 육체적으로 힘든 일 등이 해당됨

05 고열장애(열중증) 종류 ●출제율 30%

 고열환경에 노출되면 체온조절 기능에 생리적 변조 또는 장애를 초래하여 자각적으로나 임상적으로 증상을 나타내는 것을 총칭하여 열중증 또는 고열장애라고 한다.

(1) 열사병(heat stroke)

① 개요

　㉠ 열사병은 고온다습한 환경(육체적 노동 또는 태양의 복사선을 두부에 직접적으로 받는 경우)에 노출될 때 뇌 온도의 상승으로 신체 내부의 체온조절 중추에 기능장애를 일으켜서 생기는 위급한 상태를 말한다.

　㉡ 고열로 인해 발생하는 장애 중 가장 위험성이 크다.

　㉢ 태양광선에 의한 열사병은 일사병(sunstroke)이라고 한다.

② 발생

　㉠ 체온조절 중추(특히 발한 중추)의 기능장애에 의함(체내에 열이 축적되어 발생)

　㉡ 혈액 중의 염분량과는 관계 없음

　㉢ 대사열의 증가는 작업부하와 작업환경에서 발생하는 열부하가 원인이 되어 발생하며, 열사병을 일으키는 데 크게 관여하고 있음

③ 증상

　㉠ 일차적인 증상은 정신착란, 의식결여, 경련, 혼수, 건조하고 높은 피부온도, 체온 상승

　㉡ 특징

　　ⓐ 중추신경계의 장애

　　ⓑ 뇌막혈관이 노출되면 뇌온도의 상승으로 체온조절 중추의 기능에 장애

　　ⓒ 전신적인 발한 정지(땀을 흘리지 못하여 체열방산을 하지 못해 건조할 때가 많음)

　　ⓓ 직장온도 상승(40℃ 이상의 직장온도), 즉 체열방산을 하지 못하여 체온이 41~43℃까지 급격하게 상승하여 사망

　　ⓔ 초기에 조치가 취해지지 못하면 사망에 이를 수도 있음

　　ⓕ 40%의 높은 치명률을 보이는 응급성 질환

　　ⓖ 치료 후 4주 이내에는 다시 열에 노출되지 않도록 주의

④ 치료

　㉠ 체온조절 중추의 손상이 있을 때에는 치료효과를 거두기 어려우며 체온을 급히 하강시키기 위한 응급조치 방법으로 얼음물에 담가서 체온을 39℃까지 내려주어야 한다.

　㉡ 얼음물에 의한 응급조치가 불가능할 때는 찬물로 닦으면서 선풍기를 사용하여 증발냉각이라도 시도해야 한다.

ⓒ 호흡곤란 시에는 산소를 공급해 준다.

ⓔ 체열의 생산을 억제하기 위하여 항신진대사제 투여가 도움이 되나 체온 냉각
후 사용하는 것이 바람직하다.

ⓜ 울열방지와 체열이동을 돕기 위하여 사지를 격렬하게 마찰시킨다.

(2) 열피로(heat exhaustion), 열탈진(열소모)

① 개요

ⓐ 고온환경에서 장시간 힘든 노동을 할 때 주로 미숙련공(고열에 순화되지 않은
작업자)에 많이 나타난다.

ⓑ 현기증, 두통, 구토 등의 약한 증상에서부터 심한 경우는 허탈(collapse)로 빠
져 의식을 잃을 수도 있다.

ⓒ 체온은 그다지 높지 않고(39℃ 정도까지) 맥박은 빨라지면서 약해지고 혈압은
낮아진다.

② 발생

ⓐ 땀을 많이 흘려(과다 발한) 수분과 염분 손실이 많을 때

ⓑ 탈수로 인해 혈장량이 감소할 때

ⓒ 말초혈관 확장에 따른 요구 증대만큼의 혈관운동조절이나 심박출력의 증대가
없을 때 발생(말초혈관 운동신경의 조절장애와 심박출력의 부족으로 순환부전)

ⓓ 대뇌피질의 혈류량이 부족할 때

③ 증상

ⓐ 체온은 정상범위를 유지하고, 혈중 염소 농도는 정상이다.

ⓑ 구강온도는 정상이거나 약간 상승하고 맥박수는 증가한다.

ⓒ 혈액농축은 정상범위를 유지한다(혈당치는 감소하나 혈액 및 뇨 소견은 현저한
변화가 없음).

ⓓ 실신, 허탈, 두통, 구역감, 현기증 증상을 주로 나타낸다.

ⓜ 권태감, 졸도, 과다 발한, 냉습한 피부 등의 증상을 보이며, 직장온도가 경미하
게 상승할 경우도 있다.

④ 치료

휴식 후 5% 포도당을 정맥주사한다.

(3) 열경련(heat cramp)

① 개요

㉠ 가장 전형적인 열중증의 형태로서 주로 고온환경에서 지속적으로 심한 육체적인 노동을 할 때 나타나며 주로 작업 중에 많이 사용하는 근육에 발작적인 경련이 일어나는데, 작업 후에도 일어나는 경우가 있으며 팔이나 다리뿐만 아니라 등 부위의 근육, 위에도 생기는 경우가 있다.

㉡ 더운 환경에서 고된 육체적인 작업을 장시간하면서 땀을 많이 흘릴 때 많은 물을 마시지만 신체의 염분 손실을 충당하지 못해(혈중 염분농도가 낮아짐) 발생하는 것으로 혈중 염분농도 관리가 중요한 고열장애이다.

② 발생

㉠ 지나친 발한에 의한 수분 및 혈중 염분 손실(혈액의 현저한 농축 발생)

㉡ 땀을 많이 흘리고 동시에 염분이 없는 음료수를 많이 마셔서 염분 부족 시 발생

㉢ 전해질의 유실 시 발생

③ 증상

㉠ 체온이 정상이거나 약간 상승하고 혈중 Cl^- 농도가 현저히 감소한다.

㉡ 낮은 혈중 염분농도와 팔과 다리의 근육경련이 일어난다(수의근 유통성 경련).

㉢ 통증을 수반하는 경련은 주로 작업 시 사용한 근육에서 흔히 발생한다.

㉣ 일시적으로 단백뇨가 나온다.

㉤ 중추신경계통의 장애는 일어나지 않는다.

㉥ 복부와 사지 근육에 강직, 동통이 일어나고 과도한 발한이 발생된다.

㉦ 수의근의 유통성 경련(주로 작업 시 사용한 근육에서 발생)이 일어나기 전에 현기증, 이명, 두통, 구역, 구토 등의 전구증상이 일어난다.

④ 치료

㉠ 수분 및 NaCl 보충(생리식염수 0.1% 공급)

㉡ 바람이 잘 통하는 곳에 눕혀 안정시킴

㉢ 체열방출을 촉진시킴(작업복을 벗겨 전도와 복사에 의한 체열방출)

㉣ 증상이 심하면 생리식염수 1,000~2,000mL 정맥주사

(4) 열실신(heat syncope), 열허탈(heat collapse)

① 개요
- ㉠ 고열환경에 노출될 때 혈관운동장애가 일어나 정맥혈이 말초혈관에 저류되고 심박출량 부족으로 초래하는 순환부전 특히 대뇌피질의 혈류량 부족이 주원인으로 저혈압, 뇌의 산소부족으로 실신하거나 현기증을 느낀다.
- ㉡ 고열작업장에 순화되지 못한 근로자가 고열작업을 수행할 경우 신체말단부에 혈액이 과다하게 저류되어 혈액흐름이 좋지 못하게 됨에 따라 뇌에 산소부족이 발생하며, 운동에 의한 열피비라고도 한다.

② 발생
- ㉠ 고온에 순화되지 못한 근로자가 고열작업 수행 시
- ㉡ 갑작스런 자세변화, 장시간의 기립상태, 강한 운동 시, 즉 중근작업을 적어도 2시간 이상 하였을 경우
- ㉢ 염분과 수분의 부족현상은 관계 없음

③ 증상
- ㉠ 체온조절기능이 원활치 못해 결국 뇌의 산소부족으로 의식 잃음
- ㉡ 말초혈관 확장 및 신체말단부 혈액이 과다하게 저류됨

④ 치료(예방)
- ㉠ 예방 관점에서 작업 투입 전 고온에 순화되도록 한다.
- ㉡ 시원한 그늘에서 휴식시키고 염분과 수분을 경구로 보충한다.

(5) 열성발진(heat rashes), 열성혈압증

① 개요
- ㉠ 작업환경에서 가장 흔히 발생하는 피부장애로 땀띠(plickly heat)라고도 하며, 끊임없이 고온다습한 환경에 노출될 때 주로 문제가 된다.
- ㉡ 피부의 케라틴(keratin)층 때문에 막혀 땀샘에 염증이 생기고 피부에 작은 수포가 형성되기도 한다.

② 발생
피부가 땀에 오래 젖어서 생기고, 옷에 덮혀 있는 피부 부위에 자주 발생한다.

③ 증상
- ㉠ 땀이 증가 시 따갑고 통증을 느끼며 이러한 통증은 발진이 생기기에 앞서 나타남
- ㉡ 불쾌하며 작업자의 내열성도 크게 저하시킴

④ 치료

　㉠ 고온환경을 떠나 땀을 흘리지 않으면 곧 치유

　㉡ 냉목욕 후 차갑게 건조시키고 세균 감염 시 칼라민 로션이나 아연화 연고를 바름

(6) 열쇠약(heat prostration)

① 개요

고열에 의한 만성 체력소모를 의미한다.

② 증상

건강장애로 전신권태, 위장장애, 불면, 빈혈 등을 나타낸다.

06 폭염 ●출제율 30%

(1) 폭염의 정의

근로자에게 열경련 · 열탈진 또는 열사병 등의 건강장해를 유발할 수 있는 더운 온도의 기상현상(체감온도 31℃ 이상)

(2) 폭염안전 5대 기본 수칙

물 / 바람, 그늘 / 휴식 / 보냉장구 / 응급조치

(3) 폭염특보 발표기준

① 폭염주의보

일 최고 체감온도 33℃ 이상인 상태가 2일 이상 지속될 것으로 예상되는 경우

② 폭염경보

일 최고 체감온도 35℃ 이상인 상태가 2일 이상 지속될 것으로 예상되는 경우

(4) 폭염이 인체에 미치는 영향

① 인체적 영향

　㉠ 보통 습도에서 25℃ 이상이면 무더위를 느끼며 장시간 야외 활동 시 일사병, 열경련 등 질병발생 가능성을 증대시킨다.

ⓛ 밤 최저기온이 25℃ 이상인 열대야에서는 불면증 · 불쾌감 · 피로감 증대 등의 증상이 발생한다.

② 사업장에 미치는 영향

㉠ 정전사태, 집중력 감소로 인한 생산성 감소, 에너지비용 증가 등 직 · 간접적인 사회적 비용 증가를 가져온다.

ⓛ 불쾌지수가 높아져 우발적 사고 발생 가능성이 증가한다.

(5) 폭염 시 사업주 보건조치 사항(산업안전보건법 시행규칙_폭염조치)

① 31℃ 이상 폭염작업 시 보건조치 사항

㉠ 노동자가 체감온도 31℃ 이상이 되는 작업장소에서 2시간 이상 작업할 경우 사업주는 실내 · 옥외 구분 없이 냉방 · 통풍장치 설치 · 가동, 작업시간대 조정 등 폭염 노출을 줄일 수 있는 조치, 주기적인 휴식 부여 중 어느 하나 이상의 조치를 해야 한다.

ⓛ 다만, 냉방 · 통풍장치를 설치 · 가동하거나 작업시간대를 조정하는 등의 조치에도 불구하고 해당 작업장소의 체감온도가 31℃ 이상인 경우에는 작업특성에 맞게 주기적으로 휴식을 부여해야 한다.

② 33℃ 이상 폭염작업 시 보건조치 사항

㉠ 체감온도가 33℃ 이상이 되는 작업장소에서 작업하는 경우에는 2시간 마다 20분 이상의 휴식을 부여해야 한다. 이때, 현장 여건에 따라 1시간마다 10분 이상의 휴식을 부여하는 방안 등 다양한 방식이 가능하다.

ⓛ 다만, 작업의 성질상 휴식을 부여하기 매우 곤란한 경우에는 노동자의 체온 상승을 줄일 수 있는 개인용 냉방장치를 지급 · 가동하거나 냉각 의류 등 개인용 보냉장구를 지급 · 착용하게 한 경우 예외가 인정된다.

㉢ 여기서, 작업의 성질상 휴식을 부여하기 매우 곤란한 경우란 시간을 특정하여 휴식을 부여하는 것이 매우 곤란한 경우를 말하며, 아래의 경우가 해당할 수 있다.

ⓐ 「재난 및 안전관리 기본법」에 따른 재난의 수습 및 예방 등 사람의 생명과 안전 등과 직결되는 작업

ⓑ 갑작스러운 시설 · 설비의 장애 · 고장 등 돌발적인 상황이 발생하여 이를 수습하기 위해 긴급한 조치가 필요한 작업

ⓒ 공항 · 항만 등에서 항공기 등 운항에 심각한 지장을 초래하는 작업

ⓓ 콘크리트타설 등 구조물 안전에 심각한 영향을 주는 작업 등

③ 시원한 물 충분히 비치

작업 중 땀을 많이 흘리게 되는 장소에 소금과 음료수(생수 등)를 충분히 섭취할 수 있도록 갖추어 두어야 한다.

④ 온열질환자(의심자) 발생 시 119신고

　㉠ 폭염작업을 하던 노동자가 두통, 어지러움, 근육경련, 의식저하 등 온열질환 증상을 보이거나 의심되는 경우 지체없이 119에 신고함을 원칙으로 한다.

　㉡ 이외에도 온열질환자(또는 의심자)가 발생한 해당 작업 및 그와 동일한 작업은 중단하고, 냉방장치 가동, 휴식시간 부여 등의 온열질환 예방조치가 제대로 이행되고 있는지 점검하고, 미흡한 경우 즉시 개선해야 한다.

⑤ 35도 이상 폭염작업 시 추가조치 권고

폭염이 계속되어 온도가 상승하는 경우 온열질환 건강장해 예방을 위해 다음과 같은 사항을 권고한다.

　㉠ 35도 이상 폭염작업

　　ⓐ 매시간 15분씩 휴식공간에서 휴식 제공

　　ⓑ 무더위 시간대(14~17시)에는 불가피한 경우를 제외하고는 옥외작업 중지

　　ⓒ 업무담당자를 지정하여 근로자의 건강상태 확인

　㉡ 38도 이상 폭염작업

　　ⓐ 매시간 15분씩 휴식공간에서 휴식 제공

　　ⓑ 무더위 시간대(14~17시)에는 재난 및 안전관리 등에 필요한 긴급조치 작업 외 옥외작업 중지

　　ⓒ 열사병 등 온열질환 민감군에 대하여 옥외작업 제한

　　ⓓ 업무담당자를 지정하여 근로자의 건강상태 확인

(6) 폭염대비 사업장 행동 요령

① 사전 준비사항

　㉠ 라디오나 TV의 무더위 관련 기상상황에 매일 주목

　㉡ 정전에 대비 손전등, 비상 식음료, 부채, 휴대용 라디오 등을 미리 확인

　㉢ 단수에 대비 생수를 준비하고 공장용수 확보대책 마련

　㉣ 변압기의 점검으로 과부하에 사전대비

　㉤ 창문에 커튼이나 천 등을 이용, 사업장으로 들어오는 직사광선을 최대한 차단

② 폭염주의보 발령 시

일 최고기온 33℃ 이상, 일 최고열지수 32℃ 이상인 상태가 2일 이상 지속될 때 발령

㉠ 야외행사 및 친목도모를 위한 스포츠 경기 등 각종 외부행사 자제

㉡ 점심시간 등을 이용 10~15분 정도의 낮잠을 청하여 개인건강 유지

㉢ 야외에서 장시간 근무 시는 아이스팩이 부착된 조끼 착용

㉣ 실내 작업장에서는 자연환기가 될 수 있도록 창문이나 출입문을 열어두고 밀폐지역은 피함

㉤ 건설기계의 냉각장치를 수시로 점검하여 과열방지

㉥ 식중독, 장티푸스, 뇌염 등의 질병예방을 위해 현장사무실, 숙소, 식당 등의 청결관리 및 소독 실시

㉦ 작업 중에는 매 15~20분 간격으로 1컵 정도의 시원한 물(염분) 섭취(알코올, 카페인이 있는 음료는 금물)

㉧ 뜨거운 액체, 고열기계, 화염 등과 같은 열 발생원인을 피하고 방열막 설치

③ 폭염경보 발령 시

일 최고기온 35℃ 이상, 일 최고열지수 41℃ 이상인 상태가 2일 이상 지속될 때 발령

㉠ 각종 야외행사를 취소하고 활동 금지 요망

㉡ 기온이 높은 시간대를 피해 탄력시간 근무제 검토

㉢ 실외 작업은 현장관리자의 책임 하에 공사중지를 신중히 검토

㉣ 12~16시 사이에는 되도록 실내외 작업을 중지하고 휴식을 취함

㉤ 수면부족으로 인한 피로축적으로 감전우려가 있으므로 전기취급 삼가

㉥ 안전모 및 안전대 등의 착용에 각별히 신경 쓸 것

07 온열지수(Thermal Index) ● 출제율 20%

(1) 개요

① 인체의 체온조절과 체내외의 열교환이 원활히 이루어지고 있는가를 평가하는 지수로 인체의 생리적 기능과 감각으로 결정한다.

② 온열요소를 단일척도로 표현하는 것을 온열지수라 하며, 이것은 단순히 물리적인 것이라기보다는 생리적이며 보건학적인 견지에서 만들어진 것이다.

③ 고열작업장을 평가하는 지표 중 가장 보편적으로 쓰이는 온열지수는 WBGT 지수이다.
즉, 고열작업을 평가하는데 있어서 습구흑구온도지수를 측정하고 작업강도를 고려
한다.

(2) 온열지수 종류

① 습구흑구온도지수(WBGT ; Wet Bulb Globe Temperature)
　㉠ WBGT는 태양복사열의 영향을 받은 옥외환경을 평가하는데 사용되도록 고안
　　된 것이며, 감각온도 대신 사용된다.
　㉡ 주위환경 내의 열(고온)압박의 존재 여부를 판단할 수 있는 지수이다.
　㉢ 이 지수는 사용하기 간편한 장점이 있다.
　㉣ 복사열은 흑구온도계로 측정한다.
　㉤ 습구흑구온도지수의 측정
　　• 옥외(태양광선이 내리 쬐는 장소)

$$WBGT(℃) = 0.7 \times 자연습구온도 + 0.2 \times 흑구온도 + 0.1 \times 건구온도$$

　　• 옥내 또는 태양광선이 내리 쬐지 않는 옥외

$$WBGT(℃) = 0.7 \times 자연습구온도 + 0.3 \times 흑구온도$$

　　• 습구흑구온도지수의 노출기준은 작업강도에 따라 달라지며, 그 기준은 다음
　　　과 같다.

(단위 : WBGT(℃))

시간당 작업-휴식 비율	작업강도		
	경작업	중등작업	중(힘든)작업
연속작업	30.0	26.7	25.0
75% 작업, 25% 휴식(45분 작업, 15분 휴식)	30.6	28.0	25.9
50% 작업, 50% 휴식(30분 작업, 30분 휴식)	31.4	29.4	27.9
25% 작업, 75% 휴식(15분 작업, 45분 휴식)	32.2	31.1	30.0

[주] 작업대사량에 따른 작업강도
　1. 경작업 : 시간당 200kcal까지의 열량이 소요되는 작업을 말하며, 앉아서 또는 서서 기계의 조
　　정을 하기 위하여 손 또는 팔을 가볍게 쓰는 일 등이 해당됨
　2. 중등작업 : 시간당 200~350kcal의 열량이 소요되는 작업을 말하며, 물체를 들거나 밀면서
　　걸어다니는 일 등이 해당됨
　3. 중(격심)작업 : 시간당 350~500kcal의 열량이 소요되는 작업을 뜻하며, 곡괭이질 또는 삽질
　　하는 일과 같이 육체적으로 힘든 일 등이 해당됨

② 감각온도(ET ; Effective Temperature)

  ㉠ 실효온도, 등감온도, 유효온도, 실감온도라고도 한다.

  ㉡ 기온, 기습, 기류가 인체에 미치는 열적효과를 나타내는 수치로 상대습도가 100%일 때의 건구온도에서 느끼는 것과 동일한 온도감각을 의미한다.

  ㉢ 측정공기와 같은 온감을 주는 습도 100%인 포화습도 그리고 무풍에서의 온도로 표시한다.

  ㉣ 기온, 기습, 기류의 관계를 나타내주는 감각온도 도표에서 구한다.

  ㉤ 감각온도의 문제점은 경작업 시에는 좋은 평가가 얻어지지만 작업강도가 큰 경우 생리적인 대응을 얻지 못하는 것이다.

  ㉥ 수정감각온도

    감각온도 측정 시 건구온도 대신 복사열을 고려하여 흑구온도를 사용한 것(Bedford)을 말한다.

  ㉦ 흑구온도와 기온과의 차이를 실효복사온도라 하고 이는 감각온도와 상관이 있다.

③ 온열부하지수(HSI ; Heat Stress Index)

  ㉠ 열압박 지수, 열응력 지수라고도 한다.

  ㉡ 열평형을 유지하기 위해 증발해야 하는 발한량으로 열부하를 나타내는 지수이다.

  ㉢ 제철소, 유리공장 등 고온사업장에서의 열 스트레스 지표로서 사용되고 의복, 체격 등의 보정을 가한 각 사업장의 독자적인 지표로도 사용된다.

  ㉣ 고온환경에서 체열평형을 유지하기 위해 필요한 양과 그 환경에서 증발되는 최대증발량의 비는 고온에 의한 스트레스 정도를 나타낸다.

  ㉤ 계산식

$$HSI = \frac{E_{reg}}{E_{\max}}$$

    여기서, E_{reg} : • 열평형을 유지하기 위한 증발량

              • E_{reg}(Btu/시간) $= M$(대사) $+ R$(복사) $+ C$(대류)

        $E_{\max}$: • 특정환경조건의 조합 하에서 증발에 의해서 잃을 수 있는 열

              • 공기의 유동속도와 주위 공기의 수증기압에 따라 결정됨

    HSI가 100%보다 클 때는 대류, 복사원의 감소, 휴식시간, 적절한 피복, 작업의 육체적 부하감소 등으로 열을 방산시켜야 한다.

④ Kata 냉각력

　㉠ 기온, 기습, 기류를 고려한 지수이다.

　㉡ 열을 빼앗는 힘을 그 공기의 냉각력이라 한다.

　㉢ 카타의 냉각력을 이용하여 측정, 즉 알코올 눈금이 100F(37.8℃)에서 95F (35℃)까지 내려가는데 소요되는 시간을 4~5회 측정, 평균하여 카타 상수값을 이용하여 구하는 간접적 방법이다.

⑤ 작용온도(OT ; Operative Temperature)

　㉠ 환경조건만 종합한 지수가 아니고 신체에서의 열생산을 고려한 지수이다.

　㉡ 감각온도에 비하여 생리학적인 온도지표라고 한다.

　㉢ 기온, 기류, 복사열의 3개의 물리적인 요인을 고려하여 이러한 3인자의 인체표 면온도, 즉 피부온도와 관계에서 실험적으로 산출한 수치이다.

　㉣ 생리적, 물리적 온도눈금으로 나타낸다.

⑥ 불쾌지수(DI ; Discomfort Index)

　㉠ 온습지수(temperature humidity Index)라고도 한다.

　㉡ 건구온도와 습구온도, 즉 기온과 습도에 따라 사람이 느끼는 불쾌감 정도를 수 치로 나타낸 것이다.

　㉢ 문제점은 미국인의 체감을 근거로 만들어져서 여름철 습도가 높고 무더위가 심 한 환경에 적응하고 있는 우리나라에서 그대로 적용하는 것이다.

⑦ 기본 4시간 발한율(B4SR ; Basic Four-hour Sweat Rate)

　㉠ 4시간 발한속도를 예측하여 환경평가에 기여하게끔 하는 지표이다.

　㉡ 기온, 습도, 기류, 열복사의 환경인자 뿐만 아니라 작업자측의 착의량, 작업량 도 평가에 포함된다.

　㉢ 작업자의 4시간 근무 시의 전 발한량을 기본으로 하여 작업조건을 포함하는 온 열환경을 평가하고자 한다.

⑧ 옥스포드 지수(Oxford Index)

　㉠ 습구건구지수(WD)라고도 한다.

　㉡ 습구온도와 건구온도의 단순가중치로서 WD=0.85Wb+0.15Db로 정의한다.

　㉢ 습구온도는 젖은 심지 혹은 Sling 온도계를 사용하여 100% 습도상태의 공기 온도를 측정한 것이다.

08 고열장애 예방조치

(1) 근로자를 새로이 배치할 경우에는 고열에 순응할 때까지 고열작업시간을 매일 단계적으로 증가시키는 등 필요한 조치를 할 것

(2) 근로자가 온도, 습도를 쉽게 알 수 있도록 온도계 등의 기기를 상시 작업장소에 비치할 것

09 고열환경에 대한 대책

고열에 대한 대책은 공학적으로 시설을 개선하는 것 외에 보건관리상 대책과 병행하여 하는 것이 효율적이다.

(1) 고열발생원 대책

① 방열(Insulation)
  ㉠ 열을 발생원에서 제거, 다음으로 고열작업을 격리시키는 것이 우선적으로 고려되어야 한다.
  ㉡ 방열재를 이용하여 열발생 표면을 덮음으로써 대류와 복사열에 대한 영향을 막는 원리로 잠재적인 열을 차단하는 것을 말한다.

② 전체환기(General ventilation)
  ㉠ 고열작업장의 열을 제거하는 가장 일반적인 방법이다.
  ㉡ 환기효율을 높이기 위해서는 복사열을 차단함과 동시에, 공기의 급기를 될수록 바닥에 가깝게 낮추고, 외부 시원한 바람이 실내공기와 혼합되거나, 발생원 또는 고열작업공정을 통과하기 전에 작업자에게 불도록 한다.
  ㉢ 상승기류제어를 위해 환기를 한다.

③ 국소배기(Loal exhaust ventilation)
  ㉠ 고열을 발생원에서 막을 수 없고 허용한계 이하로 낮추기 어려운 경우에는 국소환기를 하여 열을 저감한다.
  ㉡ 실내에 복사열이 많을 때에는 어느 정도의 냉방을 하여야 하나 실제로 작업장 전체를 냉방하기는 불가능하다.

④ 복사열 차단(Shieling)

　㉠ 근무작업복 흰색계통 착용 시 태양 복사열 50% 정도 감소시킬 수 있다.

　㉡ 고열작업공정(용광로, 가열로 등)에서 발생 복사열은 차열판(알루미늄 재질)을 이용 복사열을 차단시킬 수 있다(절연방법).

⑤ 냉방(Cooling)

　㉠ 대규모 고열작업장의 경우 냉방보다 시원한 휴식장소를 마련하는 것이 좋다.

　㉡ 냉방방법에는 증발에 의한 냉각 및 냉각코일을 이용하는 방법이 사용된다.

⑥ 대류(Convection)

　㉠ 환풍기를 이용해서 공기흐름이나 대류를 증가시키는 것이다.

　㉡ 대류증가에 의한 방법은 작업장 주위공기온도가 작업자 신체피부온도보다 낮을 경우에만 적용 가능하다.

(2) 방열보호구에 의한 관리대책

① 방열복(Reflective clothing)

　㉠ 가능한 한 흰색의 방열복으로 착용하고 몸에 조금 넉넉하게 착용하는 것이 좋다. 그리고 방열복을 착용하여 복사열을 차단하거나 여의치 않을 경우에는 긴 팔옷을 입는 게 효과적이다.

　㉡ 피복의 외피는 통기성이 큰 것이 좋다.

② 기타 냉각보호구

　㉠ 얼음 조끼

　㉡ 냉풍 조끼(vortex tube)

　㉢ 방호면

　㉣ 방열장갑 및 방열화

(3) 보건관리상 대책 　●출제율 20%

① 적성 배치

　㉠ 고열작업장 근로자 적성 배치 시 고려사항

　　ⓐ 개인의 질병이나 연령 및 적성

　　ⓑ 고온순화능력

　㉡ 고열작업장 부적합 근로자

　　ⓐ 비만자 및 위장장해가 있는 자

    ⓑ 비타민 B 결핍증이 있는 자

    ⓒ 심혈관계에 이상이 있는 자

    ⓓ 발열성 질환을 앓고 있거나 회복기에 있는 자

    ⓔ 고령자(일반적 45세 이상)

    ⓕ 피부질환을 앓고 있거나 감수성이 높은 자

② 고온순화(Acclimatization)

  ㉠ 순화란 외부의 환경변화나 신체활동이 반복되어 인체조절기능이 숙련되고 습득된 상태를 순화라고 하며, 고온순화는 외부의 환경영향요인이 고온일 경우이다.

  ㉡ 고온에 순환되는 과정(생리적 변화)

    ⓐ 체표면의 한 선의 수(땀샘)가 증가

    ⓑ 간기능 저하(Cholestrol/Cholesterol ester의 비 감소)

    ⓒ 처음에는 에너지 대사량이 증가하고 체온이 상승하나 후에 근육이 이완되고 열 생산도 정상으로 됨

    ⓓ 위액분비가 줄고 산도가 감소하여 식욕부진, 소화불량 유발

    ⓔ 교감신경에 의한 피부혈관 확장(피부온도 현저하게 상승)

    ⓕ 노출피부 표면적 증가 및 피부온도 현저하게 상승

    ⓖ 장관 내 온도 하강, 맥박수 감소 및 발한과 호흡 촉진

    ⓗ 심장박출량 처음엔 증가, 나중엔 정상

    ⓘ 혈중 염분량 현저히 감소 및 수분 부족상태

    ⓙ 알도스테론의 분비가 증가되어 염분의 배설량이 억제됨

  ㉢ 특징

    ⓐ 고온순화는 매일 고온에 반복적이며, 지속적으로 폭로 시 4~6일에 주로 이루어짐

    ⓑ 순화방법은 하루 100분씩 폭로하는 것이 가장 효과적이며, 하루의 고온폭로 시간이 길다고 하여 고온순화가 빨리 이루어지는 것은 아님

    ⓒ 고온에 폭로된지 12~14일에 거의 완성되는 것으로 알려져 있음

    ⓓ 고온순응의 정도는 폭로된 고온의 정도에 따라 부분적으로 순응되며, 더 심한 온도에는 내성이 없음

    ⓔ 고온에 순응된 상태에서 계속 노출되면 땀의 분비속도가 증가함

    ⓕ 고온순화에 관계된 가장 중요한 외부영향요인은 영양과 수분 보충

③ 작업량의 경감

중작업(heavy work) 및 운반작업 등을 기계화, 자동화한다.

④ 작업주기단축 및 휴식시간 확보

　㉠ 고열부하의 우려가 있을 경우 작업량을 등분하여 일정한 휴식을 취하면서 고열의 부담을 적게 받도록 한다.

　㉡ 작업주기는 고열작업량과 열부담의 정도를 고려하여 5분 내지 60분마다 교대를 실시한다.

⑤ 휴게실 설치

휴게실의 적정온도조건은 일반적으로 25℃(26℃), 습도 50~60%를 기준삼거나 외부환경 온도보다 5~6℃ 낮은 정도로 유지한다.

⑥ 물 및 소금의 공급

　㉠ 물의 공급은 소량씩 자주 마시게 하는 것이 좋다(일반적으로 20분당 1컵).

　㉡ 소금의 공급은 순화되지 않은 작업자에게는 0.1% 식염수를 공급한다.

　㉢ 정제나 분말상태의 소금을 섭취 시는 위장장애 및 탈수현상을 초래할 수 있으므로 꼭 식염수를 공급한다.

⑦ 부적응자의 조기발견으로 예방조치

10 고열 측정

(1) 온도 · 습도 측정

① 작업환경 평가 시 온도는 일반적으로 아스만 통풍건습계를 사용하며, 습도는 건구온도와 습구온도 차를 구하여 습도환산표를 이용하여 구한다.

② 아스만 통풍건습계

　㉠ 눈금의 간격은 0.5℃

　㉡ 측정시간은 5분 이상(온도 안정시간)

　㉢ 2개의 같은 눈금을 갖는 봉상수은온도계 사용

　㉣ 1개는 기온 측정에 사용되는 건구온도계로, 또 다른 하나는 습구온도를 측정하는 데 사용

③ 고열 측정 방법 및 시간

　　㉠ 고열을 측정하는 경우에는 측정기 제조자가 지정한 방법과 시간을 준수하며, 열원마다 측정하되 작업장소에서 열원에 가장 가까운 위치에 있는 근로자 또는 근로자의 주 작업행동 범위에서 일정한 높이(바닥에서 50~150cm 높이)에 고정하여 측정한다.

　　㉡ 측정기기를 설치한 후 일정시간 안정화시킨 후 측정을 실시하고, 고열작업에 대해 측정하고자 할 경우에는 1일 작업시간 중 최대로 높은 고열에 노출되고 있는 1시간을 10분 간격으로 연속하여 측정한다.

(2) 기류 측정　●출제율 30%

① 풍차풍속계

　　㉠ 1~150m/sec 범위의 풍속 측정

　　㉡ 옥외용으로 사용

　　㉢ 풍차의 회전속도로 풍속 측정

② 카타온도계

　　㉠ 0.2~0.5m/sec 정도의 불감기류측정 시 기류속도를 측정

　　㉡ 작업환경 내에 기류의 방향이 일정치 않을 경우 기류속도 측정

　　㉢ 카타의 냉각력을 이용하여 측정, 즉 알코올 눈금이 100℉(37.8℃)에서 95℉(35℃)까지 내려가는데 소요되는 시간을 4~5회 측정 평균하여 카타 상수값을 이용하여 구함

③ 열선풍속계

　　㉠ 기류속도가 아주 낮을 때 사용하며 정확함

　　㉡ 가열된 금속선에 바람이 접촉하면 열을 빼앗겨 이를 풍속과 관련지어 측정하는 원리

　　㉢ 측정범위는 0~50m/sec

④ 가열온도풍속계

　　㉠ 작업환경 측정의 표준방법으로 사용

　　㉡ 풍속과 기온과의 차이에 관계에서 풍속을 구함

(3) 복사열 측정(흑구온도계)

① 작업환경 측정의 표준방법으로 사용하며, 흑구온도계는 복사온도를 측정한다.

② 표준형의 직경 15cm(0.5mm 동판), 무광택의 흑색도료(황화동 : $CuSO_4$)로 도색한다.

③ 실효복사온도는 흑구온도와 기온과의 차이를 말한다.

(4) 습구 · 흑구 온도 측정

① 아스만 통풍건습계를 이용 건구 및 자연습구온도를 측정, 흑구온도계로 복사온도(흑구온도)를 측정하여 계산한다.

② 계산방법

　　㉠ 옥외

$$WBGT(℃)=0.7×자연습구온도(℃)+0.2×흑구온도(℃)+0.1×건구온도(℃)$$

　　㉡ 옥내

$$WBGT(℃)=0.7×자연습구온도(℃)+0.3×흑구온도(℃)$$

③ WBGT의 고려대상은 기온, 기류, 습도, 복사열이다.

참고 고열이 인체에 미치는 영향

1. 열사병(Heat stroke)
  ㉠ 땀을 많이 흘려 수분과 염분손실이 많을 때 발생한다.
  ㉡ 갑자기 의식상실에 빠지는 경우가 많지만, 전구증상으로서 현기증, 악의, 두통, 경련 등을 일으키며 땀이 나지 않아 뜨거운 마른 피부가 되어 체온이 41℃ 이상 상승하기도 한다.
  ㉢ 응급조치로는 옷을 벗어 나체에 가까운 상태로 하고, 냉수를 뿌리면서 선풍기의 바람을 쏘이거나 얼음 조각으로 마사지를 실시한다.
2. 열탈진(Heat exhaustion)
  ㉠ 땀을 많이 흘려 수분과 염분손실이 많을 때 발생하며 두통, 구역감, 현기증, 무기력증, 갈증 등의 증상이 나타난다.
  ㉡ 심한 고열환경에서 중등도 이상의 작업으로 발한량이 증가할 때 주로 발생한다.
  ㉢ 고온에 순화되지 않은 근로자가 고열환경에서 작업을 하면서 염분을 보충하지 않은 경우에도 발생한다.
  ㉣ 응급조치로는 작업자를 열원으로부터 벗어난 장소에 옮겨 적절한 휴식과 함께 물과 염분을 보충해 준다.
3. 열경련(Heat cramps)
  ㉠ 고온환경 하에서 심한 육체적 노동을 함으로써 수의근에 통증이 있는 경련을 일으키는 고열장해를 말한다.
  ㉡ 다량의 발한에 의해 염분이 상실되었음에도 이를 보충해 주지 못했을 때 일어난다.
  ㉢ 작업에 자주 사용되는 사지나 복부의 근육이 동통을 수반해 발작적으로 경련을 일으킨다.
  ㉣ 응급조치로는 0.1 %의 식염수를 먹여 시원한 곳에서 휴식시킨다

---

4. 열허탈(Heat collapse)

　㉠ 고온 노출이 계속되어 심박수 증가가 일정 한도를 넘었을 때 일어나는 순환장해를 말한다.

　㉡ 전신권태, 탈진, 현기증으로 의식이 혼탁해 졸도하기도 한다.

　㉢ 심박은 빈맥으로 미약해지고 혈압은 저하되며, 체온의 상승은 거의 볼 수 없다.

　㉣ 응급조치로는 시원한 곳에서 안정시키고 물을 마시게 한다.

5. 열피로(Heat fatigue)

　㉠ 고열에 순화되지 않은 작업자가 장시간 고열환경에서 정적인 작업을 할 경우 발생하며 대량의 발한으로 혈액이 농축되어 심장에 부담이 증가하거나 혈류분포의 이상이 일어나기 때문에 발생한다.

　㉡ 초기에는 격렬한 구갈, 소변량 감소, 현기증, 사지의 감각이상, 보행곤란 등이 나타나 실신하기도 한다.

　㉢ 응급조치로는 서늘한 곳에서 안정시킨 후 물을 마시게 한다.

6. 열발진(Heat rashes)

　㉠ 작업환경에서 가장 흔히 발생하는 피부장해로서 땀띠(prickly heat)라고도 말한다.

　㉡ 땀에 젖은 피부 각질층이 떨어져 땀구멍을 막아 한선 내에 땀의 압력으로 염증성 반응을 일으켜 붉은 구진(papules)형태로 나타난다.

　㉢ 응급조치로는 대부분 차갑게 하면 소실되지만 깨끗이 하고 건조시키는 것이 좋다.

SECTION 2 방사선

01 방사선

(1) 개요

① 방사선이란 에너지가 전자기파(electromagnetic wave)의 형태로, 한 위치에서 다른 위치로 이동하는 방식을 의미하며, 파장과 진동수에 따라 이온화방사선(전리방사선)과 비이온화방사선(비전리방사선)으로 구분된다.

② 산업안전보건법상 방사선 정의
전자파 또는 입자선 중 직접 또는 간접으로 공기를 전리하는 능력을 가진 것으로서 알파선, 중양자선, 양자선, 베타선, 기타 중하전입자선, 중성자선, 감마선, 엑스선 및 5만 전자볼트 이상 에너지를 가진 전자선(엑스선 발생장치의 경우 5천 전자볼트 이상)으로 정의된다.

(2) 전리방사선과 비전리방사선의 구분

① 전리방사선과 비전리방사선의 경계가 되는 광자에너지의 강도는 12eV이다. 즉 생체에서 이온화시키는데 필요한 최소에너지는 대체로 12eV가 되고 그 이하의 에너지를 가지는 방사선을 비이온화방사선이라고 하고 그 이상 큰 에너지를 가진 것을 이온화방사선이라 한다.

② 방사선을 전리방사선과 비전리방사선으로 분류하는 인자는 이온화하는 성질, 주파수, 파장이다.

(3) 방사선의 공통적인 성질

① 전리작용
② 사진작용
③ 형광작용

(4) 방사선의 특성

① 전자기파로서의 전자기 방사선은 파동의 형태로 매개체가 없어도 진공상태에서 공간을 통하여 전파된다.
② 파장으로서 빛의 속도로 이동, 직진한다.
③ 물질과 만나면 흡수 또는 산란한다. 또한 반사, 굴절, 확산될 수 있다.
④ 간섭을 일으킨다.
⑤ Filtering 형태로 극성화될 수 있다.
⑥ 자장이나 전장에 영향을 받지 않는다.

02 전리방사선(이온화방사선)

(1) 개요

① 전리방사선이란 전자파 또는 입자선 중 원자에서 전자를 떼어내어 주위의 물질을 이온화시킬 수 있는 능력을 가진 것으로서 알파선, 중성자선, 양자선, 베타선, 그 밖의 중하전 입자선, 중성자선, 감마선, 엑스선 등의 에너지를 가진 입자나 파동을 말한다.
② 이온화방사선은 짧은 파장을 가지고 있어 어떤 원자에서 전자를 떼내어 이온화시킬 수 있는 광선을 말한다.
③ 이온화란 원자구조에 외부에서 강한 에너지를 가해주면 불안정해지고 주위에 있는 전자가 바깥으로 튀어나가게 되는 현상으로 이를 이온화를 일으킬 강한 에너지를 가진 방사선을 전리방사선(이온화방사선)이라 한다. 즉 비이온화방사선에 비해 에너지가 큰 방사선이다.
④ 건강상의 영향은 암, 생식독성 등이며 전리방사선이 영향을 미치는 부위는 염색체, 세포, 조직이다.

(2) 종류

> 이온화방사선(전리방사선) ── ┌ 전자기방사선(X－Ray, γ선)
>   └ 입자방사선(α입자, β입자, 중성자)

① X–선(X-ray)

    ㉠ X선의 에너지는 파장에 역비례하여 에너지가 클수록 파장은 짧아진다.

    ㉡ X선은 전자를 가속화시키는 장치로부터 얻어지는 인공적인 전자파로서 고속전자의 흐름을 물질에 충돌시켰을 때 생기는 파장이 짧은 전자기파로 뢴트겐선이라고도 한다.

    ㉢ X선의 본질은 빛을 비롯해서 라디오파, 감마선(γ선) 등과 함께 파장이 각기 다른 전자기파에 속한다.

    ㉣ X선은 감마선과 유사한 성질을 가지며 투과력도 비슷하다.

② α선(α입자)

    ㉠ 방사성 동위원소의 붕괴과정 중에서 원자핵에서 방출되는 입자로서 헬리움 원자의 핵과 같이 2개의 양자와 2개의 중성자로 구성되어 있다. 즉 선원(major source)은 방사선 원자핵이고 고속의 He 입자형태이다.

    ㉡ 질량과 하전 여부에 따라서 그 위험성이 결정된다.

    ㉢ 투과력은 가장 약하나(매우 쉽게 흡수) 전리작용은 가장 강하다.

    ㉣ 투과력이 약해 외부 조사로 건강상의 위해가 오는 일은 드물며, 피해 부위는 내부 노출이다.

    ㉤ 외부 조사보다 동위원소를 흡입, 섭취할 때의 내부 조사로 심한 위해작용을 일으킨다.

③ β선(β입자)

    ㉠ 선원은 원자핵이며, 형태는 고속의 전자(입자)로 원자핵에서 방출되며 음전기로 하전되어 있다.

    ㉡ 원자핵에서 방출되는 전자의 흐름으로 α입자보다 가볍고 속도는 10배 빠르므로 충돌할 때마다 튕겨져서 방향을 바꾼다.

    ㉢ 외부 조사도 잠재적 위험이 되나 내부 조사가 더 큰 건강상의 위해를 일으킨다.

④ γ선

    ㉠ X선과 동일한 특성을 가지는 전자파 전리방사선으로 입자가 아니다.

    ㉡ 원자핵 전환 또는 원자핵 붕괴에 따라 방출되는 자연발생적인 전자파이다.

ⓒ 투과력이 커 인체를 통할 수 있어 외부 조사가 문제시 된다.

ⓔ 산란선이 문제가 되면 산업에 이용되는 γ선에는 Cs^{137}과 Co^{60}이 있다.

⑤ 중성자

ⓐ 전기적인 성질이 없거나 파동성을 갖고 있는 입자방사선 등을 일컫는 간접 전리방사선에 속하며 외부 조사가 문제시 된다.

ⓑ 수소동위원소를 제외한 모든 원자핵에 존재하고, 고무 중성입자의 형태이다.

ⓒ 큰 질량을 가지나 하전되어 있지 않으며, 즉 전하를 띠지 않는 입자이다.

⑥ 양자

조직 전리작용이 있으며, 비정거리는 같은 에너지의 α입자보다 길다.

(3) 물리적 특성

① 발생원

ⓐ 인공적 발생원

TV, 컴퓨터, 모니터, 의료치료기구, 기타 각종 산업 분야

ⓑ 자연적 발생원

토양, 식품, 물, 공기

② 단위

보통 전리방사선의 에너지 수준은 전자볼트 단위인 KeV 또는 MeV가 있고 QF(Quality Factor)는 선질계수라 하며 동일한 방사능에 노출 시 인체에 미치는 손상 정도를 상대적인 값으로 나타낸 값이다.

ⓐ 뢴트겐(Roentgen : R)

ⓐ 조사선량 단위이며, 공기 중 생성되는 이온의 양으로 정의

ⓑ 1R(뢴트겐)은 표준상태 하에서 X선을 공기 1cc(cm^3)에 조사해서 발생한 1정전 단위(esu)의 이온을 (2.083×10^9개의 이온쌍) 생성하는 조사량

ⓒ 1R은 1g의 공기에 83.3erg의 에너지가 주어질 때의 선량을 의미

ⓑ 래드(Rad)

ⓐ 흡수선량 단위이며 방사선이 물질과 상호작용한 결과, 그 물질의 단위질량에 흡수된 에너지를 의미하며 모든 종류의 이온화방사선에 의한 외부 노출, 내부 노출 등 모든 경우에 적용

ⓑ 조사량에 관계없이 조직(물질)의 단위질량당 흡수된 에너지량을 표시하는 단위

ⓒ 관용단위인 1rad는 피조사체 1g에 대하여 100erg의 방사선에너지가 흡수되는 선량단위($=100\text{erg/gram}=10^{-2}\text{J/kg}$)

ⓓ 100rad를 1Gy로 사용

ⓒ 큐리(Curie : Ci), Bq(Becquerel)

ⓐ 방사성 물질의 양 단위로 단위시간에 일어나는 방사선 붕괴율을 의미

ⓑ Radium이 붕괴하는 원자의 수를 기초로 해서 정해졌으며, 1초간에 3.7×10^{10}개의 원자붕괴가 일어나는 방사성 물질의 양(방사능의 강도)으로 정의

ⓒ $1\text{Bq}=2.7\times10^{-11}\text{Ci}$

ⓔ 렘(rem)

ⓐ 전리방사선의 흡수선량이 생체에 영향을 주는 정도로 표시하는 선당량(생체실효선량)의 단위

ⓑ 생체에 대한 영향의 정도에 기초를 둔 단위

ⓒ roentgen equivalent man 의미

ⓓ 관련식

$$\text{rem}=\text{rad}\times\text{RBE}$$

여기서, rem : 생체실효선량

rad : 흡수선량

RBE : 상대적 생물학적 효과비(rad을 기준으로 하여 방사선 효과를 상대적으로 나타낸 것)

- X-선, γ선, β선 → 1(기준)
- 열중성자 → 2.5
- 느린 중성자 → 5
- α입자, 양자, 고속중성자 → 10

ⓓ Gy(Gray)

ⓐ 흡수선량 단위(흡수선량 : 방사선에 피폭되는 물질의 단위질량당 흡수된 방사선의 에너지를 말함)

ⓑ $1\text{Gy}=100\text{rad}=1\text{J/kg}$

ⓔ Sv(Sievert)

ⓐ 흡수선량이 생체에 영향을 주는 정도로 표시하는 선당량(생체실효선량)의 단위

ⓑ 등가선량의 단위(등가선량 : 인체의 피폭선량을 나타낼 때 흡수선량에 당해 방사선의 방사선 가중치를 곱한 값을 말함)

ⓒ 생물학적 영향에 상당하는 단위

ⓓ RBE를 기준으로 평준화하여 방사선에 대한 보호를 목적으로 사용하는 단위

ⓔ 1Sv=100rem

◆ 방사선단위의 비교 ●출제율 20%

구 분	일반단위	국제단위(SI)	관계
방사능	Ci	Bq	$1Ci=3.7\times10^{10}Bq$
조사선량	R	C/kg	$1R=2.58\times10^{-4}C/kg$
흡수선량	rad	Gy	$1Gy=100rad$
등가선량	rem	Sv	$1Sv=100rem$

(4) 생물학적 작용(생체에 대한 작용)

① 전리방사선이 인체에 미치는 영향인자

㉠ 전리작용

㉡ 피폭선량

㉢ 조직의 감수성

㉣ 피폭방법

㉤ 투과력

② 인체의 투과력 순서

$$\text{X선 or } \gamma > \beta > \alpha$$

③ 전리작용 순서

$$\alpha > \beta > \text{X선 or } \gamma$$

④ 감수성이 큰 신체조직 특성

㉠ 세포핵 분열이 계속적인 조직

㉡ 증식과 재생기전이 큰 조직

㉢ 형태와 기능이 미완성된 조직

㉣ 유아나 어린이에게 가장 위험

⑤ 전리방사선에 대한 감수성 순서

$$\begin{bmatrix} \text{골수, 흉성 및 림프조직(조혈기관)} \\ \text{눈의 수정체, 임파선} \end{bmatrix} > \begin{bmatrix} \text{상피세포} \\ \text{내피세포} \end{bmatrix} > \text{근육세포} > \text{신경조직}$$

⑥ 피폭방법
　　㉠ 체외피폭
　　　가장 일반적인 피폭방법
　　㉡ 표면피폭
　　　피부에 방사능 물질이 접촉된 경우의 피폭방법
　　㉢ 체내피폭
　　　방사능 물질의 가스 및 분진형태를 흡입한 경우의 피폭방법
⑦ 피폭선량은 일시에 받을 경우가 여러 번 나뉘어 받는 쪽보다 영향이 더 크다.
⑧ 생체구성 성분의 손상이 일어나는 순서

> 분자수준에서의 손상 > 세포수준의 손상 > 조직, 기관의 손상 > 발암현상

(5) 방사선의 외부노출에 대한 방어(관리)대책 ●출제율 30%

가능한 한 방사선의 피폭선량을 적게 하기 위하여 시간, 거리, 차폐를 이용하는 것을 방사선 방호 3원칙이라 한다.

① 시간
　　㉠ 노출시간을 최대로 단축(조업시간 단축)
　　㉡ 충분한 시간 간격을 두고 방사능 취급작업을 하는 것은 반감기가 짧은 방사능 물질에 유용
　　㉢ 적절한 방호용 기구나 복장을 착용하고, 작업시간을 단시간으로 제한함
② 거리
　　㉠ 방사능은 거리의 제곱에 비례해서 감소하므로 먼 거리일수록 쉽게 방어 가능
　　㉡ 선원과 방사선 작업근로자와의 거리를 의미하며, 작업에 지장없는 한 거리를 멀리함
③ 차폐
　　㉠ 큰 투과력을 갖는 방사선의 차폐물은 원자번호가 크고 밀도가 큰 물질이 효과적, 즉 α선의 투과력은 약하여 얇은 알루미늄판으로도 방어 가능
　　㉡ 방사선 관리구역을 설정, 출입제한 등 조치
　　㉢ 일반적 α선은 종이류, β선은 금속판, γ선은 콘크리트로 차폐 가능

(6) 전리방사선 노출기준

노출선량이 연간 50mSv를 넘지 아니하여야 하며, 임의 연속된 5년 동안 누적 노출선량이 100mSv를 넘지 아니하여야 한다.

구 분	유효선량한도(mSv)	등가선량한도(mSv)	
		수정체	손·발 및 피부
방사선작업종사자	연간 50을 넘지않는 범위에서 5년간 100	연간 150	연간 500
수시출입자, 운반종사자, 교육훈련생(18세 미만)	연간 6	연간 15	연간 50
그 외의 사람	연간 1	연간 15	연간 50

① 선량한도

외부에 피폭하는 방사선량과 내부에 피폭하는 방사선량을 합한 피폭방사선량의 상한값이다.

② 유효수준한도

방사선에 연속 피폭될 경우, 합리적인 근거에 의해서도 피폭이 용인되지 않는 선량을 말한다.

③ 등가선량

인체의 피폭선량을 나타낼 때, 흡수선량에 해당하는 방사선의 방사선 가중치를 곱한 양, 즉 조직 또는 장기에 흡수되는 방사선의 종류와 에너지에 따라 다르게 나타나는 생물학적 영향을 동일한 선량값으로 나타내기 위하여 방사선 가중치를 고려하여 보정한 흡수선량을 말한다.

03 비전리방사선(비이온화 방사선)

(1) 개요

① 비이온화 방사선은 비교적 긴 파장을 가지고 있어 원자를 이온화시키지 못하는 광선을 말한다. 즉 전리현상을 일으키지 않는 방사선이다.

② 구분

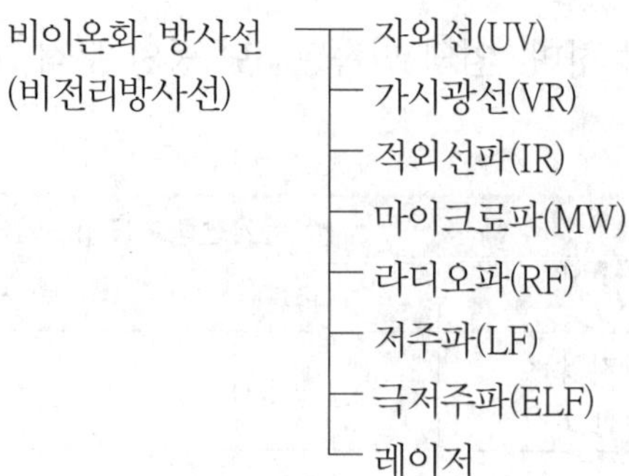

(2) 종류

① 자외선

　㉠ 발생원

　　ⓐ 인공적 발생원

　　　아크 용접, 수은등 형광램프, VDT, 금속절단, 유리제조 등

　　ⓑ 자연적 발생원

　　　태양광선(약 5%)

　㉡ 물리적 특성

　　ⓐ 자외선 분류

　　　가시광선과 전리복사선 사이의 파장을 가진 전자파로 UV-C는 대기 중의 오존 분자

　　　• UV-C(100~280nm : 발진, 경미한 홍반)

　　　• UV-B(280~315nm : 발진, 경미한 홍반, 피부암)

　　　• UV-A(315~400nm : 발진, 홍반, 백내장)

　　ⓑ 자외선은 대략 100~400nm(12.4~3.2eV) 범위이고 구름이나 눈에 반사되며, 고층에 구름이 낀 맑은 날에 가장 많고 대기오염의 지표로도 사용된다.

　　ⓒ 자외선 영역에서 나타나는 흡수 및 발광 스펙트럼을 이용하여 물질의 정성, 정량 분석에 쓰인다.

　　ⓓ 전리작용은 없고 사진작용, 형광작용, 광이온작용을 가지고 있다.

　　ⓔ 280(290)~315nm[2,800(2,900)~3,150 Å :1 Å (angstrom) ; SI단위로 10^{-10}m]의 파장을 갖는 자외선을 도노선(Dorno-ray)이라고 하며, 인체에 유익한 작용을 하여 건강선(생명선)이라고도 한다. 또한 소독작용, 비타민 D 형성, 피부의 색소침착 등 생물학적 작용이 강하다.

ⓕ 200~315nm의 파장을 갖는 자외선을 안전과 보건측면에서 중시하여 화학적 UV(화학선)라고도 하며, 광화학반응으로 단백질과 핵산분자의 파괴, 변성작용을 한다.

ⓒ 생물학적 작용(홍반작용, 색소침착, 피부암 발생)

ⓐ 건강장해
  - UV-A는 자외선 중 가장 에너지가 낮아서 유해성이 상대적으로 적어 대부분 광치료법과 인공선탠을 할 때 UV-A lamp을 이용한다.
  - UV-B는 자외선 중 생물조직에 손상을 줄 정도의 충분한 에너지를 가지고 있어 인체에 피부암을 일으킬 수 있다.
  - UV-C는 대기 중 대부분 쉽게 흡수되며 살균효과가 있기 때문에 수술 시 수술용 램프로 사용한다.
  - 자외선의 생물학적 영향을 미치는 주요 부위는 눈과 피부이며, 눈에 대해서는 270nm에서 가장 영향이 크고 피부에서는 295nm에서 가장 민감한 영향을 준다.
  - 자외선의 전신작용으로는 자극작용이 있으며, 대사가 항진되고 적혈구, 백혈구, 혈소판이 증가한다.
  - 생체조직을 통과하는 거리는 수 mm 정도이다.
  - 일명 화학선이라고도 하며, 여러 물질(주로 눈과 피부에 장해)에 화학변화를 일으킨다.
  - 자외선을 광화학적 반응에 의해 O_3 또는 트리클로로에틸렌(trichloroethylene)을 독성이 강한 포스겐(phosgene)으로 전환시킨다. 즉 광화학반응으로 단백질과 핵산 분자의 파괴, 변성작용을 한다.

ⓑ 피부에 대한 작용(장해)
  - 자외선에 의하여 피부의 표피와 진피두께가 증가하여 피부의 비후가 온다.
  - 280nm 이하의 자외선은 대부분 표피에서 흡수, 280~320nm 자외선은 진피에서 흡수, 320~380nm 자외선은 표피(상피 : 각화층, 말피기층)에서 흡수된다.
  - 각질층의 표피세포(말피기층)의 Histamine의 양이 많아져 모세혈관 수축, 홍반 형성에 이어 색소침착이 발생하며 홍반 형성은 300nm 부근(2,000~2,900 Å)의 폭로가 가장 강한 영향을 미치며, 멜라닌 색소침착은 300~420nm에서 영향을 미친다.

- 반복하여 자외선에 노출될 경우 피부가 건조해지고 갈색을 띄게 하며, 주름살이 많이 생기도록 한다.
- 피부투과력은 체표에서 0.1~0.2nm 정도 곧 자외선파장, 피부색, 피부표피의 두께에 좌우된다.
- 콜타르의 유도체, 벤조피렌, 안트라센화합물과 상호작용하여 피부암을 유발하며 관여하는 파장은 주로 280~320nm이다.
- 피부색과 관계는 피부가 흰색에 가장 투과가 잘 되며, 흑색이 가장 투과가 안 된다.
- 자외선 노출에 가장 심각한 만성영향은 피부암이며, 피부암의 90% 이상은 햇볕에 노출된 신체 부위에서 발생한다. 특히 대부분의 피부암은 상피세포 부위에서 발생한다.

ⓒ 눈에 대한 작용(장해)
- 전기용접, 자외선 살균취급자 등에서 발생되는 자외선에 의해 전광성 안염인 급성 각막염이 유발될 수 있다(일반적으로 6~12시간에 증상이 최고도에 달함).
- 나이가 많을수록 자외선 흡수량이 많아져 백내장을 일으킬 수 있다.
- 자외선의 파장에 따른 흡수 정도에 따라 'arc-eye'라고 일컬어지는 광각막염 및 결막염 등의 급성영향이 나타나며, 이는 270~280nm의 파장에서 주로 발생한다.

ⓓ 비타민 D의 생성(합성)
비타민 D의 생성은 주로 280~320nm의 파장에서 광화학적 작용을 일으켜 진피층에서 형성되고 부족 시 구루병 환자가 발생할 수 있다.

ⓔ 살균작용
- 살균작용은 254~280nm(254nm 파장 정도에서 가장 강함)에서 핵단백을 파괴하여 이루어진다.
- 실내공기의 소독목적으로 사용한다.

ⓕ 전신 건강장해
- 자극작용이 있고 적혈구, 백혈구, 혈소판이 증가한다.
- 2차적인 증상으로 두통, 흥분, 피로, 불면, 체온 상승이 나타난다.

ⓔ 관리대책

  ⓐ 노출기준

- 우리나라 고용노동부 노출기준으로 설정되어 있지 않아 ACGIH에서 정한 TLV를 참조하도록 제시되어 있고 자외선의 허용노출기준은 피부와 눈의 영향 정도에 기초하고 있다.
- ACGIH 및 NIOSH의 TLV는 UV-A와 화학자외선(actinic radiation or UV B.C)으로 구분하여 irradiance(W/m^2), radiant exposure(J/m^2)로 제시하고 있다.
- 평가는 자외선 파장 270nm 값을 기준으로 생물학적인 영향에 대한 가중치를 주어 계산된 유효방사도(E_{eff})를 이용하고 있다.

  ⓑ 대책

- 폭로시간을 줄여 자외선의 강도를 낮춘다.
- 영향을 미칠 수 있는 파장에 대한 폭로를 제한하고 피부보호제로 특정파장에 대한 보호를 한다.
- 자외선을 흡수할 수 있는 물질로 차폐한다.

② 적외선

  ㉠ 발생원

    ⓐ 인공적 발생원

    제철업, 주물업, 용융유리취급업(용해로), 열처리작업(가열로), 용접작업

    ⓑ 자연적 발생원

    태양광(태양복사에너지≒52%)

  ㉡ 물리적 특성

    ⓐ 적외선 분류

- IR-C(0.1~1mm : 원적외선)
- IR-B(1.4~10μm : 중적외선)
- IR-A(700~1,400nm : 근적외선)

    ⓑ 적외선은 가시광선보다 파장이 깊고 약 760nm에서 1mm 범위에 있으며, 가시광선에 가까운 곳을 근적외선, 먼 쪽을 원적외선이라 하며 적외선은 대부분 화학작용을 수반하지 않는다.

    ⓒ 태양복사에너지 중 적외선(52%), 가시광선(34%), 자외선(5%)의 분포를 갖는다.

    ⓓ 절대온도 이상의 모든 물체는 온도에 비례하여 적외선을 복사한다.

ⓔ 적외선은 쉽게 식별이 된다는 점에서 자외선보다는 관리가 용이하다.

ⓕ 적외선은 지구기온의 근원이라 할 수 있다.

ⓖ 물질에 흡수되어 열작용을 일으키므로 열선 또는 열복사라고 부른다(온도에 비례하여 적외선을 복사).

ⓗ 파장의 범위는 가시광선과 라디오파의 중간 정도이다.

ⓒ 생물학적 작용(안장애, 피부장애, 두부장애)

ⓐ 적외선이 체외에서 신체에 조사되면 일부는 피부에서 반사되고 나머지는 조직에 흡수된다.

ⓑ 조직에서의 흡수는 수분함량에 따라 다르며, 1,400nm 이상의 장파장 적외선은 1cm의 수층을 통과하지 못한다.

ⓒ 조사 부위의 온도가 오르면 혈관이 확장되어 혈액량이 증가되며, 심하면 홍반을 유발하기도 하며, 근적외선은 급성 피부화상, 색소침착 등을 일으킨다.

ⓓ 적외선이 신체조직에 흡수되면 화학반응을 일으키는 것이 아니라 구성분자의 운동에너지를 증가시킨다.

ⓔ 적외선의 피부투과성은 700~760nm 파장범위에서 가장 강하다.

ⓕ 피부투과력이 강해 파장 $1.4\mu m$선은 피하 1.5~4mm까지 투과하여 모세혈관을 자극하여 국소혈관의 확장, 혈액순환 촉진(치료에 응용) 및 진통작용 괴사를 일으킨다.

ⓖ IR-C(원적외선)은 급성 피부 화상 및 백내장을 일으킬 수 있다.

ⓗ 초자공, 용광로의 근로자들은 초자공 백내장(만성 폭로)이 수정체의 뒷부분에서 발병되며, 초자공백내장이라 불린다.

ⓘ 강력한 적외선은 뇌막 자극으로 인한 의식상실, 경련을 동반한 열사병으로 사망에 이를 수도 있다(두부장애).

ⓙ 눈의 각막(망막) 손상 및 만성적인 노출로 인한 안구건조증을 유발할 수 있고, 1,400nm 이상의 적외선은 각막 손상을 나타낸다.

ⓒ 관리대책

ⓐ 노출기준

• IR-A, IR-B에 대하여 노출시간을 제한하고 있다(ACGIH).

• 적외선 검출에는 광전도도검출기, 열전기쌍, 볼로미터, 압력검출기 등이 있다.

• 적외선 측정에는 열전도도복사계, 광전자식 적외선계 등이 있다.

ⓑ 대책

- 폭로시간을 제한함으로써 망막을 주로 보호할 수 있다.
- 폭로강도를 낮추는 목적으로 유해광선을 차단할 수 있는 차광보호구를 착용한다.
- 차폐에 의해서 노출강도를 줄일 수 있다.

③ 가시광선

㉠ 발생원

조명불량상태의 모든 작업(특히, 정밀작업 종사자, 조각공, 시계공)

㉡ 물리적 특성

가시광선은 380~770nm(400~760nm)의 파장범위이며, 480nm 부근에서 최대강도를 나타낸다.

㉢ 생물학적 작용(열에 의한 각막손상, 피부화상)

ⓐ 신체반응은 주로 간접작용으로 나타난다. 즉 단독작용이 아닌 외인성 요인 대사산물 피부이상과의 상호공동작용으로 발생된다.

ⓑ 가시광선의 장해는 주로 조명부족(근시, 안정피로, 안구진탕증)과 조명과잉(시력장애, 시야협착, 암순응의 저하), 망막변성으로 나타난다.

㉣ 관리대책

ⓐ 노출기준

- 작업장, 작업면에서의 조도기준(산업안전보건기준에 관한 규칙)

작업등급	작업등급에 따른 조도기준
초정밀작업	750Lux 이상
정밀작업	300Lux 이상
보통작업	150Lux 이상
단순일반작업	75Lux 이상

- 작업장에서의 조도는 전체조명과 국부조명을 병행하는 것이 좋으며, 전체조명의 조도가 국부조명 조도의 1/10~1/5 정도가 좋다.

ⓑ 대책

- 에너지원을 밀폐하여 빛이 조사되지 못하게 한다.
- 강도를 제한한다(차광보호구 착용).
- 눈과 에너지원 사이를 차폐한다.

④ 마이크로파

　㉠ 발생원

　　자동차산업, 식료품제조, 고무제품제조, 마이크로파 관련 응용장치

　㉡ 물리적 특성

　　ⓐ 마이크로파는 파장이 1mm~1m(10m)의 파장(또는 약 1~300cm)과 30MHz(10Hz)~300GHz(300MHz~300GHz)의 주파수를 가지며, 라디오파의 일부이다. 단, 지역에 따라 주파수 범위의 규정이 각각 다르다.

　　ⓑ 라디오파는 파장이 1m~100km, 주파수가 약 3kHz~300GHz까지를 말한다.

　　ⓒ 에너지량은 거리의 제곱에 반비례한다.

　㉢ 생물학적 작용(눈장애, 혈액변화, 열작용)

　　ⓐ 마이크로파와 라디오파는 하전을 시키지는 못하지만 생체분자의 진동과 회전을 시킬 수 있어 조직의 온도를 상승시키는 열작용에 의한 영향을 준다.

　　ⓑ 인체에 흡수된 마이크로파는 기본적으로 열로 전환된다(열작용 : 체표면 조기에 온감 느낌).

　　ⓒ 마이크로파의 열작용에 가장 영향을 받는 기관은 생식기와 눈이며, 유전에도 영향을 준다.

　　ⓓ 마이크로파의 생물학적 작용은 파장뿐만 아니라 출력, 피폭시간, 피폭된 조직에 따라 다르다.

　　ⓔ 마이크로파에 의한 표적기관은 눈이다(1,000~10,000Hz에서 백내장이 생기고, ascorbic산의 감소증상이 나타나고, 백내장은 조직온도의 상승과 관계함).

　　ⓕ 마이크로파는 중추신경계통에 작용하여 혈압은 폭로 초기에 상승하나 곧 억제효과를 내어 저혈압을 초래하며, 증상으로는 성적흥분 감퇴, 정서 불안정 등이 유발된다.

　　ⓖ 중추신경에 대한 작용은 300~1,200Hz에서 민감하고, 특히 대뇌측두엽 표면 부위가 민감하다.

　　ⓗ 마이크로파로 인한 눈에 변화를 예측하기 위해 수정체의 ascorbic산 함량을 측정한다.

　　ⓘ 혈액 내의 변화 즉 백혈구 수 증가, 망상 적혈구 출현, 혈소판의 감소가 나타난다.

　　ⓙ 백내장은 주파수, 파워밀도, 폭로시간, 폭로간격 등에 좌우된다.

ⓚ 일반적으로 150MHz 이하의 마이크로와 라디오파는 신체에 흡수되어도 감지되지 않으므로 즉 신체를 완전히 투과하며, 신체조직에 따른 투과력은 파장에 따라서 다르다.

ⓛ 마이크로파의 유용한 측면의 이용은 디아테르미이다. 이는 인체관절 및 세포조직 치료에 이용하며, $100mW/cm^2$까지의 마이크로파가 사용된다.

ⓜ 생화학적 변화로는 콜린에스테라제의 활성치가 감소한다.

ⓔ 관리대책

　ⓐ 노출기준

　　• ACGIH는 전기와 자기장 세기, 방사조도, 유도조도 등을 고려한 주파수별 기준을 정하고 있다.

　　• OSHA는 파워밀도가 0.1hr 이상의 폭로시간에 대해 $10mW/cm^2$로 제한하고 있다.

　　• 측정은 열, 전기감지기를 이용한 계측장치로 한다(광역 서베이미터).

　ⓑ 대책

　　• 마이크로파의 강도 및 폭로시간을 제한한다.

　　• 폭로기준에 의한 사전 분석 및 측정을 요한다.

　　• 개인보호구 착용 시에는 보호구 재질을 울, 폴리에스터, 나일론 등을 사용하고 밀폐하여 착용하여야 한다.

⑤ 레이저

　㉠ 발생원

　　산업, 과학기술, 의료의 광범위한 범위에서 이용되고 발생한다.

　㉡ 물리적 특성

　　ⓐ LASER는 Light Amplification by Stimulated Emission of Radiation의 약자이다.

　　ⓑ 자외선, 가시광선, 적외선 가운데 인위적으로 특정한 파장 부위를 강력하게 증폭시켜 얻은 복사선이다.

　　ⓒ 레이저는 유도방출에 의한 광선증폭을 뜻하며 단색성, 지향성, 집속성, 고출력성의 특징이 있어 집광성과 방향조절이 용이하다.

　　ⓓ 레이저는 보통광선과는 달리 단일파장으로 강력하고 예리한 지향성을 가졌다.

　　ⓔ 레이저광은 출력이 강하고 좁은 파장을 가지며, 쉽게 산란하지 않는 특성이 있다.

   ⓕ 레이저파 중 맥동파는 레이저광 중 에너지의 양을 지속적으로 축적하여 강력한 파동을 발생시키는 것을 말한다.

   ⓖ 단위면적당 빛에너지가 대단히 크다. 즉 에너지밀도가 크다.

   ⓗ 위상이 고르고, 간섭현상이 일어나기 쉽다.

   ⓘ 단색성이 뛰어나다.

ⓒ 생물학적 작용

   ⓐ 레이저장애는 광선의 파장과 특정 조직의 광선흡수 능력에 따라 장애 출현 부위가 달라진다.

   ⓑ 레이저광 중 맥동파는 지속파보다 그 장애를 주는 정도가 크다.

   ⓒ 감수성이 가장 큰 신체 부위, 즉 인체표적기관은 눈이다.

   ⓓ 피부에 대한 작용은 가역적이며 피부손상, 화상, 홍반, 수포형성, 색소침착 등이 생길 수 있다.

   ⓔ 레이저장애는 파장, 조사량 또는 시간 및 개인의 감수성에 따라 피부에 여러 증상을 나타낸다.

   ⓕ 눈에 대한 작용은 각막염, 백내장, 망막염 등이 있다.

   ⓖ 660nm 파장의 레이저는 피부 내피속을 약 1cm 정도 투과한다.

   ⓗ 200~400nm의 자외선 레이저광에서는 파장이 짧아질수록 눈에 대한 투과력이 감소한다.

   ⓘ 위험 정도는 광선의 강도와 파장, 노출시간, 노출된 신체 부위에 따라 달라진다.

ⓔ 관리대책

   ⓐ 노출기준

     ACGIH에서 노출기준은 제한구경, 눈, 피부로 구분되어 있다.

   ⓑ 폭로량 평가 시 주지사항

     • 각막 표면에서의 조사량(J/cm^2) 또는 폭로량(W/cm^2)을 측정한다.

     • 조사량의 서한도(노출기준)는 1mm 구경에 대한 평균치이다.

     • 레이저광은 직사광이고 형광등, 백열등은 확산광이다.

     • 레이저광에 대한 눈의 허용량은 그 파장에 따라 수정되어야 한다.

   ⓒ 대책

     • 레이저 발생원을 밀폐시킨다.

     • 보호안경, 보호복을 착용한다.

     • 레이저 사용장소에 대한 근로자 교육을 실시한다.

SECTION 3 이상기압

01 개요

(1) 정상기압의 760mmHg(1atm)보다 높거나 낮은 기압을 말하며, 1기압 이상의 압축공기에 노출되는 작업으로는 잠함작업, 해저 또는 하저의 터널작업 등이 있다.

(2) 신체기능에 미치는 고기압의 영향은 치통, 부비강 통증 등 기계적 장해와 질소마취, 산소중독 등 화학적 장해를 일으킬 수 있고, 고기압으로부터 저기압으로 급격한 기압 변동에 의한 감압병을 초래할 수 있다.

(3) 1기압 이하의 저기압이 문제되는 것은 항공기 조종사 및 승무원들에게 볼 수 있는 저산소증 등이다.

02 고압작업

(1) 정의

① 대기압보다 높은 압력 하에서 작업하는 것을 말한다.

② 산업안전보건기준에 관한 규칙에서는 이상기압(압력이 $1kgf/cm^2$ 이상인 기압) 하에서 잠함 공법, 기타 가압 공법으로 하는 작업으로 정의하고 있다.

(2) 작업조건

① 고압작업에는 1일 6시간, 주 34시간을 초과하여 작업하면 안 된다.

② 작업실 공기의 체적이 근로자 1인당 $4m^3$ 이상이 되도록 해야 한다.

③ 호흡용 보호구, 섬유 로프 기타 비상 시 고압작업자를 피난시키거나 구출하기 위하여 필요한 용구를 비치하여야 한다.

(3) 고압작업 전에 고압환경의 적응

① 기압조절실에서 가압을 하는 경우에는 1분에 $0.8kgf/cm^2$ 이하의 속도로 한다.
② 감압을 하는 때에는 고압작업시간과 압력에 따라 고용노동부장관이 고시하는 기준에 따르도록 하고 있다.

(4) 특징

① 고압환경의 대표적인 것은 잠함작업이다.
② 수면 하에서의 압력은 수심이 10m 깊어질 때 1기압씩 증가한다.
③ 수심 20m인 곳의 절대압은 3기압이며, 작용압은 2기압이다.
④ 고압환경에서 작업을 행할 때에는 규정시간을 넘지 않도록 해야 한다.
⑤ 예방으로는 수소 또는 질소를 대신하여 마취현상이 적은 헬륨 같은 불활성 기체들로 대치한 공기를 호흡시킨다.

03 고압환경의 인체에 미치는 영향

(1) 기계적 장해

① 1차적 장해라고도 한다.
② 인체와 환경 사이의 기압 차이로 인해 일어나는 현상이다.
③ 1차적으로 부종, 출혈, 동통 등을 동반한다.

(2) 화학적 장해 ●출제율 20%

① 2차적 장해라고도 한다.
② 고압 하의 대기가스의 독성 때문에 나타나는 현상으로 2차성 압력현상이다.

③ 영향 가스 종류

　㉠ 질소가스 마취작용

　　ⓐ 공기 중의 질소가스는 4기압 이상에서 마취작용을 일으키며, 이를 다행증이
　　　라 한다.

　　ⓑ 질소가스 마취작용은 알코올 중독의 증상과 유사하다.

　　ⓒ 작업력의 저하, 기분의 변환, 여러 종류의 다행증(euphoria)이 일어난다.

　　ⓓ 수심 90~120m에서 환청, 환시, 조협증, 기억력 감퇴 등이 나타난다.

　㉡ 산소중독

　　ⓐ 산소의 분압이 2기압이 넘으면 산소중독 증상을 보인다. 즉 3~4기압의 산
　　　소 혹은 이에 상당하는 공기 중 산소분압에 의하여 중추신경계의 장애에 기
　　　인하는 운동장애를 나타내는데 이것을 산소중독이라 한다.

　　ⓑ 수중의 잠수자는 폐압착증을 예방하기 위하여 수압과 같은 압력의 압축기체
　　　를 호흡하여야 하며, 이로 인한 산소분압 증가로 산소중독이 일어난다.

　　ⓒ 시력장해, 정신혼란, 간질 모양의 경련을 나타낸다.

　　ⓓ 고압산소에 대한 폭로가 중지되면 증상은 즉시 멈춘다(가역적).

　　ⓔ 1기압에서 순산소는 인후를 자극하거나 비교적 짧은 시간 폭로하면 중독 증
　　　상은 나타나지 않는다.

　　ⓕ 산소중독작용은 운동이나 이산화탄소로 인해 악화된다.

　　ⓖ 수지나 족지의 작열통, 시력장해, 정신혼란, 근육경련 등의 증상을 보이며,
　　　나아가서는 간질 모양의 경련을 나타낸다.

　㉢ 이산화탄소의 작용

　　ⓐ 이산화탄소는 산소의 독성과 질소의 마취작용을 증가시키는 역할을 하고 감
　　　압증의 발생을 촉진시킨다.

　　ⓑ 이산화탄소 농도가 고압환경에서 대기압으로 환산하여 0.2%를 초과해서는
　　　안 된다.

　　ⓒ 동통성 관절장해(bends)도 이산화탄소의 분압 증가에 따라 보다 많이 발생
　　　한다.

(3) 고기압 업무에 종사하도록 해서는 안되는 질병(산업안전보건법령)

① 감압증이나 그 밖에 고기압에 의한 장해 또는 그 후유증

② 결핵, 급성상기도감염, 진폐, 폐기종, 그 밖의 호흡기계의 질병

③ 빈혈증, 심장판막증, 관상동맥경화증, 고혈압증, 그 밖의 혈액 또는 순환기계의 질병

④ 정신신경증, 알코올중독, 신경통, 그 밖의 정신신경계의 질병

⑤ 메니에르씨병, 중이염, 그 밖의 이관협착을 수반하는 귀 질환

⑥ 관절염, 류마티스, 그 밖의 운동기계의 질병

⑦ 천식, 비만증, 바세도우씨병, 그 밖의 알레르기성 · 내분비계 · 물질대사 또는 영양
장해 등과 관련된 질병

04 감압환경의 인체에 미치는 영향

(1) 감압에 의한 가스팽창효과

① 감압에 따른 팽창된 공기가 폐혈관으로 유입되어 뇌공기전색(air embolism)증을
일으켜 즉시 재가압 조치를 하지 않으면 사망에 이르게 된다.

② 감압속도가 너무 빠르면 폐포가 파열되고 흉부조직 내로 유입된 질소가스 때문에
여러 증상(종격기종, 기흉, 공기전색)이 나타난다.

(2) 감압에 따른 용해질소의 기포형성효과 ●출제율 20%

① 용해질소의 기포는 감압병(잠함병)의 증상을 대표적으로 나타내며, 잠함병의 직접
적인 원인은 체액 및 지방조직에 질소기포 증가이다.

② 질소의 지방용해도는 물에 대한 용해도보다 5배가 크다.

③ 감압 시 조직 내 질소기포형성량에 영향을 주는 요인

　㉠ 조직에 용해된 가스량

　　체내지방량, 고기압폭로의 정도와 시간으로 결정

　㉡ 혈류변화정도(혈류를 변화시키는 상태)

　　ⓐ 감압 시나 재감압 후에 생기기 쉬움

　　ⓑ 연령, 기온, 운동, 공포감, 음주와 관계가 있음

　㉢ 감압속도

(3) 감압환경의 인체증상

① 용해성 질소의 기포형성 때문으로 동통성 관절장애, 호흡곤란, 무균성 골괴사 등을 일으킨다.
② 동통성 관절장애(bends)는 감압증에서 흔히 나타나는 급성장애이며, 발증에 따른 감수성은 연령, 비만, 폐손상, 심장장해, 일시적 건강장해 소인(발생소질)에 따라 달라진다.
③ 질소의 기포가 뼈의 소동맥을 막아서 비감염성골괴사(aseptic bone necrosis)를 일으키기도 하며, 대표적인 만성장애이다.
④ 마비는 감압증에서 주로 나타나는 중증합병증이다.

05 고기압에 대한 대책

(1) 시설

잠함작업, 해저터널 굴진작업 시 필요한 장비(콤프레서, 압력계 등)를 점검한다.

(2) 작업방법

① 가압은 신중히 행한다.
② 작업시간은 규정을 엄격히 지킨다.
③ 특히 감압 시 신중하게 천천히 단계적으로 한다.

(3) 감압병 예방 및 치료

① 고압환경에서의 작업시간을 제한하고 고압실 내의 작업에서는 탄산가스의 분압이 증가하지 않도록 신선한 공기를 송기시킨다.
② 감압이 끝날 무렵에 순수한 산소를 흡입시키면 예방적 효과가 있을 뿐 아니라 감압시간을 25% 가량 단축시킬 수 있다.
③ 고압환경에서 작업하는 근로자에게 질소를 헬륨으로 대치한 공기를 호흡시키며, 헬륨-산소 혼합가스는 호흡저항이 적어 심해잠수에 사용한다.
④ 일반적으로 1분에 10m 정도씩 잠수하는 것이 안전하다.

⑤ 감압병의 증상이 발생하였을 때에는 환자를 바로 원래의 고압환경상태로 복귀시키
  거나 인공고압실에 넣어 혈관 및 조직 속에 발생한 질소의 기포를 다시 용해시킨
  다음 천천히 감압한다.
⑥ Haldene의 실험근거상 정상기압보다 1.25기압을 넘지 않는 고압환경에는 아무리
  오랫동안 폭로되거나 아무리 빨리 감압하더라도 기포를 형성하지 않는다.
⑦ 비만자의 작업을 금지시키고, 순환기에 이상이 있는 사람은 취업 또는 작업을 제한
  한다.
⑧ 감압이 완료되면 산소를 흡입시킨다.
⑨ 귀 등의 장애를 예방하기 위해서는 압력을 가하는 속도를 매분당 $0.8kg/cm^2$ 이하
  가 되도록 한다.

06 저기압

(1) 저압환경

① 고도의 상승에 따라 기압이 저하되는 환경을 말하며, 산소결핍증(anoxia)을 주로
  일으킨다.
② 고도의 상승으로 기압이 자하되면 공기의 산소분압이 저하되고, 폐포 내의 산소분
  압도 저하한다.
③ 산소결핍을 보충하기 위하여 호흡수, 맥박수가 증가한다.

(2) 저기압이 인체에 미치는 영향

① 고공증상
  ㉠ 5,000m 이상의 고공에서 비행업무에 종사하는 사람에게 가장 큰 문제는 산소
    부족(저산소증, hypoxia)이다.
  ㉡ 항공치통, 항공이염, 항공부비감염이 일어날 수 있다.
  ㉢ 고도 10,000ft(3,048m)까지는 시력, 협조운동의 가벼운 장애 및 피로를 유발
    한다.
  ㉣ 고도 18,000ft(5,468m) 이상이 되면 21% 이상의 산소가 필요하게 된다.
② 고공성 폐수종
  ㉠ 고공성 폐수종은 어른보다 순화적응속도가 느린 어린이에게 많이 일어난다.

  ⓛ 고공순화된 사람이 해면에 돌아올 때 자주 발생한다.

  ⓒ 산소공급과 해면 귀환으로 급속히 소실되며, 이 증세는 반복해서 발병하는 경향이 있다.

  ⓔ 진해성 기침, 호흡곤란, 폐동맥의 혈압 상승현상이 나타난다.

③ 급성 고산병

  ㉠ 가장 특징적인 것은 흥분성이다.

  ⓛ 극도의 우울증, 두통, 식욕상실을 보이는 임상증세군이다.

  ⓒ 증상은 48시간 내에 최고도에 도달하였다가 2~3일이면 소실된다.

④ 신경장애

(3) 저산소증

① 산소결핍이라고 하며, 체내 조직 내의 산소가 고갈된 상태를 말한다.

② 산소결핍에 가장 민감한 조직은 뇌(대뇌피질)이며, 뇌의 1일 산소소비량은 100L 정도이다.

③ 저산소증은 잠수부가 급속하게 감압할 때와 같은 증상을 나타낸다.

(4) 저기압에 대한 대책

① 허용기준을 준수(산소농도 18%)한다.

② 예방대책으로 환기, 산소농도 측정, 보호구 등을 적용한다.

③ 저산소증에 의해 영향을 받을 수 있는 근로자는 작업관련 배치에 있어 신중하여야 한다.

④ 사고발생 즉시 소생술을 실시할 수 있는 훈련 및 장비가 필요하다.

참고 | 잠수작업자에 대한 노출기준

1. 미국 직업안전보건청(OSHA) 지침

 ㉠ 표면공급식잠수는 수심 190ft(57m)를 초과하여 수행되어서는 안 된다. 다만, 해저 체류시간이 30분 미만일 때에는 수심 220ft(66m)까지 잠수할 수 있다.

 ⓛ 스쿠버잠수는 수심이 130ft(40m)를 초과하여 수행되어서는 안 된다.

2. 일본 고기압작업 안전위생규칙

 1일 최대 잠수시간은 최대 480분에서 최소 40분까지 수심별로 다르게 제시되어 있다.

3. 국내 기준

 잠수시간은 1일 6시간, 1주 34시간을 초과하지 아니하여야 한다.

SECTION 4 악취

01 개요

(1) 악취란 황화수소, 메르캅탄류, 아민류, 기타 자극성 있는 기체상 물질이 사람의 후각을 자극하여 불쾌감과 혐오감을 주는 냄새로 사람에게 특정냄새 자체로 심리적, 정신적 피해를 주는 감각오염의 한 형태이다.

(2) 악취는 발생물질의 종류와 배출원이 다양하고 여러 물질이 복합적으로 작용한다.

(3) 생활환경과 사람의 심리상태에 있어서 오염도에 대한 인식이 달라지는 특성이 있어 다른 대기오염물질과는 달리 효과적으로 발생원을 관리하고 저감대책을 수집하는 데에 어려움이 있다.

02 특성

(1) 오염도 인식에 따른 개인차가 큼

① 사회 · 문화적 특성(지역특성, 생활수준)과 개인적인 특성(성별, 연령, 건강상태, 흡연습관)에 따라 냄새를 악취로 인식하는 데 차이가 크다.

② 예민한 사람과 둔감한 사람이 악취를 느끼는 정도, 즉 최소감지농도가 10배 이상 차이가 날 수도 있다.

③ 동일 냄새의 경우 후각반응에 의해 쾌감 및 불쾌감을 느끼는 정도의 차이가 있고, 빈도에 따라서도 느끼는 정도가 다르다.

(2) 악취유발물질의 다양성

① 주요 악취물질이 1,000여 종에 이르며, 여러 성분끼리의 복합작용이 있다.
② 냄새분자를 구성하는 원소로는 C, H, O, N, S, Cl 등이 있고, 냄새물질은 화학반응성이 풍부하여 산화·환원반응, 중합·분해반응, 에스테르화, 가수분해반응이 잘 일어난다.
③ 냄새는 화학적 구성보다는 구성그룹 배열을 통해 나타나는 물리적 차이에 의해 결정된다는 견해가 지배적이며, 일반적으로 증기압이 높은 물질일수록 악취가 더 강하다.

참고 주요물질별 악취의 특성 ●출제율 20%

화합물	냄새의 특성	원인 물질명
황화합물	양파, 양배추 썩는 냄새	메틸메르캅탄(CH_3SH), 황화메틸[$(CH_3)_2S$], 이황화메틸(CH_3SSCH_3) 등
	계란 썩는 냄새	황화수소(H_2S) 등
질소 화합물	분뇨 냄새	암모니아(NH_3), 에틸아민($CH_3CH_2NH_2$) 등
	생선 썩는 냄새	메틸아민(CH_3NH_2), 트리메틸아민[$(CH_3)_3N$] 등
알데히드류	자극적이며, 새콤하고 타는 듯한 냄새	아세트알데히드(CH_3CHO) 프로피온알데히드(CH_3CH_2CHO) 노말부틸알데히드[$CH_3(CH_2)_2CHO$] 이소부틸알데히드[$(CH_3)_2CHCHO$] 노말발레르알데히드[$CH_3(CH_2)_3CHO$] 이소발레르알데히드[$(CH_3)_2CHCH_2CHO$] 등
탄화수소류	자극적인 신나 냄새	아세트산에틸($CH_3CO_2C_2H_5$) 메틸이소부틸케논[$CH_3COCH_2CH(CH_3)_2$] 등
	가솔린 냄새	톨루엔($C_6H_5CH_3$), 스티렌($C_6H_5CH=CH_2$), 자일렌[$C_6H_4(CH_3)_2$]
지방산류	자극적인 신 냄새	프로피온산(CH_3CH_2COOH) 등
	땀 냄새	노말부티프산[$CH_3(CH_2)_3COOH$] 등
	젖은 구두에서 나는 냄새	노말발레르산[$CH_3(CH_2)_3COOH$] 이소발레르산[$(CH_3)_2CHCH_2COOH$] 등
할로겐 원소	자극적인 냄새 자극성 냄새	염소, 불소 등

참고 주요 악취물질의 특성

원인 물질명	냄 새	발생원	비 고
황화수소(H_2S)	달걀 썩는 냄새	약품 제조, 정유공장, 펄프 제조	황화합물
메틸메르캅탄(CH_3SH)	양배추(양파) 썩는 냄새	석유정제, 가스 제조, 약품 제조, 펄프 제조, 분뇨, 축산	황화합물
이산화황(SO_2)	유황 냄새	화력발전연소	황화합물
암모니아(NH_3)	분뇨 자극성 냄새	분뇨, 축산, 수산	질소화합물
트리메틸아민$[(CH_3)_3N]$	생선 썩는 냄새	분뇨, 축산, 수산	질소화합물
아세트알데히드(CH_3CHO)	자극적 곰팡이 냄새	화학공정	알데하이드류
프로피온알데하이드 (CH_3CH_2CHO)	자극적이고 새콤하며, 타는 듯한 남새	–	알데하이드류
톨루엔($C_6H_5CH_3$) 스티렌($C_6H_5CH=CH_2$) 자일렌$[C_6H_4(CH_3)_2]$ 벤젠(C_6H_6)	용제, 시너(가솔린) 냄새	화학공정	탄화수소류
염소(Cl_2)	자극적인 냄새	화학공정	할로겐원소
피로피온산 노말부티르산	자극적이고 신 냄새, 땀 냄새	–	지방산류

(3) 악취의 세기와 농도와의 관계 ●출제율 30%

① 개요

인간의 감각량은 자극량에 대수적으로 비례하여 변하는 것을 나타내는 법칙으로 물리화학적 자극량과 인간의 감각강도 관계를 나타낸다.

② 관련식

$$I = K \cdot \log C + b$$

여기서, I : 냄새(악취)의 세기(감각강도)
　　　　C : 악취물질의 농도(자극량)
　　　　K : 냄새물질별상수
　　　　b : 상수(무취농도의 가상대수치)

③ 도식

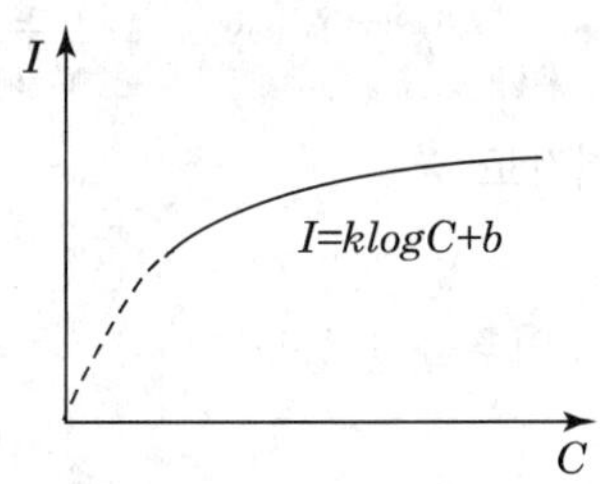

처음에는 자극량의 증가와 함께 감각강도도 증가하지만 일정수준 이상에서는 감강
강도가 더 이상 증가하지 않는다.

④ 의미

㉠ 악취물질의 농도는 변화해도 후각은 그 변화의 양만큼 느끼지 않는다는 의미를
나타내는 법칙이다

㉡ 악취물질의 농도가 감소하여도 악취의 세기는 농도의 대수에 비례하기 때문에
농도 감소에 상응하는 양만큼의 세기로 감소하지 않음을 의미한다.

㉢ k값은 물질에 따라 다르기 때문에 동일한 농도 감소에서도 물질별로 체감되는
악취 세기는 다를 수 있음을 의미한다(k값이 1인 경우에 악취 세기를 1단위 감소시키
기 위해서는 냄새물질의 농도를 1/90(90% 제거)로 낮추어야 함을 의미).

(4) 후각의 피로현상(순응)

① 대기 중 악취물질이 장기간 존재 시 처음에는 강하게 인식되고 시간경과에 따라 냄
새가 익숙해지는 현상, 즉 일정한 형태의 지속적인 자극으로 후각세포가 전기적으
로 중화되는 현상을 후각의 피로현상이라 한다.

② 후각의 피로에 따른 회복시간은 짧으며, 자극강도와 순응시간은 비례한다.

③ 냄새에 대한 반응시간은 0.2~0.5초, 피로시간(순응시간)은 15~30초 정도이다.

(5) 악취의 소멸, 은폐, 변조

전파성이 큰 냄새라는 것은 희석해도 조금밖에 취기강도가 감소하지 않는 것을 말하며,
K가 적을 때는 희석에 따른 취기강도 변화가 적으므로 K값이 적을수록 전파성이 크다.

① 독립작용

$$I_{AB} = K\log(C_A \text{ 또는 } C_B)$$

여기서, I_{AB} : 악취강도

K : 상수

C_A, C_B : 악취물질 농도

② 중화작용

$$I_{AB} < K \cdot \log(C_A \text{ 또는 } C_B)$$

③ 상가작용

$$I_{AB} = K \cdot \log(C_A + C_B)$$

④ 상승작용

$$I_{AB} > K \cdot \log(C_A + C_B)$$

(6) 온도 및 습도와 질병의 관계

① 온도

악취물질 26~30℃에서 강한 영향을 나타낸다.

② 습도

악취물질이 60~80%의 상대습도에서 민감하게 영향을 나타낸다.

03 악취의 단위 ●출제율 20%

(1) 최소감지값(Threshold)

① 정의

어떤 물질이 사람에게 냄새로 느껴지기 시작되는 최소의 농도로 최소감지농도, 역치라고도 한다.

② 특징

    ㉠ 최소감지농도는 탄소와 수소만으로 된 화합물보다 산소, 황, 질소 등의 물질이 포함되어 있는 화합물이 대체로 낮은 농도에서도 냄새가 발생된다.

    ㉡ 단일성분의 냄새물질은 일정한 최소감지농도를 갖지만, 두 가지 이상의 물질이 혼합되어 있을 때에는 상승 또는 상쇄 작용에 의해 각 성분의 최소감지농도보다 더 높아지거나 혹은 낮아지는 경우도 있다.

(2) 농도(Concentration)

① 정의

일정량의 부피 중에 존재하는 악취성분 비율로 조성을 표시하는 양이다.

② 특징

    ㉠ 주요 단위로는 질량백분율(Wt%), 체적백분율(V%), 몰수의 비(몰분율) 등이 이용된다.

    ㉡ 화학적 분석에 의해 측정된 농도 단위로는 단위부피당 부피(Vol/Vol)를 사용하는 경우가 많아 악취성분의 농도를 ppm(parts per million, mL/m^3), ppb(10^{-3}ppm), ppt(10^{-6}ppm)로 표현하는 것이 일반적이다.

(3) 악취의 세기(Oder Intensity Index)

① 정의

대기 중의 악취 정도를 수치화하여 표현하는 방법으로 악취공정시험기준의 공기희석관능법에 의한 희석배수, 일본의 6단계 냄새표시법, 미국의 TIA(Total Intensity of Aroma)등의 방법이 있다.

② 특징

    ㉠ 직업관능법에 의한 악취세기는 최소감지농도 수준의 감도를 1도, 악취로 인식되지 않을 보통의 수준을 2도(규제기준)로 하며, 기타 악취로 느낄 수 있는 세기를 3~5도로 규정하고 있다.

    ㉡ 일본의 6단계 냄새표시법은 우리나라의 악취세기와 유사하다.

    ㉢ 미국의 TIA는 무취, 약한 냄새, 확실한 냄새, 강한 냄새의 4단계 척도를 이용한다.

ⓔ 직업관능법 악취표시법

악취도	0	1	2	3	4	5
악취세기 구분	무취 (None)	감지 취기 (Threshold)	보통 취기 (Moderate)	강한 취기 (Strong)	극심한 취기 (Very Strong)	참기 어려운 취기 (Over Strong)

(4) 희석배수(Dilution Threshold)

① 정의

희석배수는 시료수의 악취세기를 나타내기 위해 시료수에 무취의 물을 가하여 희석시료에서 최저한도의 냄새를 명확하게 알 수 있을 때의 최대희석배수를 말하며, 후각한계희석배수라고도 한다. 즉 채취한 시료공기를 무취공기로 단계별로 희석하면서 최소감지농도 수준(냄새가 인지되지 않는 순간의 희석치)으로 희석했을 때의 배율을 말한다.

② 특징

대기오염공정시험기준에서는 5인 이상의 판정인이 악취를 감지한 희석배수 중 최대, 최소 희석배율을 제외한 희석배수의 기하평균값을 희석배수로 하고 있다.

04 발생원별 주요 악취물질

(1) 축산시설, 분뇨 · 하수 처리시설, 사료공장, 펄프 제조 시설의 부패성 악취

① 황화수소
② 메틸메르캅탄류

(2) 합판 제조, 도료 제조, 인쇄 · 잉크 제조, 도장시설

① 탄화수소류(벤젠, 톨루엔, 스티렌, 자일렌 등)
② 알데히드계 물질
③ 에스테르계 물질

(3) 비료 제조시설, 소각시설

염소, 염화수소 등

(4) 식료품 제조시설

아민류

(5) 드라이클리닝, 세탁시설

트리클로로에틸렌, 테트라클로로에틸렌 등

05 악취방지시설 선정 시 주요 고려사항

(1) 배출가스의 종류(분진, 염소화합물, 황화합물, 고분자탄화수소 등), 조성 및 농도

(2) 공정변수(온도, 압력, 습도, 반응속도, 최대 · 최소 · 평균 배출속도 등)

(3) 각 오염배출원의 수

(4) 연간 운영시간(가동시간 백분율)

(5) 장치 위치(실내, 실외, 지표고도, 지붕, 여유공간 등)

(6) 보조연료 및 에너지 비율

(7) 전체 경제성(자본비 및 연간 운영비 등)

06 악취방지시설의 종류와 개요 ●출제율 20%

악취방지시설		개 요	장 점	단 점
연소법	직접연소장치	악취가스를 700℃ 이상으로 가열하여 무해한 탄산가스와 물로 산화분해하여 탈취	• 광범위한 유기용제의 탈취가 가능 • 장치가 소형이므로 유지·관리가 간단	• 연소열의 회수가 없다면 운전비가 고가 • NO_x 발생이 큼
	축열식 연소장치	축열재에 의해 교환효율(>80%)을 높인 연소장치	• 중간 농도 배기가스를 경제적으로 탈취 • NO_x 발생이 적음	설치장소, 무게 등의 문제가 있으며, 비용이 고가
	촉매연소장치	200~350℃의 저온에서 촉매를 이용한 산화분해로 탈취	• 직접연소법보다 운전비가 저렴 • NO_x 발생이 적음	촉매 노화, 피독물질의 사전 제거가 필요
흡수법	세척(흡수)식 탈취장치	• 약제를 분무하여 화학반응에 따른 탈취 • 악취물질의 종류에 따라 물·산·알칼리·산화제, 수용액 등이 사용됨	• 설치비가 저렴 • Mist, Dust도 동시에 처리가 가능 • 가스 냉각효과가 있음	• 폐수 발생 • 약액 농도, 조정이나 계기점검 등 엄격한 일상관리 필요 • 약품에 대한 안전대책, 장치부식에 대한 대책 필요
흡착법	회수 고정식 회수장치	활성탄을 충전한 복수탑을 전환하면서 흡착하여, 수증기로 탈취, 냉각 응축하여 회수	• 역사가 깊고 실적이 많음 • 조작 간단 • 장치높이가 낮음	• 폐수 다량 발생 • 케톤계 용제는 발화 방지대책이 필요
	회수 유동식 회수장치	• 유동층에 용제흡착, 가열탈취 • 활성탄이 순환하는 연속 회수장치 • 탈취가스로 질소 이용	• 폐수 소량 발생 • 케톤용액제도 안전하게 회수 가능 • 회수용제 내 수분이 적음	• 장치높이가 높음 • 풍량이 대폭 변동할 때는 풍량 제어장치 필요
	농축 허니콤 농축장치	• 낮은 농도의 가스에서 악취를 분리하여, 적은 풍량으로 농축	• 풍량이 많은 배기가스도 경제적으로 처리 • 장치가 콤팩트화 되어 운영·관리가 간단함	활성탄 노화물질이 다량으로 포함될 때는 활용이 어려움
	교환 교환식 흡착장치	• 흡착제나 산화제를 충전하여 통풍 • 충전재의 효과가 없어지면 신품으로 교환	• 장치비가 저렴하고, 콤팩트 • 운전조작 간단	낮은 농도의 가스처리에 한정됨(농도가 높은 가스는 교환비용이 상승)
생물탈취법	토양탈취법	악취가스를 토양층에 통풍시켜 토양 중 미생물로 분해·탈취	• 운전비가 저렴하고, 유지관리 용이 • 토양 상층은 환원 등 녹지에 이용 가능	• 처리 가능한 악취물질이 제한됨 • 빗물에 의한 통기저항이 크게 되어 리스크 발생 • 넓은 장소가 필요
	바이오필터	미생물을 부착한 담체를 충전한 탑에 통풍시켜 미생물에 의해 분해·탈취	• 장치가 콤팩트 • 유지관리 용이 • 운전비 저렴	• 처리 가능 물질 제한 • 미생물의 순응기간 필요 • 산성 폐액 처리 필요

〈출처 : 한국환경공단〉

SECTION 5 조명

01 개요

(1) 조명이란 채광(자연광, 천연광)과 인공조명을 합하여 부른다.

(2) 채광과 인공조명이 불량한 상태가 되면 피로의 증대, 작업능률 저하, 산업재해 등을 야기시킨다.

(3) 사람의 밝기에 대한 감각은 방사되는 광속과 파장에 의해 결정된다.

(4) 작업장 내의 조명상태를 조사하고자 할 때 측정 기본 항목은 조명도, 휘도, 반사율 등이다.

02 빛과 밝기의 단위 ●출제율 20%

(1) 룩스(Lux) : 조도

① 1루멘(Lumen)의 빛이 $1m^2$의 평면상에 수직으로 비칠 때의 밝기이다.

② 1cd의 점광원으로부터 1m 떨어진 곳에 있는 광선의 수직인 면의 조명도를 말한다.

③ 조도는 어떤 면에 들어오는 광속의 양에 비례하고, 입사면의 단면적에 반비례한다.

$$조도(E) = \frac{\text{lumen}}{\text{m}^2}$$

④ 조도는 입사면의 단면적에 대한 광속의 비를 말한다.

(2) 풋 캔들(foot candle)

① 1루멘의 빛이 $1ft^2$의 평면상에 수직으로 비칠 때 그 평면의 빛 밝기이다.

$$풋 \; 캔들(ft \; cd) = \frac{lumen}{ft^2}$$

② 룩스와의 관계는 $1ftcd = 10.8Lux$, $1Lux = 0.093ftcd$이다.

③ 빛의 밝기

   ㉠ 광원으로부터 거리의 제곱에 반비례한다.

   ㉡ 광원의 축광에 정비례한다.

   ㉢ 조사평면과 광원에 대한 수직평면이 이루는 각(cosine)에 반비례한다.

   ㉣ 색깔과 감각, 평면상의 반사율에 따라 밝기가 달라진다.

(3) 루멘(Lumen ; lm) : 광속

① 광속의 국제단위로 기호는 lm으로 나타낸다.

② 1촉광의 광원으로부터 한 단위입체각으로 나가는 광속의 단위이다.

③ 광속이란 광원으로부터 나오는 빛의 양을 의미하고, 단위는 Lumen이다.

④ 1촉광과의 관계는 $1촉광 = 4\pi(12.57)$루멘으로 나타낸다.

(4) 촉광(candle)

① 빛의 세기인 광도를 나타내는 단위로 국제촉광을 사용한다.

② 지름이 1인치 되는 촛불이 수평방향으로 비칠 때 빛의 광강도를 나타내는 단위이다.

③ 밝기는 광원으로부터 거리의 제곱에 반비례한다.

$$조도(E) = \frac{I}{r^2}$$

    여기서, I : 광도(candela)

             r : 거리(m)

(5) 칸델라(candela ; cd)

① 광원으로부터 나오는 빛의 세기를 광도라고 하며, 단위는 칸델라(cd)를 사용한다.

② $101.325N/m^2$ 압력 하에서 백금의 응고점 온도에 있는 흑체의 $1m^2$인 평평한 표면 수직방향으로 광도를 1cd라 한다.

(6) 램버트(Lambert)

① 빛을 완전히 확산시키는 평면의 $1ft^2(1cm^2)$에서 1Lumen의 빛을 발하거나 반사시킬 때의 밝기를 나타내는 단위이다.

② $1Lambert=3.18candle/m^2(candle/m^2=nit$: 단위면적에 대한 밝기)

(7) 반사율(reflectance)

① 조도에 대한 휘도의 비로 나타낸다.

② 빛을 받은 평면에서 반사되는 빛의 밝기를 나타낸다.

③ 흰색계통의 평면에서의 반사율은 100%에 근접, 검은색 계통은 0에 근접한다.

(8) 광속발산도(Luminance)

① 단위면적당 표면에서 반사 또는 방출되는 빛의 양을 나타낸다.

② 광속발산비는 주어진 장소와 주위의 광속발산도의 비이며, 사무실 및 산업현장에서의 추천 광속발산비는 일반적으로 3 : 1 정도이다.

(9) 주광률(Daylight factor)

실내의 일정지점의 조도와 옥외의 조도와의 비율을 %로 표시한 것이다.

(10) 휘도대비(luminance contrast)

보려는 물체와 그에 인접한 물체의 휘도(또는 광속발산도)의 차이를 휘도비 또는 휘도차로 표시한 것이다.

03 자연채광

(1) 개요

① 자연의 광원은 태양복사에너지에 의한 광이며, 이 광은 하늘에서 확산, 산란되어 천공광(sky light)을 형성한다.

② 지상에서의 태양조도는 약 100,000lux 정도이며, 건물의 창 내측에서는 약 2,000lux 정도이다.

(2) 작업장 채광계획

① 태양광선이 창을 통하여 실내를 밝힘으로써 필요한 밝기를 얻는 것을 채광이라고 하며, 자연채광은 작업장의 면적, 건물의 높이와 간격, 창의 면적과 높이 등에 그 적부가 결정된다. 또한 유리창은 청결하여도 10~15% 조도가 감소한다.

② 창의 방향

　㉠ 창의 방향은 많은 채광을 요구할 경우 남향이 좋다.

　㉡ 균일한 평등을 요하는 조명을 요구하는 작업실은 북향(or 동북향)이 좋다.

　㉢ 북쪽 광선은 일중 조도의 변동이 작고 균등하여 눈의 피로가 적게 발생할 수 있다.

③ 창의 높이와 면적

　㉠ 보통 조도는 창을 크게 하는 것보다 창의 높이를 증가시키는 것이 효과적이다.

　㉡ 횡으로 긴 창보다 종으로 넓은 창이 채광에 유리하다.

　㉢ 채광을 위한 창의 면적은 방바닥 면적의 15~20%(1/5~1/6)가 이상적이다.

④ 개각과 입사각(앙각)

　㉠ 창의 자연채광량은 광원면인 창으로부터의 거리와 창의 대소 및 위치에 따라 달라진다.

　㉡ 실내 각 점의 개각은 4~5°, 입사각은 28° 이상이 좋다.

　㉢ 개각이 클수록 또한 입사각이 클수록 실내는 밝다.

　㉣ 개각 1°의 감소를 입사각으로 보충하려면 2~5° 증가가 필요하다.

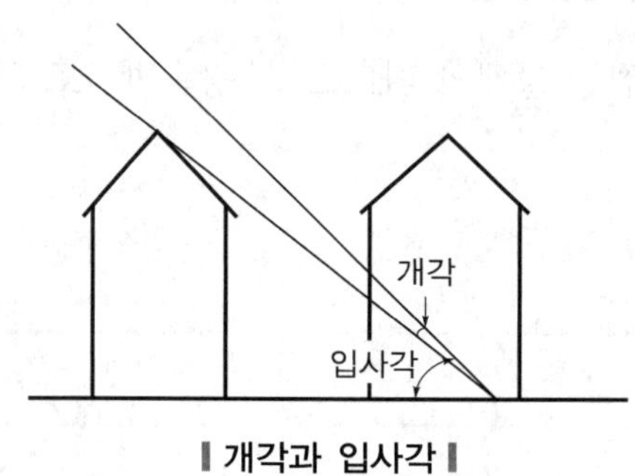

▌개각과 입사각▐

04 인공조명

(1) 조명기구

① 형광방전등

　㉠ 주로 자외선을 방사하는 방전관의 관벽에 적당한 조성비의 형광물질을 칠한 것으로 대부분 백색에 가까운 빛을 얻는 광원으로 사용된다.

　㉡ 백열전구나 수은등보다 효율이 높다.

　㉢ 동일 조도를 얻는 데 있어 기타 등에 비해 $\frac{1}{3} \sim \frac{1}{4}$의 전력으로 충분하다.

　㉣ 백열전구에 비해 수명이 길다(약 7배 정도 길어 7,000시간 정도의 수명을 가짐).

　㉤ 방전으로 방사되는 에너지의 60% 내외는 수은의 공명선이며, 전 입력의 20%가 형광으로서 방출된다.

　㉥ 단점으로는 전원의 전압이 일정하지 않으면(전압이 낮으면) 들어오지 않고, 보조기구가 필요하며, 빛의 흔들림이 있다.

② 백열등

　㉠ 유리구 내에 필라멘트를 봉입하여 전류를 통하면 고온방사되어 발광한다.

　㉡ 텅스텐 필라멘트는 진공 중에서 고온으로 가열 시 증발, 단선되므로 전구 내 질소 10%와 아르곤 90%를 혼합한 소량의 가스를 넣은 전구를 사용한다.

③ 수은등

　㉠ 수은의 증기압에 따라 저압수은등, 고압수은등, 초고압수은등으로 분류한다.

　㉡ 고압수은등은 공장조명용에 주로 사용하고 주광에 가까운 빛을 얻을 수 있다.

　㉢ 스포츠 조명으로는 수은등의 청색에 백색을 가한 형광수은등을 사용한다.

④ 나트륨등

　가로등, 차도의 조명용으로 사용하며, 등황색으로 색의 식별에는 좋지 않다.

(2) 조명방법

① 직접조명

　㉠ 작업면의 빛 대부분이 광원 및 반사용 삿갓에서 직접 온다.

　㉡ 기구의 구조에 따라 눈을 부시게 하거나 균일한 조도를 얻기 힘들다.

　㉢ 반사갓을 이용하여 광속의 90~100%가 아래로 향하게 하는 방식이다.

　㉣ 일정량의 전력으로 조명시 가장 밝은 조명을 얻을 수 있다.

ⓜ 장점

효율이 좋고, 천장면의 색조에 영향을 받지 않고, 설치비용이 저렴하다.

ⓗ 단점

눈부심, 균일한 조도를 얻기 힘들며, 강한 음영을 만든다.

② 간접조명

㉠ 광속의 90~100%를 위로 향해 발산하며 천장, 벽에서 확산시켜 균일한 조명도를 얻을 수 있는 방식이다.

㉡ 천장과 벽에 반사하여 작업면을 조명하는 방법이다.

㉢ 장점

눈부심이 없고, 균일한 조도를 얻을 수 있으며, 그림자가 없다.

㉣ 단점

효율이 나쁘고, 설치 복잡, 실내의 입체감이 작아진다.

③ 전반조명

㉠ 작업면에 균일한 조도 목적일 때 공장 등에서 사용한다.

㉡ 광원을 일정한 간격과 높이로 설치하여 균일한 조도를 얻기 위함이다.

㉢ 눈부심이 없고 부드러운 빛을 얻을 수 있다.

④ 국소조명

㉠ 작업면상의 필요한 장소만 높은 조도를 취하는 방식이다.

㉡ 밝고 어두움의 차이가 많아 눈부심을 일으켜 눈을 피로하게 한다.

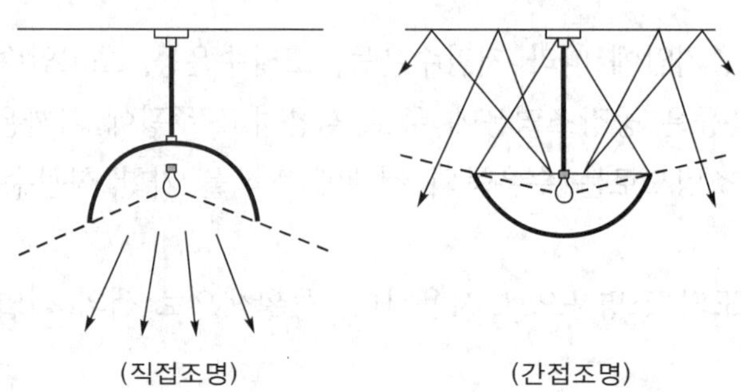

┃ 직접조명과 간접조명 ┃

(3) 조명도를 고르게 하는 방법

① 국부조명에만 의존할 경우에는 작업장 조도가 너무 균등하지 못해서 눈의 피로를 가져올 수 있으므로 전체조명과 병행하는 것이 보통이다.

② 전체조명의 조도는 국부조명에 의한 조도의 1/5~1/10 정도가 되도록 조절한다.

(4) 인공조명 시 고려사항 ●출제율 20%

① 작업에 충분한 조도를 낼 것

② 조명도를 균등히 유지할 것(천장, 마루, 기계, 벽 등의 반사율을 크게 하면 조도를 일정하게 얻을 수 있음)

③ 폭발성 또는 발화성이 없으며, 유해가스를 발생하지 않을 것

④ 경제적이며, 취급이 용이할 것

⑤ 주광색에 가까운 광색으로 조도를 높여줄 것(백열전구와 고압수은등을 적절히 혼합시켜 주광에 가까운 빛을 얻음)

⑥ 장시간 작업 시 가급적 간접조명이 되도록 설치할 것(직접조명, 즉 광원의 광밀도가 크면 나쁨)

⑦ 일반적인 작업 시 빛은 작업대 좌상방에서 비추게 할 것

⑧ 작은 물건의 식별과 같은 작업에는 음영이 생기지 않는 국소조명을 적용할 것

⑨ 광원 또는 전등의 휘도를 줄일 것

⑩ 광원을 시선에서 멀리 위치시킬 것

⑪ 눈이 부신 물체와 시선과의 각을 크게 할 것

⑫ 광원 주위를 밝게 하여, 조도비를 적정하게 할 것

(5) 조도의 측정방법

① 개요

　㉠ 조도는 근로자 작업장소의 바닥면으로부터 85cm 높이에서 측정한다.

　㉡ 조도계의 센서위치는 근로자 시선작업면과 방향을 일치하고 눈금을 측정하며, 측정 전에는 반드시 영점을 조정한다.

② 측정기기

　㉠ 광전관 조도계

　금속전극에 빛을 조사하면 전자가 튀어오르는 현상을 이용한 것으로 시간의 지체없이 조도와 전류가 비례하고 빛에 민감하여 피로현상을 나타내지 않는 장점을 갖는 조도계이다.

　㉡ 럭스계

　간이조도계의 대표적인 조도계이다.

　㉢ 맥버스 조도계

05 상시 작업장소의 작업면 조도기준

(1) 초정밀작업

750럭스(lux) 이상

(2) 정밀작업

300럭스 이상

(3) 보통작업

150럭스 이상

(4) 그 밖의 작업

75럭스 이상

06 작업면 조도기준을 적용받지 않는 작업장

(1) 갱내 작업장

(2) 감광재료를 취급하는 작업장

PART 7

산업독성학

산업독성학(일반)

01 정의

(1) 독성학(Toxicology)

독성물질(Toxicum)과 과학(logia)으로부터 유래된 용어가 독성학이며, 유해화학물질이 근로자 인체 내에서 작용하는 건강에 대한 악영향을 연구하는 학문이다.

(2) 산업독성학

산업독성학은 근로자가 작업장 내에서 흔히 존재하는 다양한 유해화학물질에 폭로되었을 때 악영향을 연구하는 학문 분야이다.

02 독성의 분류

(1) 지속기간(독성이 발현되는 기간경과)에 의한 분류 ●출제율 20%

① 급성독성(Acute toxicity) : STEL, Ceiling
   ㉠ 입 또는 피부를 통하여 1회 또는 24시간 이내에 여러 차례로 나누어 투여되거나, 호흡기를 통하여 4시간 동안 호흡 시 일어나는 독성작용
   ㉡ 24시간 이내 보통 단독 투여에 의하며, 흡수가 빠르고, 심각한 증상이 빠르게 나타남
   ㉢ 독성작용은 대부분 영향이 가역적으로 나타남
   ㉣ 수 일 또는 수 주간 지속될 수 있음
   ㉤ 일반적으로 사고에 의해 일어남

② 만성독성(Chronic toxicity) : TWA
    ㉠ 독성물질을 장기간(3개월 이상) 투여하였을 때 일어나는 독성작용
    ㉡ 독성물질을 1회 혹은 반복투여한 후에 장기간(1개월 이상)의 잠복기를 지나 일어나는 독성작용
    ㉢ 독성작용은 대부분 영향이 비가역적으로 나타남
    ㉣ 잠재적 발암성 또는 지연효과가 나타남
    ㉤ 잠복기가 4주 이내이면 지연성 급성독성(delayed acute toxicity)이라고 함
    ㉥ 중독이라기보다는 축적되는 것이며, 오염 농도가 상대적으로 낮기 때문에 작업자 자신이 노출되는 것을 인식하지 못할 수도 있음
    ㉦ TWA, STEL이 동시 설정된 물질이 대표적(가솔린, 디메틸벤젠, 나프탈렌, 구리분진, 망간 등)

③ 아만성 독성(Subchronic toxicity)
    ㉠ 독성물질을 1일 이상 3개월 미만의 투여기간에 연속적으로 투여하였을 때 나타나는 독성작용
    ㉡ 최근에는 투여기간의 범위가 너무 넓어 정확한 투여기간을 제시하는 경우가 많음(예 14일 독성이 5mg/kg)

④ 지연성 급성독성(Delayed acute toxicity)
    잠복기가 4주 이내에 나타나는 독성작용

(2) 작용 부위에 의한 분류

독성물질이 생체에 영향을 나타내는 작용 부위에 의한 분류이다.
① 국소독성(Local Toxicity)
    독성물질이 폭로된 생체 부위에서 독성이 나타나는 경우로 피부, 눈, 호흡기 계통의 노출로 인한 독성이 나타난다.
② 전신독성
    독성물질이 폭로된 신체 부위를 통하여 흡수된 후에 혈관을 통하여 각 장기로 이동한 후에 표적장기에서 독성을 나타내는 경우로 전신독성으로 분류하기 위해서는 흡수·분포되어 노출 부위에서 멀리 위치한 장기에서 독성이 나타나야 한다.
    〈분류가 쉽지 않은 이유〉
    생체에 대한 독성물질이 작용 부위는 중복될 수 있고, 국소작용과 전신작용을 모두 나타낼 수 있기 때문에 경우에 따라 분류가 쉽지 않음

03 유해물질의 분류

(1) 생리적 작용에 의한 분류

① 자극제(irritants)

  ㉠ 정의

    자극제란 피부와 점막에 작용하여 부식작용을 하거나 수포를 형성하는 물질을 말하며, 고농도가 존재하는 곳에서 호흡 시 호흡정지, 구강 호흡 시 치아산식증 유발, 눈에 들어가면 결막염과 각막염을 일으키고 호흡이 정지되는 물질을 말한다.

  ㉡ 자극

    자극이란 독물이 조직에 접촉하여 영향을 주는 것으로 얼굴과 상기도에 자극제가 접촉하면 눈, 피부, 점막과 구강에 영향을 주는 것을 말한다.

  ㉢ 자극성 물질

    자극성 물질이란 흡입하거나 피부 또는 눈과 접촉할 때 자극을 일으키는 물질이다.

    ⓐ 피부자극성 물질

    ⓑ 눈자극성 물질

    ⓒ 호흡기계자극성 물질

  ㉣ 호흡기에 대한 자극작용(유해물질의 용해도에 따른 구분)

    ⓐ 상기도 점막 자극제

    ⓑ 상기도 점막 및 폐조직 자극제

    ⓒ 종말기관지 및 폐포점막 자극제

② 자극제 구분   출제율 20%

  ㉠ 상기도 점막 자극제

    ⓐ 개요

      • 수용성이 높은 화학물질이 대부분이다.

      • 상기도(비점막, 인후, 기관지) 표면에 용해된다.

    ⓑ 종류

      • 암모니아(NH_3)

        – 알칼리성으로 자극적인 냄새가 강한 무색의 기체

        – 암모니아 주요 사용공정은 비료, 냉동제 등

- 물에 대해 용해 잘 됨(수용성), 용해도가 커서 대부분 인후두부 및 상기도에서 흡수되므로 코와 상기도에 자극을 일으키는 물질
- 폭발성(폭발범위 16~25%) 있음
- 피부, 점막에 대한 자극성과 부식성이 강하여 고농도의 암모니아가 눈에 들어가면 시력장해, 중등도 이하의 농도에서 두통, 흉통, 오심, 구토 등을 일으킴
- 고농도의 가스 흡입 시 폐수종을 일으키고 중추작용에 의해 호흡정지 초래
- 암모니아 중독 시 비타민 C가 해독에 효과적임
- 염화수소(HCl)
  - 무색, 자극성 기체로 물에 녹는 것은 염산
  - 염소화합물, 염화비닐 제조에 이용되고 주요 사용공정은 합성, 세척 등에 쓰임
  - 물에 대해 용해 잘 됨(수용성)
  - 피부나 점막에 접촉하면 염산이 되어 염증, 부식 등이 커지며 장기간 흡입하면 폐수종(폐렴)을 일으킴
  - 주로 눈과 기관지계를 자극
- 아황산가스(SO_2)
  - 자극적인 냄새가 나는 가스
  - 유황의 제조, 표백제 등에 이용되고 주요 사용공정은 합성, 비료, 표백, 기폭제 등에 쓰임
  - 물에 대한 용해도는 25℃에서 8.5% 정도
  - 호흡기에서 체내로 유입, 호흡기 자극 증상을 일으키며 티아노제, 폐수종으로 사망
  - 만성중독으로는 치아산식증, 빈혈, 만성기관지 폐렴, 간장장해가 나타남
  - 단기간의 대량폭로보다 장기간의 소량폭로 쪽이 장애도가 강함
- 포름알데히드(HCHO)
  - 매우 자극적인 냄새가 나는 무색의 액체로 인화·폭발의 위험성이 있음
  - 주로 합성 수지의 합성원료로 이용되며, 건축물에 사용되는 단열재와 섬유옷감에서 주로 발생
  - 물에 대한 용해도는 최대 550g/L

- 피부, 점막에 대한 자극이 강하고, 고농도 흡입으로는 기관지염, 폐수종을 일으키고 동물실험 결과 발암성이 있음
- 만성노출 시 감작성 현상 발생(접촉성 피부염 및 알레르기 반응)
- 아크로레인($CH_3=CHCHO$)
  - 무색 또는 노란색의 액체
  - 눈에 강한 자극
- 아세트알데히드(CH_3CHO)
  - 자극성 냄새가 나는 무색의 액체로 인화되기 쉽고, 폭발위험성 있음
  - 유기합성의 원료로 이용
  - 피부, 점막 자극작용, 마취작용 있음
- 크롬산
  - 크롬산은 거의 수용성이며, 6가 크롬에 해당
  - 크롬도금이나 아노다이징을 할 때 미스트로 발생
  - 인체에 대한 영향은 폐, 간 신장 부위에 암 유발(A_1)
- 산화에틸렌(C_2H_4O)
  - 상온, 상압에서 무색의 기체이며, 기체상태에서 인화성이 강함
  - 병원에서 소독용으로 사용 및 결빙방지제로도 사용
  - 급성중독으로는 눈, 상기도, 피부에 자극작용
  - 만성독성으로는 신경장해, 혈액이상, 생식 및 발육기능 장해, 발암성
- 염산(HCl의 수용액)
- 불산

ⓛ 상기도 점막 및 폐조직 자극제
  ⓐ 개요
  - 수용성이 상기도 자극제에 비해 낮아 상기도나 폐조직을 자극시키는 물질이며, 물에 대한 용해도는 중등도 정도이다.
  - 상기도 점막과 호흡기관지에 작용하는 자극제이다.
  ⓑ 종류
  - 불소(F_2)
    - 자극성이 있는 황갈색 기체로 물과 반응하여 불화수소가 발생
    - 불소화합물은 유기합성, 도금, 유리부식에 이용하며, 알루미늄 제조 시에 발생

- 체내에 들어온 불소는 뼈에 가장 많이 축적되어 뼈를 연화시키고, 그 칼슘화합물이 치아에 침착되어 반상치를 나타냄
- 요오드(I_2)
  - 암자색, 금속광택이 나는 고체
  - 증기는 강한 자극성이 있으며 눈물, 눈이 타는 듯한 통증, 비염, 인후, 인두염을 유발하고 고농도 흡입 또는 장시간 흡입 시 폐수종
- 염소(Cl_2)
  - 강한 자극성 냄새가 나는 황록색 기체
  - 산화제, 표백제, 수돗물의 살균제 및 염소화합물 제조에 이용
  - 물에 대한 용해도는 0.7%
  - 피부나 점막에 부식성, 자극성 작용(부식성 염화수소의 20배)
  - 기관지염을 유발하며, 만성작용으로 치아산식증 일어남
- 오존(O_3)
  - 매우 특이한 자극성 냄새를 갖는 무색의 기체로 액화하면 청색을 나타냄
  - 물에 잘 녹으며 알칼리 용액, 클로로포름에도 녹음
  - 강력한 산화제이므로 화재의 위험성이 높고 약간의 유기물 존재 시 즉시 폭발을 일으킴
  - 0.1ppm을 2시간 흡입하면 폐활량이 20% 감소하고, 1ppm을 6시간 흡입하면 두통, 기관지염 유발
- 브롬(Br_2, 브롬화합물)
  - 자극적인 냄새가 나는 적갈색의 액체
  - 의약, 염료, 브롬화합물제조, 살균제 등에 이용
  - 피부, 점막에 대한 자극과 부식작용
- 청산화물
- 황산디메틸 및 황산디에틸
- 사염화인 및 오염화인

ⓒ 종말(세)기관지 및 폐포점막 자극제
　ⓐ 개요
- 상기도에 용해되지 않고 폐속 깊이 침투하여 폐조직에 작용한다.

ⓑ 종류
- 이산화질소(NO_2)
  - 물에 대하여 비교적 용해성이 낮고 물에 용해 시 분해되어 일산화질소나 질산을 생성함
  - 적갈색의 기체이며, 비교적 용해도가 낮음
  - 로켓 연료의 질화나 산화에 사용되며, 질산의 중간체임
  - 눈, 점막, 호흡기 자극 및 폐수종(폐기종) 유발
- 포스겐($COCl_2$)
  - 무색의 기체로서 시판되고 있는 포스겐은 담황록색이며, 독특한 자극성 냄새가 나며, 가수분해되고 일반적으로 비중이 1.38 정도로 큼
  - 태양자외선과 산업장에서 발생하는 자외선은 공기 중의 NO_2와 올레핀계 탄화수소와 광학적 반응을 일으켜 트리클로로에틸렌을 독성이 강한 포스겐으로 전환시키는 광화학작용을 함
  - 공기 중에 트리클로로에틸렌이 고농도로 존재하는 작업장에서 아크 용접을 실시하는 경우 트리클로로에틸렌이 포스겐으로 전환될 수 있음
  - 독성은 염소보다 약 10배 정도 강함
  - 호흡기, 중추신경, 폐에 장해를 일으키고 폐수종을 유발하여 사망에 이름
- 염화비소(삼염화비소 : $AsCl_2$)

㉣ 기타 자극제 : 사염화탄소(CCl_4)
- ⓐ 특이한 냄새가 나는 무색의 액체로 소화제, 탈지세정제, 용제로 이용
- ⓑ 피부, 간장, 신장, 소화기, 신경계에 장해를 일으키는데 특히 간에 대한 독성작용이 강하게 나타남. 즉 간에 중요한 장애인 중심소엽성 괴사를 일으킴
- ⓒ 고온에서 금속과의 접촉으로 포스겐, 염화수소를 발생시키므로 주의를 요함
- ⓓ 고농도로 폭로되면 중추신경계 장해 외에 간장이나 신장에 장해가 일어나 황달, 단백뇨, 혈뇨의 증상을 보이는 할로겐 탄화수소임(신장장애 증상으로 감뇨, 혈뇨 등이 발생하며, 완전무뇨증이 되면 사망할 수 있음)
  - 초기증상으로 지속적인 두통, 구역 및 구토, 간 부위의 압통 등의 증상을 일으킴

③ 질식제(Asphyxiants) 〔출제율 20%〕

질식제는 조직의 호흡을 방해하여 질식시키는 물질이다. 즉 조직 내 산화작용을 방해한다.

㉠ 단순 질식제

ⓐ 개요

환경 공기 중에 다량 존재하여 정상적 호흡에 필요한 혈중 산소량을 낮추는 생리적으로 불활성 가스를 말한다. 즉 원래 그 자체는 독성작용이 없으나 공기 중에 많이 존재하면 산소분압의 저하로 산소공급 부족을 일으키는 물질을 말한다.

ⓑ 종류

• 이산화탄소(CO_2)

이산화탄소는 용해도가 높고 그 자체는 독성작용이 없으나 공기 중에 다량 존재하면 산소분압 저하로 산소공급 부족을 일으킴

• 메탄가스(CH_4)

• 질소가스(N_2)

• 수소가스(H_2)

• 에탄, 프로판, 에틸렌가스, 헬륨

㉡ 화학적 질식제

ⓐ 개요

직접적 작용에 의해 혈액 중의 혈색소와 결합하여 산소운반 능력을 방해하는 물질을 말하며, 조직 중의 철산화효소를 불활성화시켜 질식작용(세포의 산소수용 능력 상실)을 일으킨다.

ⓑ 화학적 질식제에 심하게 노출 시 폐속으로 들어가는 산소의 활용을 방해하기 때문에 사망에 이르게 된다.

ⓒ 종류

• 일산화탄소(CO)

– 탄소 또는 탄소화합물이 불완전연소할 때 발생되는 무색무취의 기체로 산소결핍장소에서 보건학적 의의가 가장 큰 물질

– 혈액 중 헤모글로빈과의 결합력이 매우 강하여 체내 산소공급 능력을 방해하므로 대단히 유해함. 즉 생체 내에서 혈액과 화학작용을 일으켜 질식을 일으키는 물질

– 정상적인 작업환경 공기에서 CO 농도가 0.1%로 되면 사람의 헤모글로빈 50%가 불활성화 됨

– CO 농도가 1%(10,000ppm)에서 1분 후에 사망에 이름

  (COHb : 카복시헤모글로빈 20% 상태가 됨)

- 중추신경계에 강하게 작용하여 사망에 이르게 함
- 황화수소(H_2S)
  - 부패한 계란 냄새가 나는 무색의 기체로 폭발성이 있음
  - 공업약품 제조에 이용되며 레이온 공업, 셀로판 제조, 오수조 내의 작업 등에서 발생
  - 급성중독으로는 점막의 자극 증상이 나타나며 경련, 구토, 현기증, 혼수, 호흡 마비 증상(뇌의 호흡중추를 마비시킴)
  - 만성작용으로는 두통, 위장장해 증상
  - 치료로는 100% 산소를 투여
- 시안화수소(HCN)
  - 상온에서 무색의 기체 또는 청백색의 액체
  - 유성섬유, 플라스틱, 시안염 제조에 사용
  - 독성은 두통, 갑상선 비대, 코 및 피부자극 등이며, 중추신경계의 기능 마비를 일으켜 심한 경우 사망에 이름
  - 원형질(protoplasmic) 독성이 나타남
  - 호기성 세포가 산소 이용에 관여하는 시토크롬산화제를 억제함. 즉 시안이온이 존재하여 산소를 얻을 수 없음
- 아닐린($C_6H_5NH_2$)
  - 특유의 냄새가 나는 투명 기체
  - 연료 중간체와 항료의 제조원료로 이용
  - 메트헤모글로빈(methemoglobin)을 형성하여 간장, 신장, 중추신경계 장애를 일으킴
  - 시력과 언어장해 증상

④ 마취제(진통제 : Narcotics and Anestheics)
  ㉠ 개요
  마취의 정도가 심하면 의식이 없어지고 움직이지 못하며, 반사작용이 상실되어 그대로 방치하면 호흡중추가 침해되어 사망에 이르며, 주작용은 단순 마취작용이며, 전신중독을 일으키지는 않는다.
  ㉡ 종류
  ⓐ 지방족 알코올류(에틸, 프로필)
  ⓑ 지방족 케톤류(아세톤, 메틸−에틸−케톤)
  ⓒ 지방족 케톤체(아세톤에서 옥타논까지)

ⓓ 아세틸렌계 탄화수소(아세틸렌, 아릴렌)

ⓔ 올레핀계 탄화수소(아세틸렌에서 헵틸렌까지)

ⓕ 에틸에테르

ⓖ 이소프로필에테르

ⓗ 파라핀계 탄화수소(프로판에서 데칸까지)

ⓘ 에스테르류

⑤ 전신 중독제

㉠ 개요

혈액에 흡수되어 전신 장기에 중독을 나타내는 물질이다.

㉡ 종류(화학물질)

ⓐ 간장 장해물질

할로겐화탄화수소, 독버섯의 유독성분, 아플라톡신 등

ⓑ 신장 장해물질

할로겐화탄화수소, 우라늄 등

ⓒ 조혈기능 장해물질

벤젠, 톨루엔, 크실렌, TNT, 납 등

ⓓ 신경 장해물질

4에틸납, 이황화탄소, 메틸알코올, 망간, 수은, 유기인계 농약 등

ⓔ 유독성 중금속

납, 수은, 카드뮴, 망간, 베릴륨, 안티몬 등

ⓕ 유독성 비중금속

비소화합물, 인, 셀레늄, 황화합물, 불소화합물 등

㉢ 종류(입자상 물질)

ⓐ 진폐증 유발 먼지

유리규산, 석면, 활석, 산화베릴륨, 흑연 등

ⓑ 알레르기성 먼지

꽃가루, 포자, 솜, 털 등의 유기분진

ⓒ 발열성 금속

산화아연, 산화마그네슘, 산화알루미늄 등의 흄

ⓓ 방사성 먼지

방사능 동위원소 물질

ⓔ 비활성 먼지

석탄, 석회석, 시멘트 등

(2) 독성작용의 성질에 의한 분류

① 혈액 독성물질(Blood poison)

㉠ 혈액에 존재하거나 혈액세포와 결합하여 혈액의 기능에 영향을 주는 독성작용을 주는 물질이다.

㉡ 종류

ⓐ 질산염, 아질산염

혈액에 있는 헤모글로빈의 heme에서 Fe^{2+}에서 Fe^{3+}으로 전환시킴으로서 산소운반을 저해하는 Mathemoglobin을 형성시키는 원인물질

ⓑ 청산(시안화수소)

세포호흡에 관여하는 cytochrome oxidase를 억제하여 세포의 생활에 필요한 에너지 생산을 방해하는 원인물질

② 부식제(Corrosives)

㉠ 독성물질이 노출된 생체 부위에서 부식 또는 자극작용을 하는 물질이다.

㉡ 종류

ⓐ 자극성 기체(황산 등)

ⓑ 강알칼리(수산화나트륨 등)

③ 원형질 및 실질성 독성물질(Protoplasmic and parenchymatous poisons)

㉠ 생체에 흡수된 후에 실질조직을 위축 또는 손상시키는 물질이다.

㉡ 종류

ⓐ 중금속(수은, 카드뮴 등)

ⓑ 염화탄소(클로로포름 등)

④ 신경계 독성물질(Nervous system toxicants)

㉠ 신경계에 선택적으로 독성작용을 나타내는 물질이다.

㉡ 종류

ⓐ 일산화탄소

ⓑ isoniazid(결핵치료제)

ⓒ 납

ⓓ DDT

ⓔ 알코올

04 유해물질의 독성을 결정하는 인자(산업중독에 관여하는 요인) ●출제율 30%

중독 발생에 관여하는 요인은 유해물질에 의한 유해성을 지배하는 인자, 유해물질이 인체에 건강 영향(위해성)을 결정하는 인자와 같은 의미이다.

(1) 공기 중의 농도(폭로 농도) : 가장 결정적이고 중요한 인자

① 유해물질의 농도 상승률보다 유해도의 증대율이 훨씬 많이 관여한다.
② 유해물질이 혼합할 경우 유해도는 상승적(상승작용)으로 나타난다.
③ 유해화학물질의 유해성은 그 물질 자체의 특성(성질, 형태, 순도 등)에 따라 달라진다.
④ 폭로되는 화학물질의 농도가 높으면 독성이 증가하지만 단순한 비례관계는 아니다.
⑤ 낮은 농도에서는 독성작용이 없는 유해물질도 높은 농도에서는 급성중독을 일으킬 수 있다.

(2) 폭로시간(폭로횟수)

① 유해물질에 폭로되는 시간이 길수록 영향이 크다.
② 동일한 농도의 경우에는 일정시간 동안 계속 폭로되는 편이 단순적으로 같은 시간에 폭로되는 것보다 피해가 크다.
③ Haber 법칙(유해물질에 단시간 폭로 시 중독되는 경우에만 적용)

$$K = C \times t$$

여기서, K : 유해물질지수
  C : 노출 농도(독성의 의미)
  t : 폭로(노출)시간(노출량의 의미)

(3) 작업강도

① 호흡량, 혈액순환속도, 발한이 증가되어 유해물질의 흡수량에 영향을 미친다.
② 강도가 클수록 산소요구량이 많아져 호흡률이 증가하여 유해물질이 체내에 많이 흡수된다. 일반적으로 앉아서 하는 작업은 3~4L/min, 강한 작업은 30~40L/min 정도의 산소요구량이 필요하다.
③ 근육활동을 하면 산소량이 현저하게 증가, 이산화탄소량도 증가하여 피로를 유발한다.

(4) 기상조건(환경조건)

고온 · 다습하거나 대기가 안정된 상태에서는 유해가스 및 분진이 확산되지 않고 농도가 높아져 중독을 일으킨다.

(5) 개인 감수성

① 인종, 연령, 성별, 선천적 체질, 질병의 유무에 따라 감수성이 다르게 나타나나 화학물질의 독성에 크게 영향을 준다.

② 일반적으로 연소자, 여성, 질병이 있는 자(간, 심장, 신장질환)의 경우 감수성이 높게 나타난다.

③ 여성이 남성보다 유해화학물질에 대한 저항이 약한 이유
   ㉠ 피부가 남자보다 섬세함
   ㉡ 월경으로 인한 혈액소모가 큼
   ㉢ 각 장기의 기능이 남성에 비해 떨어짐

(6) 인체 내 침입경로

① 개요
유해물질이 작업환경 중에서 인체에 들어오는 가장 영향이 큰 침입경로는 호흡기이고 다음이 피부를 통해 흡수되고 전신중독을 일으킨다.

② 침입경로
   ㉠ 호흡기
      ⓐ 유해물질의 흡수속도는 그 유해물질의 공기 중 농도와 용해도, 폐까지 도달하는 양은 그 유해물질의 용해도에 의해서 결정된다. 따라서 가스상 물질의 호흡기계 축적을 결정하는 가장 중요한 인자는 물질의 수용성 정도이다.
      ⓑ 수용성 물질은 눈, 코, 상기도 점막의 수분에 용해된다.
      ⓒ 공기 중 농도가 낮을 경우는 거의 폐의 위치까지 도달하지 않는다.
         (scrubbing effect : 마찰효과)
      ⓓ 불용성의 유해물질은 폐의 종말 부위까지 침입, 폐수종을 유발시킨다.
         (대표적 유해물질 : 포스겐, 이산화탄소)
      ⓔ 일산화탄소는 호흡기 부분은 자극하지 않으나 혈액으로 흡수되어 전신중독을 일으킨다.
      ⓕ 공기 중에 분산되어 있는 유해물질은 호흡기의 폐포를 통하여 체내에 침투하며, 폐포에 도달하여 영향을 주는 입자 크기는 $0.5 \sim 5\,\mu\mathrm{m}$ 범위이다.

  ⓖ 노출빈도가 가장 많으며 유해성이 가장 크다. 그 이유는 호흡기로 흡수된 유해인자는 해독작용을 하는 간을 거치지 않고 혈액을 통해 신체의 각 부위로 분배되기 때문이다.

 ⓛ 피부

  ⓐ 피부를 통한 흡수량은 접촉피부면적과 그 유해물질의 유해성과 비례하며, 유해물질이 침투될 수 있는 피부면적은 약 $1.6 \sim 1.9m^2$이며, 피부흡수량은 전 호흡량의 15% 정도이다.

  ⓑ 피부의 모낭, 땀샘, 피부상처를 통하여 유해물질이 체내에 흡수된다.

  ⓒ 유해물질이 피부 접촉 시 발생하는 작용
   • 피부는 효과적인 보호막으로 작용한다.
   • 유해물질이 피부와 반응, 국소염증을 유발한다.
   • 피부감작을 유발한다.
   • 피부를 통과한 후, 혈관으로 침입하여 혈류로 들어간다.

 ⓒ 소화기

  ⓐ 소화기(위장관)를 통한 흡수량은 위장관의 표면적, 혈류량, 유해물질의 물리적 성질에 좌우되며 우발적, 고의에 의하여 섭취된다.

  ⓑ 소화기 계통으로 침입하는 것은 위장관에서 산화, 환원 분해과정을 거치면서 해독되기도 한다.

  ⓒ 입으로 들어간 유해물질은 침이나 그 밖의 소화액에 의해 위장관에서 흡수된다.

  ⓓ 위의 산도에 의하여 유해물질이 화학반응을 일으켜 다른 물질이 되기도 한다.

  ⓔ 입을 통해 인체로 들어온 금속이 소화관에서 흡수되는 작용
   • 단순확산 또는 촉진확산
   • 특이적 수송과정
   • 음세포 작용

  ⓕ 흡수율에 영향을 미치는 요인
   • 위액의 산도(pH)
   • 음식물의 소화기관 통과속도
   • 화합물의 물리적 구조와 화학적 성질

05 독성실험

(1) 독성실험의 전제조건

① 실험실에서 실시한 독성실험 결과들이 인간에게 나타나는 독성결과와 정성적으로 동일하다.

② 화학물질을 고농도로 폭로시키는 것은 화학물질에 의하여 나타날 수 있는 모든 독성작용을 밝힐 수 있고, 저농도로 폭로되었을 때와 동일한 독성결과를 얻을 수 있다.

(2) 독성실험 단계 ●출제율 20%

① 제1단계(동물에 대한 급성폭로시험)
  ㉠ 치사성과 기관장해(중독성 장해)에 대한 반응곡선을 작성
  ㉡ 눈과 피부에 대한 자극성을 실험
  ㉢ 변이원성에 대하여 1차적인 스크리닝 실험

② 제2단계(동물에 대한 만성폭로시험)
  ㉠ 상승작용과 가승작용 및 상쇄작용에 대하여 실험
  ㉡ 생식영향(생식독성)과 산아장해(최기형성)를 실험
  ㉢ 거동(행동) 특성을 실험
  ㉣ 장기독성을 실험
  ㉤ 변이원성에 대하여 2차적인 스크리닝 실험
  ㉥ 두 가지의 생물종에 대해 양-반응곡선(90일)을 작성
  ㉦ 약동력학적 실험, 생물체의 흡수, 분포, 생체내 변화, 배설 등 조사

③ 제3단계(인간에 대한 만성독성시험)
  ㉠ 포유동물에 대한 변이원성 실험
  ㉡ 설치류에 대한 발암성 실험
  ㉢ 인간에 대한 약동력학적 실험
  ㉣ 인간에 대한 임상학적 실험
  ㉤ 급성 및 만성 폭로에 대한 역학적 자료 취득

(3) 공기 중 노출기준 선정 ●출제율 20%

① 동물실험자료의 인간노출에 대한 외삽

    ㉠ 동물실험에서 얻어진 NOEL(No Observede Effect Level ; 무관찰 작용량) 을 인간에 대한 노출위험으로 직접 외삽함. 즉 암을 유발하는 물질을 제외한 물질들은 건강에 장애를 예방할 수 있는 역치가 존재한다고 가정한다.

    ㉡ 암을 유발하는 물질과 관련된 유해성을 평가하는데 사용하는 방법으로서 암을 유발하는 물질은 규명할 수 있는 역치가 없다고 가정하기 때문에 어떤 노출도 위험을 포함한다는 의미이다.

② 사람에 대한 안전용량 계산(SHD ; Safe Human Dose)

실험동물에 의하여 얻은 실험결과를 사람에게 적용하기 위해서는 동물과 사람 사이를 연결하는 기준이 필요하며, 가장 좋은 방법은 체표면적을 이용하는 것이나 현실적으로 어려워 대부분 체중을 사용하고 있다.

$$\text{SHD} = \frac{\text{ThD}\,(\text{mg/kg/day}) \times 70\text{kg}}{\text{SF}} = \text{mg/day}$$

여기서, ThD : 실험동물에 대한 독성물질의 한계치(역치량)
- 현저한 영향이 없는 독물량으로 NOEL를 말함

SF : 안전계수(외삽에 따른 위험성 고려하기 위함)
- 일반적으로 10~1,000

70kg : 사람의 평균체중

③ 공기 중 노출기준 계산

호흡기계를 통해서 흡수되는 양을 안전한 공기 중 농도로 변환하는 계산

$$\text{SHD} = C \times T \times V \times R$$

$$C = \frac{\text{SHD}}{T \times V \times R} = \text{mg/m}^3$$

여기서, C : 공기 중 유해물질의 안전농도

T : 노출(폭로)시간
- 일반적으로 8시간

V : 호흡률(폐환기율)
- 중노동($1.47\text{m}^3/\text{hr}$), 보통작업($0.98\text{m}^3/\text{hr}$)
- 호흡률은 작업강도에 따라 달라짐

R : 체내 잔유율
- 일반적으로 1.0

06 독성물질의 생체전환(Biotransformation)

(1) 개요

① 모든 생체는 흡수된 화학물질을 변형시켜 그 자체의 특이한 생화학적 도구를 가지고 있는데 이러한 생화학적 도구를 생체전환이라 하고 다양한 효소가 관여한다.

② 생체변화의 기전은 화합물보다 인체에서 제거하기 쉬운 대사산물로 변화시키는 것이다.

③ 생체전환은 독성물질이나 약물의 제거에 대한 첫 번째 기전이며, 제1상 반응과 제2상 반응으로 구분된다.

(2) 제1상 반응(Phase I reaction)

① 개요

분해반응이나 이화반응을 말하며, 이화반응에는 산화반응, 환원반응, 가수분해 반응이 있다.

② 종류

㉠ 산화(Oxidation)

ⓐ Cytochrome P-450

체내에서 산화효소 시스템에 있어서 가장 중요한 효소

ⓑ N-, O-, S-dealkylation, sufloxidation, desulfuration 질소원자를 산화시키거나 수산화시키는 산화효소

ⓒ Epoxide hydratase

에폭사이드를 독성이 없고 배출이 용이한 dihydrodiol로 전환시키는 산화효소

㉡ 환원(Reduction)

ⓐ Nitroreductase

Nitro 환원

ⓑ Azoreductase

Azo 환원

© 가수분해(Hydrolysis)

    ⓐ Esterase

       Ester의 일부를 가수분해

    ⓑ Amidase

      • amide 화합물의 일부를 가수분해하며, 다소 비특이적임

      • amide 화합물의 가수분해는 에스테르의 가수분해보다 느리게 일어나는 경향이 있음

(3) 제2상 반응(Phase Ⅱ reaction)

① 개요

제1상 반응을 거친 물질을 더욱 수용성으로 만드는 포합반응을 말한다.

② 종류

  ㉠ Glucuronide 포합

    ⓐ 제2상 반응의 여러 가지 결합반응 중 가장 중요함

    ⓑ glucuronide는 gulcuronyl transferase를 통하여 합성하며, 이러한 효소는 대부분 간에서 발견됨

    ⓒ 넓은 특이성을 보임

    ⓓ 독성물질을 극성으로 바꾸어 배출이 쉽도록 하는 중요한 기전임

  ㉡ Glutathione 포합

    ⓐ glutathione은 세 개의 아미노산으로 구성된 생체 내 물질로서 독성물질과 결합하여 최종적으로 N-acetylcysteine과 포합형태인 mercapturic acid로 전환되어 체외로 배설됨

    ⓑ glutathione S-transferase는 독성이 강한 물질을 무해하도록 만듦

  ㉢ Sulfate 포합

    ⓐ 독성물질의 해독뿐만 아니라 thyroid hormone이나 steroid hormone과 같은 생체 내 일부 내분비물질의 생합성에도 관여함

    ⓑ 에스테르 형태로 알코올, 페놀, 아릴아민 등과 반응하여 수용성이 높은 물질을 형성하여 체외로 배설됨

  ㉣ 메틸화 반응(Methylation)

    ⓐ 에너지가 필요한 반응으로서 N-메틸화 반응, O-메틸화 반응, S-메틸화 반응 등으로 구분됨

    ⓑ 반드시 극성이 증가하지 않는 2상 반응임

　　ⓜ 아세틸화 반응
　　　ⓐ sulfonamide, hydrazine, aromatic amine의 주요 대사경로이며, 효소
　　　　(acetyl transferase)의 도움을 받아 acetyl-CoA라는 기질을 제1단계 반
　　　　응의 생성물질에 추가시키는 작용을 함
　　　ⓑ 극성을 감소시키고 독성을 때로는 증가시키는 2상 반응임
　　　ⓒ 아미노산 포합
　　　　Carboxylic 기를 가진 독성물질은 주로 간장과 신장에서 아미노산 포합의
　　　　형태로 배설됨

(4) 생체전환에 영향을 미치는 인자

① 종, 혈통
② 연령, 성별
③ 영양상태
④ 효소의 유도물질과 억제제(대사효소의 억제작용과 촉진작용)
⑤ 질병상태
⑥ 개인의 유전인자
⑦ 온도의 변화
⑧ 화학물질의 노출경로 및 노출시기

07　독성실험에 관한 용어　●출제율 30%

(1) LD₅₀(LD ; Lethal Dose, 치사량)

① 유해물질의 경구투여용량에 따른 반응범위를 결정하는 독성검사에서 얻은 용량
　-반응곡선에서 실험동물군의 50%가 일정 기간 동안에 죽는 치사량을 의미한다.
② 독성물질의 노출은 흡입을 제외한 경로를 통한 조건이어야 한다.
③ 치사량 단위는 [물질의 무게(mg)/동물의 몸무게(kg)]로 표시한다.
④ 통상 30일간 50%의 동물이 죽는 치사량을 말한다.
⑤ LD50에는 변역 또는 95% 신뢰한계를 명시하여야 한다.
⑥ 노출된 동물의 50%가 죽는 농도의 의미도 있다.

(2) LD$_{100}$

실험동물군에서 사망이 일어나지 않는 농도이며, LD$_{100}$은 노출된 동물이 100% 사망할 수 있는 최저농도를 말한다.

(3) LC$_{50}$(LC ; Lethal Concentration, 치사농도)

① 실험동물군을 상대로 기체상태의 독성물질을 호흡시켜 50%가 죽는 농도, 즉 시험 유기체의 50%를 죽게 하는 독성물질의 농도를 말한다.

② 동물의 종, 노출지속시간, 노출 후 관찰시간과 밀접한 관계가 있다.

(4) ED$_{50}$(ED ; Effective Dose, 유효량)

① 사망을 기준으로 하는 대신에 약물을 투여한 동물의 50%가 일정한 반응을 일으키는 양을 의미한다.

② 시험 유기체의 50%에 대하여 준치사적인 거동감응 및 생리감응을 일으키는 독성물질의 양을 의미한다.

③ ED는 실험동물을 대상으로 얼마간의 양을 투여했을 때 독성을 초래하지 않지만 실험군의 50%가 관찰가능한 가역적인 반응이 나타나는 양, 즉 유효량을 의미한다.

(5) TD$_{50}$(TD ; Toxic Dose, 중독량, 독성량)

① 중독량은 실험동물에게 투여 시 사망은 아니지만 조직손상이나 종양과 같은 심각한 독성반응을 초래하는 투여량을 의미한다.

② TD$_{50}$은 시험 유기체의 50%에서 심각한 독성반응을 나타내는 양을 뜻한다.

(6) TL$_{50}$

시험 유기체의 50%가 살아남는 독성물질의 양을 의미하며, 생존율이 50%인 독성물질의 양으로 허용한계를 의미한다.

(7) TI(Therapeutic Index, 치료지수)

생물학적인 활성을 갖는 약물의 안전성을 평가하는데 이용하는 것이 치료지수이다.

$$치료지수 = \frac{LD_{50}}{ED_{50}} = \frac{치사량}{유효량}$$

(8) MS(Margin of Safety, 안전역)

화학물질의 투여에 의한 독성범위를 나타낸다.

$$안전역 = \frac{TD_{50}}{ED_{50}} = \frac{중독량}{유효량} = \frac{LD_1}{ED_{99}}$$

(9) IC$_{50}$(Inhibition Concentration)

투여량(농도)에 대한 과반수 활성억제 농도를 말한다.

(10) NEL(No Effect Level)

실험동물에서 어떠한 영향도 나타나지 않은 수준을 의미한다. 즉 주로 동물실험에서 유효량으로 이용된다.

(11) NOEL(No Observed Effect Level)

① 현재의 평가방법으로 독성 영향이 관찰되지 않은 수준을 말한다.
② 무관찰 영향 수준, 즉 무관찰 작용 양을 의미한다.
③ NOEL 투여에서는 투여하는 전 기간에 걸쳐 치사, 발병 및 생리학적 변화가 모든 실험대상에서 관찰되지 않는다.
④ 양–반응 관계에서 안전하다고 여겨지는 양으로 간주된다.
⑤ 아급성 또는 만성독성 시험에 구해지는 지표이다.
⑥ 밝혀지지 않은 독성이 있을 수 있다는 것과 다른 종류의 동물을 실험하였을 때는 독성이 있을 수 있음을 전제로 한다.
⑦ 동물실험에서는 ThD(역치량)으로 이용되고 악영향을 나타내는 반응이 없는 농도(SNARL ; Suggested No–Adverse–Response Level)와 같은 의미이다.

(12) NOAEL(No Observed Adverse Effect Level)

① 악영향도 관찰되지 않은 수준을 의미한다.
② 어떠한 영향은 있으나 그것이 특정 장기에 대하여 악영향을 나타내는 것은 아님을 말한다.
③ NEL, NOEL, NOAEL 수준은 화학물질의 노출기준(TLV)을 설정하기 위하여 사용된다.

참고 독성실험 관련 용어

영 문	명 칭	내 용
LD(Lethal Dose)	치사량	시험생물의 치사율로 나타낼 수 있는 시험물질의 투여량
LD_{50}(50% Lethal Dose)	반수치사량 (경구, 경피)	(통계적으로) 시험생물의 50%가 죽게되는 시험물질의 투여량
LC_{50}(50% Lethal Concentration)	반수치사량(흡입)	시험물질 노출 후 일정시간 또는 노출 중 시험생물의 50%가 죽게되는 시험물질의 농도
LDLo(Lethal Dose Low)	최저치사량	동물이나 인간의 죽음을 초래한 것으로 보고된 고체 또는 액체 물질의 가장 낮은 양
NOAEL(No Observed Adverse Effect Level)	무독성량	시험생물에서 각각의 독성시험에 의해 어떠한 독성 영향을 일으키지 않는 최대 투여량
LOAEL(Lowest Observed Adverse Effect Level)	최소영향관찰용량	노출군과 대조군 사이 유해영향의 빈도나 심각도가 통계학적으로 또는 생물학적으로 유의한 증가를 나타내는 가장 낮은 노출수준
NOEL(No Observed Effect Level)	무영향관찰용량	시험기간 중 영향을 나타내지 않는 시험물질의 수준
P(Parental gerneration, P)	부모세대 (=모동물)	부모세대 : 자손을 생산하는 수컷 또는 암컷의 부모세대
F_1(First final generation) F_2(Second final generation)	차산자세대(F_1) 차차산자세대(F_2)	• 차산자세대 : 부모세대 수컷과 암컷이 교미하여 생산한 자손 • 차차산자세대 : 차산자의 수컷과 암컷이 교미하여 생산한 자손
Reproduction toxicity	생식독성	차세대에 대한 유해한 영향 또는 암수의 생식기능 장애 혹은 능력장애
Maternal toxicity	모체독성	직접 혹은 간접적으로 나타나는 수태한 암컷에 대한 부작용
Developmental toxicity	발달독성(또는 발생독성)	차산자의 출생 전, 주산기 그리고 출생 후에 관찰되는 구조적 혹은 기능적 장애를 나타내는 생식독성의 징후
Parenatal Developmental toxicity	최기형성	배자/태자 발생기 동안 구조적으로나 기능적으로 영구적 이상을 초래하는 화학물질의 성질
UDS test(Unscheduled DNA Synthesis test)	비정기적 DNA 합성 시험	간세포 내에서 DNA 손상 및 후속 복구를 지표로 하여 생체 내 화학물질의 유전독성을 평가하는 시험법
EC_{50}(50% Effective Concentration)	반수영향농도	일정 시험기간 동안 통계적으로 시험생물 수의 절반이 독성영향을 받는 농도(호흡 노출)
NOEC(No observed Effect concentration)	무영향관찰농도	최소영향관찰농도 바로 아래의 농도로서 시험동물의 시험결과에 영향을 주지 않는 최대 농도(호흡노출)

08 발암 ●출제율 40%

(1) 국제암연구위원회(IARC)의 발암물질 구분

① Group 1 : 인체 발암성 물질(Carcinogenic to humans)
  ㉠ 사람, 동물에게 발암성 평가
  ㉡ 인체에 대한 발암물질로써 충분한 증거가 있는 물질(sufficient evidence)
  ㉢ 확실하게 발암물질이 과학적으로 규명된 인자
  ㉣ 예 : 벤젠, 알코올, 담배, 다이옥신, 석면
② Group 2A : 인체 발암성 예측 추정물질(Probably carcinogenic to humans)
  ㉠ 실험동물에게만 발암성 평가
  ㉡ 인체에 대한 발암물질로써 증거는 불충분함(단, 동물에는 충분한 증거가 있음 : limited evidence)
  ㉢ 실험동물에 대해 발암가능성이 십중팔구 있다고(probably) 인정되는 인자
  ㉣ 예 : 자외선, 태양램프, 방부제 등
③ Group 2B : 인체 발암성 가능 물질(possibly carcinogenic to humans)
  ㉠ 발암물질로써 증거는 부적절함(Inadequate evidence)
  ㉡ 인체 발암성 가능 물질을 말함
  ㉢ 사람에 있어서 원인적 연관성 연구결과들이 상호 일치되지 못하고 아울러 통계적 유의성도 약함
  ㉣ 실험동물에 대한 발암성의 근거가 충분하지 못하여 사람에 대한 근거 역시 제한적임
  ㉤ 아마도, 혹시나, 어쩌면 발암 가능성이 있다고 추정하는 인자
  ㉥ 예 : 커피, pickle, 고사리, 클로로포름, 삼산화안티몬 등
④ Group 3 : 인체 발암성 미분류물질(not classifiable as to carcinogenicity to humans)
  ㉠ 발암물질로써 증거는 부적적함(Inadequate evidence)
  ㉡ 발암물질로 분류하지 않아도 되는 인자
  ㉢ 인간 및 동물에 대한 자료가 불충분하여 인간에게 암을 일으킨다고 판단할 수 없는 물질
  ㉣ 예 : 카페인, 홍차, 콜레스테롤 등

⑤ Group 4 : 인체 비발암성 추정물질(probably not carcinogenic to humans)
  ㉠ 십중팔구 발암물질이 아닌 인자(발암물질일 가능성이 거의 없음)
  ㉡ 동물실험, 역학조사 결과 인간에게 암을 일으킨다는 증거가 없는 물질

(2) 미국산업위생전문가협의회(ACGIH)의 발암물질 구분

① A1 : 인체 발암 확인(확정)물질(confirmed human carcinogen)
  ㉠ 역학적으로 인체에 대한 충분한 발암성 근거 있음
  ㉡ 예 : 석면, 우라늄, Cr^{6+}화합물, 아크릴로니트릴, 벤지딘, 염화비닐, β-나프틸아민, 4-아미노비페닐

② A2 : 인체 발암 의심(추정)물질(suspected human carcinogen)
  IARC 분류 중 2A와 유사하다.

③ A3 : 동물 발암성 확인물질(인체 발암성 모름)(confirmed animal carcinogen with unknown relevance to humans)
  근로자들의 노출과는 별로 연관성이 없는 정도로 고농도 노출이거나, 노출경로가 다르거나, 병리조직학적 소견이 상이한 실험동물연구에서 발암성이 입증된 경우를 말한다.

④ A4 : 인체 발암성 미분류 물질(not classifiable as a carcinogen)
  비록 인체 발암성은 의심되지만 확실한 연구결과가 없는 물질 및 실험동물 또는 시험관 연구결과가 해당 물질이 Group A1, A2, A3, A5 중 하나에 속한다는 근거를 제시못하는 물질을 말한다.

⑤ A5 : 인체 발암성 미의심 물질(not suspected as a human carcinogen)
  충분한 인체연구결과 인체발암물질이 아니라는 결론에 도달한 경우의 물질을 말한다.

(3) 미국국립독성 프로그램(NTP)의 발암성 물질 분류

구 분	발암성 물질 분류 기준
K	인간발암성이 알려진 물질 (known to be human carcinogens)
R	합리적으로 인간발암성이 예상되는 물질 (reasonably anticipated to be human carcinogens)
합계	

(4) 화학물질의 분류 및 표지에 관한 국제조화시스템(GHS)의 발암성 물질 분류

구 분		발암성 물질 분류 기준
발암성 물질	1급	인체 발암성 물질 또는 발암성 추정 물질
	1A급	사람에 발암성이 있다고 알려져 있음 (주로 사람에서의 증거에 의함)
	1B급	사람에 발암성이 있다고 추정됨 (주로 동물에서의 증거에 의함)
	2급	인체 발암성 의심 물질

〈출처 : 한국산업안전보건연구원〉

(5) 미국환경청(EPA)의 발암성 물질 분류

구 분	발암성 물질 분류 기준
A	사람에 대한 발암물질(Human Carcinogen) – 노출과 발암과의 인과관계에 대한 충분한 역학적 증거가 있는 물질
B	사람에 대한 발암가능성이 충분히 있는 물질 (Probable human carcinogen)
(B1)	– 사람에 대해 제한적인 역학적 증거가 있는 물질 (Limited evidence of carcinogenicity from epidemiology study)
(B2)	– 사람에 대한 증거는 부족하지만 동물실험에서 충분한 증거 있음 (Inadequate humal evidence but positive animal evidence)
C	사람에 대한 발암 가능성이 있는 물질 (Possible human carcinogen for humans) – 동물실험에서 제한적인 또는 불명확한 증거가 있거나 사람에 대한 데이터가 불충분하거나 없는 물질
D	사람에 대한 발암성 물질로 분류할 수 없는 물질(Not classifiable as to human carcinogenicity) – 사람 또는 동물에서 발암성 증거가 불충분하거나 없는 물질
E	사람에 대한 비발암성 물질(Evidence of noncarcinogenicity for humans) – 서로 다른 종류의 동물에 대하여 적어도 두가지의 충분한 동물실험 또는 충분한 역학적 증거 및 동물실험결과 발암성 증거가 없는 물질

〈출처 : 한국산업안전보건연구원〉

(6) EU-CLP의 발암성 물질 분류

구 분	발암성 물질 분류 기준	Criteria
1군	인간에 대하여 발암성이 알려졌거나 간주되는 것(Known or presumed human carcinogens)	인간에 대한 역학연구와 동물실험에서 발암성의 근거가 1군에 해당하는 물질
1A	인간에 대하여 발암성이 알려진 것(Know to have carcinogenic potential for humans)	발암성의 근거가 주로 인간에 대한 연구에 근거하는 경우(largely based on human evidence)
1B	인간에 대하여 발암성이 간주되는 것(Presumed to have carcinogenic potential for humans)	발암성의 근거가 주로 동물실험에 근거하는 경우(largely based on animal evidence)
2군	인간에 대한 발암성이 의심되는 것(Suspected human carcinogens)	인간에 대한 연구나 동물실험 뿐만 아니라 추가적인 고려에서도 1군으로 분류할 수 있을 정도로 발암성에 대한 근거가 충분하지 못한 경우

(7) 화학물질 중 발암성 확인물질(A1) 종류 및 TWA : 고용노동부 고시

① β-나프틸아민
  - ㉠ 화학식 : $C_{10}H_7NH_2$
  - ㉡ STEL : 없음

② 니켈(불용성 무기화합물)
  - ㉠ 화학식 : Ni
  - ㉡ TWA : $0.2mg/m^3$

③ 4-니트로디페닐
  - ㉠ 화학식 : $C_6H_6O_6H_4NO_2$
  - ㉡ TWA : 없음

④ 베릴륨 및 그 화합물
  - ㉠ 화학식 : Be
  - ㉡ TWA : $0.002mg/m^3$
  - ㉢ STEL : $0.01mg/m^3$

⑤ 벤지딘
  - ㉠ 화학식 : $NH_2C_6H_4C_6H_4NH_2$
  - ㉡ TWA : 없음
  - ㉢ STEL : 없음

⑥ 석면(모든 형태)
  ㉠ 화학식 : −
  ㉡ TWA : 0.1개/cm^3
⑦ 4−아미노디페닐
  ㉠ 화학식 : $C_6H_5O_6H_4NH_2$
  ㉡ TWA : 없음
  ㉢ STEL : 없음
⑧ 아황화니켈
  ㉠ 화학식 : Ni_3S_2
  ㉡ TWA : $0.1mg/m^3$
  ㉢ STEL : 없음
⑨ 크롬광 가공품(크롬산)
  ㉠ 화학식 : Cr
  ㉡ TWA : $0.05mg/m^3$
  ㉢ STEL : 없음
⑩ 크롬(6가)화합물(불용성 무기화합물)
  ㉠ 화학식 : Cr
  ㉡ TWA : $0.01mg/m^3$
  ㉢ STEL : 없음
⑪ 크롬(6가)화합물(수용성)
  ㉠ 화학식 : Cr
  ㉡ TWA : $0.05mg/m^3$
  ㉢ STEL : 없음
⑫ 크롬산아연
  ㉠ 화학식 : $ZnCrO_4/ZnCr_2O_4/ZnCr_2O_7$
  ㉡ TWA : $0.01mg/m^3$
  ㉢ STEL : 없음
⑬ 비스−(클로로메틸)에테르
  ㉠ 화학식 : $O(CH_2Cl)_2$
  ㉡ TWA : $0.001ppm$
  ㉢ STEL : 없음

⑭ 클로로에틸렌

    ㉠ 화학식 : CH_2CHCl

    ㉡ TWA : 1ppm

    ㉢ STEL : 없음

⑮ 입자상 다환식 방향족 탄화수소(벤젠에 가용성)

    ㉠ 화학식 : $C_{14}H_{10}$, $C_{16}H_{10}$, $C_{12}H_9N$, C_2OH_{12}

    ㉡ TWA : $0.2mg/m^3$

    ㉢ STEL : 없음

⑯ 황화니켈(흄 및 분진)

    ㉠ 화학식 : NiS

    ㉡ TWA : $1mg/m^3$

    ㉢ STEL : 없음

⑰ 휘발성 콜타르피치(벤젠에 가용물)

    ㉠ 화학식 : $C_{14}H_{10}$, $C_{16}H_{10}$, $C_{12}H_9N$, $C_{20}H_{12}$

    ㉡ TWA : $0.2mg/m^3$

    ㉢ STEL : 없음

⑱ 기타 분진(산화규소 결정체 0.1% 이하)

    ㉠ 화학식 : –

    ㉡ TWA : $10mg/m^3$

    ㉢ STEL : 없음

(8) 정상 세포와 악성종양 세포의 차이점

① 정상 세포의 세포질/핵 비율이 악성종양 세포보다 높다. 즉 발암성은 세포질/핵의 비율이 낮을 경우 관계가 있다.

② 정상 세포는 세포와 세포 연결이 정상적이고 악성종양 세포는 세포와 세포 연결이 소실되어 있다.

③ 정상 세포는 전이성, 재발성이 없고 악성종양 세포는 전이성, 재발성이 있다.

④ 성장속도는 정상 세포가 느리고, 악성종양 세포는 빠르다.

(9) 화학적 발암작용 기전인 체세포 변이원설 증거

① 암이란 세포차원, 즉 세포에서 다음 세대의 세포로 유전된다.

② 암세포는 한 개의 분지계로부터 유래된다.

③ 발암물질들은 그 자체로써 또는 대사됨으로써 DNA와 공유결합을 형성한다.

④ 대다수의 발암물질은 또한 돌연변이원으로서도 작용한다.

⑤ 실험관 내에서 유전자의 손상을 야기시키는 물질은 거의 모두 발암원으로 작용한다.

⑥ 전부는 아니지만 대부분의 암은 염색체 이상을 나타낸다.

(10) 유전독성 발암물질

① 대사적인 활성화의 필요없이 화학물질 자체가 직접적으로 DNA에 작용하여 암을 유발하는 물질을 말한다.
- 알킬화제(alkylating agents)

② 대사적 활성화가 필요하여 간접적으로 작용하는 발암물질, 즉 대사산물이 암을 초래하는 인자를 말한다.
  - ㉠ PAH
  - ㉡ CCl_4

③ 무기 발암물질
- 비소, 니켈, 크롬

(11) 비유전독성 발암물질

① 후천적인 기전에 의하여 암을 유발시키는 것이다.

② 암의 촉진제들은 후천적인 발암기전에 의하여 암의 유발을 촉진시킨다.

③ 후천적인 발암기전에 대한 배경
  - ㉠ 암이란 세포의 분화가 비정상적으로 발생된다.
  - ㉡ 암 형성에는 일부에 한하여 가역적인 단계도 있다.
  - ㉢ 암은 돌연변이 물질이 아닌 것에 의해서도 발생된다.
  - ㉣ 발암원은 항상 돌연변이를 발생시키지 않는다.
  - ㉤ DNA 메틸화의 변화만으로도 암이 발생된다.

④ 비유전독성 발암물질
  - ㉠ 면역기능 억제제
  - ㉡ 석면
  - ㉢ 호르몬
  - ㉣ phenobarbital

참고 우리나라 발암성 정보물질 표기

1. 구분
   ㉠ 1A : 사람에게 충분한 발암성 증거가 있는 물질
   ㉡ 1B : 시험동물에서 발암성 증거가 충분히 있거나, 시험동물과 사람 모두에서 제한된 발암성 증거가 있는 물질
   ㉢ 2 : 사람이나 동물에서 제한된 증거가 있지만, 구분1로 분류하기에는 증거가 충분하지 않은 물질
2. 발암성 물질 분류기준(기관)
   아래 해당 기관의 분류를 기준으로 작성한다.
   ㉠ 국제암연구소(IARC; International Agency for Research on Cancer)
   ㉡ 미국산업위생전문가협회(ACGIH; American Conference of Governmental Industrial Hygienists)
   ㉢ 미국독성프로그램(NTP; National Toxicology Program)
   ㉣ 유럽연합의 분류·표시에 관한 규정(EU−CLP; European Regulation on the Classification, Labelling and Packaging substance and mixtures)
   ㉤ 미국산업안전보건청(OSHA; Occupational Safety and Health Administration)

참고 생식세포 변이원성 및 생식독성 기준(기관)

유럽연합의 분류·표시에관한 규정(EU−CLP; European Regulation on the Classification, Labelling and Packaging substance and mixtures)을 기준으로 작성한다.

SECTION 2 입자상 물질

01 개요

(1) 입자상 물질(aerosol)은 공기 중에 포함된 고체상 및 액체상의 미립자를 말한다.

(2) 입자상 물질은 먼지 또는 에어로졸(aerosol)로 통용되고 있으며, 주로 물질의 파쇄선별 등 기계적 처리 혹은 연소, 합성, 분해 시에 발생하는 고체상 또는 액체상의 미세한 물질이다.

02 입자상 물질의 종류 ●출제율 20%

(1) 에어로졸(aerosol)

① 정의

유기물의 불완전연소 시 발생한 액체나 고체의 미세한 입자가 공기 중에 부유되어 있는 혼합체이며, 가장 포괄적인 용어이다. 또한 연무체 또는 연무질이라고도 한다.

② 특성

㉠ 비교적 안정적으로 부유하여 존재하는 상태를 에어로졸이라고도 한다.

㉡ 기체 중에 콜로이드 입자가 존재하는 상태의 의미도 있다.

(2) 먼지(dust)

① 정의

입자의 크기가 비교적 큰 고체입자로서 대기 중에 떠다니거나 흩날리는 입자상 물질을 말한다.

② 특성

    ㉠ 입자의 크기는 1~100㎛ 정도이다.

    ㉡ 입경이 커서 지상으로 낙하하는 먼지를 강하먼지(dust fall)라고 부른다.

(3) 분진(particulate)

① 정의

일반적으로 공기 중에 부유하고 있는 모든 고체의 미립자로서 공기나 다른 가스에 단시간 동안 부유할 수 있는 고체입자를 말한다.

② 특성

    ㉠ 산업보건에서는 근로자가 작업하는 장소에서 발생하거나 흩날리는 미세한 분말 상의 물질을 분진으로 정의하고 있다.

    ㉡ 분진입자의 크기는 보통 0.1~30㎛ 정도인데 직경이 작을수록 공기 중에 떠다니는 시간이 길어지고 인체에 흡인될 수 있는 가능성이 높아지게 된다.

    ㉢ 입자의 크기에 따라 폐까지 도달되어 진폐증을 일으킬 수 있는 분진을 호흡성 분진이라 하며, 크기는 0.5~5.0㎛ 정도이다.

(4) 미스트(mist)

① 정의

액체의 입자가 공기 중에 비산하여 부유확산되어 있는 것을 말하며, 입자의 크기는 보통 100㎛(0.01~10㎛) 이하이다.

② 특성

    ㉠ 증기의 응축 또는 화학반응에 의해 생성되는 액체입자로서 주성분은 물로서 안개와 구별된다.

    ㉡ 수평 시정거리가 1km 이상으로 회백색을 띤다.

    ㉢ 미스트가 증발되면 증기화될 수 있다.

    ㉣ 미스트를 포집하기 위한 장치로는 벤투리 스크러버(Venturi scrubber) 등이 사용된다.

(5) 흄(fume)

① 정의

금속이 융해되어 액상물질로 되고 이것이 가스상 물질로 기화된 후 다시 응축되어 고체미립자로 보통 크기가 0.1 또는 1μm 이하이므로 호흡성 분진의 형태로 체내에 흡입되어 유해성도 커진다. 즉 fume은 금속이 용해되어 공기에 의해 산화되어 미립자가 분산하는 것이다.

② 특성

㉠ 흄의 생성기전 3단계는 금속의 증기화, 증기물의 산화, 산화물의 응축이다.

㉡ 흄도 입자상 물질로 육안으로 확인이 가능하며, 작업장에서 흔히 경험할 수 있는 대표적 작업은 용접작업이다.

㉢ 일반적으로 흄은 금속의 연소과정에서 생긴다.

㉣ 입자의 크기가 균일성을 갖는다.

㉤ 활발한 브라운(Brown) 운동에 의해, 상호충돌에 의해 응집하며 응집한 후 재분리는 쉽지 않다.

(6) 섬유(fiber)

① 정의

길이가 5μm 이상이고 길이 대 너비의 비가 3 : 1 이상의 가늘고 긴 먼지로 석면섬유, 식물섬유, 유리섬유, 암면 등이 있다.

② 특성

석면은 폐포에 침입하여 섬유화를 유발, 호흡기능 저하 및 폐질환을 발생시키는데 이 현상을 석면폐증(asbestosis)이라고 한다.

(7) 안개(fog)

① 정의

증기가 응축되어 생성되는 액체입자이며, 크기는 1~10μm 정도이다.

② 특성

습도가 100% 정도이며, 수평가시거리는 1km 미만이다.

(8) 연기(smoke)

① 정의

매연이라고도 하며, 유기물질이 불완전연소하여 만들어진 에어로졸의 혼합체로서 크기는 0.01~1.0μm 정도이다.

② 특성

 ㉠ 기체와 같이 활발한 브라운 운동을 하며, 쉽게 침착하지 않고 대기 중에 부유하는 성질이 있다.

 ㉡ 액체나 고체의 2가지 상태로 존재할 수 있다.

(9) 스모그(smog)

smoke와 fog가 결합된 상태이며, 광화학 생성물과 수증기가 결합하여 에어로졸이 된다.

(10) 검댕(soot)

① 정의

탄소함유 물질의 불완전연소로 형성된 입자상 오염물질로서 탄소입자의 응집체이다.

② 특성

검댕의 대표적 물질인 PAH(다환방향족 탄화수소)는 발암물질로 알려져 있다.

03   ACGIH의 입자상 물질 정의 ●출제율 40%

(1) 흡입성 입자상 물질(IPM ; Inhalable Particulate Mass)

① 평균입경(폐침착의 50%에 해당하는 입자의 크기)

$100\mu m$

② 입경범위

$0 \sim 100\mu m$

③ 침착 부위

호흡기 어느 부위(비강, 인후두, 기관 등 호흡기의 기도 부위)에 침착하더라도 독성을 유발하는 분진

④ 제거기전

bulk 세척기전(재채기, 침, 코)

⑤ 분진 입경별 채취효율[SI(d)]

$$\mathrm{SI(d)} = 50\% \times (1 - e^{-0.06d})$$

여기서, d : 분진의 공기역학적 직경($0 < d \leq 100\mu\mathrm{m}$)

⑥ 측정대상물질

　㉠ 용해도가 높은 물질

　㉡ 용해성 금속염류

　㉢ 납 함유물질

　㉣ 6가 크롬, 목재먼지

(2) 흉곽성 입자상 물질(TPM ; Thoracic Particulate Mass)

① 평균입경

$10\mu\mathrm{m}$

② 침착 부위

기도나 하기도(가스교환 부위)에 침착하여 독성을 유발하는 분진

③ 포집기기

PM 10

④ 분진 입경별 채취효율[ST(d)]

$$\mathrm{ST(d)} = \mathrm{SI(d)}[1 - F(X)]$$

여기서, $X = \dfrac{\ln(d/\Gamma)}{\ln(\sum)}$

$\Gamma = 11.64\mu\mathrm{m}$

$\Sigma = 1.5$

$F(X) =$ 표준정규분포에서 X값에 대한 누적확률 함수

⑤ 측정의 필요성

　㉠ 기관지에 영향을 미치는 입자들의 연구

　㉡ 섬유형태의 입자가 기관지 암 발생의 원인

　㉢ 에어로졸이 기관지 경련의 원인

　㉣ 광부들의 기관지 질병발생의 원인입자가 1PM보다 5~7배 높음

(3) 호흡성 입자상 물질(RPM ; Respirable Porticilate Mass)

① 평균입경

$4\,\mu\text{m}$

② 침착 부위

가스교환 부위, 즉 폐포에 침착할 때 독성을 유발하는 물질

③ 포집기기

10mm nylon cyclone

④ 분진 입경별 채취효율

$$[\text{SR}(\text{d}) = \text{SI}(\text{d})[1 - F(x)]$$

여기서, $x = \dfrac{\ln(d/\Gamma)}{\ln(\sum)}$

$\Gamma = 4.25\,\mu\text{m}$

$\Sigma = 1.5$

$F(x) =$ 표준정규분포에서 X값에 대한 누적확률 함수

04 입자의 호흡기계 침적(축적)기전 ●출제율 50%

(1) 충돌(관성충돌)(impaction)

① 충돌은 공기흐름 속도, 각도의 변화, 입자밀도, 입자직경에 따라 변화한다.

② 충돌은 지름이 크고($1\,\mu\text{m}$ 이상), 공기흐름이 빠르고, 불규칙한 호흡기계에서 잘 발생한다.

(2) 침강(중력침강)(sedimentation)

① 침강속도는 입자의 밀도, 입자지름의 제곱에 비례하여, 지름이 크고($1\,\mu\text{m}$) 공기흐름 속도가 느린상태에서 빨라진다.

② 중력침강은 입자모양과는 관계가 없다.

③ 먼지의 운동속도가 낮은 미세먼지나 폐포에서 주로 작용하는 기전이다.

(3) 차단(interception)

① 차단은 길이가 긴 입자가 호흡기계로 들어오면 그 입자의 가장자리가 기도의 표면을 스치게 됨으로써 일어나는 현상이다.

② 섬유(석면)입자가 폐 내에 침착되는데 중요한 역할을 담당한다.

(4) 확산(diffusion)

① 미세입자의 불규칙적인 운동, 즉 브라운 운동에 의해 침적된다.

② 지름이 $0.5\mu m$ 이하의 것이 주로 해당되며, 전 호흡기계 내에서 일어난다.

③ 입자의 지름에 반비례, 밀도와는 관계가 없다.

④ 입자의 침강속도가 $0.001cm/sec$ 이하인 경우 확산에 의한 침착이 중요하다.

(5) 정전기 침강(electrostatic deposition)

05 입자 크기에 따른 작용기전

(1) $1\mu m$ 이하 입자

확산에 의한 축적이 이루어지며, 호흡기계 중 폐포 내에 축적이 이루어진다.

(2) $1\sim5(8)\mu m$ 입자

주로 침강(침전)에 의한 축적이 이루어지며, 호흡기계 중 기관, 기관지(세기관지) 내에 축적이 이루어진다.

(3) $5\sim30\mu m$ 입자

주로 관성충돌에 의한 축적이 이루어지며 호흡기계 중 코, 인후 부위에 축적이 이루어진다.

06 인체 내 축적에 미치는 물리적 영향인자

(1) 입자의 크기

0.5~5.0μm 크기 입자는 폐포 내에 침투 진폐증 유발가능성이 높다.

(2) 입자의 모양

입자의 모양이 침투 및 이동에 유리한 것이 위험하다.

(3) 입자의 용해도

용해도가 낮은 입자는 국소반응, 용해도가 큰 입자는 전신반응을 일으킨다.

(4) 흡수성

연무질의 입자상 물질은 흡수성의 영향이 크다.

(5) 변각경로

와류를 형성하여 입자의 침적을 증가시킨다.

07 입자상 물질에 대한 인체 방어기전 ●출제율 30%

(1) 점액 섬모운동(1차 방어작용)

① 가장 기초적인 방어기전(작용)이며, 점액 섬모운동에 의한 배출 시스템으로 폐포로 이동하는 과정에서 이물질을 제거하는 역할을 한다.
② 기관지(벽)에서의 방어기전을 의미한다.
③ 정화작용을 방해하는 물질
　 카드뮴, 니켈, 황화합물, 수은, 암모니아 등

(2) 대식세포에 의한 작용(정화)

① 대식세포가 방출하는 효소에 의해 용해되어 제거된다(용해작용).

② 폐포의 방어기전을 의미한다.
③ 유리규산, 석면, 석탄 등은 대식세포에 의해 용해되지 않는 대표적 독성물질이다.
④ 폐포에서 오염물질 제거기능에 영향을 미치는 요인
    ㉠ 축적된 입자의 양
    ㉡ 폭로시간
    ㉢ 입자의 성질

08 진폐증

(1) 개요

① 호흡성 분진(0.5~5 μm) 흡입에 의해 폐에 조직반응을 일으킨 상태, 즉 폐포가 섬유화되어(굳게 되어) 수축과 팽창을 할 수 없고 결국 산소교환이 정상적으로 이루어지지 않는 현상을 진폐증이라 한다. 또한 호흡기를 통하여 폐에 침입하는 분진은 크게 무기성 분진과 유기성 분진으로 구분된다.
② 흡입된 분진이 폐조직에 축적되어 병적인 변화를 일으키는 질환을 총괄적으로 의미하는 용어를 진폐증이라 한다.
③ 진폐증의 대표적인 병리소견인 섬유증이란 폐포, 폐포관, 모세기관지 등을 이루고 있는 세포들 사이에 콜라겐 섬유가 증식하는 병리적 현상이며, 콜라겐 섬유가 증식하면 폐의 탄력성이 떨어져서 호흡곤란, 지속적인 기침, 폐기능 저하를 가져온다.
④ 일반적으로 진폐증의 유병률과 노출기간은 비례하는 것으로 알려져 있다.

(2) 진폐증 발생에 관여하는 요인

① 분진의 종류, 농도 및 크기
② 폭로시간 및 작업강도
③ 보호시설이나 장비 착용 유무
④ 개인차

(3) 진폐증 분류 출제율 20%

① 분진 종류에 따른 분류(임상적 분류)
  ㉠ 유기성 분진에 의한 진폐증
    농부폐증, 면폐증, 연초폐증, 설탕폐증, 목재분 진폐증, 모발분 진폐증
  ㉡ 무기성(광물성) 분진에 의한 진폐증
    규폐증, 탄소폐증, 활성폐증, 탄광부 진폐증, 철폐증, 베릴륨폐증, 흑연폐증,
    규조토폐증, 주석폐증, 칼륨폐증, 바륨폐증, 용접공폐증
② 병리적 변화에 따른 분류
  ㉠ 교원성 진폐증
    ⓐ 폐포조직의 비가역적 변화나 파괴가 있다.
    ⓑ 간질반응이 명백하고, 그 정도가 심하다.
    ⓒ 폐조직의 병리적 반응이 영구적이다.
    ⓓ 대표적 진폐증 : 규폐증, 석면폐증
  ㉡ 비교원성 진폐증
    ⓐ 폐조직이 정상이며, 망상섬유로 구성되어 있다.
    ⓑ 간질반응이 경미하다.
    ⓒ 분진에 의한 조직반응은 가역적인 경우가 많다.
    ⓓ 대표적 진폐층 : 용접공폐증, 주석폐증, 바륨폐증, 칼륨폐증

(4) 규폐증(silicosis) 출제율 20%

① 개요
  규폐증은 이집트의 미라에서도 발견되는 오랜 질병이며, 채석장 및 모래분사 작업
  장에 종사하는 작업자들이 석면을 과도하게 흡입하여 잘 걸리는 폐질환으로 SiO_2
  함유 먼지 $0.5 \sim 5 \mu m$ 크기에서 잘 유발된다.
② 원인
  ㉠ 규폐증은 결정형 규소(암석 : 석영분진, 이산화규소, 유리규산)에 직업적으로
    노출된 근로자들에게 발생한다.
  ㉡ 주요 원인물질은 혼합물질이며 건축업, 도자기작업장, 채석장, 석재공장 등의
    작업장에서 근무하는 근로자에게 발생한다.
  ㉢ 석재공장, 주물공장, 내화벽돌제조, 도자기제조 등에서 발생하는 유리규산이
    주원인이다.

　　㉣ 유리규산(석영) 분진에 의한 규폐성 결정과 폐포벽 파괴 등 망상내피계 반응은 분진입자의 크기가 2~5μm일 때 자주 일어난다.

③ 규폐결절의 형성학설

　　㉠ 기계적 자극설

　　㉡ 화학적 자극설

　　㉢ 면역학설

　　㉣ 용해설

④ 인체영향 및 특징

　　㉠ 폐 조직에서 섬유상 결절이 발견된다.

　　㉡ 유리규산(SiO_2) 분진 흡입으로 폐에 만성섬유증식이 나타난다.

　　㉢ 자각증상은 호흡곤란, 지속적인 기침, 다량의 담액 등이지만, 일반적으로는 자각증상 없이 서서히 진행된다(만성규폐증의 경우 10년 이상 지나서 증상이 나타남).

　　㉣ 고농도의 규소입자에 노출되면 급성규폐증에 걸리며 열, 기침, 체중 감소, 청색증이 나타난다.

　　㉤ 폐결핵은 합병증으로 폐하엽 부위에 많이 생긴다.

　　㉥ 폐에 실리카가 쌓인 곳에서는 상처가 생기게 된다.

　　㉦ 석영분진이 직업적으로 노출 시 발생하는 진폐증의 일종이다.

(5) 석면폐증(Asbestosis) ● 출제율 20%

① 개요

　　㉠ 흡입된 석면섬유가 폐의 미세기관지에 부착하여 기계적인 자극에 의해 섬유증식증이 진행한다.

　　㉡ 석면분진의 크기는 길이가 5~8μm보다 길고, 두께가 0.25~0.15μm보다 얇은 것이 석면폐증을 잘 일으킨다.

② 인체영향 및 특징

　　㉠ 석면을 취급하는 작업에 4~5년 종사 시 폐하엽 부위에 다발한다.

　　㉡ 인체에 대한 영향은 규폐증과 거의 비슷하지만 구별되는 증상으로 폐암을 유발시킨다(결정형 실리카가 폐암을 유발하며, 폐암 발생률이 높은 진폐증).

　　㉢ 늑막과 복막에 악성 중피종이 생기기 쉬우며, 폐암을 유발시킨다.

　　㉣ 증상으로는 흉부가 야위고 객담에 석면소체가 배출된다.

　　㉤ 폐암, 중피종암, 늑막암, 위암을 일으킨다.

SECTION 3 직업성 피부질환

01 개요 및 특징

(1) 직업과 연관되어 접촉물질에 의해 발생되는 모든 피부질환을 직업성 피부질환이라 하며, 지용성이 높은 화학물질이 체내에 침입하는 경로가 용이한 것이 피부이다.

(2) 보통 직업성 피부질환은 일반인에게서는 거의 발생하지 않고 직업적으로 직접 접할 수 있는 원인물질에 의하여 발생하는 피부질환에 국한한다.

(3) 직업성 피부질환의 발생빈도가 타 질환에 비하여 월등히 많다는 것이 특징이며, 이로 인해 생산성을 크게 저해하여 큰 경제적 손실을 가져온다(근로자의 휴지일수의 25% 정도).

(4) 생명에 큰 지장을 초래하지 않는 경우가 많아 보고되는 것은 실제의 질환빈도보다 매우 작다.

(5) 직업성 피부질환은 대부분 화학물질에 의한 접촉피부염이며, 랑거한스 세포는 피부의 면역반응에 중요한 역할을 한다.

(6) 근로자의 직업병으로 집계되지 않는 경우가 대부분이며, 정확한 발생빈도와 원인물질의 추정은 거의 불가능하다.

(7) 피부흡수는 수용성보다 지용성 물질의 흡수가 빠르다. 즉 비극성, 비이온화성 성분의 흡수가 용이하다.

(8) 수용성 및 지용성 물질은 땀이나 피지에 녹아서 피부로 침입하여 국소적인 피부장애를 일으키거나 한선 및 피지선에 있는 모세혈관으로부터 흡수되어 전신적인 장애를 일으킨다.

02 피부의 방어기전 ●출제율 20%

(1) 물리적 외상

① 피부는 감각기능을 이용하여 위험을 회피한다.

② 외부 충격에 대해서 진피의 교원섬유, 탄력섬유, 피하조직의 완충작용에 의해 방어한다.

③ 창상에 대해서는 피부 자체의 치유능력이 있다.

(2) 미생물

① 피부 표면이 acid mantle(산외투)를 형성하여 병원체의 침입을 방어한다.

② 각질 탈락, 면역학적 기구 등을 통한 미생물에 의한 감염을 방어한다.

(3) 자외선

표피, 멜라닌 색소 증가 및 각질층 비후에 의해 자외선으로부터 피부를 방어한다.

(4) 화학물질

① 피부 각질층, 피부 표면지질, 에크린, 땀, 신진대사에 의하여 무독화한다.

② 식균작용 및 면역반응에 의하여 방어한다.

(5) 체액의 손실

각질층과 피부 부속기를 지지하는 진피가 체액 손실을 방어한다. 즉 수분손실방지는 주로 피부 각질층에서 이루어진다.

(6) 열손상

한선, 피부혈관계가 정상 기능을 유지함으로써 열손상을 방어한다.

> **참고 피부 흡수**
>
> 1. 피부를 통한 흡수는 진피에서 일어난다.
> 2. 피부를 통한 흡수는 수동확산에 의한 Ficks(픽스) 법칙에 의한다.
>
> $$A = N_P \times C$$
>
> 여기서, A : 흡수
>
> N_P : 투과상수
>
> C : 접촉용액의 농도
>
> 3. 영향인자
>   ㉠ 피부에 노출된 양
>   ㉡ 노출시간
>   ㉢ 발한 및 주변온도
>   ㉣ 해당 부위의 각질층 두께
>   ㉤ 피모 유무

03 직업성 피부질환의 요인 ●출제율 20%

(1) 직접적 요인

① 물리적 요인
  ㉠ 열 : 열성홍반, 다한증, 피부자극, 화상
  ㉡ 한랭 : 피부질환, 레이노씨 현상, 동상
  ㉢ 비전리방사선(대표적 : 자외선) : 열상, 피부암, 백내장, 색소침착
  ㉣ 진동 : 레이노씨 현상
  ㉤ 반복 작업에 의한 마찰 : 수포 현상

② 생물학적 요인
  ㉠ 세균 : 세균성 질환
  ㉡ 바이러스 : 단순 포진, 두드러기
  ㉢ 진균 : 족부백선, 백선균증, 칸디다증
  ㉣ 기생충 : 모낭충증

③ 화학적 요인(90% 이상 차지하며, 여러 요인 중 가장 중요함)
  ㉠ 물 : 피부손상, 피부자극
  ㉡ tar, pitch : 색소침착(색소변성)
  ㉢ 절삭유(기름) : 모낭염, 접촉성 피부염

　　ⓔ 산, 알칼리 용매 : 원발성 접촉피부염
　　ⓜ 공업용 세제 : 피부표면 지질막 제거
　　ⓗ 산화제 : 피부손상, 피부자극
　　ⓢ 환원제 : 피부 각질에 부종

(2) 간접적 원인

① 인종

　인종에 따라 주로 발생되는 직업성 피부질환의 종류는 큰 차이를 보이지 않는다.

② 피부의 종류

　　㉠ 지루성 피부(oily skin)는 비누, 용제, 절삭유 등에 자극을 덜 받은 것으로 알려져 있다.

　　㉡ 털이 많이 난 사람들은 비용해성 기름, 타르, 왁스 등에 민감한 자극을 받는다.

③ 연령, 성별

　　㉠ 젊은 근로자들이나 일에 미숙할수록 피부질환이 많이 발생하는 경향이 있다.

　　㉡ 일반적으로 여자는 남자보다 접촉피부염이 많이 발생한다.

④ 땀

　과다한 땀의 분비는 땀띠를 유발하며, 이는 때로 2차적 피부감염을 유발하기도 한다.

⑤ 계절

　여름에 빈발하게 되는 경향이 있다.

⑥ 비직업성 피부질환의 공존(유무)

　아토피성 피부염, 건선, 습진 등의 병력이 있는 작업자는 직업성 질환으로 악화되는 경향이 있다.

⑦ 온도, 습도

　　㉠ 고온 다습한 경우 홍색한진(땀띠)이 잘 발생한다.

　　㉡ 이차감염 및 접촉피부염이 발생할 수 있다.

　　㉢ 춥고 건조한 경우 피부가 건조해진다.

⑧ 개인 위생

　　㉠ 일상생활의 위생에 주의하면 대부분 예방이 가능하다.

　　㉡ 보호구나 보호의를 착용 후 작업하고 각종 크림을 사용하여 피부건조 및 자극을 방지한다.

04 직업성 피부질환의 예방 ●출제율 30%

(1) 개요

유해화학물질에 의한 직업성 피부질환의 발생은 건강에 대한 경고신호로 작용하며, 직업성 피부질환을 예방하기 위해서는 작업환경과 사람에 대한 종합적이면서도 철저한 관리가 이루어져야 한다.

(2) 예방 기본대책

① 위험인자의 파악(위해성 평가)
  ㉠ 위험인자의 독성, 물리적 · 화학적 특성 파악
  ㉡ 화학물질의 위험 정도는 독성, 피부투과성, 부식성, 피부감작성, 등에 의해 결정

② 위험인자의 관리
  ㉠ 직업성 피부질환을 유발할 수 있는 자극물질들과 알레르겐들은 물리적 형태나 폭로경로 등을 고려하여 밀봉, 보관, 취급함
  ㉡ 피부의 노출이 공기를 통해 이루어진다면 반드시 환기시스템을 갖춘 상태에서 취급함

③ 적절한 보호구의 사용
  ㉠ 보호의 및 보호장갑
    보호의, 보호장갑 선택 시 보호력(저항성)과 민첩성(편리성)이 가장 중요함
  ㉡ 피부보호물질
    보호의, 보호장갑이 사용될 수 없는 공정에서 작업 전 피부에 도포하여 피부장해와 중독을 예방할 목적으로 사용함

④ 개인위생 및 환경위생
  ㉠ 개인위생
    직업성 피부질환 예방에 있어서 개인위생의 기본 수칙은 신체노출 부위에 대한 빈번한 수세와 보호의 잦은 세척임
  ㉡ 환경위생
    화학물질의 피부 접촉은 오염된 작업장의 표면을 통해서도 발생하기 때문에 작업 전과 후에 작업장의 청소와 정돈이 매우 중요함

⑤ 규제

법에 의한 MSDS(물질안전보건자료)를 통하여 규제한다.

⑥ 교육

유해화학물질의 취급방법, 독성, 폭로경로, 초기증상, 보호의 · 보호크림 사용법,
개인적 위생, 응급조치 등이 포함되어야 한다.

⑦ 동기유발

작업자 스스로 예방활동을 실천할 수 있는 동기유발도 중요하다.

⑧ 건강검진

㉠ 유해화학물질의 노출이 예상되는 작업에 배치 전에 피부질환의 사전검사 반드
시 실시

㉡ 정기적인 건강진단을 실시 피부질환을 조기에 발견하고 치료함

05 접촉성 피부염

(1) 개요

① 작업장에서 발생빈도가 가장 높은 피부질환으로 외부 물질과의 접촉에 의하여 발생
하는 피부염으로 정의한다.

② 접촉성 피부염의 경우는 과거 노출경험이 없어도 반응이 나타난다.

③ 접촉성 피부염은 습진의 일종이며, 주요 발생 부위는 손이다.

(2) 원인물질

① 수분

피부의 습윤작용을 방해하는 역할을 한다.

② 합성 화학물질

계면활성제, 산, 알칼리, 유기용제 등이 포함된다.

③ 생물성 화학물질

특이체질 근로자에게 미치는 물질로 동물 또는 식물이 이에 속한다.

(3) 종류

① 자극성 접촉피부염

　　㉠ 접촉피부염의 대부분을 차지한다.

　　㉡ 자극에 의한 원발성 피부염이 가장 많은 부분을 차지한다.

　　㉢ 원발성 피부염의 원인물질은 산, 알칼리, 용제, 금속염 등이다.

　　㉣ 원인물질은 크게 수분, 합성 화학물질, 생물성 화학물질로 구분한다.

　　㉤ 증상은 다양하지만 홍반과 부종을 동반하는 것이 특징이다.

　　㉥ 면역학적 반응에 달라 과거 노출경험과는 관계가 없다.

② 알레르기성 접촉피부염

　　㉠ 어떤 특정 물질에 알레르기성 체질이 있는 사람에게만 발생한다.

　　㉡ 면역적학 기전이 관계되어 있다.

　　㉢ 알레르기성 접촉피부염의 진단에 병력이 가장 중요하고 진단허가를 증명하기 위해 첩포시험을 시행한다.

　　㉣ 항원에 노출되고 일정시간이 지난 후에 다시 노출되었을 때 세포 매개성 과민 반응에 의하여 나타나는 부작용의 결과이다.

　　㉤ 알레르기성 반응은 극소량에 의해서도 피부염이 발생할 수 있는 것이 특징이다.

　　㉥ 알레르기원에 노출되고 이 물질이 알레르기원으로 작용하기 위해서는 일정기간 이 소요되는데, 이 기간(2~3주)을 유도기라고 한다.

　　㉦ 알레르기 반응을 일으키는 관련 세포는 대식 세포, 림프구, 랑거한스 세포로 구분된다.

　　◎ 첩포시험(patch test) ●출제율 20%

　　　　ⓐ 알레르기성 접촉피부염의 진단에 필수적이며, 가장 중요한 임상시험이다.

　　　　ⓑ 피부염의 원인물질로 예상되는 화학물질을 피부에 도포하고, 48시간 동안 덮어둔 후 피부염의 발생 여부를 확인한다.

　　　　ⓒ 첩포시험 결과 침윤, 부종이 지속된 경우를 알레르기성 접촉피부염으로 판독한다.

06 노출기준에서 "SKIN" 표시물질 ●출제율 30%

(1) 개요

① 유해화학물질의 노출기준 또는 허용기준에 '피부' 또는 'SKIN'이라는 표시가 있을 경우 그 물질은 피부(경피)로 흡수되어 전체 노출량(전신영향)에 기여할 수 있다는 의미이다.

② 피부자극, 피부질환 및 감각 등과는 관련이 없다.

③ 피부의 상처는 흡수에 큰 영향을 미치며, SKIN 표시가 있는 경우는 생물학적 지표가 되는 물질도 공기 중 노출농도 측정과 병행하여 측정한다.

(2) 노출기준에 피부(SKIN) 표시를 하여야 하는 물질

① 손이나 팔에 의한 흡수가 몸 전체 흡수에 지대한 영향을 주는 물질

② 반복하여 피부에 도포했을 때 전신작용을 일으키는 물질

③ 급성 동물실험 결과 피부 흡수에 의한 치사량이 비교적 낮은 물질

④ 옥탄올 – 물 분배계수가 높아 피부 흡수가 용이한 물질

⑤ 피부 흡수가 전신작용에 중요한 역할을 하는 물질

참고 직업성 피부질환 진단 ●출제율 30%

1. 직업성 피부질환 진단 시 고려사항
   ㉠ 과거, 현재의 직업력
   ㉡ 유해인자의 노출특성
   ㉢ 취급방법
   ㉣ 보호구 착용 및 사용
   ㉤ 환경조건(온도, 습도 등)
   ㉥ 특수검사(patch test)
   ㉦ 작업공정방식
2. 직업성 피부질환의 진단방법
   ㉠ 임상적 진단
      임상적으로 다음과 같은 사항이 있을 때 직업과의 연관성이 있다고 인정한다.
      • 직업적으로 노출되는 물질이 환자의 피부병력과 같은 질환을 잘 일으키는 물질인 경우
      • 같은 직장 동료들에게 유사한 피부질환이 발생한 경우
      • 유해물질에 노출된 시간과 피부질환이 발생한 시간이 일치할 경우
      • 발생 부위와 피부질환의 형태가 이미 밝혀진 예와 유사할 경우

- 유해물질에 노출되었을 때는 병력이 발생하나 노출되지 않았을 때에는 병터가 좋아지는 경우
- 진피내 검사의 결과와 환자의 병력이나 진찰 소견과 일치하는 경우

ⓛ 보조적인 검사

- 첩포검사

  첩포검사는 적절한 농도의 여러 가지 알레르기 항원을 환자의 피부에 부착한 후 48시간 이후 피부반응을 보는 검사이다. 그러나 첩포검사에서 양성반응을 보인다고 하더라도 환자의 병력이나 병터부위, 형태와 일치하지 않을 경우 알레르기 접촉피부염으로 진단할 수 없다.

- 피부생검

  피부종양의 진단에 필수적이며 활석분말, 베릴륨, 규토와 같은 이물질에 의한 이물육아종과 깊이 생기는 진균, 세균에 의한 세균육아종의 진단과 색소이상의 진단에도 도움이 된다.

ⓒ 공장 방문

  직업피부질환을 포함하여 직업질환의 진단에는 공장방문이 도움이 되지만, 우리나라에서는 직업피부질환의 진단 및 조사를 위한 공장방문이 제한적이다.

SECTION 4 중금속

01 납(Lead)

(1) 개요

① 기원전 370년 히포크라테스는 금속추출 작업자들에게서 심한 복부산통이 나타난 것을 기술하였는데, 이는 역사상 최초로 기록된 직업병이다.

② 우리나라에서는 1970년 초 모 축전지 제조사업장에서 납중독을 보고한 기록이 있고, 매년 약 100명 정도의 납중독이 발생하는 것으로 알려져 있다.

③ 납중독은 그 영향이 서서히 점진적으로 나타나고 특별한 증상을 보이지 않기 때문에 'silent disease'라고도 한다.

④ 납의 주요표적기관은 중추신경계와 조혈기계이다(금속수은의 표적장기는 뇌, 혈액, 심근이고 무기수은염의 표적장기는 신장, 간강, 비장 등이다).

(2) 발생원

① 납제련소(납 정련) 및 납광산
② 납축전지(배터리 제조) 생산
③ 납 포함된 페인트(안료) 생산
④ 납 용접작업 및 절단작업
⑤ 인쇄소(활자의 문선, 조판작업)
⑥ 합금

(3) 물리 · 화학적 성상(특성)

① 원자량 207.21, 비중 11.34, 원자번호 82의 청색 또는 은회색의 연한 중금속이며, 통상 탑은 세 가지 형태, 즉 금속납, 납합금 및 납화합물로 구분할 수 있다.

② 납은 가열하면 500~600℃ 사이에 흄이 다량으로 발생하기 시작하고 온도가 올라가면서 기화가 심해지고 산화납(PbO)이 된다.

③ 금속납은 연성이 있으나 강도는 약하고 저온에 상당히 수축되며, 희석된 산에는 거의 녹지 않으나 질산, 초산 그리고 가열된 진한 황산에는 녹는다.

④ 납 합금은 납-주석 형태가 가장 일반적이며 녹는점 및 끓는점은 금속 납보다는 낮지만 납화합물보다는 높으며 일반적으로 물은 물론 산에 대해서도 잘 녹지 않는다.

⑤ 납화합물에서 남은 2가와 4가 형태로 존재하며 2가 상태가 일반적인데 초산 및 질산 화합물은 찬물에 쉽게 용해된다.

⑥ 무기납

　㉠ 금속납(Pb), 납의 산화물[일산화납(PbO), 삼산화이납(Pb_2O_3), 사산화납(Pb_3O_4)] 등이다.

　㉡ 납의 염류[아질산납, 질산납, 과염소산납, 황산납] 등이다.

　㉢ 금속납을 가열하면 330℃에서 PbO, 450℃ 부근에서 Pb_3O_4, 600℃ 부근에서 납의 흄이 발생한다.

⑦ 유기납

　㉠ 4메틸납(TML)과 4에틸납(TEL)이며, 이들의 특성은 비슷하다.

　㉡ 물에 잘 녹지 않고 유기용제, 지방, 지방질에는 잘 녹는다.

　㉢ 유기납화합물은 약품과 킬레이트화합물에 반응하지 않는다.

○ 무기납 화합물의 물리 · 화학적 성상

구 분	금속납	산화납(리사지)	스테아린산납 (PVC 안정제)	질산납
화학식	Pb	PbO	$(C_{18}H_{35}O_2)_2Pb$	PbN_2O_6
분자량	207.20	223.21	774.2	331.23
색상	파란-회색	빨간-노란색	흰색	흰색
물리적 상태	고체	가루	가루	고체
녹는점(℃)	327.5	888	100~125	470(분해)
끓는점(℃)	1,740	1,470	자료 없음	자료 없음
비중(g/cm³)	11.34(20℃에서)	9.5	1.4(20℃에서)	4.53(20℃에서)
용해도 - 물(g/L) - 질산 - 가열된 진한 황산	녹지 않음 녹음 녹음	녹지 않음 녹음 -	녹음(20℃에서) - -	376.5(0℃에서) 녹지 않음 -
증기압(mmHg)	1.77(1,000℃에서)	1(934℃에서)	-	-

구 분	염화납	인산납 (PVC 안정제)	황산납 (PVC 안정제)	황화납
화학식	$PbCl_2$	$Pb_3(PO_4)_2$	$PbSO_4$	PbS
분자량	278.11	811.54	303.26	239.26
색상	흰색	흰색	흰색	검은 파란색
물리적 상태	가루	고체	고체	가루
녹는점($^\circ$C)	501	1,014	1,170	1,114
끓는점($^\circ$C)	950	자료 없음	자료 없음	1,281
비중(g/cm^3)	5.85(20°C에서)	6.9~7.3	6.2	7.5
용해도 – 물(g/L) – 질산 – 가열된 진한 황산	9.9(20°C에서) – –	0.0014(20°C에서) – –	0.043(20°C에서) 물보다는 잘 녹음 약간 녹음	0.0086(20°C에서) 녹음 녹음
증기압(mmHg)	1(547°C에서)	–	–	1(852°C에서)

◆ 유기납 화합물의 물리 · 화학적 성상

구 분	4-에틸납	4-메틸납
화학식	$Pb(C_2H_5)_4$	$Pb(CH_3)_4$
성상	무색, 투명한 유상의 액체	
냄새	방향성, 아세틸렌과 유사	과실 냄새
분자량	323.47	267.35
비중	1.6524	1.9952
비점($^\circ$C)	110	200(분해)
녹는점($^\circ$C)	−136	−27.5
인화점($^\circ$C)	93.3	37.7
증기밀도	–	9.2
증기압(mmHg) 10°C 20°C 30°C	0.11 0.25 0.54	13 24 39

(4) 납 노출 위험이 높은 업종 또는 작업

구 분	업종 또는 작업
납 및 납 함유 제품 제조업	• 납, 구리, 아연 제련, 정련업 • 납 합금 제조업 • 재생용 금속가공 및 납 축전지 원료 생산업 　– 납 제품을 수리, 해체하는 공정 • 가공 및 재생 플라스틱 원료 생산업
납을 원료로 사용하는 제조업	• 무기안료, 염료 및 기타 금속산화물 제조업 　– 금속용(광명단) 및 요업용 안료 제조업 • 플라스틱 제품 제조업 　– 플라스틱 선, 봉, 관 및 환 제조업 　– 플라스틱 합성피혁 제조업 　– 벽 및 바닥 피복용, 위생용 플라스틱 제품 제조업 　– 플라스틱 포대, 봉투, 포장 용기 제조업 • 도금업 • 도장 및 기타 피막 처리업 • 절삭가공 및 유사 처리업 • 납 축전지 제조업 • 유리 제조업(광학 유리, 전자제품 모니터 유리) • 전동기, 발전기 및 전기변환장치 제조업 • 전기공급 및 전기제어 장치 제조업 • 절연선 및 케이블 제조업 　– 절연 코드 세트 및 기타 도체 제조업 　– 납을 응용하거나 납을 입히거나 벗겨내는 작업, 납을 입힌 전선 및 케이블을 가황 또는 가공 작업
기타 납에 노출되는 작업	• 납화합물이 함유된 도료가 도포된 물체를 파쇄, 용접, 절단, 리베팅(가열), 가열 또는 압연하거나 도료를 긁어내는 작업 • 자연환기가 충분하지 않은 곳에서의 납땜 업무 • 납화합물이 함유된 유약을 바르거나 유약을 바른 물체를 소성하는 업무 • 납, 납합금, 납이 함유되어 있는 보호막을 연마하고 광을 내어 다듬는 작업 • 자동차 라디에이터 수리 작업

(5) 납의 위험성을 결정하는 요소 ●출제율 20%

① 작업온도

1,000℃ 이상의 온도에서는 다량의 흄, 분진, 에어로졸이 발생하며 온도가 높을수록 위험도 커지는 반면 500℃ 이하에서는 위험이 적어진다.

② 납 제거기술

효과적인 국소배기장치와 전체환기장치 등으로 납 분진의 확산을 막는다면 납의 위험성이 현저히 낮아진다.

③ 근로자 및 작업장의 위생수준

작업장 및 개인의 위생 결여, 그리고 개인보호구가 필요한 작업에서 개인보호구를 착용하지 않는다면 위험은 증가하게 된다.

④ 사업장 규모

대규모 공장보다는 작은 규모의 사업장에서 상대적으로 높은 경우가 많다.

(6) 납의 체내 작용기전 ●출제율 20%

① 흡수경로

㉠ 납은 공기 중의 분진이나 증기상태로 흡입 및 섭취를 통하여 인체 내로 흡수되며, 호흡기(30~85%)나 소화기(10~15%)를 통한 흡수가 주 경로이다.

㉡ 흡수된 납이 혈액까지 흡수되는 것은 약 30~40% 정도인데 입자의 크기, 용해도, 호흡량 그리고 개인의 생리적 변이에 따라 다르다.

㉢ 흡연, 병리적 조건(비강 폐쇄, 급성 기관지염, 만성 폐쇄폐질환 등)이 납의 호흡기를 통한 흡수를 증가시킬 수 있다.

㉣ 납의 소화기를 통한 흡수는 위산으로 인하여 섭취된 화합물의 특성에 거의 영향을 받지 않고 식품의 칼슘, 철분, 인의 양이 낮아지면 납의 흡수가 증가된다.

㉤ 유기납(4염화에틸납)의 경우 피부를 통해서도 흡수되기도 하지만 직업성 노출일 경우 가장 중요한 경로는 폐를 통한 흡수이다. 폐포에 침착하는 납 분진의 입자는 $1\mu m$가 제일 많으며, $0.4\mu m$의 크기가 가장 적다.

㉥ 작업장에서의 흡수는 주로 호흡기를 통해서 행하여지며, 일반적으로 입경이 $5\mu m$ 이하의 호흡성 분진 및 흄만이 체내에 흡수된다.

② 대사

㉠ 납은 적혈구와 친화성이 매우 커서 최소한 체내 순환하는 납량의 95% 이상이 적혈구와 결합되어 있다.

㉡ 납이 적혈구의 세포막에 결합, 분리되어 신체 각 조직으로 전달되는 과정은 잘 알려져 있지 않다. 주요 대사 기관은 간과 신장으로서 연부조직 중에서 납 농도가 가장 높은 장기이고 이에 비하여 뇌조직의 납 농도는 낮으며 무기납은 뇌혈관장벽을 통과하지 못한다.

③ 분포와 축적

㉠ 납은 안정된 상태에서 약 90%가 뼈에 축적되어 있다. 납은 납작뼈보다 긴뼈에, 그리고 뼈에 중간 부분보다는 양 끝에 더 많이 축적되어 있다. 치아는 어느

뼈보다도 많은 납을 함유하고 있다. 뼈 속의 납 농도는 나이에 따라 증가하는데 50~60대에 최고에 이르고 이후부터는 약간 감소한다.

ⓛ 흡수된 납은 혈중 납으로 체내 축적농도를 측정한다. 납은 태반을 쉽게 통과하므로 임신 12~14주 경에 임신부의 태반을 통하여 태아에 직접 전달된 납의 농도를 측정할 수 있다. 이때 태아의 혈중 납량은 임신부의 혈중 납량과 거의 같다.

④ 배설

ㄱ 납은 주로 신장(72~80%)과 소화기(15%)를 통하여 배설되는데, 땀, 모유, 털, 손톱, 상피세포, 치아 등을 통하여 배출되기도 한다.

ⓛ 흡수된 납의 50%는 빨리 배설되며 생물학적 반감기는 약 3주이다. 체내 축적된 납은 매우 느리게 배출되며, 뼈조직에서의 반감기는 10~20년 이상이다.

(7) 납에 의한 건강영향 ●출제율 20%

① 급성영향

기 관	고농도	저농도
중추신경계	혈중 납 농도 100~200μg/dL 수준에서 납에 의한 뇌증, 뇌부종, 뇌혈관의 점상출혈, 소뇌 및 대뇌의 겉질부 신경손상, 무기력감, 운동실조, 사지마비, 혼수, 간질	혈중 납 농도 40μg/dL 수준에서 정신지체, 지각능력의 상실, 행동장애 등
소화기계	혈중 납 농도 100~200μg/dL 수준에서 복부 납 급통증(lead colic), 심한 변비 등	혈중 납 농도 80μg/dL 수준에서 식욕부진, 소화불량, 식후 복부 불쾌감, 변비, 설사 등
심혈관계	납에 의한 복통이 있는 경우 혈압상승, 심계항진, 심방부정맥, 방실전도장애 등	

② 만성영향

기 관	건강영향
조혈기계	빈혈, 창백한 피부, 그물적혈구증식증(Reticulocytosis) 및 적혈구 호염기반점(Basophilic stippling) 등
신경계	근육 및 관절의 동통, 압통, 근육 피로, 근육의 무통성 마비 등
신장	신 기능의 진행성 손상, 고혈압 동반 등
소화기계	연선(鉛線 : Burton's gum lead line) ※ 연선 : 납 노출 근로자에게 가끔 볼 수 있는 소견으로 아래 앞니 주위 잇몸의 푸르스름한 반점띠(Bluish stippling) 형태가 나타나는 현상
기타	• 생식기계 여성-수정 능력의 감소, 유산율 증가 남성-정자 무력증, 정자 저하증, 기형 정자증 • 갑상선 기능 저하, 부신 및 뇌하수체 기능 손상

㉠ 빈혈

ⓐ 빈혈은 납중독의 두드러진 특징이며, 납에 노출된 근로자는 혈색소가 8g/dL 이하인 경우에 빈혈 증상이 나타난다.

ⓑ 중독 초기에는 저색소성 소구성 빈혈이지만 만성의 경우에는 정상색소성 정상적혈구성 빈혈로 된다.

ⓒ 창백한 피부는 빈혈의 중등도를 나타내는 것은 아니지만 동반되어 나타난다.

ⓓ 그물적혈구증식증(Reticulocytosis) 및 적혈구 호염기반점(Basophilic stippling)이 생기기도 하지만 비특이적이다.

ⓔ 납에 중독되면 혈액학적 이상이 혈색소 합성 이상변화와 적혈구의 수명을 단축시켜서 빈혈을 발생시키게 된다.

ⓕ 혈중 납과 빈혈과의 상관관계는 높지 않다. 납에 처음 노출된 지 3~4개월 정도가 되는 근로자들은 혈중 납 수준이 50~80μg/dL 정도에서 혈색소가 약간 떨어지나 혈중 납이 80μg/dL에 도달할 때까지 빈혈이 일어나지는 않는다.

참고 혈중 납 농도에 따른 영향정도 ● 출제율 20%

1. 혈중 납 농도가 80μg/dL 이상이면 극도의 심각한 상태로 영구적인 건강장해를 야기할 수 있다.
2. 혈중 납 농도가 40~80μg/dL일 때, 증상이 나타나지 않는다 하더라도 심각한 건강장해가 진행되고 있을 수 있다.
3. 혈중 납 농도가 25~40μg/dL일 때, 규칙적인 노출이 발생되고 있으며, 신체적으로 잠재적인 문제가 나타날 수 있다.
4. 혈중 납 농도가 10~25μg/dL일 때, 납이 신체에 축적되고 있거나 어느 정도 납에 노출이 되고 있다.
※ 미국 성인의 평균 혈중 납 농도 10μg/dL 이하(평균 3μg/dL)

㉡ 혈중 납과 혈액소견의 용량반응 관계

ⓐ 가장 초기의 영향은 혈중 납이 10μg/dL 정도에서 혈중 델타-아미노레블린산 탈수효소(delt-Aminolevulinic acid dehydratase, 이하 "ALA-D"라 한다)의 부분적인 억제가 일어난다.

ⓑ 혈중 납이 40μg/dL을 넘으면 뇨 중 델타-아미노레블리닉산(δ-Aminolevulinic acid, 이하 "ALA"라 한다)과 뇨 중 코프로피린(Coprophyrins)의 배설이 증가하기 시작한다.

ⓒ 신경계 영향

ⓐ 중추신경계 영향

　납에 의한 노증은 흔하지 않아 열악한 작업환경에서 개인위생이 좋지 않은 때에 일어날 수 있다.

ⓑ 말초신경계 영향

- 말초신경 마비는 선택적인 운동신경 마비가 특징이며, 감각신경 이상은 드물다.
- 편측의 폄근(Extensor muscle) 마비가 나타나는 것이 특징으로 가장 많이 사용하는 근육이 가장 예민하여 오른쪽 손목의 처짐이 전형적인 형태이다.
- 임상양상은 근육 및 관절의 동통, 압통, 근육 피로, 근육의 무통성 마비 등이다.
- 말초신경계 장해의 특징은 말이집(Myelin) 탈락이고 혈중 납 농도가 $30\mu g/dL$ 이상에서 말초신경의 신경전송속도가 감소하는 소견을 보이고 혈중 납 농도가 증가하면서 용량반응 관계를 보인다.

ⓔ 신장계 영향

ⓐ 납에 의한 신장질환은 신기능의 진행성 손상이 특징이고 고혈압이 동반된다.

ⓑ 신손상은 만성 간질섬유화(Chronic interstitial fibrosis)와 근위곱슬세뇨관(Proximal convoluted tubule)의 위축으로 인하여 사구체(Glomerulus) 및 신장혈관의 손상이 일어나면서 납으로 인한 통풍을 유발시킨다.

ⓒ 납에 의한 통풍은 납이 요산의 배설을 방해하면서 요산 농도가 혈중에서 증가되고 요산 결정이 관절에 일반적인 통풍처럼 생기게 된다.

ⓓ 납에 의한 신장질환은 10년 이상 다량의 지속적인 납 노출 후 또는 단기간에 고농도의 납중독이 반복된 후에 발생한다.

ⓜ 소화기계 영향

ⓐ 연연(鉛緣 : Burton's gum lead line)은 납 노출 근로자에서 가끔 볼 수 있는 소견으로 아래 앞니 주위 잇몸의 푸르스름한 반점띠(Bluish stippling) 형태이다.

ⓑ 이것은 치아 사이의 단백질에 균이 작용하면서 생긴 황화수소와 잇몸에 흡수된 납이 반응하여 생긴 황화납의 침착에 의해 보이는 현상으로 치아 위생 상태가 나쁠 때 나타난다.

ⓒ 연연은 납에 노출되었다는 것이지 납중독을 의미하는 것은 아니다.

ⓗ 기타 건강 영향

   ⓐ 생식기계 영향에서는 납 노출이 심한 여성에서 수정 능력의 감소, 유산율의 증가 등이 나타났고 남성에서 정자 무력증, 정자 저하증, 기형 정자증을 초래할 수도 있다.

   ⓑ 납은 뇌하수체–갑상선 축에 작용하여 요오드의 섭취를 방해하여 갑상선의 기능을 저하시키고 부신과 뇌하수체 기능을 손상시킬 수도 있다.

   ⓒ 납은 동물실험에서 발암물질로 알려져 있으나 사람에서는 입증된 바 없다.

(8) 납중독의 주요증상(임상증상) ●출제율 20%

① 위장계통의 장애(소화기 장애)

   ㉠ 복부팽만감, 급성복부 선통

   ㉡ 권태감, 불면증, 안면창백, 노이로제

   ㉢ 연선(lead line)이 잇몸에 생김

② 신경, 근육 계통의 장애

   ㉠ 손처짐, 팔과 손의 마비

   ㉡ 근육통, 관절통

   ㉢ 신장근의 쇠약

   ㉣ 근육의 피로로 인한 납경련

③ 중추신경장애

   ㉠ 뇌중독 증상으로 나타남

   ㉡ 유기납에 폭로로 나타나는 경우 많음

   ㉢ 두통, 안면창백, 기억상실, 정신착란, 혼수상태, 발작

(9) 납중독 4대 증상

① 납빈혈

초기에 나타남

② 망상적혈구와 친염기성 적혈구(적혈구 내 프로토포르피린)의 증가

염기성 과립적혈구 수의 증가 의미

③ 잇몸에 특징적인 연선(lead line)

   ㉠ 치은연에 감자색의 착색이 생긴 것

   ㉡ 황화수소와 납이온이 반응하여 만들어진 황화납이 치은에 침착된 것

④ 소변에 코프로포르피린(coproporphyrin) 검출

뇨 중 δ-aminolevulinic acid(ALAD) 증가

(10) 이미증(pica)

① 1~5세의 소아환자에게서 발생하기 쉬움
② 매우 낮은 농도에서 어린이에게 학습장애 및 기능저하 초래
③ 어린이의 납 노출원은 가정 및 주거환경에 광범위하게 분포하기 때문

(11) 납중독 예방관리

① 건강진단
  ㉠ 건강진단 시 고려사항
    ⓐ 납 노출 근로자에 대하여 배치 전 및 특수건강진단을 실시한다. 이때 관찰하고자 하는 주요 소견은 빈혈검사 및 혈중 납 농도의 변화이다.
    ⓑ 빈혈검사 및 혈중 납 농도는 표준화된 방법에 의해 정도관리를 수행하는 인증된 실험실에서 검사하여야 하며, 정상범위는 각각의 실험실에서 정한 참고값을 기준으로 한다.
    ⓒ 빈혈검사는 연령(노인은 정상적으로 낮은 적혈구 수를 나타내는 경향이 있음), 체내 수분 균형요인(혈색소, 적혈구 용적률, 적혈구 수는 탈수된 경우 높게 나타남)에 의해 영향을 받으므로 주의하여 해석한다.
  ㉡ 건강진단 주기 ●출제율 20%
    ⓐ 기본주기
      납에 노출되는 근로자에 대한 특수건강진단 주기는 1년에 1회 이상으로 한다.
    ⓑ 집단적 주기 단축 조건
      다음의 어느 하나에 해당하는 경우 당해 공정에서 노출되는 모든 근로자에 대하여 특수건강진단 기본주기를 그 다음 회에 한하여 1/2로 단축한다.
      • 당해 건강진단 직전의 작업환경 측정결과 납의 농도가 노출기준 이상인 경우
      • 납에 의한 직업병 유소견자가 발견된 경우
      • 건강진단 결과 납에 대한 특수건강진단 실시 주기를 단축하여야 한다는 의사의 판정을 받은 근로자

ⓒ 배치 전 건강진단 후 첫 번째 특수건강진단

　6개월 이내에 해당 근로자에 대하여 실시하되, 배치 전 건강진단 실시 후 6개월 이내에 사업장의 특수건강진단이 실시될 예정이면 그것으로 대신할 수 있다.

ⓒ 건강진단항목

ⓐ 제1차 검사항목

- 직업력 및 노출력 조사
- 주요 표적장기와 관련된 병력을 조사
- 임상검사 및 진찰
  - 조혈기계 : 혈색소량, 혈구용적치, 적혈구 수, 백혈구 수, 혈소판 수, 백혈구 백분율
  - 비뇨기계 : 요검사 10종, 혈액검사
  - 신경계 및 위장관계 : 관련 증상 문진, 진찰
- 생물학적 노출지표검사 : 혈중 납

ⓑ 제2차 검사항목

- 임상검사 및 진찰
  - 조혈기계 : 혈액도말검사, 철, 총철결합능력, 혈청페리틴
  - 비뇨기계 : 단백뇨정량, 크레아티닌, 요소질소, 베타2 미이크로글로블린
  - 신경계 : 근전도검사, 신경전도검사, 신경행동검사, 임상심리검사, 신경학적검사
- 생물학적 노출지표 검사
  - 혈중 징크 프로토포르피린(Zinc protoporphyrin, 이하 "ZPP"라 한다)
  - 소변 중 델타아미노레뷸린산
  - 소변 중 납

ㄹ 직업환경의학적 평가

　ⓐ 건강관리구분

코 드	건강구분
A	건강진단 결과 이상소견이 전혀 없거나, 경미한 이상소견은 있으나 건강관리상 사후관리가 필요 없는 자(건강자)
C_1	직업성 질병으로 진전될 우려가 있어 추적조사 등 관찰이 필요한 자(요관찰자) ※ 판정기준 : 다음의 1에 해당되는 경우 　1. (1) 임상검사 결과(빈혈검사 등) 참고값을 벗어나거나 임상진찰 결과 신경계, 소화기계, 조혈기계, 신장 등의 이상 징후를 보이고 　　(2) 작업장 기중 농도, 노출기간, 취급방법, 생물학적 노출지표검사 등을 고려할 때 납 노출에 의한 것으로 추정되며 　　(3) D_1에 해당되지 않고 관찰이 필요한 경우 　2. 혈중 납 농도가 $30\mu g/d\ell$ 이상인 경우
C_2	일반질병으로 진전될 우려가 있어 추적 관찰이 필요한 자(요관찰자)
D_1	직업성 질병의 소견을 보여 사후관리가 필요한 자(직업병유소견자) ※ 판정기준 : 다음의 1에 해당되는 경우 　1. (1) 임상검사 또는 임상진찰 결과 신경장해, 위장관장해, 빈혈, 신장장해 등이 있고 　　(2) 작업장 기중 농도, 노출기간, 취급방법, 생물학적 노출지표검사 등을 고려할 때 납 노출에 의한 것으로 추정되는 경우 　2. 혈중 납 농도가 $40\mu g/d\ell$ 이상인 경우
D_2	일반 질병의 소견을 보여 사후관리가 필요한 자(일반질병 유소견자)

　ⓑ 업무수행 적합성 여부 평가 기준

코 드	평가기준
가	건강관리상 현재의 조건하에서 작업이 가능한 경우
나	일정한 조건(환경 개선, 개인보호구 착용, 건강진단의 주기를 앞당기는 경우 등)하에서 현재의 작업이 가능한 경우
다	건강장해가 우려되어 한시적으로 현재의 작업을 해서는 안되는 경우 (건강 또는 근로조건의 문제를 해결한 후 작업복귀 가능)
라	건강장해의 악화 또는 영구적인 장해의 발생이 우려되어 현재의 작업을 해서는 안되는 경우

② 보호구

ㄱ 호흡용 보호구

　ⓐ 특급방진마스크를 사용하고 사용한 방진마스크는 지정된 장소에 보관한다.

　ⓑ 안전보건공단의 검정을 받은 것을 사용한다.

ⓛ 보호의

 ⓐ 사업주는 납을 취급하는 근로자에게 작업복 또는 보호의를 착용하도록 하여야 한다.

 ⓑ 사업주는 납 분진이나 흄이 흩날리는 업무에 근로자를 종사하도록 하는 경우에는 보안경을 지급하고 착용하도록 하여야 한다.

③ 명칭 등의 게시

사업주는 납을 취급하는 작업장의 보기 쉬운 장소에 납이 인체에 미치는 영향, 납의 취급상 주의사항, 착용하여야 할 보호구, 응급조치 및 긴급 방재 요령을 게시한다.

④ 개인위생관리

 ㉠ 청소

 ⓛ 흡연 등의 금지

 ㉢ 세척시설

⑤ 작업제한

납을 제조하거나 취급하는 작업에는 임신부나 18세 미만의 사람이 종사하지 않도록 한다.

⑥ 유해성 주지

사업주는 작업 배치 전에 근로자에게 널리 알려주어야 한다.

 ㉠ 작업장에서 제조 또는 사용되는 납의 물리·화학적 특성

 ⓛ 납의 인체에 미치는 영향 및 증상

 ㉢ 납 취급상의 주의사항

 ㉣ 착용하여야 할 보호구 및 착용방법

 ㉤ 위급상황이 발생한 때 대처방법 및 응급처치 요령

 ㉥ 그 밖에 근로자 건강장해 예방에 관한 사항

(12) 납중독의 치료 ●출제율 20%

① 급성중독

 ㉠ 섭취 시 즉시 3% 황산소다용액으로 위세척

 ⓛ Ca-EDTA을 하루에 1~4g 정도 정맥 내 투여하여 치료(5일 이상 투여 금지)

 ㉢ Ca-EDTA는 무기성 납으로 인한 중독 시 원활한 체내 배출을 위해 사용하는 배설 촉진제임(단, 배설 촉진제는 신장이 나쁜 사람에게는 금지)

② 만성중독

  ㉠ 배설 촉진제 Ca-EDTA 및 페니실라민(penicillamine) 투여

  ㉡ 대중요법으로 진정제, 안정제, 비타민 B_1, B_2 사용

(13) 노출기준

❖ 주요 노출기준

국 가		공기 중 노출기준	생물학적 노출기준
한국(고용노동부)		TWA 0.05mg/m^3(납 및 그 무기화합물)	30μg/dL
미국(1999)	OSHA	TWA 0.05mg/m^3	40μg/dL
	ACGIH	TWA 0.05mg/m^3	30μg/dL
	NIOSH	TWA 0.10mg/m^3(10시간)	–
일본(1999)		관리 농도 0.1mg/m^3	–

① WHO(세계보건기구)

  개인별 최대 생물학적 작용수준(Health based maximum biological action level)은 남자의 혈중 납 권고값을 40μg/dL, 여자는 30μg/dL으로 정하였다.

② 감시기준(AL ; Action Level)

  ㉠ 근로자 건강관리를 위하여 OSHA(미국 산업안전보건청)에서 규정한 기준으로 보통 노출기준의 1/2 수준이다.

  ㉡ 생물학적 모니터링이 시작되는 규정농도의 의미이다.

  ㉢ 납의 감시기준은 0.03mg/m^{3}이다.

③ 우리나라의 생물학적 노출기준(특수건강진단 실무 지침)

  ㉠ 혈중 납 : 30μg/dL

  ㉡ 혈중 ZPP : 100μg/dL

  ㉢ 소변 중 델타 아미노레블린산(δ - ALA) : 5mg/L

④ 납에 대한 특수건강진단 시 생물학적 노출지표

  ㉠ 제1차 검사항목 생물학적 노출지표검사

    혈중 납

  ㉡ 제2차 검사항목 생물학적 노출지표검사

    ⓐ 혈중 징크프로토포피린

    ⓑ 소변중 델타아미노레불린산

    ⓒ 소변 중 납

참고 용어

1. TWA(Time Weighted Average)
   1일 8시간, 주 40시간 동안 거의 모든 근로자가 나쁜 영향을 받지 않고 노출될 수 있는 농도
2. OSHA(Occupational Safety and Health Administration)
   산업안전보건청
3. ACGIH(American Conference of Governmental Industrial Hygienists)
   미정부산업위생전문가협의회
4. NIOSH(National Institute for Occupational Safety and Health)
   국립산업안전보건연구원
5. STEL(Short-Term Exposure Limit)
   건강상 악영향을 나타내지 않고, 15분 동안 노출될 수 있는 농도
6. 노출기준
   ㉠ 근로자가 유해요인에 노출되는 경우 노출기준 이하 수준에서는 거의 모든 근로자에게 건강상 나쁜 영향을 미치지 않는 기준이다.
   ㉡ 우리나라 노출기준은 ACGIH TLV 기준으로 받아들이고 있으며, 화학물질 및 물리적 인자의 노출기준(고용노동부 고시)에 의해 설정되어 있다. 이 기준의 혈중 납이 작업환경 중의 납 농도보다는 건강상태를 가장 잘 나타내기 때문에 납에 대한 생물학적 노출기준(Biological Exposure Indices, BEI)에 기초하여 제정되었으며, 조혈기계 영향을 포함한 신경계, 신장계, 위장간계 등의 건강 영향을 최소화하기 위한 기준이다.
7. 생물학적 노출기준
   ㉠ 일주일에 5일, 1일 8시간 작업하는 근로자가 고용노동부에서 규정한 화학물질의 공기 중 노출기준 수준에 노출되는 경우 혈액 및 뇨 중에서 검출되는 생물학적 지표의 농도를 말한다.
   ㉡ 생물학적 노출기준은 노출된 화학물질에 대하여 안전성과 위험성을 엄격하게 구분하는 농도 기준이 아니고 독성의 지표도 아니지만 근로자의 잠재적인 건강 유해성 평가를 위해 사용할 수는 있다. 즉 생물학적 노출기준을 초과하였다고 하여 비가역적인 건강장해가 있다는 것을 의미하지는 않으며, 노출기준 이하에서도 당해 유해인자에 의한 건강장해가 나타날 수도 있다.

참고 납 노출에 대한 평가활동 순서

1. 납이 어떻게 발생되는지 조사
2. 납에 대한 독성, 노출기준 등을 MSDS를 통하여 찾아봄
3. 납에 대한 노출을 측정하고 분석
4. 납에 대한 노출 정도를 노출기준과 비교
5. 납에 대한 노출은 부적합하므로 개선시설을 해야 함

02 수은(Hg)

(1) 개요

① 수은은 연금술, 의약품 분야에서 가장 오래 사용해 왔던 중금속의 하나이며 로마시대에는 수은 광산에서 수은중독 사망이 발생하였고 우리나라에서는 형광등 제조업체에 근무하던 문송면 군에게 직업병을 야기시킨 원인인자가 수은이다.

② 수은은 금속 중 증기를 발생시켜 산업중독을 일으킨다.

③ 17세기 유럽에서 신사용 중절모자를 제조하는데 사용함으로써 근육경련(hatter's shake)을 일으킨 기록이 있다.

(2) 발생원

① 무기수은(금속수은)

　㉠ 수은 광산과 수은의 제련 및 정련 작업장

　㉡ 수은온도계, 체온계, 혈압계 등의 의료기구 제조 작업장

　㉢ 기압계, 자외선 발생 수은-아크 정류기, 수은전지, 자동온도계 등의 과학기재 제조업장

　㉣ 형광등, 수은등, 유충등, 자외선등, 조명스위치 등의 조명기기 제조 작업장

　㉤ 금, 은, 동, 주석 등의 아말감 제조 작업장

　㉥ 색소, 페인트, 염색, 소독제, 미이라 제조, 목제방부제, 인주, 농약제, 살균제 등의 제조 작업장

　㉦ 모자용 모피 또는 펠트 제조에서의 착색제

　㉧ 화학제품업체에서 가성소다, 빙초산제조, 염소 제조공장에서 수은 전극을 사용하는 전기분해 작업

　㉨ 화학공장에서의 뇌홍(mercuric fulminate, $Hg(HCO)_2$)의 제조와 사용

　㉩ 수은의 정제, 증류 작업

　㉪ 전기메터의 제조, 수리, 보수 등의 작업

　㉫ 실험실 내에서의 금속수은 취급

　㉬ 유기수은제의 제조, 사용 작업장

② 유기수은

　㉠ 의약, 농약 제조

ⓛ 종자소독제

ⓒ 펄프 제조(살균제)

ⓔ 농약살포 작업 시

ⓜ 가성소다 제조

(3) 성상(특성)

① 원자량 200.61g, 비중 13.546, 원자번호 80의 은백색을 띠며, 아주 무거운 금속이다.

② 상온에서 액체상태의 유일한 금속이며, 수은 합금(아말감)을 만드는 특징이 있다.

③ 주광석은 진사이다.

④ 융점이 38.97℃, 비등점은 356.6℃로 상온상태에서 기화하여 수은증기를 만든다.

⑤ 상온에서는 산화되지 않으나 비등점보다 낮은 온도에서 가열 시 독성이 강한 산화수은이 발생하며, 수은화합물은 유기수은화합물과 무기수은화합물로 대별된다.

⑥ 수은중독의 위험성이 높은 작업은 수은광산, 수은 추출작업으로서 수은중독자는 대부분 수은 증기에 폭로되어 발생한다.

⑦ 유기수은 중 알킬수은화합물의 독성은 무기수은화합물의 독성보다 매우 강하다.

⑧ 무기수은화합물로는 질산수은, 승홍, 감홍 등이 있으며 철, 니켈, 알루미늄, 백금 이외에 대부분의 금속과 화합하여 아말감을 만든다.

⑨ 유기수은화합물은 아릴수은화합물과 알킬수은화합물, 페닐수은, 에틸수은 등이 있다.

(4) 인체 내 축적 및 제거　●출제율 20%

① 흡수

　㉠ 금속수은

　　주로 기도를 통해서 흡수되고 일부는 피부로 흡수되며, 소화관으로는 2~7% 정도 흡수된다.

　㉡ 무기수은

　　ⓐ 주로 기도, 피부를 통해 흡수되지만 금속수은보다 흡수율이 낮다.

　　ⓑ 무기수은은 위장이나 소장과 같은 소화기계를 통해서 거의 흡수되지 않는 것으로 알려져 있다. 또한 상온에서 기화하므로 수은온도계 제조공정에서 수은을 주입하는 근로자는 호흡기를 통해 체내로 수은이 흡수될 가능성이 높다.

    ⓒ 유기수은

       대표적 메틸수은, 에틸수은은 모든 경로로 흡수가 잘 되고 특히 소화관으로부터 흡수는 100% 정도이고 페닐수은은 약 50% 정도가 소화관으로부터 흡수된다.

    ⓔ 수은에 폭로되지 않더라도 인간은 음식물을 통하여 약 하루에 5~20 μg의 수은을 섭취한다.

    ⓜ 흡수된 증기의 약 80%는 폐포에서 빨리 흡수된다.

② 축적(이동 및 분포)

    ㉠ 금속수은은 전리된 수소이온이 단백질을 침전시키고 −SH기 친화력을 가지고 있어 세포 내 효소반응을 억제함으로써 독성작용을 일으킨다.

    ㉡ 신장 및 간에 고농도 축적 현상이 일반적이다(금속수은은 뇌, 혈액, 심근 등에 분포하고 무기수은은 신장, 간장, 비장, 갑상선 등에 주로 분포하며 알킬수은은 간장, 신장, 뇌 등에 분포).

    ㉢ 뇌에서 가장 강한 친화력을 가진 수은화합물은 메틸수은이다.

    ㉣ 혈액 내 수은 존재 시 약 90%는 적혈구 내에서 발견된다.

    ㉤ 아킬수은화합물은 생체 내에서 흡수되면 대사작용이나 배설이 매우 느리기 때문에 독성이 높게 나타나며, 비가역적인 조직이나 장기의 손상을 나타낸다.

    ㉥ 수은은 혈액뇌장벽(BBB; Blood−Brain Barrier)이나 태반을 통과할 수 있는 것으로 알려져 있다.

③ 배설

    ㉠ 금속수은(무기수은화합물)은 대변보다 소변으로 배설이 잘 된다.

    ㉡ 유기수은화합물은 대변으로 주로 배설되고 일부는 땀으로도 배설되며, 알킬수은은 대부분 답즙을 통해 소화관에서 재흡수도 일어난다.

    ㉢ 무기수은화합물의 생물학적 반감기는 약 6주이다.

(5) 수은에 의한 건강장해 ●출제율 20%

① 수은중독의 특징적인 증상은 구내염, 근육진전, 정신증상으로 분류된다.

② 수족신경마비, 시신경장해, 정신이상, 보행장해 등의 장해가 나타난다.

③ 구내염이 생기고 침을 많이 흘린다.

④ 치은부에는 황화수은의 청회색 침전물이 침착된다.

⑤ 혀나 손가락의 근육이 떨린다(수전증).

⑥ 전신증상으로는 중추신경계통, 특히 뇌조직에 심한 증상이 나타나 정신기능이 상실
될 수 있다(정신장해).

⑦ 유기수은(알킬수은) 중 메틸수은은 미나마타(minamata)병을 발생시킨다.

(6) 수은의 노출기준

① 고용노동부 노출기준 : TWA

    ㉠ 수은(아릴화합물) : $0.1mg/m^3$

    ㉡ 수은 및 무기형태(아릴 및 아킬 화합물 제외) : $0.025mg/m^3$, 생식독성 1B, skin

    ㉢ 수은(알킬화합물) : $0.01mg/m^3$

② 미국산업위생전문가협의회(ACGIH) : TWA

    ㉠ 무기수은화합물 및 금속수은 : $0.025mg/m^3$

    ㉡ 아릴수은화합물 : $0.1mg/m^3$

    ㉢ 아킬수은화합물 : $0.01mg/m^3$

③ 생물학적노출기준(BEI)

    ㉠ 무기수은화합물 및 금속수은 : 뇨중 총 수은 $50\mu g/g$크레아티닌

    ㉡ 뇨중 총 무기수은 : $15\mu g/L$

(7) 수은중독의 진단 ●출제율 20%

① 급성중독

중독발생 시 상황, 접촉유무 및 정도 조사

② 만성중독

직력조사 및 현직근로 연수조사

③ 임상증상 확인

    ㉠ 수지진전, 보행실조 증상

    ㉡ 지속적 불면증, 두통, 침흘림, 구내염, 치은염, 수지경련, 치아부식 증상

④ 간기능 및 신기능 검사

⑤ 혈액 중 총 무기수은 $15\mu g/L$ 또는 뇨중 총 무기수은 $35\mu g/g$크레아티닌 이상 검출

⑥ 개인적 수은약제 사용유무 조사

(8) 수은중독의 치료 ●출제율 20%

① 급성중독

    ㉠ 우유와 계란의 흰자를 먹여 단백질과 해당 물질을 결합시켜 침전시킨다.

    ㉡ 마늘계통의 식물을 섭취한다.

    ㉢ 위세척(5~10% sodium formaldehyde sulfoxylate 용액)을 한다. 다만, 세척액은 200~300mL를 넘지 않도록 한다.

    ㉣ BAL(British Anti Lewisite) 투여(체중 1kg당 5mg의 근육주사)

② 만성중독

    ㉠ 수은 취급을 즉시 중지시킨다.

    ㉡ BAL(British Anti Lewisite)를 투여한다.

    ㉢ 1일 10L의 등장식염수를 공급(이뇨작용으로 촉진)한다.

    ㉣ N-acetyl-D-penicillamine을 투여(연령과 체격에 따라 투여량 조절)한다.

    ㉤ 땀을 흘려 수은배설을 촉진한다.

    ㉥ 진전증세에 genascopalin을 투여한다.

    ㉦ EDTA의 투여는 금기사항이다.

(9) 예방대책

① 작업환경관리대책

    ㉠ 수은 주입과정을 자동화한다.

    ㉡ 수거한 수은은 물통에 보관한다.

    ㉢ 바닥은 틈이나 구멍이 나지 않는 재료를 사용하여 수은이 외부로 노출되는 것을 막는다.

    ㉣ 실내온도를 가능한 낮게 유지시키고 일정하게 유지시킨다.

    ㉤ 공정은 수은을 사용하지 않는 공정으로 변경한다.

    ㉥ 작업장 바닥에 흘린 수은은 즉시 제거, 청소한다.

    ㉦ 수은증기 발생 상방에 국소배기장치를 설치한다.

② 개인위생관리대책

    ㉠ 술, 담배 금지

    ㉡ 고농도 작업 시 호흡 보호용 마스크 착용

    ㉢ 작업복 매일 새 것으로 공급

    ㉣ 작업 후 반드시 목욕

    ㉤ 작업장 내 음식섭취 삼가

③ 의학적 관리
　　㉠ 채용 시 건강진단 실시
　　㉡ 정기적 건강진단 실시 : 6개월마다 특수건강진단 실시
④ 교육 실시

03 카드뮴(Cd)

(1) 개요

　1945년 일본에서 '이따이이따이'병이란 중독사건이 생겨 수많은 환자가 발생한 사례가 있으며, 우리나라에서는 1988년 한 도금업체에서 카드뮴 노출에 의한 사망중독 사건이 발표되었으나 정확한 원인규명은 하지 못했다. 이따이이따이병은 생축적, 먹이사슬의 축적에 의한 카드뮴 폭로와 비타민 D의 결핍에 의한 것이다.

(2) 발생원(누출공정)

① 아연을 제련 또는 정련하는 공정에서 용광로, 용해로, 전로, 농축실, 전해질 등 카드뮴 물질을 취급, 이동 또는 이 밖의 다른 처리를 하는 작업
② 금, 은, 비스무스, 알루미늄 등과의 합금을 제조하는 작업
③ 치과용 아말감의 합금 또는 취급을 하는 작업
④ 카드뮴 축전지를 제조 또는 그 부분품을 제조, 수리 또는 해체하는 공정에서 카드뮴 또는 카드뮴 물질의 용해, 주조, 혼합 등의 작업
⑤ PVC 플라스틱 제품의 열안정제로 동 물질을 사용하는 작업
⑥ 형광등 제조하는 작업
⑦ 자동차 및 항공기의 나사, 나사너트, 자물쇠 제조공정에서 동 물질을 합금하는 작업
⑧ 카드뮴이 혼합된 용접봉의 용접작업
⑨ 유리 및 도자기의 착색원료로서 동 물질을 평량, 배합, 용해하는 공정이나 도료 등을 제조하는 작업
⑩ 플라스틱 안료, 페인트, 인쇄잉크 등이 착색원료로 사용하는 작업
⑪ 합성수지 제조공정에서 종합 촉매제로 사용하는 작업

(3) 성상(특성)

① 원자량 112.4, 비중 8.6인 청색을 띤 은백색의 금속으로 부드럽고 연성이 있는 금속이다.

② 아연, 동, 연 등의 광석에 고량 섞여 있으며, 특히 아연광물이나 납 광물 제련 시 부산물로 얻어지며, 합금과 전기도금 등에 이용된다.

③ 물에는 잘 녹지 않고 산에는 잘 녹으며, 가열 시 쉽게 증기화한다.

④ 산소와 결합 시 흄을 만들며, 흄이 많이 발생할 때에는 갈색의 연기처럼 보인다.

⑤ 내식성이 강하며, 물과 알칼리 용액에서 용해되지 않고 산성용액에서 용해된다.

⑥ 상대적으로 높은 증기압력 때문에 열처리과정에서 노란색의 증기가 방출된다.

(4) 인체 내 축적 및 제거 ●출제율 20%

① 흡수

㉠ 인체에 대한 노출경로는 주로 호흡기이며, 소화관에서는 별로 흡수되지 않는다.

㉡ 경구흡수율은 5~8%로 호흡기 흡수율보다 적으나 단백질이 적은 식사를 할 경우 흡수율이 증가된다.

㉢ 칼슘 결핍 시 장 내에서 칼슘 결합 단백질의 생성이 촉진되어 카드뮴의 흡수가 증가한다.

㉣ 체내에서 이동 및 분해하는 데는 분자량 10,500 정도의 저분자 단백질인 metallothionein(혈장 단백질)이 관여한다.

㉤ 카드뮴이 체내에 들어가면 간에서 metallothionein 생합성이 촉진되어 폭로된 중금속의 독성을 감소시키는 역할을 하나 다량의 카드뮴일 경우 합성이 되지 않아 중독작용을 일으킨다.

㉥ 물질대사를 통해 메탈로티오네인(metallothionein)이 합성되어 혈액을 통하여 다른 장기로 이동한다.

㉦ 직업적 폭로에서 가장 많이 흡수되는 경로는 폐를 통한 흡수이며, 5%까지도 흡수된다.

② 축적(이동 및 분포)

㉠ 체내에 흡수된 카드뮴은 혈액을 거쳐 2/3는 간과 신장으로 이동한다.

㉡ 체내에 축적된 카드뮴의 50~75%는 간과 신장에 축적되어 일부는 장관벽에 축적된다.

㉢ 반감기는 약 수년에서 30년까지이다.

ㄹ 흡수된 카드뮴은 혈장단백질과 결합하여 최종적으로 신장에 축적된다.

ㅁ 폐에 카드뮴이 침착하는 정도는 카드뮴 입자의 크기에 따라 다르며, 50%의 흡입된 입자의 평균 길이는 $0.1\mu\mathrm{m}$이고, 20%의 흡입된 입자는 $5\mu\mathrm{m}$이다.

ㅂ 60%의 카드뮴은 산화카드뮴으로 하부 기관지에 침착된다. 혈액 내의 카드뮴은 90% 이상 세포에 존재하고, 카드뮴이 축적되는 주요 기관은 간과 신장이다.

③ 배설

㉠ 체내로부터 카드뮴이 배설되는 것은 대단히 느리다.

㉡ 소변 속의 카드뮴 배설량은 카드뮴 흡수를 나타내는 지표가 된다.

(5) 독성 메커니즘

① 호흡기, 경구로 흡수 체내에서 축적작용을 한다.

② 간, 신장, 장관벽에 축적하여 효소의 기능유지에 필요한 $-SH$기와 반응하여(SH 효소를 불활성화하여) 조직세포에 독성으로 작용한다.

③ 호흡기를 통한 독성(흡입독성)이 경구독성보다 약 8배 정도 강하다.

④ 산화카드뮴에 의한 장해가 가장 심하며, 산화카드뮴 에어로졸 노출에 의해 화학적 폐렴을 발생시킨다.

(6) 카드뮴의 건강장해 〔출제율 20%〕

① 급성중독

㉠ 호흡기 흡입

ⓐ 호흡기도, 폐에 강한 자극 증상(화학성 폐렴)

ⓑ 초기에는 인두부 통증, 기침, 두통 현상이 나며 나중에는 호흡곤란, 폐수종 증상으로 사망에 이르기도 함

ⓒ 대표적 물질 : 산화카드뮴(CdO)

ⓓ CdO의 치사량(LD_{50})은 치사폭로 치수(CT)로 표시

- $CT=$공기 중 농도$(\mathrm{mg/m^3})\times$폭로시간(min)
- 일반사람의 경우 CT 200~2,900 정도

㉡ 경구흡입

ⓐ 구토와 설사, 급성 위장염

ⓑ 근육통, 복통, 체중감소, 착색뇨

ⓒ 간, 신장장해

② 만성중독

　㉠ 신장기능 장해

　　ⓐ 다뇨, 산성뇨, 고칼슘뇨, 저분자 단백뇨 현상

　　ⓑ 카드뮴이 신장에 침착하면서 신장 조직을 파괴해 신장의 여과기능을 손상시킨다. 신장에서 걸러져야 할 단백질이 소변으로 배출되는데 초기에는 저분자 단백질이 나오다가 손상이 계속되면 단백뇨가 나타난다. 신장 손상이 계속되면 신부전이 초래될 수도 있음

　　ⓒ 경구 또는 흡입을 통한 만성노출 시 표적장기는 신장이며, 가장 흔한 증상은 효소뇨와 단백뇨이다.

　㉡ 골격계 장해

　　ⓐ 다량의 칼슘 배설(칼슘 대사장애)이 일어나 뼈의 통증, 골연화증 및 골수공증 유발

　　ⓑ 칼슘 대사에 장애를 주어 신결석을 동반한 신증후군 나타남

　　ⓒ 철분결핍선 빈혈증 나타남

　㉢ 폐기능 장해

　　ⓐ 폐활량 감소, 잔기량 증가 및 호흡곤란의 폐증세가 나타나며, 이 증세는 노출기간과 노출농도에 의해 좌우됨

　　ⓑ 폐기종, 만성 폐기능 장해 일으킴

　　ⓒ 기도 저항이 늘어나고 폐의 가스교환 기능 저하

　　ⓓ 고환의 기능쇠퇴(Atrophy)

　㉣ 자각증상

　　ⓐ 기침, 가래, 후각 이상

　　ⓑ 식욕부진, 위장장해, 체중감소

　　ⓒ 치은부의 연한 황색 색소침착 유발

(7) 카드뮴의 노출기준

① 고용노동부 노출기준 : TWA $0.01mg/m^3$(호흡성 분진 $0.002mg/m^3$)

② 미국산업위생전문가협의회(ACGIH)

　㉠ 8시간 시간가중평균농도(TWA) : 총 분진 $0.01mg/m^3$

　㉡ 호흡성 카드뮴 분진 : $0.002mg/m^3$

③ 생물학적 노출기준(BEI)
- ㉠ 뇨중 카드뮴이 $5\mu g/g$크레아티닌
- ㉡ 혈중 카드뮴이 $5\mu g/L$

④ 발암성 1A, 생식세포 변이원성 2, 생식독성 2, 호흡성

(8) 카드뮴의 진단

① 초기에 저분자량의 단백뇨(B_2-microglobulin)검사, 검출 시에는 신장기능 장해를 유발하며 이때는 칼슘, 아미노산, 포도당, 인산염의 배설량도 증가한다.

② 정기적으로 근로자의 체중을 측정한다.

③ 위장장해, 후각, 만성비염, 치아이상, 빈혈 등 초기 증상을 확인한다.

(9) 카드뮴중독의 치료

① BAL 및 Ca-EDTA를 투여하면 신장에 대한 독성작용이 더욱 심해져 금한다(납, 수은 중독도 동일함).

② 안정을 취하고 대중요법을 이용, 동시에 산소흡입, 스테로이드를 투여한다.

③ 치아에 황색 색소침착 유발 시 클루쿠론산칼슘 20mL를 정맥주사한다.

④ 비타민 D를 피하 주사한다(1주 간격 6회가 효과적).

(10) 예방대책

① 공학적 대책(국소배기시설)

② 개인보호구 착용

③ 장기간 폭로된 경우 작업전환

④ 채용 및 정기 신체검사 시 호흡기 질환 유무 확인

04 크롬(Cr)

(1) 개요

① 금속 크롬, 여러 형태로 산화합물로 존재하며 2가 크롬은 매우 불안정하고 3가 크롬은 매우 안정된 상태, 6가 크롬은 비용해성으로 산화제, 색소로서 산업장에서 널

리 사용되며 비중격연골에 천공이 대표적 증상이며 근래에 와서는 직업성 피부질환도 다량 발생하는 경향이 있다.

② 3가 크롬은 피부흡수가 어려우나 6가 크롬은 쉽게 피부를 통과하여 6가 크롬이 더 해롭다.

(2) 발생원(노출공정)

① 크롬광산에서 크롬광을 채굴, 파쇄하여 운반하는 과정
② 크롬산염 제조공정에서 분쇄, 혼합, 침출, 여과, 결정, 원심분리, 건조, 측량, 포장 등을 하는 작업
③ 크롬 도금작업에서 도금조 전해액을 용해, 침적, 건조하는 작업
④ 무기안료인 황연, 아연크롬산 등을 측량, 배합, 혼합, 용해, 염색 등을 하는 작업
⑤ 크롬강, 크롬텅스텐강, 크롬니켈강 등 스테인리스강 등의 크롬합금 작업
⑥ 용광로 내면에 이용되는 내화제를 제조하거나 취급하는 작업
⑦ 유리 및 도자기 등의 유약의 원료를 제조 또는 취급하는 작업
⑧ 시멘트 제조, 배합하는 과정
⑨ 목재나 금속의 부식방지제인 방청제를 제조 또는 취급하는 작업
⑩ 유성, 합성수지 도료의 원료, 인쇄잉크, 합성수지의 착색 등의 원료로 사용되는 동 물질을 제조 또는 취급하는 작업
⑪ 사진 제판이나 석판 인쇄 작업 시에 동 물질을 취급하는 작업

(3) 성상(특성)

① 원자량 52.01, 비중 7.18, 비점 2,200℃의 은백색의 금속이며, 단단하면서 부서지기 쉽다.
② 자연 중에는 주로 3가 형태로 존재하고, 6가 크롬은 적다.
③ 인체에 유해한 것은 6가 크롬(중크롬산)이며, 부식작용과 산화작용이 있다.
④ 3가 크롬보다 6가 크롬이 체내 흡수가 많이 된다.
⑤ 3가 크롬은 피부흡수가 어려우나 6가 크롬은 쉽게 피부를 통과한다.
⑥ 세포막을 통과한 6가 크롬은 세포 내에서 수분 내지 수 시간 만에 체내에서 발암성을 가진 3가 형태로 환원된다.
⑦ 6가에서 3가로의 환원이 세포질에서 일어나면 독성이 적으나 DNA의 근위부에서 일어나면 강한 변이원성을 나타낸다.

⑧ 3가 크롬은 세포 내에서 세포핵과 결합될 때만 발암성을 나타낸다.

⑨ 크롬은 생체에 필수적인 금속으로 결핍 시에는 인슐린의 저하로 인한 대사장애를 일으킨다.

(4) 인체 내 축적 및 제거

① 흡수

  ㉠ 호흡기, 소화기 및 피부를 통하여 체내에 흡수되며, 호흡기가 가장 중요하다.

  ㉡ 화합물의 용해도에 따라 3가 크롬(0.2~3%)과 6가 크롬(1~10%)이 구강을 통해 체내에 흡수되며, 6가 크롬이 독성이 강하고 발암성(폐암, 비강암)도 크며, 6가 크롬이 3가 크롬보다 체내 흡수가 많이 된다.

  ㉢ 3가 크롬은 정상적으로 피부 흡수가 안 되지만 피부의 진피가 소실된 경우에는 가능하다.

② 축적(생체전환)

  6가 크롬은 생체막을 통해 세포 내에서 3가로 환원되어 간, 신장, 부갑상선, 폐, 골수에 축적된다.

(5) 크롬에 의한 건강장해　●출제율 20%

① 급성중독

  ㉠ 신장장해

  과뇨증(혈뇨증) 후 무뇨증을 일으키며, 요독증으로 10일 이내에 사망

  ㉡ 위장장해

  심한 복통, 빈혈을 동반하는 심한 설사 및 구토

  ㉢ 급성폐렴

  크롬산 먼지, 미스트 대량 흡입 시

② 만성중독

  ㉠ 점막장해

  점막이 충혈되어 화농성비염이 되고 차례로 깊이 들어가서 궤양이 되고 코점막의 염증, 비중격천공을 일으킴

  ㉡ 피부장해

    ⓐ 피부궤양을 야기(둥근 형태의 궤양)

    ⓑ 수용성 6가 크롬은 저농도에서도 피부염 야기

    ⓒ 손톱주위, 손 및 전박부에 잘 발생

ⓒ 발암작용

　　ⓐ 장기간 흡입에 의한 기관지암, 폐암, 비강암(6가 크롬)이 발생

　　ⓑ 크롬 취급자가 폐암에 의한 사망률이 정상인보다 상당히 높음

ⓔ 호흡기 장해

　　크롬폐증 발생

(6) 크롬의 노출기준

① 고용노동부 노출기준 : TWA

　ⓐ 크롬광 가공(크롬산) : 0.05mg/m^3

　ⓑ 크롬(금속) : 0.5mg/m^3

　ⓒ 크롬(6가) 화합물(불용성 무기화합물) : 0.01mg/m^3

　ⓓ 크롬(6가) 화합물(수용성) : 0.05mg/m^3

② 미국산업위생전문가협의회(ACGIH)

　ⓐ 금속 및 3가 크롬 : 0.2mg/m^3

　ⓑ 크롬광 : 0.5mg/m^3

③ 생물학적 노출기준(BEI)

　수용성 6가 크롬의 경우

　ⓐ 작업 주말의 작업종료 시 뇨중 총 크롬이 $25\mu\text{g/L}$

　ⓑ 작업 주간 중 뇨중 총 크롬 농도는 $10\mu\text{g/L}$

(7) 크롬의 진단

① 뇨중 크롬량 검사(0.05mg/L 이상 시 정밀검사)

② 장기 취급 근로자(5년 이상) X-선 진찰

(8) 크롬중독의 치료　●출제율 20%

① 크롬 폭로 시 즉시 중단(만성 크롬중독의 특별한 치료법은 없음), BAL, Ca-EDTA 복용 효과가 없다.

② 사고로 섭취 시 응급조치로 환원제인 우유와 비타민 C를 섭취한다.

③ 피부 궤양에는 5% 티오황산소다용액, 5~10% 구연산소다용액, 10% Ca-EDTA 연고를 사용한다.

(9) 예방과 대책

① 공학적 대책(push-pull 국소배기시설)
② 개인 보호구 착용(고무장갑, 호흡용 마스크, 피부보호용 크림)
③ 채용 및 정기 신체검사 시 X-선 소견 확인(5년 이상 근로자 흉부 X-선 촬영)

05 베릴륨(Be)

(1) 개요

① 원자량 9.01, 비중 1.8477, 끓는점 2,500℃의 회백색 육방정 결정체로서 이제까지 알려진 가장 가벼운 금속 중의 하나이다.
② 합금제조, 원자로작업, 산소화학합성, 베릴륨제조, 금속재생공정, 우주항공산업 등에서 발생한다.
③ 더운물에 약간 용해, 약산과 약알칼리에는 용해되는 성질이 있다.
④ 저농도에서도 장해는 일반적으로 아주 크다.

(2) 인체 내 축적 및 제거

① 주로 흡수경로는 호흡기이고 위장관계나 피부를 통하여 흡수될 수 있다.
② 체내 침입한 베릴륨화합물 대부분은 폐에 침적한다.
③ 용해성 화합물은 침입 후 다른 조직에 분포하며, 산모의 모유를 통하여 태아에게까지 영향을 미친다.
④ 주로 소변이나 대변으로 배설한다.

(3) 베릴륨에 의한 건강장해

① 급성중독
　㉠ 염화물, 황화물, 불화물과 같은 용해성 베릴륨화합물은 급성중독을 일으킨다.
　㉡ 인후염, 기관지염, 모세기관지염, 폐부종, 피부염(접촉성 피부염) 등이 발생한다.
② 만성중독
　㉠ 육아 종양, 화학적 폐렴 및 폐암을 발생시킨다.
　㉡ 피부 등에 육아 형성을 일으킨다.

ⓒ 체중감소, 전신쇠약 등이 나타난다.

ⓔ 'Neighborhood cases'라고도 불리운다.

(4) 베릴륨의 노출기준

① 고용노동부 노출기준

ㄱ TWA : $0.002mg/m^3$

ㄴ STEL : $0.01mg/m^3$

② 미국산업위생전문가협의회(ACGIH)

ㄱ TWA : $0.002mg/m^3$

ㄴ STEL : $0.01mg/m^3$

③ 인간에 대한 발암성이 확인된 물질군(A1)에 포함

(5) 베릴륨의 치료

① 급성 베릴륨폐증인 경우 즉시 작업을 중단한다.

② 금속배출촉진제 chelating agent를 투여한다.

(6) 예방대책

① 공학적 대책(근로자 차단)

② 개인보호구 착용(호흡용 마스크, 작업의, 보호안경, 보호장갑)

③ 채용 및 정기 신체검사 시 X-선 촬영과 폐기능검사

④ 정기적인 특수건강진단 실시

06 비소(As)

(1) 개요

은빛 광택을 내는 비금속으로서 가열하면 녹지 않고 승화되면 피부, 특히 겨드랑이나 국부 등에 습진형 피부염이 생기며, 피부암이 유발되는 물질이며, 우리나라에서는 사약으로도 사용된 바 있다.

(2) 발생원

① 토양의 광석 등 자연계에 널리 분포
② 벽지, 조화, 색소 등의 제조
③ 살충제, 구충제, 목재 보존제 등에 많이 이용
④ 베어링 제조
⑤ 유리의 착색제, 피혁 및 동물의 박제에 방부제로 사용

(3) 성상(특성)

① 원자량 74.95, 비중 5.72(결정체 고체)의 은빛 광택이 나는 유사금속(metaled)이다.
② 공기 중에서 400℃로 가열하면 녹지 않고 승화되어 삼산화비소가 생성된다.
③ 자연계에서는 3가 및 5가의 원소로서 삼산화비소, 오산화비소의 형태로 존재하여
  독성작용은 5가보다는 3가의 비소화합물이 강하다. 특히 물에 녹아 비산을 생성하
  는 삼산화비소가 가장 강력하다.

(4) 인체 내 축적 및 제거 ● 출제율 20%

① 흡수
  ㉠ 비소의 분진과 증기는 호흡기를 통해 체내에 흡수되며 무기물질의 경우 장관계
    에서 매우 잘 흡수된다(작업현장에서의 호흡기 노출이 가장 문제됨).
  ㉡ 비소화합물이 상처에 접촉됨으로써 피부를 통하여 흡수될 수 있다.
  ㉢ 체내에 침입된 3가 비소가 5가 비소상태로 산화되며, 반대현상도 나타날 수 있다.
  ㉣ 체내에서 −SH기 그룹과 유기적인 결합을 일으켜서 독성을 나타낸다.
  ㉤ 체내에서 −SH기를 갖는 효소작용을 저해시켜 세포호흡에 장해를 일으킨다.
② 축적
  ㉠ 주로 뼈, 모발, 손톱 등에 축적되며 간장, 신장, 폐, 소화관벽, 비장 등에도 축
    적된다.
  ㉡ 뼈에는 비산칼륨 형태로 축적된다.
③ 배설
  대부분 뇨중으로 배출되고, 일부는 대변으로 배출되며 극히 일부는 모발, 피부를
  통해서 배설된다.

(5) 비소에 대한 건강장해 ●출제율 20%

① 급성중독

    ㉠ 용혈성 빈혈반응을 일으킨다(비화수소에 노출될 경우 혈관에서 용혈 발생).

    ㉡ 심한 구토, 설사, 근육경직, 안면부종, 심장이상, 쇼크 등이 발생된다.

    ㉢ 혈뇨 및 무뇨증이 발생된다(신장기능 저하).

    ㉣ 급성 피부염 및 상기도 점막의 염증을 일으킨다.

② 만성중독

    ㉠ 피부의 색소침착(흑피증), 각질화가 심하면 피부암이 나타난다(무기물질에 만성적으로 노출되는 경우 피부색소침착, 피부각화 등의 피부증상이 가장 흔하게 나타난다).

    ㉡ 다발성 신경염 등의 말초신경장해로 인한 질환, 빈혈, 심혈관계, 간장장해 등이 나타난다. 특히 지각마비 및 근무력증이 생긴다.

③ 분말(고형) 비소화합물의 중독

    ㉠ 분진에 의해 피부, 겨드랑이 등 습한 부위에 낭창형 또는 습진형의 피부염발생, 심하면 피부암을 유발한다.

    ㉡ 비중격궤양 및 폐암을 유발한다.

    ㉢ 생식독성 원인물질로 작용할 수 있다.

(6) 비소의 노출기준

① 고용노동부 노출기준
TWA : 0.01mg/m^3

② 미국산업위생전문가협의회(ACGIH)
8시간 시간가중평균농도(TWA) : 0.01mg/m^3

③ 생물학적 노출기준(BEI)
총비소 $50\mu\text{g/L}$(초과 시 종분류 : 무기비소+메틸화 대사물질 $35\mu\text{g/L}$)

④ 인간에 대한 발암성이 확인된 물질군(1A)에 포함

(7) 비소의 치료

① 비소폭로가 심한 경우는 전체 수혈을 행한다.

② 만성중독 시에는 작업을 중지시킨다.

③ 급성중독 시 활성탄과 하제를 투여하고 구토를 유발시킨 후 BAL을 투여한다.

④ 급성중독 시 확진되면 dimercaprol 약제로 처치한다(삼산화비소중독 시 dimercaprol 이 효과 없음).

⑤ 쇼크의 치료는 강려간 정맥수액제와 혈압상승제를 사용한다.

(8) 예방대책

① 공학적 대책(국소배기장치 설치)
② 개인보호구 착용(고무장갑, 호흡용 마스크, 피부보호용 크림)
③ 호흡기 질환, 신경질환, 간염, 신장염 소견자 채용 제한
④ 비소농도가 높은 작업 시에는 매 3개월마다 뇨중 비소농도를 분석

07 망간(Mn)

(1) 개요

철강제조에서 직업성 폭로가 가장 많고 합금, 용접봉의 용도를 가지며 계속적인 폭로로 전신의 근무력증, 수전증, 파킨슨씨 증후군과 유사한 뇌병변을 보이며, 무력증과 두통의 증상을 수반한다.

(2) 발생원(노출공정)

① 망간을 채굴, 운반하는 작업
② 망간철을 제조하는 공정에서 동 물질은 배합, 소결, 용해, 전해하는 과정에서 동 물질을 제조 또는 취급하는 과정
③ 스테인리스 특수강 등을 제강하는 공정에서 동 물질을 용해, 주조하는 작업 등
④ 건전지를 제조하는 공정에서 동 물질을 미분쇄, 혼합, 각반, 건조, 성형하는 작업
⑤ 용접봉을 제조하는 공정에서 동 물질을 평량, 혼합, 배합, 성형하는 작업
⑥ 황산망간, 과망간산칼륨 등 약품을 제조하거나 취급하는 작업
⑦ 아연을 제련하는 공정에서 동 물질을 산화제로 이용하는 작업
⑧ 도자기나 유리의 착색제를 제조 또는 취급하는 작업
⑨ 페인트나 염료를 제조하는 작업
⑩ 방수제, 방청제를 제조하는 공정에서 동 물질을 원료로 사용하거나 취급하는 작업
⑪ 비료를 제조하거나 취급하는 작업

(3) 성상(특징)

① 원자량 54.94, 비중 7.21~7.4, 비점 1,962℃의 은백색, 금색이며 통상 2가, 4가
   의 원자가를 갖는다.
② 마모에 강한 특성 때문에 최근에 강철 생산에 필수적으로 널리 활용되며 구리, 알루
   미늄, 마그네슘, 철 등을 합금할 때 사용한다.
③ 세계적으로 망간광물의 90%는 제철산업에서 황의 환원제로 이용된다.
④ 망간공석에서 산출되는 회백색의 단단하지만 잘 부서지는 금속으로 망간산화물, 망간탄
   산염, 망간규산염이 중요하고 망간의 노천 채굴 시 이산화망간이 가장 흔한 광물이다.
⑤ 인체를 비롯한 대부분 생물체에 필수 미량원소로서 생화학적으로 골생성, 생식기
   능, 글루코스 또는 지질대사에 관여한다.
⑥ 망간의 직업성 폭로는 철강제조에서 대부분 발생한다.
⑦ 산화제일망간, 이산화망간, 사산화망간 등 8가지의 산화형태로 존재한다.
⑧ 망간의 분진을 흡입하면 배설이 빠르며, 간장에 다량축적되며 위장관에의 흡수율은
   낮다.

(4) 주요 망간화합물의 용도

① 이산화망간
   염료, 페인트, 유약, 성냥, 비료, 약품 등의 제조에 사용
② 망간화합물
   세라믹 산업에서 유리의 착색제로 사용
③ 망간
   용접봉 전극의 피막제조, 유리와 섬유의 표백제, 염색제, 가죽의 유피제에 사용
④ 망간의 유기탄산염
   중요의 첨가제, 매연제거제, 안티노크제의 첨가제로 이용

(5) 인체 내 흡수 및 축적 ●출제율 20%

① 흡수
   ㉠ 망간의 흡수 및 대사작용을 살펴보면, 먼지나 흄을 통한 망간의 흡입이 주로
      흡수 경로이며, 음식물을 통해서 들어오기도 한다.
   ㉡ 대부분의 망간화합물은 난용성이기 때문에 폐포에 도달될 수 있을 정도로 작은
      입자만의 호흡기를 통해 체내로 흡수된다.

ⓒ 망간에 오염된 음식 및 음료를 통해 장관계 흡수도 가능하며, 섭취된 망간의 3%가 체내에 흡수된다.

② 축적

체내에 흡수된 망간은 혈액에서 신속하게 제거되어 10~30%는 간에 축적되며, 뇌혈관막과 태반을 통과하기도 한다. 또한 폐, 비장에도 축적되며 손톱, 머리카락 등에서도 망간이 검출된다.

(6) 망간에 의한 건강장해 ●출제율 20%

① 급성중독

ㄱ MMT(Methylcyclopentadienyl Manganese Trialbonyls)에 피부와 호흡기 노출로 인한 증상이다.

ㄴ 이산화망간 흄에 급성 노출되면 열, 오한, 호흡곤란(화학적 폐렴) 등의 증상을 특징으로 하는 금속열을 일으킨다.

ㄷ 급성 고농도에 노출 시 조증(들뜸병)의 정신병 양상을 보인다.

② 만성중독

ㄱ 무력증, 식욕감퇴 등의 초기증세를 보이다 심해지면 중추신경계의 특정 부위를 손상(뇌기저핵에 축적되어 신경세포 파괴)시켜 파킨슨 증후군과 보행장해가 두드러진다.

ㄴ 안면의 변화와 배근력의 저하를 가져온다(소자증의 증상).

ㄷ 언어장애 및 균형감각 상실 증세가 나타난다.

ㄹ 신경염, 신장염 등의 증세가 나타난다.

ㅁ 조혈장기에 장해와는 관계가 없다.

(7) 망간의 노출기준

① 고용노동부 노출기준 : TWA
ㄱ 망간 및 무기 화합물 : $1mg/m^3$
ㄴ 망간(흄) : $1mg/m^3$(STEL $3mg/m^3$)

② 미국산업위생전문가협의회(ACGIH) : TWA
무기망간화합물 $0.2mg/m^3$

③ 생물학적 노출기준(BEI)
혈중 망간 $36\mu g/L$

(8) 예방대책

① 망간을 취급하는 사업장의 사업주(관리감독자)는 물질안전보건자료를 작성하여 근로자들이 잘 볼 수 있는 곳에 게시하고, 취급 근로자에게는 해당 물질에 대한 유해 위험성, 인체에 미치는 영향, 취급 시 주의사항, 착용보호구, 비상시 조치사항 등을 교육하고 호흡용 보호구를 지급해야 한다.

② 근로자를 망간 취급업무에 배치할 경우, 배치 전 건강진단을 실시하고 배치 후 6개월 이내에 첫 번째 특수건강진단을, 그 이후 12개월에 1회 이상 정기적으로 특수건강진단을 실시하여 폐기능 이상 여부를 확인해야 한다.

③ 망간 취급 근로자가 건강이상 증상이 있으며 반드시 "산업의학" 전문의와 상의하는 것이 필요하며, 이때 근로자의 직업에 대해 잘 설명하는 것이 필요하다. 폐기능 이상이 발생했을 때는 망간 취급업무를 중단하고 치료를 받도록 해야 한다.

④ 또한 망간 취급공정에 대해서는 6개월에 1회 이상 작업환경측정을 실시하고, 망간 분진 및 흄 발생지역에는 밀폐설비나 국소배기장치를 설치해야 한다.

> **참고 니켈 화합물**
>
> 1. 노출기준
>   - ㉠ 니켈(가용성 화합물) : TWA $0.1mg/m^3$, 발암성 1A
>   - ㉡ 니켈(불용성 무기화합물) : TWA $0.2mg/m^3$, 발암성 1A
>   - ㉢ 니켈(금속) : TWA $1mg/m^3$, 발암성 2
> 2. 니켈 노출
>   - ㉠ 건식 또는 습식으로 제련, 정련공정
>   - ㉡ 주조작업 시 용해작업, 주탕작업공정
>   - ㉢ 도금공정(도금조에 황산니켈 첨가)
>   - ㉣ 금속용접(니켈이 함유된 모재 금속)
> 3. 체내 흡수, 배출
>   - ㉠ 호흡기를 통해 빠르게 흡수, 일부는 위장관 흡수
>   - ㉡ 니켈의 20~35%는 혈액으로 흡수
>   - ㉢ 흡수된 니켈은 주로 신장에 축적
>   - ㉣ 소변을 통하여 배출
> 4. 발암성
>   - ㉠ 불용성 니켈화합물 : 비강, 부비동, 폐에 암 유발
>   - ㉡ 수용성 니켈 : 발암성 없음
> 5. 취급일지 및 고지
>   불용성 화합물인 경우 특별관리물질로 취급일지 작성 및 발암성(1A) 물질임을 고지
> 6. 건강진단
>   - ㉠ 배치 전 건강진단
>   - ㉡ 배치 후 첫 번째 특수건강진단 6개월 이내 및 그 후 주기는 12개월 1회
>   - ㉢ 수시건강진단 : 비강, 피부, 호흡기계 등 증상 및 징후를 보이는 경우

참고 금속증기열(Metal fume fever) ●출제율 30%

1. 개요
   ㉠ 금속이 용융점 이상으로 가열될 때 형성되는 고농도의 금속산화물을 흄 형태로 흡입함으로써 발생되는 일시적인 질병이며 금속 증기를 들이마심으로써 일어나는 열, 특히 아연에 의한 경우가 많으므로 이것을 아연열이라고 하는데 구리, 니켈 등의 금속증기에 의해서도 발생한다.
   ㉡ 용접, 전기도금, 금속의 제련 및 용해 과정에서 발생하는 경우가 많으며 주로 비교적 융점이 낮은 아연과 마그네슘, 망간산화물의 증기가 원인이 되지만 다른 금속에 의하여 생기기도 한다.
   ㉢ 금속열이 발생하는 작업장에서는 개인 보호구를 착용해야 한다.

2. 발생원인 물질
   ㉠ 아연
   ㉡ 구리
   ㉢ 망간
   ㉣ 마그네슘
   ㉤ 니켈
   ㉥ 카드뮴
   ㉦ 안티몬

3. 증상
   ㉠ 금속증기에 폭로 후 몇 시간 후에 발병되며 체온 상승, 목의 건조, 오한, 기침 등의 증상이 나타난다.
   ㉡ 증상은 12~24시간(또는 24~48시간) 후에는 자연적으로 없어지게 된다.
   ㉢ 기폭로 된 근로자는 일시적 면역이 생긴다.
   ㉣ 특히 아연 취급 작업장에는 당뇨병 환자는 작업을 금지한다.
   ㉤ 금속증기열은 폐렴, 폐결핵의 원인이 되지는 않는다.
   ㉥ 철폐증은 철분진 흡입 시 발생되는 금속열의 한 형태이다.
   ㉦ 월요일 열(monday fever)이라고도 한다.

참고 금속의 흡수 및 독성작용 기전 ●출제율 20%

1. 금속흡수에 영향을 미치는 요소
   ㉠ 소화관 내 체액에 대한 금속염의 용해도
   ㉡ 금속의 화학적 형태
      지용성 유기수은인 메틸수은은 잘 흡수되지만 무기수은은 잘 흡수되지 않음
   ㉢ 소화관 내 다른 물질의 존재 여부와 조성
      소화관 내에서의 이송에 영향을 미침
   ㉣ 흡수 영역에서 유사한 금속과의 경쟁
      예 아연과 카드뮴, 칼슘과 납
   ㉤ 노출되는 사람의 생리적인 상태와 연령
      비타민 D는 납의 흡수를 촉진시킴
2. 금속의 독성작용 기전
   ㉠ 효소억제
      • 대부분의 독성금속은 설피드릴(Sulfhydryl)과 히스티딜(Histidyl) 및 카르복실기와 같은 필수아
        미노산의 측쇄에 대한 친화력이 매우 크므로, 단백질과 직접 반응하여 효소구조나 효소기능
        을 변화시킨다.
      • 효소억제에 대한 실례로, 수은과 납의 Na^+-K^+ A TPase에 대한 영향이다.
   ㉡ 간접영향
      대부분의 금속은 공동인자(Cofactor)와 비타민 및 기질과 결합하여, 생물학적 기능에 대한 세포
      성분의 역할을 변화시킨다.
   ㉢ 필수금속 성분의 대체
      수행할 수 있으므로, 필수금속과 화학적으로 유사한 독성 금속이 필수금속을 대체하게 되면 그
      러한 생물학적 과정들이 민감하게 변화되는 것이다.
   ㉣ 금속평형의 파괴
      • 어떤 금속이 음식이나 직업적 노출 및 환경적 노출로 지나치게 공급되면, 여러 가지 생물학적
        단계에서의 필수금속이 과잉되거나 고갈된다.
      • 조직, 기관 및 조직순환 등의 각각의 생물학적 단계에서 그에 따른 필수금속은 다르다.
      • 예를 들어 아연 노출이 지나치면 구리 부족을 초래하지만, 구리 부족이 초래되지 않으면 아연
        노출은 무독한 것이다. 카드뮴중독은 소화관 괴저를 일으키지만 아연을 충분히 공급하면 이
        러한 괴저가 예방된다.
      • 납중독은 철, 아연, 구리 및 칼슘 등과 같은 필수성분의 조직 내 농도를 변화시킬 수 있다.

〈출처 : 한국방송통신대학교 출판부, 산업독성학〉

참고 판코니 증후군(Fanconi syndrome) ●출제율 20%

1. 개요
   ㉠ 판코니 증후군은 신장의 기능 장애(kidney malfunctions) 질환의 하나로 소변의 양이 지나치게 많아서 갈증도 많이 느끼고 몸의 수분, 칼슘(calcium), 칼륨(potassium), 마그네슘(magnesium), 그 외의 다른 물질들의 양의 결핍이 일어난다. 이는 종종 뼈의 질환으로 나타나기도 하고 성장이 잘 되지 않는다.
   ㉡ 정상적인 사람에서 신장은 몸에 필요한 성분들을 재흡수하고 재분비하는 기능을 수행하는데 이 증후군의 환자에게서는 이러한 신장의 기능 중 재흡수 기능에 결함이 생겨서 여러 가지 장애를 일으키게 된다.

2. 증상
   ㉠ 소변의 증가 및 심한 갈증, 탈수현상
   ㉡ 변비, 신경성 식욕부진, 구토
   ㉢ 소변 속에서는 글루코오스(glucose), 인산(phosphate), 칼슘(calcium), 요산(uricacid), 아미노산(amino acide), 단백질(protein : especially beta2–micro globulin and lysozyme)이 다량 검출됨
   ㉣ 혈액 속에서는 염화물(chloride)의 양이 높아지고 인산(phosphate), 칼슘(calcium)의 양이 낮게 나타나 혈액이 지나치게 산성도가 높아진다.

3. 원인
   ㉠ 유전적 결함(유전적 질환)
   - Cystinosis
   - 갈락토오즈 혈증
   - 당원병(glycogen storage disease)
   - 유전성 과당 편협증
   - 윌슨 증후군
   ㉡ 환경적 결함(환경적 질환)
   - 중금속에 노출
     ⓐ Cadumium   ⓑ lead   ⓒ mercury
     ⓓ platinum   ⓔ uranium
   - 특정 약물 복용
     ⓐ tetracycline   ⓑ gentamicin
   - 소독제
   - 제초제
   - 톨루엔

4. 진단
   ㉠ 소변검사
   ㉡ 혈액검사

5. 치료
   ㉠ 직접적 조절로 치료가 가능
   - 약(cysteamine)을 통해 몸 안의 cystine 수치를 낮춘다.
   - 약(penicillamine)을 통해 copper 수치를 낮춘다.
   ㉡ 부가적 치료
   - sodium chloride 양을 제한한다.
   - 혈액의 과다한 산성도를 중화시켜 줄 제산제, 칼륨을 공급한다.
   ㉢ 최악의 경우 신장이식을 한다.

SECTION 5 석면

01 개요 (출제율 20%)

(1) 석면이란 광물성 규산염의 총칭(주성분, 규산과 산화마그네슘)이며 사문석, 각섬석이 지열 및 지하수의 작용으로 인하여 섬유화된 것이다.

(2) 화산활동에 의해 발생된 화성암의 일종으로서 천연의 자연계에 존재하는 사문석 및 각섬석의 광물에서 채취된 섬유모양의 규산화합물로서 직경이 $0.02 \sim 0.03\,\mu m$ 정도의 유연성이 있는 견사상 광택이 특이한 극세섬유상의 광물이다.

(3) 석면이란 백석면(크리소타일), 청석면(크로시도라이트), 갈석면(아모사이트), 안소필라이트, 트레모라이트 또는 악티노라이트의 섬유상이라고 정의하고 있다. 또한 섬유를 위상차현미경으로 관찰했을 때 길이가 $5\,\mu m$이고, 길이 대 너비의 비가 최소한 $3:1$ 이상인 입자상 물질이라고 정의하고 있다.

02 특징

(1) 특성

① 불연성(내화성 : Fire proofing), 내열성, 저항성, 내전기전도성
② 단열성(Heat resistance)
③ 고인장성 및 유연성
④ 방부성(Corrosion resistance)
⑤ 절연성(Insulation)

(2) 용도

① 석면 개스킷(단열재)

② 석면 시멘트(내화재)

③ 석면 직물(방화재)

④ 석면 브레이크 라이닝(마찰재)

(3) 구분

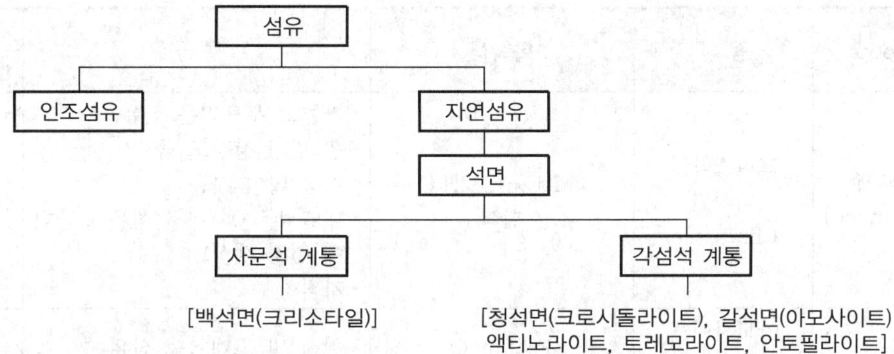

> **참고 섬유 ● 출제율 20%**
>
> 1. 현미경을 이용하여 실체 크기를 측정하여 일반적으로 입자 크기를 포톤–레티큘을 삽입한 현미경으로 측정하는 방법을 이용한다.
> 2. 공기 중에 있는 길이가 $5\mu m$ 이상이고 너비가 $5\mu m$ 보다 엷으면서 길이와 너비의 비가 3 : 1 이상을 가진 형태의 고체로서 석면, 유리섬유 등을 섬유라 한다.
> 3. 섬유는 흡입성, 흉곽성, 호흡성으로 구분하지 않으며, 농도는 중량 대신 섬유의 개수로 나타낸다.
> 4. 섬유는 위상차현미경을 통하여 측정하며, 물리적 크기로 표시한다.
>   (일반 먼지 : 공기역학적 직경으로 표시)

03 인체 영향

(1) 석면 종류 중 청석면(크로시도라이트 : crocidolite)이 직업성 질환(폐암, 중피종) 발생 위험률이 가장 높다.

(2) 일반적으로 석면폐종, 폐암, 악성중피종을 발생시켜 1급 발암물질군에 포함된다.

(3) 쉽게 소멸되지 않는 특성이 있어 인체흡수 시 제거되지 않고 폐 및 폐포 등에 박혀 유해증이 증가된다.

(4) 만성장해로 석면폐를 일으키며 기침, 가래 등 기관지염 증상이 나타난다.

04 석면의 종류 및 특성 ●출제율 20%

Group	종 류	화학식	특 성	주요 성분		
				Si	Mg	Fe
사문석 (Serpentine)	크리소타일 (백석면) Chrysotile	$3MgO_2SiO_22H_2O$ – 흰색 –	• 가늘고 부드러운 섬유 • 휨 및 인장강도 큼 • 가장 많이 사용 • 내열성(500℃에서 섬유 조직하에 결정 생성) • 가직성	40	38	2
각섬석 (Amphibole)	아모사이트 (갈석면) Amosite	$(FeMg)SiO_3$ – 밝은 노란색 –	• 취성 및 고내열성 섬유 • 내열성, 내산성, 가직성 없음	50	2	40
	크로시도라이트 (청석면) Crocidolite	$Na_2Fe(SiO_3)_2FeSiO_3H_2O$ – 청색 –	• 석면광물 중 가장 강함, 취성 • 내열성, 내산성, 부분적 가직성	50	–	40
	안소필라이트 Anthophylite	$(MgFe)_7Si_8O_{22}(OH)_2$ – 밝은 노란색 –	• 취성 흰색섬유 • 거의 사용치 않음	58	29	6
	트레모라이트 Tremolite	$Ca_2Mg_5Si_8O_{22}(HO)_2$ – 흰색 –	거의 사용치 않음	55	15	2
	악티노라이트 Actinolite	$CaO_3(MgFe)O_4SiO_2$ – 흰색 –	거의 사용치 않음	55	15	2

05 석면의 유해성

(1) 석면이 일으키는 대표적인 질병은 폐암, 중피종, 석면폐로 모두 치명적인 질병이다. 일반적으로 사용되는 석면 중 중독성의 정도는 크로시도라이트(Crocidolite, 청석면), 아모사이트(Amosite, 갈석면), 크리소타일(Chrysotile, 백석면) 순이다.

(2) 석면이 인체에 미치는 독성은 석면의 종류, 길이와 너비가 중요하게 작용한다.

(3) 석면의 질병발생기전(Brown) : 3D ●출제율 20%

① 석면의 크기(Dimension)

폐로 들어온 석면섬유는 폐포에 있는 대식세포의 공격을 받게 되는데 길이가 $5\mu m$ 이상이고 직경이 $3\mu m$ 이하의 석면섬유는 대식세포에 완전히 포위되지 않아 질병을 유발한다.

② 체내 지속성(Durability)

폐에 침착되어 대식세포의 공격을 받은 섬유는 내산성이 강하면 용해되지 않고 오래 지속되는데 이는 대식세포의 pH가 4 정도 되기 때문이다. 크리소타일(백석면)보다는 크리시도라이트(청석면)이나 아모사이트(갈석면)이 산성에 강하기 때문에 폐에 오래 남아 있을 수 있다.

③ 양(Dose)

석면은 한 번 또는 단시간 노출되거나 간헐적으로 노출되어도 질병은 계속 진행된다는 역학조사 결과가 있다.

(4) 석면의 노출기준 ●출제율 20%

(단위 : 섬유개수/cm³)

석면의 종류	한 국	미 국	영 국	독 일	일 본	미국 ACGIH(권고치)
크리시도라이트(청석면)	0.1	0.1	0.2	0.5	0.2	0.2
아모사이트(갈석면)	0.1	0.1	0.2	1	2	0.5
크리소타일(백석면)	0.1	0.1	0.5	1	2	2
기타 석면	0.1	0.1	0.5	1	2	2

※ 고용노동부 석면 해체 · 제거 작업장 노출기준 0.01개/cm³

06 석면의 대체섬유

(1) 개요

석면 대체섬유는 크게 인조무기합성섬유, 인조유기합성섬유, 그리고 천연광물섬유로 구분할 수 있다. 특히 석면 사용 제품의 90% 이상을 차지하는 건축재의 석면 대체품은 대부분 인조유기합성섬유라고 할 수 있다.

(2) 대체섬유의 인체 유해성 평가 ●출제율 20%

① 석면 대체섬유의 인체 유해성 평가는 주로 석면이 갖는 유해성과 비교하여 평가한다.

② 석면으로 인한 대표적인 유해성은 폐암, 중피종 등 폐 관련 암을 들 수 있다. 석면에 의한 폐 관련 암이 발생하는 기전에 대해서는 보통 3-D 모델로 설명하고 있다. 3-D 란 Dose(용량), Dimension(크기), Durability(인체 내 저항성)을 의미하며, 석면에 의한 폐 관련 암의 발생은 이 세 가지 변수에 의해 암 발생 위험도가 결정된다.

㉠ Dose(용량)

폐의 말단 부위인 가스교환 영역에 침착되는 석면 섬유의 농도가 높을수록 암 발생 위험도가 커진다는 것이다. 그러나 반드시 일정한 농도 이상이 침착되어야만 암이 발생한다는 것은 아니며, 적은 양이더라도 암 발생이 가능하다고 본다. 단, 암 발생 위험 확률이 폐에 침착된 석면 섬유의 양과 비례적인 상관성을 갖는다는 것이다.

㉡ Dimension(크기)

석면 섬유의 크기가 매우 가늘고 길수록 폐 세포에 미치는 독성이 크다는 것이다. 세계보건기구(WHO)에서는 직경이 $3\mu m$보다 작고, 길이는 $5\mu m$보다 길며, 길이 대 직경의 비(aspect ratio)가 3 : 1 이상인 섬유가 폐 영역까지 침착 가능한 호흡성 섬유(respirable fiber)라고 정의하고 있다. 특히 길이가 $5\mu m$보다 긴 경우에는 폐의 대식세포에 의한 제거가 잘 되지 않아 독성이 크다고 알려져 있다.

㉢ Durability(인체 내 저항성)

폐에 침착된 섬유는 폐의 대식세포가 제거하는데, 이러한 인체 내 제거 기전에 저항성이 큰 물질일수록 폐에 오랫동안 남아 있고 독성도 크다고 알려져 있다. 보통 석면의 종류 중 청석면이 가장 독성이 크고 갈석면 > 트레몰라이트 > 백석면 순으로 독성이 다르다고 하는 이유는 생체 내 저항력의 차이 때문이다. 이러한 인체 내 저항성의 크기는 섬유가 길수록 커지는 물리적 저항력과 폐액(lung fluids) 내에서 분해되지 않고 견뎌내는 화학적 저항력의 크기로 설명된다.

(3) 석면 대체섬유의 특징 및 발암성 평가

구 분	대체섬유	용 도	IARC의 평가
인조무기합성 섬유 (MMMF)	유리장 섬유 (continuous filament glass)	건축 재료, 실(seal) 재, 마찰재, 절연재	3
	유리면(glass wool)	보온재, 단열재, 흡음재	3
	암면(rock wool)	분무재, 보온재, 흡음재, 단열재	3
	슬래그면(slag wool)	분무재, 보온재, 흡음재, 단열재	3
	세라믹 섬유(ceramic fiber)	내화재, 마찰재	2B
인조유기합성 섬유 (MMOF)	아라미드 섬유(p-aramid)	마찰재, 실(seal) 재	3
	비닐론 섬유(PVA)	건축 재료	3
천연광물섬유 (NMF)	세피오라이트(sepiolite)	건축 재료, 도료, 접착제	3
	월러스토나이트(wollastonite)	건축 재료, 도료	3

※ 발암 평가 구분
1. 그룹(group) 1 : 「인간에 대한 발암성이 있다」
2. 그룹(group) 2A : 「아마도 인간에 대한 발암성이 있다」
3. 그룹(group) 2B : 「인간에 대한 발암 가능성이 있다」
4. 그룹(group) 3 : 「인간에 대한 발암성에 대해 분류 불능」

① 인조무기합성섬유 구분
　㉠ 필라멘트(filament)
　　유리장 섬유
　㉡ 울(wool)
　　ⓐ 유리면　ⓑ 암면　ⓒ 슬래그면　ⓓ 세라믹 섬유
② 인조무기합성섬유와 석면은 규산염 계통으로 화학적 성분은 유사하지만 석면은 결정형 구조를 갖는데 비해 무기합성섬유는 비결정형(부정형) 섬유구조라는 차이가 있다.
③ 인조유기합성섬유 중 석면 대체물질로 대표적인 것은 파라-아라미드(p-aramid)이며, 방향족 계열의 유기물질을 이용하여 만든 합성섬유이다.

07 대책

(1) 석면 발생 억제

대체물질 사용, 가능한 습식작업, 석면작업 근로자와 격리

(2) 석면 발생 최소화

작업실 음압유지, 밀폐 곤란한 경우 국소배기장치 설치

(3) 석면 노출 최소화

불침투성 보호장갑 지급, 고성능 호흡용 보호구 지급, 작업복 외부 유출 금지

(4) 작업환경 측정

공기 중 석면 노출농도 측정하여 작업환경 개선대책 강구

참고 석면 건강관리수첩 제도

1. 목적

   건강관리수첩 제도는 장기간의 잠복기를 거쳐 발병하는 직업성 암 등 직업병을 조기에 발견, 조치
   토록 하기 위한 제도이다.

2. 석면 건강관리수첩 발급대상

발급대상 업무	대상 근로자
가. 석면 또는 석면방직제품을 제조하는 업무	3개월 이상 종사한 사람
나. 다음의 어느 하나에 해당하는 업무 1) 석면함유 제품(석면방직 제품은 제외한다)을 제조하는 업무 2) 석면함유 제품(석면이 1퍼센트를 초과하여 함유된 제품만 해당한다. 이하 다목에서 같다)을 절단하는 등 석면을 가공하는 업무 3) 설비 또는 건축물에 분무된 석면을 해체·제거 또는 보수하는 업무 4) 석면이 1퍼센트 초과하여 함유된 보온재 또는 내화피복제(耐火被覆劑)를 해체·제거 또는 보수하는 업무	1년 이상 종사한 사람
다. 설비 또는 건축물에 포함된 석면시멘트, 석면마찰 제품 또는 석면개스킷 제품 등 석면함유 제품을 해체·제거 또는 보수하는 업무	10년 이상 종사한 사람
라. 나목 또는 다목 중 하나 이상의 업무에 중복하여 종사한 경우	다음의 계산식으로 산출한 숫자가 120을 초과하는 사람 : (나목의 업무에 종사한 개월 수)×10+(다목의 업무에 종사한 개월 수)

3. 건강관리수첩 제도를 통해 받을 수 있는 혜택
   ㉠ 건강진단 무료지원
   ㉡ 일정기간 이상 석면 노출 작업근로자는 수첩을 발급하여 이직 후 연 1회 특수건강진단을 무료
   지원

참고 **석면 해체 · 제거 작업 시 작업종류에 따른 조치사항** ●출제율 40%

1. 분무(噴霧)된 석면이나 석면이 함유된 보온재 또는 내화피복재의 해체 · 제거 작업
   ㉠ 창문, 벽, 바닥 등은 비닐 등 불침투성 차단재로 밀폐하고 해당 장소를 음압(陰壓)으로 유지할
   것(작업장이 실내인 경우에만 해당한다)
   ㉡ 작업 시 석면분진이 흩날리지 않도록 고성능 필터가 장착된 석면분진 포집장치(捕集裝置)를 가
   동하는 등 필요한 조치를 할 것(작업장이 실외인 경우에만 해당한다)
   ㉢ 물이나 습윤제를 사용하여 습식(濕式)으로 작업할 것
   ㉣ 탈의실, 샤워실 및 작업복 갱의실 등의 위생설비를 작업장과 연결하여 설치할 것
   (작업장이 실내인 경우에만 해당한다)
2. 석면이 함유된 벽체, 바닥타일 및 천장재의 해체 · 제거 작업
   ㉠ 창문, 벽, 바닥 등은 비닐 등 불침투성 차단재로 밀폐할 것
   ㉡ 물이나 습윤제를 사용하여 습식으로 작업할 것
   ㉢ 해당 작업장소를 음압으로 유지할 것(석면함유 벽체, 바닥타일, 천장재를 물리적으로 깨거나 기
   계 등을 이용하여 절단하는 작업인 경우에만 해당한다)
3. 석면이 함유된 지붕재의 해체 · 제거 작업
   ㉠ 해체된 지붕재는 직접 땅으로 떨어뜨리거나 던지지 말 것
   ㉡ 물이 습윤제를 사용하여 습식으로 작업할 것. 다만, 습식 작업 시 안전상 위험이 있는 경우에는
   그러하지 아니한다.
   ㉢ 난방이나 환기를 위한 통풍구가 지붕 근처에 있는 경우에는 이를 밀폐하고 환기설비의 가동을
   중단할 것
4. 석면이 함유된 그 밖의 자재의 해체 · 제거 작업
   ㉠ 창문, 벽, 바닥 등은 비닐 등 불침투성 차단재로 밀폐할 것(작업장이 실내인 경우에만 해당한다)
   ㉡ 석면분진이 흩날리지 않도록 석면분진 포집장치를 가동하는 등 필요한 조치를 할 것(작업장이
   실외인 경우에만 해당한다)
   ㉢ 물이나 습윤제를 사용하여 습식으로 작업할 것

참고 석면 해체 · 제거 글로브백 작업(Glove bag operation) ●출제율 20%

1. 정의
   폴리에틸렌 등 불침투성 재질의 비닐시트를 사용하며, 안쪽으로 손모양의 글로브에 손을 넣어서
   석면 해체 · 제거 작업을 수행하는 것을 글로브백 작업이라 한다.
2. 작업수행 방법
   ㉠ 파이프 관의 단열재 주위를 글로브백으로 양 측면을 테이프로 밀봉
   ㉡ 밀봉하기 전 글로브백 내에 해체 · 제거에 필요한 도구 등을 넣어야 함
   ㉢ 글로브에 손을 넣고 단열재에 먼저 물 등을 사용하여 습윤화하고 글로브백에 떨어뜨려 저장
   ㉣ 필요시 글로브백 구멍을 통해 스프레이 노즐을 넣어 해체 · 제거되는 단열재를 수시로 습윤화
   ㉤ 작업이 완료되면 늘어져 있는 아래 부분을 비틀어서 테이프로 감싼다. 상단 부분에는 진공청소
      기의 흡입구를 넣어 공기를 흡입하여 석면분진을 제거하고 젖은 걸레로 청소
   ㉥ 늘어져 있는 글로브백이 석면물질로 가득 차면 글로브백의 내부 표면을 물로 세척하고 파이프
      관으로부터 분리하고 완전 밀폐한 후에 다른 글로브백에 넣음
   ㉦ 글로브백에 석면의 경고표지를 표시한 후 폐기 처리

참고 음압밀폐 시스템 구조(고성능 필터 장착) ●출제율 20%

1. 음압밀폐조치를 위해 작업 부위를 제외하고 바닥, 벽 등을 불침투성 폴리에틸렌 시트로 덮음. 바닥
   은 0.15mm 이상, 벽면은 0.8mm 이상의 두께로 이중으로 덮는 것을 권장
2. 작업장소와 외부와의 압력차가 −0.508mmH₂O를 유지
3. 음압은 음압기록장치를 사용하여 작업 시작부터 작업 종료까지 측정하고 기록을 보관
4. 음압장치에는 고성능 필터가 장착된 것을 사용(고성능 필터는 HEPA filter를 주로 말하며, $0.3\mu m$
   의 입자를 99.97% 이상 포집할 수 있는 성능을 가진 필터를 의미)
5. 시스템 내 공기흐름은 근로자의 호흡기 영역으로부터 고성능 필터 또는 분진 포집장치 방향을 유지
6. 작업개시 전에 음압밀폐 시스템 내 누출 부위가 있는지 검사

참고 석면해체작업감리인 수행업무 및 감리인 지정기준

1. 감리인 업무범위(수행업무)
   ① 석면 해체 · 제거 작업 사업장 주변 석면배출 허용기준 준수여부 관리
   ② 「산업안전보건법」 제38조의5 제1항에 따른 석면농도기준 준수여부 관리
   ③ 해당 석면 해체 · 제거 작업 계획의 적절성 검토 및 계획대로 해체 · 제거 작업이 수행되고 있는
      지 여부 확인
   ④ 개선계획의 타당성 검토 등 사전적 평가 · 자문 관련 사항
   ⑤ 인근지역 주민들에 대한 노출방지 대책 검토 · 확인
   ⑥ 해당 석면 해체 · 제거업자의 관련 법령, 규정 준수 여부 관리
   ⑦ 석면 해체 · 제거 작업이 사업장주변 석면배출허용기준 또는 「산업안전보건법」 제38조의5 제1항에
      따른 석면농도기준을 지키기 어렵다고 판단하면 석면 해체 · 제거업자에게 다음의 조치를 요청

ⓐ 석면 해체 · 제거 작업의 시정(사업장 주변 석면배출 허용기준을 초과하는 경우)

ⓑ 석면 해체 · 제거 작업의 중지(사업장 주변 석면배출 허용기준을 초과하는 경우)

ⓒ 건축물이나 설비의 철거 또는 해체 중지(석면농도기준을 초과하는 경우)

⑧ 석면 해체 · 제거업자가 위의 조치를 요청받고도 석면 해체 · 제거 작업을 계속하는 경우에는 지방환경관서의 장과 특별자치도지사 · 시장 · 군수 · 구청장 또는 지방고용노동부관서의 장에게 보고하며, 보고를 받은 특별자치 도지사 · 시장 · 군수 · 구청장 또는 지방고용노동부관서의 장은 지체없이 작업 중지를 명함

2. 감리인 지정기준

① 건축물에 석면이 함유된 분무재 또는 내화피복재가 사용된 사업장

② 분무재 또는 내화피복재 이외의 석면건축자재 면적이 800제곱미터 이상인 사업장

③ 발주자는 감리인으로 하여금 다음의 기준에 따라 감리원을 배치

ⓐ 건축물에 석면이 함유된 분무재 또는 내화피복재가 사용된 사업장 및 분무재 또는 내화피복재 이외의 석면건축자재 면적이 800제곱미터 이상인 사업장에서 석면건축자재 면적이 2,000제곱미터 초과인 사업장: 고급감리원 1인 이상

ⓑ 분무재 또는 내화피복재가 사용된 사업장 및 분무재 또는 내화피복재 이외의 석면건축자재 면적이 800제곱미터 이상인 사업장에서 석면건축자재 면적이 2,000제곱미터 이하인 사업장: 일반감리원 1인 이상

④ 배치된 감리원 중 최소 1명은 석면 해체 · 제거 작업이 이루어지는 동안에는 사업현장 내 감리 업무 수행

참고 석면(산업안전보건법) ● 출제율 20%

1. 작업 수칙

사업주는 석면의 제조 · 사용 작업에 근로자를 종사하도록 하는 경우에 석면분진의 발산과 근로자의 오염을 방지하기 위하여 다음 사항에 관한 작업 수칙을 정하고 이를 작업근로자에게 알려야 한다.

ⓐ 진공청소기 등을 이용한 작업장 바닥의 청소방법

ⓑ 작업자의 왕래와 외부기류 또는 기계진동 등에 의하여 분진이 흩날리는 것을 방지하기 위한 조치

ⓒ 분진이 쌓일 염려가 있는 깔개 등을 작업장 바닥에 방치하는 행위를 방지하기 위한 조치

ⓓ 분진이 확산되거나 작업자가 분진에 노출될 위험이 있는 경우에는 선풍기 사용 금지

ⓔ 용기에 석면을 넣거나 꺼내는 작업

ⓕ 석면을 담은 용기의 운반

ⓖ 여과집진방식 집진장치의 여과재 교환

ⓗ 해당 작업에 사용된 용기 등의 처리

ⓘ 이상사태가 발생한 경우의 응급조치

ⓙ 보호구의 사용 · 점검 · 보관 및 청소

ⓚ 그 밖에 석면분진의 발산을 방지하기 위하여 필요한 조치

2. 석면 해체 · 제거 작업 계획수립 시 포함 내용

ⓐ 석면 해체 · 제거 작업의 절차와 방법

ⓑ 석면 흩날림 방지 및 폐기 방법

ⓒ 근로자 보호조치

3. 석면 해체 · 제거 대상(기관석면 조사 대상)
  ㉠ 일정규모 이상의 건축물이나 설비
    ⓐ 건축물의 연면적 합계가 50m² 이상이면서 그 건축물의 철거 · 해체하려는 부분의 면적 합계
      가 50m² 이상인 경우
    ⓑ 주택(부속건물 포함)의 연면적 합계가 200m² 이상이면서 그 주택의 철거 · 해체하려는 부분
      의 면적 합계가 200m² 이상인 경우
    ⓒ 설비의 철거 · 해체하려는 부분에 다음 어느 하나에 해당하는 자재를 사용한 면적의 합이
      15m² 이상 또는 그 부피의 합이 1m³ 이상인 경우
      • 단열재
      • 보온재
      • 분무재
      • 내화피복재
      • 개스킷
      • 패킹재
      • 실링재
    ⓓ 파이프 길이의 합이 80m 이상이면서 그 파이프의 철거 · 해체하려는 부분의 보온재로 사용
      된 길이의 합이 80m 이상인 경우
  ㉡ 석면함유량과 면적(석면 해체 · 제거업자를 통한 석면 해체 · 제거 대상)
    ⓐ 철거 · 해체하려는 벽체 재료, 바닥재, 천장재 및 지붕재 등의 자재에 석면이 1%(무게%)를
      초과하여 함유되어 있고 그 자재의 면적의 합이 50m² 이상인 경우
    ⓑ 석면이 1%(무게%)를 초과하여 함유된 분무재 또는 내화피복재를 사용한 경우
    ⓒ 석면이 1%(무게%)를 초과하여 함유된 단열재, 보온재, 개스킷, 패킹재, 실링재의 면적의 합
      이 15m² 이상 또는 그 부피의 합이 1m³ 이상인 경우
    ⓓ 파이프에 사용된 보온재에서 석면이 1%(무게%)를 초과하여 함유되어 있고, 그 보온재 길이
      의 합이 80m 이상인 경우
4. 석면 해체 · 제거 작업 시 지급 개인보호구
  ㉠ 방진마스크(특급만 해당)나 송기마스크 또는 전동식 호흡보호구
  ㉡ 고글(Goggles)형 보호안경
  ㉢ 신체를 감싸는 보호복, 보호장갑 및 보호신발

SECTION 6

곤충 및 동물매개 감염병

01 곤충 및 동물매개 감염병의 정의

쯔쯔가무시증, 렙토스피라증, 신증후군출혈열 등 동물의 배설물 등에 의하여 전염되는 감염병과 탄저병, 브루셀라증 등 가축이나 야생동물로부터 사람에게 감염되는 인수공통(人獸共通) 감염병을 말한다.

> **참고**
>
> 인수공통 감염병이란 사람과 가축 양쪽에 이환되는 질병

02 감염전파의 구분

(1) 기계적 전파(Mechanical transmission)

병원체를 보유하고 있는 사람/동물로부터 곤충에 의해 건강한 사람에게로 병원체가 단순 전달되어 전파되는 경우를 말한다.

(2) 생물학적 전파(Biological transmission)

병원체가 곤충의 체내에서 증식이나 발육 등 생물학적 과정을 거친 후 인체감염이 가능해 지는 경우를 말한다.

⊙ 매개해충–질병

매개해충	질 병
벼룩	흑사병
모기	뇌염, 황열, 태그열
이	발진티푸스
체체파리	아프리카 수면병
진드기	쯔쯔가무시증

03 종류

(1) 쯔쯔가무시증(Scrub typhus)

① 개요 및 특징

ⓐ 오리엔티아 쯔쯔가무시균(Orientia tsutsungamushi)에 의해 발생하는 감염
성 질환이다.

ⓑ 감염에 의한 급성 발열성 질환으로 주로 가을철 야외활동 시 들쥐에 있는 진드
기에 물려 감염된다.

ⓒ 사람과 사람 사이에서 전염이 되지 않기 때문에 감염자를 격리하거나 소독 등
은 필요 없다.

ⓓ 털진드기 유충이 동물의 체액을 흡입하는 봄과 가을이 감염에 위험한 시기이다.

ⓔ 원인 병원체

Leptospira interorgans

ⓕ 고위험군

ⓐ 농부, 광부, 오수처리자, 낚시꾼, 군인, 동물과 접촉이 많은 직종 종사자

ⓑ 야외활동이 많은 성인 남자에게 호발

② 매개체 및 감염원

ⓐ 감염된 동물의 소변으로 오염된 물, 흙

ⓑ 확인된 숙주

들쥐, 집쥐, 족제비, 개, 소, 돼지 등

③ 잠복기

2일~4주, 평균 10일

④ 증상

　㉠ 주요증상

　　고열, 두통, 오한, 눈의 충혈, 각혈, 근육통, 복통, 심하면 황달, 소변감소 증상

　㉡ 초기증상이 감기몸살 증세로 환자 대부분이 대수롭지 않게 여겨 치료시기를 놓치는 경우가 많다.

　㉢ 치료시기를 놓치게 되면 균이 인체에 거의 모든 장기에 침범하여 위중한 합병증이 오고 사망에까지 이를 수 있다.

　㉣ 사망률

　　20%

⑤ 전파경로

　감염된 동물의 소변에 오염된 물, 토양, 음식물에 노출 시 상처난 피부를 통해 감염된다.

⑥ 예방법

　㉠ 작업 시 손, 발 등에 상처가 있는지를 확인하고 장화, 장갑 등 보호구를 착용한다.

　㉡ 가능한 한 농경지의 고인 물에는 손발을 담그거나 닿지 않도록 주의한다.

　㉢ 가급적 논의 물을 빼고 마른 뒤에 벼베기 작업을 한다.

　㉣ 비슷한 증세가 있으면 반드시 의사의 진료를 받도록 한다.

(2) 신증후군출혈열(Hemorragic fever with renal syndrome)

① 개요 및 특징

　㉠ 신증후군출혈열은 고열, 신부전, 출혈 등을 특징으로 하는 급성 열성 질환으로 아시아와 유럽에 존재하는 여러 종류의 한탄바이러스(Hantaan virus/Seoul virus)에 의한 전신감염 질환이다.

　㉡ 한국전쟁 중 UN군에서 약 3,200명 이상의 원인 불명 급성 출혈열 환자가 발생하고 수 백명이 사망함으로써 알려지기 시작했으며 우리나라의 의학자 이호왕에 의하여 처음으로 원인체가 규명되었다.

　㉢ 들쥐의 배설물에 의해 호흡기 또는 상처를 통한 직접 접촉으로 전파된다.

　㉣ 늦가을(10~11월)과 늦봄(5~6월) 건조기에 많이 발생하고, 주로 야외활동을 많이 하는 사람 특히 농부, 군인, 공사장 인부, 캠핑하는 사람 등이 감염되며, 야외활동이 많아 감염기회가 많은 젊은 연령층 남자가 잘 감염되고 있다(남성 대 여성 환자비율은 약 2 : 1).

　㉤ 사람간 전파는 없는 것으로 보고되고 있다.

② 매개체 및 감염원

설치류(등줄쥐, 집쥐)

③ 잠복기

9~35일(보통 2~3주)

④ 주요증상

㉠ 고열, 두통, 복통, 신부전, 출혈

㉡ 임상적으로는 초기에 감기와 비슷하게 시작되어 곧이어 발열, 오한, 두통 등의 전신증상이 나타난다.

㉢ 유행성 출혈열의 5단계

ⓐ 1단계 : 발열기(3~5일)

발열, 권태감, 식욕 부진, 심한 두통 등

ⓑ 2단계 : 저혈압기(1~3일)

혈압이 떨어지며 오심, 배부통, 복통, 압통 등이 뚜렷해지고 출혈반을 포함하는 출혈성 경향이 나타남

ⓒ 3단계 : 핍뇨기(3~5일)

무뇨, 요독증, 신부전, 심한 복통, 배부통, 허약감, 토혈, 객혈, 혈변, 육안적 혈뇨, 고혈압, 뇌부종으로 인한 경련, 폐부종

ⓓ 4단계 : 이뇨기(7~14일)

신기능이 회복되는 시기, 다량의 배뇨가 있어 심한 탈수, 쇼크 등으로 사망할 수 있음

ⓔ 5단계 : 회복기(3~6주)

전신 쇠약감이나 근력감소

㉣ 사망률

7%

⑤ 전파경로

설치류의 타액, 소변, 분변이 공기 중 건조되어 사람의 호흡기를 통해 감염된다.

⑥ 예방법

㉠ 유행지역의 산이나 풀밭에 가는 것을 피할 것

특히, 늦가을과 늦봄의 건조기에는 잔디 위에 눕지 않는다.

㉡ 잔디 위에 침구나 옷을 말리지 말 것

ⓒ 야외활동 후 귀가 시에는 옷에 묻은 먼지를 털고 목욕을 하고 신증후군출혈열 의심 시 조기에 치료를 받아야 한다.

ⓔ 다발지역에 접근하지 않는 것이 최선의 예방이다.

ⓜ 신증후군예방접종 실시

　ⓐ 대상

　　• 발생률이 높은 지역에 거주 혹은 근무하며, 군인 및 농부 등 직업적으로 신증후군출혈열 바이러스에 노출될 위험이 높은 집단

　　• 신증후군출혈열 바이러스를 다루거나 쥐 실험을 하는 실험실 요원

　　• 야외활동이 빈번한 사람 등 개별적 노출 위험이 크다고 판단되는 자

　ⓑ 접종시기

　　기본접종은 한달 간격으로 2회 접종하고, 12개월 뒤에 1회 접종

(3) 렙토스피라증(Leptospirosis)

① 개요 및 특징

　㉠ 동물과 사람에게 모두 감염될 수 있는 인수공통감염증으로 1886년 처음 확인된 이후로 남극과 북극을 제외한 전지역에서 지속적으로 발생되고 있다.

　㉡ 9~11월에 주로 들쥐들에 의해 사람으로 전파된다.

　㉢ 주로 감염된 동물의 소변에 오염된 물, 토양, 음식물에 노출 시 점막이나 상처 난 피부를 통해 전파된다.

　㉣ 감염된 동물의 소변 등과 직접 접촉, 또는 오염된 음식을 먹거나 비말을 흡입하여 감염되기도 한다.

② 매개체 및 감염원

　쥐에 기생하는 털진드기와 진드기 유충(확인된 숙주 : 야생들쥐) 등이다.

③ 잠복기

　8~11일

④ 주요증상

　㉠ 두통, 열, 발진, 결막충혈, 오한, 구토, 복통, 피부반점, 가피 형성(진드기 유충에 물린 부위에 발생)

　㉡ 합병증

　　난청, 이명, 뇌수막염, 일시적인 뇌신경 마비가 올 수 있다.

ⓒ 사망률

지역이나 나이 면역상태에 따라 차이가 있으며, 적절한 치료를 하지 않은 경우 0~30%로 다양하다.

⑤ 전파경로

감염된 진드기 유충에 물려서 감염된다.

⑥ 예방법

㉠ 유행성 지역의 관목 숲이나 유행지역에 가는 것을 피한다.

㉡ 들쥐 등과 접촉하는 환경을 피한다.

㉢ 밭에서 일할 때에는 되도록 긴 옷을 입고, 토시를 착용하고, 장화를 신는다.

㉣ 여성의 경우 스타킹을 착용한다.

㉤ 벌레 쫓는 약인 기피제를 사용한다.

㉥ 풀밭에서 옷을 말리거나, 눕지 않는다.

㉦ 풀숲에 앉아서 용변을 보지 않는다.

㉧ 야외활동 후 귀가 시에는 먼지를 털고, 옷을 세탁하고, 목욕을 한다.

㉨ 진드기에 물린 상처가 있거나 피부발진이 있으면서 급성 발열증상이 있으면 렙토스피라증을 의심하고 서둘러 치료를 받는다.

참고 **곤충 및 동물매개 감염병 고위험작업 시 조치사항** ●출제율 20%

1. 긴 소매의 옷과 긴 바지의 작업복을 착용하도록 할 것
2. 곤충 및 동물매개 감염병 발생 우려가 있는 장소에서는 음식물 섭취 등을 제한할 것
3. 작업장소와 인접한 곳에 오염원과 격리된 식사 및 휴식 장소를 제공할 것
4. 작업 후 목욕을 하도록 지도할 것
5. 곤충이나 동물에 물렸는지를 확인하고 이상증상 발생 시 의사의 진료를 받도록 할 것

참고 **제4군 감염병** ●출제율 20%

1. 정의

제4군 감염병이란 「감염병의 예방 및 관리에 관한 법률」에서 "국내에서 새롭게 발생하였거나 발생할 우려가 있는 감염병 또는 국내 유입이 우려되는 해외 유행 감염병으로서 보건복지부령으로 정하는 감염병을 말한다."로 정의한다.

2. 종류

㉠ 페스트

㉡ 황열

㉢ 뎅기열

㉣ 바이러스성 출혈열

㉤ 두창

    ⓑ 보툴리눔독소증

    ⓢ 중증 급성호흡기 증후군(SARS)

    ⓞ 동물인플루엔자 인체감염증

    ⓩ 신종인플루엔자

    ⓒ 야토병

    ⓚ 큐열(Q熱)

    ⓔ 웨스트나일열

    ⓟ 신종감염병증후군

    ⓗ 라임병

    ㉮ 진드기매개뇌염

    ㉯ 유비저(類鼻疽)

    ㉰ 치쿤구니야열

    ㉱ 중증열성혈소판감소 증후군(SFTS)

3. 유비저(Melioidosis)

    ㉠ 유비저는 그람음성간균인 버크홀데리아 슈도말레이(Burkholderia pseudomallei)에 의해 발병하는 세균성 감염병이다.

    ㉡ 동남아시아나 호주 북부 지역에서 높은 풍토성을 가짐. 즉 습한 토양과 물, 특히 벼농사를 짓는 논에서 많이 분포한다.

    ㉢ 2010년 「감염병의 예방 및 관리에 관한 법률」에 의해 제4군 감염병으로 지정되어 감시체계상 신고대상 질환으로 분류된 이후 매년 감염 사례가 증가 추세이다.

    ㉣ 해외 여행객이 증가함에 따라 동남아시아 등 유비저 발생지역 방문 여행객들의 주의가 요구되며, 세계적인 기상이변으로 국내 발생 가능성이 있다.

    ㉤ 동물에서도 감염된다(양, 말, 염소, 돼지, 소, 개, 고양이 등).

    ㉥ 위험성

       • 인체에 대한 위해도, 생물학적 무기로서의 제조가능성, 무기화되었을 경우의 위험도 등을 고려하여 미국 질병통제예방센터(Centers for Disease Control and Prevention, CDC)에서 Category B로 지정되었다.

       • 국내에서도 2005년 전염병 예방법 개정을 통해 고위험병원체 32종 중 하나로 지정, 고시하여 보존 및 관리에 대하여 국가 관리를 강화하고 있다.

    ㉦ 예방관리

       • 피부병변이 있거나 고위험군(당뇨, 만성신장질환자)은 흙 또는 토양에 고여 있는 물과 접촉하지 않도록 주의한다.

       • 농업에 종사하는 사람은 긴 장화를 신고 작업해야 한다.

       • 의료기관 종사자는 유비저 환자 진료 시 마스크, 장갑, 가운 등을 착용해야 한다.

참고 **혈액매개감염 노출위험작업 시 예방조치사항** ●출제율 20%

1. 혈액노출위험작업 예방조치
   ㉠ 혈액노출의 가능성이 있는 장소에서는 음식물을 먹거나 담배를 피우는 행위, 화장 및 콘택트렌즈의 교환 등을 금지시킬 것
   ㉡ 혈액 또는 환자의 혈액으로 오염된 가검물, 주사침, 각종 의료 기구, 솜 등의 혈액오염물(이하 "혈액오염물"이라 한다)이 보관되어 있는 냉장고 등에 음식물 보관을 금지시킬 것
   ㉢ 혈액 등으로 오염된 장소나 혈액오염물은 적절한 방법에 따라 소독할 것
   ㉣ 혈액오염물은 별도로 표기된 용기에 담아서 운반할 것
   ㉤ 혈액노출 근로자는 즉시 소독약품이 포함된 세정제로 접촉 부위를 씻도록 할 것
2. 주사 및 채혈작업 예방조치
   ㉠ 안정되고 편안한 자세로 주사 및 채혈을 할 수 있는 장소를 제공할 것
   ㉡ 채취한 혈액을 검사 용기에 옮길 때에는 주사침 사용을 금지하도록 할 것
   ㉢ 사용한 주사침은 바늘을 구부리거나, 자르거나, 뚜껑을 다시 씌우는 등의 행위를 금지시킬 것 (부득이 뚜껑을 다시 씌워야 하는 경우에는 한 손으로 씌우도록 한다)
   ㉣ 사용한 주사침은 안전한 전용의 수거용기에 모아 견고한 용기를 사용하여 폐기할 것

참고 **공기매개감염병** ●출제율 40%

1. 공기매개감염 예방조치사항
   ㉠ 근로자에게 결핵균 등을 방지할 수 있는 보호마스크를 지급하고 착용하도록 할 것
   ㉡ 면역이 저하되는 등 감염의 위험이 높은 근로자는 전염성이 있는 환자와의 접촉을 제한할 것
   ㉢ 가래를 배출할 수 있는 결핵환자에게 시술을 하는 경우에는 적절한 환기가 이루어지는 격리실에서 하도록 할 것
   ㉣ 임신한 근로자는 풍진, 수두 등 선천성 기형을 유발할 수 있는 감염병 환자와의 접촉을 제한할 것
2. 공기매개 감염병환자에 노출된 근로자 노출 후 조치사항
   ㉠ 공기매개 감염병의 증상 발생 즉시 감염 확인을 위한 검사를 받도록 할 것
   ㉡ 감염이 확인되면 적절한 치료를 받도록 조치할 것
   ㉢ 풍진, 수두 등에 감염된 근로자가 임신부인 경우에는 태아에 대하여 기형 검사를 받도록 할 것
   ㉣ 감염된 근로자가 동료 근로자 등에게 전염되지 않도록 적절한 기간 동안 제한하도록 할 것
3. 공기매개 경계(Airborne Precaution)의 지침
   ㉠ 병실
     • 환자의 방은 음압을 유지하고, 시간당 최소한 6회 이상 공기를 교환하여야 한다.
     • 환자의 방문은 항상 닫아 둔다.
     • 1인용 병실을 사용할 수 없는 경우는 같은 균을 가진 환자끼리 병실을 사용한다.
   ㉡ 호흡기계 보호
     • 결핵에 감염되었거나 의심되는 환자의 방에 들어갈 때는 항산균(Acid Fast Bacilli, AFB)용 마스크(예 KF 94)를 착용한다.
     • 수두, 홍역에 감수성이 있는 사람은 가능하면 환자의 방에 들어가지 않는다.
   ㉢ 환자의 이동
     • 환자의 이동을 최소화한다.
     • 이동이 불가피한 경우에는 환자에게 일반 마스크보다는 여과력이 큰 수술용 마스크를 착용하게 한다.

SECTION 7 위험성 평가

01 용어 정의 ●출제율 30%

(1) 유해 · 위험요인

유해 · 위험을 일으킬 잠재적 가능성이 있는 것의 고유한 특징이나 속성을 말한다.

(2) 위험성

유해 · 위험요인이 사망 · 부상 또는 질병으로 이어질 수 있는 가능성과 중대성 등을 고려한 위험의 정도를 말한다.

(3) 위험성 평가

① 사업주가 스스로 유해 · 위험요인을 파악하고 해당 유해 · 위험요인의 위험성 수준을 결정하여, 위험성을 낮추기 위한 적절한 조치를 마련하고 실행하는 과정을 말한다.

② 사업장의 유해 · 위험요인을 파악하고 해당 유해 · 위험요인에 의한 부상 또는 질병의 발생가능성(빈도)과 중대성(강도)를 추정 · 결정하고 감소대책을 수립하여 실행하는 일련의 과정을 말한다.

③ 위험성 평가는 사고의 미연방지가 가장 중요한 포인트이며, 체계적으로 문서화하고 지속적으로 수정 · 보완해 피드백(Feedback)하는 것이 필요하다.

(4) 근로자

기간제, 단시간, 파견 등 고용형태 및 국적과 관계없이 「산업안전보건법」에 따른 근로자를 말한다.

02 위험성 평가의 실시주체

(1) 사업주는 스스로 사업장의 유해 · 위험요인을 파악하고 이를 평가하여 관리 · 개선하는 등 위험성 평가를 실시하여야 한다.

(2) 작업의 일부 또는 전부를 도급에 의하여 행하는 사업의 경우는 도급을 준 도급인(이하 "도급사업주"라 한다)과 도급을 받은 수급인(이하 "수급사업주"라 한다)은 위험성 평가를 실시하여야 한다.

(3) 제2항에 따른 도급사업주는 수급사업주가 실시한 위험성 평가 결과를 검토하여 도급사업주가 개선할 사항이 있는 경우 이를 개선하여야 한다.

(4) 사업주가 주체가 되고 안전보건관리책임자, 관리감독자, 안전관리자 · 보건관리자 또는 안전보건관리담당자, 대상작업의 근로자가 참여하여 각자의 역할분담에 따라 실시하여야 한다.

03 위험성 평가의 대상

(1) 위험성 평가의 대상이 되는 유해 · 위험요인은 업무 중 근로자에게 노출된 것이 확인되었거나 노출될 것이 합리적으로 예견 가능한 모든 유해 · 위험요인이다. 다만, 매우 경미한 부상 및 질병만을 초래할 것으로 명백히 예상되는 유해 · 위험요인은 평가대상에서 제외할 수 있다.

(2) 사업주는 사업장 내 부상 또는 질병으로 이어질 가능성이 있었던 상황(이하 "아차사고"라 한다)을 확인한 경우에는 해당 사고를 일으킨 유해 · 위험요인을 위험성 평가의 대상에 포함시켜야 한다.

(3) 사업주는 사업장 내에서 중대재해가 발생한 때에는 지체없이 중대재해의 원인이 되는 유해 · 위험요인에 대해 위험성 평가를 실시하고, 그 밖의 사업장 내 유해 · 위험요인에 대해서는 위험성 평가 재검토를 실시해야 한다.

04 근로자 참여

사업주는 위험성 평가를 실시할 때, 다음 각 호에 해당하는 경우 해당 작업에 종사하는 근로자를 참여시켜야 한다.

(1) 유해 · 위험요인의 위험성 수준을 판단하는 기준을 마련하고, 유해 · 위험요인별로 허용 가능한 위험성 수준을 정하거나 변경하는 경우

(2) 해당 사업장의 유해 · 위험요인을 파악하는 경우

(3) 유해 · 위험요인의 위험성이 허용 가능한 수준인지 여부를 결정하는 경우

(4) 위험성 감소대책을 수립하여 실행하는 경우

(5) 위험성 감소대책 실행 여부를 확인하는 경우

05 위험성 평가의 방법

사업주는 사업장의 규모와 특성 등을 고려하여 다음 각 호의 위험성 평가 방법 중 한 가지 이상을 선정하여 위험성 평가를 실시할 수 있다.

(1) 위험 가능성과 중대성을 조합한 빈도 · 강도법

사업장에서 파악된 유해 · 위험요인의 빈도와 강도를 덧셈 · 곱셈 등의 방법으로 조합하여 위험성의 크기를 파악하고 파악한 위험성의 크기가 허용 가능한 수준인지를 확인하는 방법이다.

(2) 체크리스트법(Check list)

평가대상에 대해 미리 준비한 목록을 통해 실시하는 체크리스트법은 각 항목에 O · × 등으로 표시하여 허용 가능한 위험성 수준인지를 판단하는 방법이다.

(3) 위험성 수준 3단계(저 · 중 · 고) 판단법

파악한 위험성의 수준을 상 · 중 · 하 또는 고 · 중 · 저 등과 같이 3단계로 간략하게 구분

하여 유해·위험요인의 위험성이 어느 등급에 해당하는지 직관적으로 이해할 수 있도록 표시하는 방법이다.

(4) 핵심요인 기술법(One Point Sheet)

위험성 수준이 높지 않고 유해·위험요인이 많지 않은 중·소규모 사업장의 위험성 평가를 위한 핵심요인기술법은 전등교체와 부품교체 등의 위험성이 적고 간단한 작업을 핵심 질문에 답변하는 형식으로 작성하는 방법이다.

06 위험성 평가의 절차

(1) 사전준비

(2) 유해·위험요인 파악

(3) 위험성 결정

(4) 위험성 감소대책 수립 및 실행

(5) 위험성 평가의 공유

(6) 위험성 평가 실시내용 및 결과에 관한 기록 및 보존

07 위험성 평가 추진절차 및 단계별 수행방법

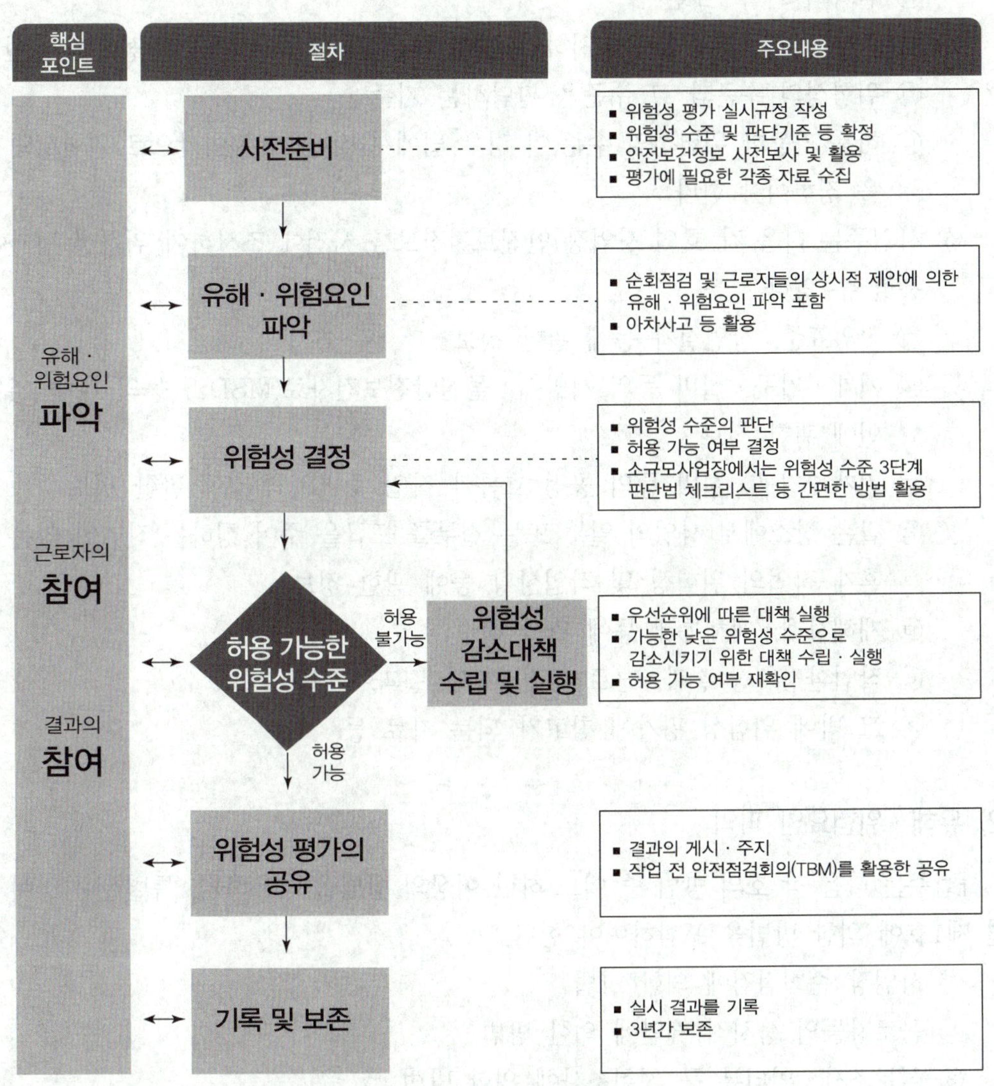

❚ 위험성 평가 진행도 ❚

(1) 사전준비(1단계)

① 사업주는 위험성 평가를 효과적으로 실시하기 위하여 최초 위험성 평가 시 다음 각 호의 사항이 포함된 위험성 평가 실시규정을 작성하고, 지속적으로 관리하여야 한다.

㉠ 평가의 목적 및 방법

㉡ 평가담당자 및 책임자의 역할

  © 평가시기 및 절차

  © 근로자에 대한 참여 · 공유방법 및 유의사항

  © 결과의 기록 · 보존

 ② 사업주는 위험성 평가를 실시하기 전에 다음 각 호의 사항을 확정하여야 한다.

  © 위험성의 수준과 그 수준을 판단하는 기준

  © 허용 가능한 위험성의 수준(이 경우 법에서 정한 기준 이상으로 위험성의 수준을 정하여야 한다)

 ③ 사업주는 다음 각 호의 사업장 안전보건정보를 사전에 조사하여 위험성 평가에 활용할 수 있다.

  © 작업표준, 작업절차 등에 관한 정보

  © 기계 · 기구 · 설비 등의 사양서, 물질안전보건자료(MSDS) 등의 유해 · 위험요인에 관한 정보

  © 기계 · 기구 · 설비 등의 공정 흐름과 작업 주변의 환경에 관한 정보

  © 같은 장소에서 사업의 일부 또는 전부를 도급을 주어 행하는 작업이 있는 경우 혼재 작업의 위험성 및 작업상황 등에 관한 정보

  © 재해사례, 재해통계 등에 관한 정보

  © 작업환경측정 결과, 근로자 건강진단 결과에 관한 정보

  © 그 밖에 위험성 평가에 참고가 되는 자료 등

(2) 유해 · 위험요인 파악

 사업주는 다음 각 호의 방법 중 어느 하나 이상의 방법을 사용하되, 특별한 사정이 없으면 제1호에 의한 방법을 포함하여야 한다.

 ① 사업장 순회점검에 의한 방법

 ② 근로자들의 상시적 제안에 의한 방법

 ③ 설문조사 · 인터뷰 등 청취조사에 의한 방법

 ④ 물질안전보건자료, 작업환경측정 결과, 특수건강진단 결과 등 안전보건자료에 의한 방법

 ⑤ 안전보건 체크리스트에 의한 방법

 ⑥ 그 밖에 사업장의 특성에 적합한 방법

(3) 위험성 결정

① 사업주는 파악된 유해·위험요인이 근로자에게 노출되었을 때 위험성의 수준과 그 수준을 판단하는 기준과 허용 가능한 위험성의 수준에 따른 기준에 의해 판단하여야 한다.

② 사업주는 제1항에 따라 판단한 위험성의 수준이 허용 가능한 위험성의 수준인지 결정하여야 한다.

(4) 위험성 감소대책 수립 및 실행

① 사업주는 허용 가능한 위험성이 아니라고 판단한 경우에는 위험성의 수준, 영향을 받는 근로자 수 및 다음 각 호의 순서를 고려하여 위험성 감소를 위한 대책을 수립하여 실행하여야 한다.

　㉠ 위험한 작업의 폐지·변경, 유해·위험물질 대체 등의 조치 또는 설계나 계획 단계에서 위험성을 제거 또는 저감하는 조치

　㉡ 연동장치, 환기장치 설치 등의 공학적 대책

　㉢ 사업장 작업절차서 정비 등의 관리적 대책

　㉣ 개인보호구의 사용

② 사업주는 위험성 감소대책을 실행한 후 해당 공정 또는 작업의 위험성의 수준이 사전에 자체 설정한 허용 가능한 위험성의 수준인지를 확인하여야 한다.

③ 위험성이 자체 설정한 허용 가능한 위험성 수준으로 내려오지 않는 경우에는 허용 가능한 위험성 수준이 될 때까지 추가의 감소대책을 수립·실행하여야 한다.

④ 사업주는 중대재해, 중대산업사고 또는 심각한 질병이 발생할 우려가 있는 위험성으로서 위험성 감소대책의 실행에 많은 시간이 필요한 경우에는 즉시 잠정적인 조치를 강구하여야 한다.

(5) 위험성 평가의 공유

① 사업주는 위험성 평가를 실시한 결과 중 다음 각 호에 해당하는 사항을 근로자에게 게시·주지 등의 방법으로 알려야 한다.

　㉠ 근로자가 종사하는 작업과 관련된 유해·위험요인

　㉡ 유해·위험요인의 위험성 결정 결과

　㉢ 유해·위험요인의 위험성 감소대책과 그 실행에 계획 및 실행 여부

　㉣ 위험성 감소대책에 따라 근로자가 준수하거나 주의하여야 할 사항

② 사업주는 위험성 평가 결과 중대재해로 이어질 수 있는 유해 · 위험요인에 대해서는 작업 전 안전점검회의(TBM : Tool Box Meeting) 등을 통해 근로자에게 상시적으로 주지시키도록 노력하여야 한다.

(6) 기록 및 보존

① 위험성 평가의 결과와 조치사항을 기록 · 보존할 때에는 다음 각 호의 사항이 포함되어야 한다.

  ㉠ 위험성 평가 대상의 유해 · 위험요인

  ㉡ 위험성 결정의 내용

  ㉢ 위험성 결정에 따른 조치의 내용

  ㉣ 위험성 평가를 위해 사전조사 한 안전보건정보

  ㉤ 그 밖에 사업장에서 필요하다고 정한 사항

② 사업주는 기록 · 보존하여야 할 자료를 3년간 보존해야 한다.

08 위험성 평가 실시 시기(사업장 위험성 평가 지침)

(1) 사업주는 사업이 성립된 날(사업 개시일을 말하며, 건설업의 경우 실착공일을 말한다)로부터 1개월이 되는 날까지 위험성 평가의 대상이 되는 유해 · 위험요인에 대한 최초 위험성 평가의 실시에 착수하여야 한다. 다만, 1개월 미만의 기간 동안 이루어지는 작업 또는 공사의 경우에는 특별한 사정이 없는 한 작업 또는 공사 개시 후 지체 없이 최초 위험성 평가를 실시하여야 한다.

(2) 추가적인 유해 · 위험요인이 생기는 경우에는 해당 유해 · 위험요인에 대한 수시 위험성 평가를 실시하여야 한다. 다만, 중대산업사고 또는 산업재해에 해당하는 경우에는 재해발생작업을 대상으로 작업을 재개하기 전에 실시하여야 한다.

참고 **위험성 평가 실시 시기(산업안전보건법)**

1. 최초평가

   사업장이 성립된 날(사업개시일, 건설의 경우 실착공일)로부터 1개월이 되는 날까지 착수해야 한다.

2. 수시평가

   다음과 같은 추가적 유해 · 위험요인이 생기는 경우 실시한다.

   ㉠ 사업장 건설물의 설치이전 · 변경 또는 해체

   ㉡ 기계 · 기구, 설비, 원재료 등의 신규 도입 또는 변경

   ㉢ 건설물, 기계 · 기구, 설비 등의 정비 또는 보수(주기적 · 반복적 작업으로서 이미 위험성 평가를
      실시한 경우에는 제외)

   ㉣ 작업방법 또는 작업절차의 신규 도입 또는 변경

   ㉤ 중대산업사고 또는 산업재해(휴업 이상의 요양을 요하는 경우에 한정한다)발생(재해발생 작업을
      대상으로 작업을 재개하기 전에 실시한다)

3. 정기평가

   1년마다 정기적으로 전체 위험성 평가 결과의 적정성을 재검토하고, 필요시 감소대책을 시행한다.

   ㉠ 기계 · 기구, 설비 등의 기간 경과에 의한 성능 저하

   ㉡ 근로자의 교체 등에 수반하는 안전 · 보건과 관련되는 지식 또는 경험의 변화

   ㉢ 안전 · 보건과 관련되는 새로운 지식의 습득

   ㉣ 현재 수립되어 있는 위험성 감소대책의 유효성 등

4. 상시평가

   다음의 경우 수시 및 정기평가를 실시한 것으로 본다.

   ㉠ 매월 1회 이상 근로자 제안제도 활용, 아차사고 확인, 작업과 관련된 근로자를 포함한 사업장
      순회점검 등을 통해 사업장 내 유해 · 위험요인을 발굴하여 위험성 결정 및 위험성 감소대책 수
      립 · 실행을 할 것

   ㉡ 매주 안전보건관리책임자, 안전관리자, 보건관리자, 관리감독자 등(도급사업주의 경우 수급사업
      장의 안전 · 보건 관련 관리자 등을 포함한다)을 중심으로 결과 등을 논의 · 공유하고 이행상황
      을 점검할 것

   ㉢ 매 작업일 마다 실시 결과에 따른 근로자가 준수하여야 할 사항 및 주의하여야 할 사항을 작업
      전 안전검검회의(TBM) 등을 통해 공유 · 주지할 것

09 위험성 평가를 대신할 수 있는 것(위험성 평가 지침상)

(1) 위험성 평가의 방법이 포함된 안전보건진단

(2) 공정안전보고서. 단, 공정안전보고서상 공정위험성 평가에 관한 내용이 최대 4년간
    정기적으로 작성된 경우

(3) 근골격계 부담작업 유해요인 조사

10 위험성 평가의 종류

(1) 체크리스트법

체크리스트 위험성 평가 방법은 평가대상에 대해 미리 준비한 세부목록(Check List)을 사용하여 위험성 평가를 하는 방법이다.

① 특징

㉠ 간편하고 빠른 결정이 가능하다.

㉡ 신뢰성 및 일관성이 높다.

㉢ 점검항목의 적정성 확인은 소수의 인원으로 수행이 가능하다.

㉣ Check List 항목 작성에 경험 · 지식 등 적문적인 능력이 요구된다.

㉤ 중 · 소규모 사업장에 권장한다.

② 주의사항

㉠ 체크리스트법에서 가장 중요한 것은 정확한 체크리스트의 작성이므로 법령, 고시 및 지침 등을 참고하고 경험이 많은 사람의 주도하에 작성되어야 한다.

㉡ 체크리스트가 너무 단순하게 작성되었거나, 주관적으로 작성된 경우 중요한 유해 · 위험요인을 빠트릴 수 있기 때문에 주의하여야 한다.

(2) 위험성 수준 3단계 판단법

위험성 수준 3단계 판단법은 위험성 수준을 "상, 중, 하" 또는 "고, 중, 저"와 같이 간략하게 구분하고, 직관적으로 이해할 수 있도록 위험성의 수준을 표시하는 방법이다.

① 특징

㉠ 위험성의 정도를 이해하기 쉽다.

㉡ 비교적 빠르게 위험의 우선순위를 결정할 수 있다.

㉢ 3단계 구분에 대한 객관적인 기준을 평가 전에 설정하여야 한다.

㉣ 중 · 소규모사업장에 권장한다.

(3) 핵심요인 기술법(One Point Sheet)

영국 산업안전보건청(HSE), 국제노동기구(ILO)에서 위험성 수준이 높지 않고, 유해 · 위험요인이 많지 않은 중 · 소규모 사업장의 위험성 평가를 위해 제시한 방법으로 단계적인 핵심질문에 답변하는 방식으로 위험성 평가를 실시하는 방법이다.

① 특징

　㉠ 근로자의 의견을 수렴하기 효과적이다.

　㉡ 현장의 위험성을 파악하기 용이하다.

　㉢ 우선순위를 정하기 어려움이 있다.

　㉣ 중·소규모 사업장에 권장한다.

(4) 빈도·강도법(위험성 평가 6단계)

위험성의 빈도(가능성)와 강도(중대성)을 곱셈, 덧셈, 행렬 등의 방법으로 조합하여 위험성의 크기(수준)를 산출해 보고, 이 위험성의 크기가 허용 가능한 수준인지의 여부를 결정하는 방법이다.

① 특징

　㉠ 우선순위를 결정할 수 있다.

　㉡ 결정과정의 신뢰도가 높다.

　㉢ 빈도, 강도의 기준을 사전에 결정하여 적용하여야 한다.

　㉣ 위험성 평가 절차에 대한 이해없이 진행하기 어렵다.

　㉤ 모든 사업장에 권장한다.

11 위험도(위해도) 평가 시 화학물질의 우선순위 결정의 중요 요소

(1) 물질이 가지고 있는 위해성

(2) 공기 중으로 분산될 가능성

(3) 노출되는 근로자 수

(4) 사용시간

참고 **위험성 평가 시 주의사항** ●출제율 20%

1. 평가팀 구성 시 공정 및 작업관리자만이 참여하여 실시하는 평가는 형식적으로 평가가 이루어져 소기의 목적을 달성할 수 없으므로 현장에서 위험에 직접 노출되는 근로자가 참여하여야 한다.
2. 유해·위험요인 파악은 팀원의 브레인 스토밍(Brain storming) 방식으로 진행하되 특히 유해·위험에 직접 노출되는 현장 근로자의 아차사고를 반영할 수 있도록 아차사고 보고를 활성화하여야 한다.

3. 위험도 계산에 필요한 사고의 발생 가능성(빈도)과 사고발생 시 사고의 중대성(강도)뿐만 아니라 허용할 수 있는 위험수준 범위를 위험성 평가팀에서 사업장의 규모와 업종 특성에 적합하도록 사전에 정하여야 한다.

4. 위험성 평가를 위해서는 조직이 보유하고 있는 유해·위험과 관련된 모든 정보를 평가자들에게 제공하여야 하며, 평가를 위한 정보가 부족할 때에는 내·외부 전문가의 조언을 받도록 한다.

5. 유해·위험 감소대책은 경제성 및 기술적 사항을 고려하여 "합리적으로 실행 가능한 낮은 수준"의 위험이 유지되도록 하여야 한다.

12 위험도 수준 결정 변수

(1) 노출지수(Exposure rating)

① 노출경로는 호흡기, 피부, 소화기계를 통한 흡수를 고려하고 시간, 공간적 노출 가능성에 따라 노출지수가 결정된다.

② 노출지수 결정 시 이용자료

　㉠ 과거 노출자료

　㉡ 노출 모델

　　ⓐ 화학물질 사용에 따른 공기농도 확인방법

　　ⓑ 화학물질 증기압으로 최고농도 가정방법

$$\text{최고농도(ppm)} = \frac{P_c}{760} \times 10^6$$

　　여기서, P_c : 화학물질의 증기압(분압)

　㉢ 전문가 판단

③ 노출지수의 구분

범 주	내 용
0	노출이 없음
1	낮은 농도에서 드물게 노출
2	낮은 농도에서 자주 노출 또는 높은 농도에서 드물게 노출
3	높은 농도에서 자주 노출
4	매우 높은 농도에서 자주 노출

(2) 위해성 지수(Health-effect rating)

① 유해인자가 가지고 있는 고유한 위해성(Hazard)을 말하는 것으로 5개의 범주로 구분한다.

② 유해인자에 대한 위해성 지수의 구분

범 주	내 용
0	건강상의 영향이 의심되는 경우
1	가역적인 건강상의 영향이 있는 경우
2	심각한 가역적인 건강상의 영향이 있는 경우
3	비가역적인 건강상의 영향이 있는 경우
4	생명위협, 치명적 상해, 질병에 대한 영향이 있는 경우

③ 위험도 평가 순위

노출지수와 위해성 지수가 각각 4로 평가된 HEG은 노출평가에서 가장 우선순위로 평가하여야 하고 즉각 대책을 취하여야 한다.

13 노출지수와 위해성 지수의 조합에 의해 위해도 순위 결정방법 ●출제율 30%

(1) 노출지수와 유해인자의 위해성 지수가 각각 4로 평가된 HEG

① 노출평가에서 가장 우선순위가 높게 된다(위해성도 크고, 노출가능성도 매우 높기 때문에).

② 이 경우 수시로 해당 유해인자에 대한 노출평가를 실시, 문제점 발견 시 즉각 조치한다.

(2) 노출지수와 위해성 지수가 각각 0인 경우

① 노출평가 필요하지 않다.

② 위해성과 노출지수에 대한 평가가 정확해야 한다.

(3) 발암물질인데 노출가능성이 적어 노출지수가 0인 경우

① 평가순위가 너무 낮을 수 있어 이러한 경우는 전문가가 판단해서 그 순위를 조정할 수 있다.

② HEG별 유해인자의 위해도 순위를 결정 시 위해성과 노출지수 이외에도 노출빈도, 노출근로자의 수, 노출기준에 근접한 그룹 유무 등 여러 가지 사항을 고려한다.

(4) 동일한 위해성 지수와 위해도 순위를 갖는 여러 물질인 경우 대책을 세우기 어려운 물질에 우선순위를 준다.

(5) 노출기준의 근처나 이상에 노출된 경우 우선순위가 높다.

(6) 공장설계와 공정설계에 의해서 노출에 대한 대책을 세울 수 있는 물질보다 개인 보호구에 의한 대책만이 가능한 인자에 우선순위를 준다.

14 증기유해성 지수(VHI ; Vapor Hazard Index)

(1) 개요

① 증기유해성 지수(증기화 위험지수)는 독성과 증발력을 고려한 지수이며, 화학물질의 평가나 관리의 우선순위를 결정하기 위해서는 VHI에다 노출근로자 및 노출시간을 고려해야 한다(VHI 지수에 노출근로자수와 노출시간을 곱하여 점수를 구하여 우선순위 결정).

② VHI가 0보다 낮게 나오면 화학물질의 증기농도는 포화상태의 조건이 되지 않는 한 노출기준에 미치지 못함을 의미한다.

(2) 관계식

$$VHI = \log\left(\frac{C}{TLV}\right)$$

여기서, VHI : 증기유해성 지수(증기화 위험지수) : 포텐도르프가 제안

TLV : 노출기준

C : 포화농도(최고 농도)

$\dfrac{C}{TLV}$: VHR(Vapor Hazard Ratio)

참고 **내분비계 교란물질 종류**

1. 다이옥신(Dioxin)
2. 디디티(DDT)
3. 디에틸스틸베스트롤(DES)
4. 디히드로에피안드로스테론(DHEA)
5. 비스페놀A(Bisphenol A)
6. 폴리염화비페닐(PCBs)
7. 프탈레이트

필수 예상문제 ✔ 출제확률 30%

hexane의 부분압이 100mmHg(OEL 500ppm)이었을 때 VHR_{Hexane}은?

풀이 $$VHR_{Hexane} = \frac{C}{TLV} = \frac{\left(\dfrac{100}{760}\right) \times 10^6}{500} = 263.16$$

필수 예상문제 ✔ 출제확률 60%

수은(알킬수은 제외)의 노출기준은 0.05mg/m³이고, 증기압은 0.0018mmHg인 경우, VHR 은? (단, 25℃, 1기압 기준, 수은 원자량 200.59)

풀이 $$VHR = \frac{C}{TLV} = \frac{\left(\dfrac{0.0018mmHg}{760mmHg} \times 10^6\right)}{\left(0.05mg/m^3 \times \dfrac{24.45L}{200.59g}\right)} = 388.61$$

기출문제

대기압이 760mmHg인 화학공장에서 환기장치의 설치가 곤란하여 유해성이 적은 사용물질로 변경하려고 한다. A, B, C 물질 중 어느 물질을 선정하는 것이 가장 적합한지 각 증기의 포화증기 농도(ppm)를 계산한 후 증기유해성 지수(Vapor Hazard Index, VHI)를 구하여 설명하시오.

▶ A 물질 : 증기압 50mmHg, TLV-TWA 10ppm, 증기비중 1.5
▶ B 물질 : 증기압 10mmHg, TLV-TWA 20ppm, 증기비중 3.7
▶ C 물질 : 증기압 30mmHg, TLV-TWA 30ppm, 증기비중 2.5

풀이 ① 각 증기의 포화증기 농도

· A 물질

$$\text{포화농도(ppm)} = \frac{\text{화학물질 증기압}}{760} \times 10^6 = \frac{50}{760} \times 10^6 = 65789.47\text{ppm}$$

· B 물질

$$\text{포화농도(ppm)} = \frac{10}{760} \times 10^6 = 13157.89\text{ppm}$$

· C 물질

$$\text{포화농도(ppm)} = \frac{30}{760} \times 10^6 = 39473.68\text{ppm}$$

② 각 증기의 VHI

· A 물질

$$\text{VHI} = \log\left(\frac{C}{\text{TLV}}\right) = \log\left(\frac{65789.47}{10}\right) = 3.8$$

· B 물질

$$\text{VHI} = \log\left(\frac{13157.89}{20}\right) = 2.82$$

· C 물질

$$\text{VHI} = \log\left(\frac{39473.68}{30}\right) = 3.12$$

③ VHI가 가장 작은 B 물질을 선정하는 것이 바람직하다.

SECTION 8

생물학적 모니터링

01 개요 ●출제율 20%

(1) 생물학적 모니터링은 근로자의 유해물질에 대한 노출 정도를 소변, 호기, 혈액 중에서 그 물질이나 대사산물을 측정하는 방법을 말하며, 생물학적 검체의 측정을 통해서 노출의 정도나 건강위험을 평가하는 것이다.

(2) "생물학적 모니터링(Biological monitoring)"은 혈액, 소변, 모발 등 생체 시료로부터 유해물질 그 자체, 또는 유해물질의 대사산물 또는 생화학적 변화산물 등 '생물학적 노출지표'를 분석하여 유해물질 노출에 의한 체내 흡수 정도 또는 건강영향 가능성 등을 평가하는 것을 말한다.

(3) 근로자의 생물학적 검체(소변, 혈액, 머리카락, 생체 내 효소나 조직 등)를 이용하여 화학물질에 대한 노출 정도를 추정하여 근로자의 전체적인 유해물질의 노출 및 흡수 정도를 평가하는 것을 말한다. [생체 표식자(bio marker) : 소변, 혈액, 호기, 모발, 침, 손톱 등]

(4) 건강에 영향을 미치는 바람직하지 않은 노출상태를 파악하는 것으로 최근의 노출량이나 과거로부터 축적된 노출량을 간접적으로 파악한다.

(5) 건강상의 위험은 생물학적 정체에서 물질별 결정인자를 생물학적 노출지수와 비교하여 평가된다.

02 생물학적 모니터링의 목적 ● 출제율 20%

(1) 유해물질에 노출된 근로자 개인에 대해 모든 인체침입경로, 근로시간에 따른 노출량 등 정보를 제공하는데 있다.

(2) 개인위생보호구의 효율성 평가 및 기술적 대책, 위생관리에 대한 평가에 이용한다.

(3) 근로자 보호를 위한 모든 개선대책을 적절히 평가한다.

> **참고** 내재용량(체내 노출량)
>
> 1. 체내 노출량은 최근에 흡수된 화학물질의 양을 나타낸다.
> 2. 축적(저장)된 화학물질의 양을 의미한다.
> 3. 화학물질이 건강상 영향을 나타내는 체내 주요 조직이나 부위의 작용과 결합한 화학물질의 양을 의미한다.

03 생물학적 모니터링의 중요성

(1) 생물학적 모니터링을 통해 체내 흡수경로, 흡수량, 표적기관, 인체 내 대사산물, 배설경로 등의 대사와 각종 조직에서의 작용기전에 대한 정보를 얻을 수 있다.

(2) 생물학적 노출지수(BEIs)는 근로자의 화학물질 노출상태를 평가 및 건강상의 영향에 대한 감시를 위한 중요한 자료이다.

> **참고**
>
> 작업환경 측정 결과만으로는 근로자의 작업특성, 생활습관, 호흡경로, 인체에 흡수된 후 거동 등에 따른 노출의 차이를 모니터링할 수 없으므로 생물학적 모니터링을 이용하여 작업환경 측정의 제한점을 극복할 수 있다.

04 생물학적 모니터링의 분류(종류) ● 출제율 30%

(1) 노출에 대한 생물학적 모니터링(생물학적 노출 모니터링)

① 근로자에게 흡수된 화학물질의 인체 내재용량을 모니터링함으로써 건강의 위험을 평가한다. 즉 biological exposure monitoring의 의미이다.

② 가장 큰 목적은 화학물질에 대한 현재나 과거의 노출이 안전한지를 확인하는 것이다.

③ 건강상의 위험은 소변, 혈액, 호기 등의 생물학적 검체에서 물질별 결정인자를 생물학적 노출지수(BEI)와 비교하여 평가한다.

④ 생물학적 검사분류

  ㉠ 생체 시료나 호기 중 해당 물질 또는 대사산물을 측정

  ㉡ 체내 노출량과 관련된 생물학적 영향의 정량화

  ㉢ 표적과 비표적분자와 상호작용하는 활성 화학물질량의 측정

(2) 영향(건강감시)에 대한 생물학적 모니터링(생물학적 영향 모니터링)

① 생물학적 모니터링이 건강에 악영향을 미치는 노출상태를 알기 위한 방법이라면 건강감시는 근로자의 건강한 상태를 평가하고 건강상의 악영향에 대한 초기 증상을 각 근로자에 따라 규명하는데 목적이 있으며, biological effect monitoring의 의미이다.

② 유해물질에 노출된 근로자를 주기적으로 의학, 생리학적 검사를 실시하여 평가하는 방법을 사용한다.

③ 초기의 건강상의 영향을 나타내며, 조직이 파괴되기 전에 발견할 수 있다.

(3) 생물학적 모니터링의 장점 및 단점

① 장점

  ㉠ 공기 중의 농도를 측정하는 것보다 건강상의 위험을 보다 직접적으로 평가할 수 있다.

  ㉡ 모든 노출경로(소화기, 호흡기, 피부 등)에 의한 종합적인 노출을 평가할 수 있다.

  ㉢ 개인 시료보다 건강상의 악영향을 보다 직접적으로 평가할 수 있다.

  ㉣ 건강상의 위험에 대하여 보다 정확한 평가를 할 수 있다.

  ㉤ 인체 내 흡수된 내재용량이나 중요한 조직 부위에 영향을 미치는 양을 모니터링할 수 있다.

② 단점

　㉠ 시료채취가 어렵다.

　㉡ 유기시료의 특이성이 존재하고 복잡하다.

　㉢ 각 근로자의 생물학적 차이가 나타날 수 있다.

　㉣ 분석의 어려움 및 분석 시 오염에 노출될 수 있다.

　㉤ 작업 이외의 다른 요인에 의한 노출 여부 확인이 어렵다.

05 생물학적 노출지수(BEI ; Biological Exposure Indices) ●출제율 30%

(1) 개요

① 생물학적 노출기준이라고도 한다.

② "생물학적 노출기준"은 미국의 생물학적 노출기준(BEI ; Biological Exposure Indices)과 독일의 생물학적 허용농도(BAT ; Biologischer Arbeitsstoff-Toleranz-Wert : biological tolerance value for occupational exposure)와 국내의 연구결과를 참조하여 근로자 건강진단 실무 지침에 제시된 수치로 일주일에 40시간 작업하는 근로자가 고용노동부 고시에서 제시하는 작업환경 노출기준 정도의 수준에 노출될 때 혈액 및 뇨 중에서 검출되는 생물학적 노출지표의 농도이다.

③ 혈액, 소변, 호기, 모발 등 생체 시료로부터 유해물질 그 자체, 또는 유해물질의 대사산물 및 생화학적 변화를 반영하는 지표물질을 말하며, 근로자의 전반적인 노출량을 평가하는데 이에 대한 기준으로 BEI를 사용한다.

④ "생물학적 노출지표(Biological exposure marker)"는 유해물질 노출에 의한 체내 흡수 정도 또는 건강영향 가능성을 반영할 수 있는 혈액, 소변, 모발 등 생체 시료 중의 유해물질 그 자체, 또는 유해물질의 대사산물 또는 생화학적 변화산물 등을 말한다.

(2) BEI 이용상 주의사항

① 생물학적 감시기준으로 사용되는 노출기준이며, 산업위생 분야에서 전반적인 건강장해 위험을 평가하는 지침으로 이용된다(노출에 대한 생물학적 모니터링 기준값).

② BEI는 일주일에 5일, 1일 8시간 작업을 기준으로 특정 유해인자에 대하여 작업환경 기준치(TLV)에 해당하는 농도에 노출되었을 때의 생물학적 지표물질의 농도를 말한다.

③ BEI는 위험하거나 그렇지 않은 노출 사이에 명확한 구별을 해주는 것은 아니다.

④ BEI는 환경오염(대기, 수질오염, 식품오염)에 대한 비직업적 노출에 대한 안전수준을 결정하는데 이용해서는 안 된다.

⑤ BEI는 직업병(직업성 질환)이나 중독 정도를 평가하는데 이용해서는 안 된다.

⑥ BEI는 일주일에 5일, 하루에 8시간 노출기준으로 설정한다(적용한다). 즉 작업시간의 증가 시 노출지수를 그대로 적용하는 것은 불가하다.

(3) BEI의 특성

① 생물학적 폭로지표는 작업의 강도, 기온과 습도, 개인의 생활태도에 따라 차이가 있을 수 있다.

② 혈액, 요, 모발, 손톱, 생체조직, 호기 또는 체액 중의 유해물질의 양을 측정, 조사한다.

③ 산업위생 분야에서 현 환경이 잠재적으로 갖고 있는 건강장해 위험을 결정하는 데에 지침으로 이용한다.

④ 첫 번째 접촉하는 부위에 독성영향을 나타내는 물질이나 흡수가 잘 되지 않은 물질에 대한 노출평가는 바람직하지 못하다. 즉 흡수가 잘 되고 전신적 영향을 나타내는 화학물질에 적용하는 것이 바람직하다.

⑤ 혈액에서 휘발성 물질의 생물학적 노출지수는 정맥 중의 농도를 말한다.

⑥ BEI는 유해물의 전반적인 폭로량을 추정할 수 있다.

참고 **BEIs 관련 용어**

1. —CAS : Chemical Abstract Service registration number(화학물질에 대한 고유번호)
2. —B : Backgroung
3. —Sc : Susceptible(감수성)
4. —Nq : Non—quantitative(비정량적)
5. —Ns : Nonspecific(비특이적)
6. —Sq : Semi—quantitative(반정량적)

---

06 시료 채취시기 ●출제율 30%

(1) "시료 채취시기"는 생물학적 모니터링을 실시할 때 각 유해물질별로 정해진 시료 채취 시기를 말한다. 시료 채취시기는 해당 물질의 생물학적 반감기를 고려하여 '수시', '당일', '주말'로 구분되며 '수시'란 하루 중 아무 때나 시료를 채취하여도 되며, '당일'은 당일 작업 종료 2시간 전부터 직후까지, '주말'이란 목요일이나 금요일 또는 4~5일간 연속작업의 작업종료 2시간 전부터 직후까지를 말한다.

(2) 신체조직에서 반감기가 긴 물질은 시료 채취시기가 중요하지 않지만 반감기가 짧은 물질은 계속되는 노출로 인하여 그 화합물이나 대사산물이 생체 내에서 빠르게 제거 되기 때문이다.

(3) 유해물질이 인체에 들어와서 대사과정을 거쳐 배출 및 축적되는 속도에 따라 시료 채 취시기를 적절히 결정하여야 한다.

① 배출이 빠르고 반감기가 5분 이내인 물질
 ㉠ 작업 중 또는 작업종료 시에 시료를 채취한다.
 ㉡ 인체에 축적되지 않으므로 시료 채취시기가 대단히 중요하다.
 ㉢ 예 : 벤젠, 톨루엔, 크실렌, 페놀, 노말헥산, 이황화탄소, 일산화탄소 등
② 반감기가 5시간을 넘어서 주중에 축적될 수 있는 물질
 ㉠ 주중 마지막 작업 종료 후 시료를 채취한다.
 ㉡ 예 : 트리클로로에틸렌, 수은
③ 반감기가 대단히 길어서 수 년간 인체에 축적되는 물질
 ㉠ 측정시기가 중요하지 않다.
 ㉡ 예 : 카드뮴 등의 중금속류

07 생물학적 모니터링 방법 분류(생물학적 결정인자)

(1) 체액(생체시료나 호기)에서 해당 화학물질이나 그것의 대사산물을 측정하는 방법(근로 자의 체액에서 화학물질이나 대사산물의 측정)
선택적 검사와 비선택적 검사로 분류된다.

(2) 실제 악영향을 초래하고 있지 않은 부위나 조직에서 측정하는 방법(건강상 악영향을 초래하지 않은 내재용량의 측정)

이 방법 검사는 대부분 특이적으로 내재용량을 정량하는 방법이다.

(3) 표적과 비표적 조직과 작용하는 활성 화학물질의 양을 측정하는 방법(표적분자에 실제 활성인 화학물질에 대한 측정)

작용면에서 상호작용하는 화학물질의 양을 직접 또는 간접적으로 평가하는 방법이며, 표적조직을 알 수 있으면 다른 방법에 비해 더 정확하게 건강의 위협을 평가할 수 있다.

08 생물학적 결정인자 선택기준 시 고려사항

결정인자는 공기 중에서 흡수된 화학물질에 의하여 생긴 가역적인 생화학적 변화이다.

(1) 결정인자가 충분히 특이적이어야 한다.

(2) 적절한 민감도를 지니고 있어야 한다.

(3) 검사에 대한 분석과 생물학적 변이가 적어야 한다.

(4) 검사 시 근로자들에게 불편을 주지 않아야 한다.

(5) 생물학적 검사 중 건강위험을 평가하기 위한 유용성 측면을 고려한다.

09 생체시료 ●출제율 20%

(1) 소변

① 비파괴적으로 시료채취가 가능하다.
② 많은 양의 시료확보가 가능하다.
③ 시료채취과정에서 오염될 가능성이 높다.
④ 불규칙한 소변 배설량으로 농도보정이 필요하다.
⑤ 채취시료는 신속하게 검사한다.

⑥ 보전방법은 냉동상태(-10~-20℃)가 원칙이다.

⑦ 뇨 비중 1.030 이상 1.010 이하, 뇨 중 크레아티닌 3g/L 이상 0.3g/L 이하인 경우 새로운 시료를 채취해야 한다.

⑧ 소변을 이용한 생물학적 모니터링은 소변배설량의 변화로 농도보정이 필요하다.

⑨ 비중 보정치(1.020)＝실측치×[(1.020-1.000)/(요 비중-1.000)]

(2) 혈액

① 시료채취과정에서 오염될 가능성이 적고 혈액구성 성분에 개인차가 적다.

② 휘발성 물질시료의 손실방지를 위하여 최대용량을 채취해야 한다.

③ 채취 시 고무마개의 혈액흡착을 고려하여야 한다.

④ 생물학적 기준치는 정맥혈을 기준으로 하여 동맥혈에는 적용할 수 없다.

⑤ 분석방법 선택 시 특정물질의 단백질 결합을 고려해야 한다.

⑥ 보관, 처치에 주의를 요한다.

⑦ 시료채취 시 근로자가 부담을 가질 수 있다.

⑧ 혈액을 이용한 생물학적 모니터링은 소변에 비해 약물 동력학적 변이 요인들의 영향을 많이 받는다(약물 동력학은 약물의 화학구조와 생리적 활성관계 및 약물의 용량과 생체반응관계를 생리적, 생화학적 작용, 효과면에서 연구하는 학문).

(3) 호기

① 호기 중 농도측정은 채취시간, 호기상태에 따라 농도가 변화하여 폐포공기가 혼합된 호기 시료에서 측정한다.

② 노출 전과 노출 후에 시료를 채취한다.

③ 수증기에 의한 수분응축의 영향을 고려한다.

④ 반감기가 짧으므로 노출 직후 채취한다.

⑤ 노출 후 혼합 호기 농도는 폐포 내 호기 농도의 (2/3) 정도이다.

10 생물학적 모니터링(생물학적 노출지표)과 환경 모니터링(작업환경 노출지표) 결과의 불일치 주요요인 ●출제율 40%

(1) 근로자의 생리적 기능 및 건강상태

① 체액, 음식섭취(수분 및 지방)
② 효소 활성
③ 체액 조성
④ 체격, 연령, 성별, 임신 유무, 약물치료, 질병상태 등

(2) 직업적 노출특성 상태

① 노출강도의 변동
② 피부 노출
③ 온도, 습도
④ 기타 화학물질의 부가적 노출

(3) 주변 생활환경

① 대기오염물질
② 수질 · 토양 오염물질
③ 식품불순물

(4) 개인 생활습관

① 개인 위생관리 상태(개인보호구 착용)
② 노동, 음식 섭취 습관
③ 음주, 흡연, 약물복용
④ 가정 내 물품에 의한 노출
⑤ 취미생활 등 업무 외 노출
⑥ 작업 후 활동

(5) 측정방법상의 오차(문제)

① 시료채취 시 시료의 오염
② 시료의 변질

③ 저장 및 분석 시 오차

④ 분석방법의 편견(차이)

(6) 복합물질 섭취

화학물질 복합노출 등

---

11 화학물질에 대한 대사산물(측정 대상물질) 및 시료 채취시기(노출에 대한 생물학적 모니터링) ●출제율 30%

화학물질	대사산물(노출지표검사 측정물질)	시료채취시기	생물학적 노출지수(BEI)
납	혈중 납	수시	30μg/dL
	혈중 징크 프로토포피린		100μg/dL
	소변 중 델타아미노레뷸린산		5mg/L
	소변 중 납		150μg/L
수은	소변 중 수은	작업 전	50μg/g crea
	혈중 수은	주말	15μg/L
카드뮴	혈중 카드뮴	수시	5μg/L
	소변 중 카드뮴		5μg/g crea
벤젠	소변(2차) 중 뮤콘산	당일	500μg/g crea
	혈중 벤젠	당일	5μg/gL
	소변(1차) 중 S−페닐머캅토산	당일	25μgsd/g crea
	소변 중 페놀	당일	50mg/g crea
메틸벤젠	−	−	−
니트로벤젠	−	−	−
클로로벤젠	소변 중 총 클로로카테콜	당일	150mg/g crea
페놀	소변 중 총 페놀	당일	250mg/g crea
아세톤	소변 중 아세톤	당일	80mg/L
톨루엔	소변(1차) 중 o−크레졸	당일	0.8mg/g crea
	혈액 중 톨루엔	당일	0.05mg/L(권장기준)
크실렌	소변 중 메틸마뇨산	당일	1.5g/g crea
스티렌	권장) 소변 중 만델릭산	당일	800mg/g crea
	권장) 소변 중 페닐글리옥실산	당일	240mg/g crea
트리클로로에틸렌	소변 중 삼염화초산	주말	15mg/L
퍼클로로에틸렌 (테트라클로로에틸렌)	소변 중 삼염화초산	주말	3.5mg/L
	소변 중 총 삼염화물		−

화학물질	대사산물(노출지표검사 측정물질)	시료채취시기	생물학적 노출지수
메틸클로로포름 (1,1,1-트리클로로에탄)	소변 중 삼염화초산	주말	10mg/L
	소변 중 총 삼염화에탄올		30mg/L
N,N-디메틸포름아미드	소변 중 N-메틸포름아미드	당일	15mg/L
N,N-디메틸아세트아미드	소변 중 N-메틸아세트아미드	당일	30mg/g crea
사염화에틸렌	–	–	–
N-헥산	소변 중 2,5-헥산디온	당일	5mg/g crea
일산화탄소	혈중 카복시헤모글로빈	당일*	3.5%
	호기 중 일산화탄소 농도	당일**	20ppm
이황화탄소	소변 중 TTCA	당일	0.5mg/g crea
크롬과 그 화합물	소변 중 크롬	주말	25μg/L

◐ **시료채취시기 구분**

수 시	하루 중 아무 때(At anytime)
주 말	목요일이나 금요일 또는 4~5일간의 연속작업의 작업종료 2시간 전부터 직후까지
작업 전	작업을 시작하기 전
당 일	당일 작업종료 2시간 전부터 직후까지
당일*(혈액)	작업종료 후 10~15분 이내
당일**(호기)	작업종료 후 10~15분 이내, 마지막 호기 채취

참고 벤젠의 생물학적 노출지표

1. 뇨 중 s-phenylmercapturic acid
2. 뇨 중 t,t-뮤코닉산(trans, trans-muconic acid)
3. 혈액 중 벤젠
4. 뇨 중 페놀

12 화학물질의 영향에 대한 생물학적 모니터링 ●출제율 20%

화학물질	대사산물
납	적혈구에서 ZPP
카드뮴	뇨에서 저분자량의 단백질
일산화탄소	혈액에서 카르복시헤모글로빈
니트로벤젠	혈액에서 메타헤모글로빈

13 생물학적 허용치(감내치)

(1) 독일연방연구회(German Research Society)에서 권고하는 허용치이다.

(2) BAT(Biological Tolerance Value)의 의미이다.

(3) BAT는 근로자가 화학물질에 노출 시 흡수된 화학물질 자체 및 그 대사산물의 최대허용량으로 정의한다.

(4) BAT 범위 내에서는 유해물질이 반복 또는 장기간 폭로하여도 근로자의 건강에 아무런 장해를 초래하지 않는다. 즉 건강인에 대한 천정치(Ceiling)의 의미이다.

(5) BAT 값은 건강한 사람에 대한 안전허용농도의 의미이다.

(6) 예방의학적 견지에서 신체검사를 하는 테두리 안에서 근로자의 건강을 보호하기 위한 것이며, 산업장 환경관리 목적으로 정해진 것이 아니다.

14 개인시료와 생물학적 모니터링과의 관계

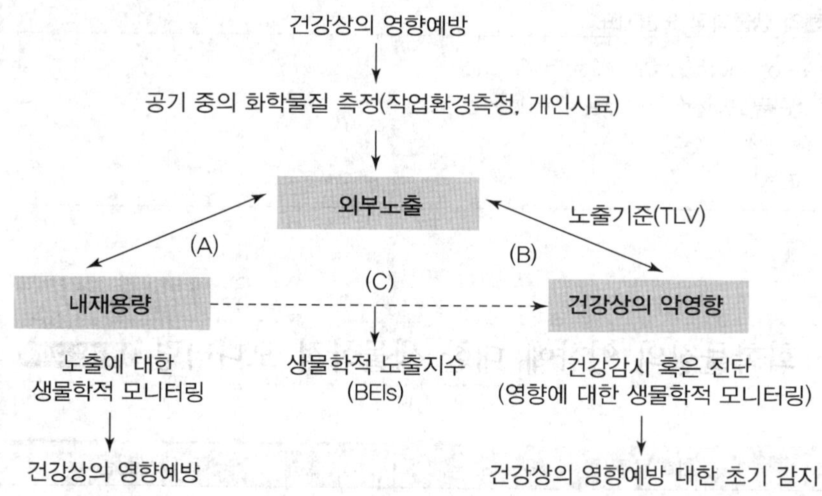

(1) 외부노출이나 내재용량이 모두 건강상의 영향과 유의한 연관이 있어야 의미가 있다.

(2) 외부노출과 내재용량과의 상관은 의미가 없다.

(3) 개인시료

인체 외부에서 화학물질에 대한 노출을 의미하며, 자극물질의 노출에 적정성 판단

(4) 생물학적 모니터링

전신영향을 나타내는 물질의 모니터링에 적합

15 생물학적 모니터링의 한계점

(1) 측정의 어려움

① 모든 유해물질을 완벽하게 측정하는 것은 현실적으로 어려우며, 특히 복합적인 노출환경에서는 더욱 어려움이 있다.

② 생체지표의 농도는 시간에 따라 변하기 때문에 측정 시점에 따라 결과가 달라질 수 있다.

③ 같은 양의 유해물질에 노출되더라도 개인의 건강상태, 유전적 요인, 생활 습관 등에 따라 반응이 다르게 나타날 수 있다.

④ 특정노출경로(예 섭취, 피부 접촉)에 의한 흡수는 생물학적 모니터링에서 반영되지 않을 수 있다.

⑤ 특정 유해물질에 대한 생체 지표분석방법이 확립되지 않았거나, 분석결과의 신뢰도가 낮은 경우도 있다.

(2) 생체지표의 특수성

① 일부 생체지표는 특정 유해물질에 대한 노출뿐만 아니라 다른 요인에 의해서도 변할 수 있다(비특이성 생체지표).

② 유해물질이 체내에서 대사되는 과정은 복잡하며, 모든 대사산물을 추적하기 어렵다.

③ 유해물질의 생체 내 반감기가 짧은 경우, 노출 후 즉시 측정하지 않으면 실제 노출량을 파악하기 어렵다.

④ 생물학적 노출지표(BEI)나 생물학적 허용한계(BLV)와 같은 참고치를 설정하는 것이 어렵다.

(3) 해석의 어려움

① 환경 모니터링 결과와 생물학적 모니터링 결과가 일치하지 않을 수 있다.
② 생체지표농도가 높다고 해서 반드시 건강에 유해한 영향을 미치는 것은 아니며 건강영향평가는 추가적인 연구가 필요하다.

(4) 비용 및 시간

① 생체시료채취, 분석, 해석 등에 비용이 많이 든다.
② 분석결과를 얻기까지 시간이 오래 소요된다.

SECTION 9 트리클로로에틸렌(TCE)

01 개요 및 특징

(1) **영문명** : Trichloroethylene, 1.1.2−Trichloroethylene

(2) **화학식** : $ClCH=CCl_2[C_2HCl_3]$

(3) **CAS 번호** : 79−01−6

(4) **분자량** : 131.39

(5) **냄새** : 지방족 할로겐화합물로 달콤한 냄새(무색의 불연성 액체)

(6) **끓는점** : 87℃(1기압) (어는점 −73℃)

(7) **비중** : 1.4642(25℃)

(8) **증기압** : 58mmHg(20℃) 상온에서 공기 중으로 쉽게 증발함

(9) **인화점** : 자료 없음(자연발화점 : 410℃)

(10) **폭발한계** : 8~12.5%(Vol. %) 열, 화염, 스파크 등 점화원을 피해야 한다.

(11) **용해도**

물에 잘 녹지 않고 대부분의 유기용제에 잘 녹는다(물 용해도 0.1%).

(12) 공기, 열(빛), 습기와 접촉 시 각종 독성, 부식성, 인화성 또는 폭발성 가스가 발생한다.

02 주요 용도

(1) 금속부품들의 증기 탈지작업과 주로 금속가공 공장에서 기계 냉각세척을 위한 산업 용매제(많은 산업현장에서 기체나 냉각상태의 TCE를 기름 제거작업에 사용)

(2) 접착제, 윤활제, 광택제, 페인트 제거제, 살충제, 추출용매 등에 함유

(3) 인쇄용 잉크류, 페인트, 락카, 얼룩 제거제, 소독제 등

(4) 해충제, 살균제 활성화 원료의 운반용액, 왁스, 지방, 수지, 기름 등의 용매제 등

03 노출경로 및 유해성

(1) 휘발성이 강하며 주로 증기상태로 확산되어 호흡기 또는 피부를 통해 흡수된다.

(2) 체내 흡수된 TCE는 중추신경계 억제작용, 간 손상, 심혈관계를 손상시킨다.

(3) 두통, 동작이 느려짐, 감각저하, 어지러움 구역, 구토 등의 증상이 유발된다.

(4) 단기간 고농도 노출 시 급성 간독성과 신장독성이 발생한다.

(5) TCE의 전형적 중독형태

① 피부의 붉은 반점(다형홍반) ┐
② 전격성 감염 ────────┘ 스티븐스존슨 증후군

04 노출기준

(1) TWA : 10ppm

(2) STEL : 25ppm

(3) **발암성** : IARC Group 1A

(4) BEI : 소변 삼염화초산(15mg/L)

05 TCE의 건강영향 및 유해성 ●출제율 20%

(1) TCE에 노출되면 스티븐슨존슨 증후군(독성 간염 및 피부 질환) 유발

피부에 작은 홍반이 여러 개 생기다가 이것이 수포로 바뀌고 심한 경우 피부가 벗겨지며, 독성 간염에 의한 간 괴사가 발생하며 이 상태에서 조속히 치료하지 않으면 사망하는 경우가 많음. 또한 노출된 후 2~3주까지는 증상이 잘 나타나지 않아 진단이 어렵다.

(2) 간

① 고농도 또는 반복 노출 시 간조직 괴사가 초래된다.
② 드라이클리닝 용액으로 사용하는 경우에는 급성 간독성을 초래한다.

(3) 피부

피부 노출(접촉) 시 홍반, 벗겨짐, 수포 등을 초래한다.

(4) 호흡기계

호흡곤란, 폐부종 발생(TCE의 분해산물인 포스겐과 dichloroacetyl chloride에 의한 것으로 추정)

(5) 중추신경계

① 100~200ppm에 노출된 근로자에게 피로, 현기증, 두통, 기억력 저하, 집중력 장애 등의 증상이 나타난다.
② 평균적으로 200~300ppm에 노출된 근로자에게서 시력장애가 나타나고, 장기간 노출된 경우에는 청력감소가 초래된다.

(6) 심혈관계

고농도 노출 시 부정맥과 심장마비로 인해 사망할 수 있다.

06 TCE에 의한 건강장해(직업병) 예방 대책 ●출제율 20%

(1) 작업환경 측정

TCE에 노출되는 근로자가 있는 작업장에 대해 매 6월에 1회 작업환경측정을 실시한다.

(2) 근로자 건강진단

① 배치 전 건강진단

TCE에 노출되는 업무에 신규로 근로자 배치 시 간기능, 피부질환, 신경계 기능검사를 실시한다.

② 배치 후 첫 번째 특수건강진단

배치 후 1개월 이내에 실시로 간 기능 이상 여부 등을 확인한다.

③ 특수건강진단(정기)

6개월에 1회 특수건강진단을 실시하여 간 기능 이상 여부 등을 확인한다.

(3) 작업환경관리(시설 개선)

① TCE 증기 발산원(세척조 등)에 밀폐설비 또는 국소배기장치를 설치한다.
② 작업장의 바닥은 불침투성의 재료 사용 및 청소가 쉬운 구조로 한다.
③ TCE 취급설비의 뚜껑, 접합부에 개스킷 사용 등 누출방지조치를 한다.
④ TCE 운반, 저장 시 누출방지를 위한 견고한 용기를 사용한다.
⑤ TCE 취급 실내작업장에서 흡연 및 취식 금지를 한다.
⑥ TCE 취급 근로자를 위한 세면, 목욕, 세탁 및 건조시설을 설치한다.

(4) 근로자 교육 및 물질안전보건자료(MSDS)

(5) TCE 취급 근로자에 대한 방독마스크 지급 및 착용

07 노출경로

(1) 증기 또는 에어로졸 형태로 공기 중으로 확산되어 주로 호흡기를 통하여 흡수된다.

(2) 액체를 취급하는 동안 피부 접촉, 흡연, 음식물 섭취 시 소화기관을 통하여 흡수된다.

> **참고** 스티븐스존슨 증후군(Stevens–Johnson Syndrome) ● 출제율 20%
>
> 1. 개요
>   - ㉠ 스티븐스존슨 증후군은 피부와 점막이 심하게 부어오르면서 손상이 생기는 질환으로 눈이나 소화기의 점막(결막, 홍채, 각막, 구강, 인두, 후두, 식도)에도 염증을 나타낸다.
>   - ㉡ 스티븐스존슨 증후군은 1년에 백만인당 1~2명에서 발생하는 희귀한 질병이다.
>   - ㉢ 처음에 피부에 작은 홍반이 여러 개 생기다가 이것이 수포로 바뀌고 심한 경우 전신에 가피(pseudomembrane)가 생기거나 피부가 벗겨지는 상태가 되며, 이 상태에서는 잘 치료하지 않으면 사망률이 높다.
> 2. 원인
>   - ㉠ 스티븐스존슨 증후군의 원인은 아직 정확하게 밝혀지지 않았지만 대부분의 경우 바이러스나 세균의 감염, 약물의 복용, 화학물질의 노출, 전신질환 등에 의해 발생되는 것으로 추정된다.
>   - ㉡ 약물 중 스티븐스존슨 증후군을 일으키는 대표적인 것은 항경련제와 페니실린계의 약물이며, 화학물질로는 TCE, 니켈, 코발트, 포름알데히드, 살충제, 에폭시레진 등이 알려져 있다.
>   - ㉢ 바이러스 감염은 단순 헤르페스 바이러스와 밀접한 관련이 있는 것으로 알려지고 있고, 마이코플라즈마 폐렴, 바이러스성 상기도 감염과도 관련된 보고가 있다.
>   - ㉣ 화학물질이나 약물에 의한 스티븐스존슨 증후군은 일반적으로 원인물질에 노출된 후 2~3주까지는 증상이 나타나지 않아 처음에 증상이 확실히 나타나기 전에는 진단이 어렵다.

SECTION 10 디이소시아네이트

01 정의

디이소시아네이트(Diisocyanate)는 저분자의 방향족 및 지방족 탄화수소가 그룹을 이루고 있으며, 대표적으로 TDI(톨루엔 디이소시아네이트), MDI(메틸렌비스페닐 디이소시아네이트), HDI(헥사메틸렌 디이소시아네이트) 세 종류의 디이소시아네이트가 있다.

02 용도

(1) 폴리우레탄수지(폼)

① 연질 폴리우레탄 폼

주로 TDI, MDI에 의해 생산

② 경질 폴리우레탄 폼

주로 MDI에 의해 생산

(2) 플라스틱, 탄성고무

① 플라스틱 접착

열가수 분해 시 MDI 발생

② 인조피혁공장에서 탄성고무의 접착제

TDI, MDI 동시 발생

(3) 페인트, 바니시 등의 코팅제

경화제로서 HDI, TDI가 사용된다.

(4) 자동차 산업, 건물건축자재

① 자동차 및 비행기 등의 좌석
② 자동차 내장재
③ 가구 쿠션
④ 매트리스

(5) 포장재

03 구분 ●출제율 20%

(1) TDI(Toluene Diisocyanate)

① 특징
  ㉠ 무색 또는 노란색의 액체로 코를 쏘는 자극성 냄새가 난다.
  ㉡ 증기·공기 혼합물은 인화점(110℃ 이상) 이상에서 폭발성이 있다.
② 종류
  ㉠ 톨루엔-2.4-디이소시아네이트(2.4 TDI) 100%
  ㉡ 2.4 TDI 80% + 톨루엔-2.6-디이소시아네이트(2.6 TDI) 20%
  ㉢ 2.4 TDI 65% + 2.6 TDI 35%

(2) MDI(Methylene di(bis) phenyl diisocyanate)

① 흰색 또는 노란색의 박편으로 냄새가 없음
② 분진·공기 혼합물은 발화하거나 폭발할 수 있음(인화점 196℃)

(3) HDI(Hexamethyene diisocyanate)

흰색, 노란색의 액체로 자극성 냄새가 남

│ TDI, MDI, HDI의 화학구조 │

04 건강장해 ● 출제율 20%

(1) 급성(단기) 노출 시 눈, 소화기, 호흡기 점막을 심하게 자극한다.

(2) TDI가 피부에 닿으면 현저한 염증반응이 있다.

(3) 호흡기 자극이 심한 기관지 경련을 동반한 화학적 기관지염으로 발전할 수 있다.

(4) 반복적으로 노출되면 알레르기성 감작반응을 일으켜 노출기준 이하에서도 심한 천식 발작이 생길 수 있고, 천식으로 사망한 예도 있다.

(5) 과민성 폐렴에 걸릴 수 있으며, 급성인 경우 폭로된지 4~6시간 지난 후 발열, 근육통, 두통 등 인플루엔자에 감염된 것과 같은 특징적인 증상과 마른기침 가슴 압박증, 호흡곤란이 나타날 수 있다.

(6) 과민성 폐렴이 만성화된 경우에는 심한 호흡곤란, 피곤, 체중감소가 있다.

(7) 톨루엔디이소시아네이트(TDI)는 눈과 코에 자극 증상이 강하게 나타나고 천식성 감작반응을 유발한다.

05 노출기준

(1) 톨루엔-2.4-디이소시아네이트

① TWA(시간가중평균노출기준) : 0.005ppm
② STEL(단시간 노출기준) : 0.02ppm

(2) MDI

① TWA : 0.005ppm
② STEL : 없음

(3) HDI

① TWA : 0.005ppm
② STEL : 없음

> **참고**
>
> 1. OSHA의 허용기준
>   ㉠ 2.4-TDI
>   ㉡ Ceiling(최고노출기준) : 0.02ppm
> 2. ACGIH
>   ㉠ 2.4-TDI를 발암성으로 규정
>   ㉡ 2.4-TDI, 2.6-TDI를 직업성 천식 유발물질 규정
>   ㉢ TWA : 0.005ppm
> 3. NIOSH
>   ㉠ 2.4-TDI를 발암성으로 규정
>   ㉡ 가능한 낮은 농도로 관리하도록 권고

06 취급 시 주의사항

(1) 사용

① 화학물질의 건강영향 및 안전한 취급방법에 대하여 숙지한 후 취급한다.
② 유기가스용 마스크, 보안경, 보호장갑, 보호의 등 적절한 보호구를 착용한다.
③ 환기가 잘 되는 곳에서 취급하고 물과의 접촉을 피한다.

(2) 저장

① 서늘하고 건조하며, 통풍이 잘 되는 장소에 저장한다.
② 습기와의 접촉을 피한다.

07 관리대책

(1) 대체물질 사용

(2) 공정밀폐, 환기시설(국소배기장치)

국소배기장치는 필요시 주기적으로 점검한다.

(3) 작업자 격리

① 노출인원 최소화
② 공정자동화

(4) 개인보호구 착용

적절한 보호구를 착용한다.

(5) 근로자 교육

취급 근로자에 대해 화학물질의 MSDS 등을 교육하고, 초기증상이 나타나면 즉시 보고
토록 한다.

(6) 정기적인 모니터링

① 작업환경(6개월에 1회 이상 작업환경측정 실시)
② 근로자 건강진단

(7) 특수건강진단 실시

참고 직업성 천식 ●출제율 30%

1. 개요
- ㉠ 직업성 천식을 유발하는 원인물질은 세계적으로 200~300종이 되는 것으로 알려져 있는데, 국내에서는 도료에 들어있는 이소시아네이트와 반응성 염료가 원인으로 알려져 있다.
- ㉡ 이소시아네이트는 가구를 칠하는 라커나 도료, 우레탄 원료, 방청재료, 발포재 등에 포함되어 있다.

2. 원인물질 및 작업 및 직업

구 분	원인물질	직업 및 작업
금속	백금 니켈, 크롬, 알루미늄	도금 도금, 시멘트 취급자, 금고 제작공
화학물	Isocyanate(TDI, MDI) 산화무수물 송진 연무 반응성 및 아조 염료 trimellitic anhydride(TMA) persulphates ethylenediamine formaldehyde	페인트, 접착제, 도장작업 페인트, 플라스틱 제조업 전자업체 납땜 부서 염료공장 레진, 플라스틱, 계면활성제 제조업 미용사 락커칠, 고무공장 의료 종사자
약제	항생제, 소화제	제약회사, 의료인
생물학적 물질	동물 분비물, 털(말, 쥐, 사슴) 목재분진 곡물가루, 쌀겨, 메밀가루, 카레 밀가루 커피가루 라텍스 응애, 진드기	실험실 근무자, 동물 사육사 목수, 목재공장 근로자 농부, 곡물 취급자, 식품업 종사자 제빵공 커피 제조공 의료 종사가 농부, 과수원(귤, 사과)

3. 특징
- ㉠ 직업성 천식은 알레르기성 반응에 의해 일어나기 때문에 매우 소량의 화학물질에 노출되어도 발생이 가능하다.
- ㉡ TDI의 국내노출기준은 5ppb으로 통상 다른 화학물질보다 1,000배 낮은 수준으로 관리한다.
- ㉢ 생활수준이 높아지면서 근로자의 후생복지와 직업성 질환에 대한 관심이 높아지면서 직업성 천식에 대한 보고가 증가하고 있다.
- ㉣ 직업성 천식을 진단하는 가장 중요한 단서는 환자의 직업력이다.
- ㉤ 천식증상은 매우 다양하며 노출이 멈춘 수년 후에도 지속될 수 있다. 또한 사고에 의해 고농도에 노출된 적이 있는 경우 매우 낮은 노출에도 증상이 재발생할 수 있다.

4. 치료
- ㉠ 일반적인 성인 천식의 치료와 동일하다.
- ㉡ 근본적 치료는 노출을 최대한 피하는 것이다.
- ㉢ 천식이 악화되어 만성적인 폐질환으로 진행되므로 주의해야 한다.

참고 호흡기 감작물질(Respiratory sensitizer) ● 출제율 30%

1. 정의

   호흡을 통해 유입되는 물질로 호흡기(코, 인두, 후두, 기관, 기관지 및 폐)에 작용하여 비가역적인 면역반응을 유발하는 물질을 말하며, 이를 천식유발물질 또는 천식원인물질이라고 부르기도 한다.

2. 호흡기 감작물질(Respiratory sensitizer)의 특성

   ㉠ 호흡기 감작물질은 호흡을 통해 유입되는 물질로써, 일단 감작반응이 발생하면 감작물질에 추가적인 노출이 발생할 경우, 그 양이 미량이라고 하더라도(노출기준 미만에서도) 호흡기계의 증상을 유발할 수 있다.

   ㉡ 일반적으로 감작반응은 노출 즉시 발생하지는 않는다. 감작물질을 호흡한 후 수 개월에서 심지어는 수 년이 경과한 후 발생하기도 한다.

3. 호흡기 감작물질에 의한 질병과 이에 따른 증상

   ㉠ 천식 : 갑작스럽게 발생하는 기침, 천명음(숨을 내쉴 때 쌕쌕거림) 및 흉부압박감

   ㉡ 비염 : 맑은 콧물 또는 코막힘, 결막염에 의한 충혈 동반

4. 대표적인 호흡기 감작물질 및 노출업무

호흡기 감작물질	노출업무
이소시아네이트(TDI, MDI 등)	자동차 스프레이도장, 우레탄 폼 제조
밀가루 또는 곡물분진	부두에서 곡물운반, 도정 및 제빵
글루타르알데히드	병원기구의 소독
목재분진	목재가공
납땜용 플럭스(soldering flux)	납땜, 전자제품 조립
실험동물의 털	동물 취급 실험실 업무
접착제 및 레진(epoxy resin 등)	에폭 시 레진의 가공 및 접착 업무

5. 대표적인 호흡기 감작물질과 호흡용 보호구의 선택

호흡기 감작물질	호흡용 보호구
이소시아네이트(TDI, MDI 등)	송기마스크(supplied air)
밀가루 또는 곡물분진	방진마스크(입자상 물질)
글루타르알데히드	겸용 마스크(유기가스용+입자상 물질)
목재분진	방진마스크(입자상 물질)
납땜용 플럭스(soldering flux)	방진마스크(입자상 물질)
실험동물의 털	방진마스크(입자상 물질)
접착제 및 레진(epoxy resin 등)	송기마스크(supplied air)

6. 호흡기 감작물질 노출근로자의 건강관리

   ㉠ 호흡기 감작물질에 노출되는 근로자들을 대상으로 배치 전 및 채용 후 체계적인 호흡기(천식 및 비염) 증상 발생을 감시하여야 한다. 이를 위해서는 호흡기(천식 및 비염) 증상 설문지를 활용한다. 이 외에도 폐기능검사(pulmonart function test), 감작물질을 이용한 유발 폐기능검사 및 피부단자검사(skin prick test)를 활용할 수 있다. 특히, 작업 전, 작업 중 및 작업 종료 후 연속적으로 시행하는 최대호기량 측정방법(serial peak expiratory flow rate)이 감작물질의 사업장 존재 여부를 확인하는 신뢰할만한 방법으로 알려져 있다.

ⓛ 호흡기 감작물질이 사업장에 존재하는 경우, 산업안전보건법상의 유해인자 노출근로자에 대한 정기적인 특수건강진단을 철저하게 시행해야 한다. 또한, 직업성 천식으로 의심되는 근로자가 1인 이상 확인 또는 의심되는 경우 특수건강진단 여부와 상관없이 언제라도 건강진단(수시건강진단)을 실시하고 동료 근로자에게 추가적인 발생을 예방한다.

ⓒ 감작된 근로자들을 위한 조치

호흡기 증상 감시의 결과 감작된 근로자가 확인된다면,

- 감작물질을 취급하거나 노출되는 근로자 업무를 중단시키고, 산업의학 또는 호흡기 전문의사와 상담토록 조치한다.
- 감작된 근로자가 발생한 공정 및 업무에 대한 기존의 공정관리에 대한 검토 및 변화(개선)를 조치한다.
- 천식근로자의 업무적합성 평가 지침(KOSHA GUIDE)에 따라 업무 수행 여부를 결정하고 이에 따라 조치한다.

ⓔ 근로자에 대한 교육

- 호흡기 감작물질에 대한 정보 및 건강 위해성
- 감작에 의한 증상
- 초기 증상(유사 증상 및 의심 증상) 발생 시 보고의 중요성
- 적절한 보호조치의 사용
- 환기장치나 보호장치의 오작동 시의 보고

〈출처 : 호흡기 감작물질 노출근로자의 보건관리 지침 KOSHA GUIDE H-44-2011〉

SECTION 11 디메틸포름아미드(DMF)

01 DMF(Dimethylformamide)의 특성

(1) **영문 명칭** : N,N-Dimethylformamide

(2) **화학식** : $HCON(CH_3)_2$ or $NHCO(CH_3)_2$

(3) **분자량** : 73.09

(4) **끓는점** : 153℃(어는점 −61℃)

(5) **비중(20℃)** : 0.949

(6) **증기압(25℃)** : 3.7mmHg

(7) 공기 중에 쉽게 증발한다.

(8) 무색의 수용성 액체이며, 암모니아 비슷한 냄새(비린내)가 약하게 난다.

(9) 열, 화염, 스파크 등을 피해야 하며 용기가 열에 노출되면 파열되거나 폭발할 수 있다.

(10) 100℃ 이하에서 빛과 산소에 안정적이며, 350℃를 넘으면 일산화탄소와 디메틸아민으로 분해된다.

02 산업현장에서의 주요 용도

(1) 인조피혁 제조, 섬유코팅가공업, 우레탄 섬유나 아크릴 섬유의 방사 등에서 수지나 용제로 사용된다.

(2) 섬유염색용 염료, 안료, 페인트 제거를 위한 용제, 코팅액, 인쇄액 및 접착제에도 포함된다.

◐ DMF 노출위험이 높은 업종 또는 작업 ●출제율 20%

구 분	업종 또는 작업
DMF 원액 또는 DMF 함유제품 생산업종	• 섬유화학제품 제조 및 염·안료 및 도료 제조업 – 원료 및 첨가물의 투입, 반응, 배합, 공정을 관리하는 업무 – 완제품의 포장 업무
DMF 원액 또는 DMF 함유제품 취급업종	• 합성피혁 제조 및 섬유코팅 가공업 – 합성섬유 제조업 – 인쇄업, 도장업 등 원료나 첨가제에 함유된 DMF가 발생될 수 있는 공정이 있는 업종

03 노출경로 및 인체에 미치는 영향 ●출제율 20%

(1) 증기상태로 확산되어 호흡기 또는 피부를 통해 흡수된다.

(2) 호흡기로 주로 흡수되지만, 피부를 통해서도 매우 잘 흡수되어 간장에 치명적인 손상을 일으킬 수 있다.
※ 단기간 노출로 급성 독성간염으로 사망까지 이를 수 있음

(3) 복통, 소화불량이 주요 증상이며 심하면 구역질 등의 불쾌감이 발생됨. 간질환(급성간염 증상)의 경우 주관적으로는 별다른 증상을 못 느낄 수도 있으므로 주의를 요하고 그 밖에 불안, 가슴 뜀, 안면과 전신이 빨개지는 증상과 피부질환도 발생 가능하다.

04 노출기준

(1) TWA : 10ppm (STEL : 없음) skin

(2) 생물학적 노출기준

DMF는 호흡기를 통한 흡수뿐만 아니라 피부를 통한 흡수도 중요하므로 작업환경 중 노출기준보다 생물학적 지표가 의미가 크다. 우리나라의 경우 당일 작업종료 24시간 전부터 직후까지 채취한 소변에서 측정한 NMF 15mg/L를 생물학적 노출기준으로 제시하고 있다.

05 DMF의 체내 작용기전 ● 출제율 20%

(1) 흡수 경로

DMF는 흡입, 섭취, 피부 접촉을 통해 인체 내로 흡수되며, 호흡기를 통한 흡수가 주경로이지만 피부를 통한 흡수도 많다.

(2) 대사

① DMF는 간의 사이토크롬 P-450(Cytochrome P-450) 효소계에 의해 메틸기가 수산화되는 1차 대사 변형과정을 거쳐 N-히드록시메틸-N-메틸포름아미드[N-(hydroxymethyl)-N-methylformamide, 이하 "HMMF"라 한다]가 생성되고 HMMF는 비효소화반응 또는 효소반응에 의해 N-메틸포름아미드(N-metyl foramamide, 이하 "NMF"라 한다)로 대사된다.

② NMF는 다시 사이토크롬 P-450에 의해 메틸기의 산화반응으로 간독성이 적은 H-메틸포름아미드(H-metylforamamide, 이하 "HMF"라 한다)가 되거나 N-포밀(N-formyl)기의 산화반응에 의해 반응성이 큰 메틸이소시아네이트로 변형되어 글루타치온과 결합하여 N-아세틸-S(N-메틸카르바모일)시스테인 [(N-acetyl -S-(N-methylcarbamoyl)cystein, 이하 "AMCC"라 한다]으로 대사된다.

(3) 배설

DMF는 소변을 통해 HMMF, HMF, AMCC 등으로 배설되며, DMF의 생물학적 반감기는 약 4시간이고 DMF의 생물학적 지표물질은 NMF를 많이 사용한다. 그러나 AMCC가 NMF보다는 반감기가 길고 DMF 독성과 밀접하므로 생물학적 노출지표로 유용하나 분석방법은 아직까지 개발되어 있지 않다.

06 DMF에 의한 직업병 예방 대책 ●출제율 20%

(1) 작업환경 측정

DMF에 노출되는 근로자가 있는 작업장에 대해 매 6월 1회 작업환경 측정을 실시한다.

(2) 근로자 건강진단

① 배치 전 건강진단

DMF에 노출되는 업무에 신규로 근로자를 배치하기 전 건강진단을 실시한다.

② 특수건강진단

첫 번째 건강진단은 배치 후 1월 이내 이후 6월 주기로 실시한다.

※ 건강진단 시에는 DMF가 실제 몸에 들어온 양에 대한 검사를 위해 소변 중 대사물질인 NMF를 검사함

(3) 작업환경 및 건강관리

① DMF 증기 발산원(배합조, 세척조 등)에 밀폐설비 또는 국소배기장치를 설치한다.

② DMF에 가능한 한 피부에 접촉되지 않도록 장갑은 화학물질용 천연고무장갑을 착용해야 하며, 필요시 보호의 앞치마를 착용한다.

③ DMF 노출을 최소화하기 위해 반드시 유기가스용 방독마스크(산업안전보건공단 검정제품)를 지급 및 착용한다.

④ 배합, 코팅 등의 작업에서 손, 팔 등의 부위가 DMF가 묻었을 때에는 MEK 등의 유기용제로 세척하는 행위를 금지한다(유기용제 세척액 또는 세척비누로 청결히 세척).

⑤ DMF 노출 작업자가 복통을 느끼거나 간기능이 나쁜 소견을 보일 경우, 소변 중 대사물실(NMF)이 증가했을 경우에는 DMF 중독을 의심하여 관리해야 한다.

07 응급조치 및 긴급 방재 요령

(1) 흡입 시 오염되지 않은 지역으로 이동하고 호흡하지 않을 경우 인공호흡을 실시 후 즉시 의사의 치료를 받도록 한다.

(2) 피부 접촉 시 오염된 의복, 신발을 벗고 즉시 15분 동안 비누와 물로 씻고 필요시 의사의 치료를 받도록 하며 오염된 의복 및 신발은 재사용 전에 철저히 건조시키고 세탁하여야 한다.

(3) 눈 접촉 시 많은 양의 물을 이용하여 적어도 15분 동안 눈을 세척하고 곧바로 의사의 치료를 받도록 한다.

(4) 섭취 시 많은 양을 삼켰으면 의사의 치료를 받도록 한다.

(5) 누출사고 시 열, 화염, 스파크 및 기타 점화원을 피하고 작업자가 위험 없이 누출을 중단시킬 수 있으면 중단시키고 물을 분무하여 증기발생을 감소시켜야 한다.

(6) 화재 시 입자상 분말 소화기, 이산화탄소, 물 등으로 소화하고 위험 없이 할 수 있으면 용기를 화재지역으로부터 이동시키고 진화된 후에도 상당시간 동안 물로 용기를 냉각시켜야 한다.

참고 응급조치 ●출제율 20%

눈이나 피부에 접촉된 경우 일차적인 응급조치는 노출이 일어난 장소에서 시행될 수 있도록 DMF 취급 작업장 내에 눈 및 피부 세척을 위한 시설이 갖추어져 있어야 하며, DMF에 노출되었을 경우 응급조치는 다음과 같다.

1. 눈 접촉
   ㉠ DMF 용액이 눈에 들어갔을 경우에는 즉시 많은 양의 물을 사용하여 적어도 15분 동안 눈을 씻어야 한다.
   ㉡ 세척 후에도 자극이 지속될 경우에는 즉시 의사의 치료를 받아야 한다.
   ㉢ DMF 작업 시 콘택트렌즈는 착용하지 않아야 한다.
2. 피부 접촉
   ㉠ 오염된 의복 및 신발은 즉시 제거하고 오염된 피부는 적어도 15분 동안 물에 씻고 즉시 의사의 치료를 받아야 한다.
   ㉡ 오염된 의복 및 신발은 재사용하기 전에 철저히 세탁시키고 건조하여야 한다.
3. 흡입
   ㉠ 다량의 DMF 흡입 시에는 즉시 신선한 공기가 있는 지역으로 이동시켜야 한다.
   ㉡ 호흡하지 않을 경우에는 인공호흡을 실시하고, 환자를 따뜻하게 하고 안정을 취하게 하며, 즉시 의사의 치료를 받도록 한다.

4. 섭취
　㉠ DMF 용액을 삼켰지만 의식이 있을 경우에는 즉시 다량의 물을 먹여서 토하게 한다. 이때 구토 물이 기도를 막는 것을 방지하기 위하여 머리를 낮추어야 한다.
　㉡ 의식 불명의 사람에게는 토하게 하거나 음료수를 마시지 않도록 하고 머리를 옆으로 돌려 기도 흡입을 예방하며, 즉시 의사의 치료를 받도록 한다.

참고　누출사고 시 대처방법　●출제율 20%

1. 직업적 누출
　㉠ 열, 화염, 스파크 및 기타 점화원을 피할 것
　㉡ 작업자가 위험 없이 누출을 중단시킬 수 있으면 중단시킬 것
　㉢ 물 분무를 사용하여 증기의 발생을 감소시킬 것
2. 소량 노출
　㉠ 모래 또는 다른 비가연성 물질을 사용하여 흡수시킬 것
　㉡ 누출된 물질의 처분을 위해 적당한 용기에 수거할 것
3. 다량 누출
　㉠ 추후의 처리를 위한 제방을 축조할 것
　㉡ 발화원을 제거할 것
　㉢ 관계인 외의 접근을 막고 위험 지역을 격리하며, 출입을 금지할 것
　㉣ 기준량 이상의 배출에 대해서는 중앙정부 및 지방자치단체에 배출 내용을 통지할 것

참고　디메틸포름아미드 취급 시 준수사항　●출제율 20%

1. 안전보건상 준수사항
　㉠ 급성 중독으로 구토, 복부 불쾌감, 복통, 황달, 구역질, 현기증, 피부수포나 습진 등이 발생한다.
　㉡ 공기 중에 확산되어 호흡기나 피부로 흡수되고 흡연이나 음식물 섭취 시 소화기로 흡수된다.
　㉢ 훈련을 통해 응급조치방법을 몸에 익혀 위급 시 활용할 수 있어야 한다.
　㉣ 6개월에 1회 이상 작업환경 측정 및 특수건강진단을 받아야 한다.
　㉤ 작업 전 국소배기장치가 정상작동 되는지를 확인한다.
　㉥ 화재 시 화염이 미치지 않되 작업위치에서 가까운 거리에 소화기를 비치한다.
2. 근로자 준수사항
　㉠ 작업안전 수칙과 물질안전보건자료(MSDS) 내용을 숙지해야 한다.
　㉡ 특수건강진단을 받아야 한다.
　㉢ 작업안전 수칙을 준수한다.
　㉣ 적정보호구 착용 후 작업에 임한다.
3. 사업주 준수사항
　㉠ 작업환경 측정 및 특수건강진단을 정기적으로 실시한다.
　㉡ 안전보건에 관련된 적절한 설비를 갖추어야 한다(경보설비, 국소배기설비 등).
　㉢ 작업자에게 유해성 등의 주지에 관한 사항을 알려야 한다.
　㉣ 해당 업무에 적절한 보호구를 지급하여 착용토록 한다.

참고 메탄올(CH_3OH)

1. 메탄올은 공업용제로 사용되며 자극성이 있고 중추신경계를 억제하는 신경독성물질이다.
2. 플라스틱, 필름제조와 휘발유 첨가제 등에 이용된다.
3. 메탄올의 주요 독성은 시각장애, 중추신경 억제, 혼수상태를 야기한다.
4. 메탄올은 호흡기 및 피부로 흡수된다.
5. 메탄올의 대사산물(생물학적 노출지표)은 뇨 중 메탄올이다.
6. 메탄올의 시각장애기전(메탄올의 대사산물인 포름알데히드가 망막조직을 손상시킴)은 "메탄올 → 포름알데히드 → 포름산 → 이산화탄소"이다. 즉, 중간대사체에 의하여 시신경에 독성을 나타낸다.
7. 메탄올 중독 시 중탄산염의 투여와 혈액투석 치료가 도움이 된다.

SECTION 12 산업역학

01 정의

역학이란 인간집단 내에 발생하는 모든 생리적 상태와 이상상태의 빈도와 분포를 기술하고 이들 빈도와 분포를 결정하는 요인들의 원인적 연관성 여부를 근거로 그 발생원인을 밝혀냄으로써 효율적인 예방법을 개발하는 학문이며, 산업역학은 유해환경에 노출 시 노출된 집단 내에서의 어떠한 질병의 빈도와 분포에 미치는 영향을 연구하는 역학의 한 분야이다.

02 산업역학 연구에서 원인(유해인자에 대한 노출)과 결과(건강상의 장애 또는 직업병 발생)의 연관성(인과성)을 확정짓기 위한 충족조건 ●출제율 20%

(1) 연관성(원인과 질병)의 강도

(2) 특이성(노출인자의 영향 간의 특이성)

(3) 시간적 속발성(노출 또는 원인이 결과에 선행되어야 한다는 것)

(4) 양-반응 관계(예측이 가능할 수 있어야 한다는 것)

(5) 생물학적 타당성

(6) 일치성(일관성), 일정성(타 역학연구 결과가 일정해야 한다는 것)

(7) 유사성

(8) 실험에 의한 증명

03 역학적 측정방법

코호트 연구는 노출에 대한 정보를 수집하는 시점이 현재이냐 과거이냐에 따라 구분되며 전향적 코호트 역학연구(코호트가 정의된 시점에서 노출에 대한 자료를 새로이 수집하여 이용하는 경우)와 후향적 코호트 연구(이미 작성되어 있는 자료를 이용하는 경우)의 가장 큰 차이점은 연구 개시시점과 기간이다.

(1) 환자군, 대조군의 정의

어떤 특정질환이나 문제를 가진 집단을 환자군이라 하고 그런 질환이나 문제를 일으키지 않은 집단을 대조군 또는 정상군이라 한다.

(2) 인구집단의 선정

① 동적 인구집단
집단구성원의 전입, 전출로 인한 차이가 있는 집단을 의미
② 고정된 인구집단
㉠ 코호트라고도 함
㉡ 어떤 시점에서의 집단구성원으로 정의

(3) 유병률

① 정의
어떤 시점에서 이미 존재하는 질병의 비율을 의미한다(발생률에서 기간을 제거한 의미).
② 특징
㉠ 일반적으로 기간 유병률보다 시점 유병률을 사용한다.
㉡ 인구집단 내에 존재하고 있는 환자수를 표현한 것으로 시간 단위가 없다.
㉢ 지역사회에서 질병의 이완 정도를 평가하고, 의료의 수호를 판단하는데 유용한 정보로 사용된다.
㉣ 어떤 시점에서 인구집단 내에 존재하는 환자의 비례적인 분율 개념이다.
㉤ 여러 가지 인자에 영향을 받을 수 있어 위험성을 실질적으로 나타내지 못한다.

(4) 발생률

① 정의

특정기간 위험에 노출된 인구집단 중 새로 발생한 환자수의 비례적인 분율 개념이다. 즉 발생률은 위험에 노출된 인구 중 질병에 걸릴 확률의 개념이다.

② 특징

㉠ 시간차원이 있고 관찰기간 동안 평균인구가 관찰대상이 된다.

㉡ 발생밀도 및 누적발생률로 표현한다.

$$발생밀도 = \frac{일정기간\ 내에\ 새로\ 발생한\ 환자수}{관찰\ 연인원의\ 총합}$$

$$누적발생률 = \frac{연구기간\ 동안에\ 새로\ 발생한\ 환자수}{관찰\ 개시\ 때의\ 위험에\ 노출된\ 인구수}$$

㉢ 누적발생률은 고정인구집단을 특정기간 관찰할 때 유용한 지표이다.

(5) 유병률과 발생률과의 관계 ●출제율 20%

$$유병률(P) = 발생률(I) \times 평균이환기간(D)$$

단, 유병률은 10% 이하, 발생률과 평균이환기간이 시간 경과에 따라 일정하여야 한다.

(6) 위험도 ●출제율 30%

① 정의

위험도란 집단에 소속된 구성원 개개인이 일정기간 내에 질병이 발생할 확률을 말한다.

② 특징

㉠ 시간차원이 없다.

㉡ 관찰기간 개시점에서 질병이 없는 인구가 관찰대상이 된다.

③ 종류

㉠ 상대위험도(상대위험비 : 비교위험도)

ⓐ 비율비 또는 위험비라고도 한다.

ⓑ 비노출군에 비해 노출군에서 얼마나 질병에 걸릴 위험도가 큰가를 나타낸다. 즉 위험요인을 갖고 있는 군이 위험요인을 갖고 있지 않은 군에 비하여 질병의 발생률이 몇 배인가를 나타내는 것이다.

$$상대위험비(비교위험도) = \frac{노출군에서\ 질병발생률(위험요인이\ 있는\ 군의\ 질병발생률)}{비노출군에서\ 질병발생률(위험요인이\ 없는\ 군의\ 질병발생률)}$$

- 상대위험비=1인 경우 노출과 질병 사이의 연관성 없음 의미
- 상대위험비>1인 경우 위험의 증가를 의미
- 상대위험비<1인 경우 질병에 대한 방어효과가 있음을 의미

ⓛ 기여위험도(귀속위험도)

ⓐ 비율 차이 또는 위험도 차이라고도 한다.

ⓑ 위험요인을 갖고 있는 집단의 해당 질병발생률의 크기 중 위험요인이 기여하는 부분을 추정하기 위해 사용한다.

ⓒ 어떤 유해요인에 노출되어 얼마만큼의 환자수가 증가되어 있는지를 설명해 준다.

ⓓ 순수하게 유해요인에 노출되어 나타난 위험도를 평가하기 위한 것이다.

ⓔ 질병발생의 요인을 제거하면 질병발생이 얼마나 감소될 것인가를 설명해 준다.

$$기여위험도 = 노출군에서의\ 질병발생률 - 비노출군에서의\ 질병발생률$$

$$기여분율(노출군) = \frac{노출군에서의\ 질병발생률 - 비노출군에서의질병발생률}{노출군에서의\ 질병발생률}$$
$$= \frac{상대위험비 - 1}{상대위험비}$$

ⓒ 교차비

특성을 지닌 사람들의 수와 특성을 지니지 않은 사람들의 수와의 비를 말한다.

$$교차비 = \frac{환자군에서의\ 노출\ 대응비}{대조군에서의\ 노출\ 대응비}$$

$$여기서,\ 대응비 = \frac{노출\ 또는\ 질병의\ 발생확률}{노출\ 또는\ 질병의\ 비발생확률}$$

- 교차비=1인 경우 요인과 질병 사이의 관계가 없음을 의미
- 교차비>1인 경우 요인에의 노출이 질병발생을 증가 의미
- 교차비<1인 경우 요인에의 노출이 질병발생을 방어 의미

(7) 표준사망비(SMR)

① 개요

  ㉠ 표준사망비는 사망의 위험도를 간접표준화법으로 산출한다(간접표준화의 경우 어떤 집단의 발생률, 사망률 등이 표준집단에 비해 높은지, 낮은지를 판단하기 위해서 사용).

  ㉡ 관찰사망자수를 기대사망자수로 나눈다.

  ㉢ 기대사망은 관찰사망집단보다 더 큰 집단을 사용한다.

  ㉣ 직업역학 분야에서 사용하는 주요 지표 중 하나이다.

  ㉤ 어떠한 작업인원의 사망률을 일반집단의 사망률과 산업의학적으로 비교하는 비이며, 그 작업으로 인한 사망의 위험도를 간접적으로 SMR을 이용한다.

  ㉥ SMR이 1보다 크면 표준인구집단에 비해 더 많은 사망자가 발생한다는 의미이다. 즉, 관찰집단에서 특정 질병에 대한 위험요인이 존재할 가능성이 있다.

② 관련식

$$SMR = \frac{\text{작업장에서의 사망률}}{\text{일반인구의 사망률}} = \frac{\text{어떤 집단에서 관찰된 총 사망자수}}{\text{표준집단에서 예상되는 총 기대사망자수}}$$

필수 예상문제 ✔ 출제확률 30%

다음 표는 A 작업장의 백혈병과 벤젠에 대한 코호트 연구를 수행한 결과이다. 이때 벤젠의 백혈병에 대한 상대위험비 및 노출군에서의 기여분율은 얼마인가?

구 분	백혈병	백혈병 없음	합 계
벤젠의 노출	5	14	19
벤젠의 비노출	2	25	27
합계	7	39	46

[풀이]

$$\text{상대위험비} = \frac{\text{노출군에서의 발생률}}{\text{비노출군에서의 발생률}} = \frac{(5/19)}{(2/27)} = 3.55$$

$$\text{기여분율(노출군)} = \frac{\text{상대위험비} - 1}{\text{상대위험비}} = \frac{3.55 - 1}{3.55} = 0.72$$

필수 예상문제 ✔ 출제확률 40%

염화비닐 작업장에서 각 공정별 표준사망자수가 다음과 같을 때 표준화사망비를 구하시오.(단, 일정 집단에 대한 특정층의 비율은 0.007이고, 연 폭로인원은 5만 명이다.)

▶ 수지 · 배합 공정 4.0, 건조공정 3.2, 포장공정 1.4

풀이 표준화사망비(SMR)

$$SMR = \frac{\text{어떤 집단에서 관찰된 총 사망자수}}{\text{표준집단에서 예상되는 총 기대사망자수}}$$

$$= \frac{4.0 + 3.2 + 1.4}{0.007 \times 50,000} = \frac{8.6}{350} = 0.0245\,(2.45\%)$$

기출문제

다음은 석면에 노출되어 폐암이 발생되는 환자-대조군(case-control)의 연구결과이다. 다음 물음에 답하시오.

명	환자군	대조군
노출	3	15
비노출	1	18

(1) 상대위험비(Relative Risk, RR)에 대한 개념을 설명하시오.

(2) 위 표에서 상대위험비를 구하고, 그 의미를 설명하시오.

풀이 (1) 상대위험비의 개념

비율비 또는 위험비라고도 하며, 비노출군에 비해 노출군에서 얼마나 질병에 걸릴 위험도가 큰가를 나타내고 위험요인을 갖고 있는 군이 위험요인을 갖고 있지 않은 군에 비하여 질병의 발생률이 몇 배인가를 의미한다.

(2) 상대위험비 $= \dfrac{\text{노출군에서 폐암발생률}}{\text{비노출군에서 폐암발생률}} = \dfrac{\left(\dfrac{3}{18}\right)}{\left(\dfrac{1}{19}\right)} = 3.167$

의미 : 상대위험비(3.167)>1인 경우이므로 위험의 증가를 의미하며, 이는 비노출군에 비하여 상대적으로 폐암발생률이 3배 증가한다는 것을 나타낸다.

04 타당성

(1) 내적 타당성(편견의 종류, 계통적 오류 범주)

① 선택편견

　유해인자에 대한 노출과 비노출된 그룹의 설정 시 잘못된 설정을 말한다.

② 정보편견

　㉠ 잘못된 정보에 의한 편견이다.

　㉡ 환자대조군 연구의 정보편견 세 가지

　　ⓐ 기억편견

　　ⓑ 면접편견

　　ⓒ 과장편견

③ 혼란편견

　원인과 결과 사이의 관계를 혼란시키는 변수로 인한 편견이다.

④ 관찰편견

　동일하지 않은 방법이나 검증되지 않은 측정방법으로 자료를 수집하거나 해석할 때 나타나는 편견이다.

(2) 외적 타당성

　어떤 특별한 조건(상황)에서 얻은 연구결과를 전체집단에 일반화시킬 때 고려되는 문제(통계적 대표성)이다.

(3) 측정 타당도 ●출제율 20%

① 역학연구의 측정정확도 결과를 해석할 때 측정타당도는 매우 중요하다.

② 측정 시에는 측정방법의 민감도, 특이도, 예측도가 관계된다.

③ 민감도

　㉠ 노출을 측정 시 실제로 노출된 사람이 이 측정방법에 의하여 '노출된 것'으로 나타날 확률을 의미한다.

　㉡ 가음성률(민감도의 상대적 개념)

　　'1−민감도'로 나타낸다.

ⓒ 가양성률

'1−특이도'로 나타낸다(특이도 : 실제 노출되지 않은 사람이 이 측정방법에 의하여 '노출되지 않은 것'으로 나타날 확률을 의미).

구 분		실제값(질병)		합 계
		양 성	음 성	
검사법	양성	A	B	A+B
	음성	C	D	C+D
합계		A+C	B+D	−

- 민감도＝A/(A＋C)
- 가음성률＝C/(A＋C)
- 가영성률＝B/(B＋D)
- 특이도＝D/(B＋D)

④ 예측도

검사결과가 양성 및 음성으로 나올 경우 실제 환자수를 얼마나 반영할 것인지를 나타내는 확률을 의미한다.

⑤ 신뢰도

측정이 얼마나 일정성을 유지하는가를 평가하는 '반복성' 또는 '재현성'을 의미한다.

05 산업안전보건법에 의한 역학조사의 대상

(1) 작업환경측정 또는 건강진단의 실시결과만으로 직업성 질환 이환 여부의 판단이 곤란한 근로자의 질병에 대하여 사업주, 근로자 대표, 보건관리 또는 건강진단기관의 의사가 역학조사를 요청하는 경우

(2) 근로복지공단이 고용노동부장관이 정하는 바에 따라 업무상 질병 여부의 결정을 위해 역학조사를 요청하는 경우

(3) 공단이 직업성 질환의 예방을 위하여 필요하다고 판단하여 역학조사평가위원회의 심의를 거친 경우

(4) 그 밖에 직업성 질환에 걸렸는지 여부로 사회적 물의를 일으킨 질병에 대하여 작업장 내 유해요인과 연관성 규명이 필요한 경우 등으로서 지방고용노동관서의 장이 요청하는 경우

필수 예상문제 ✔ 출제확률 50%

다음 표와 같은 크롬중독을 스크린 하는 검사법을 개발하였다면 이 검사법의 특이도, 민감도, 가음성률, 가양성률을 구하시오. (단, %로 나타내시오.)

구 분		크롬중독 진단		합 계
		양 성	음 성	
검사법	양성	17	7	24
	음성	5	25	30
합계		22	32	54

풀이

구 분		실제 중독 진단값		합계
		양 성	음 성	
검사법	양성	A	B	A+B
	음성	C	D	C+D
합계		A+C	B+D	

① 특이도 $= \dfrac{D}{(B+D)} = \dfrac{25}{32} \times 100 = 78.1\%$

② 민감도 $= \dfrac{A}{(A+C)} = \dfrac{17}{22} \times 100 = 77.3\%$

③ 가음성률 $= \dfrac{C}{(A+C)} = \dfrac{5}{22} \times 100 = 22.7\%$

④ 가양성률 $= \dfrac{B}{(B+D)} = \dfrac{7}{32} \times 100 = 21.9\%$

기출문제

염화비닐단량체(Vinyl Chloride Monomer, VCM)의 노출에 의한 간암의 일종인 간육종의 발병위험을 평가하기 위해 업무상 VCM에 노출된 경력이 있는 근로자(실험군) 5,600명을 선정하여 연구시점부터 10년간 추적조사를 실시하였다. 한편 VCM에 노출되지 않은 일반인(대조군) 12,000명을 선정하여 10년간 간육종 발병상황을 추적 조사하여 표와 같은 결과를 얻었다. 다음 각 물음에 답하시오.

구 분		간육종		계
		발 병	발병하지 않음	
VCM 노출 여부	노출	23	5,577	5,600
	비노출	30	11,970	12,000
계		53	17,547	17,000

(1) 이러한 역학적 연구방법론의 정식 명칭을 쓰시오.
(2) 이 연구결과에서 산출되는 VCM에 의한 간육종 발병위험도의 명칭은 무엇인지 쓰시오.
(3) 이 연구결과에서 산출되는 VCM에 의한 간육종 발병위험도를 산출하고, 이를 해석하여 설명하시오.

풀이 (1) 역학적 연구방법론의 정식 명칭
계획코호트연구(Prospective Cohort Study)
[역학적 연구방법론(역학조사방법)]
① 계획코호트연구(Prospective Cohort Study)
　㉠ 현재의 어느 집단을 선정하여 앞으로 연구를 진행하여 그 시점 이후에 발생되는 질병자 수와 사망자 수를 비교하는 것을 말한다.
　㉡ 한 집단은 위해요인에 노출시키고 다른 한 집단은 위해요인에 노출시키지 않은 후 어느 시점에서 두 집단 간의 발생률을 비교하는 것이다.
② 단면연구
　어느 한 시점에서 위해요인에 노출된 근로자와 노출되지 않은 근로자와의 발생률을 비교하는 것이다.
③ 환자대조군 연구
　㉠ 질병이 진단된 후에 환자군과 대조군을 구분하고 각 집단별로 위해요인에 노출된 비율을 비교하는 것을 말한다.
　㉡ 즉, 환자군과 대조군을 대상으로 위해요인에 대한 노출비율을 조사하는 것으로 질병자 수를 비교하는 기왕코호트조사와 차이가 있다.
(2) VCM에 의한 간육종 발병위험도의 명칭
상대위험도(비율비, 위험비)

(3) VCM에 의한 간육종 발병위험도를 산출, 이를 설명

$$상대위험비 = \frac{노출군에서의\ 발생률}{비노출군에서의\ 발생률}\ \frac{(23/5,600)}{(30/12,000)} = 1.643$$

상대위험도는 비노출군에 비하여 노출군에서 얼마나 간육종에 걸릴 위험도가 큰지를 나타내는데 계산값(1.643)이 1보다 크므로 위험의 증가를 의미하며, VCM에 노출된 근로자는 노출되지 않은 일반인에 비하여 간육종에 걸릴 확률이 1.643배 높은 것이다.

참고 **직업성 질환 역학조사** ●출제율 30%

1. 개요

산업안전보건연구원에서는 직업성 질환의 진단 및 예방, 발생원인의 규명을 위하여 필요하다고 인정할 때 근로자의 질병과 작업장의 유해요인의 상관관계에 대한 역학조사를 실시한다.

2. 대상

㉠ 사업주, 근로자대표, 보건관리자, 건강진단기관 의사

「산업안전보건법」에 의한 작업환경측정 또는 동법 규정에 의한 건강진단 결과만으로 직업성 질환 이환 여부의 판단이 곤란한 근로자의 질병에 대하여, 사업주, 근로자대표, 보건관리자(보건 관리대행기관 포함) 또는 건강진단기관의 의사가 역학조사를 요청하는 경우

㉡ 근로복지공단

「산업재해보상법」에 따른 근로복지공단이 정하는 바에 따라 업무상 질병 여부의 결정을 위하여 역학조사를 요청하는 경우

㉢ 한국산업안전보건공단

한국산업안전보건공단(산업안전보건연구원)이 직업성 질환의 예방을 위하여 필요하다고 판단하며, 「산업안전보건법 시행규칙」에 의한 역학조사 평가위원회의 심의를 거친 경우

㉣ 지방노동관서의 장

그 밖에 직업성 질환의 이환 여부로 사회적 물의를 일으킨 질병에 대하여 작업장 내 유해요인과의 연관성 규명이 필요한 경우 등으로서 지방노동관서의 장이 요청하는 경우

3. 절차

㉠ 사업주 또는 근로자 대표가 역학조사를 요청하는 때에는 산업안전보건위원회의 의결을 거치거나, 각각 상대방의 동의를 받아야 한다. 다만, 관할 지방노동관서의 장이 역학조사의 필요성을 인정하는 경우에는 산업안전보건위원회의 의결을 거치지 않아도 된다.

㉡ 산업안전보건연구원에서는 역학조사의 객관성을 확보하기 위하여 사업주 또는 근로자 대표의 요구가 있는 경우에는 당해 역학조사에 사업주 또는 근로자 대표를 입회시키고 있다.

〈출처 : 안전보건공단, 산업안전보건연구원〉

SECTION 13

생물학적 노출지표물질 분석에 관한 기술 지침

01 생물학적 노출지표 검사시료 채취 지침 (KOSHA GUIDE H-216-2022)

(1) 용어의 정의

① "생물학적 노출지표검사"

혈액, 소변, 호기가스 등 생체시료로부터 유해물질 그 자체, 또는 유해물질의 대사산물 또는 생화학적 변화산물 등 '생물학적노출지표(물질)'를 분석하여 유해물질 노출에 의한 체내 흡수 정도 또는 건강영향 가능성 등을 평가하는 것을 말한다.

② "생물학적 노출 기준값"

일주일에 40시간 작업하는 근로자가 고용노동부 고시에서 제시하는 작업환경 노출기준 정도의 수준에 노출될 때 혈액 및 소변 중에서 검출되는 생물학적 노출지표의 수치를 말한다.

③ "시료채취담당자"

특수건강진단기관 종사자 중에서 생물학적 노출평가를 위한 시료의 수집, 운반 및 관리를 담당하는 종사자를 말한다.

④ "근로자 자가 채취"

생물학적 노출지표 검사를 위해 시료채취용기를 검진 전에 해당 사업장에 미리 발송 후 해당 근로자가 시료를 직접 채취하는 것을 말한다.

(2) 시료의 종류에 따른 채취방법

① 생물학적 노출지표물질에 따른 시료의 종류 및 유의점

㉠ 생물학적 노출지표물질에 따른 시료의 종류는 혈액, 소변, 호기가스가 있다.

　ⓒ 요 중 수은의 경우, 일하는 날 공기와 의복, 몸에 묻은 수은이 소변을 오염시킬 위험이 커서 작업 전에 채취를 한다.

　ⓒ 비소의 경우는 해산물을 섭취하면 소변 중 비소량이 증가하므로 검사 전 적어도 2일간은 해산물의 섭취를 삼가한다.

　ⓔ 유기용제 노출지표 검사의 시료채취 시기는 당일과 주말 채취가 있다.

　　ⓐ 당일 채취는 유기용제가 몸에서 빨리 배출되는 물질인 경우 노출작업 종료 직후 채취하는 것이다.

　　ⓑ 주말 채취는 느리게 배출되는 유기용제의 경우 일주일 노출량을 쌓아두었다가 마지막 일하는 날에 시료를 채취해야 하므로 연속근무 4~5일 후에 시료를 채취하는 것을 말한다.

　ⓜ 호기가스는 일산화탄소 분석에 유일하게 쓰인다. 일산화탄소에 대한 생물학적 노출지표는 혈액에서 카복시헤모글로빈을 측정하는 방법과 호기 중 일산화탄소를 측정하는 방법이 있다.

　　ⓐ 카복시헤모글로빈 측정은 생물학적 영향을 평가하는 적절한 방법이나 반감기가 약 4시간 정도로 짧아 작업 종료 15분 이내 채혈을 해야 한다.

　　ⓑ 호기 중 일산화탄소 측정은 일산화탄소와 혈중 카복시헤모글로빈 농도의 상관 관계가 높고, 검사가 간단하여 일산화탄소의 위험을 평가하는 유용한 검사이다. 그러나 근로자의 흡연이나 채취하는 환경의 대기오염상태 등에 의해 검사 오류가 발생하기 쉽다.

② 시료채취 시기 및 유의점

　ⓐ 시료채취 시기는 해당 물질의 생물학적 반감기를 고려하여 '수시', '당일', '주말', '작업 전'으로 구분한다.

　　ⓐ '수시'는 하루 중 아무 때나 시료를 채취하여도 된다는 의미이다.

　　ⓑ '당일'이란 당일 노출작업 종료 2시간 전부터 직후까지를 말한다. 일산화탄소 및 불화수소의 경우 별도의 시간기준을 두고 있다. 일산화탄소는 작업 종료 이후 15분 이내에 시료를 채취하고, 불화수소의 경우 작업 전-후의 시료를 측정하여 그 차이를 비교한다.

　　ⓒ '주말'이란 4~5일간의 연속작업의 작업 종료 2시간 전부터 직후까지를 말한다.

　　　예 소변 중 삼염화초산, 총삼염화에탄올, 총삼염화물(메틸클로로포름, 트리클로로에틸렌, 퍼클로로에틸렌), 소변 중 펜타클로로페놀, 소변 중 2-에톡시초산, 소변 중 니켈, 혈액 중 비소(삼산화비소, 삼수소화비소, 비

소), 혈액 중 수은, 소변 중 바나듐, 소변 중 크롬, 소변 중 1-하이드록시파이렌, 소변 중 니켈

ⓓ '작업 전'이란 작업을 시작하기 전(노출 중단 16시간 이후)에 채취하는 것이다.

예 소변 중 수은

㉡ 특수건강진단은 근로자가 기관에 방문하여 실시하거나(원내 건강진단), 기관이 사업장을 방문하여 실시하는데(출장 건강진단), 금식을 한 상태에서 실시해야 하므로 오전에 실시를 하는 경우가 대부분이다. 이로 인해 작업 종료 후 채취해야 하는 항목은 건강진단일과 별도로 채취 및 수거가 이뤄지는 근로자 자가 채취 형태가 있을 수 있다.

ⓐ 근로자 자가 채취 시 사업장에 전달하는 안내서에는 근로자가 충분히 채취 과정을 이해할 수 있도록 정확한 시료채취 시기와 시료 보관방법을 제시해야 한다. 또한 정확한 시료채취를 위해 특검기관 담당자가 사업장을 직접 방문하여 채취방법에 대한 교육이 필요하다.

ⓑ 사업장에 많은 검체를 보관 후 검진기관으로 이송할 경우에는 검진기관에서 냉장상태가 유지될 수 있도록 온도체크가 가능한 검체박스를 제공하는 것도 필요하다.

③ 시료채취용기, 채취량, 채취 및 보관방법

㉠ 시료채취용기

ⓐ 시료채취용기는 취급할 때나 보관설비에 보관할 때 쉽게 깨지지 않는 용기를 사용한다. 유리제품의 용기는 냉동고(영하 20℃~영하 80℃) 및 액체 질소에 장기간 보관할 경우에는 깨지기 쉬우므로, 냉동 보관할 경우는 저온 보관이 가능한 플라스틱 제품을 보관용기로 사용한다.

ⓑ 시료채취용기는 오염되지 않은 것을 사용하며, 채취 후 밀봉이 가능한 것을 사용한다. 생물학적 모니터링 용도로 쓸 수 있도록 만들어진 용기를 사용하거나 일반 용기는 산 세척 등으로 오염물질을 제거하고 사용하여야 한다.

ⓒ 분석대상 물질을 용출시키는 용기를 사용하지 말아야 한다. 예를 들어 초자기구, 고무, 수지에는 납을 사용하고 있으므로 이런 용기를 사용하면 납이 용출되기 때문에 사용해서는 안 된다.

ⓓ 분석대상 물질이 용기에 흡착 시 실제보다 낮게 측정될 수 있기 때문에 분석대상 물질을 흡착시킬 수 있는 소재의 용기는 사용해서는 안 된다.

　　ⓛ 시료채취량

　　　ⓐ 시료채취량은 측정 및 분석 감도를 고려하여 분석에 필요한 양을 충분히 확보해야 한다. 소변 시료의 경우 10mL, 혈액 시료의 경우는 3mL 이상이 필요하다.

　　　ⓑ 혈액이나 소변 중 휘발성이 강한 지표물질일 경우 시료가 용기에 가득 차도록 충분한 양을 채취하고 밀봉한다.

　　　　예 지표물질명 : 1,2-디클로로프로판, 메탄올, 메틸에틸케톤, 메틸이소부틸케톤, 벤젠, 아세톤, 톨루엔, 스티렌, 페놀

　　ⓒ 채취 및 보관 방법

　　　ⓐ 시료를 채취할 때는 작업환경이나 의복에 있는 물질에 오염되는 것을 방지하여야 하는데, 특히 소변 채취 시에는 손을 깨끗이 닦은 후 용기를 받아가서 채취하여야 한다.

　　　ⓑ 소변 채취 시 원활한 소변 채취를 위해 시료채취 2시간 전에 배뇨를 하지 않도록 미리 안내한다.

　　　ⓒ 생물학적 노출지표 평가시료는 일반적으로 4℃ 이하 냉장 보관하고, 분석 시간이 5일 이상일 경우에는 −20℃ 이하 냉동 보관하도록 권고한다. 단 지표물질명이 메트헤모글로빈, 카복시헤모글로빈의 경우 냉동 보관 시 분석 결과에 영향을 줄 수 있어 냉장 보관만 한다.

　　　ⓓ 채취한 시료는 직사광선이나 열에 장시간 노출되지 않도록 주의한다.

◑ 1차 생물학적 노출지표물질 시료채취방법 및 채취량

유해물질명	시료채취		지표물질명	채취량	채취 용기 및 요령	이동 및 보관	분석기한
	종 류	시 기					
p-니트로 아닐린	혈액	수시	매트헤모글로빈	3mL 이상	EDTA 또는 Heparin 튜브	4℃ (2~8℃) 냉동 금지	5일 이내
p-니트로 클로로벤젠							
디니트로 톨루엔							
N,N−디메틸 아닐린							
N,N−디메틸 아세트아미드	소변	당일	N−메틸아세트아미드	10mL 이상	플라스틱 소변 용기	4℃ (2~8℃)	5일 이내

유해물질명	시료채취		지표물질명	채취량	채취 용기 및 요령	이동 및 보관	분석기한
	종 류	시 기					
디메틸 포름아미드	소변	당일	N-메틸포름 아미드	10mL 이상	플라스틱 소변 용기	4℃ (2~8℃)	5일 이내
1,2-디클로로 프로판	소변	당일	1,2-디클로로 프로판	10mL 이상	플라스틱 소변 용기에 가득 채취 후 밀봉	4℃ (2~8℃)	5일 이내
메틸클로로 포름	소변	주말	삼염화초산	10mL 이상	플라스틱 소변 용기	4℃ (2~8℃)	5일 이내
			총삼염화에탄올				
아닐린 및 그 동족체	혈액	수시	메트헤모 글로빈	3mL 이상	EDTA 또는 Heparin 튜브	4℃ (2~8℃) 냉동 금지	5일 이내
에틸렌 글리콜디니 트레이트	혈액	수시	메트헤모 글로빈	3mL 이상	EDTA 또는 Heparin 튜브	4℃ (2~8℃) 냉동 금지	5일 이내
크실렌	소변	당일	메틸마뇨산	10mL 이상	플라스틱 소변 용기	4℃ (2~8℃)	5일 이내
톨루엔	소변	당일	o -크레졸	10mL 이상	플라스틱 소변 용기	4℃ (2~8℃)	5일 이내
트리클로로 에틸렌	소변	주말	총삼염화물	10mL 이상	플라스틱 소변 용기	4℃ (2~8℃)	5일 이내
			삼염화초산				
퍼클로로 에틸렌	소변	주말	삼염화초산	10mL 이상	플라스틱 소변 용기	4℃ (2~8℃)	5일 이내
n-헥산	소변	당일	2,5-헥산디온	10mL 이상	플라스틱 소변 용기	4℃ (2~8℃)	5일 이내
납 및 그 무기화합물	혈액	수시	납	3mL 이상	EDTA 또는 Heparin 튜브	4℃ (2~8℃)	5일 이내
사알킬납	혈액	수시	납	3mL 이상	EDTA 또는 Heparin 튜브	4℃ (2~8℃)	5일 이내
수은 및 그 화합물	소변	작업 전	수은	10mL 이상	플라스틱 소변 용기	4℃ (2~8℃)	5일 이내
인듐	혈청	수시	인듐	3mL 이상	Serum Separator Tube(SST)	4℃ (2~8℃)	5일 이내
카드뮴과 그 화합물	혈액	수시	카드뮴	3mL 이상	EDTA 또는 Heparin 튜브	4℃ (2~8℃)	5일 이내
일산화탄소	혈액	당일	카복시헤모 글로빈	3mL 이상	EDTA 또는 Heparin 튜브	4℃ (2~8℃) 냉동 금지	5일 이내

④ 채취한 시료 수거 및 기록

    ㉠ 검진 당시에 채취한 검체들은 검진 당일에 바로 수거하며, 시료채취 담당자는 채취한 시료를 확인하고 서명한다. 검진일과 채취시기가 다른 항목들은 가급적 빠른 시일 내에 수거한다. 이 경우 수거일시를 검진일과 별도로 기록하며 시료채취 담당자가 확인하고 서명한다.

    ㉡ 시료를 인계하는 자와 인수하는 자는 각 시료에 대해 시료 번호와 수검자 번호가 일치하는지와 시료에 다음 각 호의 상태가 발생하였는지를 확인한 다음 상호 서명한다.

        ⓐ 응고 : 시료 일부 또는 전체가 굳어서 시료를 고르게 혼합한 후 채취하는 데 지장이 있는지 여부

        ⓑ 혼탁 : 시료에 불순물이 섞여서 시료를 고르게 혼합한 후 채취하는 데 지장이 있는지 여부

        ⓒ 무색 : 소변이 무색투명인지 여부

        ⓓ 용기상태 : 용기 파손 또는 불안전하게 뚜껑이 닫혀 있는지 여부

    ㉢ 시료는 이송 도중 냉장상태를 유지하며 이를 위해 보냉 포장재를 사용하고 포장재 내부에 보냉재를 넣어 시료를 이송한다. 냉장이 잘 유지되고 있는지 온도계를 부착해서 온도가 잘 유지되는지 확인하도록 한다. 냉동하면 분석에 심각한 영향을 미치는 시료는 보냉재가 시료용기에 직접 닿지 않도록 보호한다.

02 일산화탄소의 생물학적 노출지표물질 분석에 관한 기술 지침 (KOSHA GUIDE H-99-2023)

(1) 용어의 정의

① "생물학적 노출평가"

혈액, 소변 등 생체시료로부터 유해물질 자체 또는 유해물질의 대사산물, 또는 생화학적 변화산물 등을 분석하여 유해물질 노출에 의한 체내 흡수 정도 또는 건강영향 가능성 등을 평가하는 것을 말한다.

② "생물학적 노출지표물질"

생물학적 노출평가를 실시함에 있어 생체 흡수 정도를 반영하는 물질로서 유해물질 자체나 그 대사산물, 생화학적 변화산물 등을 말한다.

③ "검출한계"

공시료 신호값과 통계적으로 유의하게 다른 신호값을 나타낼 수 있는 최소의 농도를 말한다. 이 경우 가장 널리 쓰이는 대로 공시료 신호값의 차이가 공시료 신호값 표준편차의 3배인 경우로 한다.

(2) 분석장비

분석장비는 자외가시부 분광광도계(ultraviolet/visible spectrophotometer ; UV/VIS Spectrophotometer)를 이용한다.

(3) 분석방법

① 혈액 중 카복시헤모글로빈(COHb) 분석

   ㉠ 시료채취 및 주의사항

      ⓐ 시료채취 시기

       시료채취는 작업 종료 후 15분 이내에 채취한다.

      ⓑ 시료채취 요령

- 작업 종료 후 15분 이내에 채혈하고, 혈액 시료는 EDTA 또는 헤파린 처리된 용기에 플루오르화나트륨을 넣은 후 실험 전까지 밀봉하여 4℃ 암소에 보관한다. 이는 헤모글로빈 변성이나 세균 증식에 의한 일산화탄소 생성을 억제하기 위함이다.
- 흡연 여부나 직업적 혹은 비직업적 염화메틸렌 노출 여부를 모니터링하여야 하며, 흡연자의 경우는 평가대상에서 제외한다.
- 헤모글로빈의 스펙트럼은 pH의 영향이 크므로 pH 6.5를 유지한다.

      ⓒ 주의사항

- COHb 농도가 낮은 경우(20% 미만), 전형적인 COHb 스펙트럼을 얻을 수 없다.
- COHb 분석에 있어 황이온이 있을 경우, 황화헤모글로빈(sulfhemoglobin)이 생성되어 UV/VIS 흡수에 간섭을 일으킬 수 있다. 이는 황화헤모글로빈이 환원제인 차아황산나트륨($Na_2S_2O_4$)에 의해 RHb로 환원되지 않기 때문이다.

   ㉡ 생물학적 노출평가기준

   혈액 중 카복시헤모글로빈의 생물학적 노출평가기준값 : 3.5% 이하

03 트리클로로에틸렌의 생물학적 노출지표물질 분석에 관한 기술 지침(KOSHA GUIDE H-20-2023)

(1) 용어의 정의

① "생물학적 노출평가"

혈액, 소변 등 생체시료 중 유해물질 자체 또는 유해물질의 대사산물이나 생화학적 변화산물 분석값을 이용한, 유해물질 노출에 의한 체내 흡수 정도나 건강영향 가능성 등의 평가를 의미한다.

② "생물학적 노출지표물질"

생물학적 노출평가를 실시함에 있어 생체 흡수 정도를 반영하는 물질로 유해물질 자체나 그 대사산물, 생화학적 변화물 등을 말한다.

③ "생물학적 노출기준값"

일주일에 40시간 작업하는 근로자가 고용노동부 고시에서 제시하는 작업환경 노출기준 정도의 수준에 노출될 때 혈액 및 소변 중에서 검출되는 생물학적 노출지표물질의 값이다.

④ "정밀도(precision)"

일정한 물질에 대하여 반복 측정·분석을 했을 때 나타나는 자료분석치의 변동의 크기를 나타낸다. 이 경우 같은 조건에서 측정했을 때 일어나는 우연오차(random error)에 의한 분산(dispersion)의 정도를 측정값의 변이계수(coefficient of variation)로 표시한다.

⑤ "정확도(accuracy)"

분석치가 참값에 접근한 정도를 의미한다. 다만, 인증표준물질이 있는 경우는 상대오차로 표시하고, 인증표준물질이 없는 경우는 시료에 첨가한 값으로부터 구한 평균회수율로 표시한다.

⑥ "검출한계(limit of detection : LOD)"

공시료 신호값(blank signal, background signal)과 통계적으로 유의하게 다른 신호값(signal)을 나타낼 수 있는 최소의 농도를 의미한다. 이 경우 가장 널리 사용하는 공시료 신호값과의 차이가 공시료 신호값 표준편차의 3배인 경우로 한다.

(2) 분석개요

소변 중 삼염화초산을 분석하며, 분석장비는 가스크로마토그래프-전자포획검출기(gas chromatograph-electron capture detector, GC-ECD)를 사용한다.

(3) 분석방법

① 분석원리 및 시료채취

㉠ 분석원리

트리클로로에틸렌은 체내에 흡수된 후, 소변 중으로 삼염화초산(18%), 삼염화에탄올(33%)의 형태로 배출되며, 이때 유리형 또는 포합체로 배설된다. 삼염화에탄올의 포합체를 산으로 가수분해하여 유리형 삼염화에탄올로 만들어 분석한다. 삼염화초산은 휘발성이 없으므로 유도체화하여 휘발성으로 만든 후 GC에 주입하고, 분자 중의 염소를 민감하게 검출하는 전자포획검출기(electron capture detector)로 삼염화초산과 삼염화에탄올을 검출한다. 소변 중 삼염화초산을 트리클로로에틸렌의 생물학적 노출지표로 이용한다.

㉡ 시료채취

ⓐ 시료채취 시기

시료채취는 주말 작업 종료 직후 해야 하나 현장의 여건이 어려운 경우, 연속 3일 또는 4일 작업 종료 직후의 시료를 채취한다.

ⓑ 시료채취 요령

• 채취 용기는 밀봉이 가능한 용기를 사용하고, 시료는 10mL 이상 채취한다.

• 채취한 시료 용기를 밀봉하고 채취 후 5일 이전에 분석하며 4℃(2~8℃)에서 보관한다. 단, 분석까지 보관기간이 5일 이상 걸리면 시료를 냉동보관용 저온 바이알에 옮겨 20℃ 이하에서 보관한다.

② 가스크로마토그래프-전자포획검출법

㉠ 기체크로마토그래프 분석조건

ⓐ 칼럼 : DB-WAX(30m×0.25mm ID×0.25μm 막 두께) 또는 그 이상의 분리능을 가진 칼럼

ⓑ 온도

• 주입구 : 250℃

• 검출기 : 250℃

• 칼럼 : 70℃(2분) - (10℃/분 승온) - 130℃(1분)

ⓒ 유속 : 2mL/min

ⓓ 분할주입비(split ratio) : 100 : 1

ⓔ 주입량 : 1μL

ⓕ 가스 : 초고순도질소(99.9999%)

ⓛ 생물학적 노출기준

기준값 : 소변 중 삼염화초산 15mg/L

ⓒ 정밀도(예)

삼염화초산 50~200mg/L 농도범위에서 변이계수 0.6~4.1%

ⓔ 정확도(예)

삼염화초산 50~200mg/L 농도범위에서 회수율 96~106%

ⓜ 검출한계

ⓐ 검출한계

예 삼염화초산 4.2mg/L(S/N비 3)

ⓑ 산출방법

검량선에 의한 표준용액의 농도와 면적 간의 회귀식을 구하고 이 회귀식의
표준오차와 기울기를 이용하여 검출한계를 산출한다.

$$LOD = 3 \times \frac{\sqrt{\dfrac{\sum (Y_{ei} - Y_i)^2}{N-2}}}{b}$$

Y_{ei} : 회귀식에 의해 구한 각 시료량에 대한 반응값

Y_i : 각 시료량에 대한 반응값

N : 표준용액 시료수

b : 회귀방정식의 x 계수

04 톨루엔의 생물학적 노출지표물질 분석에 관한 기술 지침 (KOSHA GUIDE H-8-2023)

(1) 분석 개요

소변 중 오르소-크레졸(o-크레졸), 전혈 중 톨루엔을 분석하며, 분석장비는 고성능 액체크로마토그래프-자외선검출기(High performance liquid chromatographultraviolet detector, HPLC-UVD), 기체크로마토그래프-불꽃이온화검출기(Gas chromatograph--flame ionization detector, GC-FID), 헤드스페이스 기체크로마토그래프-불꽃이온화검출기(Headspace gas chromatograph-flame ionization detector, HS GC-FID)를 사용한다.

(2) 분석방법

① 소변 중 오르소-크레졸

㉠ 분석원리 및 시료채취

ⓐ 분석원리

톨루엔은 체내로 흡수된 후 80%가 마뇨산으로 대사되며, 1% 미만의 적은 양이 오르소-크레졸로 대사되어 황산과 글루쿠론산 결합체로 소변으로 배출된다. 소변 중 결합체의 형태로 존재하는 오르소-크레졸을 염산 산성 조건에서 가수분해시켜 유리형으로 만든 후, 유기용제로 추출하고 기체크로마토그래프-불꽃이온화검출기로 분석한다.

ⓑ 시료채취

• 시료채취 시기

소변 시료는 당일 작업 종료 2시간 전부터 작업 종료 사이에 채취한다.

• 시료채취 요령

– 채취 용기는 밀봉이 가능한 용기를 사용하고, 시료는 10mL 이상 채취한다.

– 채취한 시료 용기를 밀봉하고 채취 후 5일 이전에 분석하며 4℃(2~8℃)에서 보관한다. 단, 분석까지 보관기간이 5일 이상 걸리면 시료를 냉동보관용 저온 바이알에 옮겨 영하 20℃ 이하에서 보관한다.

ⓛ 가스크로마토그래피 불꽃이온화검출법

ⓐ 기체크로마토그래프 분석조건

- 칼럼 : DB-624(60m×0.25mm ID, 1.4μm 막) 또는 이와 동등한 수준
  으로 분리가 가능한 칼럼
- 온도조건 : 오븐 120℃(1분) → 15℃/분 → 250℃(2분)

  　　　　　주입구 250℃

  　　　　　검출기 250℃
- 칼럼 유속 : 1.2mL/분
- 분할주입비율 : 1/5
- 주입량 : 1μL
- 검출기 : 불꽃이온화검출기

ⓑ 생물학적 노출기준

- 기준값 : 0.8mg/g 크레아티닌
- 소변 중 크레아티닌 농도
  소변 중 생물학적 노출평가지표물질 보정에 사용하는 크레아티닌 농도는
  0.3~3.4g/L 범위이며, 크레아티닌 농도가 이 범위를 벗어난 소변은 다
  시 채취한다.

ⓒ 정밀도(예)

	농도(mg/L)	변이계수(%)*
o-크레졸	0.5	3.5
	5.0	2.0

*같은 농도의 시료를 7개 분석한 결과로부터 구함.

ⓓ 정확도(예)

	농도(mg/L)	회수율(%)*
o-크레졸	0.5	105.7
	5.0	107.0

*같은 농도의 시료를 7개 분석한 결과로부터 구함.

ⓔ 검출한계

- 검출한계
  예 소변 중 오르소-크레졸 0.1mg/L(S/N 비 3)

- 산출방법

검량선에 의한 표준용액의 농도와 면적 간의 회귀식을 구하고 이 회귀식의 표준오차와 기울기를 이용하여 검출한계를 산출한다.

$$LOD = 3 \times \cfrac{\sqrt{\cfrac{\sum (Y_{ei} - Y_i)^2}{N-2}}}{b}$$

Y_{ei} : 회귀식에 의해 구한 각 시료량에 대한 반응값

Y_i : 각 시료량에 대한 반응값

N : 표준용액 시료수

b : 회귀방정식의 x계수

ⓒ 헤드스페이스 가스크로마토그래피 질량분석검출법
  ⓐ 기체크로마토그래프 분석조건
  - 칼럼 : DB-1701(30m×0.25mm ID, 2.5μm 막 두께) 또는 이와 동등한 수준으로 분리가 가능한 칼럼
  - 온도 : 칼럼 60℃(2분) → (20℃/분) → 120℃(1분) → (25℃/분)
        → 220℃(1분), 총 11분
        주입구 220℃
        검출기 230℃
  - 칼럼 유속 : 1.0mL/분
  - 분할주입비율 : 1/10
  - 검출기 : 질량분석검출기
        검출이온 108(이온선택분석)
  - 헤드스페이스 조건
    - 온도 : 시료오븐 115℃
        주입관 170℃
        연결관 180℃
    - 시간 : 가열 60분(진탕)
        가압 60초
        주입 6초
    - 압력 : 40psi

ⓑ 생물학적 노출기준
- 기준값 : 0.8mg/g 크레아티닌
- 소변 중 크레아티닌 농도

  소변 중 생물학적 노출평가지표물질 보정에 사용하는 크레아티닌 농도는 0.3~3.4g/L 범위이며, 크레아티닌 농도가 이 범위를 벗어난 소변은 다시 채취한다.

ⓒ 정밀도(예)

	농도(mg/L)	변이계수(%)*
o-크레졸	0.1	3.5
	2.0	2.0

*같은 농도의 시료를 10개 분석한 결과로부터 구함.

ⓓ 정확도(예)

	농도(mg/L)	회수율(%)*
o-크레졸	0.2	105.7
	2.4	107.0

*같은 농도의 시료를 10개 분석한 결과로부터 구함.

ⓔ 검출한계
- 검출한계

  예 소변 중 오르소-크레졸 0.01mg/L(S/N비 3)
- 산출방법

  검량선에 의한 표준용액의 농도와 면적 간의 회귀식을 구하고 이 회귀식의 표준오차와 기울기를 이용하여 검출한계를 산출한다.

$$LOD = 3 \times \dfrac{\sqrt{\dfrac{\sum (Y_{ei} - Y_i)^2}{N-2}}}{b}$$

Y_{ei} : 회귀식에 의해 구한 각 시료량에 대한 반응값

Y_i : 각 시료량에 대한 반응값

N : 표준용액 시료수

b : 회귀방정식의 x계수

② 혈액 중 톨루엔
  ㉠ 분석원리 및 시료채취
    ⓐ 분석원리
      톨루엔은 체내로 흡수된 후 빠르게 지방조직으로 이동하여, 혈액에 남아 있
      는 톨루엔은 노출 후 15분마다 반씩 감소한다. 혈액 중의 톨루엔은 톨루엔
      노출을 반영하는 민감한 지표로, 톨루엔 노출 1시간 내에 검출되며, 이를
      헤드스페이스 가스크로마토그래피법을 이용해 분석한다. 밀폐된 바이알에
      시료를 넣고 적당한 온도를 유지하여 액체상과 기체상(헤드스페이스)에 존
      재하는 톨루엔이 상평형(Phase equilibrium)을 이루게 한 후, 헤드스페이
      스 기체 일정량(1mL)을 기체크로마토그래프에 주입하여 분석한다.
    ⓑ 시료채취
      • 시료채취 시기
        혈액 시료는 당일 작업 종료 2시간 전부터 작업 종료 사이에 채취한다.
      • 시료채취 요령
        − 근로자의 정맥혈을 ethylenediaminetetraacetic acid(EDTA) 또는
          헤파린 처리된 튜브와 일회용 주사기 또는 진공채혈관을 이용하여 채취
          한다. 채취 용기는 유리 용기를 사용하고, 시료는 용기의 90% 이상 채
          취한다.
        − 채취한 시료는 바로 4℃(2~8℃)에서 보관하고, 채취 후 5일 이내에
          분석한다.
  ㉡ 헤드스페이스 가스크로마토그래피 불꽃이온화검출법
    ⓐ 헤드스페이스 기체크로마토그래프 분석조건
      • 칼럼 : DB−624(60m×0.25mm ID, 1.4μm 막) 또는 이와 동등한 수준
        으로 분리가 가능한 칼럼
      • 온도조건 : 오븐 40℃(1분) → 15℃/분 → 240℃(1분)
                   주입구 250℃
                   검출기 250℃
      • 칼럼 유속 : 1.2mL/분
      • 분할주입비율 : 비분할, 0.5분 후 분할주입비 1/20
      • 주입량 : 1μL
      • 검출기 : 불꽃이온화검출기

- 헤드스페이스 조건
  - 온도 : 시료오븐 70℃
        주입관 150℃
  - 시간 : 가열 10분
        가압 10초
        주입 30초
- 일반 오븐을 사용하는 경우
  - 헤드스페이스 자동 주입장치가 없는 경우, 시료를 일반 오븐을 사용하여 가온하고 기체크로마토그래프에 주입한다. 이때, 먼저 주입되는 시료와 나중에 주입되는 시료간의 가온 시간의 차이가 있으면 안 되므로 주의를 요한다.
  - 주입 시 사용하는 주사기는 가스가 새지 않는 주사기(Gas tight syringe)를 사용하며, 주입 전 시료와 함께 오븐에서 가온한 후 사용한다.

ⓑ 생물학적 노출기준
- 기준값 : 0.05 mg/L

ⓒ 정밀도(예)

	농도(mg/L)	변이계수(%)[*]
톨루엔	0.5	6.5
	5.0	2.8

[*] 같은 농도의 시료를 7개 분석한 결과로부터 구함.

ⓓ 정확도(예)

	농도(mg/L)	회수율(%)[*]
톨루엔	0.5	103.0
	5.0	100.4

[*] 같은 농도의 시료를 7개 분석한 결과로부터 구함.

ⓔ 검출한계
- 검출한계
  예 혈액 중 톨루엔 0.03mg/L(S/N 비 3)
- 산출방법
  검량선에 의한 표준용액의 농도와 면적 간의 회귀식을 구하고 이 회귀식의 표준오차와 기울기를 이용하여 검출한계를 산출한다.

$$LOD = 3 \times \dfrac{\sqrt{\dfrac{\Sigma\,(Y_{ei} - Y_i)^2}{N-2}}}{b}$$

Y_{ei} : 회귀식에 의해 구한 각 시료량에 대한 반응값

Y_i : 각 시료량에 대한 반응값

N : 표준용액 시료수

b : 회귀방정식의 x 계수

05 벤젠의 생물학적 노출지표물질 분석에 관한 기술 지침 (KOSHA GUIDE H-19-2023)

(1) 분석 개요

소변 중 뮤콘산, S-페닐머캅토산, 전혈 중 벤젠을 분석하며, 분석장비는 고성능 액체크로마토그래프-자외선검출기(High performance liquid chromatograph-ultraviolet detector, HPLC-UVD), 고성능 액체크로마토그래프 – 질량분석기(High performance liquid chromatograph-mass spectrometer, HPLC-MS), 헤드스페이스 기체크로마토그래프 – 불꽃이온화검출기(Headspace gas chromatograph – flame ionization detector, HS GC-FID), 기체크로마토그래프 – 질량분석검출기(Gas chromatograph-mass selective detector, GC-MSD)를 사용한다.

(2) 분석방법

① 소변 중 t,t-뮤콘산(trans,trans-muconic acid)

㉠ 분석원리 및 시료채취

ⓐ 분석원리

벤젠은 체내로 흡수된 후 벤젠 노출량의 1.9%가 t,t-뮤콘산으로 대사되어 소변에서 검출된다. 소변 중 t,t-뮤콘산은 0.25ppm까지의 벤젠 노출을 반영하는 노출지표로, 자외선 검출기 파장 259nm에서 가장 흡수강도가 크므로 이 파장에서 t,t-뮤콘산을 검출한다. 소변 시료 중의 t,t-뮤콘산을 고상추출(Solid phase extraction) 카트리지로 분리하고 농축하여 HPLC-UVD로 분석한다.

ⓑ 시료채취
- 시료채취 시기

  소변 시료는 당일 작업 종료 2시간 전부터 작업 종료 사이에 채취한다.
- 시료채취 요령
  - 채취용기는 밀봉이 가능한 용기를 사용하고, 시료는 10mL 이상 채취한다.
  - 채취한 시료 용기를 밀봉하고 채취 후 5일 이전에 분석하며 4℃(2~8℃)에서 보관한다. 단, 분석까지 보관기간이 5일 이상 걸리면 시료를 냉동보관용 저온 바이알에 옮겨 영하 20℃ 이하에서 보관한다.

ⓛ 고성능 액체크로마토그래피 자외선검출법
ⓐ 고성능 액체크로마토그래프 분석조건
- 칼럼 : Capcell Pak MF Ph-1 SG 80 칼럼(150mm×4.6mm, 입경 5 μm) 또는 이와 동등한 수준으로 분리가 가능한 칼럼
- 이동상 : 10mM 제2인산나트륨 수용액 1,000mL + 인산 850μL
- 유속 : 0.5mL/min
- 시료주입량 : 50μL
- 검출기 : 자외선검출기(259nm)

ⓑ 생물학적 노출기준
- 기준값 : 500μg/g 크레아티닌
- 소변 중 크레아티닌 농도

  소변 중 생물학적 노출평가지표물질 보정에 사용하는 크레아티닌 농도는 0.3~3.4g/L 범위이며, 크레아티닌 농도가 이 범위를 벗어난 소변은 다시 채취한다.

ⓒ 정밀도(예)

	농도(mg/L)	변이계수(%)*
t,t-뮤콘산	0.5	3.6
	5.0	3.4

* 같은 농도의 시료를 7개 분석한 결과로부터 구함.

ⓓ 정확도(예)

	농도(mg/L)	회수율(%)[*]
t,t-뮤콘산	0.5	100.6
	5.0	99.7

[*] 같은 농도의 시료를 7개 분석한 결과로부터 구함.

ⓔ 검출한계

- 검출한계

  예 소변 중 t,t-뮤콘산 0.02mg/L(S/N 비 3)

- 산출방법

  검량선에 의한 표준용액의 농도와 면적 간의 회귀식을 구하고 이 회귀식
  의 표준오차와 기울기를 이용하여 검출한계를 산출한다.

$$LOD = 3 \times \dfrac{\sqrt{\dfrac{\sum (Y_{ei} - Y_i)^2}{N-2}}}{b}$$

Y_{ei} : 회귀식에 의해 구한 각 시료량에 대한 반응값

Y_i : 각 시료량에 대한 반응값

N : 표준용액 시료수

b : 회귀방정식의 x계수

② 소변 중 S-페닐머캅토산

㉠ 분석원리 및 시료채취

ⓐ 분석원리

벤젠 노출량의 0.05% 정도가 S-페닐머캅토산으로 대사되어 소변으로 배설
된다. S-페닐머캅토산은 t,t-뮤콘산보다 더 민감하고 특이적인 벤젠 노출
지표이다. 소변 중의 S-페닐머캅토산을 고성능 액체크로마토그래프로 분리
하고 질량분석기를 사용하여 검출하거나, S-페닐머캅토산을 유기용제로 추
출한 후 휘발성 유도체를 만들어 기체크로마토그래프-질량분석검출기로 분
석한다.

ⓑ 시료의 채취

- 시료채취 시기

소변 시료는 당일 작업 종료 2시간 전부터 작업 종료 사이에 채취한다.

- 시료채취 요령
  - 채취용기는 밀봉이 가능한 용기를 사용하고, 시료는 10mL 이상 채취한다.
  - 채취한 시료 용기를 밀봉하고 채취 후 5일 이전에 분석하며 4℃(2~8℃)에서 보관한다. 단, 분석까지 보관기간이 5일 이상 걸리면 시료를 냉동보관용 저온 바이알에 옮겨 영하 20℃ 이하에서 보관한다.

ⓛ 기체크로마토그래피 질량분석검출법

ⓐ 기체크로마토그래프 분석조건

- 칼럼 : HP-5MS(30m×0.25mm ID, 0.25μm 막) 또는 이와 동등한 수준으로 분리가 가능한 칼럼
- 온도조건 : 오븐 80℃(1분) → 10℃/분 → 240℃(6분)

  주입구 250℃

  검출기 250℃
- 유속 : 0.9mL/min
- 분할주입비율 : 비분할, 0.5분 후 분할주입비 1/20
- 주입량 : 3μL
- 검출기 : 질량분석검출기
  - 이온화 타입 : 전자충돌이온화(Electron impact)
  - 검출방법 : 선택적 이온검출법(Selective ion monitoring, SIM) m/z 194, 253

ⓑ 생물학적 노출평가기준

- 기준값 : 25μg/g 크레아티닌
- 소변 중 크레아티닌 농도

  소변 중 생물학적 노출평가지표물질 보정에 사용하는 크레아티닌 농도는 0.3~3.4g/L 범위이며, 크레아티닌 농도가 이 범위를 벗어난 소변은 다시 채취한다.

ⓒ 정밀도(예)

	농도(μg/L)	변이계수(%)
S-페닐머캅토산	10	3.5
	100	2.5

ⓓ 정확도(예)

	농도(μg/L)	회수율(%)
S-페닐머캅토산	19.8	109
	77.1	106

ⓔ 검출한계
- 검출한계

  예 소변 중 S-페닐머캅토산 3.6μg/L(S/N 비 3)
- 산출방법

  검량선에 의한 표준용액의 농도와 면적 간의 회귀식을 구하고 이 회귀식의 표준오차와 기울기를 이용하여 검출한계를 산출한다.

$$LOD = 3 \times \dfrac{\sqrt{\dfrac{\sum (Y_{ei} - Y_i)^2}{N-2}}}{b}$$

Y_{ei} : 회귀식에 의해 구한 각 시료량에 대한 반응값

Y_i : 각 시료량에 대한 반응값

N : 표준용액 시료수

b : 회귀방정식의 x계수

ⓒ 고성능 액체크로마토그래피 질량분석법

ⓐ 고성능 액체크로마토그래피 분석조건
- 칼럼 : C_{18} 칼럼(75mm×2.0mm, 입경 3μm) 또는 이와 동등한 수준으로 분리가 가능한 칼럼
- 이동상
  - A용액 : 0.1% 포름산
  - B용액 : HPLC용 아세토니트릴
  - 농도 구배 프로그램(Gradient Program)

    B용액 0 - 0.2분(5%)

      0.21 - 10분(5 → 50%)

      10.01 - 12분(50%)

      12.01 - 20분(5%)
- 유속 : 0.2mL/min

- 검출기 : 질량분석기
  - 이온화 방법 : 전자분무법(음이온 검출)
  - 검출방법 : 선택적 이온검출법(Selective ion monitoring, SIM)
    m/z 238

ⓑ 생물학적 노출평가기준

- 기준값 : 25μg/g 크레아티닌
- 소변 중 크레아티닌 농도

  소변 중 생물학적 노출평가지표물질 보정에 사용하는 크레아티닌 농도는 0.3~3.4g/L 범위이며, 크레아티닌 농도가 이 범위를 벗어난 소변은 다시 채취한다.

ⓒ 정밀도(예)

	농도(μg/L)	변이계수(%)*
S-페닐머캅토산	50	6.0
	500	2.5

* 같은 농도의 시료를 7개 분석한 결과로부터 구함.

ⓓ 정확도(예)

	농도(μg/L)	회수율(%)*
S-페닐머캅토산	50	96.7
	500	99.6

*같은 농도의 시료를 7개 분석한 결과로부터 구함.

ⓔ 검출한계

- 검출한계

  예 소변 중 S-페닐머캅토산 5μg/L(S/N 비 3)

- 산출방법

  검량선에 의한 표준용액의 농도와 면적 간의 회귀식을 구하고 이 회귀식의 표준오차와 기울기를 이용하여 검출한계를 산출한다.

$$LOD = 3 \times \frac{\sqrt{\dfrac{\sum (Y_{ei} - Y_i)^2}{N-2}}}{b}$$

Y_{ei} : 회귀식에 의해 구한 각 시료량에 대한 반응값

Y_i : 각 시료량에 대한 반응값

N : 표준용액 시료수

b : 회귀방정식의 x 계수

③ 혈액 중 벤젠

　㉠ 분석원리 및 시료채취

　　ⓐ 분석원리

　　　벤젠은 체내로 흡수된 후 빠르게 지방조직으로 이동하여, 혈액에 남아 있는 벤젠은 노출 후 10~15분, 40~60분, 16~20시간이 지나면서 반씩 감소한다. 혈액 중의 벤젠은 벤젠 노출을 반영하는 민감한 지표로, 헤드스페이스 기체크로마토그래피법을 이용해 분석한다. 밀폐된 바이알에 시료를 넣고 적당한 온도를 유지하여 액체상과 기체상(헤드스페이스)에 존재하는 벤젠이 상평형(Phase equilibrium)을 이루게 한 후, 헤드스페이스 기체 일정량(보통 1mL)을 기체크로마토그래프에 주입하여 분석한다.

　　ⓑ 시료의 채취

　　　• 시료채취 시기

　　　　혈액 시료는 당일 작업 종료 2시간 전부터 작업 종료 사이에 채취한다.

　　　• 시료채취 요령

　　　　－ 근로자의 정맥혈을 ethylenediaminetetraacetic acid(EDTA) 또는 헤파린 처리된 튜브와 일회용 주사기 또는 진공채혈관을 이용하여 채취한다. 채취 용기는 유리 용기를 사용하고, 시료는 용기의 90% 이상 채취한다.

　　　　－ 채취한 시료는 바로 4℃(2~8 ℃)에서 냉장 보관하고, 채취 후 5일 이내에 분석한다.

　㉡ 헤드스페이스 기체크로마토그래피 불꽃이온화검출법

　　ⓐ 헤드스페이스 기체크로마토그래프 분석조건

　　　• 칼럼 : DB－624 (60m×0.25mm ID, 1.4μm 막) 또는 이와 동등한 수준으로 분리가 가능한 칼럼

　　　• 온도조건 : 오븐 40℃(1분) → 15℃/분 → 240℃(1분)

　　　　　　　　　주입구 250℃

　　　　　　　　　검출기 250℃

　　　• 칼럼 유속 : 2mL/분

- 분할주입비율 : 비분할, 0.5분 후 분할주입비 1/20
- 주입량 : $1\mu L$
- 검출기 : 불꽃이온화검출기
- 헤드스페이스 조건
  - 온도 : 시료 오븐 70℃

    주입관 150 ℃
  - 시간 : 가열 10분

    가압 10초

    주입 30초
- 일반 오븐을 사용하는 경우
  - 헤드스페이스 자동주입장치가 없는 경우, 시료를 일반 오븐을 사용하여 가온하고 기체크로마토그래프에 주입한다. 이때, 먼저 주입되는 시료와 나중에 주입되는 시료 간의 가온시간의 차이가 있으면 안 되므로 주의를 요한다.
  - 주입 시 사용하는 주사기는 가스가 새지 않는 주사기(Gas tight syringe)를 사용하며, 주입 전 시료와 함께 오븐에서 가온한 후 사용한다.

ⓑ 생물학적 노출기준
- 기준값 : $5\mu g/L$

ⓒ 정밀도(예)

	농도($\mu g/L$)	변이계수(%)[*]
벤젠	0.5	3.2
	10.0	3.0

[*] 같은 농도의 시료를 7개 분석한 결과로부터 구함.

ⓓ 정확도(예)

	농도($\mu g/L$)	회수율(%)[*]
벤젠	0.5	98.2
	10.0	93.5

[*] 같은 농도의 시료를 7개 분석한 결과로부터 구함.

ⓔ 검출한계
- 검출한계

  예 혈액 중 벤젠 $0.5\mu g$(S/N 비 3)

- 산출방법

검량선에 의한 표준용액의 농도와 면적 간의 회귀식을 구하고 이 회귀식의 표준오차와 기울기를 이용하여 검출한계를 산출한다.

$$LOD = 3 \times \frac{\sqrt{\dfrac{\sum (Y_{ei} - Y_i)^2}{N-2}}}{b}$$

Y_{ei} : 회귀식에 의해 구한 각 시료량에 대한 반응값

Y_i : 각 시료량에 대한 반응값

N : 표준용액 시료수

b : 회귀방정식의 x 계수

06 카드뮴의 생물학적 노출지표물질 분석에 관한 기술 지침 (KOSHA GUIDE H-17-2021)

(1) 분석방법

① 혈액 중 카드뮴

㉠ 분석원리 및 시료채취

ⓐ 분석원리

카드뮴은 체내로 흡수된 후 혈액을 통하여 이동하며, 대부분 적혈구의 단백질에 결합하여 있어, 이를 카드뮴의 특정 흡수 파장에서 흑연로(Graphite furnace) 원자흡광광도계로 분석한다. 혈액은 복잡한 매질로 원자흡광광도계의 바탕보정이 필요할 뿐 아니라, 공시료에도 일정 농도의 카드뮴이 함유되어 있으므로 표준물첨가법(Standard addition method)에 의해 검량선을 작성하여 혈액 중의 카드뮴을 분석한다.

ⓑ 시료의 채취

- 시료채취 시기

시료채취 시기는 특별히 제한하지 않는다.

- 시료채취 요령

   – 근로자의 정맥혈을 카드뮴이 포함되지 않은 ethylenediaminete-traacetic acid(EDTA) 또는 헤파린 처리된 튜브와 일회용 주사기 또는 진공채혈관을 이용하여 채취한다.

  － 채취한 시료 용기를 밀봉하고 채취 후 5일 이전에 분석하며 4℃(2~8℃)에서 보관한다. 단, 분석까지 보관기간이 5일 이상 걸리면 시료를 냉동보관용 저온 바이알에 옮겨 영하 20℃ 이하에서 보관한다.
ⓛ 흑연로 원자흡광광도계법
  ⓐ 흑연로 원자흡광광도계 분석조건
   • 방법 선택
     － 기기모드(Instrument mode) : 흡광도(Absorbance)
     － 검량선 모드(Calibration mode) : 표준물첨가법(Standard addition)
     － 측정모드(Measurement mode) : 피크 높이(Peak height)
   • 기기인자(Instrument parameters)
     － 램프전류(Lamp current) : 4mA
     － 슬릿너비(Slit width) : 0.5nm
     － 슬릿높이(Slit height) : Normal
     － 파장(Wavelength) : 228.8nm
     － 시료주입(Sample introduction) : 시료사전혼합모드(Sampler premixed)
     － 바탕보정(Background correction) : 켬(ON)
                                    중수소(D_2) 또는 지만(Zeeman) 보정
   • 주입부 인자
     시료주입량(Sample volume) : 15μL
   • 바탕보정
     매질변형시약(Matrix modifier solution)으로 기기영점(Instrument zero)을 잡고 측정한다.
   • 흑연로 조건
     흑연로 조건은 사용하고 있는 기기의 매뉴얼을 참고하여 최적조건을 찾아야 한다.
  ⓑ 생물학적 노출기준
   • 기준값 : 5μg/L

ⓒ 정밀도(예)

	농도(μg/L)	변이계수(%)[*]
	10.0	4.0
카드뮴	20.0	3.8
	30.0	2.9

[*] 같은 농도의 시료를 6개 분석한 결과로부터 구함.

ⓓ 정확도(예)

	농도(μg/L)	회수율(%)
	0.47	106
카드뮴	1.22	104
	3.20	93.7

ⓔ 검출한계

- 검출한계

  예 혈액 중 카드뮴 0.2μg/L(S/N 비 3)

- 산출방법

  검량선에 의한 표준용액의 농도와 면적 간의 회귀식을 구하고 이 회귀식의 표준오차와 기울기를 이용하여 검출한계를 산출한다.

$$LOD = 3 \times \frac{\sqrt{\dfrac{\sum (Y_{ei} - Y_i)^2}{N-2}}}{b}$$

Y_{ei} : 회귀식에 의해 구한 각 시료량에 대한 반응값

Y_i : 각 시료량에 대한 반응값

N : 표준용액 시료수

b : 회귀방정식의 x계수

② 소변 중 카드뮴

㉠ 분석원리 및 시료채취

ⓐ 분석원리

카드뮴은 체내로 흡수된 후 조직 중의 단백질과 결합하여 있다가, 하루 0.01~0.02%가 소변으로 배설되어, 이를 카드뮴의 특정 흡수파장에서 흑연로(Graphite furnace) 원자흡광광도계로 분석한다. 소변은 대단히 복잡한 매질이므로 원자흡광광도계의 바탕보정이 필요할 뿐 아니라, 공시료에도 일정 농도의

카드뮴이 함유되어 있으므로 표준물첨가법(Standard addition method)에 의해 검량선을 작성하여 소변 중의 카드뮴을 분석한다.

ⓑ 시료의 채취

• 시료채취 시기

시료채취 시기는 특별히 제한하지 않는다.

• 시료채취 요령

  − 채취 용기는 밀봉이 가능한 용기를 사용하고, 시료는 10mL 이상 채취한다.

  − 채취한 시료 용기를 밀봉하고 채취 후 5일 이전에 분석하며 4℃(2~8℃)에서 보관한다. 단, 분석까지 보관기간이 5일 이상 걸리면 시료를 냉동보관용 저온 바이알에 옮겨 영하 20℃ 이하에서 보관한다.

ⓒ 흑연로 원자흡광광도계법

ⓐ 흑연로 원자흡광광도계 분석조건

• 방법 선택

  − 기기모드(Instrument mode) : 흡광도(Absorbance)

  − 검량선 모드(Calibration mode) : 표준물첨가법(Standard addition)

  − 측정모드(Measurement mode) : 피크 높이(Peak height)

• 기기인자(Instrument parameters)

  − 램프전류(Lamp current) : 4mA

  − 슬릿너비(Slit width) : 0.5nm

  − 슬릿높이(Slit height) : Normal

  − 파장(Wavelength) : 228.8nm

  − 시료주입(Sample introduction) : 시료사전혼합모드(Sampler premixed)

  − 바탕보정(Background correction) : 켬(ON)

                            중수소(D_2) 또는 지만(Zeeman) 보정

• 주입부 인자

시료주입량(Sample volume) : 15μL

• 바탕 보정

매질변형시약(Matrix modifier solution)으로 기기영점(Instrument zero)을 잡고 측정한다.

- 흑연로 조건

  흑연로 조건은 사용하고 있는 기기의 매뉴얼을 참고하여 최적 조건을 찾아야 한다.

ⓑ 생물학적 노출기준

- 기준값 : 5μg/L 크레아티닌
- 소변 중 크레아티닌 농도

  소변 중 생물학적 노출평가지표물질 보정에 사용하는 크레아티닌 농도는 0.3~3.4g/L 범위이며, 크레아티닌 농도가 이 범위를 벗어난 소변은 다시 채취한다.

ⓒ 정밀도(예)

	농도(μg/L)	변이계수(%)[*]
카드뮴	5.0	4.0
	10.0	3.8
	20.0	2.9

[*]같은 농도의 시료를 6개 분석한 결과로부터 구함.

ⓓ 정확도(예)

	농도(μg/L)	회수율(%)
카드뮴	9.71	116
	17.5	115

ⓔ 검출한계

- 검출한계

  예 혈액 중 카드뮴 0.4μg/L(S/N 비 3)

- 산출방법

  검량선에 의한 표준용액의 농도와 면적 간의 회귀식을 구하고 이 회귀식의 표준오차와 기울기를 이용하여 검출한계를 산출한다.

$$LOD = 3 \times \frac{\sqrt{\dfrac{\sum(Y_{ei} - Y_i)^2}{N-2}}}{b}$$

Y_{ei} : 회귀식에 의해 구한 각 시료량에 대한 반응값

Y_i : 각 시료량에 대한 반응값

N : 표준용액 시료수

b : 회귀방정식의 x계수

PART

8

산업안전보건기준에 관한 규칙 및 고용노동부 고시

산업안전보건기준에 관한 규칙

01 통칙(작업장)

1. 보건규칙 제4조(작업장의 청결)

사업주는 근로자가 작업하는 장소를 항상 청결하게 유지·관리하여야 하며, 폐기물은 정해진 장소에만 버려야 한다.

2. 보건규칙 제4조의 2(분진의 흩날림 방지)

사업주는 분진이 심하게 흩날리는 작업장에 대하여 물을 뿌리는 등 분진이 흩날리는 것을 방지하기 위하여 필요한 조치를 하여야 한다.

3. 보건규칙 제5조(오염된 바닥의 세척 등)

① 사업주는 인체에 해로운 물질, 부패하기 쉬운 물질 또는 악취가 나는 물질 등에 의하여 오염될 우려가 있는 작업장의 바닥이나 벽을 수시로 세척하고 소독하여야 한다.
② 사업주는 제1항에 따른 세척 및 소독을 하는 경우에 물이나 그 밖의 액체를 다량으로 사용함으로써 습기가 찰 우려가 있는 작업장의 바닥이나 벽은 불침투성(不侵透性) 재료로 칠하고 배수(排水)에 편리한 구조로 하여야 한다.

4. 보건규칙 제6조(오물의 처리 등)

① 사업주는 해당 작업장에서 배출하거나 폐기하는 오물을 일정한 장소에서 노출되지 않도록 처리하고, 병원체(病原體)로 인하여 오염될 우려가 있는 바닥·벽 및 용기 등을 수시로 소독하여야 한다.
② 사업주는 폐기물을 소각 등의 방법으로 처리하려는 경우 해당 근로자가 다이옥신

등 유해물질에 노출되지 않도록 작업공정의 개선, 개인보호구(個人保護具)의 지급·착용 등 적절한 조치를 하여야 한다.

③ 근로자는 제②항에 따라 지급된 개인보호구를 사업주의 지시에 따라 착용하여야 한다.

5. 보건규칙 제7조(채광 및 조명)

사업주는 근로자가 작업하는 장소에 채광 및 조명을 하는 경우 명암의 차이가 심하지 않고 눈이 부시지 않은 방법으로 하여야 한다.

6. 보건규칙 제8조(조도) ●출제율 20%

사업주는 근로자가 상시 작업하는 장소의 작업면 조도(照度)를 다음 각 호의 기준에 맞도록 하여야 한다. 다만, 갱내(坑內) 작업장과 감광재료(感光材料)를 취급하는 작업장은 그러하지 아니하다.

① 초정밀작업 : 750럭스(lux) 이상

② 정밀작업 : 300럭스 이상

③ 보통작업 : 150럭스 이상

④ 그 밖의 작업 : 75럭스 이상

7. 보건규칙 제17조(비상구의 설치)

① 사업주는 위험물질을 제조·취급하는 작업장(이하 이 항에서 "작업장"이라 한다)과 그 작업장이 있는 건축물에 출입구 외에 안전한 장소로 대피할 수 있는 비상구 1개 이상을 다음 각 호의 기준을 모두 충족하는 구조로 설치해야 한다. 다만, 작업장 바닥면의 가로 및 세로가 각 3미터 미만인 경우에는 그렇지 않다.

㉠ 출입구와 같은 방향에 있지 아니하고, 출입구로부터 3미터 이상 떨어져 있을 것

㉡ 작업장의 각 부분으로부터 하나의 비상구 또는 출입구까지의 수평거리가 50미터 이하가 되도록 할 것. 다만, 작업장이 있는 층에 피난층 또는 지상으로 통하는 직통계단(경사로를 포함한다)을 설치한 경우에는 그 부분에 한정하여 본문에 따른 기준을 충족한 것으로 본다.

㉢ 비상구의 너비는 0.75미터 이상으로 하고, 높이는 1.5미터 이상으로 할 것

㉣ 비상구의 문은 피난 방향으로 열리도록 하고, 실내에서 항상 열 수 있는 구조로 할 것

② 사업주는 비상구에 문을 설치하는 경우 항상 사용할 수 있는 상태로 유지하여야 한다.

02 통칙(보호구)

1. 보건규칙 제31조(보호구의 제한적 사용)

① 사업주는 보호구를 사용하지 아니하더라도 근로자가 유해 · 위험작업으로부터 보호를 받을 수 있도록 설비개선 등 필요한 조치를 하여야 한다.

② 사업주는 제①항의 조치를 하기 어려운 경우에만 제한적으로 해당 작업에 맞는 보호구를 사용하도록 하여야 한다.

2. 보건규칙 제32조(보호구의 지급 등) ●출제율 30%

① 사업주는 다음의 어느 하나에 해당하는 작업을 하는 근로자에 대해서는 다음의 구분에 따라 그 작업조건에 맞는 보호구를 작업하는 근로자 수 이상으로 지급하고 착용하도록 하여야 한다.

㉠ 물체가 떨어지거나 날아올 위험 또는 근로자가 추락할 위험이 있는 작업 : 안전모

㉡ 높이 또는 깊이 2미터 이상의 추락할 위험이 있는 장소에서 하는 작업 : 안전대(安全帶)

㉢ 물체의 낙하 · 충격, 물체에의 끼임, 감전 또는 정전기의 대전(帶電)에 의한 위험이 있는 작업 : 안전화

㉣ 물체가 흩날릴 위험이 있는 작업 : 보안경

㉤ 용접 시 불꽃이나 물체가 흩날릴 위험이 있는 작업 : 보안면

㉥ 감전의 위험이 있는 작업 : 절연용 보호구

㉦ 고열에 의한 화상 등의 위험이 있는 작업 : 방열복

㉧ 선창 등에서 분진(粉塵)이 심하게 발생하는 하역작업 : 방진마스크

㉨ 섭씨 영하 18도 이하인 급냉동어창에서 하는 하역작업 : 방한모 · 방한복 · 방한화 · 방한장갑

㉩ 물건을 운반하거나 수거 · 배달하기 위하여 「도로교통법」 제2조 제18호 가목5)에 따른 이륜자동차 또는 같은 법 제2조 제19호에 따른 원동기장치자전거를 운행하는 작업 : 「도로교통법 시행규칙」 제32조 제1항 각 호의 기준에 적합한 승차용 안전모

㉪ 물건을 운반하거나 수거 · 배달하기 위해 「도로교통법」 제2조 제21호의2에 따른 자전거 등을 운행하는 작업 : 「도로교통법 시행규칙」 제32조 제2항의 기준에 적합한 안전모

② 사업주로부터 제①항에 따른 보호구를 받거나 착용지시를 받은 근로자는 그 보호구를 착용하여야 한다.

3. 보건규칙 제33조(보호구의 관리)

① 사업주는 이 규칙에 따라 보호구를 지급하는 경우 상시 점검하여 이상이 있는 것은 수리하거나 다른 것으로 교환해 주는 등 늘 사용할 수 있도록 관리하여야 하며, 청결을 유지하도록 하여야 한다. 다만, 근로자가 청결을 유지하는 안전화, 안전모, 보안경의 경우에는 그러하지 아니하다.

② 사업주는 방진마스크의 필터 등을 언제나 교환할 수 있도록 충분한 양을 갖추어 두어야 한다.

4. 보건규칙 제34조(전용 보호구 등)

사업주는 보호구를 공동사용하여 근로자에게 질병이 감염될 우려가 있는 경우 개인 전용 보호구를 지급하고 질병 감염을 예방하기 위한 조치를 하여야 한다.

> **참고** **보건규칙상 관리감독자의 유해·위험 방지**
>
> 1. 관리대상 유해물질을 취급하는 작업
>   (1) 관리대상 유해물질을 취급하는 근로자가 물질에 오염되지 않도록 작업 방법을 결정하고 작업을 지휘하는 업무
>   (2) 관리대상 유해물질을 취급하는 장소나 설비를 매월 1회 이상 순회점검하고 국소배기장치 등 환기설비에 대해서는 다음 각 호의 사항을 점검하여 필요한 조치를 하는 업무. 단, 환기설비를 점검하는 경우에는 다음의 사항을 점검
>   ① 후드(hood)나 덕트(duct)의 마모, 부식, 그 밖의 손상 여부 및 정도
>   ② 송풍기와 배풍기의 주유 및 청결 상태
>   ③ 덕트 접속부가 헐거워졌는지 여부
>   ④ 전동기와 배풍기를 연결하는 벨트의 작동상태
>   ⑤ 흡기 및 배기 능력상태
>   (3) 보호구의 착용 상황을 감시하는 업무
>   (4) 근로자가 탱크 내부에서 관리대상 유해물질을 취급하는 경우에 다음의 조치를 했는지 확인하는 업무
>   ① 관리대상 유해물질에 관하여 필요한 지식을 가진 사람이 해당 작업을 지휘
>   ② 관리대상 유해물질이 들어올 우려가 없는 경우에는 작업을 하는 설비의 개구부를 모두 개방
>   ③ 근로자의 신체나 관리대상 유해물질에 의하여 오염되었거나 작업이 끝난 경우에는 즉시 몸을 씻는 조치
>   ④ 비상시에 작업설비 내부의 근로자를 즉시 대피시키거나 구조하기 위한 기구와 그 밖의 설비를 갖추는 조치

⑤ 작업을 하는 설비의 내부에 대하여 작업 전에 관리대상 유해물질의 농도를 측정하거나 그 밖의 방법으로 근로자가 건강에 장해를 입을 우려가 있는지를 확인하는 조치

⑥ 제⑤에 따른 설비 내부에 관리대상 유해물질이 있는 경우에는 설비 내부를 충분히 환기하는 조치

⑦ 유기화합물을 넣었던 탱크에 대하여 제①부터 제⑥까지의 조치 외에 다음의 조치

   ㉠ 유기화합물이 탱크로부터 배출된 후 탱크 내부에 재유입되지 않도록 조치

   ㉡ 물이나 수증기 등으로 탱크 내부를 씻은 후 그 씻은 물이나 수증기 등을 탱크로부터 배출

   ㉢ 탱크 용적의 3배 이상의 공기를 채웠다가 내보내거나 탱크에 물을 가득 채웠다가 내보내거나 탱크에 물을 가득 채웠다가 배출

(5) (2)에 따른 점검 및 조치 결과를 기록, 관리하는 업무

2. 허가대상 유해물질 취급작업

(1) 근로자가 허가대상 유해물질을 들이마시거나 허가대상 유해물질에 오염되지 않도록 작업 수칙을 정하고 지휘하는 업무

(2) 작업장에 설치되어 있는 국소배기장치나 그 밖에 근로자의 건강장해 예방을 위한 장치 등을 매월 1회 이상 점검하는 업무

(3) 근로자의 보호구 착용 상황을 점검하는 업무

3. 석면 해체 · 제거 작업

(1) 근로자가 석면분진을 들이마시거나 석면분진에 오염되지 않도록 작업 방법을 정하고 지휘하는 업무

(2) 작업장에 설치되어 있는 석면분진 포집장치, 음압기 등의 장비의 이상 유무를 점검하고 필요한 조치를 하는 업무

(3) 근로자의 보호구 착용 상황을 점검하는 업무

4. 고압작업

(1) 작업 방법을 결정하여 고압작업자를 직접 지휘하는 업무

(2) 유해가스의 농도를 측정하는 기구를 점검하는 업무

(3) 고압작업자가 작업실에 입실하거나 퇴실하는 경우에 고압작업자의 수를 점검하는 업무

(4) 작업실에서 공기조절을 하기 위한 밸브나 콕을 조작하는 사람과 연락하여 작업실 내부의 압력을 적정한 상태로 유지하도록 하는 업무

(5) 공기를 기압조절실로 보내거나 기압조절실에서 내보내기 위한 밸브나 콕을 조작하는 사람과 연락하여 고압작업자에 대하여 가압이나 감압을 다음과 같이 따르도록 조치하는 업무

   ① 가압을 하는 경우 1분에 제곱센티미터당 0.8킬로그램 이하의 속도로 함

   ② 감압을 하는 경우에는 고용노동부장관이 정하여 고시하는 기준에 맞도록 함

(6) 작업실 및 기압조절실 내 고압작업자의 건강에 이상이 발생한 경우 필요한 조치를 하는 업무

5. 밀폐공간작업

(1) 산소가 결핍된 공기나 유해가스에 노출되지 않도록 작업 시작 전에 해당 근로자의 작업을 지휘하는 업무

(2) 작업을 하는 장소의 공기가 적절한지를 작업 시작 전에 측정하는 업무

(3) 측정장비, 환기장치 또는 공기호흡기 또는 송기마스크를 작업 시작 전에 점검하는 업무

(4) 근로자에게 공기호흡기 또는 송기마스크의 착용을 지도하고 착용 상황을 점검하는 업무

03 환기장치 ●출제율 30%

1. 보건규칙 제72조(후드)

사업주는 인체에 해로운 분진(粉塵), 흄(fume, 열이나 화학반응에 의하여 형성된 고체 증기가 응축되어 생긴 미세입자), 미스트(mist, 공기 중에 떠다니는 작은 액체방울), 증기 또는 가스 상태의 물질(이하 이 절에서 "분진 등"이라 한다)을 배출하기 위하여 설치하는 국소배기장치의 후드가 다음의 기준에 맞도록 하여야 한다.

① 유해물질이 발생하는 곳마다 설치할 것

② 유해인자의 발생형태와 비중, 작업방법 등을 고려하여 해당 분진 등의 발산원(發散源)을 제어할 수 있는 구조로 설치할 것

③ 후드(hood) 형식은 가능하면 포위식 또는 부스식 후드를 설치할 것

④ 외부식 또는 리시버식 후드는 해당 분진 등의 발산원에 가장 가까운 위치에 설치할 것

2. 보건규칙 제73조(덕트)

사업주는 분진 등을 배출하기 위하여 설치하는 국소배기장치(이동식은 제외한다)의 덕트 (duct)가 다음의 기준에 맞도록 하여야 한다.

① 가능한 한 길이는 짧게 하고 굴곡부의 수는 적게 할 것

② 접속부의 안쪽은 돌출된 부분이 없도록 할 것

③ 청소구를 설치하는 등 청소하기 쉬운 구조로 할 것

④ 덕트 내부에 오염물질이 쌓이지 않도록 이송속도를 유지할 것

⑤ 연결 부위 등은 외부 공기가 들어오지 않도록 할 것

3. 보건규칙 제74조(배풍기)

사업주는 국소배기장치에 공기정화장치를 설치하는 경우 정화 후의 공기가 통하는 위치에 배풍기(排風機)를 설치하여야 한다. 다만, 빨아들여진 물질로 인하여 폭발할 우려가 없고 배풍기의 날개가 부식될 우려가 없는 경우에는 정화 전의 공기가 통하는 위치에 배풍기를 설치할 수 있다.

4. 보건규칙 제75조(배기구)

사업주는 분진 등을 배출하기 위하여 설치하는 국소배기장치(공기정화장치가 설치된 이동식 국소배기장치는 제외한다)의 배기구를 직접 외부로 향하도록 개방하여 실외에 설치하는 등 배출되는 분진 등이 작업장으로 재유입되지 않는 구조로 하여야 한다.

5. 보건규칙 제76조(배기의 처리)

사업주는 분진 등을 배출하는 장치나 설비에는 그 분진 등으로 인하여 근로자의 건강 장해가 발생하지 않도록 흡수 · 연소 · 집진(集塵) 또는 그 밖의 적절한 방식에 의한 공기정화장치를 설치하여야 한다.

6. 보건규칙 제77조(전체환기장치)

사업주는 분진 등을 배출하기 위하여 설치하는 전체환기장치가 다음의 기준에 맞도록 하여야 한다.
① 송풍기 또는 배풍기(덕트를 사용하는 경우에는 그 덕트의 흡입구를 말한다)는 가능하면 해당 분진 등의 발산원에 가장 가까운 위치에 설치할 것
② 송풍기 또는 배풍기는 직접 외부로 향하도록 개방하여 실외에 설치하는 등 배출되는 분진 등이 작업장으로 재유입되지 않는 구조로 할 것

7. 보건규칙 제78조(환기장치의 가동)

① 사업주는 분진 등을 배출하기 위하여 국소배기장치나 전체환기장치를 설치한 경우 그 분진 등에 관한 작업을 하는 동안 국소배기장치나 전체환기장치를 가동하여야 한다.
② 사업주는 국소배기장치나 전체환기장치를 설치한 경우 조정판을 설치하여 환기를 방해하는 기류를 없애는 등 그 장치를 충분히 가동하기 위하여 필요한 조치를 하여야 한다.

04 휴게시설 등 ●출제율 20%

1. 보건규칙 제79조(휴게시설)

① 사업주는 근로자들이 신체적 피로와 정신적 스트레스를 해소할 수 있도록 휴식시간에 이용할 수 있는 휴게시설을 갖추어야 한다.

② 사업주는 제①항에 따른 휴게시설을 인체에 해로운 분진 등을 발산하는 장소나 유해물질을 취급하는 장소와 격리된 곳에 설치하여야 한다. 다만, 갱내 등 작업장소의 여건상 격리된 장소에 휴게시설을 갖출 수 없는 경우에는 그러하지 아니하다.

2. 보건규칙 제79조의 2(세척시설 등)

사업주는 근로자로 하여금 다음의 어느 하나에 해당하는 업무에 상시적으로 종사하도록 하는 경우 근로자가 접근하기 쉬운 장소에 세면·목욕시설, 탈의 및 세탁시설을 설치하고 필요한 용품과 용구를 갖추어 두어야 한다.

① 환경미화 업무

② 음식물쓰레기·분뇨 등 오물의 수거·처리 업무

③ 폐기물·재활용품의 선별·처리 업무

④ 그 밖에 미생물로 인하여 신체 또는 피복이 오염될 우려가 있는 업무

3. 보건규칙 제80조(의자의 비치)

사업주는 지속적으로 서서 일하는 근로자가 작업 중 때때로 앉을 수 있는 기회가 있는 경우에 해당 근로자가 이용할 수 있도록 의자를 갖추어 두어야 한다.

4. 보건규칙 제81조(수면장소 등의 설치)

① 사업주는 야간에 작업하는 근로자에게 수면을 취하도록 할 필요가 있는 경우에는 적당한 수면을 취할 수 있는 장소를 남녀 각각 구분하여 설치하여야 한다.

② 사업주는 제①항의 장소에 침구(寢具)와 그 밖에 필요한 용품을 갖추어 두고 청소·세탁 및 소독 등을 정기적으로 하여야 한다.

5. 보건규칙 제82조(구급용구)

① 사업주는 부상자의 응급처치에 필요한 다음의 구급용구를 갖추어 두고, 그 장소와
   사용방법을 근로자에게 알려야 한다.
   ㉠ 붕대재료·탈지면·핀셋 및 반창고
   ㉡ 외상(外傷)용 소독약
   ㉢ 지혈대·부목 및 들것
   ㉣ 화상약(고열물체를 취급하는 작업장이나 그 밖에 화상의 우려가 있는 작업장에
      만 해당한다)
② 사업주는 제①항에 따른 구급용구를 관리하는 사람을 지정하여 언제든지 사용할 수
   있도록 청결하게 유지하여야 한다.

05 잔재물 등의 조치기준

1. 보건규칙 제83조(가스 등의 발산 억제 조치)

사업주는 가스·증기·미스트·흄 또는 분진 등(이하 "가스 등"이라 한다)이 발산되는
실내작업장에 대하여 근로자의 건강장해가 발생하지 않도록 해당 가스 등의 공기 중 발산
을 억제하는 설비나 발산원을 밀폐하는 설비 또는 국소배기장치나 전체환기장치를 설치하
는 등 필요한 조치를 하여야 한다.

2. 보건규칙 제84조(공기의 부피와 환기) ● 출제율 10%

사업주는 근로자가 가스 등에 노출되는 작업을 수행하는 실내작업장에 대하여 공기의 부
피와 환기를 다음의 기준에 맞도록 하여야 한다.
① 바닥으로부터 4미터 이상 높이의 공간을 제외한 나머지 공간의 공기의 부피는 근로
   자 1명당 10세제곱미터 이상이 되도록 할 것
② 직접 외부를 향하여 개방할 수 있는 창을 설치하고 그 면적은 바닥면적의 20분의
   1 이상으로 할 것(근로자의 보건을 위하여 충분한 환기를 할 수 있는 설비를 설치한
   경우는 제외한다)
③ 기온이 섭씨 10도 이하인 상태에서 환기를 하는 경우에는 근로자가 매초 1미터 이
   상의 기류에 닿지 않도록 할 것

3. 보건규칙 제85조(잔재물 등의 처리)

① 사업주는 인체에 해로운 기체, 액체 또는 잔재물 등(이하 "잔재물 등"이라 한다)을 근로자의 건강에 장해가 발생하지 않도록 중화·침전·여과 또는 그 밖의 적절한 방법으로 처리하여야 한다.

② 사업주는 병원체에 의하여 오염된 기체나 잔재물 등에 대하여 해당 병원체로 인하여 근로자의 건강장해가 발생하지 않도록 소독·살균 또는 그 밖의 적절한 방법으로 처리하여야 한다.

③ 사업주는 제①항 및 제②항에 따른 기체나 잔재물 등을 위탁하여 처리하는 경우에는 그 기체나 잔재물 등의 주요 성분, 오염인자의 종류와 그 유해·위험성 등에 대한 정보를 위탁처리자에게 제공하여야 한다.

06 폭발·화재 및 위험물 누출에 의한 위험방지

1. 보건규칙 제296조(지하작업장 등)

사업주는 인화성 가스가 발생할 우려가 있는 지하작업장에서 작업하는 경우(터널 등의 건설작업의 경우는 제외한다) 또는 가스도관에서 가스가 발산될 위험이 있는 장소에서 굴착작업(해당 작업이 이루어지는 장소 및 그와 근접한 장소에서 이루어지는 지반의 굴삭 또는 이에 수반한 토사 등의 운반 등의 작업을 말한다)을 하는 경우에는 폭발이나 화재를 방지하기 위해 다음 각 호의 조치를 해야 한다.

① 가스의 농도를 측정하는 사람을 지명하고 다음 각 목의 경우에 그로 하여금 해당 가스의 농도를 측정하도록 할 것

㉠ 매일 작업을 시작하기 전

㉡ 가스의 누출이 의심되는 경우

㉢ 가스가 발생하거나 정체할 위험이 있는 장소가 있는 경우

㉣ 장시간 작업을 계속하는 경우(이 경우 4시간마다 가스 농도를 측정하도록 하여야 한다)

② 가스의 농도가 인화하한계값의 25% 이상으로 밝혀진 경우에는 즉시 근로자를 안전한 장소에 대피시키고 화기나 그 밖에 점화원이 될 우려가 있는 기계·기구 등의 사용을 중지하며 통풍·환기 등을 할 것

2. 보건규칙 제297조(부식성 액체의 압송설비)

사업주는 부식성 물질을 동력으로 사용하여 호스로 압송(壓送)하는 작업을 하는 경우에는 해당 압송에 사용하는 설비에 대하여 다음 각 호의 조치를 하여야 한다.

① 압송에 사용하는 설비를 운전하는 사람(이하 이 조에서 "운전자"라 한다)이 보기 쉬운 위치에 압력계를 설치하고 운전자가 쉽게 조작할 수 있는 위치에 동력을 차단할 수 있는 조치를 할 것

② 호스와 그 접속용구는 압송하는 부식성 액체에 대하여 내식성(耐蝕性), 내열성 및 내한성을 가진 것을 사용할 것

③ 호스에 사용정격압력을 표시하고 그 사용정격압력을 초과하여 압송하지 아니할 것

④ 호스 내부에 이상압력이 가하여져 위험할 경우에는 압송에 사용하는 설비에 과압방지장치를 설치할 것

⑤ 호스와 호스 외의 관 및 호스 간의 접속 부분에는 접속 용구를 사용하여 누출이 없도록 확실히 접속할 것

⑥ 운전자를 지정하고 압송에 사용하는 설비의 운전 및 압력계의 감시를 하도록 할 것

⑦ 호스 및 그 접속 용구는 매일 사용하기 전에 점검하고 손상·부식 등의 결함에 의하여 압송하는 부식성 액체가 날아 흩어지거나 새어나갈 위험이 있으면 교환할 것

3. 보건규칙 제298조(공기 외의 가스 사용 제한)

사업주는 압축한 가스의 압력을 사용하여 부식성 액체를 압송하는 작업을 하는 경우에는 공기가 아닌 가스를 해당 압축가스로 사용해서는 안 된다. 다만, 해당 작업을 마친 후 즉시 해당 가스를 배출한 경우 또는 해당 가스가 남아있음을 표시하는 등 근로자가 압송에 사용한 설비의 내부에 출입하여도 질식 위험이 발생할 우려가 없도록 조치한 경우에는 질소나 이산화탄소를 사용할 수 있다.

4. 보건규칙 제299조(독성이 있는 물질의 누출 방지)

사업주는 급성 독성물질의 누출로 인한 위험을 방지하기 위하여 다음 각 호의 조치를 하여야 한다.

① 사업장 내 급성 독성물질의 저장 및 취급량을 최소화할 것

② 급성 독성물질을 취급 저장하는 설비의 연결 부분은 누출되지 않도록 밀착시키고 매월 1회 이상 연결 부분에 이상이 있는지를 점검할 것

③ 급성 독성물질을 폐기·처리하여야 하는 경우에는 냉각·분리·흡수·흡착·소각 등의 처리공정을 통하여 급성 독성물질이 외부로 방출되지 않도록 할 것

④ 급성 독성물질 취급설비의 이상 운전으로 급성 독성물질이 외부로 방출될 경우에는 저장·포집 또는 처리설비를 설치하여 안전하게 회수할 수 있도록 할 것

⑤ 급성 독성물질을 폐기·처리 또는 방출하는 설비를 설치하는 경우에는 자동으로 작동될 수 있는 구조로 하거나 원격조정할 수 있는 수동조작구조로 설치할 것

⑥ 급성 독성물질을 취급하는 설비의 작동이 중지된 경우에는 근로자가 쉽게 알 수 있도록 필요한 경보설비를 근로자와 가까운 장소에 설치할 것

⑦ 급성 독성물질이 외부로 누출된 경우에는 감지·경보할 수 있는 설비를 갖출 것

5. 보건규칙 제300조(기밀시험 시의 위험 방지)

① 사업주는 배관, 용기, 그 밖의 설비에 대하여 질소·이산화탄소 등 불활성가스의 압력을 이용하여 기밀(氣密)시험을 하는 경우에는 지나친 압력의 주입 또는 불량한 작업방법 등으로 발생할 수 있는 파열에 의한 위험을 방지하기 위하여 국가교정기관에서 교정을 받은 압력계를 설치하고 내부 압력을 수시로 확인해야 한다.

② 압력계는 기밀시험을 하는 배관 등의 내부 압력을 항상 확인할 수 있도록 작업자가 보기 쉬운 장소에 설치하여야 한다.

③ 기밀시험을 종료한 후 설비 내부를 점검할 때에는 반드시 환기를 하고 불활성가스가 남아 있는지를 측정하여 안전한 상태를 확인한 후 점검하여야 한다.

④ 사업주는 기밀시험장비가 주입압력에 충분히 견딜 수 있도록 견고하게 설치하여야 하며, 이상압력에 의한 연결파이프 등의 파열방지를 위한 안전조치를 하고 그 상태를 미리 확인하여야 한다.

07 보건기준(관리대상 유해물질에 의한 건강장해의 예방)

1. 보건규칙 제420조(정의)

① "관리대상 유해물질"

근로자에게 상당한 건강장해를 일으킬 우려가 있어 건강장해를 예방하기 위한 보건상의 조치가 필요한 원재료·가스·증기·분진·흄·미스트로서 [별표 12]에서 정한 유기화합물, 금속류, 산·알칼리류, 가스상태 물질류를 말한다.

② "유기화합물"

상온·상압에서 휘발성이 있는 액체로서 다른 물질을 녹이는 성질이 있는 유기용제를 포함한 탄화수소계화합물 중 [별표 12] 제1호에 따른 물질을 말한다.

③ "금속류"

고체가 되었을 때 금속광택이 나고 전기·열을 잘 전달하며, 전성과 연성을 가진 물질 중 [별표 12] 제2호에 따른 물질을 말한다.

④ "산·알칼리류"

수용액 중에서 해리하여 수소이온을 생성하고 염기와 중화하여 염을 만드는 물질과 산을 중화하는 수산화화합물로서 물에 녹는 물질 중 [별표 12] 제3호에 따른 물질을 말한다.

⑤ "가스상태 물질류"

상온·상압에서 사용하거나 발생하는 가스상태의 물질로서 [별표 12] 제4호에 따른 물질을 말한다.

⑥ "특별관리물질(총 44종)"

발암성, 생식세포 변이원성, 생식독성 물질 등 근로자에게 중대한 건강장애를 일으킬 우려가 있는 물질을 말한다.

❶ 유기화합물 34종, 금속류 7종, 산·알칼리류 2종, 가스상 물질 1종

No.	종 류	물질명	혼합물 (중량 비율%)
1		2-니트로톨루엔	0.1
2		디니트로톨루엔	0.1
3		N,N-디메틸아세트아미드	0.3
4		디메틸포름아미드	0.3
5		디부틸 프탈레이트	0.3
6		1,2-디클로로에탄	0.1
7		1,2-디클로로프로판	0.1
8	유기화합물	2-메톡시에탄올	0.3
9		2-메톡시에틸 아세테이트	0.3
10		벤젠	0.1
11		벤조(a)피렌	0.1
12		1,3-부타디엔	0.1
13		1-브로모프로판	0.3
14		2-브로모프로판	0.3
15		사염화탄소	0.1

No.	종 류	물질명	혼합물 (중량 비율%)
16	유기화합물	스토다드 솔벤트	0.1
17		아크릴로니트릴	0.1
18		아크릴아미드	0.1
19		2-에톡시에탄올	0.3
20		2-에톡시에틸 아세테이트	0.3
21		에틸렌이민	0.1
22		2,3-에폭시-1프로판올	0.1
23		1,2-에폭시프로판	0.1
24		에피클로로히드린	0.1
25		와파린	0.3
26		트리클로로에틸렌	0.1
27		1,2,3-트리클로로프로판	0.1
28		퍼클로로에틸렌	0.1
29		페놀	0.3
30		포름아미드	0.3
31		포름알데히드	0.1
32		프로필렌이민	0.1
33		황산 디메틸	0.1
34		히드라진 및 그 수화물	0.1
35	금속류	납 및 그무기화합물	0.3
36		니켈 및 그 무기화합물, 니켈 카르보닐(불용성화합물)	0.1
37		산화붕소	0.3
38		수은 및 그 화합물(아릴 및 알킬화합물 제외)	0.3
39		삼산화안티몬	0.1
40		카드뮴 및 그 화합물	0.1
41		6가 크롬 화합물	0.1
42	산 · 알칼리류	사붕소산 나트륨(무수물, 오수화물)	0.3
43		황산(ph 2.0 이하)	0.1
44	가스상 물질	산화에틸렌	0.1

⑦ "유기화합물 취급 특별장소"

유기화합물을 취급하는 다음의 어느 하나에 해당하는 장소를 말한다.

ㄱ 선박의 내부

ㄴ 차량의 내부

ㄷ 탱크의 내부(반응기 등 화학설비 포함)

ㄹ 터널이나 갱의 내부

ㅁ 맨홀의 내부

ㅂ 피트(pit)의 내부

ㅅ 통풍이 충분하지 않은 수로의 내부

ㅇ 덕트의 내부

ㅈ 수관의 내부

ㅊ 그 밖에 통풍이 충분하지 않은 장소

⑧ "임시작업"

일시적으로 하는 작업 중 월 24시간 미만인 작업을 말한다. 다만, 월 10시간 이상 24시간 미만인 작업이 매월 행하여지는 작업은 제외한다.

⑨ "단시간작업"

관리대상 유해물질을 취급하는 시간이 1일 1시간 미만인 작업을 말한다. 다만, 1일 1시간 미만인 작업이 매일 수행되는 경우는 제외한다.

참고 [별표 12] 관리대상 유해물질의 종류 ●출제율 40%

1. 유기화합물(123종)

1) 글루타르알데히드	2) 니트로글리세린
3) 니트로메탄	4) 니트로벤젠
5) p–니트로아닐린	6) p–니트로클로로벤젠
7) 2–니트로톨루엔(특별관리물질)	8) 디(2–에틸헥실)프탈레이트
9) 디니트로톨루엔(특별관리물질)	10) N,N–디메틸아닐린
11) 디메틸아민	12) N,N–디메틸아세트아미드(특별관리물질)
13) 디메틸포름아미드(특별관리물질)	14) 디부틸 프탈레이트(특별관리물질)
15) 디에탄올아민	16) 디에틸 에테르
17) 디에틸렌트리아민	18) 2–디에틸아미노에탄올
19) 디에틸아민	20) 1,4–디옥산
21) 디이소부틸케톤	22) 1,1–디클로로–1–플루오로에탄
23) 디클로로메탄	24) o–디클로로벤젠
25) 1,2–디클로로에탄(특별관리물질)	26) 1,2–디클로로에틸렌
27) 1,2–디클로로프로판(특별관리물질)	28) 디클로로플루오로메탄

29) p-디히드록시벤젠

30) 메탄올

31) 2-메톡시에탄올(특별관리물질)

32) 2-메톡시에틸 아세테이트(특별관리물질)

33) 메틸 n-부틸 케톤

34) 메틸 n-아밀 케톤

35) 메틸 아민

36) 메틸 아세테이트

37) 메틸 에틸 케톤

38) 메틸 이소부틸 케톤

39) 메틸 클로라이드

40) 메틸 클로로포름

41) 메틸렌 비스(페닐 이소시아네이트)

42) o-메틸시클로헥사논

43) 메틸시클로헥사놀

44) 무수 말레산

45) 무수 프탈산

46) 벤젠(특별관리물질)

47) 벤조(a)피렌(특별관리물질)

48) 1,3-부타디엔(특별관리물질)

49) n-부탄올

50) 2-부탄올

51) 2-부톡시에탄올

52) 2-부톡시에틸 아세테이트

53) n-부틸 아세테이트

54) 1-브로모프로판(특별관리물질)

55) 2-브로모프로판(특별관리물질)

56) 브롬화 메틸

57) 브이엠 및 피 나프타

58) 비닐 아세테이트

59) 사염화탄소(특별관리물질)

60) 스토다드 솔벤트(벤젠을 0.1% 이상 함유한 경우만 특별관리물질)

61) 스티렌

62) 시클로헥사논

63) 시클로헥사놀

64) 시클로헥산

65) 시클로헥센

66) 시클로헥실아민

67) 아닐린 및 그 동족체

68) 아세토니트릴

69) 아세톤

70) 아세트알데히드

71) 아크릴로니트릴(특별관리물질)

72) 아크릴아미드(특별관리물질)

73) 알릴 글리시딜 에테르

74) 에탄올아민

75) 2-에톡시에탄올(특별관리물질)

76) 2-에톡시에틸 아세테이트

77) 에틸 벤젠

78) 에틸 아세테이트

79) 에틸 아크릴레이트

80) 에틸렌 글리콜

81) 에틸렌 글리콜 디니트레이트

82) 에틸렌 클로로히드린

83) 에틸렌이민(특별관리물질)

84) 에틸아민

85) 2,3-에폭시-1-프로판올(특별관리물질)

86) 1,2-에폭시프로판(특별관리물질)

87) 에피클로로히드린(특별관리물질)

88) 와파린(특별관리물질)

89) 요오드화 메틸

90) 이소부틸 아세테이트

91) 이소부틸 알코올

92) 이소아밀 아세테이트

93) 이소아밀 알코올

94) 이소프로필 아세테이트

95) 이소프로필 알코올

96) 이황화탄소

97) 크레졸

98) 크실렌

99) 2-클로로-1,3-부타디엔

100) 클로로벤젠

101) 1,1,2,2-테트라클로로에탄

102) 테트라히드로푸란

103) 톨루엔

104) 톨루엔-2,4-디이소시아네이트

105) 톨루엔-2,6-디이소시아네이트

106) 트리에틸아민

107) 트리클로로메탄

108) 1,1,2-트리클로로에탄

109) 트리클로로에틸렌(특별관리물질)

110) 1,2,3-트리클로로프로판(특별관리물질)

111) 퍼클로로에틸렌(특별관리물질)　　112) 페놀(특별관리물질)

113) 페닐 글리시딜 에테르　　114) 포름아미드특별관리물질)

115) 포름알데히드(특별관리물질)　　116) 프로필렌이민(특별관리물질)

117) n-프로필 아세테이트　　118) 피리딘

119) 헥사메틸렌 디이소시아네이트　　120) n-헥산

121) n-헵탄　　122) 황산 디메틸(특별관리물질)

123) 히드라진[302-01-2] 및 그 수화물(특별관리물질)

124) 1)부터 123)까지의 물질을 중량비율 1%[N,N-디메틸아세트아미드(특별관리물질), 디메틸포름아미드(특별관리물질), 디부틸 프탈레이트(특별관리물질), 2-메톡시에탄올(특별관리물질), 2-메톡시에틸 아세테이트(특별관리물질), 1-브로모프로판(특별관리물질), 2-브로모프로판(특별관리물질), 2-에톡시에탄올(특별관리물질), 2-에톡시에틸 아세테이트(특별관리물질), 와파린(특별관리물질), 페놀(특별관리물질) 및 포름아미드(특별관리물질)는 0.3%, 그 밖의 특별관리물질은 0.1%] 이상 함유한 혼합물

2. 금속류(25종)

1) 구리 및 그 화합물　　2) 납 및 그 무기화합물(특별관리물질)

3) 니켈 및 그 무기화합물, 니켈 카르보닐(불용성화합물만 특별관리물질)

4) 망간 및 그 무기화합물　　5) 바륨 및 그 가용성 화합물

6) 백금 및 그 화합물　　7) 산화마그네슘

8) 산화붕소(특별관리물질)　　9) 셀레늄 및 그 화합물

10) 수은및 그 화합물(특별관리물질. 다만, 아릴화합물 및 알킬화합물은 특별관리물질에서 제외한다)

11) 아연 및 그 화합물

12) 안티몬 및 그 화합물(삼산화안티몬만 특별관리물질)

13) 알루미늄 및 그 화합물　　14) 오산화바나듐

15) 요오드 및 요오드화물　　16) 은 및 그 화합물

17) 이산화티타늄　　18) 인듐 및 그 화합물

19) 주석 및 그 화합물　　20) 지르코늄 및 그 화합물

21) 철 및 그 화합물　　22) 카드뮴 및 그 화합물(특별관리물질)

23) 코발트 및 그 무기화합물

24) 크롬 및 그 화합물(6가크롬 화합물만 특별관리물질)

25) 텅스텐[7440-33-7] 및 그 화합물(Tungsten and its compounds)

26) 1)부터 25)까지의 물질을 중량비율 1%[납 및 그 무기화합물(특별관리물질), 산화붕소(특별관리물질), 수은 및 그 화합물(특별관리물질. 다만, 아릴화합물 및 알킬화합물은 특별관리물질에서 제외한다)은 0.3%, 그 밖의 특별관리물질은 0.1%] 이상 함유한 혼합물

3. 산 · 알칼리류(18종)

1) 개미산　　2) 과산화수소

3) 무수 초산　　4) 불화수소

5) 브롬화수소　　6) 사붕소산 나트륨(무수물, 오수화물)(특별관리물질)

7) 수산화 나트륨　　8) 수산화 칼륨

9) 시안화 나트륨　　10) 시안화 칼륨

11) 시안화 칼슘　　12) 아크릴산

13) 염화수소　　14) 인산

15) 질산　　16) 초산

18) 황산(pH 2.0 이하인 강산은 특별관리물질)

> 19) 1)부터 18)까지의 물질을 중량비율 1%[사붕소산나트륨(무수물, 오수화물)(특별관리물질)은 0.3%,
>   pH 2.0 이하인 황산(특별관리물질)은 0.1%] 이상 함유한 혼합물
> 4. 가스 상태 물질류(15종)
>
> | | |
> |---|---|
> | 1) 불소9 | 2) 브롬 |
> | 3) 산화에틸렌(특별관리물질) | 4) 삼수소화 비소 |
> | 5) 시안화 수소 | 6) 암모니아 |
> | 7) 염소 | 8) 오존 |
> | 9) 이산화질소 | 10) 이산화황 |
> | 11) 일산화질소 | 12) 일산화탄소 |
> | 13) 포스겐 | 14) 포스핀 |
> | 15) 황화수소 | |
>
> 16) 1)부터 15)까지의 물질을 중량비율 1%(특별관리물질은 0.1%) 이상 함유한 혼합물

2. 보건규칙 제421조(적용 제외)

① 사업주가 관리대상 유해물질의 취급업무에 근로자를 종사하도록 하는 경우로서 작업시간 1시간당 소비하는 관리대상 유해물질의 양(그램)이 작업장 공기의 부피(세제곱미터)를 15로 나눈 양(이하 "허용소비량"이라 한다) 이하인 경우에는 이 장의 규정을 적용하지 아니한다. 다만, 유기화합물 취급 특별장소, 특별관리물질 취급 장소, 지하실 내부, 그 밖에 환기가 불충분한 실내작업장인 경우에는 그러하지 아니하다.

② 제①항 본문에 따른 작업장 공기의 부피는 바닥에서 4미터가 넘는 높이에 있는 공간을 제외한 세제곱미터를 단위로 하는 실내작업장의 공간부피를 말한다. 다만, 공기의 부피가 150세제곱미터를 초과하는 경우에는 150세제곱미터를 그 공기의 부피로 한다.

3. 보건규칙 제422조(관리대상 유해물질과 관계되는 설비)

사업주는 근로자가 실내작업장에서 관리대상 유해물질을 취급하는 업무에 종사하는 경우에 그 작업장에 관리대상 유해물질의 가스·증기 또는 분진의 발산원을 밀폐하는 설비 또는 국소배기장치를 설치하여야 한다. 다만, 분말상태의 관리대상 유해물질을 습기가 있는 상태에서 취급하는 경우에는 그러하지 아니하다.

4. 보건규칙 제423조(임시작업인 경우의 설비 특례) ●출제율 30%

① 사업주는 실내작업장에서 관리대상 유해물질 취급업무를 임시로 하는 경우에 제422조에 따른 밀폐설비나 국소배기장치를 설치하지 아니할 수 있다.

② 사업주는 유기화합물 취급 특별장소에서 근로자가 유기화합물 취급업무를 임시로

하는 경우로서 전체환기장치를 설치한 경우에 밀폐설비나 국소배기장치를 설치하지 아니할 수 있다.

③ 제①항 및 제②항에도 불구하고 관리대상 유해물질 중 특별관리물질을 취급하는 작업장에는 밀폐설비나 국소배기장치를 설치하여야 한다.

5. 보건규칙 제424조(단시간작업인 경우의 설비 특례) ●출제율 30%

① 사업주는 근로자가 전체환기장치가 설치되어 있는 실내작업장에서 단시간 동안 관리대상 유해물질을 취급하는 작업에 종사하는 경우에 밀폐설비나 국소배기장치를 설치하지 아니할 수 있다.

② 사업주는 유기화합물 취급 특별장소에서 단시간 동안 유기화합물을 취급하는 작업에 종사하는 근로자에게 송기마스크를 지급하고 착용하도록 하는 경우에 밀폐설비나 국소배기장치를 설치하지 아니할 수 있다.

③ 제①항 및 제②항에도 불구하고 관리대상 유해물질 중 특별관리물질을 취급하는 작업장에는 밀폐설비나 국소배기장치를 설치하여야 한다.

6. 보건규칙 제425조(국소배기장치의 설비 특례) ●출제율 20%

사업주는 다음의 어느 하나에 해당하는 경우로서 급기 · 배기 환기장치를 설치한 경우에 밀폐설비나 국소배기장치를 설치하지 아니할 수 있다.

① 실내작업장의 벽 · 바닥 또는 천장에 대하여 관리대상 유해물질 취급업무를 수행할 때 관리대상 유해물질의 발산면적이 넓어 설비를 설치하기 곤란한 경우

② 자동차의 차체, 항공기의 기체, 선체 블록(block) 등 표면적이 넓은 물체의 표면에 대하여 관리대상 유해물질 취급업무를 수행할 때 관리대상 유해물질의 증기 발산면적이 넓어 설비를 설치하기 곤란한 경우

7. 보건규칙 제426조(다른 실내작업장과 격리되어 있는 작업장에 대한 설비 특례)

사업주는 다른 실내작업장과 격리되어 근로자가 상시 출입할 필요가 없는 작업장으로서 관리대상 유해물질 취급업무를 하는 실내작업장에 전체환기장치를 설치한 경우에는 밀폐설비나 국소배기장치를 설치하지 아니할 수 있다.

8. 보건규칙 제427조(대체설비의 설치에 따른 특례)

사업주는 발산원 밀폐설비, 국소배기장치 또는 전체환기장치 외의 방법으로 적정 처리

를 할 수 있는 설비(이하 이 조에서 "대체설비"라 한다)를 설치하고 고용노동부장관이 해당 대체설비가 적정하다고 인정하는 경우에 밀폐설비나 국소배기장치 또는 전체환기장치를 설치하지 아니할 수 있다.

9. 보건규칙 제428조(유기화합물의 설비 특례) ●출제율 30%

사업주는 전체환기장치가 설치된 유기화합물 취급작업장으로서 다음의 요건을 모두 갖춘 경우에 밀폐설비나 국소배기장치를 설치하지 아니할 수 있다.

① 유기화합물의 노출기준이 100피피엠(ppm) 이상인 경우
② 유기화합물의 발생량이 대체로 균일한 경우
③ 동일한 작업장에 다수의 오염원이 분산되어 있는 경우
④ 오염원이 이동성이 있는 경우

10. 보건규칙 제429조(국소배기장치의 성능)

사업주는 국소배기장치를 설치하는 경우에 [별표 13]에 따른 제어풍속을 낼 수 있는 성능을 갖춘 것을 설치하여야 한다.

◆ [별표 13] 관리대상 유해물질 관련 국소배기장치 후드의 제어풍속(제429조 관련) ●출제율 40%

물질의 상태	후드 형식	제어풍속(m/sec)
가스상태	포위식 포위형	0.4
	외부식 측방흡인형	0.5
	외부식 하방흡인형	0.5
	외부식 상방흡인형	1.0
입자상태	포위식 포위형	0.7
	외부식 측방흡인형	1.0
	외부식 하방흡인형	1.0
	외부식 상방흡인형	1.2

[비고] 1. "가스상태"란 관리대상 유해물질이 후드로 빨아들여질 때의 상태가 가스 또는 증기인 경우를 말한다.
2. "입자상태"란 관리대상 유해물질이 후드로 빨아들여질 때의 상태가 흄, 분진 또는 미스트인 경우를 말한다.
3. "제어풍속"이란 국소배기장치의 모든 후드를 개방한 경우의 제어풍속으로서 다음에 따른 위치에서의 풍속을 말한다.
가. 포위식 후드에서는 후드 개구면에서의 풍속
나. 외부식 후드에서는 해당 후드에 의하여 관리대상 유해물질을 빨아들이려는 범위 내에서 해당 후드 개구면으로부터 가장 먼 거리의 작업위치에서의 풍속

11. 보건규칙 제430조(전체환기장치의 성능 등) ●출제율 30%

① 사업주는 단일 성분의 유기화합물이 발생하는 작업장에 전체환기장치를 설치하려는 경우에는 다음 계산식에 따라 계산한 환기량(이하 이 조에서 "필요환기량"이라 한다) 이상으로 설치하여야 한다.

$$\text{작업시간 1시간당 필요환기량} = \dfrac{\left(\begin{array}{c}24.1 \times \text{비중} \times \text{유해물질의}\\ \text{시간당 사용량} \times K \times 10^6\end{array}\right)}{\text{분자량} \times \text{유해물질의 노출기준}}$$

[주] 1. 시간당 필요환기량(단위 : m^3/hr)
    2. 유해물질의 시간당 사용량(단위 : L/hr)
    3. K : 안전계수로서
      • $K=1$: 작업장 내의 공기혼합이 원활한 경우
      • $K=2$: 작업장 내의 공기혼합이 보통인 경우
      • $K=3$: 작업장 내의 공기혼합이 불완전한 경우

② 제①항에도 불구하고 유기화합물의 발생이 혼합물질인 경우에는 각각의 환기량을 모두 합한 값을 필요환기량으로 적용한다. 다만, 상가작용이 없을 경우에는 필요환기량이 가장 큰 물질의 값을 적용한다.

③ 사업주는 전체환기장치를 설치하려는 경우에 전체환기장치의 배풍기(덕트를 사용하는 전체환기장치의 경우에는 해당 덕트의 개구부를 말한다)를 관리대상 유해물질의 발산원에 가장 가까운 위치에 설치하여야 한다.

12. 보건규칙 제431조(작업장의 바닥) ●출제율 20%

사업주는 관리대상 유해물질을 취급하는 실내작업장의 바닥에 불침투성의 재료를 사용하고 청소하기 쉬운 구조로 하여야 한다.

13. 보건규칙 제432조(부식의 방지조치) ●출제율 20%

사업주는 관리대상 유해물질의 접촉설비를 녹슬지 않는 재료로 만드는 등 부식을 방지하기 위하여 필요한 조치를 하여야 한다.

14. 보건규칙 제433조(누출의 방지조치) ●출제율 20%

사업주는 관리대상 유해물질 취급설비의 뚜껑 · 플랜지(flange) · 밸브 및 콕(cock) 등의 접합부에 대하여 관리대상 유해물질이 새지 않도록 개스킷(gasket)을 사용하는 등 누출을 방지하기 위하여 필요한 조치를 하여야 한다.

15. 보건규칙 제434조(경보설비 등) ●출제율 20%

① 사업주는 관리대상 유해물질 중 금속류, 산·알칼리류, 가스상태 물질류를 1일 평균 합계 100리터(기체인 경우에는 해당 기체의 용적 1세제곱미터를 2리터로 환산한다) 이상 취급하는 사업장에서 해당 물질이 샐 우려가 있는 경우에는 경보설비를 설치하거나 경보용 기구를 갖추어 두어야 한다.

② 사업주는 제①항에 따른 사업장에 관리대상 유해물질 등이 새는 경우에 대비하여 그 물질을 제거하기 위한 약제·기구 또는 설비를 갖추거나 설치하여야 한다.

16. 보건규칙 제435조(긴급차단장치의 설치 등) ●출제율 20%

① 사업주는 관리대상 유해물질 취급설비 중 발열반응 등 이상화학반응에 의하여 관리대상 유해물질이 샐 우려가 있는 설비에 대하여 원재료의 공급을 막거나 불활성가스와 냉각용수 등을 공급하기 위한 장치를 설치하는 등 필요한 조치를 하여야 한다.

② 사업주는 제①항에 따른 장치에 설치한 밸브나 콕을 정상적인 기능을 발휘할 수 있는 상태로 유지하여야 하며, 관계 근로자가 이를 안전하고 정확하게 조작할 수 있도록 색깔로 구분하는 등 필요한 조치를 하여야 한다.

③ 사업주는 관리대상 유해물질을 내보내기 위한 장치는 밀폐식 구조로 하거나 내보내지는 관리대상 유해물질을 안전하게 처리할 수 있는 구조로 하여야 한다.

17. 보건규칙 제436조(작업 수칙) ●출제율 30%

사업주는 관리대상 유해물질 취급설비나 그 부속설비를 사용하는 작업을 하는 경우에 관리대상 유해물질이 새지 않도록 다음의 사항에 관한 작업 수칙을 정하여 이에 따라 작업하도록 하여야 한다.

① 밸브·콕 등의 조작(관리대상 유해물질을 내보내는 경우에만 해당한다)
② 냉각장치, 가열장치, 교반장치 및 압축장치의 조작
③ 계측장치와 제어장치의 감시·조정
④ 안전밸브, 긴급차단장치, 자동경보장치 및 그 밖의 안전장치의 조정
⑤ 뚜껑·플랜지·밸브 및 콕 등 접합부가 새는지 점검
⑥ 시료(試料)의 채취
⑦ 관리대상 유해물질 취급설비의 재가동 시 작업방법
⑧ 이상사태가 발생한 경우의 응급조치
⑨ 그 밖에 관리대상 유해물질이 새지 않도록 하는 조치

18. 보건규칙 제437조(탱크 내 작업) ●출제율 30%

① 사업주는 근로자가 관리대상 유해물질이 들어 있던 탱크 등을 개조·수리 또는 청소를 하거나 해당 설비나 탱크 등의 내부에 들어가서 작업하는 경우에 다음의 조치를 하여야 한다.

  ㉠ 관리대상 유해물질에 관하여 필요한 지식을 가진 사람이 해당 작업을 지휘하도록 할 것

  ㉡ 관리대상 유해물질이 들어올 우려가 없는 경우에는 작업을 하는 설비의 개구부를 모두 개방할 것

  ㉢ 근로자의 신체가 관리대상 유해물질에 의하여 오염된 경우나 작업이 끝난 경우에는 즉시 몸을 씻게 할 것

  ㉣ 비상시에 작업설비 내부의 근로자를 즉시 대피시키거나 구조하기 위한 기구와 그 밖의 설비를 갖추어 둘 것

  ㉤ 작업을 하는 설비의 내부에 대하여 작업 전에 관리대상 유해물질의 농도를 측정하거나 그 밖의 방법에 따라 근로자가 건강에 장해를 입을 우려가 있는지를 확인할 것

  ㉥ 제㉤호에 따른 설비 내부에 관리대상 유해물질이 있는 경우에는 설비 내부를 환기장치로 충분히 환기시킬 것

  ㉦ 유기화합물을 넣었던 탱크에 대하여 제㉠호부터 제㉥호까지의 규정에 따른 조치 외에 작업 시작 전에 다음의 조치를 할 것

    ⓐ 유기화합물이 탱크로부터 배출된 후 탱크 내부에 재유입되지 않도록 할 것

    ⓑ 물이나 수증기 등으로 탱크 내부를 씻은 후 그 씻은 물이나 수증기 등을 탱크로부터 배출시킬 것

    ⓒ 탱크 용적의 3배 이상의 공기를 채웠다가 내보내거나 탱크에 물을 가득 채웠다가 배출시킬 것

② 사업주는 제①항 제㉦호에 따른 조치를 확인할 수 없는 설비에 대하여 근로자가 그 설비의 내부에 머리를 넣고 작업하지 않도록 하고 작업하는 근로자에게 주의하도록 미리 알려야 한다.

19. 보건규칙 제438조(사고 시의 대피 등)

① 사업주는 관리대상 유해물질을 취급하는 근로자에게 다음의 어느 하나에 해당하는 사태가 발생하여 관리대상 유해물질에 의한 중독이 발생할 우려가 있을 경우에 즉시 작업을 중지하고 근로자를 그 장소에서 대피시켜야 한다.

㉠ 해당 관리대상 유해물질을 취급하는 장소의 환기를 위하여 설치한 환기장치의 고장으로 그 기능이 저하되거나 상실된 경우

㉡ 해당 관리대상 유해물질을 취급하는 장소의 내부가 관리대상 유해물질에 의하여 오염되거나 관리대상 유해물질이 새는 경우

② 사업주는 제①항 각 호에 따른 상황이 발생하여 작업을 중지한 경우에 관리대상 유해물질에 의하여 오염되거나 새어 나온 것이 제거될 때까지 관계자가 아닌 사람의 출입을 금지하고, 그 내용을 보기 쉬운 장소에 게시하여야 한다. 다만, 안전한 방법에 따라 인명구조 또는 유해방지에 관한 작업을 하도록 하는 경우에는 그러하지 아니하다.

③ 근로자는 제②항에 따라 출입이 금지된 장소에 사업주의 허락 없이 출입해서는 아니 된다.

20. 보건규칙 제439조(특별관리물질 취급 시 적어야 하는 사항) ●출제율 20%

① 근로자의 이름

② 특별관리물질의 명칭

③ 취급량

④ 작업내용

⑤ 작업 시 착용한 보호구

⑥ 누출, 오염, 흡입 등의 사고가 발생한 경우 피해내용 및 조치사항

21. 보건규칙 제440조(특별관리물질의 고지) ●출제율 20%

사업주는 근로자가 특별관리물질을 취급하는 경우에는 그 물질이 특별관리물질이라는 사실과 「산업안전보건법 시행규칙」 [별표 18]에 따른 발암성 물질, 생식세포 변이원성 물질 또는 생식독성 물질 등 중 어느 것에 해당하는지에 관한 내용을 게시판 등을 통하여 근로자에게 알려야 한다.

22. 보건규칙 제441조(사용 전 점검 등) ●출제율 20%

① 사업주는 국소배기장치를 설치한 후 처음으로 사용하는 경우 또는 국소배기장치를 분해하여 개조하거나 수리한 후 처음으로 사용하는 경우에는 다음에서 정하는 사항을 사용 전에 점검하여야 한다.

㉠ 덕트와 배풍기의 분진상태

ⓛ 덕트 접속부가 헐거워졌는지 여부

ⓒ 흡기 및 배기 능력

ⓔ 그 밖에 국소배기장치의 성능을 유지하기 위하여 필요한 사항

② 사업주는 제①항에 따른 점검결과 이상이 발견되었을 때에는 즉시 청소ㆍ보수 또는 그 밖에 필요한 조치를 하여야 한다.

③ 제①항에 따른 점검을 한 후 그 기록의 보존에 관하여는 제555조를 준용한다.

23. 보건규칙 제442조(명칭 등의 게시) ●출제율 30%

① 사업주는 관리대상 유해물질을 취급하는 작업장의 보기 쉬운 장소에 다음의 사항을 게시하여야 한다. 다만, 법 제114조 제2항에 따른 작업공정별 관리 요령을 게시한 경우에는 그러하지 아니하다.

ⓙ 관리대상 유해물질의 명칭

ⓛ 인체에 미치는 영향

ⓒ 취급상 주의사항

ⓔ 착용하여야 할 보호구

ⓜ 응급조치와 긴급 방재 요령

② 제①항 각 호의 사항을 게시하는 경우에는 「산업안전보건법 시행규칙」에 따른 건강 및 환경 유해성 분류기준에 따라 인체에 미치는 영향이 유사한 관리대상 유해물질 별로 분류하여 게시할 수 있다.

24. 제443조(관리대상 유해물질의 저장)

① 사업주는 관리대상 유해물질을 운반하거나 저장하는 경우에 그 물질이 새거나 발산될 우려가 없는 뚜껑 또는 마개가 있는 튼튼한 용기를 사용하거나 단단하게 포장을 하여야 하며, 그 저장장소에는 다음의 조치를 하여야 한다.

ⓙ 관계 근로자가 아닌 사람의 출입을 금지하는 표시를 할 것

ⓛ 관리대상 유해물질의 증기를 실외로 배출시키는 설비를 설치할 것

② 사업주는 관리대상 유해물질을 저장할 경우에 일정한 장소를 지정하여 저장하여야 한다.

25. 보건규칙 제446조(출입의 금지 등) ●출제율 20%

① 사업주는 관리대상 유해물질을 취급하는 실내작업장에 관계 근로자가 아닌 사람의 출입을 금지하고, 그 내용을 보기 쉬운 장소에 게시하여야 한다. 다만, 관리대상 유해물질 중 금속류, 산·알칼리류, 가스상태 물질류를 1일 평균 합계 100리터(기체인 경우에는 그 기체의 부피 1세제곱미터를 2리터로 환산한다) 미만을 취급하는 작업장은 그러하지 아니하다.

② 사업주는 관리대상 유해물질이나 이에 따라 오염된 물질은 일정한 장소를 정하여 폐기·저장 등을 하여야 하며, 그 장소에는 관계 근로자가 아닌 사람의 출입을 금지하고, 그 내용을 보기 쉬운 장소에 게시하여야 한다.

③ 근로자는 제①항 또는 제②항에 따라 출입이 금지된 장소에 사업주의 허락 없이 출입해서는 아니 된다.

26. 보건규칙 제449조(유해성 등의 주지) ●출제율 40%

① 사업주는 관리대상 유해물질을 취급하는 작업에 근로자를 종사하도록 할 때에는 다음의 사항을 작업에 배치하기 전에 근로자에게 알려야 한다.
　㉠ 관리대상 유해물질의 명칭 및 물리적·화학적 특성
　㉡ 인체에 미치는 영향과 증상
　㉢ 취급상의 주의사항
　㉣ 착용하여야 할 보호구와 착용방법
　㉤ 위급상황 시의 대처방법과 응급조치 요령
　㉥ 그 밖에 근로자의 건강장해 예방에 관한 사항

② 사업주는 근로자가 디메틸포름아미드, 벤젠, 사염화탄소, 아크릴로니트릴, 1,1,2,2-테트라클로로에탄, 퍼클로로에틸렌을 취급하는 경우에 근로자가 작업을 시작하기 전에 해당 물질이 급성 독성을 일으키는 물질임을 작업 전에 근로자에게 알려야 한다.

27. 보건규칙 제450조(호흡용 보호구의 지급 등) ●출제율 30%

① 사업주는 근로자가 다음의 어느 하나에 해당하는 업무를 하는 경우에 해당 근로자에게 송기마스크를 지급하여 착용하도록 하여야 한다.
　㉠ 유기화합물을 넣었던 탱크(유기화합물의 증기가 발산할 우려가 없는 탱크는 제외한다) 내부에서의 세척 및 페인트칠 업무
　㉡ 유기화합물 취급 특별장소에서 유기화합물을 취급하는 업무

② 사업주는 근로자가 다음의 어느 하나에 해당하는 업무를 하는 경우에 해당 근로자
에게 송기마스크나 방독마스크를 지급하여 착용하도록 하여야 한다.

  ㉠ 제423조 제①항 및 제②항, 제424조 제①항, 제425조, 제426조 및 제428조
제①항에 따라 밀폐설비나 국소배기장치가 설치되지 아니한 장소에서의 유기화
합물 취급업무

  ㉡ 유기화합물 취급 장소에 설치된 환기장치 내의 기류가 확산될 우려가 있는 물
체를 다루는 유기화합물 취급업무

  ㉢ 유기화합물 취급장소에서 유기화합물의 증기 발산원을 밀폐하는 설비(청소 등
으로 유기화합물이 제거된 설비는 제외한다)를 개방하는 업무

③ 사업주는 제①항과 제②항에 따라 근로자에게 송기마스크를 착용시키려는 경우에
신선한 공기를 공급할 수 있는 성능을 가진 장치가 부착된 송기마스크를 지급하여
야 한다.

④ 사업주는 금속류, 산·알칼리류, 가스상태 물질류 등을 취급하는 작업장에서 근로
자의 건강장해 예방에 적절한 호흡용 보호구를 근로자에게 지급하여 필요시 착용하
도록 하고, 호흡용 보호구를 공동으로 사용하여 근로자에게 질병이 감염될 우려가
있는 경우에는 개인 전용의 것을 지급하여야 한다.

⑤ 근로자는 제①항, 제②항 및 제④항에 따라 지급된 보호구를 사업주의 지시에 따라
착용하여야 한다.

28. 보건규칙 제451조(보호복 등의 비치 등)

① 사업주는 근로자가 피부 자극성 또는 부식성 관리대상 유해물질을 취급하는 경우에
불침투성 보호복·보호장갑·보호장화 및 피부보호용 바르는 약품을 갖추어 두고,
이를 사용하도록 하여야 한다.

② 사업주는 근로자가 관리대상 유해물질이 흩날리는 업무를 하는 경우에 보안경을 지
급하고 착용하도록 하여야 한다.

③ 사업주는 관리대상 유해물질이 근로자의 피부나 눈에 직접 닿을 우려가 있는 경우에
즉시 물로 씻어낼 수 있도록 세면·목욕 등에 필요한 세척시설을 설치하여야 한다.

④ 근로자는 제①항 및 제②항에 따라 지급된 보호구를 사업주의 지시에 따라 착용하
여야 한다.

● 유해인자 취급 작업별 보호구(산업안전보건기준에 관한 규칙)

유해인자	작업명	보호구	안전보건 기준규칙
관리대상 유해물질 (별표12)	1. 유기화합물을 넣었던 탱크(유기화합물의 증기가 발산할 우려가 없는 탱크는 제외) 내부에서의 세척 및 페인트칠 업무 2. 유기화합물 취급 특별장소에서 단시간 동안 유기화합물을 취급하는 업무	송기마스크	제450조 제1항
	1. 밀폐설비나 국소배기장치가 설치되지 아니한 장소에서의 유기화합물 취급업무 2. 유기화합물 취급 장소에 설치된 환기장치 내의 기류가 확산될 우려가 있는 물체를 다루는 유기화합물 취급업무 3. 유기화합물 취급 장소에서 유기화합물의 증기 발산원을 밀폐하는 설비(청소 등으로 유기화합물이 제거된 설비는 제외)를 개방하는 업무	송기마스크 또는 방독마스크	제450조 제2항
	금속류, 산·알칼리류, 가스상태 물질류 등을 취급하는 작업	호흡용 보호구	제450조 제4항
	피부자극성 또는 부식성 관리대상 유해물질을 취급하는 작업	불침투성 보호복·안전장갑·안전장화·피부보호용 약품	제451조 제1항
	관리대상 유해물질이 흩날리는 업무	보안경	제451조 제2항
허가대상 유해물질 (영 제30조)	허가대상 유해물질을 제조·사용하는 업무	방진마스크 또는 방독마스크	제469조 제1항
	피부장해 등을 유발할 우려가 있는 허가대상 유해물질 취급업무	불침투성 보호복·안전장갑·안전장화·피부보호용 약품	제470조 제1항
석면	석면해체·제거작업	방진마스크(특등급) 또는 송기마스크 또는 전동식 호흡보호구·고글형 보안경, 신체를 감싸는 보호복·보호장갑·보호신발	제491조 제1항
금지 유해물질 (영 제29조)	금지유해물질을 취급하는 경우	불침투성 보호복·안전장갑, 별도의 정화통을 갖춘 호흡용 보호구	제510조 제1항 제511조 제1항
소음	소음작업, 강렬한 소음작업, 충격 소음작업	귀마개 또는 귀덮개	제516조 제1항
진동	진동작업	방진장갑 등 진동보호구	제518조 제1항

유해인자	작업명	보호구	안전보건 기준규칙
이상기압	고압작업	호흡용 보호구, 섬유로프, 그 밖의 피난용구	제529조
고열	1. 다량의 고열물체를 취급작업 2. 매우 더운 장소에서의 작업	방열장갑, 방열복	제572조 제1항
저온	1. 다량의 저온물체를 취급작업 2. 현저히 추운장소에서 작업	방한모, 방한화 방한장갑, 방한복	제572조 제1항
방사성 물질	분말 또는 액체상태의 방사성물질에 오염된 지역에서 작업	호흡용 보호구	제587조 제1항
	방사성물질이 흩날림으로써 근로자의 신체가 오염될 우려가 있는 경우	보호복, 보호장갑, 신발덮개, 보호모	제587조 제2항
병원체	환자의 가검물 처리(검사 · 운반 · 청소 및 폐기)작업	보호앞치마, 보호장갑, 보호마스크	제596조 제1항
혈액매개 감염	혈액이 분출되거나 분무될 가능성이 있는 작업	보안경, 보호마스크	제600조 제1항
	혈액 또는 혈액오염물을 취급하는 작업	보호장갑	
	다량의 혈액이 의복을 적시고 피부에 노출될 우려가 있는 작업	보호앞치마	
공기매개 감염	공기매개 감염병이 있는 환자와 접촉하는 경우	결핵균 등 방지용 보호마스크	제601조 제1항
곤충 및 동물매개 감염	곤충 및 동물매개 감염병 고위험 작업	긴소매의 옷, 긴바지의 작업복	제603조
분진	분진작업	호흡용보호구	제617조
산소결핍	밀폐공간작업	공기호흡기 또는 송기마스크, 사다리, 섬유로프	제625조
	밀폐공간에서 위급한 근로자를 구출하는 작업	공기호흡기 또는 송기마스크	제626조
	밀폐공간에서 산소결핍증이나 유해가스로 인하여 추락할 우려가 있는 경우	안전대, 구명밧줄, 공기 호흡기 또는 송기마스크	제645조 제1항
유해가스	탱크 · 보일러 또는 반응탑의 내부 등 통풍이 충분하지 않은 장소에서 용접 · 용단작업	공기호흡기 또는 송기마스크	제629조
	지하실, 맨홀의 내부 또는 통풍이 불충분한 장소에서 가스배관공사	공기호흡기 또는 송기마스크	제634조 제1항
사무실 오염물질	냉난방장치 등 공기정화설비의 청소, 개 · 보수작업	보안경, 방진마스크	제654조 제1항

08 보건규칙(허가대상 유해물질 및 석면에 의한 건강장해의 예방)

1. 보건규칙 제452조(정의)

① "허가대상 유해물질"

고용노동부장관의 허가를 받지 않고는 제조·사용이 금지되는 물질로서 영 제88조에 따른 물질을 말한다.

② "제조"

화학물질 또는 그 구성요소에 물리적·화학적 작용을 가하여 허가대상 유해물질로 전환하는 과정을 말한다.

③ "사용"

새로운 제품 또는 물질을 만들기 위하여 허가대상 유해물질을 원재료로 이용하는 것을 말한다.

④ "석면해체·제거작업"

석면함유 설비 또는 건축물의 파쇄, 개·보수 등으로 인하여 석면분진이 흩날릴 우려가 있고 작은 입자의 석면폐기물이 발생하는 작업을 말한다.

⑤ "가열응착"

허가대상 유해물질에 압력을 가하여 성형한 것을 가열하였을 때 가루가 서로 밀착·굳어지는 현상을 말한다.

⑥ "가열탈착"

허가대상 유해물질을 고온으로 가열하여 휘발성 성분의 일부 또는 전부를 제거하는 조작을 말한다.

2. 보건규칙 제453조(설비기준 등) ●출제율 20%

① 사업주는 허가대상 유해물질(베릴륨 및 석면은 제외한다)을 제조하거나 사용하는 경우에 다음의 사항을 준수하여야 한다.

  ㉠ 허가대상 유해물질을 제조하거나 사용하는 장소는 다른 작업장소와 격리시키고 작업장소의 바닥과 벽은 불침투성의 재료로 하되, 물청소로 할 수 있는 구조로 하는 등 해당 물질을 제거하기 쉬운 구조로 할 것

  ㉡ 원재료의 공급·이송 또는 운반은 해당 작업에 종사하는 근로자의 신체에 그 물질이 직접 닿지 않는 방법으로 할 것

　　ⓒ 반응조(batch reactor)는 발열반응 또는 가열을 동반하는 반응에 의하여 교반기 등의 덮개 부분으로부터 가스나 증기가 새지 않도록 개스킷 등으로 접합부를 밀폐시킬 것

　　ⓡ 가동 중인 선별기 또는 진공여과기의 내부를 점검할 필요가 있는 경우에는 밀폐된 상태에서 내부를 점검할 수 있는 구조로 할 것

　　ⓜ 분말상태의 허가대상 유해물질을 근로자가 직접 사용하는 경우에는 그 물질을 습기가 있는 상태로 사용하거나 격리실에서 원격조작하거나 분진이 흩날리지 않는 방법을 사용하도록 할 것

　② 사업주는 근로자가 허가대상 유해물질(베릴륨 및 석면은 제외한다)을 제조하거나 사용하는 경우에 허가대상 유해물질의 가스 · 증기 또는 분진의 발산원을 밀폐하는 설비나 포위식 후드 또는 부스식 후드의 국소배기장치를 설치하여야 한다. 다만, 작업의 성질상 밀폐설비나 포위식 후드 또는 부스식 후드를 설치하기 곤란한 경우에는 외부식 후드의 국소배기장치(상방 흡인형은 제외한다)를 설치할 수 있다.

3. 보건규칙 제454조(국소배기장치의 설치 · 성능) ●출제율 30%

　제453조 제②항에 따라 설치하는 국소배기장치의 성능은 물질의 상태에 따라 아래 표에서 정하는 제어풍속 이상이 되도록 하여야 한다.

물질의 상태	제어풍속(미터/초)
가스상태	0.5
입자상태	1.0

[비고] 1. 이 표에서 제어풍속이란 국소배기장치의 모든 후드를 개방한 경우의 제어풍속을 말한다.
　　　 2. 이 표에서 제어풍속은 후드의 형식에 따라 다음에서 정한 위치에서의 풍속을 말한다.
　　　　 • 포위식 또는 부스식 후드에서는 후드의 개구면에서의 풍속
　　　　 • 외부식 또는 리시버식 후드에서는 유해물질의 가스 · 증기 또는 분진이 빨려들어가는 범위에서 해당 개구면으로부터 가장 먼 작업위치에서의 풍속

4. 보건규칙 제455조(배출액의 처리)

　사업주는 허가대상 유해물질의 제조 · 사용 설비로부터 오염물이 배출되는 경우에 이로 인한 근로자의 건강장해를 예방할 수 있도록 배출액을 중화 · 침전 · 여과 또는 그 밖의 적절한 방식으로 처리하여야 한다.

5. 보건규칙 제456조(사용 전 점검 등) ●출제율 20%

① 사업주는 국소배기장치를 설치한 후 처음으로 사용하는 경우 또는 국소배기장치를 분해하여 개조하거나 수리를 한 후 처음으로 사용하는 경우에 다음의 사항을 사용 전에 점검하여야 한다.

   ㉠ 덕트와 배풍기의 분진상태

   ㉡ 덕트 접속부가 헐거워졌는지 여부

   ㉢ 흡기 및 배기 능력

   ㉣ 그 밖에 국소배기장치의 성능을 유지하기 위하여 필요한 사항

② 사업주는 제①항에 따른 점검결과 이상이 발견되었을 경우에 즉시 청소·보수 또는 그 밖에 필요한 조치를 하여야 한다.

③ 제①항에 따른 점검을 한 후 그 기록의 보존에 관하여는 제555조를 준용한다.

6. 보건규칙 제459조(명칭 등의 게시) ●출제율 20%

사업주는 허가대상 유해물질을 제조하거나 사용하는 작업장에 다음의 사항을 보기 쉬운 장소에 게시하여야 한다.

   ① 허가대상 유해물질의 명칭

   ② 인체에 미치는 영향

   ③ 취급상의 주의사항

   ④ 착용하여야 할 보호구

   ⑤ 응급처치와 긴급방재 요령

7. 보건규칙 제460조(유해성 등의 주지) ●출제율 40%

사업주는 근로자가 허가대상 유해물질을 제조하거나 사용하는 경우에 다음의 사항을 근로자에게 알려야 한다.

   ① 물리적·화학적 특성

   ② 발암성 등 인체에 미치는 영향과 증상

   ③ 취급상의 주의사항

   ④ 착용하여야 할 보호구와 착용방법

   ⑤ 위급상황 시의 대처방법과 응급조치 요령

   ⑥ 그 밖에 근로자의 건강장해 예방에 관한 사항

8. 보건규칙 제461조(용기 등)

① 사업주는 허가대상 유해물질을 운반하거나 저장하는 경우에 그 물질이 샐 우려가 없는 견고한 용기를 사용하거나 단단하게 포장을 하여야 한다.

② 사업주는 제①항에 따른 용기 또는 포장의 보기 쉬운 위치에 해당 물질의 명칭과 취급상의 주의사항을 표시하여야 한다.

③ 사업주는 허가대상 유해물질을 보관할 경우에 일정한 장소를 지정하여 보관하여야 한다.

④ 사업주는 허가대상 유해물질의 운반·저장 등을 위하여 사용한 용기 또는 포장을 밀폐하거나 실외의 일정한 장소를 지정하여 보관하여야 한다.

9. 보건규칙 제462조(작업 수칙) ●출제율 20%

사업주는 근로자가 허가대상 유해물질(베릴륨 및 석면은 제외한다)을 제조·사용하는 경우에 다음의 사항에 관한 작업 수칙을 정하고, 이를 해당 작업근로자에게 알려야 한다.

① 밸브·콕 등(허가대상 유해물질을 제조하거나 사용하는 설비에 원재료를 공급하는 경우 또는 그 설비로부터 제품 등을 추출하는 경우에 사용되는 것만 해당한다)의 조작

② 냉각장치, 가열장치, 교반장치 및 압축장치의 조작

③ 계측장치와 제어장치의 감시·조정

④ 안전밸브, 긴급차단장치, 자동경보장치 및 그 밖의 안전장치의 조정

⑤ 뚜껑·플랜지·밸브 및 콕 등 접합부가 새는지 점검

⑥ 시료의 채취 및 해당 작업에 사용된 기구 등의 처리

⑦ 이상사태가 발생한 경우의 응급조치

⑧ 보호구의 사용·점검·보관 및 청소

⑨ 허가대상 유해물질을 용기에 넣거나 꺼내는 작업 또는 반응조 등에 투입하는 작업

⑩ 그 밖에 허가대상 유해물질이 새지 않도록 하는 조치

10. 보건규칙 제467조(시료의 채취) ●출제율 20%

사업주는 허가대상 유해물질(베릴륨은 제외한다)의 제조설비로부터 시료를 채취하는 경우에 다음의 사항을 따라야 한다.

① 시료의 채취에 사용하는 용기 등은 시료채취 전용으로 할 것

② 시료의 채취는 미리 지정된 장소에서 하고 시료가 흩날리거나 새지 않도록 할 것

③ 시료의 채취에 사용한 용기 등은 세척한 후 일정한 장소에 보관할 것

11. 보건규칙 제468조(허가대상 유해물질의 제조·사용 시 적어야 하는 사항)

① 근로자의 이름

② 허가대상 유해물질의 명칭

③ 제조량 또는 사용량

④ 작업내용

⑤ 작업 시 착용한 보호구

⑥ 누출, 오염, 흡입 등의 사고가 발생한 경우 피해내용 및 조치사항

12. 보건규칙 제469조(방독마스크의 지급 등)

① 사업주는 근로자가 허가대상 유해물질을 제조하거나 사용하는 작업을 하는 경우에 개인 전용의 방진마스크나 방독마스크 등(이하 "방독마스크 등"이라 한다)을 지급하여 착용하도록 하여야 한다.

② 사업주는 제①항에 따라 지급하는 방독마스크 등을 보관할 수 있는 보관함을 갖추어야 한다.

③ 근로자는 제①항에 따라 지급된 방독마스크 등을 사업주의 지시에 따라 착용하여야 한다.

13. 보건규칙 제470조(보호복 등의 비치)

① 사업주는 근로자가 피부장해 등을 유발할 우려가 있는 허가대상 유해물질을 취급하는 경우에 불침투성 보호복·보호장갑·보호장화 및 피부보호용 약품을 갖추어 두고 이를 사용하도록 하여야 한다.

② 근로자는 제①항에 따라 지급된 보호구를 사업주의 지시에 따라 착용하여야 한다.

14. 보건규칙 제471조(설비기준)

사업주는 베릴륨을 제조하거나 사용하는 경우에 다음의 사항을 지켜야 한다.

① 베릴륨을 가열응착하거나 가열탈착하는 설비(수산화베릴륨으로부터 고순도 산화베릴륨을 제조하는 설비는 제외한다)는 다른 작업장소와 격리된 실내에 설치하고 국소배기장치를 설치할 것

② 베릴륨 제조설비(베릴륨을 가열응착 또는 가열탈착하는 설비, 아크로로) 등에 의하여 녹은 베릴륨으로 베릴륨합금을 제조하는 설비 및 수산화베릴륨으로 고순도 산화베릴륨을 제조하는 설비는 제외한다)는 밀폐식 구조로 하거나 위쪽·아래쪽 및 옆쪽에 덮개 등을 설치할 것

③ 제②호에 따른 설비로서 가동 중 내부를 점검할 필요가 있는 것은 덮여 있는 상태로 내부를 관찰할 것

④ 베릴륨을 제조하거나 사용하는 작업장소의 바닥과 벽은 불침투성 재료로 할 것

⑤ 아크로 등에 의하여 녹은 베릴륨으로 베릴륨합금을 제조하는 작업장소에는 국소배기장치를 설치할 것

⑥ 수산화베릴륨으로 고순도 산화베릴륨을 제조하는 설비는 다음 각 목의 사항을 갖출 것

　㉠ 열분해로는 다른 작업장소와 격리된 실내에 설치할 것

　㉡ 그 밖의 설비는 밀폐식 구조로 하고 위쪽·아래쪽 및 옆쪽에 덮개를 설치하거나 뚜껑을 설치할 수 있는 형태로 할 것

⑦ 베릴륨의 공급·이송 또는 운반은 해당 작업에 종사하는 근로자의 신체에 해당 물질이 직접 닿지 않는 방법으로 할 것

⑧ 분말상태의 베릴륨을 사용(공급·이송 또는 운반하는 경우는 제외한다)하는 경우에는 격리실에서 원격조작방법으로 할 것

⑨ 분말상태의 베릴륨을 계량하는 작업, 용기에 넣거나 꺼내는 작업, 포장하는 작업을 하는 경우로서 제⑧호에 따른 방법을 지키는 것이 현저히 곤란한 경우에는 해당 작업을 하는 근로자의 신체에 베릴륨이 직접 닿지 않는 방법으로 할 것

15. 보건규칙 제475조(시료의 채취)

　사업주는 근로자가 베릴륨의 제조설비로부터 시료를 채취하는 경우에 다음의 사항을 따라야 한다.

① 시료의 채취에 사용하는 용기 등은 시료채취 전용으로 할 것

② 시료의 채취는 미리 지정된 장소에서 하고 시료가 날리지 않도록 할 것

③ 시료의 채취에 사용한 용기 등은 세척한 후 일정한 장소에 보관할 것

16. 보건규칙 제476조(작업 수칙) ●출제율 20%

사업주는 베릴륨의 제조·사용 작업에 근로자를 종사하도록 하는 경우에 베릴륨 분진의 발산과 근로자의 오염을 방지하기 위하여 다음의 사항에 관한 작업 수칙을 정하고 이를 해당 작업근로자에게 알려야 한다.

① 용기에 베릴륨을 넣거나 꺼내는 작업
② 베릴륨을 담은 용기의 운반
③ 베릴륨을 공기로 수송하는 장치의 점검
④ 여과집진방식 집진장치의 여과재 교환
⑤ 시료의 채취 및 그 작업에 사용된 용기 등의 처리
⑥ 이상사태가 발생한 경우의 응급조치
⑦ 보호구의 사용·점검·보관 및 청소
⑧ 그 밖에 베릴륨 분진의 발산을 방지하기 위하여 필요한 조치

17. 보건규칙 제488조(일반석면조사)

① 건축물·설비를 철거하거나 해체하려는 건축물·설비의 소유주 또는 임차인 등은 그 건축물이나 설비의 석면함유 여부를 맨눈, 설계도서, 자재이력(履歷) 등 적절한 방법을 통하여 조사하여야 한다.
② 제①항에 따른 조사에도 불구하고 해당 건축물이나 설비의 석면함유 여부가 명확하지 않은 경우에는 석면의 함유 여부를 성분 분석하여 조사하여야 한다.

18. 보건규칙 제489조(석면해체·제거작업 계획 수립) ●출제율 20%

① 사업주는 석면해체·제거작업을 하기 전에 일반석면조사 또는 기관석면조사 결과를 확인한 후 다음의 사항이 포함된 석면해체·제거작업 계획을 수립하고, 이에 따라 작업을 수행하여야 한다.
㉠ 석면해체·제거작업의 절차와 방법
㉡ 석면 흩날림 방지 및 폐기방법
㉢ 근로자 보호조치
② 사업주는 제①항에 따른 석면해체·제거작업 계획을 수립한 경우에 이를 해당 근로자에게 알려야 하며, 작업장에 대한 석면조사 방법 및 종료일자, 석면조사 결과의 요지를 해당 근로자가 보기 쉬운 장소에 게시하여야 한다.

19. 보건규칙 제491조(개인보호구의 지급·착용) ●출제율 20%

① 사업주는 석면해체·제거작업에 근로자를 종사하도록 하는 경우에 다음의 개인보호구를 지급하여 착용하도록 하여야 한다. 다만, 제ⓒ호의 보호구는 근로자의 눈 부분이 노출될 경우에만 지급한다.
  ㉠ 방진마스크(특등급만 해당)나 송기마스크 또는 전동식 호흡보호구
  ㉡ 고글(Goggles)형 보호안경
  ㉢ 신체를 감싸는 보호복, 보호장갑 및 보호신발
② 근로자는 제①항에 따라 지급된 개인보호구를 사업주의 지시에 따라 착용하여야 한다.

20. 보건규칙 제495조(석면해체·제거작업 시의 조치) ●출제율 50%

사업주는 석면해체·제거작업에 근로자를 종사하도록 하는 경우에 다음 각 호의 구분에 따른 조치를 하여야 한다. 다만, 사업주가 다른 조치를 한 경우로서 지방고용노동관서의 장이 다음의 조치와 같거나 그 이상의 효과를 가진다고 인정하는 경우에는 다음의 조치를 한 것으로 본다.

① 분무된 석면이나 석면이 함유된 보온재 또는 내화피복재의 해체·제거작업
  ㉠ 창문·벽·바닥 등은 비닐 등 불침투성 차단재로 밀폐하고 해당 장소를 음압으로 유지할 것(작업장이 실내인 경우에만 해당한다)
  ㉡ 작업 시 석면분진이 흩날리지 않도록 고성능 필터가 장착된 석면분진 포집장치를 가동하는 등 필요한 조치를 할 것(작업장이 실외인 경우에만 해당한다)
  ㉢ 물이나 습윤제를 사용하여 습식으로 작업할 것
  ㉣ 평상복 탈의실, 샤워실 및 작업복 탈의실 등의 위생설비를 작업장과 연결하여 설치할 것(작업장이 실내인 경우에만 해당한다)
② 석면이 함유된 벽체, 바닥타일 및 천장재의 해체·제거작업(천공작업 등 석면이 적게 흩날리는 작업을 하는 경우에는 제ⓒ호의 조치로 한정한다)
  ㉠ 창문·벽·바닥 등은 비닐 등 불침투성 차단재로 밀폐할 것
  ㉡ 물이나 습윤제를 사용하여 습식으로 작업할 것
  ㉢ 작업장소를 음압으로 유지할 것(석면함유 벽체·바닥타일·천장재를 물리적으로 깨거나 기계 등을 이용하여 절단하는 작업인 경우에만 해당한다)
③ 석면이 함유된 지붕재의 해체·제거작업
  ㉠ 해체된 지붕재는 직접 땅으로 떨어뜨리거나 던지지 말 것
  ㉡ 물이나 습윤제를 사용하여 습식으로 작업할 것(습식작업 시 안전상 위험이 있는 경우는 제외한다)

ⓒ 난방이나 환기를 위한 통풍구가 지붕 근처에 있는 경우에는 이를 밀폐하고 환기설비의 가동을 중단할 것

④ 석면이 함유된 그 밖의 자재의 해체·제거작업

ㄱ 창문·벽·바닥 등은 비닐 등 불침투성 차단재로 밀폐할 것(작업장이 실내인 경우에만 해당한다)

ㄴ 석면분진이 흩날리지 않도록 석면분진 포집장치를 가동하는 등 필요한 조치를 할 것(작업장이 실외인 경우에만 해당한다)

ㄷ 물이나 습윤제를 사용하여 습식으로 작업할 것

09 보건규칙(금지유해물질에 의한 건강장해의 예방)

1. 보건규칙 제498조(정의)

① "금지유해물질"

영 제87조에 따른 유해물질을 말한다.

② "시험·연구 또는 검사 목적"

실험실이나 연구실에서 물질분석 등을 위하여 금지유해물질을 시약으로 사용하거나 그 밖의 용도로 조제하는 경우를 말한다.

③ "실험실등"

금지유해물질을 시험·연구 또는 검사용으로 제조·사용하는 장소를 말한다.

2. 보건규칙 제499조(설비기준 등) ● 출제율 30%

① 금지유해물질을 시험·연구 목적으로 제조하거나 사용하는 자는 다음의 조치를 하여야 한다.

ㄱ 제조·사용 설비는 밀폐식 구조로서 금지유해물질의 가스, 증기 또는 분진이 새지 않도록 할 것. 다만, 밀폐식 구조로 하는 것이 작업의 성질상 현저히 곤란하여 부스식 후드의 내부에 그 설비를 설치한 경우는 제외한다.

ㄴ 금지유해물질을 제조·저장·취급하는 설비는 내식성(耐蝕性)의 튼튼한 구조일 것

ㄷ 금지유해물질을 저장하거나 보관하는 양은 해당 시험·연구에 필요한 최소량으로 할 것

ㄹ 금지유해물질의 특성에 맞는 적절한 소화설비를 갖출 것

　　ⓜ 제조·사용·취급 조건이 해당 금지유해물질의 인화점 이상인 경우에는 사용하는 전기 기계·기구는 적절한 방폭구조(防爆構造)로 할 것

　　ⓗ 실험실 등에서 가스·액체 또는 잔재물을 배출하는 경우에는 안전하게 처리할 수 있는 설비를 갖출 것

　② 사업주는 제①항 제㉠호에 따라 설치한 밀폐식 구조라도 금지유해물질을 넣거나 꺼내는 작업 등을 하는 경우에 해당 작업장소에 국소배기장치를 설치하여야 한다. 다만, 금지유해물질의 가스·증기 또는 분진이 새지 않는 방법으로 작업하는 경우에는 그러하지 아니하다.

3. 보건규칙 제500조(국소배기장치의 성능 등) ●출제율 20%

　사업주는 부스식 후드의 내부에 해당 설비를 설치하는 경우에 다음의 기준에 맞도록 하여야 한다.

　① 부스식 후드의 개구면 외의 곳으로부터 금지유해물질의 가스·증기 또는 분진 등이 새지 않는 구조로 할 것

　② 부스식 후드의 적절한 위치에 배풍기를 설치할 것

　③ 제②호에 따른 배풍기의 성능은 부스식 후드 개구면에서의 제어풍속이 아래 표에서 정한 성능 이상이 되도록 할 것

물질의 상태	제어풍속(미터/초)
가스상태	0.5
입자상태	1.0

[비고] 이 표에서 제어풍속이란 모든 부스식 후드의 개구면을 완전 개방했을 때의 풍속을 말한다.

4. 보건규칙 제502조(유해성 등의 주지) ●출제율 40%

　사업주는 근로자가 금지유해물질을 제조·사용하는 경우에 다음의 사항을 근로자에게 알려야 한다.

　① 물리적·화학적 특성

　② 발암성 등 인체에 미치는 영향과 증상

　③ 취급상의 주의사항

　④ 착용하여야 할 보호구와 착용방법

　⑤ 위급상황 시의 대처방법과 응급처치 요령

　⑥ 그 밖에 근로자의 건강장해 예방에 관한 사항

5. 보건규칙 제503조(용기)

사업주는 금지유해물질의 보관용기는 해당 물질이 새지 않도록 다음의 기준에 맞도록 하여야 한다.

① 뒤집혀 파손되지 않는 재질일 것
② 뚜껑은 견고하고 뒤집혀 새지 않는 구조일 것
③ 용기는 전용용기를 사용하고 사용한 용기는 깨끗이 세척하여 보관하여야 한다.
④ 용기에는 경고표지를 붙여야 한다.

10 보건규칙(소음 및 진동에 의한 건강장해의 예방) ●출제율 40%

1. 보건규칙 제512조(정의)

① "소음작업"

1일 8시간 작업을 기준으로 85데시벨 이상의 소음이 발생하는 작업을 말한다.

② "강렬한 소음작업"

㉠ 90데시벨 이상의 소음이 1일 8시간 이상 발생하는 작업
㉡ 95데시벨 이상의 소음이 1일 4시간 이상 발생하는 작업
㉢ 100데시벨 이상의 소음이 1일 2시간 이상 발생하는 작업
㉣ 105데시벨 이상의 소음이 1일 1시간 이상 발생하는 작업
㉤ 110데시벨 이상의 소음이 1일 30분 이상 발생하는 작업
㉥ 115데시벨 이상의 소음이 1일 15분 이상 발생하는 작업

③ "충격소음작업"

소음이 1초 이상의 간격으로 발생하는 작업으로서 다음의 어느 하나에 해당하는 작업을 말한다.

㉠ 120데시벨을 초과하는 소음이 1일 1만 회 이상 발생하는 작업
㉡ 130데시벨을 초과하는 소음이 1일 1천 회 이상 발생하는 작업
㉢ 140데시벨을 초과하는 소음이 1일 1백 회 이상 발생하는 작업

④ "진동작업"

다음의 어느 하나에 해당하는 기계·기구를 사용하는 작업을 말한다.

    ㉠ 착암기(鑿巖機)

    ㉡ 동력을 이용한 해머

    ㉢ 체인톱

    ㉣ 엔진 커터(engine cutter)

    ㉤ 동력을 이용한 연삭기(硏削機)

    ㉥ 임팩트 렌치(impact wrench)

    ㉦ 그 밖에 진동으로 인하여 건강장해를 유발할 수 있는 기계·기구

⑤ "청력보존 프로그램"

다음 각 목의 사항이 포함된 소음성 난청을 예방·관리하기 위한 종합적인 계획을 말한다.

    ㉠ 소음노출 평가

    ㉡ 소음노출에 대한 공학적 대책

    ㉢ 청력보호구의 지급과 착용

    ㉣ 소음의 유해성 및 예방 관련 교육

    ㉤ 정기적 청력검사

    ㉥ 청력보존 프로그램 수립 및 시행 관련 기록·관리체계

    ㉦ 그 밖에 소음성 난청 예방·관리에 필요한 사항

2. 보건규칙 제514조(소음수준의 주지 등)

사업주는 소음작업, 강렬한 소음작업 또는 충격소음작업에 근로자를 종사하도록 하는 경우에 다음의 사항을 근로자에게 알려야 한다.

① 해당 작업장소의 소음 수준

② 인체에 미치는 영향과 증상

③ 보호구의 선정과 착용방법

④ 그 밖에 소음으로 인한 건강장해 방지에 필요한 사항

3. 보건규칙 제515조(난청발생에 따른 조치)

사업주는 소음으로 인하여 근로자에게 소음성 난청 등의 건강장해가 발생하였거나 발생할 우려가 있는 경우에 다음의 조치를 하여야 한다.

① 해당 작업장의 소음성 난청 발생원인 조사

② 청력손실을 감소시키고 청력손실의 재발을 방지하기 위한 대책 마련

③ 제②호에 따른 대책의 이행 여부 확인

④ 작업전환 등 의사의 소견에 따른 조치

4. 보건규칙 제517조(청력보존 프로그램 시행 등)

사업주는 다음의 어느 하나에 해당하는 경우에 청력보존 프로그램을 수립하여 시행하여야 한다.

① 근로자가 소음작업, 강렬한 소음작업 또는 충격소음작업에 종사하는 사업장

② 소음으로 인하여 근로자에게 건강장해가 발생한 사업장

5. 보건규칙 제519조(유해성 등의 주지)

사업주는 근로자가 진동작업에 종사하는 경우에 다음의 사항을 근로자에게 충분히 알려야 한다.

① 인체에 미치는 영향과 증상

② 보호구의 선정과 착용방법

③ 진동 기계·기구 관리 및 사용 방법

④ 진동 장해 예방방법

11 보건규칙(이상기압에 의한 건강장해의 예방)

1. 보건규칙 제522조(정의)

① "고압작업"

고기압(압력이 제곱센티미터당 1킬로그램 이상인 기압을 말한다. 이하 같다)에서 잠함공법(潛函工法)이나 그 외의 압기공법(壓氣工法)으로 하는 작업을 말한다.

② "잠수작업"

물속에서 하는 다음의 작업을 말한다.

㉠ 표면공급식 잠수작업 : 수면 위의 공기압축기 또는 호흡용 기체통에서 압축된 호흡용 기체를 공급받으면서 하는 작업

㉡ 스쿠버 잠수작업 : 호흡용 기체통을 휴대하고 하는 작업

③ "기압조절실"

고압작업을 하는 근로자(이하 "고압작업자"라 한다) 또는 잠수작업을 하는 근로자
(이하 "잠수작업자"라 한다)가 가압 또는 감압을 받는 장소를 말한다.

④ "압력"

게이지 압력을 말한다.

⑤ "비상기체통"

주된 기체공급장치가 고장난 경우 잠수작업자가 안전한 지역으로 대피하기 위하여
필요한 충분한 양의 호흡용 기체를 저장하고 있는 압력용기와 부속장치를 말한다.

2. 보건규칙 제523조(작업실 공기의 부피)

사업주는 근로자가 고압작업에 종사하는 경우에 작업실의 공기의 부피가 근로자 1인당
4세제곱미터 이상이 되도록 하여야 한다.

3. 보건규칙 제524조(기압조절실 공기의 부피와 환기 등)

① 사업주는 기압조절실의 바닥면적과 공기의 부피를 그 기압조절실에서 가압이나 감
압을 받는 근로자 1인당 각각 0.3제곱미터 이상 및 0.6세제곱미터 이상이 되도록
하여야 한다.

② 사업주는 기압조절실 내의 이산화탄소로 인한 건강장해를 방지하기 위하여 이산화
탄소의 분압이 제곱센티미터당 0.005킬로그램을 초과하지 않도록 환기 등 그 밖에
필요한 조치를 하여야 한다.

4. 보건규칙 제527조(압력계)

① 사업주는 공기를 작업실로 보내는 밸브나 콕을 외부에 설치하는 경우에 그 장소에
작업실 내의 압력을 표시하는 압력계를 함께 설치하여야 한다.

② 사업주는 제①항에 따른 밸브나 콕을 내부에 설치하는 경우에 이를 조작하는 사람
에게 휴대용 압력계를 지니도록 하여야 한다.

③ 사업주는 고압작업자에게 가압이나 감압을 하기 위한 밸브나 콕을 기압조절실 외부
에 설치하는 경우에 그 장소에 기압조절실 내의 압력을 표시하는 압력계를 함께 설
치하여야 한다.

④ 사업주는 제③항에 따른 밸브나 콕을 기압조절실 내부에 설치하는 경우에 이를 조
작하는 사람에게 휴대용 압력계를 지니도록 하여야 한다.

⑤ 제①항부터 제④항까지의 규정에 따른 압력계는 한 눈금이 제곱센티미터당 0.2킬로그램 이하인 것이어야 한다.

⑥ 사업주는 잠수작업자에게 압축공기를 보내는 경우에 압력계를 설치하여야 한다.

5. 보건규칙 제530조(공기조)

① 사업주는 잠수작업자에게 공기를 보내는 경우에 공기량을 조절하기 위한 공기조와 사고 시에 필요한 공기를 저장하기 위한 공기조(이하 "예비공기조"라 한다)를 설치하여야 한다.

② 제①항에 따른 예비공기조는 다음의 기준에 맞는 것이어야 한다.

　㉠ 공기조 안의 공기압력은 항상 최고 잠수심도 압력의 1.5배 이상일 것

　㉡ 공기조의 내용적은 다음의 계산식으로 계산한 값 이상일 것

$$V = 60(0.3D + 4)/P$$

　　여기서,　V : 공기조의 내용적(단위 : 리터)

　　　　　　D : 최고 잠수심도(단위 : 미터)

　　　　　　P : 공기조 내의 공기의 압력(단위 : 제곱센티미터당 킬로그램)

6. 보건규칙 제531조(압력조절기)

사업주는 공기압력이 제곱센티미터당 10킬로그램 이상인 호흡용 공기통의 공기를 잠수작업자에게 보내는 경우에 2단 이상의 감압방식에 의한 압력조절기를 잠수작업자에게 사용하도록 하여야 한다.

7. 보건규칙 제532조(가압의 속도)

사업주는 기압조절실에서 고압작업자에게 가압을 하는 경우 1분에 제곱센티미터당 0.8킬로그램 이하의 속도로 하여야 한다.

8. 보건규칙 제535조(감압 시의 조치) ●출제율 20%

① 사업주는 기압조절실에서 고압작업자에게 감압을 하는 경우에 다음의 조치를 하여야 한다.

　㉠ 기압조절실 바닥면의 조도를 20럭스 이상이 되도록 할 것

     ⓒ 기압조절실 내의 온도가 섭씨 10도 이하가 되는 경우에 고압작업자에게 모포
        등 적절한 보온용구를 지급하여 사용하도록 할 것

     ⓒ 감압에 필요한 시간이 1시간을 초과하는 경우에 고압작업자에게 의자 또는 그
        밖의 휴식용구를 지급하여 사용하도록 할 것

   ② 사업주는 기압조절실에서 고압작업자에게 감압을 하는 경우에 그 감압에 필요한 시
    간을 해당 고압작업자에게 미리 알려야 한다.

9. 보건규칙 제536조(감압상황의 기록 등)

   ① 사업주는 이상기압에서 근로자에게 고압작업을 하도록 하는 경우 기압조절실에 자
    동기록 압력계를 갖추어 두어야 한다.

   ② 사업주는 해당 고압작업자에게 감압을 할 때마다 그 감압의 상황을 기록한 서류,
    그 고압작업자의 성명과 감압일시 등을 기록한 서류를 작성하고 이를 5년간 보존하
    여야 한다.

10. 보건규칙 제543조(잠함작업실 굴착의 제한)

  사업주는 잠함의 급격한 침하에 따른 고압실 내 작업자의 위험을 방지하기 위하여 잠함
작업실 아랫부분을 50센티미터 이상 파서는 아니 된다.

11. 보건규칙 제544조(송기량)

  사업주는 공기압축기나 수동펌프에 의하여 잠수작업자에게 공기를 보내는 경우에 잠수
작업자마다 그 수심의 압력 아래에서 분당 송기량을 60리터 이상이 되도록 하여야 한다.

12. 보건규칙 제545조(스쿠버 잠수작업 시 조치)

   ① 사업주는 근로자가 스쿠버 잠수작업을 하는 경우에는 잠수작업자 2명을 1조로 하여
    잠수작업을 하도록 하여야 하며, 잠수작업을 하는 곳에 감시인을 두어 잠수작업자
    의 이상 유무를 감시하게 하여야 한다.

   ② 사업주는 스쿠버 잠수작업(실내에서 잠수작업을 하는 경우는 제외한다)을 하는 잠
    수작업자에게 비상기체통을 제공하여야 한다.

   ③ 사업주는 호흡용 기체통 및 비상기체통의 기능의 이상 유무 및 해당 기체통에 저장
    된 호흡용 기체량 등을 확인하여 그 내용을 잠수작업자에게 알려야 하며, 이상이
    있는 호흡용 기체통이나 비상기체통을 잠수작업자에게 제공해서는 아니 된다.

④ 사업주는 스쿠버 잠수작업을 하는 잠수작업자에게 수중시계, 수중압력계, 예리한 칼 등을 제공하여 잠수작업자가 이를 지니도록 하여야 하며, 잠수작업자에게 부력조절기를 착용하게 하여야 한다.

⑤ 스쿠버 잠수작업을 하는 잠수작업자는 잠수작업을 하는 동안 비상기체통을 휴대하여야 한다. 다만, 해당 잠수작업의 특성상 휴대가 어려운 경우에는 위급상황 시 바로 사용할 수 있도록 잠수작업을 하는 곳 인근 장소에 두어야 한다.

13. 보건규칙 제546조(고농도 산소의 사용 제한)

사업주는 잠수작업을 하는 잠수작업자에게 고농도의 산소만을 들이마시도록 해서는 아니 된다. 다만, 급부상 등으로 중대한 신체상의 장해가 발생한 잠수작업자를 치유하기 위하여 다시 잠수하여 산소를 들이마시게 하는 경우에는 그러하지 아니하다.

14. 보건규칙 제547조(표면공급식 잠수작업 시 조치)

① 사업주는 근로자가 표면공급식 잠수작업을 하는 경우 잠수작업자가 1명인 경우에는 감시인을 1명 배치하고, 잠수작업자가 2명 이상인 경우에는 감시인 1명당 잠수작업자가 2명을 초과하지 않도록 감시인을 배치해야 한다.

② 사업주는 제①항에 따라 배치한 감시인이 다음 각 호의 사항을 준수하도록 해야 한다.

　㉠ 잠수작업자를 적정하게 잠수시키거나 수면 위로 올라오게 할 것

　㉡ 잠수작업자에 대한 송기조절을 위한 밸브나 콕을 조작하는 사람과 연락하여 잠수작업자에게 필요한 양의 호흡용 기체를 보내도록 할 것

　㉢ 송기설비의 고장이나 그 밖의 사고로 인하여 잠수작업자에게 위험이나 건강장해가 발생할 우려가 있는 경우에는 신속히 잠수작업자에게 연락할 것

　㉣ 잠수작업 전에 잠수작업자가 사용할 잠수장비의 이상 유무를 점검할 것

③ 사업주는 다음 각 호의 어느 하나에 해당하는 표면공급식 잠수작업을 하는 잠수작업자에게 제④항 각 호의 잠수장비를 제공하여야 한다.

　㉠ 18미터 이상의 수심에서 하는 잠수작업

　㉡ 수면으로 부상하는 데에 제한이 있는 장소에서의 잠수작업

　㉢ 감압계획에 따를 때 감압정지가 필요한 잠수작업

④ 제③항에 따라 사업주가 잠수작업자에게 제공하여야 하는 잠수장비는 다음 각 호와 같다.

　㉠ 비상기체통

　　ⓛ 비상기체공급밸브, 역지밸브(non return valve) 등이 달려있는 잠수마스크
　　　또는 잠수헬멧
　　ⓒ 감시인과 잠수작업자 간에 연락할 수 있는 통화장치
⑤ 사업주는 표면공급식 잠수작업을 하는 잠수작업자에게 신호밧줄, 수중시계, 수중압
　력계 및 예리한 칼 등을 제공하여 잠수작업자가 이를 지니도록 하여야 한다. 다만,
　통화장치에 따라 잠수작업자가 감시인과 통화할 수 있는 경우에는 신호밧줄, 수중
　시계 및 수중압력계를 제공하지 아니할 수 있다.
⑥ 제③항 각 호에 해당하는 곳에서 표면공급식 잠수작업을 하는 잠수작업자는 잠수작
　업을 하는 동안 비상기체통을 휴대하여야 한다. 다만, 해당 잠수작업의 특성상 휴대
　가 어려운 경우에는 위급상황 시 즉시 사용할 수 있도록 잠수작업을 하는 곳 인근
　장소에 두어야 한다.

15. 보건규칙 제551조(고압작업설비의 점검 등)

① 사업주는 고압작업을 위한 설비나 기구에 대하여 다음에서 정하는 바에 따라 점검
　하여야 한다.
　ⓖ 다음의 시설이나 장치에 대하여 매일 1회 이상 점검할 것
　　ⓐ 배기관과 통화장치
　　ⓑ 작업실과 기압조절실의 공기를 조절하기 위한 밸브나 콕
　　ⓒ 작업실과 기압조절실의 배기를 조절하기 위한 밸브나 콕
　　ⓓ 작업실과 기압조절실에 공기를 보내기 위한 공기압축기에 부속된 냉각장치
　ⓛ 다음의 장치와 기구에 대하여 매주 1회 이상 점검할 것
　　ⓐ 자동경보장치
　　ⓑ 용구
　　ⓒ 작업실과 기압조절실에 공기를 보내기 위한 공기압축기
　ⓒ 다음의 장치와 기구를 매월 1회 이상 점검할 것
　　ⓐ 압력계
　　ⓑ 공기청정장치
② 사업주는 제①항에 따른 점검결과 이상을 발견한 경우에 즉시 보수, 교체, 그 밖에
　필요한 조치를 하여야 한다.

16. 보건규칙 제552조(잠수작업설비의 점검 등) ●출제율 30%

① 사업주는 잠수작업자가 잠수작업을 하기 전에 다음의 구분에 따라 잠수기구 등을 점검하여야 한다.

ㄱ 스쿠버 잠수작업을 하는 경우 : 잠수기, 압력조절기 및 제545조에 따라 잠수작업자가 사용할 잠수기구

ㄴ 표면공급식 잠수작업을 하는 경우 : 잠수기, 송기관, 압력조절기 및 제547조에 따라 잠수작업자가 사용할 잠수기구

② 사업주는 표면공급식 잠수작업의 경우 잠수작업자가 사용할 다음의 설비를 다음에서 정하는 바에 따라 점검하여야 한다.

ㄱ 공기압축기 또는 수압펌프 : 매주 1회 이상(공기압축기에서 공기를 보내는 잠수작업의 경우만 해당한다)

ㄴ 수중압력계 : 매월 1회 이상

ㄷ 수중시계 : 3개월에 1회 이상

ㄹ 산소발생기 : 6개월에 1회 이상(호흡용 기체통에서 기체를 보내는 잠수작업의 경우만 해당한다)

③ 사업주는 제①항과 제②항에 따른 점검결과 이상을 발견한 경우에 즉시 보수, 교체, 그 밖에 필요한 조치를 하여야 한다.

12 보건규칙(온도·습도에 의한 건강장해의 예방)

1. 보건규칙 제558조(정의)

① "고열"
열에 의하여 근로자에게 열경련·열탈진 또는 열사병 등의 건강장해를 유발할 수 있는 더운 온도를 말한다.

② "한랭"
냉각원(冷却源)에 의하여 근로자에게 동상 등의 건강장해를 유발할 수 있는 차가운 온도를 말한다.

③ "다습"
습기로 인하여 근로자에게 피부질환 등의 건강장해를 유발할 수 있는 습한 상태를 말한다.

2. 보건규칙 제559조(고열작업 등) ●출제율 20%

① "고열작업"이란 다음의 어느 하나에 해당하는 장소에서의 작업을 말한다.

　㉠ 용광로, 평로(平爐), 전로 또는 전기로에 의하여 광물이나 금속을 제련하거나 정련하는 장소

　㉡ 용선로(鎔船爐) 등으로 광물·금속 또는 유리를 용해하는 장소

　㉢ 가열로(加熱爐) 등으로 광물·금속 또는 유리를 가열하는 장소

　㉣ 도자기나 기와 등을 소성(燒成)하는 장소

　㉤ 광물을 배소(焙燒) 또는 소결(燒結)하는 장소

　㉥ 가열된 금속을 운반·압연 또는 가공하는 장소

　㉦ 녹인 금속을 운반하거나 주입하는 장소

　㉧ 녹인 유리로 유리제품을 성형하는 장소

　㉨ 고무에 황을 넣어 열처리하는 장소

　㉩ 열원을 사용하여 물건 등을 건조시키는 장소

　㉪ 갱내에서 고열이 발생하는 장소

　㉫ 가열된 노(로)를 수리하는 장소

　㉬ 그 밖에 고용노동부장관이 인정하는 장소

② "한랭작업"이란 다음의 어느 하나에 해당하는 장소에서의 작업을 말한다.

　㉠ 다량의 액체공기·드라이아이스 등을 취급하는 장소

　㉡ 냉장고·제빙고·저빙고 또는 냉동고 등의 내부

　㉢ 그 밖에 고용노동부장관이 인정하는 장소

③ "다습작업"이란 다음의 어느 하나에 해당하는 장소에서의 작업을 말한다.

　㉠ 다량의 증기를 사용하여 염색조로 염색하는 장소

　㉡ 다량의 증기를 사용하여 금속·비금속을 세척하거나 도금하는 장소

　㉢ 방적 또는 직포(織布) 공정에서 가습하는 장소

　㉣ 다량의 증기를 사용하여 가죽을 탈지(脫脂)하는 장소

　㉤ 그 밖에 고용노동부장관이 인정하는 장소

④ "폭염작업"이란 폭염으로 인해 측정한 온도(이하 "체감온도"라 한다)가 31도 이상이 되는 작업장소에서의 장시간 작업을 말한다.

3. 보건규칙 제560조(온도·습도 조절 등)

① 사업주는 고열·한랭 또는 다습작업이 실내인 경우에 냉난방 또는 통풍 등을 위하

여 적절한 온도·습도 조절장치를 설치하여야 한다. 다만, 작업의 성질상 온도·습도 조절장치를 설치하는 것이 매우 곤란하여 별도의 건강장해 방지 조치를 한 경우에는 그러하지 아니하다.

② 사업주는 근로자가 폭염작업을 하는 경우에는 다음 각 호의 어느 하나 이상에 해당하는 조치를 해야 한다. 다만, 사업주가 제㉠호 또는 제㉡호의 조치를 하였음에도 불구하고 해당 작업장소에서의 작업이 폭염작업에 해당하는 경우에는 제㉢호에 따른 조치를 해야 한다.

㉠ 냉방 또는 통풍 등을 위한 적절한 온도·습도 조절장치의 설치·가동

㉡ 작업시간대의 조정 등 폭염 노출을 줄일 수 있는 조치

㉢ 폭염작업으로 인한 건강장해 예방을 위하여 필요한 적절한 휴식시간의 부여

③ 제②항에도 불구하고 사업주는 근로자가 「기상법」에 따른 폭염특보의 기준이 되는 체감온도 33도 이상인 작업장소에서 폭염작업을 하는 경우에는 매 2시간 이내에 20분 이상의 휴식을 주어야 한다. 다만, 작업의 성질상 휴식을 부여하기 매우 곤란하여 개인용 냉방 또는 통풍장치를 지급·가동하거나 개인용 보냉장구를 지급·착용하게 하는 등으로 근로자의 체온 상승을 줄일 수 있는 조치를 한 경우에는 그렇지 않다.

④ 사업주는 제①항에 따른 냉방장치를 설치하는 경우에 외부의 대기온도보다 현저히 낮게 해서는 아니 된다. 다만, 작업의 성질상 냉방장치를 가동하여 일정한 온도를 유지하여야 하는 장소로서 근로자에게 보온을 위하여 필요한 조치를 하는 경우에는 그러하지 아니하다.

4. 보건규칙 제561조(환기장치의 설치 등)

사업주는 실내에서 고열작업을 하는 경우에 고열을 감소시키기 위하여 환기장치설치, 열원과의 격리, 복사열 차단 등 필요한 조치를 하여야 한다.

5. 보건규칙 제562조(고열·폭염장해 예방조치)

① 사업주는 근로자가 고열작업을 하는 경우에 열경련·열탈진 등의 건강장해를 예방하기 위하여 다음 각 호의 조치를 하여야 한다.

㉠ 근로자를 새로 배치할 경우에는 고열에 순응할 때까지 고열작업시간을 매일 단계적으로 증가시키는 등 필요한 조치를 할 것

    ⓛ 근로자가 온도 · 습도를 쉽게 알 수 있도록 온도계 등의 기기를 작업장소에 상시 갖추어 둘 것

    ⓒ 근로자에게 고열작업에 따른 건강장해의 증상 및 예방조치, 응급조치 요령 등에 관한 사항을 고열작업 전에 미리 알릴 것

② 사업주는 폭염작업으로 인한 건강장해를 예방하기 위하여 다음 각 호의 조치를 해야 한다.

    ㉠ 폭염작업이 예상되는 작업장소에 온 · 습도계 등 온도 · 습도를 측정하는 기기를 상시 갖추어 둘 것

    ⓛ 근로자에게 폭염작업에 따른 건강장해의 증상 및 예방조치, 응급조치 요령 등에 관한 사항을 폭염작업 전에 미리 알릴 것

    ⓒ 폭염작업이 이루어진 작업장소에서 측정한 체감온도와 조치사항을 폭염작업이 이루어진 일자별로 기록하고, 그 내용을 폭염작업이 있었던 해당 연도 12월 31일까지 보관할 것

③ 사업주는 근로자의 고열작업 또는 폭염작업으로 인하여 열사병 등 건강장해가 발생되었거나 발생한 것으로 의심되는 경우에는 지체 없이 사업장 소재지를 관할하는 소방관서(「119구조 · 구급에 관한 법률」 제2조에 따른 119구급대를 포함한다)에 직접 신고하거나 근로자로 하여금 신고하게 하는 등 고열작업 또는 폭염작업으로 인한 건강장해를 해소하기 위하여 필요한 적절한 조치를 해야 한다.

6. 보건규칙 제563조(한랭장해 예방조치)

사업주는 근로자가 한랭작업을 하는 경우에 동상 등의 건강장해를 예방하기 위하여 다음의 조치를 하여야 한다.

① 혈액순환을 원활히 하기 위한 운동지도를 할 것
② 적절한 지방과 비타민 섭취를 위한 영양지도를 할 것
③ 체온 유지를 위하여 더운물을 준비할 것
④ 젖은 작업복 등은 즉시 갈아입도록 할 것

7. 보건규칙 제564조(다습장해 예방조치)

① 사업주는 근로자가 다습작업을 하는 경우에 습기 제거를 위하여 환기하는 등 적절한 조치를 하여야 한다. 다만, 작업의 성질상 습기 제거가 어려운 경우에는 그러하지 아니하다.

② 사업주는 제①항 단서에 따라 작업의 성질상 습기 제거가 어려운 경우에 다습으로 인한 건강장해가 발생하지 않도록 개인위생관리를 하도록 하는 등 필요한 조치를 하여야 한다.

③ 사업주는 실내에서 다습작업을 하는 경우에 수시로 소독하거나 청소하는 등 미생물이 번식하지 않도록 필요한 조치를 하여야 한다.

8. 보건규칙 제568조(갱내의 온도)

갱내의 기온은 섭씨 37도 이하로 유지하여야 한다. 다만, 인명구조 작업이나 유해·위험 방지작업을 할 때 고열로 인한 근로자의 건강장해를 방지하기 위하여 필요한 조치를 한 경우에는 그러하지 아니하다.

9. 보건규칙 제571조(소금과 음료수 등의 비치)

사업주는 근로자가 작업 중 땀을 많이 흘리게 되는 장소에 소금과 깨끗한 음료 등을 충분히 섭취할 수 있도록 갖추어 두어야 한다.

10. 보건규칙 제572조(보호구의 지급 등)

① 사업주는 다음의 어느 하나에서 정하는 바에 따라 근로자에게 적절한 보호구를 지급하고, 이를 착용하도록 하여야 한다.
  ㉠ 다량의 고열물체를 취급하거나 매우 더운 장소에서 작업하는 근로자 : 방열장갑과 방열복
  ㉡ 다량의 저온물체를 취급하거나 현저히 추운 장소에서 작업하는 근로자 : 방한모, 방한화, 방한장갑 및 방한복

② 제①항에 따라 보호구를 지급하는 경우에는 근로자 개인 전용의 것을 지급하여야 한다.

③ 근로자는 제①항에 따라 지급된 보호구를 사업주의 지시에 따라 착용하여야 한다.

13 보건규칙(방사선에 의한 건강장해의 예방)

1. 보건규칙 제573조(정의)

① "방사선"

전자파나 입자선 중 직접 또는 간접적으로 공기를 전리(電離)하는 능력을 가진 것으로서 알파선, 중양자선, 양자선, 베타선, 그 밖의 중하전입자선, 중성자선, 감마선, 엑스선 및 5만 전자볼트 이상(엑스선 발생장치의 경우에는 5천 전자볼트 이상)의 에너지를 가진 전자선을 말한다.

② "방사성물질"

핵연료물질, 사용 후의 핵연료, 방사성동위원소 및 원자핵분열 생성물을 말한다.

③ "방사선관리구역"

방사선에 노출될 우려가 있는 업무를 하는 장소를 말한다.

2. 보건규칙 제574조(방사성물질의 밀폐 등) ●출제율 20%

① 사업주는 근로자가 다음에 해당하는 방사선 업무를 하는 경우에 방사성물질의 밀폐, 차폐물(遮蔽物)의 설치, 국소배기장치의 설치, 경보시설의 설치 등 근로자의 건강장해를 예방하기 위하여 필요한 조치를 하여야 한다.

㉠ 엑스선 장치의 제조ㆍ사용 또는 엑스선이 발생하는 장치의 검사업무

㉡ 선형가속기(線形加速器), 사이크로트론(cyclotron) 및 신크로트론(synchrotron) 등 하전입자(荷電粒子)를 가속하는 장치(이하 "입자가속장치"라 한다)의 제조ㆍ사용 또는 방사선이 발생하는 장치의 검사 업무

㉢ 엑스선관과 케노트론(kenotron)의 가스 제거 또는 엑스선이 발생하는 장비의 검사 업무

㉣ 방사성물질이 장치되어 있는 기기의 취급 업무

㉤ 방사성물질 취급과 방사성물질에 오염된 물질의 취급 업무

㉥ 원자로를 이용한 발전 업무

㉦ 갱내에서의 핵원료물질의 채굴 업무

㉧ 그 밖에 방사선 노출이 우려되는 기기 등의 취급 업무

② 사업주는 「원자력안전법」의 방사선투과검사를 위하여 방사성동위원소 또는 방사선 발생장치를 이동사용하는 작업에 근로자를 종사하도록 하는 경우에는 근로자에게 다음 각 호에 따른 장비를 지급하고 착용하도록 하여야 한다.

ⓐ 개인선량계

ⓑ 방사선경보기

③ 근로자는 제②항에 따라 지급받은 장비를 착용하여야 한다.

3. 보건규칙 제575조(방사선관리구역의 지정 등)

① 사업주는 근로자가 방사선업무를 하는 경우에 건강장해를 예방하기 위하여 방사선 관리구역을 지정하고 다음의 사항을 게시하여야 한다.

　ⓐ 방사선량 측정용구의 착용에 관한 주의사항

　ⓑ 방사선 업무상 주의사항

　ⓒ 방사선 피폭(被曝) 등 사고 발생 시의 응급조치에 관한 사항

　ⓓ 그 밖에 방사선 건강장해 방지에 필요한 사항

② 사업주는 방사선업무를 하는 관계근로자가 아닌 사람이 방사선 관리구역에 출입하는 것을 금지하여야 한다.

③ 근로자는 제②항에 따라 출입이 금지된 장소에 사업주의 허락 없이 출입해서는 아니 된다.

4. 보건규칙 제576조(방사선 장치실)

　사업주는 다음의 장치나 기기(이하 "방사선장치"라 한다)를 설치하려는 경우에 전용의 작업실(이하 "방사선장치실"이라 한다)에 설치하여야 한다. 다만, 적절히 차단되거나 밀폐된 구조의 방사선장치를 설치한 경우, 방사선장치를 수시로 이동하여 사용하여야 하는 경우 또는 사용목적이나 작업의 성질상 방사선장치를 방사선장치실 안에 설치하기가 곤란한 경우에는 그러하지 아니하다.

① 엑스선장치

② 입자가속장치

③ 엑스선관 또는 케노트론의 가스추출 및 엑스선 이용 검사장치

④ 방사성물질을 내장하고 있는 기기

5. 보건규칙 제577조(방사성물질 취급 작업실)

　사업주는 근로자가 밀봉되어 있지 아니한 방사성물질을 취급하는 경우에 방사성물질 취급 작업실에서 작업하도록 하여야 한다. 다만, 다음의 경우에는 그러하지 아니하다.

① 누수의 조사

② 곤충을 이용한 역학적 조사

③ 원료물질 생산 공정에서의 이동상황 조사

④ 핵원료물질을 채굴하는 경우

⑤ 그 밖에 방사성물질을 널리 분산하여 사용하거나 그 사용이 일시적인 경우

6. 보건규칙 제578조(방사성물질 취급 작업실의 구조)

사업주는 방사성물질 취급 작업실 안의 벽·책상 등 오염 우려가 있는 부분을 다음의 구조로 하여야 한다.

① 기체나 액체가 침투하거나 부식되기 어려운 재질로 할 것

② 표면이 편평하게 다듬어져 있을 것

③ 돌기가 없고 파이지 않거나 틈이 작은 구조로 할 것

7. 보건규칙 제579조(게시 등) ● 출제율 10%

사업주는 방사선 발생장치나 기기에 대하여 다음의 구분에 따른 내용을 근로자가 보기 쉬운 장소에 게시하여야 한다.

① 입자가속장치

　㉠ 장치의 종류

　㉡ 방사선의 종류와 에너지

② 방사성물질을 내장하고 있는 기기

　㉠ 기기의 종류

　㉡ 내장하고 있는 방사성물질에 함유된 방사성 동위원소의 종류와 양(단위 : 베크렐)

　㉢ 해당 방사성물질을 내장한 연월일

　㉣ 소유자의 성명 또는 명칭

8. 보건규칙 제587조(보호구의 지급 등)

① 사업주는 근로자가 분말 또는 액체 상태의 방사성물질에 오염된 지역에서 작업을 하는 경우에 개인전용의 적절한 호흡용 보호구를 지급하고 착용하도록 하여야 한다.

② 사업주는 방사성물질을 취급하는 때에 방사성물질이 흩날림으로써 근로자의 신체가 오염될 우려가 있는 경우에 보호복, 보호장갑, 신발덮개, 보호모 등의 보호구를 지급하고 착용하도록 하여야 한다.

③ 근로자는 제①항에 따라 지급된 보호구를 사업주의 지시에 따라 착용하여야 한다.

9. 보건규칙 제591조(유해성 등의 주지)

사업주는 근로자가 방사선업무를 하는 경우에 방사선이 인체에 미치는 영향, 안전한 작업방법, 건강관리 요령 등에 관한 내용을 근로자에게 알려야 한다.

14 보건규칙(병원체에 의한 건강장해의 예방)

1. 보건규칙 제592조(정의)

① "혈액매개 감염병"

후천성면역결핍증(AIDS), B형간염 및 C형간염, 매독 등 혈액 및 체액을 매개로 타인에게 전염되어 질병을 유발하는 감염병을 말한다.

② "공기매개 감염병"

결핵·수두·홍역 등 공기 또는 비말핵 등을 매개로 호흡기를 통하여 전염되는 감염병을 말한다.

③ "곤충 및 동물매개 감염병"

쯔쯔가무시증, 렙토스피라증, 신증후군출혈열 등 동물의 배설물 등에 의하여 전염되는 감염병과 탄저병, 브루셀라증 등 가축이나 야생동물로부터 사람에게 감염되는 인수공통(人獸共通) 감염병을 말한다.

④ "곤충 및 동물매개 감염병 고위험작업"

다음의 작업을 말한다.

㉠ 습지 등에서의 실외 작업

㉡ 야생 설치류와의 직접 접촉 및 배설물을 통한 간접 접촉이 많은 작업

㉢ 가축 사육이나 도살 등의 작업

⑤ "혈액노출"

눈, 구강, 점막, 손상된 피부 또는 주사침 등에 의한 침습적 손상을 통하여 혈액 또는 병원체가 들어 있는 것으로 의심이 되는 혈액 등에 노출되는 것을 말한다.

2. 보건규칙 제593조(적용 범위)

이 장의 규정은 근로자가 세균·바이러스·곰팡이 등 병원체에 노출될 위험이 있는 다음의 작업을 하는 사업 또는 사업장에 대하여 적용한다.

① 「의료법」상 의료행위를 하는 작업

② 혈액의 검사 작업

③ 환자의 가검물(可檢物)을 처리하는 작업

④ 연구 등의 목적으로 병원체를 다루는 작업

⑤ 보육시설 등 집단수용시설에서의 작업

⑥ 곤충 및 동물매개 감염 고위험작업

3. 보건규칙 제594조(감염병 예방조치 등) ● 출제율 10%

사업주는 근로자의 혈액매개 감염병, 공기매개 감염병, 곤충 및 동물매개 감염병(이하
"감염병"이라 한다)을 예방하기 위하여 다음의 조치를 하여야 한다.

① 감염병 예방을 위한 계획의 수립

② 보호구 지급, 예방접종 등 감염병 예방을 위한 조치

③ 감염병 발생 시 원인 조사와 대책 수립

④ 감염병 발생 근로자에 대한 적절한 처치

4. 보건규칙 제595조(유해성 등의 주지) ● 출제율 30%

사업주는 근로자가 병원체에 노출될 수 있는 위험이 있는 작업을 하는 경우에 다음의 사
항을 근로자에게 알려야 한다.

① 감염병의 종류와 원인

② 전파 및 감염 경로

③ 감염병의 증상과 잠복기

④ 감염되기 쉬운 작업의 종류와 예방방법

⑤ 노출 시 보고 등 노출과 감염 후 조치

5. 보건규칙 제596조(환자의 가검물 등에 의한 오염 방지조치)

① 사업주는 근로자가 환자의 가검물을 처리(검사 · 운반 · 청소 및 폐기를 말한다)하는
작업을 하는 경우에 보호앞치마, 보호장갑 및 보호마스크 등의 보호구를 지급하고
착용하도록 하는 등 오염 방지를 위하여 필요한 조치를 하여야 한다.

② 근로자는 제①항에 따라 지급된 보호구를 사업주의 지시에 따라 착용하여야 한다.

6. 보건규칙 제597조(혈액노출 예방조치) ●출제율 30%

① 사업주는 근로자가 혈액노출의 위험이 있는 작업을 하는 경우에 다음의 조치를 하여야 한다.

㉠ 혈액노출의 가능성이 있는 장소에서는 음식물을 먹거나 담배를 피우는 행위, 화장 및 콘택트렌즈의 교환 등을 금지할 것

㉡ 혈액 또는 환자의 혈액으로 오염된 가검물, 주사침, 각종 의료 기구, 솜 등의 혈액오염물(이하 "혈액오염물"이라 한다)이 보관되어 있는 냉장고 등에 음식물 보관을 금지할 것

㉢ 혈액 등으로 오염된 장소나 혈액오염물은 적절한 방법으로 소독할 것

㉣ 혈액오염물은 별도로 표기된 용기에 담아서 운반할 것

㉤ 혈액노출 근로자는 즉시 소독약품이 포함된 세척제로 접촉 부위를 씻도록 할 것

② 사업주는 근로자가 주사 및 채혈 작업을 하는 경우에 다음의 조치를 하여야 한다.

㉠ 안정되고 편안한 자세로 주사 및 채혈을 할 수 있는 장소를 제공할 것

㉡ 채취한 혈액을 검사 용기에 옮기는 경우에는 주사침 사용을 금지하도록 할 것

㉢ 사용한 주사침은 바늘을 구부리거나, 자르거나, 뚜껑을 다시 씌우는 등의 행위를 금지할 것(부득이하게 뚜껑을 다시 씌워야 하는 경우에는 한 손으로 씌우도록 한다)

㉣ 사용한 주사침은 안전한 전용 수거용기에 모아 튼튼한 용기를 사용하여 폐기할 것

③ 근로자는 제①항에 따라 흡연 또는 음식물 등의 섭취 등이 금지된 장소에서 흡연 또는 음식물 섭취 등의 행위를 해서는 아니 된다.

7. 보건규칙 제598조(혈액노출 조사 등)

① 사업주는 혈액노출과 관련된 사고가 발생한 경우에 즉시 다음의 사항을 조사하고 이를 기록하여 보존하여야 한다.

㉠ 노출자의 인적사항

㉡ 노출 현황

㉢ 노출 원인제공자(환자)의 상태

㉣ 노출자의 처치 내용

㉤ 노출자의 검사 결과

② 사업주는 제①항에 따른 사고조사 결과에 따라 혈액에 노출된 근로자의 면역상태를 파악하여 [별표 14]에 따른 조치를 하고, 혈액매개 감염의 우려가 있는 근로자는 [별표 15]에 따라 조치하여야 한다.

③ 사업주는 제①항과 제②항에 따른 조사결과와 조치내용을 즉시 해당 근로자에게 알려야 한다.

④ 사업주는 제①항과 제②항에 따른 조사결과와 조치내용을 감염병 예방을 위한 조치 외에 해당 근로자에게 불이익을 주거나 다른 목적으로 이용해서는 아니 된다.

8. 보건규칙 제600조(개인보호구의 지급 등) ●출제율 10%

① 사업주는 근로자가 혈액노출이 우려되는 작업을 하는 경우에 다음에 따른 보호구를 지급하고 착용하도록 하여야 한다.

  ㉠ 혈액이 분출되거나 분무될 가능성이 있는 작업 : 보안경과 보호마스크

  ㉡ 혈액 또는 혈액오염물을 취급하는 작업 : 보호장갑

  ㉢ 다량의 혈액이 의복을 적시고 피부에 노출될 우려가 있는 작업 : 보호앞치마

② 근로자는 제①항에 따라 지급된 보호구를 사업주의 지시에 따라 착용하여야 한다.

9. 보건규칙 제601조(예방조치) ●출제율 30%

① 사업주는 근로자가 공기매개 감염병이 있는 환자와 접촉하는 경우에 감염을 방지하기 위하여 다음의 조치를 하여야 한다.

  ㉠ 근로자에게 결핵균 등을 방지할 수 있는 보호마스크를 지급하고 착용하도록 할 것

  ㉡ 면역이 저하되는 등 감염의 위험이 높은 근로자는 전염성이 있는 환자와의 접촉을 제한할 것

  ㉢ 가래를 배출할 수 있는 결핵환자에게 시술을 하는 경우에는 적절한 환기가 이루어지는 격리실에서 하도록 할 것

  ㉣ 임신한 근로자는 풍진·수두 등 선천성 기형을 유발할 수 있는 감염병 환자와의 접촉을 제한할 것

② 사업주는 공기매개 감염병에 노출되는 근로자에 대하여 해당 감염병에 대한 면역상태를 파악하고 의학적으로 필요하다고 판단되는 경우에 예방접종을 하여야 한다.

③ 근로자는 제①항 제㉠호에 따라 지급된 보호구를 사업주의 지시에 따라 착용하여야 한다.

10. 보건규칙 제602조(노출 후 관리) ●출제율 30%

사업주는 공기매개 감염병 환자에 노출된 근로자에 대하여 다음의 조치를 하여야 한다.
① 공기매개 감염병의 증상 발생 즉시 감염 확인을 위한 검사를 받도록 할 것
② 감염이 확인되면 적절한 치료를 받도록 조치할 것
③ 풍진, 수두 등에 감염된 근로자가 임신부인 경우에는 태아에 대하여 기형 여부를 검사받도록 할 것
④ 감염된 근로자가 동료 근로자 등에게 전염되지 않도록 적절한 기간 동안 접촉을 제한하도록 할 것

11. 보건규칙 제603조(예방조치) ●출제율 30%

사업주는 근로자가 곤충 및 동물매개 감염병 고위험작업을 하는 경우에 다음의 조치를 하여야 한다.
① 긴 소매의 옷과 긴 바지의 작업복을 착용하도록 할 것
② 곤충 및 동물매개 감염병 발생 우려가 있는 장소에서는 음식물 섭취 등을 제한할 것
③ 작업장소와 인접한 곳에 오염원과 격리된 식사 및 휴식 장소를 제공할 것
④ 작업 후 목욕을 하도록 지도할 것
⑤ 곤충이나 동물에 물렸는지를 확인하고 이상증상 발생 시 의사의 진료를 받도록 할 것

12. 보건규칙 제604조(노출 후 관리)

사업주는 곤충 및 동물매개 감염병 고위험작업을 수행한 근로자에게 다음의 증상이 발생하였을 경우에 즉시 의사의 진료를 받도록 하여야 한다.
① 고열 · 오한 · 두통
② 피부발진 · 피부궤양 · 부스럼 및 딱지 등
③ 출혈성 병변(病變)

15 보건규칙(분진에 의한 건강장해의 예방)

1. 보건규칙 제605조(정의)

① "분진"

근로자가 작업하는 장소에서 발생하거나 흩날리는 미세한 분말상태의 물질을 말한다.

② "분진작업"

[별표 16]에서 정하는 작업을 말한다.

③ "호흡기보호 프로그램" ●출제율 30%

분진노출에 대한 평가, 분진노출기준 초과에 따른 공학적 대책, 호흡용 보호구의 지급 및 착용, 분진의 유해성과 예방에 관한 교육, 정기적 건강진단, 기록 · 관리 사항 등이 포함된 호흡기질환 예방 · 관리를 위한 종합적인 계획을 말한다.

◆ [별표 16] 분진작업의 종류(제605조 제2호 관련) ●출제율 20%

1. 토석 · 광물 · 암석(이하 "암석 등"이라 하고, 습기가 있는 상태의 것은 제외한다. 이하 이 표에서 같다)을 파내는 장소에서의 작업. 다만, 다음의 어느 하나에서 정하는 작업은 제외한다.
   가. 갱 밖의 암석 등을 습식에 의하여 시추하는 장소에서의 작업
   나. 실외의 암석 등을 동력 또는 발파에 의하지 않고 파내는 장소에서의 작업
2. 암석 등을 싣거나 내리는 장소에서의 작업
3. 갱내에서 암석 등을 운반, 파쇄 · 분쇄하거나 체로 거르는 장소(수중작업은 제외한다) 또는 이들을 쌓거나 내리는 장소에서의 작업
4. 갱내의 제1호부터 제3호까지의 규정에 따른 장소와 근접하는 장소에서 분진이 붙어 있거나 쌓여 있는 기계설비 또는 전기설비를 이설(移設) · 철거 · 점검 또는 보수하는 작업
5. 암석 등을 재단 · 조각 또는 마무리하는 장소에서의 작업(화염을 이용한 작업은 제외한다)
6. 연마재의 분사에 의하여 연마하는 장소나 연마재 또는 동력을 사용하여 암석 · 광물 또는 금속을 연마 · 주물 또는 재단하는 장소에서의 작업(화염을 이용한 작업은 제외한다)
7. 갱내가 아닌 장소에서 암석등 · 탄소원료 또는 알루미늄박을 파쇄 · 분쇄하거나 체로 거르는 장소에서의 작업
8. 시멘트 · 비산재 · 분말광석 · 탄소원료 또는 탄소제품을 건조하는 장소, 쌓거나 내리는 장소, 혼합 · 살포 · 포장하는 장소에서의 작업
9. 분말상태의 알루미늄 또는 산화티타늄을 혼합 · 살포 · 포장하는 장소에서의 작업
10. 분말상태의 광석 또는 탄소원료를 원료 또는 재료로 사용하는 물질을 제조 · 가공하는 공정에서 분말상태의 광석, 탄소원료 또는 그 물질을 함유하는 물질을 혼합 · 혼입 또는 살포하는 장소에서의 작업
11. 유리 또는 법랑을 제조하는 공정에서 원료를 혼합하는 작업이나 원료 또는 혼합물을 용해로에 투입하는 작업(수중에서 원료를 혼합하는 장소에서의 작업은 제외한다)

12. 도자기, 내화물(耐火物), 형사토 제품 또는 연마재를 제조하는 공정에서 원료를 혼합 또는 성형하거나, 원료 또는 반제품을 건조하거나, 반제품을 차에 싣거나 쌓은 장소에서의 작업이나 가마 내부에서의 작업. 다만, 다음의 어느 하나에 정하는 작업은 제외한다.
　　가. 도자기를 제조하는 공정에서 원료를 투입하거나 성형하여 반제품을 완성하거나 제품을 내리고 쌓은 장소에서의 작업
　　나. 수중에서 원료를 혼합하는 장소에서의 작업
13. 탄소제품을 제조하는 공정에서 탄소원료를 혼합하거나 성형하여 반제품을 노(爐)에 넣거나 반제품 또는 제품을 노에서 꺼내거나 제작하는 장소에서의 작업
14. 주형을 사용하여 주물을 제조하는 공정에서 주형(鑄型)을 해체 또는 탈사(脫砂)하거나 주물모래를 재생하거나 혼련(混鍊)하거나 주조품 등을 절삭하는 장소에서의 작업
15. 암석 등을 운반하는 암석전용선의 선창(船艙) 내에서 암석 등을 빠뜨리거나 한군데로 모으는 작업
16. 금속 또는 그 밖의 무기물을 제련하거나 녹이는 공정에서 토석 또는 광물을 개방로에 투입·소결(燒結)·탕출(湯出) 또는 주입하는 장소에서의 작업(전기로에서 탕출하는 장소나 금형을 주입하는 장소에서의 작업은 제외한다)
17. 분말상태의 광물을 연소하는 공정이나 금속 또는 그 밖의 무기물을 제련하거나 녹이는 공정에서 노(爐)·연도(煙道) 또는 연돌 등에 붙어 있거나 쌓여 있는 광물찌꺼기 또는 재를 긁어내거나 한곳에 모으거나 용기에 넣는 장소에서의 작업
18. 내화물을 이용한 가마 또는 노 등을 축조 또는 수리하거나 내화물을 이용한 가마 또는 노 등을 해체하거나 파쇄하는 작업
19. 실내·갱내·탱크·선박·관 또는 차량 등의 내부에서 금속을 용접하거나 용단하는 작업
20. 금속을 녹여 뿌리는 장소에서의 작업
21. 동력을 이용하여 목재를 절단·연마 및 분쇄하는 장소에서의 작업
22. 면(綿)을 섞거나 두드리는 장소에서의 작업
23. 염료 및 안료를 분쇄하거나 분말상태의 염료 및 안료를 계량·투입·포장하는 장소에서의 작업
24. 곡물을 분쇄하거나 분말상태의 곡물을 계량·투입·포장하는 장소에서의 작업
25. 유리섬유 또는 암면(巖綿)을 재단·분쇄·연마하는 장소에서의 작업

◐ **[별표 17] 분진작업장소에 설치하는 국소배기장치의 제어풍속(제609조 관련)** ● 출제율 40%

1. 제607조 및 제617조 제1항 단서에 따라 설치하는 국소배기장치(연삭기, 드럼 샌더(drum sander) 등의 회전체를 가지는 기계에 관련되어 분진작업을 하는 장소에 설치하는 것은 제외한다)의 제어풍속

분진 작업장소	제어풍속(미터/초)			
	포위식 후드의 경우	외부식 후드의 경우		
		측방 흡인형	하방 흡인형	상방 흡인형
암석 등 탄소원료 또는 알루미늄박을 체로 거르는 장소	0.7	–	–	–
주물모래를 재생하는 장소	0.7	–	–	–
주형을 부수고 모래를 터는 장소	0.7	1.3	1.3	–
그 밖의 분진작업장소	0.7	1.0	1.0	1.2

[비고] 제어풍속이란 국소배기장치의 모든 후드를 개방한 경우의 제어풍속으로서 다음의 위치에서 측정한다.
  가. 포위식 후드에서는 후드 개구면
  나. 외부식 후드에서는 해당 후드에 의하여 분진을 빨아들이려는 범위에서 그 후드 개구면으로부터 가장 먼 거리의 작업위치

2. 제607조 및 제617조 제1항 단서의 규정에 따라 설치하는 국소배기장치 중 연삭기, 드럼 샌더 등의 회전체를 가지는 기계에 관련되어 분진작업을 하는 장소에 설치된 국소배기장치의 후드의 설치방법에 따른 제어풍속

후드의 설치방법	제어풍속(미터/초)
회전체를 가지는 기계 전체를 포위하는 방법	0.5
회전체의 회전으로 발생하는 분진의 흩날림 방향을 후드의 개구면으로 덮는 방법	5.0
회전체만을 포위하는 방법	5.0

[비고] 제어풍속이란 국소배기장치의 모든 후드를 개방한 경우의 제어풍속으로서, 회전체를 정지한 상태에서 후드의 개구면에서의 최소풍속을 말한다.

(2) 보건규칙 제612조(사용 전 점검 등)

① 사업주는 제607조와 제617조 제①항 단서에 따라 설치한 국소배기장치를 처음으로 사용하는 경우나 국소배기장치를 분해하여 개조하거나 수리를 한 후 처음으로 사용하는 경우에 다음에서 정하는 바에 따라 사용 전에 점검하여야 한다.
　㉠ 국소배기장치
　　ⓐ 덕트와 배풍기의 분진상태
　　ⓑ 덕트 접속부가 헐거워졌는지 여부
　　ⓒ 흡기 및 배기 능력
　　ⓓ 그 밖에 국소배기장치의 성능을 유지하기 위하여 필요한 사항

ⓛ 공기정화장치
　　ⓐ 공기정화장치 내부의 분진상태
　　ⓑ 여과제진장치(濾過除塵裝置)의 여과재 파손 여부
　　ⓒ 공기정화장치의 분진 처리능력
　　ⓓ 그 밖에 공기정화장치의 성능 유지를 위하여 필요한 사항
② 사업주는 제①항에 따른 점검결과 이상을 발견한 경우에 즉시 청소, 보수, 그 밖에 필요한 조치를 하여야 한다.

3. 보건규칙 제613조(청소의 실시)

① 사업주는 분진작업을 하는 실내작업장에 대하여 매일 작업을 시작하기 전에 청소를 하여야 한다.

② 분진작업을 하는 실내작업장의 바닥·벽 및 설비와 휴게시설이 설치되어 있는 장소의 마루 등(실내만 해당한다)에 대해서는 쌓인 분진을 제거하기 위하여 매월 1회 이상 정기적으로 진공청소기나 물을 이용하여 분진이 흩날리지 않는 방법으로 청소하여야 한다. 다만, 분진이 흩날리지 않는 방법으로 청소하는 것이 곤란한 경우로서 그 청소작업에 종사하는 근로자에게 적절한 호흡용 보호구를 지급하여 착용하도록 한 경우에는 그러하지 아니하다.

4. 보건규칙 제614조(분진의 유해성 등의 주지) ●출제율 20%

사업주는 근로자가 상시 분진작업에 관련된 업무를 하는 경우에 다음의 사항을 근로자에게 알려야 한다.
① 분진의 유해성과 노출경로
② 분진의 발산 방지와 작업장의 환기 방법
③ 작업장 및 개인위생 관리
④ 호흡용 보호구의 사용 방법
⑤ 분진에 관련된 질병 예방 방법

5. 보건규칙 제616조(호흡기보호 프로그램 시행 등) ●출제율 30%

사업주는 다음의 어느 하나에 해당하는 경우에 호흡기보호 프로그램을 수립하여 시행하여야 한다.
① 법 제125조에 따른 분진의 작업환경 측정결과 노출기준을 초과하는 사업장
② 분진작업으로 인하여 근로자에게 건강장해가 발생한 사업장

6. 보건규칙 제617조(호흡용 보호구의 지급 등)

① 사업주는 근로자가 분진작업을 하는 경우에 해당 작업에 종사하는 근로자에게 적절한 호흡용 보호구를 지급하여 착용하도록 하여야 한다. 다만, 해당 작업장소에 분진 발생원을 밀폐하는 설비나 국소배기장치를 설치하거나 해당 분진작업장소를 습기가 있는 상태로 유지하기 위한 설비를 갖추어 가동하는 등 필요한 조치를 한 경우에는 그러하지 아니하다.

② 사업주는 제①항에 따라 보호구를 지급하는 경우에 근로자 개인전용 보호구를 지급하고, 보관함을 설치하는 등 오염방지를 위하여 필요한 조치를 하여야 한다.

③ 근로자는 제①항에 따라 지급된 보호구를 사업주의 지시에 따라 착용하여야 한다.

16 보건규칙(밀폐공간작업으로 인한 건강장해의 예방)

1. 보건규칙 제618조(정의)

① "밀폐공간"

산소결핍, 유해가스로 인한 질식 · 화재 · 폭발 등의 위험이 있는 장소로서 [별표 18]에서 정한 장소를 말한다.

② "유해가스"

이산화탄소 · 일산화탄소 · 황화수소 등의 기체로서 인체에 유해한 영향을 미치는 물질을 말한다.

③ "적정공기" **출제율 50%**

산소농도의 범위가 18퍼센트 이상 23.5퍼센트 미만, 탄산가스의 농도가 1.5퍼센트 미만, 일산화탄소의 농도가 30피피엠 미만, 황화수소의 농도가 10피피엠 미만인 수준의 공기를 말한다.

④ "산소결핍"

공기 중의 산소농도가 18퍼센트 미만인 상태를 말한다.

⑤ "산소결핍증"

산소가 결핍된 공기를 들이마심으로써 생기는 증상을 말한다.

◆ [별표 18] 밀폐공간(제618조 제1호 관련) ● 출제율 20%

1. 다음의 지층에 접하거나 통하는 우물 · 수직갱 · 터널 · 잠함 · 피트 또는 그 밖에 이와 유사한 것의 내부

   가. 상층에 물이 통과하지 않는 지층이 있는 역암층 중 함수 또는 용수가 없거나 적은 부분

   나. 제1철 염류 또는 제1망간 염류를 함유하는 지층

   다. 메탄 · 에탄 또는 부탄을 함유하는 지층

   라. 탄산수를 용출하고 있거나 용출할 우려가 있는 지층

2. 장기간 사용하지 않은 우물 등의 내부

3. 케이블 · 가스관 또는 지하에 부설되어 있는 매설물을 수용하기 위하여 지하에 부설한 암거 · 맨홀 또는 피트의 내부

4. 빗물 · 하천의 유수 또는 용수가 있거나 있었던 통 · 암거 · 맨홀 또는 피트의 내부

5. 바닷물이 있거나 있었던 열교환기 · 관 · 암거 · 맨홀 · 둑 또는 피트의 내부

6. 장기간 밀폐된 강재(鋼材)의 보일러 · 탱크 · 반응탑이나 그 밖에 그 내벽이 산화하기 쉬운 시설(그 내벽이 스테인리스강으로 된 것 또는 그 내벽의 산화를 방지하기 위하여 필요한 조치가 되어 있는 것은 제외한다)의 내부

7. 석탄 · 아탄 · 황화광 · 강재 · 원목 · 건성유(乾性油) · 어유(魚油) 또는 그 밖의 공기 중의 산소를 흡수하는 물질이 들어 있는 탱크 또는 호퍼(hopper) 등의 저장시설이나 선창의 내부

8. 천장 · 바닥 또는 벽이 건성유를 함유하는 페인트로 도장되어 그 페인트가 건조되기 전에 밀폐된 지하실 · 창고 또는 탱크 등 통풍이 불충분한 시설의 내부

9. 곡물 또는 사료의 저장용 창고 또는 피트의 내부, 과일의 숙성용 창고 또는 피트의 내부, 종자의 발아용 창고 또는 피트의 내부, 버섯류의 재배를 위하여 사용하고 있는 사일로(silo), 그 밖에 곡물 또는 사료 종자를 적재한 선창의 내부

10. 간장 · 주류 · 효모 그 밖에 발효하는 물품이 들어 있거나 들어 있었던 탱크 · 창고 또는 양조주의 내부

11. 분뇨, 오염된 흙, 썩은 물, 폐수, 오수, 그 밖에 부패하거나 분해되기 쉬운 물질이 들어있는 정화조 · 침전조 · 집수조 · 탱크 · 암거 · 맨홀 · 관 또는 피트의 내부

12. 드라이아이스를 사용하는 냉장고 · 냉동고 · 냉동화물자동차 또는 냉동 컨테이너의 내부

13. 헬륨 · 아르곤 · 질소 · 프레온 · 탄산가스 또는 그 밖의 불활성기체가 들어 있거나 있었던 보일러 · 탱크 또는 반응탑 등 시설의 내부

14. 산소농도가 18퍼센트 미만 또는 23.5퍼센트 이상, 탄산가스농도가 1.5퍼센트 이상, 일산화탄소농도가 30피피엠 이상 또는 황화수소농도가 10피피엠 이상인 장소의 내부

15. 갈탄 · 목탄 · 연탄난로를 사용하는 콘크리트 양생장소(養生場所) 및 가설숙소 내부

16. 화학물질이 들어있던 반응기 및 탱크의 내부

17. 유해가스가 들어있던 배관이나 집진기의 내부

18. 근로자가 상주(常住)하지 않는 공간으로서 출입이 제한되어 있는 장소의 내부

2. 보건규칙 제619조(밀폐공간작업 프로그램의 수립·시행) ● 출제율 50%

① 사업주는 밀폐공간에서 근로자에게 작업을 하도록 하는 경우 다음의 내용이 포함된 밀폐공간작업 프로그램을 수립하여 시행하여야 한다.

  ㉠ 사업장 내 밀폐공간의 위치 파악 및 관리 방안

  ㉡ 밀폐공간 내 질식·중독 등을 일으킬 수 있는 유해·위험요인의 파악 및 관리 방안

  ㉢ 제②항에 따라 밀폐공간작업 시 사전 확인이 필요한 사항에 대한 확인 절차

  ㉣ 안전보건교육 및 훈련

  ㉤ 그 밖에 밀폐공간작업 근로자의 건강장해 예방에 관한 사항

② 사업주는 근로자가 밀폐공간에서 작업을 시작하기 전에 다음의 사항을 확인하여 근로자가 안전한 상태에서 작업하도록 하여야 한다.

  ㉠ 작업 일시, 기간, 장소 및 내용 등 작업 정보

  ㉡ 관리감독자, 근로자, 감시인 등 작업자 정보

  ㉢ 산소 및 유해가스 농도의 측정결과 및 후속조치 사항

  ㉣ 작업 중 불활성가스 또는 유해가스의 누출·유입·발생 가능성 검토 및 후속조치 사항

  ㉤ 작업 시 착용하여야 할 보호구의 종류

  ㉥ 비상연락체계

③ 사업주는 밀폐공간에서의 작업이 종료될 때까지 제②항 각 호의 내용을 해당 작업장 출입구에 게시하여야 한다.

3. 보건규칙 제619조의 2(산소 및 유해가스 농도의 측정) ● 출제율 20%

① 사업주는 밀폐공간에서 근로자에게 작업을 하도록 하는 경우 작업을 시작(작업을 일시 중단하였다가 다시 시작하는 경우를 포함한다. 이하 이 조에서 같다)하기 전에 밀폐공간의 산소 및 유해가스 농도의 측정 및 평가에 관한 지식과 실무경험이 있는 자를 지정하여 그로 하여금 해당 밀폐공간의 산소 및 유해가스 농도를 측정(무선설비 또는 무선통신을 이용한 원격 측정을 포함한다)하여 적정공기가 유지되고 있는지를 평가하도록 해야 한다.

② 사업주는 제①항에 따라 밀폐공간의 산소 및 유해가스 농도를 측정 및 평가하는 자에 대하여 밀폐공간에서 작업을 시작하기 전에 다음 각 호 사항의 숙지 여부를 확인하고 필요한 교육을 실시해야 한다.

      ㉠ 밀폐공간의 위험성

      ㉡ 측정장비의 이상 유무 확인 및 조작 방법

      ㉢ 밀폐공간 내에서의 산소 및 유해가스 농도 측정방법

      ㉣ 적정공기의 기준과 평가 방법

③ 사업주는 제①항에 따라 산소 및 유해가스 농도를 측정한 결과 적정공기가 유지되고 있지 아니하다고 평가된 경우에는 작업장을 환기시키거나, 근로자에게 공기호흡기 또는 송기마스크를 지급하여 착용하도록 하는 등 근로자의 건강장해 예방을 위하여 필요한 조치를 하여야 한다.

4. 보건규칙 제624조(안전대 등)

① 사업주는 밀폐공간에서 작업하는 근로자가 산소결핍이나 유해가스로 인하여 추락할 우려가 있는 경우에는 해당 근로자에게 안전대나 구명밧줄, 공기호흡기 또는 송기마스크를 지급하여 착용하도록 하여야 한다.

② 사업주는 제①항에 따라 안전대나 구명밧줄을 착용하도록 하는 경우에 이를 안전하게 착용할 수 있는 설비 등을 설치하여야 한다.

③ 근로자는 제①항에 따라 지급된 보호구를 착용하여야 한다.

5. 보건규칙 제627조(유해가스의 처리 등)

사업주는 근로자가 터널·갱 등을 파는 작업을 하는 경우에 근로자가 유해가스에 노출되지 않도록 미리 그 농도를 조사하고, 유해가스의 처리방법, 터널·갱 등을 파는 시기 등을 정한 후 이에 따라 작업을 하도록 하여야 한다.

6. 보건규칙 제628조(이산화탄소를 사용하는 소화기에 대한 조치)

사업주는 지하실, 기관실, 선창(船倉), 그 밖에 통풍이 불충분한 장소에 비치한 소화기나 소화설비에 탄산가스를 사용하는 경우에 다음 각 호의 조치를 하여야 한다.

① 해당 소화기나 소화설비가 쉽게 뒤집히거나 손잡이가 쉽게 작동되지 않도록 할 것

② 소화를 위하여 작동하는 경우 외에 소화기나 소화설비를 임의로 작동하는 것을 금지하고, 그 내용을 보기 쉬운 장소에 게시할 것

(7) 보건규칙 제628조의2(이산화탄소를 사용하는 소화설비 및 소화용기에 대한 조치)

사업주는 이산화탄소를 사용한 소화설비를 설치한 지하실, 전기실, 옥내 위험물 저장창

고 등 방호구역과 소화약제로 이산화탄소가 충전된 소화용기 보관장소(이하 이 조에서 "방호구역 등"이라 한다)에 다음 각 호의 조치를 해야 한다.

① 방호구역 등에는 점검, 유지·보수 등(이하 이 조에서 "점검 등"이라 한다)을 수행하는 관계 근로자가 아닌 사람의 출입을 금지할 것

② 점검 등을 수행하는 근로자를 사전에 지정하고, 출입일시, 점검기간 및 점검내용 등의 출입기록을 작성하여 관리하게 할 것. 다만, 다음 각 목의 어느 하나에 해당하는 경우는 제외한다.
　㉠ 「개인정보보호법」에 따른 영상정보처리기기를 활용하여 관리하는 경우
　㉡ 카드키 출입방식 등 구조적으로 지정된 사람만이 출입하도록 한 경우

③ 방호구역 등에 점검 등을 위해 출입하는 경우에는 미리 다음 각 목의 조치를 할 것
　㉠ 적정공기 상태가 유지되도록 환기할 것
　㉡ 소화설비의 수동밸브나 콕을 잠그거나 차단판을 설치하고 기동장치에 안전핀을 꽂아야 하며, 이를 임의로 개방하거나 안전핀을 제거하는 것을 금지한다는 내용을 보기 쉬운 장소에 게시할 것. 다만, 육안 점검만을 위하여 짧은 시간 출입하는 경우에는 그렇지 않다.
　㉢ 방호구역 등에 출입하는 근로자를 대상으로 이산화탄소의 위험성, 소화설비의 작동 시 확인방법, 대피방법, 대피로 등을 주지시키기 위해 반기 1회 이상 교육을 실시할 것. 다만, 처음 출입하는 근로자에 대해서는 출입 전에 교육을 하여 그 내용을 주지시켜야 한다.
　㉣ 소화용기 보관장소에서 소화용기 및 배관·밸브 등의 교체 등의 작업을 하는 경우에는 작업자에게 공기호흡기 또는 송기마스크를 지급하고 착용하도록 할 것
　㉤ 소화설비 작동과 관련된 전기, 배관 등에 관한 작업을 하는 경우에는 작업일정, 소화설비 설치도면 검토, 작업방법, 소화설비 작동 금지 조치, 출입 금지 조치, 작업 근로자 교육 및 대피로 확보 등이 포함된 작업계획서를 작성하고 그 계획에 따라 작업을 하도록 할 것

④ 점검 등을 완료한 후에는 방호구역 등에 사람이 없는 것을 확인하고 소화설비를 작동할 수 있는 상태로 변경할 것

⑤ 소화를 위하여 작동하는 경우 외에는 소화설비를 임의로 작동하는 것을 금지하고, 그 내용을 방호구역 등의 출입구 및 수동조작반 등에 누구든지 볼 수 있도록 게시할 것

⑥ 출입구 또는 비상구까지의 이동거리가 10m 이상인 방호구역과 이산화탄소가 충전된 소화용기를 100개 이상(45kg 용기 기준) 보관하는 소화용기 보관장소에는 산소 또는 이산화탄소 감지 및 경보 장치를 설치하고 항상 유효한 상태로 유지할 것

⑦ 소화설비가 작동되거나 이산화탄소의 누출로 인한 질식의 우려가 있는 경우에는 근로자가 질식 등 산업재해를 입을 우려가 없는 것으로 확인될 때까지 관계 근로자가 아닌 사람의 방호구역 등 출입을 금지하고 그 내용을 방호구역 등의 출입구에 누구든지 볼 수 있도록 게시할 것

8. 보건규칙 제629조(용접 등에 관한 조치) ●출제율 30%

① 사업주는 근로자가 탱크·보일러 또는 반응탑의 내부 등 통풍이 충분하지 않은 장소에서 용접·용단 작업을 하는 경우에 다음의 조치를 하여야 한다.

  ㉠ 작업장소는 가스농도를 측정(아르곤 등 불활성가스를 이용하는 작업장의 경우에는 산소농도 측정을 말한다)하고 환기시키는 등의 방법으로 적정공기 상태를 유지할 것

  ㉡ 제①호에 따른 환기 등의 조치로 해당 작업장소의 적정공기 상태를 유지하기 어려운 경우 해당 작업근로자에게 공기호흡기 또는 송기마스크를 지급하여 착용하도록 할 것

② 근로자는 제①항 제㉡호에 따라 지급된 보호구를 사업주의 지시에 따라 착용하여야 한다.

9. 보건규칙 제630조(불활성 기체의 누출) ●출제율 30%

사업주는 근로자가 기체(이하 "불활성기체"라 한다)를 내보내는 배관이 있는 보일러·탱크·반응탑 또는 선창 등의 장소에서 작업을 하는 경우에 다음의 조치를 하여야 한다.

  ① 밸브나 콕을 잠그거나 차단판을 설치할 것

  ② 제①호에 따른 밸브나 콕과 차단판에는 잠금장치를 하고, 이를 임의로 개방하는 것을 금지한다는 내용을 보기 쉬운 장소에 게시할 것

  ③ 불활성기체를 내보내는 배관의 밸브나 콕 또는 이를 조작하기 위한 스위치나 누름단추 등에는 잘못된 조작으로 인하여 불활성기체가 새지 않도록 배관 내의 불활성기체의 명칭과 개폐의 방향 등 조작방법에 관한 표지를 게시할 것

10. 보건규칙 제634조(가스배관공사 등에 관한 조치)

① 사업주는 근로자가 지하실이나 맨홀의 내부 또는 그 밖에 통풍이 불충분한 장소에서 가스를 공급하는 배관을 해체하거나 부착하는 작업을 하는 경우에 다음의 조치를 하여야 한다.

　　㉠ 배관을 해체하거나 부착하는 작업장소에 해당 가스가 들어오지 않도록 차단할 것

　　㉡ 해당 작업을 하는 장소는 적정공기 상태가 유지되도록 환기를 하거나 근로자에게 공기호흡기 또는 송기마스크를 지급하여 착용하도록 할 것

② 근로자는 제①항 제㉡호에 따라 지급된 보호구를 사업주의 지시에 따라 착용하여야 한다.

11. 보건규칙 제640조(긴급 구조훈련)

사업주는 긴급상황 발생 시 대응할 수 있도록 밀폐공간에서 작업하는 근로자에 대하여 비상연락체계 운영, 구조용 장비의 사용, 공기호흡기 또는 송기마스크의 착용, 응급처치 등에 관한 훈련을 6개월에 1회 이상 주기적으로 실시하고, 그 결과를 기록하여 보존하여야 한다.

12. 보건규칙 제641조(안전한 작업방법 등의 주지) ●출제율 30%

사업주는 근로자가 밀폐공간에서 작업을 하는 경우에 작업을 시작할 때마다 사전에 다음의 사항을 작업근로자에게 알려야 한다.

① 산소 및 유해가스 농도 측정에 관한 사항

② 사고 시의 응급조치 요령

③ 환기설비의 가동 등 안전한 작업방법에 관한 사항

④ 보호구의 착용과 사용방법에 관한 사항

⑤ 구조요청을 할 수 있는 비상연락처, 구조용 장비 사용 등 비상시 구출에 관한 사항

13. 보건규칙 제643조(구출 시 공기호흡기 또는 송기마스크의 사용) ●출제율 20%

① 사업주는 밀폐공간에서 위급한 근로자를 구출하는 작업을 하는 경우 그 구출작업에 종사하는 근로자에게 공기호흡기 또는 송기마스크를 지급하여 착용하도록 하여야 한다.

② 근로자는 제①항에 따라 지급된 보호구를 착용하여야 한다.

17 보건규칙(사무실에서의 건강장해 예방)

1. 보건규칙 제646조(정의)

① "사무실"

근로자가 사무를 처리하는 실내공간(휴게실 · 강당 · 회의실 등의 공간을 포함한다)을 말한다.

② "사무실오염물질"

가스 · 증기 · 분진 등과 곰팡이 · 세균 · 바이러스 등 사무실의 공기 중에 떠다니면서 근로자에게 건강장해를 유발할 수 있는 물질을 말한다.

③ "공기정화설비 등"

사무실오염물질을 바깥으로 내보내거나 바깥의 신선한 공기를 실내로 끌어들이는 급기 · 배기 장치, 오염물질을 제거하거나 줄이는 여과제나 온도 · 습도 · 기류 등을 조절하여 공급할 수 있는 냉 · 난방장치, 그 밖에 이에 상응하는 장치 등을 말한다.

2. 보건규칙 제651조(미생물오염 관리) ● 출제율 20%

사업주는 미생물로 인한 사무실공기 오염을 방지하기 위하여 다음의 조치를 하여야 한다.

① 누수 등으로 미생물의 생장을 촉진할 수 있는 곳을 주기적으로 검사하고 보수할 것

② 미생물이 증식된 곳은 즉시 건조 · 제거 또는 청소할 것

③ 건물 표면 및 공기정화설비 등에 오염되어 있는 미생물은 제거할 것

3. 보건규칙 제655조(유해성 등의 주지) ● 출제율 10%

사업주는 근로자가 공기정화설비 등의 청소, 개 · 보수 작업을 하는 경우에 다음의 사항을 근로자에게 알려야 한다.

① 발생하는 사무실오염물질의 종류 및 유해성

② 사무실오염물질 발생을 억제할 수 있는 작업방법

③ 착용하여야 할 보호구와 착용방법

④ 응급조치 요령

⑤ 그 밖에 근로자의 건강장해의 예방에 관한 사항

18 보건규칙(근골격계 부담작업으로 인한 건강장해의 예방)

1. 보건규칙 제656조(정의) ● 출제율 40%

① "근골격계 부담작업"

작업량 · 작업속도 · 작업강도 및 작업장 구조 등에 따라 고용노동부장관이 정하여
고시하는 작업을 말한다.

② "근골격계 질환"

반복적인 동작, 부적절한 작업자세, 무리한 힘의 사용, 날카로운 면과의 신체접촉,
진동 및 온도 등의 요인에 의하여 발생하는 건강장해로서 목, 어깨, 허리, 팔 · 다
리의 신경 · 근육 및 그 주변 신체조직 등에 나타나는 질환을 말한다.

③ "근골격계 질환 예방관리 프로그램"

유해요인 조사, 작업환경 개선, 의학적 관리, 교육 · 훈련, 평가에 관한 사항 등이
포함된 근골격계 질환을 예방관리하기 위한 종합적인 계획을 말한다.

2. 보건규칙 제657조(유해요인 조사) ● 출제율 10%

① 사업주는 근로자가 근골격계 부담작업을 하는 경우에 3년마다 다음의 사항에 대한
유해요인조사를 하여야 한다. 다만, 신설되는 사업장의 경우에는 신설일부터 1년
이내에 최초의 유해요인 조사를 하여야 한다.
  ㉠ 설비 · 작업공정 · 작업량 · 작업속도 등 작업장 상황
  ㉡ 작업시간 · 작업자세 · 작업방법 등 작업조건
  ㉢ 작업과 관련된 근골격계 질환 징후와 증상 유무 등

② 사업주는 다음 각 호의 어느 하나에 해당하는 사유가 발생하였을 경우에 제①항에
도 불구하고 1개월 이내에 조사대상 및 조사방법 등을 검토하여 유해요인 조사를
해야 한다. 다만, 제㉠호에 해당하는 경우로서 해당 근골격계 질환에 대하여 최근
1년 이내에 유해요인 조사를 하고 그 결과를 반영하여 작업환경 개선에 필요한 조
치를 한 경우는 제외한다.
  ㉠ 법에 따른 임시건강진단 등에서 근골격계 질환자가 발생하였거나 근로자가 근
    골격계 질환으로 「산업재해보상보험법 시행령」에 따라 업무상 질병으로 인정받
    은 경우
  ㉡ 근골격계 부담작업에 해당하는 새로운 작업 · 설비를 도입한 경우

ⓒ 근골격계 부담작업에 해당하는 업무의 양과 작업공정 등 작업환경을 변경한 경우
③ 사업주는 유해요인 조사에 근로자 대표 또는 해당 작업근로자를 참여시켜야 한다.

3. 보건규칙 제661조(유해성 등의 주지) ●출제율 20%

① 사업주는 근로자가 근골격계 부담작업을 하는 경우에 다음의 사항을 근로자에게 알려야 한다.
　ㄱ 근골격계 부담작업의 유해요인
　ㄴ 근골격계 질환의 징후와 증상
　ㄷ 근골격계 질환 발생 시의 대처 요령
　ㄹ 올바른 작업자세와 작업도구, 작업시설의 올바른 사용방법
　ㅁ 그 밖에 근골격계 질환 예방에 필요한 사항
② 사업주는 유해요인 조사 및 그 결과, 조사방법 등을 해당 근로자에게 알려야 한다.

4. 보건규칙 제662조(근골격계 질환 예방관리 프로그램 시행) ●출제율 50%

① 사업주는 다음의 어느 하나에 해당하는 경우에 근골격계 질환 예방관리 프로그램을 수립하여 시행하여야 한다.
　ㄱ 근골격계 질환으로 「산업재해보상보험법 시행령」에 따라 업무상 질병으로 인정받은 근로자가 연간 10명 이상 발생한 사업장 또는 5명 이상 발생한 사업장으로서 발생 비율이 그 사업장 근로자 수의 10퍼센트 이상인 경우
　ㄴ 근골격계 질환 예방과 관련하여 노사 간 이견(異見)이 지속되는 사업장으로서 고용노동부장관이 필요하다고 인정하여 근골격계 질환 예방관리 프로그램을 수립하여 시행할 것을 명령한 경우
② 사업주는 근골격계 질환 예방관리 프로그램을 작성 · 시행할 경우에 노사협의를 거쳐야 한다.
③ 사업주는 근골격계 질환 예방관리 프로그램을 작성 · 시행할 경우에 인간공학 · 산업의학 · 산업위생 · 산업간호 등 분야별 전문가로부터 필요한 지도 · 조언을 받을 수 있다.

5. 보건규칙 제663조(중량물의 제한)

사업주는 근로자가 중량물을 인력으로 들어올리는 작업을 하는 경우에 과도한 무게로 인하여 근로자의 목 · 허리 등 근골격계에 무리한 부담을 주지 않도록 최대한 노력하여야 한다.

6. 보건규칙 제664조(작업시간과 휴식시간 등의 배분)

사업주는 근로자가 중량물을 인력을 들어올리거나 운반하는 작업을 하는 경우에 근로자가 취급하는 물품의 중량·취급빈도·운반거리·운반속도 등 인체에 부담을 주는 작업의 조건에 따라 작업시간과 휴식시간 등을 적정하게 배분하여야 한다.

7. 보건규칙 제665조(중량의 표시 등) ●출제율 10%

사업주는 근로자가 5킬로그램 이상의 중량물을 인력으로 들어올리는 작업을 하는 경우에 다음의 조치를 하여야 한다.

① 주로 취급하는 물품에 대하여 근로자가 쉽게 알 수 있도록 물품의 중량과 무게중심에 대하여 작업장 주변에 안내표시를 할 것

② 취급하기 곤란한 물품은 손잡이를 붙이거나 갈고리, 진공빨판 등 적절한 보조도구를 활용할 것

8. 보건규칙 제666조(작업자세 등)

사업주는 근로자가 중량물을 인력으로 들어올리는 작업을 하는 경우에 무게중심을 낮추거나 대상물에 몸을 밀착하도록 하는 등 신체의 부담을 줄일 수 있는 자세에 대하여 알려야 한다.

19 보건규칙(그 밖의 유해인자에 의한 건강장해의 예방)

1. 보건규칙 제667조(컴퓨터 단말기 조작업무에 대한 조치) ●출제율 20%

사업주는 근로자가 컴퓨터 단말기의 조작업무를 하는 경우에 다음의 조치를 하여야 한다.

① 실내는 명암의 차이가 심하지 않도록 하고 직사광선이 들어오지 않는 구조로 할 것

② 저휘도형(低輝度型)의 조명기구를 사용하고 창·벽면 등은 반사되지 않는 재질을 사용할 것

③ 컴퓨터 단말기와 키보드를 설치하는 책상과 의자는 작업에 종사하는 근로자에 따라 그 높낮이를 조절할 수 있는 구조로 할 것

④ 연속적으로 컴퓨터 단말기 작업에 종사하는 근로자에 대하여 작업시간 중에 적절한 휴식시간을 부여할 것

2. 보건규칙 제668조(비전리전자기파에 의한 건강장해 예방조치)

사업주는 사업장에서 발생하는 유해광선 · 초음파 등 비전리전자기파(컴퓨터 단말기에서 발생하는 전자파는 제외한다)로 인하여 근로자에게 심각한 건강장해가 발생할 우려가 있는 경우에 다음의 조치를 하여야 한다.

① 발생원의 격리 · 차폐 · 보호구 착용 등 적절한 조치를 할 것
② 비전리전자기파 발생장소에는 경고 문구를 표시할 것
③ 근로자에게 비전리전자기파가 인체에 미치는 영향, 안전작업 방법 등을 알릴 것

3. 보건규칙 제669조(직무스트레스에 의한 건강장해 예방조치) ●출제율 40%

사업주는 근로자가 장시간 근로, 야간작업을 포함한 교대작업, 차량운전[전업(專業)으로 하는 경우에만 해당한다] 및 정밀기계 조작작업 등 신체적 피로와 정신적 스트레스 등(이하 "직무스트레스"라 한다)이 높은 작업을 하는 경우에 직무스트레스로 인한 건강장해 예방을 위하여 다음의 조치를 하여야 한다.

① 작업환경 · 작업내용 · 근로시간 등 직무스트레스 요인에 대하여 평가하고 근로시간 단축, 장 · 단기 순환작업 등의 개선대책을 마련하여 시행할 것
② 작업량 · 작업일정 등 작업계획 수립 시 해당 근로자의 의견을 반영할 것
③ 작업과 휴식을 적절하게 배분하는 등 근로시간과 관련된 근로조건을 개선할 것
④ 근로시간 외의 근로자 활동에 대한 복지 차원의 지원에 최선을 다할 것
⑤ 건강진단 결과, 상담자료 등을 참고하여 적절하게 근로자를 배치하고 직무스트레스 요인, 건강문제 발생가능성 및 대비책 등에 대하여 해당 근로자에게 충분히 설명할 것
⑥ 뇌혈관 및 심장질환 발병위험도를 평가하여 금연, 고혈압 관리 등 건강증진 프로그램을 시행할 것

4. 보건규칙 제670조(농약원재료 방제작업 시의 조치) ●출제율 10%

① 사업주는 근로자가 농약원재료를 살포 · 훈증 · 주입 등의 업무를 하는 경우에 다음에 따른 조치를 하여야 한다.

㉠ 작업을 시작하기 전에 농약의 방제기술과 지켜야 할 안전조치에 대하여 교육을 할 것
㉡ 방제기구에 농약을 넣는 경우에는 넘쳐흐르거나 역류하지 않도록 할 것
㉢ 농약원재료를 혼합하는 경우에는 화학반응 등의 위험성이 있는지를 확인할 것
㉣ 농약원재료를 취급하는 경우에는 담배를 피우거나 음식물을 먹지 않도록 할 것

　　ⓜ 방제기구의 막힌 분사구를 뚫기 위하여 입으로 불어내지 않도록 할 것

　　ⓗ 농약원재료가 들어 있는 용기와 기기는 개방된 상태로 내버려두지 말 것

　　ⓢ 압축용기에 들어있는 농약원재료를 취급하는 경우에는 폭발 등의 방지조치를 할 것

　　ⓞ 농약원재료를 훈증하는 경우에는 유해가스가 새지 않도록 할 것

② 사업주는 근로자가 농약원재료를 배합하는 작업을 하는 경우에 측정용기, 깔때기, 섞는 기구 등 배합기구들의 사용방법과 배합 비율 등을 근로자에게 알리고, 농약원재료의 분진이나 미스트의 발생을 최소화하여야 한다.

③ 사업주는 농약원재료를 다른 용기에 옮겨 담는 경우에 동일한 농약원재료를 담았던 용기를 사용하거나 안전성이 확인된 용기를 사용하고, 담는 용기에는 적합한 경고 표지를 붙여야 한다.

20　보건규칙(특수형태근로종사자 등에 대한 안전조치 및 보건조치)

1. 보건규칙 제672조(특수형태근로종사자에 대한 안전조치 및 보건조치)

① 법 제77조 제1항에 따른 특수형태근로종사자(이하 "특수형태근로종사자"라 한다) 중 보험설계사·학습지교사·대출모집인, 신용카드회원 모집인 및 방문판매원에 해당하는 사람에 대한 안전조치 및 보건조치는 다음 각 호와 같다.

　　㉠ 제79조, 제647조부터 제653조까지 및 제667조에 따른 조치

　　㉡ 고객의 폭언 등(이하 이 조에서 "고객의 폭언 등"이라 한다)에 대한 대처방법 등이 포함된 대응 지침의 제공 및 관련 교육의 실시

② 특수형태근로종사자 중 영 제67조 제2호에 해당하는 사람에 대한 안전조치 및 보건조치는 제3조, 제4조, 제4조의2, 제5조부터 제62조까지, 제67조부터 제70조까지, 제86조부터 제99조까지, 제132조부터 제190조까지, 제196조부터 제221조까지, 제221조의2부터 제221조의5까지, 제328조부터 제393조까지, 제405조부터 제413조까지 및 제417조부터 제419조까지의 규정에 따른 조치를 말한다.

③ 특수형태근로종사자 중 영 제67조 제4호에 해당하는 사람에 대한 안전조치 및 보건조치는 다음 각 호와 같다.

　　㉠ 제38조, 제79조, 제79조의2, 제80조부터 제82조까지, 제86조 제7항, 제89조, 제171조, 제172조 및 제316조에 따른 조치

　　㉡ 미끄러짐을 방지하기 위한 신발을 착용했는지 확인 및 지시

ⓒ 고객의 폭언 등에 대한 대처방법 등이 포함된 대응 지침의 제공

ⓔ 고객의 폭언 등에 의한 건강장해가 발생하거나 발생할 현저한 우려가 있는 경우 : 영 제41조 각 호의 조치 중 필요한 조치

④ 특수형태근로종사자 중 영 제67조 제5호에 해당하는 사람에 대한 안전조치 및 보건조치는 다음 각 호와 같다.

ⓐ 제3조, 제4조, 제4조의2, 제5조부터 제22조까지, 제26조부터 제30조까지, 제38조 제1항 제2호, 제86조, 제89조, 제98조, 제99조, 제171조부터 제178조까지, 제191조부터 제195조까지, 제385조, 제387조부터 제393조까지 및 제657조부터 제666조까지의 규정에 따른 조치

ⓑ 업무에 이용하는 자동차의 제동장치가 정상적으로 작동되는지 정기적으로 확인

ⓒ 고객의 폭언 등에 대한 대처방법 등이 포함된 대응 지침의 제공

⑤ 특수형태근로종사자 중 영 제67조 제6호에 해당하는 사람에 대한 안전조치 및 보건조치는 다음 각 호와 같다.

ⓐ 제32조 제1항 제10호 또는 제11호에 따른 안전모를 착용하도록 지시

ⓑ 제86조 제11항에 따른 탑승 제한 지시

ⓒ 업무에 이용하는 이륜자동차의 전조등, 제동등, 후미등, 후사경 또는 제동장치가 정상적으로 작동되는지 정기적으로 확인

ⓓ 고객의 폭언 등에 대한 대처방법 등이 포함된 대응 지침의 제공

⑥ 특수형태근로종사자 중 영 제67조 제9호에 해당하는 사람에 대한 안전조치 및 보건조치는 고객의 폭언 등에 대한 대처방법 등이 포함된 대응 지침을 제공하는 것을 말한다.

⑦ 특수형태근로종사자 중 영 제67조 제11호에 해당하는 사람에 대한 안전조치 및 보건조치는 다음 각 호와 같다.

ⓐ 제31조부터 제33조까지 및 제663조부터 제666조까지의 규정에 따른 조치

ⓑ 고객의 폭언 등에 대한 대처방법 등이 포함된 대응 지침의 제공 및 관련 교육의 실시

⑧ 특수형태근로종사자 중 영 제67조 제12호에 해당하는 사람에 대한 안전조치 및 보건조치는 다음 각 호와 같다.

ⓐ 제31조부터 제33조까지, 제38조, 제42조, 제44조, 제86조, 제95조, 제96조, 제147조부터 제150조까지, 제173조, 제177조, 제186조, 제233조, 제301조부터 제305조까지, 제313조, 제316조, 제317조, 제319조, 제323조 및 제656조부터 제666조까지의 규정에 따른 조치

ⓛ 고객의 폭언 등에 대한 대처방법 등이 포함된 대응 지침의 제공 및 관련 교육
의 실시

⑨ 특수형태근로종사자 중 영 제67조 제13호에 해당하는 사람에 대한 안전조치 및 보
건조치는 다음 각 호와 같다.

㉠ 제32조, 제33조, 제38조, 제171조부터 제173조까지, 제177조, 제178조, 제187조
부터 제189조까지, 제227조, 제279조, 제297조, 제298조 및 제663조부터 제
666조까지의 규정에 따른 조치

ⓛ 고객의 폭언 등에 대한 대처방법 등이 포함된 대응 지침의 제공

⑩ 특수형태근로종사자 중 영 제67조 제14호에 해당하는 사람에 대한 안전조치 및 보
건조치는 제79조, 제646조부터 제653조까지 및 제656조부터 제667조까지의 규
정에 따른 조치로 한다.

⑪ 제①항부터 제⑩항까지의 규정에 따른 안전조치 및 보건조치에 관한 규정을 적용하
는 경우에는 "사업주"는 "특수형태근로종사자의 노무를 제공받는 자"로, "근로자"는
"특수형태근로종사자"로 본다.

2. 보건규칙 제673조(배달종사자에 대한 안전조치 등)

① 법 제78조에 따라 「이동통신단말장치 유통구조 개선에 관한 법률」 제2조 제4호에
따른 이동통신단말장치로 물건의 수거 · 배달 등을 중개하는 자는 이륜자동차로 물
건의 수거 · 배달 등을 하는 사람의 산업재해 예방을 위하여 다음 각 호의 조치를
해야 한다.

㉠ 이륜자동차로 물건의 수거 · 배달 등을 하는 사람이 이동통신단말장치의 소프트
웨어에 등록하는 경우 이륜자동차를 운행할 수 있는 면허 및 제32조 제1항 제
10호 또는 제11호에 따른 안전모의 보유 여부 확인

ⓛ 이동통신단말장치의 소프트웨어를 통하여 「도로교통법」 제49조에 따른 운전자
의 준수사항 등 안전운행 및 산업재해 예방에 필요한 사항에 대한 정기적 고지

② 제①항에 따른 물건의 수거 · 배달 등을 중개하는 자는 물건의 수거 · 배달 등에 소
요되는 시간에 대해 산업재해를 유발할 수 있을 정도로 제한해서는 안 된다.

SECTION 2 작업환경 측정 및 정도관리 등에 관한 고시

제1편 통칙

제2조(정의) ●출제율 50%

1. "액체채취방법"

   시료공기를 액체 중에 통과시키거나 액체의 표면과 접촉시켜 용해·반응·흡수·충돌 등을 일으키게 하여 해당 액체에 작업환경측정(이하 "측정"이라 한다)을 하려는 물질을 채취하는 방법을 말한다.

2. "고체채취방법"

   시료공기를 고체의 입자층을 통해 흡입, 흡착하여 해당 고체입자에 측정하려는 물질을 채취하는 방법을 말한다.

3. "직접채취방법"

   시료공기를 흡수, 흡착 등의 과정을 거치지 아니하고 직접채취대 또는 진공채취병 등의 채취용기에 물질을 채취하는 방법을 말한다.

4. "냉각응축채취방법"

   시료공기를 냉각된 관 등에 접촉 응축시켜 측정하려는 물질을 채취하는 방법을 말한다.

5. "여과채취방법"

   시료공기를 여과재를 통하여 흡인함으로써 해당 여과재에 측정하려는 물질을 채취하는 방법을 말한다.

6. "개인시료채취"

   개인시료채취기를 이용하여 가스·증기·분진·흄(fume)·미스트(mist) 등을 근로자의 호흡위치(호흡기를 중심으로 반경 30cm인 반구)에서 채취하는 것을 말한다.

7. "지역시료채취"

시료채취기를 이용하여 가스·증기·분진·흄(fume)·미스트(mist) 등을 근로
자의 작업행동 범위에서 호흡기 높이에 고정하여 채취하는 것을 말한다.

8. "노출기준"

「산업안전보건법」에서 정한 작업환경평가기준을 말한다.

9. "최고노출근로자"

산업안전보건법 시행규칙에 따른 작업환경측정대상 유해인자의 발생 및 취급원
에서 가장 가까운 위치의 근로자이거나 규칙에 따른 작업환경측정대상 유해인자
에 가장 많이 노출될 것으로 간주되는 근로자를 말한다.

10. "단위작업장소"

작업환경측정대상이 되는 작업장 또는 공정에서 정상적인 작업을 수행하는 동일
노출집단의 근로자가 작업을 하는 장소를 말한다.

11. "호흡성 분진"

호흡기를 통하여 폐포에 축적될 수 있는 크기의 분진을 말한다.

12. "흡입성 분진"

호흡기의 어느 부위에 침착하더라도 독성을 일으키는 분진을 말한다.

13. "입자상 물질"

화학적 인자가 공기 중으로 분진·흄(fume)·미스트(mist) 등의 형태로 발생
되는 물질을 말한다.

14. "가스상 물질"

화학적 인자가 공기 중으로 가스·증기의 형태로 발생되는 물질을 말한다.

15. "정도관리"

작업환경측정·분석 결과에 대한 정확성과 정밀도를 확보하기 위하여 작업환경
측정기관의 측정·분석능력을 확인하고, 그 결과에 따라 지도·교육 등 측정·
분석능력 향상을 위하여 행하는 모든 관리적 수단을 말한다.

16. "정확도"

분석치가 참값에 얼마나 접근하였는가 하는 수치상의 표현을 말한다.

17. "정밀도"

일정한 물질에 대해 반복측정·분석을 했을 때 나타나는 자료 분석치의 변동크
기가 얼마나 작은가 하는 수치상의 표현을 말한다.

제2편 작업환경측정

제1장 작업환경측정 시기 등

제4조(측정실시 시기 및 기간)

① 측정 시기는 전회(前回) 측정을 완료한 날부터 다음에서 정하는 간격을 두어야 한다.

1. 측정 횟수가 6개월에 1회 이상인 경우 3개월 이상
2. 측정 횟수가 3개월에 1회 이상인 경우 45일 이상
3. 측정 횟수가 1년에 1회 이상인 경우 6개월 이상

② 영 제32조의 3 제1호에 따른 사업장 위탁측정기관(이하 "사업장 위탁측정기관"이라 한다)이 측정을 실시할 경우에 사업주는 측정실시 소요기간에 대하여 예비조사 결과에 따라 사업장 위탁측정기관과 협의 · 결정하여야 한다.

제4조의 2(측정대상의 제외) ●출제율 10%

"작업환경측정 대상 유해인자의 노출수준이 노출기준에 비하여 현저히 낮은 경우로서 고용노동부장관이 정하여 고시하는 작업장"이란 「석유 및 석유대체연료사업법」에 따른 주유소를 말한다. 다만, 다음의 어느 하나에 해당하는 경우에는 1개월 이내에 측정을 실시하여야 한다.

1. 근로자 건강진단 실시결과 직업병유소견자 또는 직업성질병자가 발생한 경우
2. 근로자대표가 요구하는 경우로서 산업위생전문가가 필요하다고 판단한 경우
3. 그 밖에 지방고용노동관서장이 필요하다고 인정하여 명령한 경우

제2장 작업환경측정기관의 지정

제1절 신청 및 지정

제7조(사업장 위탁측정기관의 수 · 담당지역 등)

① 지방고용노동관서의 장이 지정할 수 있는 사업장 위탁측정기관의 수는 2개 이상을 원칙으로 하며, 사업장 위탁측정기관의 담당지역은 관내의 측정 대상사업장 수, 업종 등을 고려하여 정할 수 있다. 제②항에 따른 추가지정의 경우에도 또한 같다.

② 제①항에 따라 이미 지정 받은 측정기관이 다른 지방고용노동관서에서 추가지정을 받으려면 지정측정기관 지정신청서의 소재지 기재란 여백에 추가지정을 받으려는 지방고용노동관서 관내에서 측정하려는 사업장 수(이하 "측정대상사업장 수"라 한다)를 기재하여 신청하여야 한다. 다만, 다른 지방고용노동관서의 추가지정은 최초 지정한 지방고용노동관서를 포함하여 4개 지방고용노동관서를 초과하지 못한다.

③ 제②항에 따라 지방고용노동관서의 장이 추가지정을 할 경우에는 그 측정기관을 최초로 지정한 지방고용노동관서에 지정사항을 확인하고, 측정대상사업장 수 및 측정한계 등을 확인하여야 한다.

④ 지방고용노동관서의 장은 측정기관을 지정한 경우 지정측정기관 지정서 발급대장에 기록하고 지속적으로 관리 · 감독하여야 한다.

제9조(측정지역에 대한 특례) ●출제율 10%

① 지방고용노동관서의 장은 제7조 제①항에도 불구하고 다음의 어느 하나에 해당하는 경우에는 지정지역에 관계없이 측정을 실시하도록 할 수 있다.

1. 유해인자별 · 업종별 작업환경전문연구기관이 해당 사업장을 측정하는 경우(규칙 [별표 12]의 필수장비로 측정 불가능한 유해인자에 대하여 지정 받은 기관에 한정한다)

2. 사업장 위탁측정기관의 지정취소 · 일시업무정지 등의 사유로 관내의 사업장 위탁측정기관만으로는 관내 사업장에 대한 원활한 측정실시가 어렵다고 판단한 지방고용노동관서장의 요청이 있는 경우로서 측정기관으로 최초로 지정한 지방고용노동관서의 장이 이를 승인한 경우

3. 사업주가 노 · 사 합의로 관내 사업장 위탁측정기관 이외의 측정기관에서 측정을 받으려고 관할 지방고용노동관서의 장에게 신고한 경우

② 제①항 2., 3.에 따라 관할지역 외에서 측정을 하는 경우 해당 지정측정기관을 최초로 지정한 지방고용노동관서의 장은 지정지역의 측정대상 사업장에 대한 측정에 지장이 없도록 지도 · 감독하여야 한다.

제10조(사업장 자체측정기관의 관리)

① 지방고용노동관서의 장이 사업장 자체측정기관을 지정한 경우에는 지정한 날부터 10일 이내에 지정내용을 사업장 자체측정기관의 측정대상 사업장을 관할하는 지방고용노동관서의 장에게 통보하여야 한다.

② 지방고용노동관서의 장은 사업장 자체측정기관이 측정하는 사업장이 작업공정 변경 등에 따라 유해인자가 추가 또는 변경되는 때에는 그에 따른 시설·장비요건의 보완을 명하는 등 지도·감독하여야 한다.

③ 제②항의 명령에 응하지 아니한 사업장 자체측정기관은 추가 또는 변경된 유해인자에 대한 측정을 실시할 수 없다.

제2절 지정의 취소 등

제12조(행정처분 등 결과보고)

지방고용노동관서의 장은 지정측정기관의 지정 등과 관련하여 다음의 어느 하나에 해당하는 사유가 발생한 경우에는 그 사유가 발생한 날부터 10일 이내에 고용노동부장관에게 보고하여야 한다.

1. 지정측정기관을 지정한 경우
2. 지정측정기관에 대하여 지정취소 또는 업무정지 등 행정처분을 행한 경우
3. 지정측정기관이 휴업 또는 폐업한 경우
4. 지정측정기관의 기관명, 소재지, 대표자 또는 측정한계 등 지정사항의 변경이 있는 경우

제13조(지정측정기관 점검)

① 지정측정기관을 최초로 지정한 지방고용노동관서의 장은 지정측정기관에 대하여 인력, 시설 및 장비기준 등 지정요건과 작업환경측정 실태를 매년 1월 중에 정기적으로 점검하여 측정이 효율적으로 이루어질 수 있도록 지도·감독하여야 한다. 다만, 지정측정기관이 다른 지방고용노동관서의 관할지역에 소재하는 경우에는 그 소재지 관할 지방고용노동관서의 장에게 점검을 의뢰할 수 있다.

② 지방고용노동관서의 장은 다음 각 호의 경우 정기점검 외에 해당 측정기관에 대하여 수시점검을 실시할 수 있다.

1. 부실측정과 관련한 민원이 발생한 경우
2. 작업환경측정 신뢰성 평가 결과 지정측정기관의 업무수행에 중대한 문제가 있다고 인정하는 경우
3. 그 밖에 지방고용노동관서의 장이 필요하다고 인정하는 경우

제3장 유해인자별 및 업종별 작업환경전문연구기관

제14조(유해인자별 · 업종별 작업환경 전문연구기관의 지정신청 및 지정 등)

① 고용노동부장관은 작업환경 전문연구기관을 다음 각 호의 구분에 따라 지정할 수 있다.

1. 유해인자별 전문연구기관 : 작업환경측정대상 유해인자 또는 그 밖의 새로운 유해인자에 대한 전문연구 수행

2. 업종별 전문연구기관 : 복합적이고 다양한 유해인자가 발생하는 업종이나 특수한 작업환경을 가진 업종에 대한 전문연구 수행

② 고용노동부장관은 전문연구기관을 지정하고자 하는 경우 매년 12월 말까지 홈페이지 등을 통해 이를 공고하여야 한다. 이 경우 고용노동부장관은 전문연구가 필요한 특정 유해인자나 업종을 정하여 공고할 수 있다.

③ 전문연구기관으로 지정받고자 하는 기관은 신청서에 작업환경측정기관지정서, 사업계획서 등을 첨부하여 매년 2월 말까지 고용노동부장관에게 제출하여야 한다.

④ 고용노동부장관은 매년 3월 말까지 전문연구기관 신청서 등을 심사하여 지정여부를 결정하고 그 결과를 해당 기관에 통보하여야 한다. 이때 고용노동부장관은 사업계획의 타당성과 연구결과의 활동가능성, 신청기관의 전문성 등을 심사하기 위해 한국산업안전보건공단 및 한국산업보건학회 소속의 전문가를 참여시킬 수 있다.

제4장 작업환경측정방법

제1절 측정방법 및 단위

제17조(예비조사 및 측정계획서의 작성) ●출제율 30%

① 예비조사를 실시하는 경우에는 다음의 내용이 포함된 측정계획서를 작성하여야 한다.

1. 원재료의 투입과정부터 최종 제품생산공정까지의 주요공정 도식

2. 해당 공정별 작업내용 및 화학물질 사용실태, 그 밖에 작업방법 · 운전조건 등을 고려한 유해인자 노출 가능성

3. 측정대상 유해인자, 유해인자 발생주기, 종사근로자 현황

4. 유해인자별 측정방법 및 측정 소요기간 등 필요한 사항

② 측정기관이 전회에 측정을 실시한 사업장으로서 공정 및 취급인자 변동이 없는 경우에는 서류상의 예비조사만을 실시할 수 있다.

제18조(노출기준의 종류별 측정시간) ●출제율 30%

① 「화학물질 및 물리적 인자의 노출기준(고용노동부 고시, 이하 '노출기준 고시'라 한다」에 시간가중평균기준(TWA)이 설정되어 있는 대상물질을 측정하는 경우에는 1일 작업시간동안 6시간 이상 연속 측정하거나 작업시간을 등간격으로 나누어 6시간 이상 연속분리하여 측정하여야 한다. 다만, 다음의 경우에는 대상물질의 발생시간 동안 측정할 수 있다.

1. 대상물질의 발생시간이 6시간 이하인 경우
2. 불규칙작업으로 6시간 이하의 작업
3. 발생원에서의 발생시간이 간헐적인 경우

② 노출기준 고시에 단시간 노출기준(STEL)이 설정되어 있는 물질로서 작업특성상 노출이 불균일하여 단시간 노출평가가 필요하다고 자격자 또는 지정측정기관이 판단하는 경우에는 제1항의 측정에 추가하여 단시간 측정을 할 수 있다. 이 경우 1회에 15분간 측정하되 유해인자 노출특성을 고려하여 측정횟수를 정할 수 있다.

③ 노출기준 고시에 최고노출기준(Ceiling, C)이 설정되어 있는 대상물질을 측정하는 경우에는 최고노출 수준을 평가할 수 있는 최소한의 시간 동안 측정하여야 한다. 다만, 시간가중평균기준(TWA)이 함께 설정되어 있는 경우에는 제①항에 따른 측정을 병행하여야 한다.

제19조(시료채취 근로자수) ●출제율 50%

① 단위작업장소에서 최고 노출근로자 2명 이상에 대하여 동시에 개인시료채취방법으로 측정하되, 단위작업장소에 근로자가 1명인 경우에는 그러하지 아니하며, 동일 작업근로자 수가 10명을 초과하는 경우에는 매 5명당 1명(1개 지점) 이상 추가하여 측정하여야 한다. 다만, 동일 작업근로자 수가 100명을 초과하는 경우에는 최대 시료채취 근로자 수를 20명으로 조정할 수 있다.

② 지역시료채취방법에 따른 측정시료의 개수는 단위작업장소에서 2개 이상에 대하여 동시에 측정하여야 한다. 다만, 단위작업장소의 넓이가 50평방미터 이상인 경우에는 매 30평방미터마다 1개 지점 이상을 추가로 측정하여야 한다.

제20조(단위) ●출제율 20%

① 화학적 인자의 가스, 증기, 분진, 흄(fume), 미스트(mist) 등의 농도는 피피엠(ppm) 또는 세제곱미터당 밀리그램(mg/m^3)으로 표시한다. 다만, 석면의 농도 표시는 세제곱센티미터당 섬유 개수(개/cm^3)로 표시한다.

② 피피엠(ppm)과 세제곱미터당 밀리그램(mg/m³)간의 상호 농도변환은 다음과 같다.

$$노출기준(mg/m^3) = \frac{노출기준(ppm) \times 그램분자량}{24.45(25℃, \ 1기압)}$$

③ 소음수준의 측정단위는 데시벨[dB(A)]로 표시한다.

④ 고열(복사열 포함)의 측정단위는 습구·흑구 온도지수(WBGT)를 구하여 섭씨온도(℃)로 표시한다.

제2절 입자상 물질

제21조(측정 및 분석 방법) 입자상 물질에 대한 측정은 다음에 따른다. 〔출제율 30%〕
1. 석면의 농도는 여과채취방법에 의한 계수방법 또는 이와 동등 이상의 분석방법으로 분석할 것
2. 광물성분진은 여과채취방법에 따라 석영, 크리스토바라이트, 트리디마이트를 분석할 수 있는 적합한 분석방법으로 분석할 것. 다만, 규산염과 그 밖의 광물성분진은 중량분석방법으로 분석한다.
3. 용접 흄은 여과채취방법으로 하되 용접보안면을 착용한 경우에는 그 내부에서 채취하고 중량분석방법과 원자흡광광도계 또는 유도결합 프라즈마를 이용한 분석방법으로 분석할 것
4. 석면, 광물성분진 및 용접 흄을 제외한 입자상 물질은 여과채취방법에 따른 중량분석방법이나 유해물질 종류에 따른 적합한 분석방법으로 분석할 것
5. 호흡성분진은 호흡성분진용 분립장치 또는 호흡성분진을 채취할 수 있는 기기를 이용한 여과채취방법으로 측정할 것
6. 흡입성 분진은 흡입성 분진용 분립장치 또는 흡입성 분진을 채취할 수 있는 기기를 이용한 여과채취방법으로 측정할 것

제22조(측정위치) 〔출제율 20%〕
① 개인 시료채취 방법으로 측정하는 경우에는 측정기기를 작업 근로자의 호흡기 위치에 장착하여야 한다.
② 지역 시료채취 방법으로 측정하는 경우에는 측정기기를 발생원의 근접한 위치 또는 작업근로자의 주 작업행동 범위 내에서 작업근로자 호흡기 높이에 설치하여야 한다.

제3절 가스상 물질

제23조(측정 및 분석 방법) ●출제율 30%

① 가스상 물질의 측정은 개인시료채취기 또는 이와 동등 이상의 특성을 가진 측정 기기를 사용하여, 시료를 채취한 후 원자흡광분석, 가스크로마토그래프 분석 또는 이와 동등 이상의 분석방법으로 정량분석하여야 한다.

제24조(측정위치 및 측정시간)

가스상 물질의 측정위치, 측정시간 등은 제22조 및 제22조의 ②의 규정을 준용한다.

제25조(검지관방식의 측정) ●출제율 30%

① 제23조 및 제24조의 규정에도 불구하고 다음의 어느 하나에 해당하는 경우에는 검지관방식으로 측정할 수 있다.

1. 예비조사 목적인 경우
2. 검지관 방식 외에 다른 측정방법이 없는 경우
3. 발생하는 가스상 물질이 단일물질인 경우. 다만, 자격자가 측정하는 사업장에 한정한다.

② 자격자가 해당 사업장에 대하여 검지관방식으로 측정을 하는 경우 사업주는 2년에 1회 이상 사업장위탁 측정기관에 의뢰하여 제23조 및 제24조에 따른 방법으로 측정을 하여야 한다.

③ 검지관방식의 측정결과가 노출기준을 초과하는 것으로 나타난 경우에는 즉시 제23조 및 제24조에 따른 방법으로 재측정을 하여야 하며, 해당 사업장에 대하여는 측정치가 노출기준 이하로 나타날 때까지는 검지관방식으로 측정할 수 없다.

④ 검지관방식으로 측정하는 경우에는 해당 작업근로자의 호흡기 및 가스상 물질 발생원에 근접한 위치 또는 근로자 작업행동 범위의 주 작업위치에서의 근로자 호흡기 높이에서 측정하여야 한다.

⑤ 검지관방식으로 측정하는 경우에는 1일 작업시간 동안 1시간 간격으로 6회 이상 측정하되 측정시간마다 2회 이상 반복 측정하여 평균값을 산출하여야 한다. 다만, 가스상 물질의 발생시간이 6시간 이내일 때에는 작업시간 동안 1시간 간격으로 나누어 측정하여야 한다.

제4절 소음

제26조(측정방법) ● 출제율 30%

소음수준의 측정은 다음에 따른다.

1. 측정에 사용되는 기기(이하 "소음계"라 한다)는 누적소음노출량 측정기, 적분형 소음계 또는 이와 동등 이상의 성능이 있는 것으로 하되 개인시료채취방법이 불가능한 경우에는 지시소음계를 사용할 수 있으며, 발생시간을 고려한 등가소음레벨방법으로 측정할 것. 다만, 소음 발생 간격이 1초 미만을 유지하면서 계속적으로 발생되는 소음(이하 "연속음"이라 한다)을 지시소음계 또는 이와 동등 이상의 성능이 있는 기기로 측정할 경우에는 그러하지 아니할 수 있다.

2. 소음계의 청감보정회로는 A특성으로 할 것

3. 제1호 단서규정에 따른 소음측정은 다음과 같이 할 것

   가. 소음계 지시침의 동작은 느린(slow) 상태로 한다.

   나. 소음계의 지시치가 변동하지 않는 경우에는 해당 지시치를 그 측정점에서의 소음수준으로 한다.

4. 누적소음노출량 측정기로 소음을 측정하는 경우에는 Criteria는 90dB, Exchange Rate는 5dB, Threshold는 80dB로 기기를 설정할 것

5. 소음이 1초 이상의 간격을 유지하면서 최대음압수준이 120dB(A) 이상의 소음인 경우에는 소음수준에 따른 1분 동안의 발생횟수를 측정할 것

제27조(측정위치) ● 출제율 20%

개인시료채취방법으로 작업환경측정을 하는 경우에는 소음측정기의 센서 부분을 작업 근로자의 귀 위치(귀를 중심으로 반경 30cm인 반구)에 장착하여야 하며, 지역시료채취방법의 경우에는 소음측정기를 측정대상이 되는 근로자의 주 작업행동 범위의 작업근로자 귀 높이에 설치하여야 한다.

제28조(측정시간) ● 출제율 30%

① 단위작업장소에서 소음수준은 규정된 측정위치 및 지점에서 1일 작업시간 동안 6시간 이상 연속 측정하거나 작업시간을 1시간 간격으로 나누어 6회 이상 측정하여야 한다. 다만, 소음의 발생특성이 연속음으로서 측정치가 변동이 없다고 자격자 또는 지정측정기관이 판단한 경우에는 1시간 동안을 등간격으로 나누어 3회 이상 측정할 수 있다.

② 단위작업장소에서의 소음 발생시간이 6시간 이내인 경우나 소음 발생원에서의 발생시간이 간헐적인 경우에는 발생시간 동안 연속 측정하거나 등간격으로 나누어 4회 이상 측정하여야 한다.

제5절 고열

제30조(측정기기 등)

고열은 습구흑구온도지수(WBGT)를 측정할 수 있는 기기 또는 이와 동등 이상의 성능을 가진 기기를 사용한다.

제31조(측정방법 등) ●출제율 30%

1. 측정은 단위작업장소에서 측정대상이 되는 근로자의 주작업위치에서 측정한다.
2. 측정기의 위치는 바닥면으로부터 50센티미터 이상, 150센티미터 이하의 위치에서 측정한다.
3. 측정기를 설치한 후 충분히 안정화시킨 상태에서 1일 작업시간 중 가장 높은 고열에 노출되는 1시간을 10분 간격으로 연속하여 측정한다.

제6절 평가 및 작업환경측정결과보고

제34조(입자상 물질농도) ●출제율 20%

① 측정한 입자상 물질농도는 8시간 작업 시의 평균농도로 한다. 다만, 6시간 이상 연속 측정한 경우에 있어 측정하지 아니한 2시간 동안의 입자상 물질 발생이 측정기간보다 현저하게 낮거나 입자상 물질이 발생하지 않은 경우에는 6시간 동안의 농도를 8시간 시간가중평균하여 8시간 작업 시의 평균농도로 한다.

② 1일 작업시간 동안 6시간 이내 측정을 한 경우의 입자상 물질농도는 측정시간 동안의 시간가중평균치를 산출하여 그 기간 동안의 평균농도로 하고 이를 8시간 시간가중평균하여 8시간 작업 시의 평균농도로 한다.

③ 1일 작업시간이 8시간을 초과하는 경우에는 다음에 따라 산출한 후 측정농도와 비교하여 평가하여야 한다.

$$보정노출기준(1일간\ 기준) = 8시간\ 노출기준 \times \frac{8}{h}\ (h : 노출시간/일)$$

④ 제18조 제②항 또는 제③항에 따른 측정을 한 경우에는 측정시간 동안의 농도를 해당 노출기준과 직접 비교 평가하여야 한다. 다만, 2회 이상 측정한 단시간 노출농도값이 단시간노출기준과 시간가중평균기준값 사이의 경우로서 다음의 어

느 하나의 경우에는 노출기준 초과로 평가하여야 한다.

1. 15분 이상 연속노출되는 경우

2. 노출과 노출 사이의 간격이 1시간 이내인 경우

3. 1일 4회를 초과하는 경우

제35조(가스상 물질의 농도)

제4장 제3절에 따른 가스상 물질의 측정농도 평가는 제33조 및 제34조의 평가방법을 준용한다.

제36조(소음수준의 평가)　●출제율 20%

① 1일 작업시간 동안 연속 측정하거나 작업시간을 1시간 간격으로 나누어 6회 이상 소음수준을 측정한 경우에는 이를 평균하여 8시간 작업 시의 평균소음수준으로 한다(제34조 제①항 단서의 규정은 이 경우에도 이를 준용한다). 다만, 제28조 제①항 단서규정에 의하여 측정한 경우에는 이를 평균하여 8시간 작업 시의 평균 소음 수준으로 한다.

② 제28조 제②항에 측정한 경우에는 이를 평균하여 그 기간 동안의 평균소음수준으로 하고 이를 1일 노출시간과 소음강도를 측정하여 등가소음레벨방법으로 평가한다.

③ 지시소음계로 측정하여 등가소음레벨방법을 적용할 경우에는 다음에 따라 산출한 값을 기준으로 평가한다.

$$Leq[dB(A)] = 16.61\log\frac{n_1 \times 10^{\frac{LA_1}{16.61}} + n_2 \times 10^{\frac{LA_2}{16.61}} + n_N \times 10^{\frac{LA_N}{16.61}}}{각\ 소음레벨측정치의\ 발생시간\ 합}$$

여기서, LA : 각 소음레벨의 측정치[dB(A)]

　　　　n : 각 소음레벨측정치의 발생시간(분)

④ 단위작업장소에서 소음의 강도가 불규칙적으로 변동하는 소음 등을 누적소음노출량 측정기로 측정하여 노출량으로 산출되었을 경우에는 시간가중평균 소음수준으로 환산하여야 한다. 다만, 누적소음노출량 측정기에 따른 노출량 산출치가 주어진 값보다 작거나 크면 시간가중평균소음은 다음에 따라 산출한 값을 기준으로 평가할 수 있다.

$$TWA = 16.61\log\left(\frac{D}{100}\right) + 90$$

여기서, TWA : 시간가중평균소음수준[dB(A)]

D : 누적소음노출량(%)

⑤ 1일 작업시간이 8시간을 초과하는 경우에는 다음 계산식에 따라 보정노출기준을 산출한 후 측정치와 비교하여 평가하여야 한다.

$$\text{소음의 보정노출기준[dB(A)]} = 16.61\log\left(\frac{100}{12.5 \times h}\right) + 90$$

여기서, h : 노출시간/일

제39조(작업환경측정결과의 보고)

① 지정측정기관이 작업환경측정을 실시하였을 경우에는 측정을 완료한 날부터 30일 이내에 작업환경측정결과표 2부를 작성하여 1부는 지정측정기관이 보관하고 1부는 사업주에게 송부하여야 한다.

② 전자적 방법이란 한국산업안전보건공단이 고용노동부장관의 승인을 받아 제공하는 전산 프로그램이나 이와 호환이 되는 프로그램에 측정 결과를 입력하여 공단에 송부함으로써 지방고용노동관서의 장에게 제출한 것으로 본다.

③ 사업주는 작업환경측정결과 노출기준을 초과한 경우에는 작업환경측정결과보고서에 개선계획서 또는 개선을 증명할 수 있는 서류를 첨부하여 제출하여야 한다.

④ 시료채취를 마친 날부터 30일 이내에 보고하는 것이 어려운 사업주 또는 지정측정기관은 다음의 내용이 포함된 지연사유서를 작성하여 지방고용노동관서의 장에게 제출하면 30일의 범위에서 제출기간을 연장할 수 있다.

1. 측정기관 정보(사업장명 또는 작업환경측정기관명, 소재지, 전화번호)
2. 측정대상 사업장 정보(사업장명, 소재지, 전화번호)
3. 측정일
4. 지연사유
5. 제출자(기관) 직인
6. 지연사유를 증명할 수 있는 첨부서류

제40조(작업환경측정결과의 알림 등)

① 사업주는 작업환경측정결과를 다음의 어느 하나에 방법(전자적 방법을 포함)으로 해당 사업장 근로자에게 알려야 하며, 근로자대표가 작업환경측정결과나 평가내용의 통지를 요청하는 경우에는 성실히 응하여야 한다.

1. 사업장 내의 게시판에 부착하는 방법

2. 사보에 게재하는 방법

3. 자체정례조회 시 집합교육에 의한 방법

4. 해당 근로자들이 작업환경측정결과를 알 수 있는 방법

② 사업주는 법에 따라 산업안전보건위원회 또는 근로자대표가 작업환경측정결과에 대한 설명회 개최를 요구한 경우에는 측정기관으로부터 결과를 통보 받은 날로부터 10일 이내에 설명회를 실시하여야 한다.

③ 사업주는 해당 사업장의 근로자에 대한 건강관리를 위해 특수건강진단기관 등에서 작업환경측정의 결과를 요청할 때에는 이에 협조하여야 한다.

제41조(작업환경측정결과보고서에 대한 검토)

① 지방고용노동관서의 장은 제출받은 작업환경측정결과표 또는 사업주로부터 제출받은 작업환경측정결과보고서에 대하여 다음 각호의 사항을 공단에 검토 의뢰할 수 있다.

1. 내용의 정확성 여부

2. 측정의 적정실시 여부

3. 측정의 누락 여부

4. 측정결과에 대한 개선의견의 적정 여부

5. 그 밖에 측정과 관련하여 해당 사업장에 대하여 필요한 조치에 관한 사항

② 공단은 제①항에 따른 검토의뢰를 받은 때에는 지체 없이 관련 내용을 검토하여 그 의견을 해당 지방고용노동관서의 장에게 통보하여야 한다.

제43조(측정시료의 분석의뢰)

① 사업장 위탁측정기관 또는 사업장 자체측정기관은 다음 각호의 경우에 해당 측정시료를 분석할 수 있는 분석장비 등을 갖춘 다른 사업장 위탁측정기관이나 작업 환경전문연구기관(이하 "분석수탁기관"이라 한다) 등에 시료의 분석을 위탁할 수 있다.

1. 가스크로마토그래피-불꽃이온화검출기(GC-FID)로 분석하기 어려운 유해인자를 측정한 경우

2. 원자흡광광도계-불꽃원자화장치(AAS-flame)로 분석하기 어렵거나 분석빈도가 낮은 유해인자를 측정한 경우(별표 3의 유해인자를 제외한다)

3. 고속액체크로마토그래피(HPLC), X선-회절분석기 또는 적외선분광분석기, 위상차현미경 등의 분석장비나 이온크로마토그래피를 이용하여 분석하는것이 더 신뢰할만하다고 인정되는 유해인자를 측정한 경우

② 작업환경측정자는 측정시료의 분석을 분석수탁기관에 의뢰할 수 있다.

③ 제①항 또는 제②항에 따라 측정시료의 분석을 의뢰하는 자(이하 "시료분석 의뢰자"라 한다)는 다음 각호의 구분에 따라 정기정도관리에서 적합판정을 받은 기관에 시료 분석을 의뢰하여야 한다.

1. 제①항 제1호의 경우 : 가장 최근에 시행된 정기정도관리(기본 분야) 중 유기화합물 항목에 적합판정을 받은 분석수탁기관

2. 제①항 제2호의 경우 : 가장 최근에 시행된 정기정도관리(기본 분야) 중 금속류 항목에 적합판정을 받은 분석수탁기관

3. 제①항 제3호의 경우 : 가장 최근에 시행된 정기정도관리(자율 분야) 중 해당 분석장비를 이용하는 항목에서 적합판정을 받은 분석수탁기관

4. 제②항의 경우 : 제1호부터 제3호까지를 준용

제3편   작업환경측정에 관한 정도관리

제1장 적용범위 및 조직 · 기능

제48조(적용범위)

제3편의 규정은 지정측정기관, 유해인자별 및 업종별 작업환경전문연구기관(이하 "대상기관"이라 한다)에 적용한다. 다만, 정도관리에 참여를 희망하는 기관 · 단체 및 사업장에 대해서도 적용할 수 있다.

제49조(실시기관)

① 이 장에 따른 정도관리실시기관(이하 "실시기관"이라 한다)은 공단 산업안전보건연구원(이하 "연구원"이라 한다)으로 한다.

② 연구원은 연간 세부계획을 수립하여 대상기관에 대한 정도관리를 실시하고 그 결과에 대한 평가 및 사후관리를 하여야 한다.

③ 연구원은 정도관리를 위하여 국제적으로 공신력이 있는 정도관리기구에 가입하여야 한다.

제50조(실시기관의 업무)

실시기관은 다음의 업무를 수행한다.

1. 정도관리 운영계획의 수립

2. 분석방법의 표준화 도모

3. 관리기준 설정

4. 정도관리용 시료조제 및 분배

5. 정도관리용 시료분석

6. 분석능력 평가

7. 기관간 분석자료 수집 및 결과통보

8. 시료의 교환 및 분석

9. 정도관리 운영계획에 필요한 서식작성

10. 대상기관에 대한 교육

11. 그 밖의 정도관리에 필요한 사항

제51조(정도관리운영위원회의 구성)

① 실시기관은 대상기관에 대한 효율적 정도관리를 위하여 정도관리운영위원회(이하 "운영위원회"라 한다)를 구성·운영하여야 한다.

② 운영위원회는 위원장을 포함하여 10명 이내의 위원으로 구성한다.

③ 운영위원회의 위원장은 연구원장으로 한다.

④ 위원은 위원장이 위촉하되, 연구원 및 한국산업위생학회가 추천하는 위원이 각각 3명 이상이 되도록 하여야 한다.

제52조(정도관리운영위원회의 기능)

정도관리운영위원회는 다음에 관한 사항을 심의·조정한다.

1. 정도관리 표준시료의 농도결정

2. 정도관리 표준시료의 조제방법

3. 정도관리의 평가방법 및 결과처리

4. 정도관리에 필요한 교육

5. 정도관리에 필요한 시료분석

6. 제66조에 따라 연구원장이 정하는 사항

7. 그 밖에 정도관리운영에 필요한 사항

제53조(정도관리운영위원회 회의개최)

정도관리운영위원회는 회의를 연 1회 이상 정기 개최하여야 하며, 위원장이 필요하다고 인정하면 임시회의를 수시로 개최할 수 있다.

제55조(정도관리실무위원회의 기능)

실무위원회는 다음의 업무를 수행한다.

1. 정도관리 세부일정 수립

2. 정도관리 기준시료 조제

3. 정도관리 분석시료에 대한 평가

4. 정도관리 결과에 대한 검토

5. 운영위원회에서 결정된 사항

6. 그 밖의 정도관리 세부시행에 필요한 사항

제2장 정도관리 실시

제56조(실시 시기 및 구분) ●출제율 30%

① 정도관리는 정기정도관리와 특별정도관리로 구분한다.

1. 정기정도관리는 분석자의 분석능력을 평가하기 위해 실시하는 정도관리로서 연 1회 이상 다음 각 목의 구분에 따라 실시하는 것을 말한다.

　가. 기본 분야 : 기본적인 유기화합물과 금속류에 대한 분석능력을 평가

　나. 자율 분야 : 특수한 유해인자에 대한 분석능력을 평가

2. 특별정도관리는 다음 각 목의 어느 하나에 해당하는 경우 실시하는 것을 말한다.

　가. 작업환경측정기관으로 지정받고자 하는 경우

　나. 직전 정기정도관리에 불합격한 경우

　다. 대상기관이 부실측정과 관련한 민원을 야기하는 등 운영위원회에서 특별정 도관리가 필요하다고 인정하는 경우

② 정기정도관리의 세부실시계획은 제54조에 따른 실무위원회가 정하는 바에 따른다.

③ 정기·특별 정도관리 결과 부적합 평가를 받았거나 분석자가 변경된 대상기관은 최초 도래하는 해당 정도관리를 다시 받아야 한다. 다만, 제①항 제2호 가목의 경우에는 그러하지 아니하다.

제57조(정도관리항목 등)

① 대상기관에 대한 정도관리항목은 다음과 같다.

1. 정기정도관리 평가항목 : 분석자의 분석능력으로 하며, 세부사항은 운영위원회에서 정한다.

2. 특별정도관리 평가항목 : 분석장비·설비, 분석준비현황, 분석자의 분석능력 및 운영위원회에서 결정하는 그 밖의 항목으로 한다.

② 분석자의 분석능력 항목은 유기화합물, 금속 및 자율 분야로 하며 각 분야별 세 부항목은 운영위원회에서 정한다. 다만, 사업장 자체측정기관은 해당 측정대상 작업장에 일부 분야의 유해인자만 존재할 경우에는 해당 항목에 한정하여 정도 관리를 받을 수 있다.

제58조(평가기준)

정도관리 결과에 대한 평가기준은 다음과 같다.

1. 정기정도관리 대상기관이 제57조 제①항 제1호에 따른 시료분석결과값이 분야별로 100분의 75 이상 적합 범위에 포함되었을 때 분야별 적합으로 평가한다. 다만, 사업장 자체측정기관의 경우에는 정도관리 참여 항목만 평가한다.

2. 특별정도관리 대상기관이 각 항목의 배점을 합산하여 100점 만점으로 환산한 점수 중 75점 이상을 받은 경우에 적합으로 평가한다.

3. 1호 및 2호 규정에도 불구하고, 분석관련 자료를 제출하지 않거나, 분석관련 자료가 적합하지 아니할 경우 해당 분야는 부적합으로 판정한다.

제60조(정도관리 결과보고)

실시기관은 정도관리를 종료한 날부터 10일 이내에 대상기관별 정도관리실시 결과를 고용노동부장관에게 보고하여야 한다. 다만, 특별한 사유가 있는 경우에는 그러하지 아니하다.

제61조(판정기준)

① 고용노동부장관은 결과보고를 검토하여 다음의 기준에 따라 종합적으로 판정하여야 한다.

1. 정기정도관리 결과 동일한 분야에서 어느 한 분야라도 2회 연속 부적합 평가를 받은 경우 불합격으로 판정한다. 다만, 자율항목 분야는 제외한다.

2. 특별정도관리에서 1회 부적합 평가를 받은 경우에는 불합격으로 판정한다. 또한, 특별정도관리 대상 기관이 해당 정도관리를 받지 아니한 경우에도 불합격으로 판정한다.

3. 정기정도관리에 참여하지 않은 경우에는 부적합으로 처리하여 규정에 준하여 판정한다.

4. 제1호 내지 제3호 규정에도 불구하고 사업장 자체측정기관으로 지정받고자 하거나 지정받은 기관은 해당 사업장에 일부 유해인자만 존재할 경우 정도관리 항목 중 해당 분야만 적합평가를 받은 경우 합격으로 인정한다.

제62조(정도관리실시계획의 공고)

실시기관은 정도관리 시행 30일 전까지 연구원 홈페이지에 정도관리실시계획을 공고하고 대상기관에 안내문을 발송하여 정도관리 실시계획을 알려야 한다. 다만, 임시 및 수시 정도관리를 실시하는 경우에는 그러하지 아니한다.

제64조(시료의 분석 등)

① 대상기관은 정도관리용 시료를 배부받은 날부터 20일 이내에 그 분석결과와 분석관련 자료를 실시기관에 통보하여야 한다.

② 실시기관이 분석결과와 분석관련 자료를 검토하여 필요하다고 인정되는 경우 대상기관을 방문하여 자료의 적정성, 분석자의 자격 및 능력 등을 조사할 수 있다.

SECTION 3

화학물질 및 물리적 인자의 노출기준(고용노동부 고시)

제1장 총칙

제2조(정의) ● 출제율 50%

1. "노출기준"

   근로자가 유해인자에 노출되는 경우 노출기준 이하 수준에서는 거의 모든 근로자에게 건강상 나쁜 영향을 미치지 아니하는 기준을 말하며, 1일 작업시간 동안의 시간가중평균노출기준(Time Weighted Average, TWA), 단시간노출기준(Short Term Exposure Limit, STEL) 또는 최고노출기준(Ceiling, C)으로 표시한다.

2. "시간가중평균노출기준(TWA)"

   1일 8시간 작업을 기준으로 하여 유해인자의 측정치에 발생시간을 곱하여 8시간으로 나눈 값을 말하며, 다음 식에 따라 산출한다.

$$\text{TWA 환산값} = \frac{C_1 \cdot T_1 + C_2 \cdot T_2 + \cdots\cdots + C_n \cdot T_n}{8}$$

   여기서, C : 유해인자의 측정치(단위 : ppm, mg/m^3 또는 개/cm^3)
   　　　　T : 유해인자의 발생시간(단위 : 시간)

3. "단시간노출기준(STEL)"

   15분간의 시간가중평균노출값으로서 노출농도가 시간가중평균노출기준(TWA)을 초과하고 단시간노출기준(STEL) 이하인 경우에는 1회 노출 지속시간이 15분 미만이어야 하고, 이러한 상태가 1일 4회 이하로 발생하여야 하며, 각 노출의 간격은 60분 이상이어야 한다.

4. "최고노출기준(C)"

근로자가 1일 작업시간 동안 잠시라도 노출되어서는 아니 되는 기준을 말하며, 노출기준 앞에 "C"를 붙여 표시한다.

제3조(노출기준 사용상의 유의사항) ● 출제율 30%

① 각 유해인자의 노출기준은 해당 유해인자가 단독으로 존재하는 경우의 노출기준을 말하며, 2종 또는 그 이상의 유해인자가 혼재하는 경우에는 각 유해인자의 상가작용으로 유해성이 증가할 수 있으므로 제6조에 따라 산출하는 노출기준을 사용하여야 한다.

② 노출기준은 1일 8시간 작업을 기준으로 하여 제정된 것이므로 이를 이용할 경우에는 근로시간, 작업의 강도, 온열조건, 이상기압 등이 노출기준 적용에 영향을 미칠 수 있으므로 이와 같은 제반요인을 특별히 고려하여야 한다.

③ 유해인자에 대한 감수성은 개인에 따라 차이가 있고, 노출기준 이하의 작업환경에서도 직업성 질병에 이환되는 경우가 있으므로 노출기준은 직업병 진단에 사용하거나 노출기준 이하의 작업환경이라는 이유만으로 직업성 질병의 이환을 부정하는 근거 또는 반증자료로 사용하여서는 아니 된다.

④ 노출기준은 대기오염의 평가 또는 관리상의 지표로 사용하여서는 아니 된다.

제4조(적용범위)

① 노출기준은 작업장의 유해인자에 대한 작업환경 개선기준과 작업환경측정결과의 평가기준으로 사용할 수 있다.

② 이 고시에 유해인자의 노출기준이 규정되지 아니하였다는 이유로 법, 영, 규칙 및 안전보건규칙의 적용이 배제되지 아니하며, 이와 같은 유해인자의 노출기준은 미국산업위생전문가협회(American Conference of Governmental Industrial Hygienists, ACGIH)에서 매년 채택하는 노출기준(TLVs)을 준용한다.

제2장 노출기준

제5조(화학물질)

발암성, 생식세포 변이원성 및 생식독성 정보는 법상 규제 목적이 아닌 정보제공 목적으로 표시하는 것으로서 국제암연구소(International Agency for Research on Cancer, IARC), 미국산업위생전문가협회(American Conference of Governmental Industrial Hygienists, ACGIH), 미국독성 프로그램(National Toxicology Program, NTP), 「유럽연합의 분류·표시에 관한 규칙(European Regulation on the Classification, Labelling and Packaging of substances and mixtures,

EU CLP)」 또는 미국산업안전보건청(American Occupational Safety & Health Administration, OSHA)의 분류를 기준으로, 생식세포 변이원성 및 생식독성은 유럽연합의 분류·표시에 관한 규칙(European Regulation on the Classification, Labelling and Packaging of substances and mixtures, EU CLP)을 기준으로 「화학물질의 분류·표시 및 물질안전보건자료에 관한 기준」에 따라 분류한다.

제6조(혼합물)

① 화학물질이 2종 이상 혼재하는 경우에 혼재하는 물질간에 유해성이 인체의 서로 다른 부위에 작용한다는 증거가 없는 한 유해작용은 가중되므로 노출기준은 다음식에 따라 산출하되, 산출되는 수치가 1을 초과하지 아니하는 것으로 한다.

$$\frac{C_1}{T_1} + \frac{C_2}{T_2} + \cdots\cdots + \frac{C_n}{T_n}$$

여기서, C : 화학물질 각각의 측정치
T : 화학물질 각각의 노출기준

② 제①항의 경우와는 달리 혼재하는 물질간에 유해성이 인체의 서로 다른 부위에 유해작용을 하는 경우에 유해성이 각각 작용하므로 혼재하는 물질 중 어느 한 가지라도 노출기준을 넘는 경우 노출기준을 초과하는 것으로 한다.

제11조(표시단위) ●출제율 30%

① 가스 및 증기의 노출기준 표시단위는 피피엠(ppm)을 사용한다.

② 분진 및 미스트 등 에어로졸의 노출기준 표시단위는 세제곱미터당 밀리그램(mg/m^3)을 사용한다. 다만, 석면 및 내화성 세라믹섬유의 노출기준 표시단위는 세제곱센티미터당 개수(개/cm^3)를 사용한다.

③ 고온의 노출기준 표시단위는 습구흑구온도지수(이하 "WBGT"라 한다)를 사용하며 다음의 식에 따라 산출한다.

- 태양광선이 내리 쬐는 옥외 장소
  WBGT(℃) = 0.7×자연습구온도 + 0.2×흑구온도 + 0.1×건구온도
- 태양광선이 내리 쬐지 않는 옥내 또는 옥외 장소
  WBGT(℃) = 0.7×자연습구온도 + 0.3×흑구온도

참고

작업장 라돈의 노출기준 : 600Bq/m^3

SECTION 4 석면조사 및 안전성 평가 등에 관한 고시(고용노동부 고시)

제2조(정의)

1. "기관석면조사"

   건축물이나 설비의 석면함유 여부, 함유된 석면의 종류 및 함유량, 석면이 함유된 물질이나 자재의 종류, 위치 및 면적 또는 양 등을 판단하는 행위 전부를 말한다.

2. "균질부분(Homogeneous Area)"

   제품 고유의 색상과 질감이 같고 같은 시기에 만들어진 같은 물질이나 자재로 구성된 부분을 말한다.

3. "분무재 또는 내화피복재"

   건축물이나 설비의 내외부에 내화, 흡음, 단열, 장식 및 그 밖의 용도를 위해 분무, 미장 등의 방법으로 표면에 바르거나 입혀진 물질이나 자재를 말한다.

4. "보온재"

   건축물이나 설비의 파이프, 덕트, 보일러, 탱크 등의 내외부에 보온 또는 단열을 목적으로 사용된 물질이나 자재를 말한다.

5. "그 밖의 물질"

   건축물이나 설비의 내외부에 내화, 흡음, 단열, 장식 및 그 밖에 이와 유사한 용도로 사용된 제3호 및 제4호를 제외한 벽체재료, 바닥재, 천장재, 지붕재, 단열재, 개스킷(Gasket), 패킹(Packing)재, 실링(Sealing)재 등의 물질이나 자재를 말한다.

6. "지역시료 채취"

   시료채취기를 작업이 이루어진 장소에 고정하여 공기 중 입자상 물질을 채취하는 것을 말한다.

7. "고형시료 채취"

석면조사를 목적으로 건축물 등에 사용된 물질이나 자재의 일부분을 채취하는 것을 말한다.

8. "정도관리"

기관석면조사에 대한 정확도와 정밀도를 확보하기 위해 석면조사기관의 석면조사 · 분석능력을 평가하고 그 결과에 따라 지도 · 교육 및 그 밖에 분석능력 향상을 위하여 행하는 모든 관리적 수단을 말한다.

9. "안전성 평가"

석면해체 · 제거업자(이하 "등록업체"라 한다)의 신뢰성 유지를 위하여 다음의 기준 등을 통하여 석면해체 · 제거작업의 안전성을 평가하는 것을 말한다.

가. 석면해체 · 제거작업기준의 준수 여부

나. 장비의 성능

다. 보유인력의 교육이수, 능력개발, 전산화 정도 및 그 밖에 필요한 사항 등

제4조(조사방법)

기관석면조사는 다음의 방법을 따라야 한다.

1. 분석을 제외한 석면조사는 영 [별표 27]의 인력기준 중 가목과 나목의 사람이 실시할 수 있다.

2. 고형시료 채취 전에 육안검사와 공간의 기능, 설계도서, 사용자재의 외관과 사용위치 등을 조사하고 각각의 균질부분으로 구분하여야 한다.

3. 설계도서, 자재이력, 물질의 외관 및 질감 등을 통해 석면함유 여부가 명백하지 않은 균질부분에 대해서는 석면함유 여부 판정을 위해 고형시료를 채취 · 분석하여야 한다.

4. 기관석면조사 이후 건축물이나 설비의 유지 · 보수 등으로 물질이나 자재의 변경이 있는 경우에는 해당 부분에 대하여 기관석면조사를 실시하여야 한다.

제5조(고형시료 채취 수 및 분석) ●출제율 20%

① 구분된 각각의 균질부분에 대하여 석면함유 여부를 판정하는 경우에는 다음의 표에서 정한 기준에 따라 시료 수를 채취하여야 한다.

◆ [표] 균질부분의 종류 및 규모별 최소 시료채취 수

종 류	균질부분의 크기	최소 시료채취 수
분무재 또는 내화피복재	100m^2 미만	3
	100m^2 이상 500m^2 미만	5
	500m^2 이상	7
보온재	2m 미만 또는 1m^2 미만	1
	2m 이상 또는 1m^2 이상	3
그 밖의 물질	–	1

※ 균질부분 각각에 대한 크기를 의미하는 것으로 균질부분의 종류별 합을 의미하는 것이 아님(동일 물질이라 하더라도 색상과 질감이 다르고, 같은 시기에 만들어지지 않은 경우 별개의 균질부분으로 구분)

② 채취한 고형시료는 편광현미경법을 이용하여 시료 중 석면의 함유 여부, 검출된 석면의 종류 및 함유율을 분석하여야 하며, 세부 분석 방법은 [별표 1]의 "편광현미경을 이용한 건축자재 등의 석면분석법"에 따른다.

③ 제②항에도 불구하고 균질부분에서 채취한 시료의 일부 분석결과 석면함유 물질로 판정되면 나머지 시료는 분석하지 아니할 수 있다.

④ 연구나 실태조사 등으로 이미 석면함유 여부가 확인된 균질부분에 대하여는 시료채취나 분석을 하지 아니할 수 있다.

제6조(석면함유 여부 판정)

하나의 균질부분에서 2개 이상의 고형시료를 채취 · 분석한 경우 석면함유율이 가장 높은 결과를 기준으로 해당 균질부분의 석면함유 여부를 판정하여야 한다. 다만, 필요한 경우에는 균질부분을 재구분하고 석면조사를 재실시하여 석면조사 결과서에 반영할 수 있다.

제7조(석면함유 물질의 성상 구분 및 평가)　●출제율 20%

① 판정결과 석면의 함유율이 1퍼센트를 초과한 균질부분(이하 "석면함유 물질"이라 한다)의 성상(性狀)은 다음의 어느 하나로 구분하고 각각의 길이, 면적 또는 부피를 평가하여야 한다.

1. 분무재(뿜칠재)
2. 내화피복재
3. 천장재
4. 지붕재
5. 벽재(벽체의 마감재)
6. 바닥재

7. 보온재(파이프 보온재 포함)

8. 단열재

9. 개스킷(Gasket)

10. 패킹(Packing)재

11. 실링(Sealing)재

12. 제1호 내지 제11호 외의 물질 또는 자재(자재의 성상(性狀) 또는 쉽게 알 수 있는 명칭을 구분하여 제시하여야 한다)

② 석면조사기관은 필요시 석면함유 물질의 현재 손상정도 및 향후 사람의 접근 가능성을 고려한 석면의 비산(飛散) 위험성을 평가하여 석면해체 · 제거 계획의 우선 순위 판단 등 향후 건축물 등의 석면관리를 위한 정보를 제공할 수 있다.

제8조(석면조사 결과서 작성)

석면조사를 실시한 때에는 석면조사 결과서를 작성하여야 한다.

제9조(측정방법) ● 출제율 20%

① 공기 중 석면농도 측정(이하 "석면농도 측정"이라 한다)은 실내작업장을 대상으로 석면해체 · 제거 작업이 모두 완료되고 작업장의 음압설비와 밀폐시설이 정상적으로 가동 · 유지되는 상태에서 측정하여야 한다.

② 작업이 완료된 상태의 확인은 다음의 사항을 따라야 한다.

1. 작업계획서 상 작업대상인 석면이 함유된 물질의 종류와 위치를 확인하여 완전히 제거되었음을 확인할 것

2. 작업장 바닥 등 표면에 제거대상 물질의 조각, 육안으로 보이는 부스러기와 표면에 퇴적된 먼지 등 잔재물(殘滓物)이 존재하지 않음을 확인할 것

3. 작업장 바닥이 젖어 있거나 물이 고여 있지 않음을 확인할 것

4. 폐기물은 밀폐공간 내에 존재하지 않고 모두 반출되었음을 확인할 것

5. 밀폐막이 손상되지 않고 외부로부터 작업장이 차폐되어 있음을 확인할 것

③ 작업장 내 공기는 건조한 상태를 유지하고, 송풍기 등을 이용하여 석면이 제거된 표면, 먼지가 침전될 수 있는 작업장 표면, 시료채취 위치 주변 등 작업장 내 침전된 분진을 충분히 비산(飛散)시킨 후 즉시 시료를 채취한다.

④ 시료채취기의 설치 및 지역시료채취방법은 다음과 같다.

1. 시료채취 펌프를 이용하여 멤브레인 여과지(Mixed Cellulose Ester membrane filter)로 공기 중 입자상 물질을 여과 채취한다.

2. 바닥으로부터 약 1~2m 높이 또는 석면이 제거된 위치와 비슷한 높이에서 실시한다.

3. 공기는 1~16L/min의 유량으로 각 시료채취 매체당 최소 1,000L 이상의 공기를 채취한다.

4. 기타 이 항에서 규정하지 않은 시료채취에 대한 사항은 「작업환경측정 및 지정측정기관 평가 등에 관한 고시」에 따른다.

제10조(시료채취 수) ●출제율 20%

① 시료채취 수는 작업장별 각각 불침투성 차단재로 밀폐된 공간의 바닥면적(이하 "밀폐면적"이라 한다)에 따라 다음의 수식으로 계산된 시료 수 이상을 채취해야 한다. 다만, 수식의 계산결과가 1 미만이고, 석면함유 자재를 의도적으로 분쇄하는 작업(구멍을 뚫거나 긁어내는 작업, 깨거나 톱질하는 작업 등)의 경우 1개 이상의 시료를 채취하여야 한다.

> 〈계산식〉
> 밀폐면적의 크기별 최소 시료채취 수 = 밀폐면적$(A, \ m^2)^{1/3} - 1$(소수점 이하 버림)

② 제①항의 규정에도 불구하고 건축물 등의 유지 · 보수를 목적으로 다음의 어느 하나에 해당하는 자재만을 해체 · 제거하는 경우에는 시료채취를 하지 않을 수 있다.

1. 가로와 세로의 길이가 각각 1.5m 이하인 석면함유 자재

2. 개스킷(Gasket)

3. 패킹(Packing)재

4. 실링(Sealing)재

제11조(분석)

① 공기 중 석면농도의 분석은 위상차현미경으로 계수하는 방법으로 실시하며, 분석방법은 「작업환경측정 및 지정측정기관 평가 등에 관한 고시」에 따른다.

② 제①항에도 불구하고 필요시 추가로 분석전자현미경을 이용하여 미국산업안전보건연구원(NIOSH) 공정시험법(NMAM 7402), 영국보건안전청(HSE) 공정시험법(MDHS 87) 또는 이와 같은 수준 이상의 분석법에 따라 섬유 종류를 구분하여 석면농도 기준 초과 여부를 평가할 수 있다.

③ 분석결과는 소수점 넷째자리에서 반올림하여 소수점 셋째자리까지 표기한다.

◐ [별표 1] 편광현미경을 이용한 건축자재 등의 석면분석법

1. 개요

   동 분석법은 건축자재 등 고형시료 중 석면형태를 보이는 물질의 굴절률 등 결정광학 특성을 확인하여 석면함유 여부와 함유된 석면의 종류 및 함유율을 분석하는 방법으로, 함유율은 백분율(%)로 표현한다.

2. 적용범위

   건축물 등의 석면조사를 위한 고형시료 분석에 적용한다.

3. 제한점

   편광현미경은 광학현미경의 일종으로 전자현미경에 비해 낮은 확대배율과 분해능을 가지므로 시료에 함유된 석면의 지름이 매우 작거나 분산염색 색깔을 뚜렷하게 관찰할 수 없는 경우 석면의 검출 및 정성분석이 어려울 수 있다. 만약 동 분석법만으로 석면함유 여부 확인이 어렵거나 석면 함유율에 대한 추가 정보가 필요한 경우에는 엑스선회절분석기(XRD) 또는 에너지분산엑스선분석기가 장착된 투과전자현미경(TEM−EDX)을 이용한 추가분석을 실시할 수 있다. 이때 추가분석 방법은 미국환경청의 공정시험법(EPA/600/R−93/116) 또는 이와 같은 수준이상의 분석법에 따른다.

4. 용어의 정의

   4.1. 결정습성(crystal habit)

   광물의 내부 결정계와 관계없이, 광물이 보이는 일반적인 거시적 형태를 말함

   (예 각주상, 판상, 침상 등)

   4.2. 결합재(binder)

   고형시료 중 석면 및 충전재 등을 결합시키기 위해 사용된 구성 성분

   (예 석고, 시멘트, 접착제 등)

   4.3. 충전재(filler)

   고형시료 중 석면과 결합재를 제외하고 보온 또는 단열 등의 목적으로 사용된 구성 성분

   (예 셀룰로오즈, 미네랄 울, 질석, 펄라이트 등)

   4.4. 굴절률(refractive index)

   빛이 진공을 투과 시 투과속도에 대한 특정 매질을 투과 시 투과속도의 상대적인 비. 알파벳 'n'으로 표시되며 투과하는 빛의 파장과 매질의 온도에 따라 달라진다. 석면과 같이 3개의 굴절률을 가지는 입자는 각 굴절률의 크기 순서로 작은 굴절률부터 α, β, γ로 칭한다. 석면을 포함한 섬유는 시야 상에서 섬유의 길이방향이 편광자의 편광축과 평행한 방향으로 놓였을 때 보이는 굴절률을 '섬유 길이방향 굴절률(n∥)', 수직인 방향으로 놓였을 때 보이는 굴절률을 '섬유 지름방향 굴절률(n⊥)'이라 한다.

   4.5. 다색성(pleochroism)

   편광현미경의 단일편광 하에서 입자의 결정축이 편광자의 편광축과 이루는 각도에 따라 입자의 색깔이나 색의 강도가 달라지는 현상

   4.6. 복굴절률(birefringence)

   2개 이상의 굴절률을 보이는 비등방성 입자에서 가장 큰 굴절률과 가장 작은 굴절률의 차. 알파벳 'B'로 표시한다. 석면과 같이 3개의 굴절률을 가지는 입자에서 복굴절률은 γ와 α의 차이다. 복굴절률은 값으로 표현하거나 다음 4가지 분류 중 하나로 표현할 수 있다.

- 0 또는 등방성 : 없음
- <0.01 : 낮음
- 0.01~0.05 : 보통
- >0.05 : 높음

4.7. 분산염색(dispersion staining)

대물렌즈의 후방 초점면에 빛을 차단하는 부위인 '스탑(stop)'을 배치하여 빛이 입자를 투과 시 발생하는 분산현상에 의한 발색을 극대화하여 색깔을 관찰하는 광학기술. 입자의 굴절률 을 확인하는데 이용된다.

4.8. 색깔(color)

편광현미경의 단일편광 하에서 관찰 시 시야 상에서 보이는 입자의 색깔

4.9. 소광(extinction)

편광현미경의 교차편광 하에서 관찰 시 비등방성 입자가 시야 상에서 90° 회전 시 마다 어두 워지는 현상. 석면을 포함한 섬유는 편광자 또는 검광자의 편광축과 평행한 부분이 모두 검 게 사라지는 '완전소광', 일부만 사라지는 '불완전소광'으로 구분된다.

4.10. 소광각(extinction angle)

편광현미경의 교차편광 하에서 비등방성 섬유가 완전소광을 보일 때 시야 상에서 섬유의 길 이방향과 편광자 또는 검광자의 편광축이 이루는 각도 차. 섬유의 길이방향과 편광자 또는 검광자의 편광축이 평행할 때 소광되는 경우를 '평행소광'이라 하며 소광각은 0°이다. 섬유의 길이방향과 편광자 또는 검광자의 편광축이 일정한 각도를 이룰 때 소광되는 경우를 '사각소 광'이라 하며, 이때 일정한 범위 내의 소광각을 측정할 수 있다.

4.11. 석면형태(asbestiform)

결정습성 등이 석면과 같은 형태의 광물을 칭하는 용어. 일부 석면형태 광물의 경우 긴 섬유 상이거나 높은 인장강도 등 석면을 상업적으로 이용하게 되는 물성을 보이지 않을 수도 있 음. 광학현미경으로 관찰 시 석면형태는 일반적으로 다음의 형태적 특징들로 구분할 수 있다 (각각의 섬유가 아닌, 표본에 분포된 섬유들의 전체적인 특징임).

- 길이가 $5\mu m$ 보다 긴 섬유들에 대해 평균 길이 대 지름의 비(aspect ratio)가 20 : 1에서 100 : 1 또는 그 이상인 것
  ※ 길이 대 지름의 비는 개별 섬유에 대해서만 적용함(섬유 다발에 대해서는 길이 대 지름 의 비를 적용하지 않음)
- 개별섬유가 일반적으로 지름 $0.5\mu m$ 이하로 매우 가늘며, 다음의 특징 중 두 가지 이상의 특징을 보이는 것
  - 섬유가 평행하게 모여 있는 섬유다발
  - 섬유다발로서 다발의 끝 부분이 각각의 섬유로 넓게 퍼진 모양
  - 헝클어진 섬유들의 덩어리
  - 섬유 또는 다발의 굴곡

4.12. 신장부호(sign of elongation)

비등방성 섬유의 높은 굴절률과 낮은 굴절률을 보이는 결정축의 방향. 높은 굴절률을 보이는 결정축이 섬유 길이방향인 경우 '+', 반대의 경우 '−'로 정의된다.

4.13. 조화파장(matching wavelength)

표본 중 입자와 굴절시약을 투과 시 같은 굴절률을 보이는 빛의 파장. 'λ_0'로 표기한다. 분산 염색 색상표를 이용해 관찰한 분산염색 색깔을 파장으로 환산하여 산출한다.

5. 전처리

5.1. 건조

분석 전에 시료의 건조상태를 확인한다. 시료가 수분에 젖어 있는 경우에는 가열램프 또는 오븐 등을 활용하거나 공기 중에서 건조시킨 후 분석한다.

5.2. 분쇄 및 혼합

분석결과의 정확도와 정밀도를 높이기 위해 필요에 따라 시료의 대표적인 부분을 채취하여 분쇄 및 혼합한다. 분쇄 시에는 막자와 막자사발, 펜치, 플라이어, 분쇄기 등 필요에 따라 다양한 도구를 사용할 수 있다. 막자와 막자사발을 이용하여 분쇄 시 강한 힘으로 오래 분쇄하면 입자가 너무 작아져서 석면 검출이 어려울 수도 있으므로 적당한 힘으로 약 10~20초 이내의 짧은 시간동안 분쇄한다.

5.3. 회화

시료를 고온에서 회화시키면 시료 중 셀룰로오즈 및 합성 고분자물질 등 유기결합재를 쉽게 제거할 수 있으므로, 석면을 결합재로부터 유리시키거나 광학특성이 석면과 유사한 유기섬유를 제거하여 분석의 정확도를 높일 수 있다. 회화 시 갈석면과 청석면은 광학특성이 쉽게 변해 서로 유사해지므로 주의한다. 일반적인 회화과정은 다음과 같다.

1) 사용할 도가니(뚜껑 포함)의 무게를 측정한다.

2) 적당량의 시료를 채취하여 미리 무게를 측정한 도가니에 담고 뚜껑를 덮은 후 무게를 측정한다.

   ※ 적당량이란 회화에 너무 오랜 시간이 걸리지 않으면서 무게측정에 의한 오차를 고려할 때 분석결과의 정확도와 정밀도가 원하는 수준을 만족할 수 있는 양이다. 함유율 1%를 기준으로 평가하고자 할 때 일반적인 시료는 최소 100mg 이상 500mg 이하 정도가 적당하다.

3) 도가니를 전기로에 넣고 회화시킨다.

   ※ 회화온도는 최소 300℃ 이상 가열하되 500℃를 넘지 않도록 한다. 석면은 고온에 오래 노출될수록 광학특성이 변하므로, 회화시간은 시료 중 유기물이 완전히 회화될 수 있는 최소한의 시간동안만 가열한다. 대부분의 시료는 약 450℃에서 6시간 정도 가열하면 충분하다.

4) 도가니를 전기로에서 꺼내 상온으로 냉각시킨 후 무게를 측정한다.

5) 회화 후 잔여물의 무게를 최초 시료 무게로 나누고, 100을 곱해서 시료 중 회화되지 않은 잔여물의 함유율을 계산한다.

6) 잔여물을 편광현미경으로 분석하거나, 필요시 산 처리를 추가로 실시한다.

   ※ 비닐바닥타일의 경우 반드시 산 처리를 추가로 실시한다.

5.4. 산 처리

시료를 강산용액으로 용해시키면 시료 중 석고, 탄산칼슘류, 규산칼슘류 광물 등 산 용해성 물질을 제거할 수 있으므로, 석면을 결합재로부터 유리시키거나 광학특성이 석면과 유사한 일부 무기섬유를 제거하여 분석의 정확도를 높일 수 있다. 또한 회화된 시료를 산 처리하면 회화 시 생성된 탄화물도 제거할 수 있다. 일반적인 산 처리 과정은 다음과 같다.

1) 시료를 담을 용기(뚜껑 포함)의 무게를 측정한다.

   ※ 용기는 산에 녹지 않는 재질의 도가니 또는 유리초자 등을 사용한다.

2) 적당량의 시료를 채취하여 미리 무게를 측정한 용기에 담고 뚜껑를 덮은 후 무게를 측정한다.
   ※ 적당량이란 산 처리에 너무 오랜 시간이 걸리지 않으면서 무게측정에 의한 오차를 고려할 때 분석결과의 정확도와 정밀도가 원하는 수준을 만족할 수 있는 양이다. 함유율 1%를 기준으로 평가하고자 할 때 일반적인 시료는 최소 100mg 이상, 500mg 이하 정도가 적당하다.
3) 시료가 담긴 용기에 25% 염산용액을 가한다.
   ※ 자석젓개로 용액을 저어주거나 초음파 또는 온도를 가하여 용해반응을 촉진시킬 수 있다. 시료에 소량의 염산용액을 2~3회 더 가한 후 기포가 발생되는지 여부를 관찰하여 반응의 종결을 확인한다. 너무 오랜 시간동안 방치하면 석면이 산에 용해될 수 있으므로 반응이 종결되는 즉시 다음 단계로 넘어간다.
4) 진공여과추출장치에 미리 무게를 측정한 여과지를 올린 후 산 처리된 시료를 여과시킨다.
   ※ 증류수로 산 처리된 시료가 담긴 용기를 수 회 이상 잘 씻어주고 여과지 위의 여과물을 씻어준다.
5) 여과지(여과물+여과지)를 꺼내 건조시킨다.
6) 건조된 여과지(여과물+여과지)의 무게를 측정하고 여과 전의 여과지 무게를 빼서 산 처리 후 여과물의 무게를 계산한다.
7) 산 처리 후 여과물의 무게를 최초 시료 무게로 나누고, 100을 곱해서 시료 중 산에 녹지 않은 여과물의 함유율을 계산한다.
8) 여과물을 편광현미경으로 분석한다.

6. 정성분석

편광현미경을 이용해 시료에서 검출되는 각각의 섬유 종류에 대해 정성분석을 실시한다. 정성분석 시에는 다음의 광학특성을 관찰하여 기록하고 알려진 석면의 광학특성과 일치하는지 여부를 확인해서 석면인지 여부 및 종류를 구분한다(표 1, 2 참조). 석면의 정성분석을 위해 관찰해야 하는 광학특성은 다음과 같다.

- 형태
- 색깔/다색성
- 굴절률(분산염색 색깔을 통해 확인)
- 복굴절률
- 소광(소광특성 및 소광각)
- 신장부호

7. 정량분석

정성분석이 끝난 시료는 시료의 대표적인 부분을 채취하여 정량분석을 실시한다. 정량분석 시에는 표준물질 보정에 의한 시야평가법, 포인트계수법, 중량분석법 중 하나를 택일하여 사용한다.

7.1. 시야평가법

시야평가법은 편광현미경을 이용하여 표본 관찰 시 시야 상의 면적을 통해 석면의 함유율을 가정량하는 방법이다. 시료의 대표적인 부분으로 3개 이상의 표본을 제작하고, 표본의 전체 면적을 관찰하여 정량한다. 시야평가법은 결합재 및 충전재의 종류에 따라 석면이 일정한 중량비율로 함유된 정량 표준시료와 비교 정량하여 분석의 정확도와 정밀도를 높일 수 있다. 사전에 정량 표준시료의 관찰을 통해 훈련된 분석자가 정량 표준시료와 비교하여 시야평가하는 방법을 표준보정 시야평가법이라 한다.

7.2. 포인트계수법

　포인트계수법은 현미경 대안렌즈의 십자선을 이용하여 시야에서 십자선의 교차점과 중첩되는 입자 중 석면의 비율을 산출하는 방법이다. 1% 함유율을 기준으로 분석 시 십자선의 중심과 중첩되는 입자를 최소 400개 이상 계수한다. 포인트계수법을 실시하는 일반적인 과정은 다음과 같다.

　1) 시료가 균일하지 않거나 입자가 커서 표본제작이 어려운 시료는 분석 전에 분쇄 및 혼합한다.
　　※ 필요시 열 회화, 산 처리 등 적절한 전처리를 선행한다.

　2) 시료를 핀셋을 이용해 4~8회 무작위로 채취해서 표본을 제작한다.
　　※ 시료 중 섬유상 물질의 정성분석이 끝난 경우 시료 중 석면 또는 결합재의 굴절률과 차이가 큰 굴절률의 굴절시약을 사용하면 보다 높은 명암으로 표본을 관찰할 수 있다. 지우개 등을 이용해 커버슬립을 눌러서 표본 전체에 입자가 균일하게 퍼지고 입자와 섬유가 겹치지 않도록 한다. 이때 커버슬립을 너무 세게 눌러서 커버슬립이 깨지거나 섬유가 커버슬립 가장자리 밖으로 삐져나오지 않도록 주의한다.

　3) 제작한 표본을 전체적으로 관찰하여 입자가 균일하게 분포되고 표본이 잘 제작되었는지 확인한다.

　4) 교차편광 하에서 위상차판을 삽입한 상태로 100배의 배율에서 관찰하면서 십자선의 교차점과 중첩되는 포인트의 수를 계수한다. 각 섬유와 입자의 종류별로 구분하여 중첩되는 포인트의 수를 기록한다. 석면이 결합재와 함께 동시에 중첩되는 경우 두 번(각각 1개로) 계수한다.
　　※ 재물대에 X, Y−축으로 표본 이동 가능한 별도의 부품을 부착시키면 표본 이동이 보다 편리하다.

　5) 하나의 표본에서 중첩되는 포인트를 50~100개씩 계수하여 한 시료에서 모두 400개 이상 계수한다.
　　※ 표본 하나에서 50포인트 계수 시 8개, 100포인트 계수 시 4개의 표본을 제작한다.

　6) 석면 함유율(백분율)을 다음과 같이 계산한다.

$$\text{석면 함유율(\%)} = \frac{\text{석면의 중첩된 포인트 수}}{\text{전체 중첩된 포인트 수}} \times 100$$

　　※ 시료에서 석면이 검출되었으나 십자선의 교차점과 중첩된 포인트가 없거나 3개 이하인 경우, 미량검출(1% 미만)로 결과 통보한다.

7.3. 중량분석법

　중량분석법은 미리 무게를 측정한 일정량의 시료를 전처리를 통해 석면을 제외한 물질을 제거한 후, 최종 잔여 무기물의 무게를 측정하여 시료 중 석면의 함유율을 계산하는 방법이다. 먼저 시료 중 섬유상 물질을 구분하고 어떤 종류의 석면이 있는지 정성분석이 끝난 후에 정량분석을 위한 전처리를 실시한다. 전처리는 열 회화를 통해 시료 중 유기물질을 제거한 후, 산 처리를 통해 산 용해성 물질을 제거시킨다. 이 과정에서 저울을 이용해 최초 전처리에 사용된 시료의 무게와 각 전처리 단계별로 감소된 잔여물의 무게를 측정하여 최종 잔여물의 중량 함유율을 계산한다. 전 처리가 끝난 시료는 편광현미경으로 시야평가법 또는 포인트계수법을 이용해 정량하여 시료 중 석면의 함유율을 계산한다. 열 회화와 산 처리를 통한 중량분석 계산방법은 다음과 같다.

　1) 사용할 도가니(뚜껑 포함)의 무게를 측정한다.−A

　2) 적당량의 시료를 채취하여 미리 무게를 측정한 도가니에 담고 뚜껑를 덮은 후 무게를 측정한다.−B

3) 도가니를 전기로에 넣고 회화시킨다.

4) 회화가 끝나면 도가니를 전기로에서 꺼내 상온에서 냉각시킨 후 무게를 측정한다.–C

5) 회화가 끝난 시료가 담긴 도가니에 25% 염산용액을 가해 산 처리한다.

6) 여과지의 무게를 측정한다.–D

7) 진공여과추출장치에 무게를 측정한 여과지를 올려놓고, 산 처리가 끝난 시료를 여과시킨다.

8) 여과물이 걸러진 여과지(여과물+여과지)를 꺼내 건조시킨다. 건조가 끝나면 무게를 측정한다.–E

9) 여과지 위의 여과물을 편광현미경으로 정량 분석하여 여과물 중 석면의 함유율을 구한다.–F

10) 다음 식을 이용하여 시료의 석면 함유율을 계산한다.

① 최초 시료 무게=B–A

② 회화 후 시료 무게=C–A

③ 산 처리 후 시료 무게=E–D

- 시료 중 유기물질 함유율(%)= $\dfrac{①-②}{①}\times100$

- 시료 중 산 용해성 물질 함유율(%)= $\dfrac{②-③}{①}\times100$

④ 시료 중 잔여 무기물 함유율(%)= $\dfrac{③}{①}\times100$

- 잔여 무기물 중 석면 함유율(%)=F

- 시료의 석면 함유율(%)= $\dfrac{④\times F}{100}$

8. 결과처리

분석결과서에는 시료 중 석면 검출 여부와 석면 검출 시 석면의 종류 및 함유율과 적용한 정량분석 방법을 반드시 기재하여야 한다.

※ 기타 분석결과 통보 시 주의사항

- 시료가 성상이 다른 두 개 이상의 층으로 구분되는 경우에는 각각의 층을 구분하여 분석하고 결과통보해야 한다.

- 시료에서 석면이 검출되었으나 함유율이 1% 또는 1% 미만이라고 판단될 때에는 시야평가법만으로 정량하여 결과통보할 수 없다. 이런 경우에는 반드시 포인트계수법 또는 중량분석법 등 보다 정확도와 정밀도가 높은 것으로 알려진 정량분석법을 추가 적용하여 함유율이 1%를 초과하지 않는지 면밀하게 분석해야 한다.

- 시야평가법을 적용한 결과가 포인트계수법 또는 중량분석법과 다를 때에는 포인트계수법이나 중량분석법을 적용한 분석결과가 시야평가법의 결과 보다 우선한다.

- 포인트계수법 또는 중량분석법을 적용 시 결과가 1%에 가까울 때에는 결과가 정수가 되도록 반올림해 결과통보하지 않도록 주의해야 한다. 예를 들어 400포인트 계수 시 석면이 5포인트가 검출되었다면 분석결과는 1.25%로 통보되어야 한다. 이것을 반올림해서 1%로 결과통보하지 않도록 한다.

- 바닥타일, 매스틱, 페인트 시료에서 석면이 불검출되었거나 함유율이 1% 또는 1% 미만으로 결과 통보할 경우에는 결합재 등 기질을 회화, 산처리 또는 용해시키는 방법으로 제거하여 분석하여야 한다.

9. 정도관리

9.1. 정도관리

각 조사기관은 한국산업안전보건공단 산업안전보건연구원에서 실시하는 실험실 외부석면분석 정도관리 프로그램에 참여해야 한다.

9.2. 장비 및 시약 보정

분석의 검출한계를 높이고 광학특성을 정확히 관찰할 수 있도록 편광현미경은 매 분석시작 전에 광학부품을 조절하여 Köhler 조명이 잘 구현되도록 하고, 편광자와 검광자의 직교 및 대 안렌즈 십자선과의 일치 여부를 확인해야한다. 분석에 사용되는 굴절시약은 고체 표준굴절시 약이나 표준 석면시료를 이용하여 굴절률에 변화가 있는지 주기적으로 확인하고, 공 표본(시 료 없이 굴절시약과 슬라이드 및 커버슬립 만으로 제작한 표본)을 분석하여 굴절시약과 재료 (슬라이드, 커버슬립 등)의 오염 여부를 확인해야 한다.

SECTION 5

화학물질의 분류 · 표시 및 물질안전보건자료에 관한 기준
(고용노동부 고시)

제2조(정의)

1. "화학물질"

   원소와 원소간의 화학반응에 의하여 생성된 물질을 말한다.

2. "혼합물"

   두 가지 이상의 화학물질로 구성된 물질 또는 용액을 말한다.

3. "제조"

   ㉠ 직접 사용 또는 양도 · 제공을 목적으로 화학물질 또는 혼합물을 생산, 가공 또는 혼합 등을 하는 것

   ㉡ 직접 사용 또는 양도 · 제공을 목적으로 화학물질 또는 혼합물을 직접 기획 (성능 · 기능, 원재료 구성 설계 등)하여 다른 생산업체에 위탁해 자기명의로 생산하게 하는 것

4. "수입"

   직접 사용 또는 양도 · 제공을 목적으로 외국에서 국내로 화학물질 또는 혼합물을 들여오는 것을 말한다.

5. "용기"

   고체, 액체 또는 기체의 화학물질 또는 혼합물을 직접 담은 합성강제, 플라스틱, 저장탱크, 유리, 비닐포대, 종이포대 등을 말한다. 다만, 레미콘, 콘테이너는 용기로 보지 아니한다.

6. "포장"

   제5호에 따른 용기를 싸거나 꾸리는 것을 말한다.

7. "반제품용기"

같은 사업장 내에서 상시적이지 않은 경우로서 공정간 이동을 위하여 화학물질 또는 혼합물을 담은 용기를 말한다.

제5조(경고표지의 부착)

① 물질안전보건자료 대상물질을 양도 · 제공하는 자는 해당 물질안전보건자료 대상물질의 용기 및 포장에 한글경고표지(같은 경고표지 내에 한글과 외국어가 함께 기재된 경우를 포함한다)를 부착하거나 인쇄하는 등 유해 · 위험 정보가 명확히 나타나도록 하여야 한다. 다만, 실험실에서 실험 · 연구 목적으로 사용하는 시약으로서 외국어로 작성된 경고표지가 부착되어 있거나 수출하기 위하여 저장 또는 운반 중에 있는 완제품은 한글경고표지를 부착하지 아니할 수 있다.

② 국제연합(UN)의 "위험물 운송에 관한 권고"에서 정하는 유해성 · 위험성 물질을 포장에 표시하는 경우에는 "위험물 운송에 관한 권고"에 따라 표시할 수 있다.

③ 포장하지 않는 드럼 등의 용기에 국제연합(UN)의 "위험물 운송에 관한 권고"에 따라 표시를 한 경우에는 경고표지에 해당 그림문자를 표시하지 아니할 수 있다.

④ 용기 및 포장에 경고표지를 부착하거나 경고표지의 내용을 인쇄하는 방법으로 표시하는 것이 곤란한 경우에는 경고표지를 인쇄한 꼬리표를 달 수 있다.

⑤ 물질안전보건자료 대상물질을 사용 · 운반 또는 저장하고자 하는 사업주는 경고표지의 유무를 확인하여야 하며, 경고표지가 없는 경우에는 경고표지를 부착하여야 한다.

⑥ 사업주는 대상화학물질의 양도 · 제공자에게 경고표지의 부착을 요청할 수 있다.

제6조(경고표지의 작성방법) ● 출제율 10%

① 물질안전보건자료 대상물질의 용량이 100g 이하 또는 100mL 이하인 경우에는 경고표지에 명칭, 그림문자, 신호어를 표시하고 그 외의 기재내용은 물질안전보건자료를 참고하도록 표시할 수 있다. 다만, 용기나 포장에 공급자 정보가 없는 경우에는 경고표지에 공급자 정보를 표시하여야 한다.

② 물질안전보건자료 대상물질을 해당 사업장에서 자체적으로 사용하기 위하여 담은 반제품용기에 경고표시를 할 경우에는 유해 · 위험의 정도에 따른 '위험' 또는 '경고'의 문구만을 표시할 수 있다. 다만, 이 경우 보관 · 저장 장소의 작업자가 쉽게 볼 수 있는 위치에 경고표지를 부착하거나 물질안전보건자료를 게시하여야 한다.

제6조의 2(경고표지 기재항목의 작성방법)

① 명칭은 제10조 제1항 제1호에 따른 물질안전보건자료상의 제품명을 기재한다.

② 그림문자는 [별표 2]에 해당되는 것을 모두 표시한다. 다만, 다음의 어느 하나에 해당되는 경우에는 이에 따른다.

1. "해골과 ×자형 뼈"와 "감탄부호(!)"의 그림문자에 모두 해당하는 경우에는 "해골과 ×자형 뼈"의 그림문자만을 표시한다.

2. 피부 부식성 또는 심한 눈 손상성 그림문자와 피부 자극성 또는 눈 자극성 그림문자에 모두 해당되는 경우에는 피부 부식성 또는 심한 눈 손상성 그림문자만을 표시한다.

3. 호흡기 과민성 그림문자와 피부 과민성, 피부 자극성 또는 눈 자극성 그림문자에 모두 해당되는 경우에는 호흡기 과민성 그림문자만을 표시한다.

4. 5개 이상의 그림문자에 해당되는 경우에는 4개의 그림문자만을 표시할 수 있다.

③ 신호어는 [별표 2]에 따라 "위험" 또는 "경고"를 표시한다. 다만, 대상화학물질이 "위험"과 "경고"에 모두 해당되는 경우에는 "위험"만을 표시한다.

④ 유해·위험 문구는 [별표 2]에 따라 해당되는 것을 모두 표시한다. 다만, 중복되는 유해·위험 문구를 생략하거나 유사한 유해·위험 문구를 조합하여 표시할 수 있다.

⑤ 예방조치 문구는 [별표 2]에 해당되는 것을 모두 표시한다. 다만, 다음의 어느 하나에 해당되는 경우에는 이에 따른다.

1. 중복되는 예방조치 문구를 생략하거나 유사한 예방조치 문구를 조합하여 표시할 수 있다.

2. 예방조치 문구가 7개 이상인 경우에는 예방·대응·저장·폐기 각 1개 이상(해당 문구가 없는 경우는 제외한다)을 포함하여 6개만 표시해도 된다. 이때 표시하지 않은 예방조치 문구는 물질안전보건자료를 참고하도록 기재하여야 한다.

제8조(경고표지의 색상 및 위치)

① 경고표지 전체의 바탕은 흰색으로, 글씨와 테두리는 검정색으로 하여야 한다.

② 비닐포대 등 바탕색을 흰색으로 하기 어려운 경우에는 그 포장 또는 용기의 표면을 바탕색으로 사용할 수 있다. 다만, 바탕색이 검정색에 가까운 용기 또는 포장인 경우에는 글씨와 테두리를 바탕색과 대비색상으로 표시하여야 한다.

③ 그림문자는 유해성·위험성을 나타내는 그림과 테두리로 구성하며, 유해성·위험성을 나타내는 그림은 검은색으로 하고, 그림문자의 테두리는 빨간색으로 하

는 것을 원칙으로 하되 바탕색과 테두리의 구분이 어려운 경우 바탕색의 대비색상으로 할 수 있으며, 그림문자의 바탕은 흰색으로 한다. 다만, 1L 미만의 소량 용기 또는 포장으로서 경고표지를 용기 또는 포장에 직접 인쇄하고자 하는 경우에는 그 용기 또는 포장 표면의 색상이 두 가지 이하로 착색되어 있는 경우에 한하여 용기 또는 포장에 주로 사용된 색상(검정색 계통은 제외한다)을 그림문자의 바탕색으로 할 수 있다.

④ 경고표지는 취급 근로자가 사용 중에도 쉽게 볼 수 있는 위치에 견고하게 부착하여야 한다.

제9조(경고표시 기재항목을 적은 자료의 제공)

① 경고표시 기재항목을 적은 자료는 대상화학물질을 양도하거나 제공하는 때에 함께 제공하여야 한다. 다만, 경고표시 기재항목이 물질안전보건자료에 포함되어 있는 경우에는 물질안전보건자료를 제공하는 방법으로 해당 자료를 제공할 수 있다.

② 같은 상대방에게 같은 대상화학물질을 2회 이상 계속하여 양도 또는 제공하는 경우에는 최초로 제공한 제①항에 따른 경고표시 기재항목을 적은 자료의 기재 내용의 변경이 없는 한 추가로 해당 자료를 제공하지 아니할 수 있다. 다만, 상대방이 해당 자료의 제공을 요청한 경우에는 그러하지 아니하다.

제10조(작성항목) ●출제율 20%

물질안전보건자료 작성 시 포함되어야 할 항목 및 그 순서

1. 화학제품과 회사에 관한 정보
2. 유해성 · 위험성
3. 구성 성분의 명칭 및 함유량
4. 응급조치 요령
5. 폭발 · 화재 시 대처방법
6. 누출사고 시 대처방법
7. 취급 및 저장 방법
8. 노출방지 및 개인보호구
9. 물리화학적 특성
10. 안전성 및 반응성
11. 독성에 관한 정보
12. 환경에 미치는 영향

13. 폐기 시 주의사항

14. 운송에 필요한 정보

15. 법적 규제 현황

16. 그 밖의 참고사항

제11조(작성원칙) ●출제율 30%

① 물질안전보건자료는 한글로 작성하는 것을 원칙으로 하되 화학물질명, 외국기관명 등의 고유명사는 영어로 표기할 수 있다.

② 실험실에서 실험·연구 목적으로 사용하는 시약으로서 물질안전보건자료가 외국어로 작성된 경우에는 한국어로 번역하지 아니할 수 있다.

③ 실험결과를 반영하고자 하는 경우에는 해당 국가의 우수실험실기준(GLP) 및 국제공인시험기관인정(KOLAS)에 따라 수행한 시험결과를 우선적으로 고려하여야 한다.

④ 외국어로 되어 있는 물질안전보건자료를 번역하는 경우에는 자료의 신뢰성이 확보될 수 있도록 최초 작성 기관명 및 시기를 함께 기재하여야 하며, 다른 형태의 관련 자료를 활용하여 물질안전보건자료를 작성하는 경우에는 참고문헌의 출처를 기재하여야 한다.

⑤ 물질안전보건자료 작성에 필요한 용어, 작성에 필요한 기술 지침은 한국산업안전보건공단이 정할 수 있다.

⑥ 물질안전보건자료의 작성단위는 「계량에 관한 법률」이 정하는 바에 의한다.

⑦ 각 작성항목은 빠짐없이 작성하여야 한다. 다만, 부득이 어느 항목에 대해 관련 정보를 얻을 수 없는 경우에는 작성란에 '자료 없음'이라고 기재하고, 적용이 불가능하거나 대상이 되지 않는 경우에는 작성란에 '해당 없음'이라고 기재한다.

⑧ 화학제품에 관한 정보 중 용도는 [별표 5]에서 정하는 용도분류체계에서 하나 이상을 선택하여 작성할 수 있다. 다만, 법 제110조 제1항 및 제3항에 따라 작성된 물질안전보건자료를 제출할 때에는 [별표 5]에서 정하는 용도분류체계에서 하나 이상을 선택하여야 한다.

⑨ 혼합물 내 함유된 화학물질 중 규칙 [별표 18] 제1호 가목에 해당하는 화학물질의 함유량이 한계농도인 1% 미만이거나 동 별표 제1호 나목에 해당하는 화학물질의 함유량이 [별표 6]에서 정한 한계농도 미만인 경우 제10조 제①항 각 호에 따른 항목에 대한 정보를 기재하지 아니할 수 있다. 이 경우 화학물질이 규칙 [별표 18] 제1호 가목과 나목 모두 해당할 때에는 낮은 한계농도를 기준으로 한다.

⑩ 구성 성분의 함유량을 기재하는 경우에는 함유량의 ±5퍼센트포인트(%P) 내에서 범위(하한값~상한값)로 함유량을 대신하여 표시할 수 있다.

⑪ 물질안전보건자료를 작성할 때에는 취급 근로자의 건강보호 목적에 맞도록 성실하게 작성하여야 한다.

제12조(혼합물의 유해성 · 위험성 결정) ●출제율 30%

① 물질안전보건자료를 작성할 때에는 혼합물의 유해성 · 위험성을 다음과 같이 결정한다.

1. 혼합물에 대한 유해 · 위험성의 결정을 위한 세부 판단기준은 [별표 1]에 따른다.

2. 혼합물에 대한 물리적 위험성 여부가 혼합물 전체로서 시험되지 않는 경우에는 혼합물을 구성하고 있는 단일화학물질에 관한 자료를 통해 혼합물의 물리적 잠재유해성을 평가할 수 있다.

② 혼합물로 된 제품들이 다음의 요건을 충족하는 경우에는 해당 제품들을 대표하여 하나의 물질안전보건자료를 작성할 수 있다.

1. 혼합물인 제품들의 구성성분이 같을 것. 다만, 향수, 향료 또는 안료(이하 "향수 등"이라 한다) 성분의 물질을 포함하는 제품으로서 다음 각 목의 요건을 모두 충족하는 경우에는 그러하지 아니하다.

   가. 제품의 구성성분 중 향수 등의 함유량(2가지 이상의 향수 등 성분을 포함하는 경우에는 총함유량을 말한다)이 5퍼센트(%) 이하일 것

   나. 제품의 구성성분 중 향수 등 성분의 물질만 변경될 것

2. 각 구성성분의 함유량 변화가 10퍼센트포인트(%P) 이하 일 것

3. 유사한 유해성을 가질 것

③ 제②항에 따라 하나의 물질안전보건자료를 작성하는 제품들이 제②항제1호 단서에 해당하는 경우는 제10조 제①항 제3호에 따른 항목에 제품별로 구성성분을 알 수 있도록 기재하여야 하고 제②항 제3호에 해당하는 경우는 제품별로 유해성을 구분하여 기재하여야 한다.

제13조(양도 및 제공)

① 물질안전보건자료 대상물질을 양도하거나 제공하는 자는 규칙에 따라 다음의 어느 하나에 해당하는 방법으로 물질안전보건자료를 제공할 수 있다. 이 경우 대상 화학물질을 양도하거나 제공하는 자는 상대방의 수신 여부를 확인하여야 한다.

1. 등기우편

2. 정보통신망 및 전자문서(물질안전보건자료를 직접 첨부하거나 저장하여 제공하는 것에 한한다)

② 규칙에 따른 분류기준에 해당하지 아니하는 화학물질 또는 화학물질을 함유한 제제를 양도하거나 제공할 때에는 해당 화학물질 또는 화학물질을 함유한 제제가 규칙에 따른 분류기준에 해당하지 않음을 서면으로 통보하여야 한다. 이 경우 해당 내용을 포함한 물질안전보건자료를 제공한 경우에는 서면으로 통보한 것으로 본다.

③ 위의 ②에 따른 화학물질 또는 화학물질을 함유한 제제를 양도하거나 제공하는 자와 그 양도·제공자로부터 해당 화학물질 또는 화학물질을 함유한 제제가 규칙에 따른 분류기준에 해당되지 않음을 서면으로 통보받은 자는 해당 서류(위의 ② 후단에 따라 물질안전보건자료를 제공한 경우에는 해당 물질안전보건자료를 말한다)를 사업장 내에 갖추어 두어야 한다.

제16조(대체자료 기재 제외물질)

단서에 따른 '근로자에게 중대한 건강장해를 초래할 우려가 있는 화학물질로서「산업재해보상보험법」에 따른 산업재해보상보험 및 예방심의위원회의 심의를 거쳐 고용노동부장관이 고시하는 것'이란 다음 각 호의 어느 하나에 해당하는 물질을 말한다.

1. 제조등금지물질
2. 허가대상물질
3. 「산업안전보건기준에 관한 규칙」에 따른 관리대상 유해물질
4. 작업환경측정 대상 유해인자
5. 특수건강진단 대상 유해인자
6. 「화학물질의 등록 및 평가 등에 관한 법률」에서 정하는 화학물질

제17조(대체자료 기재 승인 및 연장승인 기준 등)

'대체자료 중 대체함유량의 적합성에 대한 판단기준'은 다음 각 호와 같다.

1. 비공개하고자 하는 구성성분의 원래 함유량이 25퍼센트(%) 미만인 경우 ±10퍼센트포인트(%P) 내에서 범위로 기재
2. 비공개하고자 하는 구성성분의 원래 함유량이 25퍼센트(%) 이상인 경우 ±20퍼센트포인트(%P) 내에서 범위로 기재

SECTION 6 사무실 공기관리 지침(고용노동부 고시)

제2조(오염물질 관리기준) ● 출제율 50%

오염물질	관리기준[1]
미세먼지(PM 10)	$100\mu g/m^3$ 이하
초미세먼지(PM 2.5)	$50\mu g/m^3$ 이하
이산화탄소(CO_2)	1,000ppm 이하
일산화탄소(CO)	10ppm 이하
이산화질소(NO_2)	0.1ppm 이하
포름알데히드(HCHO)	$100\mu g/m^3$ 이하
총휘발성 유기화합물(TVOC)	$500\mu g/m^3$ 이하
라돈(Radon)[2]	$148Bq/m^3$ 이하
총부유세균	$800CFU/m^3$ 이하
곰팡이	$500CFU/m^3$ 이하

[주] 1) 관리기준 : 8시간 시간가중평균농도 기준
   2) 라돈은 지상 1층을 포함한 지하에 위치한 사무실에만 적용한다.

제3조(사무실의 환기기준)

① 공기정화시설을 갖춘 사무실에서 근로자 1인당 필요한 최소 외기량은 $0.57m^3/min$

② 환기횟수는 시간당 4회 이상

제4조(사무실 공기관리상태 평가방법) ● 출제율 10%

① 근로자가 호소하는 증상(호흡기, 눈·피부 자극 등)에 대한 조사

② 공기정화설비의 환기량이 적정한지 여부 조사

③ 외부의 오염물질 유입경로 조사

④ 사무실 내 오염원 조사 등

제5조(사무실 공기질의 측정 등) ● 출제율 20%

오염물질	측정횟수(측정시기)	시료채취시간
미세먼지(PM 10)	연 1회 이상	업무시간 동안 - 6시간 이상 연속 측정
초미세먼지(PM 2.5)	연 1회 이상	업무시간 동안 - 6시간 이상 연속 측정
이산화탄소(CO_2)	연 1회 이상	업무시작 후 2시간 전후 및 종료 전 2시간 전후 - 각각 10분간 측정
일산화탄소(CO)	연 1회 이상	업무시작 후 1시간 전후 및 종료 전 1시간 전후 - 각각 10분간 측정
이산화질소(NO_2)	연 1회 이상	업무시작 후 1시간 ~ 종료 1시간 전 - 1시간 측정
포름알데히드 (HCHO)	연 1회 이상 및 신축(대수선 포함)건물 입주 전	업무시작 후 1시간 ~ 종료 1시간 전 - 30분간 2회 측정
총휘발성 유기화합물(TVOC)	연 1회 이상 및 신축(대수선 포함)건물 입주 전	업무시작 후 1시간 ~ 종료 1시간 전 - 30분간 2회 측정
라돈(radon)	연 1회 이상	3일 이상 ~ 3개월 이내 연속 측정
총부유세균	연 1회 이상	업무시작 후 1시간 ~ 종료 1시간 전 - 최고 실내온도에서 1회 측정
곰팡이	연 1회 이상	업무시작 후 1시간 ~ 종료 1시간 전 - 최고 실내온도에서 1회 측정

제6조(시료채취 및 분석 방법) ● 출제율 20%

오염물질	시료채취방법	분석방법
미세먼지 (PM 10)	PM 10 샘플러(sampler)를 장착한 고용량 시료채취기에 의한 채취	중량 분석(천칭의 해독도 : $10\mu g$ 이상)
초미세먼지 (PM 2.5)	PM 2.5 샘플러(sampler)를 장착한 고용량 시료채취기에 의한 채취	중량 분석(천칭의 해독도 : $10\mu g$ 이상)
이산화탄소 (CO_2)	비분산적외선검출기에 의한 채취	검출기의 연속측정에 의한 직독식 분석
일산화탄소 (CO)	비분산적외선검출기 또는 전기화학검출기에 의한 채취	검출기의 연속측정에 의한 직독식 분석
이산화질소 (NO_2)	고체흡착관에 의한 시료채취	분광광도계로 분석

오염물질	시료채취방법	분석방법
포름알데히드 (HCHO)	2,4-DNPH(2,4-Dinitrophenylhydra zine)가 코팅된 실리카겔관(silicagel tube)이 장착된 시료채취기에 의한 채취	2,4-DNPH-포름알데히드 유도체를 HPLC UVD(High Performance Liquid Chromatography-Ultraviolet Detector) 또는 GC-NPD(Gas Chromato graphy-Nitrogen Phosphorous Detector)로 분석
총휘발성 유기화합물 (TVOC)	1. 고체흡착관 또는 2. 캐니스터(canister)로 채취	1. 고체흡착열탈착법 또는 고체흡착용매추출법을 이용한 GC로 분석 2. 캐니스터를 이용한 GC 분석
라돈(Radon)	라돈연속검출기(자동형), 알파트랙(수동형), 충전막 전리함(수동형) 측정 등	3일 이상 3개월 이내 연속 측정 후 방사능감지를 통한 분석
총부유세균	충돌법을 이용한 부유세균채취기(bioair sampler)로 채취	채취·배양된 균주를 새어 공기체적당 균주 수로 산출
곰팡이	충돌법을 이용한 부유진균채취기(bioair sampler)로 채취	채취·배양된 균주를 새어 공기체적당 균주 수로 산출

제7조(시료채취 및 측정 지점) ●출제율 20%

공기의 측정시료는 사무실 안에서 공기질이 가장 나쁠 것으로 예상되는 2곳 이상에서 채취하고, 측정은 사무실 바닥면으로부터 0.9미터 이상 1.5미터 이하의 높이에서 한다. 다만, 사무실 면적이 500제곱미터를 초과하는 경우에는 500제곱미터마다 1곳씩 추가하여 채취한다.

제8조(측정결과의 평가) ●출제율 30%

① 사무실 공기질의 측정결과는 측정치 전체에 대한 평균값을 오염물질별 관리기준과 비교하여 평가한다.

② 다만, 이산화탄소는 각 지점에서 측정한 측정치 중 최고값을 기준으로 비교·평가한다.

[참고] DNPH 유도체의 발생기전 ●출제율 30%

1. 개요

   DNPH 유도체는 카르보닐 화합물(알데히드와 케톤)과 2,4-DNPH(2,4-dinitrophenylhydrazinne)가 반응하여 형성되는 화합물로서 이 반응은 산촉매 하에서 일어나며, 생성된 유도체는 물을 부산물로 생성하며, DNPH 유도체화 반응을 통해 카르보닐 화합물을 검출하고 정량한다.

2. 유도체화 반응

   카르보닐 화합물의 카르보닐기($C=O$)와 2,4-DNPH의 아미노기($-NH_2$)가 반응하여 물 분자 하나를 잃고 탄소-질소 이중결합($C=N$)을 형성하며, 이 과정에서 2,4-DNPH의 2,4-디니트로페닐 그룹이 카르보닐 화합물에 결합하여 DNPH 유도체가 생성된다.

3. 반응 메커니즘

R–CHO(알데히드)+$H_2NNHC_6H_3(NO_2)_2$(2,4–DNPH) → R–CH=$NNHC_6H_3(NO_2)_2$(DNPH 유도체)+H_2O

R_2C=O(케톤)+$H_2NNHC_6H_3(NO_2)_2$(2,4–DNPH) → R_2C=$NNHC_6H_3(NO_2)_2$(DNPH 유도체)+H_2O

4. 특징

㉠ DNPH 유도체화 반응은 가역반응이 아니므로, 생성된 유도체는 안정적이다.

㉡ 반응조건(pH, 온도, 반응시간)은 분석대상 물질과 분석 목적에 따라 최적화되어야 한다.

㉢ DNPH 유도체는 주로 HPLC(고성능 액체 크로마토그래피)를 사용하여 분석한다.

기출문제

「사무실 공기관리 지침」에 따라 공기정화시설을 갖춘 사무실(사무실 면적 : 1,000m^3)에서 근로자 50명이 근무할 경우 필요한 최소외기량(m^3/min)과 측정지점은 몇 개소 이상에서 채취해야 하는지 구하시오.

풀이 (1) 최소외기량(Q)

근로자 1인당 최소외기량이 0.57m^3/min이므로

Q=0.57m^3/min · 인×50인=28.5m^3/min

(2) 측정지점 개소

공기질이 가장 나쁠 것으로 예상되는 2곳 + 500m^3 초과의 경우 500m^3당 1곳 추가

2+1,000m^3/500m^3=2+2=4개소

SECTION 7 근골격계 부담작업의 범위

●출제율 40%

「산업안전보건법」 및 「산업안전보건기준에 관한 규칙」에 따른 근골격계 부담작업이란 다음의 어느 하나에 해당하는 작업을 말한다. 다만, 단기간작업 또는 간헐적인 작업은 제외한다.

1. 하루에 4시간 이상 집중적으로 자료입력 등을 위해 키보드 또는 마우스를 조작하는 작업

2. 하루에 총 2시간 이상 목, 어깨, 팔꿈치, 손목 또는 손을 사용하여 같은 동작을 반복하는 작업

3. 하루에 총 2시간 이상 머리 위에 손이 있거나, 팔꿈치가 어깨 위에 있거나, 팔꿈치를 몸통으로부터 들거나, 팔꿈치를 몸통 뒤쪽에 위치하도록 하는 상태에서 이루어지는 작업

4. 지지되지 않은 상태이거나 임의로 자세를 바꿀 수 없는 조건에서, 하루에 총 2시간 이상 목이나 허리를 구부리거나 드는 상태에서 이루어지는 작업

5. 하루에 총 2시간 이상 쪼그리고 앉거나 무릎을 굽힌 자세에서 이루어지는 작업

6. 하루에 총 2시간 이상 지지되지 않은 상태에서 1kg 이상의 물건을 한 손의 손가락으로 집어 옮기거나, 2kg 이상에 상응하는 힘을 가하여 한 손의 손가락으로 물건을 쥐는 작업

7. 하루에 총 2시간 이상 지지되지 않은 상태에서 4.5kg 이상의 물건을 한 손으로 들거나 동일한 힘으로 쥐는 작업

8. 하루에 10회 이상 25kg 이상의 물체를 드는 작업

9. 하루에 25회 이상 10kg 이상의 물체를 무릎 아래에서 들거나, 어깨 위에서 들거나, 팔을 뻗은 상태에서 드는 작업

10. 하루에 총 2시간 이상, 분당 2회 이상 4.5kg 이상의 물체를 드는 작업

11. 하루에 총 2시간 이상, 시간당 10회 이상 손 또는 무릎을 사용하여 반복적으로 충격을 가하는 작업

업무상 질병에 대한 구체적인 인정기준

01 뇌혈관 질병 또는 심장 질병

(1) 다음 어느 하나에 해당하는 원인으로 뇌실질내출혈(腦實質內出血), 지주막하출혈(蜘蛛膜下出血), 뇌경색, 심근경색증, 해리성 대동맥자루(대동맥 혈관벽의 중막이 내층과 외층으로 찢어져 혹을 형성하는 질병)가 발병한 경우에는 업무상 질병으로 본다. 다만, 자연발생적으로 악화되어 발병한 경우에는 업무상 질병으로 보지 않는다.

① 업무와 관련한 돌발적이고 예측 곤란한 정도의 긴장·흥분·공포·놀람 등과 급격한 업무 환경의 변화로 뚜렷한 생리적 변화가 생긴 경우

② 업무의 양·시간·강도·책임 및 업무 환경의 변화 등으로 발병 전 단기간 동안 업무상 부담이 증가하여 뇌혈관 또는 심장혈관의 정상적인 기능에 뚜렷한 영향을 줄 수 있는 육체적·정신적인 과로를 유발한 경우

③ 업무의 양·시간·강도·책임 및 업무 환경의 변화 등에 따른 만성적인 과중한 업무로 뇌혈관 또는 심장혈관의 정상적인 기능에 뚜렷한 영향을 줄 수 있는 육체적·정신적인 부담을 유발한 경우

(2) (1)에 규정되지 않은 뇌혈관 질병 또는 심장 질병의 경우에도 그 질병의 유발 또는 악화가 업무와 상당한 인과관계가 있음이 시간적·의학적으로 명백하면 업무상 질병으로 본다.

(3) (1) 및 (2)에 따른 업무상 질병 인정 여부 결정에 필요한 사항은 고용노동부장관이 정하여 고시한다.

02 근골격계 질병

(1) 업무에 종사한 기간과 시간, 업무의 양과 강도, 업무수행 자세와 속도, 업무수행 장소의 구조 등이 근골격계에 부담을 주는 업무(이하 "신체부담업무"라 한다)로서 다음 어느 하나에 해당하는 업무에 종사한 경력이 있는 근로자의 팔·다리 또는 허리 부분에 근골격계 질병이 발생하거나 악화된 경우에는 업무상 질병으로 본다. 다만, 업무와 관련이 없는 다른 원인으로 발병한 경우에는 업무상 질병으로 보지 않는다.
　① 반복 동작이 많은 업무
　② 무리한 힘을 가해야 하는 업무
　③ 부적절한 자세를 유지하는 업무
　④ 진동 작업
　⑤ 그 밖에 특정 신체 부위에 부담되는 상태에서 하는 업무

(2) 신체부담업무로 인하여 기존 질병이 악화되었음이 의학적으로 인정되면 업무상 질병으로 본다.

(3) 신체부담업무로 인하여 연령 증가에 따른 자연경과적 변화가 더욱 빠르게 진행된 것이 의학적으로 인정되면 업무상 질병으로 본다.

(4) 신체부담업무의 수행 과정에서 발생한 일시적인 급격한 힘의 작용으로 근골격계 질병이 발병하면 업무상 질병으로 본다.

(5) 신체 부위별 근골격계 질병의 범위, 신체부담업무의 기준, 그 밖에 근골격계 질병의 업무상 질병 인정 여부 결정에 필요한 사항은 고용노동부장관이 정하여 고시한다.

03 호흡기계 질병

(1) 석면에 노출되어 발생한 석면폐증

(2) 목재 분진, 곡물 분진, 밀가루, 짐승 털의 먼지, 항생물질, 크롬 또는 그 화합물, 톨루엔디이소시아네이트(Toluene Diisocyanate), 메틸렌디페닐디이소시아네이트(Methylene Diphenyl Diisocyanate), 핵사메틸렌 디이소시아네이트(Hexamethylene Diisocyanate) 등 디이소시아네이트, 반응성 염료, 니켈, 코발트, 포름알데히드, 알루미늄, 산무수물(acid anhydride) 등에 노출되어 발생한 천식 또는 작업환경으로 인하여 악화된 천식

(3) 디이소시아네이트, 염소, 염화수소, 염산 등에 노출되어 발생한 반응성 기도과민증후군

(4) 디이소시아네이트, 에폭시수지, 산무수물 등에 노출되어 발생한 과민성 폐렴

(5) 목재 분진, 짐승 털의 먼지, 항생물질 등에 노출되어 발생한 알레르기성 비염

(6) 아연 · 구리 등의 금속분진(fume)에 노출되어 발생한 금속열

(7) 장기간 · 고농도의 석탄 · 암석 분진, 카드뮴 분진 등에 노출되어 발생한 만성폐쇄성 폐질환

(8) 망간 또는 그 화합물, 크롬 또는 그 화합물, 카드뮴 또는 그 화합물 등에 노출되어 발생한 폐렴

(9) 크롬 또는 그 화합물에 2년 이상 노출되어 발생한 비중격 궤양 · 천공

(10) 불소수지 · 아크릴수지 등 합성수지의 열분해 생성물 또는 아황산가스 등에 노출되어 발생한 기도점막 염증 등 호흡기 질병

(11) 톨루엔 · 크실렌 · 스티렌 · 시클로헥산 · 노말헥산 · 트리클로로에틸렌 등 유기용제에 노출되어 발생한 비염. 다만, 그 물질에 노출되는 업무에 종사하지 않게 된 후 3개월이 지나지 않은 경우만 해당한다.

04 신경정신계 질병

(1) 톨루엔·크실렌·스티렌·시클로헥산·노말헥산·트리클로로에틸렌 등 유기용제에 노출되어 발생한 중추신경계 장해. 다만, 외상성 뇌손상, 뇌전증, 알코올중독, 약물중독, 동맥경화증 등 다른 원인으로 발생한 질병은 제외한다.

(2) 다음 어느 하나에 해당하는 말초신경병증

① 톨루엔·크실렌·스티렌·시클로헥산·노말헥산·트리클로로에틸렌 및 메틸 n-부틸케톤 등 유기용제, 아크릴아미드, 비소 등에 노출되어 발생한 말초신경병증. 다만, 당뇨병, 알코올중독, 척추손상, 신경포착 등 다른 원인으로 발생한 질병은 제외한다.

② 트리클로로에틸렌에 노출되어 발생한 세갈래신경마비. 다만, 그 물질에 노출되는 업무에 종사하지 않게 된 후 3개월이 지나지 않은 경우만 해당하며, 바이러스 감염, 종양 등 다른 원인으로 발생한 질병은 제외한다.

③ 카드뮴 또는 그 화합물에 2년 이상 노출되어 발생한 후각신경 마비

④ 납 또는 그 화합물(유기납은 제외한다)에 노출되어 발생한 중추신경계 장해, 말초신경병증 또는 폄근마비

⑤ 수은 또는 그 화합물에 노출되어 발생한 중추신경계 장해 또는 말초신경병증. 다만, 전신마비, 알코올중독 등 다른 원인으로 발생한 질병은 제외한다.

⑥ 망간 또는 그 화합물에 2개월 이상 노출되어 발생한 파킨슨증, 근육긴장이상(dystonia) 또는 망간정신병. 다만, 뇌혈관장해, 뇌염 또는 그 후유증, 다발성 경화증, 윌슨병, 척수·소뇌 변성증, 뇌매독으로 인한 말초신경염 등 다른 원인으로 발생한 질병은 제외한다.

⑦ 업무와 관련하여 정신적 충격을 유발할 수 있는 사건에 의해 발생한 외상후 스트레스 장애

⑧ 업무와 관련하여 고객 등으로부터 폭력 또는 폭언 등 정신적 충격을 유발할 수 있는 사건 또는 이와 직접 관련된 스트레스로 인하여 발생한 적응장애 또는 우울병 에피소드

05 림프조혈기계 질병

(1) 벤젠에 노출되어 발생한 다음 어느 하나에 해당하는 질병

① 빈혈, 백혈구감소증, 혈소판감소증, 범혈구감소증. 다만, 소화기 질병, 철결핍성 빈혈 등 영양부족, 만성소모성 질병 등 다른 원인으로 발생한 질병은 제외한다.

② 0.5피피엠(ppm) 이상 농도의 벤젠에 노출된 후 6개월 이상 경과하여 발생한 골수형성이상증후군, 무형성(無形成) 빈혈, 골수증식성 질환(골수섬유증, 진성적혈구증가증 등)

(2) 납 또는 그 화합물(유기납은 제외한다)에 노출되어 발생한 빈혈. 다만, 철결핍성 빈혈 등 다른 원인으로 발생한 질병은 제외한다.

06 피부 질병

(1) 검댕, 광물유, 옻, 시멘트, 타르, 크롬 또는 그 화합물, 벤젠, 디이소시아네이트, 톨루엔 · 크실렌 · 스티렌 · 시클로헥산 · 노말헥산 · 트리클로로에틸렌 등 유기용제, 유리섬유 · 대마 등 피부에 기계적 자극을 주는 물질, 자극성 · 알레르겐 · 광독성 · 광알레르겐 성분을 포함하는 물질, 자외선 등에 노출되어 발생한 접촉피부염. 다만, 그 물질 또는 자외선에 노출되는 업무에 종사하지 않게 된 후 3개월이 지나지 않은 경우만 해당한다.

(2) 페놀류 · 하이드로퀴논류 물질, 타르에 노출되어 발생한 백반증

(3) 트리클로로에틸렌에 노출되어 발생한 다형홍반(多形紅斑), 스티븐스존슨 증후군. 다만, 그 물질에 노출되는 업무에 종사하지 않게 된 후 3개월이 지나지 않은 경우만 해당하며 약물, 감염, 후천성 면역결핍증, 악성 종양 등 다른 원인으로 발생한 질병은 제외한다.

(4) 염화수소 · 염산 · 불화수소 · 불산 등의 산 또는 염기에 노출되어 발생한 화학적 화상

(5) 타르에 노출되어 발생한 염소 여드름, 국소 모세혈관확장증 또는 사마귀

(6) 덥고 뜨거운 장소에서 하는 업무 또는 고열 물체를 취급하는 업무로 발생한 땀띠 또는 화상

(7) 춥고 차가운 장소에서 하는 업무 또는 저온 물체를 취급하는 업무로 발생한 동창(凍瘡) 또는 동상

(8) 햇빛에 노출되는 옥외 작업으로 발생한 일광화상, 만성 광선피부염 또는 광선각화증(光線角化症)

(9) 전리방사선(물질을 통과할 때 이온화를 일으키는 방사선)에 노출되어 발생한 피부궤양 또는 방사선피부염

(10) 작업 중 피부손상에 따른 세균 감염으로 발생한 연조직염

(11) 세균·바이러스·곰팡이·기생충 등을 직접 취급하거나, 이에 오염된 물질을 취급하는 업무로 발생한 감염성 피부 질병

07 눈 또는 귀 질병

(1) 자외선에 노출되어 발생한 피질 백내장 또는 각막변성

(2) 적외선에 노출되어 발생한 망막화상 또는 백내장

(3) 레이저광선에 노출되어 발생한 망막박리·출혈·천공 등 기계적 손상 또는 망막화상 등 열 손상

(4) 마이크로파에 노출되어 발생한 백내장

(5) 타르에 노출되어 발생한 각막위축증 또는 각막궤양

(6) 크롬 또는 그 화합물에 노출되어 발생한 결막염 또는 결막궤양

(7) 톨루엔·크실렌·스티렌·시클로헥산·노말헥산·트리클로로에틸렌 등 유기용제에 노출되어 발생한 각막염 또는 결막염 등 점막자극성 질병. 다만, 그 물질에 노출되는 업무에 종사하지 않게 된 후 3개월이 지나지 않은 경우만 해당한다.

(8) 디이소시아네이트에 노출되어 발생한 각막염 또는 결막염

(9) 불소수지 · 아크릴수지 등 합성수지의 열분해 생성물 또는 아황산가스 등에 노출되어 발생한 각막염 또는 결막염 등 점막 자극성 질병

(10) 소음성 난청

85데시벨[dB(A)] 이상의 연속음에 3년 이상 노출되어 한 귀의 청력손실이 40데시벨 이상으로, 다음 요건 모두를 충족하는 감각신경성 난청. 다만, 내이염, 약물중독, 열성 질병, 메니에르증후군, 매독, 머리 외상, 돌발성 난청, 유전성 난청, 가족성 난청, 노인성 난청 또는 재해성 폭발음 등 다른 원인으로 발생한 난청은 제외한다.

① 고막 또는 중이에 뚜렷한 손상이나 다른 원인에 의한 변화가 없을 것

② 순음청력검사 결과 기도청력역치(氣導聽力閾値)와 골도청력역치(骨導聽力閾値) 사이에 뚜렷한 차이가 없어야 하며, 청력장해가 저음역보다 고음역에서 클 것. 이 경우 난청의 측정방법은 다음과 같다.

㉠ 24시간 이상 소음작업을 중단한 후 ISO 기준으로 보정된 순음청력계기를 사용하여 청력검사를 하여야 하며, 500헤르츠(Hz)(a) · 1,000헤르츠(b) · 2,000헤르츠(c) 및 4,000헤르츠(d)의 주파수음에 대한 기도청력역치를 측정하여 6분법[(a+2b+2c+d)/6]으로 판정한다. 이 경우 난청에 대한 검사항목 및 검사를 담당할 의료기관의 인력 · 시설 기준은 공단이 정한다.

㉡ 순음청력검사는 의사의 판단에 따라 48시간 이상 간격으로 3회 이상(음향외상성 난청의 경우에는 요양이 끝난 후 30일 간격으로 3회 이상을 말한다) 실시하여 해당 검사에 의미 있는 차이가 없는 경우에는 그 중 최소가청역치를 청력장해로 인정하되, 순음청력검사의 결과가 다음의 요건을 모두 충족하지 않는 경우에는 1개월 후 재검사를 한다. 다만, 다음의 요건을 충족하지 못하는 경우라도 청성뇌간반응검사(소리자극을 들려주고 그에 대한 청각계로부터의 전기반응을 두피에 위치한 전극을 통해 기록하는 검사를 말한다), 어음청력검사(일상적인 의사소통과정에서 흔히 사용되는 어음을 사용하여 언어의 청취능력과 이해의 정도를 파악하는 검사를 말한다) 또는 임피던스청력검사[외이도(外耳道)를 밀폐한 상태에서 외이도 내의 압력을 변화시키면서 특정 주파수와 강도의 음향을 줄 때 고막에서 반사되는 음향 에너지를 측정하여 중이강(中耳腔)의 상태를 간접적으로 평가하는 검사를 말한다] 등의 결과를 종합적으로 고려하여 순음청력검사의 최소가청역치를 신뢰할 수 있다는 의학적 소견이 있으면 재검사를 생략할 수 있다.

ⓐ 기도청력역치와 골도청력역치의 차이가 각 주파수마다 10데시벨 이내일 것

ⓑ 반복검사 간 청력역치의 최대치와 최소치의 차이가 각 주파수마다 10데시벨 이내일 것

ⓒ 순음청력도상 어음역(語音域) 500헤르츠, 1,000헤르츠, 2,000헤르츠에서의 주파수 간 역치 변동이 20데시벨 이내이면 순음청력역치의 3분법 평균치와 어음청취역치의 차이가 10데시벨 이내일 것

08 간 질병

(1) 트리클로로에틸렌, 디메틸포름아미드 등에 노출되어 발생한 독성 간염. 다만, 그 물질에 노출되는 업무에 종사하지 않게 된 후 3개월이 지나지 않은 경우만 해당하며, 약물, 알코올, 과체중, 당뇨병 등 다른 원인으로 발생하거나 다른 질병이 원인이 되어 발생한 간 질병은 제외한다.

(2) 염화비닐에 노출되어 발생한 간경변

(3) 업무상 사고나 유해물질로 인한 업무상 질병의 후유증 또는 치료가 원인이 되어 기존의 간 질병이 자연적 경과속도 이상으로 악화된 것이 의학적으로 인정되는 경우

09 감염성 질병

(1) 보건의료 및 집단수용시설 종사자에게 발생한 다음의 어느 하나에 해당하는 질병
① B형 간염, C형 간염, 매독, 후천성 면역결핍증 등 혈액전파성 질병
② 결핵, 풍진, 홍역, 인플루엔자 등 공기전파성 질병
③ A형 간염 등 그 밖의 감염성 질병

(2) 습한 곳에서의 업무로 발생한 렙토스피라증

(3) 옥외작업으로 발생한 쯔쯔가무시증 또는 신증후군출혈열

(4) 동물 또는 그 사체, 짐승의 털·가죽, 그 밖의 동물성 물체, 넝마, 고물 등을 취급하여 발생한 탄저, 단독(erysipelas) 또는 브루셀라증

(5) 말라리아가 유행하는 지역에서 야외활동이 많은 직업 종사자 또는 업무수행자에게 발생한 말라리아

(6) 오염된 냉각수 등으로 발생한 레지오넬라증

(7) 실험실 근무자 등 병원체를 직접 취급하거나, 이에 오염된 물질을 취급하는 업무로 발생한 감염성 질병

10 직업성 암

(1) 석면에 노출되어 발생한 폐암, 후두암으로 다음의 어느 하나에 해당하며 10년 이상 노출되어 발생한 경우
① 가슴막반(흉막반) 또는 미만성 가슴막비후와 동반된 경우
② 조직검사 결과 석면소체 또는 석면섬유가 충분히 발견된 경우

(2) 석면폐증과 동반된 폐암, 후두암, 악성중피종

(3) 직업적으로 석면에 노출된 후 10년 이상 경과하여 발생한 악성중피종

(4) 석면에 10년 이상 노출되어 발생한 난소암

(5) 니켈 화합물에 노출되어 발생한 폐암 또는 코안·코곁굴[부비동(副鼻洞)]암

(6) 콜타르 찌꺼기(coal tar pitch, 10년 이상 노출된 경우에 해당한다), 라돈-222 또는 그 붕괴물질(지하 등 환기가 잘 되지 않는 장소에서 노출된 경우에 해당한다), 카드뮴 또는 그 화합물, 베릴륨 또는 그 화학물, 6가 크롬 또는 그 화합물 및 결정형 유리규산에 노출되어 발생한 폐암

(7) 검댕에 노출되어 발생한 폐암 또는 피부암

(8) 콜타르(10년 이상 노출된 경우에 해당한다), 정제되지 않은 광물유에 노출되어 발생한 피부암

(9) 비소 또는 그 무기화합물에 노출되어 발생한 폐암, 방광암 또는 피부암

(10) 스프레이나 이와 유사한 형태의 도장 업무에 종사하여 발생한 폐암 또는 방광암

(11) 벤지딘, 베타나프틸아민에 노출되어 발생한 방광암

(12) 목재 분진에 노출되어 발생한 비인두암 또는 코안·코곁굴암

(13) 0.5피피엠 이상 농도의 벤젠에 노출된 후 6개월 이상 경과하여 발생한 급성·만성 골수성 백혈병, 급성·만성 림프구성 백혈병

(14) 0.5피피엠 이상 농도의 벤젠에 노출된 후 10년 이상 경과하여 발생한 다발성 골수종, 비호지킨림프종. 다만, 노출기간이 10년 미만이라도 누적노출량이 10피피엠·년 이상이거나 과거에 노출되었던 기록이 불분명하여 현재의 노출농도를 기준으로 10년 이상 누적노출량이 0.5피피엠·년 이상이면 업무상 질병으로 본다.

(15) 포름알데히드에 노출되어 발생한 백혈병 또는 비인두암

(16) 1,3-부타디엔에 노출되어 발생한 백혈병

(17) 산화에틸렌에 노출되어 발생한 림프구성 백혈병

(18) 염화비닐에 노출되어 발생한 간혈관육종(4년 이상 노출된 경우에 해당한다) 또는 간세포암

(19) 보건의료업에 종사하거나 혈액을 취급하는 업무를 수행하는 과정에서 B형 또는 C형 간염 바이러스에 노출되어 발생한 간암

(20) 엑스(X)선 또는 감마(γ)선 등의 전리방사선에 노출되어 발생한 침샘암, 식도암, 위암, 대장암, 폐암, 뼈암, 피부의 기저세포암, 유방암, 신장암, 방광암, 뇌 및 중추신경계암, 갑상선암, 급성 림프구성 백혈병 및 급성·만성 골수성 백혈병

11 급성 중독 등 화학적 요인에 의한 질병

(1) 급성 중독

① 일시적으로 다량의 염화비닐·유기주석·메틸브로마이드·일산화탄소에 노출되어 발생한 중추신경계 장해 등의 급성 중독 증상 또는 소견

② 납 또는 그 화합물(유기납은 제외한다)에 노출되어 발생한 납 창백, 복부 산통, 관절통 등의 급성 중독 증상 또는 소견

③ 일시적으로 다량의 수은 또는 그 화합물(유기수은은 제외한다)에 노출되어 발생한 한기, 고열, 치조농루, 설사, 단백뇨 등 급성 중독 증상 또는 소견

④ 일시적으로 다량의 크롬 또는 그 화합물에 노출되어 발생한 세뇨관 기능 손상, 급성 세뇨관 괴사, 급성 신부전 등 급성 중독 증상 또는 소견

⑤ 일시적으로 다량의 벤젠에 노출되어 발생한 두통, 현기증, 구역, 구토, 흉부 압박감, 흥분상태, 경련, 급성 기질성 뇌증후군, 혼수상태 등 급성 중독 증상 또는 소견

⑥ 일시적으로 다량의 톨루엔·크실렌·스티렌·시클로헥산·노말헥산·트리클로로에틸렌 등 유기용제에 노출되어 발생한 의식장해, 경련, 급성 기질성 뇌증후군, 부정맥 등 급성 중독 증상 또는 소견

⑦ 이산화질소에 노출되어 발생한 점막자극 증상, 메트헤모글로빈혈증, 청색증, 두근거림, 호흡곤란 등의 급성 중독 증상 또는 소견

⑧ 황화수소에 노출되어 발생한 의식소실, 무호흡, 폐부종, 후각신경마비 등 급성 중독 증상 또는 소견

⑨ 시안화수소 또는 그 화합물에 노출되어 발생한 점막자극 증상, 호흡곤란, 두통, 구역, 구토 등 급성 중독 증상 또는 소견

⑩ 불화수소·불산에 노출되어 발생한 점막자극 증상, 화학적 화상, 청색증, 호흡곤란, 폐수종, 부정맥 등 급성 중독 증상 또는 소견

⑪ 인 또는 그 화합물에 노출되어 발생한 피부궤양, 점막자극 증상, 경련, 폐부종, 중추신경계 장해, 자율신경계 장해 등 급성 중독 증상 또는 소견

⑫ 일시적으로 다량의 카드뮴 또는 그 화합물에 노출되어 발생한 급성 위장관계 질병

(2) 염화비닐에 노출되어 발생한 말단뼈 용해(acro-osteolysis), 레이노 현상 또는 피부경화증

(3) 납 또는 그 화합물(유기납은 제외한다)에 노출되어 발생한 만성 신부전 또는 혈중 납농도가 혈액 100밀리리터(mL) 중 40마이크로그램(μg) 이상 검출되면서 나타나는 납중독의 증상 또는 소견. 다만, 혈중 납농도가 40마이크로그램 미만으로 나타나는 경우에는 이와 관련된 검사(소변 중 납농도, ZPP, δ-ALA 등을 말한다) 결과를 참고한다.

(4) 수은 또는 그 화합물(유기수은은 제외한다)에 노출되어 발생한 궤양성 구내염, 과다한 타액분비, 잇몸염, 잇몸고름집 등 구강 질병이나 사구체신장염 등 신장 손상 또는 수정체 전낭(前囊)의 적회색 침착

(5) 크롬 또는 그 화합물에 노출되어 발생한 구강점막 질병 또는 치아뿌리(치근)막염

(6) 카드뮴 또는 그 화합물에 2년 이상 노출되어 발생한 세뇨관성 신장 질병 또는 뼈연화증

(7) 톨루엔·크실렌·스티렌·시클로헥산·노말헥산·트리클로로에틸렌 등 유기용제에 노출되어 발생한 급성 세뇨관 괴사, 만성 신부전 또는 전신경화증(systemic sclerosis, 트리클로로에틸렌을 제외한 유기용제에 노출된 경우에 해당한다). 다만, 고혈압, 당뇨병 등 다른 원인으로 발생한 질병은 제외한다.

(8) 이황화탄소에 노출되어 발생한 다음 어느 하나에 해당하는 증상 또는 소견
   ① 10피피엠 내외의 이황화탄소에 노출되는 업무에 2년 이상 종사한 경우
      ㉠ 망막의 미세혈관류, 다발성 뇌경색증, 신장 조직검사상 모세관 사이에 발생한 사구체경화증 중 어느 하나가 있는 경우. 다만, 당뇨병, 고혈압, 혈관장해 등 다른 원인으로 인한 질병은 제외한다.
      ㉡ 미세혈관류를 제외한 망막병변, 다발성 말초신경병증, 시신경염, 관상동맥성 심장 질병, 중추신경계장해, 정신장해 중 두 가지 이상이 있는 경우. 다만, 당뇨병, 고혈압, 혈관장해 등 다른 원인으로 인한 질병은 제외한다.
      ㉢ ㉡의 소견 중 어느 하나와 신장장해, 간장장해, 조혈기계장해, 생식기계장해, 감각신경성 난청, 고혈압 중 하나 이상의 증상 또는 소견이 있는 경우
   ② 20피피엠 이상의 이황화탄소에 2주 이상 노출되어 갑작스럽게 발생한 의식장해, 급성 기질성 뇌증후군, 정신분열증, 양극성 장애(조울증) 등 정신장해
   ③ 다량 또는 고농도 이황화탄소에 노출되어 나타나는 의식장해 등 급성 중독 소견

12　물리적 요인에 의한 질병

(1) 고기압 또는 저기압에 노출되어 발생한 다음 어느 하나에 해당되는 증상 또는 소견
   ① 폐, 중이(中耳), 부비강(副鼻腔) 또는 치아 등에 발생한 압착증
   ② 물안경, 안전모 등과 같은 잠수기기로 인한 압착증
   ③ 질소마취 현상, 중추신경계 산소 독성으로 발생한 건강장해
   ④ 피부, 근골격계, 호흡기, 중추신경계 또는 속귀 등에 발생한 감압병(잠수병)
   ⑤ 뇌동맥 또는 관상동맥에 발생한 공기색전증(기포가 동맥이나 정맥을 따라 순환하다가 혈관을 막는 것)

⑥ 공기가슴증, 혈액공기가슴증, 가슴세로칸(종격동), 심장막 또는 피하기종

⑦ 등이나 복부의 통증 또는 극심한 피로감

(2) 높은 압력에 노출되는 업무 환경에 2개월 이상 종사하고 있거나 그 업무에 종사하지 않게 된 후 5년 전후에 나타나는 무혈성 뼈 괴사의 만성장해. 다만, 만성 알코올중독, 매독, 당뇨병, 간경변, 간염, 류머티스 관절염, 고지혈증, 혈소판감소증, 통풍, 레이노 현상, 결절성 다발성 동맥염, 알캅톤뇨증(알캅톤을 소변으로 배출시키는 대사장애 질환) 등 다른 원인으로 발생한 질병은 제외한다.

(3) 공기 중 산소농도가 부족한 장소에서 발생한 산소결핍증

(4) 진동에 노출되는 부위에 발생하는 레이노 현상, 말초순환장해, 말초신경장해, 운동기 능장해

(5) 전리방사선에 노출되어 발생한 급성 방사선증, 백내장 등 방사선 눈 질병, 방사선 폐 렴, 무형성 빈혈 등 조혈기 질병, 뼈 괴사 등

(6) 덥고 뜨거운 장소에서 하는 업무로 발생한 일사병 또는 열사병

(7) 춥고 차가운 장소에서 하는 업무로 발생한 저체온증

근로자 건강진단 실시기준

제2조(정의)

1. "사후관리 조치"

   사업주가 건강진단 실시결과에 따른 작업장소 변경, 작업전환, 근로시간 단축, 야간근무 제한, 작업환경측정, 시설·설비의 설치 또는 개선, 건강상담, 보호구 지급 및 착용 지도, 추적검사, 근무 중 치료 등 근로자의 건강관리를 위하여 실시하는 조치를 말한다.

2. "건강진단 지원·보조"

   특수건강진단 및 배치전건강진단에 소요되는 비용의 전부 또는 일부를 사업주에게 지원하는 것을 말한다.

3. 규칙 제241조 제2항의 "고용노동부장관이 정하여 고시하는 물질"이란 다음 각 목의 어느 하나에 해당되는 물질을 말한다.

   가. 영 제87조에 따른 제조 등이 금지되는 유해물질

   나. 영 제88조에 따른 허가 대상 유해물질

   다. 「산업안전보건기준에 관한 규칙」 [별표 12]에 따른 관리대상 유해물질 중 특별관리물질

제4조(제2차 건강진단의 검사항목 등)

① 일반건강진단에 대한 제2차 건강진단은 [별표 1]에서 각 질환별로 정하는 검사항목으로서 건강진단을 실시하는 의사가 필요하다고 인정하는 검사항목에 대하여 실시한다.

② 제1차 검사항목에 대한 검사결과평가가 곤란하거나 질병이 의심되는 경우 해당 신체기관에 대한 제2차 검사항목을 실시하여야 한다. 다만, [별표 2]에 해당하는 검사항목은 의심되는 질병에 따라 건강진단을 실시하는 의사가 필요하다고 판단되는 경우에 실시할 수 있다.

③ 제②항에도 불구하고 다음 각 호의 어느 하나에 해당하는 경우로서 건강진단을 실시하는 의사가 해당 근로자의 건강관리구분상 필요 없다고 판단하는 경우에는 그 사유를 기재하고 제2차 검사항목의 전부 또는 일부를 실시하지 아니할 수 있다.

1. 제1차 검사결과 이상소견이 기존에 가지고 있던 비직업성 질환이나 소견으로 인한 것이 명백한 경우

2. 제2차 검사항목 중 제1차 검사결과 신체기관의 이상소견의 원인 및 상태를 파악하는데 불필요한 검사항목으로 판단되는 경우

④ 다음 각 호의 어느 하나에 해당하는 근로자에 대해서는 제1차 검사항목을 검사할 때 제2차 검사항목의 일부 또는 전부를 추가하여 실시할 수 있다.

1. 전회 특수건강진단결과 직업병 유소견자나 요관찰자로 판정받은 근로자

2. 최근 1년간의 작업환경측정결과 노출기준 이상인 작업공정에서 해당 유해인자에 노출된 근로자

3. 문진이나 병력 · 진찰 등의 소견에서 해당 유해인자와 관련된 질병의 소견이 의심되는 근로자

제5조(제2차 건강진단 대상의 통보 등)

① 건강진단기관은 제2차 건강진단 대상자 명단을 사업주에게 별지 서식에 따라 통보하여야 한다.

② 사업주는 제①항에 따라 제2차 건강진단 대상자를 통보받은 날부터 30일 이내에 해당 근로자가 건강진단기관에서 제2차 건강진단을 받을 수 있도록 조치하여야 한다.

제6조(특수건강진단 실시의 예외)

수시건강진단을 실시한 후 주기적으로 실시하는 특수건강진단 실시일이 6개월 이내에 있고 별도의 의사소견이 없는 근로자에 대하여는 해당 유해인자에 대한 특수건강진단을 실시하지 아니할 수 있다. 다만, 직업성 천식 · 직업성 피부염이 의심되는 근로자에 대하여 수시건강진단을 실시한 경우에는 그러하지 아니하다.

제10조(흉부방사선 검사)

① 흉부방사선 검사는 가로, 세로 각각 14인치 이상의 필름 또는 디지털 영상에 의한 방법을 사용하여야 한다.

② 특수건강진단 · 배치전건강진단 · 수시건강진단의 검사항목 중 흉부방사선 검사는 직접촬영 검사를 말한다.

③ 제①항 및 제②항의 방사선 필름에는 촬영연월일, 회사명(약자를 포함한다) 및

회사별 근로자 일련번호를 기재하여야 한다. 다만, 직접촬영의 경우에는 반드시 근로자 성명, 성별 및 나이를 추가로 기재하여야 한다.

제11조(방사선 필름 또는 영상의 판독)

흉부방사선 필름 또는 영상은 다음 각 호의 어느 하나에 해당하는 전문의에게 판독을 받아야 한다. 다만, 영상의학과 전문의 1인당 연간 판독한 직접촬영 방사선 필름 및 영상이 평균 3만 5천 건을 초과하지 않도록 하여야 한다.

1. 해당 건강진단기관 소속 영상의학과 전문의 1인 이상
2. 공단 산업안전보건연구원에서 실시하는 진폐정도관리를 받은 영상의학과 전문의 1인 이상

제12조(치과검사)

① 특수건강진단 대상 유해인자 중 다음 각 호의 어느 하나에 해당되는 유해인자에 대한 치과검사는 치과의사가 실시하여야 한다.

1. 불화수소
2. 염소
3. 염화수소
4. 질산
5. 황산
6. 이산화황
7. 황화수소
8. 고기압

② 치과검사결과 직업병 유소견자에 대하여는 치아검사(부식증, 교모증) 및 치주조직검사표를 작성하여 특수 · 배치전 · 수시 · 임시 건강진단개인표에 첨부하여야 한다.

제13조(건강진단결과의 판정 등)

① 건강진단기관은 규칙에 따라 실시한 일반건강진단 · 특수건강진단 · 배치전건강진단 · 수시건강진단 및 임시건강진단의 결과는 건강관리구분 · 사후관리내용 및 업무수행 적합 여부로 각각 구분하여 판정하여야 한다.

② 건강진단기관이 건강진단을 실시하였을 때에는 그 결과를 규칙에 따라 특수건강진단 개인표 또는 별지 제6호 서식의 일반건강진단 개인표에 기록하여 근로자에게 송부하여야 한다.

제15조(특수건강진단 등 실시)

① 특수건강진단기관은 다음 각 호에 해당하는 근로자에 대하여 야간작업 유해인자에 대한 특수건강진단·배치전건강진단·수시건강진단(이하 '야간작업 특수건강진단 등'이라 한다)을 실시할 수 있다.

1. 업무(지정)지역에 소재한 사업장 소속 근로자
2. 제1호에 해당하지 않는 근로자로 업무(지정)지역에 소재한 사업장 근무 근로자
3. 제1호 및 제2호에 해당하지 않는 근로자로 업무(지정)지역에 주민등록이 되어 있는 근로자
4. 해당 특수건강진단기관에 내원한 근로자

② 제①항에 따라 특수건강진단기관이 야간작업 특수건강진단 등을 실시할 경우에는 교육을 이수한 의사가 수행하여야 한다.

③ 제①항에 따라 특수건강진단기관이 제①항 제2호 및 제3호에 해당하는 근로자에 대하여 야간작업 특수건강진단 등을 실시하는 경우에는 별지 제6호 서식에 따라 실시현황을 기록·보존하여야 한다.

제16조(건강진단결과의 송부 및 보존)

① 특수건강진단·배치전건강진단·수시건강진단 또는 임시건강진단을 실시한 건강진단기관은 건강진단개인표 전산입력자료를 1차 또는 2차 건강진단을 실시한 날부터 각각 30일 이내에 공단에 송부하여야 한다.

② 제①항의 건강진단개인표 및 건강진단결과표의 전산입력·송부에 관하여 필요한 사항은 공단이 고용노동부장관의 승인을 얻어 정하는 바에 따른다.

③ 건강진단기관은 건강진단 실시현황을 별지 서식에 따라 기록·보존하여야 한다.

제20조(사후관리 조치)

① 사업주는 건강진단 실시결과에 따라 작업장소 변경, 작업전환, 근로시간 단축, 야간근무 제한 등의 조치를 시행할 때에는 사전에 해당 근로자에게 이를 알려주어야 한다. 이 경우 해당 조치의 이행이 어려울 때에는 건강진단을 실시한 의사 또는 산업보건의(의사인 보건관리자를 포함한다)의 의견을 들어 사후관리 조치의 내용을 변경하여 시행할 수 있다.

② 사업주는 건강진단 실시결과에 따라 건강상담, 보호구 지급 및 착용 지도, 추적검사, 근무 중 치료 등의 조치를 시행할 때에 다음 각 호의 어느 하나를 활용할 수 있다.

1. 건강진단기관
2. 산업보건의
3. 보건관리자
4. 한국산업안전보건공단 근로자 건강센터

참고 **특수건강진단 대상 유해인자**

1. 유기화합물(109종)
2. 금속류(20종)
3. 산·알칼리류(8종)
4. 가스상태 물질류(14종)
5. 허가대상 유해물질(12종)
6. 분진(7종)
   곡물분진, 광물성분진, 면분진, 목재분진, 용접 흄, 유리섬유, 석면분진
7. 물리적 인자(8종)
   ㉠ 소음작업, 강렬한 소음작업 및 충격소음작업에서 발생하는 소음
   ㉡ 진동작업에서 발생하는 진동
   ㉢ 방사선
   ㉣ 고기압
   ㉤ 저기압
   ㉥ 유해광선(자외선, 적외선, 마이크로파 및 라디오파)
8. 야간작업
   ㉠ 6개월간 밤 12시부터 오전 5시까지의 시간을 포함하여 계속되는 8시간 작업을 월평균 4회 이상
     수행하는 경우
   ㉡ 6개월간 오후 10시부터 다음날 오전 6시 사이 중 작업을 월평균 60시간 이상 수행하는 경우

참고 **건강관리구분(건강진단 판정)**

건강관리 구분		건강관리구분 내용
A		건강관리상 사후관리가 필요 없는 자(건강자, 정상자)
C	C_1	직업성 질병으로 진전될 우려가 있어 추적검사 등 관찰이 필요한자 (직업병 요관찰자)
	C_2	일반질병으로 진전될 우려가 있어 추적관찰이 필요한 자 (일반질병 요관찰자)
D	D_1	직업상 질병의 소견을 보여 사후관리가 필요한 자(직업병 유소견자)
	D_2	일반질병의 소견을 보여 사후관리가 필요한 자(일반질병 유소견자)
R		일반건강진단에서의 질환 의심자(제2차 건강진단 대상자, 질환의심자)

※ 특수건강진단 선택 검사항목 추가검사 대상임을 통보하였으나 해당 근로자의 퇴직 등으로 해당
  검사가 이루어지지 않아 건강관리 구분을 판정할 수 없는 근로자에 대해서는 "U"로 분류함.

MEMO

PART 9

KOSHA GUIDE

산업위생관리기술사

SECTION 1

근골격계 질환 예방을 위한 기술지원규정
(KOSHA GUIDE, E-G-1-2025)

01 용어 정의

(1) "근골격계 부담작업"

작업량 · 작업속도 · 작업강도 및 작업구조 등에 따라 고용노동부장관이 정하여 고시하는 작업을 말한다.

① 하루에 4시간 이상 집중적으로 자료입력 등을 위해 키보드 또는 마우스를 조작하는 작업

② 하루에 총 2시간 이상 목, 어깨, 팔꿈치, 손목 또는 손을 사용하여 같은 동작을 반복하는 작업

③ 하루에 총 2시간 이상 머리 위에 손이 있거나, 팔꿈치가 어깨 위에 있거나, 팔꿈치를 몸통으로부터 들거나, 팔꿈치를 몸통 뒤쪽에 위치하도록 하는 상태에서 이루어지는 작업

④ 지지되지 않은 상태이거나 임의로 자세를 바꿀 수 없는 조건에서, 하루에 총 2시간 이상 목이나 허리를 구부리거나 트는 상태에서 이루어지는 작업

⑤ 하루에 총 2시간 이상 쪼그리고 앉거나 무릎을 굽힌 자세에서 이루어지는 작업

⑥ 하루에 총 2시간 이상 지지되지 않은 상태에서 1kg 이상의 물건을 한 손의 손가락으로 집어 옮기거나, 2kg 이상에 상응하는 힘을 가하여 한 손의 손가락으로 물건을 쥐는 작업

⑦ 하루에 총 2시간 이상 지지되지 않은 상태에서 4.5kg 이상의 물건을 한 손으로 들거나 동일한 힘으로 쥐는 작업

⑧ 하루에 10회 이상 25kg 이상의 물체를 드는 작업

⑨ 하루에 25회 이상 10kg 이상의 물체를 무릎 아래에서 들거나, 어깨 위에서 들거나, 팔을 뻗은 상태에서 드는 작업

⑩ 하루에 총 2시간 이상, 분당 2회 이상 4.5kg 이상의 물체를 드는 작업

⑪ 하루에 총 2시간 이상 시간당 10회 이상 손 또는 무릎을 사용하여 반복적으로 충격을 가하는 작업

(2) "단위작업"

특정 작업이나 공정의 내용이 둘 이상의 세부작업(사이클타임, Cycle Time)으로 구분이 가능할 때의 그 세부작업 각각을 말한다.

(3) "근골격계 질환 유해요인"

근골격계 부담작업을 포함하는 작업과 관련하여 근골격계 질환을 유발시킬 수 있는 반복동작, 부적절한 자세, 과도한 힘, 접촉 스트레스, 진동 등을 말하며, 간략히 "유해요인"이라 말한다.

❶ 근골격계 유해요인 설명

유해요인	설 명
반복동작	같은 근육, 힘줄, 인대 또는 관절을 사용하여 반복 수행되는 동일한 유형의 동작으로서 그 유해 정도는 반복횟수, 빠르기, 관련되는 근육군의 수, 사용되는 힘에 따라 다름
부적절한 자세	각 신체 부위가 취할 수 있는 중립자세를 벗어나는 자세를 말하며, 예를 들어 손가락 집기, 손목 좌우 돌리기, 손목 굽히거나 뒤로 젖히기, 팔꿈치 들기, 팔 비틀기, 목 젖히거나 숙이기, 허리 돌리기 · 구부리기 · 비틀기, 무릎 꿇기 · 쪼그려 앉기, 한 발로 서기, 장시간 서서 일하는 동작, 정적인 자세 등 자세를 일컬음
과도한 힘	들거나 내리기, 밀거나 당기기, 운반하기, 지탱하기 등으로 물체, 환자 등을 취급할 때 이루어지는 무리한 힘이나 동작을 말함
접촉 스트레스	작업대 모서리, 키보드, 작업공구, 가위 사용 등으로 인해 손목, 손바닥, 팔 등이 지속적으로 눌리거나 손바닥 또는 무릎 등을 사용하여 반복적으로 물체에 압력을 가함으로써 해당 신체 부위가 받는 충격 또는 접촉부담을 말함
진동	신체 부위가 동력기구, 장비와 같이 진동하는 물체와 접촉하여 영향을 받게 되는 진동으로서 버스, 트럭 등 운전으로 인한 전신진동과 착암기, 임팩트 등 사용으로 인한 손, 팔 부위의 국소진동으로 구분함
기타	극저온, 직무스트레스 등

(4) "유해요인조사자"

근골격계 부담작업 유해요인조사를 수행하는 자로서 보건관리자 또는 관련 업무의 수행능력 등을 고려하여 사업주가 지정하는 자를 말한다.

(5) "작업환경"

작업시간, 작업방법, 작업자세 등 작업조건과 작업상태를 말한다.

(6) "작업공간"

사무, 공작, 기타 각종 작업을 행하기 위하여 주로 사용하는 작업대, 작업의자, 작업기기 및 공구 등이 놓인 장소로서 작업이 지속적으로 이루어지는 공간을 말하며, 작업공간에는 양쪽 팔이 수평 및 수직 방향으로 도달하는 직접적인 작업공간뿐 아니라 통로, 기자재운반에 필요한 간접적인 공간도 포함된다.

(7) "작업표준"

근골격계 질환을 예방하기 위하여 올바른 작업수행방법을 표준화한 것으로서 작업조건, 작업방법, 작업기기, 관리방법, 작업물체, 작업자세, 작업동작, 작업시간 등에 대한 기준을 말한다.

(8) "관리감독자"

사업장 내 단위 부서의 책임자를 말한다.

(9) "보건담당자"

보건관리자가 선임되어 있지 않은 사업장에서 대내외적으로 산업보건 관련 업무를 맡고 있는 자를 말한다.

(10) "보건의료전문가"

산업보건 분야의 학식과 경험이 있는 의사, 간호사 등을 말한다.

(11) "업무적합성 평가"

근로자가 해당 업무에 종사함으로써 건강에 나쁜 영향을 미치지 않으면서 그 업무 수행이 적합한가를 평가하는 것을 말한다.

(12) "근무상 조치"

증상호소자의 업무를 경감시키거나 신체 부담 정도가 다른 업무로 전환시키는 것을 말한다.

(13) "근무 중 치료"

근무시간 중 따로 시간을 내어 스트레칭, 근력 강화 또는 물리치료 등을 받는 것을 말한다.

(14) "의학적 조치"

관리감독자, 보건관리자가 사업장 내에서 실시가능한 수준의 조치 또는 근골격계 질환의 예방·관리를 위한 의사의 조치 등을 말한다.

02 근골격계 질환 예방 흐름도

사업주는 고용노동부 고시 「근골격계 부담작업의 범위 및 유해요인 조사 방법에 관한 고시」에 따라 근골격계 부담작업의 여부를 판단한 후, 근골격계 부담작업에 해당하는 작업(공정) 및 안전보건규칙에 따른 사유가 발생하였을 경우에는 유해요인조사를 실시하여야 하며, 유해요인조사 결과를 바탕으로 작업환경을 개선하고, 의학적 조치를 하여야 한다.

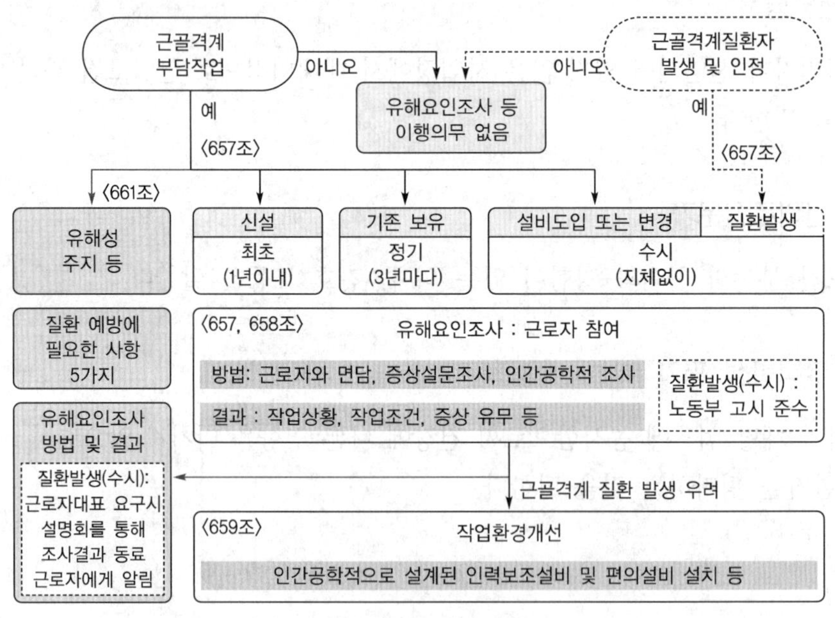

❚ 유해요인조사 방법 ❚

03　근골격계 부담작업 여부 판단

(1) 근골격계 부담작업 평가원칙

① 근골격계 부담작업은 사업장 내 모든 작업(공정)을 대상으로 근골격계 부담작업 체크리스트 양식을 사용하여 평가하여야 한다.

② '단위작업'으로 구성된 작업이나 공정은 단위작업 각각에 대하여 근골격계 부담작업 여부를 평가하여야 하며, 만약 근로자 한 명이 여러 개의 단위작업을 수행할 경우에는 그 전체를 하나의 작업으로 보고 부담작업 여부를 평가하여야 한다.

04　근골격계 부담작업 유해요인조사

(1) 유해요인조사 목적

유해요인조사의 목적은 근골격계 질환 발생을 예방하기 위해 안전보건규칙에 따라 근골격계 질환 유해요인을 제거하거나 감소하는 데 있다.

(2) 유해요인조사 시기

① 사업주는 근로가가 근골격계 부담작업을 하는 경우에 3년마다 다음 각 호의 사항에 대한 유해요인조사(정기조사)를 하여야 한다.

② 다만, 신설되는 사업장의 경우에는 신설일부터 1년 이내에 최초의 유해요인조사를 하여야 한다.

③ 다음 ㉠~㉢에 해당하는 항목 중 하나라도 빠져 있거나 적절한 방법이 아닌 경우에는 유해요인조사를 실시한 것으로 인정받을 수 없다.

　㉠ 설비 · 작업공정 · 작업량 · 작업속도 등 작업장 상황

　㉡ 작업시간 · 작업자세 · 작업방법 등 작업조건

　㉢ 작업과 관련된 근골격계 질환 징후(Signs)와 증상(Symptoms) 유무 등

④ 사업주는 다음 각 호의 시기를 고려하여 유해요인조사를 실시해야 한다.

　㉠ 최초조사 : 신설되는 사업장의 경우에는 신설일부터 1년 이내에 실시

　㉡ 정기조사 : 매 3년마다 주기적으로 실시, 특별한 사유가 없으면 이전 유해요인조사를 완료한 날부터 3년을 초과하여서는 아니 된다.

ⓒ 수시조사 : 다음 각 호의 경우, 1개월 이내에 수시조사를 실시해야 한다.
　　ⓐ 안전보건규칙에 따라 임시건강진단 등에서 근골격계 질환자가 발생(근골격계 부담작업이 아닌 작업에서 발생한 경우를 포함한다)하였거나 근로자가 근골격계 질환으로 「산업재해보상보험법 시행령」에 따라 업무상 질병으로 인정받은 경우. 다만, 해당 근골격계 질환에 대하여 최근 1년 이내에 유해요인조사를 하고 그 결과를 반영하여 작업환경 개선에 필요한 조치를 한 경우는 제외
　　ⓑ 근골격계 부담작업에 해당하는 새로운 작업·설비를 도입한 경우
　　ⓒ 근골격계 부담작업에 해당하는 업무의 양과 작업공정 등 작업환경을 변경한 경우

(3) 유해요인조사 방법

① 유해요인조사는 근골격계 부담작업을 보유하거나 업무상 근골격계 질환자 발생·인정된 경우, 근골격계 부담작업에 해당하는 새로운 작업·설비를 도입한 경우, 근골격계 부담작업에 해당하는 업무의 양과 작업공정 등 작업환경을 변경한 경우에 실시하며, 근로자와의 면담, 증상 설문조사, 인간공학적 측면을 고려한 조사 등 적절한 방법으로 한다.

② 유해요인조사는 유해요인조사표를 활용하여 조사 개요, 작업장 상황조사, 작업조건 조사를 실시하며, 작업조건 조사를 실시할 때 세부적인 분석·평가 등이 필요하다고 판단되는 경우 인간공학적 평가도구를 활용하여 조사대상 근골격계 부담작업 또는 근로자의 근골격계 질환 유해요인에 대해 분석·평가한다. 또한 근골격계 질환 증상조사표를 활용하여 근로자의 직업력, 근무형태, 근골격계 질환의 징후 또는 증상 특징 등의 정보를 파악한다.

○ 인간공학적 평가도구

작업 분석·평가 도구	분석 가능 유해요인	적용 신체 부위	적용가능 업종
작업긴장평가지수 (Job Strain Index)	• 반복동작 • 부적절한 자세 • 과도한 힘	• 손가락 • 손목	• 중소제조업 ; 검사업 • 재봉업 ; 육류가공업 • 포장업 ; 자료입력 • 자료처리 ; 손목의 움직임이 많은 작업
NIOSH 들기작업평가식 (Revised NIOSH Lifting Equation)	• 반복동작 • 부적절한 자세 • 과도한 힘	허리	대상물 취급 ; 포장물 배달 ; 음료 배달 ; 조립작업 ; 인력에 의한 중량물 취급작업 ; 무리한 힘이 요구되는 작업 ; 고정된 들기작업

작업 분석·평가 도구	분석 가능 유해요인	적용 신체 부위	적용가능 업종
Snook 밀기/당기기 평가표 (Snook Push/Pull Hazard Tables)	• 반복동작 • 부적절한 자세 • 과도한 힘	• 허리 • 몸통 • 어깨 • 다리	• 음식료품 서비스업 ; 세탁업 • 가정집 ; 관리업 • 포장물 운반/배달 • 쓰레기 수집업 ; 요양원 • 응급실, 앰블런스 • 운반수레 밀기/당기기 작업 • 대상물 운반이 포함된 작업
RULA (Rapid Upper Limb Assessment)	• 반복동작 • 부적절한 자세 • 과도한 힘	• 손목 • 아래팔 • 팔꿈치 • 어깨 • 목 • 몸통	• 조립작업 ; 생산작업 • 재봉업 ; 관리업 • 정비업 ; 육류가공업 • 식료품 출납원 ; 전화교환원 • 초음파기술자 ; 치과의사/치과 기술자
REBA (Rapid Entire Body Assessment)	• 반복동작 • 부적절한 자세 • 과도한 힘	• 손목 ; 아래팔 ; 팔꿈치 • 어깨 ; 목 • 몸통 ; 허리 • 다리 ; 무릎	환자를 들거나 이송 ; 간호사 ; 간호보조 ; 관리업 ; 가정부 ; 식료품 창고 ; 식료품 출납원 ; 전화교환원 ; 초음파 기술자 ; 치과의사/치위생사 ; 수의사
ACGIH 상지진동 노출기준 (ACGIH Hand/Arm Vibration TLV)	진동	• 손가락 • 손목 • 어깨	연마작업 ; 연사작업 ; 분쇄작업 ; 드릴작업 ; 재봉작업 ; 실톱작업 ; 사슬톱작업 ; 진동이 있는 전동공구를 사용하는 작업 ; 정규적으로 진동공구를 사용하는 작업
GM-UAW 유해요인 체크리스트 (GW-UAW Risk Factor Checklist)	• 반복동작 • 부적절한 자세 • 과도한 힘 • 접촉 스트레스 • 진동	• 손가락 ; 손목 ; 팔꿈치 • 어깨 ; 목 • 몸통 ; 허리 • 다리 ; 무릎	• 조립작업 • 생산작업 • 중소규모 조립작업
워싱턴주 유해요인 체크리스트 (Washington State Appendix B)	• 반복동작 • 부적절한 자세 • 과도한 힘 • 접촉 스트레스 • 진동	• 손가락 ; 손목 ; 팔꿈치 • 어깨 ; 목 • 몸통 ; 허리 • 다리 ; 무릎	• 조립작업 ; 생산작업 • 재봉작업 ; 육류가공업 • 재료입력 ; 자료처리 • 중소규모 조립업 • 정비업 ; 환자 이송 • 포장물 운반/배달 • 포장물 정리 ; 음식료품 • 서비스업 ; 정규적으로 진동공구를 사용하는 작업

③ 유해요인조사를 실시할 때에는 근로자대표 또는 근로자를 참여시켜 작업공정 및 설비의 특성, 작업형태 등 필요한 정보를 파악하고, 현재의 작업장 상황 및 작업조건에 대한 문제점 및 개선에 대한 의견조사 등을 실시하여 보다 나은 유해요인조사 및 작업환경 개선조치가 이루어질 수 있도록 한다.

④ 유해요인조사는 사업장 내 근골격계 부담작업 각각에 대하여 실시한다. 다만, 동일한 작업형태와 동일한 작업조건의 근골격계 부담작업이 존재하는 경우에는 근골격계 부담작업의 종류와 수에 대한 대표성, 조사실시 주기 또는 연도 등을 고려하여 단계적으로 일부 작업에 대해서 조사할 수 있다.

　㉠ 한 단위작업장소 내에서 10개 이하의 근골격계 부담작업이 동일 작업으로 이루어지는 경우에는 작업강도가 가장 높은 2개 이상의 작업을 표본으로 선정한다.

　㉡ 만일, 한 단위작업장소 내에서 동일 근골격계 부담작업의 수가 10개를 초과하는 경우에는 초과하는 5개의 작업 당 1개의 작업을 표본으로 추가한다.

⑤ 협력업체 근로자 종사작업에 대한 유해요인조사 방법은 다음과 같다.

　㉠ 동일한 장소에서 행하여지는 사업의 일부를 도급에 의하여 행하는 사업인 경우에는 소속 근로자를 사용하는 사업주(수급사업주)가 유해요인조사를 실시한다.

　㉡ 다만, 유해요인조사에서 근골격계 질환이 발생할 우려가 있어 도급사업주의 소유 설비의 변경 등 작업환경 개선 등의 조치가 필요한 경우 수급사업주는 이를 도급사업주에게 통지하고, 도급사업주는 수급사업주가 실시한 유해요인조사가 부적절하다는 반증이 없는 한 필요한 조치를 하여야 한다.

(4) 유해요인조사 내용

유해요인조사는 작업장 상황조사, 작업조건 조사, 증상 설문조사로 구성된다.

① 작업장 상황조사 항목은 다음 내용을 포함한다.

　㉠ 작업공정

　㉡ 작업설비

　㉢ 작업량

　㉣ 작업속도 및 최근 업무의 변화 등

② 작업조건 조사 항목은 다음 내용을 포함한다.

　㉠ 반복동작

　㉡ 부적절한 자세

　㉢ 과도한 힘

　㉣ 접촉 스트레스

　　　ⓜ 진동
　　　ⓗ 작업시간
　　　ⓢ 작업방법
　　　ⓞ 기타 요인(ⓔ 극저온, 직무스트레스)
　③ 증상 설문조사 항목은 다음 내용을 포함한다.
　　　㉠ 증상과 징후
　　　㉡ 직업력(근무력)
　　　㉢ 근무형태(교대제 여부 등)
　　　㉣ 취미활동
　　　㉤ 과거질병력 등

(5) 유해요인조사자

① 사업주는 보건관리자에게 사업장 전체 유해요인조사 계획의 수립 및 실시 업무를 하도록 한다. 다만, 규모가 큰 사업장에서는 보건관리자 외에 부서별 유해요인조사자를 지정하여 조사를 실시하게 할 수 있다.

② 사업주는 보건관리자가 선임되어 있지 않은 경우에는 유해요인조사자를 지정하고, 사업장의 유해요인조사 계획을 수립하여 실시하도록 한다. 다만, 근골격계 질환 예방·관리 프로그램을 운영하는 사업장에서는 근골격계 질환 예방·관리팀이 수행할 수 있다.

③ 사업주는 유해요인조사자에게 유해요인조사에 관련한 제반사항에 대하여 교육을 실시하여야 한다. 다만, 근골격계 질환 예방·관리 프로그램을 운영하는 사업장은 근골격계 질환 예방·관리팀이 유해요인조사를 포함한 교육을 이미 받았을 경우 이를 생략할 수 있다.

④ 사업주는 사업장 내부에서 유해요인조사자를 선정하기 곤란한 경우 유해요인조사의 일부 또는 전부를 관련 전문기관이나 전문가에게 의뢰할 수 있다.

05 작업환경 개선

(1) 개요

① 유해요인조사 또는 근골격계 질환 증상조사 결과를 바탕으로 근골격계 질환 발생
위험이 높은 작업에 대해 작업환경 개선을 실시하되, 다음 각 호의 사항에 따른다.
　㉠ 다수의 근로자가 유해요인에 노출되고 있거나 증상 및 불편을 호소하는 작업
　㉡ 비용편익 효과가 큰 작업

② 사업주는 유해요인조사 결과 근골격계 질환이 발생할 우려가 있는 경우에 인간공학
적 작업환경 개선, 보조설비 및 편의설비 설치, 작업방법 및 조건 개선 등의 필요한
조치를 하여야 한다.

③ 사업주는 개선계획의 수립 및 그 타당성을 검토하기 위하여 외부의 전문기관이나
전문가로부터 지도·조언을 들을 수 있다.

(2) 작업환경 개선 원리

　근골격계 질환 예방을 위한 인간공학적 작업 개선은 공학적 개선, 관리적 개선, 행동 개
선, 그리고 보호구 사용으로 구분할 수 있으며 NIOSH(2007)는 안전한 직무수행을 위한
모델(Safe job performance model)로 다음 [안전한 직무수행을 위한 모델(NIOSH)]과
같이 제시하고 있다.

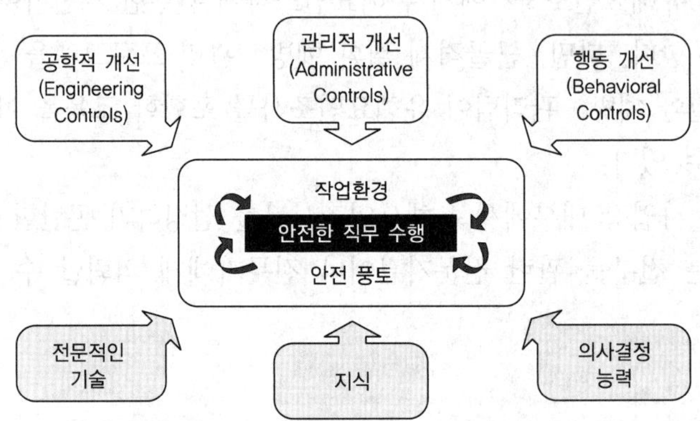

┃ 안전한 직무수행을 위한 모델(NIOSH) ┃

① 공학적 개선
공학적 개선은 현장에서 직접적인 설비나 작업방법, 작업도구 등을 작업자가 편하
고, 쉽고, 안전하게 사용할 수 있도록 유해·위험요인의 원인을 제거하거나 개선

하기 위하여 다음의 재설계, 재배열, 수정, 교체(substitution) 등을 말한다.
  ㉠ 공구/장비
  ㉡ 작업장
  ㉢ 부품/제품
  ㉣ 포장
② 관리적 개선
관리적 개선은 작업절차 또는 작업노출을 수정 · 관리하는 것으로 다음을 말한다.
  ㉠ 작업의 다양성 제공
  ㉡ 작업일정 및 작업속도 조절
  ㉢ 작업순환
  ㉣ 휴식시간 또는 회복시간 제공
  ㉤ 작업자 적정배치
  ㉥ 체조시간 강화 등
③ 행동 개선
행동 개선은 작업자에게 영향을 미치는 요인에 초점을 둔 것으로 다음을 말한다.
  ㉠ 태도
  ㉡ 행동
  ㉢ 지식
  ㉣ 생활패턴
  ㉤ 흡연/음주

(3) 작업유형에 따른 자세 선택

작업유형에 의해 결정된 최적의 작업자세는 작업의 질(質)을 높이고 생산성을 향상시키며 일에 대한 만족도를 높인다. 다음 [작업자세 선택 흐름도]에 제시된 작업자세를 참고하여 최적의 작업자세로 일할 수 있도록 한다.
① 작업 시 빈번하게 이동해야 하는 경우 서서 하는 작업형태가 좋다.
② 제한된 공간에서의 작업 중 힘을 쓰는 작업은 서서 하는 작업형태가 좋다. 이때, 발걸이 또는 발받침대를 함께 사용한다.
③ 제한된 공간에서의 가벼운 작업 중 빈번하게 일어나야 하는 경우에는 입/좌식(Sit-stand) 작업형태가 좋다.
④ 제한된 공간에서의 가벼운 작업 중 일어나기가 거의 없는 경우에는 앉아서 하는 작업형태가 좋다.

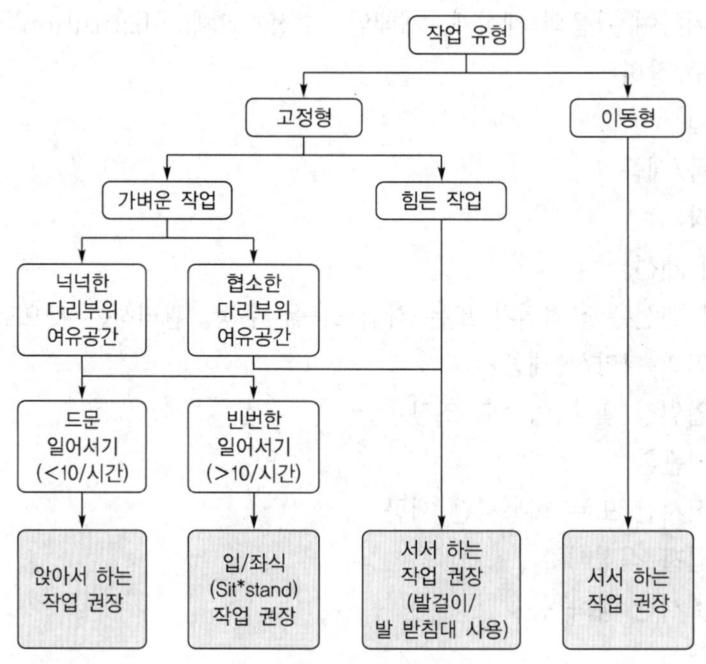

▌작업자세 선택 흐름도 ▌

(4) 작업환경 개선을 위한 인체측정

① 인체측정치를 이용한 설계

사업주는 인체측정치를 이용하여 작업장 레이아웃, 기계기구 및 설비 등을 공학적으로 개선할 때에는 다음의 원칙을 작업조건에 따라 선택적으로 적용한다.

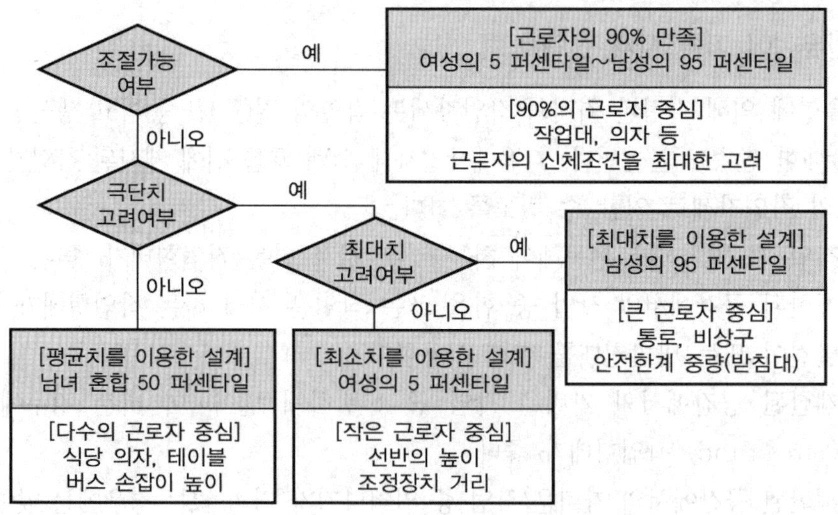

▌인체측정치를 이용한 설계 흐름도 ▌

㉠ 조절 가능한 설계

작업에 사용하는 설비, 기구 등은 체격이 다른 여러 근로자들을 위하여 직접 크기를 조절할 수 있도록 조절식으로 설계하고, 조절 범위는 여성의 5퍼센타일 (최소치)에서 남성의 95퍼센타일(최대치)로 한다.

㉡ 극단치를 이용한 설계

ⓐ 조절 가능한 설계를 적용하기 곤란한 경우에는 극단치를 이용하여 설계할 수 있다.

ⓑ 극단치를 이용한 설계는 최대치를 이용하거나 최소치를 이용한다.

ⓒ 최대치는 작업대와 의자 사이의 간격, 통로나 비상구 높이, 받침대의 안전 한계중량 등에 적용하고 대표치는 95퍼센타일을 이용한다.

ⓓ 최소치는 선반의 높이, 조정장치까지의 거리 등 뻗치는 동작이 있는 작업에 적용하고 대표치는 여성의 5퍼센타일을 이용한다.

㉢ 평균치를 이용한 설계

ⓐ 극단치를 이용한 설계가 곤란한 경우에는 평균치를 이용하여 설계할 수 있다.

ⓑ 평균치를 이용한 설계는 식당 테이블이나 출근 버스의 손잡이 높이처럼 짧은 시간 동안 근로자들이 공동으로 이용하는 설비 등에 적용하고 대표치는 남녀 혼합 50퍼센타일 범위를 이용한다.

② 인체측정 기준치

작업대 및 작업기기의 조절 가능 범위, 작업 형태와 방법 등을 설계 또는 선택할 때는 다음에서 정하는 인체측정 기준치를 이용하여 근로자의 신체조건과 운동성을 고려한다.

㉠ 신장 : 신장이 큰 근로자를 기준으로 작업통로 및 고정식 작업대 높이 등을 설계함으로써 허리를 굽혀 작업하지 않게 한다.

㉡ 머리 높이 : 신장이 큰 근로자를 대상으로 자연스러운 자세에서 시야가 좁아지지 않게 한다.

㉢ 어깨 높이 : 작업 시 손은 허리에서 어깨 높이 사이에 위치하도록 하며, 어깨 높이보다 높지 않게 한다.

㉣ 팔 길이 : 뻗치는 작업의 경우 팔 길이가 가장 짧은 사람을 기준으로 한다.

㉤ 손 크기 : 손이 작은 근로자도 잡을 수 있도록 한다.

㉥ 팔꿈치 높이 : 작업대(작업점) 및 의자의 높이를 결정할 때에는 팔꿈치 높이를 기준점으로 활용한다.

ⓢ 오금 높이 : 의자의 앉는 면의 높이는 오금의 높이에서 무릎 각도가 90도 전·후가 되도록 하고, 필요시 발걸이 또는 발받침대를 활용한다.

ⓞ 엉덩이 너비 : 의자의 앉는 면의 너비 기준을 체격이 큰 근로자에게 맞춘다.

(5) 작업환경 개선 방법

사업주는 근골격계 질환이 발생할 우려가 있는 작업에 대하여는 작업표준을 정하고 작업대, 의자, 작업공간 및 기기 배치, 수공구, 중량물의 취급, 작업자세 및 동작 등을 고려하여 개선한다.

① 작업표준 설정

　㉠ 새로운 기기 또는 설비 등을 도입하였을 경우에는 그때마다 작업표준을 재검토하여 작성한다.

　㉡ 작업시간, 작업량 등을 정할 때에는 작업내용, 취급중량, 자동화 등의 상황, 보조기구의 유무, 작업에 종사하는 근로자의 수, 성별, 체격, 연령, 경험 등을 고려한다.

　㉢ 컨베이어 작업 등과 같이 작업속도가 기계적으로 정해지는 경우에는 근로자의 신체적인 특성의 차이를 고려하여 적정한 작업속도가 되도록 한다.

　㉣ 야간작업을 하는 경우에는 낮시간에 하는 동일한 작업의 양보다 적은 수준이 되도록 조절한다.

　㉤ 반복적인 작업에 대하여는 다음과 같이 조정한다.

　　ⓐ 반복적인 작업을 연속적으로 수행하는 근로자에게는 해당 작업 이외의 작업을 중간에 넣거나 다른 근로자로 순환시키는 등 장시간의 연속작업이 수행되지 않도록 한다.

　　ⓑ 반복의 정도가 심한 경우에는 공정을 자동화하거나 다수의 근로자들이 교대하도록 하여 한 근로자의 반복작업시간을 가능한 한 줄이도록 한다.

　㉥ 올바른 작업방법은 근육피로도 및 근력부담을 줄이며 동시에 작업효율 및 품질을 향상시키며 작업방법 설계 시 다음을 고려한다.

　　ⓐ 동작을 천천히 하여 최대근력을 얻도록 한다.

　　ⓑ 동작의 중간범위에서 최대한의 근력을 얻도록 한다.

　　ⓒ 가능하다면 중력방향으로 작업을 수행하도록 한다.

　　ⓓ 최대한 발휘할 수 있는 힘의 15% 이하로 유지한다.

　　ⓔ 힘을 요구하는 작업에는 큰 근육을 사용한다.

　　ⓕ 짧게, 자주, 간헐적인 작업/휴식 주기를 갖도록 한다.

ⓖ 대부분의 근로자들이 그 작업을 할 수 있도록 작업을 설계한다.

ⓗ 정확하고 세밀한 작업을 위해서는 적은 힘을 사용하도록 한다.

ⓘ 힘든 작업을 한 직후 정확하고 세밀한 작업을 하지 않도록 한다.

ⓙ 눈동자의 움직임을 최소화한다.

② 작업공간 및 기기 배치

㉠ 부자연스러운 작업자세 및 동작을 제거하기 위하여 작업장, 사무실, 통로 등의 작업공간을 충분히 확보하고 제품·부품 및 기기(이하 "물품") 등의 모양, 치수 등을 고려하여 배치한다.

㉡ 작업공간에 물품 등을 배치할 때에는 다음의 사항을 고려한다.

ⓐ 가장 빈번하게 사용되는 물품은 가장 사용하기 편리한 곳에 배치시킨다.

ⓑ 상대적으로 더 중요한 물품은 사용하기 편리한 지점에 위치시킨다.

ⓒ 연속해서 사용해야 하는 물품은 서로 옆에 놓거나 순서를 반영하여 위치시킨다.

㉢ 작업장의 작업기기는 근로자가 부자연스러운 자세로 작업하지 않도록 배치한다.

㉣ 장시간 서서 작업하는 경우에는 작업동작의 위치에 맞추어 발받침대를 제공한다.

③ 작업대

㉠ 작업대(작업점) 높이는 작업정면을 보면서 팔꿈치 각도가 90도를 이루는 자세로 작업할 수 있도록 조절하고 근로자와 작업면의 각도 등을 적절히 조절할 수 있도록 한다.

㉡ 작업대의 작업면은 다음 [작업종류에 따른 권장 작업높이]와 같이 팔꿈치 높이 또는 약간 아래에 있도록 하고 팔꿈치 이하 부위는 수평이거나 약간 아래로 기울게 한다. 또한 아주 정밀한 작업인 경우에는 팔꿈치 높이보다 높게 하고 팔걸이를 제공한다.

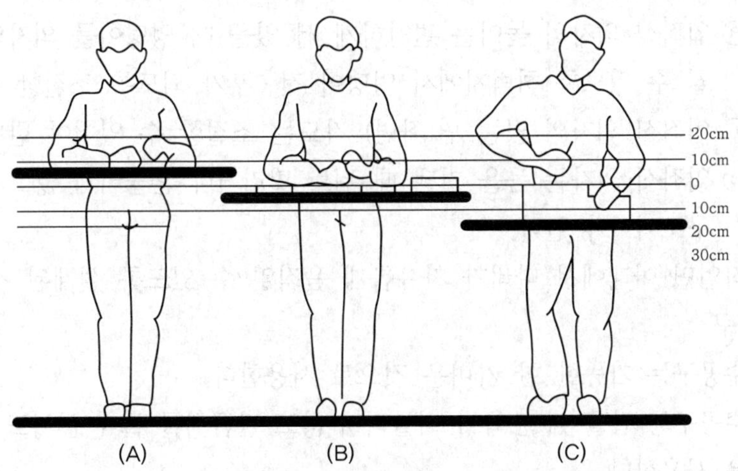

▌작업종류에 따른 권장 작업높이 ▌

ⓒ 작업영역은 다음 [작업영역]과 같이 정상작업영역 이내에서 이루어지도록 하고 부득이한 경우에는 최대작업영역에서 하되 그 작업이 최소화되도록 한다.

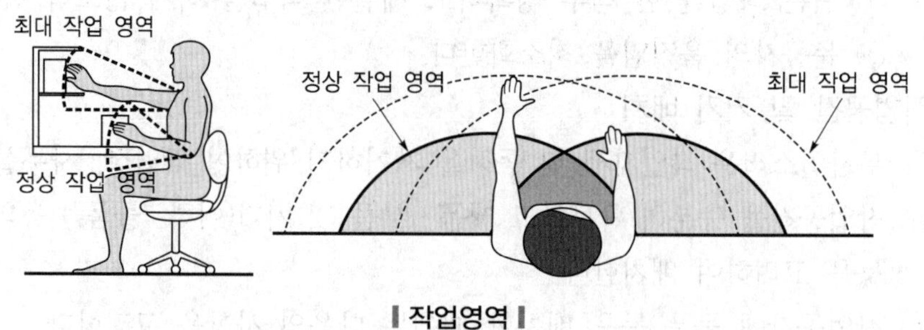

④ 의자

㉠ 장시간 앉아서 작업하는 경우에는 다음 조건에 적합한 의자를 제공한다.

ⓐ 의자의 높이는 눈과 손의 위치가 적절하고 무릎관절의 각도가 90도 전·후가 되도록 조절할 수 있어야 한다.

ⓑ 의자는 충분한 너비의 등받이가 있어야 하고 근로자의 체형에 따라 허리 부위부터 어깨 부위까지 편안하게 지지될 수 있어야 한다.

ⓒ 의자의 앉는 면은 근로자의 엉덩이가 앞으로 미끄러지지 않는 재질과 구조로 하고 의자의 깊이는 근로자의 등이 등받이에 닿을 수 있어야 한다.

ⓓ 가능한 한 팔걸이가 있는 것을 사용한다.

ⓔ ⓐ~ⓓ를 만족시키기 위하여 필요한 경우 발받침대를 사용한다.

㉡ 장시간 서서 작업하는 경우에는 다음 조건에 적합한 입좌식 의자(Sit-stand)나 작업 중 잠시 앉아 휴식을 취할 수 있는 의자를 제공한다.

ⓐ 입좌식 의자의 높이는 편안하게 서 있을 때 엉덩이를 의자의 앉는 면에 걸칠 수 있도록 허벅지에서 엉덩이 전·후가 되도록 조절할 수 있어야 한다.

ⓑ 입좌식 의자의 앉는 면(좌면) 각도는 조절할 수 있어야 한다.

ⓒ 입좌식 의자는 몸을 기댈 때 뒤로 밀리거나 흔들리지 않고 지지할 수 있는 구조이어야 한다.

㉢ 작업면 아래에서 다리가 자유롭게 움직일 수 있도록 설계된 것을 제공한다.

⑤ 수공구

㉠ 수공구는 가능한 한 가벼운 것으로 사용한다.

㉡ 수공구는 잡을 때 손목이 비틀리지 않고 팔꿈치를 들지 않아도 되는 형태의 것을 사용한다.

ⓒ 수공구의 손잡이는 손바닥 전체에 압력이 분포되도록 너무 크거나 작지 않도록 하고 미끄러지지 않으며 충격을 흡수할 수 있는 재질(예 폼 슬리브(foam sleeve))을 사용한다.

ⓔ 무리한 힘을 요구하는 공구는 동력을 사용하는 공구로 교체하거나 지그를 활용하되 소음 및 진동을 최소화하고 주기적으로 유지보수한다.

ⓜ 진동공구는 진동의 크기가 작고, 진동의 인체전달이 작은 것을 선택하고 연속적인 사용시간을 제한한다.

⑥ 중량물의 취급

ⓐ 5kg 이상의 중량물을 들어올리는 작업을 하는 때에는 다음의 조치를 한다.

    ⓐ 주로 취급하는 물품에 대하여 근로자가 쉽게 알 수 있도록 물품의 중량과 무게중심에 대하여 작업장 주변에 안내표시를 한다.

    ⓑ 취급하기 곤란한 물품에 대해서는 손잡이를 붙이거나 갈고리, 진공빨판 등 적절한 보조도구를 활용한다.

ⓛ 인력으로 중량물을 취급하는 경우에는 작업점에 따라 적절한 작업영역에서 취급하도록 한다.

ⓒ 운반구의 손잡이는 잡기에 불편하지 않도록 길이, 두께, 깊이 등을 고려하고 미끄러지지 않도록 마찰력이 높은 재질과 구조를 사용한다.

ⓔ 적정 중량을 초과하는 물건을 취급하는 경우에는 2인 이상이 함께 작업하도록 하고, 이 경우 가능한 한 각 근로자에게 중량이 균일하게 전달되도록 한다.

ⓜ 중량물을 취급하는 작업장의 바닥은 요철 부위가 없고 잘 미끄러지지 않으며 쉽게 움푹 들어가지 않도록 탄력성과 내충격성이 뛰어난 재료를 사용한다.

ⓗ 가능한 한 중량물 취급 작업 전부 또는 일부를 자동화하거나 기계화하여 근로자의 허리부담을 경감시키도록 노력한다. 다만, 이것이 곤란한 경우에는 운반용 대차 등 적절한 보조기기를 사용하도록 하며 보조기기는 작업자가 사용하기에 불편하지 않도록 한다.

ⓢ 근로자는 인력으로 중량물을 취급하는 경우에는 다음 작업방법에 따라 작업한다.

    ⓐ 중량물에 몸의 중심을 가깝게 한다.

    ⓑ 발을 어깨너비 정도로 벌리고 몸은 정확하게 균형을 유지한다.

    ⓒ 무릎을 굽힌다.

    ⓓ 가능하면 중량물을 양손으로 잡는다.

    ⓔ 목과 등이 거의 일직선이 되도록 한다.

    ⓕ 등을 반듯이 유지하면서 무릎의 힘으로 일어난다.

⑦ 작업자세 및 동작

ㄱ 근로자가 허리 부위에 부담을 주는 부적절한 자세를 취하지 않도록 작업장의 구조, 작업방법 개선 등 필요한 조치를 강구한다.

ㄴ 근로자는 다음과 같은 작업자세를 취하도록 노력한다.

  ⓐ 서 있거나 의자에 앉은 자세인 경우에는 허리의 부담을 줄이기 위하여 동일한 자세를 장시간 취하지 않도록 한다.

  ⓑ 물건을 들어올리기, 당기기, 밀기 등 허리 부위에 부담을 주는 동작이나 자세를 가능한 한 피하도록 한다.

ㄷ 목 또는 허리 부위를 갑자기 비트는 동작이 발생하지 않도록 하고, 작업할 때의 시선은 동작에 맞추어 작업 정면을 향하도록 한다.

⑧ 기타 작업요인

ㄱ 근골격계 부담작업을 행하는 작업장의 온도, 습도, 환기를 적절하게 유지하고 작업장소, 통로, 계단, 기계류 등의 형상을 정확히 알 수 있도록 적절한 조도를 유지한다.

ㄴ 날카롭고 단단한 면 또는 차가운 면을 가진 물체와 직접 접촉하지 않도록 하고 부득이 신체와 접촉하는 경우에는 장갑 또는 손목 지지대를 사용하도록 하여 직접적인 접촉을 피하도록 한다.

ㄷ 근골격계 부담작업에 대하여는 2시간 이상 연속작업이 이루어지지 않도록 적정한 휴식시간을 부여하되, 1회에 장시간 휴식보다는 가능한 한 짧더라도 자주 휴식을 취하도록 한다.

ㄹ 휴식시간에 작업으로 인한 피로를 풀 수 있도록 안락하고 편안한 휴식장소를 제공한다.

(6) 작업환경 개선계획 작성과 시행 · 평가

① 사업주는 유해요인조사 결과에 의한 개선의 우선순위에 따라 해당 근로자 또는 근로자대표의 의견을 수렴하여 작업환경 개선계획을 수립한다.

② 작업환경 개선계획은 공정명, 작업명, 문제점, 개선방안, 추진일정, 개선비용 등을 포함하여 작성한다.

③ 작업환경 개선안을 확정하고 현장에 적용할 때에는 다음의 고려사항을 검토한다.

ㄱ 개선에 대한 아이디어를 갖고 있는가?

ㄴ 개선안의 적용이 용이한가? 같은 효과를 내면서 비용이 적게 드는 대안은 없는가?

　　ⓒ 개선에 필요한 요구조건이 수용가능한가? 기술적, 금전적, 시간적 제약은 없는가?

　　ⓔ 생산성, 효율성, 품질의 개선 효과가 있는가?

　　ⓜ 사용자의 정서에 긍정적으로 작용하는 받아들일 수 있는 대안인가?

　　ⓗ 적용에 필요한 훈련 시간은 적당하고 가능한가?

　　ⓢ 개선 후 과거에 인지되지 않았던 위험요소가 첨가되지는 않는가?

④ 사업주는 수립된 개선계획서가 일정대로 진행되지 않은 경우에 그 사유, 향후 추진 방안, 추진일정 등을 해당 근로자에게 알린다.

⑤ 사업주는 개선이 완료되었을 경우에는 해당 근로자와 함께 개선의 효과를 평가하고 문제점이 있을 경우에는 이를 보완한다.

　　㉠ 유해요인 노출 특성의 변화

　　㉡ 근로자의 증상 및 질환 발생 특성의 변화(특정기간의 빈도, 질환의 발생률, 강도율, 증상호소율, 건강관리실 이용 횟수, 의료기관 이용 특성 등)

　　㉢ 근로자의 만족도

⑥ 작업관찰 및 유해요인조사 결과 등을 토대로 마련한 계획서에 대해 계획의 적절성, 개선효과의 산정, 변화의 용이성, 개선비용 및 복잡성을 검토하여 개선방안을 실행해야 한다. 개선방안의 실행 절차는 다음 [개선방안의 실행 흐름도]를 참고할 수 있다.

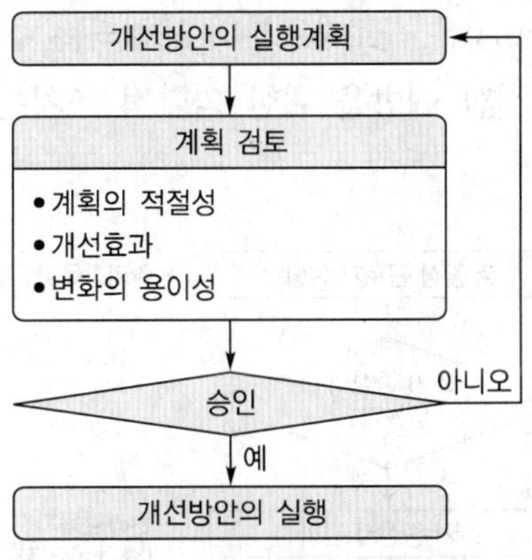

❘ 개선방안의 실행 흐름도 ❘

⑦ 사업주는 문제가 되는 작업 중 개선이 불가능하거나 개선효과가 없어 유해요인이 계속 존재하는 경우에는 유해요인 노출시간 단축, 작업순환 등의 방법을 적용한다.

⑧ 사업주는 작업환경 개선계획의 타당성을 검토하거나 작업환경 개선계획 작성 및 시행 시 필요한 경우에는 전문가 또는 전문기관의 자문을 받을 수 있다.

06 근골격계 질환 예방을 위한 의학적 조치

(1) 개요

① 근골격계 질환은 누적적인 요인으로 인해 질환이 장기화되면 회복시간이 길어지고 만성적인 건강장해로 발전할 가능성이 매우 높아 초기에 증상자(유소견자)를 진단하고 관리하여 발병 위험성을 제거하거나 감소시키는 것이 무엇보다 중요하다.

② 근골격계 질환에 대한 주요 징후 및 증상은 다음과 같다.

○ 근골격계 질환의 주요 징후 및 증상

신체 부위	징후(signs)	증상(symptoms)
• 근육 • 신경 • 건 • 인대 • 관절 • 연골 • 척추디스크	• 기형 • 악력 저하 • 행동반경 축소 • 기능 손실	• 감각의 마비 • 따끔거림 • 통증 • 화끈거림 • 뻣뻣함 • 경련

③ 징후(signs)는 근로자의 신체 및 운동기능의 변화로부터 나타나는 객관적인 근거를 말하며 증상(symptoms)은 근로자로부터 표현되는 주관적인 통증과 불편함을 말한다.

④ 사업주는 근골격계 질환 예방을 위한 의학적 조치는 다음 [사업장 내 의학적 조치 흐름도]를 따른다.

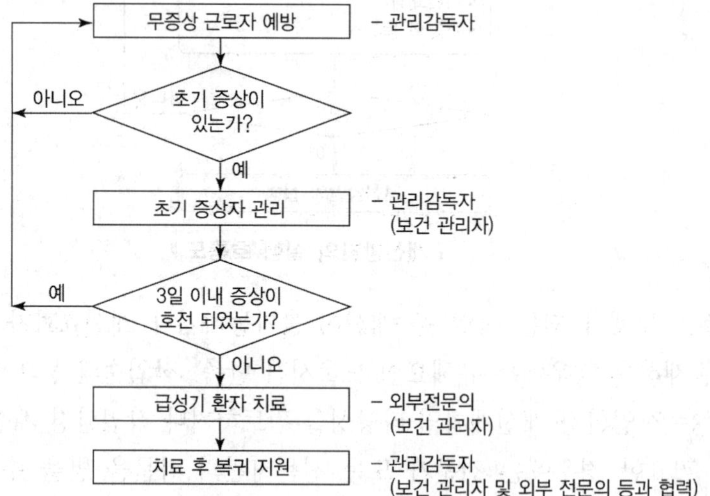

▌사업장 내 의학적 조치 흐름도▐

(2) 근골격계 질환 증상 구분

근골격계 질환 증상의 구분은 "NIOSH Symptom Survey"의 기준을 바탕으로 정상, 관리대상자, 통증호소자로 구분한다.

◆ 근골격계 질환 증상 구분

증상 구분	기준
정상	관리대상자 · 통증호소자에 해당되지 않는 경우
관리대상자	• 통증기간 : 적어도 1주일 이상 지속되거나(OR) • 통증빈도 : 1달에 1번 이상 통증이 발생하고 • 통증강도 : "중간 정도"인 경우
통증호소자	• 통증기간 : 적어도 1주일 이상 지속되고(AND) • 통증빈도 : 1달에 1번 이상 통증이 발생하고 • 통증강도 : "심한 또는 매우 심한 정도"인 경우

(3) 증상호소자 관리

① 근골격계 질환 증상과 징후호소자의 조기발견체계 구축

㉠ 사업주는 근골격계 질환 증상의 조기발견과 조치를 위하여 관련 증상과 징후가 있는 근로자가 이를 즉시 관리감독자에게 보고할 수 있도록 한다. 이를 위하여 사업주는 이러한 보고를 꺼리게 하거나 불이익을 당할 우려가 있는 기존의 관행이나 조치들을 제거한다.

㉡ 사업주는 근로자로부터 근골격계 질환 증상과 징후의 보고를 받은 경우에는 작업 관련 여부를 판단하여 보고일로부터 7일 이내에 적절한 조치를 한다.

㉢ 사업주는 이를 위하여 보고를 접수하고 적절한 조치를 할 수 있는 체계를 갖추고 필요한 경우에는 관련 전문가를 위촉할 수 있다.

㉣ 사업주는 필요한 경우 근로자와의 면담과 조사를 통하여 근골격계 질환이 있는 근로자를 조기에 찾아낸다.

(4) 증상과 징후 보고에 따른 후속조치

① 사업주는 근골격계 질환 증상과 징후를 보고한 근로자에 대하여는 신속한 조치를 취하고 필요한 경우에는 의학적 진단과 치료를 받도록 한다.

② 사업주는 다음과 같은 방법으로 해당업무를 개선한다.

㉠ 근골격계 질환의 증상호소자 관리방법 확보

　　　ⓛ 해당업무의 근로자와 애로사항에 대하여 상담하고 유해요인이 있는지 확인

　　　ⓒ 유해요인을 제거하기 위하여 근로자의 조언 청취

(5) 증상호소자 관리의 위임

① 사업주는 근골격계 질환의 증상호소자 관리를 위하여 필요한 경우에는 보건의료전문가에게 이를 위임할 수 있다.

② 사업주는 위임한 보건의료전문가에게 다음의 정보와 기회를 제공한다.

　　　㉠ 근로자의 업무설명 및 그 업무에 존재하는 유해요인

　　　ⓛ 근로자의 능력에 적합한 업무와 업무제한

　　　ⓒ 사내 근골격계 질환의 증상호소자 관리방법

　　　㉣ 작업장 순회점검

　　　㉤ 기타 근골격계 질환 관리에 필요한 사업장 내의 정보

③ 사업주는 보건의료전문가에게 근골격계 질환자 관리에 대하여 다음과 같은 내용의 소견서를 제출하도록 한다.

　　　㉠ 근로자의 업무에 존재하는 근골격계 질환 유해요인과 관련된 근로자의 의학적 상태에 관한 견해

　　　ⓛ 임시 업무제한 및 사후관리에 대한 권고사항

　　　ⓒ 치료를 요하는 근골격계 질환자에 대한 검사결과 및 의학적 상태를 근로자에게 통보한 내용

　　　㉣ 근골격계 질환을 악화시킬 수 있는 비업무적 활동에 대하여 근로자에게 통보한 내용

(6) 업무제한과 보호조치

① 사업주는 근골격계 질환 증상호소자에 대한 조치가 완료될 때까지 그 작업을 제한하거나 근골격계에 부담이 적은 작업으로의 전환 등을 실시할 수 있다.

② 증상호소자는 사업주가 시행하는 근골격계 부담작업 완화를 위한 작업제한, 작업전환을 정당한 사유 없이 거부하여서는 아니 된다.

(7) 무증상기의 의학적 조치

무증상기의 의학적 조치는 무증상 근로자의 근골격계 질환 예방을 목적으로 한다.

① 실시자 및 실시 시기

　㉠ 무증상기의 의학적 조치는 근골격계 질환 전문교육을 받은 관리감독자가 실시하도록 한다.

　㉡ 작업방법훈련은 1년에 1회 정기적으로 실시하거나 공정변경 시 실시하고, 근력 강화 · 스트레칭 · 증상확인은 매일 업무 개시 전 또는 업무 중에 실시한다.

② 실시내용

　㉠ 배치 전 고려사항

　　ⓐ 근로자를 업무에 배치하기 전 연령, 체중, 신장, 작업력 및 작업제한 경력 · 과거질병력, 당해 작업자의 체력 및 유연성, 기능 등 작업자의 특성이 작업의 특성과 잘 부합되는지를 고려하여야 한다.

　　ⓑ 과거에 근골격계 질환자가 발생했던 작업, 국소적 부담이 집중되거나 숙련되기 힘든 작업, 대형 공구를 조작하거나 중량물을 반복 조작하는 작업에는 전혀 경험이 없는 근로자는 배치하지 않는 것이 좋다.

　　ⓒ 배치 시 고려할 사항이 있었던 근로자와 작업경험이 전혀 없었던 근로자에 대해서는 초기에 집중적으로 관리하여 근골격계 질환을 조기발견 · 조기대응할 수 있도록 한다.

　㉡ 표준작업서 작성

　　ⓐ 올바른 작업방법을 훈련하기 위해서는 표준작업서를 작성하여야 한다.

　　ⓑ 표준작업서에는 근골격계 질환 예방의 관점에서 신체 부담이 작은 작업수행 방법, 요령, 이유 등 올바른 작업 요령을 포함한다.

　㉢ 올바른 작업방법 훈련

　　신입사원 · 지원인력 · 부서 이동 기존 근로자 · 실습생 · 임시적 종업원 등 작업 미경험자에 대하여, 사전에 위험 및 부담이 적은 올바른 작업방법을 지도 · 훈련하여야 한다. 이때 작업공구 등을 이용하여 실습을 병행하는 것이 바람직하다.

　㉣ 증상 체크

　　근골격계 질환을 조기에 발견하기 위해 주기적으로 근로자의 증상을 체크하여야 한다. 증상을 체크하기 위한 도구로 증상 체크표와 동작 확인방법을 활용할 수 있다.

　　ⓐ 증상 체크표는 신체의 각 부위별 건강상태를 근로자가 스스로 체크하고 관리감독자가 확인할 때 사용할 수 있다. 작업 미경험자, 기존 근로자라도 새로운 작업에 임하는 경우나 과거에 경험이 있는 작업이라도 6개월 이상 공백이 있는 경우는 중점관리기간으로서 1개월간 주기적으로 증상을 확인한다.

ⓑ 동작 확인방법은 작업 시작 전 5분간을 유효하게 활용하여 근골격계 질환에 관해 설명하고, 손가락 구부렸다 펴기, 허리 굽혔다 펴기 등의 신체동작을 하게 하여 확인하는 방법이다.

ⓜ 스트레칭

ⓐ 작업 전 스트레칭의 목적은 관절의 가동력과 조정력을 높이고, 돌발상황에서의 대응력을 향상시켜 부상 방지에 도움이 되고자 하는 것이다. 작업 중 작업 후 스트레칭은 작업으로 뭉쳐진 근육을 풀어 피로 회복에 아주 효과적이다.

ⓑ 스트레칭 방법은 각 공정에서 작업에 따라 결정하는 것이 바람직하다. 전신 스트레칭을 하되, 각 작업에 적절한 스트레칭을 선택하여 조합한다.

ⓒ 스트레칭에 대한 게시물을 벽에 부착하거나 지갑에 넣을 수 있는 크기로 홍보물을 제작하여 퇴근 후에도 보고 따라할 수 있도록 한다. 아침 업무 시작 직전 또는 점심 후 업무 시작 직전에 사내방송을 이용하여 전 사원이 같이 실시하는 것도 좋다.

ⓗ 근력 강화

ⓐ 같은 자세로 고정적인 상태에서 장시간 반복적인 작업에 임하는 근로자들이 작업에 맞는 근력 강화운동을 하면, 근골격계 질환 예방에 도움이 된다.

ⓑ 근력 강화운동 시에 유의할 점은 근육의 밸런스를 고려하면서 근육에 과부하를 가해 근력운동을 해야 한다는 것과 운동 후 적당한 회복시간을 주어야 한다는 것이다. 고혈압 등 뇌심혈관 질환이 있는 경우는 의사와 상담을 받은 후 근력 강화운동을 한다.

ⓢ 체력 평가

ⓐ 체력 평가는 1년에 1회 정기적으로 실시하고 그 결과를 본인에게 알려주어 건강에 대한 관심을 환기시킨다.

ⓑ 체력 평가 항목은 서 있는 채로 윗몸 굽히기(유연성), 사이드스텝(민첩성), 수직으로 뛰기(순발력), 상체 일으키기(근지구력), 발판 오르내리기 혹은 헬스 사이클(지구력) 등이 추천된다.

(8) 초기증상기의 의학적 조치

근골격계 질환이 질병단계로 넘어가기 전의 초기증상자에 대한 근무상 조치를 포함한 의학적 조치는 중증화를 방지하는 데 목적이 있다.

① 실시자 및 실시 시기

초기증상기의 의학적 조치는 작업자가 증상을 호소한 지 3일까지는 증상호소자의 최초접촉자인 관리감독자 또는 보건관리자가 실시할 수 있다.

② 실시내용

㉠ 근무상 조치

ⓐ 초기증상자가 증상 호소를 한 지 3일까지는 현장에서 의학적 조치가 가능하므로 작업내용을 잘 알면서 질병 방지에 대한 지식을 가진 관리감독자가 증상호소자의 업무를 경감시키거나, 신체 부담 정도가 다른 업무로 일시 전환시키는 등의 근무상 조치를 행한다.

ⓑ 사업주는 근무상 조치가 제대로 실행될 수 있도록 평소 관리감독자에게 근골격계 질환 예방교육을 시켜야 한다.

㉡ 증상완화요법

ⓐ 증상완화요법은 사내 보건관리자가 증상호소자의 통증을 완화시키기 위해 보건관리실에서 실시한다.

ⓑ 증상완화요법은 냉찜질과 소염진통 습포제를 이용하여 실시한다. 냉찜질은 통증이 있는 초기에 하고 하루 2회, 15분 정도씩 얼음팩을 사용한다. 피부에 직접 얼음이 닿지 않도록 종이나 얇은 수건으로 싸서 사용하는 것이 좋다. 이때 아픈 부위는 가슴 부위보다 높게 놓거나 움직이지 않도록 일시적으로 고정하는 것이 좋다.

㉢ 전문가에게 의뢰

ⓐ 초기증상이라 할지라도 증상이 심할 경우, 사내 보건관리자와 상담하거나 외부 전문의에게 의뢰한다. 또한, 초기증상을 호소한 지 3일 내에 증상이 완화되지 않을 경우에도 외부 전문의에게 의뢰한다.

ⓑ 증상이 심한 예로 다음과 같은 경우를 들 수 있다.

• 아침에 잠에서 깼을 때나 작업 개시 전 손가락에 걸리는 느낌이 있는 경우
• 팔을 위로 올릴 때 아픈 경우
• 허리에서 다리로 뻗치는 저림 증상이 있는 경우

(9) 급성기의 의학적 조치

급성 근골격계 질환 증상을 보이는 근로자에게 보다 전문적인 치료를 신속히 받을 수 있도록 조치함을 목적으로 있다.

① 실시자 및 실시 시기

관리감독자는 근로자의 근골격계 초기증상이 완화되지 않고 증상을 호소한 지 3일을 초과한 경우에는 급성기의 의학적 조치를 전문의료기관에서 받을 수 있도록 한다.

② 실시내용

㉠ 근무 중 치료

ⓐ 제한적으로 작업을 수행할 수 있는 경우와 단순 통증만 있는 경우에는 근무 중 치료를 하면 빠른 건강 회복 및 업무 복귀에 도움이 된다. 의뢰한 전문의료기관의 판단에 따라 근무 중 치료가 결정되면 필요시 대체업무 또는 단축근무를 실시한다.

ⓑ 관리감독자 또는 보건관리자는 근무 중 치료를 받는 자에 대하여 작업제한사항 등이 확실하게 실시되고 있는지 확인하고 기록으로 남긴다.

ⓒ 스트레칭과 근력 강화는 근무 중 치료에서 매우 중요한 요소 중 하나이다. 아프다고 신체를 움직이지 않으면 신체는 위축되어 업무 복귀는 물론 일상생활 복귀마저 늦어진다.

㉡ 휴업 치료

휴업 치료는 일반적으로 직장 밖의 의료기관에서 전문적으로 이루어진다.

(10) 복귀기의 의학적 조치

복귀기의 의학적 조치는 급성기가 지난 후 업무 복귀 준비를 시킬 목적으로 실시한다.

① 실시자 및 실시 시기

복귀기의 의학적 조치는 관리감독자가 보건관리자 또는 외부 전문의 등과 협력하여 현장이나 사내 보건관리실에서 급성기를 경과한 직후부터 실시할 수 있다.

② 실시내용

㉠ 업무 복귀 프로그램

ⓐ 업무 복귀 프로그램을 실시하는 목적은 직장 복귀 후 근골격계 질환이 일시적인 재발을 반복하면서 질환이 만성화되는 것을 방지하기 위함이며, 의학적 치료가 종결되기 2주일(또는 한 달) 전에 사업장에서 지정한 전문재활기관 또는 자체 내의 의료시설에서 실시한다.

ⓑ 업무 복귀 프로그램의 중요한 요소는 근력 강화와 업무 적응 훈련이며, 프로그램의 내용과 기간은 근로자와 주치의의 의견을 들은 후 관리감독자 또는 보건관리자가 최종 결정한다.

ⓛ 업무적합성 평가

근로자가 업무 복귀 시 산업의학전문의에게 업무적합성 평가를 받도록 하고 그 결과에 따라 적정 배치를 한다.

ⓒ 복귀 후 조치

ⓐ 관리감독자 또는 보건관리자는 업무 복귀 근로자에 대하여 주기적으로 보건 상담을 실시하여 그 예후를 관찰하고 질환의 재발을 방지하기 위한 조치를 취한다.

ⓑ 필요한 경우 작업에 복귀한 첫 주에는 업무를 줄여주고, 기능 회복 정도에 따라 점차적으로 업무를 늘려 간다.

ⓒ 현장 작업 복귀 후 첫 1개월간은 잔업 및 특근을 금지한다.

ⓓ 복귀 후 작업 제한은 가급적 90일 이상 지속하지 않는 것이 좋다.

07 근골격계 질환 예방·관리 프로그램

(1) 근골격계 질환 예방·관리 프로그램 수립 대상

① 안전보건규칙(근골격계 질환 예방·관리 프로그램 시행)에 의거하여 다음 각 호의 어느 하나에 해당하는 경우에 근골격계 질환 예방·관리 프로그램을 수립하여 시행 하여야 한다.

㉠ 근골격계 질환으로 업무상 질병으로 인정받은 근로자가 연간 10명 이상 발생한 사업장 또는 5명 이상 발생한 사업장으로서 발생 비율이 그 사업장 근로자 수 의 10퍼센트 이상인 경우

㉡ 근골격계 질환 예방과 관련하여 노사 간 이견(異見)이 지속되는 사업장으로서 고용노동부장관이 필요하다고 인정하여 근골격계 질환 예방·관리 프로그램을 수립하여 시행할 것을 명령한 경우

② 법적 의무 사업장 외에 근골격계 질환 예방을 위한 종합적인 예방·관리를 추진하 고자 하는 사업장에서도 사업장 자율의 근골격계 질환 예방·관리 프로그램을 수립 하여 시행할 수 있다.

③ 안전보건규칙에 따른 근골격계 질환 예방·관리 프로그램을 수립하여 시행할 경우 에는 노사협의를 거쳐야 한다.

④ 사업주는 근골격계 질환 예방·관리 프로그램을 작성·시행할 경우에 인간공학·
산업의학·산업위생·산업간호 등 분야별 전문가로부터 필요한 지도·조언을 받을
수 있다.

(2) 예방·관리 프로그램 기본방향

① 예방·관리 프로그램은 다음 [예방·관리 프로그램 흐름도]에서 정하는 바와 같은
순서로 진행한다.

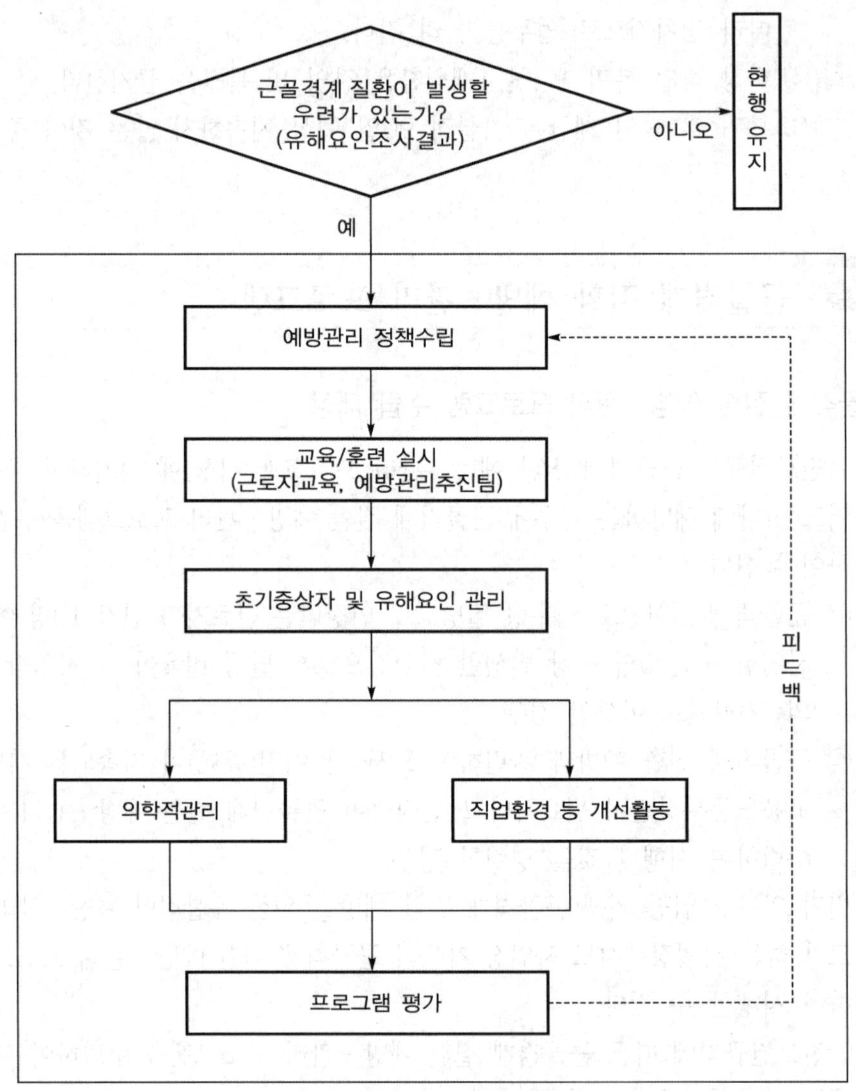

▎ 예방·관리 프로그램 흐름도 ▎

② 사업주와 근로자는 근골격계 질환이 단편적인 작업환경 개선만으로는 예방하기 어렵고 전 직원의 지속적인 참여와 예방활동을 통하여 그 위험을 최소화할 수 있다는 것을 인식하고 이를 위한 추진체계를 구축한다.

③ 사업주와 근로자는 근골격계 질환 발병의 직접원인(부자연스런 작업자세, 반복성, 과도한 힘의 사용 등), 기초요인(체력, 숙련도 등) 및 촉진요인(업무량, 업무시간, 업무스트레스 등)을 제거하거나 관리하여 건강장해를 예방하거나 최소화한다.

④ 사업주와 근로자는 근골격계 질환의 위험에 대한 초기관리가 늦어지게 되면 영구적인 장애를 초래할 가능성이 있을 뿐만 아니라 이에 대한 치료 등 관리비용이 더 커짐을 인식한다.

⑤ 사업주와 근로자는 근골격계 질환의 조기발견과 조기치료 및 조속한 직장 복귀를 위하여 가능한 한 사업장 내에서 재활프로그램 등의 의학적 관리를 받을 수 있도록 한다.

(3) 근골격계 질환 예방 · 관리 추진팀

① 사업주는 효율적이고 성공적인 근골격계 질환의 예방 · 관리를 추진하기 위하여 사업장 특성에 맞게 근골격계 질환 예방 · 관리추진팀(이하 "예방 · 관리 추진팀"이라 한다)을 구성하되 예방 · 관리팀에는 예산 등에 대한 결정 권한이 있는 자가 반드시 참여하도록 한다.

② 예방 · 관리팀은 사업장의 업종, 규모 등 사업장의 특성에 따라 적정인력이 참여하도록 구성한다. 이 경우 다음 [표]에 예시된 예방 · 관리팀의 인력을 고려하여 구성할 수 있다.

◐ 사업장의 특성에 맞는 예방 · 관리팀의 구성(예시)

중 · 소규모 사업장	대규모 사업장
• 근로자대표 또는 명예산업안전감독관을 포함하여 그가 위임하는 자 • 관리자(예산결정권자) • 정비 · 보수담당자 • 보건 · 안전담당자 • 구매담당자 등	중 · 소규모 사업장 추진팀원 이외 다음의 인력을 추가함 • 기술자(생산, 설계, 보수기술자) • 노무담당자 등

③ 대규모 사업장은 부서별로 예방 · 관리팀을 구성할 수 있으며, 이 경우 관리자는 해당 부서의 예산결정권자 또는 부서장으로 할 수 있다. 그리고, 산업안전보건위원회가 구성된 사업장은 예방 · 관리팀의 업무를 산업안전보건위원회에 위임할 수 있다.

(4) 예방 · 관리 프로그램 실행을 위한 노 · 사의 역할

① 사업주의 역할

㉠ 기본정책을 수립하여 근로자에게 알려야 한다.

㉡ 근골격계 질환의 증상 · 유해요인 보고 및 대응체계를 구축한다.

㉢ 예방 · 관리 프로그램을 지속적으로 관리 · 운영 및 지원한다.

㉣ 예방 · 관리팀에게 예방 · 관리 프로그램의 운영 의무를 명시한다.

㉤ 예방 · 관리팀에게 예방 · 관리 프로그램을 운영할 수 있도록 사내자원을 제공한다.

㉥ 근로자에게 예방 · 관리 프로그램의 개발 · 수행 · 평가에 참여 기회를 부여한다.

② 근로자의 역할

㉠ 작업과 관련된 근골격계 질환의 증상 및 질병발생, 유해요인을 관리감독자에게 보고한다.

㉡ 예방 · 관리 프로그램의 개발 · 평가에 적극적으로 참여 · 준수한다.

㉢ 근로자는 예방 · 관리 프로그램의 시행에 적극적으로 참여한다.

③ 예방 · 관리팀의 역할

㉠ 예방 · 관리 프로그램의 수립 및 수정에 관한 사항을 결정한다.

㉡ 예방 · 관리 프로그램의 실행 및 운영에 관한 사항을 결정한다.

㉢ 교육 및 훈련에 관한 사항을 결정하고 실행한다.

㉣ 유해요인 평가 및 개선계획의 수립과 시행에 관한 사항을 결정하고 실행한다.

㉤ 근골격계 질환자에 대한 사후조치 및 근로자 건강보호에 관한 사항 등을 결정하고 실행한다.

④ 보건관리자의 역할

사업주는 보건관리자에게 예방 · 관리팀의 일원으로서 다음과 같은 업무를 수행하도록 한다.

㉠ 주기적으로 작업장을 순회하여 근골격계 질환을 유발하는 작업공정 및 작업유해요인을 파악한다.

㉡ 주기적인 근로자 면담 등을 통하여 근골격계 질환 증상 호소자를 조기에 발견하는 일을 한다.

㉢ 7일 이상 지속되는 증상을 가진 근로자가 있을 경우 지속적인 관찰, 전문의 진단 의뢰 등의 필요한 조치를 한다.

㉣ 근골격계 질환자를 주기적으로 면담하여 가능한 한 조기에 작업장에 복귀할 수 있도록 도움을 준다.

㉤ 예방 · 관리 프로그램의 운영을 위한 정책 결정에 참여한다.

(5) 근골격계 질환 예방·관리 교육

① 근로자 교육
   ㉠ 교육대상 및 내용
   사업주는 모든 근로자 및 관리감독자를 대상으로 다음 사항에 대한 기본교육을
   실시한다.
   ⓐ 근골격계 부담작업에서의 유해요인
   ⓑ 작업도구와 장비 등 작업시설의 올바른 사용방법
   ⓒ 근골격계 질환의 증상과 징후 식별방법 및 보고방법
   ⓓ 근골격계 질환 발생 시 대처 요령
   ⓔ 기타 근골격계 질환 예방에 필요한 사항
   ㉡ 교육방법 및 시기
   ⓐ 최초교육은 예방·관리 프로그램이 도입된 후 6개월 이내에 실시하고 이후
      매 3년마다 주기적으로 실시한다. 다만, ㉠의 제ⓒ항 규정에 의한 교육은
      매년 1회 이상 실시한다.
   ⓑ 근로자를 채용한 때와 이 프로그램의 적용대상 작업장에 처음으로 배치된
      자 중 교육을 받지 아니한 자에 대하여는 작업배치 전에 교육을 실시한다.
   ⓒ 교육시간은 2시간 이상 실시하되 새로운 설비의 도입 및 작업방법에 변화가
      있을 때에는 유해요인의 특성 및 건강장해를 중심으로 1시간 이상의 추가교
      육을 실시한다.
   ⓓ 교육은 근골격계 질환 전문교육을 이수한 예방·관리팀의 팀원이 실시하며
      필요시 관계전문가에게 의뢰할 수 있다.
② 예방·관리팀
   ㉠ 교육대상 및 내용
   사업주는 예방·관리팀에 참여하는 자를 대상으로 다음 사항에 대한 전문교육
   을 실시한다.
   ⓐ 근골격계 부담작업에서의 유해요인
   ⓑ 근골격계 질환의 증상과 징후의 식별방법
   ⓒ 근골격계 질환의 증상과 징후의 조기 보고의 중요성과 보고방법
   ⓓ 예방·관리 프로그램의 수립 및 운영방법
   ⓔ 근골격계 질환의 유해요인 평가방법
   ⓕ 유해요인 제거의 원칙과 감소에 관한 조치

ⓖ 예방·관리 프로그램 및 개선대책의 효과에 대한 평가방법

ⓗ 해당 부서의 유해요인 개선대책

ⓘ 예방·관리 프로그램에서의 역할

ⓙ 기타 근골격계 질환 예방·관리를 위하여 필요한 사항 등

ⓒ 교육방법

ⓐ 교육시간은 교육내용을 습득하여 근로자 교육을 실시할 수 있을 만큼 충분한 시간 동안 실시한다.

ⓑ 전문교육은 전문기관에서 실시하는 근골격계 질환 예방 관련 전문과정 교육으로 대체할 수 있다.

(6) 유해요인의 개선

유해요인의 개선은 해당 규정의 '5. 작업환경 개선'을 참고하여 개선하도록 한다.

(7) 의학적 관리

의학적 관리는 해당 규정의 '6. 근골격계 질환 예방을 위한 의학적 조치'를 참고하여 관리하도록 한다.

(8) 예방·관리 프로그램의 평가

① 사업주는 예방·관리 프로그램 평가를 매년 해당 부서 또는 사업장 전체를 대상으로 다음과 같은 평가지표를 활용하여 실시할 수 있다.

㉠ 특정 기간 동안에 보고된 사례 수를 기준으로 한 근골격계 질환 증상자의 발생 빈도

㉡ 새로운 발생 사례 수를 기준으로 한 발생률의 비교

㉢ 근로자가 근골격계 질환으로 일하지 못한 날을 기준으로 한 근로손실 일수의 비교

㉣ 작업 개선 전후의 유해요인 노출 특성의 변화

㉤ 근로자의 만족도 변화

㉥ 제품 불량률 변화 등

② 사업주는 예방·관리 프로그램 평가 결과 문제점이 발견될 경우에는 다음 연도 예방·관리 프로그램에 이를 보완하여 개선한다.

08 문서의 기록 · 보존

(1) 사업주는 유해요인조사 관련 문서를 기록 또는 보존하되 다음을 포함하여야 한다.

　① 유해요인조사 결과(증상 설문조사 결과 포함)

　② 의학적 조치 및 그 결과

　③ 작업환경 개선계획 및 그 결과보고서

(2) 사업주는 상기 (1)의 ①과 ② 문서의 경우 5년 동안 보존하며, ③ 문서의 경우 해당 시설 · 설비가 작업장 내에 존재하는 동안 보존한다.

SECTION 2

직무스트레스로 인한 건강장해 예방 기술지원규정
(KOSHA GUIDE, E-G-2-2025)

01 용어의 정의

(1) "직무스트레스(Job stress)"

일을 함에 있어 업무에 필요한 사항과 자신의 능력이나 자원, 요구가 맞지 않아서 심한 압박감을 느낄 때 나타나는 신체적·정서적 반응을 말한다.

(2) "직무스트레스 요인(Job stressor)"

작업과 관련하여 생체에 가해지는 정신적·육체적 자극에 대하여 체내에서 일어나는 생물학적·심리적·행동적 반응을 유발하는 요인을 말한다.

(3) "직무스트레스 평가도구"

산업안전보건기준에 관한 규칙에 근거하여 직무스트레스 요인을 평가할 때 사용하는 것으로 '한국인 직무스트레스 요인 측정도구'를 말한다([부록 2] 참조).

(4) "직무스트레스 예방 프로그램"

직무스트레스로 인한 건강장해를 예방하기 위해 사업주가 실시하는 프로그램을 말한다.

02 직무스트레스 구성요소

(1) 물리적 환경

직무스트레스를 유발할 수 있는 근로자가 처해 있는 일반적인 물리적인 환경요인을 의미하며, 작업방식의 위험성, 공기의 오염, 신체 부담 등을 포함한다.

(2) 직무요구

직무에 대한 부담 정도를 평가하며, 시간적 압박, 업무량 증가, 책임감, 과도한 직무부담, 업무 다기능 등을 의미한다.

(3) 직무자율(직무자율성 결여)

직무에 대한 의사결정의 권한과 자신의 직무에 대한 재량 활용성의 수준을 의미하며, 기술적 재량, 업무 예측 불가능성, 기술적 자율성, 직무수행 권한을 포함한다.

(4) 관계갈등(사회적 지지 부족)

회사 내에서 상사나 동료 간의 도움 또는 지지 부족 등의 대인관계를 의미하며, 동료의 지지, 상사의 지지 제공의 수준을 평가한다.

(5) 직무 불안정(직업 불안정성)

자신의 직업 또는 직무에 대한 안정성의 정도로 구직 기회의 불안, 고용 불안정성 등을 포함한다.

(6) 조직체계(조직 불공정성)

조직의 전략 및 운영체계, 인사 및 승진제도의 개방성 혹은 합리성, 조직의 자원, 조직 내 갈등, 비합리적 의사소통 등을 의미한다.

(7) 보상 부적절

업무에 대하여 기대하고 있는 보상의 정도가 적절한지를 의미하는 것으로 금전적 보상 수준, 존중, 내적 농기, 기대 부적합 능을 포함한다.

(8) 직장문화

서양의 형식적 합리주의 직장문화와는 다른 한국적 집단주의 문화(회식, 음주문화), 직무 갈등, 합리적 의사소통체계 결여 및 성적 차별 등을 의미한다.

(9) 일-삶의 불균형

직장 영역과 생활 영역 간의 균형 정도, 일이 자신에게 제공하는 가치평가 등을 포함한다.

03 직무스트레스의 건강영향

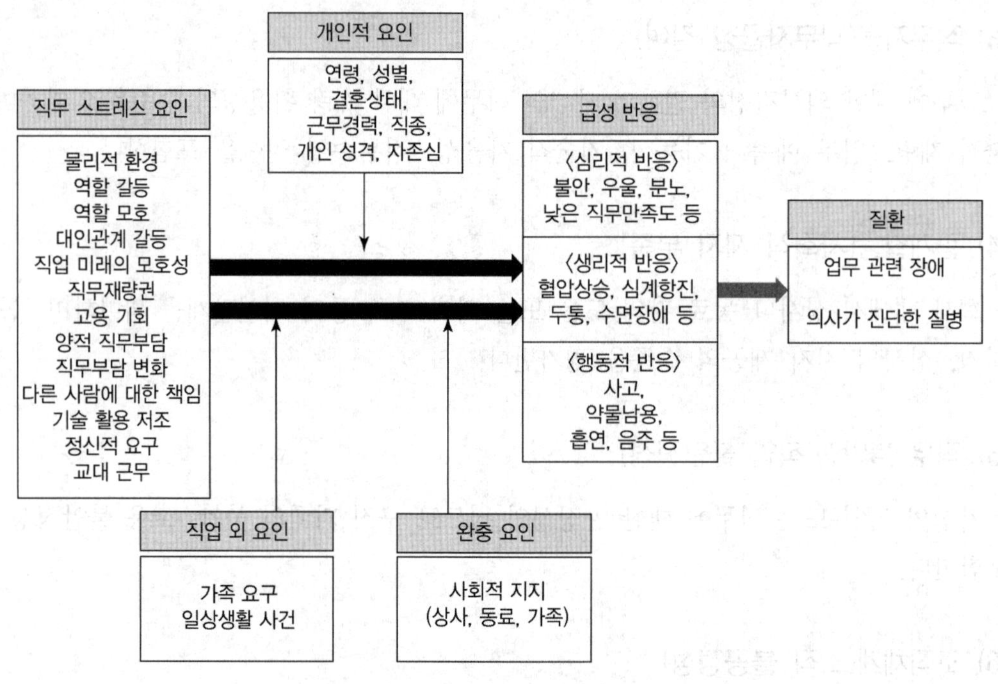

❘ 직무스트레스 요인과 건강 영향 ❘

(1) 직무스트레스로 인한 건강영향으로 심리적·생리적·행동적 반응 등의 급성 반응이나 타난다. 심리적 반응은 불안, 우울, 분노, 낮은 직무 만족도 등이며, 생리적 반응은 혈압 상습, 두근거림, 두통, 수면장애 등이고, 행동적 반응은 사고 발생, 약물 남용, 흡연이나 음주 증가, 병가 사용 등이다. 급성 반응이 해결되지 않고 지속되면 결국 산재로 인한 장애, 질병 등이 발생할 수 있다.

(2) 같은 직무스트레스 요인에 직면해도 직무스트레스 반응의 크기는 사람마다 다르다. 사람의 연령, 성별, 근무 경력, 직종, 행동 양식, 자존심 등 개인적 요인에 차이가 있기 때문이다. 가족의 요구나 일상생활 사건 등 직업 외적인 요인이 급성 반응에 영향을 미치며, 상사·동료·가족 등의 사회적 지지가 직무스트레스로 인한 급성 반응을 조절하는 데 완충 요인으로 작용한다.

04 직무스트레스 관리절차

직무스트레스 관리는 다음 [직무스트레스 관리절차]와 같이 추진팀 구성, 유해요인 평가, 예방계획 수립, 예방 프로그램 실행, 예방 프로그램 평가, 피드백의 절차로 시행한다. 세부적인 이행절차는 [부록 1]에 제시된 내용을 참고한다.

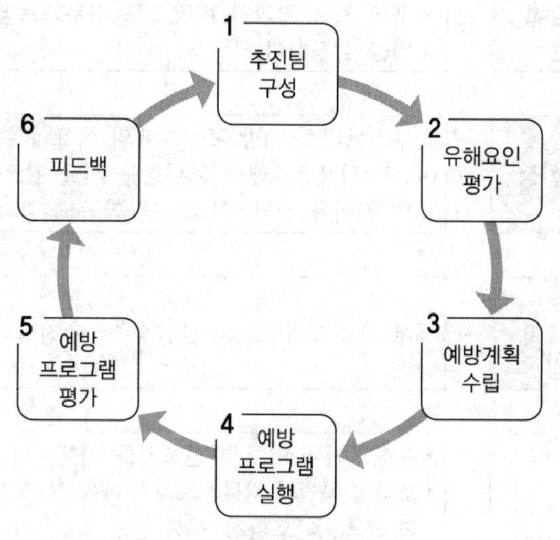

▎직무스트레스 관리절차 ▎

● [부록 1] 직무스트레스 예방 프로그램 업무 흐름도

추진팀 구성 → 직무스트레스 예방 프로그램 시행을 위한 추진팀을 구성한다.

유해요인 평가 → 한국인 직무스트레스 측정도구를 활용하여 유해요인을 평가한다.

예방 계획 수립

직무스트레스 예방정책 수립 → 경영방침 또는 안전보건관리규정에 직무스트레스 예방에 대한 내용을 포함한다.

중장기 종합계획 수립 →
- 직무스트레스 예방 프로그램을 운영하기 위한 중장기 종합계획을 수립한다.
- 직무스트레스 예방 프로그램 추진 예산을 편성한다.

요구도 조사 →
- 근로자들이 희망하는 직무스트레스 예방 프로그램의 종류를 조사한다.
- 직무스트레스 예방 프로그램의 참여 의사를 조사한다.

우선순위 설정 → 요구도 조사 결과를 바탕으로 직무스트레스 예방 프로그램의 우선순위를 설정한다.

목표 설정 → 직무스트레스 예방 프로그램의 목표를 수립한다.
(예시) 직무스트레스 고위험군 비율 감소, 직무스트레스 예방 프로그램 참여율 증가, 프로그램 만족도 증가 등

세부 실행계획 수립 → 세부 프로그램별로 추진일정 및 추진방법을 수립한다.

예방 프로그램 실행 →
- 유해요인에 따른 개선조치를 시행한다.
- 조직적 차원의 직무스트레스 예방 프로그램을 시행한다(건전한 직장문화 조성, 근로환경 개선 등).
- 예방교육 실시, 심리상담, 근로자 대상 직무스트레스 예방 프로그램을 추진한다.
- 외부 자원을 활용한다(직업트라우마센터, 정신건강복지센터 등).

예방 프로그램 평가 →
- 수립된 목표를 달성하였는지 여부를 평가한다.
- 설문조사, 참여자 인터뷰 등의 방법으로 평가한다.

피드백 → 직무스트레스 예방 프로그램 수행 시 나타난 문제점을 파악하고, 다음 사업에 반영한다.

(1) 추진팀 구성

① 사업주는 효율적이고 합리적인 직무스트레스 관리를 위해 사업장 특성에 맞게 추진 팀을 구성한다. 추진팀 구성 시 근로자 대표가 반드시 참여하도록 한다.

② 사업의 원활한 추진을 위해 예산 등에 대한 결정 권한이 있는 사람이 참여한다.

③ 추진팀은 사업장의 규모에 따라 적정인력이 참여하도록 구성한다.

   ㉠ 대규모 사업장은 사업주, 근로자 대표, 관리감독자, 인사 및 노무담당자, 보건 관리자, 심리상담사, 정신보건 관계자 등이 참여한다.

   ㉡ 보건관리를 전문기관에 위탁한 중규모 사업장은 사업주, 근로자 대표, 관리감 독자, 인사 및 노무담당자, 보건관리 전문기관의 보건관리자 등이 참여한다.

   ㉢ 사업장 내 전문가가 배치되어 있지 않은 소규모 사업장은 사업주, 근로자, 관 리감독자로 추진팀을 구성한다.

(2) 유해요인 평가

① 한국인 직무스트레스 요인 평가도구 [부록 2]를 이용하여 직무스트레스 요인을 파 악하고 직무스트레스 수준을 평가한다.

◆ [부록 2] 한국인 직무스트레스 요인 평가도구

> 1. 평가도구의 종류
>   ㉠ 기본형(KOSS)
>   43문항으로 되어 있으며, 물리적 환경, 직무요구, 직무자율, 관계갈등, 직무불안정, 조직 체계,
>   보상 부적절, 직장문화 등 8개 하위 영역으로 구성되어 있다.
>   ㉡ 단축형 1(KOSS-SF1)
>   26문항으로 되어 있으며, 물리적 환경, 직무요구, 직무자율, 관계갈등, 직무불안정, 조직체계,
>   보상 부적절, 직장문화 등 8개 하위 영역으로 구성되어 있다.
>   ㉢ 단축형 2(KOSS-SF2)
>   24문항으로 되어 있으며, 직무요구, 직무자율, 관계갈등, 직무불안정, 조직체계, 보상 부적절,
>   직장문화 등 7개 하위 영역으로 구성되어 있다.
>   ㉣ 감정노동 연계형(KOSS®K19)
>   19문항으로 되어 있으며, 물리적 환경, 직무요구, 직무자율, 관계갈등, 직무불안정, 조직체계,
>   보상 부적절, 일-삶의 균형 등 8개 하위 영역으로 구성되어 있다. 기본형(KOSS)의 하위 영역
>   에 포함된 직장문화 대신 일-삶의 균형이 하위 영역에 포함되었으며, 고객응대업무에 맞게
>   일부 문항이 변경되었다.

평가도구별 문항 수 / 하위 영역	기본형 (KOSS) 43문항	단축형 1 (KOSS-SF1) 26문항	단축형 2 (KOSS-SF2) 24문항	감정노동 연계형 (KOSS®O19) 19문항
물리적 환경	3	2	–	2
직무요구	8	4	4	3
직무자율 (직무자율성 결여)	5	4	4	2
관계갈등 (사회적 지지 부족)	4	3	3	2
직무불안정 (직업불안정성)	6	2	2	2
조직체계 (조직불공정성)	7	4	4	4
보상 부적절	6	3	3	2
직장문화	4	4	4	–
일-삶의 균형	–	–	–	2
활용 용도	정확하고 세밀하게 직무스트레스 평가	빠르고 간편하게 직무스트레스 평가	물리적 환경요인이 적은 경우 사용	감정노동* 관련 직무스트레스 평가

* 고객응대근로자의 감정노동 평가는 KOSHA-GUIDE 「고객응대근로자의 감정노동 평가지침」을 참고

❘ 한국인 직무스트레스 요인 평가도구의 종류와 문항 수 ❘

2. 평가점수 산출방법

　㉠ 기본형과 단축형의 영역별 직무스트레스 요인 점수는 다음의 공식에 의하여 100점 만점으로 환산한다. 기본형과 단축형 1의 총점은 8개 영역의 환산점수 총합을 8로 나눈다. 단축형 2의 총점은 7개 영역의 환산점수 총합을 7로 나눈다.

$$\text{각 영역별 환산점수} = \frac{(\text{해당 영역에서 평가한 실제 점수의 합} - \text{문항 개수})}{(\text{해당 영역에서 예상 가능한 최고 점수의 합} - \text{문항 개수})} \times 100$$

$$\text{총점} = \frac{\text{각}(7\text{개 또는 }8\text{개}) \text{ 영역의 환산점수의 총합}}{(7 \text{ 또는 } 8)}$$

　㉡ 감정노동 연계형은 100점 만점으로 환산하지 않고, 각 영역별 점수를 단순 합산하여 사용한다.

3. 결과에 대한 해석

　㉠ 직무스트레스 요인의 영역별 환산 점수는 한국 근로자의 성별 중앙값과 비교하여 상대적인 평가를 할 수 있다. 또한 회사에서 집단으로 평가를 시행하였다면 회사 전체의 측정 중앙값을 산출하여 기록해 놓고 부서별 평가를 위한 상대적 비교의 참고값으로 사용할 수 있다.

　㉡ 부서의 특정 영역 직무스트레스 요인 환산 점수가 회사 중앙값에 비하여 높거나 한국 근로자의 성별 중앙값보다 높다는 것은 비교 집단보다 해당 직무스트레스 요인에 상대적으로 더 많이 노출되고 있다는 것을 의미한다.

4. 결과에 따른 조치

　㉠ 비교 집단보다 직무스트레스 요인에 상대적으로 더 많이 노출되고 있다고 해서 반드시 직무스트레스 증상이나 징후가 나타나는 것은 아니다. 그러나 근로자의 직무스트레스로 인한 건강장해나 업무 성과 저하를 예방하기 위해서는 직무스트레스 증상이나 징후가 나타나기 이전이라도 비교 집단보다 상대적으로 직무스트레스 요인에 더 많이 노출되고 있는 부서의 직무스트레스 요인을 줄여주거나 소속 직원들의 직무스트레스에 대한 대처능력을 키워 주는 적극적인 노력이 필요하다.

　㉡ 평가 결과에 따라 사업주는 비교 집단보다 상대적으로 직무스트레스 요인에 더 많이 노출되고 있는 부서의 직무스트레스 요인을 개선하기 위해 조직 차원의 관리 방안을 마련하여 시행하여야 한다.

② 직무스트레스 요인 평가의 목적과 내용을 근로자에게 사전에 설명하고, 평가 후 결과와 관리방안에 대해 근로자에게 설명한다.

(3) 예방계획 수립

① 직무스트레스를 예방하고 관리하는 것을 기업 경영의 한 분야로 인식하고 근로자의 신체적 · 정신적 건강을 유지하기 위해 노력한다는 내용을 경영방침으로 표방한다. 이러한 방침을 전 직원에게 공지하여 전 직원이 알 수 있도록 한다.

② 직무스트레스 관리를 위한 중장기 종합계획을 수립한다.

③ 직무스트레스 예방 프로그램에 대한 근로자의 요구도를 조사한다.

④ 요구도 조사 결과를 바탕으로 직무스트레스 예방 프로그램의 우선순위를 정한다.

⑤ 우선순위에 따라 직무스트레스 예방 프로그램의 목표를 구체적이고 명확하게 설정한다.

⑥ 누가, 언제, 어떻게 예방 프로그램을 추진할 것인지의 구체적인 실행계획을 수립한다.

(4) 예방 프로그램 실행

① 직무스트레스를 관리하기 위하여 조직적 차원의 프로그램을 실행한다.

　㉠ 건전한 직장문화를 조성하기 위한 프로그램을 실행한다. 근로자 의견 반영, 의사소통 창구 마련, 직장 내 상호 소통하고 존중하는 문화 만들기, 직장 내 지원 체계 마련, 신규 근로자 보호, 동호회활동, 합리적인 직장 분위기 조성 등을 시행한다.

ⓛ 근로환경을 개선하기 위한 프로그램을 실행한다. 적정 근로시간 운영, 업무일정의 합리적 운영, 근로환경 개선에 근로자 참여 보장, 유연근무제 활용, 퇴근 후 업무지시 금지, 직무확대 및 직무순환을 통한 근로조건 개선, 적정 업무량 배정, 자아발전의 기회 제공 및 시간 배려, 휴게시간 제공 및 휴게시설 마련 등을 시행한다.

② 직무스트레스를 관리할 수 있도록 예방교육을 실시한다.

③ 근로자 대상 심리상담 프로그램을 운영한다. 업무적 요인 외의 개인적 요인으로 나타날 수 있는 제반 문제를 해결하여 근로의욕을 고취시킬 수 있도록 근로자 지원 프로그램(EAP ; Employee Assistance Programs)을 실행한다.

④ 사업장 규모에 따라 적절한 조치를 시행한다.

ⓐ 사업장에 보건관리자가 선임되어 있지 않은 소규모 사업장은 회사의 책임자나 관리감독자가 근로자의 직무스트레스를 개선하기 위한 조치를 시행한다. 필요한 경우 외부 전문기관 또는 전문가의 지도를 받을 수 있다.

ⓑ 중·대규모 사업장은 산업안전보건위원회(또는 노사협의회)의 심의·의결을 거쳐 보건관리자(또는 보건관리전문기관)를 중심으로 직무스트레스 개선 프로그램을 시행한다. 보건관리자가 직무스트레스 개선조치를 시행할 때 인사부서 등에 지원을 요청할 수 있다.

⑤ 직무스트레스 관리를 위해 외부에서 지원하는 자원을 활용한다. 특히 소규모 사업장은 산업보건전문가가 사업장에 배치되어 있지 않으므로 지역의 근로자건강센터, 직업트라우마센터, 정신건강복지센터, 자살예방센터 등을 활용한다.

(5) 예방 프로그램 평가

① 예방 프로그램 시행 후 직무스트레스 요인 평가도구를 이용하여 재평가를 시행하여 사전평가 결과와 비교한다.

② 수립한 목표를 달성하였는지 평가한다.

③ 실행계획과 프로그램 수행내용의 장점과 문제점을 평가한다.

(6) 피드백

① 평가에서 나타난 문제점을 검토하여 예방 프로그램을 지속해서 시행할지 여부를 판단한다.

② 평가 결과를 반영하여 다음에 시행할 예방 프로그램에 보완하여 적용한다.

③ 프로그램의 평가와 피드백을 위해 사업주, 부서장, 근로자대표, 근로자 등 다양한 사람들의 의견을 청취한다.

05 유해요인에 대한 조직적 차원의 개선조치

(1) 물리적 환경

① 정리된 환경 유지

깨끗하고 정돈된 환경은 마음의 평안을 제공한다. 작업공간이나 공용 공간의 청결을 정기적으로 점검하고, 개인공간을 정리할 수 있는 수납 공간을 제공한다.

② 작업환경의 위험요소 최소화

고위험 작업환경의 위험요소를 제거하거나 최소화하기 위해 노력하고, 정기적인 안전교육과 위험성 평가를 시행하여 사고를 예방한다.

③ 적절한 작업공간 제공

과도하게 좁거나 불편한 작업공간은 신체적 스트레스를 유발할 수 있으므로 충분한 공간을 제공한다.

(2) 직무요구

① 균형적 업무 분배

과도한 업무에 시달리지 않도록 업무량을 적절하게 조절한다. 정기적인 업무 평가를 통해 업무량이 적절한지 점검한다.

② 업무량 예측 및 조정

특정 기간에 업무량이 집중되는 경향이 있으면 이를 예측하여 미리 업무를 조정한다.

(3) 직무자율

① 직무설계 개선

직원들이 자율적으로 결정을 내릴 수 있는 범위와 책임을 명확하게 정의해야 하며, 이를 위해 업무 범위와 목표를 유연하게 설정한다.

② 업무 권한과 책임의 분배

각 직무에 대해 자율적인 의사결정이 가능하도록 권한을 위임하고, 직원들이 맡은 역할에 대한 책임을 분명히 해야 한다.

③ 신뢰기반 조직문화 구축

관리자가 직원들에게 신뢰를 바탕으로 자율성을 부여하고 직원들에게 충분한 피드백을 제공한다.

(4) 관계갈등

① 개방적이고 존중하는 문화 조성

조직 내에서 개방적이고 존중하는 문화를 조성한다. 직원들이 서로 다르게 생각할 수 있다는 점을 인정하고, 의견을 자유롭게 표현할 수 있는 환경을 만든다.

② 지지적인 환경 조성

협업을 통해 서로의 강점을 인식하고, 갈등을 예방한다. 상사나 직장 동료가 업무를 수행하는 데 도움을 줄 수 있는 지지체계를 마련한다.

③ 갈등해결 절차 도입

갈등 발생 시 이를 해결할 수 있는 공식적인 절차나 시스템을 마련한다.

(5) 직무불안정

① 조직 비전과 목표 공유

조직의 장기적인 비전, 전략적 목표, 그리고 사업 방향에 대해 직원들과 공유한다.

② 직무안정성에 대한 투명한 정보 제공

조직 내에 중요한 변화가 있을 때는 충분히 사전에 설명하고, 직원들이 자신의 위치와 역할에 대해 명확히 이해할 수 있도록 해야 한다. 조직 내 구조 조정, 사업 변화, 인사 이동 등 중요한 사항에 대해 사전 공지하고, 관련 정보를 투명하게 제공한다.

(6) 조직체계

① 조직구조의 재설계

조직의 구조가 불분명하거나 역할이 중복될 때 비효율성이 발생할 수 있으므로 조직구조 재설계를 통해 각 부서나 팀의 기능을 명확히 하고, 중복된 업무나 권한의 모호성을 개선한다.

② 의사소통 체계 개선

조직 내 의사소통이 원활하지 않으면 정보의 왜곡이나 전달 지연이 발생할 수 있으므로, 수평적, 수직적 의사소통을 원활하게 할 수 있는 시스템을 구축한다. 이메일, 회의, 보고 시스템을 도입하여 상호 피드백을 제공한다.

③ 공정하고 투명한 평가 및 보상

성과 평가기준을 명확히 하고, 투명한 성과 평가시스템을 마련한다. 보상 및 승진 기회에 대한 투명한 기준을 공유한다.

(7) 보상 부적절

① 업무성과에 대한 공정한 평가

성과 평가기준을 명확히 하고, 성과 평가기준을 문서화하며, 모든 직원에게 투명하게 공유한다.

② 다양한 보상제도 운영

다양한 보상제도를 마련하여 직원들이 스스로 보상을 선택할 수 있도록 하면, 보상에 대한 만족도를 높일 수 있다. 보상은 금전적인 혜택뿐만 아니라, 직원 복지나 근무시간 선택(유연근무제, 재택근무 등), 휴가 제공 및 경력 개발 기회나 교육 지원 등도 제공할 수 있다.

(8) 직장문화

① 직원 참여와 자율성 존중하는 문화

직원들이 자율적으로 의견을 내고 조직의 의사결정에 참여할 수 있도록 하는 문화가 필요하다. 중요한 결정에 직원들이 참여할 수 있는 기회를 제공하고, 자기 주도적인 업무환경을 조성한다.

② 포용적이고 존중하는 문화

다양한 배경과 성향을 지닌 직원들이 존중받고, 자신의 목소리를 낼 수 있는 환경을 만든다. 모든 직원이 존중받고, 차별이나 편견 없이 자신의 역량을 발휘할 수 있는 환경을 제공한다.

(9) 일과 삶의 불균형

① 유연근무제 도입과 휴가 및 휴식 권장

유연근무시간제, 재택근무 등을 적극적으로 도입하여 직원들이 개인적인 사정에 맞게 근무시간을 조정할 수 있도록 한다. 유급휴가를 충분히 사용하도록 장려하고, 규칙적으로 휴가를 사용할 수 있도록 한다.

② 가족친화적인 정책 시행

육아휴식, 가족돌봄휴가 세도를 활성화하고, 가족친화적 환경을 지원한다.

06 유해요인에 대한 조직적 차원의 개선조치

(1) 물리적 환경

① 정리정돈

작업공간을 깨끗하게 정리정돈하고, 창문을 열어 환기를 시행한다.

② 안전 수칙 준수 및 보호구 착용

작업현장의 안전 수칙을 준수하고, 지급된 보호구를 반드시 착용한다.

③ 스트레칭 체조와 규칙적인 휴식

매 시간마다 스트레칭을 하고, 규칙적으로 짧게 휴식을 취한다. 점심시간 등을 이용하여 사무실 주변이나 가까운 공원에서 산책하며 운동량을 늘린다.

(2) 직무요구

① 우선순위 설정

가장 중요한 업무부터 먼저 처리할 수 있도록 우선순위를 매긴다. 업무의 중요도와 긴급도를 기준으로 처리순서를 정한다.

② 업무 분배 및 위임

자신의 업무량이 과중할 경우, 동료나 팀원에게 도움을 요청한다. 혼자서 감당할 수 없는 업무를 분담하여 스트레스를 줄인다.

(3) 직무자율

① 직무 전문성 강화

직무자율을 효과적으로 활용하려면 자신의 업무에 대한 깊은 이해가 필요하다. 자신이 맡은 업무의 중요성과 목표를 명확히 이해하고, 그에 맞는 전략과 방법을 찾아야 한다.

② 업무의 범위와 한계 인식

직무자율성을 발휘할 수 있는 범위와 한계를 명확히 인식한다. 직무에서 요구하는 수준과 자신이 자율적으로 결정할 수 있는 영역을 구분하고, 그것에 맞게 행동한다.

③ 결과에 대한 책임 의식

자율성을 부여받았을 때, 그에 관한 결과도 스스로 감당해야 하므로 책임감을 갖고 업무를 수행한다.

(4) 관계갈등

① 적극적인 경청

상대방의 감정과 상황을 이해하려는 적극적인 경청이 갈등을 해소하는 데 도움이 된다.

② 자기주장 훈련

갈등상황에서 자신의 의견이나 감정을 솔직하고 명확하게 표현하는 것이 중요하다. 상대방을 공격하는 것이 아니라, 자신의 권리와 요구를 객관적이고 합리적으로 전달하는 것이 필요하다.

③ 필요한 경우 외부 도움 요청

갈등이 심하거나 해결이 어려운 경우, 중재자나 외부 전문가의 도움을 받는 것도 필요하다.

(5) 직무 불안정

① 불확실성에 대한 준비

조직 내 변화가 불가피한 경우 그 변화에 적응할 수 있도록 준비해야 한다. 자신의 업무에 필요한 기술과 지식을 개발하는 것도 필요하다.

② 경력 목표 설정

단기적, 중기적, 장기적 경력 개발계획을 세우고 이를 달성하기 위한 구체적인 계획을 수립한다. 목표를 설정함으로써 직무의 불확실성을 줄이고, 자신의 미래에 대한 방향을 명확히 설정할 수 있다.

(6) 조직체계

① 조직 개선 아이디어 제시

조직 내의 문제점을 파악하고, 개선 가능한 부분에 대해 구체적인 개선 아이디어를 제시한다. 정기적인 아이디어 회의에서 자신의 개선안을 공유하거나, 직원 의견 제안 시스템을 통해 조직 개선 아이디어를 제시한다.

② 업무에 대한 이해와 개선 제안

자신의 직무와 관련된 업무 흐름을 이해하고, 비효율적인 부분이나 개선할 수 있는 부분을 찾아내어 제안한다. 업무 매뉴얼이나 프로세스 문서를 정비하고, 효율적인 작업 흐름을 위해 불필요한 단계를 줄여보는 방법을 제안한다.

(7) 보상 부적절

① 보상 관련 상사와의 대화

보상에 대한 불만이나 부적절함을 느낀다면 상사와 솔직하게 대화할 수 있는 기회를 만든다. 이를 통해 보상 문제를 명확하게 전달하고, 개선을 위한 기회를 마련할 수 있다.

② 자기성과 평가

자신의 업무성과를 객관적으로 평가하고, 자신의 성과가 제대로 인정될 수 있도록 자신의 주요 성과를 문서화한다. 업무성과를 향상시킬 수 있도록 노력한다.

(8) 직장문화

① 존중과 배려의 문화 실천

다른 사람을 존중하고, 감정적으로나 언어적으로 상대방을 상처 주지 않도록 노력한다. 다양한 의견과 관점을 존중하고, 다른 사람들이 가진 배경과 차이를 이해하려고 노력한다. 자기 생각에만 갇히지 않고 다양한 시각을 수용한다.

② 모범적인 리더십 발휘

모든 리더가 모범적인 행동과 리더십을 발휘할 수 있도록 노력한다. 리더들은 자신의 행동이 조직문화에 미치는 영향을 인식하고, 긍정적인 직장문화를 위한 모델이 되어야 한다.

(9) 일과 삶의 불균형

① 개인시간 확보

개인적인 생활과 직장업무를 분리하고, 퇴근 후에는 자신만의 시간(취미 생활, 동호회 활동, 자기계발 등)을 확보하여 삶의 만족도를 높인다. 휴일이나 주말에는 업무와의 접촉을 최소화하고, 에너지를 충전할 수 있는 시간을 갖는다.

② 신체적·정신적 건강 유지

규칙적인 운동, 건강한 식습관, 충분한 수면 등을 통해 신체적 건강을 챙기고, 정기적인 휴식을 통해 정신적 건강을 유지한다.

SECTION 3 영상표시단말기를 사용하는 사무 환경 관리에 관한 기술지원규정
(KOSHA GUIDE, E-G-3-2025)

01 용어의 정의

(1) "사무실"

근로자가 사무를 처리하는 실내 공간을 말한다.

(2) "영상표시단말기(VDT)"

문자 또는 그래픽 정보 등을 컴퓨터나 기타 전자시스템의 출력을 시각적으로 표시하는 장치를 말한다.

(3) "영상표시단말기 취급 근로자"

주된 업무가 영상표시단말기의 화면을 감시 · 조정하거나 영상표시단말기 주변기기를 사용하여 입력 · 출력 · 검색 · 편집 · 수정 · 프로그래밍 · 컴퓨터설계(CAD) 등의 작업을 하는 사람을 말한다.

(4) "영상표시단말기 주변기기"

영상표시단말기와 연결하여 자료의 입력 · 출력 · 검색 등에 사용하는 키보드, 마우스, 트랙볼, 프린터, 스캐너 등의 모든 장치를 말한다.

(5) "영상표시단말기 연속작업"

근로자가 정해진 휴식시간 및 휴식 주기가 없는 상태에서 연속하여 수행하는 자료입력·문서작성·자료검색·컴퓨터설계(CAD) 등의 작업을 말한다.

(6) "근골격계 질환"

반복적인 동작, 부적절한 자세, 과도한 힘의 사용, 날카로운 면과의 신체 접촉, 진동 및 온도 등의 요인에 의하여 발생하는 건강장해로서 목, 어깨, 허리, 상하지의 신경근육 및 그 주변 신체조직 등에 나타나는 질환을 말한다.

(7) "영상표시단말기 작업으로 인한 관련 증상(VDT 증후군)"

영상표시단말기 취급으로 인하여 발생되는 근골격계 증상, 눈(안) 증상, 피부 증상, 정신신경계 증상 등을 말한다.

02 유해·위험요인

(1) 작업조건 요인

① 작업대(책상) 및 의자
  ㉠ 작업대가 높으면 허리가 경직되고 어깨가 몸통으로부터 들려 장시간 작업 시 통증을 유발할 수 있다.
  ㉡ 작업대가 낮으면 등이 앞으로 굽어지고 팔꿈치에 체중이 실리며 어깨와 등근육에 피로를 유발할 수 있다.
  ㉢ 의자가 너무 높으면 엉덩이가 좌석 앞으로 미끄러지면서 요추에 부담을 주고 대퇴부가 압박을 받아서 하체의 부종을 유발할 수 있다.
  ㉣ 의자가 너무 낮으면 자세가 불안정해져서 척추 측만증의 원인이 될 수 있고 다리와 관절이 경직될 수 있다.

② 작업 빈도·시간·자세
  ㉠ 오랜 시간 동안 동일한 자세로 자료를 입력하는 정적인 자세는 요추에 압박 부담을 줄 수 있다.

　　ⓛ 장시간 손가락으로 같은 동작을 반복하여 자료를 입력하는 작업 빈도가 건초염
　　　의 원인이 될 수 있다.
　　ⓒ 작업자의 몸으로부터 너무 멀리 떨어져 있는 마우스를 잡기 위해 팔을 완전히
　　　뻗은 자세를 오랜 시간 반복하면 어깨와 등이 경직되고 만성 통증의 원인이 될
　　　수 있다.

(2) 작업환경 요인

① 부적절한 조명
　컴퓨터 작업을 주로 하는 사무실은 적절한 조도를 확보해야 한다.
② 공간 크기 및 통로
　작업공간의 크기 및 뒷사람과의 거리나 주통로의 폭이 적합하지 않을 경우 작업
　스트레스가 증가한다.
③ 소음, 온도, 기류 요인
　ⓖ 외부로부터의 지나친 소음은 두통이나 집중력 장해를 일으킬 수 있다.
　ⓛ 사무실 내 적합하지 않은 온도 및 기류는 건강장해를 발생시키며, 작업자의 업
　　무에 장해를 줄 수 있다.
　ⓒ 공기가 건조해지며 충분한 가습을 하기 어려운 경우가 많아 공기질이 나빠질
　　수 있다.

03　영상표시단말기 작업 시 기본조건

영상표시단말기 작업 시 갖추어야 할 기본 조건은 다음과 같다.

(1) 작업에 적절한 조명 및 명암(Contrast)

(2) 눈부심(Glare) 및 반사(Reflection)를 유발하는 외부요인 제거

(3) 소음의 최소화

(4) 작업에 적절한 크기와 높이, 자세변경이 가능한 하체 부분의 공간이 확보된 작업대

(5) 눈부심을 막기 위한 창문 블라인드

(6) 작업에 적절한 소프트웨어

(7) 눈부심 및 반사가 없고, 안정적인 이미지를 제공하는 영상표시단말기 화면

(8) 분리가능, 조절가능, 자판을 읽을 수 있는 키보드

(9) 안정적이고 조절 가능한 의자

(10) 발받침대(필요한 경우)

04 관리대책

(1) 작업관리

① 영상표시단말기 연속작업을 수행하는 근로자에 대해서는 영상표시단말기 작업 외의
작업을 중간에 넣거나 다른 근로자와 교대로 실시하는 등 계속해서 영상표시단말기
작업을 수행하지 않도록 하여야 한다.

② 영상표시단말기 연속작업을 수행하는 근로자에 대하여 연속작업시간은 1시간을 초
과하지 않도록 하고, 매 1시간마다 최소 5~10분의 휴식시간 제공이 권장된다(다
만, 연속작업 직후 「근로기준법」에 따른 휴게시간 또는 점심시간이 있을 경우에는
예외이다).

③ 사업주는 영상표시단말기 연속작업을 수행하는 근로자가 휴식시간을 적절히 활용할
수 있도록 휴식장소를 제공해야 한다.

④ 작업자는 휴식시간에 자주 걷고 스트레칭을 하도록 한다.

⑤ 휴식 및 작업의 변화는 업무시간에 포함되어야 하며, 이들로 인하여 작업의 속도나
강도가 더해져서는 안 된다.

⑥ 휴식은 작업자가 피로를 느끼기 이전인 작업능률이 최대인 시점에서 이루어져야 한
다. 휴식의 시기는 휴식시간의 길이보다 중요하다.

⑦ 현실적으로 가능한 경우에는, 작업자가 휴식의 시기와 작업 수행 방법에 대한 결정
을 할 수 있도록 하는 것이 권장된다.

⑧ 작업자가 휴식을 취하는 것을 모니터링할 수 있는 상용화 소프트웨어를 사용할 수
있다. 이러한 경우에 사업주는 작업자가 작업 도중에 휴식을 정기적으로 취할 수
있도록 작업계획을 세워야 한다.

⑨ 정상적인 작업 도중에 휴식과 작업의 변화가 이루어 질 수 있도록 작업계획을 작성하는 것은 사업주의 의무이다. 작업자가 긴급상황이 자주 발생하는 환경에서 작업하는 것과 같은 예외적인 경우에는 정상적인 휴식이 이루어지지 않을 수도 있다.

⑩ 가끔씩 서서 일하는 작업을 할 수 있도록 배려한다.

⑪ 올바른 작업자세를 유지하기 위하여, 영상표시단말기 주변기기, 의자, 작업대 등 사무환경의 모든 요소가 잘 조화되도록 세심하게 배치한다.

⑫ 작업대 아래 공간이 다리를 자유롭게 움직일 수 있을 정도로 충분한지 확인한다.

⑬ 앉았다 일어서기 편리하도록 충분한 공간을 확보해야 한다.

(2) 작업기기

① 영상표시단말기 화면(모니터)

㉠ 화면은 회전 및 경사조절이 가능해야 한다.

㉡ 화면의 깜빡거림은 영상표시단말기 취급 근로자가 느낄 수 없을 정도이어야 하고 화질은 항상 선명해야 한다.

㉢ 화면에 나타나는 문자·도형과 배경의 휘도비(Contrast, 밝기의 비율)는 작업자가 용이하게 조절할 수 있어야 한다.

㉣ 화면상의 문자나 도형 등은 영상표시단말기 및 영상표시단말기 주변기기 등 취급 근로자가 읽기 쉽도록 크기·간격 및 형상 등을 고려해야 한다.

㉤ 단색 화면일 경우 색상은 일반적으로 어두운 배경에 밝은 황·녹색 또는 백색 문자를 사용하고 적색 또는 청색의 문자는 가급적 사용하지 않는다.

② 키보드와 마우스

㉠ 키보드는 특수목적으로 고정된 경우를 제외하고 영상표시단말기 취급 근로자가 조작 위치를 조정할 수 있도록 이동이 가능해야 한다.

㉡ 키의 성능은 입력 시 영상표시단말기 취급 근로자가 키의 작동을 자연스럽게 느낄 수 있도록 촉각·청각 및 작동 압력 등이 고려되어야 한다.

㉢ 키의 윗부분에 새겨진 문자나 기호가 명확하여 근로자가 쉽게 판별할 수 있도록 해야 한다.

㉣ 키보드와 키 윗부분의 표면은 무광택으로 해야 한다.

㉤ 키보드는 입력작업 시 작업자의 팔 자세가 자연스럽게 유지되고 조작이 원활하게 배치되도록 한다.

ⓑ 작업자의 손목을 지지해 줄 수 있도록 작업대 끝면과 키보드의 사이는 15cm 이상을 확보하고 손목의 부담을 경감할 수 있도록 적절한 받침대(패드)를 이용할 수 있도록 한다.

ⓢ 마우스는 쥐었을 때 작업자의 손이 자연스러운 상태를 유지할 수 있어야 한다. 마우스는 키보드 옆에 있어야 하며 두 개의 높이가 동일하도록 하고 마우스를 사용할 때 손목이 곧게 펴져있도록 한다.

③ 작업대

㉠ 작업대는 주변기기 및 그 밖에 작업에 필요한 기구를 적절하게 배치할 수 있도록 최소 120cm 이상의 충분한 넓이를 갖추어야 한다.

㉡ 좌식 및 입식 작업에 대해 근로자의 몸통, 팔다리 아랫부분과 작업대 구성 부분 사이의 충분한 수직, 수평, 그리고 측면 공간을 제공해야 한다.

㉢ 작업대는 작업자의 체형에 알맞도록 높이를 조절할 수 있을 것. 다만, 작업대의 높이가 조절되지 않는 경우에는 바닥면에서 작업대의 높이가 60cm 이상 70cm 이하 범위의 것을 선택한다.

㉣ 작업대의 깊이는 작업에 필요한 주변장치를 적절하게 배치할 수 있도록 최소 70cm 이상의 충분한 깊이를 갖추어야 한다.

㉤ 작업대는 높이 조절이 가능한 것을 권장하며, 바닥면에서 작업대 표면까지의 높이가 68cm 전후에서 작업자의 체형에 알맞도록 조정하여 고정할 수 있어야 한다.

㉥ 작업대는 가운데 서랍이 없는 것을 사용하도록 하며, 작업 중에 다리를 편안하게 놓을 수 있도록 다리 주변에 충분한 공간(60cm 이상 권장)을 확보해야 한다.

㉦ 작업대의 모든 모서리와 지지대는 둥글게 처리하여 작업자의 접촉 스트레스를 최소화하여야 한다.

④ 작업의자

㉠ 의자는 안정감이 있어야 하며, 이동과 회전이 자유롭고 미끄럽지 않아 안전하게 사용 가능하여야 한다.

㉡ 근로자의 신체 특성에 따라 좌판의 높이를 용이하게 조절할 수 있는 의자를 제공하여야 하며, 바닥면에서 앉는 면까지의 높이는 눈과 손가락의 위치를 적절하게 조절할 수 있도록 35cm 이상 52cm 이하의 범위에서 조정이 가능하여야 한다.

㉢ 의자의 등받이는 근로자의 체형에 따라 요추(Lumbar) 부위부터 어깨 부위까지 편안하게 지지할 수 있는 충분한 넓이여야 하고 높이 및 각도의 조절이 가능해야 한다.

ⓔ 근로자가 필요에 따라 팔걸이(Elbow Rest)를 사용할 수 있도록 하고, 팔걸이는 높이 또는 위치 조절이 가능해야 한다.

ⓜ 좌판의 깊이는 근로자 무릎과 좌판 끝부분이 맞닿지 않은 상태에서 등이 등받이에 지지될 수 있을 정도의 깊이인 38cm 이상 42cm 이하의 범위를 가져야 한다.

ⓗ 좌판의 재질은 엉덩이가 앞으로 미끄러지지 않는 재질과 구조로 되어야 하며, 그 너비는 근로자의 앉은 엉덩이 너비인 43cm보다 넓어야 하며, 의복을 고려하여야 한다.

⑤ 서류받침대, 전화 및 물품

ㄱ 서류받침대가 필요하다면 눈이나 영상표시단말기 화면 높이에 놓일 수 있도록 조절이 가능하여야 한다. 두 개의 영상표시단말기 화면을 사용하는 경우는 화면 상단과 눈의 높이가 동일하게 놓일 수 있도록 설치한다.

ㄴ 전화는 빈번하게 통화를 해야 하는 사무인 경우 헤드셋, 스피커폰, 블루투스를 제공한다.

ㄷ 자주 사용하는 물품은 쉽게 닿을 수 있는 공간 안에 위치할 수 있도록 한다.

⑥ 휴대용 컴퓨터의 인간공학적 대책 및 관리방안

ㄱ 필요한 경우 작업 시에 휴대용 컴퓨터를 올리는 받침대를 사용한다.

ㄴ 휴대용 컴퓨터에 직접 선으로 연결하여 분리된 마우스와 키보드를 사용함으로써 상기의 '② 키보드와 마우스'에서 제시된 마우스와 키보드의 조건에 적합하게 맞추는 것도 좋은 방법이다.

(3) 작업자세

① 영상표시단말기는 취급 근로자의 머리가 중립에 위치하도록 중앙에 놓고 화면 시선은 상단(앉은 눈 높이)에서 수평선상으로부터 아래로 10~15° 이내에 오도록 하며, 화면과 근로자의 눈과의 거리(시거리 ; Eye-Screen Distance)는 40cm 이상을 확보해야 한다.

② 영상표시단말기는 몸의 중앙을 중심으로 30° 반경 이내에 위치해야 한다.

③ 윗팔은 자연스럽게 늘어뜨리고, 작업자의 어깨가 들리지 않아야 하며, 팔꿈치의 내각은 90° 이상이 되어야 하고, 아래팔은 손등과 수평을 유지하여 키보드를 조작할 수 있어야 한다. 아래팔은 손등과 일직선을 유지하여 손목이 꺾이지 않도록 한다.

④ 연속적인 자료의 입력작업 시에는 서류받침대를 사용하도록 하고, 서류받침대는 높이·거리·각도 등을 조절하여 화면과 동일한 높이 및 거리에 두어 작업한다.

⑤ 의자에 앉을 때는 의자 깊숙이 앉아 의자등받이에 등이 충분히 지지가 되도록 한다.

⑥ 근로자의 발바닥 전면이 바닥면에 닿는 자세를 기본으로 하고, 바닥면에 발바닥이 닿지 않는 경우에는 발받침대를 조건에 맞는 높이와 각도로 설치한다.

⑦ 무릎의 내각은 90° 전후가 되도록 하고, 의자의 앉는 면의 앞부분과 영상표시단말기 및 영상표시단말기 주변기기 등 취급 근로자의 종아리 사이에는 손가락을 밀어 넣을 정도의 틈새가 있도록 하여 종아리와 대퇴부에 무리한 압력이 가해지지 않도록 한다.

⑧ 키보드를 조작하여 자료를 입력할 때 양 손목을 바깥으로 꺾은 자세가 오래 지속되지 않도록 주의한다.

(4) 사무환경관리

① 조명과 채광

㉠ 작업공간의 창·벽면 등을 반사되지 않는 재질로 하여야 하며, 조명은 화면과 명암의 대조가 심하지 않도록 하여야 한다.

㉡ 영상표시단말기를 취급하는 작업장 주변 환경의 조도를 화면의 바탕색상이 검정색 계통일 때 300Lux 이상 500Lux 이하, 화면의 바탕색상이 흰색 계통일 때 500Lux 이상 700Lux 이하를 유지하도록 하여야 한다.

㉢ 화면을 바라보는 시간이 많은 작업일수록 화면 밝기와 작업대 주변 밝기의 차이를 줄이도록 하고, 작업 중 시야에 들어오는 화면·키보드·서류 등의 주요 표면 밝기는 가능한 한 같도록 유지하여야 한다.

㉣ 창문에는 차광망(遮光網, 빛가림망) 또는 커텐 등을 설치하여 직사광선이 화면·서류 등에 비치는 것을 방지하고 필요에 따라 언제든지 그 밝기를 조절할 수 있도록 하여야 한다.

㉤ 작업대 주변에 영상표시단말기 취급작업 전용의 조명 등을 설치할 경우에는 근로자의 한쪽 또는 양쪽 면에서 화면·서류면·키보드 등에 균등한 밝기가 되도록 설치하여야 한다.

㉥ 지나치게 밝은 조명·채광 또는 깜빡이는 광원 등이 직접 근로자의 시야에 들어오지 않도록 하여야 한다.

㉦ 눈부심 방지를 위하여 화면에 반사방지판 등을 부착하여 빛의 반사가 증가하지 않도록 하여야 한다.

ⓞ 작업면에 도달하는 빛의 각도를 화면으로부터 45° 이내가 되도록 조명 및 채광을 제한하여 화면과 작업대 표면 반사에 의한 눈부심이 발생하지 않도록 하여야 한다. 다만, 조건상 빛의 반사방지가 불가능할 경우에는 다음 각 호의 방법으로 눈부심을 방지하도록 하여야 한다.

ⓐ 화면의 경사를 조정한다.

ⓑ 저휘도비(밝기의 비율)를 지닌 조명기구를 사용한다.

ⓒ 화면상의 문자와 배경과의 휘도비(Contrast)를 낮춘다.

ⓓ 화면에 후드를 설치하거나 조명기구에 간이 차양막 등을 설치한다.

ⓔ 그 밖의 눈부심을 방지하기 위한 조치를 강구한다.

② 소음 및 정전기 방지

영상표시단말기 주변기기 등에서 소음·정전기 등의 발생이 심하여 작업자에게 건강장해를 일으킬 우려가 있을 때에는 다음 각 호의 소음·정전기 방지 조치를 취하거나 방지장치를 설치하도록 하여야 한다.

㉠ 프린터에서 소음이 심할 때에는 후드·칸막이·덮개의 설치 및 프린터의 배치 변경 등의 조치를 취한다. 사무실 내의 소음은 65dB(A) 이하가 권장된다.

㉡ 정전기의 방지는 접지(接地)를 이용하거나 알코올 등으로 화면을 깨끗이 닦아 방지한다.

③ 온도 및 상대습도

사무실의 온도는 18℃ 이상 24℃ 이하, 상대습도는 40% 이상 70% 이하를 유지하도록 한다.

④ 점검 및 청소

㉠ 근로자는 작업개시 전 또는 휴식시간에 조명기구·화면·키보드·의자 및 작업대 등을 점검하여 조정하여야 한다.

㉡ 근로자는 수시 또는 정기적으로 작업공간·영상표시단말기 및 주변기기등 을 청소함으로써 항상 청결을 유지하여야 한다.

⑤ 공간크기

사무실 공간은 근로자 1인당 $10m^3$ 이상을 권장한다.

⑥ 환기 및 기류

㉠ 사무실 내에는 충분한 환기가 되어야 하며, 직접 외기를 향하여 개방할 수 있는 창을 설치한다.

㉡ 공기정화설비 등에 의해 사무실로 들어오는 공기는 근로자에게 직접 접촉되지 않도록 한다.

ⓒ 기류속도는 근로자의 피부로 느끼지 못할 정도의 속도를 유지한다(초당 0.5m
이하).

⑦ 통로

㉠ 뒷사람과의 거리는 간섭이 되지 않도록 최소 100cm 이상을 권장한다.

㉡ 주 통로의 폭은 통행에 불편이 없도록 최소 120cm 이상을 권장한다.

(5) 안전보건교육

영상표시단말기 취급작업으로 인해 발생할 수 있는 VDT 증후군의 예방 및 관리에 관한
사항에 대해 교육한다. 이때 올바른 작업기기의 조정 및 작업자세 등에 관한 내용을 포함
한다.

SECTION 4

청력보존 프로그램의 수립·시행에 관한 기술지원규정
(KOSHA GUIDE, E-M-1-2025)

01 용어의 정의

(1) "청력보존 프로그램"

소음성 난청을 예방하고 관리하기 위하여 소음노출 평가, 소음노출에 대한 공학적 대책, 청력보호구의 지급과 착용, 소음의 유해성 및 예방 관련 교육, 정기적 청력검사, 청력보존 프로그램 수립 및 시행 관련 기록·관리체계 등을 포함하여 수립한 종합적인 계획을 말한다.

(2) "소음작업"

1일 8시간 작업을 기준으로 85dB(A) 이상의 소음이 발생하는 작업을 말한다.

(3) "연속음"

소음 발생 간격이 1초 미만을 유지하면서 계속적으로 발생되는 소음을 말하고, "충격소음"이라 함은 소음이 1초 이상의 간격을 유지하면서 최대음압수준이 120dB(A) 이상인 소음을 말한다.

(4) "청력보호구"

청력을 보호하기 위하여 사용하는 귀마개와 귀덮개를 말한다.

(5) "청력검사"

순음청력검사기로 주파수별 기도 및 골도 청력역치를 측정하는 것을 말한다.

(6) "기초청력"

청력평가의 표준역치변동에 적용되는 현재 근무하는 사업장의 소음작업장에 최초 배치된 시점의 기준청력을 말한다.

(7) "표준역치변동"

기초청력역치에 대한 현재 청력역치의 변동량이다. 기초청력검사와 비교하여 추적검사 기간에 어느 한쪽 귀에서 2, 3, 4kHz의 평균청력역치가 10dB 이상 변화가 있는 경우를 말한다.

(8) "연령보정"

작업에 기인한 소음성 난청의 발생 시 연령에 의한 기여분을 제외하기 위한 방법으로서 연령보정표를 통해 연령 증가에 따른 청력 상승의 변동량 수치를 적용하는 것을 말한다.

(9) "청력보존 프로그램의 평가"

시행 중인 청력보존 프로그램의 청력보존 효과를 점검표 작성, 정기적인 청력검사 등을 통해 평가하는 것을 말한다.

02 청력보존 프로그램의 목표

(1) 작업환경측정과 특수건강진단 등의 청력손실 방지를 위한 활동을 확장하여 보다 적극적인 소음성 난청의 예방과 청력보호를 목표로 한다.

(2) 근로자의 청력을 보호함으로써 의료 · 보상 비용의 절감, 근로일수의 손실방지 및 필요한 인적자원의 확보를 목표로 한다.

03 청력보존 프로그램의 내용

청력보존 프로그램의 기본 내용은 다음과 같다.

(1) 소음노출 평가

(2) 소음노출에 대한 공학적 대책

(3) 청력보호구의 지급과 착용

(4) 소음의 유해성 및 예방 관련 교육

(5) 정기적 청력검사

(6) 청력보존 프로그램의 수립 및 시행 관련 기록·관리 체계

(7) 청력보존 프로그램의 수립·시행 결과에 대한 정기적인 평가와 보완

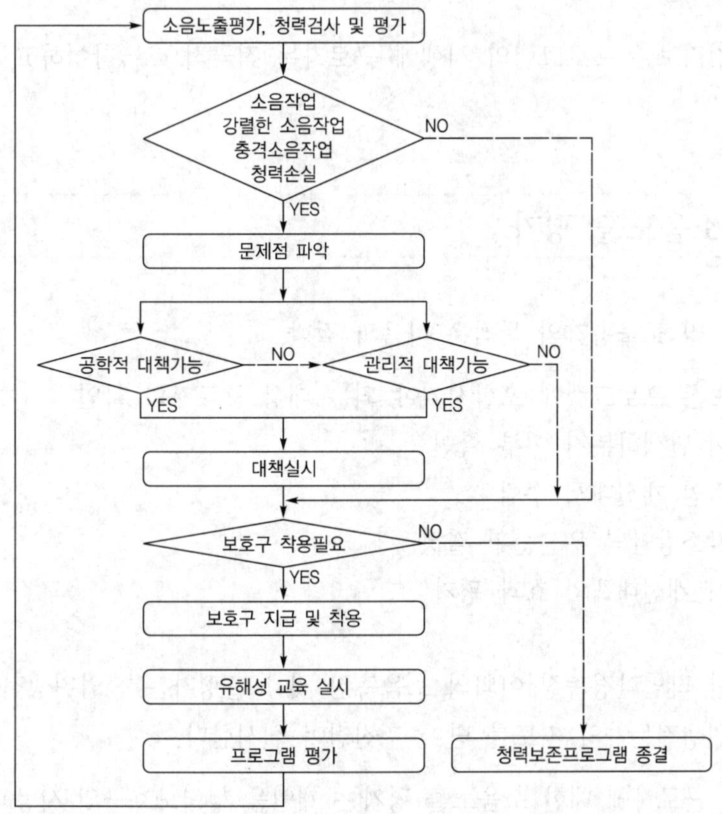

▌ 청력보존 프로그램 진행도 ▐

04 청력보존 프로그램의 운영체계

(1) 청력보존 프로그램을 시행하기 위하여 사업장의 업종, 규모 등 사업장의 특성에 따라 추진팀을 구성한다. 추진팀은 보건관리자 또는 보건관리 담당자와 근로자대표 또는 명예산업안전감독관, 관리자(예산결정권자), 정비보수담당자, 구매담당자 등의 인력으로 구성한다.

(2) 프로그램을 수립 · 시행 시에는 해당 프로그램의 수립, 청력보존 프로그램 평가서의 작성 등 적절한 운영을 위하여 보건관리자 또는 관리감독자 등 관계자를 청력보존 프로그램 관리자로 지정한다.

(3) 청력보존 프로그램의 시행에 따라 해당 근로자에게 결과 고지, 안내, 지도, 교육, 감독 등의 활동을 정기적으로 실시한다.

(4) 청력보존 프로그램의 시행에 필요한 외부전문기관 또는 전문가의 지원, 자문 등의 협조체계를 구축한다.

(5) 사업장 청력보존 프로그램의 시행에 근로자는 적극적으로 참여하고 협조한다.

05 소음노출 평가

(1) 소음측정 및 노출평가의 목적은 다음과 같다.

① 청력보존 프로그램에 포함시켜야 되는 대상 근로자의 확인
② 소음이 발생하는지 여부 확인
③ 공학적인 개선대책 수립
④ 소음감소방안의 우선순위 결정
⑤ 공학적 개선대책의 효과 평가

(2) 법에 정한 작업환경측정 이외의 소음측정 및 노출평가는 산업위생전문가가 실시하거나 산업위생전문가의 지도를 받아 추진팀이 실시한다.

(3) 소음작업 근로자에 대한 소음노출 평가는 개인용 청력보호구의 사용과 무관하게 평가하여야 한다. 즉, 청력보호구의 사용에 따른 차음효과를 고려하지 않는다.

(4) 사업장에서 발생하는 80dB(A) 이상의 모든 연속음과 120dB(A) 이상의 충격음에 대하여 소음측정과 평가를 수행한다.

(5) 사업주는 8시간 시간가중평균 90dB(A) 이상 노출된 근로자에게 그 결과를 통보한다.

(6) 지역 소음측정 결과에 따라 소음지도를 작성하거나 소음수준에 따라 소음관리구역을 설정하고 표시한다. 소음수준은 85dB(A) 미만(녹색 지역), 85~90dB(A)(황색 지역), 90~100dB(A)(주황색 지역), 100dB(A) 이상(적색 지역) 등으로 구분한다.

06 소음노출에 대한 공학적 대책

(1) 소음노출기준을 초과할 가능성이 있는 경우에는 시설·설비, 작업방법 등을 점검한 후 개선하고, 소음노출기준을 초과한 경우에는 시설·설비, 작업방법 등에 대한 개선대책을 수립하여 시행한다.

(2) 기계·기구 등의 대체, 시설의 밀폐, 흡음 또는 격리 등 공학적 대책을 적용한다.

(3) 공장의 설계, 시공단계 및 도입시설장비의 설치 시 저소음 공정, 저소음 장비, 저소음의 자재를 사용한다.

(4) 작업소음에 대한 공학적 대책은 소음원의 수정, 소음 전파경로의 수정 및 소음노출 근로자에 대한 대책으로 구분한다.

　① 소음원의 수정방법으로는 저소음 기계로의 교체를 통한 저소음화 및 마모된 부품의 교체 등 발생원인의 제거, 방음장치로서 방음실·방음 스크린·소음기·흡음 덕트의 활용, 방진고무·스프링·제진재 활용을 통한 방진·제진, 공장 자동화 및 배치 변경 등의 운전방법의 개선을 적용한다.

　② 소음 전파경로의 수정방법으로는 배치 변경을 통한 거리 감쇄효과, 차폐물·방음벽의 차폐효과, 실내 흡음처리를 통한 흡음대책, 음원의 방향 조정의 지향성 대책을 적용한다.

　③ 소음노출 근로자에 대한 대책으로는 방음감시실(Control room)을 통한 차음방법을 적용한다.

(5) 공학적 대책을 적용하기 곤란한 경우 근로자 노출시간의 저감, 순환근무의 실시 또는 개인 청력보호구의 착용 등 작업관리적 대책을 시행한다.

07 청력보호구의 지급과 착용

(1) 사업주는 소음작업 근로자에 대해 다양한 청력보호구를 제공하여 선택하도록 하고, 당해 근로자는 반드시 청력보호구를 착용한다.

(2) 소음측정 평가 결과 노출기준을 초과하는 작업장에는 청력보호구 착용에 관한 안전 · 보건표지를 설치하거나 부착한다.

(3) **청력보호구의 선택과 착용 및 효과에 대한 유의사항은 다음과 같다.**

① 여러 가지 청력보호구를 제공한 후 편안하고 착용하기 쉬운 청력보호구를 선택하여 착용하도록 지도하는 것이 청력보호구의 착용 순응도와 효과를 높일 수 있는 방법이다.

② 청력보호구의 실제 차음효과는 제조회사에서 제시하는 수치보다는 작을 수 있다.

③ 소음작업장에서 작업하는 동안 청력보호구를 지속적으로 착용하지 않으면 소음감소 효과가 떨어지므로 작업 시 계속 착용하여야 한다.

(4) **청력보호구는 근로자가 노출되고 있는 소음의 특성과 작업특성을 고려하여 선정 · 제공한다. [표 1] 참조**

① 청력보호구는 보호구의 착용으로 8시간 시간가중평균 90dB(A) 이하의 소음노출 수준이 되도록 차음효과가 있어야 한다. 단, 소음성 난청 유소견자나 유의한 역치변동이 있는 근로자에 대해서는 청력보호구의 착용 효과로 소음노출 수준이 최소한 8시간 시간가중평균 85dB(A) 이하가 되어야 한다.

② 작업장의 소음수준이 증가하였을 때에는 이전보다 차음효과가 큰 청력보호구를 지급한다.

③ 한 종류의 청력보호구로 충분한 감쇠효과를 가질 수 없는 고소음작업장에서는 귀마개와 귀덮개를 동시에 착용하여 차음효과를 높여 준다.

◑ [표 1] 청력보호구의 사용환경과 장 · 단점

종 류	귀마개	귀덮개
사용환경	• 덥고 습한 환경에 좋음 • 장시간 사용할 때 • 다른 보호구와 동시 사용할 때	• 간헐적 소음 노출 시 • 귀마개를 쓸 수 없을 때
장점	• 작아서 휴대에 간편 • 안경이나 머리카락 등에 방해받지 않음 • 저렴함	• 착용 여부 확인 용이 • 귀에 이상이 있어도 착용 가능

종 류	귀마개	귀덮개
단점	• 착용 여부 파악 곤란 • 착용 시 주의할 점이 많음 • 많은 시간과 노력이 필요 • 귀마개 오염 시 감염될 가능성 있음	• 장시간 사용 시 내부가 덥고, 무겁고, 둔탁함 • 보안경 사용 시 차음효과 감소 • 값이 비쌈

(5) 근로자에게 청력보호구를 지급하는 때에는 올바른 선택과 착용 및 관리 방법에 대한 교육을 실시한다.

① 귀마개는 개인의 신체적 조건에 맞는 모양과 크기의 것을 선택해야 하며 깨끗한 손으로 외이도의 형태에 맞게 형태를 갖추어 삽입한다.

② 폼(Foam) 형의 귀마개는 가급적 일회용으로 자주 교체하여 주어 항상 청결을 유지하여야만 귀의 염증을 예방할 수 있다.

③ 귀덮개는 귀 전체가 완전히 덮일 수 있도록 높낮이 조절을 적당히 한 후 착용한다.

④ 귀마개를 삽입하는 동안 착용하는 반대쪽 손을 머리 뒤로 하여 귀바퀴를 상외 측으로 당기면 착용하기가 편리하다.

⑤ 귀마개를 재빨리 빼면 고막에 통증과 손상을 줄 수 있다. 따라서 귀마개를 뺄 때에는 끈을 잡아 당기지 말고 귀에서 끝을 잡고 완만하게 비틀어서 빼낸다.

(6) 지급한 청력보호구에 대하여는 상시 점검하여 이상이 있는 경우 이를 보수하거나 다른 것으로 교환하여 준다.

(7) 경고나 알림신호를 소리로 들어야 하는 청력보호구 착용 작업자에게는 사전교육을 통해 경고음을 숙지하게 하되 가급적이면 시각적 경고 또는 알림신호를 사용한다.

08 소음의 유해성 및 예방 관련 교육

(1) 사업주는 소음의 유해성 등 소음에 관한 지식을 보유한 자로 하여금 매년 정기적으로 근로자에게 교육을 실시한다.

(2) 소음의 유해성 등에 관한 근로자 교육에는 다음과 같은 내용을 포함한다.

① 소음의 유해성과 인체에 미치는 영향

② 소음측정과 평가, 소음의 초과 정도 및 소음 노출 저감방법

③ 청력보호구의 착용목적, 장단점, 형태별 차음효과, 보호구 선정·착용 방법 및 주의사항

④ 청력검사의 목적, 방법, 결과의 이해와 사후관리

⑤ 현재 시행되고 있는 당해 사업장의 청력보존 프로그램의 내용 및 향후 대책

⑥ 소음성 난청의 예방과 청력보호를 위하여 근로자가 취하여야 할 조치

09 정기적 청력검사

(1) 청력검사

① 청력보존 프로그램을 시행하여야 하는 사업장에서 소음작업을 하는 근로자는 매년 청력검사를 한다.

② 청력검사방법, 검사기의 보정과 검사실의 배경소음기준은 근로자건강진단 실무 지침을 따른다.

③ 청력보존 프로그램을 시행하는 사업장의 소음작업에 처음 배치되는 근로자에 대해서는 배치 전에 기초청력검사를 시행하고, 이후 청력역치의 변동을 비교하기 위해 매년 정기적으로 청력검사를 실시한다. 정기적인 청력검사는 1차 검사항목으로 2, 3 및 4kHz의 기초청력검사를 시행하며, 1차 청력검사의 역치에 따라 2차 검사를 0.5, 1, 2, 3, 4 및 6kHz에서 실시한다. 근로자의 노출 정도, 병력 등을 고려하여 필요하다고 인정하면 1차 검사를 시행할 때 2차 검사도 시행할 수 있다.

(2) 청력평가

① 절대적인 청력역치 기준의 평가는 근로자건강진단 실무 지침을 따른다.

② 근로자의 연령을 고려한 상대적인 역치변동, 즉 연령보정 표준역치변동을 고려하여 평가할 수 있다.

   ㉠ 연령보정은 〈한국 성인의 남·여 연령별 표준역치변동 적용을 위한 연령보정표〉를 참고하여 결정한다. 20세 미만 혹은 60세 이상의 근로자에 대해서는 각각 20세와 59세의 연령보정표상의 연령보정치를 적용한다.

   ㉡ 기초청력보다 이후 정기적인 청력검사 결과가 좋을 때는 그 청력역치를 기준청력으로 취한다.

ⓒ 기준청력역치와 현재의 청력역치를 비교하여 표준역치변동량을 구한 다음, 연령변화에 의한 청력손실량을 뺀 값이 연령보정을 고려한 표준역치변동값이다.

◐ **연령보정을 고려한 표준역치변동 적용방법**

1. 적용원칙

   표준역치변동 여부를 결정하기 위해서는 가장 최근의 청력검사의 청력역치와 기초청력 또는 가장 양호한 청력역치를 보이는 기준청력에서 연령보정을 한다.

2. 적용방법

   ① 근로자의 연령 보정치를 결정

      ㉠ 가장 최근의 청력검사에서 청력역치를 취하여 해당 연령에서 1,000Hz부터 6,000Hz까지 연령보정치를 찾아 기록

      ㉡ 기초청력 또는 가장 양호한 기준청력을 취하여 해당 연령에서 1,000Hz부터 6,000Hz까지 연령보정치를 찾아 기록

   ② ㉠에서 ㉡을 뺀다.

   ③ ②의 값이 연령에 의한 청력손실 부분이다.

   ④ 연령의 변화에 따른 청력역치변동량에 연령에 의한 청력손실 부분을 뺀 값이 연령을 고려한 표준역치변동값이다.

   ⑤ 2,000, 3,000 및 4,000Hz에서 각각의 연령을 고려한 표준역치변동값의 평균값(3분법)이 10dB 이상을 초과했는지 최종적으로 평가한다.

3. 적용사례

   ① 32세 남성의 우측 귀의 청력검사 결과, 기도 청력역치는 [표 2]과 같다.

   ◐ **[표 2] 32세 남성의 연령별 우측 귀의 청력검사 결과 예시**

근로자의 연령	주파수별 청력역치(dBHL)				
	1,000Hz	2,000Hz	3,000Hz	4,000Hz	6,000Hz
26	10	5	5	10	5
27[주1)]	0	0	0	5	5
28	0	0	0	10	5
29	5	0	5	15	5
30	0	5	10	20	10
31	5	10	20	15	15
32[주2)]	5	10	10	25	20

   주1) 가장 양호한 기준청력검사 결과

   주2) 가장 최근 실시한 청력검사 결과

   ② 32세에 실시한 것이 가장 최근의 청력검사 결과이며 27세에 실시한 청력검사가 가장 양호한 기준청력이 된다.

③ 27세와 32세에서의 연령 보정치는 [표 3]과 같다.

◐ [표 3] 연령보정표를 이용한 연령보정 적용 결과

근로자의 연령	청력역치 연령보정값(dBHL)				
	1,000Hz	2,000Hz	3,000Hz	4,000Hz	6,000Hz
32세	8	6	8	8	10
27세	7	5	7	6	7
차이	1	1	1	2	3

④ 4,000Hz에서 연령에 의한 청력손실의 영향은 2dB이다. 그러므로 가장 최근의 청력검사에서 4,000Hz의 표준역치변동값은 25−5=20dB이고, 여기에 연령보정을 고려하면 20−2=18dB이다.

⑤ 2,000Hz와 3,000Hz에서도 동일한 방법을 적용하면, 2,000Hz의 연령을 고려한 표준역치변동 값은 9dB, 3,000Hz는 9dB이다.

⑥ 연령을 고려한 평균 표준역치변동값은 (9+9+18)/3=12dB로 10dB을 초과하여 유의한 표준 역치변동이 나타났다고 판단된다. 따라서, 소음성 난청을 예방하기 위한 적절한 건강관리를 실시한다.

ⓔ 연령을 보정한 상태에서 2, 3 및 4kHz의 기도청력의 평균 표준역치변동이 10dB 이상인 소음작업자에 대해서는 소음성 난청을 예방하기 위한 적절한 건 강관리를 한다.

(3) 청력평가 후 관리

① 청력보호구를 사용하고 있지 않는 소음성 난청 유소견자나 요관찰자에 대해서는 적정한 청력보호구를 지급하고, 그 사용과 관리에 대하여 교육을 시킨 후 사용하게 한다.

② 이미 청력보호구를 사용하고 있는 소음성 난청 유소견자나 요관찰자에 대해서는 청 력보호구 착용상태를 재점검하고, 필요한 경우 더 큰 차음력을 가지는 청력보호구 를 제공한다.

③ 표준역치변동이 있는 근로자에 대해서는 청력보호구를 착용한 상태의 8시간 시간가 중평균이 85dB(A) 이하가 되어야 한다.

④ 소음성 난청 유소견자의 업무적합성 평가와 사후관리는 KOSHA GUIDE「소음성 난청으로 진단된 근로자의 의학적 관리를 위한 기술지원규정」 및 「근로자건강진단 실시기준」(고용노동부 고시 제2023−8호)의 제20조(사후관리조치)의 규정에 따른다.

⑤ 추가검사가 필요한 경우, 산업의학적인 청력평가나 이비인후과 검사를 실시한다.

⑥ 작업과 무관한 청각장애의 경우, 사업주는 당해 근로자에게 이비인후과 검사, 치료 및 재활 필요가 있음을 통보한다.

10 청력보존 프로그램 수립 및 시행 관련 기록·관리 체계

(1) 청력보존 프로그램을 수립 · 시행한 경우에는 해당 프로그램의 내용을 문서로 작성하여 보관한다.

(2) 문서로 작성하여 보관하여야 할 프로그램의 내용에는 최소한 다음과 같은 항목을 포함한다.

① 청력보존 프로그램 수립 · 시행 계획서
② 소음노출 평가 결과
③ 청력검사자료(청력역치 결과, 청각도-오디오그램 등) 및 평가 결과
④ 공학적 및 관리적 대책 수립의 세부내용
⑤ 청력보호구 지급 · 착용 실태
⑥ 청력보존 프로그램의 평가와 평가 결과에 따른 대책

(3) 소음노출 평가 결과는 최소한 5년 이상 보관하며, 청력검사자료는 퇴직 시까지 보관한다.

11 청력보존 프로그램의 평가

청력보존 프로그램의 적정성을 정기적으로 평가하고 필요시 적절한 조치를 수행할 수 있다. 청력보존 프로그램 평가는 구성 내용과 수행의 적정성을 평가하는 질적 평가와, 청력검사를 통해 청력보존의 효과를 평가하는 양적 평가로 구분할 수 있다.

(1) 청력보존 프로그램의 질적 평가

① 평가항목
㉠ 소음노출 평가 방법 및 결과의 적정성
㉡ 공학적 및 작업관리적 대책 수립의 적합성
㉢ 작업특성에 따른 청력보호구의 선정, 사용 및 유지관리의 적정성

ㄹ 청력평가시스템의 적정성 여부

ㅁ 근로자에 대한 교육·훈련의 적정성 등

② 청력보존 프로그램 평가점검표(예시)를 사용할 수 있다.

③ 적정성을 주기적으로 평가하고 부적정으로 평가된 항목은 적절한 조치를 한다.

(2) 청력보존 프로그램의 양적 평가

① 개인 평가

ㄱ 현재의 절대적인 청력역치로 평가하지 않고, 과거 입사시점 또는 배치 시 기초 청력역치나 지난 과거의 청력역치와 비교하여 주파수별로 증가 또는 감소한 역치의 변동량을 평가한다.

ㄴ 연령을 보정한 상태에서 2, 3 및 4kHz의 기도청력의 평균 표준역치변동이 10dB 이상인 소음작업자에 대해서 소음성 난청을 예방하기 위한 적절한 건강관리를 한다.

② 집단 평가

연령 보정한 상태에서 청력의 표준역치변동이 10dB 이상인 근로자의 비율을 계산한다. 표준역치변동 발생률이 지속적으로 증가하는 경우 청력보존 프로그램의 일부 또는 전체가 비효율적일 수 있다.

③ 양적 평가 시 고려할 점

ㄱ 기초청력 기록이 없는 경우 표준역치변동의 평가는 어렵다.

ㄴ 현행 소음 특수건강진단은 매년 시행하지 않고 2년 주기로 시행한다. 다만, 소음수준이 90dB 노출기준을 초과한 사업장의 경우에는 주기 단축 조건에 의하여 매년 소음 특수건강진단을 시행한다.

ㄷ 소음 특수건강진단에서 시행되는 1차 검사는 2차 검사의 선별검사로서 정성적인 검사이며, 검진기관 외부에서 수행되는 경우 정량검사로서 검사의 정확성과 신뢰성에 문제가 있을 수 있다.

SECTION 5

소음성 난청으로 진단된 근로자의 의학적 관리를 위한 기술지원규정
(KOSHA GUIDE, E-M-2-2025)

01 적용범위

이 규정은 소음성 난청을 진단받은 근로자, 즉 유해인자(소음) 노출로 인한 건강관리 구분 D1 판정을 받은 근로자에 대한 사업주, 보건관리자의 건강관리활동에 적용한다.

02 용어의 정의

(1) "소음성 난청"

특수건강진단에서 기도 순음 청력검사 상 3,000, 4,000 또는 6,000Hz의 고음역 영역에서 어느 하나라도 50dB의 청력손실이 인정되고, 기도역치 삼분법 500(a), 1,000(b), 2,000(c)에 대한 청력손실 정도로서 (a+b+c)/3 평균 30dB 이상의 청력손실이 있으며, 직업력상 소음노출에 의한 것으로 추정되는 경우로 한다.

(2) "소음작업"

1일 8시간 작업을 기준으로 85dB(A) 이상의 소음이 발생하는 작업을 말한다.

(3) "강렬한 소음작업"

90dB(A) 이상의 소음이 1일 8시간 이상 발생하는 작업을 말하며, 소음이 5dB(A)씩 증가할 때마다 작업시간은 1/2로 감소하여 적용한다.

(4) "충격소음작업"

소음이 1초 이상의 간격으로 발생하는 작업으로 120dB(A)을 초과하는 소음이 1일 1만 회 이상 발생하는 작업을 말하며, 소음이 10dB(A)씩 증가할 때마다 발생횟수 기준은 1/10로 감소하여 적용한다.

(5) "청력보호구"

청력을 보호하기 위하여 사용하는 귀마개와 귀덮개를 말한다.

(6) "청력보존 프로그램"

소음성 난청을 예방하고 관리하기 위하여 소음노출 평가, 소음노출에 대한 공학적 대책, 청력보호구의 지급과 착용, 소음의 유해성 및 예방 관련 교육, 정기적 청력검사, 청력보존 프로그램 수립 및 시행 관련 기록·관리체계 등을 포함하여 수립한 종합적인 계획을 말한다.

(7) "적합도 검사(fit-testing)"

청력보호구의 착용이 얼마나 개인에게 적합한지를 검사하여, 개인수준에서 가장 잘 맞는 청력보호구를 바르게 지정할 수 있도록 평가하는 검사를 말한다.

03 소음성 난청

(1) 소음성 난청의 병리와 특성

① 소음성 난청은 물리적 손상에 의한 내이 코르티기관의 변화, 혈류량 저하와 저산소증, 대사성 손상 등으로 발생한다.

② 내이의 유모세포 손상 및 와우 신경병변에 기인한 감각신경성 난청이다.

③ 양측성으로 나타나는 경우가 많다. 청력검사상 청각도 소견도 일반적으로 비슷하게 양측성, 대칭적으로 나타난다. 소음이 편측에 강하게 노출되었을 경우는 좌우의 차이(비대칭 난청)를 나타낼 수 있다.

④ 일반적으로 고심도 난청까지 이르는 경우는 흔치 않다. 저주파수 한계는 약 40dB이며, 고주파수 한계는 약 75dB이다.

⑤ 소음노출이 중단되었을 때 소음성 난청은 진행되지 않는다.

⑥ 과거의 소음성 난청으로 인해 소음노출에 더 민감하게 반응하지 않는다. 청력역치가 증가할수록 청력손실율은 감소한다.

⑦ 초기 저음역(500, 1,000 및 2,000Hz)에서보다 고음역(3,000, 4,000 및 6,000Hz, 특히 4,000Hz)에서 청력손실이 현저히 심하게 나타나는 양상(notch)을 보인다.

⑧ 지속적인 소음노출 시 고음역에서의 청력손실이 보통 10~15년에 최고치에 이른다.

⑨ 지속적인 소음노출이 단속적인 소음노출보다 더 큰 장해를 초래하는데, 단속적인 소음노출은 휴식기간 동안 회복되기 때문이다

(2) 소음성 난청의 증상

① 초기에는 난청을 자각하지 못하며, 난청을 자각하는 때는 장해가 진행된 경우이다. 고주파수 영역의 청력손상이 있는 경우, 일상회화의 의사소통이 가능하나, 장해가 심해지면 주파수 선별력이 떨어져 소음 속에서 언어 및 신호 감지능력이 저하되고 나중에는 회화장해를 보인다.

② 이명은 소음성 난청의 중요한 증상 중 하나이며, 강력한 소음에 노출된 후에도 수분에서 수 시간 동안 지속된다. 이명은 청각장해나 그 가능성을 나타내는 전구증상으로 볼 수 있지만, 소음노출기간이 길어짐에 따라 이명의 호소율이 저하되는 경우도 있다.

③ 이명 또는 난청과 동반되는 청각과민증(hyperacusis)은 음악을 직업적으로 하는 대상에서 자주 나타나는 증상이다.

④ 전정기능장해는 소음노출에 의한 전정 유모세포 손상과 관련이 있고, 비대칭 난청에서 보다 흔하게 나타나며, 음향외상의 경우 발생할 가능성이 높다.

(3) 소음성 난청의 감수성 요인

① 소음으로부터 내이를 보호하는 다양한 기능이 있다. 이러한 기능의 발현 또는 활성화 여부에 따라 내이의 손상 정도가 달라진다.

　㉠ 고실반사(acoustic reflex)는 등골근(stapedius muscle)과 고막장근(tensor tympani muscle)의 긴장으로 2kHz 이하의 음에 대한 중이 수준에서 내이 보호효과를 나타낸다.

　㉡ 원심성 청각신경계(efferent auditory nervous system)는 나선 신경절세포/외유모세포 등의 세포단위 반응과 활동전위가 저해되거나 차단되어 내이를 보호한다.

ⓒ 조건화(conditioning)는 일정 기간 실제 현장소음보다 작은 강도의 소음에 지
　 속적으로 노출되는 상태를 말하며, 조건화 과정을 거친 경우 나중에 더 큰 소
　 음에 노출되었을 때 손상의 영향을 덜 받게 되는 것이다.
② 소음성 난청의 비청각적 감수성 요인으로 심혈관계질환 위험요인, 흡연, 혈액점도,
　 홍채의 색소침착 정도, 외이도의 형태, 혈액 백혈구수, 여성의 생리주기, 음주, 전
　 해질 및 비타민의 부족 그리고 정신적인 요인 등이 보고되었다.
③ 영구적 청력손실은 감수성 요인보다 노출의 강도 및 기간과 밀접한 관련이 있다.
④ 소음성 난청의 비청각적 위험요인은 다음 [표]와 같다.

❖ 소음성 난청의 비청각적 위험요인

요 인	구체적 내용
생활환경	휴대용 이어폰, 헤드폰, 휴대전화 이용, 콘서트, 클럽, 불꽃놀이 등
영양	Vit A, B1, B12, 철 결핍이 감수성을 증가
건강상태	• 이완기 혈압 및 맥박수와 3~6kHz의 일시적 역치이동과 관련성이 있음 • 여성에서 0.25, 0.5, 1kHz의 평균과 심혈관계질환과의 관련성이 있음
와우의 혈류	일시적 역치이동과 관련성은 동물실험에서 110~120dBA의 소음에 1~3시간 노출 후 나선 정맥의 확장 후 수축
내이의 멜라닌 색소	멜라닌 색소가 많으면 일시적 역치이동이 적음
흡연	일산화탄소와 관련이 있는 것으로 추정되며, 영구적 역치이동을 3~6dB 증가시킴
이독성 물질	aminoglycoside계 항생제, 항암제, loop-inhibiting 이뇨제, salicylate, Quinine compounds
작업장 내 유해물질	• 유기용제 : 톨루엔, 일산화탄소, 이황화탄소 등 • 중금속 : 납, trimethyltin 등

⑤ 난청에 영향을 주는 작업은 다음과 같다.
　 ㉠ 8시간 시간가중평균 80㏈(A) 이상의 소음 : 산업안전보건법 시행규칙 제186조
　 　 제1항 관련(별표 21 : 작업환경측정 대상 유해인자, 개정 2021. 1. 19.)
　 ㉡ 소음작업, 강렬한 소음작업 및 충격소음작업에서 발생하는 소음 : 산업안전보건
　 　 법 시행규칙 제201조 관련(별표 22 : 특수건강진단 대상 유해인자)
　 ㉢ 유기화합물(도장작업), 진동(취부), 중금속(도금, 용접 등)과 함께 노출되는 작업

(4) 소음성 난청의 치료

① 소음성 난청에 대한 약물치료는 확립되어 있지 않다. 따라서 약물치료의 적용이 어
　 렵고 예방하는 것이 최선이다.

② 약물치료는 소음노출 후 나타나는 활성산소 및 질소 종 같은 유리기 형성의 방지, 와우 혈류의 유지, 칼슘 채널의 회복 등의 목적으로 항산화제, 혈관확장제 투여 등을 시도하고 있다.

③ 스테로이드는 소음 충격에 대한 청각 감수성을 조절하며, 항산화효소의 활동 증진, 내이 혈류의 증가 등의 기전으로 내이를 보호하는 효과를 기대하고 있으며, 경구 투여하거나 고실 내 주입의 방법을 시도하고 있다.

④ 소음성 난청과 동반되어 흔히 발생하는 이명은 획기적인 치료법은 없으나 보청기, 차폐장치, 약물요법, 바이오피드백, 이명 재훈련 치료, 이명의 습관화 등의 치료법이 시도되고 있다. 사업장에서는 이명의 관리를 위해 아래와 같이 시도할 수 있다.

　㉠ 의사인 보건관리자(또는 직업환경의학전문의)는 병력청취 및 적절한 검사를 통해 진단 및 상담을 하고 전문치료 필요시 진료의뢰를 할 수 있다.

　㉡ 이명과 관련된 악화요인과 이명으로 인한 불편한 증상을 확인하여 관리한다. 이명의 증상 경감을 위해 스트레스관리법(바이오피드백, 점진적 근육이완요법, 명상 등)이나 스트레칭 프로그램을 현장에서 적용할 수 있다.

04 소음성 난청 유소견자 업무적합성 평가

(1) 업무적합성 평가

① 의사인 보건관리자(또는 직업환경의학전문의)는 각 근로자의 청력 및 동반 질환 등에 대한 평가 결과와 그 근로자가 현재 종사하고 있는 업무의 특성을 함께 고려하여 어떠한 근무상의 조치가 필요한지를 판단하여, 업무적합성 평가 결과를 사업주에게 충분히 설명한다.

② 작업장 소음수준이 75dBA 이하인 경우 청력 악화를 유발하지 않으며, 80dBA 미만에서는 비교적 안전하므로 업무전환을 고려한다.

(2) 소음성 난청의 업무적합성 평가과정

① 작업장의 청력 악화 요인 파악, 작업장의 청력데이터 분석, 개인적인 감수성 요인들을 파악하여 업무적합성 평가를 한다.

② 소음성 난청의 업무적합성 평가 과정은 다음 [소음성 난청 업무적합성 평가과정] 그림과 같다.

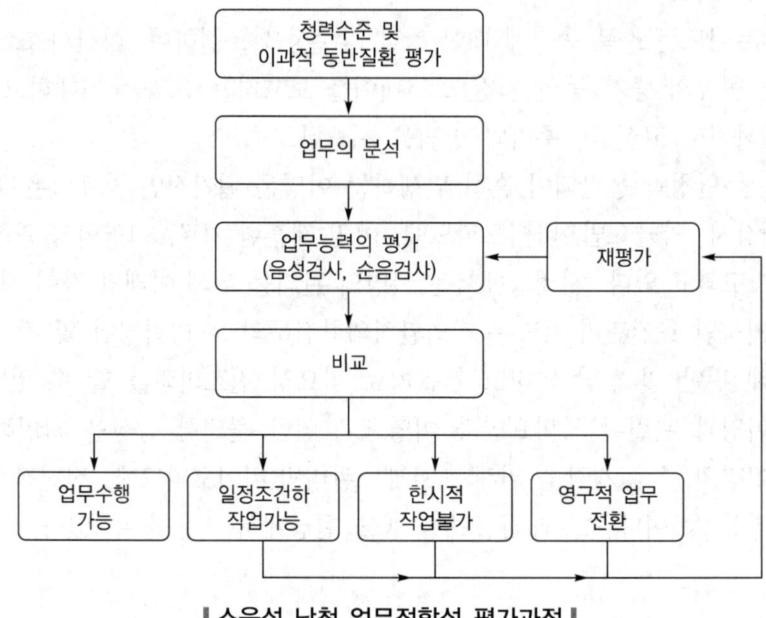

▌소음성 난청 업무적합성 평가과정▐

(3) 청력수준 및 이과적 동반질환 평가 시 고려사항

① 청력손실 정도를 확인하고, 청력 상태가 안정적인지 평가한다.

② 계속되는 소음노출로 악화될 것인가를 평가한다.

③ 청력손상과 관련된 질환 파악을 위해 필요시 이과적 질환에 대하여 이비인후과 등에 진료의뢰를 한다.

④ 이명, 외이의 감염 등이 업무로 인하여 악화될 수 있는지를 확인한다.

(4) 업무분석 시 고려사항

① 직업상 특별히 청력이 요구되는지 확인한다.

② 기존의 청력 저하가 업무효율, 근로자의 건강, 다른 동료의 안전에 영향을 미칠지를 평가한다.

③ 보청기를 착용할지에 대한 여부, 그리고 보청기 착용이 작업에 안전한가를 평가한다.

(5) 업무능력의 평가

① 소음성 난청 근로자의 업무수행능력은 개인의 청력수준보다 직업에서 요구되는 청력요구도와 관련이 있다. 따라서 청력손상 근로자에게 확인해야 할 사항은 소음성 난청과 관련된 청력장애 정도(음성해독능력), 작업장의 청각학적 요구, 업무환경에서 수행장애 정도를 신중하게 고려하여야 한다.

② 순음청력검사는 검사의 재현성과 정확성 때문에 근로자의 청력을 판단하는 도구로 이용된다. 그러나 업무적합성 평가를 위해서는 음성검사가 더 실제적이다.

③ 업무능력의 평가를 위하여 실시하는 음성검사로 Free-field live-voice test를 실시하거나, 소음환경에서의 검사인 HINT(hearing in noise test)를 실시한다.

(6) 업무적합성 평가 시 고려사항

① 순음청력검사의 청력역치로만 업무적합성 평가를 하여 현장적응능력에 대한 구체적 평가 없이 업무의 배치나 복귀에서 배제되지 않도록 한다.

② 사고예방을 위하여 청력에 대한 요구가 있을 때, 이는 실제 업무에 필요한 것인지, 청력의 저하가 업무에 방해가 되는지를 고려한다.

③ 소음성 난청 유소견자로 판정되더라도 청력보호구를 적절하게 착용할 경우 더 이상 청력이 나빠지지 않기 때문에 어느 정도의 청력 저하가 있더라도 계속 근무할 수 있다.

④ 시끄러운 환경에서 경고 신호의 인식은 신호와 소음의 비(S/N ratio)에 의해 결정되는데 감각신경성 난청의 경우 인식이 매우 어려울 수 있고, 전음성 난청의 경우에는 무방할 수 있다.

⑤ 한쪽의 청력이 완전히 소실되었거나 심한 장애를 동반한 경우 음원에 대한 방향성이 필요한 경우이거나, 전화상담 업무와 같이 다른 사람의 말을 알아들어야 하는 경우에 이에 대한 보완이 되지 않으므로 해당 작업장에서 제외될 수 있다.

(7) 업무적합성 평가 시 고려할 건강상태

① 이명이 있는 경우 고도의 대인관계기술이 요구되는 업무에는 적합하지 않을 수 있고, 소음환경에서 이명에 의해 고통이 가중되는 경우는 업무전환을 고려한다.

② 이루가 있는 경우에 음식물을 다루는 등 위생관리가 필요하거나 공동으로 보호구 또는 전화장치를 이용해야 할 때는 완치될 때까지 일시적으로 업무배제를 고려한다.

③ 중이염이 있는 경우 적절한 보호구 착용상태에서는 소음에 노출되더라도 청력이 악화된다는 근거는 없고, 오히려 소음성 난청에 대해 보호효과가 있는 것으로 알려져 있다. 그러나 보호구의 착용과 위생상의 문제가 동반되므로 이를 고려해야 할 필요가 있다.

(8) 업무적합성 평가 시 보청기 착용자에 대한 고려사항

① 대부분의 작업장에서는 보청기 착용이 가능하다. 단, 보청기 착용 후 근무 시 현장 상황의 적응과 예상된 경고음에 대한 훈련이 필요하다.

② 특히 탄광이나 화재 가능성이 있는 환경에서 작업하는 경우는 보청기가 안전을 위해서 필요하다.

③ 소음이 너무 클 경우는 보청기 착용자라 할지라도 적절한 보호구의 선택과 지급이 필요하다.

④ 보청기 착용자의 업무적응을 위해서 실제 업무환경에서 구순독법을 포함한 청취능력의 검사를 고려한다.

(9) 업무적합성 평가 시 청력보호구 사용에 대한 고려사항

① 청력보호구의 사용으로 대화나 기계음을 듣는 데 어려움이 있다. 따라서 청력보호구를 착용한 경우에는 일반적 대화수준보다 좀 더 크게 이야기하여야 의사소통이 가능함을 교육한다.

② 청력보호구에 제시된 소음차음율(Noise Reduction Rating, NRR)은 실험실 환경에서 최적으로 착용하였을 경우를 나타낸다. 현장에서의 효과는 그보다 낮을 수 있다.

③ 100dB(A) 이상의 소음에 노출될 경우에는 한 가지 청력보호구만으로는 충분한 효과를 내기 어려우므로 이중으로 보호구를 착용할 필요가 있다. 이중으로 귀덮개를 착용하면 귀마개를 단독 착용할 때보다 7~17dB, 귀덮개의 단독 착용의 경우는 3~14dB 정도의 차음효과가 있다.

④ 청력보호구의 적절한 차음효과를 확인하기 위하여 적합도검사를 실시한다.

05 소음성 난청 유소견자의 근무상의 조치 결정 시 사업주 유의사항

(1) 사업주는 소음성 난청 유소견자에 대하여 업무적합성 평가 결과에 따라서 적절한 근무상의 조치를 고려한다.

(2) 사업주는 소음성 난청을 진단받은 근로자에게 고용상 불이익을 주어서는 안 된다.

(3) 사업주는 작업전환 조치가 필요한 경우에는 반드시 의사인 보건관리자(또는 직업환경의학전문의)나 건강진단기관 의사의 의견을 들어 근로자에게 그 상황을 잘 설명하여 충분히 이해시킨 후 근로자의 동의를 받아 조치한다.

06 청력보존 프로그램의 시행

(1) 사업주는 근로자가 소음작업, 강렬한 소음작업 또는 충격소음작업에 종사하는 경우, 또는 소음으로 인하여 근로자에게 건강장해가 발생한 경우 청력보존 프로그램을 시행한다.

(2) 청력보존 프로그램은 KOSHA GUIDE 「청력보존 프로그램의 수립 · 시행에 관한 기술지원규정」을 참조하여 시행한다.

07 적합도검사

(1) 청력보호구의 적합도검사는 여러 가지 방법이 있으며 현장에서 귀마개 사용을 통한 소음감소를 개인차음율(Personal Attenuation Rating, PAR)로 확인한다.

(2) 적합도검사는 개인별 적절한 귀마개의 선택, 착용에 대한 1 : 1 교육과 동기부여 제공을 통해 올바른 청력보호구의 사용을 증가시켜 현장에서의 청력보호효과를 크게 향상시킬 수 있다. 그리고 지나친 청력보호로 인하여 근로자가 주변으로 격리되는 상황을 예방하고 적절한 보호수준을 찾는 데 도움을 준다.

(3) 청력보호 효과의 증대 이외에도 적합도검사는 다음과 같은 의의를 지닌다.

① 공학적인 통제와 행정상의 통제가 소음의 위험을 제거하지 못하는 경우, 귀마개 착용으로 인한 보호수준의 측정은 근로자가 소음으로부터 충분하게 보호되고 있음을 확인할 수 있는 기회를 제공한다.

② 적합도검사의 결과는 청력보존 프로그램의 효과를 추적하는 데 사용할 수 있는 하나의 방법이 된다.

③ 적합도검사 결과를 바탕으로 사업주는 소음노출기준 초과 장소에서 일하는 근로자와 부적절한 청력보호구 착용자에게 더욱 초점을 맞추어 교육할 수 있다.

④ 적합도검사를 통해 근로자에게 적합한 청력보호구의 종류와 크기 등을 확인할 수 있으며, 이는 사업주가 다양하고 적절한 청력보호구를 선택하고 준비하는 데 도움을 준다.

SECTION 6

작업장에서의 소음측정 및 평가방법
(KOSHA GUIDE, W-23-2016)

01 용어의 정의

(1) "소음작업"

1일 8시간 작업을 기준으로 85데시벨 이상의 소음이 발생하는 작업을 말한다.

(2) "지시소음계"

소음계의 일종으로서, 마이크로폰으로 수용한 소음을 증폭(增幅)하여 계기에 직접 폰 또는 데시벨 눈금으로 지시하는 소음계를 말한다.

(3) "누적소음노출량 측정기"

작업자가 여러 작업장소를 이동하면서 작업하는 경우, 근로자에게 직접 부착하여 작업시간(8시간) 동안 작업자가 노출되는 소음 노출량을 측정하는 기계를 말한다.

02 소음측정의 기본개념

(1) 소음은 데시벨(dB)로 측정된다. dB(A)는 40Phon의 등감곡선과 비슷하게 주파수에 따른 반응을 보정하여 측정한 값이며, dB(C)는 100Phon의 등감곡선과 비슷하게 주파수에 따른 반응을 보정하여 측정한 값으로 A특성은 귀의 응답특성과 가깝다.

(2) 사람 귀의 작동원리에 따라 소음 수준이 3dB씩 올라갈 때마다 소음은 2배 증가한다. 따라서 수치상 적게 변화했을지 몰라도 실제 소음변화는 상당할 수 있다.

(3) 소음노출의 위험성을 식별 및 평가하기 위해서는 소음측정을 시행하여야 한다. 이는 신중히 계획하여 전문가들이 적합한 시간 간격을 두고 시행하여야 한다.

(4) 소음측정은 건물 보수나 새로운 기계 또는 기술(작업공정)의 도입으로 인하여 음향환경에 변경사항이 발생할 때마다 시행하여야 한다.

(5) 사용할 측정장비는 적합하고 신뢰할 수 있어야 하며, 소음계는 사용할 때마다 매번 교정해야 한다.

(6) 측정자는 필요한 전문지식 및 경험을 갖추어야 한다.

03 소음기기 및 사용기준 ●출제율 30%

(1) 소음기기의 종류

① 지시소음계

㉠ 소음계는 사업장에서 쉽게 소음노출 정도를 파악하는 데 사용된다.

㉡ 소음계는 마이크로폰, 증폭기, 주파수 반응회로, 지시계로 구성되어 있다.

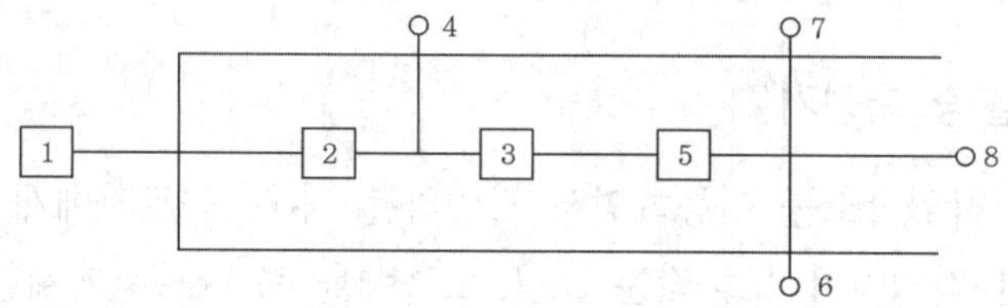

1. 마이크로폰
2. 레벨렌지 변환기
3. 증폭기
4. 교정장치
5. 청감보정회로
6. 동특성 조절기
7. 출력단자(간이소음계 제외)
8. 지시계기

〈그림 1〉 소음계의 구성도

㉢ 마이크로폰은 음압변동을 전기적 신호로 변환시키며, 기기의 본체와 분리가 가능하여야 한다.

㉣ 증폭기에서 전기적 신호를 증폭하면 주파수 반응회로장치에서 A, B, C의 특성에 따른 청감보정을 한다.

ⓜ 그 다음 다시 증폭기에서 각각의 전기적 신호를 증폭하여 정류기에서 전기신호를 직류로 변화시켜 지시계에서 수치로 나타낸다.

ⓑ 소음계를 사용하는 경우는 다음과 같다.
  ⓐ 누적소음노출량 측정을 하기 전에 작업장소의 예비조사를 위해
  ⓑ 누적소음노출량 측정계를 사용할 수 없을 때
  ⓒ 소음개선을 위해 소음원을 평가할 때
  ⓓ 소음감소 대책의 효과를 측정할 때
  ⓔ 청력보호구의 감쇄 효과를 평가할 때

② 적분형 소음계(누적소음노출량 측정기)

㉠ 작업장소를 이동하면서 일하는 근로자에게 부착해 소음 노출량을 측정한다.

㉡ 측정위치 작업자의 청각 영역에서 측정한다. 청각 영역이란 귀를 중심으로 반경 30cm 반구로 정의하며, 만약 양쪽 귀의 소음수준이 다를 땐 높은 쪽에서 측정한다.

㉢ 등가소음레벨(Leq)을 측정한다. 등가소음레벨이란 소음레벨이 시간과 더불어 변화할 때 측정시간 내에 발생된 변동소음의 총 에너지를 연속된 정상소음의 에너지로 등가하여 얻어진 소음레벨을 의미한다.

$$\text{Leq } T = 10\log\left[\frac{1}{t_2 - t_1}\int_1^2 \frac{P_A^2(t)}{P_0^2}dt\right]$$

여기서, T : 실측시간($t_2 - t_1$)
$P_A(t)$: A 특성 음압
P_0 : 기준음압

㉣ 적분소음계가 없어 보통소음계로 측정한 경우에는 다음 식에 의해 Leq 값을 구할 수 있다.

$$\text{Leq[dB(A)]} = 16.61\log\frac{n_1\times 10^{\frac{LA_1}{16.61}} + n_2\times 10^{\frac{LA_2}{16.61}} + \cdots + n_N\times 10^{\frac{LA_N}{16.61}}}{각\ 소음레벨\ 측정치의\ 발생시간\ 합}$$

여기서, LA : 각 소음레벨의 측정치[dB(A)]
n : 각 소음레벨 측정치의 발생시간(분)

㉤ 평가방법 6시간 이상 연속 등가 소음도를 측정하거나 1시간 간격으로 6회 이상 측정해 시간가중 평균하여 노출기준과 비교한다.

(2) 소음기 교정 및 관리

① 보정은 소음을 정확하게 측정하기 위해 측정 전과 측정 후에 실시한다.

② 보관은 충격, 진동을 주지 않고 고온, 다습한 장소에서의 보관은 피하도록 한다. 쓰레기, 먼지가 마이크의 진동판에 붙어 감도에 영향을 주므로 사용하지 않을 때는 케이스에 보관한다.

04 소음수준의 평가 ●출제율 20%

(1) 지시소음계에 의한 평가

① 1일 작업시간 동안 1시간 간격으로 6회 이상 소음수준을 측정한 경우에는 이를 평균하여 8시간 작업 시의 평균 소음수준을 나타낸다.

② 소음 발생 특성이 연속음으로서 측정치 변동이 없다고 판단하여 1시간 동안 등간격으로 3회 이상 측정한 경우에는 이를 평균하여 8시간 작업 시의 평균 소음 수준을 나타낸다.

③ 소음 발생시간이 6시간 이내인 경우나 소음원에서 발생하는 시간이 간헐적인 경우에는 발생시간 동안 연속 측정하거나 등간격으로 4회 이상 측정한 경우에는 이를 평균하여 그 기간의 평균 소음수준으로 한다.

④ 방향음에 대한 영향을 배제하기 위하여 측정 시 실내소음도는 실내에 고르게 분포하는 4개 이상의 측정점을 선정하여 동시에 측정하되, 마이크로폰 높이는 바닥으로부터 1.2~1.5미터, 벽면 등(높이가 0.5미터 이상인 가구 등이 있는 경우에는 그 면으로부터)으로부터는 0.5미터, 마이크로폰 사이는 0.7미터 이상 이격하여 측정한다.

(2) 누적소음노출량 측정기에 의한 평가

① 누적소음노출량 측정기(Noise Dosimeter)는 ANSI S1-25-1978 규격에 적합한 것을 사용하며 작업자의 이동성이 크거나 소음의 강도가 불규칙적으로 변동하는 소음의 측정에 이용한다.

② 1일 작업시간 동안 6시간 이상 연속 측정하거나 소음 발생시간이 6시간 이내인 경우나 발생시간이 간헐적인 경우에는 발생시간 동안 연속 측정한다.

③ 측정결과는 작업시간 동안 노출되는 소음의 총량을 Dose(%)로 나타내는 것도 있고 노출기준을 초과했는가를 비교할 수 있도록 dB(A)로 표시하는 것도 있다.

④ 측정위치 마이크로폰을 작업자의 청각 영역 내의 옷깃에 부착시키며, 마이크로폰을 보호구나 의복 등으로 차단시키지 않도록 한다.

⑤ 부착 시 작업자에게 소음기를 떼어낼 시간과 장소를 알려주며 임의로 떼거나 조작해서는 안 된다는 것을 사전에 충분히 주지시킨다.

⑥ 소음계의 청감보정회로는 A특성으로 한다.

⑦ 소음계의 지시침의 동작은 느린(Slow) 상태로 한다.

⑧ 역치(Threshold)는 누적소음노출량 측정기가 측정치를 적분하기 시작하는 A특성 소음치의 하한치를 의미한다.

  ㉠ 역치(Threshold)가 80dB란 의미는 80dB 이상의 소음수준만을 누적하여 측정한다는 의미가 된다.

  ㉡ 작업자가 80dB 미만의 장소에서만 작업을 하였다면 그때의 소음수준은 측정되지 않는다. 국내와 미국 OSHA에서는 80dB이고, ISO에서는 75dB를 정하고 있다.

⑨ 교환율(Exchange Rate)은 소음수준이 어느 정도 증가할 때마다 노출시간을 절반으로 감소시킬 것인가를 의미한다.

  ㉠ 등가에너지 법칙에 의해 음압이 2배가 되면 3dB이 증가하지만 인체에 미치는 영향은 5dB 증가 시 2배가 된다는 조사결과를 반영해 국내와 미국 OSHA에서는 5dB이고, ISO, 미국 NIOSH, EPA에서는 3dB를 정하고 있다.

⑩ 소음이 불규칙적으로 변동하는 소음 등을 누적소음노출량 측정기로 측정하여 노출량으로 산출되었을 경우에는 시간가중평균(TWA) 소음수준으로 환산한다. 다만, 누적소음노출량 측정기에 의한 노출량 산출치가 주어진 값보다 작거나 크면 시간가중평균 소음은 다음의 식에 따라 산출한 값을 기준으로 평가한다.

$$TWA = 16.61\log\left(\frac{D}{12.5 \times T}\right) + 90$$

  여기서, D : 누적소음폭로량(%)
  T : 측정시간

⑪ 노출기준은 8시간 시간가중치를 의미하므로 90dB을 설정한다.

⑫ 누적소음노출량 평가는 8시간 동안 측정치가 폭로량으로 산출되었을 경우에는 표를 이용하여 8시간 시간가중평균치로 환산하여 노출기준과 비교하며 표에 없는 경우에는 다음 식을 이용하여 계산한다.〈부록 1〉

$$TWA = 16.61\log(D/100) + 90$$

여기서, D : 누적소음폭로량(%)

T : 측정시간

⑬ 음압수준이 전체 작업교대 시간동안 일정하다면, 소음노출량(D)은 다음 공식으로 산출한다.

$$D(\%) = C/T$$

여기서, C : 하루 작업시간(시간)

T : 측정된 음압수준에 상응하는 허용노출시간(시간)

⑭ 전체 작업시간 동안 서로 다른 소음수준에서 노출될 때 총 소음노출량(D)은 다음 식으로 계산한다.

$$D = [C_1/T_1 + C_2/T_2 + \cdots + C_n/T_n] \times 100$$

총 노출량 100%는 8시간 시간가중평균(TWA)이 90dB에 상응

(3) 평가 단계

소음측정 및 평가를 모식도로 나타내면 다음과 같다. 〈그림 2〉

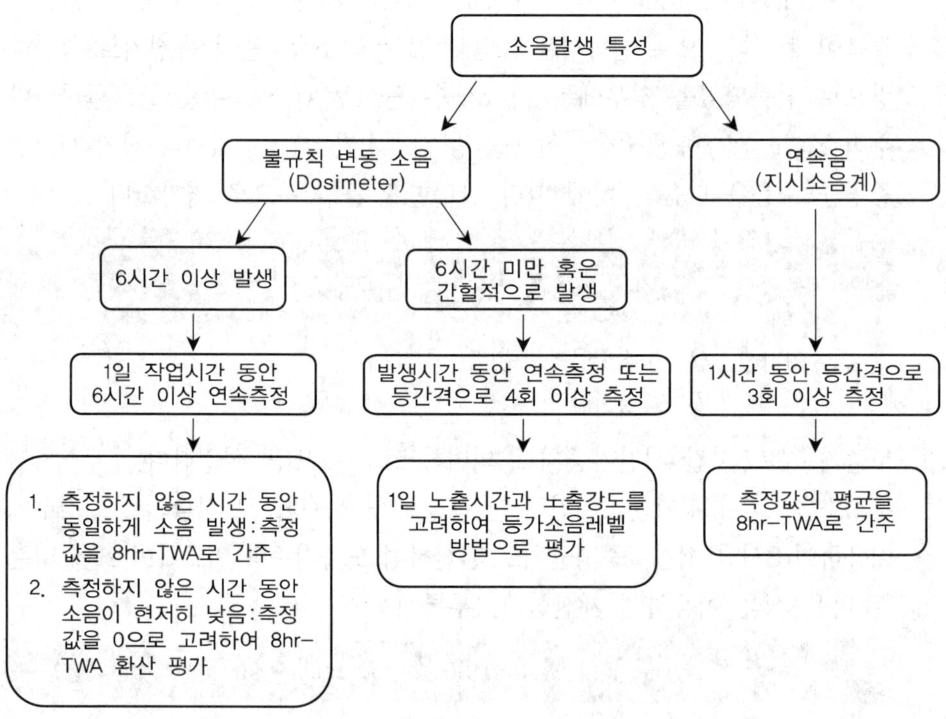

〈그림 2〉 소음측정 및 평가 모식도

(4) 소음측정 평가 예시

① 소음측정 결과표 해석

　㉠ 작업조건 : 근무시간은 9시부터 18시, 점심시간은 12시부터 13시까지인 사업
　　　장(가나산업)에서 2016년 10월 18일 최고 노출근로자(홍길동)를 대상으로 누
　　　적소음측정기(CA9742)를 이용하여 오전 9시 4분부터 점심시간 1시간을 포함
　　　하여 총 7시간 10분 27초를 측정하였고 측정하지 않은 1시간 50분 동안 동일
　　　소음수준이 발생

　㉡ 기기설정 : 청감보정회로는 A특성, 지시침 동작는 느린(Slow), 노출기준(Criteria)
　　　는 90dB, 교환율(Exchange Rate)은 5dB, 역치(Threshold)는 80dB

② 측정결과 해석

　㉠ Lavg dB(A) 82.5 : 7시간 10분 27초 동안 80dB 이상의 평균노출소음수준을
　　　말하며, 산출근거는 다음 계산식
　　　※ 미 측정 1시간 50분 동안 동일 소음수준이 발생하는 조건

$$\text{Lavg } 82.5\text{dB(A)} = 90 + \left[16.61 \times \log\left(\frac{31}{12.5 \times 7.16} \right) \right]$$

　㉡ TWA dB(A) 81.7 : 미 측정 1시간 50분 동안 소음수준이 0이라고 계산한 8
　　　시간 평균 소음수준을 말하며, 산출근거는 다음 계산식
　　　※ 현 사업장은 측정하지 않은 1시간 50분의 소음수준이 동일하다고 가정했으
　　　　므로 적용 불가

$$\text{TWA } 81.7\,\text{dB(A)} = 90 + \left[16.61 \times \log\left(\frac{31}{12.5 \times 8} \right) \right]$$

　㉢ Dose% 31 : 측정시간 7시간 10분 27초 동안의 평균 소음수준에 대한 누적노출량

　㉣ Est Dose% 35 : 미 측정시간 1시간 50분 동안에도 동일하게 유지된다는 가정
　　　에서 역치(threshold)값이 80dB(A) 이상의 8시간 누적노출량

③ 측정결과 평가 : 측정하지 않은 시간 동안 소음수준이 동일하므로 홍길동 근로자의
　8시간 TWA는 등가소음레벨(Lavg)인 82.5dB(A)이다. 그러나, 점심시간이 포함된
　값으로서 점심시간(1시간)을 제외하여 다음 계산식에 따라 실제 노출소음수준은
　83.4dB(A)임

$$\text{Lavg } 83.4\text{dB(A)} = 90 + \left[16.61 \times \log\left(\frac{31}{12.5 \times 6.16} \right) \right]$$

〈부록 1〉 소음의 노출기준

① 소음의 노출기준(충격소음 제외)

1일 노출시간(hr)	소음강도(dB(A))
8	90
4	95
2	100
1	105
1/2	110
1/4	115

[주] 115dB(A)를 초과하는 소음수준에 노출되어서는 안 됨

② 충격소음의 노출기준

1일 노출횟수	충격소음의 강도(dB(A))
100	140
1,000	130
10,000	120

[주] 1. 최대 음압수준이 140dB(A)를 초과하는 충격소음에 노출되어서는 안 됨
2. 충격소음이라 함은 최대음압수준에 120dB(A) 이상인 소음이 1초 이상의 간격으로 발생하는 것을 말함

SECTION 7

의료기관 근로자의 화학물질 노출 관리에 관한 보건관리 기술지원규정
(KOSHA GUIDE, E-M-5-2025)

01 용어의 정의

(1) "의료기관 근로자"

의료기관에서 의사, 간호사, 약사, 방사선사, 임상병리사, 간호조무사 등 의료행위를 직접 수행하거나 보조업무를 하는 근로자와, 시설 관리, 청소, 세탁, 인쇄, 음식료의 준비 및 배식, 폐기물의 수집이나 처리 등의 업무를 수행하는 근로자를 말한다.

(2) "화학물질"

산업안전보건법에서 분류한 기준을 토대로 의료기관에서 사용하는 화학물질을 제시한 것을 말한다.

02 의료기관에서 사용하는 화학물질의 종류

의료기관에서 사용하는 화학물질의 종류를 유기 화합물, 금속류, 산 및 알칼리류, 가스 상태 물질류, 기타 물질류로 구분하였다. 이들의 노출기준 및 독성정보는 다음 [부록]을 참고한다.

◆ 의료기관에서 사용하는 화학물질의 노출기준 및 독성정보

1. 유기화합물

화학물질	고용노동부					건강영향
	TWA		STEL		독성 정보	
	ppm	mg/m^3	ppm	mg/m^3		
에탄올 (C_2H_5OH)	1,000	1,900	–	–	–	
메탄올 (CH_3OH)	200	260	250	310	Skin	
아세톤 (CH_3COCH_3)	500	1,188	750	1,782	–	
포름알데히드 (HCHO)	0.5	0.75	1	1.5	1A	
글루타르알데히드 ($OCH(CH_2)_3CHO$)	C0.05	C0.2	–	–	–	
클로로포름 ($CHCl_3$)	10	50	–	–	2	
이소아밀알코올 ($(C_2H_3)CHCH_2OH$)	100	360	125	450	–	
이소프로필알코올 ($CH_3CHOHCH_3$)	200	480	400	980	–	
페놀 (C_6H_5OH)	5	19	–	–	Skin	
톨루엔 ($C_6H_5CH_3$)	50	188	150	560	–	
크실렌 ($C_6H_4(CH_3)_2$)	100	435	150	655	–	
에틸에테르 ($C_2H_5OC_2H_5$)	400	1,200	500	1,500	–	

※ 고용노동부 독성정보
- Skin : 점막과 눈 그리고 경피로 흡수되어 전신영향을 일으킬 수 있는 물질을 말함
- 1A : 사람에게 충분한 발암 근거가 있는 물질
- 1B : 시험동물에서 발암성 증거가 충분히 있거나, 시험동물과 사람 모두에서 제한된 발암성 증거가 있는 물질
- 2 : 사람이나 동물에서 제한된 근거가 있지만, 구분 1로 분류하기에는 증거가 충분하지 않은 물질

2. 금속류

화학물질	고용노동부					건강영향
	TWA		STEL		독성정보	
	ppm	mg/m³	ppm	mg/m³		
수은 (Hg)	–	0.025	–	–	Skin	
납 (무기분진 및 흄)	200	260	250	310	Skin	

3. 산 및 알칼리류

화학물질	고용노동부					건강영향
	TWA		STEL		독성 정보	
	ppm	mg/m³	ppm	mg/m³		
과산화수소 (H_2O_2)	1	1.5	–	–	2	
차아염소산 나트륨(NaOCl)	–		–		–	
염산 (HCl)	1	1.5	2	3	–	
황산 (H_2SO_4)	–	0.2	–	0.6	1A (강산 Mist)	
아세트산 (CH_3COOH)	10	25	15	37	–	
붕산 (H_3BO_3)	–	–	–	–	–	
인산 (P_3PO_4)	–	1	–	3	–	
질산 (HNO_3)	2	5	4	10	–	
수산화나트륨 (NaOH)	–	C2	–	–	–	
메틸메타크릴산 ($C_4H_6O_2$)	–	–	–	–	–	

4. 가스상태 물질류

화학물질	고용노동부					건강영향
	TWA		STEL		독성 정보	
	ppm	mg/m³	ppm	mg/m³		
산화에틸렌 ((CH₂)₂O)	1	2	1	–	1A	
프레온(디클로로플루오르메탄) (CHCl₂F)	10	40	10	–	–	

※ 그림문자

	폭발성, 자기반응성, 유기과산화물
	인화성, 물반응성, 자기반응성, 자연발화성, 자기발열성, 유기과산화물
	급성독성
	호흡기과민성, 발암성, 생식세포변이원성, 생식독성, 특정표적장기독성
	수생환경유해성
	산화성
	고압가스
	금속부식성, 피부부식성, 심한눈손상성
	경고

(1) 유기화합물

의료기관에서 사용하는 유기화합물로는 에탄올, 메탄올, 아세톤 등 다양한 종류가 있으며, 이 물질의 용도와 사용부서는 [표 1]과 같다.

◐ [표 1] 의료기관에서 사용하는 화학물질(유기화합물)

명 칭	용 도	사용부서
에탄올	일반적인 소독제(소독용 솜, 환자치료 및 기구소독)	병원 전 부서
	장례용 염습	영안실
메탄올	고정액, 염색액	병리실
	검사용	진단검사
아세톤	시약조제, 고정, 염색작업, 소독	병리실, 진단검사, 인공신장실
포름알데히드	조직의 보존, 조직 고정, 유세포 분석	내시경검사실, 병리실, 진단검사
	방부제	일반병동, 외래, 중환자실, 인공신장실, 초음파검사
글루타르알데히드	수술용 기구, 카테터류, 내시경 등 기구 냉·살균	내시경검사실, 수술실, 외래, 초음파검사
클로로포름	파라핀 침투 시 투명, 유전자 추출	병리실, 진단검사
이소아밀알코올	염색제	진단검사
이소프로필알코올	온도계, 주사침, 마취기구 등의 소독	진단검사, 치과
페놀	염색, 유전자 추출	진단검사
크실렌	염색 선명도 향상용	병리실
에틸에테르	피부 이식	수술실
	잔여 라텍스 제거	치과
	고정액	진단검사

(2) 금속류

의료기관에서 사용하는 금속류는 수은, 납 등이 있으며, 이들의 용도와 사용부서는 [표 2]와 같다.

◐ [표 2] 의료기관에서 사용하는 화학물질 (금속류)

명 칭	용 도	사용부서
수은	온도계, 혈압계	병원 전 부서
납	환자차폐블럭, 차폐막	방사선 종양과, 영선실
	용접봉, 중금속 검사	영선실, 진단검사

(3) 산 및 알칼리류

의료기관에서 사용하는 산 및 알칼리류는 과산화수소, 차아염소산 나트륨, 염산 등 다양한 종류가 있으며, 이 물질의 용도와 사용부서는 [표 3]과 같다.

◆ [표 3] 의료기관에서 사용하는 화학물질(산 및 알칼리류)

명 칭	용 도	사용부서
과산화수소	상처 소독	일반병동, 병리실, 수술실, 응급실, 중환자실, 치과
차아염소산나트륨	병실, 목욕통, 화장실, 욕실 등을 소독	병원 전 부서
염산	pH 조절용, 탈해(칼슘 제거)	진단검사, 병리실
황산	폐수 처리	폐수처리장
황산	완충액, 실험	진단검사, 면역한검사실
아세트산	전기영동, 염색제	진단검사실
아세트산	필름현상액	영상의학과
붕산	환자 치료, 추출	중앙공급실, 진단검사
인산	기구 세척	중앙공급실
질산	중금속검사	진단검사
수산화나트륨	관장용	중환자실
수산화나트륨	pH 조절용	진단검사
수산화나트륨	폐수 처리	폐수처리장
메틸메타크릴산	뼈 접착용, 치과용 보철물	수술실, 치과

(4) 가스상태 물질류

의료기관에서 사용하는 가스상태 물질로는 산화에틸렌, 프레온 등이 있으며, 이들의 용도와 사용부서는 [표 4]와 같다.

◆ [표 4] 의료기관에서 사용하는 화학물질(가스상태 물질류)

명 칭	용 도	사용부서
산화에틸렌	의료기기의 가스 멸균	중앙공급실, 치과
프레온	동결조직	병리실
프레온	냉매	영선실

(5) 기타 물질류

(1)~(4)에 언급된 화학물질 외에도 의료기관에서는 요오드화합물, 과붕산나트륨, 질산은 등을 비롯하여 다양한 종류의 화학물질을 사용하고 있으며, 이 물질의 용도와 사용부서는 [표 5]와 같다.

◐ **[표 5] 의료기관에서 사용하는 화학물질(기타 물질류)**

명 칭	용 도	사용부서
요오드화합물	수술 부위의 피부 살균, 기타 일반 소독	병원 전 부서
과붕산나트륨	기구 소독	내시경검사실, 치과
질산은	상처 소독	외래, 중환자실
리도카인	국소 마취	일반병동, 외래
케타민	마취제	수술실
염산알킬디아미노에칠글리신	기구 소독	일반병동, 외래외래, 응급실, 중환자실, 인공신장실
염화벤잘코니움	기구 소독	일반병동, 수술실, 중환자실
클로로헥시딘	손 세척제	일반병동, 외래, 중환자실, 인공신장실
글루콘산클로르헥산	손 세척제	수술실, 외래, 중환자실, 인공신장실
칼륨인산염	기구 세척	중앙공급실
탄산칼륨	기구 세척	중앙공급실
오토프탈알데하이드	기구 소독	수술실, 중환자실
글리세린	관장용	일반병동, 응급실
글리세린	시약제조	진단검사, 약무국
하이드로퀴논	필름현상액	영상의학실
수산화칼륨	장비세정작용	진단검사
수산화나트륨	pH 조절용	진단검사
아우라민	염색제	진단검사
과망간칼륨	염색제	진단검사
구연산나트륨	염색제	진단검사
알루미늄옥사이드	염색제	진단검사
요오드화칼륨	염색제	진단검사
디에틸피로카보네이트	PCR 장비 시약	진단검사
디에틸렌글리콜	유세포 분석	진단검사
페로시안칼륨	시약제조	진단검사
항암제	암환자의 치료	병동, 약제부
석면	방열, 절연, 방화복, 방화 커튼, 지붕	영선반
천연고무	수술용 고무장갑, 콘돔, 관장용 도관, 도뇨관, 치과용 기계	병원 전 부서

03 의료기관 근로자의 주요 화학물질에 의한 건강영향 및 관리방안

(1) 포름알데히드(Formaldehyde)

① 사용 용도

포름알데히드는 의료기구의 냉살균과 방부제로 사용되고, 외과용 스테인레스 기기의 저온 살균을 위해 사용되며, 병리검사실 및 실험실에서 조직의 보관을 위해 사용되고, 중앙공급실과 투석실에서 소독제로 사용된다.

② 건강영향

㉠ 포름알데히드는 호흡기를 통해서 빠르게 흡수된다.

㉡ 냄새는 0.8ppm에서 인지될 수 있으며, 포르말린 용액은 눈에 튈 경우에 각막 손상 등의 급성 손상을 유발할 수 있다.

㉢ 0.1~5ppm의 저농도에서는 눈이 따갑고 눈물을 흘리게 되고 상기도 자극현상이 있으며, 10~20ppm의 높은 농도에서는 기침, 가슴 답답함, 심박동 증가, 두통 등이 발생할 수 있고, 50~100ppm의 농도에 노출되는 경우에는 폐부종, 폐렴이 발생하며 사망할 수 있다.

㉣ 포름알데히드에 지속적으로 노출되는 경우에는 일부 사람에서 감작이 유발되어 기관지천식이 발생될 수 있다.

㉤ 포름알데히드는 국제암연구소(IARC ; International Agency for Research on Cancer)에서 1군 발암물질(확정된 인체발암물질)로 분류하였으며, 지속적으로 노출된 근로자는 백혈병 및 비인두암 발생 위험이 증가될 수 있다.

③ 관리방안

㉠ 포름알데히드 노출을 줄이기 위해 포름알데히드가 사용된 검체와 포르말린을 이용하는 곳에는 국소배기시설을 갖춘다.

㉡ 적은 양의 포름알데히드는 취급하기 편한 소형의 통에 들어 있는 제품을 구매하는 것이 좋다.

㉢ 응급상황에 대비하기 위해 흡착포를 준비한다. 부주의하게 쏟았을 경우, 쏟아진 포름알데히드가 사람에게 노출되지 않도록 신속하게 흡착포를 덮어 제거한다.

㉣ 포름알데히드에 피부와 눈이 노출되는 것을 피하며, 포름알데히드가 쏟아지거나 튀었을 경우에 대비하여 보안경, 안면보호구, 앞치마, 호흡보호구, 장화 등을 사용한다. 천연고무 재질의 장갑은 찢어지기 쉬우므로 적절한 화학물질용 보호장갑을 착용한다.

ⓜ 포름알데히드에 대한 화학물질 위험성 평가를 실시하고, 개선대책을 모색한다.

ⓗ 물질안전보건자료를 비치하여 포름알데히드가 인체에 미치는 영향, 취급상 주의사항, 착용해야 할 보호구, 응급조치방법 등을 확인할 수 있게 한다.

ⓢ 포름알데히드 사용을 최소화하고, 포름알데히드 농도를 정기적으로 측정하여 허용기준 이하를 유지하도록 한다.

ⓞ 포름알데히드를 보관할 때는 통풍이 잘 되는 18~32℃의 저장소에 밀폐 보관한다.

ⓩ 포름알데히드에 노출되는 근로자의 건강상태를 정기적으로 모니터링하고, 포름알데히드 노출로 인한 증상이 나타나지 않도록 주의깊게 관리한다.

ⓒ 포름알데히드의 건강영향에 대해 주기적으로 근로자 교육을 실시한다.

ⓚ 포름알데히드의 건강장해 예방에 대해 보다 자세한 사항은 KOSHA-GUIDE 「포름알데히드 노출 근로자의 보건관리 지침」을 참고한다.

(2) 산화에틸렌(Ethylene oxide)

① 사용 용도

산화에틸렌가스는 고무제품, 카테타, 미세구조의 수술기구, 주사침 및 주사기, 전기기구, 플라스틱제품, 광학기계, 침대 및 모포, 메트리스, 유아 및 신생아용 침대, 마취기구, 인공폐회로, 인두경·직장경·위경 등의 내시경류를 소독하는 데 사용된다.

② 건강영향

㉠ 산화에틸렌가스에 노출되면 초기에는 눈, 코 및 목이 자극되고 특유의 맛이 나며, 후기에는 두통, 구역, 구토, 졸음, 무력증, 협동운동실조, 심전도의 이상소견 등이 나타난다.

㉡ 피부에 닿으면 특유의 화상을 입을 수 있다.

㉢ 산화에틸렌에 의한 피부증상은 일반적으로 접촉 후 1~5시간이 지나서 부종, 홍반이 생기고 수포가 생기면서 서로 융합하여 대수포를 형성하고, 피부가 벗겨진다.

㉣ 산화에틸렌 용액이 피부에 묻으면 동상이 생기고 피부감작을 일으키기도 한다.

㉤ 희석되지 않은 액체나 용액이 눈에 닿으면 심한 자극 증상이 나타나거나 손상이 생긴다.

㉥ 지각신경과 운동신경에 다발성 장해를 일으킬 수 있다.

ⓐ 산화에틸렌은 국제암연구소(IARC ; International Agency for Research on Cancer)에서 1군 발암물질(확정된 인체발암물질)로 분류하였으며, 지속적으로 노출된 근로자는 백혈병 및 유방암 발생 위험이 증가될 수 있다.

③ 관리방안

㉠ 산화에틸렌가스 멸균장비가 새지 않도록 충분히 주의를 기울인다.

㉡ 피멸균품을 실온에 방치하면, 피멸균품에 잔류하고 있는 산화에틸렌가스가 공기 중으로 확산될 수 있으므로, 멸균 완료 후 환기를 충분히 하고, 될 수 있는 한 흡착된 산화에틸렌을 이탈시킨 후 개폐한다.

㉢ 산화에틸렌가스 멸균장비의 실린더를 교체할 경우 근로자들은 보호장갑, 보안경, 안면보호대 등을 착용하며, 실린더에 환기후드가 없으면 호흡보호구를 착용한다.

㉣ 산화에틸렌가스가 포함된 액체가 쏟아졌을 때 근로자는 보호의를 착용하고 청소하여야 하며, 청소 후에는 즉시 옷을 세탁한다. 만약 가죽 신발에 산화에틸렌이 묻었다면 신발을 버린다.

㉤ 산화에틸렌가스 소독기, 특히 뒷벽을 청소할 때 노출을 피하기 위해 소독을 끝낸 후 충분한 시간이 경과한 후에 청소를 하고, 청소하기 전에 소독기를 적어도 30분 가량 열어 환기하며, 호흡보호구를 착용하고 청소를 한다.

㉥ 산화에틸렌가스 노출을 줄이기 위해 환기시스템을 설치한다.

㉦ 산화에틸렌에 대한 위험성 평가를 실시하고, 개선대책을 모색한다.

㉧ 물질안전보건자료를 비치하여 산화에틸렌의 인체에 미치는 영향, 취급상 주의사항, 착용해야 할 보호구, 응급조치방법 등을 확인할 수 있게 한다.

㉨ 공기 중 산화에틸렌 농도를 정기적으로 측정하여, 허용기준 이하를 유지하도록 한다.

㉩ 산화에틸렌에 노출되는 근로자의 건강상태를 정기적으로 모니터링하고, 산화에틸렌 노출로 인한 증상이 나타나지 않도록 주의깊게 관리한다.

㉪ 산화에틸렌의 건강영향에 대해 주기적으로 근로자 교육을 실시한다.

㉫ 오염된 옷을 세탁하는 근로자들은 산화에틸렌의 유해성에 대해 인지하여야 한다.

(3) 이소프로필알코올(IPA, Isopropyl alcohol)

① 사용 용도

소독용 이소프로필알코올은 온도계, 주사침, 마취기구, 다양한 의료기구를 소독할 때 사용되며, 30%, 50%, 70% 등 여러 가지 농도로 사용되고 있다.

② 건강영향

　㉠ 이소프로필알코올의 주요 건강장해는 눈과 점막의 자극이다.

　㉡ 이소프로필알코올에 노출되면 기침, 호흡 곤란, 두통, 어지러움, 구토 등이 나타나며, 경구 섭취하거나 고농도의 증기를 흡입할 경우 중추신경계를 억제할 수 있다.

　㉢ 이소프로필알코올은 주로 피부흡수와 흡입을 통해 노출된다. 이소프로필알코올을 반복적으로 접촉하면 손, 팔의 피부가 불쾌한 건조감을 나타내는 지연성 습진성 피부염이 생길 수 있고, 호흡기계에 만성적인 자극을 주어서 기도 염증이 생기거나 호흡기 질환이 악화될 수 있다.

③ 관리방안

　㉠ 장기간, 반복적으로 이소프로필알코올에 접촉하지 않도록 하기 위해 보호장갑, 안면보호구를 사용한다. 눈을 보호하기 위해 보안경을 착용한다.

　㉡ 이소프로필알코올에 젖은 의복은 즉시 벗어야 하고, 이소프로필알코올이 모두 제거된 후에 다시 입는다. 이소프로필알코올에 젖은 의복류는 세탁 전까지 밀폐된 함에 잘 보관한다.

　㉢ 오염된 옷을 세탁하는 근로자들은 이소프로필알코올의 유해성에 대해 인지하여야 한다.

　㉣ 액체 이소프로필알코올에 묻은 피부는 즉시 씻고, 이소프로필알코올을 제거하기 위해 환기를 충분히 해야 한다.

　㉤ 이소프로필알코올에 대한 위험성 평가를 실시하고, 개선대책을 모색한다.

　㉥ 물질안전보건자료를 비치하여 이소프로필알코올의 인체에 미치는 영향, 취급상 주의사항, 착용해야 할 보호구, 응급조치방법 등을 확인할 수 있게 한다.

　㉦ 이소프로필알코올의 건강영향에 대해 주기적으로 근로자 교육을 실시한다.

(4) 글루타르알데히드(Glutaraldehyde)

① 사용 용도

　㉠ 글루타르알데히드는 기구의 냉살균, 마우스피스의 체액을 제거하거나, 흡입관, 흡입통, 귀, 코, 목의 치료에 사용되는 도구의 소독에 사용된다.

　㉡ 글루타르알데히드는 50%, 25%, 10%, 2% 용액이 모두 소독제로 쓰이지만, 대부분의 병원은 pH 7.5에서 8.5로 중화한 2% 용액을 사용한다.

② 건강영향

　눈과 피부, 호흡기 자극 증세가 있으며, 강력한 감작제로 피부 접촉 시 알레르기 접촉 피부염을 일으키고, 알레르기 비염, 기관지 천식을 유발하기도 한다.

③ 관리방안

　㉠ 글루타르알데히드를 마시면 안 되고, 튀는 것을 방지하는 보안경을 사용하여 눈을 보호해야 한다.

　㉡ 피부 접촉을 막기 위해 보호의를 착용한다. 피부에 글루타르알데히드가 접촉되는 경우 즉시 씻어내고, 샤워를 한다.

　㉢ 옷이 글루타르알데히드로 오염이 되었다면 즉시 벗고, 완전히 제거되기 전에는 착용해서는 안 된다.

　㉣ 글루타르알데히드에 대한 위험성 평가를 실시하고, 개선대책을 모색한다.

　㉤ 물질안전보건자료를 비치하여 글루타르알데히드의 인체에 미치는 영향, 취급상 주의사항, 착용해야 할 보호구, 응급조치방법 등을 확인할 수 있게 한다.

　㉥ 글루타르알데히드의 건강영향에 대해 주기적으로 근로자 교육을 실시한다.

　㉦ 오염된 옷을 세탁하는 근로자들은 글루타르알데히드의 유해성에 대해 인지하여야 한다.

(5) 마취가스

① 사용 용도

　㉠ 수술실과 분만실 등에서 환자의 마취를 위해 마취가스를 사용한다. 사용된 마취가스는 인체 내에서 대사가 거의 되지 않은 상태에서 체외로 배출된다.

　㉡ 수술실에서 흔히 사용하는 마취제에 대하여 미국 국립산업안전보건연구소(NIOSH ; National Institute of Occupational Safety and Health)는 [표 6]과 같이 노출한계를 규정하였다.

❍ [표 6] 마취제의 노출한계 (NIOSH)

종 류	노출한계
클로로포름	2ppm(9.8mg/m^3) 1시간 최고
트리클로로에틸렌	2ppm(10.8mg/m^3) 1시간 최고 : NIOSH 발암성분으로 규정
할로탄	2ppm(16.2mg/m^3) 1시간 최고
메톡시풀루렌	2ppm(13.5mg/m^3) 1시간 최고
엔풀루렌	2ppm(15.1mg/m^3) 1시간 최고
풀루록센	2ppm(10.3mg/m^3) 1시간 최고
나이트로겐 옥사이드	25ppm(30.0mg/m^3) 사용시간에 따른 가중평균

② 건강영향

   ㉠ 급성으로 다량의 가스에 노출되는 근로자는 흥분, 우울, 두통, 구역, 피로, 판단력 저하 등이 발생될 수 있다.

   ㉡ 만성적으로 마취가스에 노출되는 여성에서 자연 유산이 증가되거나 태아 독성, 간 독성, 신장 질환, 종양 등의 발생이 높게 나타났다는 보고가 있다.

③ 관리방안

   ㉠ 수술실에서 폐 마취가스의 중요한 발원은 기구로부터 새어나오는 것, 특히 안면 호흡보호구로 마취가스를 공급할 때 생기므로 이때 주의해야 한다.

   ㉡ 마취가스는 안전과 보건에 모두 중요하기 때문에 수시로 가스 누출 여부를 확인해야 하며, 사용된 마취가스의 양은 기록해야 하고, 가스 누출 여부를 파악하기 위해 주기적으로 점검한다.

   ㉢ 마취가스에 대한 위험성 평가를 실시하고, 개선대책을 모색한다.

   ㉣ 물질안전보건자료를 비치하여 마취가스가 인체에 미치는 영향, 취급상 주의사항, 착용해야 할 보호구, 응급조치방법 등을 확인할 수 있게 한다.

   ㉤ 마취가스에 노출되는 근로자의 건강상태를 정기적으로 모니터링하고, 마취가스 노출로 인한 증상이 나타나지 않도록 주의깊게 관리한다.

   ㉥ 마취가스의 건강영향에 대해 주기적으로 근로자 교육을 실시한다.

   ㉦ 마취가스의 건강장해 예방에 대해 보다 자세한 사항은 KOSHA-GUIDE 「병원 근로자의 마취가스 노출관리 지침」을 참고한다.

(6) 천연고무

① 사용 용도

   ㉠ 천연고무로 만들어진 제품은 고무장갑이 대표적이며, 그 외에도 환자의 검사나 치료에 많이 이용되는 콘돔, 바륨 관장에 쓰이는 도관, 도뇨관, 풍선, 치과용 기계 등에 사용된다.

   ㉡ 천연고무 부위에 피부나 구강, 질, 직장 등의 점막이 노출되면 알레르기 반응이 나타나는 것으로 알려져 있다.

② 건강영향

   ㉠ 천연고무에 의해 유발되는 부작용은 자극 접촉 피부염(irritant contact dermatitis), 천연고무 알레르기 등이며, 천연고무 알레르기는 라텍스의 단백질 성분에 의하여 발생하는 IgE-매개성 면역반응이다.

ⓛ 고무에 의한 피부질환은 접촉 담마진, 알레르기 접촉 피부염(allergic contact dermatitis), 비염, 천식 등이며, 아나필락시스와 같은 전신적인 증상까지 발생 가능하다.

③ 관리방안

㉠ 천연고무로 인한 접촉 피부염 발생을 예방하기 위해 보호장갑을 착용한다.

ⓛ 천연고무에 대한 위험성 평가를 실시하고, 개선대책을 모색한다.

ⓒ 물질안전보건자료를 비치하여 천연고무가 인체에 미치는 영향, 취급상 주의사항, 착용해야 할 보호구, 응급조치방법 등을 확인할 수 있게 한다.

㉣ 천연고무의 건강영향에 대해 주기적으로 근로자 교육을 실시한다.

(7) 항암제

① 사용 용도

항암제는 암의 치료를 위해 사용하는 약물이다. 수술 전 종양의 크기를 줄이거나 수술 후 다른 장기로의 전이를 막거나, 수술하기 어렵게 암이 퍼진 경우에 사용한다.

② 건강영향

㉠ 의료기관에서 사용하는 항암제는 세포 독성이 있거나 태아에게 독성이 있는 엽산길항제, 6-메캅도퓨린 및 일부 알킬화 약물이 있고, 기형 유발이 가능한 약제로 액티노마이신-디, 미토 마이신-씨, 질소무스타드, 프리드니존, 프로카바진, 스트렙토마이신, 빈크 리스틴 등이 있다.

ⓛ 무스틴 하이드로 크로라이드, 독소루비신 같은 약제는 직접 접촉되면 조직에 괴사를 초래하는 매우 강한 수포제인데, 주사바늘에 의해 이러한 항암제에 노출되었을 때는 급성으로 손의 기능 마비를 초래하였다는 보고가 있다.

ⓒ 항암제를 다루는 간호사와 약제실 근로자는 호흡기와 피부를 통해 주로 노출되며, 흡입에 의한 노출은 약을 준비하거나 투여할 때 발생된다. 특히 바늘을 유리병에서 넣고 뺄 때와, 주사 직전에 공기를 제거할 때 항암제의 에어로졸이 발생될 수 있고, 피부 흡수는 항암제를 준비하거나 투여할 때 옆으로 흘리는 경우, 항암제 치료를 받는 환자의 소변과 접촉할 때 발생할 수 있다.

㉣ 항암제에 만성적으로 노출되는 근로자들에서 두통, 어지러움, 구역질, 피부 및 점막 자극, 탈모, 기침, 알레르기성 반응 등이 발생될 수 있으며, 일부 항암제는 피부와 점막을 자극하고, 피부 접촉 시 알레르기 반응을 일으킬 수 있다.

㉤ 국제암연구소(IARC ; International Agency of Research on Cancer)에서 선정한 1군 발암물질(확정된 인체발암물질)에 속하는 항암제는 [표 7]과 같다.

◐ [표 7] 국제암연구소 선정 1군 발암물질 항암제

항암제	암
부설판(Busulfan)	림프-조혈기계암
클로람부실(Chlorambucil)	림프-조혈기계암
클로나파진(Chlornaphazine)	방광암
시클로포스파미드(Cyclophosphamide)	림프-조혈기계암, 방광암
Semustine(Methyl-CCNU)	림프-조혈기계암
멜파란(Melphalan)	림프-조혈기계암
티오테파(Thiotepa)	림프-조혈기계암
트레오설판(Treosulfan)	림프-조혈기계암
에토포시드 (Etoposide) : 시스플라틴(cisplatin), 블레오마이신(bleomycin)과 함께 복합 투여 시	림프-조혈기계암
MOPP(vincristine-prednisone-nitrogen mustard-procarbazine mixture)	림프-조혈기계암, 폐암

③ 관리방안

㉠ 항암제 노출로 인한 건강장해를 예방하기 위해 항암제 사용 근로자에 대해 약의 준비, 투여, 폐기, 쏟았을 때, 의학적 감시, 저장 및 이동, 교육, 정보의 보급 등에 대한 교육을 시행한다.

㉡ 항암제를 조제할 때는 생물안전작업대(Biological Safety Cabinet, BSC) 내부에서 수행하며, Class Ⅱ 또는 Class Ⅲ에서 조제하는 것을 권장한다. 무균조제를 위해 음압환경이 필요하며, 작업공간은 국제표준을 충족해야 한다. 폐쇄형 약물전송 시스템(Closed-System Drug Transfer Device, CSTD)을 사용하여 노출을 최소화 해야 한다.

㉢ 조제환경에서 발생하는 항암제 증기나 에어로졸을 신속히 제거하기 위해 작업대나 조제구역에 국소배기환기시스템을 설치한다. 외부 공기로 유출되는 공기는 HEPA 및 활성탄 필터를 통해 정화하고, 필터는 정기적으로 점검하고 교체해야 한다.

㉣ 항암제 노출을 예방하기 위해 개인용 보호구를 지급하고 착용한다. 니트릴 또는 라텍스 장갑은 두 겹으로 착용하며, 외부 장갑은 30분마다 교체하거나 오염 시 즉시 교체한다. 방수성 가운은 긴 소매로 된 가운을 착용하며, 뒷면이 일회

용 방수 소재를 사용한다. 호흡 보호구는 분말 또는 증기 발생 시 N95 마스크 이상의 등급을 사용한다. 약물이 얼굴에 튈 수 있으므로 보호안경과 안면 보호대를 착용한다. 개인용 보호구는 작업 후 적절히 폐기하고, 재사용하지 않는다.

ⓜ 항암제 노출을 차단하기 위해 주사침 없는 제품을 사용한다.

ⓑ 작업 중 손이나 얼굴을 만지지 않으며, 작업 후 손과 피부를 비누와 물로 철저히 세척한다.

ⓢ 물질안전보건자료를 비치하여 항암제가 인체에 미치는 영향, 취급상 주의사항, 착용해야 할 보호구, 응급조치방법 등을 확인할 수 있게 한다.

ⓞ 항암제에 대한 위험성 평가를 실시하고, 개선대책을 모색한다.

ⓙ 항암제를 취급하는 근로자의 건강상태를 정기적으로 모니터링하고, 항암제 취급으로 인한 건강영향이 나타나지 않도록 주의깊게 관리한다.

ⓒ 항암제가 미치는 건강영향과 취급방법에 대해 주기적으로 근로자 교육을 실시한다.

ⓚ 항암제 누출 사고 시 신속히 약물을 제거하고 오염을 방지하기 위해 약물 누출 대처 키트(Spill Kit)를 작업공간에 배치해야 한다. 약물 누출 대처 키트에는 흡수 패드 및 흡착제, 방수 장갑 및 가운, 폐기물 전용 봉투, 표시 테이프 및 누출 보고서 양식 등을 포함한다.

ⓣ 사용한 장갑, 가운, 주사기 등은 밀폐 가능한 위험 약물 폐기물 전용 용기에 담아 폐기하고, 외부 표면이 오염되지 않도록 주의해야 한다.

SECTION 8

화학물질의 피부자극성 /부식성시험 기술지원규정
(KOSHA GUIDE, E-T-1-2025)

01 용어의 정의

(1) "피부자극성"

최대 4시간 동안 시험물질의 노출에 의한 동물 피부의 가역적인 손상을 말한다. 또는 일정 시간 인체피부 모델에 시험물질을 노출 시 비특이적 면역반응을 포함한 국소적 염증반응과 노출을 중단했을 시 회복이 가능한 반응을 말한다.

(2) "피부 부식"

시험물질에 4시간 노출된 후 시험물질에 의해 나타나는 손상, 궤양, 유혈성 딱지 등 피부의 비가역적인 손상 및 14일간의 관찰기간 종료 시에 발현된 피부표백, 탈모증, 흉터에 의한 탈색 등을 포함하여 말한다. 또는 일정 시간 인체피부 모델에 시험물질을 노출 시 표피에서 진피까지 육안으로 관찰 가능한 조직의 괴사반응을 말한다.

(3) "세포생존율(Cell viability)"

대조군의 생존 대비 시험물질 처리군의 생존을 비율(%)로 나타낸 것이다.

(4) "반수치사시간(ET_{50})"

일정한 시험물질의 농도에서 세포의 생존율을 50% 감소시키는 데 필요한 시간을 말한다.

(5) "반수치사농도(IC_{50})"

일정한 시간에서 세포의 생존율을 50% 감소시키는 데 필요한 시험물질의 농도를 말한다.

(6) "대조물질"

시험물질과 비교할 목적으로 시험에 사용되는 물질을 말한다.

SECTION 9

화학물질의 급성흡입독성시험 (독성등급법) 기술지원규정
(KOSHA GUIDE, E-T-2-2025)

01 용어의 정의

(1) "급성흡입독성"

흡입 가능한 물질을 단기간(24시간 이내) 중단 없이 노출된 후 물질이 유발하는 유해영향(adverse effects)을 말한다.

(2) "LC50(50% Lethal Concentration, 반수치사농도)"

시험물질에 노출 후 일정 시간 또는 노출 중에 시험동물의 반수를 사망시킬 수 있는 물질의 농도를 말한다. LC50의 단위는 증기(vapor) 및 분진(dust)/미스트(mist) 등은 표준부피당 시험물질의 무게(mg/L) 또는 백만분율(ppm)로 표시한다.

SECTION 10

화학물질의 피부감작성 평가를 위한 국소림프절시험 기술지원규정
(KOSHA GUIDE, E-T-3-2025)

01 용어의 정의

(1) "신뢰성(Reliability)"

동일한 실험절차를 사용하여 시험하였을 때 실험실 내 또는 실험실 간 시험결과의 일치성 정도를 말하며, 시험실 내와 실험실 간 재현성을 및 실험실 내 반복성으로 평가한다.

(2) "실험실 간 재현성
(Inter-laboratory reproducibility, Between-laboratory reproducibility)"

서로 다른 실험실에서 동일한 시험절차와 시험물질로 시험을 수행하였을 때 양적 또는 질적으로 유사한 결과를 생산할 수 있는지 측정하는 것으로서 시험법이 시험실 간 전수될 수 있는지 여부를 나타내는 것을 말한다.

(3) "실험실 내 재현성
(Intra-laboratory reproducibility, Within-laboratory reproducibility)"

동일한 실험실에서 자격을 갖춘 사람이 다른 시점에서 동일한 실험절차로 같은 결과를 생산할 수 있는 정도를 말한다.

(4) "이상치(Outlier)"

집단에서 무작위로 채취한 샘플이 다른 수치와 상당히 다른 값을 보이는 것을 말한다.

(5) "피부 감작성(Skin sensitization)"

면역학적 과정으로 감수성 있는 사람이 화학적 항원에 국소적으로 노출되었을 때 나타나는 것을 말하며, 화학적 항원은 접촉성 감작성(contact sensitization)을 발병시킬 수 있는 피부 면역반응을 촉발한다.

(6) "감작성지수(Stimulation Index, SI)"

시험물질의 피부 감작 가능성을 평가하기 위해 산출된 값으로서, 용매 대조군에 대한 시험물질 처리군의 상대적 림프구 증식 정도의 비율을 말한다.

(7) "시험물질(Test substance)"

단일물질 또는 여러 성분의 복합체(예 완제품, 처방)로서 이 규정에 따라 시험된 모든 물질을 말한다.

(8) "보조제(Adjuvant)"

일종의 조직이나 cell의 debris들 같은 것으로, 면역 증강을 위해 같이 넣어주는 물질로, 면역 활성을 증가시켜 항체를 만드는 활성을 활발하게 만들어주는 역할을 한다.

SECTION 11. 혈액원성 병원체에 의한 건강장해 예방 기술지원규정 (KOSHA GUIDE, E-M-4-2025)

01 용어의 정의

(1) "혈액노출"

눈, 구강, 점막, 손상된 피부 또는 침습적 손상을 통하여 타인의 혈액 또는 병원체가 들어 있는 것으로 의심이 되는 혈액에 노출되는 것을 말한다.

(2) "병원체"

인간, 동물, 식물 등 숙주 생물에 감염되어 질병을 일으킬 수 있는 생물체 또는 생물학적 물질을 의미하며, 위험도와 전파 가능성에 따라 기준을 나눌 수 있다.

(3) "혈액원성 병원체"

혈액을 매개로 하여 질병을 유발시키는 병원체를 말한다.

(4) "혈액매개 감염병"

후천성 면역결핍증, B형 간염 및 C형 간염, 매독 등 혈액 및 체액을 매개로 타인에게 전염되어 질병을 유발하는 감염병을 말한다.

(5) "안전보건담당자"

실험실 책임자 또는 실험실 경험이 많은 사람으로서 실험실 전반에 대하여 안전보건 업무를 담당하는 사람을 말한다.

(6) "실험자"

혈액 채취, 저장, 분석 및 임상검사(이하 "실험"이라 한다) 등 업무상 혈액을 취급하는 모든 사람을 말한다.

(7) "실험실"

혈액의 저장(채취한 혈액의 이송을 제외한다), 분석 및 임상검사 등을 수행하는 공간을 말한다.

(8) "제1차단"

혈액원성 병원체로부터 실험자와 실험실을 보호하기 위한 조치를 말한다.

(9) "제2차단"

실험실로부터 외부 환경을 보호하기 위한 조치를 말한다.

(10) "실험폐기물"

혈액을 취급하는 과정에서 발생하는 모든 폐기물을 말한다.

(11) "경구감염"

혈액에 오염된 손으로 음식물의 섭취, 흡연 및 입으로 피펫을 사용함으로써 입을 통하여 감염되는 것을 말한다.

(12) "피부감염"

주사침, 날카로운 도구, 유리 조각 등에 베이거나 찔려서 또는 상처난 피부에 혈액이 접촉됨으로써 감염되는 것을 말한다.

(13) "안구감염"

혈액이 튀어서 눈으로 들어가든지 혈액으로 오염된 손으로 눈을 만져서 감염되는 것을 말한다.

02 병원체와 생물안전 캐비닛의 종류

(1) 병원체의 종류

① 제1종 병원체

건강한 사람에서는 질병을 유발하지 않는 병원체를 말한다.

② 제2종 병원체

건강한 사람에서는 치명적인 질병을 유발하지 않고, 발생률이 매우 낮으면서 예방과 치료가 가능한 질병을 유발할 수 있는 병원체를 말한다.

③ 제3종 병원체

건강한 사람에서도 치명적이지만 예방 및 치료가 가능한 질병을 유발할 수 있는 병원체를 말한다.

④ 제4종 병원체

건강한 사람에서 예방 및 치료가 어려우며 치명적인 질병을 유발하는 병원체를 말한다.

(2) 생물안전 캐비닛의 종류

① 제1급 생물안전 캐비닛

음압은 유지되나 앞면이 개방되어 있으며, 내부의 공기는 재순환 되지 않고 헤파필터로 처리되며, 캐비닛 내 작업공간에 헤파필터를 통과하지 않은 공기가 유입될 수 있기 때문에 위험성이 적은 미생물 취급에 사용된다. 공기로 매개되는 병원체 취급에는 적절치 않으며, 제1종 병원체 취급에 적합하다.

② 제2급 생물안전 캐비닛

유입공기와 배기가 모두 헤파필터로 처리되며, 유입공기 속도는 형태에 따라 0.38~0.5m/s를 유지해야 하며, 헤파필터 처리된 유입공기는 위에서 아래로 내려온다. 제2종 및 제3종 병원체 취급에 적합하다.

③ 제3급 생물안전 캐비닛

완전밀폐형으로 유입공기와 배기가 모두 헤파필터로 처리되고, 최소 120Pa의 음압상태가 유지되어야 한다. 실험자는 내장된 고무장갑을 통해 작업을 수행하거나 원격으로 작업을 수행해야 하며, 작업공간에 직접 접촉하지 않는다. 제4종 병원체의 취급에 적합하다.

SECTION 12

건강한 사무환경 구축 기술지원규정
(KOSHA GUIDE, E-G-6-2025)

01 용어의 정의

(1) "사무실"

중앙관리방식의 공기정화설비 등을 갖추고 근로자가 업무를 수행하는 실내공간과 그 부속시설인 휴게실, 식당, 화장실, 회의실, 강당, 보건의료시설, 복도, 계단 등의 공간을 말한다.

(2) "사무실 오염물질"

분진·가스·증기 등과 곰팡이·세균·바이러스 등 사무실의 공기 중에 떠다니면서 근로자에게 건강장해를 유발할 수 있는 물질을 말한다.

(3) "공기정화설비 등"

사무실 오염물질을 바깥으로 내보내거나 바깥의 신선한 공기를 실내로 끌어들이는 급·배기장치, 오염물질을 제거 또는 감소시키는 여과제 또는 온도, 습도, 기류 등을 조절하여 공급할 수 있는 냉·난방장치, 그 밖의 이에 상응하는 장치 등을 말한다.

(4) "미세먼지"

먼지 중 입자의 지름이 10마이크로미터 이하인 것을 말한다.

(5) "초미세먼지"

먼지 중 입자의 지름이 2.5마이크로미디 이하인 것을 말한디.

(6) "기적"

사무실 바닥으로부터 4미터 이상의 공간을 제외한 총 용적에서 사무실 내에 있는 설비나 기기가 점유한 용적을 뺀 공기의 체적을 말한다.

02 사무실 작업환경 관리기준

(1) 기적

근로자가 상시 근로하는 사무실 내(이하 "실내"라 한다)의 근로자 1인에 대하여 10세제곱미터 이상으로 한다.

(2) 환기

실내의 환기는 직접 외기를 향하여 개방할 수 있는 창을 설치하고 그 면적은 바닥면적의 20분의 1 이상이 되도록 해야 한다. 단, 환기가 충분히 이루어지는 성능의 설비를 갖춘 때는 그러하지 아니하다.

(3) 온 · 습도

① 실내온도가 섭씨 10도 이하인 경우 난방 등 적당한 온도조절을 위한 조치를 강구하여야 한다.
② 실내를 냉방하는 경우, 당해 실내의 기온과 외부온도의 차이가 섭씨 10도 이하로 하여서는 아니 된다. 다만, 전자계산기, 컴퓨터, 정밀기기 등을 설치한 작업실에서는 그 근로자에게 보온을 위하여 필요한 조치를 한 경우에는 그러하지 아니하다.
③ 중앙집중식 공기정화설비 등을 갖추고 있는 경우에는 실내의 기온이 섭씨 18도 이상 24도 이하, 상대습도가 40% 이상 70% 이하가 되도록 조치하여야 한다.

(4) 기류

공기정화설비 등에 의해 사무실로 들어오는 공기가 근로자에게 직접 접촉되지 아니하도록 하고 기류속도는 매초당 0.075m 이상 0.15m 이하가 되도록 조치하여야 한다.

(5) 조도

① 실내 작업면의 조도를 다음 [표 1] 좌측 작업 구분에 따라 우측 칸 기준에 적합하도록 하여야 한다.

◆ [표 1]

작업 구분	기 준
초정밀 작업	750럭스 이상
정밀 작업	300럭스 이상
보통 작업	150럭스 이상
기타 작업	75럭스 이상

② 실내 채광과 조명에 대해서는 명암대조가 심하지 않고 눈부심을 발생시키지 않는 방법으로 하여야 한다.

③ 영상표시단말기를 취급하는 작업장의 경우 사업주는 「영상표시단말기를 사용하는 사무환경 관리에 관한 기술지원규정」에 따라 화면의 바탕 색상이 검정색 계통일 경우 300LUX 이상 500LUX 이하로, 흰색 계통일 경우 500LUX 이상 700LUX 이하로 작업장 주변 환경의 조도를 유지하여야 한다.

(6) 소음 및 진동 방지

실내 근로자에게 유해한 영향을 미칠 우려가 있는 소음 또는 진동에 대하여 차음 또는 흡음의 기능을 갖는 천장과 격리 벽을 설치하는 등 그 전파를 방지하기 위한 필요한 조치를 강구하여야 한다.

(7) 급수

실내 근로자에게 식용으로 공급하는 식수는 국가의 수질검사기준에 합격한 것이어야 한다.

(8) 배수

배수 관련 설비에 대하여 당해 설비의 정상적인 기능이 방해되지 않도록 보수 또는 청소하여야 한다.

(9) 사무실의 청결

① 사무실을 항상 청결하게 유지관리하기 위하여 실내분진 발생을 최대한 억제할 수 있는 방법을 사용하여 청소하여야 한다.

② 실외로부터 자동차 매연, 그 밖의 오염물질이 실내로 들어올 우려가 있는 때에는 통풍구, 창문, 출입문 등의 공기유입구를 재배치하는 등의 조치를 하여야 한다.

③ 미생물로 인한 사무실 공기오염을 방지하기 위하여 건물 표면 및 공기정화설비 등에 오염되어 있는 미생물을 제거하여야 하며 6개월에 1회 이상 정기적으로 방제 및 청소를 실시하여야 한다.

(10) 휴게설비

KOSHA-GUIDE 「근로자 휴게시설 설치에 관한 기술 지침」에 따라 근로자가 휴식시간 등에 이용할 수 있는 휴게설비를 설치하여야 한다.

(11) 공기정화설비 등의 점검

동력에 의한 강제환기설비에 대하여 최초 사용 시, 또한 분해하여 개조 또는 수리를 행한 때에는 사용 전에 점검을 하여야 하며, 6개월마다 1회 정기적으로 이상 유·무를 점검하고 그 결과를 기록한 서류를 1년간 보존하여야 한다.

(12) 사무실 주변기기

「영상표시단말기(VDT) 취급 근로자 작업관리 지침」에 따라 사무실에서 사용되는 책상·의자·컴퓨터 등의 주변기기 사용 시 작업하는 근로자가 불편함을 느끼지 않도록 조치하여야 한다.

(13) 작업자세

「영상표시단말기(VDT) 취급 근로자 작업관리 지침」에 따라 사무실 근로자는 의자의 높이를 조절하고 모니터·키보드 등의 위치를 조정하여 작업 시 올바른 자세를 유지하여야 한다.

03 사무실 오염물질별 관리기준

공기정화설비 등을 중앙집중식 냉·난방식으로 설치한 경우, 실내에 공급되는 공기는 「사무실 공기관리 지침」에 따라 다음 각 호의 기준에 적합하도록 당해 대상물질을 관리해야 한다.

(1) 미세먼지

사무실 내 미세먼지의 농도는 $100\mu g/m^3$ 이하가 되도록 하여야 한다.

(2) 초미세먼지

사무실 내 초미세먼지의 농도는 $50\mu g/m^3$ 이하가 되도록 하여야 한다.

(3) 일산화탄소

당해 실내 일산화탄소(CO)의 농도가 10ppm 이하(외기가 오염되어 있어 일산화탄소의 농도가 10ppm 이하인 공기를 공급하기 곤란한 경우에는 20ppm 이하)가 되도록 하여야 한다.

(4) 이산화탄소

당해 실내공기 중 이산화탄소(CO_2)의 농도가 1,000ppm 이하가 되도록 하여야 한다.

(5) 이산화질소

이산화질소(NO_2)가 발생되는 연소기구(발열량이 극히 적은 것을 제외한다)를 사용하는 실내작업장에는 배기통, 환기팬 및 기타 공기 순환을 위한 적절한 설비를 설치하여 이산화질소의 당해 실내 농도가 0.1ppm 이하로 되도록 조치하여야 한다.

(6) 포름알데히드

사무실 내 포름알데히드(HCHO)의 농도가 $100\mu g/m^3$ 또는 0.1ppm 이하가 되도록 하여야 한다.

(7) 총휘발성유기화합물

사무실 내 총휘발성유기화합물의 농도가 $500\mu g/m^3$ 이하가 되도록 하여야 한다.

(8) 라돈

지상 1층을 포함한 지하에 위치한 사무실에만 적용하며 사무실 내 라돈의 농도가 $148Bq/m^3$ 이하가 되도록 하여야 한다.

(9) 총부유세균

사무실 내 총부유세균의 농도가 $800CFU/m^3$ 이하가 되도록 하여야 한다.

(10) 곰팡이

사무실 내 곰팡이의 농도가 $500CFU/m^3$ 이하가 되도록 하여야 한다.

04 사무실 오염물질별 평가

(1) 측정대상

실내환경에 대한 평가를 하고자 할 때에는 다음 사항을 측정하여야 한다.
① 공기 중 미세먼지 농도
② 공기 중 초미세먼지 농도
③ 공기 중 일산화탄소 농도
④ 공기 중 이산화탄소 농도
⑤ 공기 중 이산화질소 농도
⑥ 공기 중 포름알데히드 농도
⑦ 공기 중 총휘발성유기화합물 농도
⑧ 공기 중 라돈 농도
⑨ 공기 중 총부유세균 농도
⑩ 공기 중 곰팡이 농도

(2) 평가항목

사무실 환경의 평균적인 오염도를 평가하고자 할 때에는 아래 (3)에서 규정하고 있는 사항에 대해 평균적인 평가가 될 수 있도록 사무실 환경을 평가하여야 한다.

(3) 측정

「사무실 공기관리 지침」을 참고하여 측정, 시료채취, 분석을 실시한다.

① 본 항에서 규정하는 아래 [표 2] 좌측 칸의 오염물질에 대한 측정 시 동표 우측 칸에 기록한 측정횟수와 시료채취시간을 참고하여야 한다.

◆ [표 2]

오염물질	측정횟수(측정시기)	시료채취시간
미세먼지(PM 10)	연 1회 이상	업무시간 동안 (6시간 이상 연속 측정)
초미세먼지(PM 2.5)	연 1회 이상	업무시간 동안 (6시간 이상 연속 측정)
이산화탄소(CO_2)	연 1회 이상	업무 시작 후 2시간 전후 및 종료 전 2시간 전후(각각 10분간 측정)
일산화탄소(CO)	연 1회 이상	업무 시작 후 1시간 전후 및 종료 전 1시간 전후(각각 10분간 측정)
이산화질소(NO_2)	연 1회 이상	업무 시작 후 1시간~종료 1시간 전 (1시간 측정)
포름알데히드(HCHO)	연 1회 이상 및 신축 건물 입주 전	업무 시작 후 1시간~종료 1시간 전 (30분간 2회 측정)
총휘발성유기화합물(TVOC)	연 1회 이상 및 신축 건물 입주 전	업무 시작 후 1시간~종료 1시간 전 (30분간 2회 측정)
라돈	연 1회 이상	3일 이상~3개월 이내 연속 측정
총부유세균	연 1회 이상	업무 시작 후 1시간~종료 1시간 전 (최고 실내온도에서 1회 측정)
곰팡이	연 1회 이상	업무 시작 후 1시간~종료 1시간 전 (최고 실내온도에서 1회 측정)

② 본 항에서 규정하는 아래 [표 3] 좌측 칸의 측정대상에 대한 측정 시 동표 우측 칸에 기록한 시료채취방법과 분석방법을 참고하여야 한다.

◐ [표 3]

측정대상	시료채취방법	분석방법
미세먼지(PM 10)	PM 10 샘플러를 장착한 고용량 시료채취기에 의한 채취	중량분석
초미세먼지(PM 2.5)	PM 2.5 샘플러를 장착한 고용량 시료채취기에 의한 채취	중량분석
이산화탄소(CO_2)	비분산적외선검출기에 의한 채취	검출기의 연속 측정에 의한 직독식 분석
일산화탄소(CO)	비분산적외선검출기 또는 전기화학검출기에 의한 채취	검출기의 연속 측정에 의한 직독식 분석
이산화질소(NO_2)	고체흡착관에 의한 시료채취	분광광도계로 분석
포름알데히드(HCHO)	2,4-DNPH가 코팅된 실리카겔관이 장착된 시료채취기에 의한 채취	2,4-DNPH 포름알데히드 유도체를 HPLC UVD 또는 GC-NPD로 분석
총휘발성유기화합물 (TVOC)	1. 고체흡착관 또는 2. 캐니스터로 채취	1. 고체흡착열탈착법 또는 고체흡착 용매추출법을 이용한 GC로 분석 2. 캐니스터를 이용한 GC 분석
라돈	라돈연속검출기(자동형), 알파트랙(수동형), 충전막전리함(수동형) 측정 등	3일 이상 3개월 이내 연속 측정 후 방사능 감지를 통한 분석
총부유세균	충돌법을 이용한 부유세균채취기로 채취	채취·배양된 균주를 세어 공기 체적당 균주 수로 산출
곰팡이	충돌법을 이용한 부유진균채취기로 채취	채취·배양된 균주를 세어 공기 체적당 균주 수로 산출

③ 측정지점은 당해 근로자의 호흡기 및 유해물질 발생원에 근접한 위치 또는 근로자 작업행동 범위의 주작업 위치에서 근로자의 호흡기 높이에서 측정하여야 한다.

(4) 기록보존

전 항의 규정에 의한 측정을 행한 때에는 그때마다 다음 사항을 기록하여 이를 5년간 보존하여야 한다.

SECTION 13

폐기물 소각시설의 작업관리 기술지원규정
(KOSHA GUIDE, E-G-7-2025)

01 용어의 정의

(1) "유해물질"

소각시설에서 발생될 수 있는 다이옥신류, 염화수소, 일산화탄소, 황산화물, 질소산화물, 분진 등을 말한다.

(2) "부착물"

소각시설에 부착되어 있는 퇴적 분진을 포함한 유해물질 등 불필요한 이물질을 말한다.

(3) "습윤화"

물을 뿌려 분진 등의 비산을 억제하는 방법을 말한다.

02 대상 작업의 종류

(1) 소각시설의 운전에 따라 발생되는 소각재, 검댕 및 기타 연소재의 취급과 관련된 작업 (이하 "소각재 등 취급작업"이라 한다) 제곱미터 이상으로 한다.

① 소각로, 집진기 등의 내부에서 행해지는 소각재 등의 배출작업
② 설비의 보수 · 점검 전에 소각로, 집진기 등의 내부에서 행해지는 청소 등의 작업

③ 소각로, 집진기 등의 외부에서 행해지는 소각재의 운반, 비산재를 고형화시킨 소각
재 및 비산재 등을 취급하는 작업

④ 소각로, 집진기 등의 외부에서 행해지는 청소 등의 작업

⑤ 소각로, 집진기 등의 외부에서 행해지는 (1)의 ① 및 ②에 해당하는 작업의 지원
및 감시 등의 작업

(2) 소각시설에 설치된 소각로, 집진기 등 설비의 보수·점검 등의 업무와 관련된 작업(이
하 "보수·점검작업"이라 한다)

① 소각로, 집진기 등의 내부에서 행해지는 소각재 등의 배출작업

② 소각로, 집진기 등의 외부에서 행해지는 소각로, 집진기 또는 기타 장치의 운전 및
보수·점검 등의 작업

③ 소각로, 집진기 등 외부에서 행해지는 (2)의 ①에 해당하는 작업에 대한 지원 및
감시 등의 작업

단, 보수·점검 등에 따라 소각재, 검댕 및 기타 연소재 등을 취급하는 경우에는 (1)의
작업에 해당하는 것으로 본다.

(3) 소각시설에 설치된 소각로, 집진기 등 설비의 해체업무와 관련된 작업(이하 "해체작
업"이라 한다)

① 소각로, 집진기, 연도설비, 배연냉각설비, 세정설비, 배수처리설비 및 폐열보일러
등 설비의 해체 또는 파괴 작업

② (3)의 ①에 해당하는 설비의 대규모 교체에 따른 철거·보수·개조 작업

③ (3)의 ① 및 ②의 작업에 따른 소각재 및 기타 연소재 등의 취급 작업

단, 내화벽돌의 교체 등 정기적으로 실시하는 보수·점검작업에서 대규모 교체를 동반
하지 않는 작업은 (2)에 해당하는 작업으로 본다.

03 작업방법 및 건강장해 예방대책

(1) 소각재 등 취급작업, 보수·점검작업 및 해체작업에서 공통적으로 강구하여야 할 조치

① 특별안전·보건교육

사업주는 소각재 등 취급작업, 보수·점검작업 및 해체작업(이하 "소각시설작업"이라
한다) 중 허가 또는 관리대상 유해물질을 취급하게 될 경우 법 제29조(근로자에 대한
안전보건교육)제3항의 규정에 따라 근로자에게 특별안전·보건교육을 실시한다.

② 관리감독자의 지정

사업주는 소각시설작업을 행하는 경우 법 제16조(관리감독자)의 규정에 따라 화학물질에 대한 지식을 가진 자를 소각시설작업에 대한 관리감독자로 지정하고 관련작업을 지휘하도록 한다. 이 경우 관리감독자는 작업에 종사하는 근로자의 보호구 착용 상태를 점검하고 유해물질의 발산을 억제하기 위하여 시행된 습윤화를 확인하는 등 필요한 조치를 강구한다.

③ 발산원의 습윤화

사업주는 소각시설작업에 근로자를 종사하도록 하는 경우(단, 보수·점검작업은 제외한다) 유해물질을 함유한 분진 등이 비산하지 않도록 발산원을 습윤화한다. 다만 습윤화하는 것이 현저히 곤란한 경우에는 예외로 한다.

④ 건강관리

㉠ 사업주는 법 제130조(특수건강진단 등)에 따라 소각시설작업에 종사하는 근로자에 대하여 작업 중 특수건강검진 대상 유해인자에 노출될 경우 특수건강진단을 받도록 한다. 다만, 다이옥신류의 노출에 따른 건강상의 불안을 호소하는 근로자에 대하여는 산업의학전문가의 의견을 바탕으로 필요에 따라 건강진단 등 적절한 조치를 강구한다.

㉡ 사업주는 소각시설작업 중, 사고 또는 보호구의 파손 등에 의해 근로자가 유해물질에 심각하게 오염되었거나 이를 다량으로 흡입했을 우려가 있는 경우에는 해당 근로자가 신속하게 의학적 진단 및 조치를 받도록 한다.

⑤ 여성근로자의 보호

사업주는 소각시설작업에 여성을 종사하도록 하는 경우에는 모성보호 차원에서 작업강도 및 작업내용을 배려하도록 하고 해당 근로자의 건강관리에 특별히 유의한다.

⑥ 보호구

사업주는 소각시설작업에 근로자를 종사하도록 하는 경우에는 호흡용 보호구 등 필요한 보호구를 지급하고 다음의 조치를 강구한다.

㉠ 보호구의 관리

ⓐ 보호구의 착용 상황에 대한 관리

ⓑ 작업 후 보호구의 분리 등

ⓒ 보호구에 대하여는 오염의 정도 확인 등 일상적인 보수와 점검을 실시한다.

ⓓ 유해물질에 오염되었을 우려가 있는 보호구는 일회용과 보호구와 제조회사가 별도의 방법을 정한 여과재와 정화통을 제외하고는 깨끗한 온수, 중성세제 및 헥산으로 세정한다.

ⓔ 유해물질에 표면이 오염된 치구와 공구 등의 기자재는 일회용을 제외하고는 깨끗한 온수 및 중성세제로 세정한다.

ⓕ 헥산 등으로 보호구를 세정하는 경우에는 용해된 다이옥신류에 노출되지 않도록 주의한다.

ⓖ 송기마스크를 사용하는 경우에는 유해물질, 오일미스트 및 분진 등을 함유하지 않은 깨끗한 공기를 공급한다.

ⓛ 보호구의 선정

사업주는 소각시설작업의 내용과 발생오염원의 특성에 따라 적합한 보호구를 선택하여 근로자가 착용할 수 있도록 한다. 단, 고소작업 또는 임시작업의 경우에는 다음의 조치를 강구한다.

ⓐ 고소작업에서의 보호구 사용

• 고소작업에서 송기호스가 작업에 방해를 주는 경우 또는 송기호스를 해당 장소까지 연장시키기 어려운 경우에는 해당 작업 장소 부근에 충분한 성능을 가진 송기라인 접속장소를 설치한다.

• 송기라인 접속장소를 설치하기 어려운 경우에는 호흡용 보호구를 사용토록 하고 추락방지를 위해 안전한 작업발판을 설치한다. 단, 안전한 작업발판 설치가 어려운 경우에는 안전대를 사용하는 등 추락방지조치를 강구한다.

ⓑ 임시작업에서의 보호구 사용

사업주는 고농도의 유해물질 등으로 인하여 송기마스크의 사용이 필요함에도 불구하고 작업발판의 설치 및 해체작업 등의 임시작업에서 송기마스크를 사용하는 것이 곤란한 경우에는 다음의 조치를 강구한 후 방진/방독겸용 호흡용 보호구를 사용하여 작업을 실시할 수 있다.

• 작업 개시 전에 바닥면을 청소한다.

• 작업을 실시하는 동안 분진 및 가스 형태의 다이옥신류가 발산될 우려가 있는 경우에는 작업을 중단한다.

⑦ 휴게실 사용 시 유의사항

사업주는 근로자의 작업복에 부착된 소각재 등에 의해 휴게실이 오염되지 않도록 청결을 유지하고 관리한다.

⑧ 흡연 금지

사업주는 작업이 이루어지는 작업장 내에서 근로자가 흡연이나 음식물의 섭취하지 않도록 한다.

(2) 소각재 등 취급작업 및 보수·점검작업에서 강구하여야 할 조치

① 사업주는 소각재 등 취급작업 및 보수·점검작업 시 측정대상 유해인자에 근로자가 노출될 경우 법 제125조에 따른 작업환경측정을 실시한다.

② 소각재 등 취급작업 및 보수·점검작업에 참여하는 근로자, 위탁사업주, 위탁사업주의 근로자에게 해당 작업에 참여함으로써 발생할 수 있는 노출수준, 성격 등의 정보를 알려야 한다. 현장 근로가 아닌 외부 환경에서 근로하는 근로자는 해당 조치에서 제외한다.

③ 사업주가 소각재 등 취급작업 및 보수·점검작업을 타 사업주에게 위탁하는 경우 사업주는 위탁사업주의 근로자가 유해물질에 노출되는 것을 방지하기 위하여 협의체를 구성하고 주기적으로 업무를 협의한 후 실시한다. 이 경우 업무를 위탁한 사업주가 2개소 이상인 경우 모든 사업주를 협의체에 포함시켜야 한다.

④ 소각재 등 취급작업 및 보수·점검작업 업무를 위탁받은 사업주는 사업주가 구성한 협의체에 가입하고 소각시설 작업에 종사하는 모든 근로자가 유해물질에 노출되는 것을 방지하기 위하여 공동으로 노력한다.

(3) 해체작업에서 강구하여야 할 조치

① 대상 시설에 대한 정보 제공
사업주는 해체작업을 실시하는 경우, 해체대상 시설의 도면을 사전에 해체작업 실시 사업주(이하 "해체사업주"라 한다)에게 제공한다.

② 협의체의 구성
사업주는 해체작업을 실시하는 경우, 해체작업 근로자가 유해물질에 노출되는 것을 방지하기 위하여 해체사업주와 협의체를 구성한다. 이 경우 2개소 이상의 사업주가 해체작업에 참여하는 경우 또는 재하청의 형태로 해체작업이 진행되는 경우 모든 사업주가 협의체에 가입하도록 한다.

③ 부착물 제거작업의 실시
사업주는 해체사업주로 하여금 해체작업을 실시하기 전에 설비 내부에 부착된 유해물질이나 비산이 쉬운 분진 등의 유해물질을 충분히 제거하도록 한다. 이 경우 부착물의 제거작업 시에는 다음 사항을 준수한다.
　㉠ 가설구조물(벽 등) 또는 비닐시트를 이용하여 작업장소를 다른 작업장소와 격리한다.

ⓛ 휘발물질이나 비산 또는 퇴적 분진이 많을 경우에는 가능한 한 원격조작을 통해 작업을 실시한다.

ⓒ 연도(煙突) 등 협소한 장소에서는 고압수 세정 등의 방법을 통해 부착물을 제거하는 등 적절한 조치를 강구한다.

④ 작업장소의 분리

사업주는 소각로 해체작업 시 유해물질에 의한 오염 및 확산을 방지하기 위하여 해체사업주로 하여금 구역별로 가설벽체 등을 이용한 분리 혹은 비닐시트를 이용하여 덮는 방법 등 분진의 비산을 최소화하도록 한다.

⑤ 해체작업의 샤워 및 탈의실

해체작업 시 샤워시설 및 탈의실을 제공하여야 하며 해당 작업을 도급을 준 경우 관계수급인이 샤워 및 탈의실을 사용할 수 있도록 하여야 한다.

⑥ 주변 환경에 대한 대응

사업주는 소각로 해체작업에 의해 발생하는 배기가스, 비산분진, 폐수 및 해체작업물에 의한 주변 환경영향을 방지하기 위하여 해체사업주로 하여금 다음의 조치를 강구하도록 한다.

㉠ 배기가스와 비산분진의 처리

발생되는 배기가스 및 비산분진 등은 흡착제, 집진기 또는 세정설비를 사용하여 충분히 정화 후 배출한다.

ⓛ 배수처리

해체작업에 의해 발생된 오염 폐수는 응집침전법 등의 처리설비를 사용하여 고형물질을 분리 처리한 후 배수한다.

ⓒ 유해폐기물의 분리보관

유해물질에 오염된 폐기물은 비산을 방지하기 위하여 밀폐용기를 사용하여 분리하고 「폐기물관리법」에 따라 처리하기 전까지 작업에 방해가 되지 않는 장소에 보관한다.

㉣ 폐기물의 처리

ⓐ 소각재와 부착물 등의 유해물질에 오염된 해체 폐기물에 대해서는 「폐기물처리법」에 따라 폐기물의 종류에 맞게 분류하여 배출·처분한다.

ⓑ 유해물질을 제거하였거나 유해물질이 없는 해체 폐기물의 경우에는 「폐기물관리법」에 따라 폐기물의 종류에 맞게 분류하여 배출·처분한다.

SECTION 14

근로자 휴게시설 설치·관리에 관한 기술 지침
(KOSHA GUIDE, H-178-2022)

01 용어의 정의

(1) "휴게시설"

근로자들이 휴식시간 내에 신체적 피로와 정신적 스트레스를 해소할 수 있도록 마련한 공간을 의미한다.

(2) "휴식시간"

「근로기준법」에서 규정하고 있는 휴게시간을 의미하는 것으로 근로시간이 4시간인 경우에는 30분 이상, 8시간인 경우에는 1시간 이상의 휴게시간이 근로시간 도중에 제공된다.

(3) "도급인"

물건의 제조·건설·수리 또는 서비스의 제공 등의 업무를 도급하는 사업주를 말한다. 단, 건설공사 발주자는 제외한다.

(4) "수급인"

도급인으로부터 물건의 제조·건설·수리 또는 서비스의 제공 등의 업무를 도급 받은 사업주를 말한다.

(5) "관계수급인"

도급이 여러 단계에 걸쳐 체결된 경우 각 단계별로 도급받은 사업주 전부를 말한다.

(6) "공동휴게시설"

휴게시설의 설치의무가 있는 사업장의 사업주가 다른 사업주와 공동으로 각 사업장의 근로자가 이용할 수 있도록 설치·운영하는 경우를 의미한다. 산업단지 또는 지식산업센터 내 다수 입주기업이나 대형유통센터(아울렛, 마트, 백화점, 면세점 등) 내 다수 입점업체가 공동으로 설치하는 경우를 말한다.

(7) "동시 사용인원"

동일한 휴게시간 내에 휴게시설을 이용하는 근로자 수의 최대 합을 의미한다.

02 휴게시설 설치대상

(1) 대상 사업장

① 휴게시설은 일하는 사람들의 신체적 피로와 정신적 스트레스를 해소하기 위한 시설이므로 사업의 종류와 규모에 관계없이 모든 사업장에 설치해야 한다.

② 휴게시설을 설치하지 않아서 과태료가 부과되는 경우는 다음과 같다.

　㉠ 상시근로자(관계수급인 근로자 포함) 20명 이상을 사용하는 사업장

　㉡ 건설업은 해당 공사의 총공사금액이 20억 원 이상인 사업장

　㉢ 상시근로자 수(관계수급인 근로자 포함) 10명 이상으로 한국표준직업분류상의 7개 직종(전화상담원, 돌봄서비스 종사원, 텔레마케터, 배달원, 청소원 및 환경미화원, 아파트 경비원, 건물 경비원) 근로자를 2명 이상 사용하는 사업장의 사업주

(2) 휴게시설 설치 주체

① 근로자를 고용하고 있는 사업주는 근로자(관계수급인의 근로자 포함)가 휴식시간에 이용할 수 있는 휴게시설을 설치할 의무가 있다. 단, 근로계약을 체결하지 않는 특수형태근로 종사자는 제외한다.

② 도급계약이 체결된 경우, 사업주인 도급인과 수급인, 관계수급인 모두 휴게시설을 설치해야 하며 설치 · 관리 기준을 준수해야 한다.

(3) 도급을 주는 경우 휴게시설 설치 및 운영방법

① 도급인의 사업장 내에서 작업을 하는 경우

　㉠ 도급인은 수급인 또는 관계수급인 근로자를 포함하여 근로자들이 이용할 수 있는 휴게시설을 설치하고, 수급인 또는 관계수급인 근로자가 휴게시설을 자유롭게 이용할 수 있도록 해야 한다. 도급인이 수급인 또는 관계수급인 근로자가 휴게시설을 이용하는 것을 제한하는 경우 과태료 부과대상이 된다.

　㉡ 수급인 또는 관계수급인이 소속 근로자가 이용할 수 있는 휴게시설을 별도로 설치하는 경우 도급인은 설치에 필요한 장소를 제공하거나 시설을 이용할 수 있도록 협조해야 한다. 도급인이 이를 위반할 경우 과태료 부과대상이 된다.

② 도급인의 사업장 밖에서 작업을 하는 경우

　㉠ 도급인의 사업장 밖이라도 그 시설 또는 장소가 도급인의 지배 · 관리하에 있는 경우에는 '도급인의 사업장 내'에서 작업을 하는 경우와 동일하게 휴게시설을 설치하고 관리해야 한다.

　㉡ 다만, 도급인의 사업장 내 또는 도급인이 지배 · 관리하는 장소가 아닌 곳에서 도급받은 업무를 수행하는 경우에는 수급인 또는 관계수급인이 휴게시설을 설치해야 한다.

(4) 파견근로자 및 공무원의 휴게시설

① 파견근로자를 사용하는 경우 파견근로자를 사용하는 사업주가 휴게시설을 설치해야 한다. 파견근로자를 사용하는 사업주는 자신이 고용한 근로자뿐 아니라 파견근로자도 포함해 근로자들이 이용할 수 있는 휴게시설을 설치해야 한다.

② 도급인은 수급인 또는 관계수급인이 사용하는 파견근로자까지 휴게시설을 이용할 수 있도록 운영해야 한다.

③ 공무원의 경우에도 임금을 목적으로 근로를 제공하는 사람이므로 일반 근로자와 동일하게 산업안전보건법상의 휴게시설 관련 규정을 적용하여 휴게시설을 설치하고 관리해야 한다.

03 휴게시설 설치기준

(1) 크기

① 최소 바닥면적과 천장까지의 높이

    ㉠ 휴게시설의 바닥면적은 최소 $6m^2$ 이상이어야 하며, 공동휴게시설의 경우 최소 바닥면적은 $6m^2$에 사업장의 개수를 곱한 면적으로 한다.

    ㉡ 휴게시설의 바닥면으로부터 천장까지의 높이는 모든 지점에서 2.1m 이상이어야 한다.

    ㉢ 최소면적을 충족하지 못하는 경우 휴게시설 설치기준 위반이 되며, 다수 설치하는 경우 모든 휴게시설은 최소면적 이상이어야 한다.

    ㉣ 그늘막 등 간이로 휴게시설을 설치하여 벽이나 기둥이 없는 경우에는 지붕 끝부분으로부터 1m 안쪽 선으로 둘러싸인, 하늘에서 아래로 내려다 보았을 때 보이는 면적을 바닥면적으로 하여 최소면적을 판단한다.

② 근로자대표와 협의한 최소면적

    ㉠ 사업장별 휴게시설의 최소면적은 교대근무 및 휴식형태, 휴식주기, 동시 사용 인원 등 사업장 특성을 고려하여 근로자대표와 협의하여 정한다.

    ㉡ 휴게시설의 크기를 근로자대표와 협의하여 정한 경우에는 그 면적을 사업장 휴게시설의 최소 바닥면적으로 한다. 이 경우에도 최소 바닥면적은 $6m^2$ 이상이어야 한다.

    ㉢ 공동휴게시설은 우선 각 사업장별로 근로자대표와 협의하여 다른 사업장과 공동으로 휴게시설을 설치하기로 정한 후, 공동휴게시설의 설치대상이 되는 각 사업장별 사업주와 근로자대표가 협의하여 공동휴게시설의 크기, 위치 등을 정한다. 이 경우에도 최소 바닥면적은 $6m^2$ 이상이어야 한다.

③ 휴게시설 동시 사용인원 산출 시 고려해야 할 사항

    ㉠ 교대 근무를 할 경우 1일 근무조 중 1개조의 인원을 제외하고 휴게시설 사용인원을 산출할 수 있으며, 휴식주기가 다른 경우에도 휴게시설 사용인원에서 제외할 수 있다.

    ㉡ 사무실이나 이와 유사한 업무공간에서 일하는 사무직의 경우 휴게시간 동안 업무 관련자의 방문, 전화통화 같은 업무에서 일체의 방해를 받지 않는다면 휴게시설 사용인원에서 제외할 수 있다.

ⓒ 상시 외근을 하는 근로자나 고객서비스 기사와 같이 주로 사업장 밖에서 활동하는 경우 휴게시설 사용인원에서 제외할 수 있다.

ⓔ 휴게시설은 가급적 남성용과 여성용을 구분해서 설치하는 것을 권하지만, 개방형 휴게시설 등을 설치하는 경우에는 반드시 성별로 구분해 설치하는 것을 강제하지는 않으며, 공간제약 등으로 별도의 휴게시설을 설치하기 어려운 경우에는 남 · 녀간 이용에 불편함이 없도록 칸막이 설치 등을 통해 공간을 분리한다.

(2) 위치

① 거리

ⓐ 휴게시설은 근로자들이 휴게시간에 이용이 편리하도록 작업장소와 가까운 곳에 설치해야 한다.

ⓑ 사업장의 휴게시간을 감안해 노사가 협의하여 작업장소에서 걸어서 또는 자전거 등 이동수단을 이용하여 휴게시설에 도착하는 데 소요되는 시간이 길지 않은, 충분히 가까운 장소에 위치해야 한다.

ⓒ 공동휴게시설은 각 사업장에서 휴게시설까지의 왕복 이동에 걸리는 시간(이동수단 이용 포함)이 휴식시간(휴게시간)의 20%를 넘지 않는 곳에 위치해야 한다. 다만, 휴게시간의 20%를 넘더라도 휴게시간을 추가로 부여하는 경우에는 그 추가 휴게시간을 고려하여 과태료 부과 여부를 판단할 수 있다.

ⓔ 공간제약 등으로 사업장 내에 휴게시설 설치가 어려운 경우, 휴게시간이 충분히 보장되는 범위 내에서 노사협의를 통해 해당 사업장과 가까운 곳에 휴게시설을 설치할 수 있다. 휴게시설을 이용하는 데 왕복하여 소요되는 시간을 감안하여 휴게시간을 추가 부여하는 경우에도 사업장 외부에 휴게시설 설치가 가능하다.

ⓜ 업무특성에 따라 위생시설(세면 · 목욕 · 세탁 · 탈의시설)을 설치할 필요가 있는 경우 휴게시설은 가급적 위생시설과 인접한 곳에 설치한다.

② 안전한 장소

ⓐ 휴게시설은 화재 · 폭발 등의 위험이 있는 장소, 유해물질을 취급하는 장소, 인체에 해로운 분진 등을 발산하는 장소, 소음에 노출되어 휴식을 취하기 어려운 장소에서 떨어진 안전한 곳에 위치해야 한다.

ⓑ 건강장해 위험에 노출되지 않도록 격벽 등으로 차단한 경우에는 유해, 위험 장소에서 떨어진 곳으로 볼 수 있다.

(3) 온도, 습도, 조명, 환기, 소음

① 적정한 온도(18~28℃)를 유지할 수 있는 냉난방 기능이 갖춰져 있어야 한다. 휴게실 바닥이 좌식인 경우 난방시설을 설치한다.

② 적정한 습도(50~55%)를 유지할 수 있는 습도 조절 기능이 갖춰져 있어야 한다. 다만, 일시적으로 대기 중 상대습도가 현저히 높거나 낮아 근로자의 휴게시간 동안 적정한 습도를 유지하기 어렵다고 고용노동부장관이 인정하는 경우(장마기간, 건조특보 발효기간 등)는 제외한다.

③ 조명은 심리적, 정서적으로 안정감을 줄 수 있어야 하고, 자연채광이 될 수 있도록 하며, 적정한 밝기(100~200Lux)를 유지할 수 있는 조명 조절 기능이 갖춰져 있어야 한다. 간접등이나 커튼을 설치하여 조도를 조절할 수 있다.

④ 온도, 습도, 조명은 항상 그 기준을 유지할 필요는 없으며, 기준을 유지할 수 있는 기능을 갖추는 것이 필요하다. 예를 들어, 조명을 상시 100~200Lux 수준으로 유지할 필요는 없고, 해당 수준을 맞출 수 있는 온·오프 기능을 갖추면 된다.

⑤ 창문 또는 환풍기, 공조시스템 등을 통해 환기를 시켜 쾌적한 공기질을 확보할 수 있고, 실외로부터 자동차 매연, 그 밖의 오염물질이 실내로 들어올 우려가 있는 경우, 통풍구·창문·출입문 등의 공기유입구를 재배치하는 등의 적절한 조치를 해야 한다.

⑥ 휴식에 방해가 되지 않도록 소음을 관리한다.

(4) 마감재

① 화재 발생에 대비하여 내화성이 있는 재료를 사용한다.

② 바닥과 벽은 쉽게 더렵혀지지 않고, 청소하기 쉬운 재료를 사용한다.

③ 내구성이 있는 재료를 사용하여 휴게시설 이용 시 피해가 발생하지 않도록 한다.

④ 가급적 시각에 피로감을 주지 않도록 눈부심이 없는 재료를 사용한다.

04 휴게시설 관리기준

(1) 비품 구비 및 표지 부착

① 가급적 소파, 등받이가 있는 의자, 탁자 등을 비치한다. 다만, 휴게시설을 좌식(온돌 등)으로 설치·운영하는 경우에는 비치되지 않아도 된다.

② 마실 수 있는 물이나 식수설비(정수기 등) 등을 구비한다.

③ 휴게시설에서 사용하는 비품을 충분히 제공하고, 부족한 경우 수시로 보충한다.

④ 기자재, 청소도구, 수납장 등은 별도로 확보한다.

⑤ 휴게시설임을 알 수 있는 표지를 휴게시설 외부에 부착한다.

(2) 관리담당자 지정

① 사업주는 휴게시설을 관리하는 담당자를 반드시 지정해야 한다. 공동으로 휴게시설을 설치하는 경우에는 각 사업장별로 관리담당자를 지정하여 사업장별 관리방법(주기 등)에 대한 계획을 수립하여 관리하도록 해야 한다.

② 휴게시설 관리담당자는 휴게시설을 주기적으로 청소하고, 소독이나 세탁 등을 실시하도록 관리해야 한다.

③ 휴게시설 관리담당자는 휴게시설의 설치·관리상태를 확인하고, 그 내용을 기록한 휴게시설 관리대장을 작성해 휴게시설에 비치한다.

(3) 관리규정 마련 및 예산 배정

① 휴게시설 관리규정을 마련한다.

② 사업주는 휴게시설 유지, 관리에 필요한 예산을 배정한다.

(4) 목적 외 사용 금지

① 휴식시간에는 사용하는 휴게시설은 다른 목적으로 활용되어 휴식을 방해할 우려가 없어야 한다.

② 특정 목적으로 활용하는 흡연실, 비품창고 등은 휴게시설로 인정되지 않는다.

③ 휴게시설은 회의실, 교육실, 상담실 등과 별도로 활용하는 것이 원칙이나, 물리적 공간 부족으로 별도의 휴게시설 설치가 어려운 경우, 노사가 협의하여 설치·관리 기준을 충족하는 공간에 대해 사용시간을 명확히 구분하여 이용하는 경우 휴게시설을 설치한 것으로 볼 수 있다. 이 경우 일시적, 간헐적으로라도 근로자의 자유로운 휴식이 보장되지 않는 경우에는 별도의 휴게시설을 설치해야 한다.

(5) 휴게시설 설치·관리 기준 적용이 제외되는 경우

① 하나의 사업장에서 사용하는 전체 건축물(공장동·사무동·복지동 등)의 연면적 및 대지 등을 포함한 모든 면적의 합이 $300m^2$ 미만인 경우 휴게시설의 크기 및 위치

기준을 적용하지 않는다. 다만, 지식산업센터(아파트형 공장)와 같이 다수의 사업장이 하나의 건축물에 입주하여 해당 건축물을 나누어 사용하는 경우에는 복도, 공용화장실 등 공용면적을 제외한 전용면적의 합을 기준으로 삼는다.

② 긴급 도로보수 작업, 맨홀 작업, 가로수 정비, 전기통신 작업 등 한 곳에 머무르지 않고 이동하면서 작업을 하거나, 전기가 공급되지 않는 등 실내에 휴게시설을 설치하는 것이 곤란해 그늘막·천막·몽골 텐트 등으로 휴게시설을 간이로 설치한 경우에는 온도, 습도, 조명, 환기기준을 제외하여 휴게시설을 설치할 수 있다.

③ 선박 블록 하부 등 작업위치가 높거나 깊어 작업장소 바깥에 있는 휴게시설을 이용하기 어렵고 작업 근로자도 작업위치에서 휴식을 취하는 것을 선호하는 경우, 해당 휴게시설은 고정형으로 설치하기 어려운 점을 감안하여 습도 등의 기준은 제외하고 설치할 수 있다.

05 휴게시설 이용문화

(1) 휴게시설 이용원칙

① 여러 직종과 직급이 휴게시설을 함께 사용하더라도 눈치를 보지 않고 자유롭게 이용할 수 있는 문화를 조성한다.

② 업무강도가 높거나 근무시간 중 휴식이 반드시 필요한 근로자들이 우선 이용할 수 있도록 배려한다.

③ 같은 장소에서 일하는 협력업체 근로자와 공동으로 휴게시설 사용 시 취약한 지위에 있는 근로자가 우선 이용할 수 있도록 배려한다.

(2) 불편사항 개선

① 정기적으로 근로자들의 의견을 청취하여 휴게시설 이용의 불편사항을 파악하고 개선한다.

② '휴게시설 주요 체크리스트'를 활용하여 미비한 사항은 시정 조치한다.

SECTION 15 산업환기설비에 관한 기술 지침
(KOSHA GUIDE, W-1-2019)

01 용어의 정의

(1) "발생원"

유해물질이 발생하여 작업환경 오염의 원인이 되는 생산설비나 작업장소 등을 말한다.

(2) "유해물질"

작업환경을 오염시키는 물질로서 가스, 증기 등 기체상 물질과 미스트, 흄, 분진 등 입자상 물질을 말한다.

(3) "산업환기설비"

유해물질을 건강상 유해하지 않은 농도로 유지하고 유해물질에 의한 화재·폭발을 방지하거나 열 또는 수증기를 제거하기 위하여 설치하는 전체환기장치와 국소배기장치 등 일체의 환기설비를 말한다.

(4) "전체환기장치"

자연적 또는 기계적인 방법에 의하여 작업장 내의 열수증기 및 유해물질을 희석, 환기시키는 장치 또는 설비를 말한다.

(5) "국소배기장치"

발생원에서 발생되는 유해물질을 후드, 덕트, 공기정화장치, 배풍기 및 배기구를 설치하여 배출하거나 처리하는 장치를 말한다.

(6) "공기정화장치"

후드 및 덕트를 통해 반송된 유해물질을 정화시키는 고정식 또는 이동식의 제진, 집진, 흡수, 흡착, 연소, 산화, 환원방식 등의 처리장치를 말한다.

(7) "후드"

유해물질을 포집·제거하기 위해 해당 발생원의 가장 근접한 위치에 다양한 형태로 설치하는 구조물로서 국소배기장치의 개구부를 말한다.

(8) "제어풍속"

후드 전면 또는 후드 개구면에서 유해물질이 함유된 공기를 당해 후드로 흡입시킴으로써 그 지점의 유해물질을 제어할 수 있는 공기속도를 말한다. 다만, 포위식 및 부스식 후드에서는 후드의 개구면에서 흡입되는 기류의 풍속을 말하며, 외부식 및 레시버식 후드에서는 후드의 개구면으로부터 가장 먼 거리의 유해물질 발생원 또는 작업위치에서 후드 쪽으로 흡인되는 기류의 속도를 말한다.

(9) "반송속도"

덕트를 통하여 이동하는 유해물질이 덕트 내에서 퇴적이 일어나지 않는 상태로 이동시키기 위하여 필요한 최소 속도를 말한다.

02 전체환기장치

(1) 개요

전체환기장치는 열, 수증기 및 독성이 낮은 가스·증기가 발생되고, 발생원이 이동성이며, 분산되어 있는 상태에서 다음과 같은 경우에 적용할 수 있다.
 ① 유해물질의 유해성이 낮거나 근로자와 발생원이 멀리 떨어져 노출량이 적어 건강상 장해의 우려가 낮으며, 작업의 특성상 국소배기장치의 설치가 경제적·기술적으로 매우 곤란하다고 인정될 경우
 ② 원격조작에 의하여 운전되는 생산공정의 작업장과 운전실을 분리 설치한 경우
 ③ 작업장에 근접하여 설치되는 기숙사, 사무실, 휴게실, 식당, 세면·목욕실이나 탈의실 등의 경우
 ④ 발생원에 근로자의 접근은 없으나 화재·폭발 방지 등을 위한 조치가 필요할 경우
 ⑤ 화학물질을 저장하는 창고나 옥내장소에 근로자가 상시 출입하는 경우

(2) 설치 시 유의사항

전체환기장치를 설치할 때에는 다음에서 정하는 바에 따라야 한다.

① 배풍기만을 설치하여 열 수증기 및 오염물질을 희석, 환기하고자 하는 경우에는 희석공기의 원활한 환기를 위하여 배기구를 설치하여야 한다.

② 배풍기만을 설치하여 열, 수증기 및 유해물질을 희석, 환기하고자 하는 경우에는 발생원 가까운 곳에 배풍기를 설치하고, 근로자의 후위에 적절한 형태 및 크기의 급기구나 급기시설을 설치하여야 하며, 배풍기의 작동 시에는 급기구를 개방하거나 급기시설을 가동하여야 한다.

③ 외부공기의 유입을 위하여 설치하는 배풍기나 급기구에는 필요시 외부로부터 열, 수증기 및 유해물질의 유입을 막기 위한 필터나 흡착설비 등을 설치하여야 한다.

④ 작업장 외부로 배출된 공기가 당해 작업장 또는 인접한 다른 작업장으로 재유입되지 않도록 필요한 조치를 하여야 한다.

(3) 필요환기량 산정

유해물질이 발생원으로부터 작업장 내에서 확산되어 이동하는 경우, 유해물질의 농도가 노출기준 미만으로 유지되도록 [별표 1]을 참조하여 적정한 필요환기량을 산정하여야 한다.

◆ [별표 1] 유해물질 발생에 따른 전체환기 필요환기량

구 분	필요환기량 계산식	비 고
희석	$Q = \dfrac{24.1 \times S \times G \times K \times 10^6}{M \times TLV}$	Q : 필요환기량(m^3/h) S : 유해물질의 비중
화재·폭발 방지	$Q = \dfrac{24.1 \times S \times G \times sf \times 100}{M \times LEL \times B}$	G : 유해물질의 시간당 사용량(L/h) K : 안전계수(혼합계수)로써
수증기 제거	$Q = \dfrac{W}{1.2 \times \Delta G}$	$K=1$: 작업장 내 공기혼합이 원활한 경우 $K=2$: 작업장 내 공기혼합이 보통인 경우 $K=3$: 작업장 내 공기혼합이 불완전인 경우 M : 유해물질의 분자량(g)
열배출	$Q = \dfrac{H_s}{C_p \times \Delta t}$	TLV : 유해물질의 노출기준(ppm) LEL : 폭발하한치(%) B : 온도에 따른 상수(121C 이하 : 1, 121C 초과 : 0.7) W : 수증기 부하량(kg/h) ΔG : 작업장 내 공기와 급기의 절대습도 차(kg/kg) H_s : 발열량(kcal/h) C_p : 공기의 비열(kcal/h·℃) Δt : 외부공기와 작업장 내 온도차(℃) sf : 안전계수(연속공정 : 4, 회분식 공정 : 10~12)

03 국소배기장치

(1) 개요

① 국소배기장치는 후드, 덕트, 공기정화장치, 배풍기 및 배기구의 순으로 설치하는 것을 원칙으로 한다. 다만, 배풍기의 케이싱이나 임펠러가 유해물질에 의하여 부식, 마모, 폭발 등이 발생하지 아니한다고 인정되는 경우에는 배풍기의 설치 위치를 공기정화장치의 전단에 둘 수 있다.

② 국소배기장치는 유지보수가 용이한 구조로 하여야 한다.

(2) 후드

① 후드의 형식 등

㉠ 후드는 유해물질을 충분히 제어할 수 있는 구조와 크기로 하여야 하며, 후드의 형식 및 종류는 [표 1]과 같다.

❍ [표 1] 후드의 형식 및 종류

형 식	종 류	비 고
포위식 (Enclosing type)	유해물질의 발생원을 전부 또는 부분적으로 포위하는 후드	포위형(Enclosing type), 장갑부착상자형(Glove box hood), 드래프트챔버형(Draft chamber hood), 건축부스형 등
외부식 (Exterior type)	유해물질의 발생원을 포위하지 않고 발생원 가까운 위치에 설치하는 후드	슬롯형(Slot hood), 그리드형(Grid hood), 푸시-풀형(Push-pull hood) 등
레시버식 (Receiver type)	유해물질이 발생원에서 상승기류, 관성기류 등 일정 방향의 흐름을 가지고 발생할 때 설치하는 후드	그라인더커버형(Grinder cover hood), 캐노피형(Canopy hood)

㉡ 후드는 발생원을 가능한 한 포위하는 형태인 포위식 형식의 구조로 하고, 발생원을 포위할 수 없을 때는 발생원과 가장 가까운 위치에 외부식 후드를 설치하여야 한다. 다만, 유해물질이 일정한 방향성을 가지고 발생될 때는 레시버식 후드를 설치하여야 한다.

㉢ 상부면이 개방된 개방조에서 유해물질이 발생하는 경우에 설치하는 후드의 제어거리에 따른 형식과 설치 위치는 다음 [표 2]를 참조하여야 한다.

◆ [표 2] 개방조에 설치하는 후드의 구조와 설치 위치

제어거리(m)	후드의 구조 및 설치 위치	비 고
0.5 미만	측면에 1개의 슬롯후드 설치	제어거리 : 후드의 개구면에서 가장 먼 거리에 있는 개방조의 가장자리까지의 거리
0.5~0.9	양측면에 각 1개의 슬롯후드 설치	
0.9~1.2	양측면에 각 1개 또는 가운데에 중앙선을 따라 1개의 슬롯후드를 설치하거나 푸시-풀형 후드 설치	
1.2 이상	푸시-풀형 후드 설치	

ⓔ 슬롯후드의 외형 단면적이 연결덕트의 단면적보다 현저히 큰 경우에는 후드와 덕트 사이에 충만실(Plenum chamber)을 설치하여야 하며, 이때 충만실의 깊이는 연결덕트 지름의 0.75배 이상으로 하거나 충만실의 기류속도를 슬롯 개구면 속도의 0.5배 이내로 하여야 한다.

ⓜ 후드의 흡입방향은 가급적 비산 또는 확산된 유해물질이 작업자의 호흡 영역을 통과하지 않도록 하여야 한다.

ⓗ 후드 뒷면에서 주덕트 접속부까지의 가지덕트 길이는 가능한 한 가지덕트 지름의 3배 이상 되도록 하여야 한다. 다만, 가지덕트가 장방형 덕트인 경우에는 원형 덕트의 상당지름을 이용하여야 한다.

ⓢ 후드의 형태와 크기 등 구조는 후드에서의 유입손실이 최소화되도록 하여야 한다.

ⓞ 후드가 설비에 직접 연결된 경우 후드의 성능 평가를 위한 정압 측정구를 후드와 덕트의 접합 부분(hood throat)에서 주덕트 방향으로 1~3직경 정도에 설치한다.

② 제어풍속

㉠ 유해물질별 후드의 형식과 제어풍속은 작업장 내의 유해물질 농도가 노출기준 미만이 되도록 하기 위해 [별표 2]에서 정하는 기준 이상의 제어풍속이 되어야 한다.

❍ [별표 2] 유해물질별 후드 형식과 제어풍속

1. 분진
   ㉠ 국소배기장치(연삭기, 드럼샌더(drum sander) 등의 회전체를 가지는 기계에 관련되어 분진작업을 하는 장소에 설치하는 것은 제외한다)의 제어풍속

분진 작업장소	제어풍속(m/sec)			
	포위식 후드의 경우	외부식 후드의 경우		
		측방흡인형	하방흡인형	상방흡입형
암석 등 탄소원료 또는 알루미늄박을 체로 거르는 장소	0.7	–	–	–
주물모래를 재생하는 장소	0.7	–	–	–
주형을 부수고 모래를 터는 장소	0.7	1.3	1.3	–
그 밖의 분진 작업장소	0.7	1.0	1.0	1.2

   [비고] 제어풍속이란 국소배기장치의 모든 후드를 개방한 경우의 제어풍속으로서 다음 각 목의 위치에서 측정한다.
   가. 포위식 후드에서는 후드 개구면
   나. 외부식 후드에서는 해당 후드에 의하여 분진을 빨아들이려는 범위에 서 그 후드 개구면으로부터 가장 먼 거리의 작업위치

   ㉡ 국소배기장치 중 연삭기, 드럼샌더 등의 회전체를 가지는 기계에 관련되어 분진 작업을 하는 장소에 설치된 국소배기장치 후드의 설치방법에 따른 제어풍속

후드의 설치방법	제어풍속(m/sec)
회전체를 가지는 기계 전체를 포위하는 방법	0.5
회천제의 회전으로 발생하는 분진의 흩날림 방향을 후드의 개구면으로 덮는 방법	5.0
회전체만을 포위하는 방법	5.0

   [비고] 제어풍속이란 국소배기장치의 모든 후드를 개방한 경우의 제어풍속으로서, 회전체를 정지한 상태에서 후드의 개구면에서의 최소풍속을 말한다.

2. 관리대상 유해물질

물질의 상태	후드 형식	제어풍속(m/sec)
가스상태	포위식 포위형	0.4
	외부식 측방흡인형	0.5
	외부식 하방흡인형	0.5
	외부식 상방흡인형	1.0
입자상태	포위식 포위형	0.7
	외부식 측방흡인형	1.0
	외부식 하방흡인형	1.0
	외부식 상방흡인형	1.2

   [비고] 1. "가스상태"란 관리대상 유해물질이 후드로 빨아들여질 때의 상태가 가스 또는 증기인 경우를 말한다.

   2. "입자상태"란 관리대상 유해물질이 후드로 빨아들여질 때의 상태가 흄, 분진 또는 미스트인 경우를 말한다.

   3. "제어풍속"이란 국소배기장치의 모든 후드를 개방한 경우의 제어풍속으로서 다음 각 목에 따른 위치에서의 풍속을 말한다.

     가. 포위식 후드에서는 후드 개구면에서의 풍속

     나. 외부식 후드에서는 해당 후드에 의하여 관리대상 유해물질을 빨아들이려는 범위 내에서 해당 후드 개구면으로부터 가장 먼 거리의 작업위치에서의 풍속

3. 허가대상 유해물질

물질의 상태	제어풍속(m/sec)
가스상태	0.5
입자상태	1.0

[비고] 1. 이 표에서 제어풍속이란 국소배기장치의 모든 후드를 개방한 경우의 제어풍속을 말한다.

     2. 이 표에서 제어풍속은 후드의 형식에 따라 다음에서 정한 위치에서의 풍속을 말한다.

      가. 포위식 또는 부스식 후드에서는 후드의 개구면에서의 풍속

      나. 외부식 또는 리시버식 후드에서는 유해물질의 가스·증기 또는 분진이 빨려들어가는 범위에서 해당 개구면으로부터 가장 먼 작업위치에서의 풍속

  ⓛ 제어풍속을 조절하기 위하여 각 후드마다 댐퍼를 설치하여야 한다. 다만, 압력평형 방법에 의해 설치된 국소배기장치에는 가능한 한 사용하지 않는 것이 원칙이다.

③ 배풍량 계산

  ㉠ 각 후드에서의 배풍량은 [별표 2]에서 정하는 제어풍속 이상을 유지하여야 하며 그 계산방법은 [별표 3]과 같다.

◑ [별표 3] 후드의 형태별 배풍량 계산식

후드 형태	명 칭	개구면의 세로/가로 비율(W/L)	배풍량(m^3/min)
	외부식 슬롯형	0.2 이하	$Q = 60 \times 3.7 LVX$
	외부식 플랜지 부착 슬롯형	0.2 이하	$Q = 60 \times 2.6 LVX$
	외부식 장방형	0.2 이상 또는 원형	$Q = 60 \times V(10X^2 + A)$
	외부식 플랜지 부착 장방형	0.2 이상 또는 원형	$Q = 60 \times 0.75 V(10X^2 + A)$

후드 형태	명 칭	개구면의 세로/가로 비율(W/L)	배풍량(m^3/min)
	포위식 부스형	–	$Q = 60 \times VA = 60\,VWH$
	레시버식 캐노피형	–	$Q = 60 \times 1.4PVD$ P : 작업대의 주변길이(m) D : 작업대와 후드 간의 거리(m)
	외부식 다단 슬롯형	0.2 이상	$Q = 60 \times V(10X^2 + A)$
	외부식 플랜지 부착 다단 슬롯형	0.2 이상	$Q = 60 \times 0.75\,V(10X^2 + A)$

주) Q : 배풍량(m^3/min), L : 슬롯 길이(m), W : 슬롯 폭(m), V : 제어풍속(m/s), A : 후드 단면적(m^2), X : 제어거리(m), H : 높이(m)

ⓛ 배풍량 계산 시 정상조건은 21℃, 1기압을 기준으로 하여야 한다.

④ 후드의 재질선정

㉠ 후드는 내마모성 또는 내부식성 등의 재료 또는 도포한 재질을 사용하고, 변형 등이 발생하지 않는 충분한 강도를 지닌 재질로 하여야 한다.

ⓛ 후드의 입구 측에 강한 기류음이 발생하는 경우 흡음재를 부착하여야 한다.

⑤ 방해기류 영향 억제

후드의 흡인기류에 대한 방해기류가 있다고 판단될 때에는 작업에 영향을 주지 않는 범위 내에서 기류 조정판을 설치하는 등 필요한 조치를 하여야 한다.

⑥ 신선한 공기 공급

㉠ 국소배기장치를 설치할 때에는 배기량과 같은 양의 신선한 공기가 작업장 내부로 공급될 수 있도록 공기유입부 또는 급기시설을 설치하여야 한다.

ⓛ 신선한 공기의 공급 방향은 유해물질이 없는 가장 깨끗한 지역에서 유해물질이 발생하는 지역으로 향하도록 하여야 하며, 가능한 한 근로자의 뒤쪽에 급기구가 설치되어 신선한 공기가 근로자를 거쳐서 후드 방향으로 흐르도록 하여야 한다.

ⓒ 신선한 공기의 기류속도는 근로자 위치에서 가능한 한 0.5m/sec를 초과하지 않도록 하고, 작업공정이나 후드의 근처에서 후드의 성능에 지장을 초래하는 방해기류를 일으키지 않도록 하여야 한다.

(3) 덕트

① 재질의 선정 등

㉠ 덕트는 내마모성, 내부식성 등의 재료 또는 도포한 재질을 사용하고, 변형 등이 발생하지 않는 충분한 강도를 지닌 재질로 하여야 한다.

㉡ 덕트는 다음 [분지관의 연결형태]와 같이 가능한 한 원형관을 사용하고, 다음의 사항에 적합하도록 하여야 한다.

ⓐ 덕트의 굴곡과 접속은 공기흐름의 저항이 최소화될 수 있도록 할 것

ⓑ 덕트 내부는 가능한 한 매끄러워야 하며, 마찰손실을 최소화할 것

ⓒ 마모성, 부식성 유해물질을 반송하는 덕트는 충분한 강도를 지닐 것

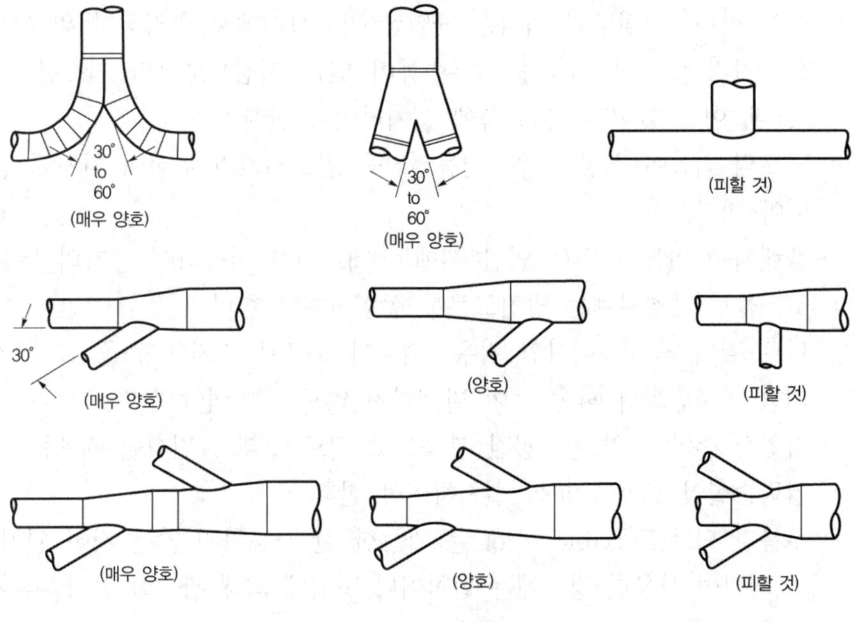

❙ 분지관의 연결형태 ❙

② 덕트의 접속 등

㉠ 덕트의 접속 등은 다음의 사항에 적합하도록 설치하여야 한다.

ⓐ 접속부의 내면은 돌기물이 없도록 할 것

ⓑ 곡관(Elbow)은 5개 이상의 새우등 곡관으로 연결하거나, 곡관의 중심선 곡률 반경이 덕트 지름의 2.5배 내외가 되도록 할 것

ⓒ 주덕트와 가지덕트의 접속은 30° 이내가 되도록 할 것

ⓓ 확대 또는 축소되는 덕트의 관은 경사각을 15° 이하로 하거나, 확대 또는 축소 전후의 덕트 지름 차이가 5배 이상 되도록 할 것

ⓔ 접속부는 덕트 소용돌이(Vortex) 기류가 발생하지 않는 구조로 할 것

ⓕ 가지덕트가 2개 이상인 경우 주덕트와의 접속은 각각 적절한 방향과 간격을 두고 접속하여 저항이 최소화되는 구조로 하고, 2개 이상의 가지덕트를 확대관 또는 축소관의 동일한 부위에 접속하지 않도록 할 것

ⓛ 덕트 내부에는 분진, 흄, 미스트 등이 퇴적할 수 있으므로 청소가 가능한 부위에 청소구를 설치하여야 한다.

ⓒ 미스트나 수증기 등 응축이 일어날 수 있는 유해물질이 통과하는 덕트에는 덕트에 응축된 미스트나 응축수 등을 제거하기 위한 드레인밸브(Drain valve)를 설치하여야 한다.

ⓔ 덕트에는 덕트 내 반송속도를 측정할 수 있는 측정구를 적절한 위치에 설치하여야 하며, 측정구의 위치는 균일한 기류상태에서 측정하기 위해서, 엘보, 후드, 가지덕트 접속부 등 기류변동이 있는 지점으로부터 최소한 덕트 지름의 7.5배 이상 떨어진 하류 측에 설치하여야 한다.

ⓜ 덕트의 진동이 심한 경우, 진동전달을 감소시키기 위하여 지지대 등을 설치하여야 한다.

ⓗ 플랜지를 이용한 덕트 연결 시에는 개스킷을 사용하여 공기의 누설을 방지하고, 볼트 체결부에는 방진고무를 삽입하여야 한다.

ⓢ 덕트 길이가 1m 이상인 경우, 견고한 구조로 지지대 등을 설치하여 휨 등에 의한 구조변화나 파손 등이 발생하지 않도록 하여야 한다.

ⓞ 작업장 천장 등의 설치공간 부족으로 덕트 형태가 변형될 때에는 그에 따르는 압력손실이 크지 않도록 설치하여야 한다.

ⓩ 주름관 덕트(Flexible duct)는 가능한 한 사용하지 않는 것이 원칙이나, 필요에 의하여 사용한 경우에는 접힘이나 꼬임에 의해 과도한 압력손실이 발생하지 않도록 최소한의 길이로 설치하여야 한다.

③ 반송속도 결정

덕트에서의 반송속도는 국소배기장치의 성능 향상 및 덕트 내 퇴적을 방지하기 위하여 유해물질의 발생형태에 따라 [표 3]에서 정하는 기준에 따라야 한다.

❖ [표 3] 유해물질의 덕트 내 반송속도

유해물질 발생형태	유해물질 종류	반송속도(m/s)
증기 · 가스 · 연기	모든 증기, 가스 및 연기	5.0~10.0
흄	아연 흄, 산화알미늄 흄, 용접 흄 등	10.0~12.5
미세하고 가벼운 분진	미세한 면분진, 미세한 목분진, 종이분진 등	12.5~15.0
건조한 분진이나 분말	고무분진, 면분진, 가죽분진, 동물털 분진 등	15.0~20.0

유해물질 발생형태	유해물질 종류	반송속도(m/s)
일반 산업분진	그라인더분진, 일반적인 금속분말분진, 모직물분진, 실리카분진, 주물분진, 석면분진 등	17.5~20.0
무거운 분진	젖은 톱밥분진, 입자가 혼입된 금속분진, 샌드블라스트분진, 주절보링분진, 납분진	20.0~22.5
무겁고 습한 분진	습한 시멘트분진, 작은 칩이 혼입된 납분진, 석면덩어리 등	22.5 이상

④ 압력평형의 유지

㉠ 덕트 내의 공기흐름은 압력손실이 가능한 한 최소가 되도록 설계되어야 한다.

㉡ 설계 시에는 후드, 충만실, 직선덕트, 확대 또는 축소관, 곡관, 공기정화장치 및 배기구 등의 압력손실과 합류관의 접속각도 등에 의한 압력손실이 포함되도록 하여야 한다.

㉢ 주덕트와 가지덕트의 연결점에서 각각의 압력손실의 차가 10% 이내가 되도록 압력평형이 유지되도록 하여야 한다.

⑤ 추가 설치 시 조치

㉠ 기설치된 국소배기장치에 후드를 추가로 설치하고자 하는 경우에는 추가로 인한 국소배기장치의 전반적인 성능을 검토하여 모든 후드에서 제어풍속을 만족할 수 있을 때에만 후드를 추가하여 설치할 수 있다.

㉡ 성능을 검토하는 경우에는 배기풍량, 후드의 제어풍속, 압력손실, 덕트의 반송속도 및 압력평형, 배풍기의 동력과 회전속도, 전기정격용량 등을 고려하여야 한다.

⑥ 화재폭발 등

㉠ 화재·폭발의 우려가 있는 유해물질을 이송하는 덕트의 경우, 작업장 내부로 화재·폭발의 전파방지를 위한 방화댐퍼를 설치하는 등 기타 안전상 필요한 조치를 하여야 한다.

㉡ 국소배기장치 가동 중지 시 덕트를 통하여 외부공기가 유입되어 작업장으로 역류될 우려가 있는 경우에는 덕트에 기류의 역류 방지를 위한 역류방지댐퍼를 설치하여야 한다.

(4) 공기정화장치

① 구조 등

㉠ 공기정화장치는 다음에 적합한 구조로 하여야 한다.

ⓐ 마모, 부식과 온도에 충분히 견딜 수 있는 재진로 선정할 것

ⓑ 공기정화장치에서 정화되어 배출되는 배기 중 유해물질의 농도는 다른 법령에서 정하는 바에 따른다.

ⓒ 압력손실이 가능한 한 작은 구조로 설계할 것

ⓓ 화재·폭발의 우려가 있는 유해물질을 정화하는 경우에는 방산구를 설치하는 등 필요한 조치를 하여야 하며, 이 경우 방산구를 통해 배출된 유해물질에 의한 근로자의 노출이나 2차 재해의 우려가 없도록 할 것

ⓛ 설치한 공기정화장치는 접근과 청소 및 정기적인 유지보수가 용이한 구조이어야 한다.

ⓒ 공기정화장치 막힘에 의한 유량 감소를 예방하기 위해 공기정화장치는 차압계를 설치하여 상시 차압을 측정하여야 한다.

② 공기정화장치의 선정

㉠ 공기정화장치는 유해물질의 종류, 발생량, 입자의 크기, 형태, 밀도, 온도 등을 고려하여 선정하여야 한다.

㉡ 공기정화장치는 [표 4]의 구분에 따른 공기정화방식 또는 이와 동등 이상 성능을 가진 공기정화장치를 설치하여야 한다.

❍ [표 4] 유해물질의 발생형태별 공기정화방식

유해물질 발생 형태			유해물질 종류	비 고
분진	분진 지름 (μm)	5 미만	여과방식, 전기제진방식	분진 지름 : 중량법으로 측정한 입경 분포에서 최대빈도를 나타내는 입자 지름
		5~20	습식 정화방식, 여과방식, 전기제진방식	
		20 이상	습식 정화방식, 여과방식, 관성방식, 원심력방식 등	
흄			여과방식, 습식 정화방식, 관성방식 등	
미스트·증기·가스			습식 정화방식, 흡수방식, 흡착방식, 촉매산화방식, 전기제진방식 등	

③ 성능 유지

㉠ 공기정화장치를 거친 유해가스의 농도는 환경부의 환경 관련 법령에서 정하는 배출허용기준을 만족하도록 하여야 한다. 다만, 배기구를 옥내에 설치하고자 하는 경우에는 공기정화장치를 거친 유해가스에 포함된 유해물질로 인하여 작업장의 작업환경농도가 고용노동부장관이 정하는 유해물질의 노출기준을 초과하지 않도록 하여야 한다.

㉡ 작업장 내부에 설치하는 공기정화장치는 작업장 내부로 유입 및 확산을 방지하기 위하여 덮개를 설치하고, 배기구를 옥외의 안전한 위치에 설치하여야 한다.

(5) 배풍기

① 배풍기의 형식 및 구조 등

　㉠ 배풍기는 국소배기장치 설계 시에 계산된 압력과 배기량을 만족시킬 수 있는 크기로 규격을 선정하여야 한다.

　㉡ 설치되는 국소배기시설에 많은 압력이 소요될 경우 압력에 강한 후향날개형 배풍기를 사용하고, 많은 유량이 필요한 경우 전향날개형 배풍기를, 분진이 많이 발생되는 작업이나 용접작업에는 날개에 분진이 퇴적되지 않는 평판형 배풍기를 사용하여야 한다.

　㉢ 배풍기의 날개나 구성물은 내마모성, 내산성, 내부식성 재질을 사용하여 임펠러와 케이싱의 마모, 부식이나, 분진의 퇴적에 의한 성능 저하 또는 소음·진동이 발생하지 않도록 하여야 한다.

　㉣ 화재 및 폭발의 우려가 있는 유해물질을 이송하는 배풍기는 방폭구조로 하여야 한다.

　㉤ 전동기는 부하에 다소간 변동이 있어도 안정된 성능을 유지하고 가능한 한 소음·진동이 발생하지 않는 것을 사용하여야 하며, 과부하 시의 과전류 보호장치, 벨트구동 부분의 방호장치 등 기타 기계·기구 및 전기로 인한 위험 예방에 필요한 안전상의 조치를 하여야 한다.

② 소요 축동력 산정

배풍기의 소요 축동력은 배풍량, 후드 및 덕트의 압력손실, 전동기의 효율, 안전계수 등을 고려하여 작업장 내에서 발생하는 유해물질을 효율적으로 제거할 수 있는 성능으로 산정하여야 한다.

③ 설치 위치

　㉠ 배풍기는 가능한 한 옥외에 설치하도록 하여야 한다.

　㉡ 배풍기 전후에 진동 전달을 방지하기 위하여 캔버스(Canvas)를 설치하는 경우 캔버스의 파손 등이 발생하지 않도록 조치하여야 한다.

　㉢ 배풍기의 전기제어반을 옥외에 설치하는 경우에는 옥내작업장의 작업영역 내에 국소배기장치를 가동할 수 있는 스위치를 별도로 부착하여야 한다.

　㉣ 옥내작업장에 설치하는 배풍기는 발생하는 소음 및 진동에 대한 밀폐시설, 흡음시설, 방진시설 설치 등 소음·진동 예방조치를 하여야 한다.

　㉤ 배풍기에서 발생한 강한 기류음이 덕트를 거쳐 작업장 내부 또는 외부로 전파되는 경우, 소음감소를 위하여 소음감소장치를 설치하는 등 필요한 조치를 하여야 한다.

ⓗ 배풍기의 설치 시 기초대는 견고하게 하고 평형상태를 유지하도록 하되, 바닥으로의 진동의 전달을 방지하기 위하여 방진스프링이나 방진고무를 설치하여야 한다.

ⓢ 배풍기는 구조물 지지대, 난간 등과 접속하지 않아야 한다.

ⓞ 강우, 응축수 등에 의하여 배풍기의 케이싱과 임펠러의 부식을 방지하기 위하여 배풍기 내부에 고인 물을 제거할 수 있도록 배수밸브(Drain valve)를 설치하여야 한다.

ⓩ 배풍기의 흡입 부분 또는 토출 부분에 댐퍼를 사용한 경우에는 반드시 댐퍼고정장치를 설치하여 작업자가 배풍기의 배풍량을 임의로 조절할 수 없는 구조로 하여야 한다.

(6) 배기구의 설치

① 옥외에 설치하는 배기구는 지붕으로부터 1.5m 이상 높게 설치하고, 배출된 공기가 주변 지역에 영향을 미치지 않도록 상부 방향으로 10m/s 이상 속도로 배출하는 등 배출된 유해물질이 당해 작업장으로 재유입되거나 인근의 다른 작업장으로 확산되어 영향을 미치치 않는 구조로 하여야 한다.

② 배기구는 다음 [최종 배기구의 종류]를 참조하여 내부식성, 내마모성이 있는 재질로 설치하고, 배기구의 하단에 배수밸브를 설치하여야 한다.

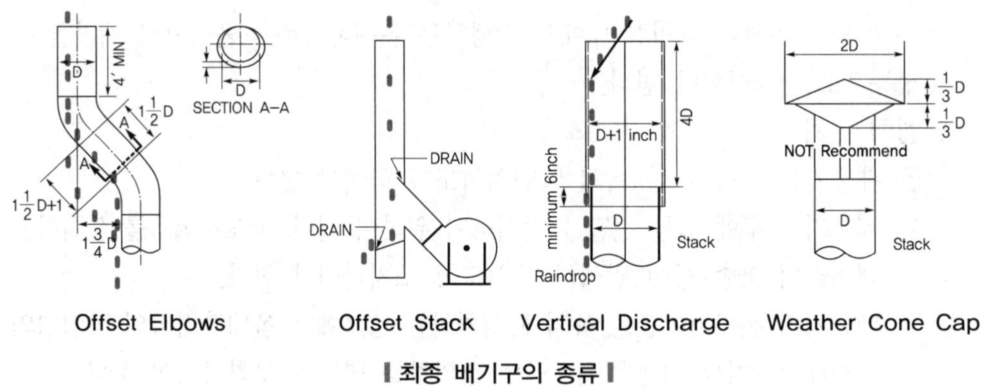

❚ 최종 배기구의 종류 ❚

04 산업환기설비의 유지관리

(1) 국소배기장치 검사시기

국소배기장치 등의 효율적인 유지관리를 위해 다음에서 정하는 바에 따라 검사를 실시하여야 한다.

① 신규로 설치된 국소배기장치 최초 사용 전
② 국소배기장치 개조 및 수리 후 사용 전
③ 안전검사대상 국소배기장치
④ 최근 2년간 작업환경측정 결과 노출기준 50% 이상일 경우 해당 국소배기장치

(2) 국소배기장치 검사방법

국소배기장치 검사는 체크리스트 내용에 따라 점검한다. 단, 안전검사대상 물질을 취급하는 국소배기장치는 고용노동부 고시(안전검사절차에 관한 고시)에 따라 실시한다.

(3) 국소배기장치 등의 가동

① 국소배기장치는 근로자의 건강, 화재 및 폭발, 가스 등의 유해·위험성을 고려하여 안전하게 가동되어야 한다.
② 국소배기장치는 작업 중 계속 가동하여야 하며, 작업 시작 전과 종료 후 일정 시간 가동하여야 한다. 다만, 작업이 미실시되는 시간이라도 유해물질에 의한 작업환경이 지속적으로 오염될 우려가 있는 경우에는 국소배기장치를 계속 가동하여야 한다.
③ 공기정화장치의 가동은 제조 및 시공자의 지침서에 따라 조작하고, 가동 중 공기정화장치의 성능 저하 시에는 즉시 청소·보수·교체, 기타 필요한 조치를 하여야 한다.
④ 배풍기와 전동기의 베어링 등 구동부에는 주기적으로 윤활유를 주유하고, 벨트가 파손되거나 느슨해진 경우에는 벨트 전부를 새것으로 교체하여야 한다.
⑤ 검사 결과 이상이 있는 경우, 반드시 수리나 부대품 교체 등을 하여 성능이 항상 유지될 수 있도록 하여야 한다.

◆ [첨부 1] 후드 효율 평가 결과

후드 번호	1-A				
후드 정보	설치공정/장비명	연결송풍기	취급물질	물질 성상	
				□ 입자상	□ 가스상
후드 사진				특이사항	

후드 현황	후드 제원		개구면적(m^2)	댐퍼	개도율
	정방형	원형			
				□유 □무	%

후드 흡입 성능 평가					
① 제어 유속 및 배기유량 평가			② 후드 흡입 성능 평가 (가시화테스트 결과 사진 첨부)		
구 분	설계값	측정값			
제어거리(m)					
제어유속(m/s)					
배기유량(m^3/min)					
후드정압(mmAq)					
판정	□ 양호	□ 불량	□ 양호		□ 불량
최종 후드 흡입 성능 판정			□ 양호 □ 불량		
□ 기타 점검 사항					

◐ [첨부 2] 덕트 점검 결과

덕트 관리 번호	덕트 점검 항목								확인결과
	덕트 반송 속도(M/S)		덕트 재질의 적정성	댐퍼 설치 위치 적정성	주름관 덕트 적정성	분진 청소구 위치 적정성	접속부 등에 공기 유출입이 없을 것	기타점검/ 사진	
	실체값	측정값							

◆ [첨부 3] 송풍기 점검 결과

사업부명		관리 번호		
설치 장소		공기정화장치 여부	□ 유 □ 무	

송풍기 사진

측정 결과

구 분	배풍량 (m³/min)	정 압 (mmAq)	회전수 (rpm)	댐퍼개방 (%)	인버터 (HZ)
정격사양					
측정결과					
효율(%)					

점검 결과

점검 항목			
표면 상태	송풍기 케이싱, 임펠러, 모터 파손, 부식 등	□ 양호	□ 불량
벨트	파손, 탈락, 심한 처짐 및 풀리의 손상 등	□ 양호	□ 불량
회전 방향	규정 회전 방향과 일치 여부	□ 양호	□ 불량
캔버스	연결부 공기 유입 또는 누출, 과도한 수축 및 팽장, 파손, 부식 등	□ 양호	□ 불량
안전덮개	안전덮개 설치 여부 및 부식, 마모, 파손, 변형 등	□ 양호	□ 불량
전동기	이상소음 및 이상발열, 절연저항값 적정 여부 등	□ 양호	□ 불량
배전반 등	적합한 구조, 적합한 설치, 조작 상태 등	□ 양호	□ 불량
배선	피복 상태, 단자 체결 상태, 절연저항 등	□ 양호	□ 불량
접지	접지 상태 등	□ 양호	□ 불량
최종 배기구	직접 외기로 향하는지 여부, 빗물 유입방지 조치 등	□ 양호	□ 불량
기타 특이 사항			
종합 평가			

◐ [첨부 4] 공기정화기 점검 결과

사업부명		관리 번호	
설치 장소		형 식	

공기정화장치 사진	

공기정화기 압력 손실	구 분	설계 차압 (mmAg)	측정 차압 (mmAg)	측정치/설계치(%)
	차 압			

점검 결과				
점검 항목	형 식	제거하고자하는 오염 물질의 종류, 특성을 고려한 적합한 형식 및 구조 설치	□ 양호	□ 불량
	표면 상태	내외부 파손, 변형, 부식 및 이상음 발생 등	□ 양호	□ 불량
	접속부	볼트, 너트, 패킹 등 이완 및 파손, 공기 유입 또는 누출 등	□ 양호	□ 불량
	성 능	여과재의 막힘 및 파손, 정상 작동상태 등	□ 양호	□ 불량
	차압 측정용 마노미터	마노미터 설치 및 정상 작동 여부	□ 양호	□ 불량
	굴 뚝	굴뚝은 재유입되지 않는 위치와 구조로 설치되었는가?	□ 양호	□ 불량
종합 평가				

SECTION 16

단체급식시설 환기에 관한 기술 지침
(KOSHA GUIDE, W-26-2023)

01 용어의 정의

(1) "단체급식시설(이하 "급식시설"이라 한다)"

직영 및 위탁의 형태로 가정 외의 장소에서 조직의 특정 구성원에게 지속적으로 음식을 제공하는 급식시설을 말한다.

(2) "조리 부산물"

고온의 조리기구에서 발생되는 유증기와 유증기에 포함된 유해물질과 미세입자 등을 통칭한다.

(3) "조리기구"

조리 부산물이 발생하여 후드 설치가 필요한 조리기구를 말하며 튀김솥, 국솥, 가스레인지(인덕션), 부침기, 오븐, 밥솥 및 식기세척기 등을 말한다.

(4) "환기설비"

조리기구에서 발생되는 조리 부산물을 조리실 외부로 배출하기 위해 설치하는 국소배기장치와 전체환기장치 등 일체의 환기설비를 말한다.

(5) "국소배기장치"

조리기구에서 발생되는 조리 부산물을 후드, 덕트, 공기정화장치, 배풍기 및 배기구를 설치하여 배출하거나 처리하는 장치를 말한다.

(6) "전체환기장치"

자연적 또는 기계적인 방법에 의하여 조리실 상부에 정체된 열수증기 및 조리 부산물을 희석, 환기시키는 장치 또는 설비를 말한다.

(7) "후드"

조리기구에서 발생되는 유해물질을 포집·제거하기 위해 해당 조리기구의 근접한 위치에 설치하는 구조물로서 국소배기장치의 흡입구를 말한다.

(8) "후드 면풍속"

후드 개구면 풍속이라고도 하며 후드의 개방된 면에서 후드 내부로 유입되는 속도를 말한다.

(9) "후드 배풍량(풍량)"

조리기구에서 발생된 조리 부산물을 포집하여 후드를 통해 급식실 외부로 배출하는 분당 공기량(m^3/min)을 말한다.

(10) "필터 면풍속"

덕트로 유증기가 유입되지 않도록 후드 내부에 필터를 설치할 경우 필터를 통과하는 기류의 속도를 말한다.

(11) "덕트"

후드에서 포집된 공기를 배풍기까지 이송하기 위하여 설치하는 사각형 또는 원형의 관을 말한다.

(12) "덕트 반송속도"

후드에서 포집된 공기가 덕트를 통하여 이동하는 속도를 말한다.

(13) "배풍기"

배풍기에 연결된 후드의 배풍량을 확보하고, 후드로 유입된 조리 부산물을 포함한 공기가 배기구로 토출될 때까지 발생되는 압력손실(배풍기 정압)을 확보하는 장치를 말한다.

(14) "공기정화장치"

후드를 통해 포집된 조리 부산물의 유해물질과 냄새를 정화하는 장치로 제진, 집진, 흡수, 연소 등의 처리장치를 말한다.

(15) "급기풍속"

급식실의 환기장치 가동에 의해 배출되는 공기량을 보충하기 위해 창문이나 출입문 등을 통해 급식실 외부에서 내부로 유입되는 공기의 속도를 말한다.

(16) "급기시설"

창문 및 출입문만으로 충분하지 않은 급식실에 배풍기를 이용하여 강제적으로 외부공기를 공급하는 설비를 말한다.

02　국소배기장치

(1) 개요

조리 부산물이 발생하는 조리기구에는 조리 부산물을 배출하기 위해 후드, 덕트, 배풍기 및 배기구로 구성된 국소배기장치를 설치하여야 한다. 조리 부산물과 냄새에 의해 민원 발생 우려가 있는 곳에는 조리 부산물과 유해가스(냄새)를 제거할 수 있는 공기정화장치를 설치하여야 한다.

(2) 후드

① 후드의 형식 등

㉠ 후드는 조리 부산물을 충분히 제어할 수 있는 구조와 크기로 하여야 하며, 조리 기구별 후드 형식은 [표 1]과 같다.

◐ **[표 1] 조리기구별 후드 형식 및 후드 면풍속**

조리기구	후드 형식		비 고
부침기 및 가스렌지(인덕션)	〈후드 제원 및 기준〉	〈후드 단면도〉	환기성능이 저하되지 않도록 조리대 상단면에서 후드 하단의 거리가 1.2m를 넘지 않도록 설치
	〈후드 제원 및 기준〉	〈후드 단면도〉	• 아일랜드 후드는 가능한 지양 • 불가피하게 설치할 경우 기류 유도판 반드시 설치
튀김솥	〈후드 제원 및 기준〉	〈후드 단면도〉	

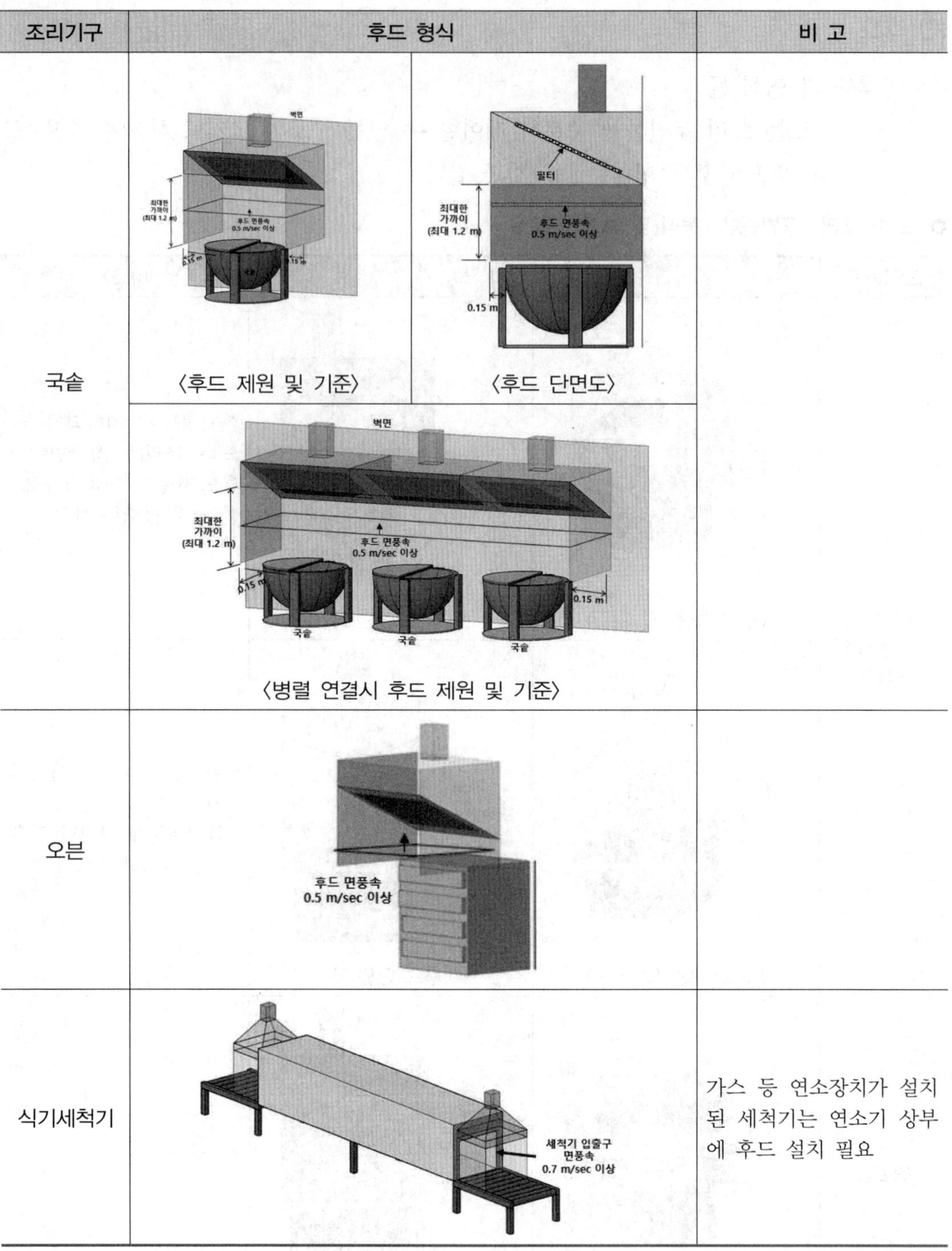

ⓛ 후드는 조리 부산물의 포집효율을 높이기 위해서 60cm 이상의 박스형 후드로 설치한다. 다만, 조리실 내부 층고가 낮아 설치가 곤란한 경우 작업에 방해되지 않는 높이까지 후드 깊이를 충분히 하여 설치하되 후드 사방에 패널(Side

Panel)을 설치하거나 [표 2]와 같이 후드 모양이나 형식을 변경하는 등 후드 깊이가 축소됨에 따른 후드 포집효율이 감소되지 않도록 한다.

◐ **[표 2] 조리실 층고가 낮은 경우 적용 가능한 후드 형태 종류**

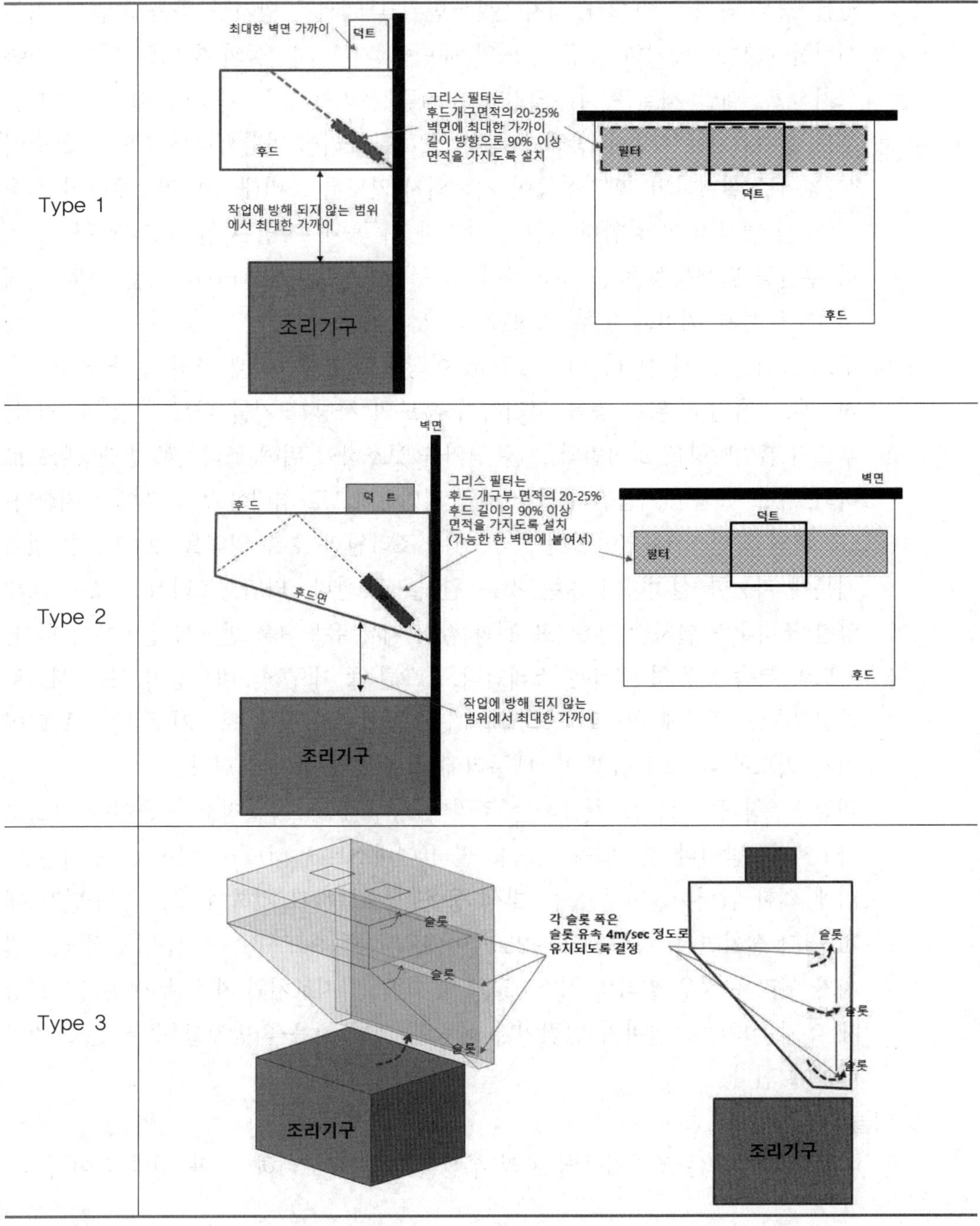

ⓒ 후드는 방해기류의 영향을 최소화하고 배기효율을 높이기 위해 후드 양측면, 후면 등에 패널(Side Panel)을 부착하는 등 조리 부산물 발생구역을 가급적 밀폐한다. 이때 후드의 뒷면이 창문, 벽면 등과 같이 기존 시설물과 인접하여 있을 경우 작업에 방해가 되지 않는 범위 내에서 주방기구 등을 가급적 기존 시설물 쪽으로 배치하는 등 후드의 뒷면이 기존 시설물과 최대한 밀착되도록 설치하고, 패널 재질은 파손되거나 부식될 우려가 없는 견고한 재질로 한다.

ⓔ 후드 설치위치는 작업에 방해가 되지 않도록 조리실 바닥으로부터 약 1.8m 이상 높이로 설치하되, 환기성능이 저하되지 않도록 조리대 상단면으로부터 최대 1.2m를 넘지 않아야 한다. 다만, 작업자 키 높이, 작업 동선, 조리실 구조, 조리 부산물 발생특성 등을 고려하여 후드 배기성능이 저하되지 않는 범위 내에서 후드 설치 위치를 일부 조정할 수 있다.

ⓜ 후드 크기는 조리대보다 사방 15cm 이상으로 한다. 이때 조리 부산물 발생특성, 후드 흡입구 위치 등을 고려하여 후드의 사방 크기를 다르게 할 수 있다.

ⓗ 후드의 흡입방향은 조리원의 호흡 영역을 보호하기 위해 조리원과 반대방향으로 하되, 후드 흡입구(기름필터)를 조리원 정면방향으로 최대한 먼 거리에 설치한다.

ⓢ [표 1]의 양면 조리대(아일랜드 후드)는 조리원의 호흡 영역을 보호할 수 없기 때문에 가능한 설치하지 않는 것을 원칙으로 한다. 다만, 조리실 구조에 의해 양면 조리대를 설치할 경우 [표 1]과 같이 기류 유도판을 반드시 설치해야 한다.

ⓞ 후드와 부속품 등의 재질은 스테인리스 스틸 등 내구성, 내식성이 있는 재질로 하고, 후드 표면에 형성된 응축수, 기름 등의 이물질이 조리기구 내부로 떨어지지 않도록 후드의 몸체 및 테두리에 홈통을 만들어야 한다.

ⓩ 튀김, 부침 등 기름을 취급하는 조리대 상부의 후드는 청소가 용이한 구조로 하고, 기름받이나 기름입자 제거용 필터(데미스트 필터)를 설치한다. 필터는 막힘에 의한 압력손실이나 소음 발생 등을 최소화하기 위하여 후드 개구면적 대비 필터 설치면적 비율을 20~25% 이내로 하되 후드 구조상 적정 면적으로 설치가 어려운 경우 필터의 청소, 교체 등 막힘 방지조치와 재질 두께 변경, 보강재 추가 설치 등 설비의 떨림이나 울림에 의한 소음을 방지할 수 있는 조치를 하여야 한다.

② 성능

㉠ 후드 설계풍속은 조리기구별 조리 부산물 발생을 고려하여 [표 3]과 같이 한다.

◐ [표 3] 조리기구별(1개당) 후드 면풍목 설계기준

구 분	부침기	가스렌지	튀김솥	세척기 입출구	오븐	국솥	기타 가스 처리 등
후드 면풍속	0.7m/sec 이상				0.5m/sec 이상		
비 고	1. 밥솥의 경우 수증기 발생량을 고려하여 고열 작업환경이 우려되는 경우 설치 하되, 국소배기(후드 면풍속 0.5m/sec) 또는 전체환기 방식 적용 2. 권장후드([표 1]) 이외의 후드 형태로서 조리기구별 제시된 후드 설계풍속의 동등 성능 이상의 성능을 가진 경우에는 동 기준을 적용하지 않을 수 있음						

ⓛ 후드 성능은 조리 부산물 발생원에서 후드까지의 기류흐름 상태를 평가하고 후드 면풍속을 측정하여 설계값과 비교·평가한다.

③ 배풍량 설계방법

조리기구별 후드의 배풍량(m³/min)은 [표 3]에 정하는 후드 면풍속을 기준으로 다음의 식을 적용하여 산정한다.

$$\text{후드 배풍량}(Q) = \text{후드 면적}(m^2, \ \text{가로}(m) \times \text{세로}(m)) \times \text{후드 면풍속}(m/sec)$$
$$\times 60(sec/min) \ \cdots \ (1)$$

(3) 덕트

① 덕트 설치방법

㉠ 덕트는 후드 폭 1.8m 간격으로 1개 이상 설치하여 후드 끝부분에서 환기효율이 저하되지 않도록 한다. 다만, 후드 폭 대비 후드 깊이가 충분하지 않을 경우 덕트 설치간격을 줄이거나 후드와의 연결위치를 달리하는 등 조리 부산물이 원활히 배기되는 구조로 한다.

㉡ 후드에 연결된 덕트는 유량 조절이 가능하도록 댐퍼를 설치한다.

㉢ 덕트 재질은 녹이 슬지 않도록 스테인리스 스틸 재질 등 내구성, 내식성이 있는 재질로 설치하고, 덕트 내 유증기가 응축될 우려가 있는 경우에는 응축액 배출밸브를 설치하여야 한다.

㉣ 장방향 덕트에서 발생되는 진동·소음을 최소화하기 위해 덕트 종횡비(가로 길이와 세로 높이의 비)는 1.5 이하로 설치한다. 다만, 설치공간 제약 등으로 덕트 종횡비가 1.5를 초과하는 경우 덕트 재질 두께를 0.8t 이상으로 하거나 보강재를 추가하는 등 진동·소음 방지를 위한 조치를 시행한다.

ⓜ 배풍기와 연결된 덕트는 진동 전달을 방지하기 위한 캔버스 등 진동 방지시설을 설치해야 한다.

② 덕트 반송속도

㉠ 덕트 내 분진이 퇴적하지 않도록 덕트 반송속도를 결정하지만, 조리 부산물은 퇴적될 우려가 낮아 과도한 반송속도에 의한 소음이 발생하지 않도록 적절하게 관리하여야 한다.

㉡ 반송속도는 후드 하부에서 작업하는 조리실 후드 특성을 고려하여 후드와 연결된 덕트는 5m/sec 전후, 주덕트는 10m/sec 이하로 설계한다. 다만, 덕트 설치공간 제약 등으로 권장 반송속도를 초과하여 설계하는 경우 진동·소음 발생 예상에 따른 적절한 저감조치를 시행한다.

(4) 배풍기

① 설치방법

㉠ 소음과 진동을 최소화하기 위해 배풍기는 조리실 외부에 설치해야 하고, 주변 민원 발생이 우려될 경우 차음 및 흡음 설비를 설치하여야 한다.

㉡ 배풍기 전후에 진동 전달을 방지하기 위해서는 캔버스 등을 설치하고, 파손 등이 발생하지 않도록 조치하여야 한다.

㉢ 조리 부산물의 원활한 확산을 위해 배풍기의 배기구는 지붕면이나 벽면으로부터 1m 이상 이격하여 설치한다. 배기구에는 위생해충 및 쥐의 침입을 방지하기 위해 적절한 방충·방서 시설을 설치하여야 한다.

㉣ 배풍기는 가동시간을 고려하여 가급적 조리기구용과 세척기용으로 구분하여 설치한다. 또, 설비의 효율적 유지관리를 위해 조리기구용은 조리 부산물과 냄새 처리 등을 고려하여 유·수증 라인을 분리하고 각 라인에 풍량 조절이 가능한 인버터(Inverter)를 설치하는 것을 권장한다.

※ 인버터는 배기량 조절이 필요한 경우에 한해 사용을 최소화하고 후드 면풍속(특히, 유증기 라인) 감소로 인한 작업환경이 악화되지 않는 범위에서 사용

② 성능

㉠ 배풍기의 유량은 연결된 후드의 배기량을 합한 것보다 용량을 크게 선정해야 한다.

㉡ 배풍기 정압은 후드로 유입된 공기가 배출구로 배출될 때까지 발생되는 압력손실을 말하는 것으로 덕트 반송속도와 덕트 길이 등에 따라 결정한다. [표 4]와 같이

덕트 반송속도와 덕트 길이에 따라 배풍기 정압을 결정할 수 있다. 단, 공기정화장치가 설치될 경우 공기정화장치에서 발생되는 압력손실을 고려하여야 한다.

◐ [표 4] 덕트 반송속도 및 덕트 길이에 따른 정압 산정표

덕트 반송속도 (m/sec)	덕트 길이(m)당 배풍기 정압(mmH2O)					
	30m	40m	50m	60m	70m	80m
5	30					
10	45			60		
15	70	80	90	100	110	120

(5) 공기정화장치

① 설치기준

　㉠ 조리실 외부로 배출되는 조리 부산물과 냄새에 의해 민원 발생이 우려되는 경우 적절한 공기정화장치 설치가 필요하다. 이 경우 설치되는 공기정화장치는 가급적 배풍기 전단에 설치한다.

　㉡ 공기정화장치는 환경부의 음식점 냄새 관리 가이드북을 참조하여 조리 부산물과 냄새를 동시에 저감할 수 있는 조합형 공기정화장치를 설치하거나 이와 동등 이상 성능을 가진 장치를 설치하여야 한다.

② 공기정화장치의 선정방법

　㉠ 공기정화장치별 성능

　공기정화장치의 장단점은 [표 5]와 같다. [표 5]를 참조하여 공기정화장치별 특성을 고려하여 산정하여야 한다.

◐ [표 5] 공기정화장치별 장단점

공기정화장치	장 점	단 점
전기집진기	• 입자상 물질 제거에 효과적(약 95% 이상) • 육류구이 과정의 연기(입자) 제거 가능 • 압력손실이 낮음 • 대 풍량 처리에 적합 • 운전비용이 저렴 • 규모가 큰 음식점에서 적용 가능	• 가스상 물질 처리가 어려움 • 방전극 및 집진판의 관리가 중요 (기름이 누적될 경우 하전이 어렵고 화재 발생 가능성) • 고가의 설치비 • 포집된 기름은 가급적 매일 제거해야 함

공기정화장치	장 점	단 점
활성탄 등 흡착	• 가스상 물질 처리에 효과적이고 다양한 악취물질의 흡착이 가능 • 설치비용이 비교적 저렴 • 간헐운전에 효과적임 • 유지관리가 비교적 용이	• 육류구이 음식점은 반드시 전처리장치가 필요함(기름성분에 의한 막힘 방지) • 수분 및 점착성 물질 유입 시 효율 저하 • 주기적으로 활성탄 교체 필요(비용 발생)
세정시설	• 입자 및 가스상 물질의 동시처리 가능 • 운영 및 설치비용이 비교적 저렴 • 유지관리가 비교적 용이	• 폐수 발생으로 폐수처리비용 발생 • 오염물질 중 기름이 많으면 처리효율이 낮아질 수 있음 • 저온기 배출구에서 백연이 보일 수 있음 • 저온기 배관이 동파될 수 있음
여과시설	• 장치가 간단하고, 설치비용 및 운영비용이 저렴 • 소형 음식점에 적용 가능	• 악취저감효율이 낮음 • 필터는 거의 매일 교체해야 함

ⓛ 조합형 공기정화장치

조리실 배기가스는 냄새와 유(수)증기를 동시에 제거해야 하므로 단일 공기정화방법의 효율이 낮아 [표 6]과 같이 조합형 공기정화장치를 설치할 것을 권장한다.

❍ [표 6] 조합형 공기정화장치 및 장단점

조합방식	장 점	단 점
세정시설 + 흡착	• 육류구이 음식점에서 적용 가능한 악취저감장치로 판단됨(중대형 음식점에 효과적) • 세정시설 : 타르(연기) 및 가스상 물질 제거 • 활성탄 등 : 가스상 물질 제거	• 세정시설의 수분이 활성탄층에 유입되는 것을 방지해야 함(고효율 데미스터 사용 시 수분 유입은 차단할 수 있으나, 동력비용이 상승됨) • 풍량이 비교적 많으므로 폐수처리방안의 검토가 필요함 • 주기적인 활성탄의 교체
여과 + 흡착	• 육류구이 음식점에서 적용 가능한 악취저감장치로 판단됨(중소형 음식점에 효과적) • 전단의 필터를 자주 교체하면(매일) 악취저감효율이 우수함	• 미세한 액적(기름)이 활성탄에 유입될 경우 악취저감효과가 낮아짐 • 주기적인 활성탄 교체(교체주기가 짧음)

조합방식	장 점	단 점
전기집진기 + 흡착	• 육류구이 음식점의 효과적인 악취저감장치로 판단됨(대형 음식점에 효과적) • 전기집진기 : 입자 및 타르(연기) 제거 • 활성탄 등 : 가스상 물질 제거 • 입자상 물질의 전처리로 활성탄 교체주기 연장이 가능함	설치비가 고가이고 유지관리가 비교적 어려움

03 전체환기

(1) 개요

전체환기장치는 후드가 설치된 조리기구 이외에서 발생되는 열 및 수증기가 조리실 내부에 정체하지 않도록 자연적 또는 기계적인 방법에 의하여 희석, 환기시키는 장치 또는 설비를 말한다.

(2) 설치방법

① 후드가 미설치된 조리기구와 후드가 설치된 조리기구에서 발생된 후드에서 완전히 제거되지 않은 열과 수증기가 조리실 상부에 정체되지 않도록 전체환기설비를 설치한다.

② 전체환기를 위한 배기구는 조리실에서 가장 높은 위치에 설치하여 효과적인 열배기가 가능하도록 해야 한다.

③ 전체환기 설치방법은 [표 7]과 같이 설치한다.

  ㉠ 천장이 편평하고 덕트 설치가 가능한 경우 : 텍스가 설치되어 있는 경우는 텍스 위치에 전체환기 배기구를 설치하고, 텍스가 없는 경우에는 조리실 최상부에 덕트를 설치하고, 덕트 측면에 배기구를 설치한다.

  ㉡ 천장에 보가 설치된 경우 : 보 하부에 덕트를 설치하고, 덕트 상부에 배기구를 설치하여 급식실 최상부의 공기를 배출한다.

  ㉢ 간섭에 의해 덕트 설치가 불가한 경우 : 간섭에 의해 덕트 설치가 불가한 경우는 천장면에 다공판을 설치하고, 조리실 한쪽 벽면에 팬을 설치하여 균일한 환기가 되도록 한나.

◆ [표 7] 전체환기 배기덕트 설치방법

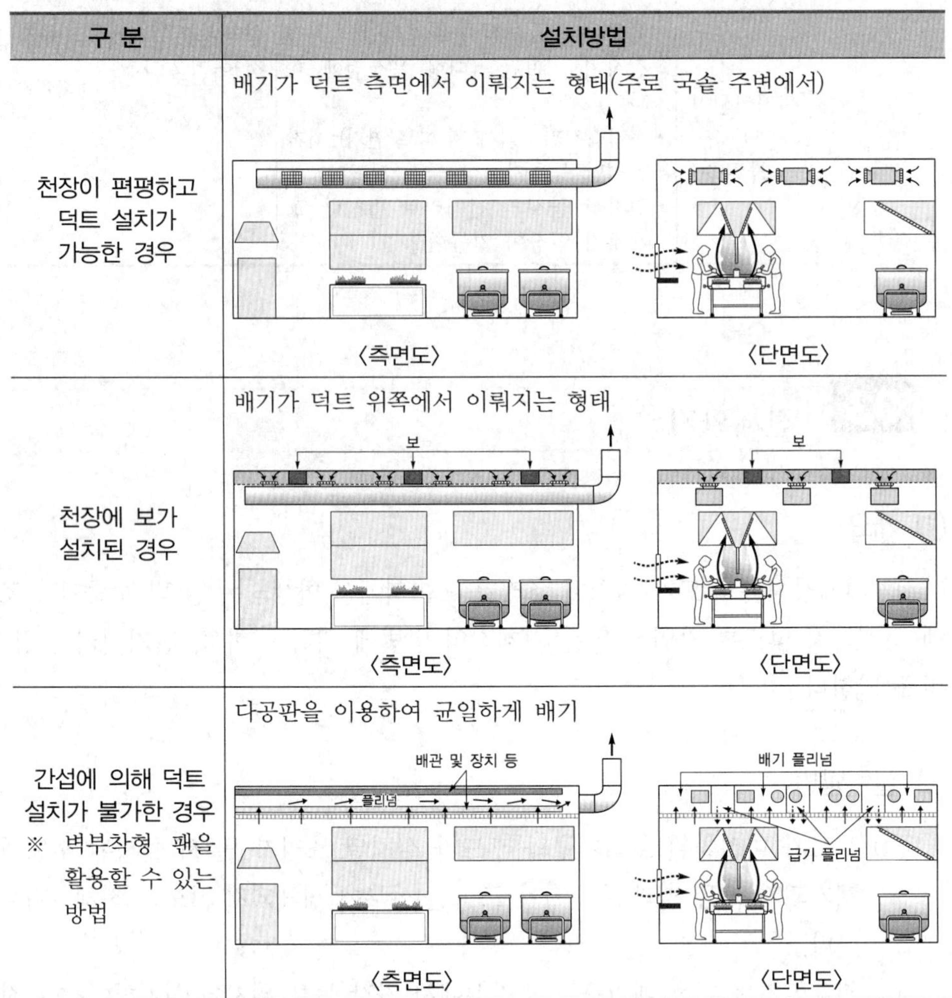

구 분	설치방법
천장이 편평하고 덕트 설치가 가능한 경우	
천장에 보가 설치된 경우	
간섭에 의해 덕트 설치가 불가한 경우 ※ 벽부착형 팬을 활용할 수 있는 방법	

(3) 성능

조리실 바닥면적 $1m^2$당 약 $0.2m^3/min$ 이상의 풍량을 확보한다.

04 그 밖의 시설

(1) 급기시설

① 개요

국소배기장치를 설치할 때는 신선한 공기가 조리실 내부로 공급될 수 있도록 자연급기구(공기유입부) 또는 강제급기시설을 반드시 설치하여야 한다.

② 설치방법

㉠ 조리실 내부로 먼지, 오염된 공기 등이 유입되지 않도록 필터를 거쳐 급기가 되도록 하고, 급기필터 청소 및 교체가 용이한 위치에 설치한다. 다만, 자연급기구를 통해 외부공기가 유입되는 경우에는 필요시 설치한다.

㉡ 외부와 연결된 흡기구에는 위생해충 및 쥐의 침입을 방지하기 위해 적절한 방충·방서 시설을 설치한다. 다만, 자연급기구를 통해 외부공기가 유입되는 경우에는 필요시 설치한다.

㉢ 강제급기시설로 급기하는 경우 조리실 상시 배기량의 80~90%의 범위에서 급기량을 결정하되, 급기되는 공기의 횡기류(Cross Draft)에 의해 후드 포집효율이 저하되지 않도록 급기구 위치나 급기방향을 적절히 조절하는 등의 조치를 한다.

㉣ 자연급기구를 통해 조리실 내부로 들어오는 기류의 속도는 개방면에서 2.5m/sec를 초과하지 않도록 급기한다. 다만, 자연급기구와 후드와의 거리가 근접하여 외부 유입공기가 후드 흡인성능을 저하시킬 우려가 있는 경우 기류속도는 개방면에서 가급적 1.5m/sec 이하로 급기되도록 한다. 이때 외부공기에 의한 작업조건이 저하되지 않도록 더운 공기나 추운 공기의 직접 유입을 최소화하거나 별도의 냉난방기구를 설치하여 조리실 내부 적정 온도가 유지되도록 한다.

㉤ 강제급기 또는 자연급기 시 조리실 내 외부공기 유입에 의한 작업조건이 저하되지 않도록 더운 공기나 추운 공기의 직접 유입을 최소화하거나 별도의 냉난방기구를 설치하는 등 조리실 내부 적정 온도 유지를 위한 조치를 함께 고려한다.

> **참고** **환기설비 설치에 따른 급기설비**
>
> 1. 환기설비 신규설치(설계단계)에서 급기설비 필요 여부 검토방법
>   ㉠ 조리실 내 총 배기유량 확인(m^3/min을 m^3/sec로 환산) ⋯ 국소배기장치(후드) 및 전체환기장치를 통한 총 배기유량 합산
>   ㉡ 공기가 들어올 수 있는 면적 확인(m^2) ⋯ 조리 시 실제 개방 가능한 창문, 출입문의 면적 합산
>   ㉢ 급기구 유입속도 계산(m/sec) ⋯ 위 ㉠ 총 배기유량(m^3/sec)을 ㉡ 공기유입면적(m^2)으로 나눈 값 ⇒ 급기구 유입속도가 2.5m/sec를 초과하는 경우 급기설비 설치 필요
> 2. 이미 환기설비가 설치된 상태에서 급기설비 필요 여부 확인방법
>   개방된 창문이나 출입문 등에서 열선풍속계로 직접 풍속 측정 ⇒ 2.5m/sec를 초과하는 경우 급기설비 설치 필요

(2) 유해가스 감지기

연료가스의 누출이나 유해가스(일산화탄소 등)의 과도한 발생을 감지할 수 있는 감지기 및 경보기 등을 설치한다.

05 환기시설 관리기준

(1) 설치 적정성 검토

① 신규 설치 또는 주요 구조 부분을 변경한 경우 환기설비에 대한 도면 및 계통도를 작성하여 보존하여야 한다. 이때 작성된 도면 및 계통도는 실제 설치된 환기설비의 구조, 모양 등이 일치하여야 하며, 도면 등에는 후드 형태 및 크기, 배풍기 형식, 배풍량 등 자체점검에 필요한 환기설비 정보가 기재되어야 한다.

② 환기설비를 신규 설치 또는 주요 구조 부분 변경 후 처음으로 사용하기 전에 후드나 배풍기 등의 기류흐름 상태(스모크테스트 등), 배풍량 등이 동 지침을 충족하는지를 확인하고 개선이 필요한 경우에는 즉시 적정한 상태로 개선하여 사용하여야 한다.

(2) 사용 중 점검 · 관리

① 사용 중에 후드나 배풍기 등 환기량에 변화를 줄 수 있는 주요 부분을 교체하거나 변경하는 경우 이를 기록해 두어야 한다.

② 후드, 배풍기 등의 성능이 적정하게 유지되고 있는지 연 1회 이상 주기로 정기점검을 실시해야 하고, 평가 결과, 포집성능이 저하된 것으로 판단되는 경우 후드 배풍

량을 증가하거나 후드 형식, 설치형태 등을 변경하는 등 적정한 상태로 유지·관리하여야 한다.

③ 근로자가 환기설비의 성능 저하나 이상이 있다고 하는 경우 신속히 환기설비를 점검한다.

④ 위 ②와 ③에 따른 점검 결과, 후드나 배풍기 등의 성능이 현저히 저하된 것이 확인된 경우, 그 원인을 찾아 개선한다.

※ 필터의 막힘, 이음매 누설이나 파손, V벨트 처짐, 이상소음 등

(3) 환기설비 검사방법

① 급식 조리실의 환기설비 검사는 체크리스트 내용에 따라 점검한다.

② 점검은 연기발생기구 등을 이용하여 가열된 조리기구 상부에 연기 등을 분사한 후 분사된 연기가 조리원 호흡 영역을 통과한 후 후드로 배출되는지 기류흐름 상태를 확인하고 열선풍속계 등의 측정기구를 이용하여 후드 면풍속을 측정한다.

③ 환기설비 검사 결과, 후드 면풍속이 부족하거나 설치상태가 부적정하여 조리대에서 발생된 연기 등이 후드로 적정하게 배출되지 않고 조리원 호흡 영역을 통과하거나 조리실 내부로 확산되는 경우 후드 성능이 불량한 것으로 판정한다.

SECTION 17

작업장에서 라돈 보건관리에 관한 기술 지침

(KOSHA GUIDE, H-215-2021)

01 적용범위

(1) 이 지침은 라돈 노출이 우려되는 다음 작업장에 적용한다.

① 지하 작업공간(지하철 터널, 지하 공동구, 광산, 터널 굴착장소 등)

② 라돈 발생 원료물질의 취급, 유통, 가공 사업장

③ 우라늄 공장(관련 폐기물 취급 작업을 포함한다), 인산염 비료시설이나 인산염 광물 취급 공장

④ 인산석고를 포함한 건축자재 제조공장

⑤ 정유공장

⑥ 그 밖에 라돈 노출 가능성이 높은 장소

(2) 이 지침은 「실내공기질관리법」 및 「학교보건법」 적용을 받는 공간에 대해서는 적용하지 아니하며, 해당 법령에서 정하는 기준에 따라 작업환경을 관리한다.

(3) 라돈 농도 측정결과, $100Bq/m^3$ 미만인 작업공간에 대해서는 본 지침의 "라돈 관리계획 수립 및 저감을 위한 조치" 및 "라돈 농도 수준별 조치사항"을 적용하지 아니한다.

02 용어의 정의

(1) "라돈"

지각을 구성하는 암석이나 토양 중에 천연적으로 존재하는 우라늄(^{238}U)과 토륨(^{232}Th)의 방사성 붕괴에 의해서 만들어진 라듐(^{226}Ra)이 붕괴했을 때에 생성되는 방사성의 가스상 물질이다.

(2) "딸핵종"

방사성 붕괴에 있어서 방사성 핵종이 붕괴해서 다른 핵종으로 변환한 핵종을 말한다.

(3) "라돈 농도분포도"

작업공간 도면에 동일한 라돈 농도라고 판단되는 지역을 '측정주기표'의 등급별 색상에 따라 표시한 것을 말한다.

(4) "라돈 농도단위"

세제곱미터당 라돈의 방사선 양을 말하며, Bq/m^{3}으로 표기한다.

(5) "베크렐(Bq)"

방사능 양의 국제단위(SI)로, 1Bq은 1초 동안 하나의 방사성 붕괴가 일어나는 양이며, "퀴리(Ci)"란 방사능을 나타내는 단위로 1Ci는 1g의 라듐(^{226}Ra, $t_1/2=1,600$년)이 1초 동안 붕괴할 때 나오는 방사선 양으로 3.7×10^{10}개/초의 원자가 붕괴할 때 나오는 방사선 양과 같다. 따라서 $1Ci=3.7\times10^{10}$Bq이다. 공기 중의 라돈 농도는 Bq/m^{3}나 pCi/L로 표시하며, 1pCi/L는 37Bq/m^{3}에 해당한다.

(6) "시버트(Sv)"

방사선이 살아 있는 조직에 대한 영향이 방사선의 종류에 따라 다른 것을 참작하기 위하여 그레이(Gy)로 표시하는 방사선의 흡수선량에 방사선의 종류에 따른 가중계수를 곱한 방사선의 단위로 등가선량이라고 하며, 1Sv는 1,000mSv와 같다. 인체 장기에 방사선이 균일 또는 불균일하게 조사될 경우, 조직별 상대적 위험도의 차이를 반영하여 전체적 영향을 평가하기 위한 단위는 유효선량이라고 하며, 등가선량에 조직가중치(Tissue Weighting Factor)를 곱하여 합한 값으로 표현한다. 유효선량의 수식은 아래와 같다.

$$E = \sum H_T W_T$$

여기서, E : 유효선량

H_T : 등가선량

W_T : 조직가중치

03 라돈의 물리화학적 특성, 건강영향 및 노출기준

(1) 라돈의 물리화학적 특성

① 라돈은 반감기가 3.8일의 희유가스 원소로 지하공간은 물론 우리의 생활공간의 어디에도 존재하는 무색, 무미, 무취의 방사능을 띤 불활성 기체이다. 토양이나 암석 등 자연계 물질 중 함유된 우라늄(또는 토륨)이 연속으로 붕괴하면서 라듐이 되고 라듐이 다시 붕괴하며 생성된다.

② 라돈과 그 동위원소들은 모두 α붕괴를 하여 폴로늄(Po)이 되고, 최종적으로는 납(Pb) 동위원소가 되는데, 중간생성물로 여러 방사성 동위원소들이 생긴다. 동위원소들은 반감기가 짧아 곧 바로 붕괴되기 때문에 반감기가 긴 ^{222}Rn이 월등하게 높은 농도로 존재한다.

③ 원자번호 86번의 원소 라돈(radon, Rn)은 강한 방사선을 내는 비활성 기체 원소로, 자연에 존재하는 라돈은 거의 전적으로 질량수가 222인 ^{222}Rn이며, 물리화학적 특성은 다음 [표 1]과 같다.

○ [표 1] 라돈의 물리화학적 특성

항 목	내 용
화학식	Rn
원자량	222
상태	색, 냄새, 맛이 없는 방사성 기체
밀도	9.73g/L(공기보다 약 8배 무겁다)

항 목	내 용
녹는점	-71.15℃(1기압)
끓는점	-61.85℃(1기압)
용해도	물에 약간 녹고, 유기용매에는 보다 잘 녹는다.
반응성	화학반응성은 거의 없으나, 산화력이 큰 원소들과의 화합물 몇 가지가 알려져 있다. 가장 잘 알려진 라돈 화합물은 플루오린화물(RnF)인데, 라돈과 플루오린(F_2)이 반응하여 생성된 고체 형태의 물질로, 방사성 붕괴에 의해 노랑색 빛을 낸다.
주요 동위원소	^{210}Rn(합성), ^{211}Rn(합성), ^{219}Rn, ^{220}Rn, ^{223}Rn, ^{226}Rn

(2) 라돈의 발암성

① 국제암연구기구(IARC)에서는 과거 광산에서 일하는 광부들을 대상으로 한 코호트 연구에서 흡연자이든 비흡연자이든지 상관없이 모두에서 일관되고 뚜렷하게 폐암이 증가한다는 보고와, 동물실험연구 등에서도 암 발생이 증가한다는 것을 근거로 라돈을 폐암에 대하여 인간에게 명확한 발암물질(group I)로 분류하였고, 백혈병과 임파종에 대하여는 제한적 증거(limited evidence)가 있는 것으로(group 2A) 분류하였다.

② 라돈의 직접적인 생물학적 역할은 없으나, 라돈 자체 혹은 이의 방사성 붕괴 생성물들이 내는 강한 방사선 때문에 인체에 매우 해로운 원소이다. 라돈은 자체에서 나오는 방사선 때문에 건강에 위험한 기체로, 미국환경보호청(EPA)은 라돈 흡입이 흡연 다음가는 주요 폐암 원인이라고 경고하고 있다.

③ 호흡을 통해 인체에 흡입된 라돈과 딸핵종(반감기 30분 미만)은 붕괴를 일으키면서 알파(α)선을 방출한다. 방출된 알파(α)선은 폐세포와 조직을 파괴하고, 이것이 폐암을 유발하는 주요 원인이다.

④ 세계보건기구(WHO)는 라돈을 흡연 다음으로 폐암 발병 원인으로 간주하며, 폐암의 3~14% 차지한다고 보고하고 있으며, 미국 환경보호청(EPA)은 미국에서 연간 폐암 사망자의 10% 이상인 약 20,000명 정도가 라돈에 의한 것이며, 폐암을 유발시키는 제2의 원인으로 지목하고 있다.

⑤ 미국 환경보호청(EPA)에서는 4pCi/L의 라돈 농도를 규제기준으로 제시하고 있으며, 이 농도가 유지되는 실내공간에서 평생 동안 생활하면 흡연자인 경우 1,000명 중 약 62명(6.2%)이 폐암의 위험이 있다고 하였다[표 2].

◆ [표 2] 흡연자인 경우 라돈에 의한 인체영향(폐암 발생률)

라돈 농도	흡연자의 폐암 발생률(1,000명당)	비흡연자의 폐암 발생률(1,000명당)
20pCi/L	260명	36명
10pCi/L	150명	18명
8pCi/L	120명	15명
4pCi/L	62명	7명
2pCi/L	32명	4명
1.3pCi/L	20명	2명
0.4pCi/L	3명	–

※ 자료출처 : EPA Assessment of Risk from Radon in Homes(EPA 402–R–03–003)

(3) 라돈 노출기준

① 「실내공기질관리법」 및 「학교보건법」의 적용을 받는 공간에 대한 라돈 농도 권고기준을 $148Bq/m^3$ 이하로 정하고 있으며, 적용대상은 다음과 같다.

　㉠ 「실내공기질관리법」 적용대상

　　ⓐ 다중이용시설(지하역사, 지하도상가, 철도역사의 대합실, 여객자동차터미널의 대합실, 공항시설 중 여객터미널, 도서관, 박물관 및 미술관, 의료기관, 산후조리원, 노인요양복지시설, 어린이집, 대규모점포, 지하 장례식장, 실내영화상영관, 학원, 옥내 전시시설, 인터넷 컴퓨터 게임시설 제공업의 영업시설, 실내주차장, 업무시설, 실내공연장, 실내체육시설, 목욕장의 영업시설 등)

　　ⓑ 공동주택(아파트, 연립주택, 기숙사 등)

　㉡ 「학교보건법」 적용대상

　　ⓐ 기숙사(건축 후 3년이 지나지 않은 기숙사로 한정한다)

　　ⓑ 1층 및 지하의 교사

② 작업장에서의 라돈 노출기준은 고용노동부 고시 제2020–48호 「화학물질 및 물리적 인자의 노출기준」 별표 4에서 $600Bq/m^3$로 설정하고 있다.

04 라돈의 노출경로

(1) 라돈은 분진에 붙어서 공기 중으로 이동할 수 있고, 사람의 일상생활환경, 즉 공기, 물, 땅 등의 어느 곳에나 존재하는 물질이다. 밀폐된 공간, 특히 지하 작업공간(광부

또는 빌딩의 지하 작업자 등)에서 일하는 사람들은 높은 농도의 라돈에 노출될 수 있다. 또 지하수와 우물물 등을 통해서 라돈에 노출될 수 있다.

(2) 지각에서 생성된 라돈은 암석이나 토양의 틈새에 존재하다가 확산 또는 압력차에 의해 지표나 공기 중으로 방출된다. 라돈의 80~90%는 토양이나 지반의 암석에서 발생된 라돈 기체가 건물 바닥이나 벽의 갈라진 틈을 통해 들어온다. 따라서 환기가 잘 되지 않는 사업장의 건물 실내나 지하 작업장에는 외부 대기에서보다 월등히 높은 농도로 라돈이 축적될 수 있다.

(3) 통상적으로 라돈가스가 실내로 유입되는 경로는 다음과 같다.

① 건물 하부의 갈라진 틈　　　　② 벽돌과 벽돌 사이
③ 벽돌 내의 기공　　　　　　　④ 바닥과 벽의 이음새
⑤ 건물에 직접 노출된 토양　　　⑥ 우수배관로
⑦ 몰타르 이음새　　　　　　　⑧ 접합이 느슨한 파이프의 사이
⑨ 출입문의 틈새　　　　　　　⑩ 건축자재
⑪ 지하수의 이용

(4) 사업장에서 라돈 노출이 높아질 수 있는 경우는 첫째, 사업장의 위치가 라돈 발생이 높은 지역에 있을 때이고 둘째는 지하광산이나 동굴 탐험 및 관광업과 같이 작업장이 지하공간에 위치할 때이며, 셋째는 환기가 잘 안 되는 밀폐공간이나 사업장 건물 내에 위치할 때이다.

(5) 국제방사선방호위원회(ICRP)는 자연 방사선원에 의한 방사능 노출 중 다음과 같은 특정의 사업장이나 근로자들에 대해서는 그것을 직업적 방사능 노출로 간주하도록 권고하였다.

① 광부
② 밀폐된 공간이나 지하 작업 공간에서 일하는 근로자
③ 라돈이 높은 지역에 있는 작업장에서 일하는 근로자

(6) 광부, 지하철 종사자 등의 일부 특정 직업군과 지역 및 거주지 상태에 따라서 비교적 높은 농도의 라돈에 노출될 수 있다. 라돈 피폭이 높을 가능성이 있는 작업활동은 다음과 같다.

① 인광을 이용하는 경우(인산염의 처리, 비료 제조)
② 광사의 채굴과 정련
③ 광물의 이용(티탄 안료, 내화성의 토륨 혼합물의 제조, 시멘트 생산)
④ 화석연료 추출(석유·가스의 추출에 사용되는 물에 방사능이 농축됨)
⑤ 화석연료의 연소(화석연료를 이용한 발전소 등)
⑥ 건재의 골재 등으로 이용(토탄 흙, 용광로의 슬러그, 플라이애시)
⑦ 폐기물의 이용(스크랩 메탈 산업)
⑧ 굴착 작업자
⑨ 온천 근무나 지하수 처리를 하는 작업
⑩ 천연가스나 원유 채취 및 정유

05 작업장 내 라돈 농도 측정

(1) 라돈의 측정 및 평가는 아래의 어느 하나에 해당하는 사람이 하여야 한다.

① 해당 사업장에 소속된 산업위생관리산업기사 이상의 자격을 보유한 사람
② 「산업안전보건법」에 따른 작업환경측정기관
③ 「실내공기질관리법」에 따른 실내공기질 측정기관
④ 라돈 측정 및 평가에 관하여 학식과 경험이 풍부한 자로서, 관련 분야 석·박사 학위 소지자

(2) 작업장 내 라돈의 측정대상 장소는 아래와 같다.

① 작업장소(원료물질 취급, 보관, 발생장소 등)
② 작업장소로 가기 위해 이동하는 경로(예 지하철의 경우 터널 내부의 시설물 중 배수 펌프실, 비상방수문, 환기실 및 이동경로인 터널)
③ 그 밖에 산업안전보건위원회에서 측정이 필요하다고 의결한 장소

(3) 라돈 측정 시에는 다음과 같이 예비조사를 하여야 한다.

① 도면 등을 통한 작업장 내 측정대상 장소의 사전 파악
② 측정대상 장소의 기류 또는 환기장치 등에 의한 측정값의 영향 여부 사전 파악
③ 측정하려는 대상 공간의 평상시 조건에서 측정할 수 있는 측정계획 등 수립

(4) 라돈은 아래와 같이 단기측정 또는 장기측정 방법을 선택하여 실시한다.

  ① 2~90일의 기간(라돈 발생물질 취급 작업장은 2~7일 동안 측정) 동안 라돈 농도를 측정하는 것을 단기측정이라 하며, 단기측정방법으로 측정한 결과가 300Bq/m^{3}을 초과하는 경우에는 장기측정방법으로 추가 측정을 실시한다. '충전막 전리함 측정기(E-Perm, Electric-Passive Environmental Radon Monitor)' 또는 이와 동등한 측정기기를 이용하여 측정한다.

  ② 90일~1년간 라돈 농도를 측정하는 것을 장기측정이라 한다. '알파비적 검출기(ATD, Alpha Track Detector)' 또는 이와 동등한 측정기를 이용하여 측정한다.

(5) 라돈 측정 시에는 작업장소별로 2개 이상의 시료를 채취하되, 전체 시료수의 10%에 대해서는 최소 1개 이상, 최대 50개 이내의 범위에서 중복 측정을 실시하여야 한다. 또한, 측정기기의 제조, 운반, 저장 및 처리과정 중 오염 여부를 확인하기 위해 측정 시료와 동일한 장소에서 미개봉상태의 측정기를 전체 시료 수의 5%(최소 1개 이상, 최대 25개 이내)에 대해 공시료를 설치하여 배경 농도를 측정한다.

(6) 측정 시 유의사항

  ① 측정 시에는 습도, 온도, 환기조건 등을 기록한다.

  ② 측정기기의 위치는 바닥으로부터 1.2~1.5m 위치에 설치하고 실내의 대상 물체로부터 10cm 이상 떨어진 곳에 설치한다.

  ③ 측정장소에는 라돈 농도 측정 중임을 인지할 수 있는 주의 표지 등을 부착하고, 시료채취가 종료되기 전까지 임의로 측정기기 등을 조작하지 못하게 하는 등 정확한 시료가 채취될 수 있도록 하여야 한다.

  ④ 측정기기별로 권장하는 측정기간을 준수하여야 한다.

(7) 측정결과는 기록하고 보존한다.

(8) 사업주는 작업장 내 라돈 농도 측정결과에 따라 다음 [표 3]의 주기마다 라돈 농도를 측정하여야 한다. 다만, 라돈 농도에 현저한 변화가 있을만한 상황이 발생한 경우에는 1개월 이내에 측정을 실시하여야 한다. 다만, 라돈 발생 물질을 직접 취급하는 사업장은 라돈 농도 측정결과와 관계없이 1년 주기로 측정하여야 하며, 100Bq/m3 이하인 경우에는 10년 주기로 측정을 실시할 수 있다.

❖ [표 3] 라돈 농도별 측정주기

등 급	라돈 농도	측정주기
–	$100Bq/m^3$ 이하	10년 주기
Ⅰ(관심)	$100Bq/m^3$ 초과	5년 주기
Ⅱ(주의)	$300Bq/m^3$ 초과	2년 주기
Ⅲ(위험)	$600Bq/m^3$ 초과	1년 주기

06 라돈에 의한 건강장해 예방을 위한 조치

(1) 라돈 관리계획 수립 및 저감을 위한 조치

① 사업주는 다음 내용이 포함된 라돈 관리계획을 수립하여 시행하여야 한다. 산업안전
보건위원회가 설치된 사업장은 산업안전보건위원회의 심의·의결을 거쳐 시행한다.
　㉠ 라돈 측정결과(측정일, 측정결과, 향후 측정일 등)
　㉡ 라돈 농도 분포도
　㉢ 농도수준별 관리계획(환기시간 및 방법, 작업시간 관리 및 고농도지역 개선계
　　획, 피폭선량 평가, 건강검진, 보호구, 경고표지, 안전보건교육 등)
② 작업장에서는 라돈 농도를 $100Bq/m^3$ 이하로 유지될 수 있도록 기술적 또는 경제
적으로 가능한 범위 내에서 관리하기 위해 다음과 같은 조치를 하여야 한다.
　㉠ 라돈 발생 원료물질, 공정부산물 등 취급 및 보관 장소에는 밀폐장치 등을 설
　　치하여 발생원을 차단하여야 한다. 라돈이 발생하는 지점이 한정되어 있고 면
　　적이 작은 경우 해당 부위를 밀폐한다.
　㉡ 라돈 주요 유입원(배수구, 바닥의 틈, 건물의 갈라진 틈 등)에 대하여 밀폐, 보
　　강 등의 조치를 통해 라돈 유입을 막는다. 특히 지하수는 지하공간 라돈 농도
　　에 큰 영향을 주므로 지하수가 공기면에 접촉되지 않도록 배수로에 덮개를 설
　　치하고, 정체되거나 넘치지 않도록 한다.
　㉢ 작업장의 라돈 농도를 낮추기 위하여 공기유입장치, 자연환기 등을 통해 외부
　　의 신선한 공기를 내부로 유입될 수 있도록 전체환기를 실시한다. 고농도 라돈
　　발생장소, 원료물질 또는 공정 부산물이 공기 중에 흩날릴 수 있는 장소 중 밀
　　폐하기 곤란한 장소에 대해서는 국소배기장치 등을 설치하여 라돈 확산을 방지
　　하고 공기 중 라돈 농도를 제어한다.

(2) 라돈 농도 수준별 조치사항

① 100Bq/m³ 초과 시

㉠ 100Bq/m³ 이하로 유지하기 위한 저감조치를 실시한다.

㉡ 경고표지를 부착한다.

② 300Bq/m³ 초과 시

㉠ 100Bq/m³ 초과 시 실시하는 조치사항을 적용한다.

㉡ 분진에 흡착되어 공기 중에 이동하는 라돈의 인체 흡입을 방지하기 위해 호흡용 보호구 착용을 원하는 근로자에게 특급 방진마스크 이상의 호흡용 보호구를 지급하여 착용할 수 있게 한다.

㉢ 라돈 농도가 300Bq/m³을 초과하는 공간에서 일하는 근로자를 대상으로 방사선 피폭선량을 평가한다. 어떠한 경우도 5년간 총 100mSv를 초과하지 않아야 하며, 1년간 최대 50mSv를 초과하지 않아야 한다.

㉣ 피폭선량 평가 결과 피폭선량이 연간 10mSv를 초과하는 근로자에 대해서는 정기적인 폐기능 검사와 흉부 엑스레이 촬영을 포함한 건강검진을 실시하여야 한다.

③ 600Bq/m³ 초과 시

㉠ 300Bq/m³ 초과 시 실시하는 조치사항을 적용한다.

㉡ 해당 장소에서의 작업시간을 최대한 단축한다. 누적 피폭선량이 높은 직원에 대해서도 긴급상황을 제외하고는 작업을 제한한다.

㉢ 해당 장소에서 작업하는 근로자의 작업시간, 작업내용 및 피폭선량 평가 결과 등을 기록한다.

㉣ 해당 장소에서 작업하는 근로자에게 특급 방진마스크 이상의 호흡용 보호구를 지급하고 착용하도록 한다.

(3) 위생관리 및 유해성 등의 주지

① 사업주는 근로자가 라돈 발생 원료물질, 공정 부산물 등을 취급하는 작업을 하는 경우에는 세면 · 목욕 · 세탁 및 건조를 위한 시설을 설치하고 필요한 물품과 용구를 갖추어 두어야 한다.

② 라돈이 발생하거나 근로자가 라돈을 흡입할 우려가 있는 작업장에서는 근로자가 담배를 피우거나 음식물을 먹지 않도록 하고 그 내용을 보기 쉬운 장소에 게시하여야 한다.

③ 근로자에게 라돈의 유해성 및 안전보건 조치사항 등을 교육한다.

SECTION 18

공기 중 제조나노물질의 노출평가에 대한 기술 지침
(KOSHA GUIDE, W-24-2017)

01 용어의 정의

(1) "제조나노물질"

자연발생적이 아닌 한 단면이 나노 크기(1~100nm)인 의도적으로 제조된 나노물질을 말하며, 연소 및 기화 같은 공정에서 비의도적으로 발생하는 나노입자와는 구분된다.

(2) "응집(체)"

입자 또는 응집체가 서로 약하게 결합되어 있고 겉표면적이 개별성분의 표면적 합에 비해 작은 형태를 말한다.

(3) "집합(체)"

강한 결합으로 구성된 입자 또는 융합된 입자들이고 실제 겉표면적이 개별성분의 표면적 합에 비해 훨씬 작은 형태를 말한다.

(4) "사전주의원칙"

새로운 기술에 대하여 불확실하지만 잠재적 위험이 심각하거나 비가역적일 것으로 예상됨에 따라, 위험을 관리하기 위한 정책 등을 해당 기술의 확실성이 나타나기 전에 적용하는 원칙을 말한다.

(5) "TEM(Transmission Electron Microscope) Grid"

투과전자현미경 분석에 사용되는 구리, 니켈, 몰리브덴 등의 다양한 재질에 탄소막으로 구성된 격자무늬 형태의 판을 말한다.

02 일반사항

(1) 제조나노물질의 위험성

① 제조나노물질의 위험성은 물질 자체의 유해성과 공기 중으로 비산된 노출량에 따라 결정된다.

$$위험성(Risk) = 유해성(Hazard) \times 노출량(Exposure)$$

② 위험성 예측을 위한 노출량은 노출강도(농도) 및 노출기간(빈도)으로 정량화하여야 한다.

(2) 제조나노물질 노출 가능성이 있는 작업

① 작업장에서 제조나노물질을 취급할 때 인체에 대한 노출이 일어날 가능성이 있는 작업은 다음과 같다.
  ㉠ 제조나노물질을 제조하거나 사용하여 제품을 만드는 작업. 특히, 완전히 밀폐되지 않은 시설에서 생산 및 취급하는 경우
  ㉡ 제조나노물질을 폴리머, 복합체 등 다른 물질에 통합하는 작업
  ㉢ 제조나노물질 생산 및 취급 시설에서 배기설비를 가동시키거나 진공청소기 등으로 청소하는 작업
  ㉣ 제조나노물질과 관련된 흄 후드 및 배기장치에 설치되어 있는 필터 등을 교체하는 작업
  ㉤ 제조나노물질을 폐기 처리하는 작업
  ㉥ 예기치 못한 사고로 제조나노물질 누출이 발생하는 경우
② 제조나노물질 노출평가 시 특히 관심을 기울여야 하는 작업은 다음과 같다.
  ㉠ 제조나노물질을 계량, 혼합 및 체질하는 작업
  ㉡ 제조나노물질이 포함된 것을 두드려 청소하는 작업
  ㉢ 용해작업

ㄹ 스프레이 등을 활용한 건조작업
ㅁ 제조나노물질 제조설비 및 장비 등의 교체·유지보수 작업
ㅂ 제조나노물질 함유 제품(복합체 등) 가공작업(예 절삭, 연마, 그라인딩)
ㅅ 제조나노물질을 함유한 액상 제품의 스프레이 작업
ㅇ 제조나노물질 액상 제품을 고온에서 취급하는 작업

03 노출평가

제조나노물질의 노출평가는 5단계로 이루어진다. 다만, 노출평가의 목적 및 평가자의 단계별 판단에 따라 수행내용이 달라질 수 있다.

(1) 기본자료 조사 – 1단계

① 1단계는 다음과 같이 제조공정 및 주요 노출 가능공정을 파악하여 노출평가 유무를 결정하는 단계이다. 즉, 노출평가를 수행하기 전에 제조나노물질의 취급, 노출 등이 밝혀진 공정에 한해 노출평가를 수행하여야 된다.
   ㉠ 제조나노물질에 대한 정보 : 제조나노물질의 종류 및 취급량, 물리화학적 특성에 관한 자료
   ㉡ 제조공정 등에 대한 정보 : 원료, 공정, 제품 및 제조나노물질의 상태변화 등에 관한 자료
   ㉢ 주요 노출 가능공정에 대한 자료
② 공정별로 제조나노물질을 생산, 취급 및 노출 가능 여부를 판단하여 2단계 진행 여부를 판단한다.
③ 조사시점에서 제조나노물질을 생산, 취급 및 노출 가능성이 없으면 더 이상 진행하지 않아도 되나, 취급 등이 재개되면 기본조사부터 다시 수행하여야 한다.

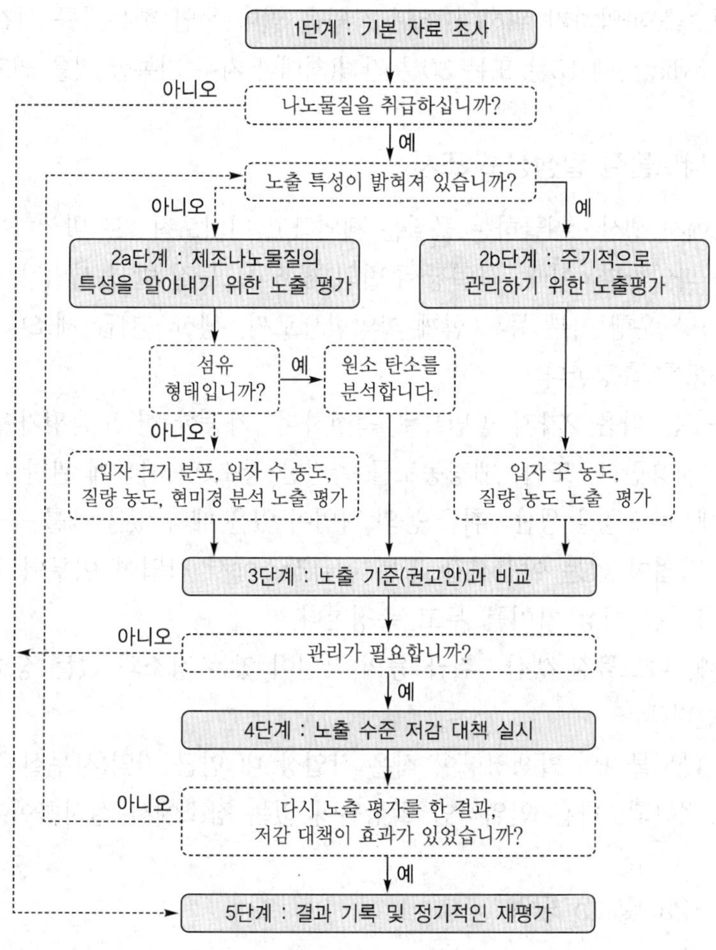

❚ 제조나노물질의 노출평가 단계 ❚

(2) 노출평가 – 2단계

1단계에서 노출평가를 진행하기로 결정하였다면 본격적인 노출평가를 시행하기 전에 다음 두 가지 사항을 추가로 조사하여야 한다.

1) 사업장 정보 조사

① 1단계에서 파악한 기본자료를 보완하거나 재확인하는 절차로 진행한다.

    ㉠ 설문을 통하여 각 작업공정 및 장소의 규모, 생산품목, 생산량, 종사자 수 등의 기본정보를 수집하고 환기형태, 공기정화장치(헤파필터 등), 물리적 격리시설 유무 등도 함께 조사한다.

    ㉡ 작업자가 다루는 물질의 특징과 성상, 사용량 등에 따른 정보도 함께 파악한다.

② 작업변수를 파악하기 위하여 어떤 작업을 얼마 동안 했는지를 시간활동일지(Time activity diary)에 15분 또는 30분 간격(최대한 자주 기록할 것을 권고)으로 작성한다.

2) 비의도적 나노물질 발생정보 조사

① 사업장에서 생산·취급하는 물질은 제외하고 비의도적으로 발생하는 나노물질의 발생원을 파악한다. 이때, 사업장 주변의 제조나노물질 발생 사업장, 주요 도로 위치, 디젤 차량 운행 여부 등도 함께 파악함으로써, 생산·취급 제조나노물질을 제외한 배경농도를 측정한다.

② 배경농도는 다음 2가지 방법으로 측정하며, 가능한 한 노출평가에 이용한 동일한 기기를 사용한다. 또한, 배경농도를 측정한 장소 및 시간에 관한 사항을 기록한다.

  ㉠ 첫째, 나노물질 생산·취급 등의 작업이 있을 때와 없을 때를 구분하여 측정한다.

   ㉞ 작업이 없는 야간시간 또는 취급장소에서 작업이 이루어지기 전·후 최소 1시간 이상 차이를 두고 측정한다.

  ㉡ 둘째, 나노물질 생산·취급 등의 작업이 있는 장소와 없는 장소를 구분하여 측정한다.

   ㉞ 나노물질의 발생영향이 적은 작업장 내 인근 지역(사무실, 복도 등)에서 측정하되, 다른 인위적인 발생원이 없는 장소에서 실시하여야 한다.

3) 노출평가 - 2a 및 2b 단계

노출평가는 2a 및 2b 단계를 구분하여 실시한다. 제조나노물질을 처음 평가하거나 나노물질의 특성이 규명되어 있지 않은 경우에는 2a 단계(제조나노물질 특성규명 및 노출평가 단계)를 진행한다. 만약 제조나노물질의 특성이 규명되어 있고 사용방법 및 공정 등이 전과 동일하다면 바로 2b 단계(제조나노물질 노출관리를 위한 노출평가 단계)를 진행한다.

〈제조나노물질 특성규명 및 노출평가 - 2a단계〉

• 제조나노물질의 특성은 고정된 위치에서 시료를 채취하는 지역시료채취, 작업자의 호흡 영역에서 시료를 채취하는 개인시료채취 등의 전통적인 산업위생 시료채취와 함께 실시간 측정기기(또는 방법)를 이용하여 규명하도록 한다.

• 작업자 노출을 정확히 반영하기 위해서는 개인시료채취를 이용하고, 공학적 제어관리 및 작업방법 개선에 대한 평가를 위해서는 지역시료채취(에어로졸 크기별 시료채취) 및 실시간(직독식)기기를 이용한다.

- 측정기기는 다양한 실시간 기기 및 비실시간 기기를 함께 이용하도록 한다.
- 총 입자의 수, 입자 크기별 입자 수 분포 및 표면적은 실시간으로 측정하고 입자의 구성 성분은 별도의 기기분석을 통해 확인한다.

  예 양자점이나 금속 나노물질에 대하여 실시간 측정은 주사입자 크기분포 측정기(Scanning or Sequential Mobility Particle Sizers ; SMPS)를 이용하고, 기기분석은 공기 중 입자를 TEM Grid, PVC 여과지(Poly Vinyl Chloride filter)로 포집한 후 별도로 실시한다.

- 측정장소는 제조나노물질의 발생원 및 작업자 근처 모두를 지정하고, 발생원 등이 여러 곳에 나눠져 있을 경우에는 측정기기를 옮겨가며 수행하여야 한다.
- 측정시간은 모든 작업을 포함시키고, 배경농도는 반드시 제조나노물질의 생산 또는 공정 가동 이전에 측정하여야 한다.
- 측정이 이루어지는 동안에는 작업상황을 시간활동일지에 기록하고 기기의 작동 여부를 수시로 점검한다.

① 실시간 입자 측정

  ㉠ 공기 중 나노입자의 크기분포 및 시간에 따른 농도변화, 작업자의 직무에 따라 다른 노출특성 등을 확인하기 위해서는 다음과 같은 기기를 이용할 수 있다.

  ⓐ 광학입자계수기(Optical Particle Counter ; OPC)

  ⓑ 표면적 측정기(Nanoparticle Surface Area Monitors ; NSAM)

  ⓒ 주사입자 크기분포 측정기(SMPS)

  ⓓ 공기역학적 직경 입자 입도분석기(Aerodynamic Particle Sizer ; APS)

  ⓔ 빠른 이동성 입자 입도분석기(Fast Mobility Particle Sizer ; FMPS)

  ㉡ 만약, 입자크기 범위가 넓어 하나의 기기로 측정할 수 없는 경우에는 주사입자 크기분포 측정기(SMPS)와 광학입자계수기(OPC)를 동시에 병렬로 이용할 수 있다.

② 비실시간 입자 측정

  ㉠ 실시간 측정이 곤란한 정성평가는 전자현미경 또는 중금속 분석 등을 통해 형상과 성분 등을 조사하여야 한다.

  ㉡ 제조나노물질의 크기, 형태는 전자현미경을 이용하고, 화학적 조성과 양은 중금속 분석 및 전자현미경을 통해 확인한다.

  ㉢ 제조나노물질을 포집하기 위해서는 여과지를 카세트에 장착하고 분석 가능한 감도를 얻을만큼 충분한 시간 동안 시료를 채취하여야 하며, 전자현미경 분석과 다른 기기분석을 위한 시료를 같은 장소에서 각각 동시에 채취하여야 한다.

분석기기에 따라 다음과 같은 여과지 등을 활용한다.

ⓐ 주사전자현미경 분석
- 주로 폴리카보네이트 여과지(〔예〕 직경 37mm 또는 25mm, 두께 0.45μm)를 이용한다.
- 탄소나노튜브의 탄소성분을 측정할 때는 석영 여과지(quartz filter)를 이용하며, 안전보건기술 지침(KOSHA GUIDE) A-162-2016을 적용한다.

ⓑ 유도결합플라스마 - 원자발광분석기(또는 질량분석기)(ICP-AES or ICP-MS) 분석
- 주로 MCE (Membrane Cellulose Ester filter) 및 PVC 여과지를 이용한다.
- 분석은 NIOSH Method 7300 또는 안전보건기술 지침(KOSHA GUIDE) 시료채취 및 분석지침(A)을 적용한다.

ⓒ 투과전자현미경(TEM) 분석
TEM Grid와 미니입자시료채취기(Mini Particle Sampler ; MPS, INERIS, France)를 이용하며, Grid에 직접 시료를 부착하기 위해서는 온열식 입자계수기(Thermal Precipitator) 또는 정전기식 입자계수기(Electrostatic Precipitator)를 함께 이용할 수 있다.

〈제조나노물질 노출관리를 위한 노출평가 - 2b 단계〉

관리적인 측면에 맞춰 간단하게 진행할 수 있다.

① 실시간 입자 측정
응축입자계수기(CPC), 광학입자계수기(OPC) 및 표면적 측정기(NSAM)를 이용하여 총 입자상 물질의 변화추이를 확인한다.

② 비실시간 입자 측정
2a 단계의 비실시간 입자 측정 방법에 따라 정성평가를 실시하되, 이미 물질에 대한 특성이 밝혀져 있다면 생략할 수 있다.

(3) 제조나노물질 노출기준(권고안)과 비교 - 3단계

2단계의 노출평가 결과는 법적인 노출기준과 비교해서 초과 여부 등을 판단할 수 있으나, 아직까지 국내외 모두 법적인 노출기준은 없는 실정이다. 따라서 미국 및 일부 유럽에서 가이드라인 형식으로 제안하고 있는 '제조나노물질 노출기준(권고안)'과 비교·검토하여 기준 초과 여부 등을 판단한다.

(4) 노출저감대책 제시 – 4단계

① 3단계에서 제조나노물질 노출기준(권고안)보다 노출평가 결과가 높은 경우에는 노출저감대책을 세워 작업현장 등을 개선한 다음 다시 2단계 노출평가로 돌아가 재평가를 하여야 한다.

② 노출저감대책은 제조나노물질과 같이 그 위험성 및 보호대책 등이 잘 알려져 있지 않은 경우 사전주의원칙을 적용하여 세울 수 있다. 예를 들어, 제한된 정보를 최대한 활용해 작업자에게 산업위생 측면에서 적절한 보호대책을 세워 주는 것도 사전조치 중 하나이다.

(5) 관리 및 기록유지 – 5단계

① 노출저감대책을 시행한 후 노출이 감소되었으면 이에 대한 평가정보를 아래와 같이 기록하고 정기적인 평가를 실시한다. 다만, 작업공정이나 취급방법이 변경되어 노출수준의 변화가 예상되면 2단계로 돌아가 재평가를 실시하여야 한다.

   ㉠ 측정의 목적 및 방법

   ㉡ 시료채취를 위한 샘플러와 측정전략에 관한 간략한 소개 및 측정장소에 대한 도면, 사진 등에 관한 정보

   ㉢ 실시간으로 측정한 제조나노물질 데이터에 대한 분석값(통계분석을 하여 정규분포 여부, 중앙값 설정(산술평균 또는 기하평균) 및 분산의 표현(표준편차, 기하표준편차, 95% 신뢰구간, 최대값, 최소값 등)

   ㉣ 채취시료에 대한 전자현미경 또는 유도결합플라즈마(ICP)로 분석한 사진이나 분석값

   ㉤ 노출평가에 대한 최종 결론, 다음 평가 일시 등

② 최종보고서는 모든 사람이 알아볼 수 있도록 쉽게 작성하며 기록물보관소 등에 잘 정리하여 보관하여야 한다.

SECTION 19 석면 해체·제거 작업 지침

(KOSHA GUIDE, H-70-2020)

01 용어의 정의

(1) "석면"

자연적으로 생성되며 섬유상 형태를 갖는 규산염(硅酸鹽) 광물류로서 악티노라이트석면, 안소필라이트석면, 트레모라이트석면, 청석면, 갈석면, 백석면 등 여섯 종의 물질을 말한다.

(2) "석면함유 물질"

석면이 중량기준 1% 초과 함유된 물질을 말한다.

(3) "석면함유 설비 및 건축물"

석면함유 물질이 포함되어 있는 설비 및 건축물을 말한다.

(4) "분무된 석면"

건축물 또는 시설의 내·외부에 내화, 흡음, 단열, 장식 및 기타 용도를 위해 분무·미장 등의 방법으로 표면에 입혀진 석면을 말한다.

(5) "보온재"

건축물 또는 시설의 파이프, 덕트, 보일러, 탱크 등의 내·외부에 보온·단열을 목적으로 사용된 물질을 말한다.

(6) "내화피복재"

높은 온도에서도 타지 않도록 하기 위하여 물질의 표면에 덮어 씌우는 물질을 말한다.

(7) "석면 해체 · 제거 작업"

석면함유 설비 또는 건축물의 파쇄, 개 · 보수 등으로 인하여 석면분진이 흩날리거나 흩날릴 우려가 있고 작은 입자의 석면 폐기물이 발생되거나 발생될 우려가 있는 작업을 말한다.

(8) "고성능 필터(High efficiency particulate air filter ; HEPA filter)"

$0.3\mu m$의 입자를 99.97% 포집할 수 있는 성능을 가진 필터를 말한다.

(9) "음압기"

고성능 필터가 달린 팬을 이용하여 작업장 내부 공기를 일정 유량으로 배기하여 석면 해체 · 제거 작업 공간 내부를 음압으로 유지하도록 하는 장치를 말한다.

(10) "음압기록장치"

석면 해체 · 제거 작업 공간 내 · 외부의 압력 차이를 측정 · 기록할 수 있는 장비를 말한다.

(11) "사업주"

석면이 함유되어 있는 설비나 건축물의 해체 · 제거를 업으로 하는 자를 말한다.

(12) "글로브백 작업(Glove bag operation)"

폴리에틸렌 등 불침투성 재질의 비닐시트를 사용하며 안쪽으로 손 모양의 글로브에 손을 넣어서 석면 해체 · 제거 작업을 수행하는 것을 말한다.

02 석면 해체 · 제거 작업의 범위

(1) 분무된 석면의 해체 · 제거 작업

철 구조물의 내화재로 빔, 기둥, 트러스 및 연결 부위에 분무된 것과 장식 목적의 마감재 또는 천장의 방음단열재로 분무된 석면 등을 해체 · 제거하는 작업

(2) 석면이 함유된 보온재 또는 내화피복재의 해체·제거 작업

공기조화설비의 파이프, 보일러 또는 산업현장의 용광로, 전기로 등의 설비에 보온·단열성 및 내화성을 주기 위해 석면이 함유된 보온재 및 내화피복재 등을 붙이거나 코팅된 것을 해체·제거하는 작업

(3) 석면이 함유된 벽체, 바닥타일 및 천장재의 해체·제거 작업

내화 및 방음을 목적으로 벽체, 바닥타일, 천장재 등으로 사용된 석면이 함유된 각종 건축자재 등을 해체·제거하는 작업

(4) 석면이 함유된 지붕재의 해체·제거 작업

지붕재로서 방수를 목적으로 아스팔트를 접착제로 하여 석면이 함유된 아스팔트 펠트 및 루핑 등의 방수시트를 적층한 것과 단열 목적의 석면이 함유된 패널, 슬레이트 등을 해체·제거하는 작업

(5) 석면이 함유된 개스킷 등 기타 석면함유 물질의 해체·제거 작업

보일러, 용광로 및 전기로 등의 문 또는 개방 부위, 고압의 스팀 라인에 설치된 개스킷, 석면 링, 펌프 및 밸브의 패킹재 등을 해체·제거하는 작업

03 석면 해체·제거 작업 전 준비사항

(1) 석면 해체·제거 작업계획 수립

① 석면 해체·제거 작업계획에 포함될 내용
  ㉠ 석면함유 물질 사전조사내용
  ㉡ 석면 해체·제거 작업 공사기간 및 투입인력
  ㉢ 석면 해체·제거 작업의 절차 및 방법
     사전조사결과 해체·제거할 석면함유 물질별로 사용하는 도구 등 장비목록, 작업순서 및 작업방법 등의 해체·제거 방법
  ㉣ 석면 비산 방지 및 처리방법
     ⓐ 해체·제거 작업과정 중 밀폐, 격리, 음압유지시스템, 습식작업, 진공청소 등의 석면 비산 방지방법

ⓑ 해체 · 제거 작업과정에서 발생한 석면함유 물질, 잔재물 및 부스러기의 처리방법

ⓜ 근로자 보호조치

해체 · 제거 작업자의 건강보호를 위한 호흡보호구, 보호복, 보안경(반면형 방진마스크의 경우) 등 개인보호구와 위생설비 등 보호조치내용

ⓗ 기타 사항

지정폐기물 처리, 석면의 물질안전보건자료, 근로자에 대한 석면의 유해성 등에 대한 교육계획 등을 포함

② 작업계획의 주지

㉠ 사업주는 석면 해체 · 제거 작업계획을 수립한 때에는 당해 작업근로자에게 그 내용을 서면, 게시 또는 교육 등을 통하여 주지시켜야 한다.

㉡ 사업주는 당해 작업근로자 외에 석면 해체 · 제거 작업으로 인해 영향을 받을 우려가 있는 동일 건물 내의 근로자 및 입주자에게 해체 · 제거 작업 실시계획 등에 대해 주지시켜야 한다.

(2) 경고표지의 설치

① 사업주는 석면 해체 · 제거 작업을 행하는 장소에는 다음의 경고표지를 출입구에 게시하여야 한다.

◆ 석면취급/해체 작업장의 경고표지

주) 1. 크기는 가로 70센티미터, 세로 50센티미터 이상
   2. "관계자외 출입금지" 글자의 크기는 가로 8센티미터, 세로 10센티미터 이상
   3. 그 밖에 글자의 크기는 가로 6센티미터, 세로 6센티미터 이상
   4. 글자는 흰색 바탕에 흑색, 다만 "석면 취급/해체 중" 글자는 적색

② 다만, 작업이 이루어지는 장소가 실외이거나 출입구가 설치되어 있지 아니한 경우에는 근로자가 보기 쉬운 장소에 게시하여야 한다.

③ 또한, 석면 해체·제거 작업장에 접근이 가능한 인근 주민 및 통행자 등에게 석면 해체·제거 작업이 이루어지는 장소임을 상기시킬 수 있는 표지 등을 게시하여야 한다.

(3) 개인보호구의 지급·착용

① 사업주는 석면 해체·제거 작업에 근로자를 종사하도록 하는 때에는 작업조건에 적절한 방진마스크(특등급만 해당)나 송기마스크 또는 전동식 호흡보호구(방진마스크, 특등급만 해당), 고글형 보호안경, 신체를 감싸는 보호복 및 보호장갑 등의 개인보호구를 작업근로자 개인별로 지급하고 착용하도록 하여야 한다.

② 사업주는 호흡보호구를 지급할 때에는 작업근로자에게 다음의 교육을 실시하여야 한다.

　　㉠ 밀착도 자가점검(fit-check)방법

　　㉡ 보호구의 이상 유무 검사방법

　　㉢ 사용방법

　　㉣ 유지관리방법

　　㉤ 오염물 세척 및 제거방법

　　㉥ 보호구의 사용제한

③ 사업주는 불침투성의 보호장갑, 보호복 및 보호신발을 지급하여야 한다.

(4) 석면 해체·제거 장비 및 보호구

① 음압기

　　㉠ 고성능 필터를 장착하여야 한다.

　　㉡ 전처리 필터를 고성능 필터 앞쪽에 반드시 설치하여야 한다.

　　㉢ 필터 차압 게이지를 설치하여야 한다.

　　㉣ 음압기 내부를 밀폐하여 여과되지 않은 공기가 누설되지 않도록 하는 구조가 되어야 한다.

　　㉤ 송풍기는 필터 뒤쪽에 설치하여야 한다.

　　㉥ 이동 시 음압기 내·외부의 석면이 비산하지 않도록 비산방지장치 혹은 설비를 갖추어야 한다.

② 음압기록장치

   ㉠ 측정감도는 0.01mmH$_2$O 이하일 것

   ㉡ 1분 간격으로 측정된 자료를 24시간 연속하여 1개월 이상 저장 가능한 자료 저장용량을 가질 것

   ㉢ 1분 평균으로 측정된 작업장소와 외부와의 압력차가 0.508mmH$_2$O 이하일 때 경보음이 작동하는 기능을 가질 것

   ㉣ 측정 전 자체적으로 영점(Zero point)을 교정할 수 있는 기능을 갖출 것

   ㉤ 결과물을 출력할 수 있는 기능을 가질 것

③ 진공청소기

   ㉠ 고성능 필터를 장착해야 한다.

   ㉡ 여과되지 않은 공기가 누설되지 않도록 하는 구조이어야 한다.

   ㉢ 석면 해체·제거 작업 시 지속적으로 석면분진을 포집할 수 있는 충분한 모터 성능을 가진 것이어야 한다.

④ 호흡보호구

「산업안전보건법」에 따른 안전인증 제품이어야 한다.

⑤ 보호복

   ㉠ 보호복은 근로자의 전신을 덮을 수 있고, 허리, 손목, 목이 조이는 구조로 머리 덮개가 부착된 일회용 보호복이여야 한다.

   ㉡ 습식작업에 사용할 수 있는 소재이어야 한다.

   ㉢ 「산업안전보건법」에 따른 안전인증 제품이어야 한다.

   ㉣ 지퍼 부분은 지퍼 덮개가 있어, 석면분진이 유입되지 않는 구조로 되어야 한다.

   ㉤ 봉제처리 부분을 통하여 석면이 침투하지 못하도록 봉제처리 후 코팅방식, 테이핑 처리 또는 동등 성능 이상의 처리방식을 적용하여야 한다.

(5) 위생설비의 설치

① 사업주는 석면 해체·제거 작업장소와 연결되거나 인접한 장소에 탈의실, 샤워실 및 보호복 갱의실 등의 위생설비를 설치하고 필요한 용품 및 용구를 비치하여야 한다.

② 사업주가 실내의 석면 해체·제거 작업장소에 위생설비를 설치하는 때에는 다음의 요건이 충족되어야 한다.

   ㉠ 위생설비의 설치 순서는 탈의실 → 샤워실 → 보호복 갱의실 → 작업장 순으로 연결하여 설치하여야 한다.

ⓛ 각 실의 연결복도의 출입구는 분진의 확산 방지를 위해 폴리에틸렌 재질의 커튼을 설치하는 것이 바람직하다.

ⓒ 샤워실은 온·냉수가 공급되어야 한다.

③ 작업 전 출입순서

㉠ 탈의실로 들어가 평상복을 벗고 보호복을 착용하고 호흡보호구를 검사 후 착용한다.

ⓛ 샤워실을 통해 갱의실로 들어가되, 샤워실에서 샤워를 하지 않는다.

ⓒ 보호복 갱의실에서 안전모, 보호신발 및 다른 장비를 착용한다.

㉣ 작업장소로 들어간다.

④ 작업 후 출입순서

㉠ 작업장소를 떠나기 전에 작업자는 눈에 보이는 석면분진 등을 물걸레 등으로 세척하거나 고성능 진공청소기로 제거한다.

ⓛ 보호복 갱의실로 들어가 호흡보호구를 착용한 상태로 일회용 보호복을 벗고 재사용할 도구 및 장비를 보관한다.

ⓒ 샤워실로 들어가 호흡보호구를 착용한 상태로 샤워하고 재활용할 보호장구와 호흡보호구를 세척한다. 그 후 호흡보호구를 벗고 샤워를 계속 한다.

㉣ 샤워실을 나와 탈의실에서 평상복으로 갈아입은 후 나온다.

⑤ 기타 해체·제거 작업, 옥외 작업 또는 작업장소 입구와 연결하여 탈의실, 샤워실, 작업복 갱의실 등의 위생설비를 설치하기에 현실적으로 곤란한 경우에는 별도 장소에 위생설비를 설치할 수 있다.

㉠ 위생설비는 작업장소에 직접 연결되는 구조가 가장 이상적이다. 그러나 옥외 작업에서 작업특성상 작업장소에 인접하여 설치하기가 현실적으로 어려운 경우에는 작업장소와 분리된 적정한 장소에 위생설비를 설치할 수 있다.

ⓛ 다만, 위생설비가 분리된 장소에 설치된 경우 작업자는 작업장을 떠날 때 작업장소 내에서 진공청소기 등을 사용하여 보호복 및 사용장비 등에 부착된 석면분진을 세척하여 이동 중 석면분진이 흩날리지 않도록 하여야 한다.

⑥ 사업주는 석면 해체·제거 작업 근로자가 착용했던 개인보호구 등은 보호복 갱의실에서 벗어 밀폐용기에 넣어 보관토록 하고 오염을 제거하기 위한 세척 등 필요한 조치를 하여야 한다.

(6) 석면 해체·제거 작업 시 금지사항

① 분진포집장치가 장착되지 않은 고속 절삭디스크 톱의 사용
② 압축공기 사용
③ 석면함유 물질의 분진 및 부스러기 등을 건식으로 빗자루 등을 이용하여 청소하는 작업

(7) 근로자가 지켜야 할 의무사항

① 근로자는 지급된 개인보호구를 착용하고 작업 수칙을 준수하여야 하다.
② 근로자는 석면함유 설비 또는 건축물을 해체·제거하는 작업장에서 담배를 피우거나 음식물을 먹어서는 안 된다.

(8) 석면함유 잔재물 등의 처리

① 사업주는 석면 해체·제거 작업이 완료된 후 그 작업과정에서 발생한 석면함유 잔재물 등이 해당 작업장에 남지 아니하도록 청소 등 필요한 조치를 하여야 한다.
② 사업주는 석면 해체·제거 작업 및 ①에 따른 조치 중에 발생한 석면함유 잔재물 등을 비닐이나 그 밖에 이와 유사한 재질의 포대에 담아 밀봉한 후 석면함유 잔재물 등의 처리 시 표지를 붙여 「폐기물관리법」에 따라 처리하여야 한다.

04 석면 해체·제거 작업 수행 시 유의사항

(1) 공통 조치사항

① 작업장소 내 창문 등 개구부는 밀폐하고 인근 작업장소와 격리조치하여야 한다.
　㉠ 해체·제거 작업지역의 환기시스템은 모두 중단하고 전기설비를 차단시킨 후 창문, 환기덕트의 개방 부위, 출입문 등 모든 개구부는 밀폐시켜야 한다.
　㉡ 작업지역은 타 인접 장소 등과 격리시키되 기존의 벽 등 구조물이 불충분할 경우에는 임시 벽을 설치하여야 한다.
　㉢ 작업지역 내 이동이 가능한 시설물은 작업지역 밖으로 이동시키고, 이동이 불가능한 시설물이 존재하는 경우 폴리에틸렌시트 등의 불침투성 재질로 덮어야 한나.

　　ⓔ 벽과 바닥은 오염을 방지하기 위해 폴리에틸렌 등의 불침투성 재질로 덮고 갈라진 틈은 테이프 등을 붙여 틈새가 없도록 하여야 한다.

② 작업장소를 고성능 필터가 장착된 음압밀폐시스템 구조로 하여야 한다.

　　㉠ 실내 작업장소 내 음압밀폐를 하기 위하여 작업 부위를 제외하고는 바닥, 벽 등을 불침투성 재질의 폴리에틸렌시트로 덮는다. 바닥은 비닐(두께 0.15mm 이상) 두겹 이상, 벽면은 비닐(두께 0.08mm 이상) 한겹 이상으로 보양하는 것을 권장한다.

　　㉡ 작업장소와 외부의 압력차가 0.508mmH$_2$O 이상을 유지하도록 하여야 한다.

　　　　ⓐ 음압 측정은 작업자의 출입·이동에 의하여 영향을 받을 수 있으며, 음압기와 가까울수록 높게 측정된다.

　　　　ⓑ 음압 측정위치는 출입문에 영향을 받지 않고 음압기와 가장 먼 위치에서 측정하여야 한다.

　　㉢ 음압은 음압기록장치를 사용하여 작업시작부터 작업종료까지 측정하여 기록을 보관하여야 한다.

　　㉣ 음압장치에는 작업장소 내 발생한 석면분진이 외부로 배출되지 않도록 고성능 필터가 장착된 것을 사용하여야 한다.

　　㉤ 시스템 내 공기흐름은 근로자의 호흡기 영역으로부터 고성능 필터 또는 분진 포집장치 방향을 유지하여야 한다.

　　㉥ 작업개시 전에 음압밀폐시스템 내 누출 부위가 있는지 검사를 하여야 한다.

　　㉦ 음압유지를 확인하는 방법

　　　　ⓐ 음압밀폐시스템의 폴리에틸렌시트 등의 밀폐시트가 작업장 안쪽으로 쪼그라드는 것을 확인한다.

　　　　ⓑ 스모크테스트튜브(smoke test tube) 등에 의한 연기흐름의 방향이 석면 해체·제거 작업장과 연결된 출입구 등 개구부에서 작업장 내부로 이동하는 것을 확인한다.

　　　　ⓒ 음압기록장치로 작업장소와 외부의 압력차가 0.508mmH$_2$O 이상을 유지하는지 확인한다.

　　㉧ 해체·제거 작업은 음압기로부터 먼 곳에서 시작하여 가까운 곳으로 이동하며 진행한다.

③ 작업장소가 실외인 경우에는 작업 시 석면분진이 외기로 흩날리지 않도록 고성능 필터가 장착된 석면분진 포집장치를 가동하는 등 적절한 조치를 하여야 한다.

④ 물 또는 습윤액을 사용하여 습식작업을 하여야 한다.

　㉠ 해체·제거 대상 물질에 스프레이 등으로 습식화한 후에 작업하여야 하고, 작업 중에도 습윤상태가 유지되도록 하여야 한다.

　㉡ 습식작업에 따른 감전재해를 예방하기 위하여 해체·제거 작업에 사용되는 전기는 누전차단기가 설치된 연장선(이동식 코드릴)을 이용하여 외부에서 공급하여 사용한다.

⑤ 불침투성 재질의 폴리에틸렌시트 바닥재에 축적된 석면 부스러기 또는 분진의 재비산을 방지하기 위해 필요한 경우에는 작업장 바닥에 불침투성 습윤천(drop cloths)을 깔아 작업을 실시하는 것을 권장한다.

(2) 석면 해체·제거 작업별 조치사항

① 분무된 석면이나 석면이 함유된 보온재 또는 내화피복재의 해체·제거 작업

　㉠ 작업근로자에게 송기마스크 또는 전동식 호흡보호구(방진마스크, 특등급에 한함)를 지급하여 착용하도록 한다.

　㉡ 파이프에 도포된 석면이 함유된 보온재 또는 내화피복재를 해체·제거하는 작업의 경우 글로브백 작업이 권장된다.

　　ⓐ 음압밀폐시스템과 병행하여 석면분진의 노출을 최소화시키기 위하여 파이프에 도포된 단열재를 해체·제거하는 작업에 글로브백 작업을 수행할 수 있다.

　　ⓑ 글로브백 작업은 다음 방법에 따라 수행한다.

　　　• 제거하고자하는 파이프관의 단열재 주위를 글로브백으로 파이프관의 하부로부터 상부로 감싼 후 상부 및 백의 양 측면을 테이프 등을 사용하여 밀봉한다.

　　　• 밀봉하기 전에 글로브백 내에 해체·제거하기 위해 필요한 도구 등을 넣어야 한다.

　　　• 글로브에 손을 넣어 해체·제거되는 단열재 등 석면함유 물질을 먼저 물 또는 습윤액를 사용하여 습윤화하고 늘어져 있는 글로브백에 떨어뜨려 저장한다.

　　　• 필요하다면 글로브백의 일정한 구멍을 통해 스프레이 노즐을 집어넣어 해체·제거되는 단열재를 수시로 습윤화한다.

　　　• 해당 장소에서 해체·제거작업이 완료되면, 늘어져 있는 아래 부분을 비틀어서 테이프로 감싼다. 상단 부분에 고성능 필터 장착 진공청소기의 흡

입구를 넣어 상단 부분의 내부에 있는 공기를 흡입하여 석면먼지를 제거한 후 젖은 걸레로 석면함유 물질이 제거된 부분을 청소하거나 고착제로 도포한다.

- 늘어져 있는 글로브백이 해체·제거된 석면함유 물질로 가득 차면 글로브백의 내부 표면을 물로 세척하고 파이프관으로부터 분리하여 완전 밀폐한 후에 다른 글로브백에 넣는다.
- 글로브백에 석면의 경고표지를 표시한 후 폐기 처리한다.

② 석면이 함유된 벽체, 바닥타일 및 천장재의 해체·제거 작업

  ㉠ 석면이 함유된 비닐 및 아스팔트 바닥재나 바닥타일의 경우 고속 절삭 디스크 톱, 도끼, 망치 등을 사용하여 자르거나 깎아 내는 작업은 반드시 음압밀폐시스템을 설치하여야 한다.

  ㉡ 작업근로자에게 방진마스크(특등급만 해당)나 송기마스크 또는 전동식 호흡보호구(방진마스크, 특등급만 해당)를 지급하고 착용시켜야 한다.

    ⓐ 반면형 방진마스크를 착용한 경우에는 보안경(고글)을 근로자에게 지급하여 착용토록 하여야 한다.

    ⓑ 석면이 함유된 벽체, 바닥타일 및 천장재의 해체·제거 작업은 작업조건에 따라 고농도의 석면분진이 발생할 수 있으므로 송기마스크나 전동식 호흡보호구(방진마스크, 특등급만 해당) 또는 전면형 방진마스크(특등급만 해당)의 지급과 착용이 권장된다.

  ㉢ 석면함유 벽체, 바닥타일, 천장재는 가능한 한 손상되지 않도록 제거하여야 한다.

  ㉣ 해체·제거 작업은 가능한 한 절단용 동력도구 등을 이용하여 석면함유 물질을 직접 절단, 연마, 찢거나 깨는 등의 손상을 주지 않는 방법으로 제거하여야 한다.

③ 석면이 함유된 지붕재의 해체·제거 작업

  ㉠ 지붕재 해체·제거 작업은 가능한 한 절단용 동력도구 등을 이용하여 지붕재를 직접 절단, 연마 또는 찢거나 하는 등의 손상을 주지 않는 방법으로 제거하여야 한다.

  ㉡ 지붕재의 해체·제거 작업과정에서 발생될 수 있는 석면분진이 실내에 유입되어 오염되지 않도록 난방 또는 환기를 위한 모든 통풍구의 유입 부위는 밀폐시키고 작업 중 환기설비의 가동을 중단하여야 한다.

  ㉢ 작업근로자에게 방진마스크(특등급만 해당)나 송기마스크 또는 전동식 호흡보호구(방진마스크, 특등급만 해당)를 지급하고 착용시켜야 한다.

　　ⓐ 반면형 방진마스크를 착용한 경우에는 보안경(고글)을 근로자에게 지급하여 착용토록 하여야 한다.

　　ⓑ 석면이 함유된 지붕재의 해체 · 제거 작업은 작업조건에 따라 고농도의 석면분진이 발생할 수 있으므로 송기마스크나 전동식 호흡보호구(방진마스크, 특등급만 해당) 또는 전면형 방진마스크(특등급만 해당)의 지급과 착용이 권장된다.

④ 석면이 함유된 개스킷 등 기타 석면함유 물질의 해체 · 제거 작업

　㉠ 해체 · 제거 작업은 물 또는 습윤액을 이용한 습식작업으로 하여야 한다.

　　ⓐ 개스킷을 손상시켜 해체 · 제거하는 경우에는 반드시 습식작업을 하여야 하며 해체 · 제거 작업 중에도 계속하여 습윤제가 첨가된 물을 분무하여야 한다.

　　ⓑ 특히 개스킷을 제거한 후 잔류물을 긁어내는 작업은 반드시 습식상태에서 실시하여야 한다.

　㉡ 석면이 함유된 개스킷 등의 석면함유 물질의 해체 · 제거 작업은 가능한 절단용 동력도구 등을 이용하여 직접 절단, 연마 또는 찢거나 하는 등의 손상을 주지 않는 방법으로 제거하여야 한다.

　㉢ 작업근로자에게 방진마스크(특등급만 해당)나 송기마스크 또는 전동식 호흡보호구(방진마스크, 특등급만 해당)를 지급하고 착용시켜야 한다.

　　ⓐ 반면형 방진마스크를 착용한 경우에는 보안경(고글)을 근로자에게 지급하여 착용토록 하여야 한다.

　　ⓑ 석면이 함유된 개스킷 등 기타 석면함유 물질의 해체 · 제거 작업은 다른 석면 해체 · 제거 작업에 비하여 낮은 농도의 석면분진이 발생하므로 반면형 방진마스크를 지급 착용하여도 좋으나, 작업조건에 따라 고농도의 석면분진이 발생될 수 있다면 송기마스크나 전동식 호흡보호구(방진마스크, 특등급만 해당) 또는 전면형 방진마스크(특등급만 해당)의 지급과 착용이 권장된다.

05　석면의 제거 · 청소 및 처리 시 유의사항

(1) 석면이 함유된 물질은 가능하면 제거 전에 습윤액을 물에 첨가하여 물의 침투성을 증가시키고 흘러내리거나 마르는 것을 방지한다.

(2) 습윤이 충분히 될 수 있도록 습윤액을 사용 후 20~30분 이후에 작업을 실시하도록 한다. 단, 외부의 환경에 의해 습윤이 불충분한 경우 작업 중 습윤성을 유지하도록 반복적으로 습윤액을 뿌린다.

(3) 석면폐기물은 건조되기 전에 자주 그리고 규칙적으로 고성능 필터가 장착된 진공청소기로 청소하거나 젖은 물걸레를 이용하여 습식으로 청소하여야 한다.

(4) 바닥시트, 폴리에틸렌시트 등 해체·제거 작업 중 사용된 폐기용 소모용품은 습윤화 후 폐기용기에 넣고 보관하기 전에 습윤화하거나 밀봉한 후 「폐기물관리법」에 따라서 처리하여야 한다.

(5) 석면폐기물을 청소, 제거한 후에 작업지역은 가능하다면 물로 세척하거나 고성능 필터가 달린 진공청소기로 청소하여야 한다.

(6) 습식작업 시 사용되는 전기 공구 및 장비는 감전 방지를 위해 누전차단기가 장착된 것을 사용하여야 한다.

(7) 석면 해체·제거 작업이 완료되면 사다리, 임시작업대 등 공구 및 장비는 젖은 걸레로 닦거나 고성능 필터가 장착된 진공청소기로 청소하여야 하며, 음압밀폐시스템을 설치한 작업인 경우에는 청소작업 동안에도 계속 가동하여야 한다. 또한 고성능 필터의 교체 등은 반드시 음압이 유지되는 밀폐된 작업장 내에서 하여야 한다.

(8) 석면 해체·제거 작업을 위해 밀폐, 격리 등에 사용된 불침투성 폴리에틸렌시트 등의 재료는 습윤화하여 「폐기물관리법」에 따라서 처리하며 재사용하여서는 안 된다.

(9) 바닥시트는 습윤화하여 접어서 「폐기물관리법」에 따라서 처리하여야 한다.

(10 작업종료 후 재사용할 구조물 등은 걸레로 닦거나 고성능 필터가 장착된 진공청소기로 청소하여야 한다. 다만 딱딱한 재질이 아닌 구조물 등은 재사용하여서는 안 된다.

(11) 음압밀폐시스템은 완벽하게 오염이 제거되어야 하며 프리필터(prefilter) 및 고성능 필터는 「폐기물관리법」에 따라서 처리하여 폐기하여야 한다.

(12) 재사용되지 않을 석면폐기물과 보호복은 폐기처리용 용기에 보관하여야 한다.

(13) 폐기처리용 용기는 다음의 사항이 충족되어야 한다.

① 분진 누출이 되지 않아야 한다.
② 폐기물의 외형 및 형태에 맞는 구조이어야 한다.

③ 석면이 침투되어서는 안 된다.

④ 석면폐기물이 포함되어 있다는 적절한 표시를 하여야 한다.

(14) 폐기처리용 용기는 0.15mm 두께의 폴리에틸렌 용기가 권장되고 작업장소 밖으로 배출하기 이전에 용기 표면에 붙은 석면분진을 제거하기 위해 젖은 걸레로 닦거나 고성능 필터가 장착된 진공청소기로 청소하여야 한다.

(15) 0.15mm 두께의 폴리에틸렌 용기를 밀봉하기 전에 용기 내 잔류공기를 제거하기 위해 고성능 필터가 장착된 진공청소기를 사용하고 용기의 상부를 비틀어 접은 상태로 테이프 등으로 밀봉하여야 한다.

(16) 폐기처리용 용기 안에는 바닥, 벽, 천장타일과 같이 뾰족한 부분을 가진 폐기물을 넣지 않도록 하다. 뾰족한 부분을 가진 폐기물은 일정 높이로 쌓아서 0.15mm 두께의 폴리에틸렌시트를 이중으로 폐기물의 각 더미를 포장한 후에 폐기물의 형태에 맞는 적당한 용기에 담아야 한다.

SECTION 20 순음청력검사에 관한 지침
(KOSHA GUIDE, H-56-2023)

01 용어의 정의

(1) "순음청력검사"(이하 "청력검사"라 한다)

순음을 통해 주파수별 청력역치레벨(hearing threshold level)을 측정하는 것이다.

(2) "기도전도"(이하 "기도"라 한다)

음이 공기를 통하여 외이도를 거쳐 내이에 전달되는 과정을 말한다.

(3) "골도전도"(이하 "골도"라 한다)

음이 두개골을 통해 내이에 전달되는 과정을 말한다.

(4) "청력역치레벨"(이하 "역치"라 한다)

제시한 자극음을 들을 수 있는 가장 작은 순음의 강도를 말한다.

(5) "청력검사기(audiometer)"

대상자에게 제시하는 명시한 주파수의 자극음, 잡음 등을 발생하는 전기음향기기를 말한다.

(6) "보정청력검사기(calibrated audiometer)"

지정한 헤드폰으로 검사 신호를 보낼 때 청력검사기에서 제시한 주파수 및 강도가 검사기에서 실제로 내보내고 있는 주파수 및 강도와 동일하고, 외부의 잡음이 없으며, 검사에 필요하지 않은 신호는 발생하지 않는 검사기를 말한다.

(7) "차폐(masking)"

청력이 나쁜 쪽 귀를 검사할 때 청력이 좋은 쪽 귀가 반응하지 않도록 차폐잡음(masking noise)을 제시하여 좋은 쪽 귀가 반응하지 않게 하는 것을 말한다.

(8) "이간감쇠(interaural attenuation)"

청력검사 시 검사 측 귀에 음자극을 주면 두개골을 통해서 반대 측 내이의 달팽이관에서도 듣게 되는데 이러한 전달과정에서 음이 약해지는 현상을 말한다.

(9) "폐쇄효과(occlusion effect)"

골도 청력검사 시 반대 측 귀(비검사 귀)를 차폐할 때 착용한 헤드폰으로 인해 음압이 증가되어 더 잘 듣게 되는 현상을 말한다.

(10) "청력도(audiogram)"

주파수별 기도와 골도 역치의 결과를 그림으로 나타낸 것을 말한다.

02 청력검사기와 보정방법

(1) 청력검사기

① 청력검사기는 수동식, 자기기록식(Bekesy라고 알려져 있음) 및 자동식이 있다. 임상에서의 표준 청력검사방법은 수동식 청력검사기이다.

② 청력검사기는 기본적으로 순음, 차폐잡음을 발생하는 신호음 발생기와 귀에 얹는 헤드폰(supra-aural headphone), 골진동체(bone vibrator) 등의 변환기로 구성되어 있다. 자극음은 주파수, 강도, 연속음 또는 정지음을 선택할 수 있고, 차폐잡음은 협대역잡음(narrow-band noise)으로 제시한다.

③ 청력검사기의 주파수는 적어도 500Hz에서 8,000Hz까지, 그리고 헤드폰을 사용할 때의 음압은 −10dB HL에서 90dB HL 이상의 범위에서 검사할 수 있어야 한다.

④ 각 변환기는 해당 청력검사기와 연결한 후 교정하여야 하며, 다른 검사기에는 사용할 수 없다.

(2) 보정방법

청력검사기의 보정은 기능점검, 음향보정, 정밀교정 점검으로 구분하여 시행한다.

① 기능점검

　㉠ 기능점검은 사용하는 모든 장비에 대해서 일상적(매일 또는 사용 당일)으로 간략하게 장비의 성능을 확인하는 과정으로 일일점검이라고도 한다.

　㉡ 오디오미터와 부속품을 깨끗이 하고 점검한다. 헤드폰 쿠션과 플러그, 주연결선과 부속연결선이 마모되거나 손상을 입지 않았는지를 확인한다.

　㉢ 장치를 켜고, 예열한다. 제조사가 권고한 예열시간이 없다면 회로를 안정화하기 위해 10분 정도 그대로 둔다. 헤드폰과 골진동자, 장비의 제조번호를 확인한다.

　㉣ 모든 주파수에서 신호음이 적절하게 출력되는지 들어보며 왜곡, 잡음 등을 확인한다. 플러그나 연결선이 단락되지 않았는지, 모든 스위치, 반응을 나타내는 램프가 제대로 작동하는지 확인한다.

　㉤ 피시험자의 반응시스템이 제대로 작동하는지 확인한다.

　㉥ 헤드셋의 머리띠와 골진동자의 머리띠가 죄는 정도를 확인한다.

　㉦ 청력역치 수준이 안정된 사람의 역치수준을 기준으로 하여 좌우 귀에서 1,000Hz, 4,000Hz의 순음에 대한 역치변화를 관찰한다. 역치변화가 10dB 이상일 경우에는 음향보정을 실시하여야 한다.

　㉧ 기능점검에는 청력검사기 일일점검표 양식을 활용할 수 있다.

② 음향보정

　㉠ 청력검사기의 정기 음향보정은 연 1회 이상 시행하며 수시 음향보정은 기능점검값이 10dB 이상의 오차가 있을 때 실시한다.

　㉡ 청력검사기의 음향보정은 IEC 61672-1 또는 그 이상의 성능을 가진 소음측정기로 실시한다.

　㉢ 청력검사기의 음향보정은 출력음압레벨을 점검한다. 출력음압레벨의 허용오차는 500~3,000Hz에서 3dB, 4,000Hz에서 4dB, 6,000Hz와 8,000Hz에서 5dB 이내이어야 한다.

　㉣ 허용오차를 벗어날 경우는 정밀교정을 실시한다.

③ 정밀교정

　㉠ 정밀교정은 기능점검과 음향보정을 제대로 시행하였다면 반드시 필요한 것은 아니다. 정밀교정은 청력검사기 내부의 조절기를 조절하거나 부품을 교체해야

하는 경우가 있을 수 있으므로 장비의 심각한 결함, 헤드폰이나 골진동자의 출력음압레벨이 허용오차를 벗어난 경우 또는 오랜 시간이 지났을 때 장비가 명세서대로 작동하지 않는다는 의심이 있을 때 실시한다.

ⓛ 검사기관에 의뢰하여 음압레벨과 직선성 검사, 주파수의 정확성과 검사음의 변조 평가, 헤드폰의 잡음과 채널 혼선의 측정 등을 실시한다.

ⓒ 검사기관에서 발행한 정밀교정 기록은 당해 청력검사기를 폐기할 때까지 보존한다.

(3) 보정 기록

① 기능점검과 음향보정에 대한 결과는 기록용지에 작성하고 서명 날인하여야 하며, 정밀교정 기록은 검사기관에서 받아 보관한다.

② 모든 기록은 당해 청력검사기가 폐기될 때까지 보존한다.

03 검사실 환경

(1) 최대 허용소음레벨

① 청력검사를 실시하는 장소는 조용하여 심리적으로 안정될 수 있는 곳이어야 한다.

② 검사실 환경의 소음레벨은 정확한 청력역치 측정을 위한 검사에 방해가 되지 않을 정도로 낮아야 한다.

③ 선별 청력검사로서 단일 주파수나 몇 개의 주파수를 사용할 경우(출장검진의 경우에 해당)의 주변 환경의 허용소음레벨은 [표 1]을, 역치검사를 500~8,000Hz의 범위에서 측정하는 정밀 청력검사를 할 때(원내 청력부스 안에서의 검진의 경우에 해당)의 청력검사실 내의 최대 허용소음레벨은 [표 2]를 각각 적용한다.

◐ [표 1] 선별 청력검사 시 주변환경 허용소음레벨 기준

OSHA's HCA	Maximum Permissible Octave-Band SPL(dB)						
	Octave-Band Center Frequency(Hz)						
	125	250	500	1,000	2,000	4,000	8,000
	–	–	40	40	47	57	62

OSHA ; Occupational Safety and Health Administration, HCA ; Hearing Conservation Amendment

◎ [표 2] 정밀 청력검사 시 청력부스 내 허용소음레벨 기준(ISO 8253-1)

1/3 옥타브밴드 중심주파수 (Hz)	최대 허용대기음압레벨 L_{max} (기준 : 20μPa)(dB)	
	기도 청력검사	골도 청력검사
125	51	28
250	37	13
500	18	8
1,000	23	7
2,000	30	8
4,000	36	2
8,000	33	15

※ 측정조건 설정 Frequency weighting : Z(Linear) ; Time weighting(response time) : Slow ; Mode : SPL ; 측정시간 : 1분 이상 ; 청력검사를 진행할 때와 동일한 환경에서 측정.

(2) 소음측정기

소음수준의 측정에 사용하는 소음측정기(sound level meter)는 옥타브필터 측정력을 갖춘 IEC 61672-1 기준 또는 그 이상의 성능을 가진 것이어야 한다.

(3) 소음측정방법

① 청력검사실 내 소음레벨의 측정은 청력검사를 받을 피검자의 귀 위치에서 실시하여야 하며 측정 시 측정자의 신체가 소음레벨 측정에 영향을 주어서는 안 된다.
② 소음레벨 측정은 청력검사 시 소음이 발생할 것으로 예상되는 모든 기기, 예를 들면 공기정화기, 조명, 전원, 청력검사기 등을 모두 가동한 상태에서 실시한다.

(4) 측정주기

청력검사실 내 소음레벨의 측정은 출장 건강진단의 경우는 해당일, 내원 건강진단의 경우에는 장소, 환경 및 소음원의 변동이 없는 경우 연 1회 이상 측정한다.

(5) 기록의 보존

청력검사실 내의 소음레벨을 측정한 결과는 기록하여 보존한다.

04 청력검사방법

(1) 청력검사방법의 개요

① 피검자가 헤드폰을 통해 소리를 감지하면 손을 들거나 반응스위치를 누르게 한다.
② 검사자는 양쪽 귀에서, 각 주파수에서 역치를 결정할 때까지 정해진 방법에 의하여 순음강도를 변화시켜 나간다.

(2) 청력검사를 하기 위한 사전준비

① 당일 첫 검사를 하기 전에 10분 이상 청력검사기를 가동시켜 예열한다.
② 10분 이상 가동된 청력검사기의 작동상태(기능)를 완전하게 점검한다.
③ 기능점검을 실시한 후 그 결과를 기록·보존한다.

(3) 청력검사를 위한 유의사항

① 청력검사는 소음 노출이 중단된 후 14시간 이상 경과한 피검자에 대해서만 실시한다.
② 피검자에게 청력검사의 목적과 반응방법에 대해 설명한다.
③ 검사 도중 일련의 음을 듣게 될 것이라고 알려주며, 음을 들었거나 들었다고 생각할 때 즉시 반응하도록 지시한다.
④ 피검자의 반응은 반응스위치를 누르거나 손을 들게 한다.
⑤ 피검자는 검사자가 청력검사기를 조작하는 것을 보지 못하게 한다.
⑥ 검사 전에 귓바퀴에 헤드폰을 정확하게 장착하기 위하여 안경, 머리핀, 헤어밴드, 클립, 껌 등은 검사 전에 제거한다. 그리고 헤드폰 아래 귓바퀴가 접히지 않도록 주의하며 헤드폰과 귓바퀴 사이에 머리카락이 끼지 않게 한다.

(4) 기도 청력검사방법

① 선별 청력검사
일반건강진단에서 1,000Hz, 특수건강진단에서 2,000Hz, 3,000Hz, 4,000Hz에서 청력을 확인한다.
② 정밀 청력검사
㉠ 헤드폰은 음원의 중심부가 외이도 중심축과 직각이 되도록 잘 착용시킨다(적색 : 오른쪽 귀, 청색 : 왼쪽 귀).

   ⓛ 헤드폰은 검사자가 씌워주어야 하며 피검자가 되도록 만지지 않게 한다.

   ⓒ 청력검사는 청력이 더 좋은 쪽부터 시작하며 어느 쪽이 더 청력이 좋은지 모르는 경우에는 오른쪽 귀부터 실시한다.

   ⓔ 주파수는 1,000Hz부터 시작해서 2,000Hz, 3,000Hz, 4,000Hz, 6,000Hz의 순으로 검사하고 1,000Hz에서 재검사를 한 후 500Hz를 검사한다.

   ⓜ 신호의 제시방법에는 상승법, 하강법, 수정상승법이 있으며 이 중 수정상승법을 표준청력검사로 사용한다.

   ⓗ 수정상승법은 30dB HL에서 시작하여, 피검자가 들을 수 있을 때까지 20dB씩 상승시킨다.

   ⓢ 검사자가 보낸 신호에 피검자가 일단 반응한 후에는, 피검자가 음을 들을 수 없어서 반응을 하지 않을 때까지 다시 10dB씩 강도를 줄여 나간다.

   ⓞ 피검자가 신호음에 반응하지 않는 강도에 도달했을 때, 검사 신호에 대한 반응이 관찰될 때까지 강도를 다시 5dB씩 높인다.

   ⓩ 피검자가 신호음에 다시 반응하면 신호음의 강도를 10dB씩 줄인다(5dB 증가, 10dB 감소의 규칙을 따른다).

   ⓒ 역치가 결정될 때까지 10dB 하강, 5dB 상승 과정을 반복한다.

   ⓚ 역치는 수정상승법의 일련의 과정 중에서 피검자가 동일한 주파수에서 3회의 신호를 보낸 것 중 적어도 2회 이상의 반응을 보이는 가장 낮은 수준으로 정의한다.

   ⓣ 자극지속시간으로 음을 1~2초간 주어야 하며 자극간격은 불규칙적으로 한다.

   ⓟ 1,000Hz에서 행한 재검사 결과가 이전 검사 결과와 ±10dB 이상이면, 다시 설명하고 재검사를 실시한다.

   ⓗ 같은 방법으로 다른 귀에 대해 검사한다.

   ㉮ 청력도에 역치를 기록한다. 우측 귀의 기도 역치는 빨간색 'ㅇ'으로 표기하며, 좌측 귀의 기도 역치는 파란색 '×'으로 표기한다〈그림 1〉.

   ㉯ 검사자는 피검자의 이름, 검사날짜를 기입한 후 청력도에 서명한다.

(5) 골도 청력검사방법

   ① 기도 청력검사역치가 20dB 이상인 경우 난청의 종류(전음성, 감각신경성, 혼합성)를 확인하기 위해 골도 청력검사를 실시한다.

② 골진동자를 유양돌기 부분에 고정시키고 500, 1,000, 2,000, 3,000, 4,000Hz 중 기도역치가 20dB 이상인 주파수에서 역치를 측정한다.

③ 골진동자의 착용 부위만 제외하고는 검사방법에 있어서 기도 청력검사방법과 동일하다.

④ 청력도에 역치를 기록한다. 우측 귀의 골도역치는 빨간색 '<'으로 표기하며, 좌측 귀의 골도역치는 파란색 '>'으로 표기한다〈그림 1〉.

(6) 차폐방법

① 기도 청력검사 차폐

　㉠ 기도 청력검사 시 난청이 심한 쪽을 검사할 때 자극음이 반대쪽 귀로 교차하여 좋은 쪽 귀가 반응하지 않도록 차폐잡음을 주어 차단한다.

　㉡ 임상현장에서 전 주파수에 평균적으로 적용되는 헤드폰의 양귀 사이의 이간감쇠 (interaural attenuation) 레벨은 40dB이며, 삽입 이어폰의 경우 60dB이다.

　㉢ 기도 청력검사 차폐가 필요한지 판단은 다음과 같다. 기도 청력검사에서 검사 귀(청력이 나쁜 귀, TE)에 제시한 큰 소리가 반대 측 귀로 전달되어 비검사 귀 (청력이 좋은 귀, NTE)의 기도 혹은 골도로 이를 들을 수 있다면 차폐가 필요하다. 즉 검사 귀의 기도역치에서 이간감쇠를 뺀 값이 비검사 귀의 기도역치 혹은 골도역치와 같거나 큰 경우, 기도 청력검사 차폐가 필요하다.

　㉣ 최소 유효차폐수준을 결정한다. 검사 귀에 제시한 소리가 비검사 귀로 전달된 경우 전달된 소리에 5~10dB 안전값(safety value)을 더한 큰 소리를 차폐소음으로 제시하면서 동시에 검사 귀에는 검사 신호음을 제시한다. 최대차폐수준은 안전값을 뺀다. 그러나 일반적으로 검사를 진행할 수 없을만큼 차폐범위가 크지 않으면, 최대 유효차폐수준은 안전값을 계산하지 않아도 된다.

　㉤ 순음과 유사한 주파수 특성을 보이는 협대역잡음을 차폐소음으로 사용한다. 피검자의 양측 귀에 서로 다른 종류의 소리를 제시하게 되므로 검사자는 피검자에게 "쉬~"하는 차폐소음을 무시하고 이제까지 들었던 "삐~"하는 소리를 듣고 반응을 해줄 것을 설명한다.

　㉥ 차폐소음을 들으면서도 검사 귀에 제시한 신호음을 들으면 차폐소음의 강도를 5~10dB 상승한다. 이렇게 차폐소음을 5~10dB씩 연속적으로 2~3회 증가하여도 검사 귀에 제시한 신호음을 같은 강도에서 계속 들으면 참역치로 결정한다. 만약 차폐소음을 제시할 때 검사 귀로 신호음을 듣지 못하면 검사 신호음

을 5dB씩 들을 때까지 상승한다. 기도 차폐의 경우, 최소와 최대 차폐범위는 −40dB과 +40dB이므로 언제나 80dB이 확보되어 넉넉하다. 따라서 차폐소음을 10dB씩 3회 증가시켜 참역치를 구할 수 있다.

㉦ 차폐 후 역치 표기는 다음과 같다. 청력도에 차폐 후 기도역치를 차폐 전 기도역치와 함께 기입한다. 차폐 시행 후 우측 귀의 기도역치는 빨간색 '△'으로 표기하며, 차폐 시행 후 좌측 귀의 기도역치는 파란색 '□'으로 표기한다〈그림 1〉.

◎ 차폐음 범위 표기는 다음과 같다. 검사 귀의 반응 여부에 따라 차폐음의 범위가 함께 변화하므로 어느 정도의 차폐음을 제시하였는지 차폐범위를 기록해야 한다. 차폐음의 최소레벨부터 최대레벨을 모두 적는 것이 아니라 차폐소음을 연속 증가하였을 때 검사 귀에서 연속 반응한 범위를 써야 함에 주의한다. 기도차폐에서 우측 귀가 청력이 나쁜 귀(검사 귀)였고 좌측 귀가 청력이 좋은 비검사 귀였다면 실제로 차폐음을 제시한 좌측 귀, 즉 차폐귀에 차폐범위를 기입한다.

② 골도 청력검사 차폐

㉠ 좌측 귀의 골도 청력검사를 위해 좌측 유양돌기에 골진동자를 위치시키고 소리를 제시하면 좌측 내이뿐 아니라 우측 내이에도 소리에너지가 전달된다. 어느 쪽 귀에 골진동자를 위치하였던 상관없이 양이에 모두 소리가 전달되므로 골도검사 시 적용하는 이간감쇠값은 0dB이다.

㉡ 골도차폐가 필요한지 판단은 다음과 같이 한다. 검사 귀의 기도와 골도역치를 확인한 결과 검사 귀의 차폐 후 기도역치보다 골도역치가 15dB 이상 더 좋다면 검사 귀의 반응인지 비검사 귀가 대신 들은 반응인지 알 수 없으므로 비검사 귀를 차폐하여야 한다. 즉, 검사 귀 청력역치의 기도골도차(ABG)가 15dB 이상이면 검사 귀의 골도역치가 검사 귀의 참역치인지 확인하기 위해 골도차폐를 시행해야 한다.

㉢ 최소 유효차폐수준을 결정한다. 골진동체를 사용할 경우 이간감쇠가 없으므로 (IA=0) 기도 청력검사와 다른 방법으로 차폐를 실시해야 한다. 골도차폐를 위해 비검사 귀에 차폐음을 제시하기 위해 헤드폰이나 삽입 이어폰을 착용하게 된다. 이와 같이 헤드폰 혹은 삽입 이어폰으로 외이도를 막을 경우 저주파수 소리가 더 잘 들리는 현상인 폐쇄효과(occlusion effect, OE)가 발생한다[표 3]. 따라서 더 잘 들리게 된 값만큼 차폐소음의 강도를 더 크게 하여 최소 유효차폐레벨을 구한다[표 4].

ⓔ 기도 청력검사 차폐와 마찬가지로 협대역잡음을 차폐소음으로 사용한다. 비검사 귀에 헤드폰 혹은 삽입 이어폰을 착용하여 기도로 차폐소음을 제시하고, 검사 귀에 골진동체를 착용하여 골도로 검사 신호음을 제시한다.

ⓜ 골도 청력검사 차폐 시 헤드폰과 골진동체를 함께 착용하여야 하므로 대상자가 불편할 수 있음을 미리 알려주는 것이 좋다. 피검자에게 "쉬~"하는 차폐소음은 무시하고 이제까지 들었던 "삐~"하는 검사 신호음을 듣고 반응을 해줄 것을 설명한다.

ⓗ 차폐소음을 들으면서도 검사 귀에 제시한 신호음을 들으면 차폐소음의 강도를 5~10dB 상승한다. 이렇게 차폐소음을 5~10dB씩 연속적으로 2~3회 증가하여도 검사 귀에 제시한 신호음을 같은 강도에서 계속 들으면 참역치로 결정한다. 만약 차폐소음을 제시할 때 검사 귀로 신호음을 듣지 못하면 검사 신호음을 5dB씩 들을 때까지 상승한다. 최소와 최대 차폐의 범위가 매우 좁을 수 있는 골도차폐의 경우는 단 한번의 5~10dB 차폐소음 상승으로 플래토 구간을 얻어 참역치를 구할 수 있다.

ⓢ 차폐 후 역치 표기는 다음과 같다. 차폐 전 골도역치를 기입한 청력도에 차폐 후 골도역치를 함께 기입한다. 차폐 시행 후 우측 귀의 골도역치는 '[', 차폐 후 좌측 귀의 골도역치는 ']'로 표기한다〈그림 1〉.

ⓞ 차폐음 범위 표기는 위의 기도 청력검사 차폐를 위한 방법과 같다.

③ 차폐공식

㉠ 폐쇄효과는 골도검사 시 반대측 귀를 차폐할 때 헤드폰 때문에 음압이 증가되어 더 잘 듣게 되는 현상으로 주파수별 증가하는 음압은 다음 [표 3]과 같다.

❶ [표 3] 주파수별 폐쇄효과에 의해 증가하는 음압수준

주파수(Hz)	250	500	1,000	2,000 이상
헤드폰	15	15	10	0

㉡ 저차폐(undermasking)는 차폐음강도가 너무 낮아 검사 귀(청력이 나쁜 귀)에 제시한 소리가 여전히 비검사 귀(청력이 좋은 귀)에 전달되어 차폐가 되지 않는 경우이다. 보통 차폐소음을 제시하면서 신호음을 제시할 때 소리를 듣지 못해 신호음 제시강도(presentation level, PL)만 3회 정도 상승하면 변화된 신호음 제시강도는 저차폐수준의 경계값, 즉 반대편 좋은 귀를 자극할 수 있는 값이 되므로 변화된 신호음 제시강도로 최소와 최대차폐수준을 다시 계산하여야 한다.

◎ [표 4] 차폐가 필요한 경우와 최소 및 최대 차폐강도수준

구 분	차폐가 필요한 경우	최소 및 최대 차폐강도수준
기도 차폐검사	① 양 귀의 기도역치 차이가 40dB 이상 ② 검사 귀 기도역치와 비검사 귀의 골도역치가 40dB 이상	• 최소 차폐수준 : PL−IA • 최대 차폐수준 : PL+IA
골도 차폐검사	검사 귀의 기도−골도 역치 차이가 15dB 이상	• 최소 차폐수준 : PL+OE • 최대 차폐수준 : PL+IA

* PL(Presentation Level) : 검사 귀(Test Ear, TE), 즉 청력이 나쁜 귀에 제시하는 기도전도나 골도전도 신호음 제시강도, IA(Interaural Attenuation) : 이간감쇠, OE(Occlusion Effect) : 폐쇄효과
* 최소차폐값에 안전값(Safety Value, SV) 5~10dB을 더하여 진행한다. 최대차폐값이 과차폐경계선으로 불안한 경우 최대차폐값에 안전값(Safety Value, SV) 5~10dB을 빼고 진행한다. 안전값을 적용한 범위를 유효차폐범위(Effective Masking, EM)이라 한다.

ⓒ 과차폐(overmasking)는 차폐소음을 계속 상승시킬 경우 나타나는 현상이다. 차폐소음이 반대쪽 검사 귀의 골도역치보다 IA값 이상으로 커져서 차폐소음이 역으로 검사 귀에 신호음으로 전달되어 반응을 하게 하는 것이다. 이렇게 차폐소음 강도가 커지는 현상은 차폐가 불가능할 정도로 청력이 나쁜 경우에 주로 나타난다.

ⓔ 차폐딜레마는 청력손실 정도가 50~60dB 이상인 양측성 전음성 난청을 가진 경우 골도 차폐 시 폐쇄효과(OE)로 더 잘 듣게 되는 10~15dB 값보다 비검사 귀의 기도골도역치차이(NonTest Ear Air Bone Gap, NTEABG)가 더 클 때 나타날 수 있다.

(7) 청력도 작성방법

① 청력역치는 청력도에 기호로 기입하여 그래픽 형식으로 나타낸다.

② 표준청력도는 다음과 같다〈그림 1〉.

　㉠ 청력도에서 가로축은 소리의 주파수(단위 : Hz)를 표시하며 125~8,000Hz를 포함한다. 세로축은 소리의 강도(단위 : dB HL)를 표시하며 −10~120dB HL을 포함한다.

　㉡ 가로축의 1옥타브 길이와 세로축의 20dB HL 길이는 서로 상응하여 정사각형을 이룬다.

　㉢ 1옥타브 주파수 간격선(500, 1,000, 2,000, 4,000, 8,000Hz)과 10dB HL 간격선은 실선으로 그리며, 반옥타브(750, 1,500, 3,000, 6,000Hz)는 점선으로 그린다.

　㉣ 0dB HL은 굵은선으로 눈에 띄게 표시한다.

③ 청력역치는 기호로 다음과 같이 표시한다〈그림 1〉.

　㉠ 오른쪽 귀의 청력역치는 적색, 왼쪽 귀는 청색으로 표시한다.

　㉡ 기도역치 기호는 기호의 중간점이 검사주파수(Hz) 수직축과 청력수준(dB HL) 수평축의 교차점을 중심으로 위치한다. 동일 주파수에 대한 좌우 기도역치가 동일하다면 각 기호는 같은 위치에 겹쳐서 위치한다. 차폐를 하지 않은 기도역치는 오른쪽 'O', 왼쪽 '×'로 표시하며, 기도 차폐역치는 오른쪽 '△', 왼쪽 '�口'로 표시한다.

　㉢ 골도역치 기호는 청력수준 수평축을 중심으로 오른쪽 기호는 검사주파수 수직축 왼쪽에, 왼쪽 기호는 검사주파수 수직축 오른쪽에 위치한다. 골도역치 기호는 검사 주파수 수직축에 가깝지만 주파수 수직축 및 기도역치 기호와 접촉하지 않게 위치한다. 차폐를 하지 않은 골도역치는 오른쪽 '<', 왼쪽 '>'로 표시하며, 골도 차폐역치는 오른쪽 '[', 왼쪽 ']'로 표시한다.

　㉣ 청력검사기의 최대출력에 해당하는 소리를 제시하였는데도 검사 귀에서 들었다고 반응이 없으면(무반응), 해당하는 기호 아래에 화살표를 붙여 반응이 없었음을 표기한다. 오른쪽 기호의 화살표는 왼쪽 45도 각도로 그리고, 왼쪽 기호의 화살표는 오른쪽 45도 각도로 그린다.

④ 기도역치 기호는 직선으로 연결한다. 골도역치 기호는 선으로 연결하지 않으나, 기도-골도 역치 차이가 있을 경우 점선으로 연결할 수 있다. 선은 역치 기호에 인접하게 그리되 닿거나 통과하지 않는다. 무반응기호는 선으로 연결하지 않는다.

⑤ 청력검사지에는 검사일시, 수검자 · 검사자 정보, 차폐범위 등을 기재하고 판정에 도움이 되는 이경검사 · 고막운동성검사 결과, 과거 귀 질환 관련 정보, 소음노출 시기와 기간 정보 등을 포함할 수 있다.

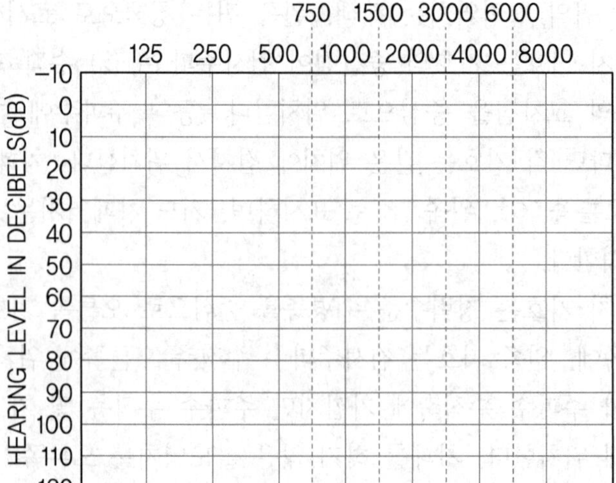

종류		반응		무반응	
		우	좌	우	좌
기도	비차폐	⊙	✕	⊙	✕
	차폐	△	▢	△	▢
골도	비차폐	<	>	<	>
	차폐	[	]	[	]

〈그림 1〉 표준청력도 및 청력도상에서의 기도, 골도역치 표시방법

SECTION 21 폐활량 검사 및 판정에 관한 지침
(KOSHA GUIDE, H-129-2023)

01 용어의 정의

(1) "폐활량계(Spirometer)"

폐의 환기능을 측정하는 기기를 말한다.

(2) "용적측정 폐활량계(Volume-spirometer)"

폐활량계 중에서 환기량을 직접 측정하는 기기를 말한다.

(3) "유량측정 폐활량계(Flow-spirometer)"

폐활량계 중에서 환기량을 간접적으로 측정하는 기기를 말한다.

(4) "강제폐활량(Forced vital capacity, FVC)"

공기를 최대한 많이 들이마신 후 최대한 빠르고 세게 끝까지 불어 낸 날숨량을 말한다.

(5) "1초간 강제날숨량(Forced expiratory volume in one second, FEV1)"

강제폐활량 중에서 최초 1초간 불어낸 날숨량을 말한다.

(6) "용적-시간곡선(Volume-time curve)"

강제폐활량을 측정할 때 종축에 용적을, 횡축에 시간을 표시하여 시간변화에 따른 용적 변화를 나타낸 곡선을 말한다.

(7) "유량-용적곡선(Flow-volume curve)"

강제폐활량을 측정할 때 종축에 유량을, 횡축에 용적을 표시하여 용적의 변화에 따른 유량의 변화를 나타낸 곡선을 말한다.

(8) "최대날숨유량(Peak expiratory flow, PEF)"

강제폐활량을 측정할 때 가장 빠른 시점의 날숨유량을 말한다.

(9) "예측식"

폐활량 검사 시 수검자의 인종, 성별, 나이, 키, 몸무게 등을 고려하여 정상참고치를 계산하는 식이다.

(10) "정상 예측치"

폐활량 검사 대상자의 인종, 성별, 나이, 키가 비슷한 건강한 인구집단(폐질환이 없고 비흡연자이며 유해물질에 노출된 경험이 없는 집단)을 대상으로 폐활량 검사를 실시하여 구한 값을 말하며, 폐활량 검사 대상자의 정상 여부 판정은 검사 대상자의 검사값을 정상 예측치와 비교하여 정상과 이상으로 구분한다.

(11) "정상의 아래 한계치(Lower limit of normal, LLN)"

일반 인구집단의 폐활량 검사값의 정규분포에서 하위 5 백분위수(percentile) 수준을 말한다.

(12) "1초율(FEV1/FVC)"

강제폐활량 중 1초간 강제날숨량의 비율을 말한다.

(13) "총폐활량(Total lung capacity, TLC)"

전체 폐환기량을 말한다.

02 검사의 준비

(1) 사전안내

검사를 시행하기 전에 대상자에게 다음과 같은 사항을 알려주어야 한다.

① 검사할 때의 의복 착용방법

② 검사 전 음주, 식사, 운동, 금연

③ 약의 복용방법 및 주의사항

④ 폐활량 검사의 금기증

◆ [표 1] 검사 전 중지기간(대한결핵 및 호흡기학회, 2016; ATS, 2019)

활 동	검사 전 중지기간
음주	4시간
식사(중량 이상)	2시간
심한 운동	1시간
흡연	1시간 이상
검사에 영향을 주는 약물 복용	약물 종류와 마지막 복용시간 기록

◆ [표 2] 폐활량 검사의 금기증(대한결핵 및 호흡기학회, 2016)

- 최근 3달 이내에 안과 수술, 개심술, 개복술, 뇌졸중, 심장마비, 심근경색증, 기흉, 망막박리, 대동맥류가 있었던 경우
- 과호흡 혹은 최대노력호흡이 문제가 될 수 있는 질환(모야모야병, 반복자발기흉)
- 현재 결핵 등 호흡기감염을 갖고 있거나 이에 노출된 가족
- 지난 한달 내 대량 객혈이 있었던 경우
- 수축기 혈압 200mmHg 초과 혹은 이완기 혈압 140mmHg 초과

(2) 위생 및 감염에 대한 준비

① 검사실은 가급적 실외로 통하는 창문이 있는 곳으로 정한다.

② 창문이 없는 장소에는 다른 환기장치와 연결되지 않는 독립된 환기장치를 설치한다.

③ 출장검진으로 진행하는 경우에는 가급적 환기가 잘 되며 독립된 공간을 검사장소로 선정한다.

④ 원내의 검사실에서는 부유세균과 바이러스의 제거가 가능한 검증된 공기살균장치를 운용한다.

⑤ 수검자 1명당 1개의 일회용 인라인필터를 사용한다. 일회용 인라인필터는 소독하여 재활용하지 않는다.

⑥ 일회용 인라인필터는 성능성적서를 확인하여 세균과 바이러스 제거효율이 각각 30L/min(0.5L/sec) 이상의 유량에서 99.9% 이상인 제품을 사용한다.

⑦ 코마개는 일회용으로 사용한다.

⑧ 검사자는 마스크 등의 호흡보호구를 상시 착용하며, 손은 손 소독제 등으로 주기적으로 소독한다.

⑨ 결핵 등 전염성 호흡기질환자를 파악하여 감염위험 시 검사를 연기한다. 검사를 진행해야 할 경우에는 제일 마지막 순서로 검사를 진행하며, 검사 즉시 센서와 검사기 주변을 소독하고 환기시킨다.

⑩ 검사기는 제조사의 권고에 따라 주기적으로 소독한다.

⑪ 센서의 오염에 대비하여 예비센서를 보유하여야 한다.

(3) 검사 전 확인사항

① 체중계, 신장계, 온도계, 습도계, 기압계의 정상 작동 상태를 확인한다.

② 일회용 인라인필터, 일회용 코마개, 의치보관용 종이컵 등의 준비를 확인한다.

③ 응급조치에 대한 준비사항을 확인한다.

④ 예열이 필요한 기기는 검사를 시작하기 30분 전에 전원을 공급하여 예열을 확인한다.

(4) 폐활량계의 보정

보정은 3L 실린지를 이용하는 것이 원칙이며, 3L 실린지의 공기량을 폐활량계가 얼마로 측정하는지에 대한 정확도를 검사하는 것이다. 보정을 할 때는 보정 당시의 온도, 습도, 기압이 정확히 반영되어야 하며, 폐활량 검사과정에서 발생하는 유량의 변화를 반영하기 위해 저유량, 중간유량, 고유량으로 구분하여 보정을 실시한다.

① 온도, 습도, 기압의 확인

ㄱ 보정 당시의 온도, 습도, 기압을 확인하여 정확히 입력한다.

ㄴ 검사기에 온도, 습도, 기압을 측정할 수 있는 센서가 있더라도 별도의 외부 측정기와 비교하여 정확성을 확인해야 하며, 장비에 설치된 측정기와 외부 측정기에 차이가 확인된다면 점검이 필요하다.

ㄷ 검사기에 온도, 습도, 기압을 측정하는 센서가 없다면 외부 측정기에서 확인한 온도, 습도, 기압을 수기로 입력해야 한다. 정확한 값이 입력될 수 있도록 주의가 필요하다.

  ⓔ 외부 측정기는 가능하면 폐활량 검사기의 유량측정센서 위치와 가장 가까운 곳에 설치한다.

  ⓜ 장비의 가열, 체온 등에 의한 부적절한 온도 상승이 없는지 관찰이 필요하다.

② 보정유량

  ㉠ 보정유량은 호기 시작점에서의 고유량부터 호기말의 저유량까지를 모두 반영하여야 하므로 저, 중, 고유량으로 구분하여 실시한다.

  ㉡ 0.5L/s 미만, 3~6L/s, 6~12L/s로 구분하여 실시한다.

③ 일회용 인라인필터의 체결

일회용 인라인필터마다 저항값이 다르므로 검사에 사용할 일회용 인라인필터와 동일한 필터를 체결하고 보정을 실시한다.

┃보정 시 인라인필터의 채결(좌) 및 잘못된 연결(우)┃

④ 보정주기

보정은 검사를 시작하기 전에 시행하는 것이 보통이나 다음과 같은 경우에도 보정을 실시한다.

  ㉠ 보정 후 3도 이상의 온도변화가 있었을 때

  ㉡ 유량측정센서를 바꾸었을 때

  ㉢ 폐활량 검사기를 이동하였을 때

  ㉣ 검사기의 이상 작동이 의심되는 경우(검사치가 기대치보다 지나치게 높거나 낮은 경우)

  ㉤ 많은 대상자를 검사하는(근로자대상 검사나 건강검진 등) 경우 : 최소한 4시간에 1회씩 시행(권고)

⑤ 보정결과 확인

  ㉠ 보정오차

   ⓐ 보정오차는 전체 3L±3.5%(3L±0.105, 2.895~3.105L) 이하이어야 하며, 동시에 각각의 유량에 대해서도 3L±3.5% 이하를 만족해야 한다.

ⓑ 2019년 ATS 가이드에서는 보정오차 한계를 ±3% 이하로 강화하였으므로 가능하면 이 기준을 만족할 것을 권고한다.

ⓛ 보정그래프의 판단

ⓐ 온도, 습도, 기압이 정확히 반영되었는지 확인한다.

ⓑ 저유량, 중간유량, 고유량이 골고루 반영되었는지 확인한다.

ⓒ 각각의 유량에서의 보정오차와 전체 보정오차가 ±3.5%(±0.105L)를 초과하는지 확인한다.

⑥ 보정그래프의 관리

검사 결과지에 해당하는 보정 결과는 언제든 확인 가능해야 하며, 검사 결과가 보관되는 기간 동안 보정 결과도 함께 보관하여야 한다. 보정 결과는 장비별로 관리하는 것을 추천한다.

03 폐활량 검사 진행

(1) 신체계측

① 키와 몸무게는 수검자의 폐활량 예측치 계산에 사용되므로 정확한 신체계측과 입력이 필요하다. 반드시 검사 당일 실측한 값을 반영해야 하며, 검사자가 직접 확인하여 검사기에 입력한다.

② 키와 몸무게는 소수점 첫째 자리까지 입력하는 것이 권고된다. 일부 소수점 입력이 지원되지 않는 장비의 경우 반올림한다.

(2) 문진표(설문지) 확인

폐활량 검사 문진표에서 가장 중요한 부분은 폐활량 검사 결과 또는 결과의 해석에 영향을 줄 수 있는 요인들에 대한 확인이다.

① 폐활량 검사 경험

검사 경험에 따라 검사 설명이 달라지므로 확인이 필요하다.

② 과거 또는 현재 앓고 있는 질환

호흡기질환, 공기매개 감염병, 검사 금기사항에 해당하는 질환 등을 확인한다. 질환이 확인된 경우 완치 여부와 경과일수에 따라 검사진행 여부를 판단하며, 검사 금기에 해당하는 경우 검사를 실시하지 않는다.

③ 수술경험

폐활량 검사 시 힘을 주었을 때 압력을 받을 수 있는 부위의 수술 여부를 확인한
다. 수술 경과일수와 현재 상태에 따라 검사 여부를 결정한다.

④ 현재 복용약물

기관지확장제 등 폐활량 검사 결과에 영향을 줄 수 있는 약물의 복용 여부를 확인
한다.

⑤ 검사 전 흡연 여부

검사시작시간을 기준으로 1시간 이내에 흡연했는지 여부를 확인한다. 1시간 이내
에 흡연을 했다면 1시간이 경과하는 시점까지 검사를 미룬다. 부득이하게 검사를
진행해야 할 경우 검사자 의견에 진행사유를 기록한다.

⑥ 의치착용 여부

안정되게 고정된 경우 제거할 필요는 없으나 고정이 불안정한 경우 흡기 또는 호
기 시 이탈될 수 있으므로 검사 전 제거한다. 검사 중 의치를 보관할 일회용 용기
를 미리 준비한다. 의치를 착용한 상태로 마우스피스를 너무 세게 물 경우 손상의
우려가 있으므로 주의시킨다.

⑦ 호흡곤란 정도

호흡곤란 정도를 확인하기 편하도록 단계를 나누어 제시한다. 호흡곤란 정도의 구
분은 mMRC(modified Medical Research Council)의 분류를 따라 기록한다.

⑧ 검사기 종류

검사에 사용한 검사기의 모델명과 일련번호를 확인한다. 특히 검사기를 2대 이상
운영하는 경우 어떤 장비로 검사를 진행했는지 확인이 필요하므로 검사 결과지에
일련번호가 인쇄되지 않는다면 반드시 문진표에 기록을 남겨야 한다.

⑨ 검사당일 혈압

평소 혈압이 있는지를 확인하기보다는 검사당일 혈압이 안정적인지 확인해야 한
다. 금기사항에 해당(수축기 200mmHg 초과 또는 이완기 140mmHg 초과)한다
면 검사를 진행해선 안 되며, 각 건강진단기관에서는 의사 상담 후 검사를 진행할
수 있는 혈압의 기준을 정할 필요가 있다.

⑩ 검사자세

검사는 앉아서 진행하는 것이 원칙이나 수검자가 고도비만이거나 임신한 경우 서
서 진행한다. 합당한 사유 없이 자세를 변경해서는 안 되며 자세를 변경했을 경우
변경사유를 검사자 의견란에 기재한다.

⑪ 검사협조

협조적, 보통, 비협조로 구분한다. '협조적'은 전체 검사 실시횟수에 상관없이 3회 이상의 적합성과 재현성을 만족하는 검사를 얻는 경우, '비협조'는 최대한 노력했으나 적합성 또는 재현성을 만족하지 못하며 판정에 활용할 FVC 또는 FEV1 값을 판단하기 어려운 경우, '보통'은 적합성 또는 재현성 기준을 일부 만족하지 못하나 FVC와 FEV1에 대한 판단이 가능하여 판정에 활용할 수 있는 경우로 구분한다. 수검자가 '비협조적'이라는 표현에 거부감을 느낀다면 협조적, 보통, 비협조적이라는 표현을 대신해 1, 2, 3 또는 A, B, C 등의 표현으로 바꿀 수 있다.

⑫ 검사자 의견

검사협조도가 보통 또는 비협조인 경우 검사진행과정에서 어떤 문제가 있었는지 검사자가 어떤 시도를 했는지 기록한다. 단순히 적합성 또는 재현성 판단 결과를 기록하는 것은 추천되지 않으며, 검사 결과지에서 확인 불가능한 검사 당시의 상황을 기록한다.

※ 문진표에 수검자의 키와 몸무게를 적는 경우 수검자 본인이 아닌, 반드시 검사자가 검사 당일의 키와 몸무게 측정 결과를 확인하여 기록한다.

(3) 폐활량 검사 여부의 결정

아래에 해당한다면 일정 시간 검사를 연기하는 것이 바람직하다. 질환, 수술에 해당하는 경우 의사 상담 후 검사 여부를 결정한다.

① 아픈 곳이 있다면 폐활량 측정을 연기한다.
② 심한 감기가 있으면 증상이 사라진 후 3일간까지 연기한다.
③ 담배를 피웠다면 1시간 연기한다.
④ 1시간 이내에 많이 먹었다면, 최소한 1시간 이상 연기한다.
⑤ 3주 이내에 폐렴, 기관지염 등에 걸린 적이 있다면 증상이 사라진 후 최소한 3주 이후로 연기한다.
⑥ 귀에 질환이 있는 경우 최대한 공기를 불어낼 때 고막이 천공되거나 귀에 통증이 증가될 수 있다.
⑦ 가슴이나 눈, 목에 수술을 한 경우 부작용을 우려하여 연기한다.
⑧ 혈압이 높아 검사 진행이 어려운 경우에는 충분히 휴식 후 검사를 진행한다.

(4) 옷

넥타이나 와이셔츠, 벨트, 꽉 조이는 속옷 등은 흉부나 복부를 압박하여 흉곽이 좁아지거나 가슴을 펴는 데 지장이 있으므로 빠르게 호흡하기 어려울 때는 느슨하게 푼다.

(5) 의치

① 고정이 불안한 의치는 제거할 수 있으면 빼고 시행한다. 고정된 의치는 그대로 시행하며, 마우스피스가 밀착되지 않거나 입술로 물지 못하여 공기가 새는 경우에는 착용한다.

② 고정이 불안한 의치를 빼지 않고 시행하는 경우 빠른 흡기 시 의치가 넘어가 기도를 막지 않게 조심한다.

(6) 검사 설명 및 시범 실시

① 설명에 포함되어야 할 내용

검사의 목적, 의자에 앉는 자세, 센서를 잡는 방법, 마우스피스를 무는 방법, 코마개 사용, 최대한 많은 양을 흡기하기 위한 노력, 호기 시 최대한의 노력으로 세고 빠르게 호기, 호기 시 기도 확보, 호기의 유지, 마지막 흡기

② 검사 설명

㉠ 폐활량 검사를 처음 받아보는 근로자라면 검사의 목적, 검사자세와 호기방법, 마우스피스를 무는 방법, 코마개 착용 등에 대한 자세한 설명과 시범이 필요하다. 폐활량 검사를 받아본 경험이 있는 근로자라도 자세와 호기방법에 대한 간략한 설명이 필요하다.

㉡ 검사자는 자세와 노력호기의 방법, 끝까지 불어내는 방법 등을 시범적으로 보여준다. 말로 설명하거나 지시하는 방법은 피한다.

"폐활량 측정은 당신의 폐가 최대한 들이마시고 내뱉는 공기의 양과 얼마나 빨리 내뱉을 수 있는지를 평가하는 검사입니다."

"따라서 최대한 많이 들이마시고 촛불을 끌 때처럼 최대한 세고, 빠르게 내뱉어야 합니다."

"폐활량 측정은 이렇게 최대한 들여마시고 최대한 빠르게 내뱉는 것입니다"라고 하면서 간단하게 시범을 보여준다.

㉢ 설명은 되도록 짧게 하고 시범을 통하여 보여주며, 시범은 다소 과장되고 드라마틱하게 보여준다.

ㄹ 검사자는 검사의 목적과 검사자세, 호기방법, 마우스피스를 무는 방법, 수검자의 기도를 확보하기 위한 방법 등에 대해 숙지하고 있어야 하며, 수검자가 잘못된 자세로 호기하거나 최선의 노력을 하지 않는다면 정확한 방법으로 교정하고 최선의 노력을 하도록 독려한다.

ㅁ 수검자에 대한 모든 설명은 수검자 입장에서 쉽게 이루어져야 하며, 청각장애 등으로 원활한 의사소통이 어려운 경우라도 충분한 몸짓과 글자를 활용해 설명한다.

③ 검사자와 수검자의 위치

ㄱ 검사는 나란히 앉아 진행한다. 마주보고 검사를 진행하여 수검자가 내뱉은 공기가 검사자에게 향할 경우 감염의 우려가 있다.

ㄴ 검사 진행 중 수검자가 검사기의 모니터를 직접 바라볼 경우 목이 꺾이는 등 자세 유지가 어려울 수 있으므로 모니터는 검사자가 보기 편한 위치에 둔다.

○ [표 3] 수검자에게 설명할 내용

검사의 목적	특수건강진단 폐활량 검사는 호흡기 유해인자에 노출되는 근로자의 건강관리를 위한 검사로 수검자의 절대적인 협조가 필요하다.
의자에 앉는 자세	턱을 약간 들고 목을 약간 뒤로 젖힌 상태에서(15도 상방을 향하도록) 가슴을 펴고 바른 자세로 앉는다. 등을 구부정하게 앉지 않는다. 다리를 꼬거나 팔짱을 끼지 않는다.
센서를 잡는 방법	센서는 한손으로 잡고 팔은 몸에 너무 밀착시키지 않는다. 센서를 잡지 않은 다른 쪽 손은 다리 위에 자연스럽게 내려놓는다.
마우스피스를 무는 방법	이로 살짝 물고 바람이 새지 않도록 입술을 오므린다. 숨을 내쉬고 들이마시는 과정에서 바람이 새지 않도록 주의하고, 마우스피스를 통해서만 숨을 쉬어야 한다. 마우스피스는 치아 사이, 혀 위에 위치해야 하며 입술로만 물지 않는다.
코마개 사용	검사 중 코마개가 불편하거나 빠질 것 같다면 검사자에게 바로 말하도록 설명한다.
최대한 많은 양을 흡기하기 위한 노력	마실 수 있는 한 최대한 많은 양을 마셔야 함을 강조하여 설명한다. 가능하면 빠르고 세게 마시도록 유도한다.
호기 시 최대한의 노력으로 세고 빠르게 호기	평상시 호흡하다가 숨을 최대한 많이 들이마셨을 때 주저하지 않고 곧바로 빠르고 세게 불어내게 한다. 어깨와 목에 힘이 들어가지 않게 주의한다.
호기 시 기도 확보	호기 과정에서 목이 꺾이지 않게 주의한다. 호기를 하며 몸을 앞뒤로 부드럽게 움직이는 것은 상관없으나 목이 꺾여 공기의 흐름이 원활하지 못하게 되는 상황을 주의한다.

호기의 유지	바람이 나오는 느낌이 들지 않더라도 마우스피스를 빼거나 멈추지 말고 검사자의 신호가 있을 때까지 계속 노력한다.
마지막 흡기	더 이상 바람이 나오지 않는다고 판단했을 때 검사자의 신호에 따라 최대한 많은 양의 공기를 마신다. 망설여도 상관없으니 멈추지 말고 최대한 많은 양을 마신다.

* 수검자가 검사 중 어지러움, 흉통 등의 이상증상을 느끼면 바로 호기를 중단하고 검사자에게 얘기할 것

* 검사자의 신호에 따라 흡기와 호기를 진행하기 어려워하는 경우 수검자에게 전체 과정을 설명하고 검사자의 신호 없이 진행할 수 있음(예 "신호가 없더라도 최대한 흡기를 했다면 망설이지 말고 끝까지 내뱉으세요!", "신호가 없더라도 더 이상 나올게 없다고 생각되면 처음 마셨던 것처럼 끝까지 마시세요!")

④ 일회용 코마개

    ㉠ 원칙적으로 일회용 코마개를 착용하고 검사하도록 한다. 코마개를 하지 않는 경우 검사치가 실제보다 적게 측정될 수 있다.

    ㉡ 코마개는 코볼까지 눌러 바람이 새지 않도록 한다. 코마개가 미끄러지는 경우 거즈 등을 덧대어 사용하고, 코마개를 사용할 수 없는 경우(코마개가 계속 빠지는 경우, 코가 너무 작거나 큰 경우, 성형수술 후 등)에는 손으로 직접 잡고 검사를 수행한다.

    ㉢ 수검자가 직접 잡기 어려운 경우 양해를 구한 후 검사자가 장갑을 착용하고 잡아준다.

    ㉣ 검사 사이 개선할 점 등 검사에 대한 설명을 하는 동안에는 코마개를 제거해 수검자가 편안히 숨을 쉬게 한다.

⑤ 검사의 자세

    ㉠ 앉아서 시행하는 것을 원칙으로 한다. 단 고도비만, 임신 등으로 앉아서 실시하기 부적절한 경우 서서 실시할 수 있으며, 이 경우 자세 변경을 기록한다. 의자는 팔걸이와 등받이가 있고 바퀴가 없는 의자로 준비한다.

    ㉡ 서서 실시할 때에도 뒤에 의자를 놓아 넘어지는 경우 심한 손상을 예방해야 한다.

    ㉢ 허리를 심하게 굽히거나 비틀지 않게 한다. 가능한 끝까지 처음의 자세를 유지시킨다.

    ㉣ 다리를 꼬지 않게 설명한다.

    ㉤ 호흡관(breathing hose)을 연결하여 사용하는 경우, 처음의 위치를 벗어나 꼬이거나 늘어난 경우 호흡량의 측정이 부정확해진다. 많이 늘어난 경우 호흡관에 공기가 늘어나 약 1L까지 폐활량이나 노력폐활량이 실제 양보다 적게 측정될 수 있다.

⑥ 턱과 목의 자세

㉠ 턱은 약간 들고 목을 약간 뒤로 젖힌 상태에서 시행한다. 15도 정도의 상방을 향하게 한다. 또는 상체를 15도 정도 앞으로 숙이고 정면을 바라보고 검사를 진행한다.

㉡ 끝까지 이 자세를 유지하고 목이나 턱을 굽히지 않게 한다. 턱과 목을 굽히면 기도가 폐쇄되어 호기량이 감소하거나 중단된다.

⑦ 마우스피스를 무는 방법

㉠ 마우스피스는 이로 살짝 물고,

㉡ 입술로 꽉 조여 공기가 새지 않게 한다. 피리 불 듯이 입술로만 마우스피스를 물지 않게 설명한다.

(7) 폐활량 측정의 실시

'평상호흡 실시 → 최대한 많은 양의 공기를 흡기 → 망설임 없이 세고 빠르게 끝까지 호기 → 다시 최대한 많은 양의 공기를 흡기' 전 과정을 충분히 이해하도록 쉽게 설명한다.

① 평상호흡 실시

㉠ 평상호흡은 보통 2~3회를 실시하나 횟수가 정해져 있지는 않다. 평상호흡 시 그려지는 그래프를 통해 수검자의 호흡이 안정되었는지, 검사기가 정상적으로 곡선을 그리는지를 확인한다.

㉡ 평상호흡은 말 그대로 '평상시'대로 호흡하도록 설명하며, 심호흡이 되지 않게 주의한다. 검사자가 구령을 붙여주기보다는 수검자가 본인의 리듬과 호흡량대로 호흡할 수 있게 유도하는 것이 좋다.

㉢ 수검자의 협조상태에 따라 생략 가능하다.

② 최대한 많은 양의 공기를 흡기

㉠ 양 어깨나 목에 힘을 주지 않게 한다. 힘을 주는 경우 흡입되는 공기의 양이 줄어든다.

㉡ 자연스러운 자세에서 가슴을 뒤로 젖히면서 최대한 가슴을 펴고 들이마시게 독려한다.

㉢ 어깨에 힘을 주어 목 위로 올라가지 않게 한다. 기도가 막히고 충분한 흡기가 되지 않을 수 있다.

㉣ 최대한 많은 양을 마시도록 설명한다. 가능하면 빠르고 세게 한 번에 마시는 것이 검사 유도에 유리하나 최대한 많은 양을 마셔야 함을 우선으로 설명한다.

　　ⓗ 흡기 과정에서는 망설임이 확인되거나 흡기유량이 작더라도 최대로 흡기하였고 FVC 또는 FEV1 결과값에 영향이 없다면 적절한 곡선으로 판단 가능하다.

③ 망설임 없이 세고 빠르게 끝까지 호기
　　㉠ 고개는 약간 들고(상방 15도 주시) 혀는 마우스피스의 밑에 놓고, 검사 시 혀가 마우스피스를 막지 않게 주의시킨다.
　　㉡ 망설임 없이 불어내게 한다. 최대한 들이마셨다고 생각하면 주저하지 말고 곧바로 최대한 빠르고 세게 불어내게 한다. 망설이는 경우 검사 시작점에 오류가 발생한다.
　　㉢ 최대한 끝까지 불어내게 한다. 호기시간은 중요하지 않으나 FVC가 충분히 측정된 상태에서 1초 정도 고평부가 유지될 때까지 호기를 유지한다. 수검자가 더 불어낼 수 있는 상황임에도 6초 이상 호기하였다고 흡기를 시키거나 중단시키지 않는다. 기도폐쇄 등으로 고평부 확인이 어려운 경우 수검자의 협조가 가능하다면 최대 15초까지 호기를 유지한다.
　　㉣ 어깨와 목에 힘이 들어가지 않게 설명한다.
　　㉤ 마우스피스를 물고만 있거나 흉내만 내는 것은 아닌지 관찰이 필요하다.
　　㉥ 마우스피스를 피리 불듯이 불지 않게 한다.
　　㉦ 큰 소리로 몸과 손을 이용하여 몸짓을 하면서 독려한다. 큰 소리로 "계속, 계속, 좀 더, 좀 더 내뱉으세요. 숨을 들이마시지 말고 계속 내뱉으세요."라고 독려한다.

④ 끝까지 호기 후 다시 최대한 많은 양의 공기를 흡기
　　㉠ 최대한 호기하여 더 이상 내뱉을 숨이 없다고 판단되면 최대흡기를 유도한다.
　　㉡ 검사 마지막에 최대흡기를 유도하는 것은 FIVC와 FVC를 비교하여 수검자가 최선의 노력으로 최대한 많은 양의 공기를 마신 후 호기하였는가를 판단하기 위한 것이다.
　　㉢ 따라서 그래프의 모양은 중요하지 않으므로 흡기 과정에서 망설임이 확인되거나 한 번에 마시지 못하더라도 적절한 그래프로 인정할 수 있다.

(8) 폐활량 측정 중 확인사항

호흡을 시작하면 검사대상자와 폐활량 검사기의 모니터를 반복하여 보면서 다음을 확인한다.

① 최대한 많은 양을 흡기하기 위해 노력하였는가

② 처음에 망설임 없이 최대한 세고 빠르게 불었는가

③ 볼을 이용해서 훅 부는가

④ 마우스피스를 피리 불 듯 입술로만 물지 않았는가

⑤ 마우스피스를 제대로 물고 있는가, 바람이 새지는 않는가

⑥ 코마개가 빠지진 않는가

⑦ 목이 꺾이거나 어깨와 목에 힘이 들어가지 않았는가

⑧ 충분한 호기시간과 고평부에 도달하였는가

⑨ 유량–용적곡선과 용적–시간곡선에 이상은 없는가

⑩ 수검자가 호기를 지속할 수 있는가

(9) 검사 중의 기록화면

검사 중 화면은 용적–시간곡선과 유량–용적곡선을 한 화면에서 모두 볼 수 있게 한다. 검사를 시작하고 처음부터 중간까지는 유량–용적곡선에서 최고호기유량과 기침, 조기중단 등을 검토하고 검사의 마지막에는 용적–시간곡선에서 고평부(plateau)에 도달하는지를 확인한다.

① 유량–용적곡선에서 확인사항

　㉠ 곡선의 정점(PEF)을 검토하여 노력의 정도를 판단한다.

　㉡ 기침, 성문(목젖)이나 혀에 의한 막힘, 숨을 들이마심 등을 확인한다.

　㉢ 시작점의 오류와 망설임이 있는지 확인한다.

　㉣ 조기중단을 확인한다.

② 용적–시간곡선에서 확인사항

　㉠ 검사의 마지막 부분에서 검사곡선이 고평부에 도달하였는지 확인하는 것이 가장 중요하다.

　㉡ 시작점의 오류와 망설임이 있는지 확인한다.

③ 검사기 화면의 결과표시

　㉠ 검사기 화면에는 용적–시간곡선과 유량–용적곡선 외에 검사의 적합성 판단에 도움이 될 수 있는 검사항목들을 나타내는 것이 좋다.

　㉡ FVC(L), FVC(%), FEV_1(L) FEV_1(%), FEV_1/FVC(%), 외삽용적(L), 외삽용적(%), FIVC(L), PEF(L/s), PEFT(s)

04 적합성과 재현성의 판단

(1) 적합성의 판단

① 적합성은 폐활량 검사 결과의 해석에 필요한 FVC 또는 FEV_1이 정확하게 측정되었는가를 판단하기 위한 기준이다. 적합성을 만족하지 못한다는 의미는 FVC 또는 FEV_1이 적절하게 측정되지 못했다는 의미로 해석 가능하다.

② 검사자는 적합성 기준을 정확히 이해하고 수행한 검사가 기준에 맞는지를 판단할 수 있어야 한다. 그래프의 적합성을 판단하기 위해서는 그래프가 그려지는 원리를 이해해야 하며, 부적합한 검사그래프가 나왔을 때 수검자에게 원인과 개선방법을 설명할 수 있어야 한다.

③ 실제 폐활량 검사에서는 부적합 요인이 하나만 확인되는 경우도 있으나 두 가지 이상의 요인이 복합적으로 나타나는 경우가 많다.

④ 적합성의 판단에 확신이 없다면 장비의 에러코드를 참고할 수 있다.

⑤ FVC 80%, 1초율 70%는 폐활량 검사 결과의 해석을 위한 참조값일 뿐 검사의 적합성과는 상관없다.

⑥ 판정의사는 적합성 기준을 만족하지 못하는 검사에 대해 FVC 또는 FEV_1 어느 것의 측정에 문제가 있는지를 판단하고 폐활량 검사가 적절히 해석될 수 있는 결과를 선정하여야 한다.

05 폐활량 검사 결과의 기록

폐활량 검사는 수년간에 걸쳐 검사값들이 변화하는 경향을 추적 조사하는 것이 중요하므로 다음 각 호를 기록하여 보존한다.

(1) 측정 일자 및 시간

(2) 검사대상자의 이름, 성별, 나이, 키, 몸무게, 인종

(3) 폐활량계의 종류

(4) 폐활량계의 보정기록

(5) 검사자세

(6) 예측식의 종류

(7) 검사 결과

(8) 검사자의 이름

06 폐활량 검사 판정을 할 때 고려할 점

폐활량 검사 판정 전에 폐활량 검사의 적합성과 재현성의 판정기준에 따라 적합성과 재현성을 확인한다.

(1) 예측식(예측치 공식)의 선택

① 폐활량 검사 결과의 적절한 해석을 위해서는 수검자의 인종 또는 국적에 따라 적절한 예측식을 선택해야 한다.

② 검사자는 사용 중인 폐활량 검사기에서 적용 가능한 예측식의 종류와 변경방법을 알고 있어야 한다.

③ 정확한 예측치의 계산을 위해서는 폐활량 검사를 시작할 때 나이, 키, 몸무게, 성별, 인종을 정확히 입력해야 한다.

④ [표 4]의 예측식은 한국인과 아시아 외국인 근로자를 대상으로 특수건강진단 폐활량 검사 결과 해석 시 사용 가능하다.

○ [표 4] 폐활량 검사 시 FVC 예측식 적용기준

구 분		예측식	보정계수 적용 시
한국인		GLI 2012 – 동북아시안식, 최정근식, Morris식	최정근식×0.95
외국인	동북아시아 – 몽골, 중국		
	중앙아시아 – 우즈베키스탄, 키르기스스탄		
	동남아시아 – 미얀마, 베트남, 인도네시아, 캄보디아, 태국, 필리핀, 라오스, 동티모르 남아시아 – 네팔, 파키스탄, 스리랑카, 방글라데시	GLI 2012 – 동남아시안식	최정근식×0.87

(2) 이상판정

① 검사대상자의 FVC, FEV_1, 1초율이 정상의 아래 한계치 미만일 때 이상으로 판정한다.

② 폐활량 검사의 FVC 또는 FEV_1이 정상 예측치보다 80% 미만이거나 1초율이 70% 미만일 때 이상으로 판정하며, 근로자건강진단 실무 지침 제1권 특수건강진단 개요의 폐활량 검사 기준을 참조하여 판정한다.

07 환기 기능장애의 유형

(1) 폐쇄환기장애

① 강제폐활량 검사에서 1초율이 정상의 아래 한계치 미만 또는 70% 미만인 경우로 한다.

② 강제폐활량이 감소하나 1초간 강제날숨량의 감소가 더 심하여 1초율이 정상보다 낮아지는데, 유량-용적곡선에서 처음 부분에 유량의 감소가 관찰되는 경우 대부분은 대기도의 폐쇄를 의미하며, 중간 부분의 감소는 세기관지의 폐쇄를 의미한다.

③ 강제호기 1초 이내에 문제가 발생하거나 수검자가 최선의 노력으로 호기하지 않은 경우 판단에 주의가 필요하다.

(2) 제한환기장애

① 강제폐활량이 정상의 아래 한계치 미만 또는 예측치의 80% 미만인 경우로 한다.

② 제한환기장애의 정확한 진단을 위해서는 총폐활량의 측정이 필요하다.

③ 1초간 강제날숨량은 강제폐활량이 감소함에 따라 다소 감소할 수 있으나 1초율은 정상범위이거나 정상보다 증가할 수 있다.

④ 수검자가 최대한 흡기-호기하지 않아 강제폐활량이 감소한 것과 구분이 필요하다.

(3) 혼합환기장애

① 폐쇄환기장애와 제한환기장애가 동시에 있는 경우로 강제폐활량과 1초율이 정상의 아래 한계치 미만이거나 강제폐활량이 예측치의 80% 미만이고 1초율이 70% 미만인 경우로 한다.

② 정확한 제한성의 동반을 확인하기 위해서는 총폐활량의 측정이 필요하다.

③ 수검자가 최대한 흡기-호기하지 않아 강제폐활량이 감소한 것과 구분이 필요하다.

④ 강제폐활량, 1초간 강제날숨량, 1초율이 모두 감소한다.

◆ [표 5] 폐활량 검사 결과와 환기장애

판 정	강제폐활량	1초간 강제날숨량	1초율(%)
정상	정상	정상	정상
폐쇄환기장애	낮거나 정상	매우 낮음	낮음
제한환기장애	낮음	낮음	높거나 정상
혼합환기장애	낮음	낮음	낮음

08 감염예방

(1) 평상시

① 검사실은 가급적 실외로 통하는 창문이 있는 곳으로 정한다.

② 창문이 없는 장소에는 다른 환기장치와 연결되지 않는 독립된 환기장치를 설치한다.

③ 출장검진으로 진행하는 경우에는 가급적 환기가 잘 되며 독립된 공간을 검사장소로 선정한다.

④ 원내의 검사실에서는 부유세균과 바이러스의 제거가 가능한 검증된 공기살균장치를 운용한다.

⑤ 수검자 1명당 1개의 일회용 인라인필터를 사용한다. 일회용 인라인필터는 소독하여 재활용하지 않는다.

⑥ 일회용 인라인필터는 성능성적서를 확인하여 세균과 바이러스 제거효율이 각각 30L/min 이상의 유량에서 99.9% 이상인 제품을 사용한다.

⑦ 코마개는 일회용으로 사용한다.

⑧ 검사자는 마스크 등의 호흡보호구를 상시 착용하며, 손은 손 소독제 등으로 주기적으로 소독한다.

⑨ 결핵 등 전염성 호흡기질환자를 파악하여 감염 위험 시 검사를 연기한다. 검사를 진행해야 할 경우에는 제일 마지막 순서로 검사를 진행하며, 검사 즉시 센서와 검사기 주변을 소독하고 환기시킨다.

⑩ 검사기는 제조사의 권고에 따라 주기적으로 소독한다.

⑪ 센서의 오염에 대비하여 예비용 센서를 보유한다.

(2) 호흡기 감염병 유행시

> 아래는 호흡기 감염병 유행시기에 감염을 최소화하면서 폐활량 검사를 진행하기 위한 방법임. 각 검사실의 실정에 맞게 적용 가능함.

① 검사 전

　㉠ 사전조사 및 검사 여부 결정

　　ⓐ 폐기능 검사는 의사의 판단에 따라 필요하다고 인정되는 경우에만 실시한다.

　　ⓑ 호흡기증상과 위험지역 방문 여부 등에 대한 사전조사를 실시한다.

　　ⓒ 건강진단 당일 호흡기 증상이 있거나 체온이 37.5℃ 이상이라면 의사 상담 후 검사 진행 여부를 결정한다.

　㉡ 검사장소

　　ⓐ 내원하여 검사하는 것을 원칙으로 한다.

　　ⓑ 검사실 내에는 공기살균장치와 환기시설(창문 또는 독립된 환기장치)이 있어야 한다.

　　ⓒ 출장으로 검사를 진행할 경우 환기가 잘 되는 독립된 공간에서 진행한다.

　　ⓓ 동시에 2대 이상의 검사기를 운영하는 경우 각각 독립된 공간을 확보하며, 독립된 공간 확보가 어려울 경우 1명씩 검사를 진행한다.

　㉢ 검사자

　　ⓐ 검사자도 업무시작 전 발열 및 호흡기 증상을 확인하고 호흡기 증상이나 발열이 있다면 업무에서 제외한다.

　　ⓑ 검사자의 숙련도, 피로도 등을 감안하여 충분한 인력을 확보하여 배정한다.

　　ⓒ 고위험 기저질환[예 당뇨병, 만성폐질환, 만성심장질환(고혈압 제외), 만성신장질환, 만성간질환, 면역저하제 복용자 등]을 가진 직원 또는 임신부는 폐활량 검사 업무에서 제외한다.

　㉣ 검사자 보호구

　　ⓐ KF94 또는 N95 등급 이상의 호흡기보호구, 일회용 방수성 긴팔 가운, 일회용 장갑을 착용한다.

　　ⓑ 고글 또는 안면보호구를 착용한다.

　　ⓒ 보호구 착용 선 손 세성제 등을 이용해 손을 소독한다.

ⓜ 수검자

    ⓐ 폐활량 검사 대기자는 마스크를 착용한 상태로 검사장소와 분리된 공간에서 2m(최소 1m)의 간격을 두고 대기한다.

    ⓑ 수검자는 폐활량 검사기의 손잡이를 잡기 전 손 세정제 등을 이용해 손을 소독한다.

ⓑ 일회용품의 사용

    ⓐ 일회용 인라인필터를 수검자 1인당 1개씩 사용한다. 일회용 인라인필터는 바이러스 제거효율(30L/min 이상의 유량에서 99.9% 이상 제거)이 확인된 제품을 사용해야 하며 포장지는 미리 개봉해두지 않는다.

> ※ 유럽 호흡기학회에서는 호흡기 감염병 유행시기에 폐활량 검사를 실시해야 한다면 600~700L/min(10~11.7L/s)의 유량에서 바이러스와 세균의 제거성능이 확인된 제품의 사용을 권고하고 있다.

    ⓑ 일회용 코마개를 사용한다.

ⓢ 기타 주의사항

    ⓐ 검사와 상관없는 사람의 불필요한 검사실 출입을 금지한다.

    ⓑ 검사실 내에 음료수를 포함해 음식물을 두지 않는다.

② 검사 중

㉠ 검사자는 상시 마스크를 착용하며 수검자는 검사자의 설명이 끝날 때까지 마스크를 벗지 않는다.

㉡ 검사 진행 중 수검자는 마스크를 벗어서 내려놓지 말고 손에 들고 검사를 받는다. 휴대전화 등 개인 소지품도 검사기 주변에 올려두지 않는다.

㉢ 검사자와 수검자는 같은 방향을 바라보고 앉아서 검사를 진행하며 수검자의 호기가 검사자 방향으로 향하지 않도록 주의한다.

㉣ 검사자는 수검자와의 불필요한 신체접촉을 피한다. 자세교정과 수검자 독려 등이 필요한 경우 가능한 말로 설명한다.

㉤ 수검자가 검사 중 기침을 하는 경우에 대비하여 미리 휴지 등을 제공하고 기침이 나면 휴지로 입을 막고 기침하도록 설명한다.

③ 검사 후

㉠ 일회용 인라인필터의 제거 시 필터 포장지 등을 활용하여 필터를 감싼 후 제거하고 수검자의 타액이 손에 묻지 않도록 주의한다.

ⓛ 사용된 일회용 인라인필터, 일회용 코마개, 일회용 장갑, 수검자가 가지고 있던 휴지 등은 의료폐기물로 분리배출한다.

ⓒ 일회용 장갑은 검사기 표면소독까지 완료한 후 제거하며, 손 세정제 등을 이용해 손을 소독한다.

ⓡ 환기 및 표면소독

  ⓐ 환기와 표면소독을 위해 검사 후 다음 검사까지 최소 15분 이상의 간격을 둔다.

  ⓑ 표면소독은 오염가능 부위를 70% 에탄올 등으로 닦아낸다.

    • 검사기 손잡이, 센서 외부 등

    • 검사 중 수검자의 손이 닿았거나 신체접촉이 가능한 위치

    • 센서 내부는 손닿는 부위만 알코올 솜 등으로 닦아준다(와이어, 메시 등 센서 내부 부품에 소독액이 묻을 경우 검사기 오작동의 원인이 될 수 있음).

ⓜ 센서의 오염이 의심되는 경우 즉시 예비용 센서로 교체하고 다시 보정한다.

ⓗ 1일 검사 종료 후 센서를 소독한다. 센서의 소독방법과 주기는 검사기 제조사의 권고를 따를 수 있다.

SECTION 22

수산화테트라메틸암모늄(TMAH) 취급 전자산업 근로자의 보건관리 지침
(KOSHA GUIDE, H-171-2023)

01 용어의 정의

(1) "신경전달"

인체의 신경세포에서 활동전위가 발생하여 신경섬유를 따라 전달되는 것을 말한다.

(2) "급성중독"

화학물질이 짧은 기간 내에 생체에 작용하여 급격히 질병상태에 빠지는 현상을 말한다.

(3) "유해성"

화학물질의 독성 등 인체에 영향을 미치는 화학물질의 고유한 성질을 말한다.

(4) "위험성"

근로자가 유해성이 있는 화학물질에 노출됨으로써 건강장해가 발생할 가능성과 건강에 영향을 주는 정도의 조합을 말한다.

02 수산화테트라메틸암모늄(TMAH)의 특성

(1) 동의어

① 테트라메틸아자늄수산화물(Tetramethylazanium hydroxide)

② N,N,N-트라이메틸메탄아미늄수산화물(N,N,N-Trimethyl   methanaminium hydroxide)

(2) 물리화학적 특성

◐ [표] TMAH의 물리화학적 특성

CAS No.	75-59-2	분자식	$(CH_3)_4NOH$
분자량	91.15	비중	1.13(20℃)
녹는점	63℃	끓는점	100℃
증기압	0.00000116 mmH₂O (at 25℃)	인화점	6℃
용해도(물)	높음(10% 이상)	냄새	암모니아 냄새
모 양	무색의 액체 또는 수화(水化)한 형태의 고체(비휘발성)		
기 타	• 고온에서 분해되어 독성가스를 생성할 수 있음 • 타는 동안 열분해 또는 연소에 의해 자극적이고 매우 유독한 가스가 발생될 수 있음		

03 TMAH의 급성중독 과정 및 유해성 · 위험성

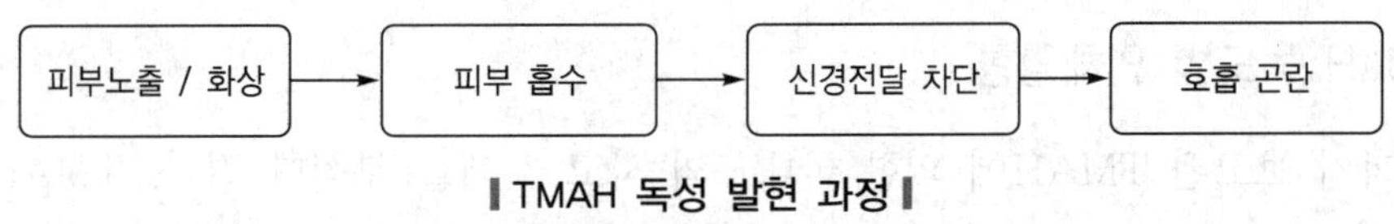

‖ TMAH 독성 발현 과정 ‖

(1) 강염기성 물질로 피부 접촉 시 화학적 화상을 일으키며, 신경과 근육에 손상을 줄 수 있고, 노출 시 단기간에 호흡곤란을 일으키거나 사망에 이를수도 있다.

(2) TMAH는 피부 노출 후 신경전달물질 차단에 의한 질식으로 이어지는 특성을 가지고 있기 때문에 더욱이 위험정보의 인지가 중요하다.

(3) TMA(Tetramethylammonium) 이온은 신경전달을 차단하여 신경마비를 일으킬 수 있다.

(4) 강염기성의 TMAH 용액으로 인한 화학적 화상은 피부흡수를 용이하게 할 수 있다.

(5) TMAH는 일반적으로 암모니아 냄새가 나지만, 희석된 TMAH(약 2.38% 이하)는 냄새가 거의 나지 않거나 약한 암모니아 냄새가 나고, 피부 노출 시 1~2도 화상 수준으로 취급자가 위험을 인지하지 못할 수 있다.

(6) TMAH 농도별 급성독성(LD50)(mg/kg Rat)*

① 2.38% : LD_{50} 210mg/kg(경구, 쥐), LD_{50} 210mg/kg(경피, 쥐)

② 20.0% : LD_{50} 25mg/kg(경구, 쥐), LD_{50} 25mg/kg(경피, 쥐)

③ 24.9% : LD_{50} 20mg/kg(경구, 쥐), LD_{50} 20mg/kg(경피, 쥐)

* 각 TMAH 농도별 제품 공급사에서 제공하는 MSDS를 기준으로 작성하였으며, TMAH 농도가 높을수록 급성독성(LD_{50})(mg/kg Rat) 수치가 낮아지며 이는 적은 양으로도 독성을 유발할 수 있다는 것을 의미한다.

> **참고**
>
> ※ LD_{50}(50% Lethal Dose, 반수치사용량)이란 실험동물 집단에 물질을 흡입시켰을 때 일정 시험기간 동안 실험동물 집단의 50%가 사망 반응을 나타내는 물질의 공기 또는 물에서의 농도이다.
> ※ 급성독성 물질 분류기준(위험물질)
> - LD_{50}(경구, 쥐) ≤ 300mg/kg(체중)
> - LD_{50}(경피, 토끼/쥐) ≤ 1,000mg/kg(체중)
> - LC_{50}(쥐, 4시간 흡입) ≤ 2,500ppm(가스), 10mg/L(증기), 1mg/L(분진/미스트)

(7) TMAH 농도별 인체영향

현재까지 보고된 TMAH에 의한 국내·외 사고 사례를 분석한 결과, TMAH의 농도가 높을수록, 피부가 많이 노출될수록 화상·통증 등의 부상에서 사망으로 이어지는 것을 확인할 수 있다.

04 TMAH 노출 관련 공정

반도체는 '웨이퍼 제조', "회로설계 및 마스크 제작', '웨이퍼 가공', '칩 조립' 공정을 거쳐 제조된다. TMAH는 웨이퍼 가공에서 포토 공정의 현상작업과 칩 조립의 후면연마공정(Back grind)에서 주로 사용된다.

05 TMAH 취급 시 조치사항

(1) 작업환경관리 및 개인보호구 착용

① 밀폐설비나 국소배기장치 등의 환기장치를 설치해야 한다.

② TMAH를 직접 취급하거나 접액 등의 노출 위험이 있는 경우에는 불침투성 보호복, 보호장갑, 보호장화, 보안경, 방독마스크 등을 갖추고 적절한 보호구를 사용하도록 하여야 한다.

③ 용액 주입, 교체, 배관 점검 등 TMAH 용액에 노출될 가능성이 있는 경우에는 전면형 방독마스크와 불침투성 보호의, 보안경 등을 착용해야 한다.

  ㉠ TMAH로부터 호흡기 보호, 접액을 막기 위해 전면형 방독마스크를 착용한다. 정화통의 종류는 가급적 복합용 이상을 착용한다.

    ⓐ 유기화합물, 산과 알카리성 화학물질 등의 가스와 증기독성으로부터 호흡기 보호 및 중독 방지를 위한 것이다.

    ⓑ 사용 가능한 정화통 종류

      • 복합용 정화통 : 유기화합물용 + 암모니아

      • 겸용 정화통 : 방진1급 + 유기화합물용 + 암모니아

  ㉡ 화학물질용 보호복(내화학복)은 작업공간이 밀폐공간일 경우 1형식, TMAH에 직접 노출될 위험이 있을 경우 가급적 3형식 이상을 착용한다.

④ 취급장소 주변에 즉시 사용할 수 있는 세면시설 및 목욕시설을 설치하여야 한다.

  ㉠ 비상세척 및 세안설비를 설치하는 경우 잘 보이는 곳에 긴급샤워기 설치 안내 표지판(경광등)을 설치해야 한다.

  ㉡ 세척설비는 10초 이내에 도달할 수 있는 곳, 접근하는 데 방해물이 없도록 설치해야 한다.

  ㉢ 조작밸브는 원터치로 1초 내로 조작 가능하여야 한다.

(2) 예방조치

① 원래의 용기에만 보관한다.

② 분진, 흄 가스, 미스트, 증기, 스프레이를 흡입하지 않는다.

③ 눈, 피부, 의복에 묻지 않도록 한다.

④ 취급 후에는 취급 부위를 철저히 씻어낸다.

⑤ TMAH가 함유된 제품을 사용할 때에는 먹거나, 마시거나 흡연하지 않는다.

⑥ 옥외 또는 환기가 잘 되는 곳에서만 취급한다.

(3) TMAH의 유해성에 대한 정보 제공 및 교육 실시

① TMAH를 제조하거나 수입하는 사업장은 물질안전보건자료(MSDS)를 한글로 작성하여 제공하여야 한다.

② TMAH를 사용하는 사업장은 취급하는 장소에 한글로 작성된 MSDS를 비치하고 게시하여야 한다. 일반적인 MSDS는 총 16가지 항목으로 분량이 많고 확인하기 어려워 현장에서 TMAH 취급 시 중요한 위험정보 및 관련 사고 사례를 한눈에 쉽게 확인할 수 있는 One page sheet MSDS를 추가로 비치하는 것을 권장한다.

③ TMAH의 용기 및 포장, 작업장 벽면 등에는 한글로 작성된 시인성이 좋은 피부흡수 경고표지 및 작업 시 준수사항 등을 부착하여야 한다.

④ TMAH 취급 근로자에 대한 MSDS(물질의 특성 및 유해성·위험성, 적절한 보호구, 응급조치 요령, 급성중독 사례, 피부흡수 위험성 등) 교육을 실시하여야 한다.

⑤ 법적 사항에 대하여 관리자 및 근로자에게 인지 및 교육을 실시하여야 한다.

06 사고 응급조치

(1) 눈에 들어갔을 때

① 주변 작업자(비노출자)는 즉시 비상연락망으로 전화하여 구급차를 부른다.

② 피재자(노출자)는 최대한 빠른 시간 내에 세척시설로 가서 즉시 씻는다. 구급차가 도착하면 인공호흡기를 하고 재빨리 응급실에 가서 처치를 받는다.

(2) 피부에 접촉했을 때

① 주변 작업자(비노출자)는 즉시 비상연락망으로 전화하여 구급차를 부른다.

② 피재자(노출자)는 오염된 모든 의복을 즉시 벗고 피부(또는 머리카락)를 최대한 빠른 시간 내에 씻는다. 구급차가 도착하면 인공호흡기를 하고 재빨리 응급실에 가서 처치를 받는다. 오염된 의복은 다시 사용하기 전 피부에 노출되지 않게 내화학(불침투성) 보호구를 착용 후 세척한다.

(3) 흡입했을 때

① 주변 작업자(비노출자)는 즉시 비상연락망으로 전화하여 구급차를 부른다.
② 피재자(노출자)는 즉시 의료기관(의사)의 진찰을 받고 응급조치를 취한다.

(4) 먹었을 때

① 주변 작업자(비노출자)는 즉시 비상연락망으로 전화하여 구급차를 부른다.
② 피재자(노출자)는 삼켰다면 즉시 입을 세척하고, 구급차가 도착하면 인공호흡기를 하고 재빨리 응급실에 가서 처치를 받는다.

07 직업병 발생 국내 사례

(1) 피부 접촉에 의한 급성중독 사망사고 사례

2021년 1월, 국내 전자산업 사업장에서 현상공정 저장탱크 변경 작업을 위해 배관 해체 작업 중 배관 내 잔류된 현상액(TMAH 2.38% 함유)이 누출되어 작업자들이 접촉해 급성중독으로 인해 2명이 사망하고 4명이 중상을 입은 재해가 발생하였다.

(2) 반도체산업 근로자의 노출

OSHA에서는 반도체공장에서 TMAH에 노출로 근로자가 사망하였음에도 불구하고 노출기준 등 예방에 대한 가이드가 없다고 보고하였다. 반도체산업에서 식각된 실리콘의 표면을 처리하는 공정에서 TMAH의 피부노출로 인한 사망 가능성이 있다.

(3) 세척제 테스트 작업 시 노출

2011년 12월 15일, 경기도의 세척제 제조회사 직원 A(39세, 남)씨가 파렛트 임대업체를 방문하여 신규 개발한 세척제(TMAH 8.75% 함유) 테스트 작업 중 임시 세척조에 세척제를 붓기 위해 드럼용기를 눕혀놓고 마개를 열다가 세척제가 손, 팔, 다리 부위로 쏟아지는 사고가 발생하였다. 피재자는 세척제 노출 후에도 10여 분간 작업을 계속하고 나서 샤워장으로 갔으며, 한 시간이 지나도 돌아오지 않아 동료 직원이 샤워장으로 가 보니 샤워장 입구에 쓰러져 있었다. 부검 결과 사인은 피부 접촉에 의한 급성 TMAH 중독이었다.

(4) 현상액 탱크로리 세척 작업 시 노출

2012년 4월 19일, 충북 음성의 현상액 제조회사 직원 B(30세, 남)씨가 탱크로리의 탱크 세척 작업 후 호스에 잔류하고 있는 현상액(TMAH 24.8% 함유)을 제거하기 위해 스패너를 이용하여 호스 끝단부에 있는 커플러의 볼트와 너트를 해체하던 중 잔류압력에 의해 현상액이 얼굴과 목 부위 등에 분사되었다. 피재자는 즉시 눈 부위를 세척하고 샤워실로 이동하여 얼굴, 목 등을 다시 세척하는 과정에서 호흡곤란을 호소하여 병원으로 후송하였으나 사망하였다.

08　급성 중독 사고 발생원인

(1) TMAH의 유해성·위험성 인지 미흡

세척제에 대한 물질안전보건자료(MSDS)와 세척제의 원료인 TMAH에 대한 한글 MSDS가 작성되어 있지 않았고, 취급 근로자에 대한 MSDS 교육이 실시되지 않아 급성중독의 위험성 등을 해당 근로자가 인지하지 못하였다. 점검 시 저농도라도 잔류 TMAH에 대한 위험성과 TMAH의 피부 노출 위험성을 근로자가 충분히 인식하고 있지 못하였다.

(2) 보호구 착용 등 기본적인 안전 수칙 무시

해당 근로자에게 불침투성 보호복, 보호장갑, 보호장화 등 개인보호구 착용이 미흡하였으며, 작업 수칙이 지정되어 있지 않아 안전한 작업방법으로 작업을 실시하지 못하였다.

(3) 사고 시 조치방법 부적절

급성중독 발생 우려가 있을 경우 즉시 작업을 중지하고 노출된 근로자에게 즉각적인 세척·샤워 등 적절한 조치 후 응급 이송되어야 하는데, 세척제 노출 후 일정 시간이 지난 후 세척을 진행하였고 즉각적인 병원 후송이 이루어지지 않는 등 사고 시 대처방법이 부적절하였다.

SECTION 23

비파괴 작업근로자의 방사선 노출관리 지침

(KOSHA GUIDE, H-155-2019)

01 용어 정의

(1) "방사선 비파괴검사"

방사선을 이용하여 공업제품 내부의 기공이나 균열 등의 결함, 용접부의 내부 결함 등을 제품을 파괴하지 않고 외부에서 검사하는 방법을 말한다.

(2) "콜리메이터(collimater)"

방사선의 방향과 확산을 한정시키기 위하여 납이나 텅스텐과 같은 방사선을 흡수하는 물질로 만든 기구를 말한다.

(3) "방사선 발생장치"

하전입자를 가속시켜 방사선을 발생시키는 장치를 말한다.

(4) "선량한도"

외부에 피폭하는 방사선량과 내부에 피폭하는 방사선량을 합한 피폭방사선량의 상한 값을 말한다.

02 방사선 비파괴검사

방사선 비파괴검사에는 X−선과 γ−선이 주로 이용되며, X−선은 X−선 발생장치를 이용하고, γ−선은 $_{192}$Ir과 $_{60}$CO를 주로 이용한다.

(1) X−선 발생장치

① X−선 발생장치는 X−선을 전기적으로 발생시킨다. 음극과 양극 사이의 높은 전압차에 의하여 전자가 가속화 되도록 되어 있는 속이 빈 관(X−선 튜브)으로 되어 있다. 양극에는 텅스텐 같은 비교적 원자번호가 큰 물질로 된 표적이 있다. 전자가 표적에 부딪히면 급속도로 감속되어 X−선이 발생한다.

② X−선 발생장치에서 X−선 튜브는 완전 차단용 납이 있어 필요한 방향 이외로 나오는 방사선의 강도를 감소시킨다. [표 1]에는 X−선 발생기에서 나오는 전형적인 방사선 강도가 표시되어 있다.

● [표 1] 산업용 X−선 발생기의 특징

튜브전압(kV)	길이(mm)	지름(mm)	무게(kg)	초점에서 1mm에서의 조사량(R/hr)
160	580	188	30	560
200	651	221	47	900
250	900	243	78	1,300
300	1,000	263	103	1,400

③ X−선 발생장치의 조정판에 'X−선 발생중'으로 표시되어 있는 스위치를 이용하여 X−선을 발생시키기도 하고 차단시킬 수도 있다. 이 조정판과 튜브헤드를 연결하는 선이 있어서 원거리에서 조작을 하기 때문에 검사자의 방사선 피복을 최소화할 수 있다.

④ 크기, 무게, 필요한 서비스 때문에 X−선 발생기는 실제 공정이 이루어지는 장소에 설치하기는 힘들고, 주로 밀폐된 방과 같은 고정된 곳에 설치하여 사용한다.

(2) 감마(γ)선의 선원

① 방사선 비파괴검사에 사용되는 감마(γ)선은 이리듐−192와 코발트−60의 방사성 핵의 붕괴로 생긴다.

② 이리듐-192와 코발트-60는 스테인리스강으로 조립된 캡슐 속에 봉해둔다. 이 캡슐은 사용되지 않을 때는 주위지역으로의 방사능 노출을 줄이기 위하여 차단된 함에 넣어둔다. 이 함은 이리듐-192를 담기 위해서는 50파운드, 코발트 60을 담기 위해서는 수백 파운드까지 나간다.

③ 방사성 동위원소를 이용한 비파괴검사는 휴대용 조사장치, 추진 케이블, 선원 유도관을 장치한 후 검사하려는 물체의 후면에 필름을 놓고, 작업자는 보호구를 착용하거나 안전거리 이상 멀리 떨어져서 추진 케이블을 작용하여 조사장치 내의 선원을 선원 유도관 말단까지 이동시켜 일정시간 방사선을 조사하여 검사를 시행하고 검사가 끝나면 다시 추진 케이블을 작동하여 선원을 휴대용 조사장치 내로 이동시킨다.

④ 방사성 동위원소를 이용한 장비는 가볍기 때문에 장치하는 것이 X-선 발생기보다 간편하여서 일반적으로 현장 건축장소나 선박 갑판 같은 장소에서 사용하기 좋다.

03 방사선 비파괴검사의 위험성

방사선 비파괴검사는 전리방사선에 노출될 위험이 있다. 피폭위험은 작업현장의 여건, 작업유형, 검사 대상물의 특징 등에 따라 다르다.

(1) 옥외 평지의 방사선 비파괴검사

① 옥외 평지에서 수송배관, 플랜트 옥외 설치배관, 플랜트 옥외 설비 등을 대상으로 방사선 비파괴검사를 하는 작업 유형이다.

② 이 유형의 작업에서는 차폐벽, 차폐체 등의 차폐물 부재로 인하여 작업자의 피폭위험성이 높은 곳이며, 안전거리와 피폭시간에 의한 피폭 저감만 가능하다.

③ 작업량과 작업능률 관계로 일정거리만 이동 가능하고, 시간은 선원 세기와 대상물의 검사조건에 의해 작업시간이 일정하게 유지되므로 시간적 변화에 의한 안전성 확보도 제한적이다.

④ 차폐의 안전성을 고려하여 콜리메이터를 사용하는 것이 바람직하지만, 작업의 효율을 위해 현실적으로 콜리메이터를 사용하지 않는 경우가 있다.

(2) 옥외 대형 구조물의 방사선 비파괴검사

① 이 유형은 옥외 방사선 비파괴검사작업에서 평지를 제외한 옥외 방사선비 파괴검사 작업으로, 주로 옥외의 대형 구조물 고소작업이 속하게 된다.

② 차폐체나 차폐벽으로 엄폐가 가능한 곳이 없고, 대부분 고소작업이라 안전거리를 두고 피할 수 없는 협소한 공간으로 과피폭의 위험성이 높다. 구조물의 형태와 배치가 다양하여 선원 노출시간이 달라진다.

③ 차폐의 안전성을 고려하여 콜리메이터를 사용하는 것이 바람직하지만 작업의 효율을 위해 현실적으로 콜리메이터를 사용하지 않는 경우가 있다.

④ 피폭시간은 선원 세기와 대상물의 검사조건에 의해 작업시간이 일정하게 유지되므로 시간적 변화에 의한 안전성 확보도 힘들다.

⑤ 거리에 의한 안전성 확보만이 유일한 방법이나 야간작업과 고소작업의 위험성 때문에 검사 대상물, 선원과의 안전거리 확보가 더욱 어렵고 옥외 평지작업보다 더 짧은 범위에서 검사 대상물에서 작업이 이루어지고 있다.

(3) 실내의 방사선 비파괴검사

① 이 작업은 실내에서 작업이 이뤄지고 있으므로 차폐체와 차폐벽이 있는 작업 공간이다.

② 차폐벽, 차폐체 등의 차폐물이 있지만, 작업공간이 협소하면 차폐물까지 이동이 불가능하다.

③ 작업량이 많을 경우에는 같은 작업공간에서 복수 선원을 사용하기도 한다.

④ 복수 선원을 사용할 경우에는 콜리메이터의 사용이 필수적이다.

(4) 지하 배관의 방사선 비파괴검사

① 이 유형은 도시가스 배관, 지하에 매설된 송유배관 등 옥외 작업 중 평지보다 일정 깊이(1.5m 이하) 아래에서 작업하는 것이다.

② 이 유형에서는 토양의 두께에 의한 차폐효과가 있으나, 상향작업 시 지표면에 있는 작업자가 노출될 가능성 있다. 일반 도로나 주택가에서 방사선작업을 수행함으로 외부 일반인 노출에 주의를 하여야 한다(예 지역난방배관, 가스 매설배관, 송유관).

③ 배관의 길이, 작업여건에 따라 작업자가 검사배관 주위에서 검사를 진행하기도 하기 때문에 피폭위험이 증가한다.

(5) 방사선 안전시설(RT Room)에서 방사선 비파괴검사

① 이 유형은 별도의 콘크리트 차폐시설에서의 방사선 비파괴검사작업이다.

② 차폐벽, 차폐체 등의 차폐물에 의한 작업으로 방사선 안전시설(RT Room) 밖에서 작업자가 대기할 경우 피폭에 노출될 위험성은 적다.

③ 작업자의 실수가 동반되어 예기치 못한 상황이 발생되기도 한다. 즉, 알람메터 등의 개인 보호구의 부재, 혹은 개인 피폭선량계를 작업공간에 방치하여 작업할 경우 등이 대표적인 예라 할 수 있다.

④ 피폭위험을 평가할 때에는 작업자의 부주의에 의한 돌발상황을 파악해야 한다.

04 방사선 비파괴검사에 의한 건강영향

(1) 전리방사선 노출에 의해 세포의 사멸이 일어나고 그로 인한 건강 영향이 나타나는 데에는 일정수준의 노출량을 넘어서야 하는데, 이 수준을 역치라고 부른다. 단기간에 일정한 역치를 초과하는 노출이 있을 때 다음과 같은 건강 영향이 나타나는 것을 결정적 영향이라고 부른다.

① 피부 : 피부 발적, 괴사 등

② 골수와 림프계 : 림프구 감소증, 과립구 감소증, 혈소판 감소증, 적혈구 감소증 등

③ 소화기계 : 장 상피 괴사에 의한 궤양 등

④ 생식기계 : 정자 수 감소, 불임 등

⑤ 눈 : 수정체 혼탁 등

⑥ 호흡기 : 폐렴, 폐섬유증 등

(2) 전리방사선 노출에 의해 발생한 돌연변이 세포가 암세포로 발전하는 과정은 확률적인 우연성을 따르게 되는데 이를 확률적 영향이라고 한다. 확률적 영향은 그 발생 확률이 노출선량에 비례하며 결정적 영향의 경우와는 달리 역치가 없는 것으로 간주되며, 다음과 같은 건강 영향이 나타난다.

① 암 발생 : 백혈병 등 암 발생 위험이 증가

② 태아의 성장 발달 : 지능저하와 유전성 질환 발생 위험 증가

05 비파괴검사의 방사선 안전보건관리 ●출제율 30%

(1) 일반적인 사항

① 방사선 비파괴검사에서 방사선 피폭량을 줄이기 위해서는 작업자는 반드시 보호 휴대 안전장비를 사용하도록 해야 한다.

② 지나치게 방사선 위주인 비파괴검사를 초음파검사 등과 같이 유해성이 낮은 다른 비파괴검사방법으로의 전환이 필요하다.

③ 방사선 노출을 예방하기 위해서는 검사자와 사업주에게 방사선 안전관리자가 방사선 피해에 대한 확실한 이해를 높이고 지도감독 및 예방교육에 심혈을 기울여야 한다.

(2) 방사선 안전의 3대 원칙

① 방사선 노출시간을 가능한 짧게 한다. 작업 여건상 시간이 걸리는 경우 여러 사람이 교대로 작업하여 개인별 방사선 피폭선량을 관계 법령 규정에 따라 준수하여야 한다.

② 방사선원으로부터 거리는 가능한 멀게 한다. 방사선원으로부터 거리를 가능한 멀리하여 피폭 방사선량을 감소시킨다. 피폭선량은 거리의 제곱에 반비례하기 때문이다.

③ 방사선원과 작업자 사이에 차폐물을 설치한다. 사업주는 근로자가 방사선 비파괴검사 작업을 할 경우에는 콜리메이터 사용, 차폐벽 및 방호물 설치 등 필요한 조치를 하여야 한다.

(3) 방사선 관리구역과 차폐

① 방사선 관리구역 설정
사업주는 방사선 비파괴검사를 하는 장소에 대해 방사선 관리구역을 설정하고 다음의 사항을 게시하여야 한다.
　㉠ 방사선량 측정용구의 착용에 관한 주의사항
　㉡ 방사선 업무상 주의사항
　㉢ 방사선 피폭 등 사고 발생 시의 응급조치에 관한 사항
　㉣ 그 밖에 방사선 건강장해 방지에 필요한 사항

② 사업주는 방사선 비파괴검사를 하는 근로자가 아닌 사람이 방사선 관리구역에 출입하는 것을 금지하여야 한다.

③ 근로자는 출입이 금지된 장소에 사업주의 허락없이 출입해서는 아니 된다.

④ 차폐시설

사업주는 방사성 동위원소의 종류 및 차폐벽의 재질에 따라 적절한 두께의 차폐벽(납, 철판, 콘크리트 재질) 또는 방호물을 설치하는 등 필요한 조치를 하여야 한다.

(4) 이동 사용 시에 방사선 안전관리

① 방사선원은 반드시 사용시설 또는 방사선 관리구역 안에서 사용한다.
② 선량한도를 초과하지 않도록 방사선 방호 3원칙(시간, 거리, 차폐)을 준수한다.
③ 사용시설 또는 방사선 관리구역의 주변에 방사선 구역표지 및 방사선 업무상 주의사항을 부착한다.
④ 사용시설에는 방사선 작업 종사자 외의 출입을 제한한다.
⑤ 방사선 비파괴검사장치를 사용하는 경우 반드시 콜리메이터를 사용한다.
⑥ 방사선 조사장치 1대당 작업현장에 적합한 방사선 측정기 1대 이상을 휴대한다.
⑦ 방사선 작업, 작업대기 및 휴식 중에는 항상 감시인을 배치하여 감시한다.
⑧ 방사선 작업은 반드시 2인 이상을 1조로 편성하여 작업을 수행한다(작업자 중 1인은 반드시 작업조장을 포함할 것).
⑨ 현장에서 방사선 안전을 책임지는 자는 방사선 작업 전에 반드시 작업현장을 확인하고 방사선 작업종사자에 대하여 충분한 교육을 실시한다.
⑩ 방사선 조사장치에 대한 점검 절차서를 정하고 그 절차서에 따라 점검하고 작업을 수행한다.
⑪ 야간 방사선 작업을 수행하는 경우에는 방사선 관리구역의 경계를 쉽게 식별할 수 있는 기구 및 작업수행에 필요한 조명기구 등을 확보한다.
⑫ 방사선 작업을 종료하는 경우에는 방사선 조사장치의 방사성 동위원소 정상상태 확인, 개인 피폭선량계 확인, 기타 안전장구 등에 대하여 상태를 점검한다.

(5) 개인용 보호구

① 사업주는 근로자가 방사선을 차폐할 수 있는 납안경, 납치마 등을 착용하도록 하여야 한다.
② 사업주는 근로자가 방사성 동위원소를 취급하는 때에는 방사성 물질이 흩날림으로써 근로자의 신체가 오염될 우려가 있으므로 보호복, 보호장갑, 신발덮개, 보호모 등의 보호구를 지급하고 착용하도록 하여야 한다.
③ 근로자는 지급된 보호구를 사업주의 지시에 따라 착용하여야 한다.
④ 호흡용 보호구는 한국산업안전보건공단의 안전인증을 받은 것을 사용하여야 한다.

(6) 비파괴검사 작업자의 건강관리

① 전리방사선 노출 근로자에 대하여 배치 전 및 주기적 건강진단을 실시하여 관찰하고자 하는 주요 소견은 눈, 피부, 조혈기 장해와 관련된 증상, 징후 및 검사소견이다.

② 「원자력안전법」에 의한 "방사선 작업종사자 건강진단"과 진단용 방사선 발생장치의 안전관리 규칙에 의한 "방사선 관계종사자 건강진단"을 받은 경우 전리방사선에 대한 특수건강진단을 받은 것으로 갈음한다.

③ 전리방사선 노출 근로자의 건강진단 주기, 건강진단 항목, 직업환경의학적 평가 및 수시건강진단을 위한 참고사항은 '근로자 건강진단 실무 지침'을 참조한다.

④ 건강진단 결과를 관찰하여 연속적으로 혈액학적 이상이 나타나는 경향이 있거나, 참고치를 벗어나는 경우에는 방사선 피폭상황을 재확인하고, 과도한 피폭이 있으면 노출을 줄여야 한다.

⑤ 비파괴검사(X-선) 업무를 1년 이상 종사한 사람 또는 연간 누적선량이 20mSv 이상이었던 사람은 건강관리수첩을 발급받아 특수건강진단을 실시할 수 있도록 한다.

06 　피폭관리 체제와 역할

(1) 도급인의 역할

① 도급인은 그와 그의 수급인(비파괴검사 사업주)이 사용하는 근로자의 방사선 피폭 저감을 위한 조치를 하여야 한다.

　㉠ 차폐설비가 되어 있는 전용 방사선 비파괴검사실을 설치한다.

　㉡ 이동 불가능한 대형 구조물이나 고소작업일 경우는 이동 방사선 차폐체를 설치한다. 설치가 곤란한 경우는 방사선량과 1인 작업량을 제한하는 등 피폭 저감화 대책을 강구하여야 한다.

② 도급인은 비파괴검사 사업주와 안전보건에 관한 협의체를 구성하여 운영하여야 한다(월 1회 이상 개최).

③ 도급인은 적절한 안전관리가 유지되는지 2일 1회 이상 방사선 작업장을 순회 점검하여야 한다.

④ 도급인은 비파괴검사에 대한 안전보건지도 및 지원을 하여야 한다.

⑤ 도급인은 수급자와 합동 안전보건점검을 분기별로 1회 이상 실시하여야 한다.

(2) 사업주의 역할

① 사업주는 근로자가 전리 방사선에 노출되는 것을 가능한 한 최소화하도록 노력하여야 한다.

② 사업주는 방사선 비파괴검사 업무를 수행하는 구역을 방사선 관리구역으로 명시해야 한다.

③ 사업주는 관계자 이외의 자를 관리구역에 출입하게 해서는 안 된다.

④ 사업주는 관리구역 내의 근로자가 보기 쉬운 장소에, 방사선 측정기 장착에 관한 주의사항, 방사성 동위원소의 취급상 주의사항, 사고가 발생한 경우의 응급조치 등 방사선에 의한 근로자의 건강장해방지에 필요한 사항을 게시하여야 한다.

⑤ 사업주는 「원자력안전법 시행령」 선량한도 [표 1]에 따라 방사선 비파괴검사 업무에 종사하는 근로자가 받는 실효 선량이 5년마다 100mSv를 초과하지 않음과 동시에 1년당 50mSv를 초과하지 않도록 해야 한다. 또한, 눈의 수정체에 받는 것에 대해서는 1년당 150mSv, 피부에 받는 것에 대해서는 1년당 500mSv를 각각 초과하지 않도록 해야 한다.

◆ [표 1] 선량한도

구 분	유효선량한도	등가선량한도	
		수정체	손·발 및 피부
1. 방사선작업 종사자	연간 50을 넘지 않는 범위에서 5년간 100	연간 150	연간 500
2. 수시출입자, 운반종사자 및 법 제96조 단서에 따라 교육훈련 등의 목적으로 위원회가 인정한 18세 미만인 사람	연간 6	연간 15	연간 50
3. 제1호 및 제2호 외의 사람	연간 1	연간 15	연간 50

[비고] 1. "선량한도"란 매년 1월 1일부터 12월 31일까지 1년간 피폭하는 방사선량을 말한다.

2. 제1호 또는 제2호에 해당하는 사람 중 임신이 확인된 사람과 제3호에 해당하는 사람 중 제79조 제1항에 따른 방사성 동위원소 등을 제한적 또는 일시적으로 사용하는 사람에 대한 선량한도는 위의 표에도 불구하고 위원회가 정하여 고시한다.

3. 제2호에서 "운반종사자"란 방사선관리구역 밖에서 제2조 제12호에 따른 방사성 물질 등을 운반하는 사람으로서 방사선작업 종사자에 해당하지 않는 사람을 말한다.

4. 제3호에 해당하는 사람에 대하여 연간 1밀리시버트를 넘는 경우가 발생한 경우로서 위원회가 인정하는 경우에는 위 표 제3호의 유효선량한도값에도 불구하고 피폭방사선량의 합을 5년간 평균하여 연간 1밀리시버트를 넘지 않는 범위에서 해당 1밀리시버트를 넘는 값을 유효선량한도로 한다.

5. 제1호의 유효선량한도 및 비고 제4호에서 "5년간"이란 1998년 1월 1일부터 기산되는 5년마다의 기간을 말한다.

⑥ 사업주는 방사선 비파괴 작업자 업무 수행 중에 받는 외부 피폭에 의한 선량 및 내부 피폭에 의한 선량을 측정해야 한다.

⑦ 사업주는 측정 또는 계산의 결과에 따라 방사선 비파괴검사 작업자의 선량을 법에서 정하는 방법에 따라 산정 및 기록하고 이를 30년간 보존하여야 한다.

⑧ 사업주는 방사선 비파괴검사 작업자에 대하여 방사선 안전관리에 대한 교육을 실시하여야 한다.

(3) 근로자의 역할

① 방사선 측정

㉠ 방사선 조사 후 선원 안내튜브와 조사기의 방사선을 측정하여 선원의 위치를 확인한다.

㉡ 방사선 측정은 작업 전·후 및 작업 중 수시로 한다.

㉢ 제한구역 경계의 방사선량을 측정하여 외부 사람들이 피폭되지 않도록 한다.

② 방사선 위험표지 설치

㉠ 방사선 관리구역 표지로 줄 울타리를 설치하여 외부인의 접근을 막는다.

㉡ 방사선 작업종사자는 방사선원이 노출되어 있는 구역에 아무도 들어가지 않도록 감시해야 하고 출입을 통제해야 한다.

㉢ 경고등을 가능한 사방에 설치한다(1개인 경우는 선원의 위치에 설치).

③ 안전관리장비의 휴대 및 사용(개인, 공용)

㉠ 개인은 필히 Pocket Dosimeter를 휴대하고 규정에 의한 측정을 실시하여 과피폭을 막는다.

㉡ 공용 안전관리장비인 Surveymeter나 Alarm monitor를 휴대하고 규정에 의한 측정을 실시하여 과피폭을 막는다.

④ 선원의 보관 철저

㉠ 방사선 작업종사자는 선원의 도난, 분실 등에 대비해 적절한 조치를 한다.

㉡ 방사선 조사장치는 시건장치가 되어 있는 저장실에만 보관한다.

⑤ 방사선 조사장치와 원격조작장치의 수시상태 점검 및 보존

㉠ 방사선 조사 후 선원 안내튜브와 조사장치를 측정하여 선원의 위치를 확인한다.

㉡ 원격조작장치의 이상 여부를 사용할 때마다 확인 후 사용한다.

㉢ 이상이 발견된 장치에 대하여는 방사선 안전관리자에게 보고한다.

SECTION 24 용접작업 보건관리 지침
(KOSHA GUIDE, H-73-2015)

01 용어의 정의

(1) "용접(Welding)"

2개 이상의 고체 금속을 하나로 접합시키는 금속가공 기술수단을 말하며, "용단"이란 전극봉과 모재금속 간에 아크열 등으로 용융시켜 금속을 자르거나 또는 제거하는 것을 말한다. 본 지침에서는 이 두가지를 통칭하여 용접이라 한다.

(2) "용접 흄(Welding fume)"

용접작업 시 발생하는 금속의 증기가 응축되거나, 산화되는 등의 화학반응에 의해 형성된 고체상 미립자를 말한다.

(3) "용접 분진"

용접작업장 주변의 공기 중에 부유하고 있는 모든 고체의 미세한 입자상의 물질을 말한다.

(4) "밀폐공간"

산소결핍이나 유해가스로 인한 중독·화재·폭발 등의 위험이 있는 장소로서 산업안전보건기준에 관한 규칙(이하 "안전보건규칙"이라 한다)에서 정한 장소를 말한다.

(5) "유해광선"

용접작업 시 발생되는 자외선, 가시광선, 적외선 등을 말한다.

(6) "유해가스"

용접작업 시 발생되는 가스로서 오존, 질소산화물, 일산화탄소, 이산화탄소 등을 말한다.

02 용접작업 시 발생되는 유해·위험요인 및 인체영향

(1) 금속 흄 및 금속 분진

 ① 카드뮴 ② 크롬
 ③ 철 ④ 망간
 ⑤ 납 ⑥ 아연

(2) 유해가스

 ① 가스 ② 오존(O_3)
 ③ 질소산화물(NO_x) ④ 일산화탄소(CO)
 ⑤ 포스겐($COCl_2$) ⑥ 포스핀(PH_3)

(3) 소음 및 기타 요인

 ① 소음 ② 고열·화상
 ③ 감전·화상 ④ 화재, 폭발

(4) 용접작업에서 발생하는 각 유해·위험요인의 인체영향은 [별첨]과 같다.

◐ [별첨] 용접작업 시 발생하는 유해·위험요인 및 인체영향

금 속 흄 및 금속 분진

1. 카드뮴
   보호피복재, 용접전극피복재 또는 합금으로 사용된다. 폐를 자극하여 예민한 반응을 보이며, 폐수종을 유발할 수 있고 만성 영향으로 폐기종과 신장 손상을 초래하기도 한다.
2. 크롬
   스테인리스와 고합금 강철에 있어 주요 합금 원료로 사용된다. 불용성 6가크롬에 대한 과도한 장기노출은 피부자극과 폐암 발생의 위험을 높일 수 있다. 크롬 함유 스테인리스강이나 크롬 함유 용접봉을 사용할 경우 용접 흄이 발생된다.
3. 철
   용접 흄 중의 주요한 오염물질로서 급성 영향으로 코, 목과 폐에 과민반응을 일으키며, 주된 만성 영향으로는 철폐증이 있다.
4. 망간
   대부분의 탄소, 스테인리스 합금과 용접 전극봉에 소량 포함된다. 노출 정도에 따라 큰 차이가 있으며, 용접작업자는 보통 위험한 농도까지 노출되지 않으나, 금속열을 일으킬 수 있다. 장기 노출 시 중추신경계에 이상을 초래할 수 있다.
5. 납
   주로 납땜, 황동과 청동합금 그리고 강재의 초벌 도료 제거작업 시 발생된다. 고농도에 노출 시 위장 장해, 빈혈증, 신경근육장애, 뇌증 등의 급성 증상이 나타날 수 있다. 혈중 납농도를 측정하는 것은 납 노출을 평가하는 유일한 지표이다. 납독성과 관계된 만성 증상으로는 빈혈증, 피로감, 복통과 생식능력저하 및 신장, 신경손상을 초래할 수 있다.
6. 아연
   청동, 황동 및 납땜 작업 시 발생된다. 아연 흄에 노출 시 나타날 수 있는 주요 증상은 금속열이다.

유해가스

1. 가스
   가스는 모든 용접작업 공정에서 발생된다. 오존, 질소산화물과 일산화탄소는 용접 시 발생하는 가스의 주성분이다. 보통의 농도에서 이러한 가스들은 눈에 보이지 않으며, 일산화탄소의 경우는 냄새도 없다.
2. 오존(O_3)
   대기 중의 산소와 용접 시 발생되는 자외선에 의해 오존가스가 생성된다. 오존은 폐충혈, 폐기종, 폐출혈과 같이 매우 유해한 급성 영향을 유발한다. 1ppm 미만의 저농도로 단기 노출되더라도 두통과 눈의 점막 이상을 초래할 수 있으며 또한 만성노출 시 폐기능에 심각한 변화를 초래할 수 있다.
3. 질소산화물(NO_x)
   오존과 마찬가지로 아크용접 시 자외선에 의해 생성된다. 질소산화물은 보통 이산화질소(NO_2)와 일산화질소(NO)로 구성되며, 이산화질소(NO_2)가 주종을 이룬다. 이산화질소(NO_2)는 10~20ppm의 저농도에서도 눈, 코와 호흡기관에 자극을 유발한다. 고농도의 경우 폐수종과 기타 폐에 심각한 영향을 줄 수도 있다. 만성노출 시 폐기능에 중대한 변화를 초래한다.
4. 일산화탄소(CO)
   전극봉 피복과 용재의 연소와 분해 시 생성되며, 무색무취의 화학 질식제이다. 급성 영향으로는 두통, 현기증과 정신혼란 등을 유발한다. 만성노출의 경우에 있어서도 보통 용접 시 발생되는 농도는 심각하지 않다.

5. 포스겐($COCl_2$)(=카르보닐클로라이드)

트리클로로에틸렌 등으로 피용접물을 세척한 경우에 남아 있는 염화수소(염소계 유기용제)가 불꽃에 접촉되면 맹독가스인 포스겐($COCl_2$)이 발생한다. 포스겐은 만성중독이 거의 일어나지 않고 대부분 급성중독으로 주증상은 호흡부전과 심부전증이다. 호흡기나 피부로 흡수되면 노출 후 24시간 이내에 나타날 수 있으며 초기 증상은 목이 타며, 가슴이 답답하다. 호흡곤란, 청색증, 극심한 폐수종 등이 나타나며, 호흡 및 심부전증으로 인한 사망을 초래한다.

6. 포스핀(PH_3)

도장부에서 전처리 공정으로 녹방지용 인산피막 처리를 한 피용제를 용접하는 경우 포스핀이 발생하는 것으로 알려지고 있으며, 포스핀의 유해성은 포스겐과 거의 비슷하다.

소음 및 기타 요인

1. 소음

소음은 용접, 아크홈 가공, 플라즈마 아크용단, 공기탄소 아크용단 및 그라인딩과 같은 공정에서는 강렬한 수준의 소음이 발생될 수 있다. 이러한 작업을 수행하는 근로자는 물론 인근에 있는 근로자도 항상 청력보호구를 착용하여야 한다. 강렬한 소음은 결과적으로 영구청력손실을 초래하는 청신경손상이 된다. 청력손실은 대부분 단기간에 나타나지 않으나 일단 발생하면 회복될 수 없다.

2. 고열 화상

열은 뜨거운 금속, 용재비산 또는 뜨거운 공구나 용접 전극봉 취급 시 피부 화상이 발생되며, 유해광선 중 자외선에 의해 주로 눈에 영향을 준다.

3. 감전 화상

대부분의 용접작업에서 전기아크는 용융에 필요한 열원을 공급한다. 이 전기는 보통 용접기에서 공급되며 용접기는 교류와 직류용이 있다.

- 교류 용접기는 변압기에 의해 전력을 공급받는다. 교류 용접기에서 용접작업 중 아크 간의 전압은 불과 25V이다. 그러나 용접작업을 하지 않을 때와 변압기에 부하가 없을 때 매우 높은 전압이 발생한다. OSHA(미국산업안전보건청)는 최대 부하전압을 수동용접 및 절단작업 시 80V, 자동용접 및 용단작업 시는 100V로 규정하고 있다. 일반적으로 고전류와 큰 직경의 전극봉에는 교류가 이용된다.
- 직류 용접기는 회전발전기(전기, 가솔린 또는 디젤) 또는 변압기/정류기에 의해 전력을 공급받는다. 직류 용접기에서 전압은 다소 높으나 보통 무부하 시 100V 미만이다. OSHA는 수동 및 자동용접 시 모두 최대 무부하전압을 100V로 규정하고 있다.
- 용접작업자에게 전기쇼크 위험의 영향을 미칠 수 있는 요인은 장비의 불안전한 접지, 닳거나 손상된 전선과 전극봉 집게, 안전장갑의 습윤상태 등은 용접작업자에게 위험성을 가중시킨다.
- 기타 위험 관련 요인으로는 회로형태, 전압, 신체의 통전경로, 전류의 세기, 접촉시간 등이 있다.
- 교류와 같은 정도로 신체에 대한 영향을 주기 위해 직류의 경우는 약 2.5~4배의 전류가 필요하다. 전압이 높을수록 신체에 전류를 보내는 힘은 커진다. 신체에 대한 위험성은 전류가 손, 발, 다리와 같이 말단부를 통과하였을 때보다 심장, 폐, 척추와 같이 몸통부를 통과하였을 때 훨씬 커진다. 60mA의 낮은 전류도 몸통부를 통과하게 되면 심장 박동에 혼란을 야기시켜 심실의 섬유화를 초래한다. 전기쇼크가 1초 내지 그 이상 지속되면 심장 박동 주기에 이상이 생겨 섬유화를 촉진하게 된다.

4. 화재, 폭발

화재와 폭발의 위험성은 여러 형태의 중대재해를 유발할 수 있다. 용접과 용단은 주위에 탈수 있는 물질이 없는 상태에서 이루어져야 한다. 가연성 물질은 용접작업장소로부터 격리되어야 한다. 밀폐장소에서의 용접 및 용단 작업에 대한 지침서를 확보하고 이를 활용하여야 한다.

03 작업환경관리 및 건강보호

(1) 작업환경관리

① 용접 흄 제거를 위한 환기대책

㉠ 환기대책은 용접 흄의 관리 중 공학적인 대책의 일부이나 용접작업장의 형태가 다양하므로 아래 '② 작업형태별 작업환경 관리대책'에 맞추어 활용한다.

㉡ 환기장치의 설치 및 가동에 관한 사항은 안전보건규칙 등에 따른다.

㉢ 전체환기장치

작업특성상 국소배기장치의 설치가 곤란하여 전체환기장치를 설치하여야 할 경우에는 다음 사항을 고려한다.

ⓐ 필요환기량(작업장 환기횟수 : 15~20회/시간)을 충족시킬 것

ⓑ 유입공기가 오염장소를 통과하되 작업자 쪽으로 오지 않도록 위치를 선정할 것

ⓒ 공기 공급은 청정공기로 할 것

ⓓ 기류가 한편으로만 흐르지 않도록 공기를 공급할 것

ⓔ 오염원 주위에 다른 공정이 있으면 공기배출량을 공급량보다 크게 하고, 주위에 다른 공정이 없을 시에는 청정공기 공급량을 배출량보다 크게 할 것

ⓕ 배출된 공기가 재유입되지 않도록 배출구 위치를 선정

ⓖ 난방 및 냉방, 창문 등의 영향을 충분히 고려해서 설치할 것

② 작업형태별 작업환경 관리대책

㉠ 옥내 용접작업

ⓐ 고정된 장소에서의 용접작업지점에는 국소배기장치를 설치하여 작업토록 한다.

ⓑ 국소배기시설의 후드는 작업지점이 포위될 수 있도록 부스식으로 설치한다.

ⓒ 외부식 후드를 설치할 경우 작업지점 측면에 후드를 접근시켜 작업자가 용접 흄에 노출되지 않도록 한다.

ⓓ 국소배기시설로써 배출되지 않은 용접 흄을 희석하기 위해 전체환기시설을 설치한다.

ⓔ 고정되지 않고 이동하는 용접작업지점에는 이동집진기 또는 이동식 환기팬을 설치·가동한다.

ⓕ 주위에서 작업하는 근로자의 시력 보호를 위해 차광펜스를 설치한다.

ⓖ 국소배기기설이 정상적으로 가동하는 상태에서 작업한다.

ⓗ 흄용 방진마스크나 송기마스크를 착용한다.

ⓘ 차광안경을 착용한다.

ⓙ 소음이 85dB(A) 이상 시에는 귀마개 등 보호구를 착용한다.

ⓛ 옥외 용접작업

　ⓐ 바람을 등지고 작업한다.

　ⓑ 주위에서 작업하는 근로자의 시력 보호를 위해 차광펜스를 설치한다.

　ⓒ 흄용 방진마스크나 송기마스크를 착용한다.

　ⓓ 차광안경을 착용한다.

　ⓔ 소음이 85dB(A) 이상 시에는 귀마개 등 보호구를 착용한다.

ⓒ 밀폐공간에서의 용접작업

　ⓐ 급기 및 배기용 팬을 가동하면서 작업한다.

　ⓑ 작업 전 산소농도를 측정하여 18% 이상 시에만 작업한다. 작업 중에 산소 농도가 떨어질 수 있으므로 수시로 점검한다.

　ⓒ 흄용 방진마스크 또는 송기마스크를 착용하고 작업한다.

　ⓓ 소음이 85dB(A) 이상 시에는 귀마개 등 보호구를 착용한다.

　ⓔ 탱크 맨홀 및 피트 등 통풍이 불충분한 곳에서 작업 시에는 긴급사태에 대비할 수 있는 조치(외부와의 연락 장치, 비상용 사다리, 로프 등을 준비)를 취한 후 작업한다.

(2) 작업관리

① 작업계획 수립 및 표준작업관리 지침 작성

용접작업에 근로자를 종사하게 하는 경우에는 당해 작업계획 수립 시 용접 흄 등에 의한 유해 여부를 우선적으로 고려하여, 다음의 내용을 포함하는 표준작업관리 지침을 마련하여 당해 근로자가 이에 따라 작업한다.

㉠ 용접 흄 발생 억제조치설비의 설치

㉡ 작업공정에 사용되는 환기장치의 적절한 가동 요령 등에 관한 사항

㉢ 보호구의 착용방법 및 관리방법

㉣ 용접봉, 피복재 및 피용제 등의 MSDS를 활용한 합금성분 등의 함유량에 대한 사항

㉤ 기타 용접 흄 및 가스, 유해광선 등에 의한 근로자 노출방지를 위한 사항 등

② 근로자의 유해인자 노출 정도의 측정
　㉠ 측정 전 준비 및 주의사항
　　ⓐ 사전에 작업환경측정에 관련된 예비조사 및 장비 등을 점검하여 이상이 없을 시 현장에 나가 측정을 개시할 수 있도록 준비한다.
　　ⓑ 작업자는 평소와 같은 방법으로 작업에 임하도록 하며 측정자가 주지하는 내용 및 협조사항에 대해서 꼭 지키도록 하여 올바른 측정이 이루어지도록 한다.
　㉡ 노출 정도의 측정
　　근로자의 노출 정도에 대한 작업환경측정은 KOSHA GUIDE 작업환경 측정 · 분석방법 지침에 따른다.
　㉢ 설명회 개최
　　작업환경측정 후 산업안전보건위원회 또는 근로자대표로부터 작업환경측정 결과에 대한 설명회 개최 요구가 있을 때에는 측정기관 또는 사업주가 설명회를 실시한다.
　㉣ 사업주는 근로자를 용접작업에 종사하도록 하는 경우에는 고용노동부 고시(화학물질 및 물리적 인자의 노출기준)의 기준을 참고하여 필요한 조치를 취한다.
③ 용접작업자에 대한 특별교육 실시
　용접작업에 근로자를 종사하게 하는 경우에는 특별안전보건교육을 실시한다.
④ 보호구 등
　㉠ 작업장에서 발생하는 유해인자에 대한 가장 바람직한 대책은 작업설비의 설치단계에서 유해요인을 제거할 수 있도록 하는 것이 가장 바람직하나 이 방법이 불가능할 때 차선책으로 보호구를 지급 · 착용하게 한다.
　㉡ 보호구는 성능 한계성, 검정 합격품 여부 등을 사전에 검토하여 구입한다.
　㉢ 근로자가 용접 흄 등에 노출될 우려가 있는 작업장에서 작업하는 근로자는 흄용 방진마스크 또는 송기마스크를 착용한다.
　㉣ 호흡용 보호구는 해당 근로자수 이상의 보호구를 지급하고 보호구의 공동 사용으로 인한 질병감염을 방지하기 위하여 개인 전용의 것을 지급한다.
　㉤ 지급된 보호구는 수시로 점검하여 양호한 상태로 유지 · 관리하고 호흡용 보호구는 여과재의 사용한계에 따른 교체시기를 명확히하여 정해진 날짜에 교체한다.
⑤ 근로자의 준수사항
　㉠ 용접작업 중 가동 중인 국소배기장치 등은 작업자 임의로 정지시키지 않도록 하고 감독자의 지시에 따른다.
　㉡ 용접 흄이 최대한 작업장 주변으로 비산되지 않는 방법으로 작업한다.

ⓒ 용접 흄에 노출되지 않도록 주의하면서 작업한다.

ⓔ 작업 시 지급된 보호구는 사업주 및 안전·보건 관계자 등의 지시에 따라 반드시 착용한다.

ⓜ 용접 흄, 가스, 유해광선에 의한 건강장해의 예방을 위하여 사업주 및 안전·보건 관계자 등의 지시에 따른다.

⑥ 관리감독자의 의무

㉠ 작업량·작업속도 등을 필요 이상으로 올리지 않도록 지도한다.

㉡ 통풍이 불충분한 장소에서의 용접작업 시에는 환기장치를 가동하고 송기마스크, 흄용 방진마스크 등을 착용토록 지도·감독한다.

㉢ 가급적 통풍이 충분한 장소에서 작업토록 하여 용접 흄의 흡입이 최소화되도록 작업방법을 정해준다.

㉣ 응급조치 요령을 주지시킨다.

ⓐ 호흡곤란 시 노출지역에서 벗어나 신선한 공기가 있는 곳으로 옮길 것

ⓑ 필요하다면 인공호흡을 시킬 것

ⓒ 상황이 발생하면 즉시 보건관리자 등과 연계하며 의학적 조치가 되도록 할 것

ⓓ 구토 시에는 기도의 막힘을 방지하기 위하여 머리를 옆으로 하여 둔부보다 낮게 누이도록 할 것

ⓔ 환자를 따뜻하게 하고 안정시킬 것

(3) 건강관리

① 건강진단

㉠ 건강진단의 실시

ⓐ 용접작업 근로자에게는 소음(85dB(A) 이상 시)에 대한 특수건강진단을 2년에 1회 실시한다.

ⓑ 피용접물 또는 용접봉에 망간(크롬산, 카드뮴) 등이 1% 이상 함유 물질과 용접 흄 등에 노출되는 근로자는 1년에 1회 이상 특수건강진단을 실시한다.

ⓒ 사업주는 법령에 의한 건강진단을 실시하고 건강진단개인표를 송부받은 때에는 그 결과를 지체 없이 근로자에게 통보하고, 근로자의 건강을 유지하기 위하여 필요하다고 인정할 때에는 작업장소의 변경, 작업의 전환, 근로시간의 단축 및 작업환경 개선 등 기타 적절한 조치를 한다.

ⓓ 사업주는 산업안전보건위원회 또는 근로자대표의 요구가 있을 때에는 직접 또는 건강진단을 실시한 기관으로 하여금 건강진단 결과에 대한 설명을 실시한다.

ⓔ 건강상담 및 건강진단 실시에 따른 자각증상 호소자에 대하여 질병의 이환 여부 또는 질병의 원인 등을 발견하기 위하여 임시건강진단을 실시한다.

ⓛ 유해인자별 특수건강진단 항목

근로자에 대하여 특수건강진단을 실시하는 경우에는 각 유해인자별로 법 시행 규칙에서 정한 검사 항목이 누락되지 않도록 한다.

② 근로자 개인위생관리

㉠ 용접작업 근로자는 용접에 의한 직업성 질병의 발생을 예방하기 위하여 다음 사항을 준수한다.

ⓐ 용접이 실시되고 있는 작업장 내에서는 음식물을 먹지 않는다.

ⓑ 용접작업 후 식사를 하는 경우에는 손이나 얼굴을 깨끗이 씻고, 별도의 장소에서 식사한다.

ⓒ 용접작업장에서는 보호구를 착용한 후 작업에 임하도록 하고 사용한 보호구는 불순물 및 감염물을 제거한 후 청결한 장소에 보관한다.

ⓓ 비상시 사용한 호흡용 보호구는 적어도 1개월 또는 사용 후마다 소독하여 보관한다.

ⓔ 작업을 종료한 경우에는 샤워시설 등을 이용하여 손, 얼굴 등을 씻거나 목욕을 한다.

ⓕ 퇴근 시에는 작업복을 벗고 평상복으로 갈아입는다.

㉡ 용접작업장소와 격리된 장소에 근로자가 이용할 수 있는 휴게시설을 설치한다.

㉢ 용접작업장 근로자의 건강보호를 위하여 세안, 세면, 목욕, 탈의, 세탁 및 건조 시설 등을 설치하고 옷장, 보호구 보관함 등 필요한 용품 및 용구를 비치한다.

㉣ 오염된 피부를 세척하는 경우에는 피부에 영향을 주지 않는 비누 등을 사용한다.

SECTION 25

호흡보호구의 선정·사용 및 관리에 관한 지침
(KOSHA GUIDE, H-82-2020)

01 적용범위

이 지침은 유해작업장에서 일하는 근로자의 건강을 보호하기 위하여 호흡용 보호구를 지급·착용하여야 하는 경우에 적용한다. 다만 다음의 보호구에는 적용하지 아니한다.

(1) 수중호흡장치

(2) 항공기 산소장치

(3) 군용 방독마스크

(4) 의료용 흡입기와 구급소생기

02 용어의 정의

(1) "호흡보호구"

산소결핍공기의 흡입으로 인한 건강장해 예방 또는 유해물질로 오염된 공기 등을 흡입함으로써 발생할 수 있는 건강장해를 예방하기 위한 보호구를 말한다.

(2) "방독마스크"

흡입공기 중 가스·증기상 유해물질을 막아주기 위해 착용하는 호흡보호구를 말한다.

(3) "방진마스크"

흡입공기 중 입자상(분진, 흄, 미스트 등) 유해물질을 막아주기 위해 착용하는 호흡보호구를 말한다.

(4) "송기식 마스크"

작업장이 아닌 장소의 공기를 호스 등을 통하여 공급하여 흡입할 수 있도록 만들어진 호흡보호구를 말한다.

(5) "자급식 마스크"

착용자의 몸에 지닌 압력공기실린더, 압력산소실린더 또는 산소발생장치가 작동되어 호흡용 공기가 공급되도록 만들어진 호흡보호구를 말한다.

(6) "밀착도검사(fit test)"

착용자의 얼굴에 호흡보호구가 효과적으로 밀착되는지 확인하기 위한 검사를 말한다.

(7) "보호계수(Protection Factor, PF)"

호흡보호구 바깥쪽에서의 공기 중 오염물질 농도와 안쪽에서의 오염물질 농도비로 착용자 보호의 정도를 나타내는 척도를 말한다.

(8) "할당보호계수(Assigned Protection Factor, APF)"

잘 훈련된 착용자가 보호구를 착용했을 때 각 호흡보호구가 제공할 수 있는 보호계수의 기대치를 말한다.

(9) "밀폐공간"

산업안전보건기준에 관한 규칙에서 정한 내용을 말한다.

(10) "즉시위험건강농도(IDLH, Immediately Dangerous to Life or Health)"

생명 또는 건강에 즉각적으로 위험을 초래하는 농도로서 그 이상의 농도에서 30분간 노출되면 사망 또는 회복 불가능한 건강장해를 일으킬 수 있는 농도를 말한다.

(11) "밀착형 호흡보호구"

호흡보호구의 안면부가 얼굴이나 두부에 직접 닿는 호흡보호구를 말한다.

(12) "유해비"

공기 중 오염물질 농도와 노출기준과의 비로 호흡보호구 착용장소의 오염 정도를 나타내는 척도를 말한다.

03 호흡보호구의 종류

(1) 기능 및 안면부 형태에 따른 호흡보호구 분류

호흡보호구를 기능 및 안면부 형태별로 분류하면 [표 1]과 같다.

❍ [표 1] 호흡보호구의 종류

분 류	공기정화식		공기공급식	
종 류	비전동식	전동식	송기식	자급식
안면부 등의 형태	전면형, 반면형	전면형, 반면형	전면형, 반면형, 페이스실드, 후드	전면형
보호구 명칭	방진마스크, 방독마스크, 겸용 방독마스크 (방진+방독)	전동기 부착 방진마스크, 방독마스크, 겸용 방독마스크 (방진+방독)	호스마스크, 에어라인마스크, 복합식 에어라인마스크	공기호흡기(개방식) 산소호흡기(폐쇄식)

① 공기정화식은 오염공기가 호흡기로 흡입되기 전에 여과재 또는 정화통을 통과시켜 오염물질을 제거하는 방식으로서 다음과 같이 비전동식과 전동식으로 분류한다.
  ㉠ 비전동식은 별도의 전동기가 없이 오염공기가 여과재 또는 정화통을 통과한 뒤 정화된 공기가 안면부로 가도록 고안된 형태이다.
  ㉡ 전동식은 사용자의 몸에 전동기를 착용한 상태에서 전동기 작동에 의해 여과된 공기가 호흡호스를 통하여 안면부에 공급하는 형태이다.
② 공기공급식은 공기공급관, 공기호스 또는 자급식 공기원(공기보관용기 등)을 가진 호흡보호구로서 신선한 호흡용 공기만을 공급하는 방식으로서 송기식과 자급식으로 분류한다.

㉠ 송기식은 공기호스 등으로 호흡용 공기를 공급할 수 있도록 설계된 형태이다.

㉡ 자급식은 호흡보호구 사용자가 착용한 압력공기 보관용기를 통하여 공기가 공급되도록 한 형태이다.

③ 마스크의 안면부 형태별로 전면형, 반면형의 구분은 다음과 같다.

㉠ 전면형 마스크는 사용자의 눈, 코, 입 등 안면부 전체를 덮을 수 있는 마스크이다.

㉡ 반면형 마스크는 사용자의 코와 입을 덮을 수 있는 마스크이다.

(2) 오염물질에 따른 호흡보호구 분류

① 입자상 오염물질 제거용 호흡보호구

분진, 흄, 미스트 등의 입자상 오염물질을 제거하기 위한 방진마스크는 [표 2]와 같이 구분한다.

◑ [표 2] 제거대상 오염물질별 방진마스크 등급 분류

등 급	제거대상 오염물질	비 고
특급	베릴륨 등과 같이 독성이 강한 물질들*을 함유한 분진 등 * 「산업안전보건법」의 분진, 흄, 미스트 등의 입자상 제조 등 금지물질, 허가대상 유해물질, 특별관리물질	노출수준에 따라 호흡보호구 종류 및 등급이 달라질 수 있음
1급	• 금속 흄 등과 같이 열적으로 생기는 분진 등 • 기계적으로 생기는 분진 등 • 결정형 유리규산	
2급	기타 분진 등	

② 가스·증기상 오염물질 제거용 호흡보호구

㉠ 정화통이 개발되지 않은 일부 화학물질을 취급할 경우 송기마스크 등 양압의 공기공급식 호흡보호구를 착용하여야 한다. 이때 정화통 미개발 물질 여부는 전문가 또는 제조사에 문의하여 확인토록 한다.

㉡ 정화통이 개발된 물질은 상온에서 가스 또는 증기 상태의 오염물질을 제거하기 위한 방독마스크로 [표 3]과 같이 구분한다. 「산업안전보건기준에 관한 규칙」에 따른 관리대상 유해물질 종류별 추천 정화통은 [별표]를 참고한다.

◐ [표 3] 정화통 종류 및 외부 측면의 표시 색

종 류	표시색
유기화합물용 정화통	갈색
할로겐용 정화통	회색
황화수소용 정화통	회색
시안화수소용 정화통	
아황산용 정화통	노랑색
암모니아용 정화통	녹색
복합용 및 겸용의 정화통	복합용의 경우 해당 가스 모두 표시(2층 분리) 겸용의 경우 백색과 해당 가스 모두 표시(2층 분리)

◐ [별표] 관리대상 유해물질 종류별 추천 정화통

1. 유기화합물

연 번	물질명	Cas No.	추천 정화통	비 고
1	글루타르알데히드	111−30−8	유기화합물용	
2	니트로글리세린	55−63−0	유기화합물용	
3	니트로메탄	75−52−5	유기화합물용	
4	니트로벤젠	98−95−3	유기화합물용	
5	p−니트로아닐린	100−01−6	겸용(유기화합물/방진)	
6	p−니트로클로로벤젠	100−00−5	유기화합물용	
7	디(2−에틸헥실)프탈레이트	117−81−7	−	방진마스크
8	디니트로톨루엔	25321−14−6 등	겸용(유기화합물/방진)	
9	N,N−디메틸아닐린	121−69−7	유기화합물용	
10	디메틸아민	124−40−3		
11	N,N−디메틸아세트아미드	127−19−5	유기화합물용	
12	디메틸포름아미드	68−12−2	유기화합물용	
13	디에탄올아민	111−42−2	겸용(유기화합물/방진)	
14	디에틸에테르	60−29−7	유기화합물용	
15	디에틸렌트리아민	111−40−0	유기화합물용	
16	2−디에틸아미노에탄올	100−37−8	유기화합물용	
17	디에틸아민	109−89−7	복합용(유기/암모니아)	
18	1,4−디옥산	123−91−1	유기화합물용	
19	디이소부틸케톤	108−83−8	유기화합물용	
20	1,1−디클로로−1−플루오로에탄	1717−00−6	−	송기마스크
21	디클로로메탄	75−09−2	−	송기마스크
22	o−디클로로벤젠	95−50−1	유기화합물용	
23	1,2−디클로로에탄	107−06−2	유기화합물용	
24	1,2−디클로로에틸렌	540−59−0 등	유기화합물용	

연 번	물질명	Cas No.	추천 정화통	비 고
101	트리에틸아민	121-44-8	유기화합물용	
102	트리클로로메탄	67-66-3	유기화합물용	
103	1,1,2-트리클로로에탄	79-00-5	유기화합물용	
104	트리클로로에틸렌	79-01-6	유기화합물용	
105	1,2,3-트리클로로프로판	96-18-4	유기화합물용	
106	퍼클로로에틸렌	127-18-4	유기화합물용	
107	페놀	108-95-2	겸용(유기화합물/방진)	
108	페닐글리시딜에테르	122-60-1 등	유기화합물용	
109	포름알데히드	50-00-0	유기화합물용	
110	프로필렌이민	75-55-8	유기화합물용	
111	n-프로필아세테이트	109-60-4	유기화합물용	
112	피리딘	110-86-1	유기화합물용	
113	헥사메틸렌디이소시아네이트	822-06-0	겸용(유기화합물/방진)	
114	n-헥산	110-54-3	유기화합물용	
115	n-헵탄	142-82-5	유기화합물용	
116	황산디메틸	77-78-1	유기화합물용	
117	히드라진 및 그 수화물	302-01-2	암모니아용	

2. 산알칼리류

연 번	물질명	Cas No.	추천 정화통	비고
1	개미산	64-18-6	유기화합물용	
2	과산화수소	7722-84-1	유기화합물용	
3	무수초산	108-24-7	유기화합물용	
4	불화수소	7664-39-3	아황산가스용	
5	브롬화수소	10035-10-6	아황산가스용	
6	수산화나트륨	1310-73-2	–	방진마스크
7	수산화칼륨	1310-58-3	–	방진마스크
8	시안화나트륨	143-33-9	–	방진마스크
9	시안화칼륨	151-50-8	–	방진마스크
10	시안화칼슘	592-01-8	–	방진마스크
11	아크릴산	79-10-7	유기화합물용	
12	염화수소	7647-01-0	아황산가스용	
13	인산	7664-38-2	–	방진마스크
14	질산	7697-37-2	–	송기마스크
15	초산	64-19-7	복합형 (유기화합물/아황산가스)	
16	트리클로로아세트산	76-03-9	복합형 (유기화합물/아황산가스)	
17	황산	7664-93-9	–	방진마스크

3. 가스상태 물질류

연 번	물질명	Cas No.	추천 정화통	비 고
1	불소	7782-41-4	–	송기마스크
2	브롬	7726-95-6	할로겐용	
3	산화에틸렌	75-21-8	–	송기마스크
4	삼수소화비소	7784-42-1	–	송기마스크
5	시안화수소	74-90-8	시안화수소용	송기마스크 권장
6	암모니아	7664-41-7 등	암모니아용	
7	염소	7782-50-5	할로겐용	
8	오존	10028-15-6	유기화합물용	
9	이산화질소	10102-44-0	–	송기마스크
10	이산화황	7446-09-5	아황산가스용	
11	일산화질소	10102-43-9	–	송기마스크
12	일산화탄소	630-08-0	–	송기마스크
13	포스겐	75-44-5	–	송기마스크
14	포스핀	7803-51-2	–	송기마스크
15	황화수소	7783-06-4	황화수소용	

04 호흡보호구 사용을 위한 필요조건

(1) 호흡보호구의 사용원칙

① 공기 중의 분진, 흄, 미스트, 증기 및 가스 등의 오염된 공기를 흡입함에 따라 발생할 수 있는 중독 또는 질식 재해를 예방하기 위하여 가능한 공학적 대책(예를 들면 작업의 포위나 밀폐, 전체환기 및 국소배기, 저독성 물질로 대체)을 세우는 것을 우선하여야 한다.

② 공학적 대책의 적용이 곤란하거나 단시간 또는 일시적 작업을 행할 때에는 적절한 호흡보호구를 사용하여야 한다.

(2) 사업주의 역할

① 사업주는 근로자의 건강을 보호하기 위하여 필요한 경우에는 작업내용에 맞는 적절한 호흡보호구를 선택하여 지급하여야 한다.

◐ [표 4] 호흡보호구별 할당보호계수

호흡보호구 분류	안면부 형태	할당보호계수(양압)	할당보호계수(음압)
비전동식	반면형	N/A*	10
	전면형		50
전동식	반면형	50	N/A*
	전면형	1,000	
	후드형	1,000	
송기식	반면형	50	N/A*
	전면형	1,000	
	후드형	1,000	
자급식	공기호흡기	10,000	N/A*

* N/A : 해당 없음(Not Application)

② 할당보호계수의 활용

유해비를 산출하고 유해비보다 높은 할당보호계수의 호흡보호구를 산출한다.

예제 1

톨루엔의 노출기준은 50ppm인데, 공기 중 오염물질의 농도를 측정한 결과 1,500ppm이다. 어떤 호흡보호구를 선정하여야 하는가?

풀이 ① 유해비＝1,500ppm/50ppm＝30

② 할당보호계수가 유해비 30보다 큰 호흡보호구 선정

③ 호흡보호구 선정 : 가스·증기용 방독마스크로서 비전동식의 전면형, 가스·증기
용 방독마스크로서 전동식 반면형/전면형/후드형 마스크, 모든 형태의 송기식,
자급식 호흡보호구

※ 비전동식 반면형 방독마스크는 선정 불가

예제 2

TCE의 노출기준은 50ppm인데, 공기 중 오염물질의 농도를 측정한 결과는 100ppm이다. 어떤 호흡보호구를 선정하여야 하는가?

풀이 ① 유해비＝100ppm/50ppm＝2

② 보호계수가 유해비 2보다 큰 호흡보호구 선정

③ 호흡보호구 선정 : 가스·증기용 모든 종류의 호흡보호구

06 호흡보호구의 선정 절차

(1) 호흡보호구 선정 일반원칙

일반적인 호흡보호구 선정 흐름도는 아래 [그림]과 같다.

① 산소결핍 작업장소, 밀폐공간, 정화통이 개발되지 않은 물질 취급 및 소방작업 질식 위험이 있는 밀폐공간이나 정화통이 개발되지 않은 물질을 취급하는 경우에는 공기호흡기, 송기마스크를 사용하고, 소방작업은 공기호흡기를 사용한다. 이들 작업에서 절대로 방독마스크를 사용하여서는 안 된다.

② 독성 오염물질이면 즉시위험건강농도(IDLH)에 해당되는지 여부를 구분한다.

   ㉠ 즉시위험건강농도(IDLH) 이상인 경우 공기호흡기, 송기마스크를 사용한다.

   ㉡ 즉시위험건강농도(IDLH) 미만인 경우 입자상 물질이 존재하면 방진마스크, 송기마스크를 사용하고, 가스ㆍ증기상 오염물질이 존재하면 방독마스크, 송기마스크를 사용한다. 입자상 및 가스ㆍ증기상 물질이 동시에 존재하면 방진ㆍ방독 겸용 마스크 또는 송기마스크를 사용한다.

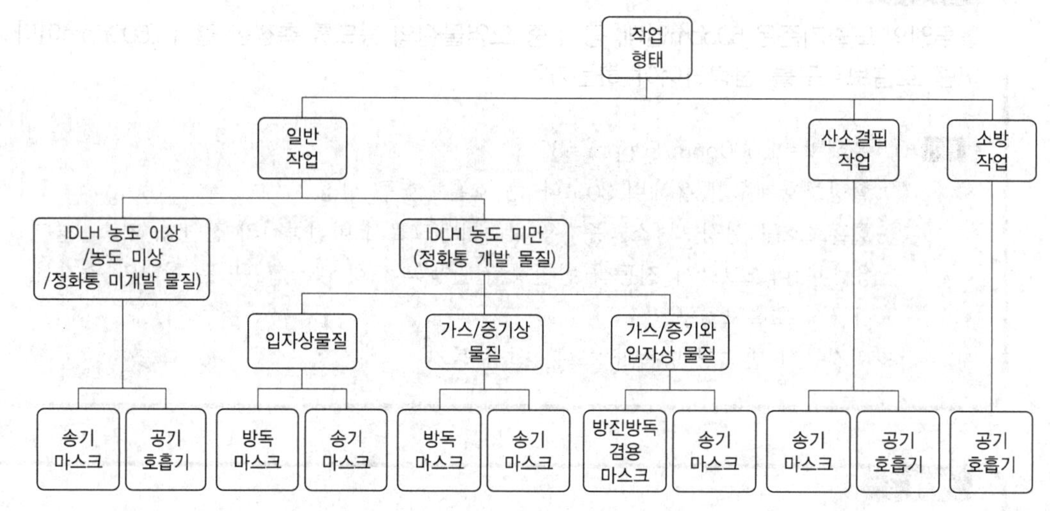

〈그림〉 호흡보호구 선정 일반원칙

(2) 노출기준 제정 물질 호흡보호구 선정 절차

① 1단계

사업장명, 평가일, 평가자, 작업부서 또는 공정, 단위작업장소, 작업위치, 작업내용, 작업시간, 작업주기 등을 기록한다.

② 2단계

  ㉠ 호흡보호구를 착용하는 사유를 다음에서 선택하여 해당 항목에 체크한다.

    ⓐ 상시 노출위험 : 모든 공학적 작업환경관리방법을 조치 후에도 오염물질의 흡입 위험이 있다고 판단되는 경우

    ⓑ 단시간 작업 : 현실적으로 작업환경관리가 어려우며 작업시간이 한 시간 미만인 경우

    ⓒ 비상대피 : 안전한 곳으로 대피하는 과정에서 호흡보호구가 필요한 경우

    ⓓ 임시조치 : 작업환경관리 설비를 설치하는 동안 호흡보호구 착용이 필요한 경우

    ⓔ 응급상황/구조 : 국소배기장치 등 작업환경관리 설비가 고장인 경우 또는 재해자를 구조하는 경우

  ㉡ 작업장소가 밀폐공간인지, 산소결핍장소인지, 위험물 누출이 가능한 작업인지를 파악하여 밀폐공간작업 항목을 체크한다. 밀폐공간의 예는 [표 5]와 같다.

    ⓐ 밀폐공간 : 밀폐공간이면 '예'

    ⓑ 산소결핍 위험 : 작업장의 산소농도가 18% 미만이거나 미만일 것 같으면 '예'

    ⓒ 위험물질 방출 위험 : 갑작스럽게 유해물질 그리고/또는 질식제의 방출이 우려되면 '예'

  ㉢ 밀폐공간이 '예'인 경우 밀폐공간작업규정을 따른다. 다음의 경우에는 할당보호계수가 10,000인 자급식 호흡보호구 사용한다.

    ⓐ 산소결핍 위험 : '예'인 경우

    ⓑ 위험물질 발생 위험 : '예'인 경우

❂ [표 5] 밀폐공간의 예 및 유해인자

공정 또는 상황	유해인자

− 생물공정
  • 양조공장
  • 발효공정
  • 하수관 작업/장치
	미생물에 의한 산소 소모와 이산화탄소 및 기타 가스 발생

− 화학반응
  • 녹 발생
  • 변색
  • 산화
  • 유리(遊離)/탈가스 반응
	우연히 혹은 의도적인 화학반응에 의한 산소의 손실 혹은 다른 가스의 방출

공정 또는 상황	유해인자
– 유지관리활동 • 탱크 세척 • 슬러지 제거 • 냉동/냉장 시설 수리	급작스런 고농도 유해물질의 방출 : 유기증기, 냉매가스, 트랩 공정의 가스 방출로 산소결핍 초래. 고농도는 마취효과 초래
– 공정 • 공기배기(purging) 공정 • 불활성화 공정 • 유기용제 탈지작업	의도적인 고농도 가스/증기 생성으로 산소결핍으로 이어짐. 예들 들어, 불활성 가스, 아르곤, 질소, 일산화탄소, 유기증기
– 작업공정 • 용접 • 스프레이 • 파이프 내 등	작업하는 과정에서 가스, 증기 혹은 입자상 물질이 만들어짐. 예를 들어, 용접 흄, 일산화탄소, 이산화탄소, 실드가스, 크롬화합물, 유기용제, 이소시안화합물, 냉매가스

③ 3단계

　㉠ 노출되는 화학물질의 농도를 노출기준 및 즉시위험건강농도(IDLH)와 비교하여 입자상 물질은 [표 6], 가스 · 증기상 물질은 [표 7]에 따라 농도별 추천 호흡보호구를 기재한다.

　㉡ [표 4] 또는 기타 자료를 이용하여 할당보호계수를 기재한다.

　㉢ 할당보호계수 칼럼에 적혀 있는 값들 중에서 가장 높은 값을 '가장 높은 보호계수' 칸에 기재한다.

　㉣ 기본적으로 3단계에서 추천 호흡보호구를 선택한다. 4단계 이후는 호흡보호구 선택의 기타 참고사항이다.

● [표 6] 입자상 물질의 농도별 추천 호흡보호구

농 도	입자상 물질		
	• 제조 등 금지물질 • 허가대상 유해물질 • 특별관리물질	• 금속 흄 등 열적 생성분진 • 기계적으로 생기는 분진 • 결정형 유리규산	기타 분진 등
노출기준 미만	특급 방진마스크 이상*	1급 방진마스크 이상*	2급 방진마스크 이상*
노출기준 10배 이내	특급 방진마스크 이상*	특급 방진마스크 이상*	1급 방진마스크 이상*
노출기준 50배 이내	전면형 특급 방진마스크, 전동식 특급 방진마스크, 송기마스크 중 선택	전면형 특급 방진마스크, 전동식 특급 방진마스크, 송기마스크 중 선택	전면형 1급 방진마스크 이상*, 전동식 1급 방진마스크 이상*, 송기마스크 중 선택

농 도	입자상 물질		
	• 제조 등 금지물질 • 허가대상 유해물질 • 특별관리물질	• 금속 흄 등 열적 생성분진 • 기계적으로 생기는 분진 • 결정형 유리규산	기타 분진 등
노출기준 50배 초과	전동식 전면형/후드형 특급 방진마스크, 전면형/후드형 송기마스크 중 선택	전동식 전면형/후드형 특급 방진마스크, 전면형/후드형 송기마스크 중 선택	전동식 전면형/후드형 1급 방진마스크 이상*, 전면형/후드형 송기마스크 중 선택
IDLH 초과 시**	송기마스크, 공기호흡기 중 선택		

◆ **[표 7] 가스·증기상 물질의 농도별 추천 호흡보호구**

농 도	가스/증기상 물질
노출기준 미만	방독마스크 이상
노출기준 10배 이내	방독마스크 이상
노출기준 50배 이내	전면형 방독마스크, 전동식 방독마스크, 송기마스크 중 선택
노출기준 50배 초과	전동식 전면형/후드형 방독마스크, 전면형/후드형 송기마스크 중 선택
IDLH 초과 시*	송기마스크, 공기호흡기 중 선택

* '이상'은 등급 또는 할당보호계수가 같거나 높은 호흡보호구를 의미
** IDLH 기준이 설정된 물질은 IDLH를 초과할 경우 반드시 송기마스크, 공기호흡기를 선택

④ 4단계

㉠ 작업 관련 인자

ⓐ 작업강도 : 작업강도가 높아져 호흡량이 증가하면 보호구 정화통 사용기간이 떨어지고, 땀을 많이 흘리면 호흡보호구가 미끄러져 차단율이 떨어진다. 작업강도는 다음과 같이 분류한다.

- 경작업 : 시간당 200kcal까지 열량이 소요되는 작업으로 앉아서 또는 서서 기계 조정을 하기 위하여 손 또는 팔을 가볍게 쓰는 일
- 중등작업 : 시간당 200~350kcal 열량이 소요되는 작업으로 물체를 들거나 밀면서 걸어다니는 일
- 중(重)작업 : 시간당 350~500kcal 열량이 소요되는 작업으로 곡괭이질 또는 삽질을 하는 일

ⓑ 착용시간 : 밀착형 호흡보호구는 장시간 사용시 사용자에게 불편함을 주기 때문에 전동식 호흡보호구를 고려해 볼 수 있다.

ⓒ 작업장 온도와 습도 : 과도한 온도와 습도는 착용자에게 고열장해, 발한 및 불편함을 초래할 수 있으므로 냉각 혹은 온열 장치가 구비된 전동식 호흡보호구를 고려한다.

ⓓ 전동공구 사용 : 공기를 공급하는 전동공구를 호흡보호구의 공기공급장치에 연결할 경우 보호계수가 감소됨을 고려한다.

ⓔ 선명한 시야 확보 필요 : 선명한 시야가 필요한 곳에서는 얼굴 전면을 가리는 전면형 호흡보호구는 바람직하지 못하며 충분한 빛을 공급하는 반면형 마스크가 바람직하다.

ⓕ 명확한 의사소통 필요 : 명확한 의사소통이 필요한 곳에서는 의사소통용 호흡보호구가 필요하다.

ⓖ 비좁고 복잡한 작업장 : 가볍고 제한성이 없는 호흡보호구를 사용한다.

ⓗ 폭발 위험성이 있는 작업장 : 폭발 가능성이 있는 작업장에서는 재질이 정전기를 일으키지 않는 호흡보호구가 적합하다.

ⓘ 움직임이 많은 작업장 : 호스가 있는 호흡보호구는 피한다.

ⓛ 착용자 관련 인자

ⓐ 얼굴의 수염, 흉터 : 안면부가 닿는 부분에 수염이나 깊은 흉터가 있어 누설의 우려가 있으면 후드형 호흡보호구를 사용한다.

ⓑ 안경이나 콘택트렌즈 착용 : 필요한 경우 안경 다리를 집어넣을 수 있는 호흡보호구를 선정한다. 호흡보호구의 밀착성을 방해하면 콘택트렌즈를 권한다.

ⓒ 콘택트렌즈 사용자는 공기흐름에 쉽게 눈이 건조해진다.

ⓓ 눈, 머리, 청력 및 얼굴 보호 : 다른 타입의 개인보호장구의 작동에 영향을 주지 않는 호흡보호구를 권한다. 예를 들어, 한꺼번에 붙어 있는 호흡보호구를 선택한다(예 전동식 헬멧 호흡보호구).

ⓔ 건강상태 : 폐쇄공포증, 심장질환, 난청, 천식 및 기타 호흡기질환을 고려하여 호흡보호구를 선정한다.

⑤ 5단계

밀착형 호흡보호구인 경우 밀착도검사를 시행한 후에 작업장에서 사용할 것을 권한다.

㉠ 호흡보호구 제조사나 판매사의 자문을 통하여 호흡보호구 선정표를 작성한 다음 완성된 호흡보호구 선정표와 물질안전보건자료를 제조사 또는 공급사에게 송부한다.

    ⓛ 제조사 또는 공급사로부터 받은 권장 호흡보호구 자료를 근거로 적정한 호흡보
호구를 선정한다.

(3) 노출기준 미제정 물질 호흡보호구 선정 절차

① 1단계 : 노출기준 제정 물질의 호흡보호구 선정 절차와 동일하다.

② 2단계 : 노출기준 제정 물질의 호흡보호구 선정 절차와 동일하다.

③ 3단계 : GHS MSDS를 확보한 후 가장 높은 할당보호계수를 구하고 [표 4]에서 적
정한 보호계수를 갖는 호흡보호구를 선택한다.

④ 4단계 : 노출기준 제정 물질의 호흡보호구 선정 절차와 동일하다.

⑤ 5단계 : 노출기준 제정 물질의 호흡보호구 선정 절차와 동일하다.

07 밀착도검사(fit test) 및 밀착도 자가점검(user seal check)

(1) 밀착도검사

착용자의 얼굴에 맞는 호흡보호구를 선정하고 오염물질의 누설 여부를 판단하기 위하여
밀착도검사를 시행해야 한다.

① 밀착도검사의 목적

    ㉠ 착용자의 얼굴에 밀착이 잘 되는 호흡보호구를 선정하기 위함이다.

    ⓛ 어떻게 착용하는 것이 밀착이 잘 되는지를 착용자에게 알려주기 위함이다.

② 밀착도검사 시기

    ㉠ 호흡보호구를 처음 선정할 때

    ⓛ 다른 제품의 호흡보호구를 착용하고자 할 때

    ㉢ 얼굴의 형상이 크게 변하였을 때

    ㉣ 검사주기는 1년에 1회 이상 실시

(2) 밀착도검사자

밀착도검사는 밀착도검사방법 교육이수자, 밀착도검사를 수행하는 전문가 또는 업체가
실시토록 한다.

(3) 밀착도검사의 종류

① 정성적 밀착도검사(QLFT)

사람의 오감, 즉 냄새, 맛, 자극 등을 이용하여 호흡보호구 내부로 오염물질의 침투 여부를 판단하는 방법이다.

㉠ 호흡보호구를 착용하고 있는 사람에게 외부에서 감미료(사카린법)나 쓴 맛(Bitrex법)의 에어로졸, 자극성의 흄(irritant fume법), 바나나향의 증기(isoamyl acetate법)를 뿜어준다.

㉡ 호흡보호구 착용자가 호흡보호구 내부에서 맛, 재채기, 냄새를 맡으면 밀착도가 불량하여 '불합격'으로 판정하고 그러하지 아니하면 밀착도가 양호하여 '합격'으로 판정한다.

② 정량적 밀착도검사(QNFT)

오염물질의 누설 정도를 양적으로 확인하기 위한 검사이다. 호흡보호구를 착용한 후 호흡보호구의 내부와 외부에서 공기 중 에어로졸의 농도를 비교하거나 착용자가 호흡할 때 생기는 압력의 차이를 이용하여 새어 들어오는 정도를 양적으로 비교하는 방법이다. 전면형 호흡보호구는 정량적 밀착도검사를 실시토록 한다.

㉠ 에어로졸이나 압력을 측정할 수 있는 정량적 밀착도검사 장비를 실험실에 설치하고 작동시킨다.

㉡ 호흡보호구를 착용하고 있는 사람을 실험실과 검사장비에 노출시키고 호흡보호구 안과 밖의 에어로졸 농도나 압력의 차이를 측정한다.

㉢ 검사를 실시할 때에는 작업할 때를 가정하여 동작검사(exercise regime)를 실시한다.

(4) 밀착도검사의 기록

밀착도검사의 기록은 시험기간 중에 연속적으로 아래와 같은 사항을 기록하여야 한다.

① 밀착도검사의 형식
② 호흡보호구의 구조와 형식, 모델명
③ 피시험자 성명과 시험자 성명
④ 검사시기와 결과

(5) 밀착도 자가점검

착용자가 오염지역으로부터 적절히 보호되고 있다는 것을 확인하기 위하여 호흡보호구를 착용할 때마다 아래와 같이 밀착도 자가점검을 시행해야 한다.

① 음압 밀착도 자가점검

    ㉠ 호흡보호구의 흡입구나 흡입관을 손바닥이나 테이프로 막는다.

    ㉡ 정화통이나 방진필터가 부착되어 있으면 이 부분을 손이나 테이프로 막는다.

    ㉢ 천천히 숨을 들어 마시고 10초 정도 정지한다. 이때 안면부가 약간 조여들거나 공기가 안면부 내로 들어오는 느낌이 없다면 밀착도는 좋은 상태이다.

② 양압 밀착도 자가점검

배기밸브가 있는 호흡보호구에 대하여 실시한다. 이 방법은 배기밸브가 없는 호흡보호구에 대해서는 시행하기 어렵다.

    ㉠ 배기밸브를 손으로 막거나 마개를 부착하여 막는다.

    ㉡ 착용자는 천천히 숨을 내쉰다.

    ㉢ 안면부의 내부가 약간 양압이 되어 마스크 안면부와 안면과의 접촉면으로 공기가 새어나가는 느낌이 없다면 밀착도는 좋은 상태이다.

③ 음압 및 양압 밀착도 자가점검 때 주의사항

음압 또는 양압 밀착도 자가점검을 할 때 흡기구 또는 배기밸브를 확실하게 막지 않으면 밀착도 자가점검의 결과는 신뢰할 수 없으므로 밀착도 자가점검을 할 때에는 호흡보호구 착용자를 시험 전에 충분히 교육시킨다.

08   호흡보호구의 사용

(1) 호흡보호구 착용 및 관리 매뉴얼 작성

사업주는 호흡보호구를 적절하게 사용하기 위하여 아래 사항의 착용 및 관리규정(매뉴얼)을 작성한다.

① 호흡보호구 착용 및 관리규정 책임부서

② 노출 유해인자 및 작업특성

③ 호흡보호구의 선정

④ 근로자의 훈련 및 교육

⑤ 밀착도검사

⑥ 보호구 착용 전후 효과평가(건강진단)

⑦ 호흡보호구 사용

⑧ 호흡보호구의 세척, 유지 및 보수

(2) 교육

관리자, 지급자 및 착용자에게 호흡보호구를 항상 올바르게 착용토록 하기 위하여 사용경험이 있는 유자격자로부터 충분한 교육을 받을 수 있도록 한다.

① 관리자에 대한 교육

관리자는 호흡보호구가 적절히 사용될 수 있도록 다음과 같은 항목이 포함된 교육을 받아야 한다.

- ㉠ 호흡보호구 착용방법
- ㉡ 노출 유해인자의 성상과 농도
- ㉢ 호흡보호구를 선택하는 원칙과 기준
- ㉣ 착용자에 대한 교육방법
- ㉤ 지급기준 및 지급할 때 유의사항
- ㉥ 착용상태 모니터링 방법
- ㉦ 보호구의 보수와 관리

② 지급자에 대한 교육

보호구 지급업무 담당자에게는 호흡보호구가 각 용도에 따라 올바르게 지급되고 있는 것을 확인할 수 있도록 충분한 교육을 실시하여야 한다.

③ 착용자에 대한 교육

호흡보호구가 올바르게 사용될 수 있도록 각 착용자에게는 다음 항목에 대한 교육을 실시하여야 한다.

- ㉠ 호흡보호구 착용 필요성 및 건강보호 효과
- ㉡ 노출 유해인자의 종류, 성상, 농도 및 영향
- ㉢ 공학적 대책이 수립되지 않았거나 수립되었다 하더라도 유해인자에 노출될 수 있으므로 호흡보호구 착용이 필요하고, 공학적 개선대책이 보호구 착용보다 우선적으로 선행되어야 한다는 설명
- ㉣ 호흡보호구의 선택방법에 대한 설명
- ㉤ 선택된 호흡보호구의 작동, 성능 및 제한점 설명
- ㉥ 호흡보호구의 점검법, 착용법 및 밀착성 점검 등의 지도
- ㉦ 모든 착용자에 대하여 호흡보호구의 취급방법과 밀착성을 확인하기 위하여 시험환경(호흡보호구의 누설이나 고장 여부를 찾아내기 위하여 만들어진 시험용 챔버 등의 환경)에서의 착용 실습
- ㉧ 보수와 관리방법

ㅈ 긴급사태 시 대처하는 방법

ㅊ 특수한 호흡보호구의 필요한 경우의 지도

ㅋ 사업주 지급 의무 및 근로자 착용 준수사항에 관한 법규

④ 착용법 지도와 교육

착용 지도와 교육을 각 착용자에 대하여 실시하며, 지도 및 교육내용은 아래와 같은 내용이 포함되어야 한다. 그리고 각 호흡보호구 착용자는 적어도 1년에 1회 이상 재교육 받는다

㉠ 착용방법, 벗는 방법

㉡ 호흡보호구를 밀착시킴으로써 착용자가 느끼는 불쾌감을 가능한 한 줄이는 것

㉢ 착용자가 호흡보호구 작동방법 및 특성을 알 수 있도록 교육

㉣ 착용자가 유해환경에서 보호되고 있다는 것을 체험시키기 위하여 유사한 시험 환경에서 호흡보호구 착용 훈련을 할 것

㉤ 정화통을 포장에서 개봉 시 개봉일자를 정화통 본체에 기재할 것

(3) 호흡보호구의 지급

각 용도에 맞는 적정 호흡보호구를 지정하고 매뉴얼에 따라 지급한다.

(4) 사용 전의 점검

정상작업, 임시작업, 긴급상황 또는 구출할 때 사용하는 호흡보호구를 지급받은 근로자는 보호구가 양호하게 작동되는지를 확인하기 위하여 사용 전 밀착도 자가점검 등을 하여야 한다.

(5) 사용할 때의 확인 및 주의사항

다음과 같은 경우가 발생한 경우에는 착용자에게 작업장을 신속히 벗어나도록 사전에 교육을 실시하여야 한다.

① 호흡보호구가 충분한 보호성능을 나타내지 않을 때

② 호흡보호구의 고장

③ 공기오염물의 누설

④ 호흡저항이 증가하여 호흡에 지장을 초래할 때

⑤ 착용한 때에 고도의 불쾌감을 느낄 때

⑥ 착용사에게 어지러움, 구역질, 호흡곤란, 발열 및 한기 등의 증상이 있을 때

09 호흡보호구의 유지·관리

(1) 유지관리 계획

호흡보호구 착용 및 관리매뉴얼에는 세척과 소독, 점검, 부품 교환과 수리 및 보관의 항목이 포함되어야 한다.

(2) 세척과 소독

① 세척과 소독은 다음과 같은 간격으로 이루어져야 한다.

　㉠ 일상적으로 사용하는 개인지급용 호흡보호구는 매일 세척

　㉡ 비상대응용과 때때로 사용하는 호흡보호구는 사용 후 세척

　㉢ 여러 사람이 사용하도록 지급된 호흡보호구는 다른 사람이 사용하기 전

　㉣ 밀착도검사나 교육 훈련용으로 사용된 호흡보호구는 각 사용 후

② 세척 및 위생관리는 다음과 같은 과정을 걸쳐 실시한다.

　㉠ 모든 분리 가능한 부품(예를 들어, 필터, 정화통, 다이어프램, 밸브)을 제거하고 검사한다. 보수하거나 버릴 것은 버린다.

　㉡ 경세제 혹은 제조업체에서 추천한 세척액이 섞인 따뜻한 물을 가지고 각 부품을 세척한다. 먼지 같은 오물 제거에는 솔을 사용할 수 있다. 부품이 손상되지 않게 주의한다. 세척하는 물은 고무와 플라스틱 부품이 손상되는 것을 방지하기 위해 43.3℃를 넘지 않도록 한다.

　㉢ 깨끗하고 따뜻하며(43.3℃) 흐르는 물로 각 부품을 헹군다.

　㉣ 부품을 다음의 용액 중 하나에 2분 정도 담근다.

　　ⓐ 50℃의 물 1L에 세탁 표백액 약 1mL로 만든 차염소산용액(염소 50ppm)

　　ⓑ 43.3℃의 물 1L에 요오드딩크 약 0.8mL로 만든 세척액(요오드 50ppm)

　㉤ 깨끗하고 따뜻하며(43.3℃) 흐르는 물로 각 부품을 헹군다.

　㉥ 깨끗하고 보풀이 없는 천이나 건조한 공기 중에서 부품을 말린다.

　㉦ 각 부품을 재조립한다.

　㉧ 모든 부분이 잘 작동되는지 테스트해 본다.

　㉨ 만약 일회용을 다시 사용하려면 경세제가 섞인 물이나 알코올 와이퍼를 가지고 얼굴이 닿는 부분을 씻어준다. 일회용은 의도한 만큼 사용한 후에는 기본적으로 유지·관리 없이 버리는 것을 우선 생각해야 한다.

ⓩ 시간적인 여유가 없어서 세척을 하지 못하는 경우에는 자외선 소독기를 비치하고 그 안에 호흡보호구를 넣어 살균하도록 한다.

③ 미생물의 발생장소에서 착용한 호흡보호구는 70% 소독용 알코올로 살균하여 보관한다.

(3) 점검

① 호흡보호구의 착용자 및 관리자는 사용 전후에 호흡보호구가 적절하게 작동하고 있는가의 여부를 확인하기 위하여 점검한다.

② 세척과 소독 후 각 호흡보호구가 적정하게 작동되고 있는가, 부품의 교환과 수리를 필요로 하는가 또는 폐기해야 하는가를 결정하기 위하여 점검한다.

③ 긴급용 또는 구출용으로 보관되어 있는 모든 호흡보호구의 부품 등은 최소한 월 1회 이상 점검하며, 점검항목은 접속부, 머리끈, 밸브, 연결관, 여과재, 정화통, 사용종료시기, 재고 유효일자, 조절기 및 경보장치 등의 파손, 손상 및 훼손 여부 등이다.

④ 공기공급식 호흡보호구의 공기호스 또는 압력공기 공급관과 자급식 공기원(공기탱크)의 용기 내부에 들어있는 호흡용 공기의 공기질을 6개월 1회 이상 평가하여 아래의 [표 8] 호흡용 공기의 기준치를 넘을 시 필터 교체 및 용기 내부 검사 또는 용기 내부를 세척한다.

◈ **[표 8] 호흡용 공기의 기준치**

항 목	기준치
수분	$25mg/m^3$ 이하
오일미스트	$5mg/m^3$이하
이산화탄소	1,000ppm 이하
일산화탄소	10ppm 이하
산소	19.5~23.5%

⑤ 호흡용 공기질 평가 및 확인은 반드시 산업위생관리산업기사 또는 소방안전관리자 이상의 자격을 갖춘 자가 하여야 한다.

(4) 부품 교환과 수리

① 호흡보호구의 조립, 고장 및 파손에 대하여 당해 교육을 받지 아니한 자에게 부품 교환과 수리를 맡기지 않는다.

② 교환된 부품은 당해 호흡보호구 제조업자가 제공한 부품으로 한정한다.

③ 수리할 감압밸브 압력조절기 및 경보기 등은 제조업자 또는 기술자에게 의뢰한다.

(5) 보관

① 호흡보호구는 먼지, 직사광선, 과도한 고온 · 저온 · 습도 그리고 손상을 줄 가능성이 있는 화학물질을 피해서 보관해야 한다.

② 모든 호흡보호구는 작업환경과 격리되는 깨끗한 장소의 캐비넷에 보관해야 한다.

③ 일상적으로 사용하지 않는 호흡보호구 또는 탈출용 호흡보호구는 긴급상황이 발생하였을 때 착용자가 쉽게 접근할 수 있는 장소에 보관해야 한다.

④ 일상적으로 사용되는 호흡보호구는 작업 벤치, 도구함 혹은 락카에 보관하지 말아야 한다. 이럴 경우 오염, 형태의 뒤틀림, 손상될 우려가 있다.

⑤ 탈출용인 경우에는 반드시 다음과 같이 해야 한다.

　㉠ 작업장소에서 접근이 가능해야 한다.

　㉡ 보관하는 함에는 "탈출용 호흡보호구"라고 적혀 있어야 한다.

　㉢ 조선소에서 호흡보호구를 야드(yard)에 갖고 다니면서 도장작업을 해야 하는 경우에는 반드시 지퍼백에 집어넣어 오염물질이 달라붙지 않도록 보관해야 한다.

　㉣ 가능한 한 제조회사의 지침에 따라 보관해야 한다.

(6) 승인된 호흡보호구의 사용

관련 법령에 의하여 인증받은 호흡보호구를 사용하며 인증이 취소되었을 경우에는 더 이상 사용하지 않는다.

(7) 사용 상황의 감시

관리자는 근로자가 호흡보호구를 적절하게 착용하고 있는가를 확인하기 위하여 정기적으로 그 사용 상황을 감시한다.

(8) 호흡보호구 착용 및 관리 적정성 평가

최소한 매 1년마다 호흡보호구 착용 및 관리에 대한 성과를 평가한다.

참고 **밀착도검사 방법**

1. 방진마스크
   (1) 정성적 밀착도검사 방법 – 사카린(Saccharin) 에어로졸법
   ① FT-10/FT-10S 또는 동일 형식의 키트를 이용한다.
   ② 밀착도검사의 수행 전에 보호구 착용 근로자에 대한 민감도검사(sensitivity test)를 실시한다.
   　　㉠ 키트의 후드를 씌운 다음 묽은 사카린 용액을 분무기(nebulizer)에 넣고 10회에 걸쳐 후드 안으로 주입한다.
   　　㉡ 근로자에게 맛을 느끼는지 확인한다. 맛을 느끼는 사람에 한하여 밀착도검사를 실시한다.
   ③ 밀착도검사를 위해 호흡보호구를 착용한 근로자에게 후드를 씌운다.
   ④ 진한 사카린 용액을 매 30초마다 후드 안으로 주입하여 후드 안을 에어로졸로만 시킨다.
   ⑤ 피검자에게 후드를 쓴 채로 동작검사 6종을 순서대로 실시하게 한다.
   ⑥ 동작검사를 실시하는 동안 피검자가 맛을 느끼면 밀착도검사는 불합격으로 처리한다.

> **동작검사 6종(six exercise regime)**
> ① 정상 호흡 : 선 자세에서 60초 동안 정상 호흡을 실시한다.
> ② 깊은 호흡 : 선 자세에서 60초 동안 깊은 호흡을 실시한다.
> ③ 머리 움직임 : 선 자세에서 머리를 좌측 및 우측으로 약 70~80도 정도 돌린 상태에서 한쪽 방향에서 약 5~6초 동안 있으면서 2회씩 정상 호흡을 실시한다. 그 다음 상하 방향으로 지면과 약 70~80도 정도로 숙이거나 젖혀서 한쪽 방향에 약 5~6초 동안 있으면서 정상 호흡을 실시한다. 머리 움직임 운동은 60초 동안 반복적으로 실시한다.
> ④ 읽기 : 선 자세에서 안면 근육이 많이 움직일 수 있도록 크고 천천히 60초 동안 글을 읽는다.
> ⑤ 조깅 : 제자리에서 60초 동안 150~180회 정도의 조깅을 실시한다.
> ⑥ 정상호흡 : 선 자세에서 60초 동안 정상 호흡을 실시한다.

   (2) 정량적 밀착도검사 방법 – 공기중 에어로졸 측정법
   ① 피검자는 측정 전 수염을 깎게 하고 흡연자에게는 측정 한 시간 전부터 금연을 시킨다.
   ② 밀착도검사를 시행하기 전 현재 사용하고 있는 방진필터나 정화통을 떼어내고 특급 방진필터로 교체한다.
   ③ 마스크 안의 에어로졸을 측정하기 위하여 마스크에 탐침(probe)을 만들어 장착한다. 미국에서 제작된 마스크들은 밀착도검사를 위해 각 브랜드별 어댑터(adaptor)가 부착된 호흡보호구를 판매한다.
   ④ 측정실험실의 에어로졸 농도가 낮으면(2,000particles/cc 미만) 밀착도검사가 불가능하므로 에어로졸 발생장치를 1시간 전부터 측정이 끝날 때까지 작동시켜 에어로졸의 농도를 안정화시킨다.
   ⑤ 피검자는 호흡보호구를 착용한 후 좌우 상하로 세차게 흔들어 보호구가 흔들리는지 확인한 다음 착용 후 대략 5분이 경과하여 밀착도검사에 들어간다. 반드시 양압이나 음압의 밀착도 자가점검을 실시한다.
   ⑥ 측정장비를 켜고 공기 중 에어로졸 농도를 측정하여 밀착도검사가 가능한지 확인한다.
   ⑦ 측정하는 동안 다음의 동작검사를 실시한다.
   ⑧ 반면형인 경우는 밀착계수(FF ; Fit Factor) 100, 전면형인 경우는 FF 500 이상이 나오면 '합격', 그렇지 아니하면 '불합격'으로 판정한다.

▌사카린(Saccharin) 에어로졸법 ▌   ▌공기 중 에어로졸 측정법 ▌

동작검사(exercise regime)

1. 안면부 여과식
   ① 허리 굽혔다 펴기 : 50초 동안 발가락에 손이 닿을 만큼 허리를 구부렸다 펴는 동작을 반복하고 가장 허리를 많이 굽혔을 때 2번 숨을 들이쉰다.
   ② 말하기 : 30초간 시험자가 들을 수 있게 최대한 크고 천천히 말한다. 미리 준비된 지문을 이용하거나 100부터 거꾸로 숫자를 세거나 또는 시나 노래를 부른다.
   ③ 머리를 좌우로 움직이기 : 선 자세에서 30초간 머리를 천천히 좌우로 움직인다. 머리를 최대한 왼쪽과 오른쪽으로 움직인 시점에서 숨을 2회 들이쉰다.*
   ④ 머리를 상하로 움직이기 : 선 자세에서 39초간 머리를 천천히 상하로 움직인다. 머리를 최대한 위와 아래로 움직인 시점에 숨을 2번 들이쉰다.*
2. 직결식(반면형, 전면형)
   ① 허리 굽혔다 펴기 : 50초 동안 발가락에 손이 닿을 만큼 허리를 구부렸다 펴는 동작을 반복하고 가장 허리를 많이 굽혔을 때 2번 숨을 들이쉰다.
   ② 제자리 뛰기 : 30초간 정해진 장소에서 제자리 뜀을 반복한다.
   ③ 머리를 좌우로 움직이기 : 선 자세에서 30초간 머리를 천천히 좌우로 움직인다. 머리를 최대한 왼쪽과 오른쪽으로 움직인 시점에서 숨을 2회 들이쉰다.*
   ④ 머리를 상하로 움직이기 : 선 자세에서 39초간 머리를 천천히 상하로 움직인다. 머리를 최대한 위와 아래로 움직인 시점에 숨을 2번 들이쉰다.*
   * 이 동작을 하는 동안 다른 시점에서 추가적으로 호흡을 더 쉬는 것은 피험자의 자유에 맡긴다.

2 방독마스크
   (1) 정성적 밀착도 검사 방법 – Isoamyl acetate 법
     ① 민감도검사
        ㉠ 1L의 유리병에 800mL의 증류수를 넣고 1mL의 isoamyl acetate를 넣어 30분 동안 흔들어 표준용액으로 사용한다(이 용액은 1주일 동안 사용할 수 있다).
        ㉡ 표준용액에서 0.5mL를 취하여 500mL의 증류수가 들어 있는 두 번째 유리병에 첨가하여 30분 동안 흔들어 민감도검사에 사용한다(이 용액은 하루 동안만 사용 가능하다).
        ㉢ 세 번째 유리병에는 blank test를 위하여 500mL의 증류수만 넣는다.
        ㉣ 두 번째와 세 번째 병을 각각 2초 동안 흔들어 피검자로 하여금 바나나 냄새를 맡는지 여부를 확인한다.

ⓓ 바나나 냄새를 감지한 피검자를 대상으로 밀착도검사를 실시한다.

※ 민감도검사는 환기가 잘 이루어지는 방에서 실시하여야 하며, 밀착도검사를 실시하는 방과 분리된 곳이어야 한다.

② 정성적 밀착도 검사

㉠ 폭 90cm(36인치), 길이 150cm(61인치)의 폴리에틸렌백을 직경 60cm(24인치)의 격자에 뒤집어 씌운 다음 208L(55갤런) 용량의 챔버를 만든다.

㉡ 챔버를 민감도검사를 실시하지 않은 공간에 피검자의 머리에서부터 20cm(6인치) 되는 높이에 거꾸로 설치한다.

㉢ 피검자는 마스크를 착용하고 밀착도 자가점검을 실시한 다음 좌우로 세차게 흔들어 흔들리는지를 확인하고 적어도 5분 동안 편안한지를 점검한 후 밀착도검사를 실시한다. 만약 편안하지 않거나 흘러내리는 기분이 들 경우에는 다시 착용하고 반복하여 검사하도록 한다.

㉣ 피검자는 10×12cm(4×5인치)의 종이 타올을 반으로 접고 순수 원액 isoamyl acetate 0.5mL를 적신 다음 종이 타올을 갖고 챔버 안으로 들어가 챔버 위에 달린 후크에 매어 달도록 한다.

㉤ Isoamyl acetate의 농도가 안정된 상태를 유지하도록 2분을 기다린 후 동작검사 6종을 실시한다.

㉥ 위와 같이 실시할 경우 챔버 내의 isoamyl acetate 농도는 150ppm이다.

㉦ 바나나 냄새를 맡으면 밀착도검사에 실패한 것으로 즉시 챔버를 나와 다른 방에서 다른 보호구를 착용하고 위의 사항을 반복한다. 냄새를 맡지 못하면 검사를 통과한 것으로 문제의 보호구를 착용해도 좋으며 측정자는 즉시 종이 타올을 제거하여 측정실의 오염을 방지한다.

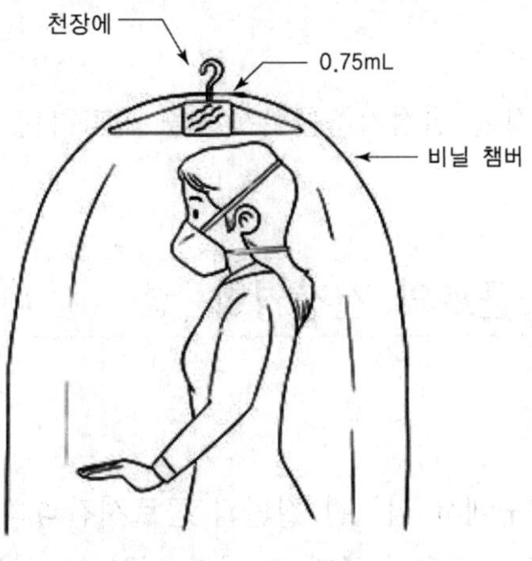

▌ Isoamyl acetate 법 ▌

SECTION 26

장시간 근로자 보건관리 지침
(KOSHA GUIDE, H-47-2021)

01 용어의 정의

(1) "법정기준근로시간"

「근로기준법」에 의해 주 단위 및 1일 단위로 정하여져 있는 기준근로시간을 말하며, 1주간의 근로시간은 휴게시간을 제외하고 40시간, 1일의 근로시간은 휴게시간을 제외하고 8시간을 초과할 수 없음을 말한다.

(2) "장시간 근로"

「근로기준법」에서 정한 법정기준근로시간을 초과하는 근로를 말한다.

02 장시간 근로의 건강영향

(1) 심혈관계

현재까지 발표된 연구에서 심혈관 질환과 근로시간과의 관계를 요약하면 대체로 1일 노동시간이 11시간 이상인 경우와 주당 60시간 이상 근무하는 경우에는 심혈관 질환에 영향을 미치는 것을 확인할 수 있다.

(2) 뇌혈관계

장시간 근로와 뇌혈관 질환에 대한 연구는 부족하지만, 뇌혈관 질환과 심혈관 질환은 기본적인 병태생리가 유사하므로 장시간 근로가 심혈관 질환에 미치는 영향이나 뇌혈관 질환에 미치는 영향이 유사할 것으로 추정된다.

(3) 근골격계

장시간 근로와 손과 팔의 불편감, 목과 어깨 질환의 유병률이 관련성이 있다. 13시간 이상의 장시간 근로, 휴일근무 등은 근골격계 질환을 증가시킨다.

(4) 생식건강

장시간 근로로 인한 생식건강 영향으로 임신까지의 기간 증가, 조산이 증가한다.

(5) 정신건강

장시간 근로를 할수록 자살율이 증가하고, 수면의 질이 낮아진다.

(6) 내분비계

장시간 근로로 인해 당뇨 위험성이 증가한다.

(7) 면역계

장시간 근로에서 면역계에 부정적인 영향을 준다고 알려져 있다.

(8) 사고 증가

장시간 근로는 안전에 영향을 준다. 장시간 근로가 주의집중을 방해하고, 위기를 다루는 행동에 영향을 주기 때문이다.

(9) 건강 관련 행위

근로시간이 길수록 흡연과 음주와 같은 부정적인 생활습관이 많아지고 운동 등의 신체활동은 줄어든다. 따라서 체중이 증가하여 건강에 나쁜 영향을 줄 수 있다.

(10) 기타

장시간 근로는 건물증후군(Sick building syndrome)의 위험을 증가시킬 수 있다.

03 장시간 근로자의 보건관리

(1) 사업주 조치사항

① 하루에 11시간 이상의 연장근로와 야간근로는 최소한으로 하여야 한다.
　㉠ 생리주기와 수면주기를 고려하고 졸음을 방지하기 위해서는 연속적인 야간근로가 4회를 넘지 않아야 한다.
　㉡ 가능하면 근무시간 종료 후 11시간 이상의 휴식시간은 확보되어야 식사와 이동시간을 제외하고 최소한 6시간의 수면시간을 확보할 수 있다.
　㉢ 가능하면 최소한 1주일에 한 번 정도는 온전한 하루, 즉 연속된 24시간을 쉴 수 있도록 일정을 짜야 한다.
　㉣ 일주일 7일의 근무를 해야 하는 상황에서도 한 달에 두 번은 이틀을 충분히 쉴 수 있는 휴일을 제공한다.
　㉤ 근무 중 적절한 휴식시간을 제공한다.
② 정기적이며 예측할 수 있는 일정을 확보하는 것이 좋다.
　㉠ 비정기적인 근무일정으로 수면부족과 피로가 발생하므로 가능한 비정기적인 근무일정은 피하는 것이 좋다.
　㉡ 근무일정은 최소 1주일 전에는 알 수 있도록 하여야 하며, 근로자 본인의 동의를 구해야 가족생활과 다른 사회생활에 어려움을 최소화할 수 있다.
③ 사업주는 근로자의 1개월간 주당 평균 52시간 이상인 경우 근로자의 신청을 받아 보건관리자에 의한 면접지도를 실시하도록 하며 면접지도를 할 때에는 다음 사항을 고려한다.
　㉠ 작업환경, 작업내용, 근로시간 등 피로와 스트레스 요인에 대하여 평가하고 근로시간 단축, 장·단기 순환작업 등 개선대책 필요성 검토
　㉡ 작업량과 작업일정 등에 대한 근로자의 의견 수렴
　㉢ 작업과 휴식의 배분 등 근로시간과 관련된 근로조건 검토
　㉣ 근로시간 이외의 근로자 활동에 대한 복지 차원의 지원 필요성 검토
　㉤ 건강진단 결과와 상담자료 등을 참고하여 적정하게 근로자를 배치하고 피로와 스트레스 요인, 건강 문제 발생 가능성 및 대비책 등에 대하여 당해 근로자에게 충분히 설명할 것
④ 사업주는 면접지도 결과, 필요하다고 인정되는 때에는 취업장소의 변경, 작업의 전환, 근로시간의 단축, 야간근무의 감소 등의 필요한 조치를 실시한다.

⑤ 사업주는 작업장에 적절한 휴식공간을 조성한다.

  ㉠ 휴식시간에 간단한 음료를 마시고 앉아서 쉴 수 있는 편이시설이 있는 공간

  ㉡ 야간 근무 시에 사이잠을 잘 수 있는 가수면실

⑥ 사업주는 야간근무 시에 작업환경에 관심을 기울여 주의력 부족 등으로 인한 재해 발생을 예방하도록 한다.

  ㉠ 부족한 조명이 있거나 소음이 있는 곳에서 근무하는 것은 피한다.

  ㉡ 적절한 온도를 유지하도록 난방 및 냉방 장치가 필요하다.

  ㉢ 근로자 1인 근무는 사고위험이 증가하기 때문에 피하도록 한다.

  ㉣ 유해물질 노출작업을 하는 경우에는 12시간 근무를 피하도록 한다.

  ㉤ 야간근무 중 매점이나 따뜻한 음식과 음료를 제공해 주는 이용시설을 갖추도록 해야 한다.

(2) 보건관리자 조치사항

① 보건관리자는 근로자의 근무시간을 관리하고, 근로자의 근무상황, 피로의 축적정도, 그 밖의 정신건강을 포함한 근로자의 건강상태에 관하여 확인하고 근로자 본인에게 필요한 사항을 지도해야 한다.

② 수면위생에 대해 교육하고, 필요할 경우 의사에 의한 진료를 받도록 한다.

  ㉠ 수면위생에 대해 교육할 사항은 다음과 같다.

    ⓐ 최소한 하루에 6시간 이상의 수면시간을 확보하도록 노력한다.

    ⓑ 쾌적한 수면환경을 조성한다. : 소음을 차단하고, 최대한 침실을 어둡게 만들고, 가능한 침실에서 자도록 한다.

    ⓒ 침실에서는 회사 잔무처리와 같은 골치 아픈 일거리를 벌이지 않는다.

    ⓓ 시장해서 잠이 안 오면 간단한 간식을 먹는다.

    ⓔ 잠자리에 들기 전에 과식을 하거나 음주를 하는 것은 자제한다.

    ⓕ 수면제 복용은 반드시 의사와 상담 후에 복용하는 것이 좋고 정기적으로 매일 복용하는 것은 일반적으로 추천되지 않는다.

    ⓖ 매일 규칙적으로 적절한 양의 운동을 한다.

  ㉡ 의사의 진료가 필요한 수면문제는 다음과 같다.

    ⓐ 지난 수개월 동안 30분 이내에 잠을 들지 못한다.

    ⓑ 잠을 자는 중간에 자주 깬다.

    ⓒ 편안하게 숨을 쉴 수 없거나 코골이가 심하다.

ⓓ 수면 중에 악몽을 자주 꾸거나 통증을 느낀다.

ⓔ 잠을 들거나 수면을 유지하기 위하여 수면제나 술을 마셔야 한다.

ⓕ 수면 후에도 피로가 회복되지 않고 직업적, 사회적 혹은 기타 중요한 기능적 영역에 지장을 일으킨다.

③ 근로자의 1개월간의 근로시간을 파악하여 주당 평균 52시간을 초과하였고, 다음의 증상을 호소하는 경우에는 산업의학전문의에게 의뢰한다. 산업의학전문의에게 진료를 의뢰해야 하는 경우는 다음과 같다.

㉠ 장시간 근로를 한 근로자가 극심한 육체적 피로나 정신적 불안을 호소하는 경우

㉡ 수면장애를 호소하는 경우

㉢ 장시간 근로로 인해 심신의 피로가 있는 근로자가 의사의 진료를 원하는 경우

④ 상담지도에 관여하는 보건관리자는 근로자나 사업주로부터 얻은 정보에 대해 비밀을 지켜야 한다.

(3) 개인 조치사항

① 장시간 근무로 인한 피로와 저하된 신체능력의 회복을 위해 근로자는 6시간 이상의 수면을 취해야 한다.

② 피로감이 심하게 느껴질 경우 휴식시간을 이용하여 낮잠을 자는 것이 좋다.

㉠ 15분 이내의 낮잠은 오히려 더 졸리게 만들게 되므로 낮잠은 가능하면 20분에서 30분 정도 취하는 것이 좋다.

㉡ 피로 회복과 스트레스 해소를 위해 카페인과 술을 섭취하는 것은 되도록 삼가도록 한다.

③ 정기적이고 적절한 운동은 심혈관 질환의 발병 위험을 낮추고, 피로로부터 쉽게 회복할 수 있도록 도움을 준다.

SECTION 27 실험실 안전보건에 관한 기술 지침
(KOSHA GUIDE, G-82-2018)

01 용어의 정의

(1) "실험"

도구, 장치, 원료, 물질, 에너지 등을 이용하여 어떠한 물건이나 현상에 변화를 일으키게 하며 관찰하는 일로서 과학적 또는 기술적인 현상의 규명이나 결과 도출을 구하기 위한 모든 작업을 말한다.

(2) "실험실"

장치 등이 설치된 연구실 등을 포함하여 실험을 하기 위한 목적으로 구획된 모든 장소를 말한다.

(3) "위험"

인적 재해, 물적 손실, 환경적 피해 또는 이들 요소가 혼재되어 있는 상태 또는 잠재적인 상황을 말한다.

(4) "위험성 평가"

유해 · 위험요인을 파악하고 해당 유해 · 위험요인에 의한 부상 또는 질병의 발생 가능성(빈도)과 중대성(강도)을 추정 · 결정하고 감소대책을 수립하여 실행하는 일련의 과정을 말한다.

(5) "사고"

위험에 노출되어 발생되는 바람직스럽지 못한 결과를 초래하는 것을 말한다.

(6) "위험요인"

실험실에서 보유하고 있는 장치나 유해물질, 재료 등에 의하여 유해·위험을 일으킬 잠재적 가능성이 있는 것의 고유한 특징이나 속성을 말한다.

(7) "유해물질"

제조금지물질, 허가대상 유해물질 및 관리대상 유해물질 등으로 화재·폭발 위험성이 있거나 또는 인체에 유해한 물질을 말한다.

(8) "부스(Booth)"

실험실 등에서 유해물질 취급 시에 발생하는 증기, 가스, 흄(Fume), 분진 등을 제거하기 위한 설비를 말한다.

(9) "실험실 종사자"

사업장의 부속 실험실 및 대학·연구기관 등에 종사하는 연구책임자, 연구원 및 연구보조원 등을 말한다.

02 실험실의 안전보건 수칙

(1) 실험실 안전보건관리 수칙

① 실험실에서 안전사고 및 화재·폭발을 예방하기 위하여 실험실별로 특성에 맞는 안전보건관리 규정을 작성하고, 이를 이행하여야 한다. 또한, 안전보건관리 규정을 각 실험실에 게시 또는 비치하고, 이를 실험실 종사자에게 알려야 한다.

② 실험대, 실험부스, 안전통로 등은 항상 청결하게 유지하여야 한다.

③ 실험실의 전반적인 구조를 숙지하고 있어야 하며, 특히 출입구는 항상 피난이 가능한 상태로 유지하여야 한다.

④ 사고 시 연락 및 대피를 위해 출입구 벽면 등 눈에 잘 띄는 곳에 비상연락망 및 피난 안내도를 부착하여야 한다.

⑤ 소화기는 눈에 잘 띄는 위치에 비치하고, 실험종사자가 소화기 사용법을 숙지하도록 교육하여야 한다.

⑥ 실험에 필요한 시약만 실험대에 놓아두고, 또한 실험실 내에 일일 사용에 필요한 최소량만 보관하여야 한다.

⑦ 시약병은 깨끗하게 유지하고, 라벨(Label)에는 물질명, 위험 · 경고 · 주의 표지, 뚜껑을 개봉한 날짜를 기록해 두어야 한다.

⑧ 실험 시의 폐액이나 누출된 유해물질은 싱크대나 일반 쓰레기통에 버리지 말고 폐액 수거용기에 안전하게 버려야 한다.

⑨ 실험실의 안전점검표를 작성하여 정기적으로 실험실 내 실험장치, 시약보관상태, 소방설비 등을 점검하여야 한다. 안전점검의 종류 및 실시 시기는 아래와 같이 실시할 수 있다.

　㉠ 일상점검 : 실험실에서 사용되는 기계 · 기구 · 전기 · 약품 · 병원체 등의 보관 상태 및 보호장비의 관리 실태 등을 육안으로 실시하는 점검으로서 실험을 시작하기 전에 매일 1회 실시

　㉡ 정기점검 : 실험실에서 사용되는 기계 · 기구 · 전기 · 약품 · 병원체 등의 보관 상태 및 보호장비의 관리 실태 등을 안전점검기기를 이용하여 실시하는 세부적인 점검으로서 매년 1회 이상 실시

　㉢ 특별안전점검 : 폭발사고 · 화재사고 등 실험실 종사자의 안전에 치명적인 위험을 야기할 가능성이 있을 것으로 예상되는 경우에 실시하는 점검으로서 실험실 관리 책임자가 필요하다고 인정하는 경우에 실시

⑩ 취급하고 있는 유해물질에 대한 물질안전보건자료(MSDS ; Material safety data sheet)를 게시하고 이를 실험실 종사자가 숙지하도록 교육하여야 한다.

⑪ 실험실 내에는 금지표지, 경고표지, 지시표지 및 안내표지 등 필요한 안전보건표지를 부착하여야 한다. 동 안전보건표지 규격은 산업안전보건법 시행규칙에 의한다.

(2) 실험실 종사자 안전보건 수칙

① 유해물질, 방사성물질 등을 취급하는 실험실에서 실험실 종사자는 실험복, 보안경 등의 보호장비를 착용하고 실험을 하여야 한다. 일반인이 실험실을 방문할 때에는 보안경 등 필요한 보호장비를 착용하여야 한다.

② 유해물질 등 시약은 절대로 입에 대거나 냄새를 맡지 말아야 한다.

③ 유해물질을 취급하는 실험을 할 때에는 부스(Booth)에서 실시하여야 한다.

④ 절대로 입으로 피펫(Pipet)을 빨면 안 된다.

⑤ 하절기에도 실험실 내에서 긴 바지를 착용하여야 한다.

⑥ 음식물을 실험실 내 시약저장 냉장고에 보관하지 말고, 또한 실험실 내에서 음식물을 먹지 말아야 한다.

⑦ 실험실에서 나갈 때에는 비누로 손을 씻어야 한다.

⑧ 실험장비는 사용법을 확실히 숙지한 상태에서 작동시켜야 한다.

(3) 다른 실험 종사자의 안전에 대한 고려

① 주위 사람들의 안전에 대해서도 고려하여야 한다.

② 불안전한 행동을 하는 사람이 있을 경우 안전한 행동을 하도록 주지시켜야 한다.

③ 화재 또는 사고 시에 주위 사람에게 알린다.

(4) 실험과 관련된 위험성 평가

① 예방은 안전에서 가장 중요한 요소이므로 어떠한 실험을 계획하거나, 새로운 장비의 사용 및 유해물질을 다루기 전에 작업에 관계된 위험성과 안전조치에 대하여 알고 있어야 한다. 위험성을 알지 못하는 유해물질 등을 취급하는 실험을 할 경우에는, 실험 전에 위험요인 평가를 실시하여야 한다. 위험성 평가는 「사업장 위험성 평가에 관한 지침(고용노동부 고시)」에 따라 실시한다.

② 실험에 대한 위험성과 안전조치에 대한 정보를 공개하여 실험실 내 모든 종사자가 이용할 수 있도록 한다.

(5) 사고 시 행동 요령

① 사고를 대비하여 비상연락, 진화, 대피 및 응급조치 요령 등에 포함된 비상조치 절차를 "비상조치 계획 지침"을 참조하여 작성하여야 한다.

② 사고가 발생하였을 때에는 정확하고 빠르게 대응하여야 한다.

③ 실험실 내 샤워장치, 세안장치, 완강기, 소화전, 소화기, 화재경보기 등 안전장비 및 비상구에 대하여 잘 알고 있어야 한다.

④ 사고가 발생하면 다음 각 호와 같이 행동하도록 한다.

　㉠ 긴급조치 후 신속히 큰소리로 다른 실험 종사자에게 알리고 즉시 안전관리책임
　자에게 보고하고, 관련 부서에 도움을 요청하도록 한다.

　㉡ 화재나 사고를 가능한 한 초기에 신속히 진압하고, 필요시 응급조치를 취한다.

　㉢ 초기 진압이 어려운 경우에는 진압을 포기하고 건물 외부로 대피하도록 한다.

　㉣ 소방서, 경찰서, 병원 등에 연락하여 도움을 요청한다.

　㉤ 필요시 구급요원 등에 대해 사고 진행상황에 대하여 상세히 알리도록 한다.

(6) 비상조치 교육 및 훈련 요령

비상조치 교육 및 훈련 요령은 KOSHA GUIDE 비상조치계획 수립 지침(P-101), 주요 사고에 대비한 비상조치계획에 관한 기술 지침(G-104)을 참조하여 정기적으로 실시하여야 한다.

03 사고 시 응급조치

(1) 호흡정지

① 환자가 의식을 잃고 호흡이 정지된 경우 즉시 인공호흡을 해야 한다.

② 주변의 도움을 청하려고 시간을 낭비하지 말고 환자를 소생시키면서 도움을 청해야
한다.

(2) 출혈

① 환자는 편안하게 눕힌다.

② 출혈 시 상처 부위를 패드나 천으로 눌러서 지혈시킨다.

③ 위급할 때는 의류를 잘라 사용토록 한다.

④ 피가 흐르는 부위는 신체의 다른 부분보다 높게 하여 계속 누르고 있도록 한다.

⑤ 지혈대는 쓰지 않도록 한다.

⑥ 충격을 피하기 위해서 상처 부위를 감싸고 즉시 응급요원을 부르도록 한다.

(3) 화상

① 경미한 화상은 얼음이나 생수로 화상 부위를 식힌다.

② 옷에 불이 붙었을 때는 다음 각 호의 요령에 따른다.

  ㉠ 바닥에 누워 구르거나 근처에 소방 담요가 있다면 화염을 덮어 싸도록 한다.

  ㉡ 불을 끈 후에는 약품에 오염된 옷을 벗고 샤워장치에서 샤워를 하도록 한다.

  ㉢ 상처 부위를 씻고 열을 없애기 위해서 충분히 수돗물에 상처 부위를 담근다.

  ㉣ 상처 부위를 깨끗이 한 후 얼음주머니로 감싸고 충격을 받지 않도록 감싼다.

  ㉤ 사람을 향해 소화기를 사용하지 않도록 한다.

(4) 유해물질에 의한 화상

① 유해물질이 묻거나 화상을 입었을 경우 즉각 물로 씻는다.

② 유해물질에 의하여 오염된 모든 의류는 제거하고 접촉 부위는 물로 씻어낸다.

③ 유해물질이 눈에 들어갔을 경우 15분 이상 세안장치를 이용하여 깨끗이 씻고 즉각 전문의의 진료를 받는다.

④ 몸에 유해물질이 묻었을 경우 15분 이상 샤워장치를 이용하여 씻어내고, 전문의의 진료를 받는다.

⑤ 위급한 경우 즉시 구급차를 부르고 샤워장치를 이용하여 씻어낸다.

⑥ 유해물질이 몸에 엎질러진 경우 오염된 옷을 빨리 벗는다.

⑦ 보안경에 유해물질이 묻은 경우 시약이 묻은 부분은 완전히 세척하고 사용한다.

(5) 외상

외상 쇼크의 경우 재해의 성격이 분명하지 않다면 환자를 따뜻하게 하고 편안하게 눕힌 뒤 병원으로 이송시킨다.

04 실험실 안전장치

(1) 실험실 부스

① 구조

㉠ 제어풍속은 부스를 개방한 상태로 개구면에서 0.4m/s 정도로 유지되어야 한다. 다만, 부스가 없는 실험대에서 실험을 할 경우 상방향 후드의 제어풍속은 실험대 상부에서 1.0m/s 정도로 유지되어야 한다.

㉡ 부스 입구의 공기의 흐름방향은 입구 면에 수직이고 안쪽으로 향하여야 한다.

㉢ 부스 위치는 문, 창문, 주요 보행 통로로부터 떨어져 있어야 한다.

㉣ 실험장치를 부스 내에 설치할 경우에는 전면에서 15cm 이상 안쪽에 설치하여 야 하며, 부스 내 전기 기계기구는 방폭형이어야 한다.

② 유지관리

㉠ 부스는 규정에 맞추어 설치하여야 한다.

㉡ 부스는 항상 양호한 상태로 유지되어야 하며, 후드나 배기장치에 이상이 생겼 을 경우에는 즉시 수리를 의뢰하고 수리 중이라는 표지를 붙인다.

㉢ 후드로 배출되는 물질의 냄새가 감지되면 배기장치가 작동되는지 점검하고, 후 드의 작동상태가 양호하지 않으면 정비하도록 한다.

㉣ 후드 및 국소배기장치는 1년에 1회 이상 자체검사를 실시하여야 하며, 제어풍 속을 3개월에 1회 측정하여 이상 유무를 확인한다.

㉤ 실험용 기자재 등이 후드 위에 연결된 배기덕트 안으로 들어가지 않도록 한다.

㉥ 부스 앞에 서 있는 작업자는 주위의 공기흐름을 변화시킬 수 있으므로 실험자 를 2인 이하로 최소화한다.

㉦ 부득이하게 시약을 부스 내에 보관할 경우는 항상 후드의 배기장치를 켜 두어 야 한다.

(2) 유해물질 저장 캐비넷

① 실험실 내에 시약 등 유해물질을 저장할 경우에는 강제배기장치가 설치되어 통풍이 되는 캐비넷에 저장되어야 한다.

② 유해물질의 사용 및 유지는 다음 각 호의 요령에 따른다.

㉠ 유해물질은 물성이나 특성별로 저장하여야 하며 알파벳순이나 가나다순 등 이 름 분류로 저장하지 않아야 한다.

ⓛ 서로 반응할 수 있는 유해물질을 함께 두지 않아야 한다.

ⓒ 유리상자에 저장된 것은 가능한 캐비넷 선반의 제일 아래에 보관한다.

③ 캐비넷의 형식은 다음 요령에 따라 선택한다.

　　㉠ 가연성 물질용 캐비넷은 가연성 물질 및 인화성 액체 저장용으로 사용한다.

　　ⓛ 산, 부식 물질용 캐비넷은 내부식성 재질의 것을 사용한다.

　　ⓒ 실험실 외부의 가연성 및 부식성 액체를 저장할 때에는 저장 캐비넷을 별도로 설치하여 사용한다.

(3) 개별 저장용기

① 유해물질을 저장하는 용기를 선택할 때에는 약품과 반응하지 않는지 확인한다.

② 용기는 크기를 20리터 이하로 제한한다.

③ 용기는 꼭 막을 수 있는 뚜껑, 배출구 덮개를 가지고 있어야 하며 용기 내부 압력이 상승되지 않도록 시원한 장소에 보관한다.

④ 유리용기를 구매할 때에는 폭발위험을 최소화할 수 있도록 배기구 뚜껑 등이 부착된 것으로 한다.

(4) 실험실용 냉장고

① 일반 냉장고를 가연성 물질과 같은 특별한 위험이 있는 물질 보관용으로 사용하지 말아야 한다.

② 실험실 용도의 냉장고는 유해물질의 저장이 가능한 것을 사용한다.

③ 위험물질의 보관기간은 가능한 한 짧게 한다.

④ 냉장고는 정기적으로 점검하여야 한다.

⑤ 냉장고의 사용 및 유지는 다음 각 호의 요령에 따른다.

　　㉠ 냉장고에 저장할 수 있는 유해물질은 표지를 붙여야 한다.

　　ⓛ 방사능 물질을 저장할 경우에는 냉장고에 방사능 물질을 저장하고 있다는 표지를 붙인다.

　　ⓒ 냉장고 속에 보관되는 용기들은 완전히 밀폐되거나 뚜껑이 덮여 있어야 하며, 안전하게 놓이고, 물질표지가 붙어 있어야 한다.

　　㉣ 뚜껑이 알루미늄포일, 코르크마개, 유리마개 등으로 제작된 것은 저장을 피한다.

　　㉮ 냉장고는 물이 떨어지는 것을 방지할 수 있도록 서리가 끼지 않는 것을 사용한다.

(5) 세안장치

① 세안장치는 유해물질을 취급하는 실험실에 설치하여야 하며, 실험실 내의 모든 인원이 쉽게 접근하고 사용할 수 있도록 준비되어 있어야 한다. 이 지침에서 규정되지 않은 사항에 대해서는 KOSHA GUIDE D-44(세안설비 등의 성능 및 설치에 관한 기술 지침)을 적용할 수 있다.

② 세안장치는 실험실의 모든 장소에서 10초 이내에 도달할 수 있는 위치에 확실히 알아볼 수 있는 표시와 함께 설치되어 있어야 한다.

③ 실험실 작업자들은 눈을 감은 상태에서도 가장 가까운 세안장치에 접근할 수 있어야 한다.

④ 눈 부상은 보통 피부 부상을 동반하게 되므로 세안장치는 샤워장치와 같이 설치하여, 눈과 몸을 동시에 씻을 수 있도록 한다.

⑤ 세안장치의 사용 및 유지는 다음 각 호의 요령에 따른다.

　㉠ 물 또는 눈 세척제는 직접적으로 눈을 향하게 하는 것보다는 코의 낮은 부분을 향하도록 하는 것이 좋다.

　㉡ 눈꺼풀은 강제적으로 열리도록 하여 눈꺼풀 뒤도 효과적으로 세척하도록 한다.

　㉢ 코의 바깥쪽에서 귀쪽으로 세척하여 씻겨진 화학물질이 거꾸로 눈 안이나 오염되지 않은 눈으로 들어가지 않도록 하여야 한다.

　㉣ 물 또는 눈 세척제로 최소 15분 이상 눈과 눈꺼풀을 씻어낸다.

　㉤ 유해한 화학물질로 오염된 눈을 씻을 때에는 가능한 빨리 콘택트렌즈를 벗겨낸다.

　㉥ 피해를 입은 눈은 깨끗하고 살균된 거즈로 덮는다.

　㉦ 병원이나 구급대에 전화한다.

　㉧ 세안장치는 분기별 1회 정기적으로 점검한다.

　㉨ 수직형의 세안장치는 공기 중의 오염물질로부터 노즐을 보호하기 위한 보호커버를 설치한다.

(6) 샤워장치

① 유해물질을 취급하는 실험실에는 샤워장치를 설치하여야 하며, 항상 사용 가능하게 준비가 되어 있어야 한다. 이 지침에서 규정되지 않은 사항에 대해서는 KOSHA GUIDE D-44(세안설비 등의 성능 및 설치에 관한 기술 지침)을 적용할 수 있다.

② 샤워장치의 사용 및 유지는 다음 요령에 따른다.

   ㉠ 샤워장치는 신속하게 접근이 가능한 위치에 설치하고 알기 쉽도록 확실한 표시를 한다.

   ㉡ 실험실 작업자들이 눈을 감은 상태에서 샤워장치에 접근할 수 있어야 한다.

   ㉢ 샤워장치는 쥐고 당길 수 있는 사슬이나 삼각형 손잡이로 작동되게 한다.

   ㉣ 잡아당기는 사슬이나 삼각형 손잡이는 모든 사람의 키에 맞도록 높이를 조절하고, 항상 사용이 가능하도록 분기별 1회 이상 작동시험을 하여야 한다.

   ㉤ 샤워장치에서 쏟아지는 물줄기는 몸 전체로 떨어지게 할 수 있어야 한다.

   ㉥ 샤워장치가 작동되는 동안 혼자서 옷을 벗고 신발이나 장신구를 벗을 수 있어야 한다.

   ㉦ 샤워장치는 전기 분전반이나 전선 인입구 등에서 떨어진 곳에 위치하여야 한다.

   ㉧ 샤워장치는 배수구 근처에 설치하여야 한다.

(7) 소방시설

① 경보설비

   ㉠ 경보설비는 실험실 종사자들에게 위험사항을 신속히 알릴 수 있어야 한다.

   ㉡ 모든 종사자들은 실험실에 가장 가까운 화재발신기의 정확한 위치를 잘 알고 있어야 한다.

   ㉢ 자동화재탐지설비는 정전이 되었을 때에는 비상전원 등으로 정상 작동을 하도록 조치해야 한다.

② 소화기

   ㉠ 소화기는 화재의 종류에 따라서 분류되므로, 화재에 따라서 해당되는 문자나 표시를 갖춘 종류를 사용한다.

   ㉡ 소화기는 적합한 표시에 의하여 확실히 구분되어야 하며 출입구 가까운 벽에 안전하게 설치되어 있어야 한다.

   ㉢ 모든 소화기들에 대해 정기적으로 충전 상태, 손상 여부, 압력 저하, 설치 불량 등을 점검한다.

   ㉣ 사용되었거나 손상을 입고 내부 충전 상태가 불량하면 새것으로 교체하거나 재충전한다.

③ 소방 담요는 불을 끄기 위한 용도뿐만 아니라, 화상자 또는 쇼크 상태에 있는 환자를 따뜻하게 하기 위하여 사용한다.

④ 소화전

　㉠ 옥내 소화전함 앞에는 물건을 두지 말아야 하며, 옥내 소화전은 항상 사용 가능하도록 준비되어 있어야 한다.

　㉡ 호스는 꼬이지 않도록 관리하고, 사용 시 쉽게 펼칠 수 있어야 한다.

　㉢ 옥내 소화전함 내부는 습기가 차거나 호스 내에 물이 들어있지 않도록 하여야 한다.

　㉣ 호스를 사용한 후에는 건조시킨 후 원래 위치에 보관하여야 한다.

⑤ 스프링클러설비

　㉠ 스프링클러설비는 자동적으로 작동되므로 실험실 종사자들이 임의로 설비를 정지시키지 않도록 하여야 한다.

　㉡ 실험실 내 용품들은 스프링클러헤드에서 적어도 50cm 이상 떨어진 곳에 위치하도록 한다.

　㉢ 스프링클러헤드에 물건을 매다는 일이 없도록 한다.

05 유해물질 취급 시 안전조치

(1) 유해물질의 운반

① 유해물질을 손으로 운반할 경우 적절한 운반용기에 넣고 운반하여 넘어지거나 깨지지 않도록 하여야 한다.

② 바퀴가 달린 수레로 운반할 때에는 고르지 못한 평면에서 튀거나 갑자기 멈추지 않도록 고른 회전을 할 수 있는 바퀴를 가진 것이어야 한다.

③ 적은 양의 가연성 액체를 안전하게 운반하기 위해서는 다음의 요령을 따른다.

　㉠ 증기를 발산하지 않는 보관용기로 운반한다.

　㉡ 저장소에 보관 중에는 환기가 잘 되도록 한다.

　㉢ 점화원을 제거토록 한다.

(2) 유해물질의 저장

① 모든 유해물질은 지정된 저장공간이 있어야 한다.

② 모든 유해물질은 약품 이름, 소유자, 구입 날짜, 위험성, 응급 절차를 나타내는 라벨을 부착하여야 한다.

③ 유해물질은 직사광선을 피하고 냉암소에 저장한다.

(3) 유해물질의 취급

① 사용한 물질의 성상, 특히 화재·폭발 중독의 위험성을 잘 조사·연구한 후가 아니면 위험한 물질을 취급해서는 안 된다.

② 유해물질을 사용할 때는 가능한 한 소량을 사용하고, 또한 미지의 물질에 대해서는 예비시험을 할 필요가 있다.

③ 화재·폭발의 위험이 있는 실험의 경우, 폭발 방지용 방호벽 등 특별한 방호설비를 갖추고 실험에 임하여야 한다.

④ 유해물질의 폐기물의 처리는 수질오염, 대기오염을 일으키지 않도록 주의하여야 한다.

(4) 유해물질의 안전조치

① 독성

㉠ 실험자는 자신이 사용하거나 타 실험자가 사용하는 물질의 독성에 대하여 알고 있어야 한다.

㉡ 독성물질을 취급할 때는 체내에 들어가는 것을 막는 조치를 취해야 한다.

㉢ 밀폐된 지역에서 많은 양을 사용해서는 안 되며 항상 부스 내에서만 사용한다.

② 산과 염기물

㉠ 항상 물에 산을 가하면서 희석하여야 하며, 반대의 방법은 금지한다.

㉡ 강산과 강염기는 공기 중 수분과 반응하여 치명적 증기를 생성시키므로 사용하지 않을 때에는 뚜껑을 닫아 놓는다.

㉢ 산이나 염기가 눈이나 피부에 묻었을 때 즉시 세안장치 및 샤워장치로 씻어내고 도움을 요청하도록 한다.

㉣ 불화수소는 가스 및 용액이 맹독성을 나타내며 화상과 같은 즉각적인 증상이 없이 피부에 흡수되므로 취급에 주의를 요한다.

㉤ 과염소산은 강산의 특성을 띠며 유기화합물 및 무기화합물과 반응하여 폭발할 수 있으며, 가열, 화기와 접촉, 충격, 마찰에 의해 스스로 폭발하므로 특히 주의해야 한다.

③ 산화제

　㉠ 강산화제는 매우 적은 양으로 강렬한 폭발을 일으킬 수 있으므로 방호복, 고무
　　장갑, 보안경 및 보안면 같은 보호구를 착용하고 취급하여야 한다.

　㉡ 많은 산화제를 사용하고자 할 경우 폭발 방지용 방호벽 등이 포함된 특별계획을
　　수립해야 한다.

④ 금속분말

　㉠ 초미세 금속분진들은 폐, 호흡기 질환 등을 일으킬 수 있으므로 미세분말 취급
　　시 방진마스크 등 올바른 호흡기 보호대책이 강구되어야 한다.

　㉡ 실험실 오염을 방지하기 위해 가능한 한 부스나 후드 아래에서 분말을 취급한다.

　㉢ 많은 미세 분말들은 자연발화성이며 공기에 노출되었을 때 폭발할 수 있으므로
　　특별히 주의하여야 한다.

⑤ 석면섬유와 유사 결정들은 피부에 묻지 않고 흡입하지 않도록 조심스럽게 다뤄야
　한다.

06　유해물질의 안전대책

(1) 폭발성 물질

① 잠재적 위험성이 큰 자기 반응성 물질은 사전에 충분한 시험평가를 실시하고 그 성
　질에 따른 엄격한 안전관리가 이루어져야 한다.

② 화염, 불꽃 등 점화원의 접근을 차단하고 가열, 충격, 타격, 마찰 등을 피한다.

③ 직사광선 차단, 습도에 주의하고 통풍이 양호한 찬 곳에 저장한다.

④ 강산화제, 강산류, 기타 물질이 혼입되지 않도록 한다.

⑤ 가급적 적은 양으로 나누어 저장하고 용기의 파손 및 위험물의 누출을 방지한다.

⑥ 화약류의 기폭제 원료로 사용되는 미세한 분말상태의 것은 정전기에 의해서도 폭발
　의 우려가 있으므로 완전한 접지 등 철저한 안전대책을 강구하고 전기 기계기구는
　방폭형으로 설치하여야 한다.

⑦ 폭발현상이 나타나는 위험물이기 때문에 도난 방지 등의 보안에도 주의하지 않으면
　안 된다.

⑧ 종류를 달리하는 위험물과는 동일한 저장소에 함께 저장하지 않도록 한다.

(2) 발화성 물질

① 저장용기는 완전히 밀폐하여 공기와의 접촉을 방지하고 물, 수분, 물의 변형된 형태 (눈, 얼음, 우박 등)의 침투 및 이의 접촉을 금하여야 한다.

② 산화성 물질과 강산류와의 혼합을 막아야 한다.

③ 용기는 금속제의 견고한 것을 이용하고, 저장용기가 파손되거나 용기가 가열되지 않도록 한다.

④ 칼륨, 나트륨 및 알칼리금속은 등유, 경유 등의 산소가 함유되지 않은 석유류에 저장하며, 보호액의 증발을 막고 보호액 중에 물이 들어가지 않도록 한다.

⑤ 종류를 달리하는 위험물과 동일한 저장소에 저장해서는 안 된다.

⑥ 저장 또는 취급장소는 부식성 가스가 발생하는 장소, 습도가 높은 장소, 빗물이 침투되는 장소 및 습지대를 피한다.

⑦ 다른 위험물, 수용액, 함습물, 흡습성 물질, 수용성 위험물 또는 결정수를 가진 염류 등과의 저장을 피한다.

⑧ 알킬알루미늄, 알킬리튬 및 유기금속화합물류는 화기를 엄금하고 용기 내 압력이 상승되지 않도록 한다.

⑨ 알킬알루미늄과 알킬리튬을 취급하는 설비는 불활성 기체를 봉입할 수 있는 장치를 설치해야 한다.

⑩ 자연발화 위험성이 있는 물질은 불티, 불꽃 또는 고온체와의 접근을 막는다.

(3) 산화성 물질

① 화기 및 분해를 촉진하는 물품을 엄금하고, 직사광선을 차단하며, 가열을 피하고 강환원제, 유기물질, 가연성 위험물과의 접촉을 피한다.

② 염기 및 물과의 접촉을 피한다.

③ 용기는 내산성의 것을 사용하고 용기의 파손 방지, 전도 방지, 용기변형 방지에 주의한다.

④ 강산화성 고체와의 혼합, 접촉을 방지한다.

⑤ 종류를 달리하는 위험물과는 동일한 저장소 내에 저장하여서는 안 된다.

(4) 인화성 액체

① 불꽃, 스파크, 고온체 등과의 접근 또는 과열을 피한다.

② 용기는 완전 밀폐해서 차가운 장소에 저장한다.

③ 취급 시 증기의 발생이 있는 경우에는 대부분의 가연성 증기는 낮은 곳에 체류하므로, 충분한 환기가 되도록 하고, 당해 증기를 감지할 수 있는 가연성 가스 누출감지기 및 경보기를 설치한다. 가스 누출 감지와 경보기 설치 및 보수는 KOSHA GUIDE P-135(인화 성가스 검지 및 경보장치 등의 설치 및 보수에 관한 기술 지침)와 KS 기준을 적용하여 관리하여야 한다.

④ 가연성 증기가 체류하는 장소에서는 스파크를 발생하는 기계기구 등을 사용하지 않으며, 전기기계기구는 방폭형으로 설치하여야 한다.

⑤ 위험물질의 유동이나 그로 인하여 정전기가 발생하는 경우에는 접지 등을 하여 정전기를 제거하도록 한다.

⑥ 유독한 증기를 발생하는 것은 특별히 주의하여야 한다.

(5) 독성물질의 누출방지 대책

① 실험실 내에 독성물질의 저장 및 취급량을 최소화한다.

② 독성물질을 취급·저장하는 설비의 연결 부분은 누출되지 아니하도록 밀착시키고 정기적으로 연결 부분의 이상 유무를 점검한다.

③ 독성물질을 폐기·처리하여야 하는 경우에는 냉각·분리·흡수·흡착·소각 등의 처리공정을 통하여 당해 독성물질이 외부로 방출되지 않도록 한다.

④ 독성물질의 취급설비의 이상 운전으로 인하여 당해 독성물질이 외부로 방출될 때에는 저장·포집 또는 처리설비를 설치하여 완전하게 회수할 수 있도록 한다.

⑤ 독성물질을 취급하는 설비의 작동이 중지된 때에는 실험자가 쉽게 알 수 있도록 필요한 경보설비를 작업자로부터 가까운 장소에 설치한다.

⑥ 독성물질이 외부로 누출된 때에는 당해 가스를 감지할 수 있는 독성가스 누출 감지기 및 경보기를 설치한다. 독성가스 누출 감지와 경보기 설치 및 보수는 KOSHA GUIDE P-136(독성가스 검지 및 경보장치 등의 설치 및 보수에 관한 기술 지침)과 KS 기준을 적용하여 관리하여야 한다.

07 실험기구 및 장치의 취급 안전 - 실험기구

(1) 화학실험용 기구

① 비커류에 용매 등을 넣을 때는 크리프 현상(액이 벽면을 따라 상승하여 외측으로 나오는 것) 및 증발에 의한 비산에 주의해야 한다.

② 플라스크류는 압력 및 변형에 약하므로 직화에 의한 가열 및 감압 조작에 사용해서는 안 된다.

(2) 실험장치

① 수행하려는 화학실험의 종류와 어떠한 기계적 강도가 요구되는가를 예상한다.

② 사용으로 인하여 기계적 강도가 떨어지는 기구를 사용해야 할 때는 보호, 보강, 방어 등 적절한 조치를 강구한다.

③ 유리관은 직접 사용하여, 클램프로 고정하지 말고 부드러운 고무 등으로 고정한다.

④ 온도가 변화하면 기계적 강도가 변화하는 것에 유의하여야 한다.

⑤ 사용하는 약품에 따라 기계적 강도는 변화한다는 것에 유의한다.

08 실험실 폐기물의 처리

(1) 수집 운반상의 일반적 주의

① 화학폐기물 수집용기는 운반 및 용량 측정이 용이한 프라스틱 용기를 사용하여야 한다.

② 수집용기 외부에는 사용한 부서명과 장소, 전화번호, 품명, 특성 및 주의사항 등을 기록한 특정 폐기물 표지를 부착한다.

③ 유해물질의 폐기물을 수집할 때는 폐산, 폐알칼리, 폐유기용제(할로겐족, 비할로겐족) 폐유 등 종류별로 구분하여 수집하여야 한다. 특히, 아래 폐액은 혼합하여 보관해서는 안 된다.

  ㉠ 과산화물과 유기물

  ㉡ 시안화물, 황화물, 차아염소산염과 산

ⓒ 염산, 불화수소 등의 휘발성 산과 비휘발성 산

ⓔ 암모늄염, 휘발성 아민과 알칼리

ⓜ 진한 황산, 술폰산, 옥살산, 폴리인산 등의 산과 기타 산

④ 수집한 유해물질의 폐기물 용기는 직사광선을 피하고 통풍이 잘 되는 곳을 폐기물 보관장소로 지정하여 보관하여야 하며 복도, 계단 등에 방치하여서는 안 된다.

⑤ 유해물질의 폐기물 취급 및 보관장소에는 금연, 화기 취급·엄금 표지와 폐기물 보관 수칙을 부착한다.

⑥ 빈 시약병은 파손되지 않도록 기존 상자에 넣어 폐기물 보관장소에 보관한다.

⑦ 수집·보관된 유해물질 폐기물 용기는 폐액의 유출이나 악취가 발생되지 않도록 2중 마개로 닫는 등 필요한 조치를 하여야 한다.

⑧ 수집된 폐기물을 운반할 때는 손수레와 같은 안전한 운반구 등을 이용하여 운반한다.

⑨ 방사성 물질을 함유한 폐기물은 별도 수집하며, 정해진 처리규정에 따라 누설되지 않도록 엄중히 처리해야 한다.

(2) 처리상의 일반적 기준

① 폐액에 의하여 처리 중 유독가스의 발생, 발열, 폭발 등의 위험을 충분히 조사하고, 첨가하는 약재를 소량씩 넣는 등 주의하면서 처리해야 한다.

② 악취가 나는 폐액, 유독가스를 발생하는 폐액 및 인화성이 강한 폐액은 누설되지 않도록 적당한 처리를 강구하여 조기에 처리한다.

③ 폭발성 물질을 함유하는 폐액은 보다 신중하게 취급하고 조기 처리한다.

④ 간단한 제거제로는 처리가 어려운 폐액은 적절한 처리를 강구하고, 처리되지 않은 상태로 방출되는 일이 없도록 주의한다.

⑤ 처리 후에도 폐수가 유해한 경우에는 추가로 후처리를 할 필요가 있다.

⑥ 유해물질이 부착된 거름종이, 약봉지, 폐활성탄 등은 적절한 처리를 한 후에 보관한다.

09 방사성 물질의 폐기물 처리

(1) 고체

고체 방사성 물질의 폐기물은 플라스틱 봉지에 넣고 테이프로 봉한 후 방사성 물질 폐기 전용의 금속제 통에 넣는다.

(2) 액체

액체 방사성 물질의 폐기물은 수용성과 유기성으로 분리하며 고체의 경우와 마찬가지로 액체 방사성 물질의 폐기물을 위해 고안된 통을 이용한다.

(3) 기록의 유지

폐기물이 나온 시험번호, 방사성 동위원소, 폐기물의 물리적 형태 등으로 표시된 방사선의 양들을 기록·유지한다.

(4) 처리 구분

하수시설이나 일반폐기물 속에 방사성 물질의 폐기물을 같이 버려서는 안 된다.

10 기계·물리 실험실의 안전

(1) 기계·물리 실험실에서의 일반적인 주의사항

① 공작기계, 측정기기를 사용할 때에는 정해진 공구를 사용하여야 한다.
② 실험 중에는 작업복을 착용하고 안전화를 신도록 하며 슬리퍼나 샌들 등은 신지 않도록 한다.
③ 전기배선작업이 필요한 실험을 할 때에는 전선 피복의 벗겨짐이나 공구 손상으로 인한 부상이나 감전의 우려가 있으므로 주의해야 한다.
④ 칩이 발생하는 실험 등 필요한 장소에서는 보안경 및 보호구를 착용한다.
⑤ 자외선 조사장치를 취급하는 경우에 자외선은 살균 효과가 있으며 강한 자외선을 직접 눈에 쪼이면 실명을 할 수도 있으므로 주의해야 한다.

⑥ X선 발생장치를 취급하는 경우에는 안전관리책임자의 지시에 따르도록 하며 방사
선 취급 안전사항을 준수한다.

⑦ 장기간의 실험을 하는 경우 전기, 급배수, 증기, 가스 등의 사용은 작업자가 없을
때에 정전, 단수, 기체의 누출 등의 사고가 발생될 수 있으므로 미연에 대비책을
세워놓아야 한다.

(2) 기계 · 기구 사용작업

① 기계 취급 일반 수칙

㉠ 작업자는 작업에 방해가 되지 않도록 간편한 복장을 한다.

㉡ 장갑은 거친 작업물을 만질 때 사용하고 회전기계 운전 시는 사용을 금해야 한다.

㉢ 기계의 이상 유무를 철저히 점검하고 고장 중인 기계는 '고장 사용 못함' 등의
표지를 붙여야 한다.

㉣ 실험을 실시하지 않을 경우에는 기계를 정지시켜 놓아야 한다.

㉤ 실험 중에 신체가 접촉될 수 있는 동력전달 부위에는 방호덮개를 설치한다.

㉥ 기계는 항상 잘 손질되어 있어야 하며 청소 혹은 점검, 수리를 할 때에는 필히
기계를 정지시키고 행하여야 한다.

㉦ 기계에 너무 자신을 갖고 방심하여 일하지 말고 원리원칙을 충분히 알고 나서
기계를 작동해야 한다.

㉧ 정전으로 인하여 기계 작동이 중지되었을 때에는 스위치를 작동 정지 위치로
전환하여야 한다.

㉨ 원칙적으로 구동 중인 기계 부분에 직접 접촉하는 것은 피하고, 작동 중인 기계
에 주유하면 위험하므로 금해야 한다.

㉩ 공작물을 견고하게 물려서 작업 중 공작물이 이탈되지 않도록 하여야 한다.

㉪ 길이가 긴 공작물은 지지대를 사용하고 타인의 접근을 막아야 한다.

㉫ 기계를 정지시킬 때 완전히 정지될 때까지는 손을 대지 말아야 하며 기계의 타
력(여력)을 손이나 공구, 기타 물건으로 정지시키려 하지 말아야 한다.

㉬ 회전하는 물체의 회전 방향 쪽에서는 작업을 금해야 한다.

② 기계작업 수칙

㉠ 기계의 취급은 인가자에 한하여 실시하며 정지 중 타인에 의해 작동되지 않도
록 관계자 외 스위치 작동 금지 표지를 걸어 놓는다.

㉡ 기계 가동 전에 기름 주입상태와 각종 레버를 점검한다.

ⓒ 기계 사용 시 필요한 안전장치 및 보호구를 사용한다.

ⓔ 기계를 처음 가동할 시에는 저속으로 시운전한 후 작동한다.

ⓜ 기계 운전 시 주위에 화기물질의 유무를 확인한다.

ⓗ 기계 운전자는 타인과 잡담 및 흡연을 금지한다.

ⓢ 기계 운전 시 절삭공구를 교체할 때에는 반드시 회전을 정지시키고 한다.

ⓞ 기계에 이상이 발생하면, 즉시 전원 스위치를 끈다.

ⓩ 작업 종료 시에는 기계상태를 점검한다.

③ 목공작업 수칙

ⓐ 목공기계 취급은 인가자에 한하여 실시하며 정지 중 타인에 의해 작동되지 않도록 관계자외 스위치 작동 금지 표지를 걸어 놓는다.

ⓑ 목공 기구, 공구(톱, 끌, 대패 등)는 완전한 것을 사용해야 한다.

ⓒ 날카로운 공구를 사용하고 난 뒤에는 손을 다치지 않도록 날을 헝겊으로 싸서 두어야 한다.

ⓓ 작은 나무를 기계톱으로 자를 때에는 손으로 잡지 말고 목판 같은 보조도구를 사용하여야 한다.

ⓔ 나무를 자를 때 톱에서 이상한 소리가 나면 즉시 작업을 정지하여야 하며 잘 들지 않는 톱은 사용하지 말아야 한다.

ⓗ 일을 시작하기 전에 기계의 안전장치의 이상 유무를 항상 확인하여야 한다.

ⓢ 나무를 자를 때 자르는 방향으로 서지 말고 옆으로 서야 한다.

ⓞ 기계톱을 사용할 때에는 보안경과 앞치마를 착용하여야 한다.

ⓩ 작업장 내의 작업에 소요되는 재료의 보관은 위험하지 않도록 해야 한다.

ⓩ 불필요한 목재는 크기별로 일정한 장소에 쌓아 두고 특히 화재에 주의하여야 한다.

ⓚ 톱밥, 쓰레기, 나무 등은 자주 쓸어내어 화재의 위험을 방지한다.

ⓣ 톱밥, 쓰레기, 나무 등의 제거는 기계가 완전히 정지된 상태에서 한다.

④ 공구 취급 수칙

ⓐ 작업에 적절한 공구를 용도에 맞추어 사용해야 한다.

ⓑ 사용 전에 점검하고 불안전한 것은 사용하지 말아야 한다.

ⓒ 신중히 취급하고 사용 중에 파손되면 즉시 교환하여야 한다.

ⓓ 공구는 일정한 장소에 두고 분실되지 않도록 유의하여야 한다.

ⓜ 공구는 던져서는 안 되며 손으로 취급하여야 한다.

ⓗ 사용 시 너무 무리한 힘을 가해서는 안 된다.

ⓢ 손이나 공구가 젖어 있을 때에는 물기를 제거한 후 사용하여야 한다.

⑤ 용접 및 절단 작업 수칙

  ㉠ 용접, 절단 등과 같은 화기작업을 할 경우에는 소화기를 준비해 놓고 작업에 임해야 한다.

  ㉡ 용접 시는 지정된 보안면과 차광안경을 착용해야 하며 용접 장갑과 용접 앞치마를 착용하여야 한다. 의복은 구멍이 있거나 유류 등 인화물질이 묻은 것을 착용해서는 안 된다.

  ㉢ 밀폐된 장소에서는 환기장치가 충분히 되었는가를 확인하고 용접작업이나 절단 작업을 하여야 한다.

  ㉣ 가스절단기나 용접기는 안전한 사용법에 익숙한 사람만이 기구를 취급해야 한다.

  ㉤ 용접도선의 취급방법은 접지도선을 용접할 물건에 접촉시키고 다른 도선을 전극봉 꼭지에 접촉시키는 순서로 해야 한다.

  ㉥ 좁고 제한된 공간 속에서 가열된 부분의 열로 화구에 다시 불을 붙이는 것은 위험하므로 외부에서 점화하여 작업을 시작하여야 한다.

  ㉦ 아세틸렌은 $1.3kg/cm^2G$ 이상의 압력으로 사용하여서는 안 된다.

  ㉧ 용접기구를 사용하기 전에 조절기와 호스가 단단하게 연결되어 있는가를 항상 확인해야 하며, 점검할 때에는 절대로 불꽃을 사용하지 말아야 한다.

  ㉨ 조절기나 화구를 다른 목적에 사용하거나 또는 이들을 개조해서는 안 된다.

  ㉩ 일정 시간 이상 작업을 중단할 경우에는 조절기 내의 가스압력을 제거해야 한다.

  ㉪ 실린더를 수직으로 세워둘 경우에는 쓰러지지 않도록 묶어 두어야 한다.

  ㉫ 산소나 아세틸렌 실린더는 전류가 통하고 있는 전선 또는 전기기구의 접지선과 접촉하지 않도록 주의해야 한다.

  ㉭ 아세틸렌 실린더를 저장하거나 사용할 때에는 가스가 새는 것을 피하기 위하여 항상 밸브 끝이 위로 가도록 하여야 한다.

11 위험 장비 및 장치 사용 시 안전

(1) 가스용기

① 가스용기는 사용할 때나 보관 중에 안전한 물체(벽이나 무거운 실험용 책상 등)에 가죽끈이나 체인으로 안전하게 고정시키며, 사용하지 않을 때에는 항상 뚜껑을 씌워 놓도록 한다.

② 가스용기를 운반할 때에는 뚜껑을 씌워 안전한 손수레를 사용토록 한다.

③ 가스용기 옆에서는 화기를 사용하지 않는다.

④ 가스를 사용하기 전에 가스 누출이 없음을 확인한다.

⑤ 용기는 정기적으로 규정된 검사를 받아야 한다.

⑥ 조정기를 연결하기 위해 어댑터는 쓰지 않으며, 각각 가스의 특성에 맞는 조정기를 사용하도록 한다. 그리고 모든 조정기는 정기적으로 검사를 받아야 한다.

⑦ 사용 가스에 맞는 배관, 조정기 및 부속품을 사용한다.

⑧ 가스용기는 가열로 등과 같은 열기기 근처에 놓지 않도록 한다.

⑨ 산소와 가연성 가스는 분리하여 저장한다.

(2) 진공장치

① 내부 압력을 견딜 수 있는 용기를 사용하도록 한다. 그리고 용기 파열에 대비하여 방호막을 설치토록 한다.

② 펌프를 끄기 전에 펌프 오일이 역류하는 것을 막기 위해서 펌프와 용기 사이의 밸브를 닫도록 한다.

③ 펌프의 동력전달 부위(벨트, 축 연결 부위 등)에는 방호덮개를 설치한다.

(3) 천장크레인(또는 호이스트)의 사용 시 주의사항

① 정해진 규격 이상의 하중을 걸지 않는다.

② 화물의 무게중심 바로 위에 호이스트를 이동시켜 화물을 달아 올린다.

③ 조용하게 시동하여 주행하고, 급정지는 피한다.

④ 화물에 사람이 타지 않는다.

⑤ 천장크레인(호이스트)은 정기적으로 검사를 받아야 한다.

(4) 유압프레스의 사용 시 주의사항

① 작업 전 주변을 확인하고 브레이크의 효과를 확인한다.
② 금형을 교환, 설치할 때는 확실하게 맞춰 고정한다.
③ 안전장치의 기능을 제거하고 작업해서는 안 된다.
④ 작업 중 자리를 비울 때는 운전을 정지한다.

(5) 연삭기의 사용 시 주의사항

① 연삭기의 종류에 적합한 덮개를 부착하여 사용한다. 덮개는 숫돌 파손 시 견딜 수 있도록 충분히 강도가 큰 재료로 사용하여야 한다.
② 덮개는 종류에 따라서 적당한 노출 각도를 유지하여야 한다.
③ 플랜지의 지름은 숫돌 지름의 1/3 이상으로 한다.
④ 칩 비산 방지용 투명판을 부착하여 사용한다.
⑤ 작업시작 전에는 1분 이상, 연삭숫돌 교체 시에는 3분 이상 공회전을 하고 연삭숫돌의 최고사용 회전속도를 초과하지 않아야 한다.

(6) 고온로의 사용 시 주의사항

① 고온로를 취급할 경우에는 방열복과 내열장갑을 끼도록 한다.
② 집게를 사용하도록 하고 보안경과 보안면을 착용하도록 한다.
③ 시편을 공기에 냉각시킬 때 고열 표시를 시편 앞에 달아 놓는다.
④ 응급조치용 장비를 비치해 놓고 화상을 입을 경우에는 화상 시의 응급처치절차를 따르도록 한다.

(7) 레이저장치의 사용 시 주의사항

① 레이저를 취급할 때에는 반드시 차광용 보안경을 착용한다.
② 예기치 못한 반사광이 눈에 들어올 때가 있으므로 광선의 방출방향에 대해 충분히 주의하고 반사하는 벽 등이 없음을 확인한다.
③ 레이저장치는 전체를 덮는 것이 바람직하다.

(8) 고에너지장치의 사용 시 주의사항

① 이들 장치의 설치장소에는 위험 구역이라는 표시를 하고, 특히 위험한 장소에는 출입할 수 없도록 방책 등으로 차단한다.

② 장치의 제작, 배선, 수리 등은 전문가에게 의뢰한다.

③ 실험실은 정리, 정돈하여 청결하게 한다.

④ 실험은 두 사람 이상이 수행한다.

⑤ 장치에는 반드시 접지를 하여야 한다.

⑥ 변압기는 소형이라도 접촉에 주의해야 한다.

⑦ 다수의 전지를 직렬로 연결한 것은 고전압에 주의한다.

⑧ 진공 중에 고전압 충전부가 있을 때, 부주의로 진공을 파괴되면 절연 파괴로 전류가 흐를 수 있으므로 주의가 필요하다.

⑨ 전해 콘덴서는 폭발할 경우가 있으므로 주의한다.

⑩ 15kV 이상의 고전압은 X선을 발생할 우려가 있으므로 주의한다.

12 전기 취급 안전

(1) 감전 방지대책

① 전기기기 및 배선 등의 모든 충전부는 노출시키지 않는다.

② 전기기기를 사용할 때에는 이중 절연기기를 제외하고는 접지를 확인한다.

③ 누전차단기를 설치하여 감전사고를 방지한다.

④ 전기기기의 스위치 조작은 인가된 사람만 하도록 한다.

⑤ 젖은 손으로 전기기기를 만지지 않는다.

⑥ 불량하거나 고장난 전기제품은 사용하지 않도록 한다.

⑦ 배선용 전선은 중간에 연결한 부분이 있는 것을 사용하지 않는다.

⑧ 이동식 코드릴을 사용할 경우에는 접지 및 누전차단기가 부착된 코드릴을 사용한다.

(2) 일반적인 전기안전작업 요령

① 장비를 검사하기 전에 회로의 스위치를 끄거나 장비의 플러그를 뽑아서 전원을 끈다.

② 전기설비 작업을 할 때는 공구나 비품의 손잡이는 부도체로 된 것을 사용한다.

③ 전기장치의 충전부는 전기적 절연을 한다.

④ 전원에 연결된 회로배선은 임의로 변경하지 않는다.

⑤ 작업공간은 충분히 확보하고 항상 청결하게 유지한다.

⑥ 플러그를 전원에 연결한 채 회로변경작업을 하지 않는다.

⑦ 회로가 확실하게 연결되어 있지 않으면 플러그를 꽂지 않는다.

⑧ 젖은 손이나 물건으로 회로에 접촉하면 안 된다.

⑨ 전기설비에 연결된 접지선의 접속을 확인한다.

⑩ 연결 코드선은 가능한 한 짧게 사용한다.

⑪ 전기설비 근처에서는 인화성 액체 등을 사용, 저장, 취급하지 않는다.

⑫ 다중 콘센트는 가능한 한 사용하지 않도록 한다.

⑬ 배전반의 진입로와 스위치 앞에는 장애물이 없도록 하고 청결하게 유지해야 한다.

13 방사선 취급 안전

(1) 방사선 취급 일반사항

① 방사선시설을 설치하려면 안전관리책임자를 선임하여야 한다.

② 방사선을 취급하고자 하는 자는 등록을 하고, 취급 허가를 받아야 한다.

③ 방사선 취급지역은 관리구역으로 설정하여 출입을 제한하여야 한다.

④ 방사선을 보관, 운송, 폐기하는 절차와 승인관계를 수립하고 이를 준수하여야 한다.

⑤ 관리구역 내외에서의 방사선량율, 입자속밀도, 방사선 등의 오염상황 등을 관계법령에 따라 측정·관리하여야 한다.

⑥ 방사선 등의 장해 방지를 위해 설비 및 이의 부대시설에 대한 보존상태 등을 정기적으로 점검하여야 한다.

⑦ 관리구역에 출입한 자에 대하여 피폭 방사선량 및 방사성 동위원소에 의한 오염상황을 측정, 기록하고 보관하여야 한다.

⑧ 방사선 취급자에게는 교육훈련계획을 수립하고 시행하여야 한다.

⑨ 방사선 취급자의 건강관리를 위한 건강진단(또는 보건지도)을 실시하고, 피폭 우려가 있거나 피폭된 자에 대한 응급조치 등 필요한 사항을 수립하고 시행하여야 한다.

⑩ 방사선 등의 시설에 있어서 장해나 응급사항 등이 발생하거나 발생할 우려가 있을 경우를 대비한 위험 시의 비상조치계획을 수립하고 시행하여야 한다.

(2) 물질별 취급 시 주의사항

① 밀봉되지 아니한 방사성 동위원소를 취급자가 사용할 때는 책임자의 지시에 따라야 하며, 주의사항을 준수하여 인체가 받는 방사선량을 최소화하여야 한다.

② 밀봉된 방사선 동위원소를 사용할 때는 관리구역으로 설정하여 철저히 관리하되, 주의사항을 엄수하여 인체가 받는 방사선량을 최소화하도록 노력하여야 한다.

③ 밀봉된 방사성 동위원소 중 기기에 장착되어져 있는 것을 사용할 때에는 이 부근을 관리구역으로 설정하여 철저히 관리하고 별도의 밀봉방사선 전원장비기기 취급에 관한 지침을 정하여 운용하여야 한다.

④ 취급자가 방사선 발생장치를 사용할 때는 관리구역으로 설정하여 철저히 관리하되 별도의 장치 사용 지침을 정하여 운용하고, 주의사항을 준수하여야 한다.

⑤ X선 발생장치 등은 사용 지침에 따라 사용하여야 한다.

SECTION 28 사업장 위험성 평가에 관한 지침
(고용노동부 고시)

제1장 총칙

제3조(정의)

① "유해·위험요인"이란 유해·위험을 일으킬 잠재적 가능성이 있는 것의 고유한 특징이나 속성을 말한다.

② "위험성"이란 유해·위험요인이 사망, 부상 또는 질병으로 이어질 수 있는 가능성과 중대성 등을 고려한 위험의 정도를 말한다.

③ "위험성 평가"란 사업주가 스스로 유해·위험요인을 파악하고 해당 유해·위험요인의 위험성 수준을 결정하여, 위험성을 낮추기 위한 적절한 조치를 마련하고 실행하는 과정을 말한다.

④ "근로자"란 기간제, 단시간, 파견 등 고용형태 및 국적과 관계없이 「산업안전보건법」에 따른 근로자를 말한다.

제4조(정부의 책무)

① 고용노동부장관(이하 "장관"이라 한다)은 사업장 위험성 평가가 효과적으로 추진되도록 하기 위하여 다음 각 호의 사항을 강구하여야 한다.
   1. 정책의 수립·집행·조정·홍보
   2. 위험성 평가 기법의 연구·개발 및 보급
   3. 사업장 위험성 평가 활성화 시책의 운영
   4. 위험성 평가 실시의 지원
   5. 조사 및 통계의 유지·관리
   6. 그 밖에 위험성 평가에 관한 정책의 수립 및 추진

② 장관은 제①항 각 호의 사항 중 필요한 사항을 한국산업안전보건공단(이하 "공단"이라 한다)으로 하여금 수행하게 할 수 있다.

제2장 사업장 위험성 평가

제5조(위험성 평가 실시주체)

① 사업주는 스스로 사업장의 유해 · 위험요인을 파악하고 이를 평가하여 관리 · 개선하는 등 위험성 평가를 실시하여야 한다.

② 법 제63조에 따른 작업의 일부 또는 전부를 도급에 의하여 행하는 사업의 경우는 도급을 준 도급인(이하 "도급사업주"라 한다)과 도급을 받은 수급인(이하 "수급사업주"라 한다)은 각각 제①항에 따른 위험성 평가를 실시하여야 한다.

③ 제②항에 따른 도급사업주는 수급사업주가 실시한 위험성 평가 결과를 검토하여 도급사업주가 개선할 사항이 있는 경우 이를 개선하여야 한다.

제5조의2(위험성 평가의 대상)

① 위험성 평가의 대상이 되는 유해 · 위험요인은 업무 중 근로자에게 노출된 것이 확인되었거나 노출될 것이 합리적으로 예견 가능한 모든 유해 · 위험요인이다. 다만, 매우 경미한 부상 및 질병만을 초래할 것으로 명백히 예상되는 유해 · 위험요인은 평가 대상에서 제외할 수 있다.

② 사업주는 사업장 내 부상 또는 질병으로 이어질 가능성이 있었던 상황(이하 "아차사고"라 한다)을 확인한 경우에는 해당 사고를 일으킨 유해 · 위험요인을 위험성 평가의 대상에 포함시켜야 한다.

③ 사업주는 사업장 내에서 법 제2조 제2호의 중대재해가 발생한 때에는 지체 없이 중대재해의 원인이 되는 유해 · 위험요인에 대해 제15조 제②항의 위험성 평가를 실시하고, 그 밖의 사업장 내 유해 · 위험요인에 대해서는 제15조 제③항의 위험성 평가 재검토를 실시하여야 한다.

제6조(근로자 참여)

사업주는 위험성 평가를 실시할 때, 법 제36조 제2항에 따라 다음 각 호에 해당하는 경우 해당 작업에 종사하는 근로자를 참여시켜야 한다.

① 유해 · 위험요인의 위험성 수준을 판단하는 기준을 마련하고, 유해 · 위험요인별로 허용 가능한 위험성 수준을 정하거나 변경하는 경우
② 해당 사업장의 유해 · 위험요인을 파악하는 경우
③ 유해 · 위험요인의 위험성이 허용 가능한 수준인지 여부를 결정하는 경우
④ 위험성 감소대책을 수립하여 실행하는 경우
⑤ 위험성 감소대책 실행 여부를 확인하는 경우

제7조(위험성 평가의 방법)

① 사업주는 다음과 같은 방법으로 위험성 평가를 실시하여야 한다.
  1. 안전보건관리책임자 등 해당 사업장에서 사업의 실시를 총괄 관리하는 사람에게 위험성 평가의 실시를 총괄 관리하게 할 것
  2. 사업장의 안전관리자, 보건관리자 등이 위험성 평가의 실시에 관하여 안전보건관리책임자를 보좌하고 지도 · 조언하게 할 것
  3. 유해 · 위험요인을 파악하고 그 결과에 따른 개선조치를 시행할 것
  4. 기계 · 기구, 설비 등과 관련된 위험성 평가에는 해당 기계 · 기구, 설비 등에 전문 지식을 갖춘 사람을 참여하게 할 것
  5. 안전 · 보건관리자의 선임의무가 없는 경우에는 제2호에 따른 업무를 수행할 사람을 지정하는 등 그 밖에 위험성 평가를 위한 체제를 구축할 것
② 사업주는 제①항에서 정하고 있는 자에 대해 위험성 평가를 실시하기 위해 필요한 교육을 실시하여야 한다. 이 경우 위험성 평가에 대해 외부에서 교육을 받았거나, 관련학문을 전공하여 관련 지식이 풍부한 경우에는 필요한 부분만 교육을 실시하거나 교육을 생략할 수 있다.
③ 사업주가 위험성 평가를 실시하는 경우에는 산업안전 · 보건전문가 또는 전문기관의 컨설팅을 받을 수 있다.
④ 사업주가 다음 각 호의 어느 하나에 해당하는 제도를 이행한 경우에는 그 부분에 대하여 이 고시에 따른 위험성 평가를 실시한 것으로 본다.
  1. 위험성 평가 방법을 적용한 안전 · 보건진단(법 제47조)
  2. 공정안전보고서(법 제44조). 다만, 공정안전보고서의 내용 중 공정위험성 평가서가 최대 4년 범위 이내에서 정기적으로 작성된 경우에 한한다.
  3. 근골격계 부담작업 유해요인조사(안전보건규칙 제657조부터 제662조까지)
  4. 그 밖에 법과 이 법에 따른 명령에서 정하는 위험성 평가 관련 제도

⑤ 사업주는 사업장의 규모와 특성 등을 고려하여 다음 각 호의 위험성 평가 방법 중 한 가지 이상을 선정하여 위험성 평가를 실시할 수 있다.
1. 위험 가능성과 중대성을 조합한 빈도·강도법
2. 체크리스트(Checklist)법
3. 위험성 수준 3단계(저·중·고) 판단법
4. 핵심요인 기술(One Point Sheet)법
5. 그 외 규칙 제50조 제1항 제2호 각 목의 방법

제8조(위험성 평가의 절차)

사업주는 위험성 평가를 다음의 절차에 따라 실시하여야 한다. 다만, 상시근로자 5인 미만 사업장(건설공사의 경우 1억 원 미만)의 경우 제①호의 절차를 생략할 수 있다.
① 사전준비
② 유해·위험요인 파악
③ 위험성 결정
④ 위험성 감소대책 수립 및 실행
⑤ 위험성 평가 실시내용 및 결과에 관한 기록 및 보존

제9조(사전준비)

① 사업주는 위험성 평가를 효과적으로 실시하기 위하여 최초 위험성 평가 시 다음 각 호의 사항이 포함된 위험성 평가 실시규정을 작성하고, 지속적으로 관리하여야 한다.
1. 평가의 목적 및 방법
2. 평가담당자 및 책임자의 역할
3. 평가시기 및 절차
4. 근로자에 대한 참여·공유방법 및 유의사항
5. 결과의 기록·보존
② 사업주는 위험성 평가를 실시하기 전에 다음 각 호의 사항을 확정하여야 한다.
1. 위험성의 수준과 그 수준을 판단하는 기준
2. 허용 가능한 위험성의 수준(이 경우 법에서 정한 기준 이상으로 위험성의 수준을 정하여야 한다)

③ 사업주는 다음 각 호의 사업장 안전보건 정보를 사전에 조사하여 위험성 평가에 활용할 수 있다.

1. 작업표준, 작업절차 등에 관한 정보
2. 기계·기구, 설비 등의 사양서, 물질안전보건자료(MSDS) 등의 유해·위험요인에 관한 정보
3. 기계·기구, 설비 등의 공정 흐름과 작업 주변의 환경에 관한 정보
4. 법 제63조에 따른 작업을 하는 경우로서 같은 장소에서 사업의 일부 또는 전부를 도급을 주어 행하는 작업이 있는 경우 혼재 작업의 위험성 및 작업 상황 등에 관한 정보
5. 재해사례, 재해통계 등에 관한 정보
6. 작업환경측정결과, 근로자 건강진단결과에 관한 정보
7. 그 밖에 위험성 평가에 참고가 되는 자료 등

제10조(유해·위험요인 파악)

사업주는 사업장 내의 제5조의2에 따른 유해·위험요인을 파악하여야 한다. 이때 업종, 규모 등 사업장 실정에 따라 다음 각 호의 방법 중 어느 하나 이상의 방법을 사용하되, 특별한 사정이 없으면 제①호에 의한 방법을 포함하여야 한다.

① 사업장 순회점검에 의한 방법
② 근로자들의 상시적 제안에 의한 방법
③ 설문조사·인터뷰 등 청취조사에 의한 방법
④ 물질안전보건자료, 작업환경측정결과, 특수건강진단결과 등 안전보건 자료에 의한 방법
⑤ 안전보건 체크리스트에 의한 방법
⑥ 그 밖에 사업장의 특성에 적합한 방법

제11조(위험성 결정)

① 사업주는 제10조에 따라 파악된 유해·위험요인이 근로자에게 노출되었을 때의 위험성을 제9조 제②항 제1호에 따른 기준에 의해 판단하여야 한다.
② 사업주는 제①항에 따라 판단한 위험성의 수준이 제9조 제②항 제2호에 의한 허용 가능한 위험성의 수준인지 결정하여야 한다.

제12조(위험성 감소대책 수립 및 실행)

① 사업주는 제11조 제②항에 따라 허용 가능한 위험성이 아니라고 판단한 경우에는 위험성의 수준, 영향을 받는 근로자 수 및 다음 각 호의 순서를 고려하여 위험성 감소를 위한 대책을 수립하여 실행하여야 한다. 이 경우 법령에서 정하는 사항과 그 밖에 근로자의 위험 또는 건강장해를 방지하기 위하여 필요한 조치를 반영하여야 한다.

  1. 위험한 작업의 폐지·변경, 유해·위험물질 대체 등의 조치 또는 설계나 계획 단계에서 위험성을 제거 또는 저감하는 조치

  2. 연동장치, 환기장치 설치 등의 공학적 대책

  3. 사업장 작업절차서 정비 등의 관리적 대책

  4. 개인용 보호구의 사용

② 사업주는 위험성 감소대책을 실행한 후 해당 공정 또는 작업의 위험성의 수준이 사전에 자체 설정한 허용 가능한 위험성의 수준인지를 확인하여야 한다.

③ 제②항에 따른 확인 결과, 위험성이 자체 설정한 허용 가능한 위험성 수준으로 내려오지 않는 경우에는 허용 가능한 위험성 수준이 될 때까지 추가의 감소대책을 수립·실행하여야 한다.

④ 사업주는 중대재해, 중대산업사고 또는 심각한 질병이 발생할 우려가 있는 위험성으로서 제①항에 따라 수립한 위험성 감소대책의 실행에 많은 시간이 필요한 경우에는 즉시 잠정적인 조치를 강구하여야 한다.

제13조(위험성 평가의 공유)

① 사업주는 위험성 평가를 실시한 결과 중 다음 각 호에 해당하는 사항을 근로자에게 게시, 주지 등의 방법으로 알려야 한다.

  1. 근로자가 종사하는 작업과 관련된 유해·위험요인

  2. 제1호에 따른 유해·위험요인의 위험성 결정 결과

  3. 제1호에 따른 유해·위험요인의 위험성 감소대책과 그 실행 계획 및 실행 여부

  4. 제3호에 따른 위험성 감소대책에 따라 근로자가 준수하거나 주의하여야 할 사항

② 사업주는 위험성 평가 결과 법 제2조 제2호의 중대재해로 이어질 수 있는 유해·위험요인에 대해서는 작업 전 안전점검회의(TBM : Tool Box Meeting) 등을 통해 근로자에게 상시적으로 주지시키도록 노력하여야 한다.

제14조(기록 및 보존)

① 규칙 제37조 제1항 제4호에 따른 "그 밖에 위험성 평가의 실시내용을 확인하기 위하여 필요한 사항으로서 고용노동부장관이 정하여 고시하는 사항"이란 다음 각 호에 관한 사항을 말한다.
   1. 위험성 평가를 위해 사전조사 한 안전보건정보
   2. 그 밖에 사업장에서 필요하다고 정한 사항
② 시행규칙 제37조 제2항의 기록의 최소 보존기한은 제15조에 따른 실시 시기별 위험성 평가를 완료한 날부터 기산한다.

제15조(위험성 평가의 실시 시기)

① 사업주는 사업이 성립된 날(사업 개시일을 말하며, 건설업의 경우 실착공일을 말한다)로부터 1개월이 되는 날까지 제5조의2 제①항에 따라 위험성 평가의 대상이 되는 유해·위험요인에 대한 최초 위험성 평가의 실시에 착수하여야 한다. 다만, 1개월 미만의 기간 동안 이루어지는 작업 또는 공사의 경우에는 특별한 사정이 없는 한 작업 또는 공사 개시 후 지체 없이 최초 위험성 평가를 실시하여야 한다.
② 사업주는 다음 각 호의 어느 하나에 해당하여 추가적인 유해·위험요인이 생기는 경우에는 해당 유해·위험요인에 대한 수시 위험성 평가를 실시하여야 한다. 다만, 제5호에 해당하는 경우에는 재해 발생 작업을 대상으로 작업을 재개하기 전에 실시하여야 한다.
   1. 사업장 건설물의 설치·이전·변경 또는 해체
   2. 기계·기구, 설비, 원재료 등의 신규 도입 또는 변경
   3. 건설물, 기계·기구, 설비 등의 정비 또는 보수(주기적·반복적 작업으로서 이미 위험성 평가를 실시한 경우에는 제외)
   4. 작업방법 또는 작업절차의 신규 도입 또는 변경
   5. 중대산업사고 또는 산업재해(휴업 이상의 요양을 요하는 경우에 한정한다) 발생
   6. 그 밖에 사업주가 필요하다고 판단한 경우
③ 사업주는 다음 각 호의 사항을 고려하여 제①항에 따라 실시한 위험성 평가의 결과에 대한 적정성을 1년마다 정기적으로 재검토(이때, 해당 기간 내 제②항에 따라 실시한 위험성 평가의 결과가 있는 경우 함께 적정성을 재검토하여야 한다)하여야 한다. 재검토 결과 허용 가능한 위험성 수준이 아니라고 검토된 유해·위험요인에 대해서는 제12조에 따라 위험성 감소대책을 수립히여 실행히여야 한다.

1. 기계·기구, 설비 등의 기간 경과에 의한 성능 저하
2. 근로자의 교체 등에 수반하는 안전·보건과 관련되는 지식 또는 경험의 변화
3. 안전·보건과 관련되는 새로운 지식의 습득
4. 현재 수립되어 있는 위험성 감소대책의 유효성 등

④ 사업주가 사업장의 상시적인 위험성 평가를 위해 다음 각 호의 사항을 이행하는 경우 제②항과 제③항의 수시평가와 정기평가를 실시한 것으로 본다.

1. 매월 1회 이상 근로자 제안제도 활용, 아차사고 확인, 작업과 관련된 근로자를 포함한 사업장 순회점검 등을 통해 사업장 내 유해·위험요인을 발굴하여 제11조의 위험성 결정 및 제12조의 위험성 감소대책 수립·실행을 할 것
2. 매주 안전보건관리책임자, 안전관리자, 보건관리자, 관리감독자 등(도급사업주의 경우 수급사업장의 안전·보건 관련 관리자 등을 포함한다)을 중심으로 제1호의 결과 등을 논의·공유하고 이행상황을 점검할 것
3. 매 작업일마다 제1호와 제2호의 실시결과에 따라 근로자가 준수하여야 할 사항 및 주의하여야 할 사항을 작업 전 안전점검회의 등을 통해 공유·주지할 것

제3장 위험성 평가 인정

제16조(인정의 신청)

① 장관은 소규모 사업장의 위험성 평가를 활성화하기 위하여 위험성 평가 활동이 일정 수준 이상인 사업장에 대해 인정하는 사업을 운영할 수 있다. 이 경우 인정을 신청할 수 있는 사업장은 다음 각 호와 같다.

1. 상시 근로자 수 100명 미만 사업장(건설공사를 제외한다). 이 경우 법 제63조에 따른 작업의 일부 또는 전부를 도급에 의하여 행하는 사업의 경우는 도급사업주의 사업장(이하 "도급사업장"이라 한다)과 수급사업주의 사업장(이하 "수급사업장"이라 한다) 각각의 근로자 수를 이 규정에 의한 상시 근로자 수로 본다.
2. 총 공사금액 120억 원(토목공사는 150억 원) 미만의 건설공사

② 제2장에 따른 위험성 평가를 실시한 사업장으로서 해당 사업장을 제①항의 인정을 받고자 하는 사업주는 별지 제1호 서식의 위험성 평가 인정신청서를 해당 사업장을 관할하는 공단 광역본부장·지역본부장·지사장에게 제출하여야 한다.

③ 제②항에 따른 인정신청은 위험성 평가 인정을 받고자 하는 단위 사업장(또는 건설 공사)으로 한다. 다만, 다음 각 호의 어느 하나에 해당하는 사업장은 인정신청을 할 수 없다.

   1. 제22조에 따라 인정이 취소된 날부터 1년이 경과하지 아니한 사업장

   2. 최근 1년 이내에 제22조 제①항 제2호부터 제4호까지의 규정 중 어느 하나에 해당하는 사유가 있는 사업장

④ 법 제63조에 따른 작업의 일부 또는 전부를 도급에 의하여 행하는 사업장의 경우에는 도급사업장의 사업주가 수급사업장을 일괄하여 인정을 신청하여야 한다. 이 경우 인정신청에 포함하는 해당 수급사업장 명단을 신청서에 기재(건설공사를 제외한다)하여야 한다.

⑤ 제④항에도 불구하고 수급사업장이 제19조에 따른 인정을 별도로 받았거나, 법 제17조에 따른 안전관리자 또는 같은 법 제18조에 따른 보건관리자 선임대상인 경우에는 제④항에 따른 인정신청에서 해당 수급사업장을 제외할 수 있다.

제17조(인정심사)

① 공단은 위험성 평가 인정신청서를 제출한 사업장에 대해 다음 각 호에서 정하는 항목에 대해 별표의 기준에 따라 인정 여부를 심사(이하 "인정심사"라 한다)하여야 한다.

   1. 사업주의 관심도

   2. 위험성 평가 실행수준

   3. 구성원의 참여 및 이해 수준

   4. 재해발생 수준

② 공단 광역본부장 · 지역본부장 · 지사장은 소속 직원으로 하여금 사업장을 방문하여 제①항의 인정심사(이하 "현장심사"라 한다)를 하도록 하여야 한다. 이 경우 현장심사는 현장심사 전일을 기준으로 최초인정은 최근 1년, 최초인정 후 다시 인정(이하 "재인정"이라 한다)하는 것은 최근 3년 이내에 실시한 위험성 평가를 대상으로 한다.

③ 제②항에 따른 현장심사 결과는 제18조에 따른 인정심사위원회에 보고하여야 하며, 인정심사위원회는 현장심사 결과 등으로 인정심사를 하여야 한다.

④ 제16조 제④항에 따른 도급사업장의 인정심사는 도급사업장과 인정을 신청한 수급사업장(건설공사의 수급사업장은 제외한다)에 대하여 각각 실시하여야 한다. 이 경우 도급사업장의 인정심사는 사업장 내의 모든 수급사업장을 포함한 사업장 전체를 종합적으로 실시하여야 한다.

⑤ 인정심사의 운영에 필요한 세부사항은 고용노동부장관의 승인을 거쳐 공단 이사장이 정한다.

제18조(인정심사위원회의 구성 · 운영)

① 공단은 위험성 평가 인정과 관련한 다음 각 호의 사항을 심의 · 의결하기 위하여 각 광역본부 · 지역본부 · 지사에 위험성 평가 인정심사위원회를 두어야 한다.
　1. 인정 여부의 결정
　2. 인정취소 여부의 결정
　3. 인정과 관련한 이의신청에 대한 심사 및 결정
　4. 심사항목 및 심사기준의 개정 건의
　5. 그 밖에 인정 업무와 관련하여 위원장이 회의에 부치는 사항
② 인정심사위원회는 공단 광역본부장 · 지역본부장 · 지사장을 위원장으로 하고, 관할 지방고용노동관서 산재예방지도과장(산재예방지도과가 설치되지 않은 관서는 근로개선지도과장)을 당연직 위원으로 하여 5명 이상 10명 이하의 내 · 외부 위원으로 구성하여야 한다. 이때 외부 위원의 수는 위원장을 제외한 위원 수의 2분의 1 이상으로 한다.
③ 외부위원은 다음 각 호에 해당하는 사람 중에서 위원장이 위촉한다.
　1. 노동계 · 경영계를 대표하는 단체의 산업안전보건 업무 관련자
　2. 법에 따른 산업안전지도사 또는 산업보건지도사
　3. 「국가기술자격법」에 따른 안전 · 보건 분야의 기술사
　4. 「국가기술자격법」에 따른 안전 · 보건 분야의 기사 자격 또는 「의료법」 제78조에 따른 산업전문간호사 면허를 취득하고 안전 · 보건 분야 경력이 10년 이상인 사람
　5. 전문대학 이상의 학교에서 안전 · 보건 분야 관련 학과 조교수 이상인 사람
　6. 안전 · 보건 분야 박사학위 소지자로 안전 · 보건 분야 실무경력이 5년 이상인 사람
　7. 「의료법」 제77조에 따른 직업환경의학과 전문의
　8. 그 밖에 위원장이 자격이 있다고 인정하는 사람
④ 그 밖에 인정심사위원회의 운영에 관하여 필요한 사항은 고용노동부장관의 승인을 거쳐 공단 이사장이 정한다.

제19조(위험성 평가의 인정)

① 공단은 인정신청 사업장에 대한 현장심사를 완료한 날부터 1개월 이내에 인정심사
위원회의 심의 · 의결을 거쳐 인정 여부를 결정하여야 한다. 이 경우 다음의 기준을
충족하는 경우에만 인정을 결정하여야 한다.

  1. 제2장에서 정한 방법, 절차 등에 따라 위험성 평가를 수행한 사업장

  2. 현장심사 결과 제17조 제①항 각 호의 평가점수가 100점 만점에 70점을 미달
    하는 항목이 없고 종합점수가 100점 만점에 90점 이상인 사업장

② 인정심사위원회는 제①항의 인정 기준을 충족하는 사업장의 경우에도 인정심사위원
회를 개최하는 날을 기준으로 최근 1년 이내에 제22조 제①항 각 호에 해당하는
사유가 있는 사업장에 대하여는 인정하지 아니한다.

③ 공단은 제①항에 따라 인정을 결정한 사업장에 대해서는 별지 제2호 서식의 인정서를
발급하여야 한다. 이 경우 제17조 제④항에 따른 인정심사를 한 경우에는 인정심사
기준을 만족하는 도급사업장과 수급사업장에 대해 각각 인정서를 발급하여야 한다.

④ 위험성 평가 인정 사업장의 유효기간은 제①항에 따른 인정이 결정된 날부터 3년으
로 한다. 다만, 제22조에 따라 인정이 취소된 경우에는 인정취소 사유 발생일 전날
까지로 한다.

⑤ 위험성 평가 인정을 받은 사업장 중 사업이 법인격을 갖추어 사업장관리번호가 변
경되었으나 다음 각 호의 사항을 증명하는 서류를 공단에 제출하여 동일 사업장임
을 인정받을 경우 변경 후 사업장을 위험성 평가 인정 사업장으로 한다. 이 경우
인정기간의 만료일은 변경 전 사업장의 인정기간 만료일로 한다.

  1. 변경 전 · 후 사업장의 소재지가 동일할 것

  2. 변경 전 사업의 사업주가 변경 후 사업의 대표이사가 되었을 것

  3. 변경 전 사업과 변경 후 사업간 시설 · 인력 · 자금 등에 대한 권리 · 의무의 전
    부를 포괄적으로 양도 · 양수하였을 것

제20조(재인정)

① 사업주는 제19조 제④항 본문에 따른 인정 유효기간이 만료되어 재인정을 받으려는
경우에는 제16조 제②항에 따른 인정신청서를 제출하여야 한다. 이 경우 인정신청
서 제출은 유효기간 만료일 3개월 전부터 할 수 있다.

② 제①항에 따른 재인정을 신청한 사업장에 대한 심사 등은 제16조부터 제19조까지
의 규정에 따라 처리한다.

③ 재인정 사업장의 인정 유효기간은 제19조 제④항에 따른다. 이 경우, 재인정 사업
장의 인정 유효기간은 이전 위험성 평가 인정 유효기간의 만료일 다음날부터 새로
계산한다.

제21조(인정사업장 사후점검)

① 공단은 제19조 제③항 및 제20조에 따라 인정을 받은 사업장이 위험성 평가를 효과적
으로 유지하고 있는지 확인하기 위하여 인정기간 중 1회 이상 사후점검을 할 수 있다.
다만, 사후점검일 기준잔여공사기간이 3개월 미만인 건설공사는 제외할 수 있다.
② 사후점검은 직전 현장심사를 받은 이후에 사업장에서 실시한 위험성 평가에 대해
현장점검을 하는 것으로 하며, 해당 사업장이 제19조에 따른 인정 기준을 유지하는지
여부 및 수립한 위험성 감소대책을 충실히 이행하고 있는지 여부를 확인하여야 한다.

제22조(인정의 취소)

① 위험성 평가 인정사업장에서 인정 유효기간 중에 다음 각 호의 어느 하나에 해당하
는 사업장은 인정을 취소하여야 한다.
1. 거짓 또는 부정한 방법으로 인정을 받은 사업장
2. 인정기간 중 다음 각 목의 어느 하나에 해당하는 중대재해가 발생한 사업장. 다
만, 법 제5조에 따른 사업주의 의무와 직접적으로 관련이 없는 재해로서 「고용
보험 및 산업재해보상보험의 보험료징수 등에 관한 법률 시행령」 제18조의5
제1항에서 정하는 사유는 제외한다.
가. 사망자가 1명 이상 발생한 재해
나. 3개월 이상의 요양이 필요한 부상자가 동시에 2명 이상 발생한 재해
다. 부상자 또는 직업성 질병자가 동시에 10명 이상 발생한 재해
3. 근로자의 부상(3일 이상의 휴업)을 동반한 중대산업사고 발생사업장
4. 법 제10조에 따른 산업재해 발생건수, 재해율 또는 그 순위 등이 공표된 사업
장(영 제10조 제1항 제1호 및 제5호에 한정한다)
5. 제21조에 따른 사후점검을 거부하거나 점검 결과 다음 각 목의 어느 하나의 사
유가 확인된 사업장
가. 제19조에 따른 인정기준을 충족하지 못한 경우
나. 현장심사 또는 사후점검에서 개선하도록 지적된 사항을 이행하지 않아 조
치 기간을 부여하였음에도 이행하지 않은 것이 확인된 경우

6. 사업주가 자진하여 인정 취소를 요청한 사업장

7. 그 밖에 인정취소가 필요하다고 공단 광역본부장 · 지역본부장 또는 지사장이 인정한 사업장

② 공단은 제①항에 해당하는 사업장에 대해서는 인정심사위원회에 상정하여 인정취소 여부를 결정하여야 한다. 이 경우 해당 사업장에는 소명의 기회를 부여하여야 한다.

③ 제②항에 따라 인정심사위원회가 인정취소를 결정한 경우 인정취소일은 제①항에 따른 인정취소 사유가 발생한 날로 한다.

제23조(위험성 평가 지원사업)

① 장관은 사업장의 위험성 평가를 지원하기 위하여 공단 이사장으로 하여금 다음 각 호의 위험성 평가 사업을 추진하게 할 수 있다.

1. 추진기법 및 모델, 기술자료 등의 개발 · 보급

2. 우수 사업장 발굴 및 홍보

3. 사업장 관계자에 대한 교육

4. 사업장 컨설팅

5. 전문가 양성

6. 지원시스템 구축 · 운영

7. 인정사업의 운영

8. 그 밖에 위험성 평가 추진에 관한 사항

② 공단 이사장은 제①항에 따른 사업을 추진하는 경우 고용노동부와 협의하여 추진하고 추진결과 및 성과를 분석하여 매년 1회 이상 장관에게 보고하여야 한다.

제24조(위험성 평가 교육지원)

① 공단은 제23조 제①항에 따라 사업장의 위험성 평가를 지원하기 위하여 다음 각 호의 교육과정을 개설하여 운영할 수 있다.

1. 사업주 교육

2. 평가담당자 교육

3. 실무 역량 지원 교육

② 공단은 제①항에 따른 교육과정을 광역본부 · 지역본부 · 지사 또는 산업안전보건교육원(이하 "교육원"이라 한다)에 개설하여 운영하여야 한다.

③ 제①항 제2호 및 제3호에 따른 교육을 수료한 근로자에 대해서는 해당 시기에 사업주가 실시해야 하는 관리감독자 교육을 수료한 시간만큼 실시한 것으로 본다.

제25조(위험성 평가 컨설팅 지원)

① 공단은 근로자 수 50명 미만 소규모 사업장(건설업의 경우 전년도에 공시한 시공능력 평가액 순위가 200위 초과인 종합건설업체 본사 또는 총 공사금액 120억 원(토목공사는 150억 원)미만인 건설공사를 말한다)의 사업주로부터 제5조 제③항에 따른 컨설팅 지원을 요청 받은 경우에 위험성 평가 실시에 대한 컨설팅 지원을 할 수 있다.

② 제①항에 따른 공단의 컨설팅 지원을 받으려는 사업주는 사업장 관할의 공단 광역본부장 · 지역본부장 · 지사장에게 지원 신청을 하여야 한다.

③ 제②항에도 불구하고 공단 광역본부장 · 지역본부 · 지사장은 재해예방을 위하여 필요하다고 판단되는 사업장을 직접 선정하여 컨설팅을 지원할 수 있다.

제26조(지원 신청 등)

① 제24조에 따른 교육지원 신청은 별지 제3호 서식에 따르며 제25조에 따른 컨설팅 지원 신청은 별지 제4호 서식에 따른다. 다만, 제24조 제①항 제3호에 따른 교육의 신청 및 비용 등은 교육원이 정하는 바에 따른다.

② 제24조 제①항에 따라 사업주 교육 및 평가담당자 교육을 실시하는 기관의 장은 교육 이수자에 대하여 별지 제5호 서식 또는 별지 제6호 서식에 따른 교육 확인서를 발급하여야 한다.

③ 공단은 예산이 허용하는 범위에서 사업장이 제24조에 따른 교육지원과 제25조에 따른 컨설팅 지원을 민간기관에 위탁하고 그 비용을 지급할 수 있으며, 이에 필요한 지원 대상, 비용지급 방법 및 기관 관리 등 세부적인 사항은 공단 이사장이 정할 수 있다.

④ 공단은 사업주가 위험성 평가 감소대책의 실행을 위하여 해당 시설 및 기기 등에 대하여 「산업재해예방시설자금 융자금 지원사업 및 보조금 지급사업 업무 처리규칙」에 따라 보조금 또는 융자금을 신청한 경우에는 우선하여 지원할 수 있다.

⑤ 공단은 제19조에 따른 위험성 평가 인정 또는 제20조에 따른 재인정, 제22조에 따른 인정 취소를 결정한 경우에는 결정일부터 3일 이내에 인정일 또는 재인정일, 인정취소일 및 사업장명, 소재지, 업종, 근로자 수, 인정 유효기간 등의 현황을 지방고용노동관서 산재예방지도과(산재예방지도과가 설치되지 않은 관서는 근로개선지도과)로 보고하여야 한다. 다만, 위험성 평가 지원시스템 또는 그 밖의 방법으로 지방고용노동관서에서 인정사업장 현황을 실시간으로 파악할 수 있는 경우에는 그러하지 아니한다.

제27조(인정사업장 등에 대한 혜택)

① 장관은 위험성 평가 인정사업장에 대하여는 제19조 및 제20조에 따른 인정유효기간 동안 사업장 안전보건 감독을 유예할 수 있다.

② 제①항에 따라 유예하는 안전보건 감독은 「근로감독관 집무규정(산업안전보건)」 제10조 제1항에 따른 사업장안전보건감독 종합계획에서 정한 감독·점검 중 장관이 별도로 지정한 감독·점검으로 한정한다.

③ 장관은 위험성 평가를 실시하였거나, 위험성 평가를 실시하고 인정을 받은 사업장에 대해서는 정부 포상 또는 표창의 우선 추천 및 그 밖의 혜택을 부여할 수 있다.

SECTION 29 교대작업자의 보건관리 지침
(KOSHA GUIDE, H-22-2019)

01 적용범위

이 지침은 야간작업을 포함한 교대작업이 있는 모든 사업장에 적용한다.

02 용어의 정의

(1) "교대작업"

작업자들을 2개 반 이상으로 나누어 각각 다른 시간대에 근무하도록 함으로써 사업장의 전체작업시간을 늘리는 근로자 작업일정이나 작업조직방법을 말한다.

(2) "교대작업자"

작업일정이 교대작업인 근로자를 말한다.

(3) "야간작업"

오후 10시부터 익일 오전 6시까지 사이의 시간이 포함된 교대작업을 말한다.

(4) "야간작업자"

야간작업시간마다 적어도 3시간 이상 정상적 업무를 하는 근로자를 말한다.

03 작업관리 ●출제율 30%

(1) 교대작업자의 작업설계를 적용할 때 유념할 사항

① 모든 교대작업형태에 적용할 수 있는 최적이고 일반적인 권고는 없다.

② 이 지침에서 제안된 교대작업설계 시 고려사항들 중 하나의 교대작업에 대한 작업설계에 동시에 적용할 수 없는 사항들도 있음을 유념해야 한다.

(2) 교대작업자의 작업설계를 할 때 고려해야 할 권장사항

① 야간작업은 연속하여 3일을 넘기지 않도록 한다.

② 야간반 근무를 모두 마친 후 아침반 근무에 들어가기 전 최소한 24시간 이상 휴식을 하도록 한다.

③ 가정생활이나 사회생활을 배려할 때 주중에 쉬는 것보다는 주말에 쉬도록 하는 것이 좋으며 하루씩 띄어 쉬는 것보다는 주말에 이틀 연이어 쉬도록 한다.

④ 교대작업자, 특히 야간작업자는 주간작업자보다 연간 쉬는 날이 더 많이 있어야 한다.

⑤ 근무반 교대방향은 아침반 → 저녁반 → 야간반으로 정방향 순환이 되게 한다.

⑥ 아침반 작업은 너무 일찍 시작하지 않도록 한다.

⑦ 야간반 작업은 잠을 조금이라도 더 오래 잘 수 있도록 가능한 한 일찍 작업을 끝내도록 한다.

⑧ 교대작업일정을 계획할 때 가급적 근로자 개인이 원하는 바를 고려하도록 한다.

⑨ 교대작업일정은 근로자들에게 미리 통보되어 예측할 수 있도록 한다.

04 건강관리

(1) 교대작업자의 건강관리를 위해 사업주가 고려해야 할 사항

① 야간작업의 경우 작업장의 조도를 밝게 하고 작업장의 온도를 최고 27℃가 넘지 않는 범위에서 주간작업 때보다 약 1℃ 정도 높여주어야 한다.

② 야간작업 동안 사이잠(Napping)을 자게 하면 졸림을 방지하는 데 효과적이므로 특히 사고위험이 높은 작업에서는 짧은 사이잠을 자게 하는 것이 좋다. 사이잠을 위하

여 수면실을 설치하되 소음 또는 진동이 심한 장소를 피하고 남·여용으로 구분하여 설치하도록 한다.

③ 야간작업 동안 대부분의 회사 식당이 문을 닫기 때문에 규칙적이고 적절한 음식이 제공될 수 있도록 배려하여야 한다. 야간작업자에게 적절한 음식이란 칼로리가 낮으면서 소화가 잘 되는 음식이다.

④ 교대작업자에 대하여 주기적으로 건강상태를 확인하고 그 내용을 문서로 기록·보관한다.

⑤ 교대작업에 배치할 근로자에 대하여 교대작업에 대한 교육과 훈련을 실시하여 근로자가 교대작업에 잘 적응할 수 있도록 지도해 준다.

⑥ 교대작업자의 작업환경·작업내용·작업시간 등 직무스트레스 요인 조사와 뇌·심혈관 질환 발병 위험도 평가(KOSHA GUIDE H-200-2018 참조)를 실시하고 그 결과에 따라 근로자 건강증진활동 지침(고용노동부 고시 제2015-104호 참조) 등을 참고하여 적절한 조치를 실시한다.

⑦ 신규입사자를 「산업안전보건법 시행규칙」 [별표 12의 2]의 야간작업(2종)*에 배치 시 배치예정업무에 대한 적합성 평가를 위하여 배치 전 건강진단을 실시하고, 배치 후 6개월 이내 특수건강진단을 실시한다.

* 야간작업(2종)

㉠ 6개월간 밤 12시부터 오전 5시까지의 시간을 포함하여 계속되는 8시간 작업을 월평균 4회 이상 수행하는 경우

㉡ 6개월간 오후 10시부터 다음날 오전 6시 사이의 시간 중 작업을 월평균 60시간 이상 수행하는 경우

⑧ 재직자는 배치 후 첫 번째 특수건강진단(6개월 이내)을 받은 이후 12개월 주기로 검진을 진행한다.

(2) 교대작업자로 배치할 때 업무적합성 평가가 필요한 근로자

다음과 같은 건강상태의 근로자를 교대작업에 배치하고자 할 때는 의사인 보건관리자 또는 산업의학전문의에게 의뢰하여 업무적합성 평가를 받은 후 배치하도록 권장한다.

① 간질 증상이 잘 조절되지 않는 근로자

② 불안정 협심증(Unstable angina) 또는 심근경색증 병력이 있는 관상동맥질환자

③ 스테로이드 치료에 의존하는 천식 환자

④ 혈당이 조절되지 않는 당뇨병 환자

⑤ 혈압이 조절되지 않는 고혈압 환자
⑥ 교대작업으로 인하여 약물치료가 어려운 환자(예를 들면, 기관지확장제 치료 근로자)
⑦ 반복성 위궤양 환자
⑧ 증상이 심한 과민성대장증후군(Irritable bowel syndrome)
⑨ 만성 우울증 환자
⑩ 교대제 부적응 경력이 있는 근로자

(3) 교대작업자의 개인 생활습관관리

① 야간작업 후 낮 수면을 효과적으로 취하는 방법
  ㉠ 야간작업자는 작업 후 가능한 한 빨리 잠자리에 든다.
  ㉡ 가족들은 야간작업자가 취침 중에 주위에서 소음이 나지 않도록 배려한다.
  ㉢ 교대작업자는 가족에게 자신의 교대작업일정을 알려준다.
  ㉣ 개인 차이는 있지만 최소 6시간 이상 연속으로 수면을 취한다.
② 운동요법과 이완요법
  ㉠ 교대작업자는 잠들기 전 3시간 이내에 운동을 하지 않도록 한다. 지나치게 운동하면 잠을 빨리 깨게 되어 회복에 방해를 받기 때문이다.
  ㉡ 이완요법과 명상을 규칙적으로 하면 수면에 도움이 되고 교대작업에 적응하는 데도 도움이 된다.
③ 영양
  ㉠ 야간작업 후 잠들기 전에는 과량의 식사, 커피 및 음주는 피하는 것이 좋다. 위에서 음식이 소화될 때까지의 부담이 수면을 방해할 수 있기 때문이다.
  ㉡ 교대작업 중에 갈증을 느끼지 않더라도 자주 물을 마시도록 한다.

SECTION 30 고열작업 환경관리 지침
(KOSHA GUIDE, W-12-2017)

01 적용범위

(1) 용광로·평로(平爐)·전로 또는 전기로에 의하여 광물 또는 금속을 제련하거나 정련하는 장소

(2) 용선로(鎔銑爐) 등으로 광물·금속 또는 유리를 용해하는 장소

(3) 가열로(加熱爐) 등으로 광물·금속 또는 유리를 가열하는 장소

(4) 도자기 또는 기와 등을 소성(燒成)하는 장소

(5) 광물을 배소(焙燒) 또는 소결(燒結)하는 장소

(6) 가열된 금속을 운반·압연 또는 가공하는 장소

(7) 녹인 금속을 운반 또는 주입하는 장소

(8) 녹인 유리로 유리제품을 성형하는 장소

(9) 고무에 황을 넣어 열처리하는 장소

(10) 열원을 사용하여 물건 등을 건조시키는 장소

(11) 갱내에서 고열이 발생하는 장소

(12) 가열된 노(爐)를 수리하는 장소

(13) 그 밖에 법에 따라 노동부장관이 인정하는 장소, 또는 고열작업으로 인해 근로자의 건강에 이상이 초래될 우려가 있는 장소

02 용어

(1) "고열"

열에 의하여 근로자에게 열경련 · 열탈진 또는 열사병 등의 건강장해를 유발할 수 있는 더운 온도를 말한다.

(2) "습구흑구온도지수(Wet-Bulb Globe Temperature, WBGT)"

근로자가 고열환경에 종사함으로써 받는 열스트레스 또는 위해를 평가하기 위한 도구(단위 : ℃)로써 기온, 기습 및 복사열을 종합적으로 고려한 지표를 말한다.

03 고열의 측정 및 평가

(1) 평가 시 고려사항

사업주는 고열작업에 근로자를 종사하도록 하는 때에는 열경련 · 열탈진 등의 건강장해를 예방하기 위하여 고열의 위해성을 평가하여야 하며, 평가 시 다음 사항을 고려한다.
① 고열작업의 종류 및 발생원
② 고열작업의 성질(특성 및 강도 등)
③ 온열특성(기온, 기습, 기류, 복사열 등)
④ 근로자의 작업 활동 및 착용한 의복 형태
⑤ 고열 관련 상해 및 질병발생 실태
⑥ 산업환기설비 등의 설치와 적절성
⑦ 근로자의 열순응 정도
⑧ 기타 고열환경 개선에 필요한 사항

(2) 고열의 측정 및 평가 ●출제율 20%

① 측정대상 인자

고열의 측정은 기온, 기습 및 흑구온도 인자들을 고려한 습구흑구온도지수(WBGT)로 한다.

② 측정주기

사업주는 고열작업에 근로자를 종사하도록 하는 때에는 법 제42조의 규정에 따라 6개월에 1회 이상 정기적으로 습구흑구온도지수를 측정한다. 다만, 근로자가 열경련·열탈진 등의 증상을 호소하거나 고열작업으로 인해 건강장해가 우려되는 경우에는 필요에 따라 수시로 측정을 실시할 수 있다.

③ 측정기기의 조건

고열은 습구흑구온도지수(WBGT)를 측정할 수 있는 기기 또는 이와 동등 이상의 성능을 가진 기기를 사용한다.

④ 측정 방법 및 시간

㉠ 고열을 측정하는 경우에는 측정기 제조자가 지정한 방법과 시간을 준수하며, 열원마다 측정하되 작업장소에서 열원에 가장 가까운 위치에 있는 근로자 또는 근로자의 주 작업행동 범위에서 일정한 높이에 고정하여 측정한다.

㉡ 측정기기를 설치한 후 일정 시간 안정화시킨 후 측정을 실시하고, 고열작업에 대해 측정하고자 할 경우에는 1일 작업시간 중 최대로 높은 고열에 노출되고 있는 1시간을 10분 간격으로 연속하여 측정한다.

⑤ 고열의 평가

고열의 평가는 다음의 순서로 실시한다.

㉠ 습구흑구온도지수(WBGT)의 산출

각각의 측정에 대한 습구흑구온도지수는 다음의 식으로 계산한다.

ⓐ 옥외(태양광선이 내리쬐는 장소)는 식(1)과 같다.

$$\text{WBGT}(℃) = 0.7 \times \text{자연습구온도} + 0.2 \times \text{흑구온도} + 0.1 \times \text{건구온도} \cdots\cdots (1)$$

ⓑ 옥내 또는 옥외(태양광선이 내리쬐지 않는 장소)는 식(2)와 같다.

$$\text{WBGT}(℃) = 0.7 \times \text{자연습구온도} + 0.3 \times \text{흑구온도} \cdots\cdots\cdots\cdots (2)$$

㉡ 평균 습구흑구온도지수의 산출

연속작업에 대한 60분 평균 및 간헐 작업에 대한 120분 평균 습구흑구온도지수를 각각 식(3)으로 구한다.

$$\text{평균 WBGT}(℃) = \frac{\text{WBGT}_1 \times t_1 + \text{WBGT}_2 \times t_2 + \cdots + \text{WBGT}_n \times t_n}{t_1 + t_2 + \cdots + t_n} \cdots (3)$$

여기서, WBGT_n : 각 습구흑구온도지수의 측정치(℃)

t_n : 각 습구흑구온도지수의 측정시간(분)

ⓒ 착용복장에 따른 WBGT 기준 보정

[표 1]의 노출기준은 보통 작업복을 입은 순응된 작업근로자를 대상으로 설정된 것이므로 [표 2]의 착용복장의 종류에 따라 보정을 실시해야 한다. 착용복장에 따른 WBGT 보정값($WBGT_{eff}$)은 식(4)에 따른다.

$$WBGT_{eff}(℃) = WBGT + CAF \quad\cdots\cdots\cdots\cdots\cdots\cdots\cdots\cdots\cdots\cdots\cdots (4)$$

여기서, CAF : 의복 보정지수(℃)

◆ [표 1] 고열작업의 노출기준

작업휴식시간비	작업강도		
	경작업	중등작업	중작업
계속 작업	30.0℃	26.7℃	25.0℃
매시간 75% 작업, 25% 휴식	30.6℃	28.0℃	25.9℃
매시간 50% 작업, 50% 휴식	31.4℃	29.4℃	27.9℃
매시간 25% 작업, 75% 휴식	32.2℃	31.1℃	30.0℃

여기서, 경작업 : 200kcal/hr까지의 열량이 소요되는 작업을 말하며, 앉아서 또는 서서 기계의 조정을 하기 위하여 손 또는 팔을 가볍게 쓰는 일 등을 뜻함

중등작업 : 200~350kcal/hr까지의 열량이 소요되는 작업을 말하며, 물체를 들거나 밀면서 걸어 다니는 일 등을 뜻함

중작업 : 350~500kcal/hr까지의 열량이 소요되는 작업을 말하며, 곡괭이질 또는 삽질하는 일 등을 뜻함

◆ [표 2] 착용복장에 따른 WBGT 노출기준의 보정값

복장 형태	CAF*
여름 작업복	0℃
상하가 붙은 면 작업복	+2℃
겨울 작업복	+4℃
방수복	+6℃

* CAF : Clothing Adjustment Factors

ⓔ 작업대사율의 결정

[표 3], [표 4] 및 식(5)를 참고하여 각 작업의 총 작업대사율(M_{TWA})과 그에 따른 작업강도를 결정한다.

$$M_{\text{TWA}} = \frac{(M_1 t_1 + M_2 t_2 + \cdots + M_n t_n)}{t_1 + t_2 + \cdots + t_n} \quad\cdots\cdots\cdots\cdots\cdots\cdots\cdots\cdots\cdots \quad (5)$$

여기서, M_n : 각 작업의 작업대사율(Watt 또는 kcal/hr)

t_n : 각 작업의 작업시간(분)

◐ [표 3] 신체자세 및 동작에 따른 작업대사율

신체 자세 및 동작	작업대사율(kcal/min)
앉은 자세	0.3
선 자세	0.6
걷는 동작	2.0~3.0
경사진 면을 걷는 동작	걷는 동작의 소모 칼로리에 고도 1m 상승 시마다 0.8을 추가

◐ [표 4] 작업형태에 따른 작업대사율

작업의 형태	작업대사율	
	평균(kcal/min)	범위(kcal/min)
수작업 • 경작업(글쓰기, 손뜨개질 등) • 중작업(워드 작업 등)	0.4 0.9	0.2~1.2
한 팔로 하는 작업 • 경작업 • 중작업(구두 수선, 소파 제작 등)	1.0 1.7	0.7~2.5
양팔로 하는 작업 • 경작업(줄질, 나무 대패질, 정원 고르기 등) • 중작업	1.5 2.5	1.0~3.5
몸 전체로 하는 작업 • 경작업 • 중등작업(마루 청소, 카펫 털기 등) • 중작업(선로 깔기, 흙파기, 나무껍질 벗기기 등) • 격심한 작업	3.5 5.0 7.0 9.0	2.5~15.0

◐ [계산의 예] 조립라인에 서서 무거운 수공구를 양팔을 사용하여 작업할 경우

임무(Task)	작업대사율(kcal/min)
• 걷는 동작	2.0
• 양팔을 사용한 중작업과 몸 전체로 하는 가벼운 작업	3.0
• 기초대사량	1.0
• 분당 총 작업대사율	6.0kcal/min
• 시간당 총 작업대사율	360kcal/hr

ⓜ 노출기준 초과 여부의 결정

ⓒ항에서 산출된 착용복장에 따른 WBGT 보정값($WBGT_{eff}$)과 ⓔ항에서 산출된 작업대사율을 사용하여 〈그림 1〉로부터 노출기준 초과 여부를 판단하고 [표 1]의 노출기준으로부터 작업강도별 적정한 작업휴식시간비를 선정한다.

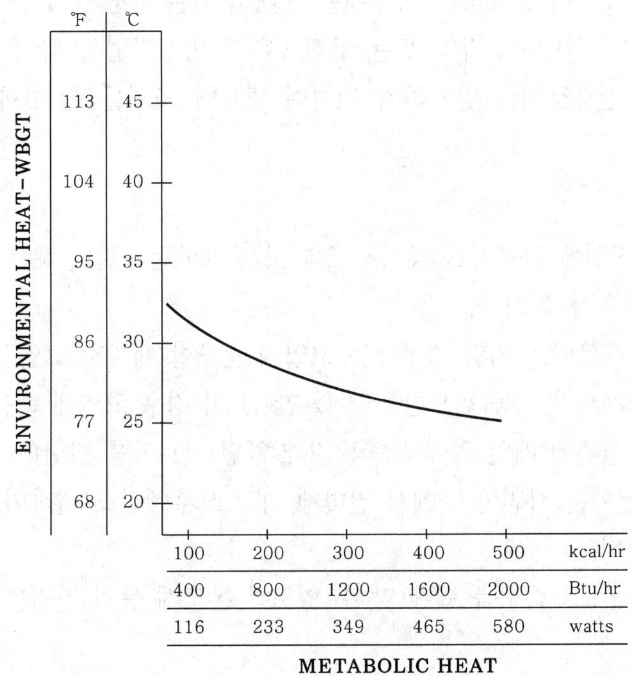

〈그림 1〉 WBGT$_{eff}$ 및 작업대사율과 노출기준(TLV)의 관계

04 고열작업환경의 관리 ●출제율 40%

(1) 환경관리

사업주는 고열작업에 근로자를 종사하도록 하는 때에는 건강장해를 예방하기 위하여 다음의 환경관리 조치를 취한다(고열에 의한 건강장해는 [별첨 1] 참조).

① 고열작업이 실내인 경우에는 고열을 감소시키기 위하여 환기장치를 설치하거나 열원과의 격리, 복사열의 차단 등 필요한 조치를 한다. 고열작업이 옥외에서 행해지는 경우에는 가능한 한 직사광선을 차단할 수 있는 간단하고 쉬운 지붕이나 천막 등을 설치하며 작업 중에는 적당히 살수 등을 실시할 수 있도록 한다.

② 고열작업이 실내인 경우에는 냉방 또는 통풍 등을 위하여 적절한 온·습도 조절장
치를 설치한다. 냉방장치를 설치하는 때에는 외부의 대기온도보다 현저히 낮게 하
지 않는다. 다만, 작업의 성질상 냉방장치를 하여 일정한 온도를 유지하여야 하는
장소로서 근로자에게 보온을 위하여 필요한 조치를 하는 때에는 예외로 한다.

③ 갱내에서 고열이 발생하는 경우에는 갱내의 기온이 섭씨 37도 이하가 되도록 유지
한다. 다만, 인명구조작업 또는 유해·위험 방지작업을 함에 있어서 고열로 인한
근로자의 건강장해를 방지하기 위하여 필요한 조치를 한 때에는 예외로 한다.

(2) 작업관리

사업주는 고열작업에 근로자를 종사하도록 하는 때에는 건강장해를 예방하기 위하여 다
음의 작업관리 조치를 취한다.

① 근로자를 새로이 배치할 경우에는 고열에 순응할 때까지 고열작업시간을 매일 단계
적으로 증가시키는 등 필요한 조치를 한다. 이 경우 고열에 순응하지 않는 근로자란
고열작업 전주에 매일 열에 노출되지 않았던 근로자를 말한다. 고열에의 순응은 하
루 중 오전에는 시원한 곳에서 일하게 하고 오후에만 고열작업을 시키는 방법 등으
로 실시한다.

② 근로자가 온도·습도를 쉽게 알 수 있도록 온도계 등의 기기를 상시 작업장소에 비
치한다.

③ 인력에 의한 굴착작업 등 에너지소비량이 많은 작업이나 연속작업은 가능한 한 줄
인다.

④ 작업의 강도와 습구흑구온도지수에 따라 결정된 작업휴식시간비를 초과하여 근로자
가 작업하지 않도록 한다.

⑤ 근로자들이 휴식시간에 이용할 수 있는 휴게시설을 갖춘다. 휴게시설을 설치하는
때에는 고열작업과 격리된 장소에 설치하고 잠자리를 가질 수 있는 넓이를 확보한다.

⑥ 고열물체를 취급하는 장소 또는 현저히 뜨거운 장소에는 관계근로자 외의 자의 출
입을 금지시키고 그 뜻을 보기 쉬운 장소에 게시하여야 한다.

⑦ 작업복이 심하게 젖게 되는 작업장에 대하여는 탈의시설, 목욕시설, 세탁시설 및
작업복을 건조시킬 수 있는 시설을 설치·운영한다.

⑧ 근로자가 작업 중 땀을 많이 흘리게 되는 장소에는 소금과 깨끗하고 차가운 음료수
등을 비치한다.

(3) 보호구

사업주는 고열작업에 근로자를 종사하도록 하는 때에는 건강장해를 예방하기 위하여 다음의 기준에 따라 적절한 보호구와 작업복 등을 지급·관리하고 이를 근로자가 착용하도록 조치한다.

① 다량의 고열물체를 취급하거나 현저히 더운 장소에서 작업하는 근로자에게는 방열장갑 및 방열복을 개인 전용의 것으로 지급한다.

② 작업복은 열을 잘 흡수하는 복장을 피하고 흡습성, 환기성의 좋은 복장을 착용시킨다.

③ 직사광선 하에서는 환기성이 좋은 모자 등을 쓰게 한다.

④ 근로자로 하여금 지급한 보호구는 상시 점검하도록 하고 보호구에 이상이 있다고 판단한 경우 사업주는 이상 유무를 확인하여 이를 보수하거나 다른 것으로 교환하여 준다.

(4) 건강관리

① 건강장해 예방조치

사업주는 고열작업에 근로자를 종사하도록 하는 때에는 건강장해를 예방하기 위하여 다음의 건강장해 예방조치를 취한다.

㉠ 건강진단 결과에 따라 적절한 건강관리 및 적정배치 등을 실시한다.

㉡ 근로자의 수면시간, 영양지도 등 일상의 건강관리지도를 실시하고 필요시 건강상담을 실시한다.

㉢ 작업개시 전 근로자의 건강상태를 확인하고 작업 중에는 주기적으로 순회하여 상담하는 등 근로자의 건강상태를 확인하고 필요한 조치를 조언한다.

㉣ 작업근로자에게 수분이나 염분의 보급 등 필요한 보건지도를 실시한다.

㉤ 휴게시설에 체온계를 비치하여 휴식시간 등에 측정할 수 있도록 한다.

② 고열작업 종사자의 고려사항

사업주는 다음에 해당하는 근로자에 대하여는 고열작업의 내용과 건강상태의 정도를 고려하여야 한다.

㉠ 비만자

㉡ 심장혈관계에 이상이 있는 자

㉢ 피부질환을 앓고 있거나 감수성이 높은 자

㉣ 발열성 질환을 앓고 있거나 회복기에 있는 자

㉤ 45세 이성의 고령자

(5) 안전보건교육

사업주는 고열작업에 근로자를 종사하도록 하는 때에는 작업을 지휘 · 감독하는 자와 해당 작업근로자에 대해서 다음의 내용에 대한 안전보건교육을 실시한다.
① 고열이 인체에 미치는 영향([별첨 1] 참조)
② 고열에 의한 건강장해 예방법
③ 응급 시의 조치사항

(6) 응급 시의 조치 등

사업주는 고열작업에 종사하는 근로자가 열경련 · 열탈진 등 건강장해를 일으키는 것에 대비하여 다음의 조치를 취한다.
① 열사병의 증상이 있는 경우 즉시 모든 활동을 중단하고 서늘한 곳으로 이동시킨 후 의복을 느슨하게 하거나 최대한 의복을 많이 벗겨서 구급차가 도착하기 전까지 냉각처치를 하여 체온을 최대한 떨어뜨려야 한다. 의식이 저하되어 있는 경우에는 입으로 물 또는 약을 먹이면 안 된다. 구토를 할 경우 기도가 막히거나 흡인되어 더 위험할 수 있다.
② 열경련 · 열탈진 등의 증상이 있는 경우 지체 없이 서늘한 곳에 이동시켜 체온을 떨어뜨리고 증상에 따라 수분 및 염분 등을 보충시킨다. 필요한 경우 즉시 의사의 진찰을 받도록 한다.
③ 긴급 연락망을 미리 작성하여 고열작업 근로자에게 주지시킨다.
④ 가까운 병원이나 의원 등의 소재지와 연락처를 파악해 둔다.

05　기록 보존

사업주는 전항의 규정에 의한 고열작업에 대해 평가 및 관리를 행한 때에는 그 결과를 기록하고 5년간 보존한다.

◐ [별첨 1] 고열이 인체에 미치는 영향 ●출제율 40%

1. "열사병(Heat stroke)"
   땀을 많이 흘려 수분과 염분 손실이 많을 때 발생한다. 갑자기 의식상실에 빠지는 경우가 많지만, 전구증상으로서 현기증, 악의, 두통, 경련 등을 일으키며 땀이 나지 않아 뜨거운 마른 피부가 되어 체온이 41℃ 이상 상승하기도 한다. 응급조치로는 옷을 벗어 나체에 가까운 상태로 하고, 냉수를 뿌리면서 선풍기의 바람을 쏘이거나 얼음 조각으로 마사지를 실시한다.

2. "열탈진(Heat exhaustion)"
   땀을 많이 흘려 수분과 염분 손실이 많을 때 발생하며 두통, 구역감, 현기증, 무기력증, 갈증 등의 증상이 나타난다. 심한 고열환경에서 중등도 이상의 작업으로 발한량이 증가할 때 주로 발생한다. 고온에 순화되지 않은 근로자가 고열환경에서 작업을 하면서 염분을 보충하지 않은 경우에도 발생한다. 응급조치로는 작업자를 열원으로부터 벗어난 장소에 옮겨 적절한 휴식과 함께 물과 염분을 보충해 준다.

3. "열경련(Heat cramps)"
   고온환경 하에서 심한 육체적 노동을 함으로써 수의근에 통증이 있는 경련을 일으키는 고열장해를 말한다. 다량의 발한에 의해 염분이 상실되었음에도 이를 보충해 주지 못했을 때 일어난다. 작업에 자주 사용되는 사지나 복부의 근육이 동통을 수반해 발작적으로 경련을 일으킨다. 응급조치로는 0.1%의 식염수를 먹여 시원한 곳에서 휴식시킨다.

4. "열허탈(Heat collapse)"
   고온 노출이 계속되어 심박수 증가가 일정 한도를 넘었을 때 일어나는 순환장해를 말한다. 전신권태, 탈진, 현기증으로 의식이 혼탁해 졸도하기도 한다. 심박은 빈맥으로 미약해지고 혈압은 저하된다. 체온의 상승은 거의 볼 수 없다. 응급조치로는 시원한 곳에서 안정시키고 물을 마시게 한다.

5. "열피로(Heat fatigue)"
   고열에 순화되지 않은 작업자가 장시간 고열환경에서 정적인 작업을 할 경우 발생하며 대량의 발한으로 혈액이 농축되어 심장에 부담이 증가하거나 혈류분포의 이상이 일어나기 때문에 발생한다. 초기에는 격렬한 구갈, 소변량 감소, 현기증, 사지의 감각 이상, 보행 곤란 등이 나타나 실신하기도 한다. 응급조치로는 서늘한 곳에서 안정시킨 후 물을 마시게 한다.

6. "열발진(Heat rashes)"
   작업환경에서 가장 흔히 발생하는 피부장해로서 땀띠(prickly heat)라고도 말한다. 땀에 젖은 피부 각질층이 떨어져 땀구멍을 막아 한선 내에 땀의 압력으로 염증성 반응을 일으켜 붉은 구진(papules)형태로 나타난다. 응급조치로는 대부분 차갑게 하면 소실되지만 깨끗이 하고 건조시키는 것이 좋다.

SECTION 31

한랭작업 환경관리 지침
(KOSHA GUIDE, W-17-2015)

01 적용범위

(1) 다량의 액체공기 · 드라이아이스 등을 취급하는 장소

(2) 냉장고 · 제빙고 · 저빙고 또는 냉동고 등의 내부

(3) 그 밖에 법에 따라 노동부장관이 인정하는 장소, 또는 한랭작업으로 인해 근로자의 건강에 이상이 초래될 우려가 있는 장소

02 정의 ● 출제율 10%

(1) "한랭"

냉각원에 의하여 근로자에게 동상 등의 건강장해를 유발할 수 있는 차가운 온도를 말한다.

(2) "한랭환경"

「01. 적용범위 (1), (2), (3)」에 해당하는 장소에서의 작업을 말한다.

(3) "등가냉각온도"

기온과 기류를 조합하여 작업자가 실제 느끼는 체감온도를 말하며, 복사열은 고려하지 않았다.

(4) "작업대사율"

작업할 때 소비되는 열량을 나타내기 위하여 성별, 연령별 및 체격의 크기를 고려한 지수로써 다음의 식으로 계산한다.

(5) "Clo(Clothing and Thermal Insulation) 값"

의복에 의한 보온효과를 나타내는 보정계수를 말하며, 1Clo는 피부와 주위기온 사이의 온도차에 대해 복사와 대류에 의한 5.55kcal/m2/hr의 열교환 값을 의미한다.

(6) "경작업"

190kcal까지의 열량이 소요되는 작업을 말하며, 앉아서 또는 서서 기계의 조정을 하기 위하여 손 또는 팔을 가볍게 쓰는 일 등을 뜻하고, "중등작업"이라 함은 시간당 191~350kcal의 열량이 소요되는 작업을 말하며, 물체를 들거나 밀면서 걸어다니는 일 등을 뜻하며, "중작업"이라 함은 시간당 350~500kcal의 열량이 소요되는 작업을 말하며, 곡괭이질 또는 삽질하는 일 등을 뜻한다.

03 한랭의 측정 및 평가

(1) 평가할 때의 고려사항

사업주는 한랭작업에 근로자를 종사하도록 하는 때에는 전신저체온증·동상 등의 건강장해를 예방하기 위하여 한랭으로 인한 근로자의 유해성을 평가하여야 하며, 평가할 때에는 다음사항을 고려하여야 한다.

① 한랭작업의 종류 및 발생원
② 한랭작업의 성질(특성 및 강도)
③ 한랭 특성(기온, 기류 등)
④ 근로자의 작업활동 및 착용한 의복 형태
⑤ 한랭 관련 상해 및 질병 발생 실태
⑥ 온·습도 조절장치 등의 적절성
⑦ 기타 한랭환경을 개선하는데 필요한 사항

(2) 한랭의 측정 및 평가 ●출제율 10%

① 측정대상 인자는 기온, 기류로 한다.

② 측정주기는 다음과 같다.

사업주는 한랭작업에 근로자를 종사하도록 하는 때는 6개월에 1회 이상 정기적으로 온도 및 기류를 측정해야 한다. 다만, 근로자가 전신 저체온증 · 동상 등의 건강장해 증상을 호소하거나 한랭작업으로 인해 건강장해가 우려되는 경우에는 필요에 따라 수시로 측정을 실시할 수 있다.

③ 측정기기의 조건

㉠ 기온은 0.5도 이하의 간격으로 측정이 가능한 온도계나 동등 이상의 성능을 가진 기기를 사용한다.

㉡ 기류는 0~20m/s 이상 범위의 풍속을 측정할 수 있는 기기나 동등 이상의 성능을 가진 기기를 사용한다.

④ 측정방법 및 시간

㉠ 측정은 단위작업장소에서 측정대상이 되는 근로자의 작업행동범위 내에서 주 작업위치의 바닥면으로부터 50cm 이상 150cm 이하의 위치에서 실시한다.

㉡ 기온은 기기의 안정을 고려하여 설치 후 5분 이상 기다린 다음 측정하고, 측정방법은 [표 1]과 같다.

◆ [표 1] 한랭작업의 측정방법

기 온	측정방법	
	연속작업	간헐작업
영하 30℃ 미만	20분 이상 1분 간격으로 연소 측정	5분 간격으로 연소 측정
영하 30℃ 이상	30분 이상 5분 간격으로 연소 측정	

㉢ 전자식 일체형 장비로 자동측정 및 자료처리가 가능한 경우에는 측정간격을 30초로 지정하되 각 간헐작업의 시간은 평균치의 산출을 위해 별도로 기록한다.

⑤ 한랭의 평가

한랭의 평가는 다음의 순서로 실시한다.

㉠ 한랭환경의 노출을 제한하기 위한 지표로 기온 및 기류를 측정하고 [표 2]를 이용하여 등가냉각온도를 구한다. 등가냉각온도에 경계를 표시하여 온도 크기에 따라 위험 및 조치 영역을 구분한다.

◐ [표 2] 등가냉각온도(℃)

기류 (km/h)	기온(℃)								
	4	−1	−7	−12	−18	−23	−29	−34	−40
	등가온도(℃)								
0	4	−1	−7	−12	−18	−23	−29	−30	−40
8	3	−3	−9	−14	−21	−26	−32	−38	−44
16	−2	−9	−16	−23	−30	−35	−43	−50	−57
24	−6	−13	−20	−28	−36	−43	−50	−58	−65
32	−8	−16	−23	−32	−39	−47	−55	−63	−71
40	−9	−18	−26	−34	−42	−51	−59	−67	−76
48	−10	−19	−27	−36	−44	−53	−62	−70	−78
56	−11	−20	−29	−37	−46	−55	−63	−72	−81
64	−12	−21	−29	−38	−47	−56	−65	−73	−82
64 이상은 추가적 영향 없음	거의 위험 없음 (마른 피부로 1시간 이내인 경우 안전감각 상실이 가장 큰 위험)			위험 증가 (1분 내에 노출된 생체조직이 얼 위험)			매우 위험 (30초 내에 노출된 생체조직이 얼 위험)		
	마른 의복 착용			지속적인 작업 불가					

ⓛ [표 3] 착용한 의복의 Clo 값을 구한다.

◐ [표 3] 착용한 의복의 Clo 값

의복의 조합	Clo값
속옷(상하), 셔츠, 바지, 상의, 부인용 조끼, 양말, 구두	1.11
속옷(상하), 방한상의, 방한바지, 양말, 구두	1.40
속옷(상하), 셔츠, 바지, 상의, 외투재킷, 모자, 장갑, 양말, 구두	1.60
속옷(상하), 셔츠, 바지, 상의, 외투재킷, 외투바지, 양말, 구두	1.86
속옷(상하), 셔츠, 바지, 상의, 외투재킷, 외투바지, 모자, 장갑, 양말, 구두	2.02
속옷(상하), 외투재킷, 외투바지, 방한상의, 방한바지, 양말, 구두	2.22
속옷(상하), 외투재킷, 외투바지, 방한상의, 방한바지, 모자, 장갑, 양말, 구두	2.55
바탕이 두꺼운 방한복, 극지맥	3~4.5
침낭	3~8

ⓒ [표 4] 및 [표 5]를 이용하여 작업부하를 평가한다.

❶ [표 4] 신체자세 및 동작에 따른 작업대사율

신체자세 및 동작	작업대사율(kcal/min)
앉은 자세	0.3
선 자세	0.6
걷는 자세	2.0~3.0
경사진 면을 걷는 동작	걷는 동작의 소모 칼로리에 고도 1m 상승할 때마다 0.8을 추가

❶ [표 5] 작업형태에 따른 작업대사율

작업의 형태	작업대사율	
	평균(kcal/min)	범위(kcal/min)
수작업 • 경작업(글쓰기, 손뜨개질 등) • 중작업(워드작업 등)	0.4 0.9	0.2~1.2
한 팔로 하는 작업 • 경작업 • 중작업(구두수선, 소파제작 등)	1.0 1.7	0.7~2.5
양 팔로 하는 작업 • 경작업(줄질, 나무대패질, 정원고르기 등) • 중작업	1.5 2.5	1.0~3.5
몸 전체로 하는 작업 • 경작업 •중등작업(마루 청소, 카페트 털기 등) • 중작업(선로깔기, 흙파기, 나무껍질 벗기기 등) • 격심한 작업	3.5 5.0 7.0 9.0	2.5~15.0

ⓓ 기류를 고려한 등가냉각온도 [표 2]와 작업할 때 착용한 의복의 Clo 값으로 보정한 작업부하별 등가냉각온도 〈그림 1〉 사이의 범위를 산출하여 [표 6]의 노출기준과 연속작업시간을 평가한다.

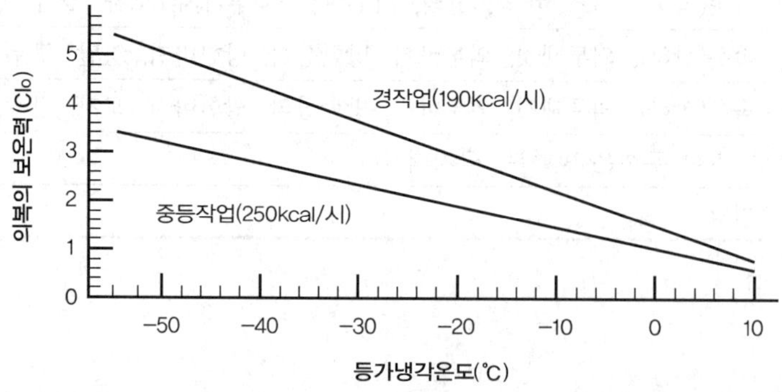

〈그림 1〉 작업강도별 기온과 필요한 의복의 보온력과의 관계

◆ [표 6] 한랭의 노출기준(4시간 교대작업에 있어서 연속작업시간의 한도)

등가냉각온도	작업강도	연소작업시간(분)
-10 ~ -25℃	경작업	~50
	중등작업	~60
-26 ~ -40℃	경작업	~30
	중등작업	~45
-41 ~ -55℃	경작업	~20
	중등작업	~30

[주] 풍속이 0.5m/초 이하에서는 무풍으로 한다.

ⓜ 한랭의 노출기준은 [표 6]과 같이 4시간 교대작업을 기준으로 등가냉각온도가 -10 ~ -25℃일 때 경작업인 경우에는 50분간, 중등작업인 경우는 60분간 연속작업을 허용한다. 한번 연속작업을 한 후에는 30분 정도 충분한 휴식이 필요하다. 예를 들어, 연속작업시간이 20분이고 휴식시간이 30분인 경우 하루 4시간 작업한다고 했을 때 연속작업 5회, 휴식 5회 실시한다(작업 20분 - 휴식 30분 - 작업 20분 등).

04 한랭작업 환경의 관리 ●출제율 20%

(1) 환경관리

사업주는 한랭작업에 근로자를 종사하도록 하는 때에는 건강장해를 예방하기 위하여 다음의 환경관리 조치를 취한다(한랭에 의한 건강장해는 [부록] 참조).

① 한랭작업이 실내인 경우에는 난방 등을 위하여 적절한 온·습도 조절장치를 설치한다. 다만, 작업의 성질상 난방장치를 설치하는 것이 현저히 곤란하여 별도의 건강장해 방지조치를 한 때에는 예외로 한다.

② 근로자가 온도·습도를 쉽게 알 수 있도록 온도계 등의 기기를 상시 작업장소에 비치한다.

(2) 작업관리

사업주는 한랭작업에 근로자를 종사하도록 하는 때에는 동상 등의 건강장해를 예방하기 위하여 다음의 조치를 취한다.

① 혈액순환을 원활히 하기 위한 운동지도를 실시한다.

② 적정한 지방과 비타민 섭취를 위한 영양지도를 실시한다.

③ 젖은 작업복 등은 즉시 갈아입도록 한다.

④ 근로자들이 휴식시간에 이용할 수 있는 휴게시설을 갖춘다. 휴게시설을 설치하는 때에는 한랭작업과 격리된 장소에 설치한다. 한랭작업이 야외작업인 경우에는 트레일러, 승합차 등과 같은 이동식 시설을 포함한 따뜻한 휴게시설이 제공되어야 한다.

⑤ 다량의 저온물체를 취급하는 장소 또는 현저히 차가운 장소에는 관계근로자 외의 자의 출입을 금지시키고 그 뜻을 보기 쉬운 장소에 게시하여야 한다.

⑥ 작업복이 심하게 젖게 되는 작업장에 대하여는 탈의시설, 목욕시설, 세탁시설 및 작업복을 건조시킬 수 있는 시설을 설치·운영한다.

⑦ 추운 곳에서 일하는 근로자들은 가급적 순환근무를 하여 한랭환경에 너무 오래 노출되지 않게 한다.

⑧ 한랭환경의 작업에서 차가운 금속에 근로자의 피부가 접촉되지 않도록 한다.

(3) 보호구

사업주는 한랭작업에 근로자를 종사하도록 하는 때에는 건강장해를 예방하기 위하여 다음의 기준에 따라 적절한 보호구와 작업복 등을 지급·관리하고 이를 근로자가 착용하도록 조치한다.

① 다량의 저온물체를 취급하거나 현저히 추운 장소에서 작업하는 근로자에게는 방한모, 방한화, 방한장갑 및 방한복을 개인 전용의 것으로 지급한다.

② 기온이 4℃ 이하의 작업환경에서는 근로자가 적절한 보호복을 착용하도록 하며, 젖은 곳에서는 방수복을 착용하게 한다.

③ 신발은 고무인 바닥을 천으로 둘러싸고 가죽으로 덮은 부츠를 제공한다.

④ 머리를 통해 50%의 열소실이 있는 경우 털모자 또는 열선이 있는 안전모와 같은 머리 보호구를 제공한다.

⑤ 근로자로 하여금 지급한 보호구는 상시 점검하도록 하고 보호구에 이상이 있다고 판단한 경우 사업주는 이상 유무를 확인하여 이를 보수하거나 다른 것으로 교환하여 준다.

(4) 건강관리

① 건강장해 예방조치

사업주는 한랭작업에 근로자를 종사하도록 하는 때에는 전신저체온증·동상 등의 건강장해를 예방하기 위하여 다음의 조치를 하여야 한다.

㉠ 건강진단 결과에 따라 적절한 건강관리 및 적정배치 등을 실시한다.

㉡ 근로자의 수면시간, 영양지도 등 일상의 건강관리지도를 실시하고 필요한 때에는 건강상담을 실시한다.

㉢ 작업을 시작하기 전 근로자의 건강상태를 확인하고 작업 중에는 주기적으로 순회하여 상담하는 등 근로자의 건강상태를 확인하고 필요한 조치를 조언한다.

㉣ 작업근로자에게 따뜻한 음료의 공급 등 필요한 보건지도를 실시한다.

② 한랭작업 종사의 제한

사업주는 다음에 해당하는 근로자를 한랭작업에 배치하고자 할 때에는 의사인 보건관리자 또는 산업의학전문의에게 의뢰하여 업무에 적합한지를 평가받도록 한다.

㉠ 고혈압 및 심장혈관 질환자

㉡ 간장 및 위장기능 장애자

㉢ 위산과다증자 및 신장기능 이상자

㉣ 감기에 잘 걸리거나 한랭에 알레르기가 있는 자

㉤ 과거에 한랭장애 병력이 있는 자

㉥ 흡연 및 음주를 많이 하는 자

(5) 안전보건교육

사업주는 한랭작업에 근로자를 종사하도록 하는 때에는 작업을 지휘·감독하는 자와 해당 작업근로자에 대해서 다음의 내용에 대한 안전보건교육을 실시한다.

① 전신저체온증·동상 등 한랭장애의 증상 ([부록] 참조)

② 전신저체온증·동상 등 한랭장애의 예방방법

③ 응급한 때의 조치사항

(6) 응급조치 등

사업주는 전항 ③의 규정에 의한 응급조치를 하고자 하는 경우에는 다음의 조치를 취한다.
① 전신저체온증 등 조금이라도 한랭장애의 증상이 나타나면 지체없이 따뜻한 곳으로 이동하여 체온을 올리고 따뜻한 음료 등을 보충시킨다. 필요한 때에는 의사의 진찰을 받도록 한다.
② 긴급 연락망을 미리 작성하여 한랭작업 근로자에게 주지시킨다.
③ 가까운 병원이나 의원 등의 소재지와 연락처를 파악해 둔다.

05 기록 보존

사업주는 전항의 규정에 의한 한랭작업에 대해 평가 및 관리를 행한 때에는 그 결과를 기록하고 5년간 보존한다.

〈부록〉 한랭이 인체에 미치는 영향　●출제율 20%

1. "전신저체온증(Hypothermia)"
    몸의 심부온도(직장온도)가 35℃ 이하로 내려간 것을 말하며, 기온이 18.3℃ 또는 수온이 22.2℃ 이하일 때 발생할 수 있다. 첫 증상으로 억제하기 어려운 떨림과 냉감각이 생기고, 심박동이 불규칙하고 느려지며, 맥박은 약해지고 혈압은 낮아진다. 점차 떨림이 발작적이고 억제하기 어렵게 되고, 언어이상, 기억상실, 근육운동 무력화와 졸음이 오게 된다. 이때 한랭노출 위험의 첫 경고증상으로는 사지의 통증을 들 수 있으며, 심한 떨림은 위험신호로 간주해야 한다. 체온이 32.2~35℃에 이르면 신경학적 억제 증상으로 운동실조, 자극에 대한 반응도 저하와 언어이상 등이 온다. 임계온도 30℃ 이하가 되면 체온조절기능과 맥박, 혈압, 신체 각 기관의 기능이 급격히 떨어지고, 28℃ 이하에서는 부정맥이 증가하게 된다. 27℃에서는 떨림이 멎고 혼수에 빠지게 되고, 23~25℃에 이르면 사망하게 된다.

2. "동상(Frost bite)"
    혹심한 한랭에 노출됨으로써 표재성 조직(피부 및 피하 조직) 자체가 동결하여 조직이 손상되는 것을 말한다. 피부의 빙점은 0~2℃이지만 실제로 −5~ −10℃ 또는 그 이하에서도 좀처럼 얼지 않는다. 피부가 얼면 따끔따끔하고 저리며 가렵다. 피부는 회백색이고 단단하다. 중증 환자에서는 지각이상과 강직이 생기고, 뼈, 근육 및 신경조직 등 심부조직이 손상된다. 피부는 희고 부종이 있다. 동결시간이 2~3초이며 몇 시간 후에 구반이 없어진다(제1도 동상). 동상이 오래 계속되면 수포를 형성하고, 광범위한 삼출성 염증이 일어난다(제2도 동상). -15~-20℃의 환경에서 심부조직이 오랫동안 동결되면 조직의 괴사 및 괴저를 일으킨다(제3도 동상). 조직이 동상을 입었을 때의 조직손상은 세포외액의 수분이 얼어서 삼투압이 높아져 세포의 탈수현상이 초래되기 때문이다.

SECTION 32

호흡기 감작물질 노출 근로자의 보건관리 지침
(KOSHA GUIDE, H-44-2021)

01 적용범위

호흡기 감작물질에 노출되는 근로자의 질병발생을 사전에 예방하기 위한 것으로 물질의 확인, 보호조치 및 조기 증상의 확인에 적용한다.

02 용어 정의

(1) "호흡기 감작물질(Respiratory sensitizer)"

호흡을 통해 유입되는 물질로, 호흡기(코, 인두, 후두, 기관, 기관지 및 폐)에 작용하여 비가역적인 면역반응을 유발하는 물질을 말한다. 이를 천식유발물질 또는 천식원인물질이라고 부르기도 한다.

(2) "호흡용 보호구"

산소결핍공기의 흡입으로 인한 건강장해 예방 또는 유해물질로 오염된 공기 등을 흡입함으로써 발생할 수 있는 건강장해를 예방하기 위하여 고안된 보호구를 말한다.

03 호흡기 감작물질 노출 시 임상적 특성

(1) 호흡기 감작물질(respiratory sensitizer)의 특성

호흡기 감작물질은 호흡을 통해 유입되는 물질로써, 일단 감작반응이 발생하면 감작물질에 추가적인 노출이 발생할 경우, 그 양이 미량이라고 하더라도(노출기준 미만에서도) 호흡기계의 증상을 유발할 수 있다. 일반적으로 감작반응은 노출 즉시 발생하지는 않는다. 감작물질을 호흡한 후 수 개월에서 심지어는 수 년이 경과한 후 발생하기도 한다.

(2) 호흡기 감작물질에 의한 질병과 이에 따른 증상

① 천식 : 갑작스럽게 발생하는 기침, 천명음(숨을 내쉴 때 쌕쌕거림) 및 흉부 압박감
② 비염 : 맑은 콧물 또는 코막힘, 결막염에 의한 충혈 동반
③ 증상의 발생 특징 및 진행 : 근로자에게 일단 감작반응이 발생하였다면, 물질에 추가적으로 노출된 직후 또는 수 시간 후 증상이 발생한다. 증상이 지연되어 발생하는 경우, 귀가 후 또는 야간에 발생하며 종종 더욱 심한 증상을 유발하기도 하기 때문에 업무 중에 노출된 물질을 의심하거나 인지하지 못할 수도 있다는 점을 주의해야 한다.
④ 지속적인 감작물질 노출의 영향 : 감작반응이 발생한 근로자의 지속적인 노출은 호흡기의 영구적인 손상을 초래하고 증상의 악화를 유발한다. 최초에는 비염으로 시작되었다고 하더라도, 이후에 천식으로 발전할 가능성이 있다. 일단 감작이 발생했다면, 흡연이나 다른 대기오염물질, 심지어는 차가운 공기에 노출되는 경우 천식발작이 나타날 수도 있다. 이러한 천식발작은 감작물질에 대한 노출이 중단된 후에도 수 년 동안 지속되기도 한다.

04 호흡기 감작물질의 확인

(1) 호흡기 감작물질 및 물질에 노출되는 주요한 업무를 인식하고, 해당 사업장에서는 물질의 존재 여부를 확인한다. 대표적인 호흡기 감작물질 및 노출업무는 [표 1]과 같다.

❍ **[표 1] 대표적인 호흡기 감작물질 및 노출업무**

호흡기 감작물질	노출업무
이소시아네이트(TDI, MDI 등)	자동차 스프레이도장, 우레탄 폼 제조
밀가루 또는 곡물분진	부두에서 곡물운반, 도정 및 제빵
글루타르알데히드	병원기구의 소독
목재분진	목재가공
납땜용 플럭스(soldering flux)	납땜, 전자제품 조립
실험동물의 털	동물 취급 실험실 업무
접착제 및 레진(epoxy resin 등)	에폭시 레진의 가공 및 접착 업무

(2) 호흡기 감작물질은 물질안전보건자료(MSDS)상의 유해성·위험성 분류에 따라 호흡기 과민성 구분 1에 해당하는 물질로, 유해·위험 문구는 "H334 흡입 시 알레르기성 반응, 천식 또는 호흡 곤란을 일으킬 수 있음"이라고 표시되어 있다. 또한 EU의 위험문구 분류는 R42(Respiratory sensitizer)로 표시되어 있는 물질이 이에 해당한다. 특히, 새로운 물질을 도입·사용할 때에는 위의 사항에 해당하는지를 반드시 확인한다.

05 호흡기 감작물질 노출에 대한 관리 ⬤ 출제율 20%

사업장에서 호흡기 감작물질을 취급하는 경우, 또는 근로자가 호흡기 감작물질에 노출될 가능성이 있는 경우 다음과 같은 조치를 취해야 한다.

(1) 사업장에서 호흡기 감작물질을 이용하거나 발생시킬 가능성이 있는 공정이나 업무가 있는지를 파악한다.

(2) 호흡기 감작물질 발생 가능성이 있는 업무 또는 공정이 있다면,

① 호흡기 감작물질이 작업장 대기 중에 존재할 가능성이 있는지를 평가한다.
② 호흡기에 안전한 다른 대체물질이 있는지를 확인한다.
③ 노출되는 근로자가 누구인지, 노출되는 농도, 기간 및 빈도 등을 조사한다.
④ 노출된 근로자에서 증상의 최초 발생 시기 또는 악화 시점을 조사하고, 노출 업무 근무 전 호흡기 증상 존재 여부를 확인한다.

(3) 호흡기 감작물질 발생원에 대한 관리

① 기존의 감작물질을 안전하고 유해성이 낮은 물질로 대체하고, 감작물질의 사용을 중단한다.

② 이것이 현실적으로 적용불가능하다면, 감작물질이 노출되는 업무를 집중하고 다른 장소로 확산되지 않도록 공정을 차단(밀폐)한다.

③ 이러한 과정도 현실적으로 불가능하다면, 공정을 부분적으로 차단(밀폐)하고, 국소 배기장치를 제공한다.

④ 앞에서 언급한 보호조치로 적절한 조절 및 관리가 된다고 할지라도, 근로자들에게 물질에 따른 적절한 호흡용 보호구를 지급하고 착용토록 해야 한다. 물질에 따른 적절한 호흡용 보호구의 선택 및 사용 방법은 한국산업안전보건공단의 호흡용 보호구의 사용 지침(KOSHA GUIDE H-29-2008)을 참고로 하며, 대표적인 감작물질에 대한 호흡용 보호구는 [표 2]와 같다.

◐ [표 2] 대표적인 호흡기 감작물질과 호흡용 보호구의 선택

호흡기 감작물질	호흡용 보호구
이소시아네이트	송기마스크(supplied air)
밀가루 또는 곡물분진	방진마스크(입자상 물질)
글루타르알데히드	겸용 마스크(유기가스용 + 입자상 물질)
목재분진	방진마스크(입자상 물질)
납땜용 플럭스(soldering flux)	방진마스크(입자상 물질)
실험동물의 털	방진마스크(입자상 물질)
접착제 및 레진	송기마스크(supplied air)

06 호흡기 감작물질 노출근로자의 건강관리 ●출제율 30%

(1) 호흡기 감작물질에 노출되는 근로자들을 대상으로 배치 전 및 채용 후 체계적인 호흡기(천식 및 비염) 증상 발생을 감시하여야 한다. 이를 위해서는 호흡기(천식 및 비염) 증상 설문지를 활용한다. 이 외에도 폐기능검사(pulmonary function test), 감작물질을 이용한 유발 폐기능검사 및 피부단자검사(skin prick test)를 활용할 수 있다. 특히 작업 전, 작업 중 및 작업종료 후 연속적으로 시행하는 최대호기량측정방법 (serial peak expiratory flow rate)이 감작물질의 사업장 존재 여부를 확인하는 신뢰할 만한 방법으로 알려져 있다.

(2) 호흡기 감작물질이 사업장에 존재하는 경우, 산업안전보건법상의 유해인자 노출 근로자에 대한 정기적인 특수건강진단을 철저하게 시행해야 한다. 또한, 직업성 천식으로 의심되는 근로자가 1인 이상 확인 또는 의심되는 경우 특수건강진단 여부와 상관없이 언제라도 건강진단(수시건강진단)을 실시하고 동료 근로자에서 추가적인 발생을 예방한다.

(3) 감작된 근로자들을 위한 조치

　호흡기 증상 감시의 결과 감작된 근로자가 확인된다면,
① 감작물질을 취급하거나 노출되는 근로자의 업무를 중단시키고, 산업의학 또는 호흡기 전문의사와 상담토록 조치한다.
② 감작된 근로자가 발생한 공정 및 업무에 대한 기존의 공정관리에 대한 검토 및 변화(개선)를 조치한다.
③ 천식근로자의 업무적합성 평가 지침(KOSHA GUIDE)에 따라 업무 수행 여부를 결정하고 이에 따라 조치한다.

(4) 근로자에 대한 교육

① 호흡기 감작물질에 대한 정보 및 건강 위해성
② 감작에 의한 증상
③ 초기 증상(유사 증상 및 의심 증상) 발생 시 보고의 중요성
④ 적절한 보호조치의 사용
⑤ 환기장치나 보호장치의 오작동 시의 보고

SECTION 33 · 농약방제작업 근로자 안전보건에 관한 기술 지침

(KOSHA GUIDE, W-19-2012)

01 적용범위

농·임작물을 생산하는 농·임업시설 및 그 밖의 농약방제작업을 하는 사업 등에서 농약제품이 사용되는 경우에 적용한다.

02 용어 정의

(1) "농약"

농작물(수목 및 농·임산물을 포함한다. 이하 같다)을 해하는 균·곤충·응애·선충·바이러스·잡초(이하 "병해충"이라 한다), 그 밖에 농림수산부령이 정하는 동·식물의 방제에 사용하는 살균제·살충제·제초제 그 밖에 농림수산식품부령이 정하는 약제와 농작물의 생리기능을 증진하거나 억제하는데 사용하는 약제를 말한다.

(2) "방제업무"

농약을 사용하여 병해충을 방제하거나 농작물의 생리기능을 증진 또는 억제시키는 다음에 해당하는 업무를 말한다.

① 농약의 살포, 훈증, 주입 등을 하는 업무
② 농약 또는 원제를 혼합·충진하는 업무

③ 농약을 살포, 훈증 또는 주입하기 위하여 이송하는 업무
④ 농약을 다른 용기에 옮겨 담는 업무
⑤ ①~④까지를 제외한 업무로서 근로자가 농약에 심각하게 노출될 우려가 있는 업무

(3) "훈증"

밀폐된 장소에 가스 또는 증기상태의 유효성분을 채워 병해충의 호흡 시 기공을 통하여 체내에 흡입시킴으로써 병해충을 죽게 하는 방제방법을 말한다.

(4) "주입"

농약을 수목 등에 천공하여 주입하는 행위를 말한다.

(5) "출입제한기간"

농약방제작업을 실시한 후, 농약으로 인한 중독을 예방하기 위하여 해당 지역에 근로자의 출입을 제한하는 기간으로 농약제품의 제조자가 농약용기 등에 부착한 경고표지 등에 기록한 기간을 말한다. 다만, 제조자가 이 기간을 경고표지 등을 통하여 지정하지 아니한 경우에는 30일로 한다.

03 방제업무에 관계되는 조치

(1) 살포 및 주입 시의 조치

사업주는 농약의 살포, 훈증, 주입 등을 하는 업무에 근로자를 종사하도록 하는 경우에는 다음의 조치를 하여야 한다.

① 작업을 시작하기 전에 농약의 방제기술과 지켜야 할 안전조치에 대하여 교육을 실시하여야 한다. 이때 근로자가 농약용기에 부착된 경고표지를 이용하여 약제의 종류, 사용상의 주의사항과 독성정도, 중독되었을 때 응급처치 요령 등을 확인하도록 한다.
② 방제기구에 농약을 충전하는 경우에는 넘쳐 흐르거나 역류하지 않도록 한다.
③ 농약원재료를 혼합하는 경우에는 농약사용설명서 등을 검토하여 화학반응 등의 위험성이 있는지를 확인하여야 한다.

④ 농약원재료를 취급하는 경우에는 흡연하거나 음식물을 먹지 않도록 한다.

⑤ 방제기구의 막힌 분사구를 뚫기 위하여 입으로 불어내지 않도록 한다.

⑥ 농약이 들어있는 용기와 기기들은 개방된 상태로 방치하여서는 아니 된다.

⑦ 압축용기에 들어있는 농약원재료를 취급하는 경우에는 폭발방지조치를 하여야 한다.

⑧ 농약을 훈증하는 경우에는 유해가스가 외부로 누출되지 않도록 한다.

⑨ 농약의 살포작업 시 어린이와 가축 등 살포작업과 관계없는 사람이나 동물이 접근
하지 않도록 조치를 취하여야 한다.

(2) 선박 등에서 훈증하는 경우의 조치

① 사업주는 메틸브로마이드 등의 농약을 선박, 컨테이너, 사일로 등 밀폐된 공간에
훈증하고자 하는 경우에는 다음의 조치를 하여야 한다.

  ㉠ 작업을 시작하기 전에 농약의 방제기술과 지켜야 할 안전조치에 대한 교육을
  실시하여야 한다.

  ㉡ 근로자가 단독으로 작업하지 않도록 한다.

  ㉢ 근로자 상호간에 연락이 가능하도록 무전기나 이동전화 등을 휴대하도록 한다.

  ㉣ 압축용기에 들어있는 농약을 취급하는 경우에는 폭발이나 누출에 주의하여야
  한다.

  ㉤ 농약이 들어있는 용기와 기기들은 개방된 상태로 방치하여서는 아니 된다.

  ㉥ 작업 중 유해가스가 외부로 누출되지 않도록 한다.

  ㉦ 농약 훈증작업 중임을 알리는 경고표지를 설치하여야 한다.

  ㉧ 농약을 취급하는 경우에는 흡연하거나 음식물을 먹지 않도록 한다.

  ㉨ 호흡용 보호구와 불침투성 보호복 등 개인보호구를 착용하고 작업하여야 한다.

  ㉩ 훈증작업을 실시한 시설에는 농약을 훈증하였음을 알리는 경고표지를 부착하여
  야 한다.

  ㉠ 훈증제 주입 후 살충효과를 내기 위한 시간이 지나면 해당 시설 내의 훈증제
  농도가 노출기준 이하가 되기 전까지 해당 밀폐시설에 관계자 외의 사람이 출
  입하지 않도록 조치하여야 한다.

② 선박을 소유한 사업주나 선박 내에서 근로자를 사용하여 화물의 이송 등을 하는 사
업주는 농약 훈증을 실시하는 작업 기간이나 훈증작업이 끝난 후 훈증제의 농도가
근로자의 건강에 영향을 주지 못하는 농도 이하가 되기 전까지 해당 선박 등에 근로
자가 출입하지 못하도록 하여야 한다. 다만, 근로자에게 필요한 보호구를 지급하고,

근로자가 이를 착용하도록 하는 등 근로자의 건강보호를 위하여 필요한 조치를 취한 경우에는 그러하지 아니하다.

(3) 배합 시의 조치

사업주는 농약을 배합하는 작업에 근로자를 종사하도록 하는 경우에는 다음의 조치를 하여야 한다.

① 배합작업은 가능하면 밀폐된 시설을 이용하여야 한다.

② 측정용기, 깔대기, 교반기 등 배합기구들의 사용방법 및 배합 비율 등을 주지시켜야 한다.

③ 농약이 들어있는 용기와 배합기구는 정리·정돈 후 사용하여야 한다.

④ 배합된 농약을 방제기에 주입하는 경우에는 농약분진이나 미스트의 발생을 최소화하고, 분진이나 미스트가 심하게 발생하는 경우에는 이동식 국소배기장치 등을 이용하여야 한다.

⑤ 사용한 용기들은 물로 3번 이상 세척하는 등 남은 농약을 제거한 후, 일정한 장소에 보관함으로서 2차 오염이 발생하지 않도록 처리하여야 하며, 용기를 세척한 물을 유수 등에 버려서는 아니 된다.

(4) 다른 용기에 옮겨 담는 업무의 제한

사업주는 시중에 유통되고 있는 농약원액을 다른 용기에 옮겨 담아서는 아니 된다. 다만, 작업의 성질상 부득이하게 옮겨 담는 경우에는 다음의 조치를 하여야 한다.

① 옮겨 담는 용기는 같은 농약을 담았던 용기이거나 안전성이 확인된 것을 사용하여야 한다.

② 옮겨 담는 용기에는 적합한 경고표지를 부착하여야 한다.

③ 깨끗이 세척된 빈 용기에 옮겨 담아야 하며, 특히 음료용기 등에 옮겨 담아서는 아니 된다.

④ 부피 팽창 등으로 유출되지 않도록 지나치게 충전하여서는 아니 된다.

(5) 방제 후의 조치

사업주는 방제업무가 끝나면 다음의 조치를 하여야 한다.

① 사용하고 남은 농약과 빈 용기는 창고 등 일정한 장소에 보관하여야 한다.

② 오염된 기구는 깨끗이 세척하는 등 오염을 제거하여야 한다.

③ 오염된 작업복은 세탁 후에 보관하여야 한다.

④ 농약의 방제 날짜, 장소, 사용량, 명칭, 사용자, 재출입 제한기간 등을 기록하여 입구에 게시하여야 한다(방제장소가 옥외인 경우에는 제외한다).

(6) 농약의 보관 및 폐기

사업주는 농약을 보관할 경우에 다음의 조치를 취하여야 한다.

① 살포한 후의 약제는 뚜껑을 닫고, 빈병과 구별하여 보관하여야 한다.

② 농약을 보관하는 장소는 잠금장치가 부착된 전용의 농약보관함이어야 하며, 어린이 등 관계자 외의 사람의 손이 닿지 않는 곳이어야 한다.

③ 사용 후 남은 농약 및 빈병은 전용의 수거함을 통하여 수거하여야 하며, 빈 용기를 다른 용도로 다시 사용하지 않도록 한다.

(7) 재출입의 제한

사업주는 농약을 방제한 지역에는 일정기간 동안 근로자의 출입을 금지시켜야 한다. 다만, 작업의 성질상 근로자를 출입하도록 하는 경우에는 적절한 호흡용 보호구, 보호의 등을 착용하도록 하고 감시자를 배치한 후 작업하도록 하여야 한다.

04 보호구 등 ● 출제율 20%

(1) 보호의 및 보호구 지급

① 사업주는 방제업무에 근로자를 종사하도록 하는 경우에는 농약의 성질과 상태에 따라 불침투성 보호의 · 보호장갑 · 보안경 · 보호장화, 유기가스용 방독마스크, 방진마스크 또는 송기마스크 등을 근로자에게 지급하여 착용하도록 하여야 한다.

② ①에 따라 지급하는 보호구 등은 개인 전용의 것을 지급하여야 한다. 다만, 송기마스크의 경우에는 공동사용으로 인한 근로자의 질병감염 위험이 없도록 세척 · 소독 등 필요한 조치를 취하면 그러하지 아니하다.

③ 사업주는 근로자에게 ①에 따른 보호구를 지급하는 경우에는 별도의 깨끗한 보관시설을 제공하여야 한다.

④ 분진이나 미스트용 방진마스크는 다음에 해당하는 경우 여과재를 교환하여야 한다.

　㉠ 호흡저항이 지나친 경우

　㉡ 여과재가 손상을 입은 경우

　㉢ 제조자가 권고하는 유효기간에 이른 경우

　㉣ 제조자가 권고하는 유효기간이 없는 경우에는 작업일마다

⑤ 증기나 가스용 방독마스크는 다음에 해당하는 경우 여과재를 교환하여야 한다.

　㉠ 최초로 맛이나 냄새를 느낀 경우

　㉡ 정화통이 손상을 입은 경우

　㉢ 제조자가 권고하는 유효기간에 이른 경우

　㉣ 제조자가 권고하는 유효기간이 없는 경우에는 작업일마다

(2) 보호구의 관리

① 사업주는 (1)에 따라 지급하는 보호구는 작업 후 매일 따뜻한 물과 세제를 사용하여 세척하여야 한다.

② 근로자는 (1)에 따라 지급받은 보호구 등은 작업 전에 오염이나 누출 등에 대한 확인을 실시하고, 필요시 부품을 교환하거나 해당 보호구를 교체하여야 한다.

05 관리 등 ●출제율 20%

(1) 담당자의 지정 등

① 사업주는 방제업무에 근로자를 종사하도록 하는 경우에는 해당 근로자 중 산업보건과 농약에 관한 지식과 경험이 있는 사람을 담당자로 지정하여야 한다.

② 사업주는 ①에 따라 지정된 담당자에게 다음의 업무를 수행하도록 하여야 한다.

　㉠ 작업에 종사하는 근로자가 농약에 오염되거나 노출되지 않도록 작업방법 결정 및 지휘

　㉡ 보호구 및 보호의의 착용상황 감시

　㉢ 근로자가 농약에 중독될 우려가 있거나 이상 증상을 호소하는 경우 즉시 해당 작업장소로부터의 대피 및 의학적 조치

  ⓔ 취급 근로자 및 재출입 근로자에 대하여 농약이 인체에 미치는 영향 등에 관한
   내용 주지
  ⓜ 근로자에게 방제작업 후 빈 용기 및 남은 농약의 처리방법 등을 주지시키고 감시

(2) 출입의 제한

 사업주는 방제업무를 하는 작업장소 또는 농약, 방제기구 등을 보관하는 장소에는 관계근로자 외의 사람의 출입을 금지시키고, 그 뜻을 보기 쉬운 장소에 게시하여야 한다. 게시내용에는 "출입 금지"를 표시하고, 농약의 명칭과 유효성분 · 살포기간 등이 포함되어야 한다.

(3) 사고 시의 대피

 사업주는 근로자가 농약에 중독될 우려가 있는 경우에는 즉시 작업을 중지시키고, 안전한 장소로 대피할 수 있도록 한다.

(4) 중독 정보의 제공

 ① 사업주는 방제업무를 하는 도중 농약 중독자가 발생하면 해당 근로자를 즉시 가까운 병원시설로 이송하여 응급조치를 받도록 하여야 한다.
 ② 사업주는 ①의 응급처치 활동을 위하여 필요한 정보인 농약명, 농약방제 작업상황, 농약노출상황, 경고표지 상의 응급처치 요령 등을 해당 병원시설에 제공하여야 한다.

(5) 작업 후 오염제거

 ① 사업주는 방제업무에 근로자를 종사하도록 하는 경우에는 작업이 끝난 후 즉시 해당 근로자에게 목욕을 하도록 하여야 한다.
 ② 사업주는 ①의 오염제거 활동에 필요한 목욕시설과 비누 및 수건 등 필요한 용품을 지급하여야 한다.

(6) 구급약품 등의 비치 및 주지

 ① 사업주는 방제업무를 하는 장소에 세안액, 비누, 구토제, 활성백토 · 톱밥 등을 비치하여야 한다.
 ② 사업주는 ①에 따라 준비한 구급약품 등의 사용 용도, 사용 방법 등을 근로자에게 주지시켜야 한다.

SECTION 34 잠수작업자 보건관리 지침
(KOSHA GUIDE, H-54-2021)

01 용어 정의

(1) "잠수작업"

물속에서 공기압축기나 호흡용 공기통을 이용하여 하는 작업을 말한다.

(2) "표면공급식 잠수(Surface supplied diving system)"

선상이나 육상의 기체공급원으로부터 유연하고 견고한 생명호스를 통해 잠수사 헬멧에 기체를 지속적으로 공급해 주는 방식을 이용하여 잠수하는 것을 말한다.

(3) "스쿠버(Self Contained Underwater Breathing Apparatus, SCUBA) 잠수"

독립된 휴대용 잠수기구를 착용하고 물속에서 호흡할 수 있는 잠수자가 호흡기구를 이용하여 잠수하는 것을 말한다.

02 체내 작용기전

물은 공기보다 밀도가 높아서 바닷물 10m(33ft)는 1기압의 압력과 같으며, 매 10m당 1기압의 작용을 한다. 수심 10m에서는 압력이 두 배로 증가하게 됨에 따라 부피는 50% 감소하게 된다. 잠수작업자에게 작용하는 전체 압력은 물 위의 공기에 의해 생기는 압력(대기압)과 물 그 자체의 깊이에 의해 생기는 압력(정수압)의 합이다. 즉, 40m 깊이의 절대압력은 대기압과 정수압을 합쳐 5기압에 해당된다[표 1].

◐ [표 1] 잠수환경에서 압력과 부피의 변화

잠수깊이		대기압			상대적 부피	PO_2/PN_2
ft	m	ATA	PSI	mmHg		
0	0	1	14.7	760	100%	0.21/0.79
33	10	2	29.4	1,520	50%	0.42/1.58
66	20	3	44.1	2,280	33%	0.63/2.37
99	30	4	58.8	3,040	25%	0.84/3.16
132	40	5	73.5	3,800	20%	1.05/3.95
165	50	6	88.2	4,560	17%	1.26/4.74

※ ATA, Atmosphere Absolute, PSI, Pounds per Square Inch

(1) 기체의 물리적 법칙

잠수에 의한 건강장해를 이해하기 위해서는 압력과 관련된 기체 법칙의 지식이 필요하다. 신체조직은 거의 비압축성인 반면 기체는 물리적으로 세 가지 요소인 압력, 부피, 온도의 영향을 받는다. 이러한 요소간의 상호관계는 세 가지 기본 기체 법칙에 의해 결정된다.

① 보일의 법칙(Boyle's law)

기체의 양과 온도가 일정하면 압력과 부피는 서로 반비례한다. 압력손상이 발생하는 기본 원리이다.

② 달턴의 법칙(Dalton's law)

혼합 기체의 총 압력은 기체 혼합물 내의 각각의 가스의 부분압력의 합과 같다. 특정 깊이에서 기체의 독성을 고려하여 산소를 치료목적으로 사용할 때 원리가 된다.

③ 헨리의 법칙(Henry's law)

어떤 온도에서 액체 속에 녹는 기체의 양은 액체와 접한 기체의 부분압에 비례한다. 감압병과 질소마취를 이해하는데 필요한 기본원리이다.

(2) 작용기전 ●출제율 20%

① 기체 흡수

잠수와 같이 고기압 환경에서는 폐를 통해 흡인된 공기는 호흡하는 과정에서 산소는 소모되고 질소는 폐로부터 흡입되어 혈관을 통해 조직으로 이동하며, 압력이 증가할수록 혈액 속에 액화상태로 남게 된다.

② 기체 배출

체내에 흡수된 질소는 압력이 감소하면 혈액에 녹아있는 질소의 감소로 조직으로부터 혈액으로 확산되어 나온다. 모든 질소가 체내에서 완전히 배출되기까지 24시간 이상 걸린다. 완전히 질소가 배출되지 않은 상태에서 재압을 하게 되면 흡수된 질소의 약 5% 정도는 감압 시에 기포 형태로 우리 몸에 남게 된다. 이러한 기포는 반복 잠수과정에서 예기치 못한 손상을 줄 수 있다.

③ 포화

기체의 부분압(수심)에 따라 조직에 녹을 수 있는 기체의 양은 한계가 있으며, 조직이 한계점에 도달하면 포화되었다고 한다.

④ 기포 형성

잠수 후 상승(감압) 과정에서 주위의 압력(환경압)이 감소하므로 조직 안에 녹아 있던 질소의 압력은 주위보다 높게 되므로 기포가 만들어지게 되며 조직과 혈액 내의 기포가 감압병을 유발한다.

⑤ 압력손상 기전

압력손상은 해부학적으로 기체가 채워진 공간이 주위 압력변화에 따라 내부 압력상태 조절에 실패하는 경우 기체의 부피가 변화하여 발생한다. 하잠 시에는 중이, 부비강의 압착증이 발생하며, 상승(감압) 시에는 폐포가 파열되어 기흉, 종격동 기종이 발생하며 기체가 동맥 안으로 직접 들어가게 되면 동맥 기체 색전증을 유발한다.

⑥ 감압병 기전

잠수작업 후 상승과정에서 기포가 만들어지게 되며, 조직과 혈관 속의 기포는 뇌와 같은 중요 기관으로 가는 혈액 흐름을 막기도 하고, 조직안의 기포가 주변 조직을 압박하여 혈액 공급에 장애를 초래한다. 신경조직은 지방을 많이 포함하고 있기 때문에 질소의 높은 지방용해성 특성이 결합하여 취약성을 나타낸다.

03 노출기준

(1) 미국 직업안전보건청(OSHA) 지침

① 표면공급식 잠수는 수심 190ft(57m)를 초과하여 수행되어서는 안 된다. 다만, 해저 체류시간이 30분 미만일 때에는 수심 220ft(66m)까지 잠수할 수 있다.

② 스쿠버 잠수는 수심이 130ft(40m)를 초과하여 수행되어서는 안 된다.

(2) 일본 고기압작업 안전위생규칙

1일 최대잠수시간은 최대 480분에서 최소 40분까지 수심별로 다르게 제시되어 있다[표 2].

◐ [표 2] 수심별 1일 최대잠수시간

수 심	1일 잠수시간(분)	수 심	1일 잠수시간(분)
10m 초과~12m 이내	480	34m 초과~36m 이내	134
12m 초과~14m 이내	420	36m 초과~38m 이내	124
14m 초과~16m 이내	360	38m 초과~40m 이내	116
16m 초과~18m 이내	300	40m 초과~42m 이내	110
18m 초과~20m 이내	270	42m 초과~45m 이내	100
20m 초과~22m 이내	240	45m 초과~50m 이내	86
22m 초과~24m 이내	216	50m 초과~55m 이내	75
24m 초과~26m 이내	200	55m 초과~60m 이내	70
26m 초과~28m 이내	180	60m 초과~65m 이내	65
28m 초과~30m 이내	170	65m 초과~70m 이내	60
30m 초과~32m 이내	158	70m 초과~80m 이내	50
32m 초과~34m 이내	146	80m 초과~90m 이내	40

※ 잠수시간은 해면 출발시간부터 잠수시간, 감암시간, 해면 도착, 작업 사이 감압시간을 모두 합산한 시간

(3) 국내 기준

잠수시간은 1일 6시간, 1주 34시간을 초과하지 아니하여야 한다.

04 잠수에 의한 건강영향

잠수작업으로 인한 건강영향은 〈부록〉으로 제시하였다.

05 건강관리 ●출제율 20%

(1) 잠수작업 지원자 의학적 평가

잠수작업 적합성 여부를 평가하기 위해서는 의학적 과거력, 잠수경력과 잠수의학적 과거력에 대한 자세한 문진을 실시하여야 한다.

① 의학적 과거력

의학적 과거력은 [표 3]과 같다.

❍ [표 3] 의학적 과거력

질환 또는 병력	설 명
신경질환	빈번한 두통, 현기증, 실신, 의식상실, 경련, 발작, 두부외상, 심한 멀미
정신질환	정신분열증, 양극성 정동장애, 심한 우울증, 자살기도, 공황장애, 알코올중독, 습관성 물질중독
순환기질환	고혈압, 비정상적 심박동, 흉통, 협심증
호흡기질환	만성기침, 가래, 호흡곤란, 천식, 늑막염, 기흉
이비인후질환	부비동염(축농증), 알레르기비염, 외이도염, 중이염, 고막천공
안질환	콘택트렌즈, 녹내장, 시력교정술, 색각이상
내분비계질환	갑상선질환, 당뇨병
소화기질환	탈장, 간질환, 담낭질환
기타	신장질환, 골절, 골괴사, 빈혈, 치과질환, 임신
병력	수술, 현 복용약품, 최근 2년간 병원진료

② 잠수경력과 잠수의학적 과거력

㉠ 잠수사고

㉡ 잠수신체검사 부적합 판정 경험이나 고기압 특수건강진단 유소견자 판정 경험

(2) 건강진단

① 건강진단 주기

㉠ 1년 주기로 건강진단을 실시해야 한다.

㉡ 배치 후 첫 번째 특수건강진단은 6개월 이내에 실시하여야 한다.

② 특수건강진단 배치 전 건강진단항목
  ㉠ 1차 검사항목
    ⓐ 직업력 및 노출력 조사
    ⓑ 주요 표적기관과 관련된 병력조사
    ⓒ 임상검사 및 진찰
      • 이비인후 : 순음 청력검사(양측 기도), 정밀 진찰(이경검사)
      • 눈 · 귀 · 피부 · 호흡기계 · 근골격계 · 심혈관계 · 치과 관련 증상 문진
  ㉡ 2차 검사항목
    ⓐ 이비인후 : 순음 청력검사(양측 기도 및 골도), 중이검사(고막운동성검사)
    ⓑ 호흡기계 : 폐활량 검사
    ⓒ 근골격계 : 이압성 골괴사 분류는 [별표 1]를 참조한다.
      • 어깨관절 : 전후방 촬영
      • 고관절 : 전후방 촬영
      • 무릎관절 : 전후방 및 측면 촬영
    ⓓ 심혈관계 : 심전도검사
    ⓔ 치과 : 치과의사에 의한 치은염, 치주염 검사

(3) 업무수행 적합 여부

잠수는 차갑고 이질적인 고압환경에서 격렬한 활동을 필요로 한다. 제한적 운동 능력을 보이거나, 운동에 의해 악화되거나 또는 주위 압력, 부피, 또는 온도의 변경에 의해 악화될 수 있는 질환을 가진 경우 잠수 가능성 여부에 대한 평가가 필요하다. 고압치료에 대한 금기도 잠수에 대해서는 결격사유이다.

① 질병자의 취업 제한
  「산업안전보건법 시행규칙」 제221조에 따라 다음과 같은 질병이 있는 경우 잠수 작업에 종사하도록 하여서는 아니 된다.
  ㉠ 감압증이나 그 밖에 고기압에 의한 장해 또는 그 후유증
  ㉡ 결핵, 급성상기도감염, 진폐, 폐기종, 그 밖의 호흡기계의 질병
  ㉢ 빈혈증, 심장판막증, 관상동맥경화증, 고혈압증, 그 밖의 혈액 또는 순환기계의 질병
  ㉣ 정신신경증, 알코올중독, 신경통, 그 밖의 정신신경계의 질병
  ㉤ 메니에르씨병, 중이염, 그 밖의 이관협착을 수반하는 귀 질환

ⓑ 관절염, 류마티스, 그 밖의 운동기계의 질병

ⓐ 천식, 비만증, 바세도우씨병, 그 밖에 알레르기성·내분비계·물질대사 또는 영양장해 등과 관련된 질병

② 업무적합성 평가

다음과 같은 질환이 있는 경우나 약물을 복용 중일 때에는 업무적합성 평가에 따라 잠수 여부를 결정하여야 한다[표 4].

○ [표 4] 업무적합성 평가에 따른 잠수작업 여부결정을 해야 할 경우

질환이나 약물 복용	상황 설명
이비인후과질환	자발적인 중이의 압력평형 실패, 고막 천공, 귀 수술 기왕력, 외이도 폐색증, 전정기관 감압병 기왕력, 기관지절개술 기왕력, 비강 용종, 비중격 만곡증, 후두낭종
신경계질환	경련 질환의 과거력, 반복적인 실신 과거력, 뇌혈관 질환, 뇌종양, 심한 멀미, 편두통, 말초신경병증, 동맥기체색전증 기왕력
심혈관 질환	부정맥, 인공심박기, 심부정맥혈전증, 순환장애를 동반하는 정맥류
호흡기질환	활동기의 천식, 자발적 기흉, 치유되지 않은 외상성 기흉, 흉막 유착, 종격동 기종 과거력, 기관지 확장증, 낭성섬유증, 섬유성 폐질환
정신질환	정신분열증, 정동장애, 반복성 우울증, 정신과 약물 복용중인 경우
내분비계질환	코르티솔(Cortisol) 사용, 인슐린 의존 당뇨
안과질환	콘택트렌즈 사용, 눈 수술, 녹내장
기타	충치, 염증성 대장질환, 담낭질환, 췌장염, 겸상적혈구증, 중증성 지중해빈혈(Thalassemia major), 복부 탈장, 소화성 궤양, 장루, 결석, 요통 과거력

06 감압병 이후 작업 복귀

감압병을 포함한 잠수로 인한 심각한 손상 이후에 후유증이 동반되지 않은 성공적인 치료 결과에 따라 권고되는 작업 복귀 가능시간은 [표 5]와 같다. 제1형 감압병은 24시간이면 가능하지만 추가적인 재압 치료가 요구되면 7일의 시간이 소요되며, 폐나 신경계 감압병인 경우에 4주간의 시간이 소요된다.

◐ [표 5] 잠수 복귀까지 권고되는 기간

단순 감압성, 사지통증, 피부 벤즈, 림프 부종, 피로	
합병증 없이 회복	24시간
추가적인 재압 치료가 요구되는 재발	7일
신경학적 감압병	
사지의 감각변화만 있는 경우	7일
청각 · 전정신경계, 운동계	28일
기 타	
폐 감압병	28일

◐ [별표 1] 이압성 골괴사의 방사선 분류

A. 관절면 피지골(Juxta-articular cortex)	
관절 내 피지골(Intra articular cortex)	
분절 혼탁(Segmental opacities)	A1
선상 혼탁(Linear opactites)	A2
집단 혼탁(Mass opacities)	A3
구조 결함(Structural failure)	
피지골 부골화(Cortex sequestration)	A4
피지골 붕괴(Cortex collapse)	A5
골관절염(Osteooarthritis)	A6
B. 골두, 경부 및 골간(Head, neck & metaphysis)	
조밀면(Dense areas)	B1
불규칙 석회화(Irregular calcified areas)	B2
방사선면 및 낭종(Transradiant areas & cysts)	B3
집단 혼탁(Mass opacities)	B4

※ 유명철 등, 1982

〈부록〉 잠수작업으로 인한 건강영향 ●출제율 20%

(1) 감압병

상승 시 적절한 감압이 이루어지지 않았을 경우 신체 내 조직이나 혈액 속에 녹아있던 질소가 기포화하면서 발생하는 질환으로 가장 흔히 발생한다. 임상 증상의 심각성과 신경학적 증상 유무에 따라 김입병은 진통적으로 두 가지로 구분된다.

① 제1형(Type Ⅰ, 경미한 유형)

　　㉠ 근골격계 : 사지와 관절의 통증

　　㉡ 피부 : 가렵거나 벌레가 기어다니는 느낌, 부종

② 제2형(Type Ⅱ, 심각한 유형)

　　㉠ 중추신경계 : 두통, 혼란, 기억상실, 발작, 의식불명, 저림, 감각 변화, 이상감
　　　각, 하반신 불완전마비 또는 하반신마비 등

　　㉡ 내이 : 현기증, 이명, 청력상실, 어지러움, 메스꺼움, 구토 등

　　㉢ 흉부 : 기침, 가슴 통증, 호흡 곤란 등

　　㉣ 피부 : 얼룩덜룩한 발진 또는 대리석 피부

(2) 이압성 골괴사

① 만성적인 합병증으로, 감압과정을 준수하여도 골괴사를 완전히 예방하지는 못한다.

② 초기 증상이 없고 긴 잠재기(최초 노출 후 수 개월에서 수 년)를 가지고 있으며, 가장 일반적인 부위는 대퇴골의 원위부 끝단과 상완골 근위 끝단, 경골과 대퇴골이다.

③ 골괴사는 관절면(Juxta-articular) 병변과 골두, 경부 또는 골간(Head, neck, or shaft) 병변 두 종류가 있다.

④ 골두, 경부 또는 골간 병변은 보통 증상이 없지만, 관절면 병변은 인접 관절 표면손상에 의한 통증과 운동 제한의 원인이 될 수 있다.

(3) 압력손상

압력손상은 폐포, 중이, 부비동, 위 또는 치과 충전재와 같이 기체가 채워진 공간이 주위 압력변화에 따라 내부 압력상태 조절에 실패하는 경우 상승 혹은 하잠 시 언제든지 발생할 수 있다. 압력손상의 주요 형태는 [표 6]과 같다.

❖ [표 6] 압력손상의 임상적 형태

하강 시 압력손상	상승 시 압력손상
중이 압착	위장 파열
부비강 압착	기흉
내이 압착	종격동 기종
치아 충전 압착	피하 기종
안면 압착	동맥 기체 색전증

① 폐 압력손상

  ㉠ 상승하는 동안 폐의 과도한 팽창을 막기 위해 숨을 내쉬어야 하는데 기도 폐쇄나 기관지 연축, 숨을 멈추거나 하는 경우에 기체가 팽창하면서 폐포가 파열된다.

  ㉡ 호흡곤란, 기침, 빈맥, 객혈이나 흉통, 청색증이 나타난다.

  ㉢ 기흉, 종격동 기종, 피하 기종이 나타날 수 있다.

② 동맥 기체 색전증

  ㉠ 폐 압력손상과 연관이 있으며, 상승 시 폐 압력손상의 가장 심각하고 치명적인 합병증이다. 증상은 상승 즉시 또는 10분 이내에 나타난다.

  ㉡ 중추신경계 증상

  95%의 공기색전증 환자에서 나타나며, 증상은 불안, 현기증, 혼란, 무기력 등이 있고, 징후는 빠르게 진행하며 감각저하, 실어증, 반신마비, 대뇌피질 실명, 반맹, 혼란, 혼수, 경련 등이 있다.

  ㉢ 심혈관계 허탈

  관상동맥 색전 이후에 발생한 급성 심근허혈, 대뇌 동맥 색전이 존재하는 경우 부정맥이나 신경성 고혈압 등의 원인에 의해 나타나며, 증상은 호흡곤란, 무의식, 심장마비 등이다.

③ 귀 압력손상

  ㉠ 알레르기나 감염에 의한 점막 부종으로 이관이 차단되는 경우 고막 사이의 압력 평형이 이루어질 수 없게 되어 통증이나 출혈 또는 고막파열이 발생하게 된다.

  ㉡ 내이에 영향이 있는 경우, 난원창 천공으로 인한 이명, 현기증, 청력상실, 안구 떨림이 발생할 수 있다.

④ 부비동 압력손상

  ㉠ 중이와 더불어, 부비동(특히 전두동)은 잠수종사자들의 압력손상이 가장 흔한 부위 중 하나이다.

  ㉡ 알레르기 비염, 감기, 부비동염, 용종, 비중격 만곡증 등으로 부비동 통로가 막히게 되면 하잠 시 압력균형이 되지 않아 바늘로 찌르는 듯한 통증이 발생한다.

  ㉢ 부비동 압력손상은 부비동과 인접한 치아의 통증을 유발하기도 하며, 때때로 코피를 동반하기도 한다.

⑤ 기타 압력손상

  ㉠ 하잠하는 동안에 잠수종사자가 마스크에서 코를 통해 기체가 배출되지 않는 경우 안면부 압력손상(안면 압박)이 발생할 수 있다.

  ㉡ 충치는 작은 공기 공간을 포함하고 있어 하강 시에는 치아가 으스러지면서 안

쪽으로 들어가게 되고 상승 시에는 공기가 팽창하여 치아는 쪼개지면서 통증이 동반된다. 치아 통증은 귀의 통증으로 오인될 수 있고, 상악동 통증이 치아 통증으로 오인될 수 있다.

(4) 질소마취

① 질소마취는 압축된 공기를 이용하여 잠수하는 경우에 발생하는 것으로 압축된 공기 내의 질소 분압이 증가하여 질소가 뇌 조직에 쉽게 포화하여 마취효과를 나타내는 현상이다.

② 질소마취는 4기압(30m)에서 서서히 발생하며, 수심이 증가할수록 심해진다.

③ 초기에는 판단이 흐려지며, 조금 전에 일어난 일을 기억 못하며, 위험에 대한 과신과 행복감이 나타난다. 수심이 깊어지면 졸리고 판단력을 상실하고, 환각현상과 정신착란이 나타난다.

(5) 고압신경증후군

① 130m(430ft) 이상의 심해에서 산소와 헬륨의 혼합기체(헬리옥스)로 호흡하는 심해 산업잠수사에게 생기는 문제이다.

② 가장 뚜렷한 증후는 경미하지만 조절이 안 되는 떨림과 근육의 연축이며, 근육간의 상호협조운동이 어렵다.

③ 더 깊이 내려가면 혼돈, 졸림, 방향감각상실, 의식소실이 나타나게 된다. 손과 발이 특히 떨리는데, 마치 추위에 노출되었을 때 떨리는 것과 유사하다.

(6) 산소중독

① 산소는 부분압이 0.4기압(ATA) 이상인 공기를 흡입 시 산소중독을 일으키는데 0.6기압 산소부분압 범위 내에서는 산소중독이 일어나지 않는다.

② 폐 산소중독
가슴뼈 밑으로 불편함과 호흡에 의해 악화되는 통증이 진행되며, 기침이 동반된다.

③ 중추신경계 산소중독
시야 장애, 어지러움, 안면 경련, 이명, 시야 축소, 오심, 초조함 등의 다양한 증상이 나타난다.

④ 고압산소 치료 과정 중에 산소중독을 최소화하기 위하여 매 25분마다 5분 동안 산소가 아닌 공기 혹은 산소와 헬륨 혼합기체(Heliox)를 주기적으로 공급한다.

SECTION 35

직업성 암의 업무관련성 평가 지침
(KOSHA GUIDE, H-48-2020)

01 용어 정의

(1) "발암인자(Carcinogen)"

암을 유발하는 특정 요인뿐만 아니라 암을 유발하는 산업 및 공정으로 확인되었거나 의심되는 인자를 말한다. 「유해화학물질관리법」에서는 국제암연구소(International Agency for Research on Cancer, IARC) 등 국제전문기관의 발암인자 정의를 준용하고 있다.

(2) "직업성 암"

직업적으로 발암인자에 노출되거나 현재까지 확실한 발암인자를 특정하지는 못하였지만 특정 직업군이나 산업에서 증가하는 암을 말한다.

(3) "최소유도기"

질환 발생이 가능한 가장 짧은 노출기간으로 정의한다.

(4) "최대잠재기"

발암인자의 노출이 종료된 후 질환 발생이 가능한 가장 긴 기간으로 정의한다.

02 업무관련성 평가 과정 ●출제율 20%

(1) 개요

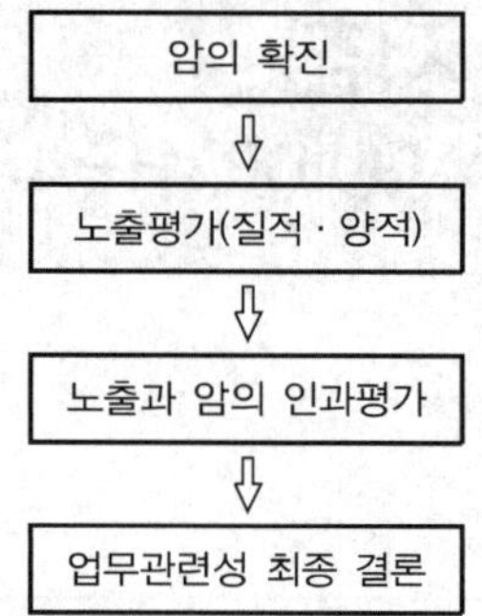

〈그림 1〉 업무관련성 평가 과정 개요

① 주치의 소견서나 진단서, 진료 기록, (일반, 특수)건강진단 기록을 확인하고, 근로자 상담 및 진찰을 통해 암의 정확한 진단명을 확인한다.

② 진단된 암에 대한 발암인자의 발암성 및 노출 유무를 평가한 후, 확인된 발암인자 노출이 의심된다면 이에 대한 노출수준, 누적노출량 등 양적 평가를 진행한다.

③ 최소유도기와 최대잠재기, 노출경로와 암 발생기전 및 관련 역학연구들을 종합적으로 검토하여 발암인자 노출과 진단된 암의 인과성 및 업무관련성에 대해 평가한다.

(2) 암의 확진

① 확진된 진단명은 아래 ②에 기술된 근로자의 진료 기록을 바탕으로 작성된 주치의 소견서, 진단서 등을 통해 대부분 확인한다.

② 암은 증상, 객관적 소견 그리고 전산화 단층촬영검사(CT) 또는 자기공명영상검사(MRI) 등 영상의학적 검사와 조직 병리검사, 세포진 검사, 기관지 내시경 생검 및 세척, 골수 검사, 경흉 침생검 혹은 진단적 개흉술 등 병리학적 검사 등을 통해 최종 진단되어야 한다.

③ 일반적으로 암의 업무관련성 평가를 위해서는 암으로 명확한 진단(확진)을 받아야 하므로, 암이 영상의학적 혹은 조직병리학적 소견을 통해 진단되었는지를 확인한다. 이 과정이 불명확하거나 암 발생 근로자의 사망이나 다른 이유로 인해 확진에 필요한 자료가 충분하지 못하는 등 불가피한 경우에는, 임상적 진단을 내린 후 추가적인 평가를 진행할 수 있다.

④ 위의 과정에서 진단된 암이 원발성인지, 속발성인지 확인한다. 원발성 암에 대해서만 업무관련성 평가를 수행한다.

⑤ 암의 경우 조직학적으로 다양한 종류가 있으며, 조직형에 따른 직업적 발암 원인이 다른 경우도 있어 주의가 필요하다. 특히, 백혈병이나 림프종 등의 질환은 반드시 아형까지 고려하여야 한다.

(3) 노출평가

① 노출의 질적 평가

㉠ 진단된 특정 암에 해당하는 발암인자 확인

ⓐ 진단된 특정 암을 유발하는 발암인자, 발암산업, 발암공정 등을 파악한다.

ⓑ 고용노동부, 국제암연구소, 화학물질분류 및 표지에 관한 세계조화시스템, 미국산업위생전문가기구, 미국독성등록청, 유럽연합 등 여러 권위 있는 기관에서는 자체적인 평가를 통해 여러 유해인자에 대한 발암성에 대한 등급을 나누고 있다[별표 1~6]. 기관별 분류기준은 [별표 7]과 같다.

ⓒ 직업성 암의 경우 발암성 판단근거에 관한 문헌 검토의 방대함과 타당성을 인정하여 국제암연구소의 기준을 1차 참고기준으로 널리 이용하고 있다.

ⓓ 국제암연구소 분류에서 그룹 1 또는 2A에 속하는 발암인자가 업무관련성 평가에 있어 주요 고려대상이 된다. 보고서 발간 이후의 최신 논문 등 추가 자료 검토에 따라 발암성 여부가 변화하는 경우도 있다.

ⓔ Cogliano 등(2011)은 40년간 동안 발간된 국제암연구소 보고서들에 대한 리뷰를 통해 유해인자를 각 표적장기별로 인간에서의 충분한 증거 및 제한적 증거로 재분류하여 보고하고 있어, 진단된 암의 역학조사 진행을 목적으로 참고하기에 용이한 자료이다.

㉡ 발암인자 노출 유무 확인

직업력을 통한 직종과 수행공정, 물질안전보건자료(Material Safety Data Sheet, MSDS), 작업환경측정 결과, 관련 법률, 해당 산업의 일반적인 유해인자에 대한 정보 등을 참고하여 근로자가 특정 기간 수행한 업무에서 유해인자 노출이 존재하는지를 평가한다.

② 노출의 양적 평가(노출수준 확인)

㉠ 양적 평가는 파악된 발암인자에 대한 노출량, 노출기간 등을 수치적으로 평가하여, 가능한 수준에서 누적노출 정도를 추정하여, 발암인자 노출수준이 암 발생을 일으킬만한 정도인지를 판단하는 과정이다.

ⓛ 직업성 암은 병이 발생하기까지, 수년에서 수십 년의 잠재기를 가지기 때문에 추정 발암인자에 대한 근로자의 과거 노출을 평가해야 한다. 이를 위해 해당 근로자가 근무했던 사업장의 물질안전보건자료, 특수건강진단 결과, 작업환경측정 결과, 생물학적 노출지표(biological exposure markers) 검사 결과 등을 활용할 수 있다.

ⓒ 다만 위의 자료들만으로 과거 누적노출량을 정량적으로 평가하기 어려운 경우가 많다. 이러한 경우에는 노출량에 대한 합리적인 추정을 해야 할 필요가 있다. 이를 위해 유사 작업자의 노출수준과 관련된 문헌 조사, 유사노출 작업장의 작업환경측정 자료, 파악한 발암인자와 관련된 특수건강진단결과보고서 등을 일차적으로 이용할 수 있다.

ⓔ 또한 직무노출매트릭스(Job Exposure Matrix, JEM), 전문가 의견에 의한 노출판단 그리고 구조화된 설문지 등을 통한 '노출재구성'을 활용하는 것도 가능하다.

ⓜ 수집된 자료에서 개연성 있는 적절한 자료를 선별하여 과거 노출을 평가(validation)한다.

ⓗ 대표적으로 직업성 암 업무상 질병 업무처리 요령에서는 특정 기간·특정 직종에 종사한 근로자들의 산재보상에 있어 몇몇 암의 업무관련성 인정을 위한 최소노출기간을 제시하고 있다.

(4) 노출과 암의 인과평가

① 최소유도기와 최대잠재기

ⓐ 발암인자 노출과 질환 발생시기를 파악한 뒤 최소유도기와 최대잠재기를 고려하여 업무관련성 평가에 반영한다.

ⓛ 조사된 연구의 한계로 인해 이 두 기준이 절대적으로 작용하지는 않지만, 충분히 고려하여야 한다.

ⓒ 발암인자 종류와 진단된 암에 따라 최소유도기 및 최대잠재기는 상이하다.

ⓔ 일반적으로 발암인자 노출로부터 진단까지 고형암의 경우 최소 10년, 혈액암은 최소 1년 이상의 기간이 확인되어야 인과관계가 인정되는 경우가 많다. 다만 단기간 고농도 노출이 있었거나, 젊은 나이에 노출이 있었던 경우에는 이보다 짧은 기간에서도 발생 가능하므로 이를 업무관련성 평가 시에 고려한다.

② 노출경로와 암 발생기전 평가

    ㉠ 파악된 발암인자의 가능한 노출경로(호흡기, 소화기, 피부 등)를 조사하고, 이에 따라 암의 발생기전을 파악하여 발암인자 노출로부터 암 발생까지의 생물학적 개연성에 대한 근거를 확립한다.

    ㉡ 이를 위해 인간 및 동물에서 발암인자의 흡수, 분포, 대사, 배설과 관련된 문헌을 참고할 수 있다.

    ㉢ 발암인자의 종류와 진단된 암의 종류에 따라 노출경로 또는 암 발생기전 등에 대한 정보가 명확히 밝혀지지 않은 경우도 있다.

③ 역학연구 검토

    ㉠ 연구대상, 노출평가 또는 노출기간 등을 고려하여 해당 근로자와 관련된 역학연구를 일차적으로 선정한 뒤, 연구 설계방법(사례군 연구, 코호트 연구, 환자-대조군 연구 등), 노출평가 방법, 질환확진 방법, 바이어스, 교란변수 등 여러 항목을 고려하여 어떤 연구를 우선적으로 고려할지 결정한다.

    ㉡ 근로자에게 적용 가능한 적절한 역학연구가 존재하지 않을 수도 있다. 이러한 경우 국내에서 수행된 유사 산업군 및 인접 노출기간 연구 등을 우선적으로 검토하고, 기타 외국에서 수행된 연구를 추가적으로 검토한 뒤 적절한 가정을 통해 외삽하여 적용할 수 있다.

(5) 결론

① 업무관련성 평가는 개인의 발암인자 노출의 특성(강도, 기간, 누적노출량)이 비노출되었을 경우에 비해 진단된 암의 발생을 유의하게 증가시키는지 여부를 평가하여 업무관련성을 결정한다.

② 인과성 확립을 위해 힐의 기준(Hill's criteria)을 적용할 수 있다. 다만, 여러 제한점으로 인해 절대적인 기준으로 적용하지는 않는다.

③ 이때 파악된 발암인자 외에 다른 원인이 존재한다면, 파악된 발암인자와의 상호작용과 더불어 인과성에 대한 추가적인 평가가 필요하다.

④ 대부분의 의학적 논문은 일반적으로 흡연 등 다른 원인이 보정된 결과값을 제시한다. 개인에게서 특정 발암인자의 문헌적 근거가 충분하다면, 다른 원인의 기여도가 높더라도 산재보상에 있어 특정 발암인자의 업무관련성을 인정받을 수 있다.

⑤ 판단에 있어 인과관계 정도는 생물학적 현상의 복잡성, 질환에 대한 제한적인 이해와 개인적인 감수성 등으로 인해 개인에게 있어 확정론적보다는 확률론적으로 설명한다.

⑥ 「산업재해보상보험법 시행령」 제34조 제3항 [별표 3] 제10호에서는 직업성 암의 인정기준을 법적으로 명시하고 있다.

⑦ 기타 석면에 의한 원발성 폐암, 석면에 의한 악성중피종, 탄광부·용접공·석공·주물공·도장공에 발생한 원발성 폐암, 벤젠에 노출되어 발생한 악성림프·조혈기계질환 등의 경우에는, 직업성 암 업무상 질병 업무처리 요령 확대 시행에 따라 별도로 참고할 수 있는 판단기준을 제시하고 있다.

⑧ 희귀질환 등 산재보상의 구체적 사례에 대한 인정 여부는 현재까지의 역학연구 등 의학적 근거수준만으로 결정되지 않는다. 개별 법이나 사회적 합의수준 등이 함께 고려되는 법적·사회적 성격을 가진다.

◑ [별표 1] 고용노동부 발암성 정보물질의 표기

고용노동부	
1A	사람에게 충분한 발암성 증거가 있는 물질
1B	시험동물에서 발암성 증거가 충분히 있거나, 시험동물과 사람 모두에서 제한된 발암성 증거가 있는 물질
2	사람이나 동물에서 제한된 증거가 있지만, 구분 1로 분류하기에는 증거가 충분하지 않은 물질

◑ [별표 2] 국제암연구소(IARC) 발암성 분류기준 비교 ●출제율 20%

IARC_updated 2011/6/17	
그룹 1	인간에게 발암 확정 물질 (The agent(mixture) is carcinogenic to humans)
그룹 2A	인간에게 발암 우려 물질 (The agent(mixture) is probably carcinogenic to humans)
그룹 2B	인간에게 발암 가능 물질 (The agent(mixture) is possibly carcinogenic to humans)
그룹 3	인간에게 발암 여부를 구분할 수 없는 물질 (The agent(mixture) is not classifiable carcinogenic to humans)
그룹 4	인간에게 발암물질로 의심되지 않는 물질 (The agent(mixture) is probably not carcinogenic to humans)
총계	

◐ [별표 3] 화학물질분류 및 표지에 관한 세계조화시스템 분류기준 비교

GHS	
그룹 1	인간에게 발암 확정 인자(Known to have carcinogenic potential for humans)
그룹 1B	인간에게 발암 우려 인자(Presumed human carcinogens)
그룹 2	인간에게 발암 가능 인자(Suspected human carcinogens)
총계	

◐ [별표 4] 미국 산업위생전문가기구(ACGIH) 발암성 분류기준 비교 ● 출제율 20%

ACGIH	
A1	인간에게 발암 확정 물질 (Confirmed Human Carcinogen)
A2	인간에게 발암 우려 물질 (Suspected Human Carcinogen)
A3	인간에게 발암 가능 물질 (Confirmed Animal Carcinogen with Unknown Relevance to Humans)
A4	인간에게 발암 여부를 구분할 수 없는 물질 (Not Classifiable as a Human Carcinogen)
A5	인간에게 발암물질로 의심되지 않는 물질 (Not Suspected as a Human Carcinogen)
총계	

◐ [별표 5] EU 발암성 분류기준 비교 ● 출제율 20%

EU_Direct 67/548/EEC_Annex Ⅰ	
분류 1	인간에게 발암 확정 물질 (Known to have carcinogenic pontential for humans ; the placing of a chemical is largely based on human evidence)
분류 2	인간에게 발암 우려 물질 (Presumed to have carcinogenic potential for humans ; the placing of a chemical is largely based on animal evidence)
분류 3	인간에게 발암 가능 물질 (Suspected human carcinogens)
총계	

○ [별표 6] 미국 독성등록청(NTP) 제12차 발암성 분류기준 비교 ● 출제율 20%

	NTP
K	인간에게 발암 확정 물질 (Known To Be Human Carcinogen)
R	인간에게 발암 우려 물질 (Reasonably Anticipated To Be Human Carcinogen)
총계	

○ [별표 7] 국제 기관별 발암성 분류기준 비교 ● 출제율 20%

발암성 분류기준	기관별 분류 등급						미국 환경보호청 (US EPA)
	IARC	ACGIH	고용 노동부	GHS	EU	NTP	
인간에게 발암 확정 인자	Group 1	A1	1A	1A	Cat. 1	K	Carcinogenic to Humans
인간에게 발암 우려 인자	Group 2A	A2	1B	1B	Cat. 2	R	Likely to be Carcinogenic to Humans
인간에게 발암 가능 인자	Group 2B	A3	2	2	Cat. 3		Suggestive Evidence of Carcinogenic Potential
인간에게 발암 여부를 확실히 구분할 수 없는 물질 – 발암 가능하나 자료 부족 상태	Group 3	A4					Inadequate Information to Assess Carcinogenic Potential
발암성 물질로 의심 되지 않는 인자	Group 4	A5					Not Likely to be Carcinogenic to Humans

SECTION 36

근로자 건강증진활동 지침
(고용노동부 고시)

제1장 총칙

제2조(용어의 정의) ● 출제율 10%

① "근로자 건강증진활동"

작업관련성질환 예방활동을 포함하여 근로자의 건강을 최상의 상태로 하기 위한 일련의 활동을 말한다.

② "직업성질환"

작업환경 중 유해인자가 있어 업무나 직업적 활동에 의하여 근로자가 노출될 경우 그 유해인자로 인하여 발생하는 질환을 말한다.

③ "작업관련성질환"

작업관련 뇌심혈관 질환·근골격계 질환 등 업무적 요인과 개인적 요인이 복합적으로 작용하여 발생하는 질환을 말한다.

④ "근로자건강센터"

산업단지 등 소규모사업장 밀집지역에 설치하여 근로자의 직업성질환 및 작업관련성질환 예방을 위해 직업건강서비스 등을 제공하는 기관을 말한다.

⑤ "직업건강서비스"

직업성질환 및 작업관련성질환 예방을 위한 근로자 지원서비스를 말한다.

⑥ "건강증진활동추진자"

사업장 내의 보건관리자 또는 근로자 건강증진활동에 필요한 지식과 기술을 보유하고 건강증진활동을 추진하는 사람을 말한다.

제3조(적용 범위)

이 고시는 근로자 건강증진활동을 추진하고자 하는 모든 사업장 또는 근로자에게 적용한다.

제2장 사업장에서의 근로자 건강증진활동계획
수립 · 시행, 추진체계, 평가 등

제4조(건강증진활동계획 수립 · 시행) ● 출제율 20%

① 사업주는 근로자의 건강증진을 위하여 다음의 사항이 포함된 건강증진활동계획을 수립 · 시행하여야 한다.
   1. 사업주가 건강증진을 적극적으로 추진한다는 의사표명
   2. 건강증진활동계획의 목표 설정
   3. 사업장 내 건강증진 추진을 위한 조직구성
   4. 직무스트레스 관리, 올바른 작업자세 지도, 뇌심혈관계 질환 발병 위험도 평가 및 사후관리, 금연, 절주, 운동, 영양개선 등 건강증진활동 추진내용
   5. 건강증진활동을 추진하기 위해 필요한 예산, 인력, 시설 및 장비의 확보
   6. 건강증진활동계획 추진상황 평가 및 계획의 재검토
   7. 그 밖에 근로자 건강증진활동에 필요한 조치
② 사업주는 제①항에 따른 건강증진활동계획을 수립할 때에는 다음의 조치를 포함하여야 한다.
   1. 건강진단결과 사후관리조치
   2. 안전보건규칙에 따른 근골격계 질환 징후가 나타난 근로자에 대한 사후조치
   3. 안전보건규칙에 따른 직무스트레스에 의한 건강장해 예방조치
③ 상시 근로자 50명 미만을 사용하는 사업장의 사업주는 근로자건강센터를 활용하여 건강증진활동계획을 수립 · 시행할 수 있다.

제5조(건강증진활동의 추진체제)

① 사업주는 건강증진활동이 지속적으로 추진될 수 있도록 건강증진활동의 총괄 부서 및 건강증진활동추진자를 정하여야 한다.

② 사업주는 산업안전보건위원회 또는 노사협의회에서 사업장 건강증진활동계획을 심의하도록 하여야 한다.

③ 사업주는 근로자 건강증진활동에 필요한 부서별 실무 담당자를 정하고, 그 담당자와 건강증진활동추진자가 협력하여 건강증진활동계획에 관한 실시 체제를 확립하도록 하여야 한다.

④ 사업주는 사업장에 영양사가 있는 경우에는 건강증진활동추진자와 영양사가 협력하여 영양개선활동을 하도록 하여야 한다.

⑤ 사업주는 건강증진활동추진과 관련이 있는 사람에게 그 활동에 필요한 교육을 받도록 하여야 한다.

⑥ 사업주는 건강증진활동을 추진하는 경우 외부 건강증진 전문가 또는 근로자건강센터 등 전문기관을 활용할 수 있다. 이 경우 사업주는 외부 전문가 또는 전문기관의 의견을 청취하여야 한다.

제6조(근로자의 건강증진활동 참여)

근로자는 사업주가 추진하는 건강증진활동에 적극 참여하고, 자신의 건강증진을 위하여 스스로 노력하여야 한다.

제7조(건강증진활동의 실시결과 평가 및 반영)

사업주는 건강증진활동을 효율적으로 추진하기 위하여 사업장의 건강증진활동 실시결과를 정기적으로 평가하여 제4조에 따른 건강증진활동계획 수립에 반영하여야 한다.

제3장 지원 및 혜택

제8조(정부의 지원)

① 고용노동부장관은 근로자 건강증진활동을 효율적으로 추진하기 위하여 다음의 사항을 강구하여야 한다.

1. 정책의 수립 · 집행 · 조정
2. 교육 · 홍보
3. 기술의 연구 · 개발 및 시설의 설치 · 운영
4. 조사 및 통계의 유지 · 관리
5. 관련기관 등에 대한 지원 · 지도 · 감독

  6. 건강증진활동 우수사업장 선정

  7. 그 밖에 건강증진활동 추진에 관한 사항

② 고용노동부장관은 제①항 각 호의 사항을 효율적으로 수행하기 위하여 한국산업안 전보건공단(이하 "공단"이라 한다)으로 하여금 사업주의 신청을 받아 근로자 건강증 진활동지원사업을 시행하게 할 수 있다.

제9조(건강증진활동 지원신청)

① 건강증진활동에 대한 지원을 받으려는 사업주는 별지 서식의 근로자 건강증진활동 지원신청서를 공단 산하 관할 지역본부장 또는 지사장에게 제출하여야 한다.

② 공단은 "건강증진활동 지원신청서"를 제출한 사업장 중 300인 미만 사업장에 대하 여 건강증진활동 지원혜택을 우선적으로 제공할 수 있다.

제10조(사업주에 대한 지원)

① 공단은 건강증진활동을 추진하는 사업주에게 건강증진활동에 대한 방법 지도, 관련 자료의 제공·교육, 추진계획의 작성·수행·평가 등 필요한 지원을 할 수 있다.

② 공단은 건강증진활동을 추진하는 사업주에게 예산이 허용하는 범위에서 외부 전문 가 또는 전문기관을 통한 교육·상담 등을 지원하거나 근로자건강센터를 활용하여 지원할 수 있다.

③ 공단은 근로자 건강증진활동을 위한 시설 및 기기 등에 대하여 「산업재해예방시설 자금 융자 및 보조업무처리규칙」에 따른 자금을 우선하여 지원할 수 있다.

④ 공단은 상시 근로자 50인 미만 사업장에 대하여 건강증진활동을 우선하여 지원할 수 있다.

제11조(건강증진활동 우수사업장에 대한 혜택)

① 공단은 건강증진활동이 우수한 사업장에 대하여 건강증진활동 우수사업장으로 선정 하고, 상패를 줄 수 있다.

② 고용노동부장관은 제①항에 따라 선정된 사업장에 대해서는 정부 포상 및 표창의 우선 추천 등 혜택을 부여할 수 있다.

③ 제①항에 따라 선정된 사업장의 사업주는 건강증진활동추진자 및 건강증진활동 우 수 부서에 대하여 표창·승급 등 자체 포상을 실시하여 건강증진활동이 활성화되도 록 노력하여야 한다.

제13조(건강증진활동의 추진기법 보급)

공단은 건강증진활동을 지원하기 위하여 다음의 사업을 하여야 한다.

① 건강증진활동 추진기법 및 관련 자료의 개발·보급

② 건강증진활동 모델 개발

③ 건강증진활동 우수 사업장 발굴 및 홍보

④ 사업장 건강증진활동추진자에 대한 교육

⑤ 건강증진활동 전문가 양성

⑥ 분야별 건강증진활동 전문가 및 전문기관 데이터베이스 구축

⑦ 그 밖에 건강증진활동 추진에 관한 사항

■ 별지 서식(개정안)

근로자 건강증진활동 지원신청서

※ [　]에는 해당되는 곳에 ✓ 표시를 해주시기 바랍니다.

<table>
<tr><td rowspan="4">신청기관</td><td colspan="2">사업장명</td><td>사업장관리번호</td><td>사업개시번호</td></tr>
<tr><td colspan="4">소재지</td></tr>
<tr><td colspan="2">전화번호</td><td colspan="2">팩스번호</td></tr>
<tr><td>대표자</td><td>근로자수　　　　명
(남　명, 여　명)</td><td colspan="2">관할 지역본부(지사)</td></tr>
</table>

<table>
<tr><td rowspan="5">사업장
현　황</td><td>관리책임자</td><td></td></tr>
<tr><td>건강증진활동추진자</td><td></td></tr>
<tr><td>보건관리자
(보건관리전문기관명)</td><td></td></tr>
<tr><td>산업안전보건위원회
(노사협의회)</td><td>[　]있음　　　[　]없음</td></tr>
<tr><td>노동조합</td><td>[　]있음　　　[　]없음</td></tr>
</table>

<table>
<tr><td>추진(예정) 중인 건강증진활동</td><td>공단에 요청하는 사항</td></tr>
<tr><td>

[　] 작업관련 뇌·심혈관질환예방
[　] 작업관련 근골격계질환예방
[　] 직무스트레스 관리
[　] 조직차원의 생활습관개선
[　] 기타(　　　　　　　　　　　　　)</td><td>

[　] 방문지원(기획, 추진방법 및 평가지원)
[　] 교육지원
[　] 자료지원(내용 :　　　　　　　)
[　] 건강증진활동 우수사업장 선정
[　] 기타(　　　　　　　　　　　　　)</td></tr>
</table>

년　　　　월　　　　일

사업주 또는 대표자 　　　　(서명 또는 인)

한국산업안전보건공단 지역본부(지사)장 귀하

처리절차

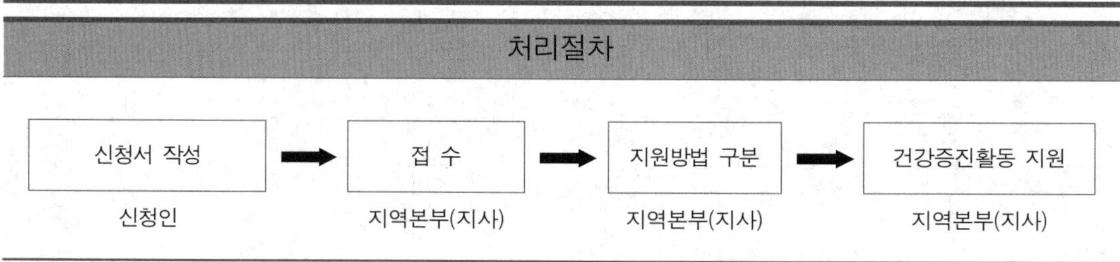

210mm×297mm(일반용지 60g/m^2(재활용품))

SECTION 37

사업장 공기매개 감염병 확산·방지 지침
(KOSHA GUIDE, H-186-2016)

01 적용범위

이 지침은 의료기관을 제외한 모든 사업장(의료기관 제외)에서 근무하는 모든 사업장에 적용한다.

02 용어의 정의

(1) "잠복기"

병원체가 생체 내에 침투하여 감염을 일으켜서 발병하기까지 기간을 잠복기라 한다. 잠복기는 질병의 종류마다 다르지만, 예를 들어 인플루엔자는 18~36시간 정도인데 질병마다 일정한 잠복기를 가진다.

(2) "공기매개 감염병"

중동호흡기증후군(메르스), 중증급성호흡기증후군(사스), 조류인플루엔자 인체감염증(AI) 등 공기 또는 비말핵 등을 매개로 호흡기를 통하여 전염되는 감염병을 말한다.

(3) "보호구"

공기매개감염을 예방하기 위하여 작업자의 신체 일부 혹은 전부를 착용하는 각종 보호장구 등을 말하는 것이다.

03 공기매개 감염병 위기 형태 및 경보 수준

(1) 해외 신종·재출현 공기매개 감염병의 국내유입 및 전국 확산

① 해외에서 발생한 신종 공기매개 감염병의 국내 유입 및 전국적으로 확산되어 대규모 감염병 환자가 발생하는 것을 말한다.

② 국내에서 발생한 신종 공기매개 감염병 또는 사라진 공기매개 감염병이 재출현하여 전국적으로 확산되어 대규모 감염병 환자가 발생하는 것을 말한다.

(2) 공기매개 감염병의 위기경보 수준

위기경보 수준은 4가지로서 다음 [표 1]과 같다.

❏ [표 1] 공기매개 감염병 위기경보 수준   ●출제율 20%

수 준	내 용	비 고
관심 (Blue)	• 해외의 신종감염병 발생 • 국내의 원인불명 감염환자 발생	• 징후 활동감시 대비 계획점검 • 질병관리본부『신종 감염병 대책반』 선제적 구성 운영

주의
(Yellow)
	• 해외 신종감염병의 국내 유입
	  ※ 세계보건기구의 감염병 주의보 발령
	• 국내에서 신종·재출현 감염병 발생
		• 협조체제 가동
		• 보건복지부(질병관리본부)『중앙방역
		  대책본부』설치

경계
(Orange)
	• 해외 신종감염병의 국내 유입 후 타 지역으로
	  전파
	• 국내 신종·재출현 감염병 타 지역으로 전파
		• 대응체제 가동
		• 보건복지부(질병관리본부)『중앙방역
		  대책본부』강화

심각 (Red)	• 해외 신종감염병의 전국적 확산 징후 • 국내 신종감염병의 전국적 확산 징후 • 재출현 감염병의 전국적 확산 징후	• 대응역량 총 동원 • 보건복지부(질병관리본부)『중앙사고 수습본부』설치 운영, 강화

04 공기매개 감염병 예방을 위한 조치   ●출제율 30%

(1) 보호구 지급

① 감염병 환자의 가검물에 의한 2차 오염 및 감염예방과 의심환자를 질병기관에 이송할 때에 착용하는 보호구는 질병관리본부에서 지정한 안전인증 및 형식승인을 받은 보호구를 착용한다.

② 주요 보호구는 마스크, 보안경, 장갑, 전신보호복 등이 있으며 사용방법 및 주의사항은 〈부록 1〉을 참조

(2) 예방 및 확산 방지를 위한 조치사항

① 개인위생 관련 인프라 강화

    ㉠ 손 씻기와 관련하여 개수대를 충분히 확보하고 손 세척제(비누 등) 또는 손 소독제, 일회용 수건이나 휴지 등 위생관련 물품을 충분히 비치하여 직원들의 개인위생 실천을 유도한다(〈부록 2〉 참조).

    ㉡ 기침예절과 관련하여 시설 내 휴지를 비치하여 즉시 사용할 수 있도록 하고, 사용한 휴지를 바로 처리하는 쓰레기통을 곳곳에 비치한다.

    ㉢ 보호구 및 위생관련 물품의 부족 또는 공급혼선에 대비하여 사전에 물품이 원활하게 공급될 수 있도록 관리한다.

② 직원 및 고객(방문객)을 대상으로 개인위생 실천방안 홍보

    ㉠ 사업장 내 전파방지를 위해 직원 및 고객(방문객) 대상으로 기본적인 개인위생 실천방안(손 씻기, 기침 에티켓 등)을 홍보한다.

    ㉡ 사업장, 영업소 등의 샤워실·세면대 등에 홍보 안내문이나 포스터 등을 부착한다.

    ㉢ 사업장 내 청결을 유지한다.

③ 사업장 내 감염유입 및 확산 방지

    ㉠ 해외 출장을 계획 중인 직원에 대해서는 "감염 예방 수칙, 여행국가 환자 발생 상황, 해외에서의 주의사항, 귀국 후 유의사항 등"을 충분히 숙지할 수 있도록 적극 교육한다.

    ㉡ 직원으로 하여금 입국 시, 이상 증상이 있을 경우에는 반드시 검역설문서에 사실 그대로 정확하게 기술하고, 검역관에게 설명토록 한다.

    ㉢ 해외 출장 후 복귀한 직원에 대해서는, 국내 입국 후 14일째 되는 날까지, 사내 의무 상담실이나 기타 발열감시자를 지정하고 이를 통해서 자체 발열모니터링을 실시한다.

④ 대응 전담체계 사전 구축

    ㉠ 기업차원에서 대응·대비 계획을 수립하여 업무를 수행한 책임부서 및 담당자를 지정한다.

ⓛ 유행 확산 시 주요 업무 지속을 위해 인력·기술 등 현황을 파악한 후 비상 시에 대비한 '업무지속계획'을 수립하고 이를 점검하여 만약의 상황에서도 기업 경영지속에 만전을 기하도록 준비한다.

⑤ 결근 대비 사업계획 수립

ⓐ 대규모 결근 사태에 따른 피해를 줄이기 위해 사전에 근로자들의 신상정보를 파악하고, 직원 관리대책을 마련한다.

ⓛ 결근으로 인한 업무공백을 최소화하기 위한 업무 재편성 계획을 수립(대체 근무조 편성, 대체근무지 지정, 근무시간 조정, 재택근무 등)하고, 감염자에 대한 보수·휴가 규정 및 회복 후 업무 복귀절차를 마련한다.

(3) 감염 예방을 위한 위생 수칙

① 평상시 손 씻기 등 개인위생 수칙을 준수하여, 비누와 물 또는 손 세정제를 사용하여 손을 자주 씻는다.

② 기침이나 재채기를 할 경우에는 화장지나 손수건으로 입과 코를 가리고 하며, 손으로 눈, 코, 입 만지기를 피해야 한다(〈부록 3〉 참조).

③ 발열 및 기침, 호흡곤란 등 호흡기 증상이 있는 경우에는 마스크를 써야 하며, 즉시 의료기관에서 진료를 받아야 한다(주요 증상 및 최근 방문 지역을 진술).

④ 발열이나 호흡기 증상이 있는 의심증상의 사람과 밀접한 접촉을 피해야 한다.

⑤ 다른 지역으로 출장 후 14일 이내에 발열이나 호흡기증상이 있는 경우, 의료기관에서 진료를 받아야 한다.

05 감염병 발생 시 원인조사와 대책수립 ●출제율 10%

(1) 사업주는 신종감염병의 질병발생을 사전에 차단할 수 있는 예방접종, 전파경로 차단 등 예방방법에 대한 정보, 행동 요령을 확인하고 실천한다.

(2) 사업주는 신종감염병의 질병 발생 의심을 조기에 할 수 있도록 의심증상 등에 대한 정보를 확인하고 질병관리본부 1339 콜센터에 문의하거나 의료기관에 방문한다.

(3) 사업주는 신종감염병 발생 시, 정부의 조속한 원인규명과 전파확산 차단을 위한 역학조사와 입원 및 자가격리 등 방역조치 활동에 협조한다.

06 감염병 발생 근로자에 대한 조치 ●출제율 20%

(1) 해당 사업장의 전체 직원들을 대상으로 근무 중 몸이 불편하거나, 발열(37.8℃ 이상)이나 호흡기 증상 등 이상 증상을 보이는 근로자들은 바로 관리자에게 보고 한다.

(2) 사업주는 일반 결근자의 결근 사유를 파악하여 결근 사유가 증상과 관련이 있는 지 확인하고, 감염병이 의심될 경우 즉시 의사의 진료를 받도록 한다.

(3) 사업주는 감염병 의심 근로자가 다른 근로자와 접촉한 경험이 있는지 여부를 확인한다. 증상을 나타내는 경우, 보건소 등에 신속하게 신고한다.

(4) 다른 직원들에게 전파되는 것을 막기 위해 감염 의심 근로자는 마스크를 착용한다.

07 감염병 발생 작업부서 및 작업환경 조치

(1) 사업장 내 추정 또는 확진 환자 발견 시

① 보건당국에 의해 격리대상자로 선정된 환자 또는 밀접접촉자(또는 근접접촉자)에 대해서는 출근하지 않고 유선으로 관리자에게 보고 후 병원 또는 자가 격리토록 조치한다.

② 사업장에서 운영하는 기숙사의 가구와 방을 청결히 세척한다. 침구류, 수건류를 분리하여 사용하도록 한다.

(2) 사업장 내 환자 발생 지역을 중심으로 주변 장비 및 시설을 청결히 세척

① 환자가 발생한 구역에 대해서는 소독제를 이용하여 환자가 거주한 장소 또는 사용한 장비를 깨끗이 닦아내고 사용한다.

② 환자의 의류 및 침구류, 수건류는 오염세탁물과 기타 세탁물로 분류하여 수거하고 세탁한다.

(3) 확진환자의 경우 거점병원을 통해 보건소에 신고되므로 사업장에서 별도 신고를 요하지는 않으나, 직원 가운데 다수의 환자가 발생한 경우에는 관할 보건소에 신고한다.

① 사업장 내 확진환자가 발생하면 다음과 같은 직원은 밀접접촉자(또는 근접접촉자)로 판단하고 노출일로부터 최대잠복기 경과를 관찰한다.
　㉠ 공동기숙사 내 같은 방 사용 동거인
　㉡ 증상이 있는 확진환자와 동일한 작업공간에 있던 근로자
② 밀접접촉자로 판단되는 근로자는 자가격리 중 발열, 호흡기 증상 등 의심 증상 발현 시 관할 보건소로 연락하도록 안내한다.
　㉠ 사업주는 보건소에서 발행한 자가격리 통지서에 협조하여 근로자의 근태를 관리한다.
　㉡ 확진된 근로자는 자가격리의 방법과 절차를 참고하여 자가격리와 치료에 협조한다.

〈부록 1〉 보호구 착용방법 및 주의사항　●출제율 30%

(1) 사용방법 및 주의사항

① 개인보호구는 적절하게 착용되었을 때에만 감염을 막을 수 있음을 인지
② 개인보호구는 발생지역을 출입할 때(장소별 1회 사용, 재사용 금지)마다 교체
③ 사용한 개인보호구는 지정된 장소에 폐기
④ 정부에서 권장하는 규격 이상의 보호구를 착용

(2) 개인보호구 규격

직무별 또는 공기매개 감염병 종류별로 질병관리본부에서 권장하는 규격 착용

(3) 개인보호구 착용 순서

① 전신보호복 착용 → ② 덧신을 전신보호복 위로 착용 → ③ 호흡용 보호구 착용 → ④ 전신보호복 후드를 머리카락이 보이지 않도록 덮어씀 → ⑤ 고글 착용 → ⑥ 전신보호복 위로 장갑 착용

(4) 개인보호구 탈의 순서

① 덧신 탈의 → ② 고글 탈의(얼굴 접촉주의) → ③ 전신보호복 탈의(이물질이 튀지 않도록 안쪽을 바깥으로 말아서 탈의) → ④ 호흡용 보호구 탈의(얼굴 접촉주의) → ⑤ 장갑 탈의(손이 장갑의 겉부분에 닿지 않도록 주의) → ⑥ 손 세정(물과 비누 또는 알코올 성분 손 세정제 사용)

유해요인	내용 설명	사 진
장갑	• 장갑을 낀 손으로 반대편 장갑의 외부를 잡고 벗긴다. • 장갑을 낀 손으로 제거된 장갑을 잡는다. • 장갑을 벗은 손의 손가락을 반대쪽 손목부문에 넣는다. • 안쪽이 밖으로 오도록 밀어내고, 쥐고 있던 장갑을 함께 감싸 적절하게 폐기한다.	
보호복	• 끈을 푼다. • 목과 어깨에서 멀리 가운을 잡아당기고, 오직 가운 내부만 만지도록 한다. • 오염된 바깥 부분이 안쪽으로 오도록 말아서 벗는다.	
고글	• 앞면을 만지지 않고, 머리 또는 귀쪽 부분을 잡고 제거하여 적절히 처리한다.	
호흡용 보호구	• 마스크를 30cm 이상 앞으로 당긴 후 머리 뒤로 젖힌다. • 안경을 착용하고 있는 경우 마스크를 30cm 이상 앞으로 당긴 후 다른 손으로 마스크 쪽의 고무줄을 옆으로 벌려서 안경이 떨어지지 않도록 한다. • 이 과정 중에 장갑이 얼굴에 닿지 않도록 주의한다.	

〈부록 2〉 올바른 손 씻기 6단계 ● 출제율 10%

	1단계 손바닥과 손바닥을 마주 대고 문질러줍니다.		**4단계** 엄지손가락을 다른 편 손바닥으로 돌려주면서 문질러줍니다.
	2단계 손가락을 마주 잡고 문질러줍니다.		**5단계** 손바닥을 마주 대고 손깍지를 끼고 문질러줍니다.
	3단계 손바닥과 손등을 마주 대고 문질러줍니다.		**6단계** 손가락을 반대편 손바닥에 놓고 문지르며, 손톱 밑을 깨끗하게 합니다.

〈부록 3〉 기침 시 유의사항

	기침이나 재채기를 할 때는 휴지로 입과 코를 가리고 하세요.
	휴지가 없으면 옷 소매로 가리고 하세요.
	기침을 할 때는 가급적 마스크를 착용하세요.
	흐르는 물에 비누로 20초 이상 깨끗하게 손을 씻으십시오.
	비누로 손 씻기가 어려울 경우 알코올이 함유된 손 소독제를 사용하실 수도 있습니다.

SECTION 38 산업재해 형태별 응급처치 요령
(KOSHA GUIDE, H-187-2021)

01 용어의 정의

(1) "산업재해"

노무를 제공하는 사람이 업무에 관계되는 건설물 · 설비 · 원재료 · 가스 · 증기 · 분진 등에 의하거나 작업 또는 그 밖의 업무로 인하여 사망 또는 부상하거나 질병에 걸리는 것을 말한다.

(2) "응급처치"

응급의료 행위의 하나로서 응급환자에게 행하여지는 기도의 확보, 심장박동의 회복, 기타 생명의 위험이나 증상의 현저한 악화를 방지하기 위하여 긴급히 필요로 하는 처치를 말한다.

(3) "골절"

외부의 힘에 의해 뼈의 연속성이 완전 혹은 불완전하게 소실된 상태를 말한다.

(4) "화상"

높은 온도의 기체, 액체, 고체, 화염 따위로 인해 일어나는 피부의 손상을 말한다.

(5) "폐쇄성 연부조직 손상"

피부나 점막표면의 조직은 손상되지 않고 내부 조직만 손상되는 경우를 말한다. 연부조직이란, 여러 장기의 지지 조직으로 근육, 힘줄, 혈관, 신경, 림프조직, 관절 주변 조직, 근막 등을 말한다.

(6) "개방성 연부조직 손상"

표피나 신체 주요 부분을 덮고 있는 점막이 손상되면서 내부 조직까지 손상되는 경우이다.

(7) "뇌진탕"

머리를 부딪쳐 의식을 잃었지만, 뇌가 손상되지 않아 금방 정상상태로 회복되는 가벼운 머리 외상을 말한다.

02 재해형태별 응급처치 요령

(1) 골절

골절이 발생한 경우, 아래 중 하나의 증상이나 징후가 발생할 수 있다. 골절은 연부조직의 손상을 동반할 수 있다.

- 변형 : 외형상 정상적인 상태가 아닌 경우
- 압통 : 손상 부위를 누르면 심한 통증 호소
- 운동제한 : 손상 부위를 움직일 수 없음
- 부종 및 피부 내 출혈 : 손상 부위가 부어 있고 피부 내 출혈이 동반됨
- 노출된 뼛조각 : 손상된 피부에서 뼛조각이 관찰됨
- 골 마찰 : 골절 부위의 뼈끼리 마찰되는 느낌이나 소리
- 비정상적 운동 : 관절이 아닌 부위에서 골격의 움직임이 관찰됨

① 일반적 응급처치 요령

  ㉠ 골절환자를 함부로 옮기거나, 다친 곳을 건드려 부러진 뼈끝이 신경, 혈관 또는 근육을 손상시키거나 피부를 뚫어 복합골절을 유발하는 일이 없도록 한다.

  ㉡ 골절 부위에 출혈이 있으면 직접 압박으로 출혈을 방지하고 부목을 대기 전에 소독을 먼저 시행한다.

  ㉢ 뼈가 외부로 노출된 경우 억지로 뼈를 안으로 밀어 넣으려고 하지 말고 만약 뼈가 안으로 들어간 경우에는 반드시 의료진에게 알려야 한다.

  ㉣ 골절환자를 가능한 한 움직이지 않도록 해야 한다. 골절 부위를 손으로 지지하여 더 이상의 변형과 통증이 유발되지 않도록 해야 하며, 환자가 편안함을 느끼는 자세를 취해준다.

② 골절 부위별 응급처치

　㉠ 척추 골절 : 환자를 움직이지 말고 손으로 머리를 고정한다.

　㉡ 팔의 골절 : 상처 입은 팔을 가슴에 대고 가슴과 팔을 지지하고, 가슴과 팔 사이에 부드러운 헝겊 조각 같은 것을 끼워준다.

　㉢ 골반 골절 : 자동차 사고나 추락 사고, 노인의 낙상으로 흔히 발생한다. 다리를 펴준 채로 환자를 눕히거나 무릎을 구부리는 것이 더 편안하다고 하면 무릎 밑에 담요를 말아서 대고 다리를 묶어서 고정하는데 관절 사이에는 패드를 넣어준다. 골반 골절 시에는 과다 출혈로 쇼크에 빠질 수 있으므로 주의한다.

　㉣ 발의 골절 : 아픈 부위의 발을 들고 발바닥에 헝겊을 대고 부목을 받쳐준 후 고정한다.

　㉤ 쇄골 골절 : 환자를 앉히고, 손상된 쪽 팔을 가슴을 지나 반대쪽으로 가게 한다. 넓은 천으로 다친 쪽 팔을 가슴에 고정시킨다.

(2) 폐쇄성 연부조직 손상

폐쇄성 연부조직 손상의 종류는 다음과 같다.

- 타박상 : 뭉뚝하거나 둔탁한 데 부딪혀 발생하는 물리적 충격에 의한 피부 심부조직(근육, 지방, 혈관 등) 손상
- 혈종 : 출혈이 피부 심부에 고이게 되면서 혈액 덩어리를 형성하는 것

① 일반적 응급처치 요령

　㉠ 출혈과 부종의 완화를 위해 [표 1]의 요법을 실시할 수 있다.

◆ [표 1] 연부조직 손상 대처방법

처치법	방법
휴식(rest)	현재 활동 중지
냉찜질(ice)	손상 부위에 얼음물(냉포)로 찜질
압박(compression)	손상 부위에 압박붕대 등으로 적절한 압박
거상(elevation)	손상 부위를 심장 높이보다 높게 거상
부목(splinting)	부목으로 연부조직 손상 부위를 고정

　㉡ 피부의 축축하고 창백해짐, 입술 및 손톱의 창백해짐, 호흡과 맥박 빨라짐, 메스꺼움이나 구토 발생, 의식소실 등의 쇼크 징후가 발견된다면 즉시 의료기관으로 이송한다.

(3) 개방성 연부조직 손상

개방성 연부조직 손상의 종류는 다음과 같다.

- 찰과상 : 거칠거나 딱딱한 면에 피부가 문질러지거나 긁혀서 표피와 진피가 일부 떨어져 나간 것
- 열상 : 날카로운 물체에 의해 피부가 잘린 것
- 결출상(벗겨짐) : 피부의 일부가 본래의 부위에서 완전히 찢겨져 없어졌거나, 일부 부위가 달려 있는 상태
- 천자상(찔림) : 칼, 얼음조각, 가시 등의 날카로운 물체에 찔려서 발생
- 절단 : 날카로운 물건 등으로 인해 신체 일부가 잘리거나 베여서 끊어지는 것

① 일반적 응급처치 요령

ㄱ 상처 부위 의복을 제거할 경우 벗기는 것보다 가위로 잘라서 제거한다.

ㄴ 심한 통증과 2차적 추가 손상 예방을 위해 상처 부위를 과도하게 움직이지 않도록 한다.

ㄷ 상처 부위에 직접 멸균거즈를 대고 압박하여 지혈하도록 하고, 심장 높이보다 위로 유지한다. 출혈이 어느 정도 감소하거나 지혈되면 상처 부위에 멸균거즈를 대고 압박붕대를 감아서 계속적으로 압박하도록 한다.

ㄹ 오염이 있는 경우 멸균거즈로 상처를 덮어 더 이상 오염되지 않도록 하고 이물질을 직접 제거하지 않도록 한다.

ㅁ 손상 부위 통증 감소 및 추가 손상 예방을 위해 부목으로 고정한다.

ㅂ 피부가 부분적으로 벗겨졌다면 제자리에 위치시키고 멸균거즈로 덮고 붕대를 감는다.

② 손상형태별 응급조치

ㄱ 천자상(찔림)

ⓐ 가시

- 가시에 찔렸을 때는 손톱 같은 것으로 황급히 뽑으면 감염의 원인이 된다.
- 손을 잘 씻고 소독한 족집게로 뽑는다.

ⓑ 낚싯바늘

- 낚싯바늘에 찔렸을 때는 무리하게 뽑으려 해도 끝이 걸려서 좀처럼 뽑히지 않는다.
- 낚싯바늘을 바늘 끝 쪽으로 밀어내어 끝을 노출시켜서 뿌리 부분을 니퍼 등으로 잘라내고 나서 뽑아낸다.

ⓒ 녹슨 못

녹슨 못에 찔렸을 때는 잡균이나 파상풍균에 감염되기 쉬우므로, 응급처치를 한 후 조속히 의사의 진찰을 받아 항독소와 파상풍 예방주사를 맞는다.

ⓓ 재봉 바늘

- 재봉 바늘에 찔려서 부러져 버린 경우, 곧바로 뽑히지 않으면 억지로 뽑으려 하지 말고 의사의 진찰을 받는다.
- 낡은 재봉 바늘은 약하기 때문에 조심해서 뽑지 않으면 끝이 부러져서 몸 안에 남게 되는 경우가 있다.

ⓔ 칼, 유리

- 금속 파편 칼이나 유리 금속편 등으로 몸을 찔렸을 때는 절대로 뽑아서는 안 된다.
- 뽑으려다가 일부분이 몸 안에 남거나 출혈이 더하거나 내장이나 혈관을 상하게 하는 일이 있기 때문이다.
- 환자를 안정하게 눕히고 타월 등으로 찔린 것을 고정시키고 구급차를 부른다.
- 깊은 자상을 낸 칼 등이 빠져버리거나 뽑아버렸을 때는 먼저 상처 위를 눌러 압박해서 지혈한다.
- 압박해도 지혈이 되지 않는 경우 사지 부위는 지혈대를 감으면 효과적으로 지혈할 수 있다.
- 지혈대를 감은 경우는 2시간 이내에 의사의 진료를 받는다.

ⓛ 절단

ⓐ 절단되어 대량의 실혈로 인해 의식저하, 피부가 축축해지면서 식은땀이 남, 호흡이 불규칙해짐, 메스꺼움과 구토 등 쇼크 의심증상이 관찰되면, 최대한 빠른 시간 내에 응급기관으로 후송한다.

ⓑ 과다 출혈을 예방하기 위해 손, 손가락으로 출혈 부위를 직접 압박하거나 멸균거즈 패드 등으로 출혈 부위를 덮은 후, 탄력붕대를 이용하여 출혈 부위가 압박되도록 감아준다.

ⓒ 가능한 절단 부위를 심장 높이보다 위로 유지한다.

ⓓ 지혈제나 지혈대는 조직, 신경, 혈관이 파괴하여 재접합 수술을 방해하기 때문에 상처에 직접 사용하지 않도록 주의한다.

ⓔ 절단 부위는 가능하면 빨리 냉장상태로 보관해야 하는데 절단 부위의 오염이 심하면 생리식염수로 씻어낸 후 깨끗한 천이나 가제로 싼 뒤 다시 깨끗한 큰 수건으로 두른 다음 비닐봉지에 밀봉한다. 소독된 거즈나 타월을 구하기 어려운 경우에는 가능한 깨끗한 것으로 바꿔 주어야 한다.

ⓕ 분리되거나 절단된 부위가 있다면 생리식염수로 적신 멸균거즈를 짜서 물기를 없앤 후에 절단 부위를 플라스틱 주머니나 비닐 주머니로 밀봉한다. 비닐봉지는 얼음과 물을 1 : 1의 비율로 섞은 2차 용기(컵 등)에 담아 약 4℃ 정도의 냉장온도를 유지시킨 다음 환자와 함께 병원으로 가지고 간다. 밀봉이 제대로 되지 않아 얼음물에 절단 부위가 노출되어 젖게 되면, 조직이 흐물흐물해져 재접합이 어려워지므로 주의한다.

ⓖ 대부분 절단 사고가 일어나면 얼음에 절단 부위를 담가 두거나 절단 부위의 소독 및 수분 공급을 위해 알코올, 생리용 식염수를 사용하기 쉬운데 이는 잘못된 상식이다. 혈액이 공급되지 않는 절단 부위에 얼음이 닿게 되면 조직 손상을 일으켜 동상을 일으킬 수 있다. 또 알코올은 혈관을 손상시켜 조직의 재생이 불가능한 상태로 만들기 쉽다. 이렇게 조치를 하면 재생 불가능한 상태가 되기 쉬우니 주의가 요망된다.

(4) 기도폐쇄에 의한 질식

① 의식이 있는 경우

㉠ 기도가 완전 폐쇄된 상태가 아니라면, 기침 유도를 한다.

㉡ 환자가 앉아 있거나 서 있을 때는 환자 뒤에 서서 한 손으로 환자의 가슴을 받치고, 다른 한 손으로는 환자의 등(양 어깨뼈의 중간 부위)을 빠르고 세게 수차례 친다.

㉢ 환자가 누워 있을 때는 환자를 옆으로 눕히고 가슴 부위에 시술자의 무릎이 닿게 다가앉아 환자의 등 부위를 빠르고 세게 친다.

㉣ 만약 상기에 기술한 방법으로도 기도가 뚫리지 않으면 환자를 세우고 뒤로부터 갈비뼈 밑에 양팔을 두르고 두 손으로 환자의 배꼽 위 부위를 잡고서 안쪽으로 세게 당겨주기를 몇 차례 실시한다.

② 의식이 없는 경우

㉠ 환자를 단단하고 평평한 바닥에 바로 눕힌다.

ⓛ 환자의 의식이 있는지 확인한다. 의식 확인은 어깨를 가볍게 두드리면서 큰 목소리로 "여보세요, 괜찮으세요?"라고 물어본다. 의식 확인 후 반응이 없으면 119에 신고하여 도움을 요청한다.

ⓒ 환자의 호흡이 없거나 비정상적이라면 심정지가 발생한 것으로 판단하고 심폐소생술을 실시한다.

(5) 화상

① 열상화상

㉠ 환자를 화재지역에서 대피시켜 열과 연기 흡입으로 인한 손상을 막는다.

ⓛ 그을린 의복은 제거한다.

ⓒ 화상이 국소적이라면 찬물에 담그거나 젖은 찬 붕대로 덮고, 화상이 광범위하다면 건조한 소독 거즈나 화상 거즈로 화상 부위를 덮는다.

ⓔ 만약 환자가 심한 화상으로 인해 의식을 잃거나 맥박과 호흡이 희미해지면 쇼크로 인해 위험하므로 빨리 119에 연락하거나 가까운 병원으로 이송시켜야 한다.

② 화학화상(피부와 접촉되었을 때)

㉠ 장갑을 착용하고 환자의 손상된 부위를 물로 씻어주며 옷은 제거하고 통증이 사라진 후에도 10분 이상 씻는다.

ⓛ 산성 물질이면 20~30분 이상, 알칼리성 물질은 1시간 이상 현장에서 세척한다.

ⓒ 생석회, 소다회와 같은 마른 고형 화학물질은 물과 합쳐지면 더욱 심한 조직 손상을 유발하므로 씻기 전에 반드시 고형 화학물질을 솔 등을 이용하여 털어낸 후 씻어준다.

ⓔ 때로는 화학물질이 피부 깊숙이 침투할 수 있으므로 씻을 때는 높은 압력의 물을 사용하지 않는다.

ⓜ 화학물질을 씻어낸 후에는 건조한 소독 거즈로 열상화상 환자와 같이 화상 부위를 덮어주고 환자를 병원으로 이송한다.

③ 화학화상(눈에 들어갔을 때)

㉠ 눈 손상은 짧은 시간의 노출로 영구적 실명을 초래할 수 있으므로 빨리 물로 씻어준다.

ⓛ 눈꺼풀을 벌려주어 세척이 잘 되도록 하고 다른 눈으로 오염물질이 들어가지 않도록 눈 안쪽에서 바깥쪽으로 세척한다.

ⓒ 손상된 눈이 아래쪽으로 향하게 하여, 손상되지 않은 눈으로 화학물질이 들어가지 않도록 조심해서 씻어야 한다.

ⓓ 눈을 비비거나 만지지 못하게 한다. 최소한 15분 이상 씻어낸다. 양쪽 눈에 보호대를 대고 즉시 병원으로 이송한다.

④ 전기화상

ⓐ 심정지가 발생한 환자는 심폐소생술을 시행하고, 상처 부위는 마른 무균 붕대로 덮고 골절이 의심되면 부목을 댄다.

ⓑ 정도가 경미해 보이더라도 모든 전기화상 환자는 반드시 병원으로 이송시켜 전문의의 치료를 받아야 한다.

(6) 뇌진탕 등

뇌진탕의 증상이나 징후는 다음과 같이 일시적으로 나타날 수 있다.
- 의식소실
- 두통
- 어지러움
- 피로
- 광과민성
- 집중력장애
- 기억장애

① 일반적 응급처치 요령

ⓐ 머리, 경추, 척추 등이 움직이지 않도록 한다.

ⓑ 이송을 할 경우에도 전신 고정이 이루어진 상태로 이동해야 한다.

ⓒ 들것에 누인 자세에서 머리를 30도 올려주거나 15cm 정도 올려준다. 다만, 척추 손상이 의심되는 경우에는 바로 누인 자세가 적절하다.

ⓓ 경련이 있는 경우 주변의 위험한 물건을 치우거나 침대에서 떨어지지 않도록 부드럽고 확실하게 몸을 고정시킨다.

ⓔ 환자를 우선 안정시키면서 몸을 죄는 옷의 단추를 풀어주어 통풍이 좋게 한다.

ⓕ 의식이 정상적으로 돌아오길 기다리는데 만약 구토, 기억소실, 지속되는 두통 및 어지러움, 시력약화 등의 증상을 호소한다면 뇌출혈 등 중대한 외상의 가능성이 있으므로 즉시 병원에 가서 의사를 진료를 받는다.

SECTION 39

고객응대 근로자의 감정노동 평가 지침
(KOSHA GUIDE, H-163-2021)

01 용어의 정의

(1) "고객응대"

주로 고객, 환자, 승객 등을 직접 대면하거나 「정보통신망 이용촉진 및 정보보호 등에 관한 법률」 제2조 제1항 제1호에 따른 정보통신망을 통하여 상대하면서 상품을 판매하거나 서비스를 제공하는 업무이다(「산업안전보건법」 제41조).

(2) "감정노동(Emotional labor)"

고객응대 등 업무수행과정에서 말투나 표정, 몸짓 등 드러나는 감정표현을 직무의 한 부분으로 하여, 자신의 감정을 절제하고 자신이 실제 느끼는 감정과는 다른 특정 감정을 표현하도록 업무상·조직상 요구되는 노동형태를 말한다.

(3) "측정도구"

한국산업안전보건공단 산업안전보건연구원이 외부 연구진과 공동 개발하여 표준화한 '한국형 감정노동 평가도구'를 말한다.

02 감정노동에 대한 이해

(1) 감정노동의 구성요소

① 감정노동의 빈도 : 서비스를 제공하는 근로자와 고객 간의 상호작용하는 횟수를 말한다. 횟수가 많을수록 근로자는 더 많은 에너지를 쏟아야 한다.

② 감정노동의 주의성 : 감정표현의 기간과 강도를 말한다. 감정노동을 오랜 기간, 높은 강도로 수행하게 되면 더 많은 노력이 필요하게 된다.

③ 감정표현의 다양성 : 상황에 맞추어 감정을 자주 바꾸어야 하는 것은 더 많은 계획과 예측이 필요해 근로자를 더욱 힘들게 한다.

④ 감정 부조화 : 근로자가 실제 느끼는 감정과 조직에서 요구하는 감정표현 규범이 충돌할 때 경험하는 것으로 이로 인해 소진이 발생하고 직무 만족도가 감소한다.

(2) 감정노동의 건강영향

① 감정노동이 심해지면 근로자들은 감정의 부조화로 우울, 적응장애, 정신적 탈진상태에 빠질 수 있고, 신체적으로도 고혈압, 심장질환 등의 질병에 이환될 수 있다.

② 또한 이러한 상태가 지속되면 근로자들의 직무 만족도가 떨어져 기업 차원에서는 생산성이 감소하고 결국 근로자 이직의 원인이 된다.

03 감정노동 평가

개별 근로자의 감정노동에 대하여는 〈부록 1〉과 〈부록 2〉를 참조하여, 직종별·계층별·연령별로 고위험 집단을 파악한다. 평가는 매년 연말 또는 연초에 시행할 수 있으며, 관리상 필요시 추가적으로 평가할 수 있다. 해당 사업장의 보건관리자나 사업주가 지정한 고객응대 근로자 건강보호 업무를 담당하는 부서의 실무담당자가 담당한다.

(1) 한국형 감정노동 평가도구(K_EL®S11)〈부록 1〉

① 측정항목

　㉠ 기존의 K-ELS를 한국형 감정노동 평가도구(K_ELS®11) 개정

　　감정노동평가도구(K_ELS®11)는 '감정규제(emotional regulation)'(2문항), '감정부조화(emotional dissonance)'(3문항), '조직모니터링(organizational monitoring)'(2문항), 그리고 '감정노동 보호체계(organizational protective system for emotional labor)'(4문항) 등 총 4개 하위 영역의 11개 문항으로 구성하였다. 모든 문항은 1-2-3-4 리커트 척도로, 일부 문항은 4-3-2-1 리커트 척도로 점수화하였다. 점수가 높을수록 감정노동의 노출강도가 높음을 의미한다.

　㉡ '감정규제'는 고객응대 과정에서 얼마만큼의 감정조절에 대한 노력이 수반되는가의 정도와 감정표출의 이중성이나 다양성에 대한 요구와 규제 등의 수준을 평가한다.

　㉢ '감정부조화'는 고객응대 과정에서 고객과의 갈등이나 재량권의 부재로 인해 감정노동 근로자들이 자신의 감정이 상처를 받거나 자존심이 상하는 등의 정서적 손상이나 감정적 어려움의 정도를 평가한다.

　㉣ '조직모니터링'은 근로자들이 고객응대를 제대로 하는지를 감시하고 이를 일방적으로 인사고과나 평가에 적용하는지에 대한 정도를 평가한다.

　㉤ '감정노동 보호체계'는 고객응대 과정에서 문제가 발생할 때, 조직 차원의 관리방안이나 조치가 이루어지는가의 정도와 문제를 완화시켜 줄 수 있는 직장 내 지지체계의 수준을 평가한다.

② 점수 산정방식

　각 영역별로 단순 합산하여 점수화하여 사용한다. 점수가 높을수록 직무스트레스, 감정노동, 직장폭력의 노출강도가 높음을 의미한다.

③ 성별 참고치〈부록 2〉

　한국형 감정노동종사자 직무환경평가 도구의 고위험군 판정을 위한 참고치는 남자와 여자를 구분하여 각각 제시하였다. 직무스트레스 감정노동 및 직장폭력의 노출과 강도는 성별에 따라 다른 양상으로 보이므로 성별로 구분하여 제시하였다.

(2) 결과해석의 유의점

① 감정노동의 영역별 환산점수는 〈부록 2〉에 제시된 한국형 감정노동 평가도구의 요인별 성별 참고치와 비교하여 평가를 내릴 수 있다. 제시된 참고치기 절대적 기준은

아니다. 하지만, 평가대상이 된 집단의 평균점수가 주의에 해당한다면, 해당 감정노동 요인이 해당 집단에서의 주요한 문제로서 개선의 우선순위가 될 수 있음을 의미한다. 또한 이러한 문제로 인해 심리적 문제나 생산성 저하 등이 발생할 가능성이 높아질 수 있음을 의미한다.

② 감정노동 요인에 상대적으로 더 많이 노출된다고 해서 반드시 감정노동으로 인한 증상이나 징후가 나타나는 것은 아니다. 그러나 근로자의 감정노동으로 인한 건강 장해나 업무성과 저하를 예방하기 위해서는 감정노동으로 발생 가능한 부정적 증상이나 징후가 나타나기 이전이라도 감정노동 요인에 더 많이 노출되고 있는 부서의 감정노동의 강도나 빈도를 줄여주거나 소속 직원들의 감정노동에 대한 대처능력을 키워주는 적극적인 노력이 필요하다.

※ 감정노동 실패 파악 이후, 필요한 관리 프로그램은 일반적인 직무스트레스의 경우와 유사하므로 감정노동에 따른 직무스트레스 예방 지침(KOSHA GUIDE H-34-2011)과 고객응대 근로자 건강보호 가이드라인(산업안전보건공단, 2019) 등을 참고할 수 있다. 특히, 고객응대 근로자 건강보호 가이드라인에서는 감정노동의 주요 위험요인 평가에 활용할 수 있는 감정노동 업무 수행실태 파악 양식 등을 참고할 수 있다.

04 감정노동 관리

(1) 조직 차원의 관리

① 감정노동 관리에 대한 정책을 마련한다.
감정노동이 업무의 일부이고 중요한 스트레스 요인이라는 것을 인정하고, 근로자의 건강과 안전을 우선시하는 정책을 마련하여 선포한다.

② 적정 서비스 기준 및 고객응대 매뉴얼 등 근로자 자기보호 매뉴얼을 개발하여 보급하고 근로자들에게 교육한다.
고객에게 무조건 친절히 응대하도록 하는 것이 아니라 적정 서비스 기준을 제시한다. 악성고객관리 규정 및 대응 매뉴얼을 만들어 근로자에게 교육하고, 필요시 악성고객 전담 상담원을 배치한다. 악성고객 대응규정은 고객에게도 알린다.

③ 근로자들의 고충을 직장에 전달할 수 있는 의사소통 채널을 마련한다.
직무스트레스와 감정노동 문제를 종합적으로 상담할 수 있는 상담센터를 마련하거나, 근로자의 요구사항을 회사에 전달할 수 있는 통로를 마련하여 운영한다.

④ 민주적이고 합리적인 직장문화를 조성한다.

고객과의 갈등이나 분쟁 발생 시 근로자에게 불이익을 주지 않는 문화를 조성한다. 근로자 교육도 일방적인 친절 교육이 아니라 감정노동에 대해 이해하고 관리하는 방안에 대한 교육을 실시한다.

⑤ 근로조건 및 근로환경을 개선한다.

근로자가 적정수의 고객에게 응대할 수 있도록 적정 인원의 근로자를 확보한다. 또한 감정노동 수행 후 휴식을 취할 수 있도록 휴식공간 및 휴식시간을 제공한다.

⑥ 근로자의 마음의 힘을 키울 수 있는 건강증진 프로그램을 운영한다.

금연, 절주, 영양, 운동, 스트레스관리 프로그램 등 다양한 건강증진 프로그램은 그 본래의 목적뿐만 아니라 그로 인한 심리적 효과까지 더불어 얻을 수 있다.

(2) 개인 차원의 관리

① 자신의 감정을 다스리는 방법을 습득한다.

일과 자신을 구분하고 감정적으로 격리하기, '그만'하고 생각을 멈추거나 긍정적으로 생각하기, 자기 스스로 격려하기 등 자신의 감정을 다스리는 방법을 습득한다. 또한 호흡법, 근육이완법, 명상법 등 감정노동으로 나타나는 몸과 마음의 증상을 다스리는 방법을 익힌다.

② 힘들 때 어려움을 나눌 수 있는 상사나 동료를 만든다.

③ 효율적 의사소통 방법을 익힌다.

④ 규칙적 운동, 규칙적 식생활 등 긍정적이고 올바른 생활습관을 갖는다.

⑤ 동호회 활동이나 봉사활동 등을 통해 심리적으로 재충전할 수 있는 기회를 갖는다.

〈부록 1〉 한국형 감정노동 평가도구(K-ELS®11)

* 다음의 설문은 귀하의 감정노동의 수준을 평가하기 위하여 만들어진 것입니다. <u>현재의 업무수행상황을 토대로 아래의 설문에 대한 귀하의 생각과 가장 가까운 곳에 V표 하여 주시기 바랍니다.</u>

	설문내용	전혀 그렇지 않다	그렇지 않다	그렇다	매우 그렇다
감정 규제	1. 고객을 대할 때 회사의 지침이나 요구대로 감정표현을 할 수 밖에 없다.	1	2	3	4
	2. 업무상 고객을 대하는 과정에서 나의 솔직한 감정을 숨긴다.	1	2	3	4
감정 부조화	3. 나의 능력이나 권한 밖의 일을 요구하는 고객을 상대해야 한다.	1	2	3	4
	4. 고객을 응대할 때 나의 감정도 함께 팔고 있다고 느껴진다.	1	2	3	4
	5. 고객을 대하는 과정에서 마음의 상처를 받는다.	1	2	3	4
조직 모니터링	6. 직장이 요구하는 대로 고객에게 잘 응대하는지 감시를 당한다(CCTV 등).	1	2	3	4
	7. 고객응대에 문제가 발생했을 때, 나의 잘못이 아닌데도 직장으로부터 부당한 처우를 받는다.	1	2	3	4
감정노동 보호체계	8. 고객응대 과정에서 발생한 문제를 해결하고 도와주는 직장 내의 공식적인 제도와 절차가 있다.	4	3	2	1
	9. 직장 내에 고객응대 과정에서 문제(악성 고객 응대 등)가 발생했을 때 대처할 수 있는 행동지침이나 매뉴얼이 마련되어 있다.	4	3	2	1
	10. 고객응대 행동지침이나 매뉴얼은 나를 보호하는 데 도움이 된다.	4	3	2	1
	11. 고객의 요구를 해결해줄 수 있는 권한이나 자율성이 나에게 주어져 있다.	4	3	2	1

〈부록 2〉 한국형 감정노동 평가도구(K-ELS®11)의 성별 참고치

구 분		정 상	위 험
감정규제	남자	2~5	6~8
	여자	2~6	7~8
감정부조화	남자	3~6	7~12
	여자	3~7	8~12
조직모니터링	남자	2~4	5~8
	여자	2~5	6~8
감정노동 보호체계	남자	4~8	9~16
	여자	4~8	9~16

SECTION 40

비전리전자기파 측정 및 평가에 관한 지침
(KOSHA GUIDE, W-22-2016)

01 용어의 정의

(1) "비전리전자기파(비전리방사선)"

광자 에너지가 약하여 원자를 전리화시킬 수 없는 sub-raidofrequency(하위무선주파수 : 30kHz 미만), radiofrequency(무선주파수 : 30kHz~00MHz), microwave(극저주파(ELF ; Extremely Low Frequency) : 0~1kHz), 초저주파(VLF ; Very Low Frequency : 1~500kHz), 라디오파(500kHz~300MHz), 마이크로파(300MHz~300GHz)를 말한다.

(2) "비흡수율(Specific Absorption Rate, SAR)"

생체조직에 흡수되는 단위질량당 에너지율을 말한다.

(3) "자속밀도(magnetic flux density)"

운동하는 전하의 운동속도에 비례하는 힘을 유발하는 벡터량을 말한다.

02 비전리전자기파의 물리적 성질

(1) 전자파(electromagnetic wave)는 진공 또는 물리적인 매질 속을 주기적인 동요를 일으키면서 전파하는 전계(electric field)와 자계(magnetic field)로 구성되어 있다.

(2) 평면파로서 전계와 자계는 자유공간에서는 진행방향과 수직으로 빛의 속도(3×10^8m/s)로 진행한다.

(3) 전자파 진행방향벡터(K)와 직각으로 전계벡터(E)와 자계벡터(H)가 서로 수직으로 진행한다. 이에 따라 전자파는 자유공간에서 파저항(wave impedance, Z)으로 나타나는 분주특성(polarization)을 가지고 있다.

(4) 전자파에 의해 전달되는 에너지의 양은 전계(E)와 자계(H)의 곱(P)에 비례하여 이때 P를 포인팅벡터(pointing vector)라 한다. 물질에서의 이 에너지의 작용은 투과 · 흡수 등으로 나타난다.

(5) 전자파는 원방계(far field)와 근방계(near field)의 2개의 영역으로 구분되어 서로 다른 형상과 크기를 가지고 있다.

(6) 경계점보다 안쪽의 근방계(near field)와 전자기적인 산란이 일어나는 매질에서는 전계 (E)를 측정하기 위해서는 V/m, 자계(H)를 측정하기 위해서는 A/m로 측정한다.

(7) 평면파 모델로서 잘 설명되는 원방계에서는 전계(E)의 크기를 V/m, 자계(H)는 A/m, 전력밀도(P)는 W/m^{2}으로 표시한다.

(8) 진동수는 초당 주기변화 횟수이고, 파장은 최고값 사이의 거리로 정의한다. 진동수와 파장의 관계는 다음의 식으로 설명할 수 있다. 마이크로파는 전자파의 일부로서 파장이 1~300cm, 주파수의 범위는 100~3,000MHz이다. 특히 파장이 10MHz와 적외선 사이의 범위를 무선주파수(Radio Frequency, RF)라고 한다.

(9) 전자파는 도체에는 전도전류(conduction current), 반도체에는 변위전류(displa-cement current)를 유기한다. 특히 반도체에 유기되는 변위전류는 전자계적인 에너지를 열로 변환시킨다.

(10) 전자파의 강도는 칼로리(caroli) 단위로 표시한다. 그러나 단위는 전력밀도와 관계가 있다는 것을 표시하기 위하여 mW/cm^2, W/cm^2 등으로 표시하기도 한다.

(11) 전자파방호의 목적으로 전자파 발생원, 전자파의 특성을 표현할 뿐만 아니라 흡수된 선량 및 체내흡수량의 분포 등 생체계와의 상호작용을 표현하는 물리적 양은 비흡수율 (Specific Absorption Rate, SAR)로서 단위는 W/m^{2}으로 표시된다[표 1].

◆ **[표 1] 비전리전자기파 관련 물리량 및 단위**

물리량	기 호	단 위	
도전율(conductivity)	σ	단위미터당 지멘스 (simens per metre)	S/m
전류(current)	I	암페어(ampere)	A
전류밀도 (current density)	j	단위평방미터당 암페어 (ampere pre square metre)	A/m
전기장 강도 (electric field strength)	E	단위미터당 볼트 (volt per metre)	V/m
에너지	W	줄(joule)	J
전력밀도(power density or energy flux density)	S	평방미터당 와트 (watt per square metre)	W/m^2
주파수(frequency)	f	헤르츠(hertz)	Hz
저항(impedance)	Z	옴(ohm)	Ω
자기장 강도 (magnetic field strength)	H	단위미터당 암페어 (ampere per metre)	A/m
	S	단위평방미터당 와트 (watt per square metre)	W/m^2
비흡수 (specific absorption)	SA	킬로그램당 줄 (joule per kilogram)	J/kg
비흡수율 (specific absorption rate)	SAR	킬로그램당 와트 (watt per kilogram)	W/kg
파장(wavelength)	λ	미터(metre)	m

03 비전리전자기파 종류 및 발생원

(1) 비전리전자기파 종류

비전리전자기파의 종류는 〈그림 1〉과 같다.

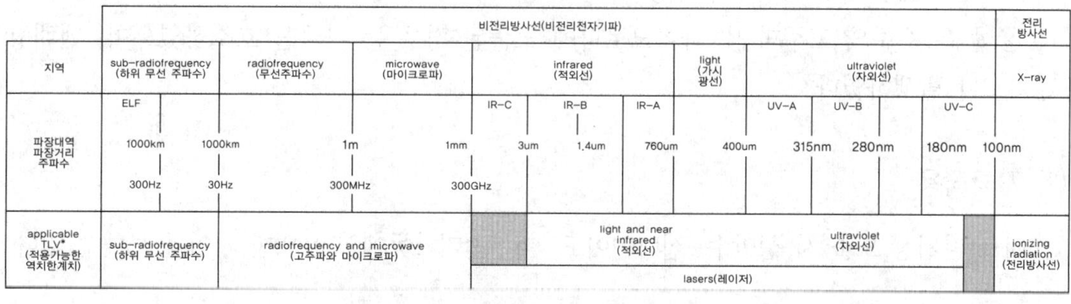

〈그림 1〉 비전리전자기파의 종류

(2) 발생원

① 산업 · 과학 · 의료용 등 고주파 이용 기기류
② 자동차 및 내연기관 구동 기기류
③ 가정용 전기기기 및 전동 기기류
④ 전기철도 기기류
⑤ 무선설비의 기기류
⑥ 무정전 전원장치
⑦ 저압개폐장치 및 제어장치
⑧ 멀티미디어 기기류
⑨ 가변속 전력구동기기
⑩ 승강기
⑪ 해상업무용 무선설비 및 선박용 전기 · 전자 기기류

04 비전리전자기파의 인체영향 ●출제율 20%

국제암연구소(IARC)에서는 극저주파 대역(ELF~MF)을 2002년에 발암 등급 2B등급(소아백혈병)로 지정하였으며, 이후 무선주파수 대역전자파(RF)도 2011년에 2B등급(뇌암)으로 지정하였다. 그 밖의 주요 인체영향으로 열작용, 자극작용, 기타 작용 3가지로 구분된다.

(1) 열작용

① 열작용은 크게 전신가열, 국소가열로 나눌 수 있으며, 높은 수준의 고주파 및 마이크로파는 세포조직 가열작용을 할 수 있다.
② 높은 수준의 고주파 및 마이크로파에 노출된 경우 눈 자극을 호소하였으며, 백내장이 발생하였다.

(2) 자극작용

60Hz 자기장 노출 시 심박수, 심박변이도, 피부전기활동에서 유의한 차이를 보일수 있다.

(3) 기타 작용

① 극저주파 자기장에 장기간 노출되면 인체 내 유도전류가 생성되어 세포막 내외에 존재하는 Na^+, K^+, Cl^- 등 각종 이온의 불균형을 초래하여 호르몬 분비 및 면역세포에 영향을 줄 수 있다.

② 기지국(무선주파수 대역) 근처에 거주하는 주민들이 식욕감퇴, 오심, 불안증, 우울증상, 두통, 수면장애 등을 호소하였으며, 여성과 나이든 사람들에게서 더 많이 발생할 수 있다.

05 노출기준

(1) 우리나라의 직업인(근로자)에 대한 비전리전자기파 노출기준은 2000년 12월에 국제적으로 가장 많은 나라에서 채택하고 있는 국제암연구소(IARC)의 기준을 준용하여 제정되었다.〈부록 1〉

(2) 산업안전보건법으로 현재까지 노출기준이 제정되어 있지 않으나 고용노동부 고시 제2013-38호(화학물질 및 물리적 인자의 노출기준)에 따라 미국산업위생전문가협회(ACGIH)에서 정한 비전리전자기파의 노출기준을 적용할 수 있다.〈부록 2〉

06 측정방법

(1) 측정기기의 일반적 조건

① 충분한 동작범위와 주파수 대역을 가져야 한다.

② 측정기기와 전원선 및 연결 케이블은 적절히 차폐되고 외부 전자파의 영향을 받지 않아야 한다.

③ 저주파수 대역 측정기기는 내장된 전원으로 동작해야 하며, 전원의 재충전이나 교체 없이 8시간 이상 연속동작이 가능해야 한다.

④ 측정기기는 전기장과 자기장 성분의 실효값과 첨두값을 측정할 수 있어야 한다.

(2) 측정프로브의 조건

① 저주파수 대역의 경우 단축프로브의 단면적은 $0.01m^2$보다 작아야 하며, 3축 프로브의 최대크기는 0.2m보다 작아야 한다.

② 고주파수 대역 프로브의 크기는 일반적으로 파장의 4분의 1보다 작거나 0.1m보다 작아야 한다. 1MHz 이하의 고주파수 대역의 경우 자유공간조건에서 프로브의 최대크기는 0.2m 이하가 되어야 한다.

③ 측정결과는 온도나 습도 등의 환경적인 조건, 측정을 위한 장비구성, 측정자에 의한 간섭, 전원선 및 연결 케이블에 의한 전자파유도 등과 같은 외부요인에 의해 영향을 받지 않아야 한다.

(3) 측정조건

① 전자파 측정은 노출 대상자가 접근할 수 있는 모든 장소에서 행하여야 하며 여러 개의 노출조건이 있는 경우는 최악의 노출조건을 선택하여야 한다.

② 직접적인 전자기유도의 영향을 최소화하고 신뢰성 있는 측정을 위하여 주파수에 따라 프로브와 전자파 발생원을 충분히 이격시켜야 한다.

③ 측정시에는 전자파를 발생시키는 휴대기기는 전원을 차단하여야 한다.

④ 측정프로브 주변에 측정자를 포함한 산란체가 없어야 한다. 단, 옥내와 같이 프로브 주변에 산란체가 불가피하게 존재하는 경우에는 그 이유와 산란체의 위치에 대한 상세한 정보를 측정결과서에 기록하여야 한다.

(4) 측정기기의 교정 및 불확정도

① 측정기기는 교정 유효기간 이내의 것을 사용하여야 하며, 수리 후에는 바로 교정하여야 한다.

② 측정기기의 교정 불확정도는 ±2dB 이내어야 한다. ±2dB를 초과할 경우에는 보고서에 불확정도를 명시하여야 하며, 최대 ±4dB를 초과할 수 없다.

(5) 측정기기의 선택

① 측정기기는 전자파 발생원의 주파수, 전자파의 최대강도 및 시 변화율, 전자파의 편파 등을 고려하여 적절히 선택하여야 한다.

② 전자파 발생원으로부터 기본 주파수 성분을 포함한 무시할 수 없는 모든 고조파 성분을 정확히 측정할 수 있도록 측정기기는 충분한 대역특성을 가져야 한다.

(6) 저주파 전자파 측정방법

① 전자파 강도 측정은 3축 등방성 프로브를 사용하여 측정 영역에서의 합성전자 기장의 최대값을 측정하여야 한다. 단, 선형편파 전자파를 측정하거나 타원편파 전자파에서 전자파가 이루는 타원의 모양을 알고자 하는 경우에는 단축프로브를 사용할 수 있다.

② 고정시설물 등에서 방출되는 전자파를 측정하고자 할 때에는 작업자가 주로 작업하는 곳에서 측정하고, 전자기기 등에서 발생하는 전자파는 통상의 사용거리에서 측정하여야 한다.

③ 전기장 강도 측정 시 프로브와 측정자를 포함한 주변 산란체 사이의 거리는 측정프로브 크기의 5배 이상이어야 한다. 단, 자기장 강도 측정 시에는 프로브와 측정자를 포함한 주변 산란체 사이의 거리를 제한하지 않는다.

(7) 고주파 전자파 측정방법

① 전자파 강도 측정은 3축 등방성 프로브를 사용하여 합성 전자파를 측정하여야 하며 선형편파 전자파를 측정하거나 타원편파 전자파에서 전자파가 이루는 타원의 모양을 알고자 하는 경우에는 단축프로브를 사용할 수 있다.

② 근거리장 영역에서의 전기장 강도와 자기장 강도 모두를 측정해야 한다.

③ 원거리장 영역에서는 전기장 강도 또는 자기장 강도 중 하나를 측정하고 나머지 성분은 측정값으로부터 계산할 수 있다.

④ 측정기기나 지지대 등의 금속 부분은 흡수체로 둘러싸야 하고, 지지대가 유전체의 경우에는 낮은 손실탄젠트($\tan\delta \leq 0.05$)와 낮은 상대유전율($\varepsilon_r \leq 5.0$) 값을 가지거나, 실효두께(TE)가 파장의 1/4 이하인 값을 가져야 한다.

⑤ 프로브와 전자파 복사원 및 산란체 사이의 거리는 20cm 이상이어야 한다.

07 비전리전자기파 건강장해 예방 · 출제율 30%

(1) 전자파는 대부분 거리에 따라 받는 영향이 큰 차이가 발생하므로 가능한 일정거리 이상 떨어져서 전기기기를 사용하는 것이 좋다.

(2) 전원이 제대로 접지가 되어 있으면 플러그가 콘센트에 연결되고 스위치를 켜지 않아도 전기장이 거의 발생하지 않으나 우리나라의 전원은 대체로 접지가 제대로 안 되어 있는 경우가 많아서 플러그를 뽑아 놓아야 전기장이 발생되지 않는다.

(3) 전기장이 통과하는 곳에 나무들과 같은 물체가 있거나 벽이나 지붕이 있다면 대부분의 전기장은 그 물체의 전하와 충돌하여 더 이상 나아가지 못한다. 보통의 건물은 외부 전계의 약 90%를 차단한다. 전계는 지붕이나 벽면을 접지된 알루미늄 같은 차폐 물질을 사용한다면 충분히 차폐가 가능하다.

(4) 자기파가 발생하는 설비 또는 장소에는 경고표지판를 부착한다.

〈그림 2〉 비전리전자기파 경고표지판

〈부록 1〉 직업인(국내)에 대한 전자파 강도 기준(과학기술정보통신부 고시 제2015-18호 전자파인체보호기준)

주파수 범위	전기장 강도 (V/m)	자기장 강도 (A/m)	자속밀도 (μT)	전력밀도 (W/m²)
1Hz 이하	–	1.63×10^5	2×10^5	
1Hz 이상 8Hz 미만	20,000	$1.63 \times 10^5 / f^2$	$2 \times 10^5 / f^2$	
8Hz 이상 25Hz 미만	20,000	$2 \times 10^4 / f$	$2.5 \times 10^4 / f$	
0.025kHz 이상 0.82kHz 미만	$500/f$	$20/f$	$25/f$	
0.82kHz 이상 65kHz 미만	610	24.4	30.7	
0.065MHz 이상 1MHz 미만	610	$1.6/f$	$2.0/f$	
1MHz 이상 10MHz 미만	$610/f$	$1.6/f$	$2.0/f$	
10MHz 이상 400MHz 미만	61	0.16	0.2	10
400MHz 이상 2,000MHz 미만	$3f^{1/2}$	$0.008f^{1/2}$	$0.01f^{1/2}$	$f/40$
2GHz 이상 300GHz 미만	137	0.36	0.45	50

[비고] 1. 주파수(f)의 단위는 주파수 범위란에 표시된 단위와 같다.
2. 전기장 강도, 자기장 강도 및 자속밀도는 실효치로 한다.
   자속밀도는 자기장 강도에 자유공간의 투자율($4\pi \times 10^{-7}$)을 곱한 것이며, 전력밀도는 주어진 주파수에서 전기장 강도에 자기장 강도를 곱한 것이다.
3. 100kHz 이하의 주파수 대역에서 측정값은 시간평균을 취하지 않은 최대값으로 한다.
4. 100kHz 이상 10GHz 미만의 주파수 대역에서 측정 평균시간은 6분으로 한다.
5. 10GHz 이상의 주파수 대역에서 측정 평균시간은 $68/f^{1.05}$분으로 한다. 단, f의 단위는 GHz이다.
6. 동일 장소 또는 그 주변에 복수의 무선국이 전자파를 복사하는 경우 또는 하나의 무선국이 다중주파수의 전자파를 복사하는 경우 전기장 강도 및 자기장 강도에 관하여는 위 표의 각 주파수에서 복사되는 값의 기준값에 대한 비율의 제곱의 합 또는 전력밀도에 관하여는 위 표의 각 주파수에서 복사되는 값의 기준값에 대한 비율의 합이 각각 1을 초과하지 않아야 한다.
7. 60Hz 주파수 대역의 전기설비(송전선로)는 이 기준을 적용하지 아니한다.

SECTION 41 물질안전보건자료 작성 지침
(KOSHA GUIDE, W-15-2020)

01 용어의 정의

(1) "고압가스"

20℃, 200kPa 이상의 압력 하에서 용기에 충전되어 있는 가스 또는 액화되거나 냉동액화된 가스를 말한다.

(2) "급성독성 물질"

입 또는 피부를 통하여 1회 또는 24시간 이내에 수 회로 나누어 투여되거나 호흡기를 통하여 4시간 동안 노출 시 나타나는 유해한 영향을 말한다.

(3) "급성 수생환경 유해성 물질"

단기간의 노출에 의해 수생환경에 유해한 영향을 일으키는 물질을 말한다.

(4) "경고표지"

유해제품에 관한 적절한 문자, 인쇄 또는 그래픽 정보요소를 관련된 대상 분야에 맞게 선택한 것으로 컨테이너, 유해제품 또는 유해제품의 포장 용기에 고정, 인쇄 또는 부착된 것을 말한다.

(5) "그림문자"

하나의 그래픽 조합을 의미한다. 심벌에 다른 그래픽 요소(테두리선, 배경무늬 또는 색깔)로 구성된 것을 말한다.

(6) "금속부식성 물질"

화학적인 작용으로 금속에 손상 또는 부식을 일으키는 단일물질 또는 그 혼합물을 말한다.

(7) "냉동액화가스"

용기에 충전한 가스가 낮은 온도 때문에 부분적으로 액체인 가스를 말한다.

(8) "만성수생환경 유해성 물질"

수생생물의 생활주기에 상응하는 기간 동안 물질 또는 혼합물을 노출시켰을 때 수생생물에 나타나는 유해성을 말한다.

(9) "물반응성 물질"

물과의 상호작용에 의하여 자연발화되거나 인화성 가스를 발생시키는 고체 · 액체 단일물질 또는 그 혼합물을 말한다.

(10) "발암성 물질"

암을 일으키거나 그 발생을 증가시키는 성질을 말한다.

(11) "생식세포 변이원성 물질"

자손에게 유전될 수 있는 사람의 생식세포에서 돌연변이를 일으키는 성질을 말한다. 돌연변이란 생식세포 유전물질의 양 또는 구조에 영구적인 변화를 일으키는 것으로 형질의 유전학적인 변화와 DNA 수준에서의 변화 모두를 포함한다.

(12) "신호어"

경고표지에 유해 · 위험성 정도(심각성)를 나타내고, 표지를 읽는 사람에게 잠재적 유해 · 위험성을 경고하는 데 사용되며, "위험" 및 "경고"를 말한다.

(13) "산화성 가스"

일반적으로 산소를 발생시켜 다른 물질의 연소가 더 잘 되도록 하거나 연소에 기여하는 가스를 말한다.

(14) "산화성 고체"

그 자체로는 연소하지 않더라도 일반적으로 산소를 발생시켜 다른 물질을 연소시키거나 연소를 촉진하는 고체를 말한다.

(15) "산화성 액체"

그 자체로는 연소하지 않더라도, 일반적으로 산소를 발생시켜 다른 물질을 연소시키거나 연소를 촉진하는 액체를 말한다.

(16) "생식독성 물질"

생식기능 및 생식능력에 대한 유해영향을 일으키거나 태아의 발생·발육에 유해한 영향을 주는 물질을 말한다.

(17) "심한 눈 손상성 또는 눈 자극성"

눈에 시험물질을 노출했을 때 눈조직의 손상 또는 시력의 저하 등이 나타나 21일 이내에 완전히 회복되지 않거나 눈에 변화가 발생하고 21일 이내에 완전히 회복되는 물질을 말한다.

(18) "압축가스"

가압하여 용기에 충전했을 때, −50℃에서 완전히 가스상인 가스(임계온도 −50℃ 이하의 모든 가스를 포함)를 말한다.

(19) "액화가스"

가압하여 용기에 충전했을 때, −50℃ 초과 온도에서 부분적으로 액체인 가스를 말한다.

(20) "유기과산화물"

1개 혹은 2개의 수소 원자가 유기라디칼에 의하여 치환된 과산화수소의 유도체인 2가의 −O−O− 구조를 가지는 액체 또는 고체 유기물질 또는 이들의 혼합물을 말한다.

(21) "유해 · 위험 문구"

유해 · 위험성 분류 및 구분에 따라 정해진 문구로서, 적절한 유해 정도를 포함하여 제품의 고유한 유해 · 위험성을 나타내는 문구를 말한다.

(22) "인화성 가스"

20℃, 표준압력(101.3kPa)에서 공기와 혼합하여 인화되는 범위에 있는 가스를 말한다.

(23) "인화성 고체"

가연 용이성 고체(분말, 과립상, 페이스트 형태의 물질로 성냥불씨와 같은 점화원을 잠깐 접촉하여도 쉽게 점화하거나 화염이 빠르게 확산되는 물질) 또는 쉽게 연소되거나 마찰에 의하여 화재를 일으키거나 연소에 기여할 수 있는 고체를 말한다.

(24) "인화성 액체"

표준압력(101.3kPa)에서 인화점이 60℃ 이하인 액체를 말한다.

(25) "에어로졸"

재충전이 불가능한 금속 · 유리 또는 플라스틱 용기에 압축가스 · 액화가스 또는 용해가스를 충전하고, 내용물을 가스에 현탁시킨 고체나 액상 입자로, 액상 또는 가스상에서 폼 · 페이스트 · 분말상으로 배출하는 분사장치를 갖춘 것을 말한다.

(26) "인화점"

특정 시험조건 하에서 물질이 가연성 증기를 형성하여, 점화원이 가해졌을 때 인화할 수 있는 최저온도를 말한다.

(27) "자기반응성 물질"

열적으로 불안정하여 산소의 공급이 없이도 강렬하게 발열분해하기 쉬운 액체 · 고체 또는 는 혼합물을 말한다. 다만, 폭발성 물질, 유기과산화물 또는 산화성 물질은 제외한다.

(28) "자기발열성 물질"

주위에서 에너지를 공급받지 않고 공기와 반응하여 스스로 발열하는 고체 · 액체 물질을 말한다. 다만, 이러한 물질은 다량으로 장시간 노출 시에 발화되므로 자연발화성 액체 또는 고체와 다르다.

(29) "자연발화성 고체"

적은 양으로도 공기와 접촉하여 5분 안에 발화할 수 있는 고체를 말한다.

(30) "자연발화성 액체"

적은 양으로도 공기와 접촉하여 5분 안에 발화할 수 있는 액체를 말한다.

(31) "초기 끓는점"

액체의 증기압이 표준압력(101.3kPa)과 같아지는 온도를 말한다.

(32) "특정표적장기 독성 물질(1회 노출)"

1회 노출에 의하여 급성독성, 피부 부식성/피부 자극성, 심한 눈 손상성/눈 자극성, 호흡기 과민성, 피부 과민성, 생식세포 변이원성, 발암성, 생식독성, 흡인 유해성 이외의 특이적이며, 비치사적으로 나타나는 물질을 말한다.

(33) "특정표적장기 독성 물질(반복 노출)"

반복 노출에 의하여 급성독성, 피부 부식성/피부 자극성, 심한 눈 손상성/눈 자극성, 호흡기 과민성, 피부 과민성, 생식세포 변이원성, 발암성, 생식독성, 흡인 유해성 이외의 특이적이며 비치사적으로 나타나는 물질을 말한다.

(34) "폭발성 물질"

자체의 화학반응에 따라 주위 환경에 손상을 줄 수 있는 온도 · 압력 및 속도를 가진 가스를 발생시키는 고체, 액체 물질 또는 이러한 물질의 혼합물을 말한다. 다만, 화공물질은 가스를 발생시키지 않더라도 폭발성 물질에 포함된다.

(35) "피부과민성 물질"

피부에 접촉되어 피부 알레르기 반응을 일으키는 물질을 말한다.

(36) "피부 부식성 물질 또는 자극성 물질"

피부 부식성 물질이라 함은 피부에 비가역적인 손상(피부의 표피부터 진피까지 육안으로 식별 가능한 괴사를 일으키는 물질로 전형적으로 궤양, 출혈, 혈가피를 유발하며, 노출 14일 후 표백작용이 일어나 피부 전체에 탈모와 상처자국이 생김)을 일으키는 물질을 말하며, 피부 자극성 물질이라 함은 가역적인 손상을 일으키는 물질을 말한다.

(37) "호흡기 과민성 물질"

호흡기를 통해 흡입되어 기도에 과민반응을 일으키는 물질을 말한다.

(38) "혼합물"

두 가지 이상의 화학물질로 구성된 물질 또는 용액을 말한다.

(39) "흡인유해성 물질"

액체나 고체 화학물질이 직접적으로 구강이나 비강을 통하거나 간접적으로 구토에 의하여 기관 및 하부 호흡기계로 들어가 나타나는 화학적 폐렴, 다양한 단계의 폐손상 또는 사망과 같은 심각한 급성 영향을 일으키는 물질을 말한다.

(40) "EC$_{50}$(50% Effective concentration)"

대상 생물의 50%에 측정 가능할 정도의 유해한 영향을 주는 물질의 유효농도를 말한다.

(41) "ErC$_{50}$(50% Reduction of growth rate)"

성장률 감소에 의한 EC$_{50}$을 말한다.

(42) "LC$_{50}$(50% Lethal Concentration, 반수치사농도)"

실험동물집단에 물질을 흡입시켰을 때 일정 시험기간 동안 실험동물집단의 50%가 사망 반응을 나타내는 물질의 공기 또는 물에서의 농도를 말한다.

(43) "LD$_{50}$(50% Lethal Dose, 반수치사용량)"

실험동물집단에 물질을 투여했을 때 일정 시험기간 동안 실험동물집단의 50%가 사망 반응을 나타내는 물질의 용량을 말한다.

(44) "오존층 유해성 물질"

「오존층 파괴물질에 관한 몬트리올 의정서」에 따른 오존층 파괴물질을 말한다.

02 작성 대상

(1) 적용대상 물질

① 단일물질
  ㉠ 물리적 위험성 물질
    ⓐ 폭발성 물질
    ⓑ 인화성 가스
    ⓒ 인화성 액체
    ⓓ 인화성 고체
    ⓔ 인화성 에어로졸
    ⓕ 물반응성 물질
    ⓖ 산화성 가스
    ⓗ 산화성 액체
    ⓘ 산화성 고체
    ⓙ 고압가스
    ⓚ 자기반응성 물질
    ⓛ 자연발화성 액체
    ⓜ 자연발화성 고체
    ⓝ 자기발열성 물질
    ⓞ 유기과산화물
    ⓟ 금속부식성 물질

ⓛ 건강유해성 물질
    ⓐ 급성독성 물질
    ⓑ 피부 부식성 또는 자극성 물질
    ⓒ 심한 눈 손상성 또는 자극성 물질
    ⓓ 호흡기 과민성 물질
    ⓔ 피부 과민성 물질
    ⓕ 발암성 물질
    ⓖ 생식세포 변이원성 물질
    ⓗ 생식독성 물질
    ⓘ 특정표적장기 독성 물질(1회 노출)
    ⓙ 특정표적장기 독성 물질(반복 노출)
    ⓚ 흡인유해성 물질

ⓒ 환경유해성 물질
    ⓐ 수생환경 유해성 물질
    ⓑ 오존층 유해성 물질

② 혼합물질

    ㉠ 물리적 위험성 물질인 혼합물이거나 고용노동부 고시 제12조 제1항 제2호에 따라 혼합물을 구성하고 있는 단일물질에 관한 자료를 통해 혼합물의 물리적 잠재 유해성을 평가한 결과 물리적 위험성이 있다고 판단된 경우에는 물질안전보건자료 작성대상이다.

    ㉡ 건강 유해성 및 환경 유해성 물질을 포함한 혼합물
        ⓐ 건강 유해성 및 환경 유해성 물질을 [표 1]에서 규정한 한계농도 이상 함유한 혼합물은 물질안전보건자료 작성대상이다.
        ⓑ [표 1]에서의 한계농도 이하의 농도에서도 화학물질의 분류에 영향을 주는 성분에 대한 정보는 물질안전보건자료에 기재한다.

◆ [표 1] 건강 및 환경 유해성 분류에 대한 한계농도 기준

구 분	건강 및 환경 유해성 분류		한계농도
건강 유해성	1. 급성 독성		1%
	2. 피부 부식성/피부 자극성		1%
	3. 심한 눈 손상성/눈 자극성		1%
	4. 호흡기 과민성		0.1%
	5. 피부 과민성		0.1%
	6. 생식세포 변이원성	1A 및 1B	0.1%
		2	1%
	7. 발암성		0.1%
	8. 생식독성		0.1%
	9. 특정표적장기독성-1회 노출		1%
	10. 특정표적장기독성-반복 노출		1%
	11. 흡인 유해성		1%
환경 유해성	12. 수생환경 유해성		1%
	13. 오존층 유해성		0.1%

(2) 적용대상 제외물질

시행령 제86조 규정에 의한 물질안전보건자료 작성·제출 제외 물질

① 「건강기능식품에 관한 법률」에 따른 건강기능식품

② 「농약관리법」에 따른 농약

③ 「마약류 관리에 관한 법률」에 따른 마약 및 향정신성 의약품

④ 「비료관리법」에 따른 비료

⑤ 「사료관리법」에 따른 사료

⑥ 「생활주변방사선 안전관리법」에 따른 원료물질

⑦ 「생활화학제품 및 살생물제의 안전관리에 관한 법률」에 따른 안전확인대상 생활화학제품 및 살생물제품 중 일반소비자의 생활용으로 제공되는 제품

⑧ 「식품위생법」에 따른 식품 및 식품첨가물

⑨ 「약사법」에 따른 의약품 및 의약외품

⑩ 「원자력안전법」에 따른 방사성 물질

⑪ 「위생용품 관리법」에 따른 위생용품

⑫ 「의료기기법」에 따른 의료기기

⑬ 「첨단재생의료 및 첨단바이오의약품 안전 및 지원에 관한 법률」에 따른 첨단바이오
의약품

⑭ 「총포·도검·화약류 등의 안전관리에 관한 법률」에 따른 화약류

⑮ 「폐기물관리법」에 따른 폐기물

⑯ 「화장품법」에 따른 화장품

⑰ 제①호부터 제⑯호까지의 규정 외의 화학물질 또는 혼합물로서 일반소비자의 생활
용으로 제공되는 것(일반소비자의 생활용으로 제공되는 화학물질 또는 혼합물이 사
업장 내에서 취급되는 경우를 포함한다)

⑱ 고용노동부장관이 정하여 고시하는 연구·개발용 화학물질 또는 화학제품. 이 경우
법 제110조 제1항부터 제3항까지의 규정에 따른 자료의 제출만 제외되며 물질안전
보건자료 대체자료 기재 심사에 따라 물질안전보건자료 작성 시에는 작성대상이 됨

⑲ 양도·제공받은 화학물질 또는 혼합물을 다시 혼합하는 방식으로 만들어진 혼합물.
다만, 해당 혼합물을 양도·제공하거나 제19조에 따른 화학물질 중에서 최종적으로
생산된 화학물질이 화학적 반응을 통해 그 성질이 변화한 경우는 제외한다.

⑳ 완제품으로서 취급 근로자가 작업 시 그 제품과 그 제품에 포함된 물질안전보건자료
대상물질에 노출될 우려가 없는 화학물질 또는 혼합물(다만, 「산업안전보건기준에
관한 규칙」 제420조 제6호에 따른 특별관리물질이 함유된 것은 제외한다)

03 작성원칙

(1) 물질안전보건자료에는 노출에 의한 잠재적 건강영향과 안전한 취급에 관한 정보가 포함되
어야 하며, 그 물질 또는 혼합물의 사용, 보관, 취급 및 긴급 시 대응방법과 관련된
물리화학적 특성 또는 건강 및 환경영향에서 유래한 유해·위험성 정보가 포함되어야
한다. 단, 혼합물 내 함유된 화학물질 중 물리적 위험성에 해당하는 화학물질의 함유량이
한계농도인 1% 미만이거나 건강 및 환경 유해성의 함유량이 [표 1]의 한계농도 미만인
경우 해당 화학물질에 대해서는 물질안전보건자료에 관련 정보를 기재하지 않을 수 있다.

(2) 물질안전보건자료에 포함되는 정보는 명확하게 작성되어야 한다.

(3) 물질안전보건자료의 작성은 일관적이고, 완전한 형태로 정보가 제공되도록 하여야 한다.
또한 물질안전보건자료는 근로자, 사업주, 보건 및 안전전문가, 응급조치요원, 관련 정부

기관에 정보를 제공하기 위해 사용될 뿐만 아니라, 지역사회의 구성원에게도 제공될 수 있음을 고려하여야 한다.

(4) 물질안전보건자료에서 사용되는 용어는 은어, 두 문자어 및 약어의 사용을 피하고, 간단, 정확, 명료하여야 하며, "위험할 수도 있음", "건강에 영향 없음", "거의 모든 조건에서 안전함", "무해함" 등의 용어는 권장하지 않는다.

(5) 특정 성질에 대한 정보는 "유의하지 않음" 또는 "기술적으로 제공되기에는 불가능함"이 될 수 있으며, 해당 용어 사용에 대한 이유가 명확히 기재되어야 한다.

(6) 특정한 위험이 존재하지 않는다는 것을 기재하는 경우에는 물질안전보건자료에서 "관련 정보를 얻을 수 없는 경우"와 "음성의 시험결과가 있는 경우"로 구분하여야 한다.

(7) 물질안전보건자료의 작성일은 물질안전보건자료가 공표된 날을 기준으로 작성한다.

(8) 정해진 기재사항은 물질안전보건자료에 모두 포함되어야 한다. 정보가 이용 가능하지 않거나 부족한 경우에는 이러한 사실을 명확히 기재하여야 하며, 어떠한 공란도 포함되어서는 안 된다.

(9) 물질안전보건자료에는 해당 분야의 전문가가 아니어도 유해한 물질 또는 혼합물의 모든 유해 · 위험성을 쉽게 확인할 수 있도록 취급되는 자료의 간단한 개요 및 결론이 포함되어야 한다.

(10) 약어는 혼동을 주고 이해를 감소시키기 때문에 권장되지 않는다.

(11) 수와 양은 제품이 공급되어지는 지역에서 사용되는 적절한 단위로 표현되어야 한다. 일반적으로는 국제단위(SI ; International system of units)가 사용하여야 한다.

04 항목별 작성방법

(1) 제1항-화학제품과 회사에 관한 정보

단일물질 또는 혼합물을 확인하고, 공급자명, 권장되는 용도 및 긴급 시 연락처를 포함한 공급자의 상세한 연락처의 정보를 포함한다.

① 제품명

  ㉠ 물질안전보건자료에서의 제품명은 경고표지에서 사용된 것과 일치하여야 한다. 다만, 단일물질 또는 혼합물의 구성성분이 같고 함량변화가 10% 이하이며 비슷한 유해성을 가지는 여러 개의 제품에 대해 하나의 포괄적인 물질안전보건자료가 사용되는 경우에는 모든 명칭과 변형체가 물질안전보건자료에 나열되거나 물질안전보건자료에 포함되는 물질의 범위를 명확히 기재하여야 한다.

  ㉡ 단일물질 또는 혼합물은 다른 이름, 번호, 회사의 제품코드, 또는 다른 특이적인 확인방법에 의해 확인될 수 있다. 이 경우 일반적으로 알려진 동의어 또는 다른 이름을 추가적으로 기재할 수 있다.

② 제품의 권고 용도와 사용상의 제한

  ㉠ 실질적 사용에 대한 간단한 설명을 포함해서, 단일물질 또는 혼합물의 권장 또는 의도되는 용도를 기재한다(예를 들면 난연화제, 항산화제 등).

  ㉡ 사용상의 제한은 공급자에 의한 비규제적인 권고도 기재하여야 한다.

③ 공급자 정보

  ㉠ 제조자/수입자/유통업자 관계없이 해당 제품의 공급 및 물질안전보건자료 작성을 책임지는 회사의 명칭, 주소, 긴급전화번호를 기재하되, 수입품의 경우 문의사항 발생 또는 긴급 시 연락 가능한 국내 공급자 정보를 물질안전보건자료에 기재되어야 한다.

  ㉡ 물질안전보건자료에는 긴급 정보제공 서비스 체계가 언급되어야 한다. 다만, 운영시간 또는 특정 형태의 정보제한 등과 같은 제한사항이 있는 경우에는 해당 사항을 명확히 기재되어야 한다.

(2) 제2항-유해성 · 위험성

단일물질 또는 혼합물의 유해성 · 위험성 분류결과와 이에 따른 예방조치를 포함한 경고표지 항목(신호어, 유해 · 위험 문구 및 예방조치 문구)을 기재한다.

① 유해 · 위험성 분류

단일물질 또는 혼합물의 유해 · 위험성의 분류결과를 표시하여야 한다. 물질의 분류는 공단 등에서 제공되는 분류결과를 참조하거나 또는 사업주가 유해 · 위험성을 평가하여 그 결과를 표시할 수 있다.

② 예방조치 문구를 포함한 경고표지 항목

분류결과에 기초하여 해당되는 적절한 경고표지 요소를 기재한다. 경고표지는 그림문자, 신호어, 유해 · 위험 문구, 예방조치 문구로 구분하여 표시한다.

㉠ 그림문자

그림문자는 고시에서 규정하고 있는 그림문자를 표시하여야 한다. 다만, 그림문자의 색상을 흑백으로 하거나 「불꽃」, 「해골과 X자형 뼈」와 같이 심벌의 이름으로 대신 표시할 수 있다.

㉡ 신호어

분류결과에 따라 해당되는 신호어를 기재하여야 한다. 다만, 신호어가 "위험"인 경우에는 "경고"라는 신호어를 기재하지 않는다.

㉢ 유해·위험 문구

분류된 유해성·위험성에 해당되는 유해·위험 문구를 모두 기재한다. 다만, 중복되는 유해·위험 문구를 생략하거나 유사한 유해·위험 문구를 조합하여 표시할 수 있다.

㉣ 예방조치 문구

해당되는 예방조치 문구는 예방, 대응, 저장, 폐기 등 항목별로 기재하여야 한다. 다만, 중복되는 예방조치 문구는 생략하거나 유사한 예방조치 문구는 조합하여 표시할 수 있다.

③ 유해성·위험성 분류기준에 포함되지 않는 기타 유해성·위험성

"경화 또는 처리 중의 공기오염물 형성", "분진폭발위험", "질식", "동결"과 같은 기타 위험성 또는 "토양거주생물에 대한 유해성"과 같은 환경상의 영향 등과 같이 분류에는 포함되지 않지만 물질의 전반적인 유해·위험성에 기여할 수 있는 정보를 기재한다. 또한 미국화재방지협회(NFPA Code) 등의 자료에 유해·위험성 평가 정보가 있다면 기재한다.

(3) 제3항-구성성분의 명칭 및 함유량

제품의 성분 정보를 기재한다. 제공되는 성분에는 그 자체로 유해·위험 물질로 분류되고 물질의 분류에 기여하는 불순물과 안정화 첨가제 등 성분 정보도 포함된다. 또한 착화합물에 관한 정보도 포함할 수 있다.

① 화학물질명

일반적인 화학명을 기재하며, CAS(Chemical Abstract Service) 또는 IUPAC(International Union of Pure and Applied Chemistry)명이 이용 가능한 경우, 해당 명칭을 기재할 수 있다. 또한 화학물질명의 기재순서가 함유량의 내림차순으로 표시하는 것이 권장된다. 만약 화학물질명에 대해 대체자료 기재 승인을 받은 경우 승인번호 및 유효기간을 기재하여야 한다.

② 관용명 및 이명

관용명 또는 이명이 있다면 기재한다. 가급적 화학물질명으로 기재한 명칭과 다른 언어 또는 명칭으로 기재하는 것이 권장된다.

③ CAS 번호 또는 식별번호

CAS 번호는 특이적인 화학물질 확인방법을 제공하므로 우선적으로 기재하여야 한다. 또한 기존 화학물질(KE) 번호, 유럽공동체(EC) 번호와 같이 국가 또는 지역 특유의 다른 특이적인 확인방법을 추가할 수 있다.

④ 함유량(%)

중량 또는 체적의 백분율을 표시한다. 중량 또는 체적의 백분율의 범위를 표시하는 것도 가능하다. 비율의 범위를 이용하는 경우, 변화의 폭이 ±5.0퍼센트포인트(%P) 이내여야 한다. 다만, 법 제112조(물질안전보건자료의 일부 비공개 승인 등)에 따라 물질의 함유량을 비공개할 수 있는 물질에 대해서는 고용노동부 고시 제17조(대체자료 기재 승인 및 연장승인 기준 등)에 따른 범위 기준을 적용하여야 한다. 또한, 구성 성분의 독성 자료를 이용하여 분류한 건강 및 환경 유해성은 각 성분에 대한 최고농도에서의 영향을 기재한다.

(4) 제4항-응급처치 요령 ●출제율 20%

응급조치 교육을 받지 않은 사람이 복잡한 장비 및 다양한 종류의 의약품을 사용하지 않고서도 제공할 수 있는 초기대응 수단을 기재한다. 또한 의료행위가 필요한 경우에는 그 긴급 정도를 포함한 조치사항을 기재한다.

① 눈에 들어갔을 때

눈에 들어갔을 때의 응급조치 요령을 기재한다. 해당 항목에 대한 응급조치 요령이 없더라도 소제목을 표시하고 "자료없음"이라고 기재하여야 한다.

② 피부에 접촉했을 때

피부에 접촉했을 때의 응급조치 요령을 기재한다. 해당 항목에 대한 응급조치 요령이 없더라도 소제목을 표시하고 "자료없음"이라고 기재하여야 한다.

③ 흡입했을 때

흡입했을 때의 응급조치 요령을 기재한다. 해당 항목에 대한 응급조치 요령이 없더라도 소제목을 표시하고 "자료없음"이라고 기재하여야 한다.

④ 먹었을 때

먹었을 때의 응급조치 요령을 기재한다. 해당 항목에 대한 응급조치 요령이 없더라도 소제목을 표시하고 "자료없음"이라고 기재하여야 한다.

⑤ 기타 의사의 주의사항

노출에 의한 급성 및 지연성의 중요한 증상/영향에 대한 정보를 기재한다. 또한, 필요에 대응한 즉각적인 치료 및 필요한 특별 치료방법과 지연성 영향을 위한 임상검사, 의학적 감시, 적절한 해독제가 알려져 있다면 해독제 정보 및 금기사항에 대한 세부 정보를 기재한다.

(5) 제5항-폭발 · 화재 시 대처방법

단일물질 또는 혼합물을 취급 등에 의하여 발생하는 폭발 및 화재를 소화하기 위한 요구사항을 기재한다.

① 적절한 (및 부적절한) 소화제

적절한 형태의 소화기 또는 소화약제에 대한 정보를 기재한다. 다만, 어떤 소화기가 단일물질 또는 혼합물과 반응 등을 통하여 특정상황에서 부적절한지 표시한다.

② 화학물질로부터 생기는 특정 위험성

단일물질 또는 혼합물이 연소할 때 형성되는 유해한 연소생성물과 같이, 화학물질로부터 발생할 수 있는 특별한 유해 · 위험성을 기재한다. 예를 들면 다음과 같다.

㉠ 연소되면 일산화탄소의 독성 가스가 발생될 수 있음

㉡ 연소하면 황과 질소산화물이 생성됨

③ 화재 진압 시 착용할 보호구 및 예방조치

안전화, 소방복, 장갑, 눈 및 안면보호구, 호흡장비 등 화재진압에 착용하여야 할 보호구에 대한 내용과 "물을 분사하여 용기를 냉각시키시오" 등과 같이 소화활동 시 준수해야 할 예방조치에 대한 사항을 기재한다.

(6) 제6항-누출 사고 시 대처방법

사람, 설비 및 환경에 대한 부작용을 예방 또는 최소화하기 위한 누출, 누수, 배출에 대한 적절한 대응방법을 기재한다. 또한 봉쇄 및 회수를 위한 절차에 조치가 필요한 경우에도 기재한다. 다만, 누출 양이 유해 · 위험성에 중대한 영향을 주는 경우에는 다량 또는 소량 누출에 대한 대처방법을 구분하여 기재한다.

① 인체를 보호하기 위해 필요한 조치사항 및 보호구

다음과 같이 단일물질 또는 혼합물의 사고 누출 및 배출 시 인체를 보호하기 위한 조치내용과 보호구를 기재한다.

㉠ 피부, 눈 및 개인 복장의 오염을 방지하기 위해 적절한 보호장비(개인의 보호구를 포함한다. 물질안전보건자료의 제8항 참조)

ⓛ 발화 및 착화 원인의 제거 및 충분한 환기 제공 여부

ⓒ 위험 구역으로부터 피난 등의 응급 시의 절차

② 환경을 보호하기 위해 필요한 조치사항

"하수구, 지표수와 지하수로부터 멀리 놓을 것" 등과 같이 단일물질 또는 혼합물의 예측되지 않는 누출과 배출에 관한 환경상의 예방조치를 기재한다.

③ 정화 또는 제거 방법

"하수구 덮기" 등과 같이 누출을 봉쇄하고 정화하는 방법에 대한 내용을 기재한다.

(7) 제7항-취급 및 저장 방법

단일물질 또는 혼합물로부터 사람, 시설, 환경에 대한 잠재적인 유해·위험성을 최소한으로 하기 위한 "안전한 취급 지침"을 기재한다.

① 안전취급 요령

단일물질 또는 혼합물의 안전한 취급을 가능하게 하는 방법, 혼합 금지물질 또는 혼합물의 취급 요령, 단일물질 또는 혼합물의 환경에의 배출 최소화 방법을 기재한다. 예를 들면 다음과 같다.

㉠ 작업구역 내에서 먹거나, 마시거나, 흡연하여서는 안 됨

ⓛ 사용 후에는 손을 씻을 것

ⓒ 식당 구역으로 들어가기 전에는 오염된 옷과 보호장비를 제거할 것

② 안전한 저장방법

물질안전보건자료「제9항-물리화학적 특성」에서의 물리화학적 성질과 일치하여야 한다. 또한 다음의 내용을 포함한 특정 보관조건에 대한 사항을 포함한다.

㉠ 대피방법 : 폭발환경, 부식조건, 인화위험성, 피해야 할 단일물질 또는 혼합물, 휘발성 조건, 잠재적 발화원(전기설비를 포함함) 등

ⓛ 외부 환경조건 : 기상조건, 대기압, 온도, 직사광선, 습도, 진동 등

ⓒ 사용에 따른 물질 또는 혼합물의 특성 유지방법 : 안정화제, 항산화제 등

㉢ 기타 사항 : 환기 요구사항, 보관실 용기의 특별한 설계, 보관조건에서의 수량 제한, 운송 용기의 적합성 등

(8) 제8항-노출방지 및 개인보호구

단일물질 또는 혼합물의 노출을 최소화하고, 이들 물질의 유해·위험성에 따른 피해를 최소화하기 위해 필요한 공학적 관리방법을 기재한다.

① 화학물질의 노출기준, 생물학적 노출기준 등
  ㉠ 단일물질 및 혼합물의 각 성분에 대한 기호를 포함해서 작업환경 노출기준(작업장의 공기 중 노출기준 또는 생물학적 노출기준)을 기재한다.
  ㉡ 취급에 따른 공기오염물질이 발생하는 경우에는 이들 오염물질의 작업환경 노출기준을 기재하여야 한다.
  ㉢ 작업환경 노출기준의 출처는 물질안전보건자료에 기재되어야 한다. 다만, 작업환경 노출기준을 기재하는 경우에는 물질안전보건자료의 「제3항-구성성분의 명칭 및 함유량」에 기재된 성분 정보를 활용한다.
② 적절한 공학적 관리
  공학적 관리대책은 물질 또는 혼합물의 사용형태와 관련하여 작성하여야 한다. 여기에서 작성한 정보는 물질안전보건자료 「제7항-취급 및 보관 방법」에서 제공되는 정보를 보충하는 것이어야 한다. 예를 들면 다음과 같다.
  ㉠ 공기 중 농도를 작업환경 노출기준 이하로 유지할 것
  ㉡ 국소배기장치를 이용할 것
  ㉢ 밀폐설비를 사용할 것
  ㉣ 스프레이 도장부스 또는 밀폐설비를 사용할 것
  ㉤ 물질에 사람의 접촉을 감소시키기 위해 기기장치를 사용할 것
  ㉥ 폭발성 분진의 제거를 위한 전용의 취급기구를 사용할 것
③ 개인보호구
  ㉠ 개인보호구는 다음과 같이 단일물질 또는 혼합물의 노출에 의한 질병 또는 상해의 가능성을 최소화하기 위해 필요한 개인보호구를 기재한다.
    ⓐ 호흡기 보호 : 공기정화장치와 적절한 공기정화부품(카트리지 또는 흡수기) 또는 호흡장비를 포함해서, 유해·위험성과 노출의 가능성에 기초하여 필요한 호흡기의 종류를 기재한다.
    ⓑ 눈 보호 : 단일물질 또는 혼합물에 의한 유해·위험성과 접촉의 가능성에 기초하여 필요한 눈 보호구를 기재한다.
    ⓒ 손 보호 : 단일물질 또는 혼합물에 의한 유해·위험성과 접촉의 가능성에 기초하여 필요한 손 보호구를 기재한다.
    ⓓ 신체보호 : 단일물질 또는 혼합물과 관련된 유해·위험성과 접촉의 가능성에 기초하여 신체를 보호할 수 있는 보호복의 형태를 기재한다. 다만, 고열의 위험성을 가지는 물질에 대응하여 착용해야 할 보호구를 설명할 때에는 개인보호구의 구성에 대한 특별한 배려가 필요하다.

ⓛ 피부, 눈 또는 폐의 노출방지를 위해 장갑 또는 기타 보호의에 대한 특별한 요구사항이 있는 경우에는 "PVC 장갑" 또는 "니트릴 고무장갑" 등 개인보호구의 종류를 명확히 기재하여야 한다.

(9) 제9항-물리화학적 특성

물질 및 혼합물에 대한 물리화학적 특성을 확인하여 측정자료의 명확한 단위 또는 참고 조건을 다음의 항목에 자세히 기재한다. 또한 수치 값의 해석과 관련하여 필요한 경우에는 측정방법도 기재하고, 해당 자료가 없는 경우에는 자료의 특성에 따라 "자료없음" 또는 "해당없음"으로 표시한다. 다만, 혼합물의 경우에는 혼합물 전체에 대한 자료가 없다면 각각의 성분에 대한 정보를 기재한다.

① 외관(물리적 상태, 색 등)
② 냄새
③ 냄새 역치
④ pH
⑤ 녹는점, 어는점
⑥ 초기 끓는점과 끓는점 범위
⑦ 인화점
⑧ 증발속도
⑨ 인화성(고체, 기체)
⑩ 인화 또는 폭발범위의 상한/하한
⑪ 증기압
⑫ 용해도
⑬ 증기밀도
⑭ 비중
⑮ 옥탄올, 물 분배계수
⑯ 자연발화온도
⑰ 분해온도
⑱ 점도
⑲ 분자량

(10) 제10항-안정성 및 반응성

단일물질 또는 혼합물의 반응 위험성에 관한 특정 시험자료를 기재하며, 혼합물에 대한 자료가 없는 경우에는 각각의 성분에 대한 자료가 기재되어야 한다. 다만, 피해야 할 조건을 결정할 때에는 "물질", "포장 용기", "물질 또는 혼합물의 수송, 보관, 사용 중 노출될 가능성이 있는 불순물"을 고려하여 작성한다.

① 화학적 안정성 및 유해반응의 가능성

단일물질 또는 혼합물이 표준기압과 예상되는 보관 또는 취급온도 및 압력조건에서의 안정 여부와 제품을 유지하기 위하여 사용되거나 필요할 수 있는 모든 안정제를 기재하여야 하며, 제품의 안정성에 영향을 주는 모든 물리적 외관의 변화를 기재한다. 또한, 반응 또는 중합하여 과도한 압력 또는 열을 방출하거나 또는 다른 유해한 상태를 야기하는 지를 나타낸다. 또한 유해반응이 일어날 수 있는 특정한 조건을 기재한다.

② 피해야 할 조건

유해한 상황을 초래할 수 있는 열, 압력, 충격, 정전기 방전, 진동 또는 물리적 응력 등과 같은 조건을 기재한다.

③ 피해야 할 물질

단일물질 또는 혼합물과 반응하여 유해한 상황(예를 들면 폭발, 유해가스 또는 가연성 물질의 방출, 과량의 열발생)을 일으키는 화학물질군 또는 특정의 화학물질을 기재한다.

④ 분해 시 생성되는 유해물질

사용, 보관, 가열의 결과 생성될 수 있는 유해한 분해 생성물을 기재한다. 다만, 유해한 분해 생성물은 물질안전보건자료의 「제5항-폭발·화재 시 대처방법」에 포함되어야 한다.

(11) 제11항-독성에 관한 정보

독성 정보는 주로 의학전문가, 산업보건 및 안전전문가, 독성학자가 사용할 수 있으므로 다양한 독성학적(건강) 영향에 대한 간결하지만, 완전하고, 이해하기 쉬운설명과 그러한 영향을 확인하기 위해 사용된 이용 가능한 자료가 포함되어야 한다.

① 가능성이 높은 노출경로에 대한 정보

단일물질 또는 혼합물의 가능성이 있는 노출경로 및 각각의 노출경로(즉 경구(삼킴), 흡입 또는 피부/눈을 통한 노출)를 통한 흡수의 영향에 대한 징보를 기재한나.

② 건강 유해성 정보

노출로 인한 영향을 항목별로 유해성 정보를 기재한다. 또한 유해성에 이용 가능한 자료가 없는 경우에도 해당 자료가 없다는 사실 또는 "음성"의 결과도 포함한다. 다만, 해당되는 자료 없이 "유독함", "적절하게 사용되면 안전함" 등과 같은 문구는 오해를 일으킬 수 있으므로 사용하지 않는 것을 원칙으로 한다.

㉠ 급성독성

경구, 경피, 흡입 각각에 대하여 급성독성 값을 기재한다. 또한 시험된 자료가 여러 개 있을 경우에는 경구독성에 시험된 동물의 종은 흰쥐를 우선적으로 적용하며, 경피독성인 경우에는 토끼시험 자료를 우선적으로 적용하고, 시험자료는 우수실험실 운영기준(GLP ; Good Laboratory Practice) 자료를 우선적으로 기재한다.

㉡ 피부 부식성 또는 자극성

피부에 자극성 또는 부식성 시험자료로서 사람에서의 자료를 우선 적용하고, 동물자료인 경우에는 토끼의 시험자료를 기재한다. 다만, 자료가 없는 경우에는 다른 종에서의 자료를 기재할 수 있다.

㉢ 심한 눈 손상 또는 자극성

눈 자극성 시험자료로서 사람에서의 자료를 우선 적용하고, 동물자료인 경우에는 토끼의 시험자료를 우선적으로 기재한다. 다만, 자료가 없는 경우에는 다른 종에서의 자료를 기재한다.

㉣ 호흡기 과민성

호흡기의 과민성 시험자료로서 사람의 경험자료를 우선적으로 적용하며, 동물자료인 경우에는 기니피그의 시험자료를 기재한다.

㉤ 피부 과민성

피부의 과민성 시험자료로서 사람에서의 경험자료를 우선적으로 적용하며, 동물자료인 경우에는 기니피그의 시험자료를 기재한다.

㉥ 생식세포 변이원성

생식세포의 변이원성 시험자료로서 사람에서의 경험자료를 우선적으로 적용하며, 미생물복귀돌연변이시험, 염색체이상시험, 소핵시험 등과 같이 스크리닝(Screening) 시험자료가 있는 경우에는 해당 자료도 기재한다.

㉦ 발암성

발암성에 대한 자료는 국제암연구기구(IARC ; International Agency for Research on Cancer), 미국산업위생전문가협의회(ACGIH ; American Conference of

Governmental Industrial Hygienists) 등 신뢰성이 있는 기관에서 발표된 발암성 물질 분류 등급을 기재한다.

◎ 생식독성

생식독성에 관한 시험자료로서 사람에서의 경험자료를 우선적으로 적용하며, 동물자료가 있는 경우에는 해당 동물의 시험자료를 기재한다.

ⓩ 특정 표적장기 독성(1회 노출)

특정 표적장기 독성에 관한 역학조사 자료로서 사람에서의 역학자료가 우선적으로 적용되며, 급성독성 시험 등 동물시험에서 표적장기·전신독성 물질(1회 노출)을 확인할 수 있는 자료가 있다면 해당 자료를 기재한다.

ⓩ 특정 표적장기 독성(반복노출)

특정 표적장기 독성에 관하여 사람에게서 역학조사 자료가 우선적으로 적용되며, 동물에서의 아급성 또는 아만성 시험 등 표적장기·전신독성(반복노출) 물질을 확인할 수 있는 자료가 있다면 해당 자료를 기재한다.

ⓩ 흡인 유해성

흡인 유해성을 확인할 수 있는 자료를 기재한다.

③ 독성의 수치화(급성독성의 추정 등)

ⓐ 건강에 악영향을 일으킬 수 있는 용량, 농도 또는 노출조건에 대한 정보를 기재한다. 또한 혼합물의 급성독성 추정값을 포함할 수 있다. 다만, 악영향을 일으킬 것으로 예상되는 노출기간, 용량은 증상 및 영향과 연관성이 있어야 한다.

ⓑ 상호작용에 관한 자료가 있다면 상호작용에 대한 정보도 포함되어야 한다.

④ 혼합물에 대한 특별 고려

ⓐ 혼합물의 각 성분은 체내에서 상호반응을 일으켜 흡수, 대사 및 배설의 속도를 변화시킬 수 있다. 또한 독성작용이 변하여, 혼합물의 종합적인 독성이 각 성분에서의 영향과 다를 수 있으므로 주의한다.

ⓑ 혼합물 성분의 농도가 혼합물에서의 종합적 건강영향에 충분히 기여할지에 대한 고려가 필요하다. 다만, 다음의 경우를 제외하고는 성분별 독성에 대한 건강영향 정보는 포함되어야 한다.

ⓐ 정보가 중복되는 경우(예를 들면 2개의 성분 모두 구토와 설사를 일으키는 경우)

ⓑ 특정한 농도에서 건강영향이 일어나지 않을 것으로 예측되는 경우(예를 들면 약한 자극성 물질이 비자극성 용액으로 2배 희석되어 혼합물 전체가 자극을 일으키지 않을 것으로 예측되는 경우)

ⓒ 성분간에 생기는 상호작용을 예측하는 것은 매우 어렵고, 상호작용에 대한 정보가 이용가능하지 않는 경우

(12) 제12항-환경에 미치는 영향

환경배출과 폐기물 처리방법의 평가에 이용될 수 있으며, 생물 종, 매체, 단위, 시험 지속기간 및 시험조건 등에 따라 환경에 미치는 영향정보를 기재한다. 또한 생물 농축성, 잔류성 및 분해성 등과 같이 여러 생태독성학적 특성은 물질에 따라 특이적이므로 혼합물의 각 성분에 대한 정보가 있다면 기재하여야 한다.

① 수생·육생 생태독성

어류, 갑각류, 조류 및 기타 수생생물에 대한 급성 및 만성 영향에 관련된 자료로 작성한다. 또한 물질 또는 제제가 조류, 벌, 식물 등과 같은 다른 생물(토양 중에 생식하는 미세 및 대형 유기체)의 영향 또는 미생물의 활동을 억제하는 경우에는 수 처리장에 미치는 영향의 가능성을 포함하여야 한다.

② 잔류성과 분해성

잔류성과 분해성은 단일물질 또는 혼합물의 적절한 구성성분에 대한, 산화, 가수분해와 같은 생분해 또는 다른 과정을 통한 환경에서의 분해 잠재력이므로 적절한 시험결과가 기재되어야 한다. 또한 단일물질 또는 혼합물의 특정 성분이 하수처리장에서의 분해 능력에 미치는 영향에 대한 사항을 포함하여야 한다. 다만, 분해 반감기를 인용하는 경우에는 반감기가 무기화 또는 일차분해를 나타내는 것인지 여부를 기재하여야 한다.

③ 생물 농축성

생물 농축성은 단일물질 또는 혼합물의 특정 성분이 생물상에 농축되어 먹이 사슬을 통하여 전달되는 잠재력이므로 적절한 시험결과로서 기재되어야 한다. 이러한 경우에는 옥탄올, 물 분배계수(이하 "K_{ow}"라 한다)와 생물농축계수(BCF)에 대한 참고값이 포함되어야 한다.

④ 토양 이동성

토양 이동성은 물질 또는 혼합물의 구성성분이 환경에 배출되어 자연의 힘에 의해 지하수 또는 배출장소에서 멀리 이동되는 잠재력이므로 적절한 자료가 작성되어야 한다. 이동성의 정보는 흡착 또는 침출 시험으로 결정되며, 특히 K_{ow}값은 옥탄올, 물 분배계수로부터 예측되며, 침출 및 이동성은 모델로 예측이 가능하다.

⑤ 기타 유해영향

환경배출로 인한 기타의 유해영향으로서 환경 내 노출, 오존층 파괴 및 광화학적 오존발생의 가능성, 내분비 장애의 가능성 또는 지구온난화의 가능성과 같은 환경에 대한 다른 모든 유해영향에 대한 정보가 포함되어야 한다.

(13) 제13항-폐기 시 주의사항

① 폐기방법

단일물질 또는 혼합물의 안전하고 환경적으로 바람직한 폐기방법을 결정하기 위하여 단일물질 및 혼합물을 보관한 용기의 적절한 폐기, 재사용 또는 매립에 대한 정보를 작성한다. 또한 폐기물 용기와 폐기방법도 상세히 포함하여야 한다.

② 폐기 시 주의사항

단일물질 또는 혼합물의 폐기, 재사용 또는 매립에 종사하는 사람의 안전에 대해서는 물질안전보건자료의 「제8항-노출관리 및 개인보호구」 정보를 참조하여 해당 정보를 작성한다. 또한 물질 또는 혼합물의 폐기방법에 대한 영향은 물리화학적 특성을 고려하여 작성한다. 다만, 물질 또는 혼합물이 하수관을 통해 직접배출을 권고하는 내용은 포함할 수는 없다.

(14) 제14항-운송에 필요한 정보

단일물질 또는 혼합물의 육상, 철도, 해상 및 항공으로의 운송, 입고를 위한 기본적인 분류정보를 작성한다. 다만, 해당 정보가 이용가능하지 않거나 해당되지 않는 경우에는 그 사항을 기재하여야 한다.

① 유엔번호(UN No)

유엔의 운송 모델규칙에 있는 유엔번호(즉, 물질 또는 완제품 고유의 4단위 번호)를 기재한다.

② 유엔적정 선적명

유엔운송 모델규칙에 있는 유엔적정 운송명을 기재한다. 다만, 단일물질 또는 혼합물에 대한 유엔적정 운송명이 화학물질명 또는 해당 국가, 지역의 확인명과 다른 경우에는 유엔적정 운송명의 정보로 작성되어야 한다.

③ 운송 시의 위험성 등급

유엔운송 모델규칙에 따른 가장 중요한 위험성에 따라 단일물질 또는 혼합물의 운송등급(및 부가적 등급)의 정보를 작성한다.

④ 용기등급

유엔의 운송 모델규칙에 의하여 단일물질 또는 혼합물의 위험성 등급의 정도를 고유번호로 기재한다.

⑤ 해양오염물질

단일물질 또는 혼합물이 국제 해상 위험물코드(IMDG Code, International maritime dangerous goods)에 의한 해양오염물질인 경우에는 해양오염물질」 또는 「중대한 해양오염물질」이라고 표시한다.

⑥ 사용자가 운송 또는 운송 수단에 관련해 알 필요가 있거나 필요한 특별한 안전대책

사용자가 운송과 관련하여 알 필요가 있거나 지켜야 할 모든 특별 예방조치 관련된 정보를 기재한다.

(15) 제15항-법적 규제현황

단일물질 또는 혼합물에 대한 모든 규제 정보를 기재한다.

① 산업안전보건법의 의한 규제

금지물질, 허가물질, 관리대상물질, 작업환경측정 대상물질, 특수건강검진 대상물질, 허용기준 설정물질, 노출기준 설정물질, 위험물, 공정안전보고서 제출 유해 · 위험물질 여부를 기재한다. 다만, 법에 의한 위험물 및 공정안전보고서 제출 유해 · 위험물질인 경우에는 규정수량 및 관리에 관한 정보도 포함한다.

② 화학물질관리법에 의한 규제

유독물질, 허가물질, 제한물질, 금지물질, 사고대비물질 등의 해당 여부를 기재한다. 화학물질관리법에 의한 규제는 '국립환경과학원 화학물질정보시스템(ncis.nier.go.kr)'에서 제공하는 정보를 참고할 수 있다.

③ 위험물안전관리법에 의한 규제

위험물 분류, 지정수량 및 관리방법을 기재한다. 위험물안전관리법에 의한 규제는 '한국소방산업기술원 국가위험물정보시스템(hazmat.mpss.kfi.or.kr)'에서 제공하는 정보를 참고할 수 있다.

④ 폐기물관리법에 의한 규제

지정폐기물 여부 등 폐기물관리법에 의한 규제내용을 기재한다.

⑤ 기타 국내 및 외국법에 의한 규제

기타 국내 및 외국법에 의한 규제 내용을 기재한다.

(16) 제16항-그 밖의 참고사항

물질안전보건자료의 작성과 관련된 정보를 작성한다. 다음과 같이 물질안전보건자료의 작성 및 개정에 관련된 정보를 포함하여 물질안전보건자료의 제1항부터 제15항에 포함되지 않는 기타 정보가 작성되어야 한다.

① 자료의 출처

물질안전보건자료 작성에 이용된 자료의 출처를 기재한다.

② 최초 작성일자

물질안전보건자료의 최초 작성일자를 기재한다.

③ 개정 횟수 및 최종 개정일자

물질안전보건자료의 개정 횟수와 최종 개정일자를 기재하여야 한다. 다만, 개정된 자료의 작성내용은 이전의 자료와 비교하여 변경된 내용을 명확히 표시하여야 한다.

④ 기타

물질안전보건자료에 기재하고자 하는 내용을 기재한다.

SECTION 42 직장 따돌림 예방관리 지침
(KOSHA GUIDE, H-204-2018)

01 용어의 정의

"직장 따돌림"이란 한 명 이상의 근로자들이 특정인이나 특정집단의 근로자들을 대상으로 상대방의 기분을 상하게 하고 괴로움을 유발하는 해로운 행동을 지속적으로 반복하는 행위를 말한다.

02 직장 따돌림의 유형 및 발달 단계

(1) 직장 따돌림의 유형

직장 따돌림은 특정인을 공개적으로 괴롭히는 행위부터 주변인들이 잘 파악할 수 없게 은밀하게 무시하는 행위에 이르기까지 다양한 형태로 나타날 수 있다. 직장 따돌림은 다음과 같이 다섯 가지 유형으로 구분할 수 있다.

① 직업적 지위에 대한 위협 : 피해 근로자의 의견을 무시하거나, 사람들 앞에서 업무에 대한 모욕을 주고, 열심히 하지 않는다고 흠을 잡는 것 등이 포함된다.

② 개인적 지위에 대한 위협 : 피해자에 대한 잘못된 소문을 퍼뜨리거나, 비방하는 발언을 하고, 피해자의 약점·종교·신념 등에 대해 조롱하거나, 행동방식 또는 말투를 웃음거리로 만드는 것 등이 포함된다.

③ 직장 내 인간관계에서 소외 : 피해 근로자에게 중요 정보를 주지 않거나 피해자가 자신의 의견을 피력할 수 없게 하는 행위, 승진·교육 등의 기회에 접근하는 것을 막고, 점심식사·회식 등의 친목모임에서 소외시키는 행위 등이 포함된다.

④ 과도한 업무 : 다른 동료보다 힘들고 부당한 업무를 지속적으로 부여하거나, 불가능한 마감시한을 부여하는 행위, 불필요하게 간섭하는 행위 등이 포함된다.

⑤ 약화 : 일을 거의 주지 않거나 중요성이 떨어지는 허드렛일만 시키고, 피해자의 예전 실수를 반복적으로 언급하는 행위 등이 포함된다.

(2) 직장 따돌림의 발달 단계

① 결정적 갈등발생 : 직장 따돌림의 시작은 대부분 갈등에서 시작된다. 이 갈등이 해결되지 않고 심화될 때 직장 따돌림의 단계로 진입하게 된다.

② 직장 따돌림과 낙인찍기 : 직장 따돌림 행위는 다양한 형태로 나타날 수 있는데 모두 피해자를 괴롭히거나 벌 줄 의도로 행동한다는 공통점을 가지고 있다. 직장 따돌림 행위는 상당히 오랜 기간 일상생활에서 나타나는데 이런 과정을 통해 피해 근로자에게 부정적인 낙인을 찍게 된다.

③ 인사관리 : 직장 따돌림 문제에 회사가 개입하는 단계로, 피해자와 가해자의 인권침해가 발생하지 않도록 유의해야 한다. 회사 담당자는 이전 낙인찍기 단계에 회사 내 형성된 피해 근로자에 대한 편견 때문에 문제를 환경적 요인보다 피해자의 성격 탓으로 잘못 판단할 수 있다.

④ 퇴출 : 직장 따돌림 발달 단계의 마지막은 피해자가 직장에서 퇴출당하는 것이다. 직장 따돌림으로 인해 피해자는 건강상의 문제가 발생하고, 피해자의 구체적 상황을 잘 모르는 의료인은 피해자를 피해망상, 조울증, 성격장애로 잘못 진단하는 경우가 많다. 그러면 피해 근로자는 병가를 받고 이후 결국 회사를 그만두는 단계에 이를 수 있다.

03 직장 따돌림의 원인

(1) 조직적 요인

① 직무특성 : 구성원이 업무수행 시 시간 압박과 역할 갈등을 많이 느끼고 업무에 대한 자율성과 안정성이 부족할수록 직장 따돌림이 많이 발생한다.

② 조직문화 : 구성원 간 경쟁이 심하고 비우호적인 조직, 비합리적이어서 공정성이 부족한 조직, 권위적이어서 의사소통이 부족한 조직에서 직장 따돌림이 많이 발생한다.

③ 리더십 : 따돌림을 보고도 적절한 지시를 하지 않는 수동적 리더십, 따돌림 사례에 개입하지 않고 묵인하는 자유방임적 리더십, 강압적인 업무분위기와 조직문화를 조성하는 독재적인 리더십일수록 직장 따돌림이 많이 발생한다. 이러한 조직에서 가해 근로자들은 자신의 직장 따돌림 행위가 용인되었다고 생각한다.

(2) 개인적 요인

① 근로자 간 개인적인 갈등이 해결되지 않았을 때 따돌림으로 발전한다.

② 피해자 특성 : 직장 따돌림의 피해자들은 다소 내성적이고 순종적이며 덜 경쟁적이고 양심적이며, 간혹 자존감이나 사회성이 낮은 성향을 보이기도 한다. 또한, 어떤 영역의 성과가 탁월하여 질투의 대상인 사람이 따돌림 대상자가 되기도 한다.

③ 가해자 특성 : 다소 절제력이 부족하고, 질투심이 많으며 자존감이 지나치게 높거나 낮은 특성이 있다.

04 직장 따돌림의 영향

직장 따돌림은 공동생활의 바탕을 파괴하여 근로자 개인과 조직뿐만 아니라 사회 전체적으로 부정적인 영향을 미친다.

(1) 근로자에게 미치는 영향

① 직장 따돌림은 개인의 스트레스를 증가시켜 두통, 수면장애, 소화기 문제 등 신체적 증상을 유발할 수 있다.

② 직장 따돌림은 정신적 고립감, 굴욕감으로 개인의 자존감과 자신감에 해를 끼쳐 과민반응, 우울 등 후유증을 남기며 심할 경우 정신병 또는 자살에 이르게 한다.

③ 직장 따돌림이 계속되면 근로자들의 직무 만족도가 감소하여 결국 직장을 그만둘 생각을 하고 이직을 결정하게 된다.

(2) 직장에 미치는 영향

① 직장 따돌림에 노출된 근로자는 자신감과 업무수행능력이 감소하여 업무의 질과 생산성에 부정적인 영향을 미친다.

② 직장 따돌림으로 피해 근로자가 발생하면 그 피해를 보상하는 것과 관련하여 비용이 증가한다.

③ 직장 따돌림으로 근로자들의 이직이 많아지면 새로운 직원을 모집하고, 고용하고, 교육하는 비용이 증가하고, 회사에 대한 사회적 평판이 나빠져 금전적으로 계산할 수 없는 비용을 치르게 된다.

05 근로자와 사업주의 책임

(1) 사업주는 직장 따돌림을 예방하고 근절하는 데 필요한 정책 및 제도를 마련하여야 한다.

(2) 근로자와 사업주는 직장 따돌림 문제를 파악하고 행동계획을 수립하기 위해 협력해야 한다.

(3) 직장 따돌림이 없고, 서로 존중하고 신뢰할 수 있는 업무환경을 조성하기 위하여 사업주와 근로자는 지속적으로 노력해야 한다.

(4) 근로자는 직장 따돌림 관련 정책과 행동 수칙을 숙지하고, 재직하는 동안 그 방침을 준수하기 위해 노력해야 한다.

(5) 모든 근로자는 본인도 직장 따돌림의 피해자 또는 가해자가 될 수 있음을 인지하고, 직장 내 건강한 대인관계를 만들고 증진하기 위해 노력해야 한다.

06 직장 따돌림 예방방안

직장 따돌림이 발생한 후에 개입하는 것은 근로자 개인적으로나 회사 차원에서 피해가 막대하므로 사건발생 전 예방하는 것이 매우 중요하다.

(1) 직장 따돌림 수준파악

① 사업주는 직장에 따돌림이 존재하는지 또는 발생할 가능성이 있는지를 확인해야 한다. 실태조사는 설문조사나 면담을 통해 실시할 수 있다.

② 직장 따돌림 실태를 파악하고 관리하는 과정의 초반부터 관리감독자, 근로자가 함께하여 근로자들의 참여도를 높인다.

③ 직장 따돌림 예방 및 관리 계획수립, 효과 모니터링 등의 전 과정에 안전보건담당자 및 산업안전보건위원회가 지속적으로 참여해야 한다.

(2) 직장 따돌림 예방 계획 및 정책수립

① 사업주는 직장 따돌림에 대한 무관용 정책을 수립해야 한다. 또한, 이 정책은 누구에게나 똑같은 방식으로 적용되어야 한다.

② 직장 따돌림 예방계획은 직장 따돌림을 제거하고, 미래에 발생할 수 있는 따돌림을 예방하는 것을 목표로 한다.

③ 직장에서 차별을 근절하고 상호 존중의 문화를 증진하기 위한 직장 따돌림 예방정책에는 다음 사항들이 포함되어야 한다.

　㉠ 따돌림은 회사 내에서 용납되지 않는다는 최고 경영자의 메시지

　㉡ 따돌림의 정의 및 따돌림 유형

　㉢ 직장 따돌림이 근로자 및 직장에 미치는 위험

　㉣ 직장 따돌림 상담 및 고충처리 담당 부서 및 담당자 이름

　㉤ 따돌림을 당하거나 목격한 근로자는 보고하도록 권장하는 문구

　㉥ 사건을 보고한 근로자에게 불이익은 없고, 보복은 용납되지 않는다는 문구

　㉦ 직장에서 따돌림이 발생하면 즉각적인 조치를 취할 것이라는 약속

④ 직장 따돌림은 직무특성이나 조직문화 등이 원인이 되기도 하므로, 예방조치는 아래 영역과 같은 전반적인 조직 차원의 대응들을 포함하여 복합적으로 이루어져야 한다.

　㉠ 업무 시스템 검토 및 직무 재설계

　㉡ 직장 따돌림 정책과 대응절차에 대한 적절한 훈련 제공

　㉢ 조직에 변화가 생길 때는 근로자 및 안전보건담당자와 상의하기

　㉣ 직장 따돌림 예방에 있어서 근로자의 역할과 책임을 명확히 하기

　㉤ 인력충원 수준 및 근무시간·근무일정 검토

　㉥ 신입 근로자를 위한 '동행친구(buddy)' 제도 도입

　㉦ 직장에서의 근로자 간 관계를 모니터링하기

　㉧ 직장 내의 다양성 및 갈등관리에 대한 훈련

　㉨ 고위험 근로자를 담당하는 관리감독자를 위한 특별교육

(3) 정보 및 교육 제공

① 사업주는 관리감독자를 포함한 모든 근로자에게 직장 따돌림에 대한 정보를 제공해야 하고, 외국인 근로자가 있으면 해당 언어로 정보를 제공해야 한다.

② 직장 따돌림 예방 및 관리 교육은 다음 내용을 포함하여야 한다.
　㉠ 직장 따돌림의 개념
　㉡ 직장 따돌림 관련 법률 규정
　㉢ 직장 따돌림 고충처리 절차
　㉣ 직장 따돌림 가해자에 대한 징계기준 및 피해자 보호조치에 관한 사항
③ 직장 따돌림 예방 및 관리 계획에 대한 정보는 교육, 직원회의, 소식지 등 다양한 방법을 통해 널리 알려야 한다. 또한, 모든 신규 근로자들을 위한 교육내용에도 포함되어야 한다.
④ 근로자, 관리감독자, 안전보건 담당자, 직장 따돌림 상담 및 고충처리 담당자는 직장 따돌림의 위험을 줄이기 위한 적절한 절차를 수행하도록 훈련받는다.
⑤ 직장 따돌림에 관한 정보와 훈련을 제공할 때에는 개인의 권리를 존중하기 위해 회사에서 발생했던 직장 따돌림 특정사례 등을 이야기하지 않는다.

(4) 직장 내 상호 존중 문화 만들기

① 근로자들은 상호 존중하는 직장을 만들기 위해 행동강령을 수립하고 준수하기 위해 함께 노력해야 한다.
② 근로자들은 회사의 직장 따돌림 예방정책 및 절차·행동 강령을 잘 알아야 하고, 다른 근로자들에게도 알릴 책임이 있다.
③ 근로자들은 직장 생활하는 데 아래와 같이 상대를 존중하는 태도를 보여주고, 직업 윤리를 지키기 위해 노력해야 한다.
　㉠ 말이나 행동을 할 때 또는 기록을 할 때 명확하게 의사소통한다.
　㉡ 존중, 존엄, 동료애 및 친절로 서로를 대한다.
　㉢ 개인적인 말과 행동이 다른 사람들에게 어떤 영향을 미치는지 생각한다.
　㉣ 다른 사람에 대한 험담과 근거 없는 소문을 퍼뜨리지 않는다.
　㉤ 말이나 행동을 할 때 추측이 아닌 사실에 기반한다.
　㉥ 적절하게 정보를 공유하고 협업한다.
　㉦ 동료에게 도움이 필요한 경우 도움을 제공하고, 만약 동료가 거절하면 정중하게 받아들인다.
　㉧ 항상 책임감 있게 행동한다.
　㉨ 권력의 남용이나 권위는 절대 용인될 수 없다는 것을 인식한다.
　㉩ 용건이 있을 때는 다른 사람에게 말하지 않고 당사자에게 직접 말한다.

ㅋ 다른 사람의 관점, 견해, 경험 및 생각에 대해 열린 태도를 갖는다.

ㅌ 동료를 예의 바르게 대하고, 지적받았을 때는 사과한다.

ㅍ 다른 근로자들을 격려하고 지원하며 멘토링한다.

ㅎ 관심과 존경심으로 다른 사람들의 말을 듣는다.

(5) 직장 따돌림 예방조치의 효과 모니터링

① 직장 따돌림 예방계획이 직장에서 제대로 기능하고 따돌림을 예방하는 데 기여하고 있는지 주기적으로 평가해야 한다.

② 예방관리계획의 효과평가를 위해서 다음 지표를 사용할 수 있다.

　ㄱ 병가·직원 이직·상해에 대한 보고서 및 산업재해 보상 자료

　ㄴ 정기적인 직장 따돌림 실태조사 결과, 퇴직자 면담 및 근로자 지원 프로그램의 자료, 노조 대표·멘토·관리감독자로부터의 피드백

　ㄷ 조직성과 및 직원 만족도 조사결과

　ㄹ 근로자가 익명으로 피드백을 제공한 건의사항

　ㅁ 안전보건 담당자, 산업안전보건위원회와 협의한 자료

③ 직장 따돌림 예방조치의 효과를 주기적으로 분석하여 근로자들에게 추가정보나 교육이 필요한지 지속적으로 파악해야 한다.

07 직장 따돌림 사건발생 시 대응방안

직장 따돌림 사건발생 시 대응은 '대응계획 수립', '사건접수', '조사 및 중재', '결과통보', '사후조치' 순으로 진행된다.

(1) 직장 따돌림 사건 대응계획

① 기밀유지

　ㄱ 사업주는 조사가 진행되는 동안 관련자의 스트레스와 외상을 최소화하기 위하여 피해자와 가해자 모두의 비밀을 유지하여야 한다.

　ㄴ 만약 고소인이 더 이상 조사가 진행되는 것을 원하지 않는다면, 모든 근로자에게 정보나 훈련을 제공하는 것 같은 간접적인 조치를 취할 수 있다.

② 대응계획

　ㄱ) 직장 따돌림 사건발생 시 대응계획은 다음의 내용을 포함하여 작성한다.

　　ⓐ 직장 따돌림 사건이 발생했을 때 대응 절차

　　ⓑ 피해 근로자 및 가해 근로자에 대한 조치

　　ⓒ 신고한 사람들이 불이익을 당하지 않도록 하는 조치

　　ⓓ 직장 따돌림 관련 담당 부서 및 담당자의 역할

　　ⓔ 결과에 대한 이의제기 과정과 재검토 절차

　　ⓕ 문제가 직장 내부적으로 해결되지 않았을 때 근로자가 이용할 수 있는 외부
　　　자원

　ㄴ) 대응계획은 다음 사항을 고려하여 작성한다.

　　ⓐ 쉬운 한글로 작성하고, 외국인 근로자가 있다면 해당 언어로도 작성한다.

　　ⓑ 가해 근로자와 피해 근로자 모두의 프라이버시와 기밀을 보장하고, 인권이
　　　보장되도록 한다.

　　ⓒ 문제해결을 위한 절차의 추진에 지체가 없도록 설계한다.

　　ⓓ 구두로 하는 비공식 신고와 서면으로 하는 공식적 신고 모두 가능하게 한다.

③ 문제해결 시 고려할 사항

　ㄱ) 사건의 성격과 심각성을 결정한다.

　ㄴ) 양쪽 당사자의 스트레스를 최소화하면서 문제를 해결하기 위해 비공식적으로
　　고충을 처리할 수도 있다.

　ㄷ) 피해 근로자는 고충처리 담당자와 의논한 후, 스스로 문제를 해결하기로 결정
　　할 수 있다. 피해 근로자는 가해 근로자에게 따돌림을 중지하라고 요청하거나
　　가해자의 행동이 자신을 힘들게 한다는 것을 직접 말할 수 있다.

　ㄹ) 피해 근로자는 양측 모두가 수용할 수 있는 해결책을 찾기 위해 둘 사이를 중
　　재해 줄 수 있는 제삼자의 도움을 요청할 수 있다.

　ㅁ) 사건이 신체적 또는 정신적 피해가 있어 심각하고, 비공식 절차로 문제가 해결
　　되지 않는다면 공식적인 절차가 요구된다.

　ㅂ) 정식 조사가 필요한 경우 중립적인 사람이 조사를 실시해야 한다. 조사를 진행
　　하는 사람은 어떠한 비공식적인 절차에도 참여해서는 안 된다.

④ 직장 따돌림 상담 및 고충처리 담당자

　ㄱ) 직장 따돌림 상담 및 고충처리 담당자의 권한은 사업주에 의해 결정되고, 직장
　　따돌림 대응계획에 명시되어야 한다.

ⓛ 직장 따돌림 상담 및 고충처리 담당자의 역할과 임무는 서면으로 확정되어야 하고, 그들은 자신이 맡은 역할에 대한 책임을 져야 한다.

ⓒ 직장 따돌림 상담 및 고충처리 담당자는 그들의 의무와 책임을 할 수 있는 훈련을 받고 기술을 갖추어야 한다.

(2) 사후조치

① 피해자 구제

　㉠ 사업주는 피해 근로자의 보호를 위하여 필요하다고 인정하는 때에는 피해 근로자에 대하여 다음의 조치를 시행한다.

　　ⓐ 전문가에 의한 심리상담 및 조언

　　ⓑ 치료 및 치료를 위한 요양

　　ⓒ 근무장소의 변경, 배치전환, 유급휴가

　㉡ 사업주는 피해 근로자에 대한 조치를 시행하기 전에 피해 근로자에게 의견 진술 기회를 부여하는 등 적정한 절차를 거쳐야 한다.

② 가해자 문책

　㉠ 사업주는 가해 근로자에 대하여 다음 중 어느 하나에 해당하는 조치를 적용한다.

　　ⓐ 피해 근로자에 대한 서면사과

　　ⓑ 피해 근로자 및 신고 근로자에 대한 협박 및 보복행위의 금지

　　ⓒ 직장 내외 전문가에 의한 특별교육 이수 또는 심리치료

　　ⓓ 근무장소의 변경

　　ⓔ 징계 : 감봉, 정직, 해고

　㉡ 가해 근로자에게 조치를 취하기 전에 의견진술의 기회를 부여하는 등 적정한 절차를 거쳐야 한다.

(3) 해결되지 않은 문제

① 직장 따돌림에 대한 문제가 직장 안에서 성공적으로 해결되지 못하면 근로자는 노동위원회, 고용노동부, 국가인권위원회, 법원 등 외부기관에 도움을 요청할 수 있다.

② 직장 따돌림으로 인한 피해는 근로기준법, 민법, 남녀고용평등 및 일가정 양립에 관한 법률, 노동조합 및 노동관계 조정법, 양성평등기본법, 산업안전보건법, 산업재해보상보험법, 형법, 민법 등에 따라 법적 규제가 이루어진다.

SECTION 43

작업환경상 건강유해요인에 대한 위험성 평가 지침
(KOSHA GUIDE, H-205-2018)

01 용어의 정의

(1) "건강장해 위험성 평가"

사업장 내에서 발생 가능한 모든 유해 · 위험요인을 파악하고 해당 유해 · 위험요인에 의한 질병발생 가능성과 중대성을 추정 · 결정하여 감소대책을 수립하여 실행하는 일련의 과정을 말한다.

(2) "유해 · 위험요인(hazard)"

유해 · 위험을 일으킬 잠재적 가능성이 있는 것의 고유한 특징이나 속성을 말한다.

(3) "유해 · 위험요인 파악"

유해요인과 위험요인을 찾아내는 과정을 말한다.

(4) "위험성(risk)"

각 유해 · 위험요인이 어느 정도 위험한지 위험한 정도를 의미하는 것으로서, 부상 · 질병의 발생 가능성(확률)과 부상 · 질병이 발생하였을 때 초래되는 중대성(심각성)을 조합해서 나타낸 것을 말한다.

(5) "가능성(probability)"

유해 · 위험요인에 대한 부상 · 질병 발생의 확률(빈도)을 의미하며, 노출 빈도 · 시간, 유해 · 위험한 사건의 발생확률 등을 고려하여 3~5단계 등급으로 구분하여 표시하는 것을 말한다.

(6) "중대성(severity)"

유해 · 위험요인으로 인한 부상 · 질병이 발생했을 때 미치는 영향의 정도(강도 또는 심각성)을 의미하며, 건강영향(장해)의 정도, 치료기간 등을 고려하여 3~5단계 등급으로 구분하여 표시하는 것을 말한다.

(7) "위험성 추정"

유해 · 위험요인별로 부상 또는 질병으로 이어질 수 있는 가능성과 중대성의 크기를 각각 추정하여 위험성의 크기를 산출하는 것을 말한다.

(8) "위험성 결정"

유해 · 위험요인별로 추정한 위험성의 크기가 허용 가능한 범위인지 여부를 판단하는 것을 말한다.

(9) "위험성 감소대책 수립 및 실행"

위험성 결정 결과 허용 불가능한 위험성을 합리적으로 실천 가능한 범위에서 가능한 한 낮은 수준으로 감소시키기 위한 대책을 수립하고 실행하는 것을 말한다.

02 건강장해 위험성 평가 개념 및 절차

(1) 개념

건강장해 위험성 평가는 사업장 내 여러 유해·위험요인들 중 직업건강 분야의 다양한 유해·위험요인을 찾아내고 평가·관리하는 산업보건 예방활동이다.

(2) 절차

① 유해·위험요인 파악

  ㉠ 사업장 내 유해·위험요인을 찾아내는 과정을 말하는 것으로 다양한 방법을 통해 요인들을 찾아낸다.

  ㉡ 유해·위험요인을 찾는 관리자(책임자)는 현장 작업내용에 정통하고, 각종 문서(자료) 열람 및 수집에 권한이 있어야 한다.

  ㉢ 유해·위험요인을 찾고 인식하게 하는 것이 건강장해 위험성 평가의 취지이자 가장 중요한 요소이다.

  ㉣ 유해·위험요인 파악 방법 및 내용 유해·위험요인 파악 방법 및 내용은 [표 1]에 따른다.

❍ [표 1] 유해·위험요인 파악 방법 및 내용

방 법	파악내용
사업장 순회점검	작업특성(조건) 파악, 취급 화학물질 파악, 위험작업이나 설비 특이점 파악, 설비의 정상 작동유무, 작업장 환경점검 등
산업보건 관련 정보자료	작업공정도, 화학물질의 물질안전보건자료(MSDS) 및 취급량, 작업환경측정결과, 건강진단결과, 근골격계 부담작업 유해·위험요인 조사결과, 작업허가서, 작업표준절차서, 재해사례 현황, 교육일지, 표지사용 현황 등
근로자 면담	건강관련 증상호소 유무, 작업내용 및 작업환경 관련 불편내용, 근로자 개인특성(흡연, 음주, 질병 등) ※ 개인정보의 경우 비밀보호

② 위험성 추정

  ㉠ 유해·위험요인별로 부상·질병으로 이어질 수 있는 가능성과 중대성의 크기(등급)를 조합하여 위험성의 크기를 산출한다.

  ㉡ 위험성의 크기 산출은 가능성과 중대성의 각 등급수준에 대해 행렬법, 곱셈법, 덧셈법 등의 방법으로 수행한다.

ⓒ 여기서의 위험성 추정은 곱셈법(가능성×중대성)을 적용하며, 구체적인 방법 내용은 [표 2]를 따른다.

◑ [표 2] 가능성과 중대성의 조합에 따른 위험성 추정방법(3×3단계 예시)

구 분	중대성	대	중	소
가능성 (단계)	단계	3	2	1
상	3	9	6	3
중	2	6	4	2
하	1	3	2	1

③ 위험성 결정

ㄱ 유해·위험요인별로 추정한 위험성의 크기가 허용 가능한 범위인지 여부를 판단하는 것이다.

ㄴ 미리 설정한 위험성 크기별(범위별) 허용 가능 여부 기준과 비교한다.

ㄷ 최종적으로 위험성 결정은 3단계로 구성되고, 위험성 크기에 따른 허용 가능 여부 및 개선방법은 [표 3]에 따른다.

◑ [표 3] 위험성 크기에 따른 허용 가능 여부 및 개선방법(3×3단계 예시)

위험성 크기		허용 가능 여부	개선방법
5~9	높음	허용 불가능	즉시 개선
3~4	보통		개선
1~2	낮음	허용 가능	필요에 따라 개선

④ 위험성의 개선 및 관리

ㄱ 위험성 결정 결과 허용 불가능한 위험성을 합리적으로 가능한 한 낮은 수준으로 감소시키기 위한 대책을 수립·실행하는 과정이다.

ㄴ 가능성(P)과 중대성(S)을 관리하여 낮추는 것이 결국 위험성을 감소시키고 개선·관리가 이루어지는 것이다.

ㄷ 작업시간 및 노출수준과 같은 가능성(P) 등급이 고정적이거나 변경이 어려우면 건강영향 정도인 중대성(S) 등급을 낮추기 위한 작업환경, 관리적 사항 개선 및 개인특성 관리를 통해 위험성을 감소시킨다.

ㄹ 개선·관리 대책 실행 후 위험성을 재평가하여 위험성의 크기가 허용 가능한 수준인지 확인하고, 허용 불가능할 경우 가능한 크기가 될 때까지 추가대책을 실행한다.

⑩ 유해 · 위험요인 개선 · 관리에 대한 예시는 [표 4]에 따른다.

◆ [표 4] 유해 · 위험요인 개선 · 관리 예시

구 분	개선 · 관리 방안
작업조건 개선 (가능성 관리)	• 공정 자동화 • 작업시간 및 시기조정, 작업전환(변경), 휴식시간 조절 • 작업방법 변경 및 작업속도 조절
작업환경 개선 (가능성 및 중대성 관리)	• 화학물질의 제거 · 대체 · 격리 및 사용량 줄임 • 인력작업 보조설비 및 편의설비 설치 • 국소배기장치 등 환기장치 설치, 흡음시설 설치, 대피용 기구 및 구출장비 비치, 안내표지 설치, 세척시설 설치
관리적 사항 개선 (중대성 관리)	• 교육 및 훈련, 운동/스트레칭 및 영양지도, 건강증진 프로그램 운영, 점검결과 기록관리, 요통예방 운동
근로자 개인특성 (중대성 관리)	• 금연 및 금주, 개인질병 관리, 건강진단, 보호구 착용

03 고열작업에 대한 위험성 평가 방법 적용 예

(1) 고온환경의 위험성 평가 절차

"고온의 노출수준 분류" → "작업강도의 수준 분류" → "의복의 수준 분류" → "작업 × 의복 수준의 예측" → "위험성 수준의 평가" → "위험성 수준의 수정"의 절차로 수행한다.

① 고온의 노출수준 분류

고온의 노출수준 분류는 [표 5]에 따른다.

◆ [표 5] 고온의 노출수준 분류

고온 수준	WBGT치
하	25℃ 미만
중	25℃ 이상~28℃ 미만
상	28℃ 이상~31℃ 미만
최상	31℃ 이상

② 작업강도의 수준 분류

작업강도의 수준 분류는 [표 6]에 따른다.

❍ [표 6] 작업강도의 수준 분류

하	좌식 작업(평균해서 2METs 정도의 총체하중의 경우, RMR=1.2)
중	보행 정도의 작업(평균해서 2METs 이상의 총체하중의 경우, RMR=1.2)
상	속보 정도의 작업(평균해서 4METs 이상의 총체하중의 경우, RMR=3.6)
최상	대화하면서는 불가능한 작업(평균해서 6METs 이상의 총체하중의 경우, RMR=6.0)

※ "METs(Metabolic Equivalents)"는 신체활동의 강도를 표시하는 단위로, 운동에 의한 에너지 소비량
   이 안정 시 대사의 몇 배에 해당하는가를 나타냄

※ "RMR"은 에너지 대사율(Relative Metabolic Rate)의 약어로, 육체적 작업강도를 나타내는 지표로서
   사용됨

③ 의복의 수준 분류

의복의 수준 분류는 [표 7]에 따른다.

❍ [표 7] 의복의 수준 분류

하	T셔츠와 반바지에 해당하는 의복(하기의 운동경기에서 사용하는 정도의 의복)
중	반소매 작업복과 얇은 긴바지에 해당하는 의복(하기에 사용하는 가벼운 작업복)
상	긴소매 상의와 얇은 긴바지에 해당하는 의복(양복에서의 정장과 동급의 의복)
최상	화학방호복에 해당하는 의복

④ 작업×의복 수준의 예측

[표 6]에서 구한 작업강도수준과 [표 7]에서 구한 의복수준을 조합하여 작업×의
복 수준을 1에서 5의 5단계로 분류하며, 본 절차는 [표 8]에 따른다.

❍ [표 8] 작업×의복 수준의 등급 예측

의복수준	작업강도수준			
	하	중	상	최상
하	1	2	3	4
중	2	3	4	5
상	3	4	5	5
최상	5	5	5	5

⑤ 위험성 수준의 평가

[표 5]에서 구한 고온 노출수준과 [표 8]에서 구한 작업×의복 수준을 조합하여 위
험성 수준을 I에서 V의 5단계로 평가하며, 본 절차는 [표 9]에 따른다.

❖ [표 9] 위험성 수준의 평가

작업×의복 수준	작업강도수준			
	하	중	상	최상
1	I	I	II	III
2	I	II	III	IV
3	II	III	IV	V
4	III	IV	V	V
5	V	V	V	V

※ I : 극히 미세한 위험성, II : 허용 가능한 위험성, III : 중간 정도의 위험성,
IV : 높은 위험성, V : 최고의 위험성

⑥ 위험성 수준의 수정

[표 9]에서 구한 위험성 수준에 대해 다음 사항에 해당되는 경우 위험성 수준을 한 단계 상승시킨다.

㉠ 고온작업을 직전 1주간 이상 실시하지 않은 경우

㉡ 근로자 스스로의 판단으로 잠시 휴식을 취하는 것이 안 되는 경우

㉢ 직장에 수분, 염분(나트륨)이 준비되어 있지 않은 경우

(2) 고온 위험성의 관리 및 개선 방안

고온 위험성 수준에 따른 관리 및 개선 방안은 [표 10]에 따른다.

❖ [표 10] 고온 위험성 수준별 관리 및 개선 방안

위험성 수준	관리 및 개선 방안
I (극히 미세한 위험성)	현 상황을 유지하면서 다음 사항에 대해 유의 • 작업 개시 전에 식사할 것. 설사나 탈수 상태, 수면부족을 확인하고 이러한 문제가 있는 근로자는 작업 중 지속적으로 감시할 것 • 자율신경영향약(파킨슨치료제, 항간질제, 항우울제, 항불안제, 수면제, 항부정맥제 등)을 복용하고 있는 자 및 염분섭취 제한자(고혈압, 신부전, 심부전 등), 갑상선 질환자는 직업환경의학 전문의 또는 주치의의 의견에 따를 것
II (허용 가능한 위험성)	작업 개선, 작업환경 개선 등과 함께 다음 사항에 대해 유의 • 작업을 정기적으로 감시하고, 휴식시간마다 근로자의 자각증상을 조사할 것 • 작업 개시 전에 식사할 것. 설사나 탈수 상태, 수면부족을 확인하고 이러한 문제가 있는 근로자는 작업 중 지속적으로 감시할 것 • 자율신경영향약(파킨슨치료제, 항간질제, 항우울제, 항불안제, 수면제, 항부정맥제 등)을 복용하고 있는 자 및 염분섭취 제한자(고혈압, 신부전, 심부전 등), 갑상선 질환자는 직업환경의학 전문의 또는 주치의의 의견에 따를 것

위험성 수준	관리 및 개선 방안
Ⅲ (중간 정도의 위험성)	• 작업환경의 개선 　열, 직사광선, 반사광을 차단하는 지붕 설치, 통풍·냉방·제습 설비 설치 등으로 작업장의 온도, 습도, 기류, 복사 등 환경을 개선해서 위험성 수준 Ⅱ 이하로 저감하도록 노력 • 작업의 개선 　작업의 위치, 총체하중, 연속작업시간, 복장, 보호구의 재검토 등을 통해 위험성 수준 Ⅱ 이하로 저감하도록 노력 • 휴게시간 및 휴게방법의 개선 　직사광선이 닿지 않고 통풍이 잘 되는 곳에 휴게실을 두고 근로자에게 휴식을 취하도록 함. 수분과 나트륨 보급 • 작업의 연속적 감시 등 　작업을 연속적으로 감시하고 휴식시간마다 근로자의 자각증상 및 심박수 모니터링 • 개인 요인의 배려 　− 작업 개시 전에 식사할 것. 설사나 탈수 상태, 수면부족을 확인하고 이러한 문제가 있는 근로자는 원칙적으로 위험성 수준 Ⅲ의 작업에 종사하지 못 하도록 조치 　− 고령이나 비만(체지방률 30% 이상)인 경우 연속적 작업 감시가 어려운 위험성 수준 Ⅲ의 작업에 종사하지 않도록 권고 　− 자율신경영향약(파킨슨치료제, 항간질제, 항우울제, 항불안제, 수면제, 항부정맥제 등)을 복용하고 있는 자 및 염분섭취 제한자(고혈압, 신부전, 심부전 등), 갑상선 질환자는 직업환경의학 전문의 또는 주치의의 의견에 따를 것
Ⅳ (높은 위험성)	• 작업환경의 개선 　중간 정도의 위험성 수준(Ⅲ)에 해당되는 개선사항과 동일하게 적용 • 작업의 개선 　중간 정도의 위험성 수준(Ⅲ)에 해당되는 개선사항과 동일하게 적용 • 휴게시간 및 휴게방법의 개선 　− 임시 휴게시간을 두고, 휴게실에 에어컨을 설치하여 24~26℃ 정도의 기온을 유지. 근로자에게 휴식을 취하게 하고 수분과 나트륨 보급 　− 에어컨이 설치되어 있지 않은 휴게실의 경우에는 선풍기나 물 미스트의 분사장치를 이용하거나 통풍이 좋은 그늘을 확보 　− 체온을 내릴 수 있도록 음용수를 항상 준비
Ⅳ (높은 위험성)	• 근로자의 심박수 측정 및 작업의 연속적 감시 　중간 정도의 위험성 수준(Ⅲ)에 해당되는 개선사항과 동일하게 적용 • 개인 요인의 배려 　− 작업 개시 전에 식사할 것. 설사나 탈수 상태, 수면부족을 확인하고 이러한 문제가 있는 근로자는 원칙적으로 위험성 수준 Ⅳ의 작업에 종사하지 못 하도록 조치 　− 고령이나 비만(체지방률 30% 이상)인 경우 가능한 위험성 수준 Ⅳ의 작업에 종사하지 않도록 권고 　− 자율신경영향약(파킨슨치료제, 항간질제, 항우울제, 항불안제, 수면제, 항부정맥제 등)을 복용하고 있는 자 및 염분섭취 제한자(고혈압, 신부전, 심부전 등), 갑상선 질환자는 직업환경의학 전문의 또는 주치의의 의견에 따를 것 • 순화기간의 설정 　위험성 수준 Ⅳ의 작업에 7일 이상 종사하지 않은 근로자를 해당 작업에 배치할 때에는 작업 개시 후 3일간은 연속작업시간을 다른 근로자보다 단축함

위험성 수준	관리 및 개선 방안
V (최고의 위험성)	• 작업환경의 개선 중간 정도의 위험성 수준(Ⅲ)에 해당되는 개선사항과 동일하게 적용 • 작업의 개선 – 작업의 위치, 총체하중, 연속작업시간, 복장, 보호구의 재검토 등을 통해 위험성 수준 Ⅱ 이하로 저감하도록 노력 – 방진마스크나 방독마스크는 근로자에게 부담이 되므로 전동팬이 부착된 호흡용 보호구나 송기마스크 등 호흡에 부담이 되지 않는 마스크로 변경하는 것이 바람직 – 냉각효과가 있는 작업복(냉각조끼 등) 사용 • 휴게시간 및 휴게방법의 개선 높은 위험성 수준(Ⅳ)에 해당되는 개선사항과 동일하게 적용 • 근로자의 체온 등 측정 및 작업의 연속적 감시 – 휴식 시 근로자는 체온, 체중, 심박수, 자각증상을 체크하여 관리감독자에게 신고하고, 관리감독자는 근로자에게 스스로 신고하도록 지도 – 귀, 입 안, 혀 밑의 체온 중 하나라도 38.5℃ 미만(겨드랑이 체온의 경우 38.0℃ 미만)인 경우 고열작업을 연속 수행해도 되나, 작업을 계속적으로 감시하고 휴식시간마다 근로자의 자각증상과 체중을 확인 • 개인 요인의 배려 – 작업 개시 전에 식사할 것. 설사나 탈수 상태, 수면부족을 확인하고 이러한 문제가 있는 근로자는 원칙적으로 위험성 수준 V의 작업에 종사하지 못 하도록 조치 – 고령이나 비만(체지방률 30% 이상)의 경우는 가능한 위험성 수준 V의 작업에 종사하지 않도록 권고 – 자율신경영향약(파킨슨치료제, 항간질제, 항우울제, 항불안제, 수면제, 항부정맥제 등)을 복용하고 있는 자 및 염분섭취 제한자(고혈압, 신부전, 심부전 등), 갑상선 질환자는 직업환경의학 전문의 또는 주치의의 의견에 따를 것 • 순화기간의 설정 위험성 수준 V의 작업에 7일 이상 종사하지 않은 근로자를 해당 작업에 배치할 때는 작업 개시 후 3일간은 연속작업시간을 이전의 절반 이하로 하고 휴게시간을 최소 30분마다 설정

SECTION 44 밀폐공간작업 프로그램 수립 및 시행에 관한 기술 지침
(KOSHA GUIDE, H-80-2021)

01 용어의 정의

(1) "밀폐공간"

환기가 불충분한 상태에서 산소결핍이나 질식, 유해가스로 인한 건강장해, 인화성 물질에 의한 화재·폭발 등의 위험이 있는 장소로서 「안전보건규칙」 [별표 18]에서 정한 장소를 말한다. 이 경우 밀폐공간작업 도중에 해당 유해·위험이 발생할 우려가 있는 장소를 포함한다.

(2) "밀폐공간작업"

밀폐공간 내에 들어가 근로자가 필요한 업무를 수행하는 경우를 말하며, 밀폐공간에 근접하여 작업할 때 근로자가 질식이나 건강장해를 입을 우려가 있는 경우 이를 포함한다.

(3) "유해가스"

밀폐공간에서 탄산가스·일산화탄소·황화수소 등의 기체로서 인체에 유해한 영향을 미치는 물질을 말한다.

(4) "적정공기"

산소농도의 범위가 18퍼센트 이상 23.5퍼센트 미만, 탄산가스의 농도가 1.5퍼센트 미만, 황화수소의 농도가 10피피엠 미만, 일산화탄소의 농도가 30피피엠 미만인 수준의 공기를 말한다.

(5) "산소결핍"

공기 중의 산소농도가 18% 미만인 상태(공기 중 정상 산소농도는 21%임)를 말한다.

(6) "산소결핍증"

산소가 결핍된 공기를 들여마심으로써 생기는 인체의 증상을 말한다.

(7) "질식"

사람의 신체에 정상적으로 산소가 공급되지 않는 상태를 말한다.

(8) "밀폐공간작업허가"

해당 사업장의 보건안전환경부서장(부서가 없는 경우 보건관리자, 안전관리자 혹은 관리감독자 등을 말하며, 이하 "허가자"라 한다)이 유해가스의 존재 및 유입 가능성 여부, 내부 구조 형태상 위험 여부, 그 밖의 안전보건상 위험요소 존재 여부를 확인한 후 해당 작업 근로자에게 밀폐공간 작업허가서를 발급함으로써 밀폐공간작업이 이루어지도록 하는 것을 말한다.

(9) "환기장치"

동력을 이용한 환기팬 및 환기팬에 연결한 송풍관(덕트)으로 구성된 장치를 말한다.

(10) "환기"

동력을 이용하여 밀폐공간 내 유해성이 증가하지 않도록 외부의 신선한 공기를 밀폐공간 내로 불어넣거나 유해가스 등을 배출하는 방식(이하 급기 또는 배기 방식이라 함)을 말한다.

02 밀폐공간 재해예방의 원칙과 출입의 금지

(1) 밀폐공간 재해예방 원칙

① 사업주는 사업장 내 밀폐공간 위치를 사전에 파악하여 해당 공간에는 출입 금지 표지를 입구 근처에 게시하고 해당 공간에 관계 근로자가 아닌 사람의 출입을 금지하여야 한다.

② 사업주는 밀폐공간작업을 계획하는 경우 해당 공간에 근로자가 출입하지 않고 외부에서 작업할 방법이 가능한지를 검토한 후 기술적으로 적절한 방법이 없다고 판단되는 경우에만 밀폐공간 출입을 허가하여야 한다.

③ 사업주는 근로자에게 밀폐공간작업을 하도록 하는 경우 밀폐공간작업 프로그램을 수립하여 시행하여야 한다.

④ 사업주는 자사 사업장 내 밀폐공간작업을 협력업체나 사외 근로자로 하여금 수행토록 하는 경우 밀폐공간의 위치와 유해·위험요인을 사전에 파악한 후 필요한 정보를 협력업체에 제공하고 해당 작업과 관련된 제반 감독업무를 수행하여야 한다.

　㉠ 이 경우 협력업체 사업주는 밀폐공간작업을 수행하는 근로자에게 해당 공간의 유해·위험요인 등 원청이 제공한 위험정보를 확인하고 작업시작 전에 안전한 작업방법 등을 포함하는 교육을 이수하도록 하고 필요한 감독을 하여야 한다.

　㉡ 근로자는 원청 및 협력업체가 제공한 위험정보를 숙지하고 「안전보건규칙」에서 정하는 바에 따라 작업을 수행하여야 한다.

(2) 밀폐공간 파악 및 출입 금지

① 사업주는 사업장 내에 밀폐공간이 존재하는지 여부를 사전에 파악하여 목록화한 후 해당 목록을 보존하여야 한다. 해당 목록에는 모든 밀폐공간의 번호, 종류, 위치, 수량, 형태 및 질식, 중독 유발 유해·위험요인 파악결과 등이 포함되어야 하며 필요시 관련 사진이나 도면 등을 첨부한다.

② 사업주는 밀폐공간에 대하여 출입 금지 표지를 부착하는 경우 「안전보건규칙」 별지 제4호 서식에 따라야 한다.

③ 사업주는 필요한 경우 밀폐공간에 시건장치 등을 설치하여 관계 근로자 이외의 사람에 대한 출입을 통제하여야 한다. 밀폐공간에 출입하고자 하는 근로자는 관련 부서로부터 밀폐공간 작업허가서를 취득한 후 정해진 절차에 따라 출입 및 밀폐공간 작업을 하여야 한다.

03 밀폐공간작업 프로그램

(1) 밀폐공간작업 프로그램의 운영체계

① 밀폐공간작업 프로그램을 수립·시행하기 위하여 사업장의 업종, 규모 등 사업장 특성에 따라 〈그림 1〉과 같이 프로그램 추진팀을 구성한다.

② 프로그램 추진팀의 인력은 보건관리자, 안전관리자, 보건관리담당자와 근로자대표 또는 명예산업안전감독관(관리감독자), 예산관리자, 정비보수담당자, 구매담당자 등으로 구성하되, 사업장 규모와 특성에 따라 적정 인력이 참여하도록 한다. 다만, 프로그램 추진팀 구성이 어려운 소규모 사업장의 경우에는 사업주 또는 근로자대표 등이 프로그램 추진팀의 전반적인 임무를 수행한다.

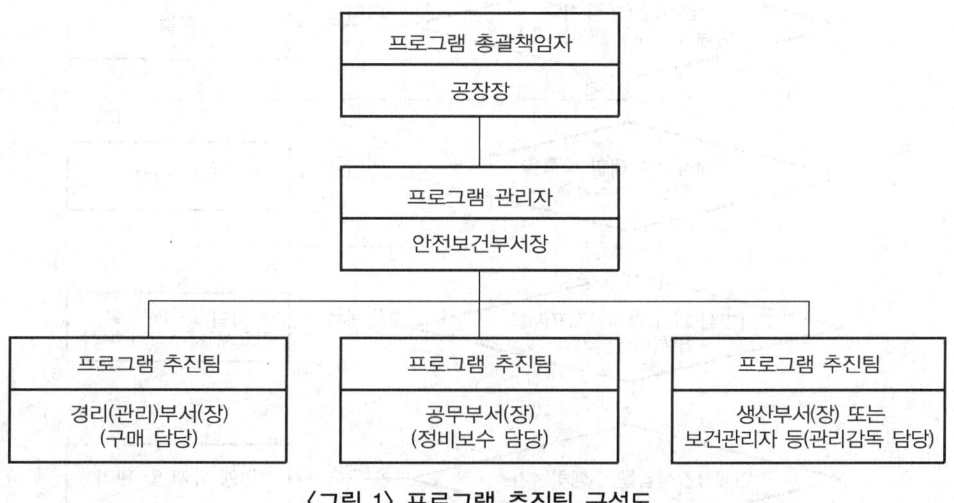

〈그림 1〉 프로그램 추진팀 구성도

③ 프로그램 총괄책임자는 밀폐공간작업 프로그램 추진팀을 대표하고 팀원의 활동을 지휘·감독하며 프로그램의 수립·수정·운영·실행·평가에 관한 사항 결정한다. 다만 프로그램 추진팀 구성이 어려운 소규모 사업장의 경우 프로그램 총괄책임자는 프로그램관리자 및 프로그램 추진팀 임무를 겸임할 수 있다.

④ 프로그램 관리자는 실질적인 프로그램 운영실무 전반을 관리하며 밀폐공간 재해예방 대책의 수립·시행에 관한 사항을 결정하고, 교육 및 훈련, 추진팀원의 활동지도 업무 및 프로그램 평가·관리, 관련서류 기록·보존 등의 업무를 수행한다. 다만, 프로그램 추진팀 구성이 어려운 소규모 사업장의 경우 프로그램 관리자는 프로그램 추진팀 임무를 겸임할 수 있다.

⑤ 프로그램 추진팀은 프로그램 업무가 효율적으로 진행될 수 있도록 근로자(작업자) 의 작업 전 교육, 밀폐공간작업 시 사전출입허가제를 운영하며 안전보건규칙 준수 여부 지도·감독 등을 실시하고 이를 위한 재정적·관리적 지원업무를 수행한다.

⑥ 근로자는 회사에서 실시하는 질식재해예방을 위한 교육 참석, 안전장비 및 호흡용 보호구의 사용 등 밀폐공간작업 프로그램에 적극적으로 참석한다.

(2) 밀폐공간작업 프로그램의 수립

① 사업주는 근로자로 하여금 밀폐공간작업을 수행하도록 하는 경우 사전에 충분한 시간을 두고 프로그램 총괄책임자로 하여금 밀폐공간작업 프로그램을 수립하도록 하여야 한다. 이 경우 프로그램 수립에 따른 과정은 〈그림 2〉 흐름도를 참조한다.

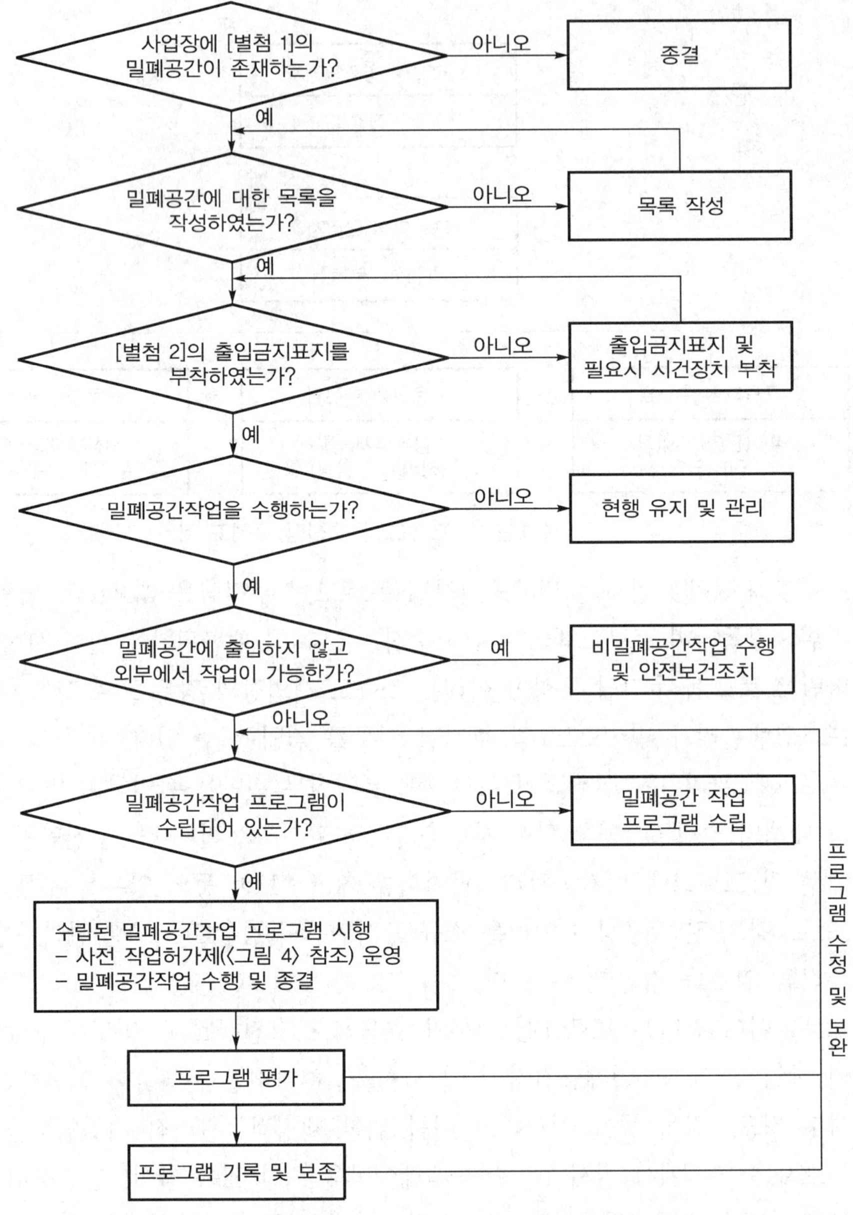

〈그림 2〉 밀폐공간 프로그램 수립 및 평가 흐름도

② 사업주는 밀폐공간작업 프로그램을 최소 2년에 1회 이상 평가 후 필요한 내용을 수정하여 보완하고 해당 프로그램은 기록하여 보존한다.

③ 밀폐공간작업 프로그램에는 다음 내용이 포함되어야 한다.

　㉠ 밀폐공간의 위치, 형상, 크기 및 수량 등 목록 작성

　㉡ 밀폐공간의 사진이나 도면(필요시)

　㉢ 밀폐공간작업의 당위성 및 필요성

　㉣ 작업 중 작업특성 또는 주변 환경요인에 의해 질식, 중독, 화재, 폭발 등을 일으킬 수 있는 유해·위험요인(근로자가 상시 출입하지 않고 출입이 제한된장소로서 해당 공간에서 산소결핍, 가스누출 등 유해요인 발생 가능성 포함)

　㉤ 밀폐공간작업에 대한 허가 및 수행 요령

　㉥ 근로자에 대한 교육과 훈련의 방법

　㉦ 산소 및 유해가스 농도의 측정과 후속조치 요령

　㉧ 환기장비의 사용 및 환기 요령

　㉨ 작업 시 근로자가 작용하여야 할 보호구 및 안전장구류

　㉩ 감시인의 배치와 상시 연락체계 구축 방안

　㉪ 밀폐공간작업에 대한 감독과 모니터링 방안

　㉫ 비상사태 발생 시의 조치 및 보고 요령(재해자에 대한 응급처지 포함)

　㉬ 프로그램의 평가 및 기록보존 방안

(3) 밀폐공간작업 프로그램의 추진절차

사업주는 밀폐공간작업 프로그램을 시행하는 경우 다음의 절차를 따른다.

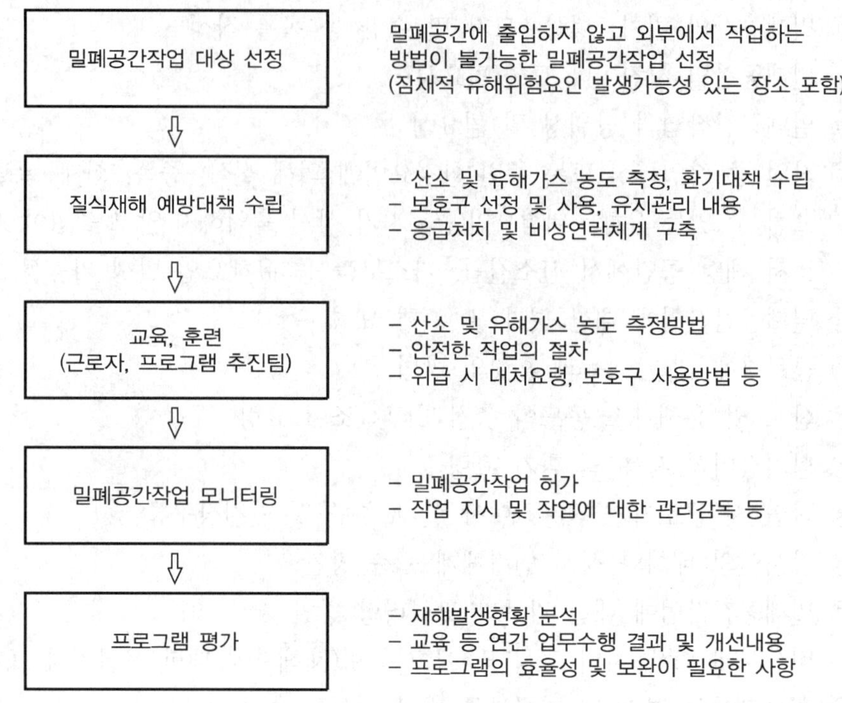

〈그림 3〉 밀폐공간작업 프로그램 추진절차

(4) 밀폐공간작업 프로그램의 평가

① 프로그램 수행 결과의 적정성을 주기적으로 평가(최소 2년에 1회 이상)하고, 필요한 경우에는 적절한 조치를 하여야 한다.

② 프로그램의 평가에는 다음의 사항이 포함되어야 한다.

　㉠ 밀폐공간 허가절차의 적정성

　㉡ 유해가스 측정방법 및 결과의 적정성

　㉢ 환기대책 수립의 적합성

　㉣ 공기호흡기 등 보호구의 선정, 사용 및 유지관리의 적정성

　㉤ 응급처치체계 적정 여부

　㉥ 근로자에 대한 교육 · 훈련의 적정성 등

(5) 밀폐공간작업 프로그램의 기록 · 보관 등

① 프로그램을 수립 · 시행한 경우에는 해당 프로그램을 문서로 작성하여 보관하여야 한다.

② ①에 따른 기록 · 보관 프로그램에는 다음의 사항이 포함되어야 한다.

    ㉠ 밀폐공간작업 허가서

    ㉡ 유해가스 측정결과

    ㉢ 환기대책 수립의 세부내용

    ㉣ 보호구 지급 · 착용 실태

    ㉤ 밀폐공간작업 프로그램 평가자료 등

③ 프로그램을 수립 · 시행하는 경우에는 해당 프로그램의 수립, 프로그램 평가서의 작성 등 적절한 운영을 위하여 보건관리자 또는 관리감독자 등 관계자를 밀폐공간작업 프로그램 관리자로 지정하여야 한다.

04 밀폐공간작업 허가

(1) 밀폐공간 내에서 작업을 수행하려는 근로자나 작업 지휘자는 작업을 시작하기 전에 사업장의 허가자로부터 밀폐공간 작업허가서를 발급받은 후 해당 장소에 출입하여 작업을 수행하여야 한다.

(2) 허가자는 다음 내용을 확인 후 근로자의 유해 · 위험에 노출될 우려가 없거나 해당 유해 · 위험에 충분히 대처할 수 있다고 판단된 경우에만 밀폐공간 작업허가서를 발급하여야 한다.

① 출입 일시 및 출입의 개시와 예상 종료시간

② 출입의 목적 및 작업의 내용

③ 작업장소 및 출입구의 위치(필요시 도면 첨부)

④ 관계자 외 출입금지 표지의 부착 여부

⑤ 근로자, 감시인 및 관리감독자의 특별안전보건교육 이수 여부

⑥ 근로자, 감시인 및 관리감독자의 배치방안

⑦ 출입 근로자에 대한 명단과 출입 시 인원 확인방법

⑧ 출입 전 및 작업 중 산소 및 유해가스 농도 측정결과 및 적정공기수준 유지를 위한 환기방법

⑨ 작업 중 불활성 기체 또는 유해가스의 누출, 발생 가능성 검토 및 유입 방지조치

⑩ 사용할 기계기구 및 장비에 대한 안전조치

⑪ 작업공간에 대한 환기방안

⑫ 방폭형 장비의 필요성과 확보방법(환기장치 포함)

⑬ 작업 시 착용해야 할 보호구 및 안전장구의 종류 및 사용법 교육 여부

⑭ 근로자, 감시인 및 관리감독자와의 상호 연락방안

⑮ 위급 시 조치 및 응급처치 요령

⑯ 비상사태 발생 시의 연락체계

⑰ 기타 근로자의 안전 및 건강보호를 위한 조치

(3) 발급받은 밀폐공간작업 허가서는 해당 밀폐공간작업이 종료될 때까지 해당 작업장의 출입구 근처의 근로자가 보기 쉬운 장소에 게시하여야 한다.

(4) 밀폐공간작업에 종사한 근로자나 관리감독자는 밀폐공간작업이 종료된 후 즉시 허가서를 허가자에게 반납한다.

05 밀폐공간작업

(1) 밀폐공간작업의 절차

① 사업주는 근로자가 밀폐공간작업을 수행하는 경우 근로자의 안전과 건강확보를 위해 〈그림 4〉의 작업절차를 준수하도록 하고, 작업 책임자나 관리자로 하여금 필요한 감독을 수행하도록 조치하여야 한다. 동 절차는 사업장 및 밀폐공간작업의 종류 등에 따라 적절히 조정하여 적용한다.

② 밀폐공간작업이 동일 사업장의 여러 부서와 회사가 관련된 경우, 작업 시 사전 위험정보 제공, 작업의 시작시간, 작업 또는 작업장 간 연락방법, 재해발생 위험 시 대피방법 등 유해·위험의 체계적 관리를 위한 수단을 작업 전에 강구하여야 한다.

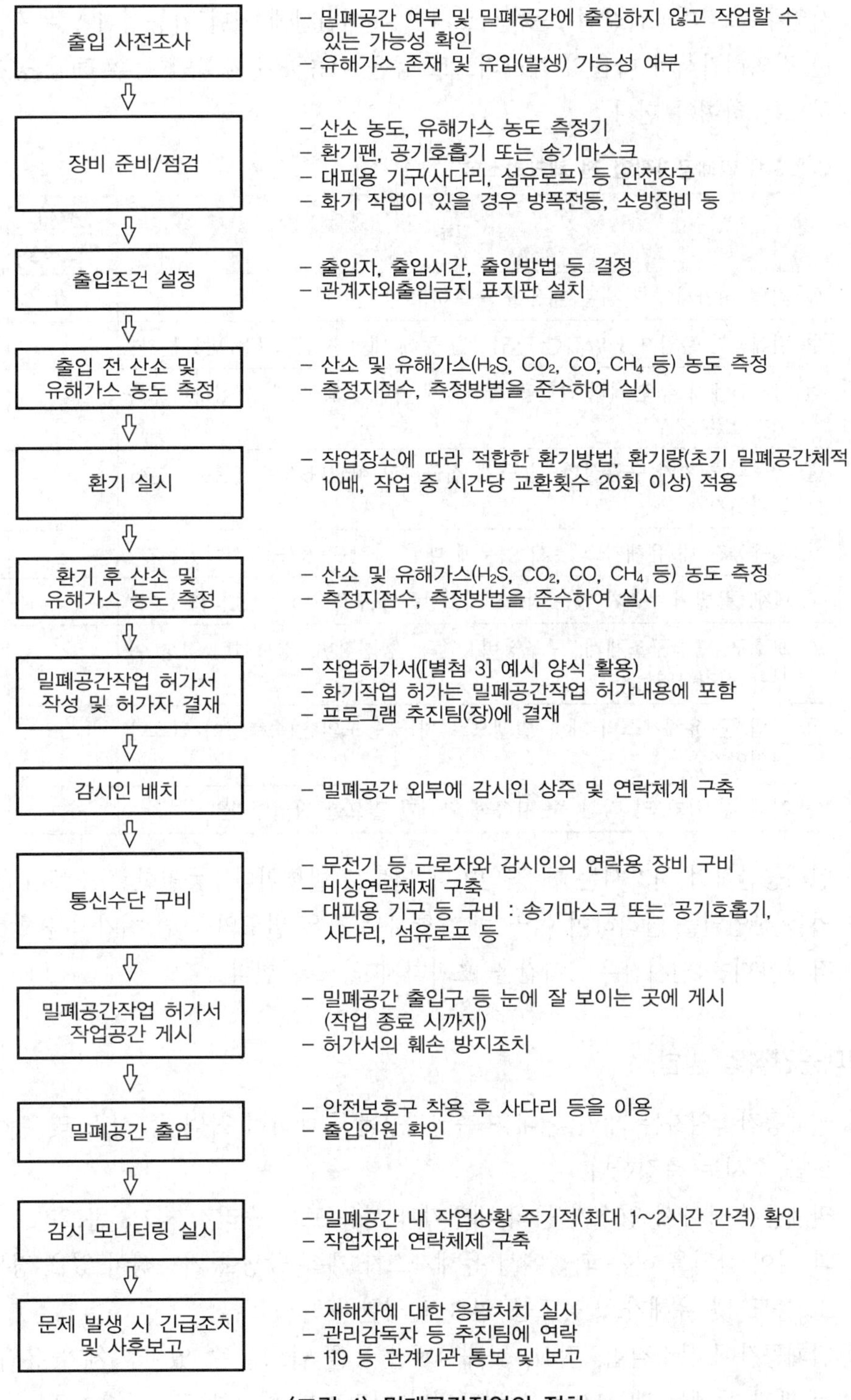

〈그림 4〉 밀폐공간작업의 절차

③ 사업주는 밀폐공간작업 도중 근로자가 유해위험에 처할 가능성이 없는지를 밀폐공간 작업허가서와 다음의 체크리스트 등을 이용하여 재확인한 후 해당 공간에 출입하도록 하여야 한다.

○ [표 1] 밀폐공간작업 전 체크리스트

확인사항	확 인 (✓ 표)	비 고
① 작업 허가서에 기재된 내용을 충족하고 있는가?		
② 밀폐공간 출입자가 안전한 작업방법 등에 대한 사전교육을 받았는가?		
③ 감시인에게 각 단계의 안전을 확인하게 하며 작업 수행 중 상주하도록 조치하였는가?		
④ 입구의 크기가 응급상황 시 쉽게 접근하고 빠져나올 수 있는 충분한 크기인가?		
⑤ 밀폐공간 내 유해가스 존재 여부에 대한 사전 측정을 실시하였는가?		
⑥ 화재·폭발의 우려가 있는 장소인가? 방폭형 구조장비는 준비되었는가?		
⑦ 보호구, 응급구조체계, 구조장비, 연락·통신장비, 경보설비 정상 여부를 점검하였는가?		
⑧ 작업 중 유해가스의 계속 발생으로 가스 농도의 연속측정이 필요한 작업인가?		
⑨ 작업 전 환기 및 작업 중 지속적 환기가 필요한 작업인가?		

④ 밀폐공간작업 허가서는 매 작업마다 별도로 발행한다. 동일한 장소에서 동일한 작업을 작업일을 달리하여 여러 번 수행하는 경우 별도의 작업 허가서를 발행하고 각각의 1회 작업시간은 8시간을 초과하지 않도록 한다.

(2) 밀폐공간작업 방법

① 밀폐공간작업자는 개인 휴대용 측정기구를 휴대하여 작업 중 산소 및 유해가스 농도를 수시로 측정한다.

② 밀폐공간 내에서 양수기 등의 내연기관 사용 또는 슬러지 제거, 콘크리트 양생작업과 같이 작업을 하는 과정에서 유해가스가 계속 발생할 가능성이 있을 경우에는 산소 농도 및 유해가스 농도를 연속 측정한다.

③ 밀폐공간에 산소결핍, 질식, 화재·폭발 등을 일으킬 수 있는 기체가 유입될 수 있는 배관 등에는 밸브나 콕을 잠그거나 차단판을 설치하고 잠금장치 및 임의개방을 금지하는 경고표지를 부착한다.

④ 화재·폭발의 위험성이 있는 장소에서는 방폭형 구조의 기계기구와 장비를 사용하여야 한다.

⑤ 밀폐공간작업자는 휴대용 측정기구가 경보를 울리면 즉시 밀폐공간을 떠나고 감시인은 모든 출입자가 작업현장에서 떠나는 것을 확인하여야 한다.

⑥ 작업현장 상황이 구조활동을 요구할 정도로 심각할 때 출입자는 밀폐공간 외부에 배치된 감시인으로 하여금 즉시 비상구조 요청을 하도록 한다.

⑦ 밀폐공간작업 관리감독자는 밀폐공간작업 수행 중에 주기적으로 작업의 진행사항과 근로자 안전 여부를 확인하여야 한다. 이 경우 확인주기는 최대 1~2시간 간격으로 한다.

⑧ 밀폐공간작업 중 재해자가 발생한 경우 구조를 위해서는 송기마스크 또는 공기호흡기 등 안전조치 없이 절대로 밀폐공간에 들어가지 않는다.

(3) 밀폐공간작업 근로자의 준수사항

① 작업근로자는 유해가스의 존재 여부 확인 등 밀폐공간작업 특별안전보건교육에서 습득한 제반 안전작업 수칙을 준수하여야 한다.

② 작업 도중 휴대한 측정기가 정상적으로 작동하는지 수시로 확인하고 정상 작동되지 않는 경우 즉시 감시인에게 알리고 작업장소를 벗어나야 한다.

③ 밀폐공간작업 도중 유해가스의 발생이나 화재·폭발 등 유해·위험상황을 인지한 경우 동료 인근 근로자와 감시인에게 즉시 전파하고 작업장소를 벗어나야 한다.

④ 관리자나 감시인의 허가 없이 작업장에 출입하지 않아야 한다. 계획된 작업이 필요에 따라 일시 중단되어 밀폐공간을 떠난 후 동일한 작업을 위해 재진입하는 경우에도 동일하다.

⑤ 밀폐공간 내 작업장에 적정공기 수준의 환기가 이루어지고 있는 경우 해당 장치의 정상 작동 여부를 수시로 확인한다.

⑥ 밀폐공간 내에서는 내연기관(특히 휘발유를 사용하는 것)의 사용을 자제한다. 작업 특성상 내연기관 사용이 불가피한 경우 사용시간을 최소화하고 일산화탄소 등 유해가스의 농도를 수시로 측정하여야 한다.

⑦ 지급된 보호구와 안전장구류를 기준에 따라 착용하여야 한다.

⑧ 공기호흡기를 착용하고 작업이나 구조활동을 하는 경우 공기부족을 알리는 경보가 울리면 즉시 해당 공간을 떠나야 한다.

06 산소 및 유해가스 농도의 측정

(1) 측정자

밀폐공간에 대한 산소 및 유해가스 농도 측정은 다음의 사람이나 기관의 전문가가 실시하여야 한다.

① 관리감독자
② 안전관리자 또는 보건관리자
③ 안전관리전문기관
④ 보건관리전문기관
⑤ 지정측정기관

(2) 측정시기

밀폐공간작업을 수행하기 위해서는 다음과 같은 시기에 측정을 실시하되 필요한 경우 추가로 측정을 실시하여야 한다.

① 당일의 작업을 개시하기 전
② 교대제로 작업을 하는 경우, 작업 당일 최초 교대 후 작업을 시작하기 전
③ 작업에 종사하는 전체 근로자가 작업을 하고 있던 장소를 떠난 후 다시 돌아와 작업을 시작하기 전
④ 근로자의 건강, 환기장치 등에 이상이 있을 때
⑤ 유해가스의 발생 우려가 있는 경우에는 수시로 측정

(3) 측정지점

밀폐공간 내에서는 비교적 공기의 흐름이 원활하게 일어나지 않아 같은 장소에서도 위치에 따라 현저한 농도 차이가 나타날 수 있으므로 측정은 다음의 지점에서 실시하여야 한다.

① 작업장소는 수직방향 및 수평방향으로 각각 3개소 이상
② 작업에 따라 근로자가 출입하는 장소로서 작업 시 근로자의 호흡 위치를 중심으로 측정

(4) 측정방법

밀폐공간작업을 할 때는 다음의 측정기준에 따라 유해가스 농도를 측정하여야 한다.

① 휴대용 유해가스농도측정기 또는 검지관을 이용

② 탱크 등 깊은 장소의 농도를 측정하는 경우에는 고무호스나 PVC로 된 채기관을 사용(채기관은 1m마다 작은 눈금으로, 5m마다 큰 눈금으로 표시를 하여 동시에 깊이를 측정함)

③ 유해가스를 측정하는 경우에는 면적 및 깊이를 고려하여 밀폐공간 내부를 골고루 측정(근로자가 밀폐공간 내부에 진입하여 측정하는 경우 반드시 송기마스크 또는 공기호흡기 등을 착용)

④ 긴 채기관을 이용하여 유해가스를 채취하는 경우에는 채기관의 내부 용적 이상의 피검공기로 완전히 치환 후 측정

(5) 산소 및 유해가스의 판정기준

산소 및 유해가스의 수준은 다음의 기준을 참조하되 판정기준은 한 밀폐공간의 여러 위치에서 측정된 농도 중 최고치를 적용하여 판정하여야 한다.

◐ [표 2] 산소 및 유해가스별 기준농도

측정가스	기준농도
산소(O_2)	18%~23.5%
탄산가스(CO_2)	1.5% 미만
황화수소(H_2S)	10ppm 미만
일산화탄소(CO)	30ppm 미만
가연성 가스, 증기 및 미스트	폭발하한의 10% 미만
공기와 혼합된 가연성 분진을 포함하는 공기	폭발하한 농도 미만
인화성 물질	가연하한의 25% 미만

(6) 측정을 위한 조건

정확한 산소 및 유해가스 농도 측정을 위해서는 다음 사항을 준수한다.

① 밀폐공간을 보유한 사업주 또는 협력업체 사업주는 밀폐공간 내 유해가스 특성에 맞는 적절한 측정기를 선택하여 갖추어 두어야 한다.

② 측정기는 유지보수관리를 통하여 정확도, 정밀도를 유지하여야 한다.

③ 측정기의 사용 및 취급방법, 유지 및 보수방법을 충분히 습득하여야 한다.

④ 유해가스농도측정기를 사용할 때에는 측정 전에 기준농도, 경보설정농도를 정확하게 교정하여야 한다.

(7) 농도 측정 시 유의사항

산소 및 유해가스 농도 측정자는 다음 사항에 주의하여야 한다.
① 측정자는 측정방법을 충분하게 숙지
② 측정 시 측정자는 공기호흡기와 송기마스크 등 호흡용 보호구를 필요시 착용
③ 긴급사태에 대비 측정자의 보조자를 배치하도록 하고, 보조자도 측정자와 같은 보호구를 착용하고 구명밧줄을 준비
④ 측정에 필요한 장비 등은 방폭형 구조로 된 것을 사용

07 밀폐공간에서의 환기

산소결핍 또는 유해가스가 존재 가능한 밀폐공간에서 작업하는 경우 적정공기 상태가 유지되도록 하기 위해서 환기가 필수적이며 환기를 위한 방법은 다음과 같다.

(1) 환기 기준 및 절차

① 밀폐공간작업 시작 전에는 밀폐공간 체적의 10배 이상 외부의 신선한 공기로 환기하고, 적정공기 상태를 확인한 후 출입하며, 작업을 하는 동안에는 적정한 공기가 유지되도록 계속하여 환기(시간당 공기교환횟수 20회 이상)해야 하며, 송풍기 용량을 갖춘 환기팬을 구비한다.
② 밀폐공간을 보유한 사업주 또는 협력업체 사업주는 환기팬을 보유하고, 밀폐공간 작업 시 적정공기 상태 유지를 위한 환기를 다음과 같이 조치한다.
㉠ 밀폐공간 내 유해공기가 완전히 제거 전까지는 출입 금지 조치한다.
㉡ 환기팬에 송풍관(덕트)을 연결하여 작업자 위치 주변에 위치한다.
㉢ 작업 전(前)에는 구비된 환기팬으로 15분 이상 급기한다.
㉣ 작업을 시작하기 전에 산소 및 유해가스 농도를 측정하고 이상이 있는 경우 추가로 환기하거나 송기마스크 착용 등 작업자 보호조치를 한다.
㉤ 작업 중(中)에는 구비된 환기팬을 작업 종료 시까지 계속 가동한다.
㉥ 밀폐공간 내 유해성 확인을 위해 주기적으로 산소 및 유해가스 농도를 측정한다.
㉦ 산소 및 유해가스 농도 측정 시 이상이 있는 경우 즉시 대피한다.
㉧ 밀폐공간작업 재개 시 밀폐공간작업 프로그램에 의한 재평가를 실시한다.

    ⓩ 환기에 의한 적적공기 상태 유지가 어려운 경우 송기마스크 착용 등 별도의 작업자 보호조치를 시행한다.

    ⓩ 사업주는 상기 내용을 문서화해야 한다.

(2) 환기장치 선정기준

① 환기팬의 정압은 40mmAq 이상, 송풍관(덕트) 길이는 환기팬 제조사에서 제시한 길이를 초과하지 않는다.

② 환기팬 제조사에서 제시한 송풍관(덕트) 길이가 없는 경우 덕트 길이는 15미터를 넘기지 않도록 한다.

(3) 환기장치의 점검사항

① 이동식 송풍기

    ㉠ 전원코드의 단선, 접속부의 접촉 불량 유무

    ㉡ 코드와 단자상과의 접속상태 불량 유무

    ㉢ 코드의 끝에 "환기중·정지" 등의 표시판 부착 유무

② 송풍관

    ㉠ 연소에 의한 구멍이나 파열 유무

    ㉡ 링, 나선의 손상 유무

    ㉢ 접속부의 확실한 고정 여부

(4) 환기장치에 의한 환기량 계산

① 밀폐공간작업 공간의 체적을 계산하여, 분(min)당 체적의 40%에 해당하는 용량의 환기팬을 구비한다.

    ※ 체적의 40% 기준은 작업 중 시간당 공기교환횟수 20회 기준에 환기팬 효율 약 80%를 적용하여 산정

② 작업 전에는 ①에 의거 구비된 환기팬을 30분간 급기하고, 작업 종료 시까지 환기팬을 계속 가동한다.

(5) 환기장치에 의한 환기 시 주의사항

① 사업주는 근로자가 밀폐공간에서 작업을 하는 경우에 작업을 시작하기 전과 작업 중에 해당 작업장을 적정공기 상태가 유지되도록 환기하여야 한다.

② 불활성기체의 누출 유입 및 황화수소 발생 등 밀폐공간 내부의 산소 농도 및 유해가스 농도가 급격하게 변할 수 있는 장소에는 환기절차와 함께 공기호흡기 또는 송기마스크 착용 등 추가로 작업자 보호조치를 해야 한다.

③ 폭발위험지역 내에서는 방폭형 구조를 사용하되, 폭발이나 산화 등의 위험으로 인하여 환기를 실시할 수 없거나 작업의 성질상 환기가 매우 곤란하여 근로자에게 공기호흡기 또는 송기마스크를 지급하고 착용하도록 하는 경우 환기를 실시하지 아니할 수 있다.

④ 작업 전 및 작업 중에는 유해가스의 농도가 기준농도를 넘어가지 않도록 외부의 공기를 밀폐공간 내로 불어넣는 급기방식으로 충분한 환기를 실시하되, 지하관로 · 배관 내부 등 급기로 인해 오염된 공기가 주변으로 확산될 우려가 있거나 선박 건조 시 블록(BLOCK) 내부작업 등 밀폐공간 체적이 넓거나 구조가 복잡한 경우에는 배기 또는 급 · 배기 방식을 적용할 수 있다.

⑤ 정전 등에 의하여 환기가 중단되는 등 응급상황 발생 시 작업 근로자는 즉시 밀폐공간 외부로 대피할 수 있어야 한다.

⑥ 밀폐공간의 환기 시에는 급기구와 배기구를 적절하게 배치하여 작업장 내 환기가 효과적으로 이루어지도록 하여야 한다.

⑦ 급기구는 작업 근로자 가까이에서 작업 근로자를 등지고 설치한다.

⑧ 송풍관(덕트)은 가급적 구부리는 부위가 적게 하고, 용접불꽃 등에 의한 구멍이 나지 않도록 난연재질을 사용한다.

08 　보호구

(1) 호흡용 보호구

밀폐공간 출입작업 시 다음 장소와 같이 환기할 수 없거나 환기가 불충분한 경우로서 단기간 작업이 가능한 경우에는 공기호흡기 또는 송기마스크를 반드시 착용하고 출입하여야 한다. 이 경우 방진마스크 또는 방독마스크 착용은 금지되어야 한다.

- 수도나 도수관 등으로 깊은 곳까지 환기가 되지 않는 경우
- 탱크와 화학설비 및 선박의 내부 등 구조적으로 충분히 환기시킬 수 없는 경우
- 재해 시의 구조 등과 같이 충분히 환기시킬 시간적인 여유가 없는 경우

① 공기호흡기

공기호흡기는 한정된 공기통의 용량 때문에 사용시간이 비교적 제한되어 있으므로 밀폐공간에서의 임시 혹은 단기간 작업이나 재해 발생 시 구조용으로 사용한다.

ㄱ 공기호흡기를 사용할 경우에는 사용 전에 다음 사항을 점검하여야 한다.
   ⓐ 봄베의 잔류압 검사
   ⓑ 고압 연결부의 검사
   ⓒ 면체와 흡기관 및 호기밸브의 기밀검사
   ⓓ 폐력밸브와 압력계 및 경보기의 동작검사

ㄴ 공기호흡기는 다음과 같은 방법으로 사용한다.
   ⓐ 먼저 봄베를 등에 지고 겨드랑이 끈을 당겨서 조정한 다음 가슴끈과 허리끈을 몸에 맞게 조정하여야 한다.
   ⓑ 마스크를 쓰게 되면 좌우 4개의 끈을 1조씩 동시에 당겨서 밀착시킨다.
   ⓒ 흡기관을 두 겹으로 강하게 잡고, 숨을 들이쉬어 기밀을 확인하여야 한다.
   ⓓ 압력계의 지시치가 $30kg/cm^2$ 이하로 내려가거나 경보기가 울리게 되면 곧바로 작업을 중지하고 유해가스가 없는 안전한 위치로 되돌아온다.
   ⓔ 안전한 위치로 되돌아오면 마스크를 벗고 공기탱크를 교환하여야 한다. 공기탱크의 교환 시에는 잔류압을 확인하여야 한다.
   ⓕ 봄베(압력용기)의 사용 연한을 고려하여 주기적으로 검사를 받아야 한다.

③ 송기마스크

송기마스크는 활동범위에 제한을 받고 있지만, 가볍고 유효 사용시간이 길어짐으로 일정한 장소에서 장시간 밀폐공간작업 시 주로 이용한다.

ㄱ 전동 송풍기식 호스마스크
   ⓐ 송풍기는 유해가스, 악취 및 먼지가 없는 장소에 설치하여야 한다.
   ⓑ 전동 송풍기는 장시간 운전하면 필터에 먼지가 끼므로 정기적으로 점검하여야 한다.
   ⓒ 전동 송풍기를 사용할 때에는 접속전원이 단절되지 않도록 코드 플러그에 반드시 "송기마스크 사용 중"이란 표시를 하여야 한다.
   ⓓ 전동 송풍기는 통상적으로 방폭구조가 아니므로 폭발하한을 초과할 우려가 있는 장소에서는 사용하지 않는다.
   ⓔ 정전 등으로 인하여 공기공급이 중단되는 경우에 대비하여야 한다.

ⓛ 에어라인 마스크

전동 송풍기식에 비하여 상당히 먼 곳까지 송기할 수 있으며, 송기호스가 가늘
고 활동하기도 쉬우므로 유해가스가 발생하는 장소에서 주로 사용한다.

ⓐ 공급되는 공기 중의 분진, 오일, 수분 등을 제거하기 위하여 에어라인에 여
과장치를 설치하여야 한다.

ⓑ 정전 등으로 인하여 공기공급이 중단되는 경우에 대비하여야 한다.

(2) 안전보호구

① 탱크나 맨홀과 같이 사다리를 사용하여 내부로 내려가야 하는 경우에는 안전대, 구
조용 삼각대나 그 밖의 구명밧줄 등을 사용하여 안전을 확보하여야 한다.

② 비상시에 작업 근로자를 피난시키거나 구출하기 위하여 안전대, 구조용 삼각대, 사
다리, 구명밧줄 등 필요한 용구를 준비하고 이것의 사용방법을 작업 근로자가 자세
히 알도록 하여야 한다.

09 응급처치

응급처치방법의 전반적인 내용은 KOSHA GUIDE H-57-20172021 "현장 응급처치
의 원칙 및 관리 지침"과 KOSHA GUIDE H-59-20172021 "현장 심폐소생술 시행 지
침"을 따른다.

10 안전보건 교육 및 훈련의 실시

(1) 밀폐공간에서 작업하는 관리감독자, 근로자는 다음의 내용을 포함하는 안전보건교육
을 작업을 시작할 때마다 사전에 실시하여야 한다.

① 작업하려는 밀폐공간 내 유해가스의 종류, 유해 · 위험성
② 유해가스의 농도 측정에 관한 사항
③ 송기마스크 또는 공기호흡기의 착용과 사용방법에 관한 사항
④ 환기설비 가동 등 안전한 작업방법에 관한 사항

⑤ 사고 발생 시 응급조치 요령

⑥ 구조용 장비 미착용 시 구조 금지 등 비상시 구출에 관한 사항

⑦ 그 밖의 안전보건상의 조치 등

(2) 밀폐공간작업에 대한 교육 시에는 최신의 교육자료를 준비하여 실습 위주의 교육으로 관리감독자 및 근로자가 자세히 알 수 있도록 하여야 한다.

◗ [별표 1] 밀폐공간(안전보건규칙 제618조 및 별표 18)

1. 다음의 지층에 접하거나 통하는 우물·수직갱·터널·잠함·피트 또는 그 밖에 이와 유사한 것의 내부
   가. 상층에 물이 통과하지 않는 지층이 있는 역암층 중 함수 또는 용수가 없거나 적은 부분
   나. 제1철염류 또는 제1망간염류를 함유하는 지층
   다. 메탄·에탄 또는 부탄을 함유하는 지층
   라. 탄산수를 용출하고 있거나 용출할 우려가 있는 지층
2. 장기간 사용하지 않은 우물 등의 내부
3. 케이블·가스관 또는 지하에 부설되어 있는 매설물을 수용하기 위하여 지하에 부설한 암거·맨홀 또는 피트의 내부
4. 빗물·하천의 유수 또는 용수가 있거나 있었던 통·암거·맨홀 또는 피트의 내부
5. 바닷물이 있거나 있었던 열교환기·관·암거·맨홀·둑 또는 피트의 내부
6. 장기간 밀폐된 강재(鋼材)의 보일러·탱크·반응탑이나 그 밖에 그 내벽이 산화하기 쉬운 시설(그 내벽이 스테인리스강으로 된 것 또는 그 내벽의 산화를 방지하기 위하여 필요한 조치가 되어 있는 것은 제외한다)의 내부
7. 석탄·아탄·황화광·강재·원목·건성유(乾性油)·어유(魚油) 또는 그 밖의 공기 중의 산소를 흡수하는 물질이 들어있는 탱크 또는 호퍼(hopper) 등의 저장시설이나 선창의 내부
8. 천장·바닥 또는 벽이 건성유를 함유하는 페인트로 도장되어 그 페인트가 건조되기 전에 밀폐된 지하실·창고 또는 탱크 등 통풍이 불충분한 시설의 내부
9. 곡물 또는 사료의 저장용 창고 또는 피트의 내부, 과일의 숙성용 창고 또는 피트의 내부, 종자의 발아용 창고 또는 피트의 내부, 버섯류의 재배를 위하여 사용하고 있는 사일로(silo), 그 밖에 곡물 또는 는 사료종자를 적재한 선창의 내부
10. 간장·주류·효모 그 밖에 발효하는 물품이 들어있거나 들어있었던 탱크·창고 또는 양조주의 내부
11. 분뇨, 오염된 흙, 썩은 물, 폐수, 오수, 그 밖에 부패하거나 분해되기 쉬운 물질이 들어있는 정화조·침전조·집수조·탱크·암거·맨홀·관 또는 피트의 내부
12. 드라이아이스를 사용하는 냉장고·냉동고·냉동화물자동차 또는 냉동컨테이너의 내부
13. 헬륨·아르곤·질소·프레온·탄산가스 또는 그 밖의 불활성기체가 들어있거나 있었던 보일러·탱크 또는 반응탑 등 시설의 내부
14. 산소 농도가 18퍼센트 미만 또는 23.5퍼센트 이상, 탄산가스 농도가 1.5퍼센트 이상, 일산화탄소 농도가 30피피엠 이상 또는 황화수소 농도가 10피피엠 이상인 장소의 내부
15. 갈탄·목탄·연탄 난로를 사용하는 콘크리트 양생장소(養生場所) 및 가설숙소 내부
16. 화학물질이 들어있던 반응기 및 탱크의 내부
17. 유해가스가 들어있던 배관이나 집진기의 내부
18. 근로자가 상주(常住)하지 않는 공간으로서 출입이 제한되어 있는 장소의 내부

SECTION 45

전리방사선 노출 근로자 건강관리 지침
(KOSHA GUIDE, H-62-2021)

01 용어의 정의

(1) "선량한도"

외부에 피폭하는 방사선량과 내부에 피폭하는 방사선량을 합한 피폭방사선량의 상한값을 말한다.

(2) "유효수준한도"

방사선에 연속 피폭될 경우, 합리적인 근거에 의해서도 피폭이 용인되지 않는 선량을 말한다.

(3) "등가선량"

인체의 피폭선량을 나타낼 때, 흡수선량에 해당하는 방사선의 방사선 가중치를 곱한 양. 즉 조직 또는 장기에 흡수되는 방사선의 종류와 에너지에 따라 다르게 나타나는 생물학적 영향을 동일한 선량값으로 나타내기 위하여 방사선 가중치를 고려하여 보정한 흡수선량을 말한다.

(4) "전리방사선"

전자파 또는 입자선 중 원자에서 전자를 떼어내어 주위의 물질을 이온화시킬 수 있는 능력을 가진 것으로서 알파선, 중양자선, 양자선, 베타선 그 밖의 중하전 입자선, 중성자선, 감마선, 엑스선 등의 에너지를 가진 입자나 파동을 말한다.

(5) "방사성물질"

원자핵 분열 생성물 등 방사선을 방출하는 방사능을 가지는 물질을 말한다.

(6) "방사성동위원소"

방사선을 방출하는 동위원소와 그 화합물을 말한다.

(7) "방사선발생장치"

하전입자를 가속시켜 방사선을 발생시키는 장치를 말한다.

(8) "방사선관리구역"

방사선에 노출될 우려가 있는 업무를 행하는 장소를 말한다.

02 전리방사선의 종류와 방사선 발생장치

전리방사선의 종류와 방사선 발생장치의 종류는 [표 1]과 같다.

◐ [표 1] 전리방사선의 종류와 방사선 발생장치

전리방사선의 종류 (산업안전보건기준에 관한 규칙 제573조)	방사선 발생장치 (원자력안전법 시행령 제8조)
1. 알파선, 중양자선, 양자선, 베타선 그 밖의 중하전 입자선 2. 중성자선 3. 감마선 및 엑스선 4. 5만 전자볼트 이상(엑스선 발생장치의 경우 5천 전자볼트 이상)의 에너지를 가진 전자선 * 1항, 2항은 입자선 방사성물질 ** 3항, 4항은 전자파	"방사선 발생장치"라 함은 하전입자를 가속시켜 방사선을 발생시키는 장치로서 1. 엑스선 발생장치 2. 사이크로트론 3. 신크로트론 4. 신크로사이크로트론 5. 선형가속장치 6. 베타트론 7. 반·데 그라프형 가속장치 8. 콕크로프트·왈톤형 가속장치 9. 변압기형 가속장치 10. 마이크로트론 11. 방사광가속기 12. 가속이온주입기 13. 그 밖에 위원회가 정하여 고시하는 것

03 전리방사선 노출 위험이 높은 업종 또는 작업

전리방사선 노출 위험이 높은 업종 또는 작업은 [표 2]와 같다.

◆ [표 2] 전리방사선 노출 위험이 높은 업종 또는 작업

구 분	업종 또는 작업
산업체	• 비행기 조종사 및 승무원 • 음극선관 제조 • 전자현미경 제조 • 화재경보기 제조 • 가스누출경보기 제조 • 고전압 진공튜브 제조 • 형광투시경(fluoroscope) 작업 • 방사선을 이용한 검사, 계측 • 식품 등 살균작업 • 원자력반응기 운전 • 원유 파이프라인 계측 및 용접 • 레이더, 텔레비전, X-선 튜브 제조 • 토륨-알루미늄, 토륨-마그네슘 합금 제조 • 지하 금속광산 작업 • 방사성 핵종 함유 광석을 이용한 제조 • 비파괴검사
의료기관	• 방사선 기사 및 보조원 • 영상의학과 의사 • 치료용 방사성 동위원소 노출 근로자 • 치과 엑스선 노출 근로자 • 동물병원 엑스선 노출 근로자
연구기관	• 라듐 연구실 종사자 • 전자현미경 검사 • 기타 연구용 방사성 동위원소 및 방사선 발생장치 • 화학자, 생물학자
교육기관	• 전자현미경 검사 • 기타 연구용 방사성 동위원소 및 방사선 발생장치
공공기관	• 세관 수하물 투시 검사 • 공항의 투시 검사 • 우편물 투시 검사 • 가스, 상수도 업무 관련 • 검역 업무 관련
군사기관	군대 내에서 사용하는 각종 방사성 동위원소 및 방사선 발생장치 관련자

04 전리방사선의 체내 작용기전

(1) 노출경로

① 외부 노출은 외부에 있는 방사선원(감마선과 중성자선)에 의하며 눈과 피부에 영향을 미친다.

② 내부 노출은 흡입, 섭취되거나 피부를 통해 흡수된 방사성 물질(알파선)에 의하며 내부 조직에 영향을 줄 수 있다.

(2) 체내 작용기전

① 직접작용

전리방사선에 의하여 세포의 생명과 기능에 결정적 역할을 하는 DNA 분자의 손상이 일어난다. 이렇게 방사선이 원자 물리적 작용에 의해 DNA를 공격하고 손상시키는 것을 직접작용이라고 한다.

② 간접작용

전리방사선에 의해 생성된 라디칼(free radical) 등 화학적 부산물이 DNA를 공격하여 손상을 입히는 경우를 간접작용이라고 한다.

05 전리방사선에 의한 건강영향

(1) 전리방사선 노출에 의해 세포의 사멸이 일어나고 그로 인한 건강 영향이 나타나는 데에는 일정 수준의 노출량을 넘어서야 하는데, 이 수준을 역치라고 부른다. 단기간에 일정한 역치를 초과하는 노출이 있을 때 거의 필연적으로 건강 영향이 나타나는 것을 결정적 영향이라고 부른다.

(2) 전리방사선 노출에 의해 발생한 돌연변이 세포가 암세포로 발전하는 과정은 확률적인 우연성을 따르게 되는데 이를 확률적 영향이라고 한다. 확률적 영향은 그 발생확률이 노출선량에 비례하며 결정적 영향의 경우와는 달리 역치가 없는 것으로 간주된다. 즉, 작은 선량에서도 그 선량에 비례하는 만큼의 발생 위험(확률)이 뒤따른다고 본다.

(3) 결정적 영향

① 피부

피부 발적, 괴사 등

② 골수와 림프계

림프구 감소증, 과립구 감소증, 혈소판 감소증, 적혈구 감소증 등

③ 소화기계

장 상피 괴사에 의한 궤양 등

④ 생식기계

정자 수 감소, 불임 등

⑤ 눈

수정체 혼탁 등

⑥ 호흡기

폐렴, 폐섬유증 등

(4) 확률적 영향

① 암 발생

백혈병 등 암 발생 위험이 증가

② 태아의 성장 발달

지능 저하와 기형 발생 위험 증가

06 전리방사선 노출 근로자의 건강관리

(1) 전리방사선 노출 근로자에 대하여 배치 전 및 주기적 건강진단을 실시하여 관찰하고
자 하는 주요 소견은 눈, 피부, 조혈기 장해와 관련된 증상, 징후 및 검사소견이다.

(2) 「원자력안전법」에 의한 "방사선 작업 종사자 건강진단"과 진단용 방사선 발생장치의
안전관리규칙에 의한 "방사선 관계 종사자 건강진단"을 받은 경우 전리방사선에 대한
특수건강진단을 받은 것으로 갈음한다.

(3) 전리방사선 노출 근로자의 건강진단주기, 건강진단항목, 산업의학적 평가 및 수시 건
강진단을 위한 참고사항은 '근로자 건강진단 실무 지침'을 참조한다.

07 응급조치

(1) 접촉

눈이나 피부에 노출된 경우 노출이 일어난 장소에서 응급조치가 시행될 수 있도록 방사성 동위원소 취급 작업장 내에 눈 및 피부 세척을 위한 시설이 갖추어져 있어야 한다. 고농도의 방사성 물질에 노출되었을 경우 응급조치는 다음과 같이 시행한다.

① 눈 접촉

다량의 소독수나 생리식염수로 세척하며, 내측 안각으로부터 머리 옆 관자놀이 방향으로 실시한다.

② 피부 접촉

㉠ 광범위하게 오염된 경우 의복을 탈의하고 샤워를 실시한다.

㉡ 미지근한 물과 비누로 솔을 이용하여 안부터 바깥쪽으로 부드럽게 닦는다.

(2) 흡입

① 다량의 방사성 물질을 흡입할 경우 오염이 되지 않은 물로 코와 입을 세척하고 즉시 신선한 공기가 있는 지역으로 이동시켜야 한다.

② 기침 유발 등 자연배출을 촉진하며, 즉시 의사의 치료를 받도록 한다.

(3) 섭취

구토제, 하제 복용 등 위장관 배출을 촉진시킨다.

(4) 응급조치 시행자의 보호

응급조치를 시행하는 자는 보호의 · 보호장갑 · 호흡용 보호구 등 보호구를 착용해야 한다.

(5) 응급조치 후 방사성 폐기물의 처리

① 응급조치 후 오염된 의복, 세척용수 등은 노출선량 추정을 위해 모아두어야 한다.

② 오염된 폐기물은 방사성 폐기물 전문 처리사업자를 통해 처리해야 한다.

08 전리방사선 노출 근로자의 건강장해 예방조치

(1) 노출기준

노출기준은 [표 3]과 같다. 노출선량이 연간 50mSV를 넘지 아니하여야 하며, 임의 연속된 5년 동안 누적 노출선량이 100mSv를 넘지 아니하여야 한다(「원자력안전법 시행령」 제2조 제4호 관련 [별표 1]).

● [표 3] 선량한도

구 분		방사선 작업 종사자	수시 출입자 및 운반 종사자	일반인
1. 유효선량한도		연간 50mSv를 넘지 아니하는 범위에서 5년간 100mSv	연간 12mSv	연간 1mSv
2. 등가선량한도	수정체	연간 150mSv	연간 15mSv	연간 15mSv
	손·발 및 피부	연간 500mSv	연간 50mSv	연간 50mSv

(2) 보호구 – 호흡용 보호구 및 기타 보호구

① 분말 또는 액체 상태의 방사성 물질에 오염된 지역 내에 근로자를 종사하도록 하는 때에는 적절한 개인 전용의 호흡용 보호구를 지급하고 착용하도록 하여야 한다.

② 방사성 물질의 흩날림 등으로 근로자의 신체가 오염될 우려가 있는 때에는 보호의·보호장갑·신발덮개·보호모 등의 보호구를 지급하고 착용하도록 하여야 한다. 대피 시에는 공기여과식 호흡보호구(유기가스용 정화통 및 전면형) 또는 공기호흡기(대피용)를 착용한다.

③ 호흡용 보호구는 한국산업안전보건공단의 검정("안" 마크)을 받은 것을 사용하여야 한다.

(3) 명칭 등의 게시 및 유해성 등의 주지

① 사업주는 방사선 발생장치 또는 기기에 대하여 다음 각 호의 구분에 따른 내용을 근로자가 보기 쉬운 장소에 게시하여야 한다.

　　㉠ 입자 가속장치

　　　　ⓐ 장치의 종류

　　　　ⓑ 방사선의 종류 및 에너지

      ⓛ 방사성 물질을 내장하고 있는 기기

         ⓐ 기기의 종류

         ⓑ 내장하고 있는 방사성 물질에 함유된 방사성 동위원소의 종류 및 양(단위 : 베크렐)

         ⓒ 당해 방사성 물질을 내장한 연월일

         ⓓ 소유자의 성명 또는 명칭

② 사업주는 전리방사선 노출 업무에 근로자를 종사하도록 하는 때에는 건강장해를 예방하기 위하여 방사선 관리구역을 지정하고 다음 각 호의 사항을 게시하여야 한다.

    ㉠ 방사선량 측정용구의 착용에 관한 주의사항

    ㉡ 방사선 업무상의 주의사항

    ㉢ 방사선 피폭 등 사고 발생 시의 응급조치에 관한 사항

    ㉣ 그 밖에 방사선 건강장해 방지에 필요한 사항

③ 사업주는 방사선 업무를 수행하는 데 필요한 관계 근로자 외의 자가 관리구역에 출입하는 것을 금지시켜야 한다.

④ 사업주는 방사선 업무에 근로자를 종사하도록 하는 때에는 전리방사선이 인체에 미치는 영향, 안전한 작업방법, 건강관리 요령 등에 관한 내용을 근로자에게 널리 알려야 한다.

(4) 위생관리

① 청소

사업주는 전리방사선을 취급하는 실내작업장, 휴게실 또는 식당 등에 대해서는 전리방사선으로 인한 오염을 제거하기 위하여 청소를 실시하여야 한다.

② 흡연 등의 금지

사업주는 방사성 물질 취급 작업실, 그 밖에 방사성 물질을 들여마시거나 섭취할 우려가 있는 작업장에 대하여는 근로자가 담배를 피우거나 음식물을 먹지 아니하도록 경고표시 등을 게시하여야 한다.

③ 세척시설 등

사업주는 전리방사선을 취급하는 작업에 근로자를 종사하도록 하는 때에는 세면 · 목욕 · 세탁 및 건조를 위한 시설을 설치하고 필요한 용품 및 용구를 비치하여야 한다.

부록

·

과년도
기출문제

www.cyber.co.kr

산업위생관리기술사

분야	안전관리	자격 종목	산업위생관리기술사	수험 번호		성명	

※ 각 교시마다 시험시간은 100분입니다.

제1교시

※ 다음 문제 중 10문제를 선택하여 설명하시오. (각 10점)

01 산업안전보건법에서 사업주는 화학물질 또는 화학물질을 함유한 제재를 제조 · 수입 · 사용 · 운반 또는 저장하고자 할 때에는 미리 주요사항을 기재한 자료(물질안전보건자료, MSDS)를 작성하여 취급근로자가 쉽게 볼 수 있는 장소에 게시 또는 비치하여야 할 주요 내용 4가지를 쓰시오.

02 석면의 대체섬유 중 인조유리질섬유(인조광물섬유) 4종류와 이에 따른 사용처를 쓰시오.

03 이소프로필알코올(IPA)을 세척제로 주로 사용하는 전자제품 가공공정에서 근로자가 150분 정도 노출되는 동안 작업공기 중 IPA의 농도가 $2,000\mu g/m^3$인 작업환경(경작업이며 폐 환기율 0.95m³/hr, 체내 잔류율은 자료 미비 조건)에서 체내 흡수량(Absorbed dose, mg)을 계산하시오.

$$체내\ 흡수량(mg) = C \times T \times R \times V$$

C(공기 중 유해물질 농도, mg/m^3), T(노출시간, hr), R(체내 잔류율), V(폐 환기율, m^3/hr)

04 포집된 분진의 시료분석에서 물리적 분석을 위한 광학현미경, 주사전자현미경(SEM) 및 투과전자현미경(TEM)의 분석 한계범위를 쓰고, 물질의 구성원소를 분석하게 되는 원소 분석에 사용되는 기기를 2가지만 쓰시오.

05 신체 호흡기계의 다양한 부위에 영향을 미치는 유해화학물질 중에서 상기도, 상기도 및 폐 조직 그리고 말단 호흡기관 및 폐포에 영향을 미치는 자극제를 각각 2종류를 쓰시오.

06 국소배기시설에서 적절한 송풍기를 선택할 수 있도록 먼저 파악해야 할 요인 5가지를 쓰시오.

07 생물학적 모니터링(Biological monitoring)을 실시할 때 시료 채취 시기를 기술하시오.

08 생물학적 모니터링 요검사에서 요비중과 크레아티닌을 이용하여 보정할 때 변환 공식을 기술하시오.

09 보호구의 구비조건에 대하여 5가지를 쓰시오.

10 지하 맨홀작업을 위하여 산소 농도를 점검해 본 결과 산소 농도가 17%로 측정되어 전동식 송기마스크를 사용하여 작업을 하고자 한다. 전동식 송기마스크 사용 시 주의사항을 기술하시오.

11 피로의 발생기전에 대하여 쓰시오.

12 공기 중 석면 섬유 측정을 위하여 시료 채취 시 사용되는 여과지(filter) 종류와 조건, 카세트(cassette) 조건, 공기채취유량 범위를 기술하시오.

13 작업환경 시료의 채취 및 분석을 할 때 발생할 수 있는 오차 중 '분석방법'에서 발생 가능한 오차 5가지를 기술하시오.

※ 다음 문제 중 4문제를 선택하여 설명하시오. (각 25점)

01 다음 그림은 외부식 후드(①)에 덕트(②~③), 공기정화장치(③~④), 송풍기(⑤~⑥), 배출구가 연결되어 있는 국소배기 제어시스템의 압력변화를 보여주고 있다. 그림에서 정압, 동압과 전압을 ( ) 안에 기재하고, 각 단계별 정압의 변화를 중심으로 현상을 설명하시오.

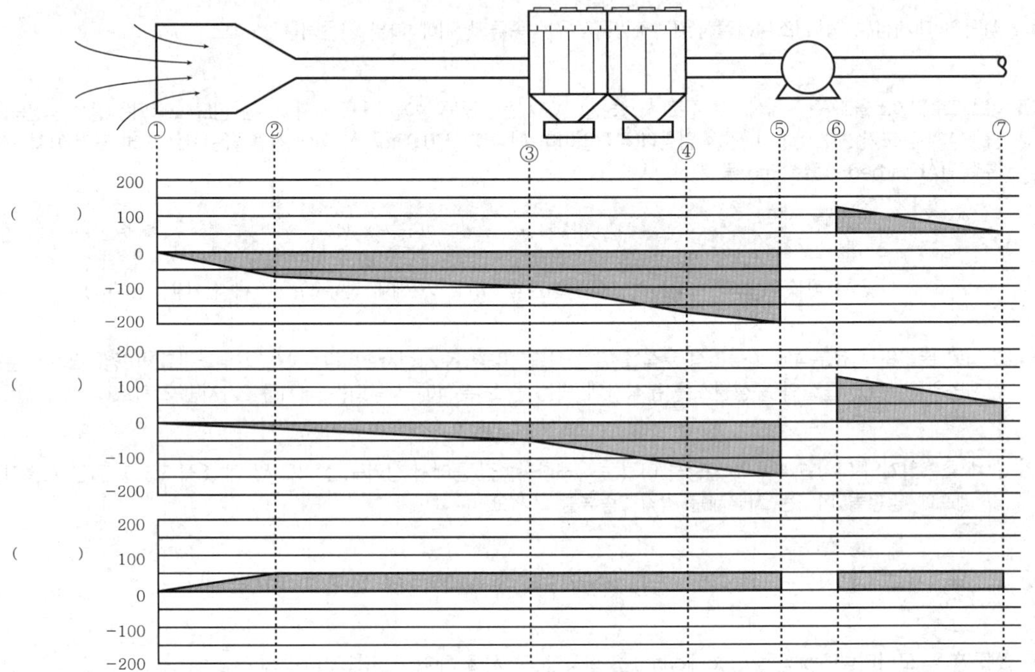

02 국소배기장치 선정 시 현장 확인과 성능사항 확인은 필수적이다. 이 두 가지 확인을 발생원, 후드, 덕트, 공기정화장치, 배기 순으로 설명하시오.

03 수용성 가스를 처리하는 세정식 집진장치와 송풍기에 대한 자체검사를 실시하고자 한다. 다음 물음에 답하시오.

(1) 세정식 집진장치 점검사항을 항목별로 기술하시오.

(2) 후단의 송풍기는 초기와 달리 진동과 소음이 증가한 상태이다. 그 원인에 대해 생각할 수 있는 현장 경험을 기술하시오.

04 국소배기장치의 주된 고장은 흡인능력 저하가 대부분이다. 고장원인을 파악할 때 우선 점검사항 3가지와 가장 흔히 발생하는 후드의 성능저하 원인과 대책에 대해 상세히 기술하시오.

05 공기정화장치 중에서 가스상 물질을 제거하기 위한 저온응축법(condensation)은 배출가스의 농도변화나 유량변화 등 다양한 조건 하에서도 효율이 일정한 경향이 있어 VOC 처리에 적절한 처리방법으로 알려져 있다. 저온응축법의 기술원리와 종류 및 특징을 기술하시오.

06 작업장 상부 5m 위치에 1,500rpm, 350CMM 송풍관 붙이 축류팬(axial fan)을 설치하였다. 이 축류팬의 특성을 자세히 설명하고, 이때 발생되는 소음이 90dB(A) 이상이라면 이 원인에 대해 기술하시오.

제3교시

※ 다음 문제 중 4문제를 선택하여 설명하시오. (각 25점)

01 유해물질의 분석을 위한 크로마토그래피 분리관(column)의 띠넓힘 현상은 그림과 같이 Van Deemter plot으로 설명할 수 있다. 반 딤터 그림의 소용돌이 확산, 세로 확산 및 비평형 물질전달의 세 가지 요소를 설명하고, 이 요소들의 영향 변수를 설명하시오.

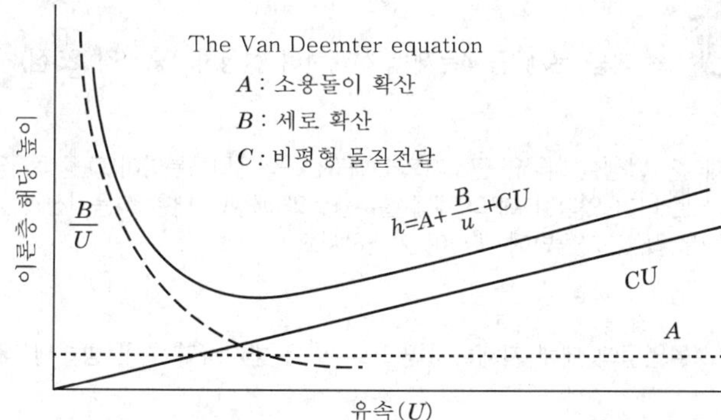

02 밀폐공간의 공기 중 산소 농도 측정 관련 산소 농도 측정시 유의사항과 다음에 제시된 그림의 밀폐작업 설비조건(4가지)에서 측정방법을 각각 설명하시오.

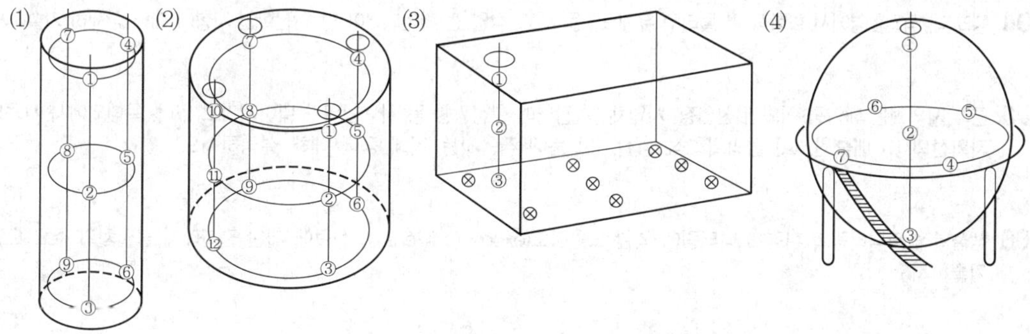

03 공기 중 입자상 물질에 대한 시료 채취 방법으로써 (1) 여과에 의한 채취 원리를 기술하고, (2) 호흡기에 침착하는 메커니즘을 설명하시오.

04 입자상 물질 중의 중금속을 정량하는데 원자흡광분석기의 불꽃에 의한 방법이 많이 추천되고 있다. 물론 여러 가지 금속을 한꺼번에 정량할 경우 유도결합 플라즈마에 의한 분석방법도 추천되어 있기는 하나 단일 주요 금속별로 원자흡광분석기의 불꽃에 의한 분석방법이 일반적으로 많이 이용되고 있다. 원자흡광분석기의 작동원리 및 불꽃에 의한 금속 정량의 장·단점을 설명하시오.

05 주물사업장에서 모니터링한 분진에 대한 결과를 이용하여 자료의 분포 특성, 이 그룹의 평균노출지(sheet)에 대한 신뢰구간 등을 계산하고 누적분포도를 그린 결과, 일직선 위에 존재하지 않았다. 또한 자료를 대수로 변환한 후의 누적분포도 일직선 주변에 분포하지 않았다. 그 이유와 이상값이 나타난 원인을 설명하시오.

06 작업환경측정 시료분석 시 탈착효율 검정을 위한 시료제조방법에 대하여 설명하시오.

제4교시

※ 다음 문제 중 4문제를 선택하여 설명하시오. (각 25점)

01 최근 부산지역 모 기업체에서 발생한 외국인 근로자의 DMF(N,N-디메틸포름아미드) 중독사망 사건으로 특수건강진단에 대한 사회적인 이슈가 된 바가 있다. DMF의 체내 흡수경로와 배설에 대한 작용기전과 생물학적 노출지표의 시료 채취 종류, 시기, 노출 기준값, 검사방법에 대하여 기술하시오.

02 테크노 불안증과 테크노 몰입증에 대해 자세히 설명하고, 이를 방지하기 위한 방법에 대해 기술하시오.

03 근골격계질환 예방을 위한 작업환경 개선에서 인체측정치를 이용한 디자인 설계원칙과 장시간 앉아서 작업하는 경우 적합한 의자의 조건을 기술하시오.

04 탱크 내 작업환경에서 화학적 및 물리적 유해요인을 쓰고, 작업 전 확인되어야 할 안전확인 사항에 대해 상세히 기술하시오.

05 근래 자외선은 태양광 이외에 산업장, 사업체 및 광촉매 활성광원 등 사용범위가 넓어져가고 있다. 옥내외에서 사용되는 자외선의 (1) 배출원, (2) 물리화학적 성질, (3) 눈에 작용하는 피해 등에 대해 설명하시오.

06 생물학적 모니터링과 환경 모니터링에 의한 노출강도(exposure intensity) 정보에 대한 결과에서 불일치의 주요 요인을 기술하시오.

제84회 국가기술자격검정 시험문제

분야	안전관리	자격 종목	산업위생관리기술사	수험 번호		성명	

※ 각 교시마다 시험시간은 100분입니다.

제1교시　　※ 다음 문제 중 10문제를 선택하여 설명하시오. (각 10점)

01 산업안전보건법상 관리대상 유해물질에 의한 건강장해의 예방에서 단시간 작업과 임시작업의 의미를 설명하고, 제외되는 작업에 대하여 설명하시오.

02 공기 중 유해물질의 체내 흡수량과 허용농도 추정에 사용되는 분배계수(Partition Coefficient, P.C.)에 대해 간략히 설명하시오.

03 산업안전보건법에 의한 작업환경측정 신뢰성 평가대상에 대하여 설명하시오.

04 폐의 정화작용 중 기관지의 방어작용을 방해하는 물질을 3가지 이상 설명하시오.

05 허용농도 설정의 이론적 배경에는 화학구조의 유사성, 동물 실험자료, 인체 실험자료, 역학 조사자료 등이 사용된다. 이 중 인체 실험자료의 제한적 조건에 대해 설명하시오.

06 전신피로의 생리학적 원리 3가지를 설명하시오.

07 작업환경측정을 위한 디자인에서 필요로 하는 측정사항을 5개 이상 설명하시오.

08 산업안전보건법에서는 연속음의 경우 보통 소음계를 사용할 수 있도록 하고 있다. 대개 보통 소음계를 사용할 수 있는 경우 5가지를 설명하시오.

09 사업주는 잠수작업자에게 공기를 보내는 때에는 공기량을 조절하기 위한 공기조와 사고 시에 필요한 공기를 저장하기 위한 예비공기조를 설치하여야 한다. 위에서 말하는 예비공기조의 적합한 기준을 설명하시오.

10 올바른 VDT 작업자세에 대하여 5가지 이상 설명하시오.

11 다음 용어를 설명하시오.
   (1) 청력역치
   (2) 골전도
   (3) 폐쇄효과
   (4) 차폐
   (5) 기도전도

12 카타온도계에 대하여 측정항목, 측정방법, 측정단위를 설명하시오.

13 고압환경 작업 시 인체에 미치는 화학적(2차적) 장해를 설명하시오.

제2교시

※ 다음 문제 중 4문제를 선택하여 설명하시오. (각 25점)

01 전체환기시설을 설치하고자 할 경우 지켜야 할 원칙과 전체환기의 제한조건에 대하여 각각 5가지 이상 설명하시오.

02 전체환기장치가 설치된 유기화합물 취급사업장으로서 관리대상 유해물질의 설비기준 중 유기화합물의 설비 특례에 의한 밀폐설비 또는 국소배기장치를 설치하지 않아도 되는 작업요건에 대하여 설명하시오.

03 다음과 같은 작업조건에서 작업을 할 경우 다음에 답하시오.

> 작업장 크기(용적) : 200m^3, 작업인원 : 10인, CO_2 허용농도 : 0.1%,
> 외기 CO_2 농도 : 0.03%, 1인당 CO_2 배출량 : 28L/h

   (1) 총 필요환기량
   (2) 시간당 환기횟수

04 분진 및 유기용제 취급작업장의 국소배기 시설 중 포위식, 외부식 후드의 제어풍속을 각각 설명하시오.

05 공기정화장치 중 분진을 제거하는 장치의 종류와 원리 및 성능을 5가지 이상 설명하시오.

06 원심력 송풍기(Centrifugal Fans)의 종류와 특성을 3가지로 구분하여 설명하시오.

제3교시

※ 다음 문제 중 4문제를 선택하여 설명하시오. (각 25점)

01 암모니아를 액체포집하여 흡광광도법을 이용하여 다음과 같이 나왔다. 시료의 암모니아 농도(ppm)를 구하시오.

- 측정조건 : 1L/min, 180분간 Sampling, 10mL 액체포집
- 분석결과 : $abs = 0.125\mu g/mL + 0.002$
- 상관계수 : $r = 0.999$
- 시료흡광도 : 0.210
- 공시료흡광도 : 0.005
- 암모니아 분자량 : 17.03

02 가스상 물질에 대한 시료채취방법 중 순간시료 채취방법을 4가지 이상 설명하고, 순간시료 채취방법을 사용할 수 없는 경우에 대하여 간략히 설명하시오.

03 공기 중의 유기용제를 채취하는 데는 활성탄과 실리카겔이 사용된다. 각각의 측정방법과 용도를 설명하시오.

04 고열작업장에 적용하는 작업강도를 3가지로 구분하여 설명하시오.

05 다음과 같이 오염원이 다른 곳에서 유해물질이 발생하여 독성의 상가작용을 나타내었다. 다음에 답하시오.

- 이클로로에탄(TLV : 50ppm) → 10ppm
- 이브로모에탄(TLV : 20ppm) → 10ppm
- 사염화탄소(TLV : 10ppm) → 5ppm

(1) 허용농도 초과여부
(2) 허용기준 농도

06 공기 중 금속입자 물질의 채취원리는 여과이다. 여과에 의한 채취원리에 대하여 3가지를 설명하시오.

제4교시

※ 다음 문제 중 4문제를 선택하여 설명하시오. (각 25점)

01 작업성 피부질환을 일으킬 수 있는 직접적 요인과 간접적 요인에 대하여 설명하시오.

02 산업안전보건법상 사업주가 근골격계 부담작업에 근로자를 종사하게 할 때 근로자에게 유해성 등을 주지해야 하는 사항과 근골격계질환 예방관리 프로그램을 수립 시행하여야 하는 사항을 설명하시오.

03 디이소시아네이트(Diisocyanate)를 3가지로 분류하고, 그 용도 및 건강장해에 대하여 설명하시오.

04 특급 방진마스크에 대하여 다음 사항을 답하시오.
  (1) 사용장소
  (2) 포집효율

05 소음기(消音器)의 종류를 열거하고, 각각의 특성을 설명하시오.

06 진동이 인체에 미치는 영향에 대하여 설명하고, 진동의 피해를 최소화하기 위한 방법을 5가지 이상 설명하시오.

제86회 국가기술자격검정 시험문제

분야	안전관리	자격 종목	산업위생관리기술사	수험 번호		성명	

※ 각 교시마다 시험시간은 100분입니다.

※ 다음 문제 중 4문제를 선택하여 설명하시오. (각 25점)

01 ACGIH 노출기준 중 Excursion Limits에 대하여 설명하시오. (적용대상, 정의 또는 개념)

02 현재 우리나라에서 적용되는 다음 5항목 물질의 노출기준(TLV–TWA)을 단위와 함께 쓰시오.
  (1) Cyclohexanone
  (2) NaOH
  (3) Acetone
  (4) Cd
  (5) H_2SO_4

03 발암성 확인물질(A1) 중에서 5가지 물질과 노출기준(TWA)을 쓰시오. (고용노동부 고시기준)

04 밀폐공간 작업 시 작업장 내 안전담당자가 확인해야 할 가스 종류와 적정 농도를 쓰시오.

05 최근 한국산업안전공단에서 산업재해예방을 위해 추진하고 있는 화학물질 등급, 대책정보(Control Banding)란 어떤 것인지 설명하시오.

06 근골격계 부담작업에는 하루 2시간 이상 목, 어깨, 팔꿈치, 손목 또는 손을 사용하여 같은 동작을 반복하는 작업을 포함하고 있다. 이와 같은 반복작업에 대하여 평가할 때에는 반복하는 기준이 중요한데, 현대 산업위생 분야에서 일반적으로 받아들여지고 있는 다음 신체 부위별 분당 반복작업기준을 쓰시오.
  (1) 어깨
  (2) 팔꿈치
  (3) 손목/손

07 소음원으로부터 20m 떨어진 지점에서 소음수준이 92dB이었다. 소음원의 음력수준(sound power level)은 몇 dB인지 쓰시오. (단, 자유음장이라 가정함.)

08 GC로 유해물질을 분석할 때 다음 검출기에 대한 분석가능 물질을 하나씩 예를 드시오.

    (1) 불꽃이온화검출기(FID)
    (2) 불꽃광도검출기(FPD)
    (3) 질소인검출기(NPD)
    (4) 열전도도검출기(TCD)
    (5) 전자포획검출기(ECD)

09 Dose-rate dependent effects란 무엇이며, Dose-rate dependent effect가 있다고 알려진 대표적인 유해물질과 그로 인한 건강장해에 대하여 1가지만 예를 들어 설명하시오.

10 작업장에서 공기의 흐름이나 공기의 이동속도(유속) 또는 국소배기장치의 점검 시 후드의 포집속도 등을 측정하기 위해 사용되는 측정기구 3가지를 열거하시오.

11 송풍량이 $100m^3/min$인 국소배기장치에서 송풍기의 회전수가 3,000rpm이었다. 송풍기 날개의 회전수를 3,600rpm으로 증가시키면 유지비(전기사용량)는 몇 %가 증가하는지 쓰시오.

12 먼지는 크기에 따라 흡입성 분진(IPM), 흉곽성 분진(TPM), 호흡성 분진(RPM)으로 나누고 있다. 작업환경 중에서 흡입성 분진(IPM)을 측정해야 하는 대표적 분진의 종류와 공정(작업)을 하나만 들어 설명하시오.

13 소음의 주파수를 말할 때는 보통 중심주파수를 말한다. 1,000Hz라고 할 때 옥타브 밴드와 $\frac{1}{3}$ 옥타브 밴드에서 각각 주파수 범위를 구하시오.

제2교시

※ 다음 문제 중 4문제를 선택하여 설명하시오. (각 25점)

01 톨루엔을 저장했던 유류 탱크를 비우고 내부 청소를 하기 위해 근로자를 들여보내고자 한다. 근로자의 안전을 위해 내부 톨루엔 농도를 측정해 보니 5,000ppm이었다. 환기를 통해 내부 농도를 낮추고자 송풍량이 $800m^3/min$인 송풍기 1대로 환기를 시작하였다. 공기유입과 배출위치가 불량해 $K=8$인 것으로 평가되었다. 환기를 시작한 후 1시간이 지난 다음 시간단축을 위해 같은 송풍기를 1대 더 추가로 설치하여 환기를 시켰다(동일조건, $K=8$). 톨루엔 농도가 100ppm 으로 떨어지는데 걸리는 시간은 처음 환기를 시작한 이후부터 얼마나 걸리겠는가? (단, 톨루엔의 분자량은 92, 유류 탱크 용적은 $5,000m^3$이다.)

02 부탄(C_4H_{10}) 가스가 1분에 200L가 노출되고 있는 지하공간에 폭발을 방지하기 위해 환기를 시키고자 한다. 최소한 송풍기의 송풍량은 얼마가 되어야 하는가? (단, 지하실 크기 20m×10m×5m, 폭발방지의 안전기준은 0.1%로 가정하고 $K=5$로 가정한다.)

03 용접흄 후드의 정압이 처음에는 20mmH₂O였고 이때의 유량은 40m³/min이었다. 최근에 조사해 본 결과 정압이 16mmH₂O였다면 최근의 유량은 얼마인지 추정해 보시오. 그리고 후드의 정압 감소는 무엇을 의미하며 이렇게 된 가능한 원인에 대하여 쓰시오.

04 국소배기장치의 설계 순서를 쓰고, 설명하시오.

05 국소배기시스템을 설계한 후 필요한 송풍량과 정압을 계산하여 적절한 송풍기를 선정하기 위해 다음 그림과 같은 송풍기 곡선(Fan Curve)을 보고 적합하다고 판단되는 송풍기를 선정하였다. 다음 물음에 답하시오. (단, 그림에서 ①번이 설계에 의해 요구되는 작동점(Operation point)이었다.)

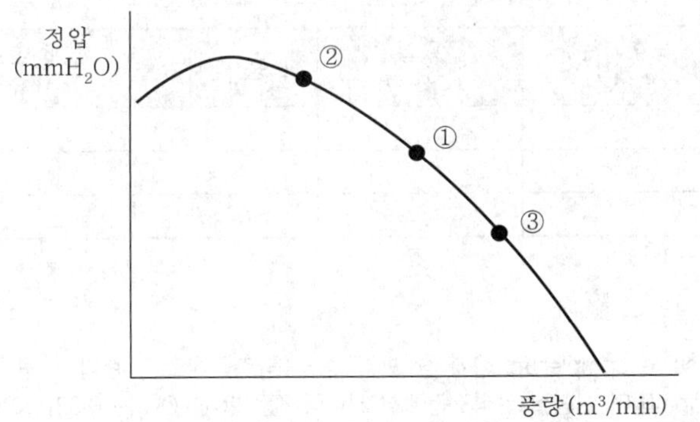

(1) 실제 송풍기를 설치한 후 가동을 해 보니 ①번이 아닌 ②번 점에서 작동하였다. 무엇이 잘못되었는지 설명하시오.
(2) 만약 실제 작동점이 ③번이었다면 무엇이 잘못되었는지 그 원인을 설명하시오.

06 국소배기장치를 검사할 때 점검하는 다음 검사항목에 따른 검사방법, 판정기준을 설명하시오.
(1) 후드의 마모, 부식, 기타의 손상상태
(2) 레시버식 후드의 방향과 크기
(3) 점검구의 상태
(4) 배풍기의 회전수와 회전방향
(5) 댐퍼의 상태
(6) 접속부의 이완 유무

제3교시

※ 다음 문제 중 4문제를 선택하여 설명하시오. (각 25점)

01 소음성 난청의 판정기준(D_I)과 소음성 난청의 보상기준(6분법)에 대하여 설명하시오.

02 고온으로 인한 질환의 종류를 열거하고, 질환별 원인, 증상 및 대처요령을 설명하시오.

03 시료분석 시 LOD(Limit Of Detection)와 LOQ(Limit Of Quantification)를 설명하고, 불검출(ND)와 미량 농도(trace)를 LOD와 LOQ를 연관하여 설명하시오.

04 최근 몇 년 동안 여러 사업장에서 화합물 취급작업에 의한 작업관련성 질환들이 발생되어 사회적인 이슈가 된 바 있다. 그러므로 고용노동부에서 해당 물질들을 중점관리하고 있음은 물론 사업장에서도 세심한 안전보건관리가 필요하므로 다음 물질취급 시 필요한 기본적인 안전보건관리정보를 도표를 참고하여 설명하시오.

물질명	노출기준 (TLV)	주요질환 (직업병)	뇨중 대사산물	소변검사 채취시기	관리대책
DMF					
TCE					
N-Hexane					

05 수동식 시료채취기(Passive sampler)로 공기 중 벤젠 농도를 측정하고자 한다. 수동식 시료채취기의 시료채취율(sampling rate)은 0.02lpm이며 실험실 분석조건에서 시료당 정량한계(LOQ)는 0.32 μg이다. 벤젠의 노출기준인 1ppm의 1/10 수준까지 측정하려면 최소 몇 시간 이상 시료채취를 해야 하는가? (단, 벤젠 분자량은 78이다.)

06 중량물 취급작업 시 안전작업에 대한 기준인 다음 식에서 AL, H, V, D, F가 각각 무엇을 의미하는지 쓰고, 이 중에서 H와 V에 대해 최적조건과 요통재해 예방을 위한 작업환경개선을 H와 V요인 측면에서 설명하시오.

$$AL(\mathrm{kg}) = 40 \left(\frac{15}{H} \right) (1 - 0.004 | V - 75 |) \left(0.7 + \frac{7.5}{D} \right) \left(1 - \frac{F}{F_{\max}} \right)$$

※ 다음 문제 중 4문제를 선택하여 설명하시오. (각 25점)

01 다음과 같은 작업장이 있다. (단, 편의상 문이나, 창문 등은 고려하지 않음. 없다고 가정함.)

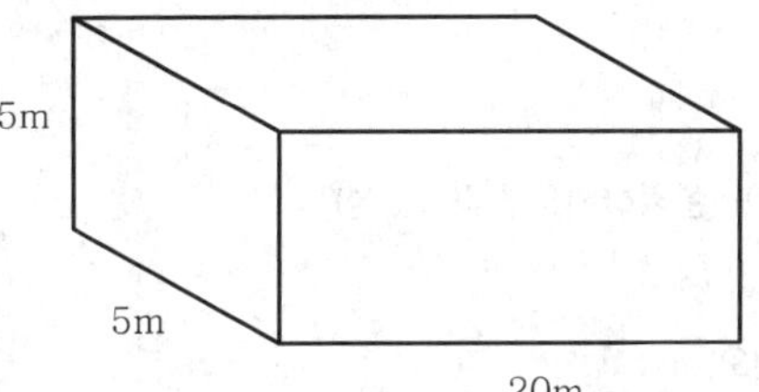

구 분	흡음계수(α)
천장	0.2
벽	0.3
바닥	0.4

(1) 이 작업장의 소음수준이 99dB이었다. 소음수준을 감소시키기 위해 천장에 흡음재를 부착하여 천장의 흡음계수가 0.8로 증가되었다. 이와 같은 개선 후 작업장의 소음수준은 얼마가 될 것으로 추정되는가?

(2) 개선 후에 이 작업장의 소음수준은 8시간 작업시간을 기준으로 우리나라 노출기준에 적합한가? 만약 노출기준을 초과한다면 귀마개를 착용시키고자 한다. OSHA의 기준 대로 평가하여 귀마개의 차음효과를 인정한다면 귀마개의 최소 NRR은 얼마가 되어야 하는가?

02 실내에서 디젤엔진이나 지게차를 사용하는 경우, 일산화탄소(CO)가 과량 배출될 수 있다. 다음 물음에 답하시오.

(1) 일산화탄소(CO)가 인체에 미치는 영향에 대해 간략히 기술하시오.

(2) 공기 중 CO 농도가 1%일 경우 인체의 혈액 중 헤모글로빈의 몇 %가 CO에 의해 영향을 받게 되는지 추정하시오. (단, 대기압은 760mmHg, 산소 농도는 21%)

03 신장독성을 일으키는 대표적인 유해물질은 수은(Hg), 카드뮴(Cd), 납(Pb) 등이다. 이러한 금속들이 신장의 어느 부위에 영향을 미치는지, 그 부위를 적시하고, 그 부위가 손상을 받음으로써 어떠한 건강장해가 유발되는지 그리고 어떠한 증상이 나타나는지 간략히 설명하시오.

04 독성학에서 사용되는 독성의 종류 중 노출 후 독성이 발현되는 기간경과에 따라 구분하여 설명하시오.

05 한국산업안전공단에서 2008년 7월 21일~8월 31일까지 어떤 물질에 대하여 직업병 발생경보를 발령하였다. 현재 직업병 발생경보가 발령된 물질은 무엇이며, 이 물질의 직업병 발생사례를 중심으로 발생원인, 건강영향, 건강장애 예방조치, 건강장해 발생 시의 관리요령 등을 구분해서 설명하시오.

06 현재 우리나라에서 적용 중인 사무실 공기관리 지침(고용노동부 고시 2007.1.5.)에 의한 측정대상 오염물질 중 6가지 종류와 관리기준, 채취방법을 간략히 설명하시오.

분야	안전관리	자격 종목	산업위생관리기술사	수험 번호		성명	

※ 각 교시마다 시험시간은 100분입니다.

※ 다음 문제 중 10문제를 선택하여 설명하시오. (각 10점)

01 산업재해 예방을 위한 사고예방 대책의 기본원리 5단계를 쓰시오.

02 근골격계 부담작업에 근로자를 종사하도록 하는 경우에는 3년마다 유해요인 조사를 하여야 한다. 산업안전보건법에서 고시한 근골격계 부담작업 10가지만 쓰시오.

03 다음 용어를 설명하시오.
    (1) 도수율(frequency rate)
    (2) 강도율(intensity rate)
    (3) 실효온도(effective temperature)
    (4) 열압박지수(heat stress index)
    (5) Oxford 지수

04 생물학적 모니터링과 환경 모니터링 결과가 불일치하는 주요 원인에 대하여 설명하시오.

05 허용농도의 이론적 배경에는 화학구조의 유사성, 동물실험 자료, 인체실험 자료, 역학조사 자료 등이 사용된다. 이 중 인체실험 자료의 제한적 조건에 대하여 설명하시오.

06 인체에 대한 유해물질의 독성을 결정하는 인자를 열거하고, 설명하시오.

07 산업안전보건법에서 정한 신규 화학물질의 유해·위험성 조사에서 제외되는 화학물질 5가지를 쓰시오.

08 악취의 특징 중 Weber–Fechner의 법칙에 대하여 설명하시오.

09 집진기를 중심으로 전단에 설치되는 I.D FAN에서 발생되는 문제점을 설명하시오.

10 석면의 대체섬유 중 인조유리질섬유(인조광물섬유) 4종류와 이에 따른 사용처를 쓰시오.

11 소음이 인체에 미치는 영향 중 생리적 영향에 대하여 설명하시오.

12 집진장치 선정 시 고려하여야 할 사항 8가지를 쓰시오.

13 산업안전보건법에서 정한 강렬한 소음작업에 해당하는 작업 5가지만 쓰시오.

제2교시

※ 다음 문제 중 4문제를 선택하여 설명하시오. (각 25점)

01 국소배기장치 설치 후 정압측정 실시 시기와 사용되는 측정기구, 측정위치 및 정압공 설치 시 주의사항에 대하여 설명하시오.

02 먼지를 제거하는 국소배기 시스템 설계에 필요한 최소 덕트속도는 이론치 또는 실험치보다 높아야 한다. 그 이유 5가지를 설명하시오.

03 국소배기 시스템 설계 시 적절한 송풍기를 선택하기 위해 먼저 파악해야 할 요인 5가지와 이때 꼭 고려되어야 하는 보충용 공기(make-up air)의 공급을 위한 고려사항 5가지를 쓰시오.

04 수용성 가스를 처리하는 세정식 집진장치에 대한 자체검사를 실시하고자 한다. 다음 물음에 답하시오.
  (1) 세정식 집진장치 점검사항을 항목별로 자세히 설명하시오.
  (2) 충전탑에서 세정액의 체류현상(역류현상)이 발생하고 있다. 이 현상으로 야기되는 문제점과 문제해결방법을 설명하시오.

05 작업장 상부에 송풍관 붙이 축류팬(axial fan)을 설치하였다. 설치 초기에 비해 소음이 크게 증가하였다. 다음 물음에 답하시오.

(1) 이때 발생되는 소음원인에 대하여 설명하시오.
(2) 축류팬을 시로코팬(다익팬)으로 교체하고자 한다. 축류팬과 시로코팬의 장·단점에 대하여 설명하시오.

06 다중 이용시설 환기설비의 구조 및 설치기준에 대하여 설명하시오.

제3교시

※ 다음 문제 중 4문제를 선택하여 설명하시오. (각 25점)

01 미국산업안전보건연구원(NIOSH)에서는 들기작업 지침에 대하여 1981년에 이어 1991년에 개정된 지침을 만들어 사용하고 있다. 그러나 개정된 지침에서는 중량물을 취급하는 작업에 이 지침을 적용할 수 없는 작업이 있다. 다음 질문에 답하시오.

(1) 인간공학(ergonomics)이란 무엇인지 정의하시오.
(2) 1991년 들기작업 지침을 적용할 수 없는 작업에 대하여 설명하시오.

02 소음 노출작업장에서 공학적 대책이 불가능할 경우 착용해야 하는 개인보호구의 차음효과를 예측하는 방법에 대하여 다음을 비교 설명하시오.

(1) Long method
(2) 미국 EPA의 계산방법
(3) 미국 OSHA의 계산방법

03 신체적 활동을 통하여 작업을 수행할 때 근육의 에너지 재합성 과정을 크게 두 가지로 분류하여 설명하고, 전신피로의 생리학적 원인을 설명하시오.

04 공기 중 MDI의 시료채취 및 분석과정을 상세히 설명하시오.

05 작업환경측정 시 개인시료 측정을 기본으로 하고 있으나 특정한 경우 지역시료를 측정하는 경우도 있다. 다음 물음에 답하시오.

(1) 지역시료 측정의 목적 5가지를 쓰시오.
(2) 지역시료 측정방법에 대하여 설명하시오.

06 우리나라 산업안전보건법에서 정한 발암성 물질 등 근로자에게 중대한 건강장해를 유발할 우려가 있는 유해인자의 노출 농도에 대하여 허용기준 이하로 유지하여야 하는 대상 유해인자를 10가지만 쓰고, 적용 제외 사항에 대하여 쓰시오.

제4교시

※ 다음 문제 중 4문제를 선택하여 설명하시오. (각 25점)

01 테크노 불안증의 증상과 원인에 대하여 설명하고, 특히 컴퓨터단말기 조작업무로 인한 근로자 건강장해 예방을 위한 조치사항 4가지를 쓰시오.

02 폴리우레탄 수지(TDI) 제조 작업 시 발생될 수 있는 건강장해를 설명하고, 건강 피해예방을 위한 작업현장에서의 공정에 따른 작업환경관리에 대하여 설명하시오.

03 탱크 내 작업환경에서 작업 전 확인되어야 할 안전 확인사항에 대하여 상세히 쓰고, 이때 사용되는 송풍마스크의 종류와 사용 시 주의사항을 쓰시오.

04 산업안전보건법에서 정한 직무스트레스에 의한 건강장해 예방조치에서 말하는 직무스트레스가 높은 작업을 열거하고, 건강장해 예방조치 5가지만 쓰시오.

05 곤충 및 동물 매개 감염병에 대하여 예를 들어 설명하고, 곤충 및 동물 매개 감염 노출위험 작업 시 취해야 할 예방조치 5가지를 쓰시오.

06 디메틸포름아미드(DMF)의 산업현장에서의 사용용도, 작업환경 노출기준, 건강에 미치는 영향, 국내에서 발생된 중독사례의 특징에 대하여 쓰시오.

제89회 국가기술자격검정 시험문제

분야	안전관리	자격 종목	산업위생관리기술사	수험 번호		성명	

※ 각 교시마다 시험시간은 100분입니다.

※ 다음 문제 중 10문제를 선택하여 설명하시오. (각 10점)

01 근골격계 부담작업을 평가하는데 사용되고 있는 평가방법(도구)을 5가지 쓰시오.

02 인체에 미치는 진동노출을 측정하기 위해 수공구, 자동차 등과 같은 진동 발생원에서 발생하는 진동의 인체 잠재적 진동장해와 관련된 공명주파수 범위(종축과 횡축)를 나타내시오. (단, 전신진동의 공명주파수 범위 및 국소진동 공명주파수 범위)

03 업무수행 관련 근로자의 피로를 예방하기 위해서는 적절한 휴식이 필요하며, 미국의 인간공학자 Hertig(1992)가 연구한 정적 휴식시간을 산출하기 위한 공식을 활용하여, 육체적 작업능력(PWC)이 18kcal/min인 건장한 체구의 근로자가 조선업종에서 1일 8시간 동안 중량물을 운반하는 작업으로 작업대사량은 8kcal/min이고, 휴식 시의 대사량은 2.2kcal/min이다. 이 작업자의 휴식시간과 작업시간의 배분은 어떻게 하는 것이 가장 이상적인지 설명하시오.

04 생산공장 작업장이나 건물 등에 실외공기를 공급하는 방법에서 자연환기에 의한 방법 중 「바람에 의한 자연환기」와 「중력에 의한 자연환기」 조건에 대하여 필요환기량 추정 환산식을 이용하여 설명하시오.

05 공기조화(HVAC) 시스템의 배출구는 배기된 공기를 대기환경으로 배출하여 공조 시설의 흡기용으로 다시 사용되기 전에 오염물질을 충분히 희석시키는 역할을 해야 한다. 배출구의 배기 시설에 대한 일반적인 설치규칙인 "15-3-15" 규칙에 대하여 그림으로 나타내어 설명하시오.

06 고온으로 인한 "Heat stress"와 "Heat strain"을 비교 설명하고, "Heat stroke"의 증상과 조치방안을 기술하시오.

07 사고원인의 조사 순서를 4단계로 구분하여 설명하시오.

08 안전보건관리 이론에서 1:29:300 이론은 무슨 법칙이라 하며, 이 법칙이 무엇을 의미하는지 설명하시오.

09 Fanconi syndrome은 신체의 어느 기관(장기)에 대한 독성이며, 이를 유발하는 대표적인 중금속 3가지를 쓰시오.

10 어느 작업장의 동일노출 집단(12명)을 대상으로 크실렌 노출 농도를 측정한 결과, 기하분포를 하는 것으로 나타났으며, 기하평균(GM)은 85ppm, 기하표준편차(GSD)는 1.35였다. 이 집단의 크실렌 노출 농도의 95% 신뢰구간을 구하시오.

11 소음관리에서 C_5-dip현상이란 무엇인지 설명하고, 이것이 의미하는 바를 설명하시오.

12 생물학적 노출을 평가할 때에는 시료채취 시기가 매우 중요하다. 다음 물음에 답하시오.
    (1) 생물학적 노출을 평가할 때 시료채취 시기를 고려해야 하는 이유 또는 시료채취시기에 영향을 미치는 요인을 설명하시오.
    (2) 화학물질의 반감기에 따라 시료채취 시점이 어떻게 달라지는지 3가지로 구분하고, 각각에 대하여 시료를 언제 채취해야 하는지 설명하시오.

13 물리적인 음압의 크기가 $0.00632N/m^2$(C-특성치)인 소음의 주파수가 100Hz라면 등감곡선을 이용하여 이 소리가 사람의 귀에 들리는 크기(dB)를 구하시오.

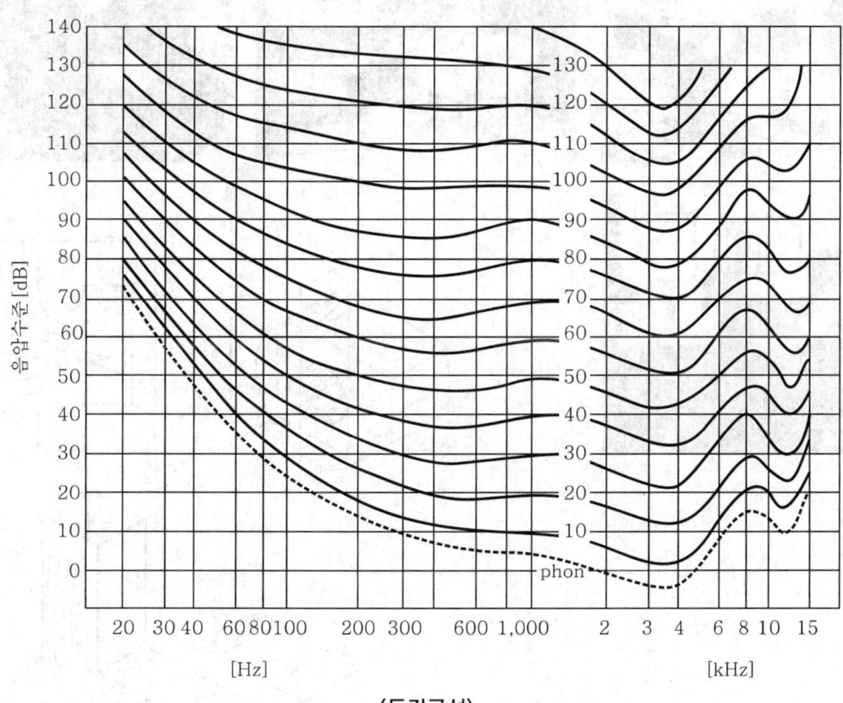

〈등감곡선〉

제2교시

※ 다음 문제 중 4문제를 선택하여 설명하시오. (각 25점)

01 다음 그림은 생산현장에 설치된 국소배기장치의 설치 사례이다. 각각의 그림에서 나타난 덕트 설치의 문제점을 1가지씩 지적하고, 그 개선방안을 기술하시오. (단, 설계기준, 형태 등)

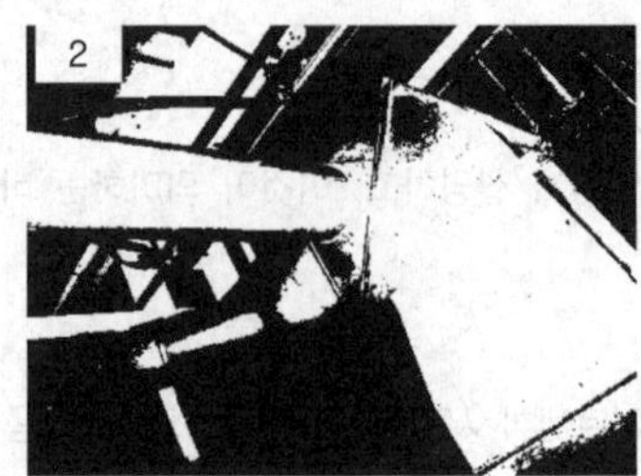
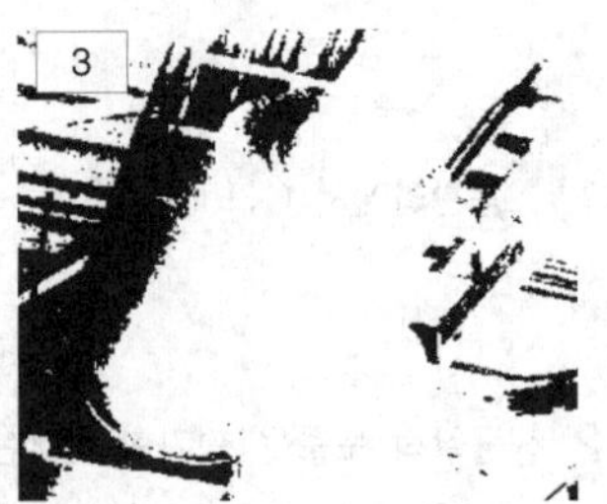

02 다음 그림은 현장의 국소배기장치의 사진 및 모식도를 나타낸 것이다. 송풍기와 연결된 덕트 및 배출구와 관련하여 제시된 그림을 보고 다음 물음에 답하시오.

(1) 사진 ①과 ②에서 발견되는 문제점을 3가지를 지적하고, 개선방안을 제시하시오.
(2) 사진 ③과 ④(관련 모식도 ⑤)의 문제점 3가지를 지적하고, 개선방안을 제시하시오.

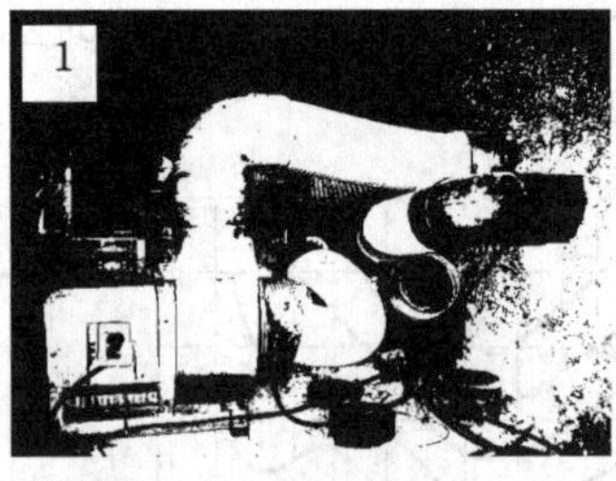
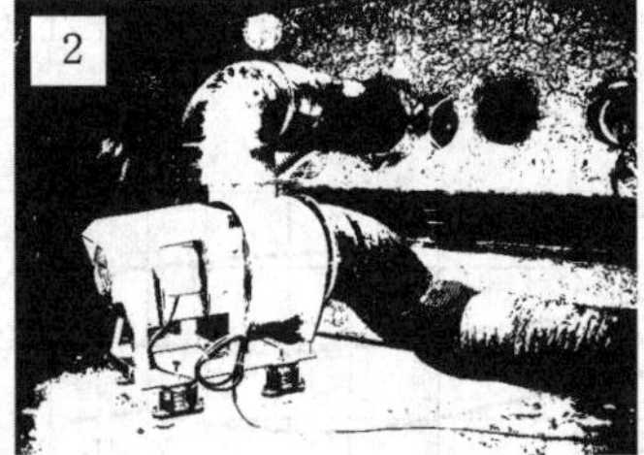
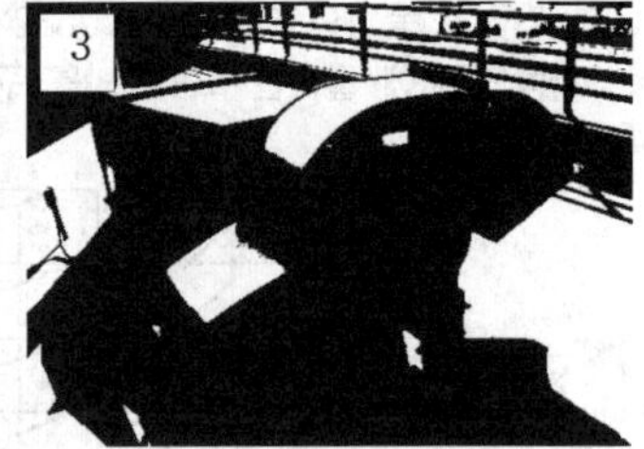
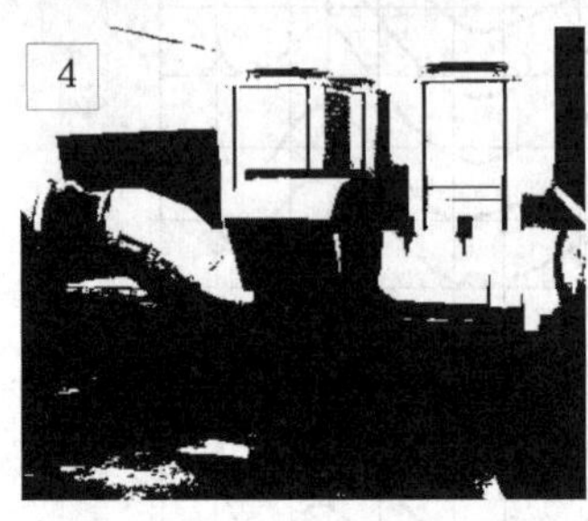
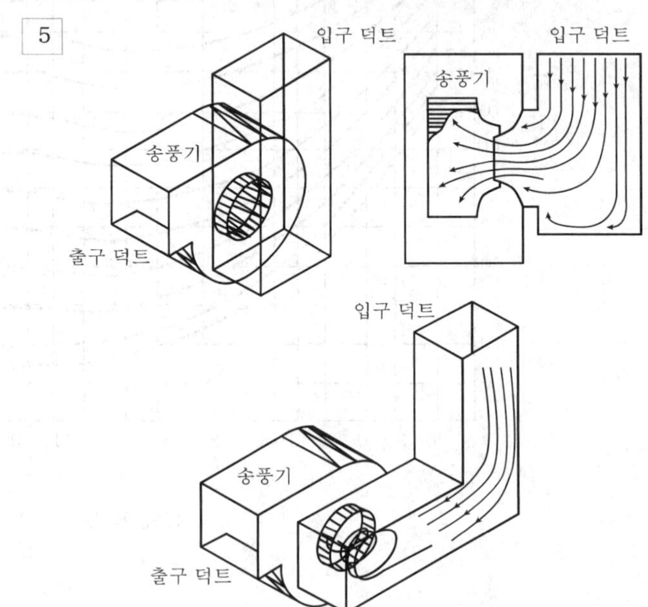

03 다음 그림과 같은 국소배기장치를 설계하여 적정한 송풍기(FAN)의 용량(송풍량, m^3/min)과 세기(정압, mmH_2O)를 결정하시오. (단, 풀이과정을 순서대로 각 단계별로 간략히 설명하고, 필요한 사항을 계산하시오.)

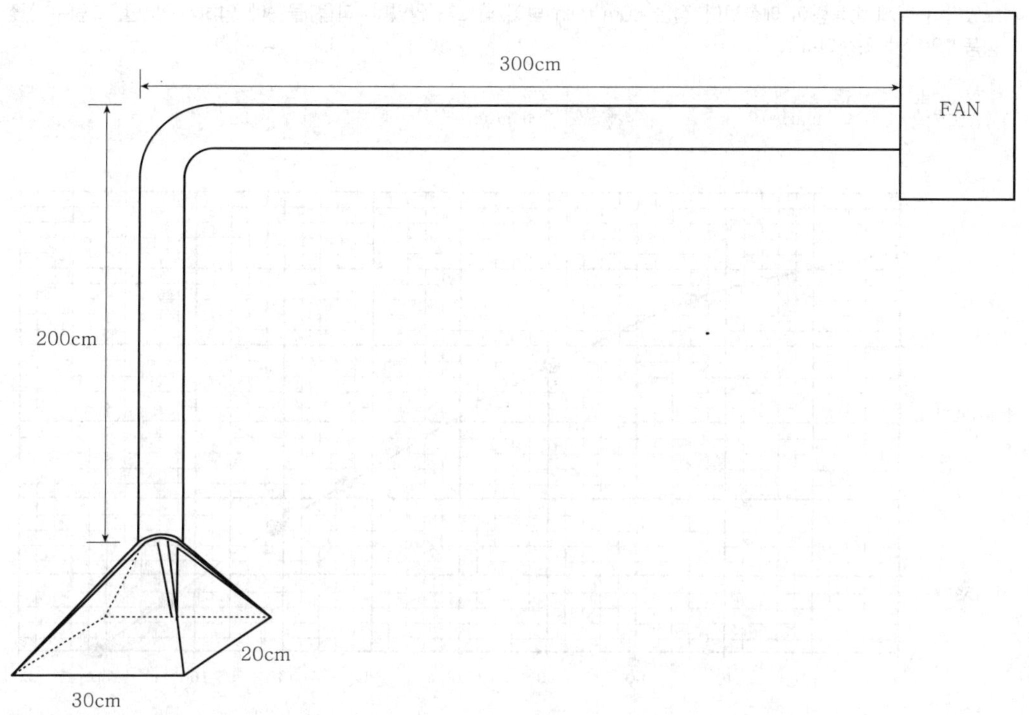

〈조건〉

○ 오염물질 : 먼지 제어속도 0.3m/s

　　　　　　먼지와 후드(열린 면)와의 거리는 15cm

○ 후드 : 사각형 후드($\theta = 45°$, 이때 유입손실은 $0.06\,VP$)

　　　　후드에 따른 환기량 산출 공식($Q' = 60\,V(10X^2 + A)$)

　　　　V : 제어속도(m/s), X : 후드와 먼지와의 거리(m), A : 후드 크기(열린면적, m^2)

○ 덕트 : 원형 덕트이며, 재질은 스테인리스 스틸

　　　　곡관 부위 $\theta = 90°$, R(중심반경)=20cm, 이때 손실계수 $F = 0.13$

　　　　덕트의 최소반송속도는 11m/s

　　　　속도압법(Velocity Pressure Method)의 압력손실 계산식 $h_L = H_f\,LVP$

$$H_f = \frac{a\,V^b}{Q^c}$$

덕트 재료별 속도압 방법의 식 H_f의 상수 a, b, c값

재 료	a	b	c
알루미늄, 스테인리스 스틸	0.0425	0.465	0.602
연마된 쉬트	0.0307	0.533	0.612

04 어떤 공정에서 유기용제를 배출하기 위해 국소박이 시스템을 설계하고, 필요한 송풍량과 송풍기 정압 등을 계산한 결과, 다음과 같았다. 이에 따라 다음의 조건에 맞는 송풍기를 구매하여 실제 국소배기시스템에 장착하고 가동시켜 보았더니 실제 송풍량이 예상보다 적은 80m³/min 밖에 나오지 않았다. 다음 물음에 답하시오. (단, 그림은 선정한 송풍기의 성능곡선이다.)

- 송풍기 정압 6.2mmH$_2$O
- 송풍량 100m³/min

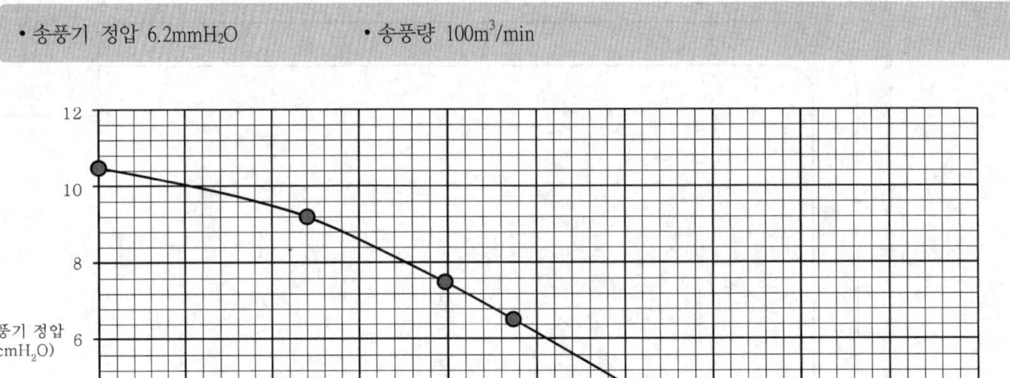

(1) 실제 설치하여 작동할 때 송풍량이 적게 나온 가장 유력한 이유가 무엇인지 설명하시오.
(2) 이 송풍기의 벨트풀리 기어를 이용하여 팬의 회전수를 증가시켜 원래 설계상의 송풍량인 100m³/min로 올리면, 벨트풀리의 기어를 조정하기 전, 즉 팬의 회전수를 조정하기 전의 가동 시보다 동력(Power)은 몇 % 증가하는가?

05 실험실에서 가장 일반적으로 사용하는 챔버형 흄후드의 설계기준에 대하여 5가지만 기술하시오.

06 다음은 전체환기의 대표적인 공식 3가지이다. 빌딩에 있는 일반 사무실의 환기상태 및 시설을 평가하기 위해 실제 환기량(유효 환기량 : Q')를 파악하고자 한다. 다음 물음에 답하시오.

(1) 다음의 전체환기 공식 중 어느 것을 이용하여야 하는가?

$$Q' = \frac{G}{C} \qquad \ln\frac{(G-Q'\,C_2)}{(G-Q'\,C_1)} = -\frac{Q'}{V}\Delta t \qquad \ln\frac{C_2}{C_1} = -\frac{Q'}{V}\Delta t$$

(2) 이와 같은 방법으로 사무실의 실제 환기량(유효 환기량 : Q')을 평가하기 위해 통상적으로 사용하는 추적가스(Tracer gas)를 2가지를 쓰고, 그 방법을 기술하시오.

제3교시

※ 다음 문제 중 4문제를 선택하여 설명하시오. (각 25점)

01 석면이 함유된 건축물 해체 등 실내작업장을 대상으로 할 때, 다음 물음에 답하시오.
 (1) 공기 중 석면 농도 측정방법에 대해 설명하시오. (필터 종류, 측정위치 등 측정사항과 분석기기 등 분석방법)
 (2) 석면함유 여부를 측정하기 위한 고형시료의 정량분석에 사용하는 현미경 명칭을 쓰고, 표준물질의 보정에 의한 정량분석방법을 2가지 이상 설명하시오.

02 근골격계질환(WMSD)의 발생과 관련하여, 다음 물음에 답하시오.
 (1) 작업요인, 작업자 요인, 작업장 요인 및 환경요인 등으로 구분하여 발생요인을 나타내시오.
 (2) 근골격계 부담작업 업무수행 관련 손(hand)과 손목(wrist) 부위에서 주로 발생하는 수근관증후군(손목터널증후군, Carpal tunnel syndrome), 데꿔벵 건초염(DeQuervain' disease) 및 결절종(Ganglionic cyst)의 각각 발생원인, 신체부위 및 증상에 대하여 설명하시오.

03 한국산업안전보건공단에서 2009.7.30일부로 "직업병 발생경보"를 발령하였다. 다음 물음에 답하시오.
 (1) 대상물질명을 쓰시오.
 (2) 대상물질로 인한 건강상의 영향과 건강장해 예방조치를 구분하여 설명하시오.

04 석유화학공장에서 발암물질인 벤젠노출관리가 매우 중요하다. 특히 시설을 유지·관리하는 작업자는 작업 중간 중간의 단시간 노출이 문제가 되고 있다. 벤젠의 단시간 노출 농도는 5ppm이다. 현장에서는 작업특성상 일반적으로 passive sampler(수동식 뱃지형 시료채취기)를 사용하고 있다. 작업자의 노출수준을 알기 위해 노출기준의 1/10까지 측정하는 것이 바람직하다. 실제로 현장에서 벤젠의 단시간 노출 농도를 평가하기 위해 분석 실험실에 요구되는 정량한계(LOQ)는 시료당 몇 μg이어야 하는가? (단, 수동식 시료채취기의 벤젠에 대한 공기채취유량은 0.02L/min이라 한다. 벤젠의 분자량은 78g/mole이다.)

05 톨루엔의 노출기준이 50ppm이다. 이 노출기준은 통상적으로 1일 8시간, 1주일 5일(40시간) 노출되는 것을 기준으로 하고 있다. 만약 1일 10시간씩 1주일에 5일(50시간) 노출된다고 하면 노출기준의 보정이 필요하다. 세계적으로 노출시간이 늘어남에 따라 노출기준을 정하는 방법은 크게 가장 약한 것과 가장 강한 것의 두 가지가 적용되고 있다. 다음 물음에 답하시오.
 (1) 이 두 가지 방법이 무엇인지 쓰시오.
 (2) 각각의 방법에 따라 위의 톨루엔 노출기준을 보정하시오.

06 산업독성학에서 보통 화학물질이 생체에 미치는 영향을 나타내는 방법은 양-반응 관계(dose-response relationship)이다. 대표적인 양-반응 관계를 나타내는 곡선 3가지의 명칭을 쓰고, 산업위생학 또는 산업독성학적 측면에서 각각이 의미하는 바를 설명하시오.

제4교시

※ 다음 문제 중 4문제를 선택하여 설명하시오. (각 25점)

01 최근 EU국가를 중심으로 산업안전보건정책과 관리의 기본 틀로 위험성 평가제도(Risk Assessment)가 전면적으로 도입되었다. 우리나라에서도 2009년 2월 산업안전보건법 제5조를 개정하여 사업주 기본 의무에 위험성 평가를 실시하는 규정을 추가한 바 있다. 이와 같이 최근 사업장의 안전보건관리의 기본관리 틀로 논의되고 있는 위험성 평가제도가 무엇인지, 기본개념과 원리, 위험성 평가 실시방법을 단계별로 나누어 설명하시오. (단, 특히 위험성(risk)을 계산하는 일반적인 방법에 대해서는 자세히 설명하시오.)

02 국제적으로 널리 사용되고 있는 안전보건경영시스템(OHS Management Systems)의 규격 또는 지침에는 2가지가 있는데, 다음 물음에 답하시오.
  (1) 각각 무엇인지 쓰시오.
  (2) 각 시스템의 5대 구성요소를 나열하시오.
  (3) 이 두 가지 규격의 주요 차이점을 설명하시오.

03 우리나라에서 망간 노출에 의한 작업자의 건강문제가 가장 많이 나타나는 작업과 그 작업에서 노출되는 망간화합물을 쓰고, 망간 노출로 인한 주요 증상과 인체영향을 기술하고, 산업위생학적인 예방관리 대책에 대하여 기술하시오.

04 야간작업을 포함한 교대작업에서 발생할 수 있는 "교대작업 부적응 증후군(Shift Maladaptation Syndrome)"에 대하여 설명하고, 건강장해의 특징과 건강관리 대책을 4가지 기술하시오.

05 우리나라는 이미 2000년에 인구대비 노인비율이 7%로 고령화 사회에 진입하였고, 45세 이상의 중·고령 근로자의 활동인구가 증가하고 있다. 작업관리 측면에서 중·고령 근로자 보호대책을 5가지 기술하시오.

06 기계장치 전체에서 소음이 발생하는 모 제조사업장의 소음 노출수준을 측정해 보니 8시간 시간가중평균이 96dB(A)였다. 현실적으로 발생원인 기계장치의 소음을 더 이상 감소시키기 어려워 노사 협의 하에 청력 보호프로그램을 도입하고, 근로자들에게는 귀마개를 착용하도록 하기로 결정하였다. 이후 당 사업장에서 귀마개를 착용할 경우 얼마 만큼의 차음효과가 있는지 알고자 귀하에게 차음효과에 대해 평가를 의뢰하였다. 이러한 경우, 귀마개를 착용할 때 우리나라에서 산업위생전문가로서 어떻게 차음효과를 평가할 것인지 실제 상황을 가정하여 설명하시오.

제90회 국가기술자격검정 시험문제

분야	안전관리	자격 종목	산업위생관리기술사	수험 번호		성명	

※ 각 교시마다 시험시간은 100분입니다.

※ 다음 문제 중 10문제를 선택하여 설명하시오. (각 10점)

01 작업환경측정 분석 시 계통적 오차의 예를 5가지 쓰시오.

02 액체포집법에서 흡수효율을 높이기 위한 방법을 5가지 쓰시오.

03 ACGIH의 발암물질 구분에 대하여 설명하시오.

04 근골격계 부담작업으로 인한 근골격계질환을 예방하기 위하여 산업안전보건법에서는 유해요인 조사에 대하여 규정하고 있다. 다음 각 물음에 답하시오.
   (1) 수시로 유해요인 조사를 하여야 하는 경우
   (2) 유해요인 조사내용

05 M사업장의 음압수준이 95dB(A)이고, 근로자는 차음평가수(NRR)가 19인 귀덮개를 착용하고 있다. 차음효과와 근로자가 노출되는 음압수준을 구하시오. (단, 차음효과는 미국 OSHA의 계산방법을 이용한다.)

06 ACGIH(1991)에서 제시한 것을 토대로 작업대사량(work metabolic rate)에 따라 작업강도(work load)를 구분하여 설명하시오.

07 산업안전보건법에서 규정한 방독마스크의 종류와 겸용의 경우 급수별 정화통의 분진 포집효율을 쓰시오.

08 산업현장에서 재해가 발생하면 당황하지 말고 신속하게 조치를 취하여야 하는 바, 재해 발생 시 조치 순서를 설명하시오.

09 재해사례 연구 진행단계를 설명하시오.

10 ILO의 국제노동통계회의에서 제시한 '부상으로 발생한 노동 기능의 저하 정도에 따라 산업재해의 정도'를 구분하여 설명하시오.

11 창문 또는 출입문과 같은 건물 개구면을 통해 유출 또는 유입 되는 기류의 방향과 유량은 개구면이 위치한 지점의 실내·외 압력차이(ΔP)에 의해 결정된다. 압력의 차이가 발생될 수 있는 조건 2가지를 설명하시오.

12 후드의 모양과 크기를 선정할 때 고려되어야 하는 사항 2가지를 설명하시오.

13 ACGIH에서 작업조건과 작업공정에 따라 권고하는 제어속도는 범위로 제시하고 있다. 이때 범위의 높은 제어속도를 사용해야 하는 조건 3가지를 설명하시오.

제2교시

※ 다음 문제 중 4문제를 선택하여 설명하시오. (각 25점)

01 그래프의 X축은 송풍량이고, Y축은 송풍기 정압이다. 위로 볼록한 선은 송풍기 성능곡선이고, 아래로 볼록한 선은 시스템 요구곡선이다. A점과 B점이 송풍기 동작점일 때 다음 각 물음에 답하시오.

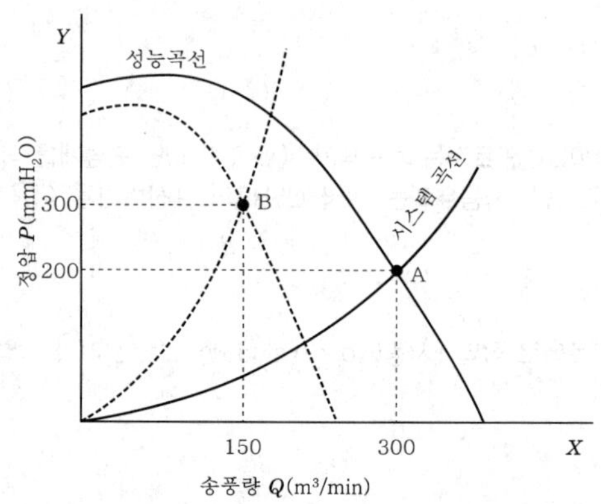

(1) Y축의 송풍기 정압을 구하는 공식의 빈 칸을 채우시오.
  송풍기 정압 = 송풍기 (   ) 정압 – 송풍기 (   ) 정압 – 송풍기 입구 (   )
(2) 성능곡선은 어떠한 경향을 나타내는 곡선인지 설명하시오.
(3) 시스템 요구곡선은 어떠한 경향을 나타내는 곡선인지 설명하시오.
(4) 실선의 성능곡선이 점선의 성능곡선으로 이동하였다면 그 원인 2가지를 설명하시오.
(5) 벨트가 느슨해지고 분진이 퇴적하였을 때 송풍기의 동작은 어떻게 변하는지 설명하시오.

02 대기압이 760mmHg인 화학공장에서 환기장치의 설치가 곤란하여 유해성이 적은 사용 물질로 변경하려고 한다. A, B, C 물질 중 어느 물질을 선정하는 것이 가장 적합한지 각 증기의 포화증기 농도(ppm)를 계산한 후 증기 유해성 지수(Vapor Hazard Index, VHI)를 구하여 설명하시오.

> • A 물질 : 증기압 50mmHg, TLV-TWA 10ppm, 증기비중 1.5
> • B 물질 : 증기압 10mmHg, TLV-TWA 20ppm, 증기비중 3.7
> • C 물질 : 증기압 30mmHg, TLV-TWA 30ppm, 증기비중 2.5

03 용접작업 시 발생되는 흄을 제거하기 위하여 플랜지가 부착된 장방형 후드를 자유공간에 설치한 것을 플랜지가 부착된 장방형 후드가 작업대 바닥면에 설치된 것으로 변경하였다면 각각의 필요송풍량(m^3/min)을 계산하고, 개선된 효율(%)을 구하시오. (단, 제어거리는 25cm, 제어속도는 0.6m/s, 후드 개구면적은 $0.7m^2$로 동일하다.)

04 처리해야 하는 먼지의 농도가 너무 높아 일차적으로 원심력집진시설로 전처리 한 후 여과집진장치로 최종 처리하였다. 이때 각 집진장치의 집진율(η)을 계산하고, 총 집진율(%)을 구하시오. (단, 원심력집진기의 처리 농도는 40.5g/m^3이고, 처리 가스량은 51,000m^3/hr이다. 여과집진기의 유입 농도는 17.4g/m^3, 유입 가스량은 54,000m^3/hr, 배출 농도는 1.05g/m^3이고, 배출 가스량은 54,000m^3/hr이다.)

05 후드의 개구면 속도를 균일하게 하는 방법 4가지를 설명하시오.

06 열선풍속계를 이용하여 포위식 후드와 외부식 후드의 제어속도를 측정하는 방법을 설명하시오.

제3교시

※ 다음 문제 중 4문제를 선택하여 설명하시오. (각 25점)

01 납 노출량이 증가함에 따라 일어나는 반응과 농도 설정에 대한 각 물음에 답하시오.
(1) 단계적인 5가지 반응을 쓰시오.
(2) OSHA에서 제시한 허용농도(permissible exposure limit) 중 혈중 납농도를 쓰시오.
(3) OSHA에서 제시한 허용농도(permissible exposure limit) 중 공기 중 납농도를 쓰시오.
(4) OSHA에서 추가로 설정한 감시농도(action limit)를 쓰시오.
(5) ACGIH의 납의 허용농도를 쓰시오.

02 작업환경 측정의 목표 4가지를 상세히 설명하시오.

03 생물학적 모니터링(Biological Monitoring)에 대한 정의(definition), 분류(classification) 그리고 장점(advantage)을 설명하시오.

04 총 먼지와 용접흄의 채취기구 및 위치, 채취방법에 대하여 설명하시오.

05 산업안전보건법에서 규정하는 사무실 공기의 오염물질별 측정횟수(측정시기), 시료채취 시간에 대하여 설명하시오.

06 작업환경측정 시 예비조사에서 포함되어야 할 측정계획서의 내용과 노사가 지켜야 할 사항에 대하여 설명하시오.

제4교시

※ 다음 문제 중 4문제를 선택하여 설명하시오. (각 25점)

01 다음 그림과 같이 기준점(origin)에서의 수평거리가 0.3m이고, 목적지(destination)에서의 수평거리가 0.45m이다. 선반 1의 높이는 0.6m, 선반 2의 높이는 1.4m이다. 상자는 손잡이나 손잡이 홈이 없는 단단한 규격상자로 무게가 13kg인 것을 대칭 들어올리기로 1분에 4회 드는 작업을 50분 동안 수행한다. 1991년 NIOSH 들기작업 지침을 이용하여 기준점에서와 목적지에서의 RWL(Recommended Weight Limit)과 LI(Lifting Index)를 각각 구하고, 개선방안을 제시하시오. (단, 계산 시 제시된 표를 이용하시오.)

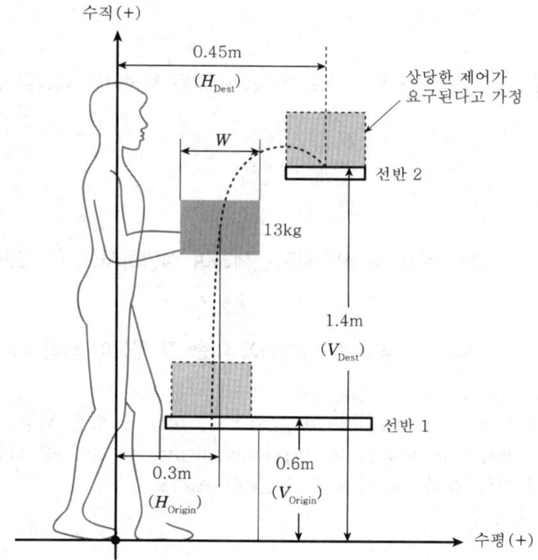

구분	승 수		수 식	
1	LC(Load Constant, 부하승수)	=	23kg	
2	HM(Horizontal Multiplier, 수평승수)	=	1	$(H \leq 25cm)$
		=	$25/H$	$(25 \sim 63cm)$
3	VM(Vertical Multiplier, 수직승수)	=	$1-(0.003 \times |V-75|)$	$(0 \leq V \leq 75)$
		=	0	$(V > 175cm)$
4	DM(Distance Multiplier, 거리승수)	=	1	$(D \leq 25cm)$
		=	$0.82+4.5/D$	$(25 \sim 175cm)$
5	AM(Asymmetric Multiplier, 비대칭승수)	=	$1-0.0032 \times A$	$(0 \leq A \leq 135°)$
		=	0	$(A > 135°)$

들기빈도 F (회 / 분)	작업시간 LD(lifting duration)					
	LD ≤ 1시간		1시간 ≤ LD ≤ 2시간		2시간 < LD	
	$V < 75cm$	$V \geq 75cm$	$V < 75cm$	$V \geq 75cm$	$V < 75cm$	$V \geq 75cm$
4	0.84	0.84	0.72	0.72	0.45	0.45

결합 타입	수직위치(V)	
	$V < 75cm$	$V \geq 75cm$
양호(good)	1.00	1.00
보통(fair)	0.95	1.00
불량(poor)	0.90	0.90

02 산업안전보건법에서는 석면의 제조 또는 사용 작업에 근로자를 종사하도록 하는 때에 석면분진의 발산 및 근로자의 오염을 방지하기 위하여 사업주가 작업수칙을 정하여 이를 작업근로자에게 널리 알려야 할 내용을 11가지로 규정하고 있다. 이에 대하여 설명하시오.

03 인체측정 자료의 응용원칙과 인체측정학적 설계 절차를 설명하시오.

04 산업안전보건법에서 규정한 다음 용어에 관하여 설명하시오.
 (1) 소음작업
 (2) 강렬한 소음작업
 (3) 충격소음작업
 (4) 진동작업
 (5) 청력 보존프로그램

05 나노물질 제조·취급 근로자에 대한 작업환경관리에 대하여 5가지만 쓰시오.

06 MSDS와 GHS(Globally Harmonized System of Classification and Labelling of Chemicals)의 관계를 설명하고, GHS 제도 도입 시 기대되는 효과와 변화에 대하여 설명하시오.

제92회 국가기술자격검정 시험문제

분야	안전관리	자격 종목	산업위생관리기술사	수험 번호		성명	

※ 각 교시마다 시험시간은 100분입니다.

제1교시

※ 다음 문제 중 10문제를 선택하여 설명하시오. (각 10점)

01 산업중독에 영향을 주는 화학물질의 상호작용 중 상승효과(Potentiation effect)와 길항작용(Antagonism)에 대하여 설명하시오.

02 유해인자의 노출기준에서 권장하고 있는 감시기준(Action level)에 대한 의미를 설명하시오.

03 소음의 공학적 대책 중 소음기(消音器)의 3가지 종류와 각각의 특징을 설명하시오.

04 중량물 취급에 있어서 NIOSH 기준의 적용 범위와 권장무게한계(RWL)에 영향을 미치는 요인에 관하여 설명하시오.

05 작업환경관리 개선의 공학적 대책 시행 시 소요비용 5가지를 설명하시오.

06 생체시료 중 뇨시료를 채취하여 생물학적 노출지표(BEIs)로 활용할 때 뇨시료 사용 시 주의사항 3가지를 쓰시오.

07 각 위험의 위험요인에 대한 위험도(위험의 크기) 수준을 결정하는 변수 2가지를 설명하시오.

08 GHS(Globally Harmonized System of Classification and Labelling of Chemicals)에서 화학물질의 유해, 위험성 분류 표시 중 건강 및 환경 유해성 물질을 10가지만 쓰시오.

09 입자상 물질의 물리적(기하학적) 직경을 현미경으로 측정하는 방법 3가지를 설명하시오.

10 1년 동안 85dB(A) 이상의 소음에 노출된 A 작업자의 2010년도 청력검사 결과는 다음 표와 같다. 이 작업자가 소음성 난청(D1)자로 판정될 수 없는 법적 기준을 설명하시오.

2010년도 A 작업자의 청력검사 결과

주파수별	500Hz	1,000Hz	2,000Hz	4,000Hz
청력손실치	20dB	30dB	40dB	45dB

11 작업관련성 근골격계질환(WMSDs)의 발병 3단계별 주요 증상을 설명하시오.

12 산업보건기준에 관한 규칙에 따라 호흡기 보호프로그램을 수립, 시행할 때 반드시 포함되어야 할 항목을 5가지만 설명하시오.

13 다음 용어에 관하여 설명하시오.
(1) Risk
(2) Hazard

※ 다음 문제 중 4문제를 선택하여 설명하시오. (각 25점)

01 국소배기시설의 설계순서를 9단계로 구분하여 순서별로 설명하시오.

02 국소배기시설에서 공기정화장치의 제진장치 종류 5가지와 그 성능을 설명하시오.

03 국소배기시설 성능검사의 필요성을 설명하시오.

04 송풍기 효율 저하 시 점검사항을 설명하시오.

05 압인환기장치(push-pull ventilation)를 적용하는 목적에 따라서 3가지 형태로 분류하고, 그 성능을 설명하시오.

06 기적이 400m³인 교실에 학생 30명이 공부하고 있다. 여름철이기 때문에 인체에 체취를 감안하여 CO_2의 서한도(허용치)를 0.07%로 하였을 때 시간당 공기치환회수(ACH)를 계산하시오. (단, 1인당 CO_2의 배출량은 21L/hr, 외기의 CO_2는 0.03%이다.)

제3교시

※ 다음 문제 중 4문제를 선택하여 설명하시오. (각 25점)

01 석면조사 및 정도관리 규정에서 제시한 석면조사기관 정도관리의 가치 4가지를 설명하시오.

02 위험성 평가 절차 5단계를 도시화하고, 설명하시오.

03 생물학적 노출지표와 작업환경 노출지표간의 불일치의 주요 요인에 대하여 5가지만 설명하시오.

04 유기용제 분석 시 검량선의 작성법 및 주의점을 7가지로 나누어 설명하시오.

05 산업안전보건법상 석면조사 결과보고서의 내용에 포함될 항목 7가지를 쓰시오.

06 공기 중의 석면섬유 농도를 측정, 분석 중 석면인 경우 다음 그림의 섬유 예시를 보고 1~9번까지 계수하시오.

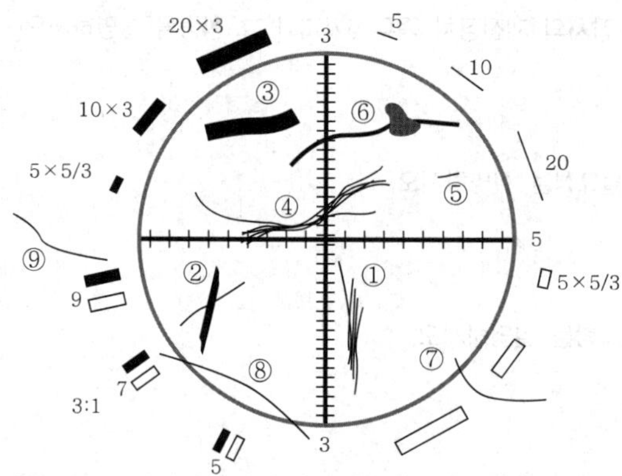

제4교시

※ 다음 문제 중 4문제를 선택하여 설명하시오. (각 25점)

01 인간공학적 작업장 개선방법을 5가지만 제시하고, 각 항목에 대하여 설명하시오.

02 청력 보존프로그램의 업무흐름을 제시하고, 각 항목의 내용을 설명하시오.

03 밀폐작업장에서의 재해 예방대책 6가지를 설명하시오.

04 방사선의 외부 노출에 대한 방어대책을 설명하시오.

05 쾌적한 사무실 환경을 유지 관리하는 방법을 5가지만 설명하시오.

06 산업재해의 4개 기본 유해위험 요인을 4M 기법으로 설명하시오.

제93회 국가기술자격검정 시험문제

분야	안전관리	자격 종목	산업위생관리기술사	수험 번호		성명	

※ 각 교시마다 시험시간은 100분입니다.

※ 다음 문제 중 10문제를 선택하여 설명하시오. (각 10점)

01 공기시료채취기의 공기 유량과 용량을 보정하는데 사용되는 1차 표준기구의 종류를 3가지 쓰시오.

02 근육활동과 심장활동 정도를 대상으로 부하상태를 측정하고자 한다. 적합한 스트레인(Strain) 척도를 설명하시오.

03 무산소성(혐기성) 대사와 유산소성(호기성) 대사에 대하여 설명하시오.

04 다음 용어를 설명하시오.
  (1) C_5-dip
  (2) 습구흑구온도지수(Wet Bulb Globe Temperature, WBGT)

05 미국정부산업위생전문가협의회(ACGIH)의 노출기준(TLVs)에 대하여 정의와 종류를 구분해서 설명하시오.

06 근골격계 유해요인 평가도구들 중 OWAS와 RULA에 대하여 설명하시오.

07 고용노동부는 1999년부터 업무상 질병을 「직업병」과 「작업관련성 질병」으로 구분하고 있는데 이를 설명하시오.

08 실내공기 오염문제와 관련하여 빌딩증후군의 정의 및 증상을 설명하시오.

09 산업안전보건법에서 규정한 "진동작업"은 어떤 기계 · 기구를 사용하는 경우인지 5가지를 쓰시오.

10 고용노동부에서 고시하고 있는 사무실 공기관리 지침에서 "PM 10"이 의미하는 것과 총 부유세균의 단위에 대해 설명하시오.

11 미국정부산업위생전문가협의회(ACGIH)에서는 입자를 크기에 따라서 3가지로 구분하고 있다. 그 종류를 쓰고 주요 침착부위 및 평균입자 크기를 설명하시오.

12 미국 「OSHA, ACGIH, NIOSH」에서 사용하는 직업적 노출기준을 쓰고, 설명하시오.

13 산업안전보건법상 덕트의 적합한 설치기준을 쓰시오.

제2교시

※ 다음 문제 중 4문제를 선택하여 설명하시오. (각 25점)

01 입자상 물질처리를 위한 공기정화장치의 종류와 원리를 5가지로 구분하여 설명하시오.

02 공기공급 시스템에 관한 다음 내용에 대하여 설명하시오.
(1) 공기공급 시스템이 필요한 이유를 쓰시오.
(2) 자연적으로 배출되는 시스템이 있는 경우 작업장 안에 음압이 형성되어 배출된 공기가 자연배출구로 역유입될 때 야기되는 문제점을 쓰시오.

03 원심력 송풍기를 3가지로 구분하고, 각각의 특징을 설명하시오.

04 국소배기장치를 반드시 설치해야 하는 상황 5가지를 설명하시오.

05 산업위생 실험실의 후드에서 제어속도를 측정한 결과 설계치가 낮고 발생되는 오염물질이 거의 제어되지 않았다. 이러한 경우 국소배기장치에서 발생할 수 있는 문제점을 설명하시오.

06 고용노동부에서 제시하고 있는 유해물질별 제어속도와 미국정부산업위생전문가협의회(ACGIH)에서 권고하고 있는 제어속도 범위를 구분해서 설명하시오.

제3교시

※ 다음 문제 중 4문제를 선택하여 설명하시오. (각 25점)

01 연속음이 발생되는 조립금속제품 제조업에서 소음을 측정하고자 한다. 누적소음노출량계(Noise Dosimeter)의 설정방법을 설명하시오.

02 조명 측정과 관련된 다음 용어를 설명하시오.
   (1) 광도(luminous intensity)
   (2) 조도(illuminance)
   (3) 휘도(luminance)
   (4) 반사율(reflectance)
   (5) 대비(luminance contrast)

03 사업주는 석면의 제조 또는 사용 작업에 근로자를 종사하도록 하는 때에는 석면분진의 발산 및 근로자의 오염을 방지하기 위하여 작업수칙을 정하고, 이를 작업근로자에게 널리 알려야 한다. 법으로 정해진 사항을 설명하시오.

04 작업환경측정 시 동일노출그룹(HEG)의 설정 목적과 방법에 대하여 설명하시오.

05 작업환경측정에 사용되는 여과지(filter)는 다양하다. 대표적인 여과지를 3가지 쓰고, 그 특징과 채취가능한 유해물질에 대하여 설명하시오.

06 미국국립산업안전보건연구원(NIOSH) 7400 방법을 중심으로 공기 중 석면의 측정방법을 시료채취와 분석으로 구분하여 설명하시오.

※ 다음 문제 중 4문제를 선택하여 설명하시오. (각 25점)

01 직무스트레스(Job stress)의 유발요인에 대하여 설명하시오.

02 연평균 근로자가 1,000명인 어떤 사업장에서 연간 4건의 재해로 인해 사망 1건과 180일의 휴업일수가 발생하였고, 결근율은 5%이었다. 다음의 재해통계치를 구하시오.
   (1) 도수율
   (2) 강도율
   (3) 환산도수율
   (4) 환산강도율
   (5) 종합재해지수(도수강도치)

03 산업안전보건법상 직업적 노출기준(Occupational Exposure Limits)은 두 가지가 있다. 그 기준명을 각각 쓰고, 기준 초과 시 사업주의 조치사항 또는 처벌 내용을 설명하시오.

04 최근 우리나라는 발암성 물질이 사회적으로 이슈화 되었다. 발암성 물질을 구분하는 기구로 미국정부산업위생전문가협의회(ACGIH)와 세계보건기구(WHO) 산하의 국제암연구위원회(IARC)가 대표적이라 할 수 있는 데 이 두 기구에서 발암성 물질을 구분하는 기호와 각각에 대해서 그 의미를 설명하시오.

05 최근 발암성 물질이 사회적으로 문제 시 되면서 사업장에 보건관리자를 채용하고 있다. 산업안전보건법에서 보건관리자가 수행하여야 할 직무에 대해서 10가지를 쓰시오.

06 프레스 공정에서 소음이 문제가 되고 있다. 소음대책을 소음원, 전파경로, 수음자에 대한 대책으로 구분하여 설명하시오.

분야	안전관리	자격 종목	산업위생관리기술사	수험 번호		성명	

※ 각 교시마다 시험시간은 100분입니다.

※ 다음 문제 중 10문제를 선택하여 설명하시오. (각 10점)

01 실리카겔(silicagel)이 활성탄(charcoal tube)에 비해 가지고 있는 장점과 단점을 설명하시오.

02 작업장 내 금속분진이나 흄을 채취하는 여재로 MCE(Mixed Cellulose Ester membrane) 여과지를 사용한다. MCE 여과지를 금속채취에 사용하는 이유 2가지를 설명하시오.

03 가스상 물질에 대한 시료채취방법에는 순간시료채취(grab sampling)과 연속시료채취(continuous sampling or integrated sampling)가 있다. 순간시료 채취방법을 사용할 수 없는 경우 3가지를 설명하시오.

04 공기 중에 부유하고 있는 입자상 물질 중 1차 흄(primary fume)은 상온에서 고체상태의 물질로부터 3가지 단계를 거쳐 생성된다. 이 과정을 설명하시오.

05 기압조절실에서 고압작업자의 안전을 위해 실시하는 것으로 다음 내용에 대해 설명하시오.
 (1) 가압속도
 (2) 감압 시의 조치사항

06 방독마스크 정화통의 수명에 영향을 주는 인자를 5가지만 설명하시오.

07 생물학적 모니터링은 화학물질 또는 물리적 인자에 노출되어 인체에 나타나는 표식자(marker)를 측정하는 것으로 정의될 수 있다. 여기서 표식자가 될 수 있는 것을 5가지만 쓰시오.

08 국소배기시설에서 적절한 송풍기를 선택할 수 있도록 먼저 파악해야 할 요인 5가지와 송풍기 풍량조절법을 5가지만 쓰시오.

09 ACGIH에서 규정하고 있는 호흡기계 암을 유발하는 물질(A1) 10가지를 쓰시오.

10 다음 물음에 대하여 설명하시오.
 (1) 방사선을 구분하는 에너지 경계선에 대하여 설명하시오.
 (2) ICRP에서 권고하는 방사선 작업종사자와 일반인의 연간 유효선량을 쓰시오.

11 작업환경측정 및 정도관리 규정에서 정확도(accuracy)와 정밀도(precision)의 정의와 평가방법을 설명하시오.

12 내재용량(internal dose)의 개념을 3가지로 설명하시오.

13 납, 카드뮴, 니트로벤젠, 톨루엔, PAH의 노출과 영향에 대한 생물학적 모니터링 결정인자를 각각 1가지씩 쓰시오.

제2교시

※ 다음 문제 중 4문제를 선택하여 설명하시오. (각 25점)

01 국소배기장치를 선정할 때 배출가스의 유량특성과 입경분포를 중요시 하는 이유를 설명하고, 공기정화장치 선정 시 고려해야 할 사항 8가지를 쓰시오.

02 VOCs(휘발성 유기화합물) 배출을 억제하기 위해 국소배기장치를 설계하였다. 이때 공기정화장치로 선택할 수 있는 제어기술 10가지와 이러한 제어기술의 선택 시 주의해야 할 고려사항에 대하여 설명하시오.

03 산업현장에서 국소배기시스템을 설치할 때 송풍기에서 가끔 발생되는 시스템 손실(system effect loss)에 대해 송풍기 정압곡선(fan static pressure curve)과 시스템 요구곡선(system requirement curve)을 이용하여 설명하고, 이러한 손실이 예상되는 경우 적용할 수 있는 방안 3가지를 설명하시오.

04 도금조, 세척조의 상부가 열린탱크(open surface tank)에 대한 국소배기시설의 설계에 대하여 일반사항 및 적용범위를 설명하시오.

05 국소배기시설에 있어서 후드의 선택이 매우 중요하다. 후드의 선택 시 고려해야 할 사항에 대하여 설명하시오.

06 국소배기장치 선정 시 현장 확인과 성능사항 확인은 필수적이다. 이 두 가지 사항 중 현장 확인방법을 발생원, 후드, 덕트, 공기정화장치, 배기 순으로 설명하고, 이때 환기효과를 향상시키기 위한 기본원칙 5가지를 설명하시오.

제3교시

※ 다음 문제 중 4문제를 선택하여 설명하시오. (각 25점)

01 작업환경측정 시료 분석 시 회수율 실험을 위한 시료 제조방법에 대하여 설명하고, 회수율 실험을 본 실험 수행 전 정도관리의 일환으로 실시할 수 있는 이유에 대하여 설명하시오.

02 공기 중 석면채취를 위하여 사용되는 여과지와 카세트에 대하여 설명하시오.

03 금속시료 전처리(sample preparation)의 회화용액(ashing acid)에 대해 단일물질을 중심으로 설명하시오.

04 원자흡광분석기의 최적화 상태를 확인하는 방법과 가장 높은 흡광도에서 정확도와 정밀도를 제공할 수 있는 확인방법을 설명하시오.

05 우리나라 작업환경 측정기관의 분석능력에 영향을 미치는 직접요인에 대하여 설명하시오.

06 자동차 배터리공장에서 공기 중 납(lead)의 측정 및 분석과정을 단계별로 구분하여 설명하시오.

제4교시

※ 다음 문제 중 4문제를 선택하여 설명하시오. (각 25점)

01 근골격계질환 예방을 위하여 인체측정치를 이용한 작업환경 개선의 응용원칙과 흐름도를 이용하여 설계절차를 설명하시오.

02 생물학적 유해인자의 측정 및 분석의 대표적인 방법을 2가지만 설명하시오.

03 밀폐공간에서 발생되는 질식사고에 대한 다음 사항을 설명하시오.

    (1) 재해발생 원인(산소결핍 원인)을 쓰시오.
    (2) 질식제를 구분하여 설명하고, 대표적인 물질을 3가지만 쓰시오.

04 생물학적 모니터링은 생체시료 중에 함유된 유해물질이나 그 대사산물 등을 분석하여 노출량, 초기 건강영향 그리고 감수성을 평가하는 것이다. 주요 모니터링방법 중 소변을 이용한 생물학적 모니터링의 장점과 단점을 설명하고, 측정물질의 농도 보정방법을 설명하시오.

05 오늘날 산업현장에서 사용되는 각종 유기용제는 피부에 흡수되기 쉽고 체내에 흡수된 후에도 중추신경계의 지방조직에 대한 친화성 때문에 중독사고를 일으키는 사례가 종종 발생하고 있다. 직업병 예방을 위하여 유기용제 종합관리방안을 수립하고자 한다. 종합대책을 작업환경관리와 건강관리로 구분하여 설명하시오.

06 S시 C사업장은 전자부품을 생산하는 업체로, 부품세척 공정의 근로자에서 백혈병 발생이 있었다. 백혈병까지 진행되는 소요기간과 위험 근로자를 미리 확인하기 위하여 새로운 백혈병 스크리닝 검사법을 도입하였다. 도입 단계의 시험에서 다음과 같이 일부 근로자에 대한 결과가 산출되었다. 이 새로운 백혈병 스크리닝 검사법의 민감도(sensitivity)와 특이도(specificity)를 구하시오.

> • 총 검사인원 : 300명
> • 스크리닝 검사법으로 양성이 나온 근로자 : 50명
> • 실제 정밀검사에서 양성으로 판정된 근로자 : 30명(이 중 5명은 스크린검사 음성)

제96회 국가기술자격검정 시험문제

분야	안전관리	자격 종목	산업위생관리기술사	수험 번호		성명	

※ 각 교시마다 시험시간은 100분입니다.

제1교시

※ 다음 문제 중 10문제를 선택하여 설명하시오. (각 10점)

01 고용노동부는 최근 화학물질 및 물리적 인자의 노출기준을 개정하면서 발암성 물질에 대한 구분을 새롭게 개편하였다. 발암성 물질에 대한 구분과 그 의미를 설명하시오.

02 올해부터 한국산업안전보건공단에서는 고용노동부에 지정된 측정기관에 대하여 작업환경 측정수준을 평가하기로 예정되어 있다. 그 평가기준에 해당하는 4가지 주요항목을 설명하시오.

03 입자는 크기에 따라 호흡기 부위별로 미치는 영향이 다르다. 우리나라에서 흡입성 입자로 채취해야 될 물질과 호흡성 입자로 채취해야 될 물질 각각 4가지를 쓰시오.

04 인체치수(Anthropometric data)를 이용하여 작업환경을 설계할 때 적용하는 3가지 원칙에 대해 설명하시오.

05 "산업안전보건기준에 관한 규칙"에서 임시작업과 단시간작업인 경우의 설비 특례에 대해 각각 설명하시오.

06 산업안전보건법에서 정한 중대 재해 3가지를 설명하시오.

07 차이 역치(식역, Difference threshold)의 또 다른 용어와 그 개념을 설명하시오.

08 건축물이나 설비를 철거하거나 해체하려는 경우에 해당 건축물이나 설비의 소유주 또는 임차인 등은 "일반석면조사"를 실시한 후 그 결과를 기록·보존하여야 하는데 조사에 포함될 2가지 사항을 설명하시오.

09 호흡기 감작물질(Respiratory sensitizer)에 대하여 설명하고, 대표적인 호흡기 감작물질 종류 5가지를 쓰시오.

10 마취가스는 호흡기로 흡입하여 마취작용을 나타내는 가스로서 병원에서 근무하는 근로자에게 노출될 수 있는 마취가스의 종류 3가지를 쓰시오.

11 사업장에서 톨루엔에 노출되는 근로자를 대상으로 생물학적 노출평가를 수행하고자 한다. 시료채취 시기를 설명하고, 대표적인 생물학적 노출 지표물질 3가지를 쓰시오.

12 "산업안전보건기준에 관한 규칙"상 관리대상 유해물질에 의한 건강장해의 예방편에서 사업주가 발암성물질과 관련해서 반드시 준수해야 할 2가지 항목을 쓰고, 그 내용을 설명하시오.

13 후드 설치 시 분진의 물리·화학적 성질과 후드 내 압력, 후드의 크기 등을 감안하여 고려해야 할 후드의 재료에 대해 설명하시오.

제2교시

※ 다음 문제 중 4문제를 선택하여 설명하시오. (각 25점)

01 송풍기와 관련하여 시스템의 손실을 최소화하기 위해서는 "Six In and Three Out" 규칙을 준수하여야 하고, 배출구의 배기시설에 대한 일반적인 설치규칙은 "15-3-15"로 알려져 있다. 각각이 의미하는 바를 구분하여 설명하시오.

02 전기집진장치(Electrostatic Precipitator, EP)의 집진 메커니즘 5가지를 쓰고, 장·단점을 각각 4가지만 설명하시오.

03 공기 중 오염물질 농도를 노출기준 이하로 유지하기 위한 필요환기량은 물질평형 방정식(공기 중 오염물질의 축적률 = 발생률-제거율 또는 $VdC = Gdt - Q'Cdt$)을 이용하여 산출할 수 있다. 이 공식에 활용되는 변수에 대하여 설명하시오. (단, 단위를 반드시 포함하여 설명하시오.)

04 미국정부산업위생전문가협의회(ACGIH)에서 권고하는 있는 제어속도의 경우 작업조건에 따라 다르다. 이 경우 제어속도의 범위는 낮은 쪽과 높은 쪽을 고려하여 사용해야 하는데 그 내용을 각각 구분해서 설명하시오.

05 송풍기의 소요동력에 관한 다음 사항을 설명하시오.
  (1) 공기동력(Air horsepower)
  (2) 축동력(Brake horsepower)
  (3) 전동기동력(Motor horsepower)
  (4) 축동력(η_b)이 50%, 전동기동력(η_m)이 60%인 경우 공기동력(H_a)의 산출 값
  (5) (4)항에서 산출된 공기동력 값의 의미

06 트리클로로에틸렌을 취급하는 공정에 부분 포위식 후드가 설치되어 면속도(Face velocity)를 측정하고자 한다. 필요환기량을 구하는 과정을 4단계로 구분하여 설명하시오.

제3교시

※ 다음 문제 중 4문제를 선택하여 설명하시오. (각 25점)

01 고용노동부에서 실시하는 작업환경측정 신뢰성 평가의 목적을 쓰고, 그 대상이 되는 3가지를 설명하시오.

02 수동식 시료채취기의 성능에 영향을 미치는 환경적인 요인 5가지를 설명하시오.

03 작업환경측정 및 지정측정 기관평가 등에 관한 고시에 의한 입자상 물질의 측정방법에 대하여 5가지만 설명하시오.

04 벤젠을 취급하는 여러 사업장에서 생물학적 모니터링(Biological monitoring)과 공기 중 모니터링(Air monitoring)을 수행하였다. 그러나 그 결과가 불일치되는 경우가 많이 나타나는데 그 주요 요인을 5가지로 구분하고, 예를 들어 설명하시오.

05 충돌원리를 이용하여 채취하는 다단직경 분립충돌기(Cascade impactor)의 장점, 단점 및 주의사항을 각각 설명하시오.

06 석면 농도의 측정방법은 시료채취기를 작업이 이루어진 장소에 고정하여 공기 중 입자상 물질을 채취하는 지역시료 채취방법으로 측정하도록 되어있다. 이 경우 시료채취기의 설치 및 지역시료 채취방법 3가지를 설명하고, 밀폐면적이 $50m^2$, $500m^2$, $5,000m^2$일 때 각각의 최소시료채취 수를 구하시오.

제4교시

※ 다음 문제 중 4문제를 선택하여 설명하시오. (각 25점)

01 "산업안전보건기준에 관한 규칙"에서는 근로자의 건강보호를 위한 3가지 프로그램을 규정하고 있다. 각각의 프로그램에 대한 정의 및 시행 대상에 대해 설명하시오.

02 산업안전보건법에서 정한 직무스트레스에 의한 건강장해 예방조치에 대해 설명하시오.

03 소음성 난청과 노인성 난청에 대하여 설명하고, 소음성 난청의 판정기준에 대해 설명하시오.

04 근로자가 농약 원재료를 살포·훈증·주입 등의 업무를 하는 경우 취하여야 할 조치사항을 5가지만 설명하시오.

05 A반도체 사업장의 발암성 물질이 사회적으로 이슈화되어 역학조사의 중요성이 강조되고 있다. 역학조사를 실시할 수 있는 4가지 대상에 대해 설명하시오.

06 그림과 같은 작업환경을 설계하기 위하여 인체치수 데이터를 적용하려고 한다. 가장 일반적인 7단계 절차에 대해 설명하시오. (단, 필요한 모든 인체치수는 준비되어 있다고 전제한다.)

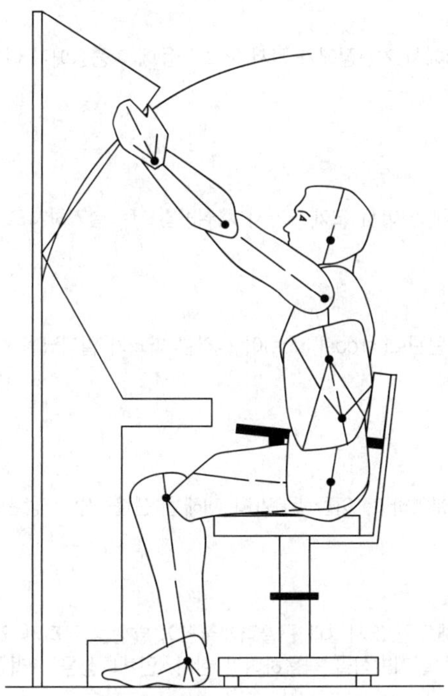

제98회 국가기술자격검정 시험문제

분야	안전관리	자격 종목	산업위생관리기술사	수험 번호		성명	

※ 각 교시마다 시험시간은 100분입니다.

※ 다음 문제 중 10문제를 선택하여 설명하시오. (각 10점)

01 산업안전보건법에서는 화학물질 분류·표시 및 물질안전보건자료(MSDS)에 새로운 기준이 적용된다. 단일물질과 혼합물질이 적용되는 시기와 새로운 기준이 적용되는 이유를 설명하시오.

02 유해인자가 인체에 미치는 장애에서 기관장애가 먼저 오고 다음에 기능장애가 나타난다. 기관장애가 진전되는 과정을 설명하시오.

03 입자상 물질을 채취하는 원리에 있어서 크게 3가지 채취방법으로 설명하시오.

04 작업환경측정에서 포집한 활성탄관(charcoal tube)이 심각한 파과가 일어났을 때 심각한 파과의 판단기준에 대하여 설명하시오.

05 연천인율과 도수율에 대하여 설명하고, 이들 두 가지 재해율 산출방법의 상관관계를 식으로 설명하시오.

06 근골격계 부담작업에 대한 유해요인 조사결과 근골격계질환이 발생할 우려가 있는 경우에는 작업환경 개선에 대한 설계원리로 인체특성을 고려한 설계방식을 적용하여야 한다. 인체특성을 고려한 설계의 개념 정의와 적용 사례를 들어 설명하시오.

07 KOSHA GUIDE(H-22-2011)에서는 건강상태가 좋지 못한 근로자를 교대작업에 배치하고자 할 때는 의사인 보건관리자 또는 산업의학전문의에게 의뢰하여 업무적합성 평가를 받은 후 배치하도록 권장한다. 업무적합성 평가가 필요한 근로자의 건강상태 유형 5가지를 설명하시오.

08 전기집진장치(electrostatic precipitator) 장·단점을 각각 3가지 기술하시오.

09 산업안전보건법 및 KOSHA GUIDE(H-70-2012)에서 규정하는 석면 6종과 석면함유 물질을 설명하시오.

10 물질안전보건자료 항목에서 "자료 없음"과 "해당 없음"으로 표기된 것은 어떤 의미인지 각각 설명하시오.

11 미국 ACGIH에서는 TWA가 설정된 물질 중에 독성 자료가 부족하여 STEL이 설정되지 않은 물질의 경우 Excursion Limit(단시간 상한치)를 권고한다. Excursion Limit에 대하여 설명하시오.

12 지방고용노동관서의 장이 신뢰성 평가의 필요성이 인정되어 작업환경측정 신뢰성 평가를 할 수 있는 경우 3가지를 설명하시오.

13 쾌적한 사무실 공기를 유지하기 위하여 관리기준(고용노동부 고시)이 설정된 물질을 모두 설명하시오.

제2교시

※ 다음 문제 중 4문제를 선택하여 설명하시오. (각 25점)

01 도금공장에 후드 개구면의 길이가 110cm이고, 폭이 15cm인 슬롯(Slot)형 후드를 설치하려고 한다. 슬롯 후드에 플랜지가 부착되어 있으며 제어풍속이 1.2m/s이고, 제어풍속이 미치는 거리가 30cm인 경우 필요환기량(m^3/min)과 슬롯 내의 속도압(mmHg)을 설명하시오.

02 후드를 설계할 때 일반적으로 흔히 범하는 오류를 2가지만 설명하시오.

03 덕트 합류 시 댐퍼를 이용한 균형 유지방법과 설계에 의한 정압균형 유지법에 대하여 각각 장점과 단점 3가지를 설명하시오.

04 어떤 작업장에서 공기공급 시스템이 적정하지 못할 때 발생될 수 있는 문제점을 설명하시오.

05 전체환기(general ventilation)에 대한 다음 사항을 설명하시오.
(1) 목적 3가지를 쓰시오.
(2) 국소배기시설을 설치하기 곤란한 작업장에 대한 전체환기시설 설치 시 필요한 조건 5가지를 쓰시오.

06 연마재를 취급하는 공정에서 사용되는 국소배기시설에서는 원료분진이 덕트 내에 침착하여 덕트가 막히는 현상을 방지하기 위하여 적절한 덕트속도가 요구된다. 분진을 제거하는 국소배기시설 설계에 필요한 최소 덕트속도는 이론치가 실험치보다 높아야 하는데 그 이유를 5가지로 설명하시오.

※ 다음 문제 중 4문제를 선택하여 설명하시오. (각 25점)

01 그림은 공기 중 입자상 물질을 막 여과지로 채취 시 공기의 흐름에 따라 채취되는 기본적인 여과기전(mechanism)을 나타낸 것이다. 여과지에 채취되는 A, B, C 원리를 각각 쓰고, 설명하시오.

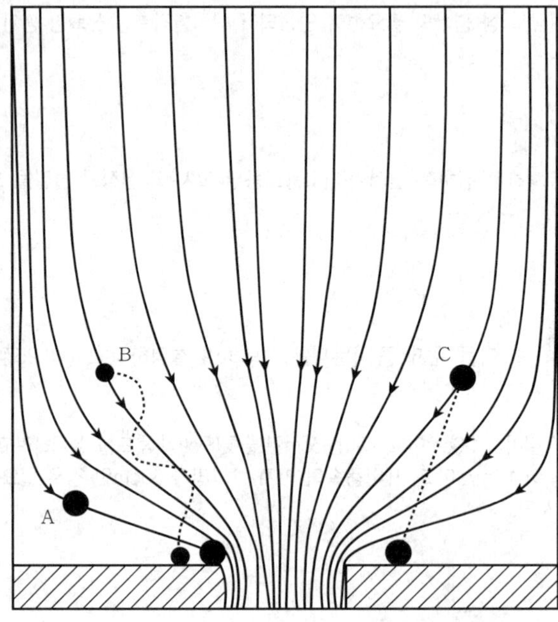

02 산업안전보건법상 사업주가 석면해체·제거 작업에 근로자를 종사하도록 하는 경우에는 작업구분에 따라 조치를 하여야 한다. 작업구분에 따른 조치내용을 설명하시오.

03 화학공장에서 포화증기 농도와 노출기준을 감안하여 증기유해성 지수(Vapor Hazard Index)가 적은 유기용제를 선택하여 사용하려고 한다. 유기용제 A, B, C 중에 증기유해성 지수가 가장 적은 유기용제를 설명하시오. (단, 증기유해성 지수를 구한 후 유기용제를 선정하시오.)

> • A 유기용제 : TLV=100ppm, 작업장 온도에서 증기압 30mmHg
> • B 유기용제 : TLV=200ppm, 작업장 온도에서 증기압 70mmHg
> • C 유기용제 : TLV=350ppm, 작업장 온도에서 증기압 110mmHg
> • 작업장 내 대기압은 760mmHg

04 화학물질 및 물리적 인자의 노출기준에서 정보제공 목적으로 표시한 발암성 1A 물질 10종을 쓰시오.

05 질식 사망재해가 매년 반복되어 발생되는 바, 밀폐공간에서 사전에 준비 점검할 작업절차와 밀폐공간에서의 환기시 주의사항을 각각 5가지만 설명하시오.

06 도금제품 사업장에서 금속화합물을 작업환경측정으로 포집하였다. 전처리(sample preparation)에 이용되는 금속화합물의 일반적인 회화과정을 설명하시오.

제4교시

※ 다음 문제 중 4문제를 선택하여 설명하시오. (각 25점)

01 일반적으로 화학물질의 용량–반응의 곡선은 시그모이드(sigmoid) 형태이다. 시그모이드 형태를 나타내는 이유를 설명하시오.

02 화학물질 및 물리적 인자의 노출기준에서 "Skin" 표시물질을 제시하고 있다. "Skin" 표시물질의 특징 4가지를 설명하시오.

03 육체적 작업능력(Physical Work Capacity, PWC)이 16kcal/min인 근로자가 인력운반 작업을 수행하고 있을 때 에너지대사량을 측정한 결과 산소소비량이 1.5L/min이었다. 다음 각각의 사항에 대하여 설명하시오. (단, 휴식 중 에너지소비량은 1.5kcal/min이다).
   (1) 근로자의 1시간 작업 시 적정휴식시간을 산출하시오.
   (2) 에너지대사율(Relative Metabolic Rate, RMR)을 산출하시오. (단, 기초대사량은 안정 시 대사량의 0.83배에 해당한다.)

04 열사병(heat stroke)은 고열에 의한 장해 중 하나이다. 다음 사항에 대하여 설명하시오.
   (1) 정의(definition)
   (2) 발생하는 이유 3가지
   (3) 증상

05 산업보건관리를 위해 대상이 되는 산업현장 내의 유해인자(hazardous agents)를 5가지로 분류하고, 설명하시오.

06 용해로가 있는 작업장 내 고열발생원에서의 고열환경에 대한 관리대책을 수립하고자 한다. 다음 사항에 대하여 설명하시오.
   (1) 작업장 기온이 높은 경우(대류에 의한 것)
   (2) 고열 물체가 있는 경우(복사에 의한 것)
   (3) 작업장의 습도가 높은 경우(증발에 의한 체열방산의 제한)

분야	안전관리	자격 종목	산업위생관리기술사	수험 번호		성명	

※ 각 교시마다 시험시간은 100분입니다.

※ 다음 문제 중 10문제를 선택하여 설명하시오. (각 10점)

01 산업안전보건법에서 정한 근로시간 연장 제한에 해당하는 작업과 질병자의 근로 금지대상에 대하여 설명하시오.

02 매슬로우(Maslow)의 인간욕구 단계 이론에서, 욕구의 단계와 이론의 특성에 대하여 설명하시오.

03 '실험실 안전보건에 관한 기술지침' 중 실험실 종사자의 안전보건 수칙에 대하여 5가지만 설명하시오.

04 직업성 피부질환을 진단하는데 충분히 고려해야 할 조건에 대하여 5가지만 설명하시오.

05 하인리히의 재해발생 비율과 도미노(Domino) 이론에 대하여 각각 설명하시오.

06 '다중이용시설 등의 실내 공기질관리법'에서 정하고 있는 다중이용시설의 오염물질 중 유지기준 적용 5가지 및 권고기준 적용 5가지를 설명하시오.

07 공기 중 금속의 특징을 파악할 때 기본적으로 먼저 고려해야 할 4가지 요소에 대하여 설명하시오.

08 '근골격계질환 예방을 위한 작업환경개선 지침'에 의한 작업환경 개선 중 수공구 사용 원칙에 대하여 설명하시오.

09 산업안전보건기준에 관한 규칙에 명시된 밀폐공간 작업으로 인한 건강장해의 예방에서 사용하는 "적정한 공기"를 정의하고, 밀폐공간 작업에서의 안전담당자의 직무에 대하여 설명하시오.

10 작업장에서 사용하는 유해물질의 노출에 의한 건강상의 유해성을 결정하는 요인에 대하여 5가지만 쓰시오.

11 작업환경 모니터링에 의한 노출강도(exposure intensity)에 관한 정보와 생물학적 모니터링에 의한 유해물질 측정치가 일치하지 않는 경우의 주요 원인에 대하여 설명하시오.

12 산업안전보건기준에 관한 규칙에서 정하고 있는 사업주가 갖추어야 하는 세척시설 등의 종류와 세척시설을 갖추어야 하는 해당 업무에 대하여 설명하시오.

13 산업안전보건법령상 허용기준 이하 유지대상 유해인자를 10가지만 쓰시오.

※ 다음 문제 중 4문제를 선택하여 설명하시오. (각 25점)

01 '산업환기설비에 관한 기술지침' 내용 중 전체환기장치 설치 시 유의사항 및 배기구의 설치에 대하여 설명하시오.

02 산소결핍 우려가 있는 지하 맨홀작업을 위하여 전동 송풍기식 호스마스크 사용 시 주의하여야 할 사항을 설명하시오.

03 다음은 인간공학적 평가에 필요한 개념들이다. 각 개념을 설명하시오.
  (1) 종속변수
  (2) 독립변수
  (3) 통제(제어)변수
  (4) 평가척도의 신뢰성

04 송풍기 축수상태의 검사방법과 판정기준에 대하여 설명하시오.

05 석면해체 제거 공사 시 금지하여야 할 내용과 산업안전보건기준에 관한 규칙에서 정하고 있는 분무된 석면이나 석면이 함유된 보온재 또는 내화피복재 해체, 제거 작업 시의 조치내용을 설명하시오.

06 전자부품 조립공정에서, 시간당 300kcal의 열량을 발산하는 작업자가 20명, 10HP인 기계가 20대, 0.5kW 용량의 전등이 5대 켜져 있는 경우에 실내온도가 30℃이고, 외부 공기온도가 26℃일 때 실내온도를 외부 공기온도로 낮추기 위한 필요환기량(m³/min)을 구하시오. (단, 1HP=650kcal/h, 1kW=900kcal/h이다.)

제3교시

※ 다음 문제 중 4문제를 선택하여 설명하시오. (각 25점)

01 개정된 NIOSH의 들기방정식(Lifting Equation)에서 권장중량한계(RWL)의 기준이 되는 들기작업의 최적조건과 들기지수(LI)에 대하여 설명하시오.

02 작업환경측정 시료 분석 시 탈착효율 검정을 위한 시료 제조방법에 대하여 설명하시오.

03 어떤 작업공정에서 2개 이상의 유해물질이 공존하는 경우, 건강에 미치는 작용(Effect) 4가지에 대하여 각각의 예를 들어 설명하시오.

04 건설업 하도급업체에 종사하는 근로자에 대한 유해인자의 노출평가 및 건강관리가 어려운 이유를 설명하시오.

05 작업장에서 발생하는 유해광선 중 자외선에 대하여 물리·화학적 특성 및 피부와 눈의 작용을 설명하고, 산업안전보건법에서 정한 비전리전자기파(유해광선)에 의한 건강장해·예방조치에 대하여 설명하시오.

06 가로 30m, 세로 6m, 높이 4m인 연마작업장에서 소음을 감소시키고자 벽면과 천장에 흡음재를 부착하여 흡음처리를 하였다. 창문이나 문은 없고, 벽면과 바닥, 천장은 균일하다고 가정할 때 다음의 물음에 답하시오.
(1) 흡음재 처리 전 소음이 100dB(A)였다면 흡음재 처리 후 소음수준을 구하시오.
(2) 흡음재를 처리하기 전과 처리 후의 실내 반향시간을 구하시오.

구 분	흡음계수	
	처리 전	처리 후
바닥	0.2	0.8
벽	0.3	0.7
천장	0.2	0.6

제4교시

※ 다음 문제 중 4문제를 선택하여 설명하시오. (각 25점)

01 최근 구미지역에서 발생한 불산 누출사고로 인한 근로자 사망사고로 유해화학물질 관리가 사회적 이슈가 되었다. 우리나라 산업안전보건법상에서 규정하고 있는 관리대상 유해물질 취급설비 또는 그 부속설비를 사용하는 작업을 하는 경우, 유해물질 등의 누출을 방지하기 위하여 작업수칙을 정하여 작업하도록 하고 있다. 산업안전보건법에서 정하고 있는 작업수칙에 대하여 설명하시오.

02 인간의 인지과정은 다음과 같다. 이 과정에서 발생할 수 있는 오류는 착오(mistake), 실수(slip), 건망증(lapse)이 있다. 그림을 참고하여 다음 물음에 답하시오.

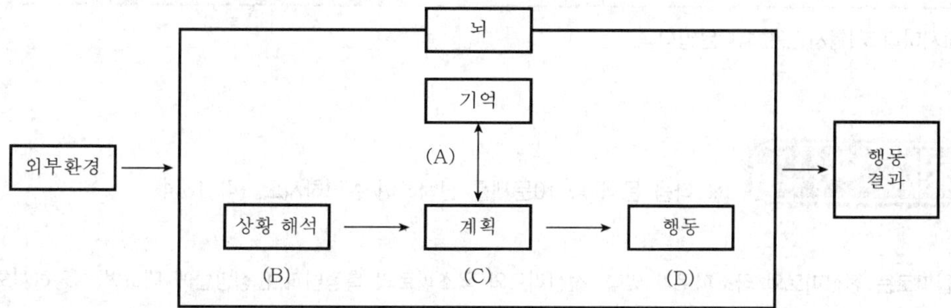

(1) (A)~(D) 안에 해당하는 오류의 종류를 쓰시오.
(2) 착오(mistake), 실수(slip), 건망증(lapse)에 대해서 각각의 의미를 설명하시오.
(3) 인지과정과 관계있는 조지 밀러(George Miller)의 '신비의 수(Magical Number) 7±2'에 대해서 설명하시오.

03 무산소공기의 1회 호흡의 위험성에 대하여 설명하시오.

04 근로자가 곤충 및 동물 매개 감염병 고위험작업을 하는 경우에 사업주가 취하여야 할 조치에 대하여 설명하시오.

05 다음의 표는 어느 자동차 조립라인의 용접공에 대한 4시간 동안의 작업내용을 샘플링(sampling)한 결과이다. 이 결과를 바탕으로 일일 9시간 작업하는 작업자의 근골격계 부담작업 여부를 판정하시오.

작 업	관측횟수	팔을 어깨위로 들고 하는 작업횟수	쪼그려 앉아서 하는 작업횟수
작업 1	10		
작업 2	20	5	
작업 3	40	15	10
작업 4	10		10
작업 5	20	10	
합계	100회	30회	20회

06 산업피로의 종류와 예방대책에 대하여 설명하시오.

분야	안전관리	자격 종목	산업위생관리기술사	수험 번호		성명	

※ 각 교시마다 시험시간은 100분입니다.

※ 다음 문제 중 10문제를 선택하여 설명하시오. (각 10점)

01 산업피로는 전신피로와 국소피로가 있다. 전신피로와 국소피로의 측정법과 판정방법에 대하여 설명하시오.

02 소음노출량 측정기의 우리나라 설정기준(Set up)과 미국 ACGIH 설정기준(Set up)을 쓰고, 의미를 각각 설명하시오.

03 캐스케이드 임팩터(Cascade impacter) 장비로 입자상 물질의 입도분포를 측정한다. 측정 시 사용하는 필터의 종류와 필터를 코팅해서 사용하는 이유에 대하여 설명하시오.

04 산업안전보건법에 규정되어 있는 작업환경측정 대상이 되는 산 및 알칼리류 물질의 종류를 10가지 쓰시오.

05 사업장 위험성 평가에 사용하는 기본용어를 설명하시오.
  (1) 위험성 평가(Risk assessment)
  (2) 유해 · 위험요인(Hazard)
  (3) 유해 · 위험요인 파악(Hazard identification)
  (4) 위험성(Risk)
  (5) 위험성 추정(Risk estimation)

06 직업성 피부질환의 예방법에 대하여 설명하시오.

07 국소배기장치의 육안검사 및 성능검사를 확인하는 방법을 각각 4가지씩 설명하시오.

08 사업주는 고열작업에 근로자를 종사하도록 하는 때에는 열중증으로 인한 건강장해를 예방하기 위하여 고열의 위해성을 평가하여야 한다. 평가 시 고려해야 할 사항 8가지를 설명하시오.

09 산업안전보건법상 사업주는 근로자가 병원체에 노출될 수 있는 위험작업을 하는 경우에 근로자에게 사전에 알려주어야 한다. 알려주어야 할 사항 5가지를 설명하시오.

10 국소배기시설에서 적절한 송풍기를 선택하기 위해 먼저 파악해야 할 요인 5가지와 송풍기 풍량조절법 5가지를 쓰시오.

11 송풍기 서징(Surging)현상 방지대책 5가지를 쓰시오.

12 여과재 중 헤파필터의 사용 사업장을 기술하고, 헤파필터의 일반적 성능을 설명하시오.

13 유해·위험방지 계획서가 요구되는 전기계약용량 300kW 이상인 사업장 10곳을 쓰시오.

제2교시

※ 다음 문제 중 4문제를 선택하여 설명하시오. (각 25점)

01 국소배기시설을 설계할 때 덕트 합류지점에서의 정압을 동일하게 맞추는 것이 매우 중요하다. 덕트 합류점에서의 정압을 조절하는 방법 2가지를 설명하고, 장·단점을 5가지씩 설명하시오.

02 송풍기의 동작점은 송풍기 성능곡선(정압곡선 : fan static pressure curve)과 시스템 요구곡선(system requirement curve)이 만나는 점이다. 다음 각 물음에 답하시오.
   (1) 송풍기 성능곡선과 시스템 요구곡선에 대하여 각각 설명하시오.
   (2) 송풍량이 감소되는 원인으로 국소배기시스템에서의 압력손실 증가와 송풍기 자체성능 저하가 있다. 이 두 가지 원인에 대하여 송풍기 성능곡선과 시스템 요구곡선을 이용하여 각각 설명하고, 현장에서 발생할 수 있는 구체적인 원인을 각각 5가지 쓰시오.

03 국소배기장치에서 공기정화장치 전단에 Turbo fan(Induced draft fan I.D fan)을 설치하였을 때 다음을 설명하시오.
   (1) Fan의 설치위치에 따른 문제점을 쓰시오.
   (2) 문제점이 있음에도 불구하고 전단에 설치되는 이유를 쓰시오.
   (3) Turbo fan의 특징을 쓰시오.

04 용해공정에 대하여 공장 주변환경이 자연환기에 적합한지 여부를 판단하여 자연환기를 적용하려고 한다. 자연환기 적용 시 영향을 미치는 인자 4가지와 이때 사용되는 설계 기본원칙을 설명하시오.

05 습식성 가스 발생 사업장에서 국소배기시설 가운데 세정식 집진장치와 송풍기를 설치하였다. 운전 중에 액체 순환의 방해와 용기로부터 액적이 유입되고, 송풍기의 소음과 진동이 증가되었다. 이러한 원인에 대하여 설명하시오.

06 국소배기 설비 중 덕트 설치 시 고려해야 할 사항에 대하여 설명하시오.

제3교시

※ 다음 문제 중 4문제를 선택하여 설명하시오. (각 25점)

01 화학물질의 위험성 평가방법은 노출수준(빈도)과 유해성(강도)의 등급을 곱하여 위험성을 추정하는 데 노출수준 등급을 결정하는 3가지 방법과 유해성 등급을 결정하는 4가지 방법에 대하여 설명하시오.

02 산업재해보상보험법의 업무상 질병 인정기준에 대하여 설명하시오.

03 작업환경 측정시료 분석장비인 가스 크로마토그래피 분석장비의 분석기기 검출한계와 분석방법의 검출한계를 각각 구분하고, 이것을 구하는 방법을 설명하시오.

04 전신진동과 국소진동의 측정 시 가속도 측정을 위한 인체역학 좌표 시스템의 적용에 대해 설명하고, 전신진동과 국소진동이 인체에 미치는 영향과 대책에 대해 각각 설명하시오.

05 안면부가 있는 호흡용 보호구를 착용한 후 오염지역에 들어가고자 할 때 사전에 안면부의 밀착도를 자가점검하여야 한다. 이때 밀착도 자가점검방법에 대하여 설명하고, 송기마스크에 대한 다음 용어를 설명하시오.
　(1) 디맨드 밸브
　(2) 압력디맨드 밸브
　(3) 공급밸브

06 물질안전보건자료(MSDS)에서 혼합물의 유해성 분류 중 발암성(혼합물)의 분류 방법을 설명하시오.

※ 다음 문제 중 4문제를 선택하여 설명하시오. (각 25점)

01 산업안전보건법에 규정되어 있는 특별관리 물질에 대한 다음 각 물음에 답하시오.

(1) 특별관리 물질을 설명하시오.
(2) 2013년 7월 1일부로 추가된 특별관리 물질 7종을 설명하시오.
(3) 특별관리 물질 취급공정에 대하여 사업주가 취해야 하는 조치사항을 설명하시오.

02 누적외상성장애(CTDs)를 정의하고, 발생요인과 예방대책에 대하여 설명하시오.

03 인조피혁 공정에서 폴리우레탄수지와 배합된 디메틸포름아미드(Dimethylformamide)는 독성 감염을 일으킨다. 사업주와 근로자가 반드시 준수해야 할 사항을 구분해서 각각 4가지를 설명하시오.

04 2012년 9월 불화수소 화학물질 누출사고가 구미소재 H공장에서 발생되는 현장 작업근로자 5명이 사망하였고, 인근지역 주변에까지 환경사고가 있었음에도 불구하고 그 이후에도 연일 큰고 작은 화학물질 누출사고가 발생되고 있다. 이와 같은 화학물질 누출사고 예방을 위하여 관리적 대책에 대한 동종사고 예방대책 5가지를 설명하시오.

05 밀폐공간 출입 전 확인사항 7가지를 쓰고, 밀폐공간에서 발생되는 질식사고 중 산소결핍에 의한 재해발생 원인을 설명하시오.

06 산업체의 근로자를 대상으로 인력운반작업의 작업위험도를 평가하는 도구인 스눅표(Snook table)와 1991년 개정된 미국산업안전보건연구원(NIOSH)의 들기작업 지침(Lifting equation)을 비교하여 장·단점을 설명하시오.

분야	안전관리	자격 종목	산업위생관리기술사	수험 번호		성명	

※ 각 교시마다 시험시간은 100분입니다.

※ 다음 문제 중 10문제를 선택하여 설명하시오. (각 10점)

01 미국산업위생학술원(AAIH)에서 정하고 있는 산업위생전문가로서 지켜야 할 윤리강령을 설명하시오.

02 직무스트레스에 의한 건강장해 예방조치 관련 직무스트레스 요인 지침에서 직무스트레스 요인(job stressor)의 8개 영역 중 '직무자율'과 '직장문화'에 대한 측정 영역을 설명하시오.

03 금속이 용융점 이상으로 가열될 때 형성되는 산화금속을 흄(fume) 형태로 흡입함으로써 발생하는 금속열(metal fume fever)을 초래하는 원인인자 5가지를 쓰고, 주요 증상을 설명하시오.

04 「산업안전보건법」상 석면해체 및 제거 작업 시의 조치 중에서 분부된 석면이나 석면이 함유된 보온재 또는 내화피복재의 해체 및 제거 작업 조치내용을 설명하시오.

05 전신피로를 유발하는 생리학적 원인을 설명하시오.

06 「산업안전보건법」상의 사무실 공기관리 지침에 근거한 오염물질 관리기준에서 이산화탄소(CO_2), 총휘발성 유기화합물(TVOC) 및 오존(O_3)의 관리기준(단위 포함)과 연간 측정횟수 및 시료채취시간을 설명하시오.

07 해외 근로자의 치명적 감염성 질환으로 2010년 12월 30일부터 우리나라에서 제4군 감염병으로 지정된 질환의 명칭과 감염경로 및 유행지역을 설명하시오.

08 화학물질의 국제조화체계(GHS) 적용에 따른 경고표시 및 물질안전보건자료 양식변화 중에서 화학물질의 분류에 따라 유해·위험의 내용을 나타내는 그림문자 예시(그림 a, b, c, d, e)의 특성을 설명하시오.

〈그림 a〉　　〈그림 b〉　　〈그림 c〉　　〈그림 d〉　　〈그림 e〉

09 작업장에서 차음평가지수가 21인 방음보호구를 착용하고 작업하는 근로자에게 음압수준 98dB(A)의 소음이 노출되고 있다. 이때, 근로자에게 노출되는 음압수준과 현장에서 기대되는 차음효과를 구하시오. (단, 미국 OSHA의 계산방법을 이용하시오.)

10 「산업안전보건법」에서 정하고 있는 금지유해물질을 시험·연구 목적으로 제조하거나 사용할 때 취하여야 할 조치사항을 5가지로 설명하시오.

11 「산업안전보건법」상의 작업장에서 나노물질의 제조 및 취급 관련 나노입자(nano particles), 나노물질(nano materials) 및 극미세 입자(ultrafine partickes)의 정의를 쓰시오.

12 제품이나 설비 또는 생산공정의 사례를 들어 설계에 필요한 인체치수를 선택하고, 제품사용 또는 업무수행 대상 집단에 따라 인체 측정자료를 활용한 응용원칙 3가지를 설명하시오.

13 직업성 암의 업무 관련성 평가지침과 관련하여 국제암연구소(IARC)의 발암인자를 발암성의 증거에 따라서 5단계 분류기준에 대하여 설명하고, 근로자가 발암물질을 취급했을 경우 해당 물질에 대한 Threshold Limit Value(TLV) 5단계 분류기준을 설명하시오.

제2교시

※ 다음 문제 중 4문제를 선택하여 설명하시오. (각 25점)

01 유체역학의 "질량보존의 법칙"을 환기시설에 적용하는데 필요한 4가지 공기 특성의 주요 전제조건을 설명하시오.

02 작업장 근로자의 건강보호를 위한 전체환기방식의 적용에서 오염물질 농도가 평형상태일 때의 전체환기량 계산공식을 설명하고, 안전계수(K) 값의 결정변수 5가지와 다음 그림 a, b, c에 대하여 안전계수 값 $K=1, 2, 5, 10$ 조건에서 환기방식을 각각 설명하시오.

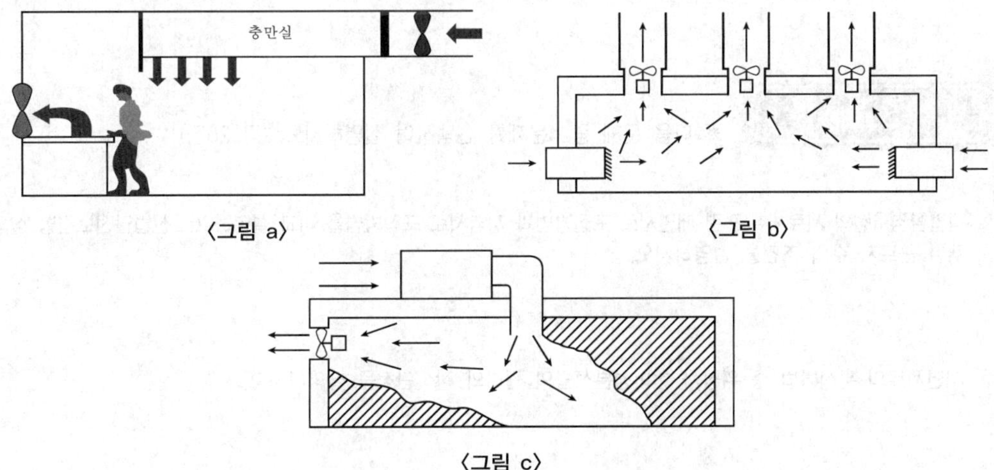

03 송풍기 선정 관련 성능곡선(정압곡선)과 시스템 곡선 및 가동점(동작점)에 대한 그림이다. 다음 각 물음에 답하시오.

(1) 적절한 설계기준(정압과 유량)인 ①번 조건에서 실제 가동점이 변화된 ②, ③번 지점의 특징을 설명하시오.
(2) 시스템의 유동상태가 난류흐름 또는 층류흐름일 때 시스템 곡선으로 비교하여 설명하시오.
(3) 송풍기의 시스템 손실을 최소화하기 위한 "six in and three out" 규칙에 대하여 설명하시오.

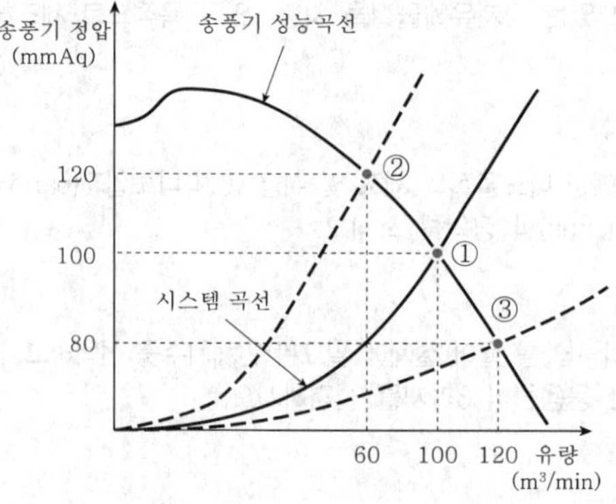

〈그림〉 성능곡선과 시스템 곡선 예시

04 후드나 덕트 관내로 공기가 유입되는 기류의 흐름에서 가속손실(acceleration loss)과 유입손실(entry loss)을 설명하고, 베나수축(Vena Contracta)을 그림으로 도식화하여 발생위치와 공기유입 전·후 속도압, 정압 및 전압의 압력분포 등을 나타내시오.

05 산업환기설비의 유지관리를 위한 신규 설치 국소배기장치의 사용 전 검사(준공검사) 항목과 개조 및 수리 후 사용 전 점검사항 그리고 개방조에 설치하는 후드의 구조와 설치위치 및 제어거리를 구분하여 설명하시오.

06 공기정화장치 중 입자상 물질의 처리를 위한 장치 5종류를 쓰고, 각각에 대하여 설명하시오.

제3교시

※ 다음 문제 중 4문제를 선택하여 설명하시오. (각 25점)

01 작업환경측정의 시료채취 관련 개인시료 포집방법과 지역시료 포집방법을 비교 설명하고, 「산업안전보건법」상의 시료채취 근로자 수의 조건을 설명하시오.

02 석면시료의 분석방법 중 위상차 현미경분석법의 원리와 장·단점을 설명하시오.

03 자동차 정비공장 도장부스에서 노출되는 톨루엔(Toluene)을 포집하기 위하여 활성탄관을 이용하여 0.2L/min 유속으로 240분 동안 측정한 후 분석하였다. 활성탄관 앞층 100mg 층에서는 4.5mg이 검출되었고, 뒤층 50mg 층에서는 0.18mg이 검출되었다. 탈착효율을 93%로 가정할 때, 파과 여부와 공기 중 농도(ppm)를 구하시오. (단, 25℃, 1기압 기준이며, 톨루엔의 분자량은 92이다.)

04 생물학적 노출지수의 정의와 활용 시 주의사항에 대하여 설명하시오.

05 작업환경측정 시료를 분석하기 위한 가스 크로마토그래피에 사용되는 가스 중 헬륨, 질소, 수소, 아르곤의 적용과 특성에 대하여 설명하시오.

06 소음 측정 시 소음 노출량계의 음압수준의 보정(특성보정치 기준 주파수＝1,000Hz)과 관련하여 A, B, C, D 각각의 특성(그림 a)을 구분하여 신호보정과 용도를 설명하고, 장시간 동안 과도한 소음노출에 의한 결과(그림 b) 소음노출에 의한 청력손실 현상을 설명하시오.

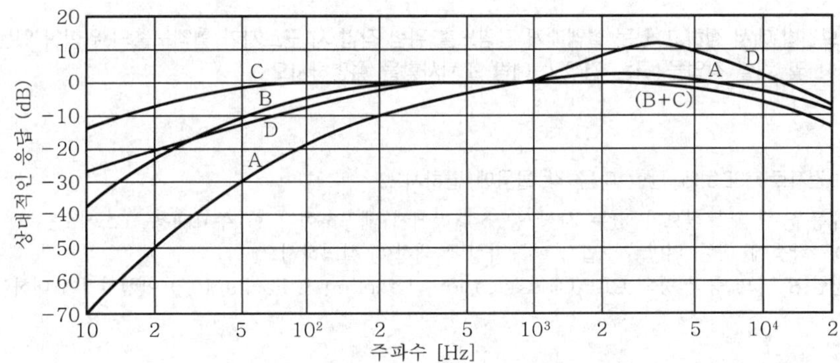

〈그림 a〉 소음의 A, B, C, D 특성

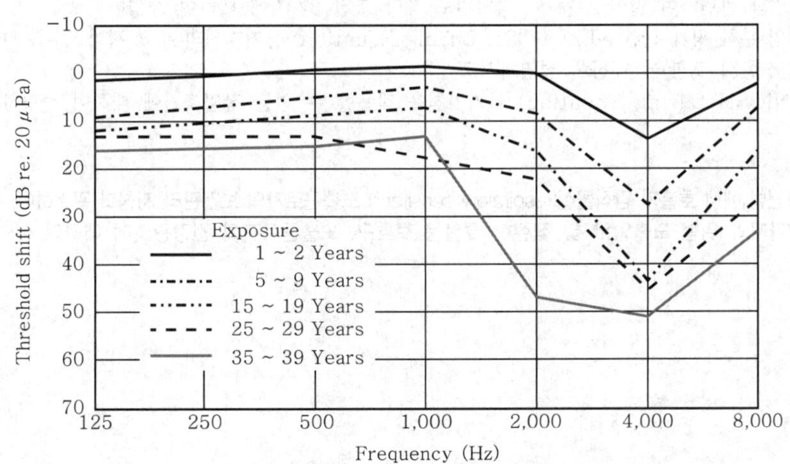

〈그림 b〉 장시간(연도누계) 소음노출 근로지의 청력손실 정도 조사 사례

제4교시

※ 다음 문제 중 4문제를 선택하여 설명하시오. (각 25점)

01 직장에서의 뇌·심혈관질환 예방을 위한 발병 위험도 평가 및 사후관리 지침에서 제시하는 뇌·심혈관질환 발병 고위험군 판정자 중 작업전환 고려가 필요한 종사업무의 예를 5가지 쓰시오.

02 모 사업장의 소음노출 작업부서 근로자에 대한 특수건강진단 시 청력검사 결과가 다음과 같이 나왔을 때 각 물음에 대하여 답하시오.

근로자 청력검사 결과				
주파수별	500Hz	1,000Hz	2,000Hz	4,000Hz
청력손실치(dB)	25	35	40	55

(1) 특수건강진단 시(직업병)의 판정기준과 장해보상 시의 판정기준에 대하여 설명하시오.
(2) 위 기준을 적용하여 각각 평가하고, 판정하시오.

03 「산업안전보건법」에서 정하고 있는 혈액매개 감염노출 위험 작업 시 근로자가 혈액노출의 위험이 있는 작업을 하는 경우와 주사 및 채혈 작업을 하는 경우의 예방 조치사항을 설명하시오.

04 물질안전보건자료(MSDS)에 관한 다음 각 물음에 답하시오.

(1) 기재내용을 변경할 필요가 있는 사항 중 상대방에게 제공하여야 할 주요내용을 쓰시오.
(2) MSDS 작성에 대한 위반 시 법적 제재사항에 대하여 설명하시오.
(3) 유럽연합(EU) 및 중국 등의 CLP(Classification, Labeling & Packaging) 이행시기에 대하여 설명하시오.

05 근골격계 부담작업 범위에서 들기작업과 관련한 다음 각 물음에 답하시오.

(1) 들기작업과 관련하여 일일 무게 및 작업빈도 해당 조건 3가지에 대하여 설명하시오.
(2) 들기작업 부하 평가 관련 NLE(NIOSH Lifting Equation) 들기지침의 주요 평가변수를 나열하고, 각각의 특성(환산공식 포함)에 대하여 설명하시오.
(3) NLE(NIOSH Lifting Equation) 들기지침을 적용할 수 없는 작업조건에 대하여 설명하시오.

06 「산업안전보건법」에서 호흡기 감작물질(respiratory sensitizer) 노출근로자의 보건관리 지침과 관련하여, 대표적인 호흡기 감작물질 7가지와 위험 노출업무 및 적절한 호흡용 보호구, 노출근로자의 건강관리에 대하여 설명하시오.

제104회 국가기술자격검정 시험문제

분야	안전관리	자격 종목	산업위생관리기술사	수험 번호		성명	

※ 각 교시마다 시험시간은 100분입니다.

※ 다음 문제 중 10문제를 선택하여 설명하시오. (각 10점)

01 작업환경 중 대표적인 화학적 유해인자인 가스상 물질은 크게 가스(gas)와 증기(vapor)로 구분한다. 가스와 증기를 분류하는 기준 및 차이점을 설명하시오.

02 $^{238}_{92}U$ 이 알파입자를 방출한 후 베타선(β^-)을 방출하는 방사선 붕괴가 일어났다. 이러한 방사선 붕괴의 결과로 생성되는 원자의 원자번호와 원자량은 각각 얼마가 되는지 설명하시오.

03 작업환경측정에 널리 사용되는 필터인 유리섬유 여과지, PVC 막여과지, MCE 막여과지에 대해 각각 대표적인 측정대상 물질과 해당 물질의 분석법을 설명하시오.

04 호흡기의 상기도 표면에 먼지가 침착되는 원리를 3가지 기술하고, 상기도의 기관지 표면에 침착된 먼지를 제거하는 인체 방어시스템의 이름을 쓰고, 그 기전(mechanism)을 설명하시오.

05 40세 남성 근로자의 호흡기 질환 유무를 파악하기 위해 폐기능검사를 실시하여 다음과 같은 결과를 얻었다. 이 근로자의 호흡기 건강상태는 어떠한지 판단하시오.

$$FVC = 4Liter, \quad FEV1 = 3.5Liter$$

06 관리대상 유해물질을 취급하는 작업장에서 사업주가 보기 쉬운 장소에 게시하여야 할 내용 5가지를 설명하시오.

07 「산업안전보건법」에 규정된 잠수 작업 시 사업주가 잠수 전에 점검하여야 하는 잠수기구 4가지를 설명하시오.

08 청력보호구 중 1종 귀마개(EP-1)와 2종 귀마개(EP-2)의 성능을 구분하여 설명하시오.

09 산업안전보건법 시행규칙에 야간작업에 대한 특수건강진단 조항이 추가되었다. 추가된 특수건강진단 대상 작업에 대해 설명하시오.

10 근로자가 밀폐공간에서 작업을 하는 경우 사업주는 밀폐공간 보건작업 프로그램을 수립하여 시행하여야 한다. 밀폐공간 보건작업 프로그램에 포함되어야 할 사항 4가지를 설명하시오.

11 두 개 이상의 화학물질에 동시에 노출될 때 두 개 이상의 물질 상호작용에 의한 건강장해가 달라질 수 있다. 두 가지 이상의 화학물질에 동시에 노출되는 경우, 인체에 미치는 영향에 대해 4가지를 쓰고, 각각 예를 쓰시오.

12 근로자 건강센터의 산업위생업무 중 참여형 개선훈련(PAOT ; Participate Action Oriented Training)에 적용되는 4가지 프로그램을 설명하시오.

13 소음성 난청에 영향을 미치는 요소 4가지를 설명하시오.

제2교시

※ 다음 문제 중 4문제를 선택하여 설명하시오. (각 25점)

01 제어거리 20cm에서의 제어속도가 0.3m/s, 후드 열린 면의 직경이 30cm, 덕트 직경이 10cm인 그림과 같은 후드의 유입계수(coefficient of entry, C_e)를 구하시오.

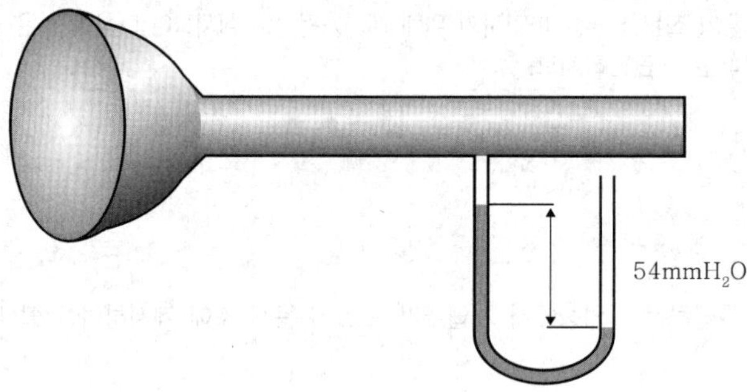

02 그림과 같은 확대관에서 크기가 작은 덕트의 직경은 100mm, 큰 덕트의 직경은 150mm이며, 직경 100mm의 덕트에서
속도압은 13.8mmH₂O이었다. 이 확대관의 손실계수를 구하시오.

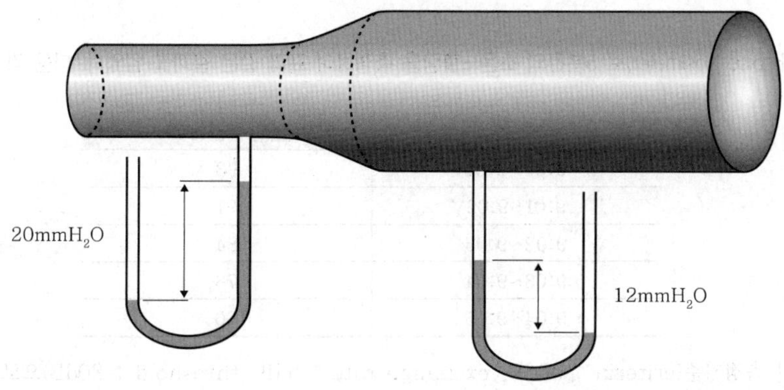

03 유수식, 가압수식, 회전식 세정집진장치의 집진율 향상조건에 대해 각각 설명하시오.

04 공기정화장치 중 여과집진장치의 집진원리 5가지를 쓰고, 각각에 대하여 설명하시오.

05 송풍기의 송풍량이 감소되는 원인으로는 크게 국소배기 시스템에서의 압력손실 증가와 송풍기 자체 성능 저하를
들 수 있다. 이에 대하여 현장에서 발생할 수 있는 원인 7가지를 설명하시오.

06 최근 액상 또는 고형연료를 사용하는 연소보일러의 설치가 급격히 증가되는 추세이다. 이러한 연소보일러 시스템에서
보일러 후단에 설치하는 다음 3가지 유해가스 처리설비에 대해 설명하시오.

   (1) 반건식 흡수탑(Semi-Dry reactor, SDR)
   (2) 촉매탈질설비(Selective Catalytic Reduction, SCR)
   (3) 무촉매탈질설비(Selective NonCatalytic Reduction, SNCR)

※ 다음 문제 중 4문제를 선택하여 설명하시오. (각 25점)

01 소음노출량계(noise dosimeter)로 5분간의 소음노출량을 측정하여 표와 같은 결과를 얻었다. 다음 각 물음에 답하시오.

시 간	음압수준(dB)
9:00~9:01	93
9:01~9:02	91
9:02~9:03	84
9:03~9:04	78
9:04~9:05	86

(1) 우리나라 측정기준(criteria : 90dB, exchange rate : 5dB, threshold : 80dB)으로 소음노출량계를 세팅하여 측정하였을 때 5분간 누적소음노출량은 몇 %가 될지 산출하시오.
(2) ISO 측정기준(criteria : 85dB, exchange rate : 3dB, threshold : 80dB)으로 소음노출량계를 세팅하여 측정하였을 때 5분간 누적소음노출량은 몇 %가 될지 산출하시오.

02 작업장의 특성은 공정도면과 공정보고서를 보면 알 수 있는데 공정도면을 파악하는 목적에 대해 설명하시오.

03 조선소 도장공장에서 매일 선각(배를 만들기 위한 선체 조각)을 페인트 칠하는 근로자 47명을 대상으로 아세톤 노출 농도를 조사하였더니 기하평균(GM)이 150ppm, 기하표준편차(GSD)가 3ppm이었다. 다음 각 물음에 답하시오.
(1) 이 근로자 집단의 아세톤 노출 농도 상위 5%는 몇 ppm 이상에 노출되고 있는 것으로 판단할 수 있는가?
(2) 이 공정의 근로자에게 작업방법 등의 교육을 통해 노출 농도를 낮추는 개선작업을 시행하였더니 평균 농도가 기하평균(GM)으로 90ppm까지 저감되었다. 기하평균이 90ppm이라고 가정할 때 이 근로자 집단의 95%가 노출기준인 500ppm 이하가 되도록 관리하기 위해서는 개인간 변이, 즉 기하표준편차가 얼마 이하로 되어야 하는가? (단, 정규분포에서 단측 검정인 경우, $z=1.645$일 때 $p=0.4500$, $z=1.96$일 때 $p=0.4750$이다.)

04 노출기준 설정의 이론적 배경(근거)에는 화학구조의 유사성, 동물실험 자료, 인체 실험자료, 역학조사 자료 등이 이용된다. 이 중 동물실험에서 유해인자에 대한 투여용량과 반응 관계에서 얻어진 자료인 NEL, NOEL, NOAEL을 구분하여 설명하시오.

05 근로자의 호흡기 질환을 예방하기 위하여 공기 중 호흡성 먼지의 노출을 평가하고자 한다. 다음 각 물음에 답하시오.
(1) 개인의 호흡성 먼지 노출 농도를 측정하기 위한 장비 명칭을 쓰시오.
(2) 호흡성 먼지의 노출 농도가 $0.05mg/m^3$라고 가정하고, 실험실의 정량한계가 0.01mg이라고 할 때 공기 중 노출 농도를 정량적으로 평가하기 위한 최소한의 시료채취시간은 얼마인가?

06 작업장 공기 중 톨루엔 농도를 측정하기 위하여 표와 같이 장소 시료 1개와 개인 시료를 측정한 후 GC로 분석하였다. GC로 분석할 때 표준용액은 1mL의 이황화탄소(CS_2)에 톨루엔 0.5mg, 1mg, 2mg, 4mg을 각각 첨가하여 제조하였고, 이 표준용액에 대한 검량선은 다음 그림과 같다. 이때 다음 물음에 답하시오.

구 분	시료채취			분석결과		
	기 구	유량 (L/m)	시간 (min)	탈착 용매량 (mL)	탈착률 (%)	GC 반응 (pA*s)
장소 시료	활성탄관 (charcoal tube)	0.2	200	1	95	6,000
개인 시료	수동식 채취기 (passive sampler)	0.032	200	2	108	1,500

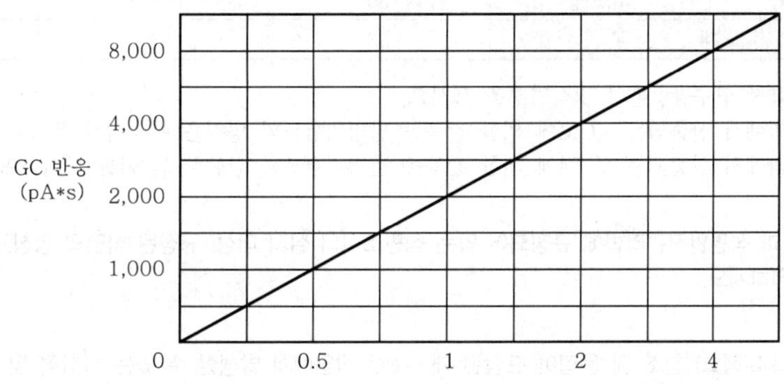

(1) 장소 시료의 공기 중 농도를 구하시오.
(2) 개인 시료의 공기 중 농도를 구하시오.

제4교시

※ 다음 문제 중 4문제를 선택하여 설명하시오. (각 25점)

01 산업보건학적인 관점에서 소방관의 업무 활동 시 소방관의 건강에 영향을 줄 수 있는 작업환경 중 유해요인 5가지를 나열하고 각각의 요인특성, 그로 인한 건강장해 및 각 요인으로부터의 소방관 보호방안을 설명하시오.

02 LCD 패널의 터치스크린 안쪽에 투명전극을 만드는 주재료인 인듐-주석산화물(Indium Tin Oxide, ITO) 타겟을 제조하는 공정에서 나노 크기의 입자가 발생한다. 다음 각 물음에 답하시오.
(1) 나노입자의 직경을 쓰시오.
(2) 산업보건 분야에서 나노입자가 특별히 중요한 이유를 설명하시오.
(3) 나노입자의 노출로부터 근로자를 보호하기 위한 방안에 대해 설명하시오.

03 실내 오염물질인 라돈의 물리적 특성, 인체에 미치는 영향 및 측정방법에 대하여 설명하시오.

04 염화비닐단량체(Vinyl Chloride Monomer, VCM)의 노출에 의한 간암의 일종인 간육종의 발병위험을 평가하기 위해
업무상 VCM에 노출된 경력이 있는 근로자(실험군) 5,600명을 선정하여 연구시점부터 10년간 추적조사를 실시하였다.
한편 VCM에 노출되지 않은 일반인(대조군) 12,000명을 선정하여 10년간 간육종 발병상황을 추적조사하여 표와 같은
결과를 얻었다. 다음 각 물음에 답하시오.

구 분		간육종		계
		발 병	발병하지 않음	
VCM 노출 여부	노 출	23	5,577	5,600
	비노출	30	11,970	12,000
계		53	17,547	17,600

(1) 이러한 역학적 연구방법론의 정식명칭을 쓰시오.
(2) 이 연구결과에서 산출되는 VCM에 의한 간육종 발병위험도의 명칭은 무엇인지 쓰시오.
(3) 이 연구결과에서 산출되는 VCM에 의한 간육종 발병위험도를 산출하고, 이를 해석하여 설명하시오.

05 산업안전보건법과 석면안전관리법에 규정되어 있는 석면조사의 실시 대상, 규정된 석면의 명칭, 위험성 평가항목에
대해 비교 · 설명하시오.

06 위생사업소 처리조(탱크) 청소 및 용접이 포함된 개 · 보수 작업에서 발생할 수 있는 화학적 및 물리적 유해요인을
쓰고, 작업 전 확인하여야 할 사항에 대해 설명하시오.

제105회 국가기술자격검정 시험문제

분야	안전관리	자격 종목	산업위생관리기술사	수험 번호		성명	

※ 각 교시마다 시험시간은 100분입니다.

※ 다음 문제 중 10문제를 선택하여 설명하시오. (각 10점)

01 산업안전보건법령상의 근로자의 건강장해를 예방하기 위하여 필요한 조치 중 보건조치 대상 5가지를 설명하시오.

02 누적소음계(Dosimeter)의 측정값을 설명하는 Dose, Dose(8), LAVG, TWA 단위의 의미를 설명하시오.

03 산업위생통계에서 변이계수(Coefficient of variation)의 특성과 계산공식을 설명하시오.

04 산업안전보건법령상의 영상표시단말기(VDT) 취급근로자 작업관리 지침에서 작업자의 시선 조건과 눈으로부터 화면의 시거리(eye-screen distance) 조건 및 키보드 작업 시 팔꿈치의 내각 조건을 설명하시오.

05 고형물 중 석면 분석방법(기술)에 대하여 3가지만 설명하시오.

06 위험성 평가의 3가지 종류와 이에 대하여 설명하시오.

07 잠수에 의한 건강장해를 이해하기 위해서는 압력과 관련된 기체 법칙이 수반된다. 신체조직은 거의 비압축성인 반면 기체는 물리적 3요소인 압력, 부피, 온도의 영향을 받는다. 이러한 요소간의 상호 관련된 3가지 기체 법칙을 설명하시오.

08 슬로트 후드와 덕트 사이에 충만실(Plenum chamber)을 설치할 경우에 충만실의 설계조건을 설명하시오.

09 실리카(Silica) 분진의 발생 유발작업을 쓰고, 이와 관련된 주요 재료 3가지와 관련 질병(직업병)에 대하여 설명하시오.

10 산업안전보건법령상 산소결핍 시 발생되는 주요 증상을 3가지만 설명하시오.

11 산업안전보건법령상 밀폐공간 작업 전 시행하여야 하는 산소 농도 측정 시 유의사항을 5가지만 설명하시오.

12 물질안전보건자료 작성에 관한 기술적 사항 중에서 EC_{50}, ErC_{50}, LC_{50} 및 LD_{50}에 대하여 각각 설명하시오.

13 수동식 시료채취기(passive sampler)에 적용되는 이론적 원리와 성능에 영향을 미치는 환경적인 요인을 설명하시오.

제2교시

※ 다음 문제 중 4문제를 선택하여 설명하시오. (각 25점)

01 송풍기의 운전특성 영향 변수 중에서 설계 동작점과 실제 동작점의 차이에 대한 송풍기 성능곡선 그림이다. A, B, C, D 그림을 보고, 송풍기 성능에 대하여 각각 설명하시오.

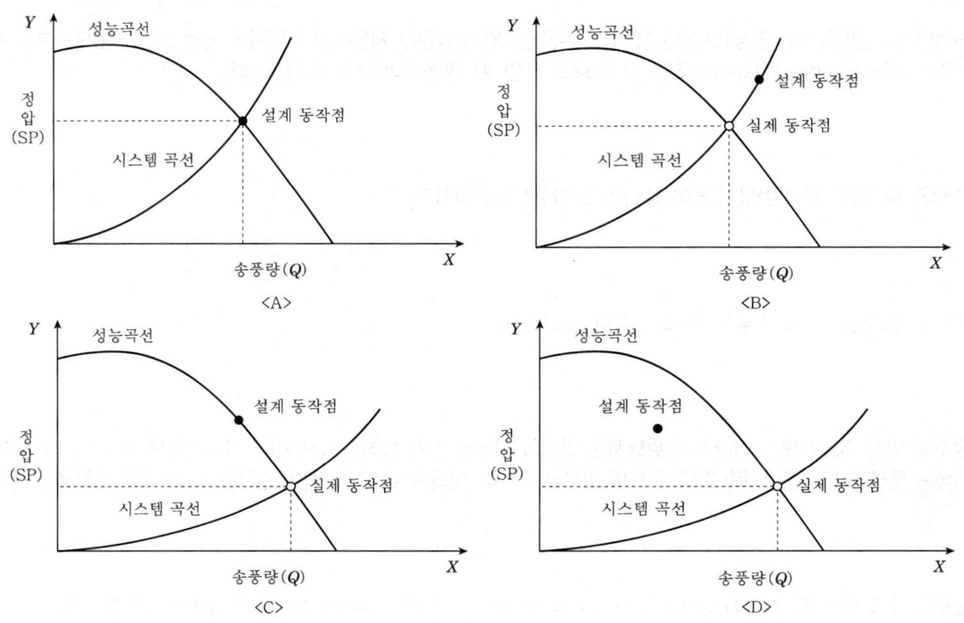

02 가스상 오염물질의 처리를 위한 흡수장치 중에서 액분산형 흡수장치인 충진탑과 분무탑 그리고 가스 분산형 흡수장치인 단탑을 구분하여 구조의 장·단점을 비교 설명하시오.

03 국소배기장치에서 이용되는 배풍기(송풍기)의 토출압력은 ±1,000mmH$_2$O 이내의 것을 사용하고 있다. 이때 사용되는 배풍기의 형식선정 계획단계에서 실제적인 주의사항을 7가지만 설명하시오.

04 열상승기류에 대한 국소배기장치의 필요배풍량 계산의 절차를 설명하시오.

05 주형을 부수고 모래를 터는 작업장소에서 작업 중 발생되는 오염원을 직접 포집하기 위한 국소배기장치를 설치하고자 한다. 다음 각 물음에 답하시오.
  (1) 후드설계 시 배출원을 중심으로 고려하여야 할 사항 5가지와 후드를 중심으로 고려하여야 할 사항 5가지를 설명하시오.
  (2) 산업안전보건법령상 분진발생 작업장소에 설치하는 국소배기장치 중 주형을 부수고 모래를 터는 장소에서 포위식 후드와 외부식 후드(측방, 하방 및 상방 흡인형)의 제어풍속에 대하여 설명하시오.

06 산업현장에 설치된 국소배기장치의 적절한 가동상태를 유지하기 위하여 필요한 육안검사 및 성능검사의 다음 각 사항에 설명하시오.
  (1) 후드의 확인내용 중 후드 점검항목 6가지, 점검방법 및 판정기준을 쓰시오.
  (2) 덕트의 확인내용 중 덕트 점검항목 7가지, 점검방법 및 판정기준을 쓰시오.

※ 다음 문제 중 4문제를 선택하여 설명하시오. (각 25점)

01 시료채취과정(general sampling procedures)에서 시료채취 준비, 개인 시료채취 대상 근로자 선정, 시료채취(공기 채취용량) 시간을 결정한 후 '시료채취 시작' 시점에서 점검해야 할 사항과 '시료채취 감시' 조건에서 확인해야 할 항목에 대하여 설명하시오.

02 작업환경측정에서 많이 사용하는 연속시료채취 조건에서 다음 각 사항에 대하여 설명하시오.
  (1) 물리적 흡착의 원리를 쓰시오.
  (2) 고체흡착제를 사용하여 시료채취를 할 때 영향을 미치는 인자를 쓰시오.
  (3) 활성탄의 탄화과정과 가스활성화 방법의 가열온도 및 흡착과정을 쓰시오.

03 작업환경측정 시료 중에서 중금속 시료를 원자흡광분광광도계로 분석할 때 금속성분 이외의 불순물(여과지 포함)을 제거하고, 분석기기로 주입하기 적합한 용액상태로 만드는 전처리 과정의 회화분석방법에 대하여 설명하시오.

04 입자상 물질의 크기에 따라 포집하는 다단직경 분립충돌기(cascade impactor)의 장·단점과 포집 시 주의사항에 대하여 설명하시오.

05 자동차 부품의 이물질 제거를 위하여 트리클로로에틸렌으로 세척하는 공정에서 작업시간 동안 측정자는 기준을 준수하여 작업환경측정을 하고, 측정시료를 분석자에게 의뢰하고자 한다. 다음 각 물음에 답하시오.
   (1) 측정자의 준수항목 중 트리클로로에틸렌의 시료채취기, 시료채취용 펌프의 적정유량, 유량보정방법, 시료채취량, 시료운반 및 시료안전성에 대한 업무절차를 설명하시오.
   (2) 분석자가 트리클로로에틸렌을 분석하는 과정에서 발생할 수 있는 오차요인과 오차발생원인에 대하여 설명하시오.

06 유해물질로부터 작업근로자의 건강장해를 예방하기 위하여 올바른 개인보호구의 선택과 착용을 위한 관리단계를 5단계로 나누어 설명하시오.

제4교시

※ 다음 문제 중 4문제를 선택하여 설명하시오. (각 25점)

01 한랭조건에서 작업하는 근로자의 건강관리를 위한 환경관리, 작업관리 및 보호구 등에 대한 조치사항과 한랭작업 종사자의 작업제한요건 내용에 대하여 설명하시오.

02 감정노동(emotional labor)의 정의를 기술하고, 한국형 감정노동 평가도구에 의한 평가 관련 5개 주요 측정도구(하부요인)를 분류하고, 감정노동관리 측면에서 조직차원의 관리와 개인차원의 관리 주요 내용에 대하여 설명하시오.

03 최근 산업현장에서 가스누출에 따른 산업재해가 발생하고 있다. 이를 예방하기 위하여 밀폐공간 내에 많이 노출될 수 있는 불활성 및 질식성 가스(단순 및 화학적 질식제)의 종류 6가지를 쓰고, 특성 및 유해성에 대하여 설명하시오.

04 위험성 평가(Risk assessment)는 반드시 작업을 시작하기 전에 실시하여야 한다. 또한 정상작업뿐만 아니라 비정상작업의 경우(계획적 비정상작업, 예측 가능한 긴급작업)에도 위험성 평가를 실시할 필요가 있는데, 이러한 위험성 평가과정 중 1단계 사전준비(Preparation of Risk assessment) 단계에서 평가대상을 확정하고 필요한 자료를 입수하여 작성해야 할 내용 5가지에 대하여 설명하시오.

05 최근 D도시 S공단 도금조합 산업현장 내에서 화학물질 저장탱크에 작업자의 부주의로 가스 누출 대형사고가 발생되어 물질안전보건자료(MSDS)의 중요성이 부각되었다. 화학물질의 취급에 관한 다음 각 물음에 대하여 답하시오.

  (1) 산업안전보건법령에 규정한 물질안전보건자료(MSDS) 작성 대상 화학물질에 표시할 경고표지에 포함되어야 하는 항목 6가지와 그 항목별 작성방법에 대해서 설명하시오.
  (2) 물질안전보건자료(MSDS)의 항목 중 누출 사고 시 대처방법 3가지에 대하여 설명하시오.

06 교대근무 사업장에서 야간작업은 신체적 피로 및 스트레스에 의해 수면장애, 심혈관질환 등 다양한 건강 문제를 야기할 수 있으므로 "야간작업"으로 인한 건강문제는 가급적 빨리 발견하여 관리하는 것이 중요하다. 따라서 산업안전보건법령상 야간작업 근로자를 특수건강진단 대상으로 포함시켜 실시함에 있어 다음 사항에 대하여 설명하시오.

  (1) 야간작업(2종) 실시대상을 쓰시오.
  (2) 건강진단 시기 및 주기를 쓰시오.
  (3) 대상 질환 및 검사항목, 건강관리구분을 판정하시오.
  (4) 야간작업 특수건강진단 적용 상시근로자(50명 미만, 50명 이상 300명 미만, 300명 이상 사업장) 시행시점을 쓰시오.

제107회 국가기술자격검정 시험문제

분야	안전관리	자격 종목	산업위생관리기술사	수험 번호		성명	

※ 각 교시마다 시험시간은 100분입니다.

※ 다음 문제 중 10문제를 선택하여 설명하시오. (각 10점)

01 생물학적 모니터링에 사용되는 표식자(marker)의 종류에 대하여 5가지 이상 설명하시오.

02 감압환경에서 건강영향은 폐장 내의 가스팽창 효과와 질소 기포형성 효과로 구분할 수 있다. 질소 기포형성 효과를 급성과 만성 장해로 구분하여 설명하시오.

03 재해율에 관한 다음 용어에 대하여 설명하시오.
   (1) 연천인율을 설명하시오.
   (2) 도수율을 설명하시오.
   (3) 강도율을 설명하시오.
   (4) Safe-T-Score을 설명하시오.
   (5) 종합재해지수를 설명하시오.

04 A 주물사업장은 결정형 유리규산을 취급하는 근로자가 종사하고 있어 특별안전보건교육을 실시해야 하는 바, 교육 내용에 포함되어야 할 5가지를 설명하시오.

05 산업안전보건법령상 사업주는 위험성 평가를 일정 절차에 따라 실시하여야 한다. 근로자의 작업과 관계되는 유해ㆍ위험 요인을 파악하기 위해 사용할 수 있는 방법 4가지를 설명하시오.

06 산업안전보건법령상 다음 방독마스크에 대하여 설명하시오.
   (1) 전면형 방독마스크를 설명하시오.
   (2) 반면형 방독마스크를 설명하시오.
   (3) 복합용 방독마스크를 설명하시오.
   (4) 겸용 방독마스크를 설명하시오.

07 근로자 건강증진활동 지침에 따라 근로자의 건강증진을 위하여 건강증진활동 계획을 수립ㆍ시행하고자 할 때 포함되어야 할 사항 5가지를 설명하시오.

08 산업안전보건법령상 석면해체작업 감리인이 수행하여야 할 업무 5가지를 설명하시오.

09 산업안전보건법령상 물질안전보건자료의 기재내용을 변경할 필요가 있는 사항 중 상대방에게 제공하여야 할 내용을 5가지 이상 설명하시오.

10 관리대상 유해물질을 국소배기로 관리하는 경우 다음 후드 형식에 따른 제어풍속에 대하여 설명하시오.

물질의 상태	후드 형식	제어풍속(m/sec)
가스상태	포위식 포위형	①
	외부식 측방흡인형	②
	외부식 하방흡인형	③
	외부식 상방흡인형	④

11 흡착제로 실리카겔이 활성탄에 비하여 갖는 장점과 단점을 설명하시오.

12 항공기 객실승무원은 감정노동자로서 다양한 탑승객의 요구에 수시로 즉각 응대해야 하는 경우가 많다. 직무스트레스 관리방안 중 고객과의 갈등 예방과 해소에 관한 부분을 설명하시오.

13 산업안전보건법령상 근골격계질환 예방관리 프로그램을 수립 · 시행하여야 하는 경우를 2가지만 설명하시오.

※ 다음 문제 중 4문제를 선택하여 설명하시오. (각 25점)

01 다음 목적으로 전체환기의 필요환기량(Q)을 구하고자 할 때 각각의 필요한 변수에 대하여 설명하시오.
  (1) 이산화탄소 관리
  (2) 수증기 관리
  (3) 온열관리
  (4) 화재 및 폭발 방지
  (5) 화학물질로 노출로 인한 근로자 건강보호

02 열원에서 상승기류를 리시버식 캐노피형 후드로 흡인하는 경우 Q_1은 열상승 기류량, Q_2는 유도 기류량이라고 할 때 필요송풍량 Q_3를 유량비 방법으로 구하는 방법 5가지를 설명하시오.

03 발연관과 열선풍속계를 활용하여 3개 후드의 흡인기류 상태를 조사한 결과 다음과 같은 문제가 발견되었다. 3개 후드에 대한 대책을 각각 설명하시오.

(1) 1번 후드 : 송풍기의 송풍량이 부족
(2) 2번 후드 : 유해물질의 비산속도가 커서 후드의 제어권 밖으로 이탈
(3) 3번 후드 : 외기(外氣)의 영향으로 후드 개구면 및 발생원과 가까운 기류가 제어되지 않음

04 국소배기장치의 내부 또는 작업장 근처에 인화성 증기, 가연성 가스 또는 분진 등이 체류되어 있는 경우 가스 용접, 용단, 전기기기, 연삭 등의 작업 시 발생하는 불꽃이나 전기방전의 스파크 등으로 인하여 화재·폭발을 일으킬 수 있다. 작업을 시작하기 전 주의사항 6가지를 설명하시오.

05 국소배기장치 등을 신규로 설치한 경우 준공검사에 필요한 항목과, 국소배기장치를 분해하여 수리한 후 처음으로 사용할 때의 사용 전 점검사항에 대하여 각각 설명하시오.

06 송풍기의 성능이 그림의 동작점 A에서 B로 이동하는 변화에 영향을 미치는 요인을 성능곡선과 시스템 곡선으로 설명하시오.

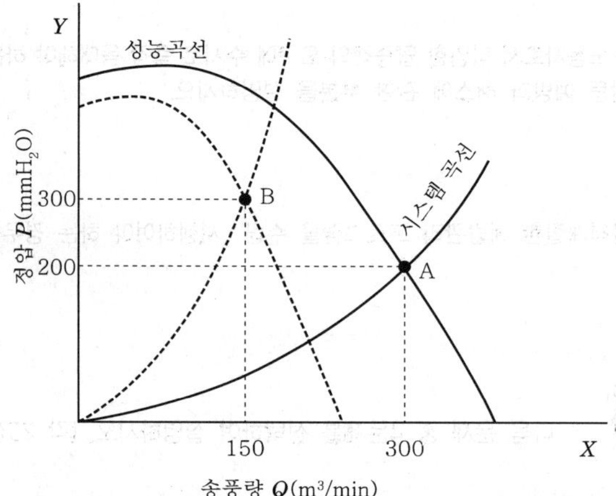

〈그림〉 송풍기 성능곡선, 시스템 곡선 및 동작점(A, B)

제3교시

※ 다음 문제 중 4문제를 선택하여 설명하시오. (각 25점)

01 A 사업장에서 n-헥산만을 이용하여 세척작업을 하는 근로자에 대하여 생물학적 노출평가를 실시하고자 한다. n-헥산의 생물학적 노출평가 지표물질, 지표물질의 분석장비 및 시료채취 시기에 대하여 설명하시오.

02 검출한계에 대한 다음 각 물음에 답하시오.

(1) 검출한계를 확인하기 위하여 6개의 첨가시료를 바탕으로 분석을 수행하였다. 이때의 결과로부터 회귀방정식 ($Y = 2383.388\,X + 280.8946$), 표준오차(603.5659) 및 상관계수(0.9923)를 얻었다면 이때의 검출한계를 구하시오. (단, 이외의 조건은 고려하지 않는다.)

(2) 작업환경측정 및 지정측정기관 평가 등에 관한 고시에 제시된 검출한계의 경우 "분석기기의 검출한계"와 "분석방법의 검출한계"로 구분되는데 이를 각각 설명하고 구하는 요령을 기술하시오.

03 허용기준 대상 유해인자인 6가 크롬화합물을 측정하기 위한 시료채취기, 현장공시료 개수, 분석기기 및 추출용액을 구분하여 설명하시오.

04 산업안전보건법령상 작업환경측정과 관련하여 다음 경우에 대하여 설명하시오.

(1) 주유소는 작업환경측정 대상 유해인자의 노출수준이 노출기준에 비하여 현저히 낮은 경우로 측정대상에서 제외되지만, 1개월 이내에 측정을 실시해야 하는 3가지 경우를 쓰시오.

(2) 톨루엔의 단시간 노출 농도를 2회 이상 측정한 결과 그 값이 75ppm, 80ppm으로 나타났다. 노출기준 초과로 평가되어야 하는 3가지 경우(톨루엔의 TWA 50ppm, STEL 100ppm)를 쓰시오.

(3) 작업환경측정은 1일 작업시간 동안 6시간 이상 연속측정하거나 작업시간을 등간격으로 나누어 6시간 이상 연속분리 측정하도록 규정하고 있으나, 예외가 되는 3가지 경우를 쓰시오.

05 작업환경측정과 관련된 현장시료에 대한 다음 항목에 대하여 설명하시오.

(1) 작업환경측정에서 현장공시료(field blank)를 채취하는 목적, 매체, 개수 및 취급방법을 설명하시오.

(2) 현장시료를 분석할 때의 검량선 작성방법을 설명하시오.

06 위상차 현미경을 활용하여 석면의 공기 중 섬유농도 정량분석을 하고자 할 때 시료 전처리와 분석과정에 대하여 설명하시오. (단, 석면은 허용기준 대상 유해인자이다.)

※ 다음 문제 중 4문제를 선택하여 설명하시오. (각 25점)

01 최근 산업보건 영역에서 나노물질(Nano materials)에 대한 관심이 급증하고 있다. 나노물질 취급 근로자의 안전보건 조치사항으로 작업관리와 작업환경관리에 대한 사항을 각각 구분하여 설명하시오.

02 야간작업을 포함하여 교대작업을 하는 A 사업장에 보건관리방안을 수립하고자 할 때 다음 사항에 대하여 설명하시오.

(1) 교대작업자에 대한 작업설계를 할 때 고려해야 할 권장사항을 쓰시오.

(2) 교대작업자로 배치할 때 업무적합성 평가가 필요한 근로자를 쓰시오.

03 착용자의 얼굴에 맞는 호흡보호구를 선정하고 오염물질의 누설 여부를 판단하기 위하여 밀착도검사를 시행해야 한다. 다음 검사방법에 대하여 설명하시오.

(1) 정성적 밀착도검사(QLFT)를 설명하시오.
(2) 정량적 밀착도검사(QNFT)를 설명하시오.
(3) 밀착도 자가점검을 설명하시오.

04 산업안전보건법령상 화학물질을 취급하는 다음 A, B, C 사업장에 대한 사업주의 조치사항에 대하여 설명하시오.

(1) A 사업장 : 관리대상 유해물질인 아세톤이 들어 있던 탱크 청소를 위하여 근로자가 내부에 들어가서 작업하는 경우의 조치사항
(2) B 사업장 : 화학물질이 들어있던 반응기 및 탱크 내부의 밀폐공간에서 작업을 하는 경우 작업을 시작할 때마다 작업근로자에게 알려야 할 사항
(3) C 사업장 : 불활성 기체인 헬륨을 내보내는 배관이 있는 보일러 및 탱크에서 근로자가 작업하는 경우의 조치사항

05 특별관리물질인 2-브로모프로판을 취급하는 경우 산업안전보건기준에 관한 규칙상 사업주가 이행해야 할 사항 2가지를 쓰고, 그 내용에 대하여 설명하시오.

06 산업안전보건법령상 사업장 근로자가 공기매개 감염병이 있는 환자의 다음 사항에 대하여 설명하시오.

(1) 환자와 접촉하는 경우 공기매개 감염을 예방하기 위한 조치사항을 설명하시오.
(2) 공기매개 감염병 환자에 노출된 경우 조치사항을 설명하시오.

분야	안전관리	자격 종목	산업위생관리기술사	수험 번호		성명	

※ 각 교시마다 시험시간은 100분입니다.

제1교시

※ 다음 문제 중 10문제를 선택하여 설명하시오. (각 10점)

01 그림은 석면 종류가 다른 3가지 종류의 스펙트럼이다. 3가지 스펙트럼에 해당되는 각각의 석면 명칭을 쓰고, 유해성을 독성 정도로 쓰시오.

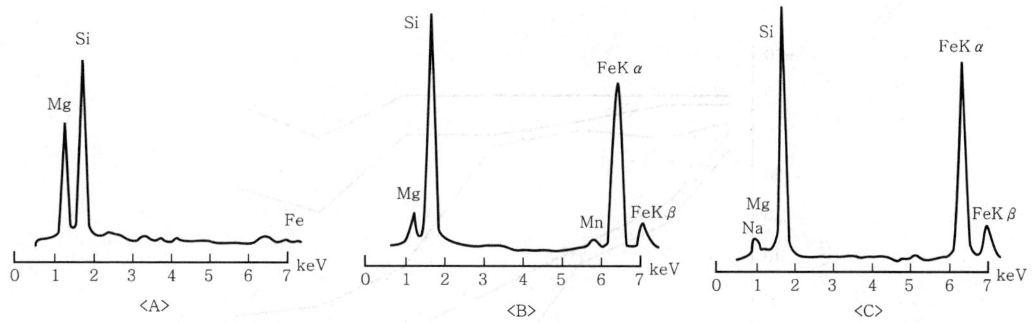

02 표를 참고하여 6시간 연속측정한 경우와 단시간 측정한 경우의 노출기준 초과 여부를 판단하고, 설명하시오.

Agent	Full-Shift Results(TLV-TWA)	Short-Term Results(TLV-STEL)
(1) Acetone	160ppm(250ppm)	490ppm(500ppm)
(2) sec-Butyl acetate	20ppm(200ppm)	150ppm(N/A)
(3) Methyl ethyl ketone	90ppm(200ppm)	200ppm(300ppm)

03 사업장 위험성 평가에 관한 지침에서 사업주가 위험성 평가할 때 효과적으로 실시하기 위한 실시계획서에 작성되어야 되는 5개 항목을 설명하시오.

04 "석면 해체·제거 작업 지침"에서, 자연에서 생산되는 섬유상 형태를 갖고 있는 규산염광물인 석면 6종의 광물명, 고성능 필터(HEPA filter)의 성능조건 및 글로브 백작업(Glove bag operation)에 대하여 각각 설명하시오.

05 관리대상 유해물질을 취급하는 작업에 근로자를 종사하게 하는 경우 작업 배치 전 근로자에게 알려야 하는 내용을 5가지만 쓰시오.

06 전체환기장치가 설치된 유기화합물 취급사업장 중 밀폐설비나 국소배기장치를 설치하지 않아도 되는 경우를 3가지만 설명하시오.

07 용접작업의 작업환경측정 시 용접작업에서 발생할 수 있는 가스상 물질 4가지, 용접작업과 관련한 기타 유해인자 4가지와 스테인리스강 용접의 경우 6가 크롬이 많이 발생하는 용접의 종류 2가지를 쓰시오.

08 산업안전보건법령상 맨홀작업에 대한 특별안전·보건교육 주요 내용에 대하여 설명하시오. (단, 공통사항은 제외한다.)

09 소음성 난청에 영향을 미치는 요인 중에서 그림(소음성 난청의 청력상)을 참고하여 소음성 난청에 영향을 미치는 요인 5가지에 대하여 설명하시오.

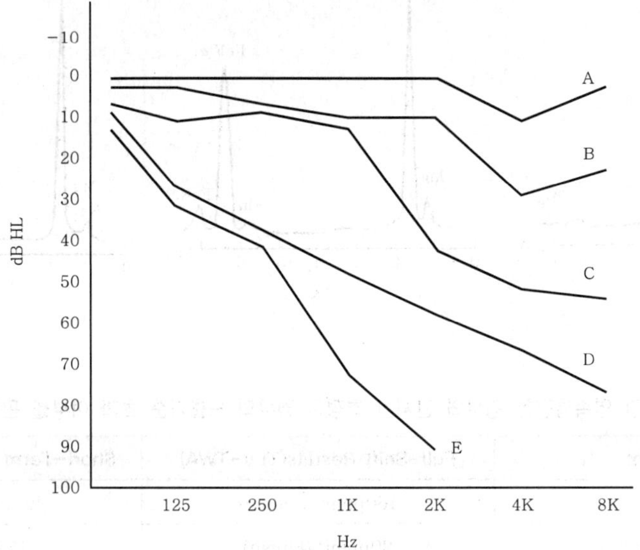

10 사업장에서 작업 관련 근골격계질환의 발생에 따른 예방관리 프로그램 실행을 위한 의학적 관리의 업무 흐름도 3단계를 설명하시오.

11 다음은 생산 제조현장에서 측정한 먼지의 입경분포이다. Peterson(1978), Paik(1983) 등에서 발표한 방법으로 기하평균치(GM)와 기하표준편차(GSD)를 구하시오. (단, 분포는 대수정규분포를 따른다.)

- 누적도수 99.5%에 해당되는 직경 $7.00\,\mu m$
- 누적도수 95.0%에 해당되는 직경 $4.00\,\mu m$
- 누적도수 84.1%에 해당되는 직경 $3.00\,\mu m$
- 누적도수 50.0%에 해당되는 직경 $1.70\,\mu m$
- 누적도수 30.0%에 해당되는 직경 $1.50\,\mu m$
- 누적도수 15.9%에 해당되는 직경 $0.97\,\mu m$

12 분진발생 공정에서 송풍기가 직렬 또는 병렬로 연결된 경우 산업안전보건법령상 유해위험·방지 계획서의 제출대상이 되는 각각의 판단기준에 대하여 설명하시오.

13 국소배기장치 중에서 덕트(Duct)의 접속부위 설치와 관련하여 덕트의 접속부위가 적합하도록 설치하여야 하는 조건에 대하여 설명하시오.

※ 다음 문제 중 4문제를 선택하여 설명하시오. (각 25점)

01 국소배기장치에서 송풍기(FAN)의 점검에 관한 다음 각 물음에 답하시오.
   (1) 활차(pulley) 연결 V-Belt의 점검사항 4가지를 설명하시오.
   (2) 임펠러(날개차, impeller)의 점검사항에 대하여 설명하시오.
   (3) 송풍기 회전수 검사와 캔버스(Canvas) 상태의 점검사항에 대하여 설명하시오.

02 국소배기장치 운영과 관련하여 공기공급 시스템이 필요한 이유를 설명하시오.

03 그림은 다익배풍기 MF형 #4의 특성곡선을 나타낸 것이다. 특성곡선을 참고하여 배풍기의 동작점, 배풍기의 정압-풍량과의 관계를 설명하고, 국소배기장치 중 덕트의 중간 또는 제진장치에 분진이 퇴적되면 발생되는 현상을 설명하시오.

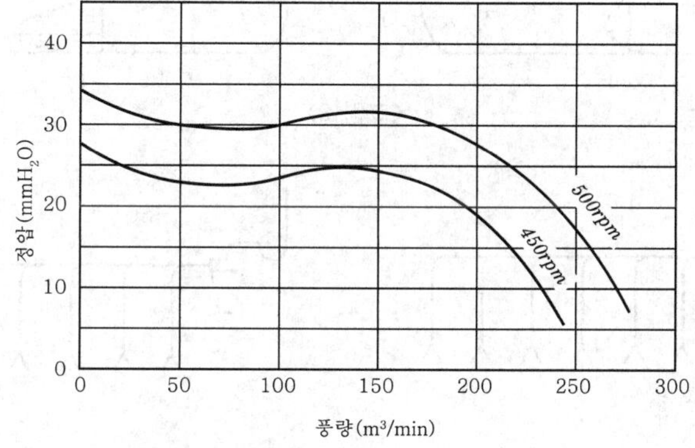

04 공기정화장치의 선정과 관련하여 예비조사에서 검토하여야 하는 주요 항목에 대하여 설명하시오.

05 〈그림 1〉에서 제시된 덕트에서 측정한 속도압 측정 분포자료(A~F) 타당성을 평가하여 설명하고, 〈그림 2〉에서 제시된 국소배기장치(6개의 후드, 분지관, 주관, 공기정화장치) 내 정압의 점검 결과(ⓐ~ⓕ)에서 각각의 결과에 대하여 설명하시오. (단, 그림 2의 "X"는 정압의 측정지점이다.)

〈그림 1〉

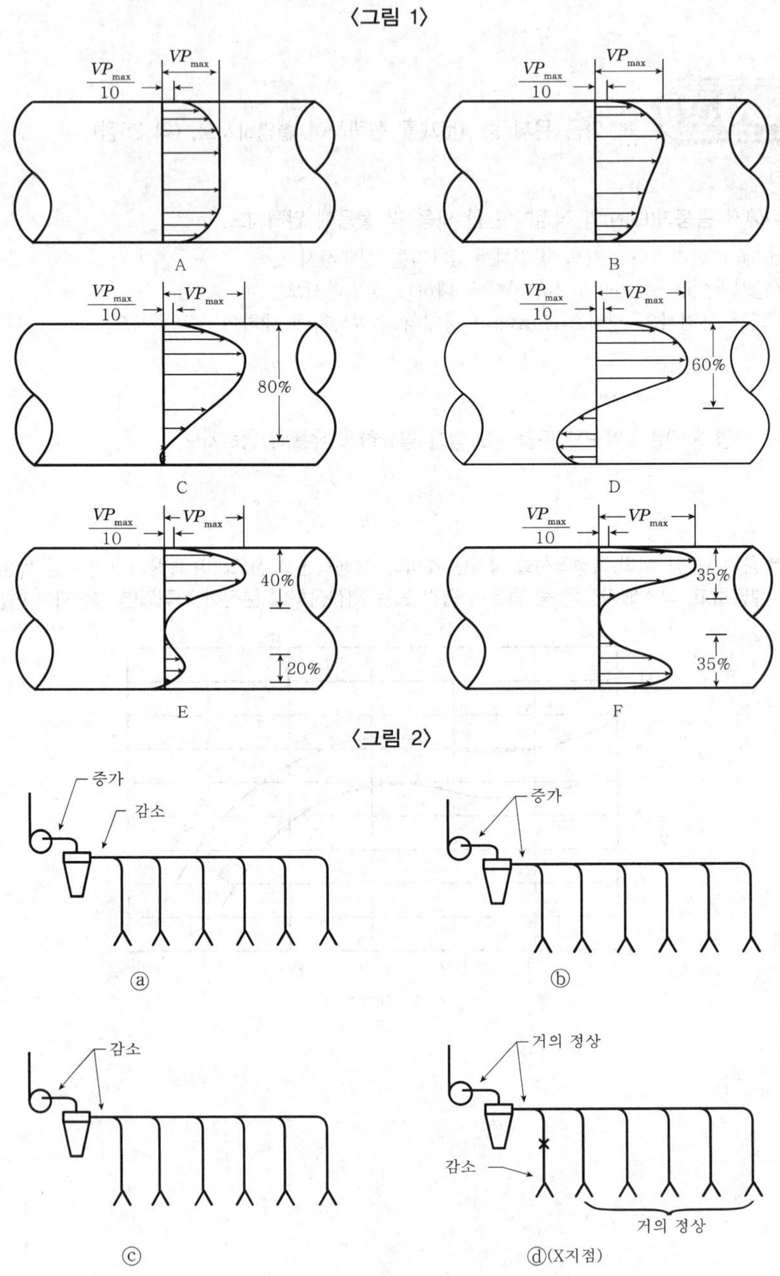

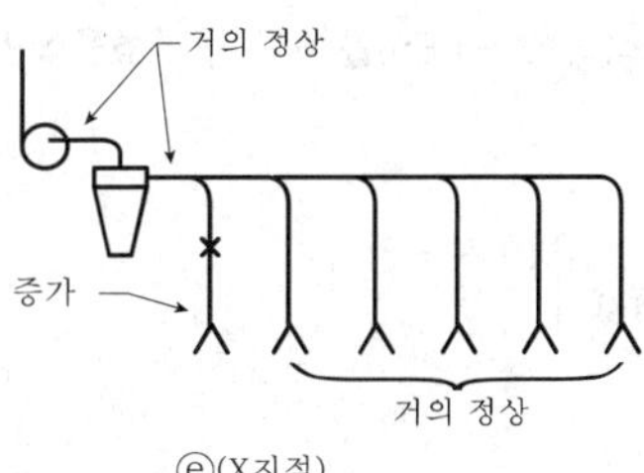

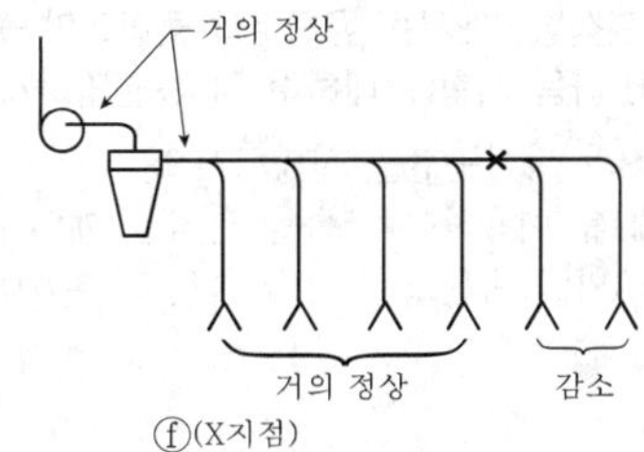

06 배출구 등 공기를 취급하는 시설이나 장비를 설계할 때 고려해야 할 지침과 배출구의 일반적인 설치규칙인 "15-3-15"에 대하여 설명하시오.

제3교시

※ 다음 문제 중 4문제를 선택하여 설명하시오. (각 25점)

01 자동차용 범퍼를 생산하는 A 제조업체의 작업공정은 사출기로 범퍼를 성형작업한 후 도장 및 조립 등의 공정을 거쳐 완제품을 생산하고 있다. 화학물질 취급량이 많은 도장 공정에 11명의 근로자가 1일 8시간 작업 중이며, 페인트(도료)나 희석제(신나) 등을 취급하면서 작업이 진행되고 있다. 이때 A 제조업체에서 도장 작업 시 사용하는 화학물질의 물질안전보건자료(GHS/MSDS)를 분석한 결과가 다음 〈표〉와 같을 때 다음 각 물음에 답하시오.

연 번	희석제	함유량(용량기준)	연 번	페인트	함유량(용량기준)
1	초산에틸	10%	1	초산에틸	5%
2	톨루엔	20%	2	톨루엔	5%
3	크실렌	10%	3	크실렌	5%
4	메틸이소부틸케톤	5%	4	메틸이소부틸케톤	5%
5	이소프로필알코올	1%	5	이소프로필알코올	1%
6	메틸에틸케톤	10%	6	메틸에틸케톤	5%
7	N-초산부틸	10%	7	N-초산부틸	5%
8	기타	14%	8	기타	69%

(1) "작업환경측정 및 지정측정 기관평가 등에 관한 고시"에 따라 다음 표를 참고하여 A 제조업체 작업공정의 측정계획을 수립하시오.

물질명	펌프의 적정 유속	최소 포집 유량	최대 포집 유량	시료채취 매체
초산에틸				매체 : 활성탄관
톨루엔				• 길이 : 7cm
크실렌				• 외경 : 6mm
메틸이소부틸케톤	0.02~2L/min	10L	30L	• 내경 : 4mm
메틸에틸케톤				• 앞층 : 100mg
N-초산부틸				• 뒤층 : 50mg
이소프로필알코올	0.02~2L/min	1L	3L	• 20/40mesh

(2) 작업환경측정 후 분석결과를 바탕으로 초과 여부를 판단하는 방법을 설명하시오.

02 NIOSH 7300 분석방법에서는 유도결합 플라즈마-원자발광분석기(ICP-AES)를 이용하여 효율적인 금속분석방법을 제시하고 있다. 다음 사항에 대하여 각각 설명하시오.

   (1) ICP-AES의 장치구성을 설명하시오.
   (2) ICP-AES를 이용하여 금속을 분석할 때의 장·단점을 설명하시오.
   (3) ICP-AES의 금속원소 및 비금속원소 분석범위를 설명하시오.

03 사업장에서 위험성 평가에 사용하는 화학물질의 위험성(risk)이란, 위험한 정도를 말하며, 부상 또는 질병이 발생할 가능성(확률)과 부상 또는 질병이 발생하였을 때 초래되는 중대성(심각성)의 조합(combination)을 의미한다. 이때 작업환경측정 결과가 있는 화학물질의 "가능성" 결정방법과 노출기준이 설정된 발생 형태가 '증기' 상태인 화학물질의 "중대성" 결정방법을 설명하시오.

04 최근 이슈화된 공기 중 수은에 대한 작업환경측정 관련 시료채취방법, 전처리 방법 및 분석과정에 대하여 설명하시오.

05 GC MASS로 미지 시료를 정성분석 및 정량분석할 경우 분석방법에 대하여 설명하시오.

06 산업보건 분야에서 누출에 따른 산업재해가 발생했던 무기산 화학물질의 5가지 종류를 쓰고, 각각 무기산의 포집과 분석방법에 대하여 설명하시오.

제4교시

※ 다음 문제 중 4문제를 선택하여 설명하시오. (각 25점)

01 유기수은체의 제조, 화학공장에서 뇌홍의 제조와 사용 그리고 수은전극을 사용하는 전기물체 등의 직종에서 발생하는 수은중독을 2가지로 구분하고, 각각의 배설경로를 설명하시오.

02 뇌심혈관질환 예방 및 건강증진사업과 관련한 다음 사항에 대하여 각각 설명하시오.

   (1) 뇌심혈관질환 발병위험도 평가를 위한 임상검사 필수항목과 선택항목을 쓰시오.
   (2) 뇌심혈관질환 발병 고위험군 판정자 중 작업 전환 고려가 필요한 현재 종사업무(5가지)를 쓰시오.
   (3) 근로자 건강증진활동 추진절차(모형)를 쓰시오.

03 불산을 취급하는 공정에서 안전보건기술지침(KOSHA GUIDE)에 따라 공정의 근원적인 안전확보를 위해 필요한 7개 항목에 대하여 설명하시오.

04 산업독성에서 물리·화학적 유해요인에 만성적으로 노출될 경우, 다음 각 물음에 답하시오.

   (1) 유해요인에 의한 돌연변이 기전에서 DNA 혹은 RNA에 대한 영향을 설명하시오.
   (2) 주요 돌연변이 유발 화학물질 5가지와 각각의 노출환경에 대하여 설명하시오.

05 근골격계 부담작업에 대한 유해요인조사 결과 작업환경 개선에 필요한 사항에 관한 다음 각 물음에 답하시오.

(1) 권장작업높이의 범위와 관련한 입식 작업의 종류(A~C)에 대하여 각각 설명하시오.

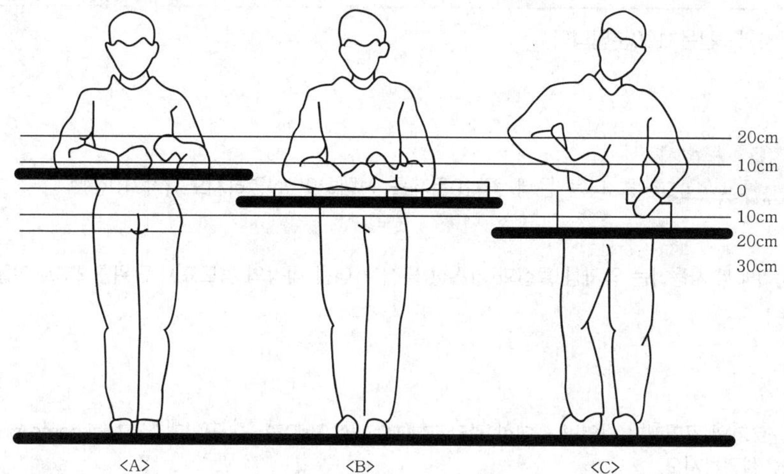

(2) 근육피로도 및 근력부담을 줄이기 위하여 올바른 작업방법과 동시에 작업효율 및 품질을 향상시키기 위한 작업방법 설계 시 고려할 사항을 설명하시오.

(3) 장시간 앉아서 작업하는 경우에 적합한 의자의 조건을 설명하시오.

06 작업환경측정 결과 노출된 분진 및 화학물질이 노출기준을 초과하였을 때 작업관리를 위해 사업주가 실시하여야 하는 프로그램에 대하여 설명하시오.

제110회 국가기술자격검정 시험문제

분야	안전관리	자격 종목	산업위생관리기술사	수험 번호		성명	

※ 각 교시마다 시험시간은 100분입니다.

제1교시　　※ 다음 문제 중 10문제를 선택하여 설명하시오. (각 10점)

01 산업위생 분야에서 사용하는 입자상 물질과 가스상 물질에 대한 각각의 농도표시 단위를 쓰고, 이들 단위에 대하여 설명하시오.

02 「의료기관 근로자의 공기매개 감염병에 대한 관리지침(KOSHA GUIDE)」 중 공기매개경계(airborne precaution)의 일반적인 지침을 설명하시오.

03 「산업안전보건법」 제24조(보건조치)에는 근로자의 건강장해를 유발할 수 있는 6가지 항목의 유해요인이 명시되어 있다. 이 항목 중에서 5가지를 쓰시오.

04 작업환경측정 시료 분석을 위한 유기화합물의 가스 크로마토그래피 분석 시 운반기체(carrier gas)의 특성에 대해 설명하시오.

05 어떤 특정소음원에 대하여 A 특성, B 특성, C 특성으로 각각 측정한 소음수치가 거의 같았다면 이 소음은 어떤 특성을 가지고 있는지 주파수 관점에서 설명하시오.

06 레이저(laser)란 무엇이며, 인체에 미치는 영향을 설명하시오.

07 화학물질의 독성학적 판단에 필요한 다음 용어에 대하여 설명하시오.
　(1) 급성독성
　(2) 만성독성
　(3) Dose-response relationship
　(4) LOAEL
　(5) NOAEL

08 「산업안전보건기준에 관한 규칙」에 의한 혼합물질 제제의 특별관리물질 중 발암성 물질과 생식독성 물질의 법 관리 적용 여부에 대한 판단 기준(%)에 대하여 설명하시오.

09 지난 2016년 2월 개정되어 2016년 8월 16일 시행 예정인 「유해인자별 노출 농도의 허용기준(산업안전보건법 시행규칙 제81조의4 관련)」의 개정 시 6개 물질의 허용기준의 노출 농도가 개정되었다. 그 개정된 허용기준의 노출 농도에 대하여 5가지 설명하시오.

10 최근 국내에서 사회적 문제를 일으켜 국정조사가 실시되고 있는 가습기 살균제 원료물질의 종류에 대하여 4가지 쓰시오.

11 최근 메틸알코올 중독사고 및 구의역 스크린도어 사망사고를 계기로 유해위험작업 도급금지에 대한 사회적 관심이 고조되고 있다. 「산업안전보건법」에 의한 도급금지 유해작업의 종류 3가지를 설명하시오.

12 「산업안전보건법 시행규칙」에 의한 물질안전보건자료에 관한 교육의 실시 시기에 대하여 설명하시오.

13 근로자가 금지유해물질 또는 허가대상 유해물질을 제조하거나 사용하는 경우에 근로자에게 알려야 하는 유해성 주지의 내용을 5가지 설명하시오.

제2교시

※ 다음 문제 중 4문제를 선택하여 설명하시오. (각 25점)

01 산업환기에서 사용하는 원심형 송풍기 종류 3가지를 제시하고, 이들 원심형 송풍기 각각의 용도와 특성을 설명하시오.

02 실내오염물질의 제거방법 중 베이크-아웃(Bake-out) 환기법의 원리와 방법 및 적용에 따른 유의사항을 설명하시오.

03 작업장의 기적이 150m^{3}인 CNC 절삭공정에서 작업 중 절삭물의 열을 식히는 용도로 100% 메탄올을 시간당 3L 사용하고 있다. 이 공정이 처음 가동되어 3시간 후에 예상되는 작업장의 메탄올 농도를 계산하시오. (단, 작업장 내 급·배기는 없는 상태이고, 메탄올 분자량은 32, 비중은 0.807, 노출기준은 200ppm이며, 안전계수는 4로 가정한다.)

$$\text{고공식 : } Q = \left(\frac{G}{C}\right)K, \quad G = \frac{24.1 \times \text{SG} \times \text{ER}}{\text{M.W}}, \quad \Delta t = -\frac{V}{Q'}\left[\ln\left(\frac{G - Q'C_2}{G - Q'C_1}\right)\right]$$

04 「산업안전보건기준에 관한 규칙」에서 정한 국소배기장치 등의 산업환기설비 중에서 덕트(duct)의 설치에 관한 기술적 사항으로 덕트 재질의 선정과 덕트의 접속방법에 대하여 「산업환기설비에 관한 기술지침(KOSHA guide)」의 내용을 중심으로 설명하시오.

05 「산업환기설비에 관한 기술지침(KOSHA GUIDE)」에 의한 산업환기설비의 유지관리와 관련된 국소배기장치 신규 설치에 따른 사용 전 점검사항, 국소배기장치 개조 및 수리 후 사용 전 점검사항을 구분하여 각각 설명하시오.

06 다음 4종류의 후드(외부식 장방형 후드, 외부식 플랜지부착 장방형 후드, 외부식 슬로트형 후드, 외부식 플랜지부착 슬로트형 후드)에 대한 환기량(m^3/min) 계산식을 설명하고, 외부식 장방형 후드와 외부식 슬로트형 후드에 대한 플랜지(flange)설치에 따른 효과를 설명하시오.

제3교시

※ 다음 문제 중 4문제를 선택하여 설명하시오. (각 25점)

01 「작업환경측정 및 지정측정 기관평가 등에 관한 고시」에 의한 작업환경측정에 따른 시료채취 시 고려사항과 검량선 작성을 위한 표준용액 조제 시 고려사항에 대하여 각각 설명하시오.

02 작업환경측정 노출 농도의 허용기준 초과 여부를 확인하기 위한 포름알데히드 및 2,4-톨루엔디이소시아네이트 작업환경측정 시 사용되는 시료채취기와 시료채취기 관리방법(펌프, 유량 등)에 대하여 설명하시오.

03 작업환경측정 시료 분석을 위한 유기용제의 탈착효율 실험을 위한 시료 조제방법과 중금속의 회수율 실험을 위한 시료 조제방법을 각각 설명하시오.

04 산업현장에서는 용접공정이 일반적인 공정이어서 산업위생전문가는 근로자의 직업성 질환 예방을 위해 용접공정에 대한 이해나 유해성에 대해 숙지할 필요가 있다. 다음 사항에 대하여 설명하시오.
   (1) 용접의 정의
   (2) 용접봉의 역할
   (3) 용접의 일반적 유해인자
   (4) 용접의 종류별 특징과 유해성

05 원자흡광광도계(AAS)를 이용한 금속시료 분석 시 감도와 방해인자에 따라 분석결과에 영향이 있을 수 있다. 다음 사항에 대하여 설명하시오.

　(1) 감도가 낮아질 수 있는 원인과 해결책을 쓰시오.

　(2) 분석에 영향을 주는 방해의 종류를 쓰고, 원인과 해결책을 쓰시오.

06 흡착제를 이용한 작업환경측정 시료를 채취를 할 때 영향을 주는 인자에 대하여 설명하시오.

제4교시

※ 다음 문제 중 4문제를 선택하여 설명하시오. (각 25점)

01 물질안전보건자료(MSDS)의 3항(구성성분 및 함유량에 대한 정보) 작성 시 영업비밀을 일부 적용할 수 있다. 「고용노동부 고시 제2016–19호(화학물질의 분류 · 표시 및 물질안전보건자료에 관한 기준)」에 의한 영업비밀 인정 제외 화학물질의 범위 4가지와 「부정경쟁방지 및 영업비밀 보호에 관한 법률」에 의한 영업비밀의 요건에 대하여 각각 설명하시오.

02 「고용노동부 고시 제2013–38호(화학물질 및 물리적 인자의 노출기준)」에 의한 발암성, 생식세포 변이원성, 생식독성 정보는 법상 규제 목적이 아닌 정보제공 목적으로 표시하는 것이다. 관련된 발암성 물질의 정보제공 5개 기관과 생식세포 변이원성 및 생식독성 물질 분류에 사용하는 정보제공 기관을 우리말과 원어로 쓰시오.

03 「근골격계 부담작업 유해요인 조사 지침(KOSHA GUIDE)」에 의한 근골격계 부담작업의 유해요인과 유해요인 조사 내용에 대하여 설명하시오.

04 최근 발생하고 있는 밀폐공간의 질식재해 예방을 위한 「밀폐공간 보건작업 프로그램 시행에 관한 기술지침(KOSHA GUIDE)」의 내용 중에서 밀폐공간 출입 전 확인사항과 밀폐공간에서의 작업방법에 대하여 각각 설명하시오.

05 최근(2016년) 개정된 특수건강진단 항목 중 '야간작업'의 실시대상 조건과 개정배경을 설명하시오.

06 노출기준 설정 화학물질에 피부(skin) 표시가 되어 있는 물질의 특성을 4가지로 나누어 설명하시오.

제111회 국가기술자격검정 시험문제

분야	안전관리	자격 종목	산업위생관리기술사	수험 번호		성명	

※ 각 교시마다 시험시간은 100분입니다.

제1교시

※ 다음 문제 중 10문제를 선택하여 설명하시오. (각 10점)

01 화학물질 분류·표시 및 물질안전보건자료에 관한 기준에 따라 생식독성 정보물질의 표기는 4가지(1A, 1B, 2, 수유독성)로 표시한다. 이 중에서 1A로 표기하는 대상물질 5가지를 쓰시오.

02 일산화탄소 중독의 발병기전을 설명하고, 우리나라 노출기준(TWA, STEL)을 쓰시오.

03 뇌·심혈관질환 발병 고위험군 판정자 중 작업 전환 고려가 필요한 현재 종사업무는 9가지가 있다. 이 중 순환기계장해를 유발하는 화학물질에 노출되는 업무 4가지를 설명하시오.

04 메탄올(CH_3OH)과 에탄올(C_2H_5OH)의 인체 내 흡수 시 차이점에 대해 1차 산화반응을 포함하여 설명하시오.

05 산업위생전문가는 사업주와 근로자 사이에서 엄격한 중립을 지켜야 한다. 산업위생전문가로서 근로자에 대한 책임 3가지를 설명하시오.

06 국소배기장치에서 오염물질을 후드로 포착하는 데 요구되는 후드의 제어속도 결정인자 4가지를 쓰시오.

07 소음성 난청의 청력손실은 처음 4,000Hz에서 가장 현저하다. 이와 같이 소음성 난청에 영향을 미치는 요소 4가지를 설명하시오.

08 「산업안전보건법」에서 규정한 다음의 유해물질에 대하여 배치 후 첫 번째 특수건강진단의 시기와 주기에 대하여 설명하시오.
   (1) N,N-디메틸포름아미드
   (2) 벤젠
   (3) 아크릴로니트릴
   (4) 석면, 면분진
   (5) 광물성 분진

09 직업성 만성폐쇄성 폐질환의 원인물질과 노출가능 직종 5가지를 설명하시오.

10 사업장에서 위험성 평가 실시 계획서를 작성할 경우 기록관리 항목에 포함되어야 할 사항 5가지를 설명하시오.

11 사이클론(Cyclone) 측정방법의 채취원리를 4단계로 구분하여 설명하시오.

12 소음측정 시 활용하는 소음계에서 다음 그림의 청감보정회로 그래프를 보고, A특성과 C특성을 설명하시오.

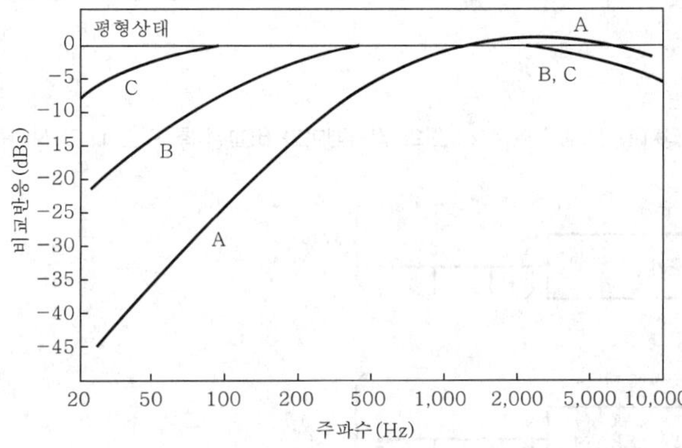

13 다음 작업환경측정 대상물질을 채취할 경우 흡수액의 종류를 각각 설명하시오.

작업환경측정 대상물질	흡수액의 종류
이소시아네이트류	①
암모니아	②
염화수소	③
질산	④
페놀	⑤

제2교시　　※ 다음 문제 중 4문제를 선택하여 설명하시오. (각 25점)

01 국소배기과정에서 상승기류와 캐노피후드 플랜지 사이에서 공기가 움직이지 않는 공간이 생겼을 때 다음을 설명하시오.
(1) 그 원인과 이러한 영향을 줄이기 위한 방법
(2) 캐노피 후드가 효과적인 공정과 사용하지 말아야 하는 경우

02 공기정화장치 중 가스상 오염물질의 처리방법 3가지를 제시하고, 가스상 오염물질을 처리하는 충진탑의 전후 압력손실을 측정했을 때 정상치보다 너무 높거나 낮은 경우를 구분하여 설명하고, 해결방법을 쓰시오.

03 국소배기장치에서 사용하는 송풍기의 선정 순서 5가지를 설명하시오.

04 사업장에서 국소배기장치의 덕트를 제작·설치할 경우에 고려사항 10가지를 설명하시오.

05 국소배기시스템에서 가장 중요한 역할을 수행하는 송풍기의 모터를 검사할 경우에 검사방법과 판정기준을 설명하시오.

06 다음 그림에서 정압의 측정치를 설계치 또는 전 회의 검사결과와 비교한 후 덕트 내의 상황을 각각 추정하여 설명하시오.

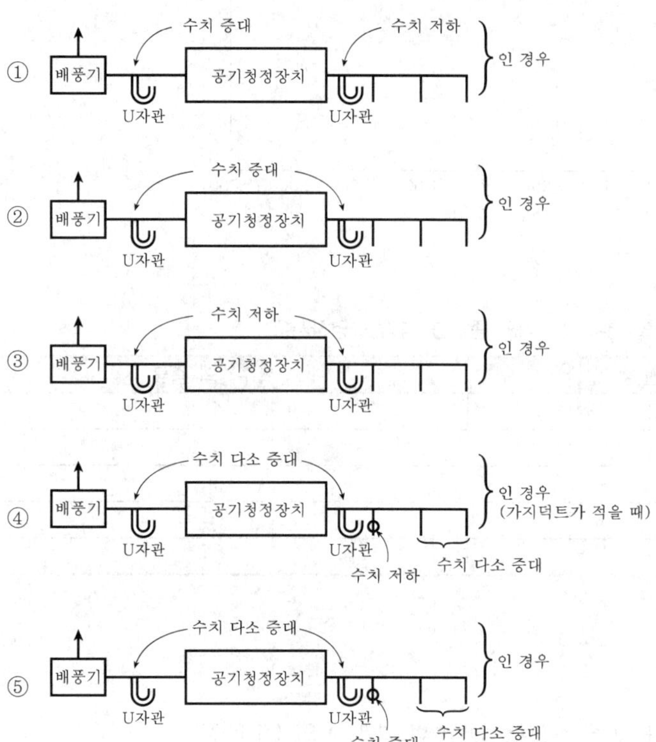

※ 다음 문제 중 4문제를 선택하여 설명하시오. (각 25점)

01 입자상 물질의 시료채취 여과지를 선택할 때 고려사항과 시료채취방법에서 "최고노출기준(C)"이 설정된 유기화합물의 공기채취량 결정 시 고려사항에 대해 설명하시오.

02 작업환경측정 및 지정측정 기관평가 등에 관한 고시에 따른 6가 크롬화합물의 시료운반, 시료안정성, 현장공시료에 대해 설명하고, 6가 크롬 도금공정에서 채취된 시료의 보관방법과 스테인리스강(Stainless steel) 용접공정에서 채취된 시료의 분석기한에 대하여 쓰시오.

03 가스상 물질을 순간시료 측정방법으로 측정할 경우 주의사항 7가지와 사용할 수 없는 조건 3가지를 설명하시오.

04 충돌에 의한 입자 크기별 채취방법의 원리와 구조에 대하여 설명하시오.

05 허용기준 대상물질인 디메틸포름아미드에 대한 작업환경측정과 관련하여 다음 사항에 대하여 각각 설명하시오.
  (1) 시료채취방법을 설명하시오. (단, 시료채취기, 적정유량, 시료채취량은 반드시 포함)
  (2) 분석과정을 설명하시오. (단, 분석기기, 탈착효율 시료제조, 검량선 작성은 반드시 포함)

06 유기화합물 분석과정에서 발생하는 오차의 요인 4가지와 각각의 발생원인에 대하여 설명하시오.

※ 다음 문제 중 4문제를 선택하여 설명하시오. (각 25점)

01 국내 고병원성 AI(Avian Influenza : 조류인플루엔자)가 대유행하여 감염된 생닭 및 생오리가 살처분되고 있다. 축산업 근로자와 가금류 방역 및 살처분 종사자에게 필요한 감염병 예방 조치기준, 종사 근로자에 알려야 할 유해성 주지사항, 가검물에 의한 오염방지의 일반적 관리 조치사항을 산업안전보건기준에 관한 규칙에 있는 내용으로 3가지만 설명하시오.

02 산업안전보건기준에 관한 규칙에서 소음에 의한 건강장해, 분진에 의한 건강장해, 밀폐공간 작업으로 인한 건강장해, 근골격계 부담작업으로 인한 건강장해의 예방과 관련된 프로그램 4가지의 정의를 설명하고, 각각 프로그램의 수립 · 시행 할 대상을 설명하시오. (단, 밀폐공간 예방과 관련된 프로그램 정의는 제외함.)

03 화학물질과 관련하여 다음 사항에 대하여 설명하시오.

(1) 화학물질의 발암 단계 3가지 구분
(2) 산업안전보건법상 근로자에 대한 건강진단결과의 서류 또는 전산입력자료를 30년간 보존해야 하는 물질을 3가지로 구분

04 산업안전보건법상 건강관리수첩 발급대상 업무와 관련하여 대상물질을 제시하고, 제도의 목적에 대하여 설명하시오.

05 화학물질 분류·표시 및 물질안전보건자료에 관한 기준에 따른 건강유해성 11개를 설명하시오.

06 화학물질의 노출기간[초(seconds), 시간(hours), 주(weeks), 년(years)]에 따라서 건강상의 영향, 시료채취기간, 비교되는 노출기준, 노출가능 물질을 설명하시오.

제113회 국가기술자격검정 시험문제

분야	안전관리	자격 종목	산업위생관리기술사	수험 번호		성명	

※ 각 교시마다 시험시간은 100분입니다.

※ 다음 문제 중 10문제를 선택하여 설명하시오. (각 10점)

01 작업환경측정 대상이면서 특수건강진단 대상 제외물질과 특수건강진단 대상물질이면서 작업환경측정 대상물질 제외물질에 해당되는 "유기화합물"을 각각 10가지를 쓰시오.

02 근로자의 건강보호와 직업병의 발생을 예방하기 위하여 실시하는 근로자 건강진단에 관한 "근로자 폐활량검사 및 판정에 관한 기술지침"에서 사용하는 용어를 설명하시오.

   (1) 노력성 폐활량(Forced Vital Capacity, FVC)
   (2) 일초간 노력성 날숨 폐활량(일초량, Forced Expiratory Volume in one second, FEV_1)
   (3) 용적-시간 곡선(Volume-time curve)
   (4) 유량-용적 곡선(Flow-volume curve)
   (5) 정상의 아래 한계치(Lower Limit of Normal, LLN)

03 호흡기의 어느 부위에 침착되더라도 독성을 나타내는 입자상 물질이 있다. 분진 직경이 각각 $10\,\mu m$, $50\,\mu m$일 때 각 입경별 채취효율을 계산하고, 해당 입자상 물질 중에서 작업환경측정 대상인 금속류에 해당되는 물질 2가지만 쓰시오. (단, 소수점 첫째자리까지 계산)

04 과거의 도수율이 16.16이며, 현재의 도수율은 0.26이 되었다고 가정하고 연근로시간이 24만 시간이라고 할 때 안전 T-Score(Safe T-Score)를 계산하고, 그 값의 의미를 설명하시오.

05 카드뮴 및 그 화합물의 특수건강진단 시 1차 검사항목 4가지와 2차 검사항목 2가지에 대하여 각각 쓰시오.

06 근골격계질환 증상 조사항목에 포함되어야 할 내용 5가지만 쓰시오.

07 위험성 평가를 실시한 경우 사업주는 실시내용 및 결과를 기록하여야 한다. 이 경우 기록에 포함될 구체적인 사항 4가지만 쓰시오.

08 호흡기 보호프로그램을 수립하여 시행하여야 하는 2가지 경우를 쓰시오.

09 자유음장에서 음원으로부터 방사된 음에너지는 모든 방향으로 퍼져 전파되기 때문에 음원으로부터 멀어질수록 음의 크기는 작아진다. 이 경우 점음원과 선음원에 따른 거리 감소치를 쓰시오.

10 산업안전보건공단에서는 산업현장 4대 필수 안전수칙을 만들어 관리하고 있다. 산업현장 4대 필수 안전수칙에 대하여 쓰시오.

11 고용노동부에서 제정한 보호구 안전인증 고시의 내용 중 호흡보호구인 방진마스크의 안면부 여과식 마스크 포집효율 성능검사 시 사용하는 물질 2종류와 특급, 1급, 2급 방진마스크의 포집효율 기준에 대하여 쓰시오.

12 단기간 휴식을 통해서는 회복될 수 없는 발병 단계의 피로를 나타내는 용어를 쓰시오.

13 다음은 산업안전보건법률상 화학물질의 분류기준에 제시된 물질에 대한 설명이다. 무슨 물질에 대한 정의인지 쓰시오.

> 자체의 화학반응에 따라 주위환경에 손상을 줄 수 있는 정도의 온도·압력 및 속도를 가진 가스를 발생시키는 고체·액체 또는 혼합물

제2교시

※ 다음 문제 중 4문제를 선택하여 설명하시오. (각 25점)

01 도금공정에서 사용하는 푸시-풀 시스템 국소환기의 특징에 대하여 설명하고, 이 시스템의 장점 2가지와 단점 3가지를 쓰시오.

02 국소환기 시스템 중 후드의 정압을 측정함으로써 국소배기장치 전체의 성능을 평가할 수 있다. 이 때 후드 정압에 대한 측정 자료를 통해 파악할 수 있는 사항을 설명하시오.

03 HVAC(Heating, Ventilating and Air-Conditioning) 시스템은 냉난방, 외부 공기의 여과, 습도조절 등의 방법을 통합적 또는 일부 수행하면서 건물 내의 환경조건을 편안한 상태로 유지시켜 주는 장치를 말한다. HVAC 시스템의 구성요소를 7가지만 쓰고, 설명하시오.

04 플래넘형 환기시설 주관의 기능 및 장점 3가지와 한계성 2가지에 대하여 설명하시오.

05 여과집진장치(bag filter)는 탈진방법의 종류에 간헐식과 연속식이 있다. 이것에 대하여 정의하고 간헐식의 장·단점과 연속식의 장점에 대하여 설명하고, 탈진장치의 종류 4가지만 쓰고, 각각에 대하여 설명하시오.

06 기존에 설치되어 있는 국소배기 시설에서 송풍량을 감소시킴으로써 비용을 절감할 수 있는 방법과 새로운 환기시설을 설계할 때 적용 가능한 비용절감 방안에 대하여 각각 5가지만 설명하시오.

제3교시

※ 다음 문제 중 4문제를 선택하여 설명하시오. (각 25점)

01 작업환경측정 시 채취하는 공시료와 관련하여 정의, 목적과 NIOSH에서 규정한 공시료 개수에 대하여 설명하시오.

02 사람이 들을 수 있는 가청 주파수는 20~20,000Hz이다. 이 주파수 대역을 중심 주파수별로 구분하고, 1/2octave band와 1/3octave band에 대하여 설명하시오.

03 소음측정 시 소음노출량 측정기를 사용하는데 이 때 측정기기의 설정조건에서 다음 물음에 답하시오.

　가. 변환율(exchange rate)에 대하여 설명하시오.

　나. 변환율을 각각 3, 4, 5로 설정하여 사용할 때, 다음 식을 참고하여, 등가소음 수준을 계산 시 변환율에 따라 사용하는 상수(q)를 쓰시오.

$$L_{AV}(Q) = q\log\left[\frac{1}{T}\int_0^T (10^{L_{AS}/q} dt)\right]$$

　여기서, L_{AV} : 등가 또는 평균소음수준(dB)

　　　　　Q : exchangerate(dB)

　　　　　L_{AS} : Slow 상태에서 측정된 소음수준(dB)

　　　　　T : 관찰시간

04 고속액체 크로마토그래피(High Performance Liquid Chromatography, HPLC)에 사용되는 용매의 조건, 검출기 종류, 검출기 특징에 대하여 각각 5가지만 설명하시오.

05 생식세포 변이원성에 관한 정보물질의 표기를 「화학물질의 분류·표시 및 물질안전보건자료에 관한 기준」에 따라 구분하고, 생식세포 변이원성에 해당되는 화학물질 중 작업환경측정 대상 유해인자에 해당되는 화학물질을 10가지만 쓰시오.

06 근골격계 부담작업 중 지지되지 않은 상태이거나 임의로 자세를 바꿀 수 없는 조건에서 하루에 총 2시간 이상 목이나 허리를 구부리거나 드는 상태에서 이루어지는 작업과 하루에 25회 이상 10kg 이상의 물체를 무릎 아래에서 들거나, 어깨 위에서 들거나, 팔을 뻗은 상태에서 드는 작업과 관련하여 다음을 설명하시오.

(1) 지지되지 않은 상태
(2) 임의로 자세를 바꿀 수 없는 조건
(3) 목이나 허리를 구부린 상태
(4) 무릎 아래에서 들거나 어깨 위에서 든 상태
(5) 팔을 뻗은 상태

제4교시

※ 다음 문제 중 4문제를 선택하여 설명하시오. (각 25점)

01 산업안전보건법령상 특별안전보건교육 대상작업으로 38가지의 작업이 규정되어 있다. 38가지의 대상작업 중 산업보건 분야의 특별안전보건교육의 대상작업을 3가지만 쓰고, 그에 대한 교육내용을 설명하시오.

02 근육운동에 필요한 에너지는 호기성 대사와 혐기성 대사에 의해 생성되는데 호기성 대사와 혐기성 대사에 대하여 설명하시오.

03 고온 노출에 의한 건강장해로는 열경련, 열사병, 열피로 등이 있다. 이 건강장해에 대한 특징, 증상, 치료방법에 대하여 설명하시오.

04 산업안전보건기준에 관한 규칙에 따른 밀폐공간 내 작업 시의 조치와 관련하여, 근로자가 밀폐공간에서 작업을 시작하기 전에 근로자가 안전한 상태에서 작업을 하도록 사업주가 확인해야 하는 사항과 3-3-3 질식재해예방 안전수칙에 대하여 설명하시오.

05 근골격계질환이 많이 발생하는 사업장에서 근골격계 예방·관리 프로그램을 수립 실행하고자 한다. 이 때 근골격계질환 예방·관리 프로그램 흐름도를 도식하고 예방·관리 프로그램 실행을 위한 다음 각자의 역할을 5가지만 설명하시오.

(1) 사업주 역할
(2) 근골격계질환 예방·관리 추진팀 역할
(3) 보건관리자의 역할

06 건설현장의 산업재해를 규정한 「산업안전보건법령상 건설업체 산업재해 발생률 및 산업재해 발생 보고의무 위반건수 산정기준」과 관련하여, 사업주의 법 위반으로 인한 것이 아니라고 인정되는 재해의 경우, 재해자 수 산정에서 제외하는 경우를 5가지만 설명하시오.

제114회 국가기술자격검정 시험문제

분야	안전관리	자격 종목	산업위생관리기술사	수험 번호		성명	

※ 각 교시마다 시험시간은 100분입니다.

제1교시

※ 다음 문제 중 10문제를 선택하여 설명하시오. (각 10점)

01 3개의 소음원에서 발생하는 음압수준은 각각 87dB, 88dB 그리고 90dB이었다. 동시에 3개의 소음원이 가동되었을 때 대략적인 음압수준을 구하시오.

02 NIOSH가 개발한 들기기준(lifting index)을 계산하는 데 고려해야 할 인간공학적 위험요소(요인)를 3가지만 쓰시오.

03 60~300Hz의 전류를 가진 비이온화 방사선(non-ionization radiation)으로, 어린이에게 백혈병을 초래하는 에너지 영역을 나타내는 용어를 쓰시오.

04 암이 발생하는 3가지 일반적인 단계를 순서대로 쓰시오.

05 발암물질 노출위험이 높은 특정산업 근로자를 대상으로 암 사망위험 역학연구를 수행한 결과, 일반 인구의 사망률보다 그 위험이 유의미하게 낮게 나타났다. 이러한 원인으로 추정하는 용어를 쓰시오.

06 그람음성 박테리아 바깥벽에 있는 성분으로 천식, 폐렴 등을 초래하는 유해인자를 쓰시오.

07 밀폐공간으로 볼 수 있는 연료저장용 탱크를 건설하는 공정에서 탱크 내부를 스프레이로 도장작업을 할 때, 근로자가 착용해야 할 호흡보호구를 쓰시오.

08 검출한계(Limit Of Detection, LOD)의 약 3.3배에 해당하는 분석용어를 쓰시오.

09 도금공정에서 황산미스트를 정량하고자 할 때 국제적으로 공인되는 시료채취 매체(media)를 쓰시오.

10 입자상 물질을 크기별로 흡입성, 흉곽성, 호흡성 농도로 구별하여 측정하고자 한다. 사용해야 할 측정기구를 쓰시오.

11 A 제철소 냉각탑에서 냉각제를 교체하던 근로자가 사망하였다. 사망을 초래한 원인을 설명하시오.

12 유해인자의 건강위험을 결정하는 핵심변수(인자) 2가지를 쓰시오.

13 PM10으로 채취한 입자상 물질에서 납, 카드뮴, 크롬, 망간, 비소, 니켈 등 여러 중금속들을 한꺼번에 정량하고자 할 때, 사용해야 할 분석기기를 쓰시오.

제2교시

※ 다음 문제 중 4문제를 선택하여 설명하시오. (각 25점)

01 겨울철 도금공정에서 국소배기장치 성능에 대한 조사결과는 아래와 같았다. 조사결과를 근거로 국소배기장치 후드로 오염물질이 적정하게 제어되지 않는 이유를 2가지 설명하시오.

〈조사결과〉
- 제어속도는 설계치보다 낮고, 제어효율이 떨어지는 것으로 평가됨
- 온도는 전체적으로 균등하지 않고, 특히 창가 근처가 낮음
- 공정 내 압력은 음압임
- 덕트, 정화장치, 송풍기, 모터 등은 설계대로 설치됨
- 국소배기장치 효율에 영향을 미치는 공정/작업 요인은 없음

02 덕트 속도압(velocity pressure)은 20mmH$_2$O이고, 덕트를 흐르는 공기량은 100m^3/min일 때, 덕트의 직경(mm)을 구하시오.

03 시너(thinner) 벌크에서 정량한 톨루엔 농도는 0.5%였다. 체적 115m^{3}의 공정에서 하루 4시간 동안 이 시너를 2L 사용했다. 시간당 환기횟수(ACH)를 0.5라고 가정할 때, 톨루엔의 공기 중 농도(mg/m^3)를 구하시오. (단, 시너에서 톨루엔은 모두 증발한 것으로 가정한다.)

04 HVAC(Heating, Ventilation, Air Conditioning)가 적정하게 설치된 백화점 매장에서 평일 측정한 이산화탄소 농도는 1,500~2,000ppm이었다. 다음 각 물음에 답하시오.
(1) 매장의 공기질(air quality)을 평가하시오.
(2) HVAC 시스템 운영의 문제점을 추정하시오.
(3) 근무자가 느낄 수 있는 건강영향을 예측하고 이유를 설명하시오.

05 결핵검사와 같이 감염성 병원체를 취급하는 생물안전 3등급 실험실은 음압을 유지해야 한다. 다음 각 물음에 답하시오.

  (1) 음압을 측정하는 방법을 설명하시오.
  (2) 음압을 유지해야 하는 이유를 설명하시오.
  (3) 검사 실험실에 설치해야 할 국소배기 정화장치의 필터를 쓰고 이유를 설명하시오.

06 사무실(21℃)에서 1시간 동안 50g의 메틸에틸케톤(분자량 72)을 사용한다. 공기 중 메틸에틸케톤 농도를 10ppm 이하로 유지하고자 할 때 공급해야 할 공기량(m³/min)을 구하시오. (단, 메틸에틸케톤은 모두 증발한 것으로 가정한다.)

제3교시

※ 다음 문제 중 4문제를 선택하여 설명하시오. (각 25점)

01 A 사업장에서 작업환경측정 대상에 해당되지 않는 화학물질들을 사용하고 있다고 가정할 때, 이들의 건강 영향 위험 (risk)을 어떻게 평가할 것인지 설명하시오.

02 화학물질에 대한 동물실험 결과(NOEL)를 활용하여 공기 중 노출기준(mg/m³)을 설정하고자 한다. 다음 각 물음에 답하시오. (단, 사람의 체중, 호흡률, 노출시간, 호흡기 침착률 등은 표준조건을 가정한다.)

  (1) 인체에 안전한 양(SHD)을 추정하는 방법을 설명하시오.
  (2) 공기 중 노출기준을 설정하는 방법을 설명하시오.

03 화학물질의 노출을 추정할 수 있는 ACGIH의 생물학적 노출지표(바이오마커, bio-marker)는 30여 개에 불과하다. 혈액, 소변 등 생물학적 변수를 이용하여 화학물질의 노출이나 건강 영향을 추정하기 어려운 이유를 3가지만 설명하시오.

04 작업환경측정에서 노출평가 대상 근로자를 유해인자 노출특성의 유사성(similarity)에 따라 분류(설정)하고, 각 그룹에서 측정 대상 근로자 표본을 선정하는 방법을 설명하시오.

05 PVC 합성수지를 사출·성형하는 공장에서 공정별로 측정한 납 농도는 아래 표와 같았다. 표에 근거하여 다음 각 물음에 답하시오.

공 정	측정시료 수	산술평균±표준편차(μg/m³)	기하평균(기하표준편차)(μg/m³)	P value
혼합	10	12±5	8(1)	
사출	11	0.7±4	0.5(1.2)	<0.001
포장	11	0.5±4	0.6(1.5)	

  (1) 산술평균과 기하평균 값에 근거하여 자료의 분포를 설명하시오.
  (2) 공정 간 납 평균농도의 차이를 통계적으로 설명하고자 한다. 사용해야 할 통계분석방법(기술)을 설명하시오.
  (3) 공정 간 납 평균농도를 통계적으로 비교하여 설명하시오.

06 8시간 소음에 노출되고 있는 작업자에게서 6.5시간 동안 dosimeter로 측정한 DOSE는 84%였다. 8시간으로 환산한 DOSE(%)와 소음수준(dB)을 각각 구하고 노출수준을 평가하시오. (단, 8시간 노출기준은 90dB로 가정한다.)

제4교시

※ 다음 문제 중 4문제를 선택하여 설명하시오. (각 25점)

01 반도체 공장에서 암 등 만성질병의 원인을 규명하기 어려운 이유를 유해인자 노출 측면에서 2가지만 설명하시오.

02 곰팡이, 박테리아 등 생물학적 유해인자에 대한 노출기준을 설정하기 어려운 이유를 설명하시오.

03 GHS 기준에 따르면 발암성 물질은 1A, 1B 그리고 2로 구분된다. 각 구분별 발암성 수준(정의)을 비교하여 설명하시오.

04 나노입자(nano-particle)가 발생될 수 있는 공정 3가지를 쓰고, 발생 원리를 각각 설명하시오.

05 동물실험 결과에 근거하여 설정된 노출기준은 건강 영향을 예방하는 데 분명한 한계가 있다. 이유를 2가지만 설명하시오.

06 다음은 특정산업 노동자를 대상으로 암 발생 위험을 직무별로 평가하여 정리한 것이다. 암 발생 위험을 직무별로, 인구학적 특성(성, 연령)을 보정하기 전과 후를 비교하여 설명하시오. [단, OR=odd ratio(오즈비), OR_crude=성, 연령을 보정하지 않음, OR_adjusted=성, 연령을 보정하였음]

직무영향요인	OR_crude	OR_adjusted
사무직	기준(reference)	기준(reference)
운전자	1.3(1.1~1.7)	1.1(0.8~1.7)
정비직	2.5(1.2~4.7)	2.2(1.2~3.7)

분야	안전관리	자격 종목	산업위생관리기술사	수험 번호		성명	

※ 각 교시마다 시험시간은 100분입니다.

※ 다음 문제 중 10문제를 선택하여 설명하시오. (각 10점)

01 산업안전보건법령상 유기화합물의 경우, 작업환경측정 대상 유해인자와 관리대상 유해물질을 함유한 제제(혼합물)의 관리범위의 차이점에 대하여 설명하시오.

02 화학물질 및 물리적 인자의 노출기준에 신설된 라돈의 노출기준(작업장기준)을 쓰시오.

03 정부의 국민생명 지키기 3대 프로젝트에 따라 시행 중인 고용노동부와 안전보건공단의 「산재사고사망 절반 줄이기 대책」과 관련하여 2017년 기준 산업현장의 3대 악성 사고사망의 내용에 대하여 설명하시오.

04 다음은 산업안전보건법령상 정의된 화학물질 분류기준에 대한 설명이다. 무엇에 대한 정의인지 각각 쓰시오.
   (1) 열적으로 불안정하여 산소의 공급이 없어도 강렬하게 발열·분해하기 쉬운 액체·고체 물질 또는 그 혼합물을 말한다.
   (2) 액체나 고체 화학물질이 직접적으로 구강이나 비강을 통하거나 간접적으로 구토에 의해 기관 및 하부호흡기계로 들어가 나타나는 화학적 폐렴, 다양한 단계의 폐 손상 또는 사망과 같은 심각한 급성 영향을 말한다.

05 지난 10년간 국내에서 발생한 급성중독 발생 화학물질은 약 20여 종이다. 이 중에서 세척 또는 세정 목적으로 사용되는 화학물질의 종류 4가지를 쓰시오.

06 LOD(Limit Of Detection, 검출한계)와 LOQ(Limit Of Quantitation, 정량한계)의 개념 및 LOD와 LOQ 간의 관계를 설명하시오.

07 NIOSH의 중량물 취급작업기준에 고려된 요인 6가지를 쓰시오.

08 상대위험비(Relative Risk, RR) 및 교차비(Odds Ratio, OR)를 정의하고, 다음 표에서 각각의 값을 구하시오.

항 목	환자군	대조군	합 계
노출	50명	50명	100명
비노출	10명	90명	100명
합 계	60명	140명	200명

09 화학물질의 독성에 대한 연구자료, 국내 산업계의 취급현황, 근로자 노출수준 및 그 위험성 등을 조사·분석하여 인체에 미치는 유해한 영향을 추정하는 일련의 과정이 무엇인지 쓰시오.

10 산업안전보건법 시행규칙상 유해인자별 보건관리전문기관에 보건관리업무를 위탁할 수 있는 사업유형 5가지를 쓰시오.

11 사업주가 건강진단 실시결과에 따라 작업장소 변경, 작업전환, 근로시간 단축, 야간근무 제한, 작업환경측정, 시설·설비의 설치 또는 개선, 건강상담, 보호구 지급 및 착용지도, 추적검사, 근무 중 치료 등 근로자의 건강관리를 위하여 실시하는 조치가 무엇인지 쓰시오.

12 산소결핍 발생이 우려되는 밀폐공간에서 근로자가 작업을 하고 있는 경우 사업주가 조치해야 할 사항 3가지를 쓰시오.

13 옥외작업 근로자의 분진에 의한 건강장해를 예방하기 위하여 2017년 12월에 추가된 산업안전보건기준에 관한 규칙의 분진작업을 설명하시오.

※ 다음 문제 중 4문제를 선택하여 설명하시오. (각 25점)

01 후드가 여러 개 있는 국소배기시설에서 양쪽 덕트 내의 정압이 다를 경우 합류점에서의 정압 조절과 관련하여 다음에 대하여 각각 설명하시오.
  (1) 정압을 조절하는 2가지 방법
  (2) (1) 방법의 장점과 단점 각각 3가지

02 국소배기장치의 송풍기 및 배출구의 경우 시스템 성능과 관련된 몇 가지 주요한 법칙과 규칙이 존재한다. 다음에 대하여 각각 설명하시오.
  (1) 송풍기 상사법칙(단, 공기밀도와 송풍기 크기가 동일한 경우 송풍량, 송풍기 정압, 축동력 및 송풍기 회전수와의 관계)
  (2) 송풍기 시스템 손실을 최소화하기 위한 'Six in and Three Out' 규칙
  (3) 배출구의 배기시설에 대한 일반적인 '15-3-15' 설치 규칙

03 산업안전보건기준에 관한 규칙에 따라 사업장 내에서 허가대상 유해물질을 사용할 경우 적절한 국소배기장치를 설치하도록 규정하고 있다. 다음 각각에 대하여 설명하시오.

(1) 산업안전보건법 시행령에서 규정한 허가대상 유해물질 5가지
(2) 산업안전보건기준에 관한 규칙상 허가대상 유해물질에 대하여 적용되는 가스상태와 입자상태의 제어풍속
(3) 포위식(부스식)과 외부식(리시버식) 후드별 제어풍속의 측정위치

04 송풍기 성능곡선과 시스템 요구곡선이 만나는 지점인 송풍기의 동작점(point of operation)을 파악하여 송풍기의 상태를 분석할 수 있다. 다음 그림과 같이 설계한 사양과 실제 상태가 다를 때, 그 원인에 대하여 설명하시오.

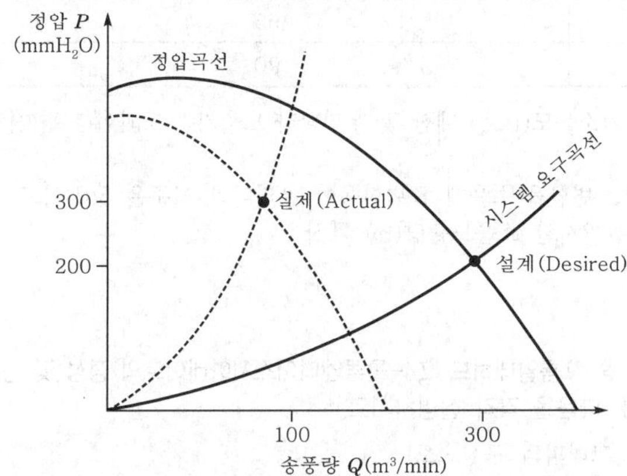

05 밴버리 믹서후드의 국소배기시설 배치조건이 다음과 같다. 다음의 각각을 구하시오.

> • 송풍량은 설계 권고치의 하한인 개구면적당 1.0m³/sec/m²를 사용
> • 설계 권고치에서 덕트의 반송속도는 18m/sec, 후드의 유입손실계수는 0.25, 가속손실은 1.00으로 결정
> • 후드의 개구면은 가로 1.5m×세로 1.2m
> • 송풍기 앞까지 덕트의 총 길이는 25m, 송풍기 뒷부분 덕트의 총 길이 3m(덕트는 5mm 간격으로 자체제작이 가능하다는 전제하에 설계)
> • 덕트는 아연도금 강판을 사용
> $\left(\text{마찰계수를 구하기 위한 상수값 } a=0.0155,\ b=0.533,\ c=0.612,\ \text{공식 } H_f=\dfrac{aV^b}{Q^c}\right)$
> • 곡관은 90°짜리 3개(R/d를 2.0으로 가정할 때, 곡관 하나의 압력손실은 0.27VP)

(1) 필요송풍량
(2) 덕트 직경, 선정된 덕트에 따른 속도 및 속도압
(3) 송풍기 앞까지의 압력손실(후드 유입손실, 가속손실, 덕트 마찰손실, 곡관손실, 송풍기 앞까지의 총 정압손실)
(4) 송풍기 뒷부분의 압력손실
(5) 송풍기 정압

06 공장 내부의 난방, 환기, 공기조화를 위한 HVAC(Heating, Ventilation, Air Conditioning) 설비의 구성요소와 그 구성요소별 관리요령에 대하여 각각 설명하시오.

제3교시

※ 다음 문제 중 4문제를 선택하여 설명하시오. (각 25점)

01 모 사업장의 금속 절단공정에 근무하는 작업자의 시간대별 소음노출수준을 측정한 결과가 다음과 같았다. 다음을 각각 설명하시오.

측정시간	소음노출수준(dB(A))	비 고
09:00~11:30	90	–
11:30~12:30	–	중식시간
12:30~16:00	95	–
16:00~18:00	90	–

(1) 근무시간 동안의 등가소음도(Leq) 계산 및 우리나라 노출기준 초과여부 평가[단, 소음계의 변환율(exchange rate)은 5dB]
(2) 5dB 변환율과 3dB 변환율(소음계의 변환율이 우리나라 기준은 5dB이고 미국 ACGIH–TLV는 3dB)
(3) 해당 작업자의 하루 8시간 소음노출량(%) 계산

02 허용기준 대상 유해인자 중 포름알데히드, 2,4–톨루엔디이소시아네이트의 정성 및 정량 분석에 고성능액체크로마토그래피(HPLC)가 사용된다. 다음을 각각 설명하시오.

(1) 고성능액체크로마토그래피의 구성요소
(2) 용매의 선택에 따른 주의사항 4가지
(3) 검출기의 종류 5가지 및 작업환경측정 시료분석 시 주로 사용하는 검출기 종류

03 작업환경측정 및 지정측정기관 평가 등에 관한 고시의 개정내용에 따른 고열의 측정방법에 대하여 설명하시오.

04 고용노동부의 사무실 공기관리 지침에는 미세먼지(PM10)와 관련된 여러 사항이 규정되어 있다. 다음을 각각 설명하시오.

(1) 측정횟수
(2) 시료채취시간
(3) 시료채취방법
(4) 분석방법
(5) 관리기준

05 고용노동부장관은 작업환경측정 결과의 신뢰성과 정밀성을 평가하기 위하여 필요하다고 인정하는 경우에는 신뢰성평가를 실시할 수 있다. 다음을 각각 설명하시오.

(1) 작업환경측정 신뢰성평가 대상 3가지
(2) 안전보건공단의 작업환경측정 신뢰성평가 방법 또는 절차
(3) 지방고용노동관서장의 조치사항

06 작업환경측정 및 지정측정기관 평가 등에 관한 고시와 관련하여 허용기준 대상 유해인자를 분석할 때, 검량선 작성을 위한 표준용액을 조제할 경우 여러 가지 고려해야 할 사항이 있다. 다음을 각각 설명하시오.

(1) 측정대상물질의 표준용액을 조제할 시약에 대하여 파악해야 할 사항
(2) 표준용액의 농도범위 결정사항
(3) 표준용액 조제방법인 희석식과 배취식에 대한 정의와 장단점 각각 1가지
(4) 표준용액 제조 시료 수
(5) 원액을 조제하기 전에 반드시 확인해야 할 사항

제4교시

※ 다음 문제 중 4문제를 선택하여 설명하시오. (각 25점)

01 사업주는 위험성평가를 통한 위험성을 결정한 결과, 허용 가능한 위험성이 아니라고 판단되는 경우에는 위험성 감소를 위한 대책을 수립하여 실행하여야 한다. 근로자의 위험 또는 건강장해를 방지하기 위한 조치내용 4가지를 설명하시오.

02 작업자가 호흡용 보호구를 올바른 방법으로 착용했는지 판단하기 위해서 적어도 1년에 1회 이상 밀착시험을 실시하는 것이 바람직하다. 이러한 밀착시험 중 정성적 밀착시험과 자가음압밀착검사에 대하여 설명하시오.

03 산업안전보건기준에 관한 규칙상 밀폐공간에서 근로자에게 작업을 하도록 하는 경우 조치하여야 할 여러 가지 사항이 있다. 다음을 각각 설명하시오.

(1) 밀폐공간 작업프로그램 수립 및 시행 시 포함되어야 할 사항 5가지
(2) 근로자가 밀폐공간에서 작업을 시작하기 전 확인해야 할 사항 6가지

04 산업안전보건기준에 관한 규칙상 직무스트레스가 높은 작업에 근로자가 종사할 경우, 사업주가 조치해야 할 6가지 사항을 설명하시오.

05 곤충 및 동물매개 감염병과 관련된 사항은 산업안전보건기준에 관한 규칙상 병원체에 의한 건강장해의 예방편에서 관리하고 있다. 다음을 각각 설명하시오.

(1) 곤충 및 동물매개 감염병의 정의
(2) 곤충 및 동물매개 감염병의 고위험작업 3가지
(3) 예방조치 5가지

06 산업안전보건기준에 관한 규칙상 관리대상 유해물질 취급과 관련하여 다음을 각각 설명하시오.

(1) 유기화합물 취급 특별장소 7가지
(2) 임시작업과 단시간작업의 정의 및 제외사항
(3) 허용소비량을 구하는 방법과 이 경우 작업장 공기의 부피 개념

분야	안전관리	자격 종목	산업위생관리기술사	수험 번호		성명	

※ 각 교시마다 시험시간은 100분입니다.

제1교시

※ 다음 문제 중 10문제를 선택하여 설명하시오. (각 10점)

01 고용노동부고시 제2018-62호「화학물질 및 물리적 인자의 노출기준」에 의한 발암성, 생식세포 변이원성, 생식독성 정보는 법상 규제 목적이 아닌 정보제공 목적으로 표시하는 것이다. 관련된 발암성 물질의 정보제공 5개 기관과 생식세포 변이원성 및 생식독성 물질분류에 사용하는 정보제공 기관을 full name으로 쓰시오.

02 「화학물질의 유해성·위험성 평가에 관한 규정」에 따르면 안전보건공단, 근로자단체·사용자단체 및 화학물질, 산업의학, 작업환경 등 관련 분야의 지식과 경험이 풍부한 사람을 포함하여 누구든지 유해성·위험성을 평가할 화학물질을 고용노동부장관에게 제안할 수 있다. 제안된 화학물질을 포함하여 유해성·위험성 평가대상 화학물질을 선정하는 경우에 고려할 사항 5가지를 쓰시오.

03 손, 손목 부위의 근골격계 질환 중 수근관증후군을 측정할 수 있는 객관적 검사방법 3가지를 쓰시오.

04 고용노동부고시 제2017-54호「안전검사 절차에 관한 고시」에 의한 국소배기장치 자율검사프로그램 인정에 필요한 검사장비 보유기준을 설명하시오.

05 밝기의 단위에 관한 다음 용어를 설명하시오.
   (1) 촉광(candle)
   (2) 루멘(lumen)
   (3) 풋 캔들(footcandle)
   (4) 럭스(lux)
   (5) 램버트(lambert)

06 사업장에서 널리 사용되고 있는 크롬화합물은 원자가에 의해 독성이 달라진다. 3가크롬과 6가크롬이 인체에 미치는 독성의 차이 3가지를 쓰시오.

07 광물성 분진에 노출 시 유발되는 폐조직의 병리학적 변화를 분류하여 설명하고, 각각 해당되는 진폐증의 종류 3가지를 쓰시오.

08 고용노동부고시 제2018-62호 「화학물질 및 물리적 인자의 노출기준」에 의해 노출기준이 TWA에 설정되어 있고 STEL에도 Ceiling 값으로 설정되어 있는 유해물질을 쓰시오.

09 유해인자별 특수건강진단 · 배치전건강진단 · 수시건강진단 검사항목에 있어서 퍼클로로에틸렌, 트리클로로에틸렌, 메틸클로로포름의 1차 검사항목인 공통적인 생물학적 노출지표를 쓰시오

10 실내작업장 근로자의 호흡기를 보호하기 위하여 국소배기장치를 설치하려고 한다. 국소배기장치의 기본설계 절차를 순서대로 설명하시오.

11 근육 내의 포도당이 분해되어 근육수축에 필요한 에너지를 만드는 과정을 호기성 대사와 혐기성 대사로 나눌 수 있다. 아래 대사과정의 괄호 안에 해당하는 내용을 쓰시오.

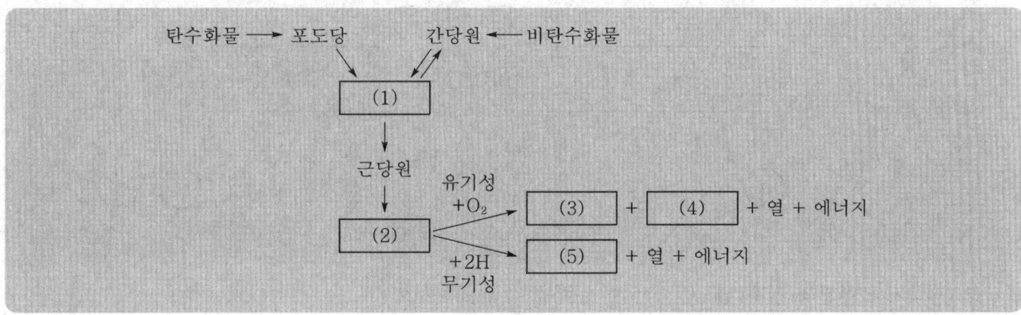

12 다음에서 설명하는 용어의 full name을 쓰시오.

"생명 또는 건강에 즉각적으로 위험을 초래하는 농도로서, 그 이상의 농도에서 30분간 노출되면 사망 또는 회복이 불가능한 건강장해를 일으킬 수 있는 농도"이다.

13 특별관리물질의 CMR(Carcinogenicity, Mutagenicity, Reproductive toxicity) 정보표기는 「화학물질의 분류표시 및 물질안전보건자료에 관한 기준」에 따라 이루어진다. 다음 물질에 대하여 독성분류 표기를 하시오.

연 번	물질명(CAS No.)	CMR 물질 독성분류		
		발암성	생식세포 변이원성	생식독성
1	포름알데히드(50-00-0)			
2	산화에틸렌(75-21-8)			
3	트리클로로에틸렌(79-01-6)			
4	디메틸포름아미드(68-12-2)			
5	카드뮴 및 그 화합물(7440-43-9)			

제2교시

※ 다음 문제 중 4문제를 선택하여 설명하시오. (각 25점)

01 다음 그림과 같이 히터의 앞부분과 뒷부분에 송풍기가 놓여 있다. 송풍기 앞부분에서의 송풍량은 $40\text{m}^3/\text{min}$이고, 공기의 온도는 21℃, 정압은 100mmH₂O이다. 송풍기 뒷부분에서 송풍량은 $60\text{m}^3/\text{min}$이고, 공기의 온도는 315℃, 정압은 100mmH₂O일 때 다음 각 물음에 답하시오. (단, 이 송풍기의 산정표는 다음과 같다.)

송풍량 (m^3/min)	100mmH₂O		200mmH₂O		300mmH₂O		400mmH₂O	
	회전수	동력(kW)	회전수	동력(kW)	회전수	동력(kW)	회전수	동력(kW)
30	1,191	1.13	1,660	2.42	2,025	3.92	2,333	5.60
40	1,201	1.27	1,668	2.63	2,030	4.19	2,337	5.94
50	1,213	1.44	1,676	2.86	2,035	4.49	2,340	6.29
60	1,227	1.57	1,685	3.09	2,040	4.86	2,344	6.67
70	1,242	1.74	1,694	3.36	2,045	5.13	2,356	7.07

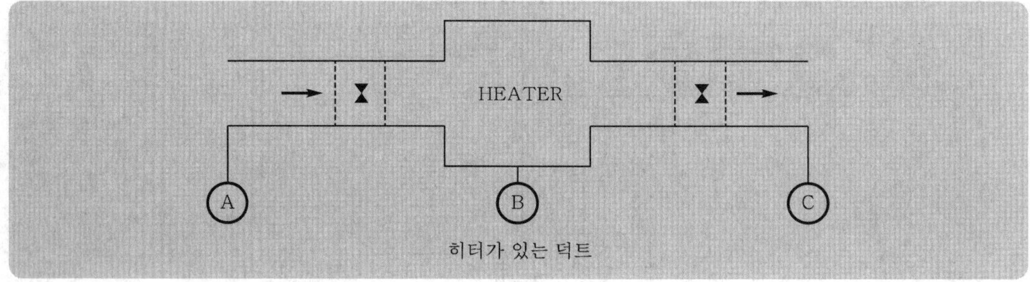

(1) 송풍기 뒷부분의 실제 밀도, 회전수, 동력을 각각 구하시오.
(2) 실제 필요한 동력을 구하시오.

02 원형 및 사각형 후드와 플랜지 부착후드에 관한 등속선 분포결과로부터 얻어진 후드의 유동특성 5가지를 설명하시오.

03 고용노동부 「안전검사 고시」에 근거하여 다음 항목에 대하여 국소배기장치 안전검사기준을 설명하시오.
(1) 배풍기
(2) 벨트
(3) 안전덮개
(4) 덕트 접속부
(5) 접지설비

04 일반적인 레시버식(receiving) 후드에서 유량비법에 의한 필요송풍량 계산순서를 설명하시오.

05 전기집진기 운전 시 발생하는 문제점 5가지와 각각의 원인 및 방지대책에 대하여 설명하시오.

06 「산업안전보건기준에 관한 규칙」에 따라 국소배기장치의 성능을 검사한 결과, 자유공간에 설치된 외부식 후드의 제어풍속이 법정기준을 충족하지 못하여 부적합 판정을 받았다. 설치된 송풍기와 덕트를 현 상태로 사용하는 조건에서 후드의 제어풍속을 향상시킬 수 있는 방안을 제시하시오.

제3교시

※ 다음 문제 중 4문제를 선택하여 설명하시오. (각 25점)

01 공기 중 석면농도를 측정하기 위해서 37mm 여과지(유효 시료채취 면적 : 385mm^2)에 펌프유량 10L/min으로 4시간 동안 시료를 채취한 후에 위상차 현미경으로 섬유를 계수하였다. (단, 그래티큘의 시야당 계수면적은 0.00785mm^{2}를 적용)
    (1) 100시야에서 검출된 섬유 수가 4개일 때 검출한계를 구하시오.
    (2) 검출한계를 작업환경측정 노출기준과 사무실 오염물질 노출기준을 비교하여 설명하시오.

02 A근무자는 밀폐된 탄광 갱내에서 25년간 착암기를 사용하는 천공업무로 인하여 소음성 난청 판정을 받았고, B는 사무직 근로자로서 과중한 업무로 인한 과로 및 스트레스로 뇌출혈증 진단을 받아 뇌심혈관질환 판정을 받았다. 아래 각 물음에 답하시오.
    (1) 산업재해보상보험법상의 소음성 난청 "판정기준과 인정기준"에 대하여 각각 설명하시오.
    (2) 산업재해보상보험법상의 뇌심혈관질환 인정기준 3가지를 쓰시오.
    (3) 뇌심혈관질환의 가중요인 7가지를 쓰시오.

03 크로마토그래피를 이용한 분석을 하고자 한다.
    (1) 내부 표준물질의 요구사항 5가지를 설명하시오.
    (2) 표준물 첨가법을 실시하는 경우 고려사항 5가지를 설명하시오.

04 실효음압(Root-Mean-Square Sound Pressure)과 음압수준(Sound Pressure Level)의 각각의 식을 쓰고 설명하시오.

05 작업환경측정은 신뢰성 있는 작업환경평가를 위해서 평가기준이 되는 노출기준 설정근거에 기초하여 평가를 실시하여야 한다. 작업환경측정대상 유해인자에 대한 노출기준의 합리적 적용을 위한 고려사항 4가지에 대해 설명하시오.

06 NIOSH 분석방법이 다음과 같다고 했을 때, 천장값(Ceiling)의 공기채취량 결정과정을 제시하시오.

〈분석방법 : NIOSH Method 1501 (NIOSH, 2003)〉
- 물질 : Styrene
- 추천 공기채취량 : 5L
- 추천 채취유량 : 0.2L/분
- 적용되는 농도범위 : 85~2,560mg/m³
- OSHA의 PEL : 850mg/m³(200ppm)−ceiling, 426mg/m³(100pm)−TWA
- 파과시간 : 1,710mg/m³ 농도에서 0.2L/분으로 111분
- 파과량 : 38mg

제4교시

※ 다음 문제 중 4문제를 선택하여 설명하시오. (각 25점)

01 한국 성인 남성의 연령별 우측 귀의 청력검사결과 〈표 1〉과 한국 성인 남성의 연령별 표준역치변동 적용을 위한 연령 보정표 〈표 2〉는 아래와 같다. 다음 각 물음에 답하시오.

〈표 1〉 한국 성인 남성의 연령별 우측 귀의 청력검사결과

근로자 연령	주파수별 청력역치(dBHL)				
	1,000Hz	2,000Hz	3,000Hz	4,000Hz	6,000Hz
26	10	5	5	10	5
27	0	0	0	5	5
28	0	0	5	10	5
29	5	10	10	15	10
30	5	15	10	20	15
31	5	10	20	15	15
32	5	10	10	25	20

〈표 2〉 한국 성인 남성의 연령별 표준역치변동 적용을 위한 연령 보정표

근로자 연령	청력역치 연령 보정값(dBHL)				
	1,000Hz	2,000Hz	3,000Hz	4,000Hz	6,000Hz
26	7	5	6	5	7
27	7	5	7	6	7
28	7	6	7	6	8
29	8	6	7	7	9
30	8	6	7	7	9
31	8	6	8	8	10
32	8	6	8	8	10
33	8	6	8	9	11
34	8	7	9	9	12
35	9	7	9	10	12

(1) 「표준역치변동」이란 용어에 관하여 설명하시오.
(2) 32세 남성의 표준역치변동값을 구하고 청력평가를 하시오.
(3) 「청력보존프로그램의 시행을 위한 청력평가지침」에 의한 청력평가 후 관리사항에 관하여 5가지를 설명하시오.

02 다음 자료를 보고 답하시오.

목재가구제조업이며, 목재가공, 도장도포 공정을 대상으로 한다. 아래의 작업환경측정 결과표는 목재분진 및 혼합유기화합물에 대한 자료이다. 해당 사업장의 경우 원재료 가공 시 목재분진이 발생하는 「재단, 조립」작업과 혼합유기화합물과 이산화티타늄이 발생하는 「도장」작업이 위험성평가대상이다.

공 정	화학물질명 (상품명)	제조 또는 사용 여부	사용용도	월 취급량	유소견자 발생여부	MSDS 보유 (○, ×)
도장, 도포	유성도료	사용	도색용	120L	–	○
	희석제	사용	도색용	80L	–	○

부서 또는 공정	단위 작업 장소	유해 인자	근로 자수	근로 형태 및 실근로 시간	유해 인자 발생 시간 (주기)	측정 위치 근로 자명	측정시간 (시작–종료)		측정 횟수	측정치	시간가중평 균치(TWA)		노출 기준	측정 농도 평가 결과	측정 방법
											전회	금회			
목재 가공	재단, 조립	목재분진 (적삼목 외, 흡입성)	2	1조 1교대 8시간	480	*1A	9:30	16:38	1	0.65	0.84	0.65	1	미만	40
목재 가공	재단, 조립	목재분진 (적삼목 외, 흡입성)	–	1조 1교대 8시간	480	*2B	9:30	16:38	1	0.87	0.70	0.87	1	미만	40
도장 도포	도장	혼합유기 화합물(EM)	1	1조 1교대 8시간	480	*3C	9:35	16:40	1	0.1953	0	0.1953	1	미만	14
도장 도포	도장	톨루엔	1	1조 1교대 8시간	480	*3C	:	:	1	7.3440	흔적	7.3440	50	미만	–
도장 도포	도장	크실렌 (오르토, 메타, 파라이성체)	1	1조 1교대 8시간	480	*3C	:	:	1	1.5136	불검출	1.5136	100	미만	–
도장 도포	도장	메틸 에틸케톤	1	1조 1교대 8시간	480	*3C	:	:	1	0.5654	불검출	0.5654	200	미만	–
도장 도포	도장	메틸이소 부틸케톤	1	1조 1교대 8시간	480	*3C	:	:	1	0.3728	불검출	0.3728	50	미만	–
도장 도포	도장	에틸 아세테이트	1	1조 1교대 8시간	480	*3C	:	:	1	2.0478	불검출	2.0478	400	미만	–
도장 도포	도장	초산부틸	1	1조 1교대 8시간	480	*3C	:	:	1	2.6835	불검출	2.6835	150	미만	–
도장 도포	도장	이산화 티타늄	1	1조 1교대 8시간	480	*3C	9:35	16:40	1	불검출	0.0001	불검출	10	미만	9

위험성평가대상공정에서 작업하는 근로자 중에서 직업병 유소견자(D1)가 없다. 발암성 변이원성 자료는 다음과 같다.

일련 번호	유해물질의 명칭 (국문표기)	노출기준				비 고
		TWA		STEL		
		ppm	mg/m³	ppm	mg/m³	
200	목재분진(적삼목 외 기타 모든 종)	–	1	–	–	흡입성, 발암성 1A
569	톨루엔	50	188	150	560	생식독성 2
684	헥손(메틸이소부틸케톤)	50	205	75	300	발암성 2
448	이산화티타늄	–	10	–	–	발암성 2
486	초산에틸	400	1,400	–	–	–
219	2-부타논(메틸에틸케톤)	200	590	300	885	–

(1) 위험성을 결정하시오.
(2) 관리수준을 평가하시오.

03 방학을 맞아 학교 실습동에 분포한 석면 해체·제거 계획을 수립하였다. 석면조사 보고서에 명시된 "내화피복재의 해체작업"에 근로자를 종사하도록 하는 경우에 석면 해체·제거 작업 시 조치사항을 설명하시오.

04 극저주파에 의한 근로자의 건강 영향을 설명하시오.

05 물질안전보건자료의 신뢰성평가의 원칙과 일치율평가에 관하여 각각 설명하시오.

06 다음은 「산업안전보건법 시행규칙」에 의한 유해·위험방지계획서 제출대상 기계·기구 및 설비에 관한 사항이다. 구체적인 대상범위에 관하여 설명하시오.
(1) 금속이나 그 밖의 광물의 용해로
(2) 화학설비
(3) 건조설비
(4) 가스집합 용접장치
(5) 허가대상·관리대상 유해물질 및 분진작업 관련 설비

분야	안전관리	자격 종목	산업위생관리기술사	수험 번호		성명	

※ 각 교시마다 시험시간은 100분입니다.

※ 다음 문제 중 10문제를 선택하여 설명하시오. (각 10점)

01 「근골격계 부담작업의 범위 및 유해요인조사 방법에 관한 고시」에 따라 근골격계 부담작업에서 제외되는 단기간 작업과 간헐적인 작업에 대하여 각각 구분하여 설명하시오.

02 「사무실 공기관리지침」에 따라 공기정화시설을 갖춘 사무실에서 준수하여야 할 사무실의 환기기준에 대한 다음 사항을 쓰시오.
   (1) 근로자 1인당 필요한 최소 외기량
   (2) 시간당 환기횟수

03 「산업안전보건법령」상 안전보건관리담당자의 업무 5가지를 쓰시오.

04 「산업안전보건기준에 관한 규칙」에 소음으로 인하여 근로자에게 소음성 난청 등의 건강장해가 발생하였거나 발생할 우려가 있는 경우 사업주의 조치사항 4가지를 쓰시오.

05 「산업안전보건법령」상 고객의 폭언 등으로 인한 건강장해를 예방하기 위한 사업주의 조치사항 4가지를 쓰시오.

06 고용노동부의 산업재해현황분석에 따르면 업무상 질병을 크게 직업병과 작업관련성 질병으로 구분하고 있다. 이를 각각 설명하시오.

07 발암성 물질 등 근로자에게 중대한 건강장해를 유발할 우려가 있는 유해인자는 작업장 내의 그 노출농도를 허용기준 이하로 유지하여야 한다. 이 중 벤젠의 허용기준에 대한 시간가중평균값(TWA)과 단시간 노출값(STEL)을 각각 단위를 포함하여 쓰시오.

08 석면 해체·제거업자는 석면 해체·제거 작업이 완료된 후 해당 작업장의 공기 중 석면농도가 석면농도기준 이하가 되도록 하여야 한다. 단위를 포함하여 석면농도기준을 쓰시오.

09 「화학물질 및 물리적 인자의 노출기준」에서 skin 표시 물질이 의미하는 바를 설명하시오.

10 「산업안전보건기준에 관한 규칙」의 방사선에 의한 건강장해 예방편에서 정의하고 있는 방사선과 방사성 물질에 대하여 각각 구분하여 설명하시오.

11 「산업안전보건법 시행규칙」에 따라 유해성·위험성 평가의 대상이 되는 유해인자의 선정기준 3가지 사항을 쓰시오.

12 「산업안전보건기준에 관한 규칙」에 따른 특별관리물질을 정의하고, 유기화합물에 해당하는 특별관리물질 5가지를 쓰시오.

13 전신피로의 정도를 평가하려면 근로자가 작업을 마친 직후 회복기의 심박수(heart rate, beats/min)를 측정하여 다음과 같은 3가지의 수치를 산출한다. 이를 활용하여 심한 전신피로상태라고 판단하는 기준을 설명하시오.

> - $HR_{30\sim60}$: 작업 종료 후 30~60초 사이의 평균 맥박수
> - $HR_{60\sim90}$: 작업 종료 후 60~90초 사이의 평균 맥박수
> - $HR_{150\sim180}$: 작업 종료 후 150~180초 사이의 평균 맥박수

제2교시

※ 다음 문제 중 4문제를 선택하여 설명하시오. (각 25점)

01 국소배기장치와 관련하여 다음 사항을 설명하시오.
   (1) 헤미온(Hemeon)의 무효점 이론(null point theory)
   (2) 제어속도를 결정하는 4가지 인자

02 작업장 전체환기와 관련하여 다음 사항을 설명하시오.
   (1) 「산업안전보건기준에 관한 규칙」에 따라 단일 성분의 유기화합물이 발생하는 작업장에 전체환기장치를 설치하려는 경우 적용하는 작업시간 1시간당 필요환기량 계산식과 안전계수(K) 1, 2, 3에 대한 각각의 의미
   (2) 산업위생전문가들의 경험을 토대로 안전계수(K)값 결정 시 5가지 고려사항

03 도금사업장의 상부가 개방된 개방조(open surface tank)에 국소배기시설을 설계하려고 한다. 미국산업위생전문가협의회(ACGIH)에서는 슬롯(slot)후드 설치를 권장하고 있는데, 상부 개방조 설계 시 7가지 일반적인 사항을 설명하시오.

04 오염물질 제거를 위해서 덕트에서의 최소속도가 이론치 또는 실험치보다 높아야 하는 이유 5가지를 설명하시오.

05 「산업환기설비에 관한 기술지침」에 따르면 전체환기장치 및 국소배기장치 등 산업환기설비를 설치할 경우 배풍기 또는 송풍기의 설치 위치에 대하여 유의사항을 규정하고 있는데, 그 내용 7가지를 설명하시오.

06 「산업안전보건기준에 관한 규칙」상 근로자가 가스 등에 노출되는 작업을 수행하는 실내작업장에 대한 공기의 부피와 환기의 기준 3가지를 설명하시오.

제3교시

※ 다음 문제 중 4문제를 선택하여 설명하시오. (각 25점)

01 월튼-베케트 눈금자(Walton-Beckett graticule)가 삽입된 위상차 현미경을 이용하여 100시야(field)당 백석면을 분석하였더니 1개로 계수된 섬유가 50개, 0.5개로 계수된 섬유가 30개이다. 여과지 단위면적당 섬유 개수를 계산하시오. (단, 월튼-베케트 눈금자는 원형으로 되어 있고 그 직경이 $100\mu m$이므로 1시야의 면적은 $0.00785mm^2$이다.)

02 작업환경측정의 시료채취는 채취 위치에 따라 개인시료와 지역시료로 구분되며, 지역시료의 경우 어떤 공정의 고정된 위치에서 채취하는 시료이다. 지역시료 측정 결과를 통해서 확인할 수 있는 5가지 사항을 쓰시오.

03 고용노동부장관은 작업환경측정 결과의 정확성과 정밀성을 평가하기 위하여 필요하다고 인정하는 경우에는 신뢰성평가를 할 수 있다. 다음 사항을 설명하시오.
(1) 작업환경측정 신뢰성평가 대상 3가지
(2) 안전보건공단의 작업환경측정 신뢰성평가 방법 또는 절차
(3) 지방고용노동관서장의 조치사항

04 고체 흡착제를 이용하여 시료채취를 할 때 영향을 주는 5가지 인자를 쓰고, 각각 설명하시오.

05 직업적 노출기준(Occupational Exposure Limits, OELs)과 작업환경측정에 대한 다음 사항을 설명하시오.
(1) 「화학물질 및 물리적 인자의 노출기준」에 단시간 노출기준(STEL)이 설정되어 있는 물질과 최고노출기준(Ceiling, C)이 설정되어 있는 물질을 측정하는 경우 각각의 측정시간
(2) 「작업환경측정 및 지정측정기관 평가 등에 관한 고시」에 따라 가스상 물질의 농도평가를 할 때 2회 이상 측정한 단시간노출농도값이 단시간노출기준과 시간가중평균기준값 사이에 있다면 노출기준 초과로 평가해야 하는 3가지 경우

06 공기 중의 입자상 물질을 채취하여 정밀분석하고자 할 때 고려해야 할 다음 사항을 설명하시오.

    (1) 시료량(sample quantity)
    (2) 시료형태(sample configuration)
    (3) 시료회수(sample recovery)
    (4) 공시료에 포함된 불순물

제4교시

※ 다음 문제 중 4문제를 선택하여 설명하시오. (각 25점)

01 「산업안전보건기준에 관한 규칙」상 밀폐공간과 관련하여 다음 사항을 설명하시오.

    (1) 밀폐공간, 유해가스, 적정공기, 산소결핍에 대한 각각의 정의
    (2) 밀폐공간에서 작업을 시작하기 전에 근로자가 안전한 상태에서 작업을 하도록 확인해야 할 6가지 사항
    (3) 근로자가 밀폐공간에서 작업을 하는 경우에 산소결핍이나 유해가스로 인한 질식·화재·폭발 등의 우려가 있는 경우 사업주의 3가지 조치사항
    (4) 밀폐공간 내 작업 시의 조치로서 환기와 보호구 지급 및 착용에 대한 2가지 사항
    (5) 밀폐공간 작업프로그램 수립 및 시행 시 포함되어야 할 5가지 내용

02 「산업안전보건법령」상 안전보건진단과 관련하여 다음 사항을 설명하시오.

    (1) 고용노동부장관이 산업재해 예방을 위하여 종합적인 개선조치를 할 필요가 있다고 인정할 때에는 사업주에게 그 사업장, 시설, 그 밖의 사항에 관한 안전보건개선계획의 수립·시행을 명할 수 있는 3가지 대상 사업장
    (2) 고용노동부장관이 안전·보건진단을 받아 안전보건개선계획을 수립·제출하도록 명할 수 있는 5가지 대상 사업장

03 「산업안전보건법령」상 물질안전보건자료와 관련하여 다음 사항을 설명하시오.

    (1) 사업주가 작업장에서 취급하는 대상화학물질의 물질안전보건자료에서 해당되는 내용을 근로자에게 교육시켜야 하는 3가지 경우
    (2) 사업주가 작업장에서 취급하는 대상화학물질에 대하여 근로자에게 교육시켜야 할 물질안전보건자료에 관한 5가지 교육내용

04 「산업안전보건기준에 관한 규칙」상 분진, 허가대상유해물질, 고열 및 한랭과 관련하여 다음 사항을 설명하시오.

    (1) 근로자가 상시 분진에 노출되는 업무를 수행하는 경우에 분진에 의한 근로자의 건강장해 예방을 위하여 근로자에게 알려야 하는 5가지 사항
    (2) 베릴륨 및 석면을 제외한 허가대상유해물질을 제조·사용하는 경우 사업주가 정해서 근로자에게 알려야 하는 작업수칙 6가지 사항
    (3) 고열장해 예방조치 2가지, 한랭장해의 예방조치 4가지 사항

05 「산업안전보건기준에 관한 규칙」 및 「사무실 공기관리지침」과 관련하여 다음 사항을 설명하시오.

  (1) 빌딩 증후군(sick building syndrome)의 정의, 발생원인 및 예방대책
  (2) 근로자가 건강장해를 호소하는 경우에는 사업주는 해당 사무실의 공기관리상태를 평가하고, 그 결과에 따라
      건강장해 예방을 위해 취해야 할 4가지 조치사항
  (3) 사무실에 대한 용어의 정의
  (4) 미생물로 인한 사무실 공기 오염 방지를 위해 취해야 할 3가지 사업주 조치사항
  (5) 총 부유세균 관리기준의 단위 CFU/m^3에 대한 의미

06 「산업안전보건법령」상 근로자 건강진단과 관련하여 다음 사항을 설명하시오.

  (1) 근로자 건강진단 실시기준에 따라 야간작업에 대한 특수건강진단 건강관리구분 4가지를 쓰고, 건강관리구분
      각각의 내용
  (2) 근로자 건강진단결과의 서류 또는 전산입력자료를 30년간 보존하여야 하는 물질을 3가지 유해물질로 구분하고,
      그 구분에 해당되는 각각 5가지 물질

제120회 국가기술자격 기술사 시험문제

분야	안전관리	자격 종목	산업위생관리기술사	수험 번호		성명	

※ 각 교시마다 시험시간은 100분입니다.

제1교시 ※ 다음 문제 중 10문제를 선택하여 설명하시오. (각 10점)

01 가열응착과 가열탈착에 대하여 설명하시오.

02 열중증의 건강장해를 예방하기 위하여 고열의 위해성을 평가하여야 한다. 평가 시 고려해야 할 사항 8가지를 설명하시오.

03 배치 후 첫 번째 특수건강진단을 1개월 이내에 실시해야 하는 물질 2종과 특수건강진단 주기가 6개월인 물질 7종을 쓰시오.

04 다음의 표에 있어서 석면조사 중 각 균질부분의 종류와 크기에 따른 최소 시료채취 수 ①～⑥항을 쓰시오.

〈표〉

종 류	크 기	최소 시료채취 수
분무재 또는 내화피복재	100m² 미만	(①)
	100m² 이상～500m² 미만	(②)
	500m² 이상	(③)
보온재	2m 미만 또는 1m² 미만	(④)
	2m 이상 또는 1m² 이상	(⑤)
그 밖의 물질	–	(⑥)

05 산업안전보건법상 작업환경측정 신뢰성평가의 대상 3가지 경우를 쓰시오.

06 산업안전보건법상 사업주가 청력보존 프로그램을 수립하여 시행하여야 하는 대상 사업장을 쓰시오.

07 곤충 및 동물매개 감염병의 종류 5가지를 쓰시오.

08 상시근로자 20명 이상 또는 총 공사금액 20억 원 이상의 건설공사에서 사업주가 위험성평가를 실시하여야 하는데 위험성평가 절차 6단계를 쓰시오.

09 사무실공기관리지침상 사무실 환기기준 및 사무실의 공기관리상태 평가방법을 설명하시오.

10 노출기준 설정의 이론적 배경(근거)에는 화학구조의 유사성, 동물실험자료, 인체실험자료, 역학조사자료 등이 이용된다. 이 중 동물실험에서 유해인자에 대한 투여용량과 반응관계에서 얻어진 자료인 NOEL을 설명하시오.

11 여과재 중 헤파필터의 사용 사업장 5개를 쓰고, 헤파필터의 일반적 성능 2가지를 쓰시오.

12 인력운반작업의 작업위험도를 평가하는 도구인 스눅표(Snook table)에 대해 설명하시오.

13 근골격계 부담작업 유해요인 조사방법 중 작업조건조사 3단계를 쓰시오.

제2교시

※ 다음 문제 중 4문제를 선택하여 설명하시오. (각 25점)

01 공기정화장치를 운전하고자 할 때 공통적으로 고려하여야 할 사항 중 시동 시 고려사항과 정지 시 고려사항에 대하여 쓰시오.

02 송풍량이 감소되는 원인으로는 국소배기시스템에서의 압력손실 증가와 송풍기 자체성능 저하를 들 수 있다. 이에 대하여 송풍기 성능곡선과 시스템요구곡선을 이용해 각각 설명하고, 현장에서 발생할 수 있는 구체적인 원인을 7가지씩 기술하시오.

03 국소배기장치에서 스크러버(scrubber) 후단에 Fan을 설치했을 때 다음 사항을 설명하시오.
   (1) Fan의 설치위치에 따른 문제점
   (2) 스크러버(scrubber)의 장·단점

04 오염불실의 비산이 작업자에게 폭로되지 않기 위해 사용되는 헤미온(Hemeon) 비산한계이론과 브란트(Brandt) 제어속노에 대해 설명하시오.

05 환기에는 전체환기와 국소배기로 구분된다. 여기서 전체환기를 적용할 수 있는 7가지와 국소배기 적용 시 환기효과를 향상시키기 위한 기본원칙 7가지를 쓰시오.

06 자동차부품 공장에서 페인트, 시너(톨루엔 등 혼합유기화합물 함유) 등을 사용하는 도장작업장에 근로자의 직업병 예방을 위하여 국소배기장치를 설치하고자 한다. 아래 항목에 대하여 각각 설명하시오.

　(1) 국소배기장치의 설계순서를 기술하시오.
　(2) 공기정화장치에 가장 적합한 형식과 이유를 쓰시오.

제3교시

※ 다음 문제 중 4문제를 선택하여 설명하시오. (각 25점)

01 작업환경측정 시료 채취방법 중 개인시료 채취와 지역시료 채취의 정의를 각각 쓰고, 지역시료의 적용 목적을 설명하시오.

02 생물학적 모니터링 장·단점 및 한계점을 기술하시오.

03 검량선 작성을 위한 표준용액 조제방법을 설명하시오.

04 작업환경측정 시료분석 시 회수율 실험을 위한 시료 제조방법에 대하여 설명하고, 본 실험 수행 전 정도관리의 일환으로 실시하는 이유에 대해 기술하시오.

05 흡착은 크게 물리적 흡착과 화학적 흡착으로 구분할 수 있다. 작업환경측정에서 가스상 물질의 시료 채취에 사용되는 활성탄의 흡착원리를 설명하고, 흡착과정을 3단계로 나누어 기술하시오.

06 자동차 전착 도장작업 시에 도료(페인트), 희석제(시너) 등을 사용하며, 도료 및 시너에는 톨루엔(20%), 메틸에틸케톤(10%), 아세톤(10%), 크실렌(10%), 에틸벤젠(10%), 이소프로필알코올(10%), 메탄올(5%), 도료에 이산화티타늄(10%)이 함유되어 있다. 위와 같을 경우 작업환경측정을 실시하고자 할 때 다음 사항에 대하여 설명하시오.

　(1) 함께 측정이 가능한 물질과 사용되는 포집재
　(2) 함유물질의 각 인자별 전처리 방법

제4교시

※ 다음 문제 중 4문제를 선택하여 설명하시오. (각 25점)

01 고열로 인한 스트레스 평가지수 5가지와 한랭작업에서 동상 예방을 위한 조치사항 4가지를 쓰시오.

02 산업장에서 광범위하게 사용되는 메틸알코올(Methyl alcohol)에 대하여 다음 사항을 설명하시오.
    (1) 물리, 화학적 특성
    (2) 체내 흡수경로 및 대사과정
    (3) 독성 및 중독 증상
    (4) 급성중독사고의 예방조치 방안

03 산업장 내 근골격계 질환 예방을 위하여 인체측정치를 이용한 작업환경 개선의 응용원칙 3가지를 설명하시오.

04 산업안전보건법상 특별관리물질에 대하여 아래 항목에 대하여 각각 설명하시오.
    (1) 특별관리물질 정의
    (2) 특별관리물질 중 유기화합물 5가지, 금속류 3가지
    (3) 사업주가 특별관리물질 취급공정에 취해야 하는 고지내용 및 방법

05 영상표시단말기(VDT) 취급근로자의 경견완증후군에 대해 설명하고, 작업관리지침에 의거 사업주가 제공하여야 할 영상표시단말기 화면의 성능기준을 작성하시오.

06 산업안전보건법 개정에 따른 도급금지 및 도급승인 제도 중 도급승인 대상 작업을 설명하고, 도급승인 절차 중 종합평가 (안전보건평가) 항목에 대하여 설명하시오.

분야	안전관리	자격 종목	산업위생관리기술사	수험 번호		성명	

※ 각 교시마다 시험시간은 100분입니다.

※ 다음 문제 중 10문제를 선택하여 설명하시오. (각 10점)

01 충진탑의 채널링(channeling)현상과 발생원인에 대하여 설명하시오.

02 국소배기장치 내로 흡인된 유해물질을 덕트로 이송 후, 대기 중으로 배출하게 될 때 공기정화장치(air cleaning devices)를 반드시 설치해야 하는 경우 4가지를 설명하시오.

03 다음 국소배기장치에 대한 용어를 설명하시오.
  (1) Take off
  (2) 테이퍼(taper, 경사 접합부)

04 근로자 건강진단에 관한 「근로자 폐활량 검사 및 판정에 관한 기술지침」에서 사용하는 용어를 설명하시오.
  (1) 노력성 폐활량(Forced Vital Capacity, FVC)
  (2) 일초간 노력성날숨 폐활량(일초량, Forced Expiratory Volume in one second, FEV_1)
  (3) 정상의 아래 한계치(Lower Limit of Normal; LLN)

05 실내에 용해로가 설치된 작업장에 대하여 열사병 등 열중증 예방을 위한 고열작업대책을 수립하고자 한다. 「고열작업환경관리지침」상 작업관리사항 6가지를 설명하시오.

06 「산업안전보건기준에 관한 규칙」상 특별관리물질에 대하여 다음을 설명하시오.
  (1) 특별관리물질의 정의
  (2) 정기적 및 측정결과 노출기준 초과 시 작업환경측정 주기 및 횟수
  (3) 사업주가 특별관리물질 취급 시 관리대상 유해물질과 달리 작업장 내 조치하여야 할 사항 3가지

07 「산업안전보건기준에 관한 규칙」상 밀폐공간 작업에 대한 관리감독자의 유해·위험방지업무에 대하여 4가지를 설명하시오.

08 소음에 대한 작업환경 측정 시 1일 작업시간이 8시간을 초과하는 경우에 사용하는 보정노출기준 계산식을 쓰고, 1일 작업시간이 10시간인 경우 보정노출기준을 계산하시오. (단, 소수 둘째자리에서 반올림할 것)

09 「사무실공기관리지침」과 관련하여 다음을 설명하시오.
　(1) 오염물질관리기준이 정해진 물질 5가지
　(2) 시료 채취 및 측정 지점

10 「작업환경 측정 및 정도관리 등에 관한 고시」에서 원자흡광광도법(AAS)으로 분석할 수 있는 유해인자 10가지를 설명하시오.

11 「산업안전보건법 시행규칙」에 관한 다음을 설명하시오.
　(1) "질병자의 근로금지"에 해당하는 사항 3가지
　(2) 2020. 7. 1. 이후 적용되는 톨루엔에 대한 특수건강진단 제1차 검사항목 중 생물학적 노출지표 검사항목

12 호흡작용 중 "세포 내 호흡"을 설명하고, "세포 내 호흡"의 방해작용을 하는 경우 3가지를 설명하시오.

13 「산업안전보건법 시행령」에서 안전인증을 받아야 할 보호구의 종류 10가지를 설명하시오.

　※ 다음 문제 중 4문제를 선택하여 설명하시오. (각 25점)

01 다음은 송풍기에서 발생하는 특이현상에 관한 사항이다. 다음을 설명하시오.
　(1) 서징(surging)현상과 방지대책 5가지
　(2) 선회실속(rotating stall)현상

02 국소배기시설의 보충용 공기 공급 시 고려사항 5가지와 배기공기 재순환시설 설계 시 고려사항 5가지를 각각 설명하시오.

03 「밀폐공간작업 프로그램 수립 및 시행에 관한 기술지침」상 폐수가 담겨있던 집수조(가로 10m, 세로 10m, 높이 3m) 내부를 청소하고자 한다. 다음을 설명하시오.
　(1) 작업시작 전 및 작업 중 환기기준
　(2) 환기팬 정압 및 송풍관 길이 등 환기장치 선정기준
　(3) 작업 중 최소 필요 환기량에 적합한 환기팬 유량 계산(환기팬 효율은 80%로 가정)

04 「화학물질의 분류·표시 및 물질안전보건자료에 관한 기준」상 혼합물의 분류방법으로 가교원리를 적용하여 분류가 가능할 경우에 다음을 설명하시오.

  (1) 희석

  (2) 배치(batch)

  (3) 농축

  (4) 내삽

05 「공기 중 제조나노물질의 노출평가에 대한 기술지침(KOSHA GUIDE W-24-2017)」에서 말하는 제조나노물질의 정의와 제조나노물질 노출 가능성이 있는 작업 5가지를 설명하시오.

06 방사선 업무에 관한 다음을 설명하시오.

  (1) "방사선 업무에 관계되는 작업" 근로자에 대한 특별교육 내용 4가지

  (2) 「비파괴 작업근로자의 방사선 노출 관리지침(KOSHA GUIDE H-155-2019)」상 방사선 안전의 3대 원칙과 방사선 관리구역 내 게시사항 3가지

제3교시

※ 다음 문제 중 4문제를 선택하여 설명하시오. (각 25점)

01 그림과 같이 합류관에서 합류점의 정압은 $-60mmH_2O$로 서로 균형을 이루고 있다. 분지관 ①의 유량은 $20m^3/min$, 속도압은 $19mmH_2O$이고 분지관 ②의 유량은 $16m^3/min$, 속도압은 $30mmH_2O$이다. 합류관 ③의 직경이 170mm $(0.0227m^2)$일 때 합류관의 정압을 계산하시오.

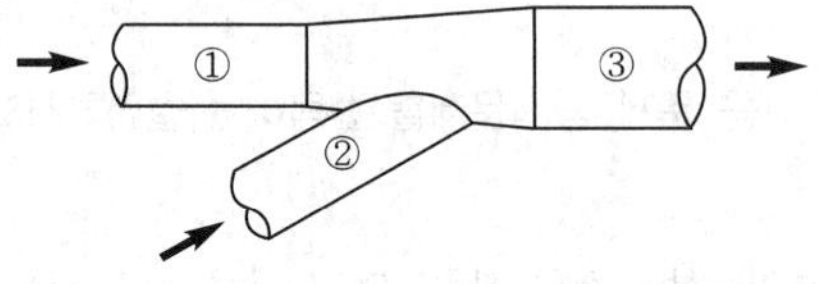

〈그림〉 합류점에서의 유속 변화

02 국소환기시설 설계 시 온도, 습도, 고도에 대한 보정이 필요 없는 조건과 필요한 조건에 대하여 각각 설명하시오.

03 「제조업 등 유해위험방지계획서 제출·심사·확인에 관한 고시」상 국소배기장치를 설치하고자 유해위험방지계획서를 작성할 때 제출하여야 할 서류 중 다음 서식에 포함되는 사항을 설명하시오.

  (1) 공정 설명서 및 흐름도에 관한 5가지 사항

  (2) 방폭 전기/계장 기계·기구 선정기준에 관한 2가지 사항

  (3) 유해·위험물질 목록에 관한 5가지 사항

  (4) 환기장치 개요에 관한 5가지 사항

04 NIOSH의 직무스트레스에 대해서 설명하시오.

(1) 직무스트레스의 정의
(2) 직무스트레스의 요인 5가지
(3) 「산업안전보건기준에 관한 규칙」에서 정한 직무스트레스에 의한 건강장해 예방을 위한 조치사항 6가지

05 검지관으로 오염물질 농도를 결정하는 방법 2가지와 검지관 사용의 장점과 단점 각각 5가지씩 설명하시오.

06 최근 2019년 12월 24일 「황산에 대한 작업환경측정 · 분석 지침(KOSHA GUIDE A-179-2019)」이 변경되었다. 다음을 설명하시오.

(1) 시료 채취방법
(2) 시료 전처리방법
(3) 분석방법

제4교시   ※ 다음 문제 중 4문제를 선택하여 설명하시오. (각 25점)

01 「산업안전보건기준에 관한 규칙」과 관련하여 분진작업장소에 대하여 다음을 설명하시오.

(1) 회전체가 있는 설비의 후드 설치방법(3가지)에 따른 제어풍속을 각각 설명하시오.
(2) 회전체가 없는 설비의 분진작업장소(4가지) 및 후드형식에 따른 제어풍속을 각각 설명하시오.
(3) 회전체가 없는 분진작업장소에 대한 제어풍속 측정위치를 설명하시오.
(4) 「산업안전보건법 시행규칙」상 작업환경측정 대상 유해인자 분진 7종 중에서 광물성 분진에 해당하는 "규산"
   및 "규산염"을 각각 쓰시오.

02 기체 크로마토그래피 및 고속 액체 크로마토그래피에 대하여 다음을 설명하시오.

(1) 공통적 특징 5가지
(2) 각각의 특징 5가지
(3) 이동상 선택 시 고려사항에 대하여 각각 5가지

03 작업장 크기는 20m×15m×5m이고, 개선 전 바닥, 벽체 및 천장부의 평균 흡음률은 각각 0.02, 0.03와 0.10인 프레스
가공공장 내의 소음대책으로 다공질 재료인 유리섬유로 흡음매트(평균 흡음률은 0.42) 공법을 작업장 벽체와 천장부에
적용하였다. 다음에 대하여 설명하시오.

(1) 잔향시간(R_T : Reverberation Time) 정의를 설명하시오.
(2) 개선 전/개선 후 잔향시간 비를 구하시오.
(3) 실내소음감쇠량(NR : Noise Reduction)을 구하시오.
   (단, 단위는 dB, 소수 둘째자리에서 반올림할 것)

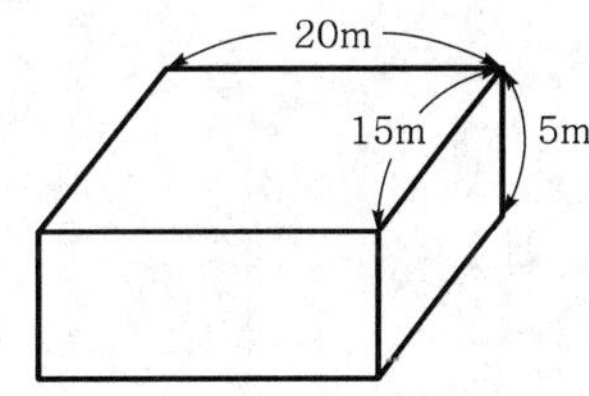

04 도금사업장 개방조(Open Surface Tank)에 국소배기장치를 설치하고자 한다. 미국산업위생전문가협의회(ACGIH)에서 권장하는 개방조의 제어거리에 따른 후드의 구조와 설치위치를 제어거리 4개로 구분하여 설명하시오. (단, 제어거리는 후드의 개구면에서 가장 먼 거리에 있는 개방조의 가장자리까지의 거리이다.)

05 「화학물질의 분류·표시 및 물질안전보건자료에 관한 기준」상 급성독성물질에 대하여 다음을 설명하시오.
(1) 급성독성 정의
(2) 단일물질에 대한 급성독성 추정값(ATE)에 따른 독성물질 구분 1의 분류기준(경구, 경피, 흡입 구분)
(3) 「산업안전보건기준에 관한 규칙」상 급성독성을 일으키는 물질임을 작업 전 근로자에게 주지하여야 하는 물질 6가지

06 「사업장 근골격계 질환 예방관리 프로그램(KOSHA GUIDE H-65-2012)」에 대하여 다음을 설명하시오.
(1) 예방·관리추진팀에 참여하는 자를 대상으로 실시하는 교육내용 5가지
(2) 유해요인 개선방법 중 관리적 개선사항 5가지
(3) 예방관리 프로그램과 관련하여 기록과 보존해야 할 사항 4가지

제123회 국가기술자격 기술사 시험문제

분야	안전관리	자격 종목	산업위생관리기술사	수험 번호		성명	

※ 각 교시마다 시험시간은 100분입니다.

※ 다음 문제 중 10문제를 선택하여 설명하시오. (각 10점)

01 공시료의 목적과 일반적으로 가장 많이 쓰이고 있는 고체포집용 흡착관의 2가지 종류에 대한 흡착매체의 사용특성을 설명하시오.

02 「산업안전보건법」상 고객의 폭언 등으로 인하여 고객응대 근로자에게 건강장해가 발생하거나, 발생할 현저한 우려가 있는 경우 사업주의 필요한 조치사항 4가지를 쓰시오.

03 「직장에서의 뇌·심혈관계질환 예방을 위한 발병위험도평가 및 사후관리 지침」에 의하면 사업주는 근로자들에게 정기적으로 뇌·심혈관질환 교육과 상담을 실시해야 한다. 보건교육과 상담내용을 4가지 쓰시오.

04 청력보호구 중 1종 귀마개(EP-1)와 2종 귀마개(EP-2)의 성능을 구분하여 설명하시오.

05 「산업안전보건기준에 관한 규칙」상 사업주가 허가대상 유해물질을 제조하거나 사용하는 작업장에서 보기 쉬운 장소에 게시하여야 할 사항 5가지를 쓰시오.

06 소음성 난청과 노인성 난청의 차이에 대하여 설명하시오.

07 공기의 이동은 두 지점 사이의 압력 차이에 의해서 발생한다. 다음의 용어에 대하여 설명하시오.
   (1) 속도압
   (2) 정압
   (3) 전압

08 자연환기는 열이 발생하는 용해공정이나 타이어공정 및 유리 가공공정 등에 적합한 환기방식이다. 자연환기의 효율을 제고하는 방안에 대하여 설명하시오.

09 「산업안전보건기준에 관한 규칙」상 전체 환기장치가 설치된 유기화합물 취급작업장 중에서 밀폐설비나 국소배기장치를 설치하지 않을 수 있는 유기화합물의 설비특례요건에 대하여 설명하시오.

10 「산업안전보건기준에 관한 규칙」상 '소음작업' 및 '충격 소음작업'에 대한 정의를 각각 쓰시오.

11 허용농도가 50ppm인 유해물질을 취급하는 작업장에서 하루에 10시간 작업을 한다고 하면 보정된 허용농도는 얼마로 하여야 하는지 구하시오.

12 근골격계 부담작업 유해요인 조사에서 제외되는 작업인 단기간작업 및 간헐적인 작업에 대하여 설명하시오.

13 작업환경 중에 존재하는 두 가지 이상의 유해물질이 인체에 대하여 동시에 상호작용하는 현상에 대하여 설명하시오.
   (1) 상가작용
   (2) 상승작용
   (3) 가승작용
   (4) 상쇄작용

제2교시

※ 다음 문제 중 4문제를 선택하여 설명하시오. (각 25점)

01 전체환기의 시설을 적용하고자 할 때의 기본원칙과 적용조건에 대하여 설명하시오.

02 국소배기설비에 있어 송풍기는 동력을 전달하여 공기의 흐름을 원활하게 하는 장치이다. 다음 각 물음에 답하시오.
   (1) 송풍기 설치 및 관리 시 주의사항
   (2) 송풍기 풍량 조절법

03 석면 해체 · 제거 작업 시 사용하는 장비 중 음압기에 대하여 다음을 설명하시오.
   (1) 음압기 개요
   (2) 음압기 규격
   (3) 음압기 필터
   (4) 이동 시 비산방지장치의 설치
   (5) 음압기 사용방법
   (6) 필터 교체방법

04 제조업 등 유해·위험방지계획서 제출대상인 국소배기장치 설계 시 필요한 아래 내용을 설명하시오.

    (1) 후드의 설치기준
    (2) 덕트의 설치기준
    (3) 공기정화장치의 설치기준
    (4) 최종 배기구의 설치기준

05 국소배기장치 점검 시 검사항목에 대하여 검사방법 및 판정기준을 설명하시오.

06 분진(입자상 물질)은 입자 크기와 성분에 따라 인체에 미치는 건강상의 영향이 다르다. 흡입성 분진을 측정하기 위한 시료 포집에 대하여 다음 각 물음에 답하시오.

    (1) 공기 중 입자상 물질이 여과지에 채취되는 기전에 대하여 3가지를 설명하시오.
    (2) 여과지 매체 선택 시 채취효율과 관련하여 고려해야 할 일반적인 사항 5가지를 설명하시오.

제3교시

※ 다음 문제 중 4문제를 선택하여 설명하시오. (각 25점)

01 작업환경측정 시 적용되는 허용기준의 종류에 관한 사항이다. 다음 각 물음에 답하시오.

    (1) 다음 물질에 관한 시간가중평균값(TLV-TWA, Time-Weighted Average) 및 단시간 노출값(TLV-STEL, Short-Term Exposure Limit)에 대하여 빈칸(① ~ ⑥)을 채우시오.

유해인자		허용기준			
		시간가중평균값(TWA)		단시간노출값(STEL)	
		ppm	mg/m³	ppm	mg/m³
6가크롬화합물 (Chromium VI compounds)	불용성		(①)		
	수용성		(②)		
톨루엔(Toluene)		(③)		(④)	
황산(Sulfuric acid)			(⑤)		(⑥)

    (2) 단시간 노출값에 대하여 설명하시오.
    (3) 최고노출기준(TLV-C, Ceiling)에 대하여 설명하시오.

02 호흡보호구 선정 시 착용자의 얼굴에 맞는 개인보호구를 선정하고 오염물질의 누설여부를 판단하기 위하여 밀착도 검사를 시행해야 한다. 다음 검사방법에 대하여 설명하시오.

    (1) 정성적 밀착도 검사(QLFT)
    (2) 정량적 밀착도 검사(QNFT)
    (3) 밀착도 자가점검

03 주물을 생산하는 사상공정의 금속 절단공정에서 근무하는 작업자의 시간대별 소음을 측정한 결과가 다음과 같다.

측정시간	소음 노출수준(dB(A))	비고
09:00~12:00	90	
12:00~13:00	–	점심시간
13:00~15:00	95	
15:00~17:00	90	
17:00~18:00	85	

다음 각 물음에 답하시오.

(1) 해당 작업자의 하루 8시간 소음에 노출된 누적 노출지수(%)를 구하시오.
(2) TWA(Time-Weighted Average) 값을 구하시오.
(3) 해당 공정 소음발생에 대한 평가의견과 관리대책에 대하여 설명하시오.

04 작업장의 유기용제(방향족 탄화수소 중심) 노출수준을 측정하고자 활성탄 흡착 후 가스크로마토그래피 기기를 사용하기 위해 검량선을 작성하고자 한다. 검량선의 작성 시 주의점을 설명하시오.

05 「한랭작업환경 관리지침」상 사용하는 다음의 용어에 대해 설명하시오.

(1) 등가냉각온도
(2) 작업대사율
(3) Clo(Clothing and Thermal Insulation)

06 자동차부품을 생산하는 작업장에서 작업환경 측정결과를 토대로 도장공정에 대한 위험성을 평가하고 이에 대한 감소대책을 수립·실행하려고 한다. 작업환경 측정결과 노출기준 초과공정에 대한 작업환경 개선대책을 수립·실행하려고 할 때 검토하여야 하는 4가지 사항을 설명하시오.

제4교시

※ 다음 문제 중 4문제를 선택하여 설명하시오. (각 25점)

01 근로자 건강증진사업의 추진을 위하여 건강증진 활동계획을 수립하고자 한다. 건강증진 활동계획 수립에 있어 필요한 절차 7단계를 설명하시오.

02 코로나19 백신 및 치료제가 개발 중인 시점에서 고용노동부 지침에 의거 사업장 내에서 코로나19 예방 및 확산 방지를 위한 사회적 거리두기 방안을 설명하시오.

03 폐지압축기로 파지류를 이송하는 컨베이어의 하부에 위치한 피트(Pit) 내부에서 부패된 파지류 잔재물을 청소하던 작업자가 황화수소 중독으로 쓰러지자, 이를 구조하기 위해 동료 근로자가 피트 내부에 들어갔다가 사망하는 재해가 발생하였다. 재해의 발생원인과 예방대책을 설명하시오.

04 배기장치를 설계할 때 총압력손실을 계산하는 주요 이유와 2가지 계산법에 대하여 설명하시오.

05 근골격계부담작업 유해요인 조사 시 반드시 포함되어 조사하여야 할 사항 3가지와 근골격계부담작업 11가지 중 6가지만 설명하시오.

06 근로자에 대한 위험 또는 건강장해를 방지하기 위하여 실시하는 위험성평가의 추진절차 6단계를 설명하시오.

제125회 국가기술자격 기술사 시험문제

분야	안전관리	자격 종목	산업위생관리기술사	수험 번호		성명	

※ 각 교시마다 시험시간은 100분입니다.

제1교시　　　※ 다음 문제 중 10문제를 선택하여 설명하시오. (각 10점)

01 다음에 해당하는 용어를 각각 쓰시오.
- (1) 부드러운 여과지 한 장을 대표적인 유형의 표면에 약간의 압력으로 닦아내는 방식으로서 "번짐" 샘플이라고도 함
- (2) 건축물의 신축이나 개·보수한 건물에 대해 실내공기의 온도를 높여 주어 건축자재나 마감재료에서 방출되는 유해오염물질의 발생량을 일시적으로 증가시킨 후 환기장치를 가동하여 이를 제거하는 방법

02 개정된 「근로자 건강진단 실무지침(2020)」은 유해인자별 특수건강진단·배치전건강진단·수시건강진단 1차 검사항목인 생물학적 노출지표가 추가되거나 변경되었다. 다음 빈칸을 채우시오.
- (1) 생물학적 노출지표가 추가된 2가지 유해물질명은 (　①　)과 (　②　)이다.
- (2) 톨루엔의 생물학적 노출지표는 2020년 7월 1일부터 요중 마뇨산에서 (　③　)로 변경되었다.

03 「옥외작업자를 위한 미세먼지 대응 건강보호가이드(고용노동부, 2019. 1.)」상 PM 2.5(초미세먼지)와 PM 10(미세먼지)의 기준(단위 포함)을 쓰시오.

구 분	미세먼지(PM 10)	초미세먼지(PM 2.5)
미세먼지 주의보	(　①　)	(　②　)
미세먼지 경보	(　③　)	(　④　)

04 A사업장의 사상공정에서 소음이 93dB(A)로 발생되고 있다. 다음 물음에 답하시오.
- (1) 우리나라 소음의 노출기준을 적용하여 노출될 수 있는 시간(관계식 포함)을 쓰시오.
- (2) 미국정부산업위생전문가협의회(ACGIH)의 노출기준을 적용하여 노출될 수 있는 시간(관계식 포함)을 쓰시오.

05 작업장의 온도가 27.9℃인 주물공장에서 작업자가 조형틀에 모래를 넣기 위해 반복적으로 삽질 작업을 하고 있을 때 작업시간과 휴식시간을 배분하여 각각 설명하시오.

06 「화학물질 및 물리적 인자의 노출기준」에서 발암성1A이면서 생식독성1B에 해당하는 화학물질을 2가지 쓰시오.

07 근로자에 대한 건강진단결과의 서류에 있어서 사업주가 30년간 보존하도록 고용노동부장관이 정하여 고시하는 물질은 3가지이다. 이 중 ① 「산업안전보건기준에 관한 규칙」에 따른 관리대상 유해물질 중 특별관리물질을 제외한 2가지 및 ② 「산업안전보건기준에 관한 규칙」에 따른 관리대상 유해물질 중 특별관리물질에 속하는 금속류 6종을 쓰시오.

08 국소배기장치에서 후드 설계 시 발생할 수 있는 일반적인 오류 2가지에 대하여 설명하시오.

09 「작업환경측정 및 정도관리 등에 관한 고시(고용노동부고시 제2020-44호)」에 의하여 1일 작업시간이 8시간을 초과하는 경우에 입자상물질과 소음의 보정노출기준 계산식을 각각 쓰시오.

10 「산업안전보건기준에 관한 규칙」에서 관리대상 유해물질 관련 국소배기장치 후드의 제어풍속이다. 빈칸에 맞는 제어풍속을 쓰시오.

　(1) 가스 상태의 포위식 포위형 후드　　（　）(m/s)
　(2) 가스 상태의 외부식 하방흡인형 후드 （　）(m/s)
　(3) 가스 상태의 외부식 상방흡인형 후드 （　）(m/s)
　(4) 입자 상태의 포위식 포위형 후드　　（　）(m/s)
　(5) 입자 상태의 외부식 상방흡인형 후드 （　）(m/s)

11 「산업안전보건법 시행규칙」 작업환경측정대상 유해인자로서 고용노동부고시 「화학물질 및 물리적 인자의 노출기준」에 의해 ① 노출기준이 TWA에 설정되어 있고 STEL에도 Ceiling 값으로 설정되어 있는 유해물질과 ② STEL에 Ceiling 값으로 설정되어 있는 유해물질 중 5가지를 쓰시오.

12 근골격계부담작업 11가지 중 "하루에 총 2시간 이상 지지되지 않은 상태에서 4.5kg 이상의 물건을 한손으로 들거나 동일한 힘으로 쥐는 작업을 하는 경우"에 해당되는 평가방법(도구)을 쓰시오.

13 2020년 10월 8일 개정된 「질산에 대한 작업환경측정·분석지침((KOSHA GUIDE A-185-2020)」은 다음과 같을 때 빈칸을 채우시오.

> 시료채취매체 중 Pre-filter는 （ ① ）이며, Sampling filter는 1M Na_2CO_3 500μL를 주입한 （ ① ）를 사용한다. 이때, 사용되는 Sampling filter 대신 사용 가능한 흡착튜브는 （ ② ）이다.

제2교시

※ 다음 문제 중 4문제를 선택하여 설명하시오. (각 25점)

01 국소배기장치의 송풍기는 회전체이므로 진동이 발생한다. 진동을 차단하기 위하여 연결하는 캔버스의 종류별 특징 6가지와 설치 시 유의사항 4가지를 설명하시오.

02 「산업안전보건기준에 관한 규칙」에서 사업주가 단일 성분의 유기화합물이 발생하는 작업장에 전체환기장치를 설치하려는 경우, 다음 각 물음에 답하시오.

  (1) 작업장의 평균온도는 26℃, 1기압이고, 시간당 필요환기량 단위는 m^3/hr이며, 유해물질의 시간당 사용량의 단위가 L/hr일 때, 1시간당 필요한 환기량의 계산식을 쓰시오.

  (2) 혼합조건에 따른 안전계수(K)를 3가지 경우로 나누어 설명하시오.

  (3) 유기혼합물질이 발생하는 작업장에서 상가작용이 있는 경우와 없는 경우를 구분하여 설명하시오.

03 국소배기장치의 덕트 재료에 대하여 설명하시오.

  (1) 유기화합물

  (2) 산류

  (3) 알칼리류

  (4) 마모 우려의 입자 및 고온가스

  (5) 전리방사선 물질

04 국소배기장치의 후드 개구면 속도를 균일하게 분포시키는 방법 4가지를 설명하시오.

05 「사무실공기질 관리지침(2020.1.15. 고용노동부 고시 제2020-45호)」에 대한 다음 물음에 답하시오.

  (1) 추가된 오염물질 3가지와 관리기준 및 측정횟수(측정시기), 시료채취시간을 각각 쓰시오.

  (2) 실내공기질 측정 시 HCHO(Formaldehyde)의 측정횟수(측정시기), 시료채취시간, 시료채취방법, 분석방법을 설명하고, DNPH(Dinitrophenylhydrazine) 유도체의 발생기전을 화학식으로 설명하시오.

06 산화에틸렌(C_2H_4O, 비중 0.887kg/L)을 취급하는 아래와 같은 조건의 중앙공급실에서 누출사고가 일어났다고 가정할 때 다음 물음에 답하시오.

> • 22℃, 1기압
> • 산화에틸렌 누출량 : 170g
> • OSHA 노출기준(STEL) : 5ppm
> • 안전계수(K)=2
> • 작업장 체적 : 138m^3

> 〈관계식〉
>
> $$Q' = \frac{Q}{C}, \quad \ln\frac{G-Q'C_2}{G-Q'C_1} = -\frac{Q'}{V}\Delta t, \quad \ln\frac{C_2}{C_1} = -\frac{Q'}{V}\Delta t$$

  (1) 중앙공급실 내 초기 확산농도(ppm)를 구하시오.

  (2) 30분 후 5ppm까지 떨어지는 이론적인 필요환기량(m^3/min)을 구하시오.

 ※ 다음 문제 중 4문제를 선택하여 설명하시오. (각 25점)

01 아래 도표는 단순음의 주파수(Hz)와 강도(dB)에 따른 음의 감각적 척도인 음향을 나타낸다. 도표를 참고하여 다음 각 물음에 답하시오. (단, dB＝20log$_{10}$(P_1/P_2), Sone값＝2$^{(phon값-40)/10}$)

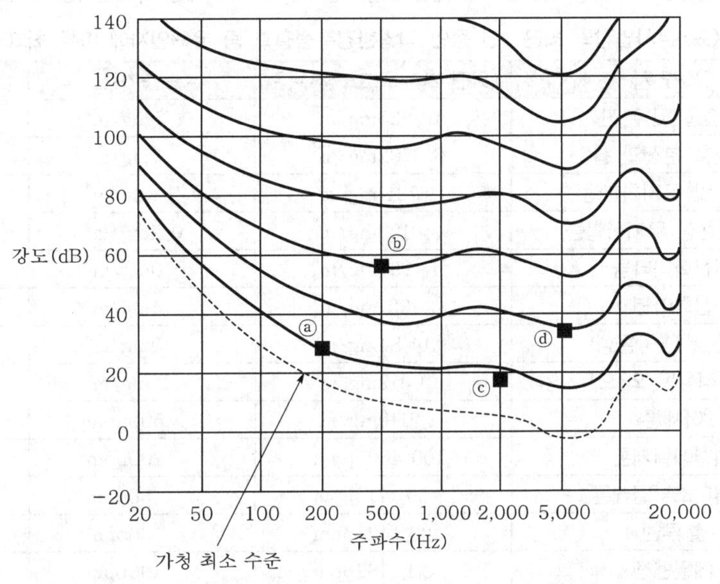

(1) 음의 감각적 척도인 음량 phon과 sone에 대하여 설명하시오.
(2) 도표에서 음의 높이가 가장 높은 음은 (①)이고, 이 음은 (②)phon, (③)sone이다.
(3) 도표에서 4,000Hz넘는 고주파음은 (④)이고, ⓒ음은 ⓑ음보다 (⑤)옥타브 높은음이다.
(4) 소음계로 소음을 측정할 때 사용하는 A, B, C 특성치를 인간의 등감곡선(equalloudness contours)에서 각 특성치는 각각 몇 phon에 해당하는지를 쓰시오.
(5) 86dB인 음과 96dB인 음을 합한 음의 강도(dB)를 구하시오.

02 작업장에는 각종 금속류 및 유기화합물질에 근로자가 노출된다. 아래 물음에 답하시오.
(1) 작업환경측정 시 발생되는 용접흄의 발생기전 3단계와 금속열의 정의 및 원인물질 2가지에 대하여 각각 설명하시오.
(2) 유해물질이 활성탄에 흡착되는 흡착과정 3단계를 쓰고, 반데르발스 힘(van der Waals force)을 설명하시오.

03 작업장에서 발생되는 작업장의 라돈을 측정하고자 한다. 다음 물음에 답하시오.
(1) 측정대상 장소 2가지를 쓰시오.
(2) 예비조사 3가지를 설명하시오.
(3) 측정방법을 2가지 쓰고 각 측정방법에 따른 측정기기를 2가지씩 쓰시오.
(4) 측정 시 유의사항 4가지를 설명하시오.

04 크로마토그래피에서 띠 넓어짐 현상과 띠 분리에 영향을 주는 인자를 각각 5가지 쓰시오.

05 「안전검사 절차에 관한 고시(고용노동부고시 제2020-42호)」에 따라 유해물질(49종)에 따른 건강장해를 예방하기 위하여 설치한 국소배기장치는 안전검사를 받도록 규정하고 있다. A사업장(표)의 유해인자 및 측정결과를 참고하여 ① 국소배기장치에 대한 안전검사대상 유해인자와 ② 안전검사를 실시할 의무가 있는 유해인자를 각각 모두 쓰시오.

〈표〉 A사업장의 최근 2년 동안 작업환경측정결과 중 유해인자에 따른 최고노출수준

유해인자	최근 2년 최고노출수준	노출기준	평 가
용접흄 및 분진	$10.235mg/m^3$	$5mg/m^3$	초과
산화철 분진과 흄	$6.0702mg/m^3$	$5mg/m^3$	초과
망간 및 무기화합물	$1.2211mg/m^3$	$1mg/m^3$	초과
니켈(불용성 무기화합물)	$0.0123mg/m^3$	$0.2mg/m^3$	미만
이산화티타늄	$1.1987mg/m^3$	$10mg/m^3$	미만
산화아연	$4.1021mg/m^3$	$5mg/m^3$	미만
기타 분진(광물성)	$14.84mg/m^3$	$10mg/m^3$	초과
목재분진(적삼목 외 모든 종)	$2.812mg/m^3$	$1mg/m^3$	초과
아세톤	$1.2119mg/m^3$	500ppm	미만
메틸에틸케톤	100.4607ppm	200ppm	미만
메틸이소부틸케톤	69.1713ppm	50ppm	초과
톨루엔	20.1425ppm	50ppm	미만
에틸벤젠	111.1132ppm	100ppm	초과
크실렌	152.0262ppm	100ppm	초과
스티렌	12.3911ppm	20ppm	미만
이소프로필알코올	216.9244ppm	200ppm	초과
n-헥산	0.3116ppm	50ppm	미만

06 자동차 생산공정에 대하여 다음 각 물음에 답하시오.
(1) 도장공장에서 매일 이루어지는 작업으로 작업자가 단시간 노출(급성중독) 우려가 있는 작업공정 두 가지를 쓰고 작업내용을 설명하시오.
(2) 소음이 발생되는 조립공장에서 귀마개 대신 골전도 이어폰을 착용하고 음악 등을 들으며 근무하는 근로자가 점점 늘고 있다. 골전도 이어폰의 사용에 의한 소음성 난청 발생 가능성 여부와 그 이유를 설명하시오.

제4교시

※ 다음 문제 중 4문제를 선택하여 설명하시오. (각 25점)

01 「산업안전보건기준에 관한 규칙」상 명시되어 있는 직무스트레스에 의한 건강장해 예방조치에 대해 다음을 설명하시오.
(1) 직무스트레스(신체적 피로와 정신적 스트레스 등)가 높은 작업 4가지를 쓰시오.
(2) 직무스트레스 높은 작업에 근로자가 종사할 경우, 사업주가 조치해야 할 사항 5가지를 설명하시오.

02 A사업장 근로자를 대상으로 역학조사 및 특수건강진단을 실시한 결과 다수의 근로자에게 다형홍반 또는 스티븐스존슨증후군이 발생되었다. 다음 물음에 답하시오.

(1) 해당 유해물질 명칭과 각각의 노출기준값(TWA, STEL)을 단위를 포함하여 쓰시오.
(2) 해당하는 유해물질에 대한 특수건강진단의 시기 및 주기, 생물학적 노출지표검사, 특수건강진단 시료채취 시기에 대하여 각각 설명하시오.
(3) 해당하는 유해물질에 대한 작업환경측정 시 시료채취(시료채취기, 시료채취용 펌프의 적정유량, 유량보정, 시료채취량, 시료운반 및 안전성) 및 분석방법에 대하여 각각 설명하시오.
(4) 사업주가 해당하는 유해물질에 대해서 사업장 및 근로자에게 조치하여야 하는 사항에 대하여 설명하시오.

03 직업성 질환의 진단 및 예방, 발생원인을 규명하기 위해서 「산업안전보건법 시행규칙」상 역학조사의 대상 4가지 및 절차 2가지를 각각 설명하시오.

04 건강장해가 발생할 우려가 있는 업무에 종사하는 사람의 직업성질환 조기발견 및 지속적인 건강관리를 위하여 일정 요건에 해당하는 사람에게 건강관리카드를 발급하는 경우, 아래 빈칸에 들어갈 알맞은 내용을 쓰시오.

구 분	건강장해가 발생할 우려가 있는 경우	대상요건
1	석면 또는 석면방직제품을 제조하는 업무	3개월 이상 종사한 사람
2	①	3개월 이상 종사한 사람
3	②	3개월 이상 종사한 사람
4	비스-(클로로메틸)에테르(같은 물질이 함유된 화합물의 중량 비율이 1퍼센트를 초과하는 제제를 포함한다)를 제조하거나 취급하는 업무	③
5	④	5년 이상 종사한 사람
6	⑤	5년 이상 종사한 사람
7	카드뮴 또는 그 화합물을 광석으로부터 추출하여 제조하거나 취급하는 업무	5년 이상 종사한 사람

05 화학적 유해인자에 대한 관리의 대상은 3가지 영역으로 구분된다. 다음 물음에 답하시오.

(1) 관리의 우선순위에 따라 1차적, 2차적, 3차적으로 나누어 쓰시오.
(2) 공학적 관리방법 5가지를 설명하시오.

06 산업위생에 있어서 근로자나 일반대중에게 건강에 장해를 초래하는 유해인자를 4가지로 분류하여 특성을 설명하고, 유해인자별로 건강장해를 초래하는 예를 각각 3가지 쓰시오. (단, 야간작업은 제외한다.)

제126회 국가기술자격 기술사 시험문제

분야	안전관리	자격 종목	산업위생관리기술사	수험 번호		성명	

※ 각 교시마다 시험시간은 100분입니다.

제1교시　　※ 다음 문제 중 10문제를 선택하여 설명하시오. (각 10점)

01 밀폐공간 질식재해 예방을 위하여 다음을 설명하시오.
  (1) Soda can effect
  (2) 밀폐공간작업 전 산소 및 유해가스 농도를 측정할 수 있는 자를 모두 쓰시오.

02 특별관리물질 취급 시 근로자의 안전 및 보건 조치에 관한 사항으로 특별관리물질 취급 시 갖추어야 할 기록내용 6가지 항목을 쓰시오.

03 한랭환경에서의 생리적 반응과 저체온증(general hypothermia)에 대하여 다음 물음에 답하시오.
  (1) 생리적 반응에 대하여 설명하시오.
  (2) 저체온증의 증상에 대하여 설명하시오.

04 화학물질의 분류·표시 및 물질안전보건자료에 관한 기준에 의하면 혼합물에 함유된 화학물질 중 화학물질이 한계농도 미만인 경우에는 물질안전보건자료에 정보를 기재하지 않을 수 있다. 다음 물질의 한계농도를 쓰시오.
  (1) 생식세포 변이원성(1A 및 1B)
  (2) 생식세포 변이원성(2)
  (3) 발암성
  (4) 생식독성
  (5) 급성 독성

05 페인트 제조 작업장이 다수의 화학물질을 사용하는 경우 물질안전보건자료 대상 물질의 관리요령 게시방법과 관리요령 게시에 포함되어야 할 내용 5가지를 쓰시오.

06 산업안전보건법상 관리감독자의 유해·위험 방지 업무 중 관리대상 유해물질 취급 관련 국소배기장치 등 환기설비에 대해 점검해야 할 사항 5가지를 쓰시오.

07 국소배기장치의 설계에 따른 압력손실 등의 고려사항에 포함될 수 있는 손실(loss)의 종류 4가지를 쓰시오.

08 안전검사절차에 관한 고시에서 국소배기장치에 대한 안전검사 대상 화학물질의 설명 중 ( ) 안에 들어갈 내용을 쓰시오.

> 유해물질 (①)종에 따른 건강장해를 예방하기 위하여 설치한 국소배기장치에 한정하여 적용한다. 다만, 최근 2년 동안 작업환경측정결과가 노출기준 (②)% 미만인 경우에는 적용을 제외한다.

09 톨루엔 10,000ppm과 사염화탄소 10,000ppm이 공기 중에 존재한다면 공기와 톨루엔과 사염화탄소 혼합물의 유효비중을 구하시오. (단, 톨루엔의 비중은 1.463, 사염화탄소의 비중은 5.7이라고 가정)

10 사업주는 근로자가 근골격계부담작업을 하는 경우에 3년마다 유해요인조사를 실시하여야 한다. 유해요인조사를 실시할 때 포함해야 하는 사항 3가지를 쓰시오.

11 금속 절단작업을 하루 10시간 수행하는 작업자에 대한 소음노출수준에 대한 작업환경측정 결과 해당 작업자의 소음노출 수준은 87dB(A)이었다. 다음 물음에 답하시오.
  (1) 작업환경측정 및 정도관리 등에 관한 고시에서 규정하고 있는 1일 8시간 초과 작업 시 소음에 대한 보정노출기준을 구하는 식을 쓰고, 노출기준 초과 여부를 판정하시오.
  (2) 소음노출수준을 측정하기 위해 누적소음노출량 측정기를 사용하였다면 이 기기의 Criteria, Exchange Rate, 그리고 Threshold 값은 얼마로 설정해야 하는지 쓰시오.

12 고체흡착관을 이용하여 공기 중에 있는 증기나 가스상 물질을 채취할 때 측정자가 반드시 알아야 하는 개념이 파과 (breakthrough)이다. 시료가 파과가 일어났다고 판단하는 기준을 쓰고 파과가 일어난 경우 버려야 하는 이유를 설명하시오.

13 입자상 물질의 성질에 대하여 다음 물음에 답하시오.
  (1) 입자상 물질을 흡입성, 흉곽성, 호흡성으로 구분하여 평균입경과 주요 침착부위를 설명하시오.
  (2) 작업장에서 입자상 물질을 시료채취할 때 여과의 중요한 기전 3가지를 쓰시오.
  (3) 섬유상 물질이 폐에 침착할 때 주요 기전을 쓰시오.
  (4) 직경이 1~50μm 사이인 입자의 침강속도 V(cm/sec)$=0.003SG$(비중)$\times d^2$(직경)으로 간단히 구할 수 있다. SG는 1이라고 가정할 때, d가 1μm 입자와 10μm 입자가 1.5m 높이에서 바닥으로 떨어지는 시간을 각각 구하시오.

제2교시

※ 다음 문제 중 4문제를 선택하여 설명하시오. (각 25점)

01 국소배기장치의 설치 후 효율적 시스템 유지관리를 위한 후드, 덕트 및 송풍기의 주요 점검항목을 각각 설명하시오.

02 산업환기설비에 관한 기술지침에 따르면, 개방조에 설치하는 후드의 구조와 설치위치의 제어거리가 0.9~1.2m와 1.2m 이상일 때 후드의 구조와 설치위치를 설명하고, 슬로트 후드의 외형 단면적이 연결덕트의 단면적보다 현저히 클 경우 설치조건을 쓰고, 덕트의 접속부위에 대한 적합한 설치조건을 설명하시오.

03 고열 처리조 공정에 캐노피 후드(canopy hood)의 적용에 대하여 다음 물음에 답하시오.
　(1) 열원 상승기류 대비 후드 개구면의 조건을 설명하시오.
　(2) 높은 원형 캐노피 후드, 높은 사각형 캐노피 후드, 낮은 원형 및 사각형 캐노피 후드의 후드로 유입되는 총 공기 유량의 필요환기량 산출방식을 각각 쓰시오.

04 산업안전보건기준에 관한 규칙에 따라 인체에 해로운 분진, 흄, 미스트, 증기 또는 가스 상태의 물질을 배출하기 위하여 환기장치를 설치하도록 되어 있다. 다음 물음에 답하시오.
　(1) 흄(fume)과 미스트(mist)의 정의를 설명하시오.
　(2) 국소배기장치 후드의 설치기준 4가지를 쓰시오.
　(3) 국소배기장치(이동식 제외) 덕트의 설치기준 5가지를 쓰시오.
　(4) 국소배기장치 배풍기를 공기정화장치 전단에 설치할 수 있는 경우 2가지를 쓰시오.

05 환기시스템에서 공기공급시스템(make-up air)을 2가지로 구분하여 설명하고, 필요한 이유 5가지를 설명하시오.

06 덕트의 최소설계속도가 이론치보다 실험치가 높아야 하는 이유 5가지를 설명하시오.

제3교시

※ 다음 문제 중 4문제를 선택하여 설명하시오. (각 25점)

01 허용기준 설정 대상 유해인자는 시간가중평균값(TWA, Time-Weighted Average)이나 단시간 노출값(STEL, Short-Term Exposure Limit)이 설정되어 있다. 다음 물음에 답하시오.
　(1) 허용기준 설정 대상 유해인자의 TWA가 25ppm인 물질 2가지와 STEL이 25ppm인 물질 1가지를 쓰시오.
　(2) TWA에 대하여 설명하시오.
　(3) STEL에 대하여 설명하시오.

02 작업환경측정 및 정도관리 등에 관한 고시에서 허용기준 이하 유지대상 유해인자의 허용기준 초과 여부 평가방법을 설명하시오.

03 작업장에서 소음이 발생하는 경우, 작업환경측정을 실시해야 한다. 작업환경측정에 대하여 다음 물음에 답하시오.
　(1) 소음작업, 강렬한 소음작업, 충격소음작업에 대하여 각각 설명하시오.
　(2) 청력보존 프로그램에 대하여 설명하시오.

04 유해물질의 허용농도(노출기준)는 광범위한 문헌조사를 통하여 독성 자료가 수집되고 평가된 후 설정된다. ACGIH(미국 산업위생전문가협회)에서 허용농도(노출기준)를 설정하는 데 이용되는 자료 4가지를 설명하시오.

05 믿을만한 노출평가를 위해 예비조사를 철저히 수행하여야 한다. 예비조사에 대하여 다음 물음에 답하시오.

(1) 예비조사의 목적 2가지를 쓰시오.
(2) 예비조사에서 조사되어야 할 내용을 생산공정특성, 직무특성, 유해인자특성으로 구분하여 설명하시오.
(3) 유사노출그룹(SEG, Similar Exposure Groups)의 정의, 설정목적, 설정방법을 설명하시오.
(4) 통계적 변이를 고려할 때 SEG의 노출을 대표할 수 있는 최소 시료채취자 수는 몇 명인지 쓰고, 시료 수를 추가하여야 하는 경우에 대하여 설명하시오.

06 작업환경측정 시료분석 시 유기화합물류에 대하여 다음 물음에 답하시오.

(1) 탈착효율 실험을 위한 시료 제조방법에 대하여 설명하시오.
(2) 탈착효율 계산방법과 최소탈착효율 기준에 대하여 설명하시오.
(3) 측정시료의 검출한계 결정방법에 대하여 설명하시오.
(4) 검출한계가 3ppm인 경우 측정시료의 정량한계를 쓰시오.

제4교시

※ 다음 문제 중 4문제를 선택하여 설명하시오. (각 25점)

01 중대재해 처벌 등에 관한 법률 시행에 따라 다음 물음에 답하시오.

(1) 중대재해 처벌 등에 관한 법률의 중대산업재해와 산업안전보건법의 중대재해를 각각 설명하시오.
(2) 중대산업재해의 직업성 질병을 설명하고, 생물체에 의한 감염질환 4가지를 쓰시오.

02 산업안전보건기준에 관한 규칙상 직무스트레스에 의한 건강장해 예방조치와 관련하여 다음 물음에 답하시오.

(1) 직무스트레스로 인한 건강장해 예방을 위한 조치사항 6가지를 설명하시오.
(2) 한국인 직무스트레스 요인 측정 시 포함되는 하부 영역(요인) 8가지를 설명하시오.

03 화학플랜트 공장에서의 질식사고를 예방하기 위하여 적절한 조치가 필요하다. 다음 물음에 답하시오.

(1) 밀폐공간, 적정공기, 산소결핍에 대하여 각각 설명하시오.
(2) 질식사고를 예방하기 위한 예방 프로그램에 대하여 설명하시오.

04 화학물질에 노출되는 작업자들에 대한 위험성(risk) 평가에 있어서 위험성이란 유해성(hazard)이 있는 요인에 노출된 작업자에게 피해가 일어날 가능성 또는 확률을 의미한다. 위험성과 유해성의 차이가 무엇인지 예를 들어 설명하고, 사업장 위험성 평가에 관한 지침상 유해요인을 파악하는 방법 5가지를 설명하시오.

05 사무실 공기관리 지침에 대하여 다음 물음에 답하시오.

(1) 관리기준이 설정된 사무실 오염물질 10종과 각각의 시료채취방법을 설명하시오.
(2) 근로자 1인당 필요한 최소 외기량과 환기횟수를 쓰시오.

06 곤충 및 동물 매개 감염병에 대하여 다음 물음에 답하시오.

(1) 산업안전보건기준에 관한 규칙에 정해진 곤충 및 동물 매개 감염병을 3가지만 설명하시오.
(2) 노출 위험이 있는 근로사에게 주지하여야 할 사항을 3가지만 설병하시오.
(3) 고위험작업을 하는 경우 사업주가 취해야 할 예방조치 3가지만 설명하시오.

제128회 국가기술자격 기술사 시험문제

분야	안전관리	자격 종목	산업위생관리기술사	수험 번호		성명	

※ 각 교시마다 시험시간은 100분입니다.

제1교시　　※ 다음 문제 중 10문제를 선택하여 설명하시오. (각 10점)

01 산업안전보건법상 물질안전보건자료(MSDS) 구성 성분의 명칭 및 함유량에 대하여 비공개 승인 여부를 검토하는 3가지 요소를 설명하시오.

02 국소배기장치 점검 시 열선풍속계의 관리방법과 열선풍속계를 사용할 수 없는 조건을 설명하시오.

03 전자산업체에서 청소작업 시 사용되는 세제(락스)와 소독제의 혼합으로 발생 가능한 유해물질을 설명하시오.

04 3D 프린팅 소재 중 하나인 ABS수지를 바탕으로 작업 시 노출 가능한 유해인자에 대하여 설명하시오.

05 메틸알코올의 우리나라 노출기준(TWA, STEL), 주요 독성과 시각장해의 기전을 설명하시오.

06 전신피로의 측정 3가지 산출방법과 국소피로의 측정방법을 설명하시오.

07 화학물질의 독성작용에 있어 다음 용어를 설명하시오.
    (1) NOAEL
    (2) LOAEL
    (3) NOEL
    (4) LOEL
    (5) ADI

08 트리클로로에틸렌, 디클로로메탄, 1,2-디클로로프로판, 트리클로로메탄, 1,2-디클로로에틸렌의 측정매체 및 탈착액, 해당 분석장비에 대하여 설명하시오.

09 조리 종사자에게 폐암이 발생하고 있는데 조리과정에서 발생되는 발암성 물질 3가지를 설명하시오.

10 국소배기장치에서 정압, 속도압을 측정할 수 있는 장비 3가지와 잠재적 에너지라고 할 수 있는 정압(SP)의 손실에 관여하는 4가지 요소를 각각 설명하시오.

11 관리대상 유해물질 중 허용기준 이하 유지 대상 유해인자와 특별관리물질에 관한 내용으로 다음 물음에 답하시오.
　(1) 허용기준 이하이면서 특별관리물질에 해당하는 물질 4가지를 쓰시오.
　(2) 특별관리물질의 취급일지 작성 시 포함되어야 할 내용 6가지를 설명하시오.

12 작업환경측정 및 정도관리 등에 관한 고시에서 작업환경측정을 실시하기 전 예비조사를 실시하는 경우 작성하는 측정계획서에 포함되어야 할 내용 4가지를 설명하시오.

13 산업안전보건법령상 혈액 매개 감염 노출 위험작업 시 조치기준에 대한 다음 물음에 답하시오.
　(1) 혈액 노출의 위험이 있는 작업을 하는 경우에 조치를 하여야 할 사항 5가지를 설명하시오.
　(2) 주사 및 채혈 작업을 하는 경우에 조치를 하여야 할 사항 4가지를 설명하시오.

제2교시

※ 다음 문제 중 4문제를 선택하여 설명하시오. (각 25점)

01 슬롯 후드와 열원이 없는 캐노피 후드에 대한 다음 물음에 답하시오.
　(1) 슬롯 후드의 정의와 슬롯 후드 설치가 필요한 경우를 설명하시오.
　(2) 슬롯 후드 유량과 슬롯 높이를 구하시오. (단, 슬롯 폭(L)=1m/s, 제어거리 1m, 제어유속 0.5m/s)

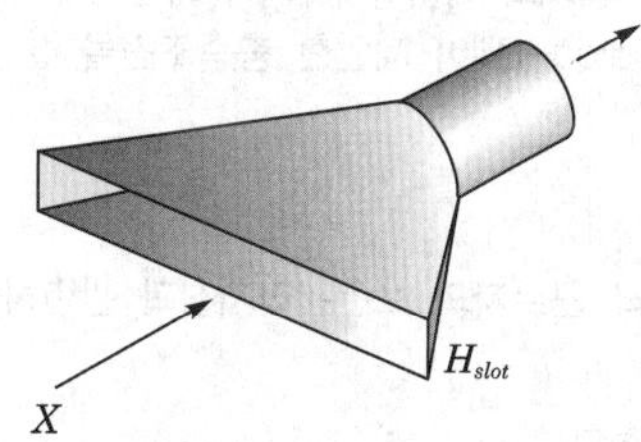

　(3) 캐노피 후드의 크기를 구하는 방법을 설명하고, 캐노피 후드 크기 및 후드 개구면 유속과 유량을 구하시오.
　　(단, 작업대 크기는 가로 1.5m×세로 1m, 제어거리 1.2m, 제어유속 1m/s)

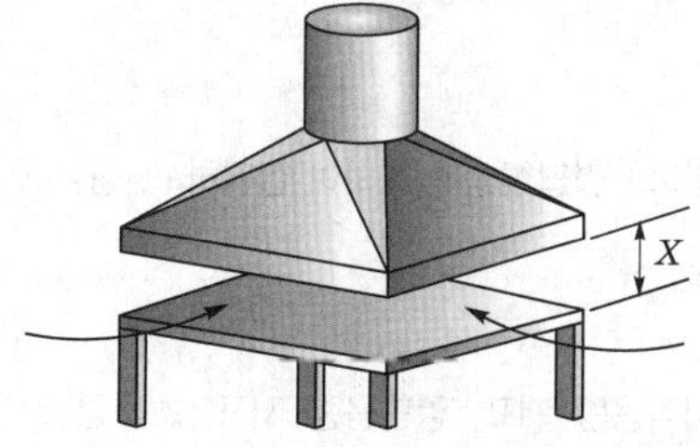

02 학교 급식조리실 환기설비 설치 가이드에서 환기설비의 설치기준 중 국소배기장치와 급기설비의 설치기준을 설명하시오.

03 국소배기장치에서 송풍기의 설계상 주의할 사항 7가지에 대하여 설명하시오.

04 국소배기장치 중 덕트 설치 시 고려사항 10가지에 대하여 설명하시오.

05 국소배기장치에서 공기정화장치의 종류 중 여과집진장치의 원리를 설명하고, 장점과 단점을 5가지씩 설명하시오.

06 산업환기의 도금조(개방조)에 대한 다음 물음에 답하시오.
   (1) 푸시풀 형태의 설계 시 꼭 지켜야 할 사항 5가지를 설명하시오. (단, ACGIH 기준)
   (2) 푸시풀 형태의 장점과 단점을 설명하시오.
   (3) 개방조 제어거리에 따른 후드의 구조 및 설치위치 4가지를 설명하시오.

제3교시

※ 다음 문제 중 4문제를 선택하여 설명하시오. (각 25점)

01 작업장 내 입자상 및 가스상 물질을 측정하는 경우 시료채취 시 작업장 내 고려해야 할 조건들을 설명하시오.

02 산업안전보건법에서 역학조사의 대상 4가지와 직업역학에서 유해인자에 대한 노출과 건강상의 장해 또는 직업병 발생의 연관성을 확정짓기 위해 Austin Bradfod-Hill이 제안한 충족조건을 설명하시오.

03 수산화테트라메틸암모늄(TMAH) 취급 근로자의 보건관리지침과 관련하여 다음 항목에 대하여 설명하시오.
   (1) TMAH 주요 용도
   (2) 산업안전보건법상 TMAH 노출기준
   (3) 급성 중독 과정 및 주요 유해성 · 위험성
   (4) 취급 시 조치사항

04 수동식 시료채취기에 적용되는 원리와 결핍현상에 대하여 설명하고, 성능에 영향을 미치는 환경적 요인을 설명하시오.

05 생체 모니터링 시 고려사항과 내적용량 지표, 영향용량 지표, 초기영향 지표에 대하여 설명하시오.

06 화학물질 위험성 평가에 대하여 다음 물음에 답하시오.

(1) 작업환경측정 결과가 있는 경우 평가방법을 설명하시오.
(2) 작업환경측정 결과가 없는 경우 평가방법을 설명하시오.

제4교시

※ 다음 문제 중 4문제를 선택하여 설명하시오. (각 25점)

01 코로나 팬데믹(대유행) 이후 사무실의 실내공기질에 대한 공기조화시스템의 중요성이 점점 더 커지고 있다. 실내공기질 악화로 나타날 수 있는 빌딩증후군(Sick building syndrome)과 공기조화시스템의 구성장치 5가지를 설명하시오.

02 직무스트레스와 관련하여 다음 물음에 답하시오.

(1) 직무스트레스에 의한 인체반응 3가지를 설명하시오.
(2) 직무스트레스에 의한 정신·신체적 장애를 설명하시오.
(3) 직무스트레스 요인 중 개인요인, 집단요인, 조직요인에 대하여 설명하시오.

03 자동차를 제조하는 A사업장의 엔진 공장에는 다양한 절삭유를 사용하여 엔진 부품을 가공하고 있으며, 오일 미스트 콜렉터(Oil Mist Collector) 및 집진기가 설치된 국소배기설비를 가동하고 있다. 이곳에서 근무하는 많은 근로자들이 다양한 건강장해와 함께 불쾌한 냄새로 일하기가 매우 어렵다고 호소하는 상황이 발생할 때, 다음 물음에 답하시오.

(1) 금속 가공 시 사용되는 절삭유(금속가공유)를 4가지 종류로 구분하고, 사용 시 발생 가능한 건강장해 5가지와 유해인자 5가지를 설명하시오.
(2) 위 사업장에서 달걀 썩는 불쾌한 냄새가 점점 심해질 경우 그 원인에 대하여 설명하고, 기존 설치된 국소배기설비로 인한 2차 오염문제와 이에 대한 설비 관리방법에 대하여 설명하시오.
(3) 악취(냄새)의 특징 중 웨버-페이너(Weber-Fechner)의 법칙에 대하여 설명하시오.

04 산업안전보건기준에 관한 규칙에서 온도, 습도에 의한 건강장해의 예방과 관련하여 다음 물음에 답하시오.

(1) 고열작업에 해당하는 장소 중 10가지를 설명하시오.
(2) 한랭작업에 해당하는 장소 중 2가지를 설명하시오.
(3) 다습작업에 해당하는 장소 중 5가지를 설명하시오.

05 선박 내부 에어컨 배관 청소작업을 위해 탈청제와 중화제를 사용하려고 한다. 탈청제와 중화제를 취급할 근로자들에게 사업주가 해야 할 보건조치에 대하여 설명하시오. (단, 탈청제에는 인산이 5% 이상 함유되어 있음)

06 영상표시단말기(Visual Display Terminal, VDT) 취급 근로자 작업관리지침에 대하여 다음 물음에 답하시오.

(1) VDT 증후군 용어의 정의를 설명하시오.
(2) 사업주가 제공하여야 할 키보드의 성능 및 구조에 대하여 5가지를 설명하시오.
(3) 사업주가 제공하여야 할 작업대 기준 4가지를 설명하시오.
(4) 사업주는 작업면에 도달하는 빛의 각도를 화면으로부터 45도 이내가 되도록 조명 및 채광을 제한하여 화면과 작업대 표면 반사에 의한 눈부심이 발생하지 않도록 하여야 하나 조건상 빛의 반사 방지가 불가능할 경우 눈부심 방지방법 5가지를 설명하시오.

분야	안전관리	자격 종목	산업위생관리기술사	수험 번호		성명	

※ 각 교시마다 시험시간은 100분입니다.

제1교시　　※ 다음 문제 중 10문제를 선택하여 설명하시오. (각 10점)

01 폐수처리장 내 슬러지 제거작업을 할 때 황화수소 중독 사고가 발생할 수 있다. 이를 예방하기 위한 밀폐공간 작업 프로그램을 수립하여 시행할 때 포함되어야 할 사항 4가지를 쓰시오.

02 산업안전보건법상 인듐의 노출기준과 작업 배치 전 유해성 주지내용 4가지를 쓰시오.

03 작업장에서 황산(pH 2.0 이하)을 측정하고자 한다. 다음의 물음에 답하시오.
　(1) 측정매체(2가지)
　(2) 측정유량
　(3) 노출기준(TWA, STEL)

04 밀폐설비나 국소배기장치를 설치하지 않고 전체환기 방식으로 시설 개선을 하고자 할 경우 갖추어야 할 요건 4가지를 쓰시오.

05 산업안전보건기준에 관한 규칙 [별표 12]의 일부 개정(2023년 10월 19일 시행)으로 추가된 관리대상 유해물질 및 특별관리물질 중에서 5종의 유기화합물에 대하여 설명하시오.

06 최근 화학물질 중독과 질식사고와 관련된 다음의 화학물질에 대한 국내 노출(허용)기준을 쓰시오.
　(1) 디클로로메탄(75-09-2)
　(2) 2,2-디클로로-1,1,1-트라이플루오로에탄(HCFC-123, 306-83-2)
　(3) 수산화테트라메틸암모늄(75-59-2)
　(4) 트리클로로메탄(클로로포름, 67-66-3)

07 화학물질의 독성학적 유해성평가와 관련하여 다음 용어를 설명하시오.
　(1) LOAEL(Lowest Observed Adverse Effect Level)
　(2) BMD(Benchmark Dose)
　(3) QSAR(Quantitative Structure Activity Relationship)
　(4) RFD(Reference Dose)

08 근골격계 부담작업 유해요인 조사의 작업분석·평가도구로 사용되는 RULA(Rapid Upper Limb Assessment)와 REBA(Rapid Entire Body Assessment)에 대한 적용 신체부위의 차이점에 대하여 설명하시오.

09 관리대상 유해물질에 의한 건강장해 예방과 근골격계 부담작업의 유해요인 조사와 관련된 다음 물음에 답하시오.
  (1) 관리대상 유해물질에 의한 건강장해 예방규칙에서 정하고 있는 임시작업과 단시간작업에 대하여 설명하시오.
  (2) 근골격계 부담작업의 유해요인 조사에서 정하고 있는 단기간작업과 간헐적인 작업에 대하여 설명하시오.

10 후드 성능과 관련된 다음의 항목을 각각 설명하시오.
  (1) 플랜지(flange)
  (2) 충만실(plenum)
  (3) 테이퍼(tapper)

11 사무실공기 관리지침에 따라 공기정화시설을 갖춘 사무실(사무실 면적 : 1,000m²)에서 근로자 50명이 근무할 경우 필요한 최소외기량(m³/min)과 측정지점은 몇 개소 이상에서 채취해야 하는지 구하시오.

12 화학물질 위험성평가를 CHARM(Chemical Hazard Risk Management) 기법을 활용하여 실시할 경우, 노출기준이 설정되어 있는 화학물질은 발생형태에 따라 노출기준을 적용하여 유해성을 결정하게 된다. 아래의 표는 노출기준에 따른 화학물질의 유해성(중대성)을 나타낸 것으로, ①~⑧에 해당되는 내용을 쓰시오.

구 분	중대성	노출기준	
		발생형태 : 분진	발생형태 : 증기
최대	4	①	⑤
대	3	②	⑥
중	2	③	⑦
소	1	④	⑧

13 한랭작업환경 관리지침(KOSHA GUIDE W-17-2015)에 대해 다음의 물음에 답하시오.
  (1) Clo(Clothing and thermal insulation) 값에 대하여 설명하시오.
  (2) 한랭으로 인한 근로자의 유해성을 평가할 때 고려하여야 하는 사항 6가지를 쓰시오.

제2교시

※ 다음 문제 중 4문제를 선택하여 설명하시오. (각 25점)

01 유해물질과 분진 취급 작업공정에 설치하는 국소배기장치 설계·설치에 대한 다음 물음에 답하시오.
  (1) 국소배기장치의 유해·위험 방지계획서 설계 적정 여부 심사·확인 기준 5가지에 대하여 설명하시오.
  (2) 국소배기장치 덕트의 압력손실을 줄이기 위한 원칙 5가지에 대하여 설명하시오.

02 국소배기장치 송풍기의 시스템 성능관리와 관련된 다음 물음에 답하시오.

(1) 송풍기 상사법칙(law of similarity) 관련 회전수 변동에 따른 송풍량, 송풍기 정압, 동력 등의 변화에 대하여 설명하시오.
(2) 가스 밀도의 변화에 따른 송풍량, 송풍기 정압, 동력 등의 변화에 대하여 설명하시오.
(3) 송풍기 선정 시 고려사항 5가지를 설명하시오.

03 작업장 내에서 연마작업으로 인한 분진을 제거하기 위해서 여과식(bag filter) 국소배기장치를 설치하였다. 여과식 집진장치의 메커니즘(mechanism)은 공기 중 입자상 물질이 여과재(filter media)에 통과시켜 입자를 분리·포집하는 장치로서 입자의 크기와 유속에 따라 다양한 형태로 포집이 된다고 볼 수 있다. 입자상 물질이 여과재(filter media)에 집진되는 기전에 대하여 5가지를 설명하시오.

04 국소배기장치를 설치하기 위하여 설계를 실시하고자 한다. 설계의 순서(11단계)와 단계별 중요 사항에 대하여 설명하시오.

05 KOSHA GUIDE "산업환기설비에 관한 기술지침"에는 산업환기시설의 효율적인 유지관리를 위하여 국소배기장치 검사 시기 4가지와 국소배기장치 가동원칙 5가지를 명시하고 있다. 다음 물음에 답하시오.

(1) 국소배기장치 검사시기 4가지를 쓰시오.
(2) 국소배기장치의 가동원칙 5가지를 쓰시오.

06 산업안전보건기준에 관한 규칙에 따르면 근로자가 실내 작업장에서 관리대상 유해물질을 취급하는 업무에 종사하는 경우에 그 작업장에 관리대상 유해물질의 가스·증기 또는 분진의 발산원을 밀폐하는 설비 또는 국소배기장치를 설치하여야 한다. 다음 물음에 답하시오.

(1) 해당 작업장소에서 관리대상물질 관련 가스상태의 물질을 제거하기 위하여 국소배기장치를 설치하고자 하는 경우 산업안전보건기준에 관한 규칙에서 요구하는 국소배기장치 후드의 형식별 제어풍속(m/sec)에 대하여 설명하시오.
(2) 설치 후 국소배기장치 후드 성능 점검 시 제어풍속 측정방법과 기준점이 되는 "제어풍속"에 대하여 설명하시오.

제3교시

※ 다음 문제 중 4문제를 선택하여 설명하시오. (각 25점)

01 2,4-톨루엔디이소시아네이트 작업환경 측정방법에 관련된 다음의 물음에 답하시오.

(1) 시료채취 매체에 대하여 설명하시오.
(2) 시료운반, 시료안정성, 현장 공시료 관리에 대하여 설명하시오.
(3) 분석기기 및 시료 전처리방법에 대하여 설명하시오.

02 공기 중 석면농도 측정 및 건축자재 석면 분석법에 관련된 다음의 물음에 답하시오.

(1) 공기 중 석면농도 측정방법의 시료채취 공기유량(L/min) 및 최소 공기채취량(L)에 대하여 설명하시오.
(2) 편광현미경을 이용한 건축자재 등의 석면분석법의 복굴절률(birefringence)과 소광(extinction)에 대하여 설명하시오.

03 하청업체 근로자의 안전 및 보건에 유해하거나 위험한 작업에 대한 도급금지 및 도급승인 제도 이행에 관계된 도급승인
의 신청과 안전보건에 관한 평가에 관련된 다음의 물음에 답하시오.

   (1) 도급승인 신청 시 제출서류(3가지)에 대하여 설명하시오.
   (2) 안전 및 보건에 관한 종합평가와 관련된 내용(6가지)에 대하여 설명하시오.

04 라돈에 관련된 다음의 물음에 답하시오.

   (1) 고용노동부 고시 화학물질 및 물리적 인자의 노출기준에 의거 작업장 내 라돈의 노출기준을 쓰시오.
   (2) 작업장 라돈 보건관리에 관한 기술지침(KOSHA GUIDE H-215-2021)에 의거 라돈의 측정 및 평가가
       가능한 사람 4명을 쓰시오.
   (3) 단시간 측정 및 장시간 측정 기간에 관하여 설명하시오.

05 A사업장 조립공정에서는 1일 10시간을 근무한다고 한다. 발생되는 소음발생수준이 안정한 상태라고 판단되어 누적소음
노출량계로 작업 중 6시간을 측정하였다. 다음의 물음에 답하시오.

   (1) Dose값을 73%를 얻었을 때, 8시간 Does값과 8시간 TWA를 구하여 현행 고시(작업환경측정 및 정도관리
       등에 관한 고시)에 따라 평가하시오.
   (2) 고용노동부 고시에 있는 공식에 6시간의 누적노출량을 바로 적용할 경우 어떤 오류가 발생되는지를 설명하시오.
   (3) 고용노동부 고시에 명시된 소음수준의 측정 방법 5가지를 모두 설명하시오.

06 작업환경측정 예비조사에 대하여 다음 물음에 답하시오.

   (1) 예비조사 주요 목적 2가지를 쓰시오.
   (2) 예비조사에서 조사되어야 할 내용을 생산공정 특성, 직무 특성, 유해인자 특성으로 구분하여 조사방법을 포함하
       여 설명하시오.
   (3) 통계적 변이를 고려할 때 SEG(Similar Exposure Groups)의 노출을 대표할 수 있는 최소 시료채취자
       수는 몇 명인지 쓰고, 시료 수를 추가하여야 하는 경우에 대하여 설명하시오.
   (4) 근로자 노출평가를 위하여 생물학적 모니터링 시료채취가 필요한 경우를 설명하시오.

제4교시

    ※ 다음 문제 중 4문제를 선택하여 설명하시오. (각 25점)

01 산업안전보건기준에 관한 규칙의 건강장해 예방조치에 관계된 다음의 물음에 답하시오.

   (1) 유해광선과 초음파 등 비전리전자기파로 인한 건강장해 예방을 위한 조치사항 3가지에 대하여 설명하시오.
       (단, 컴퓨터 단말기에서 발생하는 전자파는 제외한다.)
   (2) 한랭작업을 하는 경우에 동상 등의 건강장해를 예방하기 위한 조치사항 4가지에 대하여 설명하시오.
   (3) 직무스트레스로 인한 건강장해 예방을 위한 조치사항 6가지에 대하여 설명하시오.

02 이산화탄소를 사용하는 소화설비를 설치한 지하실, 전기실, 옥내 위험물 저장창고 등 방호구역과 소화약제로 이산화탄
소가 충전된 소화용기 보관장소에 대한 방호구역 등의 점검을 위해 출입하는 경우에 필요한 조치사항 5가지에 대하여
설명하시오.

03 물질안전보건자료(MSDS) 작성·제출 및 비공개 심사 제도와 관련한 다음 물음에 답하시오.

  (1) 연구·개발(R&D)용 화학물질 또는 화학제품의 범위 5가지에 대하여 설명하시오.
  (2) 비공개 심사의 대체자료 중 대체함유량의 적합성에 대한 판단기준에 대하여 설명하시오.

04 N,N-디메틸포름아미드(DMF) 노출 근로자의 건강관리지침에 의거하여 다음 질문에 답하시오.

  (1) DMF 노출위험이 높은 업종 또는 작업을 쓰시오.
  (2) DMF로 건강진단 주기를 6개월에서 3개월로 단축하는 경우를 3가지 쓰시오.
  (3) DMF로 체내 작용기전 중 흡수경로 및 대사과정에 대하여 설명하시오.

05 고객응대 근로자의 감정노동 평가지침(KOSHA GUIDE H-163-2021)에 관계된 다음의 물음에 답하시오.

  (1) 감정노동의 구성요소 4가지를 쓰시오.
  (2) 한국형 감정노동 평가도구(K-ELS®11)에 따른 측정항목 4가지에 대하여 설명하시오.
  (3) 감정노동 평가의 결과해석의 유의점에 대하여 설명하시오.

06 소음작업에 대하여 다음의 물음에 답하시오.

  (1) 산업안전보건기준에 관한 규칙에 의거 근로자가 소음작업, 강렬한 소음작업 또는 충격 소음작업에 종사하는 경우 사업주가 근로자에게 알려야 하는 사항 4가지를 쓰시오.
  (2) 산업안전보건기준에 관한 규칙에 의거 소음으로 인하여 근로자에게 소음성 난청 등의 건강장해가 발생하였거나 발생할 우려가 있는 경우 사업주의 조치사항 4가지를 쓰시오.
  (3) 산업안전보건기준에 관한 규칙에 의거 청력보존 프로그램의 정의 및 사업주가 청력보존 프로그램을 시행하여야 하는 경우 2가지를 쓰시오.
  (4) 소음성 난청으로 진단된 근로자에 대한 의학적 관리지침에 의거 소음성 난청의 병리와 특성 4가지를 쓰시오.

제131회 국가기술자격 기술사 시험문제

분야	안전관리	자격 종목	산업위생관리기술사	수험 번호		성명	

※ 각 교시마다 시험시간은 100분입니다.

※ 다음 문제 중 10문제를 선택하여 설명하시오. (각 10점)

01 물질안전보건자료에 화학물질의 명칭 및 함유량을 대체자료로 적을 수 있다. 다만, 근로자에게 중대한 건강장해를 초래할 우려가 있는 화학물질, 즉 고용노동부 고시에서 정하고 있는 대체자료 기재 제외물질 5가지를 쓰시오.

02 오염가스를 정화하는 흡수법에서 흡수액 선정요건 5가지를 설명하시오.

03 알루미늄 CNC(Computer Numerical Control) 가공 공정에서 절삭유로 메틸알코올을 사용하고 있다. 공기 중 메틸알코올 농도를 측정한 결과, 시간가중평균치가 195ppm으로 나타났다. 산업위생전문가로서 근로자 건강 보호를 위한 조치사항에 대하여 설명하시오. (단, 화학물질 및 물리적 인자의 노출기준에서 정하고 있는 메틸알코올의 기준값은 다음과 같다.)

물질명	TWA 노출기준(ppm)	STEL 노출기준(ppm)	비 고
메틸알코올	200	250	Skin

04 전기집진장치(electrostatic precipitators)는 전기적인 힘을 이용하여 입자상 오염물질을 포집하는 장치이다. 정전기적인 집진기전(mechanism) 5가지를 설명하시오.

05 다음 화학 물질들에 대해 KOSHA GUIDE 지침에 따른 시료채취매체, 분석기기, 대표적 건강장해를 각각 쓰시오.

구 분	시료채취매체	분석기기	대표적 건강장해
포름알데히드			
1,2-디클로로프로판			
6가 크롬			
산화에틸렌			

06 호흡보호구에 대하여 다음 용어를 설명하시오.

(1) 보호계수(PF, Protection Factor)
(2) 할당보호계수(APF, Assigned Protection Factor)
(3) 즉시위험건강농도(IDLH, Immediately Dangerous to Life or Health)
(4) 유해비

07 화학물질 및 물리적 인자의 노출기준에 대하여 다음 물음에 답하시오.

(1) 충격소음의 강도가 130dB(A)인 경우 노출기준을 쓰시오.
(2) 발암성 정보물질은 "1A", "1B", "2"로 표기하는데, 이 중에서 "1B"에 대하여 설명하시오.
(3) 고온의 노출기준에는 작업강도를 "경작업", "중등작업", "중작업"으로 구분하는데, 이 중에서 "중등작업"에 대하여 설명하시오.

08 국소배기장치의 외관, 풍량, 정압 등의 검사만으로 소정의 성능이 얻어지지 않을 경우에 회전계를 사용하여 송풍기의 회전수 검사를 추가하는 경우가 일반적이다. 다음 물음에 답하시오. (단, 송풍기의 풍량 Q는 100m^3/min, 접촉식 회전계의 직경은 15mm)

(1) 송풍기의 회전수와 풍량, 회전수와 정압의 비례 관계에 대해 설명하시오.
(2) 모터와 송풍기 풀리가 벨트로 연결된 방식의 송풍기 회전수를 아래와 같이 접촉식 회전계로 측정한 경우, 송풍기와 모터의 회전수(rpm)를 구하시오.

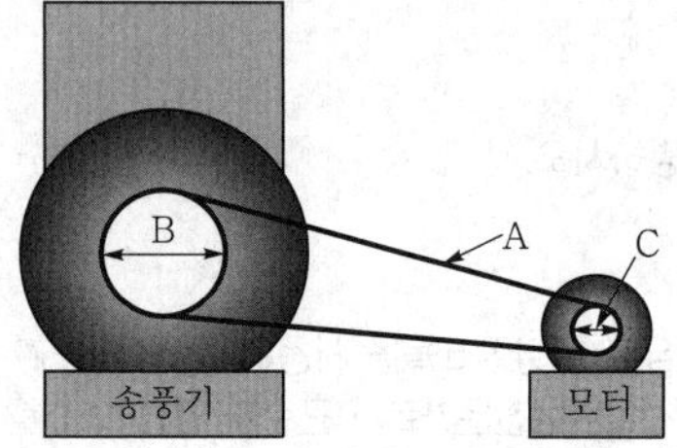

- A : 접촉식 회전계 측정위치이며, 이때 회전계 액정에 표시된 회전수는 2,000rpm
- B : 송풍기 풀리 직경은 1,000mm
- C : 모터 풀리 직경은 200mm

09 ACGIH에서는 발암성 물질을 5가지로 구분하고 있다. A1~A5까지의 5단계에 대하여 설명하고 A1과 A2에 해당하는 대표적인 물질 2가지를 쓰시오.

10 유해인자 노출평가를 위한 사전 예비조사의 목적 중 하나는 유사노출그룹(SEG, Similar Exposure Groups)을 설정하는 것이다. 다음 물음에 답하시오.

(1) 유사노출그룹의 정의를 설명하시오.
(2) 설정목적 3가지를 쓰시오.

11 사무실공기 관리지침에 따르면 쾌적한 사무실 공기를 유지하기 위해 사무실 오염물질을 10가지로 규정하고 있다. 이 오염물질을 쓰고 각각의 관리기준(8시간 시간가중평균농도 기준)을 단위와 함께 쓰시오.

12 제철소에서 발생가능하고 피부암, 폐암, 방광암 및 신장암 등을 일으키는 물질로서 산업안전보건법에 따라 고용노동부 장관의 허가를 받아야 하는 대상 물질의 명칭을 쓰시오.

13 작업환경측정 및 정도관리 등에 관한 고시에서 규정한 다음을 설명하시오.

(1) 소음의 측정방법 5가지
(2) 고열의 측정방법 3가지

제2교시

※ 다음 문제 중 4문제를 선택하여 설명하시오. (각 25점)

01 플라스틱 원료를 생산하는 제조사에서 원료특성에 따라 염화비닐이 발생하고 있다. 이와 같이 독성이 매우 높지만 대체물질이 개발되지 아니한 물질을 산업안전보건법에서는 허가대상물질로 정하여 관리하고 있다. 다음 물음에 답하시오.

(1) 허가대상물질을 10가지 쓰시오.
(2) 산업안전보건법, 산업안전보건기준에 관한 규칙을 근거로 설비기준을 쓰시오.

02 전체환기장치에 대한 다음 물음에 답하시오.

(1) 전체환기시설의 설계 기본원칙에 대하여 설명하시오.
(2) 전체환기 필요환기량 계산식 4가지에 대하여 설명하시오.

03 HVAC(Heating Ventilating Air Conditioning) 설비의 공기 배분에 대하여 다음 물음에 답하시오.

(1) 공기 덕트의 설치 시 고려사항 5가지를 설명하시오.
(2) 공기 배출구 및 공기 흡입구(순환 또는 배기)에 대하여 설명하시오.

04 배출가스 내에 들어 있는 가스상 오염물질을 처리하기 위해 사업장에서는 적은 투자비용으로 높은 처리효율을 기대할 수 있는 충진탑(packed tower)을 가장 많이 사용하고 있다. 충진탑은 가스상 오염물질을 세정액과 충진물을 이용하여 흡수 제거하는 방법으로 다음 각 물음에 답하시오.

(1) 충진물(packing material)의 종류 5가지를 설명하시오.
(2) 충진탑 설계 시 고려해야 할 사항 7가지를 설명하시오.

05 고용노동부 "안전검사 고시"에 명시된 다음 항목에 대하여 국소배기장치의 검사기준을 설명하시오.

(1) 후드 흡인성능
(2) 덕트 접속부
(3) 배풍기
(4) 전기설비 접지
(5) 공기정화장치 표면상태 등
(6) 최종 배기구 빗물 방지조치

06 산업환기설비 덕트 설치 시 다음 항목에 대하여 고려사항을 설명하시오.

(1) 재질의 선정
(2) 덕트의 접속
(3) 반송속도 결정
(4) 압력평형의 유지
(5) 추가 설치 시 조치
(6) 화재폭발

제3교시

※ 다음 문제 중 4문제를 선택하여 설명하시오. (각 25점)

01 석면 해체 · 제거 작업지침(KOSHA GUIDE)에서 정한 석면 해체 · 제거 작업방법, 사용하는 장비 및 보호구와 관련하여 다음의 물음에 답하시오.

(1) 실내 작업장소 내부의 음압 유지를 확인하는 방법 3가지를 설명하시오.
(2) 작업 종료 후 위생설비를 통과해서 나오는 방법 4가지를 순서대로 설명하시오.
(3) 석면 해체 · 제거 작업 시 석면 비산 방지를 위한 금지사항 3가지를 설명하시오.
(4) 호흡보호구 지급 시 작업근로자에게 실시하여야 하는 교육내용 6가지를 쓰시오.

02 경기도 소재 사업장 내 파렛트 세척공정에서 계면활성제를 제조하는 근로자가 자체 개발한 세척제 샘플을 현장 테스트 하던 중 25% 농도의 수산화테트라메틸암모늄(TMAH)이 피재자의 양쪽 손과 팔, 다리 등의 피부에 접촉 후 체내로 흡수되어 호흡 마비로 사망한 재해가 발생되었다. 다음 물음에 답하시오.

(1) 위 사고의 원인 및 예방대책을 설명하시오.
(2) 급성독성물질 6종의 명칭을 쓰시오. (단, 산업안전보건기준에 관한 규칙에서 작업시작 전 근로자에게 알려야 될 물질)
(3) 노출기준 중 "SKIN" 설정 물질을 설명하시오.

03 용접작업에서 2개 또는 그 이상의 물체나 재료를 접합 시 많은 유해인자가 발생되고 있다. 그 중 가스상 유해인자 5가지를 설명하시오.

04 산업장에서 사용하는 유해화학물질의 노출과 폭로에 대하여 다음 물음에 답하시오.

(1) 인체 내 침입경로를 설명하시오.
(2) 독성과 개체 간의 용량−반응 관계에 대하여 설명하시오.
(3) 독성물질의 생체작용에 대하여 설명하시오.

05 가스상태 물질류 중 작업환경측정 대상물질에는 포함되나 특수건강진단 대상 유해인자에는 제외되는 물질이 있다. 다음 물음에 답하시오.

(1) 물질 명칭과 노출기준(TWA, STEL)을 쓰시오.
(2) 물질 시료채취 및 분석방법을 설명하시오.
(3) 산업안전보건기준에 관한 규칙에 근거하여 작업수칙 8가지를 쓰시오.

06 방사선은 이온화방사선과 비이온화방사선으로 구분된다. 다음 물음에 답하시오.

(1) 이온화방사선과 비이온화방사선의 특성을 설명하시오.
(2) 이온화방사선과 비이온화방사선의 노출원과 건강상의 영향에 대하여 설명하시오.

제4교시

※ 다음 문제 중 4문제를 선택하여 설명하시오. (각 25점)

01 산업안전보건기준에 관한 규칙에서 정의한 밀폐공간을 설명하고, 이에 해당하는 장소 10가지를 쓰시오.

02 산업안전보건법과 더불어 중대재해처벌법 시행 이후 해당 사업장은 안전보건체제 및 시스템을 구축하여야 한다. 그 중 안전보건관리 규정과 안전보건에 대한 계획을 수립하여 보고하고자 할 때, 다음 물음에 답하시오.
　(1) 안전보건관리규정에 포함되어야 할 4가지 내용을 쓰시오.
　(2) 이사회 보고를 위한 안전 및 보건에 관한 계획 내 포함되어야 할 사항 4가지를 설명하시오.
　(3) 보건관리자 업무 10가지를 쓰시오.

03 생물학적 유해인자 중 국제적으로 공인된 노출기준 인자는 많지 않다. 아직까지 생물학적 유해인자의 노출기준을 설정하지 않은 이유 6가지를 설명하시오.

04 금속부품 가공 후 표면 처리를 위해 디클로로메탄(Cas No. 75-09-2) 100% 세척제를 작업장에서 사용하고 있다. 물질안전보건자료에서는 디클로로메탄의 유해성을 발암성 구분 2(H351)로 분류하고, 화학물질 및 물리적 인자의 노출기준에서 디클로로메탄의 공기 중 농도를 50ppm으로 정하고 있으며, 디클로로메탄은 체내에서 일산화탄소로 분해되어, 고농도 노출 시 사망에 이를 수 있다고 알려져 있다. 디클로로메탄에 의한 직업성 질환을 예방하기 위한 작업환경관리대책을 우선순위에 근거하여 설명하시오.

05 다음은 중량물 취급작업의 NIOSH 들기작업 수식(lifting equation)을 이용한 작업분석표이다.

중량물 무게(kg)		손의 위치(cm)				수직거리 (cm)	비대칭각도(도)		빈 도	지속시간 (시간)	커플링
		시 점		종 점			시점	종점	회수/분		
L(평균)	L(최대)	H	V	H	V	D	A	A	F		C
12	12	25	60	54	125	65	0	0	4	0.75	Fair

작업조건은 아래 선반에서 윗 선반으로 이동하는 작업이며, 작업자는 양손으로 중량물을 취급하며 허리를 비트는 각도는 없다. 이때의 빈도계수는 0.84, 결합계수는 0.95이다. 다음 물음에 답하시오.
　(1) 시점과 종점의 권장 중량물한계(RWL)를 각각 구하시오.
　(2) 시점과 종점의 들기작업지수(LI)를 각각 구하시오.
　(3) 시점과 종점 중 어디를 먼저 개선하여야 하며, 개선해야 할 요소를 설명하시오.
　(4) NIOSH 들기작업 수식 적용이 어려운 작업 5가지를 쓰시오.

06 사업장 위험성평가에 관한 지침에서 규정한 위험성평가에 대하여 다음의 물음에 답하시오.
　(1) 위험성평가를 실시할 때 해당 작업 종사 근로자를 참여시켜야 하는 경우 5가지를 쓰시오.
　(2) 사업장의 규모와 특성 등을 고려한 위험성평가 실시방법 4가지를 쓰시오.
　(3) 업종, 규모 등 사업장 실정에 따른 유해·위험 요인 파악방법 5가지를 쓰시오.
　(4) 추가적인 유해·위험 요인에 대한 수시 위험성평가를 실시하여야 하는 경우 5가지를 쓰시오.

제132회 국가기술자격 기술사 시험문제

분야	안전관리	자격 종목	산업위생관리기술사	수험 번호		성명	

※ 각 교시마다 시험시간은 100분입니다.

※ 다음 문제 중 10문제를 선택하여 설명하시오. (각 10점)

01 2023. 8. 18.부터 50인 미만 사업장 중 휴게시설을 설치하여야 하는 사업장을 쓰시오.

02 폭염에 노출돼 폐색전증으로 사망사고 발생 후 온열질환이 업무상 재해로 인정되었다. 고열작업환경 측정 및 평가 시 착용복장(여름 작업복, 상하가 붙은 면 작업복, 겨울 작업복)에 따른 WBGT 기준보정값을 설명하시오.

03 작업장에서의 후드의 제어풍속 측정은 해당 후드 개구면에서 가장 먼 거리의 작업위치에서의 풍속을 측정하지만 단체급식시설의 환기설비는 후드의 면풍속 측정 후 설계값과 비교하여 평가하도록 기술지침이 작성되었다. 기술지침에 작성된 조리기구별 후드 면풍속 설계기준을 작성하시오.

구 분	면풍속(m/sec)
부침기, 가스레인지, 튀김솥, 세척기 입출구	
오븐, 국솥, 기타 처리가스	

04 산업안전보건법 시행규칙에 작업환경측정대상 작업장 중 허용소비량을 초과하지 않은 작업장의 관리대상 유해물질은 작업환경측정에서 제외될 수 있다. 그러나 작업환경측정 시 측정대상 화학적 인자 중 허용소비량 미만으로도 제외될 수 없는 물질을 3가지만 쓰시오.

05 산업안전보건법상 특수건강진단대상 유해인자 중 야간작업 2종에 대하여 설명하고 배치 후 첫 번째 특수건강진단 실시 시기에 대하여 쓰시오.

06 작업장에서 유해가스나 증기로 오염된 공기를 제거하기 위해 환기시설을 설계할 때,
  (1) 유효비중을 후드의 위치 선정과 연관하여 설명하고,
  (2) 공기가 이동하려면 두 지점 사이의 압력차가 있어야 하는데 공기압력과 관련된 정압, 동압, 전압을 설명하시오.

07 고용노동부 고시 중 화학물질 및 물리적 인자의 노출기준과 화학물질의 분류 · 표시 및 물질안전보건자료에 관한 기준에서 생식독성물질을 다음과 같이 구분하여 표시하고 있다. 빈칸에 해당하는 내용을 쓰시오.

(1) 생식독성물질의 종류

화학물질명(국문)	화학물질명(영문)	CAS 번호	구 분
납 및 그 무기화합물	Lead and Inorganic compound, as Pb	7439-92-1	(①)
니트로벤젠	Nitrobenzene	98-95-3	(②)
N,N-디메틸아세트아미드	N,N-Dimethyl acetamide	127-19-5	(③)
포름아미드	Formamide	75-12-7	(④)

(2) 혼합물의 생식독성물질 분류기준

구 분	구분기준
1A	구분 1A인 성분의 함량이 (⑤) 이상인 혼합물
1B	구분 1B인 성분의 함량이 (⑥) 이상인 혼합물
2	구분 2인 성분의 함량이 (⑦) 이상인 혼합물
수유독성	수유독성을 가지는 성분의 함량이 (⑧) 이상인 혼합물

08 산업안전보건법상 유해하거나 위험한 작업에 채용하거나 그 작업으로 작업내용을 변경할 때에는 특별교육을 실시하도록 되어 있다. 밀폐공간에서의 작업과 허가 및 관리대상 유해물질의 제조 또는 취급 작업에서의 특별교육내용에 대하여 다음의 빈칸에 해당하는 내용을 쓰시오. (단, 그 밖의 안전보건에 필요한 사항 제외)

밀폐공간에서의 작업	허가 및 관리대상 유해물질의 제조 또는 취급 작업
1. 산소농도 측정 및 작업환경에 관한 사항 2. 사고 시의 응급처치 및 비상시 구출에 관한 사항 3. (①) 4. (②) 5. (③)	1. 취급물질의 성질 및 상태에 관한 사항 2. 유해물질이 인체에 미치는 영향 3. (④) 4. (⑤)

09 산업환기설비에 관한 기술지침(KOSHA GUIDE)에 따르면 덕트 접속부의 설계 시에는 아래의 사항에 적합하게 설계하여야 한다. ①~⑤에 알맞은 숫자를 쓰시오.

- 접속부의 내면은 돌기물이 없도록 할 것
- 곡관(elbow)은 (①)개 이상의 새우등 곡관으로 연결하거나, 곡관의 중심선 곡률 반경이 덕트 지름의 (②)배 내외가 되도록 할 것
- 주덕트와 가지덕트의 접속은 (③)° 이내가 되도록 할 것
- 확대 또는 축소되는 덕트의 관은 경사각을 (④)° 이하로 하거나, 확대 또는 축소 전후의 덕트 지름 차이가 (⑤)배 이상 되도록 할 것

10 후드와 관련된 다음의 용어에 대한 정의를 쓰시오.

(1) 무효섬(Null Point)
(2) 무효점 이론(Null Point Theory)

11 사업장에서 벤젠에 대한 작업환경측정 결과가 $3mg/m^3$일 경우 작업환경측정 및 정도관리 등에 관한 고시의 농도변환식에 따라 mg/m^3를 ppm으로 농도변환하여 노출기준 초과 여부를 판단하시오. (단, 작업환경의 온도는 25℃, 기압은 1atm이고, 벤젠의 분자량은 78)

  (1) 농도변환식에 따라 벤젠 $3mg/m^3$을 ppm으로 변환하시오. (단, 소수점 세 번째 자리에서 반올림)
  (2) 벤젠의 노출기준(TWA) 값을 적고 노출기준 초과 여부를 판단하시오.

12 근로자가 하루 9시간 10분 동안 소음에 노출될 경우 보정 노출기준을 구하시오. (단, 소수점 세 번째 자리에서 반올림)

13 전자부품(회로기판 등)의 표면을 세정하는 공정에서 이소프로필알코올(IPA)이라는 유기용제를 사용하고 있다. 현장의 작업조건의 변화가 없는 상황에서 최근 작업환경측정 결과가 평균 25ppm이었다. 활성탄관(100mg/50mg)을 이용하여 0.05L/min으로 채취하였을 때, 채취해야 할 최소한의 시간(분)을 구하시오. (단, 이소프로필알코올(IPA) 분자량 : 60.1, 가스 크로마토크래피의 정량한계 : 0.9mg, 1기압, 25℃)

제2교시

※ 다음 문제 중 4문제를 선택하여 설명하시오. (각 25점)

01 고용노동부 사무실 공기관리 지침에 대하여 다음 물음에 답하시오.
  (1) 관리기준이 설정된 사무실 오염물질 10종과 각각의 시료채취방법을 설명하시오.
  (2) 시료채취 위치 및 측정지점에 대하여 설명하시오.
  (3) 공기정화시설을 갖춘 사무실에서 근로자 1인당 필요한 최소외기량(m^3/min)과 환기횟수를 쓰시오.

02 KOSHA GUIDE의 「산업환기설비에 관한 기술지침」에 명시된 국소배기장치에 대하여 다음 물음에 답하시오.
  (1) 국소배기장치 검사시기 4가지를 쓰시오.
  (2) 국소배기장치의 가동원칙 5가지를 쓰시오.
  (3) 국소배기장치 옥외에 설치하는 배기구의 설치구조에 대하여 설명하시오.

03 보충용 공기(make-up air) 공급 시 고려해야 할 사항 5가지에 대하여 설명하시오.

04 공기정화장치 중 여과집진장치에 대하여 다음 물음에 답하시오.
  (1) 탈진방식 3가지를 쓰고, 각각에 대하여 설명하시오.
  (2) 금속분 등 가연성 분진용 여과집진장치 설계 시 고려할 분진 폭발대책을 3가지만 쓰시오.

05 아파트 신축 공사장에서 지하주차장 에폭시 도장 작업을 실시하고 있다. 사용하는 도료는 크실렌(Xylene)을 함유(중량 20%)하고 있으며, 최종 도막 두께는 2mm이다. 도료에 함유된 크실렌은 100% 증기화되는 것으로 가정한다. 주차장의 시간당 도포 면적은 가로 10m, 세로 10m일 때 다음 물음에 답하시오.

> 〈조건〉
> - 전체환기량 계산은 산업안전보건기준에 관한 규칙 제430조 전체환기장치의 성능 등에 제시한 공식을 사용하여 계산할 것
> - 안전계수는 1로 할 것
> - 크실렌의 분자량은 106.16, 크실렌의 비중은 0.86, 도료의 비중은 1로 함

(1) 크실렌 양(중량)을 구하시오.
(2) 필요 전체환기량을 구하시오.

06 「단체급식시설 환기에 관한 기술지침(KOSHA GUIDE)」에 따르면 국소배기장치를 설치할 때는 신선한 공기가 조리실 내부로 공급될 수 있도록 자연급기구 또는 강제급기시설을 반드시 설치하여야 한다. 이때 자연급기구 또는 강제급기시설 설치방법 5가지에 대하여 설명하시오.

※ 다음 문제 중 4문제를 선택하여 설명하시오. (각 25점)

01 산업안전보건법상 주로 고객을 직접 대면하거나 「정보통신망 이용 촉진 및 정보 보호 등에 관한 법률」 제2조 제1항 제1호에 따른 정보통신망을 통하여 상대하면서 상품을 판매하거나 서비스를 제공하는 업무에 종사하는 고객응대 근로자에 대하여 고객의 폭언, 폭행, 그 밖에 적정 범위를 벗어난 신체적·정신적 고통을 유발하는 행위로 인한 건강장해를 예방하기 위하여 필요한 조치를 하여야 한다. 다음 물음에 답하시오.

(1) 업무와 관련하여 고객 등 제3자의 폭언 등으로 근로자에게 건강장해가 발생하는 경우 필요한 조치 4가지를 쓰시오.
(2) 폭언 등으로 건강장해를 예방하기 위한 조치 3가지를 쓰시오. (단, 그 밖에 법 제41조 제1항에 따른 사항은 제외)
(3) 한국형 감정노동 평가도구(K_ELS®11) 측정항목 4가지를 설명하시오.

02 사업장에서 작업환경측정 결과 인산이 $2mg/m^3$ 수준으로 1회 노출지속시간이 15분 미만이며 이러한 상태가 1일 4회 발생하였고, 각 노출의 간격은 60분이었을 때 다음 물음에 답하시오. (단, 인산의 노출기준 : $1mg/m^3$(TWA), $3mg/m^3$(STEL))

(1) 인산의 노출기준(STEL) 초과 여부를 판단하고 그 사유를 설명하시오.
(2) 인산에 대한 작업환경측정·분석 기술지침에 따라 아래 빈칸을 채우시오.

구 분	시료채취매체	분석기술(분석기기)
인산	①	②

(3) 산업안전보건기준에 관한 규칙상 인산의 농도가 몇 퍼센트일 때 부식성 물질로 분류되는지 쓰시오.
(4) 산업안전보건기준에 관한 규칙상 부식성 물질의 동력을 사용하여 호스로 압송하는 작업을 하는 경우 압송에 사용하는 설비에 대한 조치를 5가지만 쓰시오.

03 작업장 내 입자상 및 가스상 물질을 측정하는 경우 시료채취 시 작업장 내 고려해야 할 조건들을 설명하시오.

04 화학물질 및 물리적 인자의 노출기준, 작업환경측정 및 정도관리 등에 관한 고시의 작업환경측정 및 평가와 관련하여 다음 물음에 답하시오. (단, 소수점 둘째 자리에서 반올림)

(1) 공기 중 혼합물로서 벤젠 0.3ppm(TLV : 0.5ppm), 톨루엔 15ppm(TLV : 50ppm), 트리클로로메탄 4ppm(TLV : 10ppm)이 서로 상가작용을 한다고 할 때 노출기준 초과 여부를 평가하고, 이때 혼합물질의 노출기준(ppm)을 구하시오.

(2) 작업장의 온열조건이 흑구온도 35℃, 자연습구온도 22℃, 건구온도 26℃일 때, ① 태양광선이 내리쬐지 않는 옥내 장소와 ② 태양광선이 내리쬐는 옥외 장소의 습구흑구온도지수(WBGT, ℃)를 구하시오.

(3) 90dB(A)에서 2시간, 95dB(A) 3시간, 100dB(A) 3시간 노출되었을 경우 등가소음레벨[Leq, dB(A)]을 구하시오.

05 자동차 부품 조립공정에서 8시간 근무하는 A근로자의 시간대별 소음측정 결과는 아래 표와 같다. 다음 물음에 답하시오. (단, 소음기 측정변수 설정기준은 고용노동부 고시 기준으로 Threshold : 80dB, Exchange Rate : 5dB, Criteria : 90dB이다.)

측정시간	평균 노출음압수준(dB)
09:00~10:00	79
10:00~12:00	93
12:00~13:00	–
13:00~14:00	90
14:00~17:00	95
17:00~18:00	77

(1) A근로자가 10시~12시에 노출되는 평균 노출음압수준은 93dB로 나타났다. 이 시간대의 노출허용시간을 구하시오.

(2) A근로자의 하루 8시간 소음에 노출된 누적노출지수(%)를 구하시오.

(3) TWA(Time–Weighted Average) 값을 구하시오.

06 공기 중 석면 농도를 측정하기 위해서 직경 25mm의 여과지를 장착하고 conductive cowl을 가진 카세트를 open–face 형태로 펌프 유량 2L/min으로 6hr 동안 시료를 채취한 후에 위상차 현미경으로 섬유를 계수하였다. 측정한 결과는 아래 표와 같았다. 다음 물음에 답하시오. (단, 그래티큘의 시야당 계수면적은 $0.00785mm^2$를 적용한다.)

시료번호	필터 유효면적	관찰시야(W/B그래티큘) 수	누적섬유개수
A1	$386mm^2$	18	102
A1	$386mm^2$	19	107
A1	$386mm^2$	20	114.5
Blank	$386mm^2$	100	2

(1) 석면 분석방법 중 섬유계수법을 설명하시오.

(2) 위 표에서 누적섬유개수가 114.5개 일 때 공기 중 석면 농도(개/cc)를 구하시오.

 제4교시

※ 다음 문제 중 4문제를 선택하여 설명하시오. (각 25점)

01 산업안전보건기준에 관한 규칙에 「온·습도에 의한 건강장해 예방」과 관련하여 다음 물음에 답하시오.
 (1) 고열작업에 해당하는 장소 5가지와 한랭작업에 해당하는 장소 2가지를 쓰시오. (단, 그 밖의 고용노동부장관이 인정하는 장소 제외)
 (2) 고열작업을 하는 경우에 열경련·열탈진 등의 건강장해를 예방하기 위한 조치 2가지와 한랭작업을 하는 경우에 동상 등의 건강장해를 예방하기 위한 조치 4가지를 각각 쓰시오.
 (3) 실내에서 고열작업을 하는 경우 고열을 감소시키기 위해 필요한 조치 3가지를 쓰시오.

02 방사선은 물질의 이온화 능력에 따라 전리 및 비전리 방사선으로 구분된다. 다음 물음에 답하시오.
 (1) 산업안전보건법에서 규정하고 있는 전리방사선의 정의를 쓰시오.
 (2) 전리방사선 중 α선 및 β선, γ선 및 X선에 대한 특성을 설명하시오.
 (3) 전리방사선의 건강영향에는 결정론적 건강영향과 확률론적 건강영향이 있다. 각각에 대하여 설명하시오.

03 작업장 크기가 가로 10m, 세로 7m, 높이 4m인 장소의 흡음률을 재어보니 바닥은 0.1, 천장은 0.2, 벽은 0.15이었다. 이 작업장의 바닥, 천장, 벽에 흡음력이 좋은 다공질 재료의 흡음재를 설치하여 소음을 감소시킬 계획이다. 다음 물음에 답하시오. (단, 단위는 소수 둘째 자리에서 반올림할 것)
 (1) 잔향시간(RT ; Reverberation Time)을 구하시오.
 (2) 이 작업장에 추가로 평균흡음률이 0.5인 흡음재를 부착했을 때 소음감쇠량(NR ; Noise Reduction)을 구하시오.

04 화학물질 위험성평가 방법으로 CHARM(Chemical Hazard Risk Management) 기법이 있다. 아래의 작업환경측정 결과를 이용하여 다음 물음에 답하시오.

> 도장공정 동일 단위작업장소에서 작업환경측정 결과, 톨루엔 15ppm(노출기준 : 50ppm), 메탄올 10ppm(노출기준 : 200ppm)이었다. 톨루엔은 생식독성물질이며 두 물질에 대한 직업병 유소견자는 없다.

 (1) 노출수준 등급을 결정하시오.
 (2) 유해성 등급을 결정하시오.
 (3) 위험성 크기를 결정하시오.
 (4) 위험성 결정 및 감소대책 수립 필요성 여부를 검토하시오.

05 누적 외상성 질환(CTDs ; Cumulative Trauma Disorders)에 대하여 다음 물음에 답하시오.
 (1) CTDs 용어의 정의를 쓰시오.
 (2) NIOSH에 의한 작업과 관련된 CTDs 4가지를 쓰시오.
 (3) CTDs 예방을 위한 공학적 개선방안 4가지와 관리적 개선방안 4가지를 각각 쓰시오.

06 작업환경 중 근로자가 톨루엔과 이소프로필알코올, 그리고 황산에 노출되고 있는 것으로 파악되었다. 해당 단위작업장
소의 근로자 수가 120명일 경우, 필요한 personal pump 유속, 샘플링 매체, 시료채취 근로자 수 등 측정 및 분석
방법의 계획을 수립하여 사업장 작업환경측정 담당자에게 제출할 수 있도록 작성하시오. (단, 동시 샘플링이 가능할
경우 좌측에 작성 후 우측에는 좌동으로 표기하고, 매체는 구체적으로 작성할 것)

항 목	톨루엔	이소프로필알코올	황산
personal pump 유속(L/min)			
매체 종류, 사이즈			
분석기기			
전처리방법			
측정대상 근로자 수			

분야	안전관리	자격 종목	산업위생관리기술사	수험 번호		성명	

※ 각 교시마다 시험시간은 100분입니다.

※ 다음 문제 중 10문제를 선택하여 설명하시오. (각 10점)

01 국제암연구소의 최신 표적장기별 발암성 요인 분류는 사람에게 충분한 근거가 있는 것과 제한된 근거가 있는 것으로 분류하고 있다. 조혈기계 암을 유발하는 유해인자에 대하여 아래 내용을 설명하시오.

(1) 사람에게 충분한 근거가 있는 유해인자 3가지
(2) 사람에게 제한된 근거가 있는 유해인자 3가지

02 위해성평가에서 아래 항목에 대하여 영문 원어(full name)를 쓰고, 의미(뜻)를 설명하시오.

(1) NOAEL
(2) LOAEL
(3) NOEL
(4) LD_{50}
(5) LC_{50}

03 직업병 인정기준에 있어 「산업재해보상보험법 시행령」에서 설명하는 업무상 질병 종류 13종 중 10가지를 설명하시오.

04 산업현장에서 유해화학물질 취급으로 특수건강진단대상 작업에 해당할 때, 특수건강진단 실시 및 사후조치에 대하여 아래 내용을 설명하시오.

(1) 특수건강진단대상 유해인자 중 치과의사에게 검사를 받아야 하는 유해물질 5가지
(2) 건강진단 실시 결과 직업병 유소견자(D_1), 일반질병 유소견자(D_2)로 판정받은 근로자의 업무수행 적합 여부 판정 시 구분과 내용

05 다음은 「산업안전보건기준에 관한 규칙」상 임시작업과 단시간작업에 대한 설명이다. ①~⑤에 들어갈 알맞은 숫자를 쓰시오.

> "임시작업"이란 일시적으로 하는 작업 중 월 (①)시간 미만인 작업을 말한다. 다만, 월 (②)시간 이상 (③)시간 미만인 작업이 매월 행하여지는 작업은 제외한다. "단시간작업"이란 관리대상 유해물질을 취급하는 시간이 1일 (④)시간 미만인 작업을 말한다. 다만, 1일 (⑤)시간 미만인 작업이 매일 수행되는 경우는 제외한다.

06 후드는 유해가스를 포위하는 방식에 따라 포위식, 외부식, 레시버식으로 구분한다. 각 포위방법에 대하여 설명하고 종류를 2가지만 쓰시오.

07 전체환기장치 및 국소배기장치 등 산업환기설비를 설치할 경우, 「산업환기설비에 관한 기술지침」에 따른 배기구의 설치조건에 대하여 설명하시오.

08 국소배기장치의 효율적인 유지관리를 위해서는 정해진 시기에 검사를 실시해야 한다. 국소배기장치 검사가 필요한 시기를 4가지만 설명하시오.

09 외부식 후드에 플랜지를 부착할 경우의 긍정적인 효과에 대하여 설명하고, 플랜지를 부착하지 않은 경우에 비하여 환기량이 어느 정도 적어질 수 있는지 식을 포함하여 설명하시오. (단, 원형 혹은 직사각형 후드에 플랜지가 붙고 이 후드가 공간에 있을 경우를 기준으로 한다.)

10 단체급식시설 종사자에게서 폐암이 발생하여 단체급식시설 종사자의 질병을 예방하기 위하여 「단체급식시설 환기에 관한 기술지침」을 제정하였다. 이 기술지침에서 규정한 아래 용어의 정의에 대하여 쓰시오.
　(1) 단체급식시설
　(2) 조리부산물
　(3) 조리기구
　(4) 급기시설

11 국소배기장치 시스템을 설계할 때는 후드 및 덕트 내 압력손실을 최소화하여 설계하여야 한다. 후드(hood)에서의 압력손실의 종류 3가지와 덕트(duct)에서의 압력손실의 종류 4가지를 구분하여 설명하시오.

12 「작업환경측정 및 정도관리 등에 관한 고시」에 있는 작업환경측정대상 유해인자 중 입자상 물질의 측정 및 분석 방법 6가지를 설명하시오.

13 「산업안전보건법」상 도급인의 안전 및 보건 조치에 대하여 아래 내용을 설명하시오.
　(1) 안전보건총괄책임자의 직무 5가지
　(2) 안전 및 보건에 관한 협의체의 협의사항 5가지

※ 다음 문제 중 4문제를 선택하여 설명하시오. (각 25점)

01 발암성물질로 널리 알려진 벤젠(benzene)에 대하여 아래 내용을 설명하시오.
    (1) 분자식, 물리 · 화학적 특성
    (2) 생물학적 측정지표
    (3) 인체 급성영향
    (4) 인체 만성영향

02 톨루엔 5,000ppm과 사염화탄소 10,000ppm이 공기 중에 존재할 경우의 공기와 톨루엔, 사염화탄소 혼합기체의 유효 비중을 계산하고, 후드의 위치 선정에 대하여 설명하시오. (단, 톨루엔의 비중은 1.463, 사염화탄소의 비중은 5.7, 공기의 비중은 1.0으로 가정한다.)

03 국소배기장치 중 후드에 대하여 아래 내용을 설명하시오.
    (1) 푸시-풀(push-pull) 후드의 정의
    (2) 푸시-풀(push-pull) 후드의 필요환기량에 영향을 미치는 요인
    (3) 푸시-풀(push-pull) 후드의 장점과 단점
    (4) 개방조에 설치하는 제어거리에 따른 후드의 구조와 설치위치

04 국소배기장치의 공기정화장치(air cleaning devices)에 대하여 아래 내용을 설명하시오.
    (1) 공기정화장치를 반드시 설치해야 하는 경우 4가지
    (2) 입자상 물질의 공기정화장치 종류 5가지와 각 집진원리

05 국소배기장치 설계 시 합류점에서 주관과 분지관의 공기 흐름을 원활하게 할 수 있도록 정압을 조정할 수 있다. 이와 같이 주관과 분지관의 정압을 균등하게 유지시켜주는 방법 2가지를 설명하시오.

06 작업장에 국소배기장치를 설치하기 위하여 설계를 실시하고자 한다. 설계의 수순(11단계)과 단계별 중요 사항에 대하여 설명하시오.

제3교시

※ 다음 문제 중 4문제를 선택하여 설명하시오. (각 25점)

01 산업현장에서 발생하는 금속물질에 관한 독성을 파악하고자 한다. 아래 내용을 설명하시오.

(1) 금속의 일반적인 독성기전 4가지
(2) 금속의 독성 파악 시 우선 고려해야 할 요인 4가지

02 유해인자의 노출에 대한 생물학적 모니터링과 작업환경측정에 대하여 아래 내용을 설명하시오.

(1) 생물학적 검체의 종류에 따른 내재용량(Internal dose)의 개념
(2) 생물학적 모니터링과 비교한 작업환경측정의 장점과 단점
(3) 생물학적 모니터링 방법

03 「산업안전보건기준에 관한 규칙」상 관리대상물질 취급작업에 대하여 아래 내용을 설명하시오.

(1) "유기화합물 취급 특별장소" 8가지
(2) 국소배기장치 설비 특례
(3) 유기화학물의 설비 특례

04 작업환경측정에서 예비조사의 중요한 목적은 공정에서 발생하는 유해인자의 특성 등을 조사하는 것이다. 아래 내용을 설명하시오.

(1) 예비조사에서 조사되어야 할 내용
(2) 유사노출그룹(SEG ; Similar Exposure Groups)의 정의, 설정목적, 설정방법
(3) 통계적 변이를 고려할 때 SEG의 노출을 대표할 수 있는 최소 시료채취자 수
(4) SEG에서 시료 수를 추가하여야 하는 경우
(5) 유해인자의 호흡을 통한 노출평가 과정

05 일반적인 분진 작업장의 분진 관리방법에 대하여 아래 내용을 설명하시오.

(1) 발진(發塵)의 방지(분진을 발생시키지 않을 방안)
(2) 비산의 억제(발생한 분진의 비산 방지방안)
(3) 근로자에 대한 방진대책(작업자에게 노출되는 것을 방지하는 방안)

06 「산업안전보건법」에서는 소음에 의한 건강장해 예방을 위하여 여러 가지 조치를 규정하고 있다. 소음에 대하여 아래 내용을 설명하시오.

(1) 소음작업, 강렬한 소음작업, 충격소음작업
(2) 소음수준의 주지사항
(3) 소음 감소조치
(4) 난청 발생에 따른 조치
(5) 청력보존 프로그램 시행대상 사업장

제4교시　　　※ 다음 문제 중 4문제를 선택하여 설명하시오. (각 25점)

01 「화학물질 및 물리적 인자의 노출기준」의 "Skin" 표시에 대하여 아래 내용을 설명하시오.
　(1) Skin 표시 물질의 특징 4가지
　(2) 특별관리물질 중 Skin 표시 물질 종류 5가지
　(3) 피부 흡수에 영향을 미치는 요인

02 직무스트레스 건강장해 예방조치 6가지와 업무상 질병 중 뇌심혈관질환의 인정기준에 대하여 설명하시오.

03 「산업안전보건법」에서는 유해·위험물질을 분류 및 관리하기 위하여 분류기준을 정한다. 화학물질의 위험성 분류기준
　중 건강 및 환경유해성 분류기준 10가지를 쓰고 설명하시오.

04 급식실에서 종사하는 조리사들에게 폐암, 피부질환 등이 발생하여 국소배기장치를 재설치하고자 한다. 「단체급식시설
　환기에 관한 기술지침」에서 정한 급식실의 후드 형식(설치기준) 등에 대하여 8가지만 설명하시오.

05 밀폐공간 내 작업 시의 조치사항에 대하여 아래 내용을 설명하시오.
　(1) 밀폐공간 작업 프로그램에 포함해야 할 사항 5가지
　(2) 근로자가 밀폐공간에서 작업을 시작하기 전 확인하여야 할 사항 5가지
　(3) 산소 및 유해가스 농도 측정자의 자격
　(4) 밀폐공간 작업자가 받아야 하는 특별교육의 내용 5가지

06 작업환경측정 시료의 분석을 외부기관에 위탁하는 경우에 대하여 아래 내용을 설명하시오.
　(1) 측정시료를 분석할 수 있는 분석장비 등을 갖춘 다른 사업장 위탁측정기관이나 작업환경전문연구기관(이하
　　"분석수탁기관"이라 한다) 등에 시료의 분석을 위탁할 수 있는 경우 3가지
　(2) 시료분석 의뢰자가 분석수탁기관에 제공하여야 하는 시료분석 의뢰서에 기재하여야 하는 내용 3가지

제135회 국가기술자격 기술사 시험문제

분야	안전관리	자격 종목	산업위생관리기술사	수험 번호		성명	

제1교시

※ 다음 문제 중 10문제를 선택하여 설명하시오. (각 10점)

01 「산업안전보건법」에 따라 물질안전보건자료 대상물질을 양도·제공하는 자는 해당물질의 용기 및 포장에 경고표지를 부착하여야 한다. 경고표지에 포함되어야 할 사항 중 명칭(제품명)을 제외한 나머지 5가지를 설명하시오.

02 '작업환경측정분석에 대한 일반 기술지침'(KOSHA GUIDE A-180-2020)에서 정하고 있는 다음의 용어를 설명하시오.
- (1) 정량한계(Limit of Quantification)
- (2) 검출한계(Limit of Detection)
- (3) 현장 공시료(Field Blank)
- (4) 회수율(Recovery Rate)
- (5) 탈착효율(Desorption Efficiency)

03 작업 관련 피로 수준을 평가하기 위해서는 사업장의 산업보건 통계자료를 이용하거나 직접 조사를 한다. 「피로도 평가 및 관리지침(KOSHA GUIDE H-91-2021)」에 따라 피로 평가에 사용될 수 있는 사업장 지표 5가지를 설명하시오.

04 핸드폰 부품 표면의 이물질을 닦아내기 위해 아세톤을 사용하는 작업대에 외부식후드 국소배기장치를 설치하였다. 후드 개구면 속도를 균일하게 분포시킬 수 있는 방법 중 4가지만 쓰시오.

05 건물의 외부와 내부의 온도 차이는 자연환기에 많은 영향을 주는 요소이다. 다음의 용어를 설명하시오.
- (1) 중성대(Neutral Pressure Level, NPL)
- (2) 굴뚝효과(Stack effect)

06 화학물질의 제조 및 사용이나 화석연료의 연소과정에서 주로 발생되는 가스상 오염 물질의 처리를 위해 고도 산화처리 방법(Advanced Oxidation Processes, AOP)에 대하여 정의하고, 처리방법 3가지를 설명하시오.

07 다음의 그림을 보고 해당되는 기류현상의 명칭과 발생원인을 각각 설명하시오.

(1) 덕트 내로 공기가 유입되는 그림   (2) 부스형 후드 안에서 작업자가 기류를 등지고 작업하는 그림

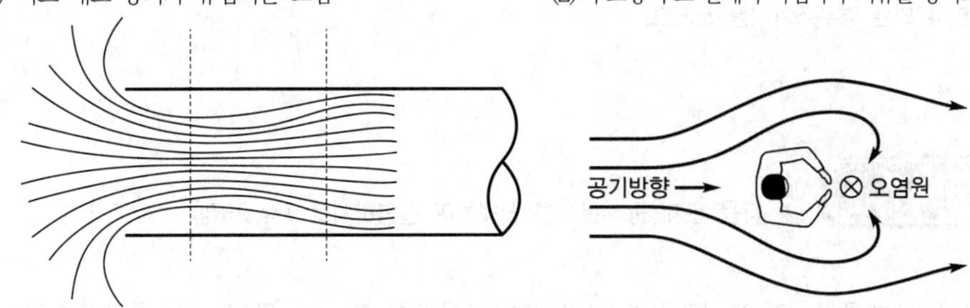

08 기압 760mmHg, 온도 21℃, 동점성계수 1.5×10^{-5} m^2/s일 때, 직경이 200mm인 덕트에 Re(Reynolds Number)가 천이유동 범위이기 위한 공기의 속도 범위(m/s)를 구하시오. (단, 소숫점 셋째자리에서 반올림)

09 다음 각 현장에서 질식 및 중독사고가 발생되었다. 다음 사항을 설명하시오. (단, 노출기준은 고용노동부 고시에 따른다.)

(1) 돈사 폐수처리장에서 발생된 질식 사고의 원인물질 및 노출기준(TWA, STEL)
(2) 아파트 신축 현장에서 콘크리트 보온 양생 용도로 설치한 갈탄 난로의 관리 및 양생 상태를 확인하던 중 발생된 질식 사고의 원인물질 및 노출기준(TWA, STEL)
(3) 도로상 맨홀 내부에 오수·우수 조절밸브 시험 가동을 위해 사다리를 이용하여 내려가던 중 발생된 질식사고의 원인 및 적정 관리기준

10 입자상 물질에 대하여 여과지로 작업환경을 측정할 때 여과채취 시 발생되는 작용기전 6가지를 설명하고, 여과 효율에 영향을 주는 요소 6가지를 쓰시오.

11 크롬은 스테인레스강과 고합금강의 성분이며, 비중격 천공을 일으키고, 일부 종류의 크롬에 과도하게 노출되었을 경우 피부자극, 폐암의 원인과 관련이 있다고 알려져 있다. 따라서 스테인레스 용접에 대한 작업환경측정 시 용접 종류에 따라 피복금속 아크용접이나 플럭스 코어드 아크용접 또는 가스금속 아크용접인 경우에는 6가크롬을 같이 측정하여야 하며 용접 종류에 따라 노출 가능한 6가크롬을 선정하고 노출수준을 평가하여야 한다. 아래 빈칸을 채우시오.

	용접종류	유해물질명	노출기준
스테인레스강 용접	가스금속 아크용접	(①)	(④)mg/m^3
	피복금속 아크용접	(②)	(⑤)mg/m^3
	플럭스 코어드 아크용접	(③)	(⑥)mg/m^3

12 수동식 시료채취기의 성능평가를 위한 NIOSH 규약과 관련하여 다음 사항을 설명하시오.

(1) 분석회수율(Analytical recovery)을 위한 실험 목적 2가지
(2) 역확산(Reverse diffusion)이 일어나는 경우 3가지

13 「산업안전보건법」 제36조 제2항에 따라 위험성평가를 실시할 경우에는 해당 작업장의 근로자를 참여시켜야 한다. 이에 따라 사업장 위험성평가에 관한 지침(고용노동부고시 제2024-76호)에서 동 평가시 해당 작업에 종사하는 근로자를 참여시켜야 되는 경우 5가지를 쓰시오.

제2교시　　※ 다음 문제 중 4문제를 선택하여 설명하시오. (각 25점)

01 「산업안전보건기준에 관한 규칙」에 따라 사업주는 인체에 해로운 분진, 흄(fume), 미스트(mist), 증기 또는 가스 상태의 물질을 배출하기 위하여 국소배기장치를 설치해야 한다. 다음 사항에 대한 설치기준을 설명하시오.

(1) 후드의 설치기준 4가지

(2) 덕트의 설치기준 5가지

(3) 공기정화장치 전단에 배풍기를 설치하여야 하는 기준 2가지(단, 국소배기장치에 공기정화장치를 설치하는 경우)

(4) 배기구의 설치기준(단, 공기정화장치가 설치된 이동식 국소배기장치는 제외)

(5) 분진 등을 배출하는 장치나 설비로 인해 근로자의 건강장해 예방을 위한 배기의 처리

02 온도가 200℃인 회분식 건조오븐 내 크실렌 또는 톨루엔이 4L/h로 사용되고 있을 때 화재·폭발방지를 위한 다음 사항을 설명하시오.

> • 크실렌 : LEL=1%, 비중=0.88, 분자량=106g
> • 이톨루엔 : LEL=1%, 비중=0.86, 분자량=92g

(1) 화재·폭발방지를 위한 필요환기량(m^3/min) 계산(단, 안전계수는 10을 적용하고, 계산값은 소수점 셋째 자리에서 반올림)

(2) 연속공정 및 회분식공정에 따른 안전계수 값 설정

03 단체급식시설 환기에 관한 기술 지침(KOSHA GUIDE W-26-2023)에 따라 다음의 환기시설 설치방법을 설명하시오.

(1) 국소배기장치 후드 설치방법

① 설치 위치

② 후드 크기

③ 후드 면풍속 설계기준

(2) 전체환기 배기덕트 설치방법

① 천장이 편평하고 덕트 설치가 가능한 경우

② 천장에 보가 설치된 경우

③ 간섭에 의해 덕트 설치가 불가능한 경우

(3) 급기시설 설치방법

04 「산업안전보건기준에 관한 규칙」 제422조에 따라 사업주는 근로자가 실내 작업장에서 관리대상 유해물질을 취급하는 업무에 종사하는 경우 그 작업장에 관리대상 유해물질의 가스·증기 또는 분진의 발산원을 밀폐하는 설비 또는 국소배기장치를 설치하여야 한다. 다만, 임시작업 또는 단시간 작업의 경우 밀폐설비나 국소배기장치를 설치하지 아니할 수 있다. 위 규정에서 정하고 있는 다음 각각의 특례에 대하여 설명하시오.

(1) 임시작업인 경우의 설비 특례
(2) 단시간작업인 경우의 설비 특례

05 국소배기장치의 주된 고장 원인은 흡인 중단이나 흡인 능력 저하이다. 다음 국소배기장치의 성능 저하(제어속도 저하 등)에 대한 개선대책을 설명하시오.

(1) 후드 증설 등으로 인해 송풍량이 부족한 경우
(2) 덕트 내 분진 등의 퇴적으로 압력손실이 증대하여 필요 송풍량을 얻을 수 없는 경우
(3) 집진기 내부에 분진의 퇴적으로 송풍량이 부족한 경우

06 국소배기장치 총압력손실의 계산 목적은 각 후드의 제어속도와 덕트 내 반송속도를 얻는데 필요한 송풍량을 확보하는 것이다. 총압력손실 계산방법에 관한 다음 사항을 설명하시오.

(1) 정압조절평형법
(2) 정압조절평형법이 주로 사용되는 경우
(3) 정압조절평형법의 장·단점 각각 5가지

제3교시

※ 다음 문제 중 4문제를 선택하여 설명하시오. (각 25점)

01 「산업안전보건법」 제13조 제1항에 따라 고용노동부장관은 산업재해 예방을 위하여 작업환경에 관한 표준을 정하여 사업주에게 지도·권고할 수 있다. 이를 근거로 규정된 사무실 공기질 관리 지침(고용노동부 고시 제2020-45호)과 관련한 다음 사항을 설명하시오.

(1) 다음의 오염물질 5가지에 대한 관리기준 및 측정횟수(측정시기), 시료채취방법, 시료채취시간, 분석방법
   ① 초미세먼지(PM 2.5)
   ② 이산화탄소(CO_2)
   ③ 이산화질소(NO_2)
   ④ 총휘발성유기화합물(TVOC)
   ⑤ 총부유세균
(2) 사무실 공기 오염물질의 관리기준에 대한 정의를 쓰고, 라돈의 적용조건, 관리기준, 측정횟수(측정시기), 시료채취시간, 시료채취방법, 분석방법
(3) 실내공기질 측정 시 포름알데히드(Formaldehyde, HCHO)의 관리기준, 측정횟수(측정시기), 시료채취시간, 시료채취방법, 분석방법

02 유해물질의 허용농도는 광범위한 문헌조사를 통하여 독성자료를 수집하고, 평가하여 설정된다. ACGIH(미국정부 산업위생 전문가협의회)에서는 매년 최신 독성자료를 조사하여 제·개정하려고 노력하고 있다. 다음 사항에 대하여 설명하시오.

  (1) 유해물질 허용농도를 설정하는 근거 4가지
  (2) 화학물질에 노출된 근로자의 생물학적 검체인 소변, 혈액, 변, 다른 인체조직이나 세포 등에서 화학적 내재용량 (Internal Dose)을 측정하여 노출정도나 건강위험을 평가하는 생물학적 모니터링(Biological Monitoring of Exposure) 결과와 생물학적 노출지수(Biological Exposure Indices, BEI)를 비교하는 경우에 주의해야 할 사항 8가지

03 작업환경측정 및 정도관리 등에 관한 고시(고용노동부 고시 제2020-44호)와 관련한 다음 사항을 설명하시오.

  (1) 다음 용어의 정의
    ① 냉각응축채취방법 ② 호흡성분진 ③ 흡입성분진 ④ 정확도 ⑤ 정밀도
  (2) 위 고시에는 시간가중평균치(TWA)가 설정되어 있는 대상물질을 측정하는 경우에 1일 작업시간 동안 6시간 이상 연속 측정하거나 작업시간 동안 등 간격으로 나누어 6시간 이상 연속 분리하여 측정하도록 규정되어 있다. 그럼에도 불구하고 대상물질의 발생 시간 동안 작업환경측정을 실시할 수 있는 경우 3가지
  (3) OSHA(미국 산업안전보건청)에서는 작업장의 유해물질에 관한 허용농도(Permissible Exposure Limit, PEL)를 정하고, 이를 근거로 해당 작업장의 작업환경을 평가하고 있다. 카르바릴 농도를 측정하기 위하여 4개의 시료가 연속적으로 포집되었다. 다음의 측정성적표를 완성하시오.

시 료	공기속도(Lpm)	포집시간(분)	부피(liter, L)	무게(mg)	농도(mg/m³)
A	2.00	130.0	(ⓐ)	1.394	5.36
B	1.98	(ⓑ)	198.0	1.192	6.02
C	(ⓒ)	119.4	240.0	1.298	5.41
D	2.01	110.0	(ⓓ)	1.225	(ⓔ)

04 「산업안전보건법」상 작업환경측정 관련 규정에 대한 다음 사항을 설명하시오.

  (1) 작업환경측정 대상 유해인자에 노출되는 근로자가 있는 작업장 중 작업환경측정을 하지 않아도 되는 경우 4가지
  (2) 예비조사를 하는 경우 측정계획서에 포함되어야 할 내용 4가지
  (3) 작업환경측정 대상 유해인자 중 가스상 물질의 경우 개인시료채취 또는 이와 동등 이상의 특성을 가진 측정기 기를 사용하여 측정하여야 하나 검지관 방식으로도 측정할 수 있는 경우 3가지
  (4) 개인시료채취 근로자수 및 지역시료채취 측정지점 선정 방법
  (5) 고열 측정방법 3가지

05 작업환경측정 및 분석기구의 보정, 시료채취 및 분석과정에서 발생할 수 있는 측정오차에 대한 다음 사항을 설명하시오.

  (1) 공기채취기의 보정에 사용되는 1차 표준기구와 2차 표준기구의 의미
  (2) 계통오차(편차)와 임의오차(비계통오차, 확률오차)
  (3) 시료채취와 분석과정에서 측정오차를 일으킬 수 있는 요인(시료채취와 분석과정)
  (4) 유량, 측정시간, 회수율 및 분석 등과 기타 환경요소에 의한 오차가 10, 8, −5 및 3%일 때 누적오차를 계산하고, 누적오차를 최소화하기 위한 방법 (단, 소수점 셋째 자리에서 반올림)

06 납 축전지 제조공장에서 납의 농도를 측정·분석한 결과가 다음과 같을 경우 다음 사항을 설명하시오.

> ① 공기 채취량 264리터
> ② 전처리 후에 10% 질산 10mL로 추출하고 불꽃을 이용한 AAS(원자흡광광도계)로 분석
> ③ 분석결과, 채취한 시료의 납 농도가 $5.5\,\mu g/mL$(공시료 농도 $0.09\,\mu g/mL$)
> ④ 회수율 98%

(1) 채취에 사용한 여과지의 재질과 규격(직경, 공극)을 쓰고, 이 여과지가 금속 채취에 적합한 이유
(2) 검량선 작성의 의미, 검량선 실험과정(단, 표준용액 최소 제조 갯수, 재현성 검증 포함)
(3) 회수율을 실험하는 목적
(4) 납 축전지 공장의 납 농도(mg/m^3)를 계산

제4교시

※ 다음 문제 중 4문제를 선택하여 설명하시오. (각 25점)

01 A콜센터에서는 고객응대 근로자의 감정노동 실태를 파악하고, 건강 유해요인을 평가하기 위해 「고객응대 근로자의 감정노동 평가 지침(KOSHA GUIDE H-163-2021)」을 활용하고자 한다. 다음 사항을 설명하시오.
(1) 감정노동의 구성요소 4가지
(2) 한국형 감정노동 평가도구(K_ELS®11)에 따른 측정항목 4가지
(3) 감정노동에 따른 건강영향

02 야간작업은 신체적 피로 및 스트레스에 의해 수면장애, 심혈관질환 등 다양한 건강문제를 야기할 수 있다. 산업안전보건 법령상 야간작업자의 건강관리 규정과 관련하여 다음 사항을 설명하시오.
(1) 야간작업의 정의
(2) 야간작업자의 정의
(3) 신규입사자 배치 시 배치 예정 업무에 대한 적합성 평가를 위하여 특수건강진단을 실시해야 하는 야간작업 2종
(4) 「산업안전보건법」 시행규칙(별표23)에 따른 야간작업(2종) 재직자의 특수건강진단의 시기와 주기

03 「산업안전보건법」에서 규정하고 있는 방사선 업무와 관련하여 다음의 내용을 설명하시오.
(1) 방사선 관리구역을 지정하고 게시하여야 할 내용 4가지
(2) 방사선 업무에 관계되는 작업(의료 및 실험용은 제외) 특별교육 내용 4가지
(3) 방사성물질 취급 작업실 안의 벽·책상 등 오염 우려가 있는 부분의 구조 3가지
(4) 전리방사선 노출 근로자 건강관리지침(KOSHA GUIDE H-62-2021)에 따른 선량한도와 등가선량의 용어 정의, 전리 방사선의 노출 경로(외부 노출과 내부 노출로 구분하여 설명), 전리 방사선의 체내 작용기전(직접 작용과 간접 작용으로 구분하여 설명)

04 「산업안전보건기준에 관한 규칙」에서 규정하고 있는 밀폐공간 작업관리와 관련하여 다음 사항을 설명하시오.

   (1) 밀폐공간, 유해가스, 적정공기, 산소결핍, 산소결핍증에 대한 용어의 정의
   (2) 밀폐공간에서 작업을 시작하기 전에 근로자가 안전한 상태에서 작업을 하도록 확인해야 하는 사항 6가지
   (3) 밀폐공간의 산소 및 유해가스 농도를 측정 평가하는 자에 대하여 밀폐공간에서 작업을 시작하기 전에 숙지해야
       하는 내용 사항 4가지
   (4) 밀폐공간 내 작업 시 조치로서 환기와 보호구 지급 및 착용에 관한 사항 2가지
   (5) 밀폐공간 작업 프로그램 수립 및 시행 시 포함되어야 할 사항 5가지

05 「산업안전보건법」에서 최근 일부 개정된 청력보존 프로그램에 대하여 아래 내용을 설명하시오.

   (1) 사업장에서 청력보존 프로그램을 수립하고 시행해야 하는 경우 2가지와 최근('24. 6. 28) 변경 내용
   (2) 청력보존 프로그램에 포함된 소음측정 및 노출평가의 목적 5가지
   (3) 소음성 난청이 발생할 수 있는 고음의 경고음이 수시로 발생하고 있는 현장에서 안전사고 위험을 고려하여
       귀마개 등 청력보호구의 착용을 기피하는 경우에 선정해야 하는 청력보호구(귀마개)의 형태 및 선정 이유

06 「공기 중 제조나노물질의 노출평가에 대한 기술지침(KOSHA GUIDE, W-24-2017)」에서 제시하고 있는 실시간 나노입
자 측정방법과 관련하여 다음 질문에 답하시오.

   (1) 공기 중 나노입자의 크기분포 및 시간에 따른 농도 변화, 노출 특성 등을 확인하기 위한 실시간 입자 측정기기
       5가지
   (2) 입자크기 범위가 넓어 하나의 기기로 측정할 수 없는 경우의 측정방법

제137회 국가기술자격 기술사 시험문제

분야	안전관리	자격 종목	산업위생관리기술사	수험 번호		성명	

제1교시

※ 다음 문제 중 10문제를 선택하여 설명하시오. (각 10점)

01 최근 폭염으로 인한 근로자의 온열질환 위험이 증가하고 있다. 사업주는 근로자가 체감온도 31℃ 이상이 되는 작업장에서 일하는 경우 적절한 온열질환 예방조치를 해야 한다. 다음에 대하여 설명하시오.
- (1) 온열질환 민감군의 정의
- (2) 고용노동부 2025년 온열질환 예방조치 중 준수하여야 할 기본수칙 5가지

02 최근 어느 반도체 공장에서 반도체 웨이퍼 공정의 작업자가 방사선에 피폭된 사고가 있었다. 방사선 중 이온화방사선에 대하여 다음을 설명하시오.
- (1) 정의
- (2) 종류
- (3) 인체영향

03 포스핀에 대한 작업환경측정·분석 기술지원규정(KOSHA GUIDE)에 대하여 다음을 설명하시오.
- (1) 시료채취매체
- (2) 전처리
- (3) 분석방법
- (4) TWA(ppm) 노출기준
- (5) STEL(ppm) 노출기준

04 산업안전보건법에서 규정한 근로자의 건강장해를 예방하기 위하여 필요한 조치 중 보건조치 대상 5가지를 설명하시오.

05 교대작업자의 보건관리지침(KOSHA GUIDE) 관련 다음을 설명하시오.
- (1) 교대작업자로 배치할 때 업무적합성평가가 필요한 대상 근로자(10가지)
- (2) 특수건강진단 대상 야간작업 2종

06 신규화학물질의 유해성·위험성 조사 및 검토지침(KOSHA GUIDE)에서 정한 다음 용어의 정의를 설명하시오.

(1) 단량체단위
(2) 수평균분자량
(3) EC_{50}
(4) IC_{50}

07 비소(Arsenic, As)에 대한 작업환경측정·분석 기술지침(KOSHA GUIDE)과 삼수소화 비소(Arsine, AsH_3)에 대한 작업환경측정·분석 기술지침(KOSHA GUIDE)에 의거하여 시료채취 및 분석 등에 필요한 다음 사항을 설명하시오.

번 호	구 분	비소(Arsenic)	삼수소화비소(Arsine)
1	노출기준		
2	시료채취매체		
3	유량 및 공기량(최소~최대)		
4	분석기술(분석기기)		
5	전처리(또는 탈착시료)		

08 단체급식시설 환기에 관한 기술지침(KOSHA GUIDE)에 의한 단체급식시설 및 상업용 조리시설 설치와 관련하여 다음을 설명하시오.

(1) 조리기구별(1개당) 후드 면풍속(m/sec) 설계기준

구 분	부침기	오 븐	국 솥	튀김솥	가스렌지	세척기 입출구
후드 면풍속						

(2) 조리 부산물의 원활한 확산을 위해 배풍기의 배기구는 지붕면이나 벽면으로부터 (　)m 이상 이격하여 설치

09 산업안전보건법에서 정한 유해인자별 보건관리전문기관에 보건관리업무를 위탁할 수 있는 사업을 5가지만 설명하시오.

10 고용노동부 고시 화학물질의 분류·표시 및 물질안전보건자료에 관한 기준에 의하면 "심한 눈 손상성/눈 자극성 물질"은 3종으로 구분된다. 각 구분의 명칭, 그림문자 명칭, 신호어를 다음의 표에 작성하시오. (단, 그림문자 명칭은 고용노동부 고시에 의하며, 해당없을 경우는 "없음"으로 작성한다.)

구분의 명칭	1	(　　　)	(　　　)
그림문자 명칭	부식성 그림문자	(　　　)	(　　　)
신호어	위험	(　　)	경고

11 ACGIH(미국정부산업위생전문가협의회)가 정의한 고열작업장의 작업강도를 3가지로 구분하여 설명하시오.

12 근골격계부담작업 11가지 중 과도한 힘을 사용할 때 발생할 수 있는 근골격계 부담작업 4가지를 설명하시오.

13 산업안전보건기준에 관한 규칙에서 위험물질의 종류로 급성독성 물질에 대한 내용 중 ( )에 들어갈 내용을 쓰시오.

(1) 쥐에 대한 경구투입실험에 의하여 실험동물의 50퍼센트를 사망시킬 수 있는 물질의 양, 즉 LD_{50}(경구, 쥐)이 (①)-(체중) 이하인 화학물질

(2) 쥐 또는 토끼에 대한 경피흡수실험에 의하여 실험동물의 50퍼센트를 사망시킬 수 있는 물질의 양, 즉 LD_{50}(경피, 토끼 또는 쥐)이 (②)-(체중) 이하인 화학물질

(3) 쥐에 대한 4시간 동안의 흡입실험에 의하여 실험동물의 50퍼센트를 사망시킬 수 있는 물질의 농도, 즉 가스 LC_{50}(쥐, 4시간 흡입)이 (③) 이하인 화학물질, 증기 LC_{50}(쥐, 4시간 흡입)이 (④) 이하인 화학물질, 분진 또는 미스트 (⑤) 이하인 화학물질

제2교시

※ 다음 문제 중 4문제를 선택하여 설명하시오. (각 25점)

01 목제품 제조 공장에서 작업 시 발생되는 목분진으로부터 근로자의 건강보호 및 업무상 질병을 예방하기 위하여 국소배기장치를 설치하고자 한다. 다음을 설명하시오.

(1) 국소배기장치의 설계 기준
(2) 산업안전보건기준에 관한 규칙에 대한 국소배기장치의 제어속도(단, 회전체가 없는 작업의 제어풍속 기준)
(3) 국소배기장치의 설계 절차
(4) 공기정화장치로 가장 적합한 형식과 이유

02 송풍기의 시스템 손실을 최소화하기 위한 다음을 설명하시오.

(1) 'Six In and Three Out' 규칙 그림을 그리고 설명
(2) 송풍기 입구 및 출구의 시스템 손실을 최소화하는 방안

03 산업환기에서 사용하는 원심형 송풍기(fan)에 대하여 다음을 설명하시오.

(1) 원심형 송풍기(centrifugal fans) 3종류에 대한 각각의 개요 및 특징
(2) 원심형 송풍기 3종류에 대한 전형적인 성능곡선을 중심으로 설명(단, X축은 송풍량(%), Y축은 정압, 효율, 동력(%))

04 HVAC(Heating, Ventilation and Air Conditioning) 시스템에 대하여 다음을 설명하시오.

(1) HVAC 시스템의 정의
(2) HVAC 시스템 설계 시 고려해야 할 사항
(3) 적정한 공기분배를 위한 고려사항 2가지

05 공기정화장치 중 전기집진기(electrostatic precipitators)에 대하여 다음을 설명하시오.

(1) 전기집진기의 집진 기전(Mechanism) 5가지
(2) 장점 및 단점 각 5가지

06 다음 후드에 대한 필요 송풍량(m³/min)을 구하시오.

(1) 입자상 물질을 취급하는 작업으로 외부식 정사각형 상방흡인형 후드 설치를 계획했을 경우 필요 송풍량(단, 제어풍속은 1.2m/sec, 후드 한 변 길이 1.2m, 작업대와 후드 높이는 0.3m, 높이계수는 H/L≤0.3, 열상승 기류는 무시해도 지장이 없는 것으로 한다.)

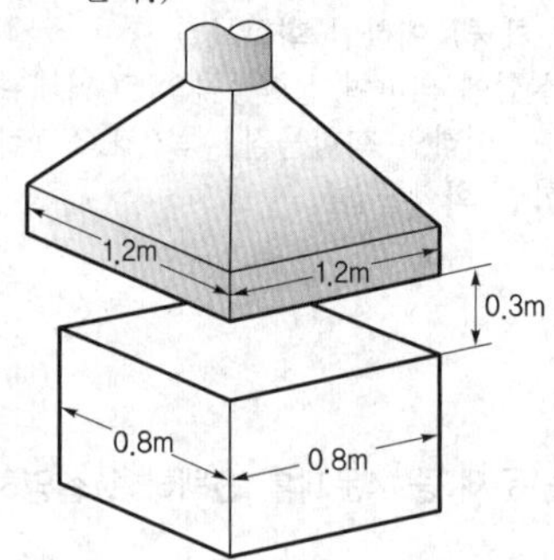

(2) 분진을 취급하는 작업으로 다음과 같이 외부식 정사각형 캐노피형 후드(3측면 개방) 설치를 계획했을 경우 필요 송풍량(단, 제어풍속은 1.0m/sec, W: 80cm, H: 60cm, 열상승 기류는 무시한다.)

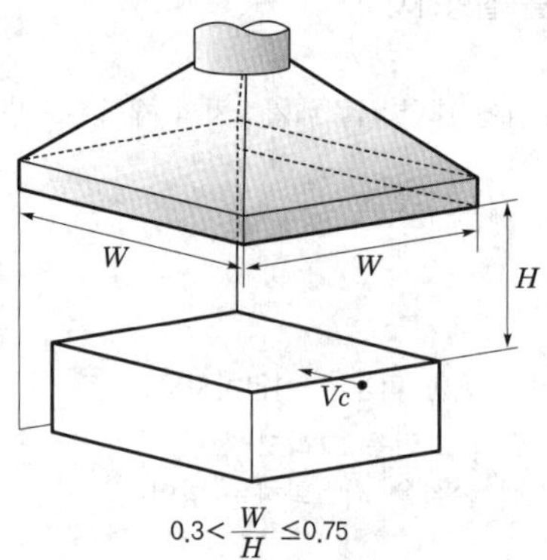

제3교시

※ 다음 문제 중 4문제를 선택하여 설명하시오. (각 25점)

01 반도체 공정 등에서 사용하는 수산화테트라메틸암모늄(TMAH)으로 인한 급성중독에 대하여 다음을 설명하시오.
(1) TMAH의 건강영향 및 유해 위험성
(2) 예방 관리 조치사항

02 작업환경측정과 관련된 다음을 설명하시오.
(1) 산업안전보건법에 따른 광물성분진 구분 중 규산 3가지, 규산염 5가지
(2) 사이클론(cyclone)의 채취원리 4단계
(3) 사이클론(cyclone)의 유량을 보정하는 방법

03 수은에 대한 작업환경측정·분석 기술지침(KOSHA GUIDE)의 시료채취방법, 전처리 및 분석 과정을 설명하시오.

04 작업환경측정 및 정도관리 등에 관한 고시에 따른 다음 내용을 설명하시오.
   (1) 용어의 정의
     ① 액체채취방법 ② 단위작업장소 ③ 정도관리 ④ 정확도 ⑤ 정밀도
   (2) 검지관 방식으로 측정이 가능한 경우 3가지
   (3) 검지관으로 측정한 결과가 노출기준을 초과했을 때 취해야 할 조치사항
   (4) 고열에 대한 측정방법
   (5) 소음에 대한 측정방법

05 밀폐공간작업 프로그램 수립 및 시행에 관한 기술지침(KOSHA GUIDE)에 따른 다음 내용을 설명하시오.
   (1) 밀폐공간 작업프로그램 평가 포함사항 6가지
   (2) 밀폐공간 작업 프로그램의 기록 · 보관사항 5가지
   (3) 밀폐공간 유해가스 측정시기, 측정지점 및 측정방법
   (4) 밀폐공간에서 공기호흡기를 사용할 경우 사용 전 점검사항 4가지

06 최근 5년간 소음 작업환경측정 결과가 A 공정은 매년 90dB(A)를 초과하여 청력보존 프로그램을 실시하고 있다. 해당 공정에서 근무중인 30세 B 작업자의 우측 귀 청력검사 결과 〈표 1〉와 연령 보정을 위한 표준역치 변동표 〈표 2〉가 아래와 같이 평가되었다. 다음을 설명하시오.

〈표 1〉 B 작업자의 연령별 우측 귀의 청력검사 결과

작업자 연령	주파수별 청력역치(dBHL)				
	1,000Hz	2,000Hz	3,000Hz	4,000Hz	6,000Hz
26	10	5	5	10	5
27	0	0	0	5	5
28	0	0	5	10	5
29	5	10	10	15	10
30	5	15	10	20	15

〈표 2〉 B 작업자의 연령별 표준역치 변동 적용을 위한 연령 보정표

작업자 연령	주파수별 청력역치(dBHL)				
	1,000Hz	2,000Hz	3,000Hz	4,000Hz	6,000Hz
26	7	5	6	5	7
27	7	5	7	6	7
28	7	6	7	6	8
29	8	6	7	7	9
30	8	6	7	7	9

   (1) 산업안전보건기준에 관한 규칙에 따른 청력보존 프로그램의 정의와 실시대상 사업장, 난청 발생에 따른 조치사항
   (2) 30세 B 작업자의 표준역치 변동값 산출 및 청력 상태 평가
   (3) 산업재해보상보험법에 따라 소음성 난청이 업무상 질병으로 인정되기 위한 기준

제4교시

※ 다음 문제 중 4문제를 선택하여 설명하시오. (각 25점)

01 작업피로와 관련하여 다음 사항을 설명하시오.
   (1) 호기성 대사 기전
   (2) 생리학적 원인 3가지

02 국소진동공구 취급 근로자의 보건관리지침(KOSHA GUIDE)과 관련하여 다음 사항을 설명하시오.
   (1) 국소진동에 의한 발생할 수 있는 건강 영향(진동 증후군) 2가지를 구분하여 설명
   (2) 국소진동공구 취급 시 공학적 관리대책 3가지

03 생물학적 모니터링(Biological Monitoring)에 대한 정의, 분류 및 장·단점을 각각 설명하시오.

04 호흡보호구의 선정·사용 및 관리에 관한 지침(KOSHA GUIDE)에 따른 다음 사항을 설명하시오.
   (1) 특급 방진마스크의 제거대상 오염물질 종류
   (2) 방독마스크 정화통 종류 및 외부 측면의 표시 색깔
   (3) 호흡보호구별 할당보호계수
   (4) 메탄올 노출기준 200ppm, 공기 중 오염물질 농도가 400ppm일 때 선정해야 할 호흡보호구

05 작업장에서 라돈 보건관리에 관한 기술지침(KOSHA GUIDE)과 관련하여 다음의 내용을 설명하시오.
   (1) 라돈 및 딸핵종의 정의
   (2) 라돈 농도 수준별($100Bq/m^3$ 초과 시, $300Bq/m^3$ 초과 시, $600Bq/m^3$ 초과 시) 각각의 조치사항
   (3) 공기 중의 라돈 농도에 의한 연간 피폭 선량평가식

06 중대재해처벌법에 따라 경영책임자가 반기 1회 이상 점검해야 할 안전보건관리체계 7가지 이행사항을 설명하시오.

참고문헌

[관련 기관 및 사이트]

국소배기장치 검사원 양성교육, 한국산업안전보건공단
보건복지부(질병관리본부), 유비저 관리지침
한국방송통신대학교출판부, 산업독성학
한국산업안전보건공단, 산업안전보건 연구원 자료실
한국환경공단
한국환경정책 평가연구원, 유해 대기오염물질 규제에 관한 국내 대응방안 연구
호남권 중대산업사고 예방센터, VOC 처리설비의 안전
환경부, 대기관리(전문가과정)
환경연구정보시스템(DICER)

[관련 도서]

GC/MS를 이용한 현장의 유기미지시료 분석, 최인자
건축환경계획, 문운당, 이경회, 2010, p154
건축환경공학, 서우, 김재수, 2008, p156
산, 염기 시료의 분석방법 비교, 정지애,
산 · 염기 시료의 분석방법 비교, 정지애(산재의료관리원 안산중앙병원)
산업독성학, 한국방송통신대학교 출판부
산업보건위생, 신광문화사, 한돈희 외
산업위생학, 신광문화사, 한돈희 외
산업환기공학, 신광문화사, 한돈희
석탄을 원료로 하는 활성단의 제조와 물성에 대한환경공학회지, 1998, 김상철 · 홍인권
유해물질 작업환경 측정 · 분석 방법, 안전보건연구원
작업환경측정 및 평가, 백남원 외, 신광출판사
저농도 물질 측정분석의 검출한계, 정량한계 및 그 이하 자료처리, 윤충식
제로조건에 따른 활성탄의 특성 및 수은흡착효율, 한국대기환경학회지, 민효기 외
중금속 측정 및 분석, 산업안전보건연구원, 이병규
중금속 측정 및 분석, 한국산업안전보건공단, 이병규
화학물질 위험성 평가 매뉴얼, 산업안전보건공단, 2012
전신 및 손-팔에 가해지는 진동으로 인한 위험
산업위생 핸드북, 안전보건공단
용접작업안전, 안전보건공단

[KOSHA GUIDE]

작업환경측정분석에 대한 일반 기술지침(KOSHA GUIDE A-180-2020)
황산에 대한 작업환경측정 · 분석 기술지침(KOSHA GUIDE A-179-2019)
질산에 대한 작업환경측정 · 분석 기술지침(KOSHA GUIDE A-185-2020)

납에 대한 작업환경측정 · 분석 기술지침(KOSHA GUIDE A-2-2019)
니켈에 대한 작업환경측정 · 분석 기술지침(KOSHA GUIDE A-3-2019)
N,N-디메틸포름아미드에 대한 작업환경측정 · 분석 기술지침(KOSHA GUIDE A-114-2019)
벤젠에 대한 작업환경측정 · 분석 기술지침(KOSHA GUIDE A-69-2019)
2-브로모프로판에 대한 작업환경측정 · 분석 기술지침(KOSHA GUIDE A-40-2019)
석면에 대한 작업환경측정 · 분석 기술지침(KOSHA GUIDE A-175-2019)
6가 크롬에 대한 작업환경측정 · 분석 기술지침(KOSHA GUIDE A-173-2019)
이황화탄소에 대한 작업환경측정 · 분석 기술지침(KOSHA GUIDE A-99-2019)
카드뮴에 대한 작업환경측정 · 분석 기술지침(KOSHA GUIDE A-14-2019)
톨루엔-2,4-디이소시아네이트에 대한 작업환경측정 · 분석 기술지침(KOSHA GUIDE A-76-2019)
트리클로로에틸렌에 대한 작업환경측정 · 분석 기술지침(KOSHA GUIDE A-24-2019)
포름알데히드(GC법)에 대한 작업환경측정 · 분석 기술지침(KOSHA GUIDE A-57-2018)
시클로헥사놀에 대한 작업환경측정 · 분석 기술지침(KOSHA GUIDE A-139-2018)
포름알데히드(HPLC법)에 대한 작업환경측정 · 분석 기술지침(KOSHA GUIDE A-56-2019)
메탄올에 대한 작업환경측정 · 분석 기술지침(KOSHA GUIDE A-117-2023)
인듐에 대한 작업환경측정 · 분석 기술지침(KOSHA GUIDE A-181-2020)
1,2 디클로로프로판에 대한 작업환경측정 · 분석 기술지침(KOSHA GUIDE A-188-2021)
할로겐화탄화수소(수동식시료채취기)에 대한 작업환경측정 · 분석 기술지침(KOSHA GUIDE A-191-2023)
톨루엔에 대한 작업환경측정 · 분석 기술지침(KOSHA GUIDE A-72-2019)
탄화수소(끓는점 36~216℃)에 대한 작업환경측정 · 분석 기술지침(KOSHA GUIDE E-H-1-2025)
포스핀에 대한 작업환경측정 · 분석 기술지침(KOSHA GUIDE E-H-2-2025)
불화수소에 대한 작업환경측정 · 분석 기술지침(KOSHA GUIDE A-154-2018)
생물학적 노출지표 검사시료 채취 지침(KOSHA GUIDE H-216-2022)
일산화탄소의 생물학적 노출지표물질 분석에 관한 기술지침(KOSHA GUIDE H-99-2023)
트리클로로에틸렌의 생물학적 노출지표물질 분석에 관한기술지침(KOSHA GUIDE H-20-2023)
톨루엔의 생물학적 노출지표물질 분석에 관한 기술지침(KOSHA GUIDE H-8-2023)
벤젠의 생물학적 노출지표물질 분석에 관한 기술지침(KOSHA GUIDE H-19-2023)
카드뮴의 생물학적 노출지표물질 분석에 관한 기술지침(KOSHA GUIDE H-17-2021)
근골격계 질환 예방을 위한 기술지원규정(KOSHA GUIDE, E-G-1-2025)
직무스트레스로 인한 건강장해 예방 기술지원규정(KOSHA GUIDE, E-G-2-2025)
영상표시단말기를 사용하는 사무환경 관리에 관한 기술지원규정(KOSHA GUIDE, E-G-3-2025)
청력보존 프로그램의 수립 · 시행에 관한 기술지원규정(KOSHA GUIDE, E-M-1-2025)
소음성 난청으로 진단된 근로자의 의학적 관리를 위한 기술지원규정(KOSHA GUIDE, E-M-2-2025)
작업장에서의 소음측정 및 평가방법(KOSHA GUIDE, W-23-2016)
의료기관 근로자의 화학물질 노출 관리에 관한 보건관리 기술지원규정(KOSHA GUIDE, E-M-5-2025)
화학물질의 피부자극성/부식성시험 기술지원규정(KOSHA GUIDE, E-T-1-2025)
화학물질의 급성흡입 독성시험(독성 등급법) 기술지원규정(KOSHA GUIDE, E-T-2-2025)
화학물질의 피부감작성 평가를 위한 국소림프절시험 기술지원규정(KOSHA GUIDE, E-T-3-2025)
혈액원성 병원체에 의한 건강장해 예방 기술지원규정(KOSHA GUIDE, E-M-4-2025)
건강한 사무환경 구축 기술지원규정(KOSHA GUIDE, E-G-6-2025)
폐기물 소각시설의 작업관리 기술지원규정(KOSHA GUIDE, E-G-7-2025)
근로자 휴게시설 설치 · 관리에 관한 기술 지침(KOSHA GUIDE, H-178-2022)
산업환기설비에 관한 기술 지침(KOSHA GUIDE, W-1-2019)

단체급식시설 환기에 관한 기술 지침(KOSHA GUIDE, W-26-2023)
작업장에서 라돈 보건관리에 관한 기술 지침(KOSHA GUIDE, H-215-2021)
공기 중 제조나노물질의 노출평가에 대한 기술 지침(KOSHA GUIDE, W-24-2017)
석면 해체 · 제거 작업 지침(KOSHA GUIDE, H-70-2020)
순음청력검사에 관한 지침(KOSHA GUIDE, H-56-2023)
폐활량 검사 및 판정에 관한 지침(KOSHA GUIDE, H-129-2023)
수산화테트라메틸암모늄(TMAH) 취급 전자산업 근로자의 보건관리 지침(KOSHA GUIDE, H-171-2023)
비파괴 작업근로자의 방사선 노출관리 지침(KOSHA GUIDE, H-155-2019)
용접작업 보건관리 지침(KOSHA GUIDE, H-73-2015)
호흡보호구의 선정 · 사용 및 관리에 관한 지침(KOSHA GUIDE, H-82-2020)
장시간 근로자 보건관리 지침(KOSHA GUIDE, H-47-2021)
실험실 안전보건에 관한 기술 지침(KOSHA GUIDE, G-82-2018)
교대작업자의 보건관리 지침(KOSHA GUIDE, H-22-2019)
고열작업 환경관리 지침(KOSHA GUIDE, W-12-2017)
한랭작업 환경관리 지침(KOSHA GUIDE, W-17-2015)
호흡기 감작물질 노출 근로자의 보건관리 지침(KOSHA GUIDE, H-44-2021)
농약방제작업 근로자 안전보건에 관한 기술 지침(KOSHA GUIDE, W-19-2012)
잠수작업자 보건관리 지침(KOSHA GUIDE, H-54-2021)
직업성 암의 업무관련성 평가 지침(KOSHA GUIDE, H-48-2020)
사업장 공기매개 감염병 확산 · 방지 지침(KOSHA GUIDE, H-186-2016)
산업재해 형태별 응급처치 요령(KOSHA GUIDE, H-187-2021)
고객응대 근로자의 감정노동 평가 지침(KOSHA GUIDE, H-163-2021)
비전리전자기파 측정 및 평가에 관한 지침(KOSHA GUIDE, W-22-2016)
물질안전보건자료 작성 지침(KOSHA GUIDE, W-15-2020)
직장 따돌림 예방관리 지침(KOSHA GUIDE, H-204-2018)
작업환경상 건강유해요인에 대한 위험성 평가 지침(KOSHA GUIDE, H-205-2018)
밀폐공간작업 프로그램 수립 및 시행에 관한 기술 지침(KOSHA GUIDE, H-80-2021)
전리방사선 노출 근로자 건강관리 지침(KOSHA GUIDE, H-62-2021)

MEMO

MEMO

산업위생관리기술사 하권

2018. 1. 15. 초 판 1쇄 발행
2026. 1. 21. 개정 9판 1쇄(통산 12쇄) 발행

지은이 | 서영민 · 양홍석 · 임대성
펴낸이 | 이종춘
펴낸곳 | **BM** ㈜도서출판 **성안당**

주소 | 04032 서울시 마포구 양화로 127 첨단빌딩 3층(출판기획 R&D 센터)
10881 경기도 파주시 문발로 112 파주 출판 문화도시(제작 및 물류)
전화 | 02) 3142-0036
031) 950-6300
팩스 | 031) 955-0510
등록 | 1973. 2. 1. 제406-2005-000046호
출판사 홈페이지 | www.cyber.co.kr
ISBN | 978-89-315-8508-7 (13530)
정가 | 70,000원

이 책을 만든 사람들
기획 | 최옥현
진행 | 이용화, 김동환
교정 | 김동환
전산편집 | 민혜조
표지 디자인 | 박원석
홍보 | 김계향, 임진성, 김주승, 최정민
국제부 | 이선민, 조혜란
마케팅 | 구본철, 차정욱, 오영일, 나진호, 강호묵
마케팅 지원 | 장상범
제작 | 김유석